CETARIAE 2005

CETARIAE 2005

Salsas y Salazones de Pescado en Occidente durante la Antigüedad

Actas del Congreso Internacional (Cádiz, 7-9 de noviembre de 2005)

Edited by
L. Lagóstena, D. Bernal & A. Arévalo

BAR International Series 1686
2007

UCA Universidad de Cádiz

Published in 2016 by
BAR Publishing, Oxford

BAR International Series 1686

CETARIAE 2005

ISBN 978 1 4073 0073 3

BAR Publishing is the trading name of British Archaeological Reports (Oxford) Ltd. British Archaeological Reports was first incorporated in 1974 to publish the BAR Series, International and British. In 1992 Hadrian Books Ltd became part of the BAR group. This volume was originally published by John and Erica Hedges Ltd. in conjunction with British Archaeological Reports (Oxford) Ltd / Hadrian Books Ltd, the Series principal publisher, in 2007. This present volume is published by BAR Publishing, 2016.

Printed in England

BAR
PUBLISHING

BAR titles are available from:

BAR Publishing
122 Banbury Rd, Oxford, OX2 7BP, UK
EMAIL info@barpublishing.com
PHONE +44 (0)1865 310431
FAX +44 (0)1865 316916
www.barpublishing.com

Comité Científico

Dr. J. Campos Carrasco, Profesor Titular de Arqueología (Universidad de Huelva)
Dr. C. Fabião, Profesor Auxiliar de Arqueología (Universidad de Lisboa)
Dr. F.J. Fernández Nieto, Catedrático de Historia Antigua (Universidad de Valencia)
Dr. F.J. Lomas Salmonte, Catedrático de Historia Antigua (Universidad de Cádiz)

Comité Organizador

Dr. L. Lagóstena Barrios, Profesor Titular de Historia Antigua (Universidad de Cádiz)
Dr. D. Bernal Casasola, Profesor Titular de Arqueología (Universidad de Cádiz)
Dra. A. Arévalo González, Profesora Titular de Arqueología (Universidad de Cádiz)

Entidades Organizadoras

Grupo de Investigación HUM-240. *Patrimonio Histórico de Andalucía en la Antigüedad*
Grupo de Investigación HUM-440. *El Circulo del Estrecho en la Antigüedad*

Entidades Patrocinadoras

Universidad de Cádiz (Vicerrectorado de Investigación, Desarrollo Tecnológico e Innovación; OTRI)

Junta de Andalucía (Consejería de Innovación, Ciencia y Empresa, y Consejería de Agricultura y Pesca)

Ministerio de Educación y Ciencia.

Conservas de Cádiz. Tradición Milenaria.

Secretaría Técnica

Dª. V. Sánchez Loaiza

Logotipo de portada diseñado a partir del relieve ostiense dedicado por *C. Fulvius Salvis* (*ILLRP* 128).

INDICE

POSTERS

MESAS REDONDAS

La producción de conservas de pescado en la Antigüedad

CRÓNICA

La costa de la *Baetica* fue conocida en la Antigüedad Clásica por la importancia de sus pesquerías y por la calidad de las conservas elaboradas con los túnidos y escómbridos que anualmente eran capturados en las orillas del Estrecho de Gibraltar. Desde época fenicio-púnica al menos y con una clara intensificación en época romana, la amplia distribución de estos productos alcanzó los confines del Mediterráneo, convirtiendo a *Gades* y a su zona de influencia en un referente fundamental en la industria pesquero-conservera del mundo antiguo.

Las investigaciones realizadas sobre esta línea de investigación gozan de casi un siglo de andadura, debiéndose recordar los pioneros trabajos de P. Paris en la ciudad hispanorromana de *Baelo Claudia*, sin lugar a dudas uno de los principales referentes mediterráneos de estas grandes factorías de salazón o *cetariae*. En la última década y de la mano de la especialización regional a la que tienden los estudios histórico-arqueológicos en la actualidad, la Universidad de Cádiz se ha centrado en esta temática a través de diversos Grupos de Investigación (HUM-240 y HUM-671), generando Tesis Doctorales y nuevas excavaciones en torno a esta parcela científica.

En dicha dinámica se inserta la propuesta, nacida en el seno de las Áreas de Arqueología e Historia Antigua del Departamento de Historia, Geografía y Filosofía de la Universidad de Cádiz, de organizar una reunión monográfica en torno a este tema, la cual tuvo lugar durante los días 7 al 9 noviembre de 2005. Evento que ha contado con la Universidad de Cádiz, a través de su Vicerrectorado de Investigación, Desarrollo Tecnológico e Innovación, con la Consejería de Educación y Ciencia de la Junta de Andalucía y al Ministerio de Educación y Ciencia como instituciones coorganizadoras. Por otra parte, han patrocinado esta actividad la empresa "Conservas de Cádiz. Tradición milenaria" y la Consejería de Agricultura y Pesca de la Junta de Andalucía. No cabe duda que esta colaboración en un proyecto científico de entidades públicas y privadas puede servir de ejemplo para la consolidación de nuevas iniciativas culturales.

El objetivo de este encuentro internacional era reunir a los principales especialistas sobre la producción y comercio de *garum* y *salsamenta* para tratar de realizar un estado de la cuestión sobre las líneas de investigación desarrolladas y, especialmente, presentar los principales hallazgos de los últimos años en torno a esta temática. El marco geográfico de referencia son las provincias occidentales del Imperio, y el ámbito cronológico entre época republicana y la Antigüedad Tardía.

La estructura de CETARIAE 2005 fue organizada teniendo en cuenta tales objetivos, de tal manera que se combinaron algunos estados de la cuestión generales, para lo cual se invitaron a especialistas de reconocido prestigio, con debates dentro de un marco interdisciplinar, para lo que se destinó un espacio preferente a las Mesas Redondas con especialistas de diversas ramas del saber. Por último, se decidió dedicar un amplio espacio de tiempo para la presentación de comunicaciones y posters, permitiendo a la comunidad científica la presentación de novedades sobre la industria pesquero-conservera en el Mediterráneo y el Atlántico.

La primera ponencia fue realizada por los Dres. Robert Étienne y Françoise Mayet de la Université Bourdeaux III, quienes centraron su discurso en torno a "L'industrie des salaisons de poisson en Méditerranée Occidentale", presentando un estado de la cuestión sobre las *cetariae* conocidas en este marco geográfico, con una especial incidencia en las aportaciones de la Península Ibérica, y todo lo que de su estudio se deriva. La segunda ponencia fue impartida por un equipo franco-tunecino dirigido por la Dra. Latifa Slim del Institut Nacional de Patrimoine de Túnez y por el Dr. Michel Bonifay del CNRS Aix-en-Provence, con la colaboración de los Dres. Myriam Sternberg del CNRS y Jean Piton del Musée de l'Arles Antique, y versó sobre "Un exemple tunisien de poissons à l'époque romaine: les fabriques de *Neapolis* (Nabeul)", dando a conocer los resultados de las excavaciones arqueológicas efectuadas entre los años 1995-2002 en el barrio industrial de Nabeul, que han supuesto una gran aportación para el estudio de las industrias derivadas de la pesca del África Proconsular. Por último, el Dr. Francisco Javier Fernández Nieto de la Universidad de Valencia habló sobre "La pesca y la industria conservera en la economía del mundo antiguo", presentando una imagen global de este importante aspecto de la vida económica del Mediterráneo antiguo.

En relación a las dos Mesas Redondas, éstas se organizaron en torno a dos gran temas que fueron tratados de forma interdisciplinar por arqueólogos, historiadores de la Antigüedad, filólogos, biólogos, ingenieros náuticos, entre otros: "La producción de conservas de pescado en la Antigüedad", donde intervinieron D. Ignacio Palacios para hablar sobre la manufactura de productos conserveros artesanales en Andalucía, D. José Hernando que expuso las poblaciones piscícolas actuales y su potencialidad conservera, D. Pedro Sáez que trató sobre la sal y la actividad conservera, D. Joaquín Pascual que explicó la composición de las conservas según la información proporcionada en las fuentes clásicas, y D. Carlo Fabião que incidió en la metodología arqueológica en la investigación sobre la producción salazonera. La segunda mesa redonda versó sobre "El comercio de conservas de pescado en la antigüedad" y en ella participaron D. Francisco Javier Lomas que habló sobre el perfil del comerciante de conservas en época romana, D. Juan Campos que trató sobre el comercio marítimo de salsas y salazones de pescado, D. Francisco Piniella que expuso las posibilidades técnicas de las rutas tradicionales de navegación, D. Enrique García que explicó la distribución de las salazones y salsas en el interior, y D. Tomás Silva que habló sobre la perspectiva del consumo de conservas en la literatura griega. En ambas mesas redondas hubo un elevado índice de participación por parte de los congresistas, y se trataron ampliamente diversos aspectos relacionadas con las temáticas propuestas.

El complemento a las ponencias y a las mesas redondas fueron las comunicaciones y posters presentados que aportaron las novedades de los últimos años sobre la explotación, comercialización y consumo de las salsas y las salazones de pescado en Occidente. Así podemos decir que las intervenciones se agruparon en cinco grandes bloques. El primero dedicado a exponer las novedades sobre la producción de salazones en la Bética, donde se presentaron estudios monográficos de yacimientos gaditanos –*Gades*, *Baelo Claudia*, *Baessipo* y *Traducta*-, sevillanos –*Hispalis*- y malagueños – Fuengirola, Benalmádena-, así como un análisis de los capítulos 16 y 17 de la obra *De re rustica* de Columela, dedicados a la cría y a la ubicación del vivero de peces. El segundo se centro sobre la producción atlántica de salazones, donde se abordaron las últimas aportaciones de las factorías de salazones lusitanas, de las Rías Baixas gallegas, del Cantábrico oriental, y de la fachada noroeste atlántica. El tercero estuvo destinado a la producción y comercio de la sal, con importantes contribuciones para conocer el papel de los *salinatores*, así como el primer texto científico extenso dedicado al llamado "oro blanco" de la Edad Moderna o la aplicación geoarqueológica y arqueométrica al conocimiento de la sal. El cuarto bloque recogió las aportaciones presentadas sobre la producción de salazones en el Norte de África, a través de la información proporcionada por los yacimientos de *Sabratha*, *Lixus*, *Septem Fratres* y otros situados en la *Mauritania Tingitana*. El último bloque estuvo destinado al consumo de salazones en ámbito atlántico y mediterráneo, donde se presentaron trabajos sobre contextos de consumo en *Barcino*, *Valentia*, *Augusta Emerita*, *Asturica Augusta*, Xanten, *Olisipo*, *Stabiae*, entre otras.

Cabe destacar que los congresistas que han participado procedían de muy diversos lugares de origen, pues además de numerosos investigadores españoles de diversas Comunidades Autónomas, con una especial incidencia de las capitales andaluzas, se ha contado con la presencia de colegas portugueses, italianos, franceses, ingleses, tunecinos y marroquíes que han evidenciado el gran interés y las sugerentes líneas de investigación que en estos momentos existen sobre la industria pesquero-conservera de Occidente.

Por último, se llevaron a cabo dos actividades netamente diferenciadas, la primera consistió en una visita guiada por parte del Comité Organizador a la ciudad romana de *Baelo Claudia* (Bolonia, Tarifa, Cádiz). La segunda fue una visita a la Tienda-Museo "Conservas de Cádiz. Tradición milenaria", donde se vieron las instalaciones, así como algunas proyecciones de audiovisuales relacionadas con la pesca, y se ofreció una recepción a los congresistas.

No cabe duda que este Congreso Internacional ha servido para dar a conocer los avances conseguidos en los últimos años en relación a la investigación sobre las salsas y salazones de pescado en Occidente en la Antigüedad, pero también para recuperar en la memoria de los actuales habitantes del Estrecho de Gibraltar lo que ha representado, durante siglos, una de las actividades económicas más destacadas, lucrativas y características de la zona.

L. Lagóstena, D. Bernal y A. Arévalo
Marzo de 2006

PONENCIAS

L'INDUSTRIE DES SALAISONS ET SAUCES DE POISSON DANS LA PÉNINSULE IBÉRIQUE ÉTAT DE LA QUESTION

R. ÉTIENNE
Membre de l'Institut, París
F. MAYET
Directeur de Recherche émérite du CNRS

Longtemps négligés par les historiens de l'Antiquité, les *salsamenta* de l'époque romaine sont aujourd'hui très à la mode et deviennent une des préoccupations majeures des archéologues et des historiens de l'économie antique. Nous nous réjouissons de cet état de fait, car nous avions été surpris de voir la faible part de ces aliments dans l'*Histoire de l'alimentation*, parue en 1996.

Sans faire une histoire totale de la recherche dans ce domaine, il est aisé de retrouver les étapes essentielles qui ont provoqué ce renouveau. L'ouvrage de M. Ponsich et de M. Tarradell, en 1965, représente sans doute le fondement des études de ces quarante dernières années: il s'agit de la première mise au point générale sur les salaisons de poisson de l'Occident romain (Péninsule Ibérique et Maroc). Il ne semble pas avoir eu d'écho immédiat et il faut attendre plusieurs années pour voir apparaître une étude, moins vaste sur le plan géographique, celle de J. C. Edmondson, en 1987, puis celle au contraire plus générale et plus étendue avec l'ouvrage de R. I. Curtis, en 1991. La publication de J. C. Edmondson met l'accent sur le lien entre industrie des salaisons et typologie des amphores et propose une hiérarchie entre établissements urbains, semi-urbains et ruraux (Edmondson, 1990): ses hypothèses ont eu le mérite de provoquer des discussions enrichissantes pour l'avancement de nos connaissances sur ce sujet. L'ouvrage de R. I. Curtis, mettant en valeur le lien entre nourriture et médecine, entre tout à fait dans la problématique de la diététique contemporaine.

En 1994, nous avons publié avec nos collègues portugais d'anciennes fouilles d'un complexe industriel à Tróia (Étienne-Makaroun-Mayet, 1994). Cette étude entrait dans un programme général sur l'industrie des salaisons de la basse vallée du Sado, programme comportant deux volets principaux: les usines de salaisons, d'une part, et les fours d'amphores qui exportaient ces produits, d'autre part. Ce projet était éclairé par nos recherches sur le commerce et sur les épaves sous-marines en Méditerranée, en particulier l'épave *Port-Vendres II*, en France, et l'épave *Cabrera III*, à Majorque, dans les Baléares. Ce programme est désormais publié et nous a permis, à Robert Étienne et à moi-même, d'aboutir à une synthèse du sujet à l'échelle de la Péninsule Ibérique (Étienne-Mayet, 2002).

Actas del Congreso Internacional *CETARIAE. Salsas y salazones de pescado en Occidente durante la Antigüedad*, Universidad de Cádiz, Noviembre de 2005, *B.A.R. int. ser.* 1686, Oxford 2007, 5-20.

Depuis une dizaine d'années, on constate un intérêt subit et profond pour ce domaine de la recherche; fouilles et publications se multiplient et deviennent presque foisonnantes, apportant chacune une contribution plus ou moins importante à nos connaissances. Surtout, elles aboutissent à la tenue de nombreuses réunions, comme le séminaire de l'École Française de Rome sur «La culture maritime dans l'Antiquité» (*MEFRA*, 1998, 1999, 2000), le Symposium de Setúbal en mai 2004, sur «Produção e comércio de preparados piscícolas durante a proto-história e a época romana no ocidente da Península Ibérica», le troisième Congrès International d'histoire, tenu à Santa Pola en octobre 2004, sur «El Mediterráneo: la cultura del mar y de la sal», le colloque international de Boulogne-sur-Mer, en mai 2005, sur «Ressources et activités maritimes des peuples de l'Antiquité», et le congrès international «*Cetariae*» qui nous réunit aujourd'hui à Cadix. La liste n'est certainement pas exhaustive, mais elle démontre l'intérêt que de nombreux chercheurs manifestent pour ce domaine: c'est une façon de rendre hommage à Michel Ponsich et Miguel Tarradell qui nous ont ouvert la voie.

Il est peut-être opportun de savoir si la problématique a progressé pendant ces dix dernières années, surtout de savoir si elle a progressé de façon égale dans les domaines de la production et de la commercialisation des produits piscicoles.

1. – La production des sauces et salaisons de poisson.

A-t-on fait des progrès dans la connaissance des produits piscicoles transformés dans les établissements de salaisons ? A-t-on fait des progrès dans la localisation de ces établissements, dans la connaissance de leurs structures architecturales ? A-t-on fait des progrès sur l'identification des producteurs de salaisons et sur les structures de production ?

1.1- Les produits conservés en saumure.

C'est sans doute dans ce domaine que la connaissance a le moins avancé jusqu'à présent, si on se limite aux sources littéraires et archéologiques; elle progressera certainement quand les analyses ichtyologiques pourront être multipliées, comme elles commencent à l'être de nos jours. Mais nous ne devons pas compter seulement sur elles, car même les analyses scientifiques ont leurs limites!

En ce qui concerne les sauces, leurs noms sont bien attestés dans les sources littéraires et surtout dans les inscriptions peintes sur les amphores. Toutefois, leur contenu et leur mode de fabrication demeurent encore indécis, sauf peut-être pour la plus fréquente de ces sauces, le *garum*, grâce à un texte des *Geoponica*, manuel grec d'agriculture du XIIe siècle qui semble dériver d'un traité latin du VIe siècle et remonter à des sources antérieures. Tout n'est pas clair pour autant. Il y avait deux façons de fabriquer le *garum:* une longue quand la macération se faisait au soleil, une rapide quand on faisait cuire le poisson dans la saumure. Il y avait aussi plusieurs variétés de *garum:* les sources parlent de *garum haimation* ou *garum* au sang, qui peut être l'équivalent du *garum* noir; le plus célèbre était le *garum sociorum*. Il y avait le *garum* fait à partir des seuls intestins du thon, celui qui mélangeait de petits poissons aux intestins de gros poissons, celui qui était fait à partir du maquereau seul et l'on trouve alors l'inscription *gari flos scombri*, comme sur les *urcei* d'*Umbricius Scaurus* à Pompéi.

La *muria*, moins prisée, serait faite à partir du thon; l'*hallec* serait le résidu de la fabrication du *garum* ou bien une sorte de purée de tout petits poissons, réservés aux pauvres et aux esclaves. Le *liquamen* reste encore assez énigmatique; sauce différente du *garum* sous le Haut Empire, comme on peut le déduire des inscriptions sur les *urcei* d'*Umbricius Scaurus* et des recettes d'*Apicius*, nous ne savons pas ce qui l'en distingue. Avec le temps, *liquamen* est devenu un terme générique pour sauce de poisson et, au IVe siècle, le terme *liquamen* est plus souvent employé que le terme *garum*.

Pour que les analyses scientifiques puissent contribuer à une meilleure connaissance de ces produits piscicoles, il faut tout d'abord découvrir des amphores portant le nom d'une sauce, inscrit de façon incontestable, et contenant suffisamment de reste de ces produits dans leur fond ou sur leur paroi interne. Ce sont essentiellement les amphores provenant des épaves sous-marines qui peuvent apporter de tels documents; mais nous savons que, la plupart du temps, les restes de ces produits apparaissent dans des amphores qui ne portent pas d'inscriptions et il faudrait surtout savoir quelles traces peuvent laisser ces sauces dans les amphores: si le *garum* était aussi liquide et clair que le *nuoc-mam* vietnamien, il sera difficile de le déceler et de l'analyser.

Les arêtes de poisson, découvertes dans quelques amphores sous-marines, correspondent davantage à des salaisons qu'à des sauces. Or, mises à part celles qui contenaient de jeunes thons (*cordula*), on n'a aucun renseignement écrit sur ce que contiennent ces amphores. Plusieurs exemples sont connus pour le Haut Empire. Les amphores Dressel 12 de l'épave *Cap Béar III*, Port-Vendres, Pyrénées-Orientales (deuxième moitié du Ier siècle av. J.-C.), contenaient du maquereau espagnol (*Scomber japonicus*) tout comme les amphores Dressel 7 et 9 de l'épave *Sud-Perduto*, en Corse (Ier siècle ap. J.-C.): il s'agissait des gros maquereaux, mesurant 40 à 48 centimètres de longueur et pesant entre 600 grammes et un kilogramme, que l'on ne connaît plus aujourd'hui. Ces poissons étaient étêtés et vidés de leur sang; vingt-cinq maquereaux, représentant un poids total de 16 kilogrammes, remplissaient une de ces amphores. Les arêtes des amphores à *garum* de l'épave *Port-Vendres II* appartenaient au même maquereau espagnol (*Épave Port-Vendres II*, p. 42 et note 96). A Cerro del Mar (Málaga), des amphores de la première moitié du Ier siècle de notre ère, contenaient des thons (fragments de vertèbres de grande taille), avec des maquereaux, des pageots et des chinchards (jusqu'à 30 cm de longueur), ainsi que des sardines et des anchois (entre 10 et 20 cm) (Von den Driesch, 1980). L'auteur en conclut qu'il s'agissait de *garum;* rien n'est moins sûr, en raison de la grande taille de certains poissons. Au siècle suivant, une amphore Beltrán IIB de l'épave *Saint-Gervais 3* (Fos-sur-Mer) contenait des chinchards (*Trachurus sp.)* de la famille des Carangidés, ayant 40 à 50 centimètres de longueur et pesant entre 450 et 500 grammes (Liou-Gassend, 1990, 212).

Des arêtes de sardines (*Sardina pilchardus*) ont été identifiées sur les douves poissées d'un fût ou tonneau d'époque romaine, découvert dans le port antique de Fos-sur-Mer et daté du Ier siècle (Desse-Berset, Desse, 2000, 82-84). Elles étaient conservées entières dans le fût; elles mesuraient 6 à 8 centimètres de longueur et pesaient moins de 5 grammes: elles ne sont pas sans rappeler la préparation du pissalat niçois.

Pour le Bas Empire, des ossements prélevés dans des amphores Almagro 50 de l'épave *Randello*, en Sicile, datée du début du IVe siècle de notre ère, correspondaient à des sardines (Wheeler-Locker, 1985). Les opercules et les dentaires conservés ont permis de calculer leur taille, entre 11 et 18 centimètres; le faible nombre d'ossements et leur excellent état de conservation font davantage penser à une salaison de poissons entiers qu'à une sauce. De même, des amphores Almagro 50 de l'épave *Port-Vendres I* ou *Anse Gerbal*, datée désormais du début du Ve siècle, contenaient des restes de sardines (*Sardina pilchardus*) mesurant entre 22 et 25 centimètres de longueur; le bon état de conservation de leurs opercules entraîne l'auteur (Boutière, dans Chevalier, Santamaria, 1972, 32) à les interpréter comme des poissons entiers conservés au sel.

Les restes recueillis au fond de quelques bassins de salaisons apportent également une contribution non négligeable à la connaissance des saumures hispaniques. En Lusitanie, nous avons effectué avec notre collègue, Carlos Tavares da Silva, des prélèvements dans trois usines (Étienne-Mayet-Tavares da Silva, 2000): à Quinta do Marim (Olhão), en Algarve, dans un bassin ayant fonctionné jusqu'à la fin du IIIe siècle de notre ère; à Setúbal (travessa de Frei Gaspar), dans un bassin ayant cessé de fonctionné au Ve siècle; à Tróia (Grândola, Setúbal), sous le comblement d'un bassin datable du milieu du Ve siècle. Ces trois prélèvements ont été analysés au laboratoire d'ichtyologie de Valbonne (Desse-Berset, Desse, 2000, 84-92) et les résultats sont comparables dans les trois cas et ont été difficiles à mettre en œuvre, car les ossements étaient de petite taille, fragiles et en très grand nombre. Les mêmes poissons s'y retrouvent: sardines, anchois, petits sparidés, toujours ou presque de petite taille, toujours très mélangés. Contrairement aux restes analysés dans les amphores, il s'agit dans ces trois cas de résidus de sauces de poissons plutôt que de simples salaisons.

En Afrique du Nord, dans l'usine fouillée à Nabeul, les restes recueillis dans le fond du bassin III, abandonné dans le courant du IIIe siècle, donnent des résultats assez proches des analyses précédentes (Sternberg, 2000, 138-150). Les espèces identifiées regroupent essentiellement des anchois, des sardinelles (inférieures à 10 cm), des sardines, avec quelques mendoles, maquereaux et pageots, qui avaient été mis entiers et non vidés. L'auteur y voit également le rebut d'une production de *garum* ou de *liquamen*, rebut qui pourrait correspondre à l'*hallec*.

Que pouvons-nous conclure sur nos connaissances actuelles sur les sauces et salaisons de poisson ? Pour les salaisons proprement dites, les textes littéraires parlent du thon, les inscriptions peintes de jeunes thons (*cordula*), alors que les analyses ichtyologiques n'en ont guère trouvé, sauf peut-être à Baelo Claudia (Roselló *et alii*, 2003). Ce sont surtout des sardines et de gros maquereaux que l'on trouve dans les amphores aussi bien du Haut que du Bas Empire. En revanche, les analyses de restes recueillis dans des bassins de salaisons, restes pouvant être datés entre le IIIe et le Ve siècle de notre ère, n'ont pas révélé de salaisons mais des résidus de la fabrication des sauces. Il est évident qu'il faut continuer ce type d'analyses chaque fois que des restes piscicoles apparaîtront dans des amphores et dans des bassins de salaisons. Seule leur multiplication permettra d'avancer dans cette problématique: pour cela, il faut pour les archéologues être encore plus attentifs pendant la fouille; il faudrait aussi faire appel aux ichtyologistes pour effectuer les prélèvements car ils savent mieux juger de la quantité nécessaire aux analyses en laboratoire. Nous savons par N. et J. Desse que les prélèvements que nous leur avons apportés du Portugal contenaient des millions d'ossements minuscules, impossibles à comptabiliser autrement que par échantillonnage. Il faut aussi espérer que l'on trouvera des résidus piscicoles dans des bassins abandonnés sous le Haut Empire; nous n'avons pas eu cette chance à Tróia: les deux bassins qui auraient pu en donner avaient été vidés et nettoyés avant l'effondrement de la toiture et leur comblement.

1.2.- La carte des établissements de salaisons de poisson.

Nous avons déjà publié à deux reprises la carte de ces établissements dans la Péninsule Ibérique (Étienne, Mayet, 1998, 34, fig. 1 et Étienne, Mayet, 2002, 58-73, fig. 12). Il n'est pas inutile de préciser les critères qui ont présidé à sa constitution, afin de comprendre pourquoi elle est un peu moins fournie que celle qui a été publiée par M. Ponsich (1988, 28, fig. 6).

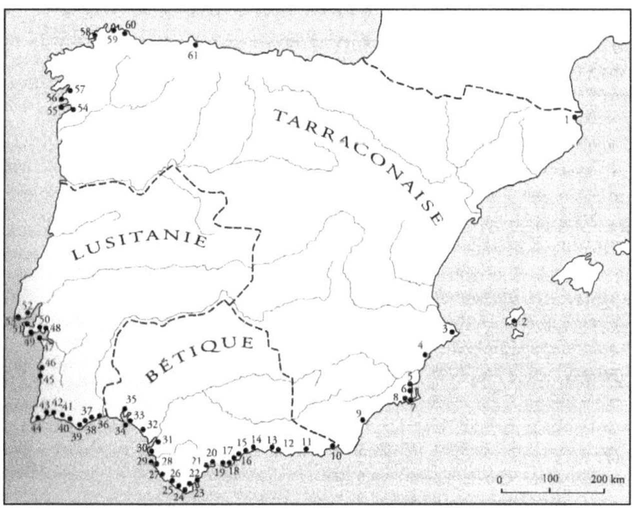

Figura 1.– Carte des établissements de salaisons de poisson dans la Péninsule Ibérique (Étienne-Mayet, 2002, fig. 12).

Une telle carte de répartition ne peut se faire qu'à partir de la bibliographie; or, nous savons qu'un certain nombre de références, surtout anciennes, ne sont pas toujours fiables. Il faut les recouper entre elles, il faut interviewer les archéologues locaux qui peuvent connaître les sites, savoir s'ils ont été ou non fouillés, s'ils sont encore visibles ou bien s'ils ont été détruits. Il faut se méfier de la simple mention de bassin, non accompagnée d'un dessin ou d'une photographie. Il peut s'agir parfois d'autre chose que d'un bassin de salaisons: il peut s'agir de viviers creusés dans les rochers en bord de mer ou bien d'un bassin de décantation de l'argile près de fours d'amphores. On ne peut pas retenir des sites connus par la seule présence de fragments d'amphores, comme cela a été le cas autrefois dans la région de Setúbal; heureusement les archéologues de la région peuvent aujourd'hui confirmer qu'il n'y a jamais eu d'établissements de salaisons en ces lieux. Quelques sites mentionnés par M. Ponsich en 1988 sont hypothétiques, de l'aveu même de l'auteur: ce sont des sites en bordure de mer où il a vu des tessons de céramique et parfois des fragments d'*opus signinum* ou du mortier. Il serait du plus grand intérêt d'y faire des sondages avant de les inclure sur une carte de répartition.

Il ne fait aucun doute que nous ne connaissons pas tous les établissements de salaisons de poisson, que l'on en découvrira bien d'autres dans les années à venir. Mais il est tout aussi certain, si nous comparons les différentes cartes établies par M. Ponsich et par nous-mêmes, que la répartition des usines et leurs principales concentrations ne changeront pas beaucoup et que les conclusions que l'on peut tirer aujourd'hui seront encore valables pendant de nombreuses années.

De cette carte, il ressort que les établissements de salaisons sont regroupés en majorité dans le sud-ouest de la Péninsule Ibérique, depuis le détroit de Gibraltar, à l'est, jusqu'aux estuaires du Sado et du Tage, à l'ouest. Le littoral méditerranéen est aussi bien pourvu, surtout au niveau de la province de Bétique, entre Almería et le détroit de Gibraltar. Mais une simple carte de répartition, comme cette carte, ne met pas en valeur les différences notables existantes d'un site à l'autre, notamment les différences de capacité de production. En effet, un point identique signale l'établissement d'Almería (13 m^3) ou bien les usines I/II de Tróia (avec près de 750 m^3) ou bien encore les établissements du Nord-Ouest, de la Galice, qui ne sont connus que partiellement. Lorsque les archéologues publieront systématiquement les bassins, en donnant non seulement leur surface mais aussi leur volume, sans oublier de signaler si la profondeur qu'ils donnent est la profondeur conservée ou la profondeur d'origine, il sera possible de préciser cette carte et de faire apparaître les sites en fonction de leurs capacités de production. Nous sommes à peu près certains que le sud-ouest de la Péninsule gardera sa prééminence.

L'idéal serait d'arriver, dans un avenir plus ou moins lointain, à cartographier ces établissements en fonction de leur chronologie, même large. Les établissements préromains tout d'abord: à Cadix, c'est déjà possible; il faudrait voir aussi si le quartier industriel d'Almuñécar, tout comme celui de *Lixus*, n'aurait pas fonctionné également depuis l'époque punique. Pour Almuñécar, il est déjà difficile d'avoir un relevé des usines actuellement visibles, il sera encore plus difficile d'en connaître la chronologie exacte. Il faut disposer d'une fouille assez vaste pour déterminer la date de construction de bassins de salaisons dont on ne connaît bien souvent que la date d'abandon. Pour la période de l'Empire romain, il serait déjà heureux d'avoir une carte des établissements fonctionnant sous le Haut Empire et une autre avec ceux qui fonctionnaient sous le Bas Empire.

Il n'est pas encore possible de réaliser ces deux cartes, mais nous espérons que les jeunes générations aboutiront dans ce domaine.

1.3.- L'architecture des établissements de salaisons.

Cette architecture, tout au moins celle qui correspond aux salles de bassins, est bien connue et a été déjà bien décrite par M. Ponsich et M. Tarradell, en 1965. Les bassins disposés régulièrement autour d'une vaste cour centrale, tout au moins sur trois côtés, semblent dater du Haut Empire et peut-être même du Ier siècle de notre ère; c'est la conclusion que nous avons pu tirer de notre étude à Tróia: il faudrait rechercher ailleurs d'autres exemples comparables, datés, pour savoir s'il s'agissait d'un « modèle architectural ». Était-il romain ou bien existait-il auparavant ? A Almuñécar, les bassins étaient installés sur un, deux ou trois côtés d'une toute petite cour; c'étaient d'ailleurs de petites usines. Il est possible que le plan des usines I/II de Tróia, dans la première phase, corresponde par sa symétrie et ses vastes proportions à l'impulsion donnée par les Romains à une activité qui semble être passée d'un stade artisanal à un stade quasi-industriel. La construction des bassins proprement dits suit les mêmes règles, ou presque, dans toutes les provinces hispaniques et au Maroc. Ces bassins ont tous la forme carrée ou rectangulaire, à l'exception d'une usine de *Baelo Claudia* qui comporte aussi quelques bassins circulaires. Ils ont partout un revêtement de plusieurs couches d'un enduit gris, ne contenant aucun fragment de céramique, et ils possèdent des solins à leur base et des moulures en quart-de-rond dans les angles.

Certains de ces établissements ont duré longtemps, parfois pendant tout l'Empire romain, comme à Tróia. Il est évident qu'ils ont subi des transformations pendant leur longue existence. A Tróia, nous avons constaté que le grand complexe du Haut Empire a été subdivisé en trois unités de production au début du IIIe siècle. Des murs de séparation font disparaître le plan initial et les nouvelles usines n'ont plus qu'une seule rangée de bassins, précédée d'une cour étroite. Certains bassins sont arrivés jusqu'à nous dans un état de conservation remarquable, jusqu'à la margelle qui les sépare. D'autres présentent des réparations dans l'enduit, avec de l'*opus signinum* désormais; beaucoup ont été subdivisés en deux, trois ou quatre petits bassins. Ces bassins du Bas Empire présentent très souvent dans leur fond une petite cuvette de nettoyage. Cette caractéristique se retrouve souvent dans les usines tardives, tout au moins en Lusitanie. La multiplication des fouilles permettra de préciser l'évolution de cette architecture.

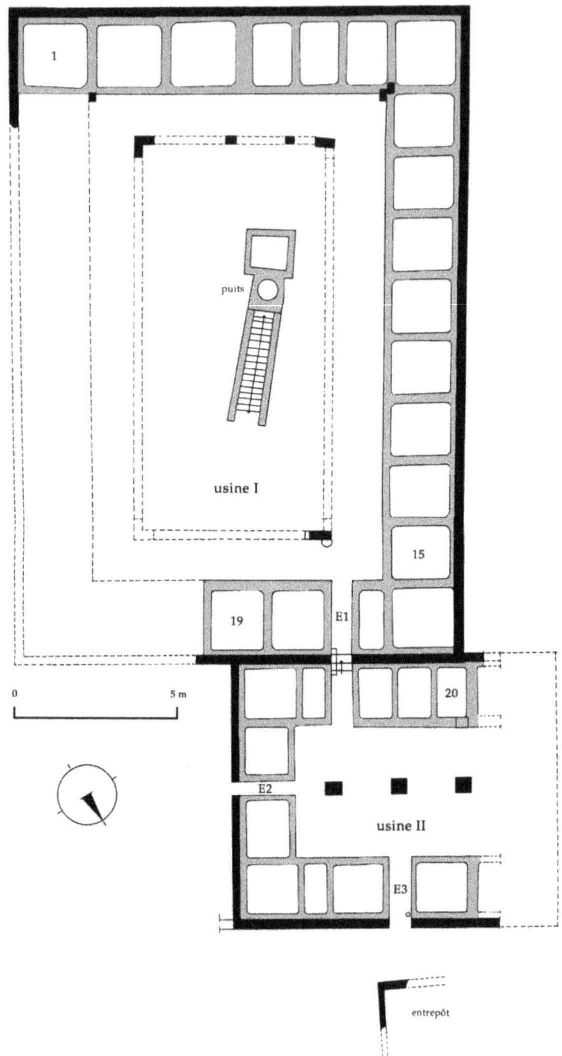

Figura 2.- Usines I/II de Tróia (première phase).

Un établissement de salaisons, sous l'Empire romain, ne comprend pas seulement une salle de bassins et la cour attenante, où l'on préparait le poisson. Il devait y avoir aussi des magasins où l'on entreposait le sel et les amphores destinées à être remplies de saumures et peut-être aussi des amphores pleines dans l'attente de leur exportation. Pour cette organisation, nous appuyons toujours, depuis quarante ans, sur l'exemple de l'usine de Cotta au Maroc (figura 3).

Il est vrai que presque tous ces établissements ont fait davantage l'objet d'une fouille de sauvetage que d'une fouille programmée; ils ne sont donc que partiellement étudiés. A Tróia, outre les deux salles de bassins (incomplètement fouillées d'ailleurs), nous avons décelé un entrepôt d'amphores Dressel 14, sous le mausolée lié aux usines I/II; nous savons aussi qu'un lien existe à l'est avec, entre autres, la maison du propriétaire. Sur ce site, une fouille programmée pourrait apporter un nouvel exemple complet de ce type d'établissement. Certes, ce ne sera pas une fouille

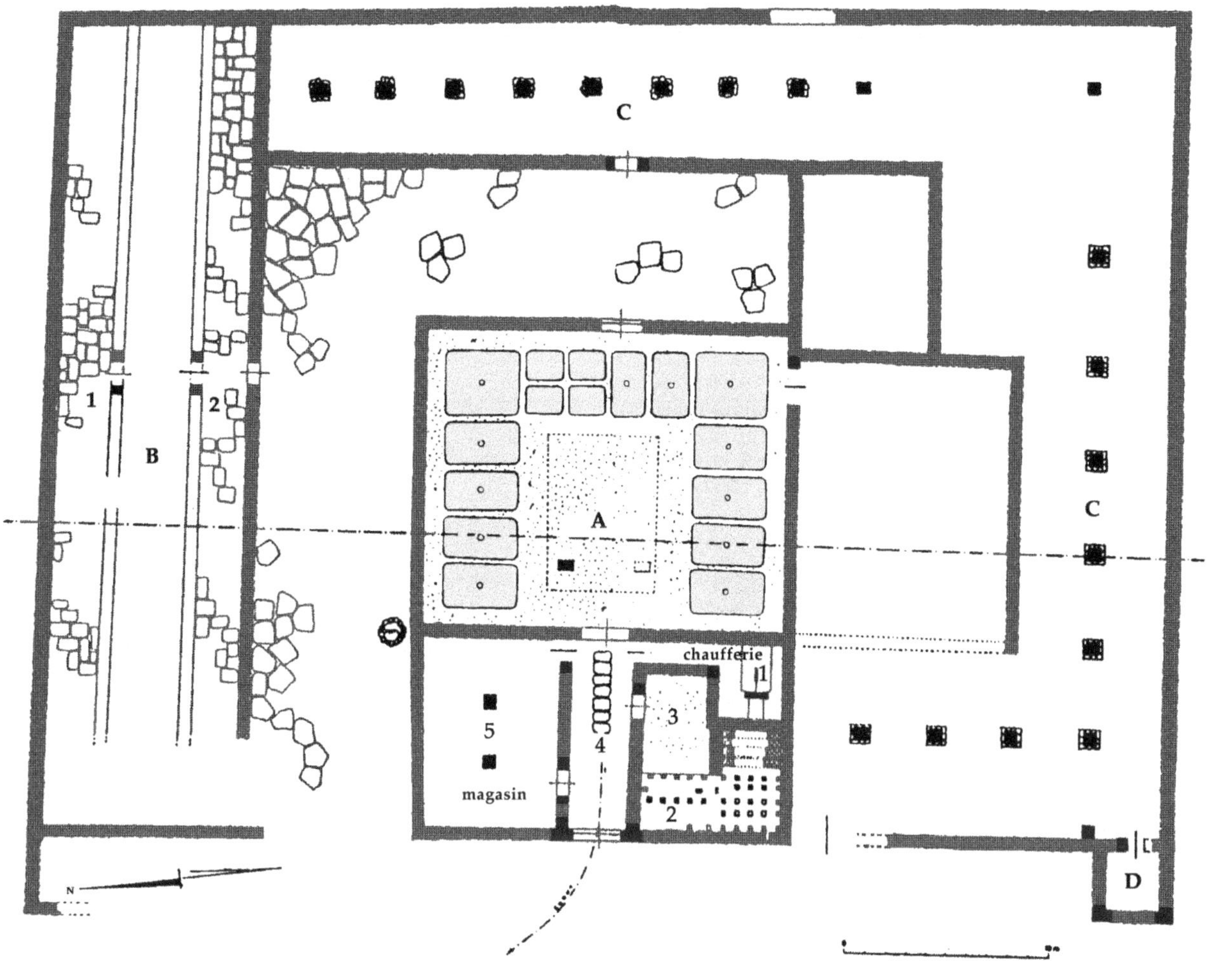

Figura 3. – Usine de Cotta (Maroc), selon Ponsich, Tarradell, 1965, 62-63.

facile en raison des dunes de sable, mais c'est un des sites qui apporteront le plus de renseignements sur la problématique qui nous intéresse ici. Espérons que la jeune génération d'archéologues verra ce projet aboutir et pourra confirmer ou infirmer nos hypothèses.

1.4.- Les structures de production.

A côté de la capacité de production des usines de salaisons, ce qui est aussi important c'est de savoir si elles sont isolées ou regroupées. Un établissement isolé est le plus souvent lié à une villa ou à une demeure quelconque; quand on signale des bassins totalement isolés, on s'aperçoit rapidement qu'il s'agit d'une découverte fortuite qui n'a pas été suivie d'une fouille véritable. L'usine appartient au *dominus*, propriétaire de la villa ou de la maison. Dans le premier cas, les salaisons apparaissent alors comme un complément des ressources agricoles ou agro-pastorales du domaine: c'est le cas certainement de Quinta do Marim (Olhão) en Algarve (Tavares da Silva, Soares, Coelho-Soares, 1992). Mais, parfois, il peut s'agir aussi d'un établissement qui ne vit que de cette industrie, comme à Creiro (Setúbal) au pied de la Serra d'Arrábida ou bien sur l'île de Pessegueiro (Tavares da Silva, Soares, 1993).

Quand les usines sont regroupées sur un même site, deux situations différentes se remarquent dans l'état actuel de la documentation. Dans un cas, les usines, petites ou moyennes, sont regroupées dans un même secteur périphérique de la ville; ces usines sont mitoyennes mais parfaitement individualisées, avec un mur de clôture entourant des bassins installés autour d'une petite cour. Ces murs de clôture révèlent qu'il s'agit de propriétés privées, bénéficiant de services communs bien visibles comme les conduites d'eau et les égouts, et peut-être d'autres services moins évidents comme des bureaux commerciaux et des entrepôts. Ce type de regroupement se retrouve à *Lixus* (Larache) au Maroc et à Almuñécar, l'antique *Sexi* (province de Grenade): ce sont deux villes de fondation phénicienne et il serait important de savoir quand l'industrie des salaisons a commencé sur ces deux sites. Il est possible que les « quartiers industriels » de *Lixus* et de *Sexi* aient été mis en place dès l'époque punique, puis réutilisés tels quels sous l'Empire romain.

Dans l'autre cas, le plus commun sous l'Empire romain, les usines de salaisons sont intégrées dans l'urbanisme et dans l'architecture d'une agglomération. Le meilleur exemple à ce jour est constitué par la ville de *Baelo Claudia*, près de Tarifa: on y remarque une véritable imbrication des installations de salaisons dans de vastes *domus* à péristyle, ce

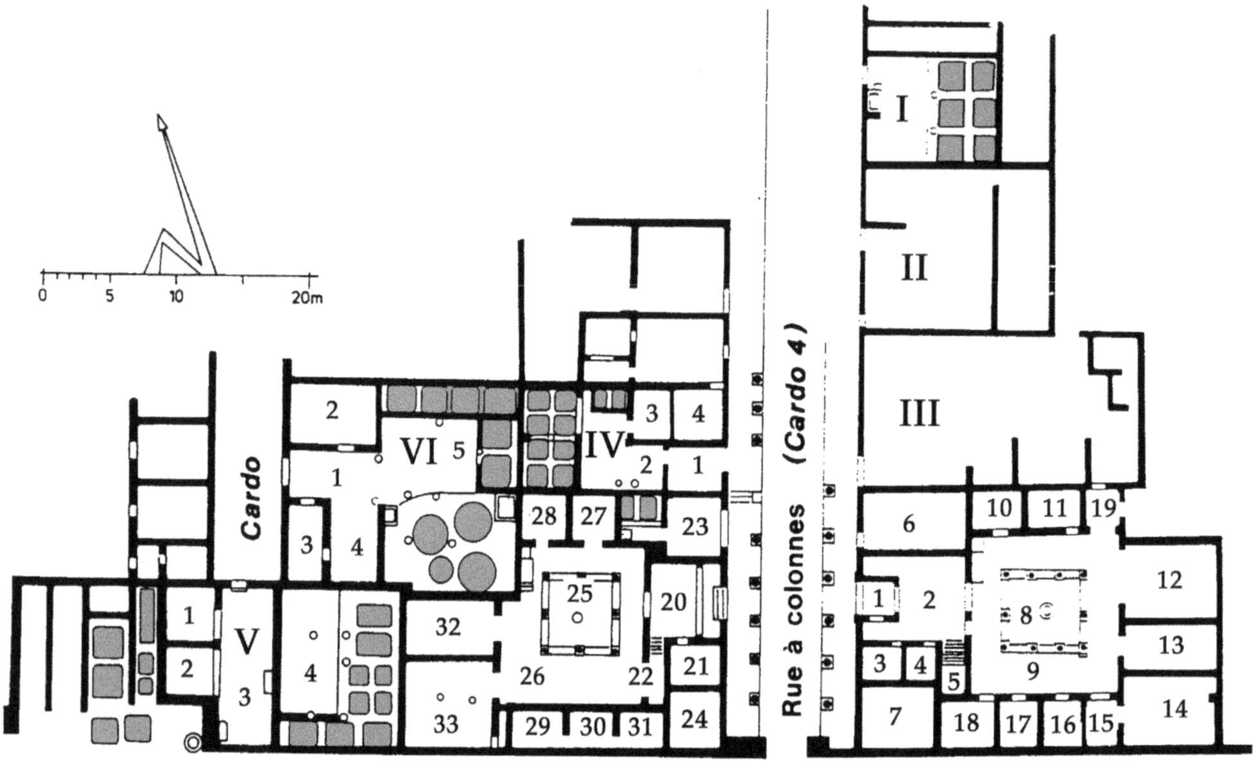

Figura 4. – Domus à péristyle et usines de salaisons à Baelo Claudia, d'après Sillières, 1995, 166, fig. 89.

qui nous étonne beaucoup aujourd'hui étant donné l'odeur dégagée par ce type d'activité. Toutefois, cette situation est attestée essentiellement aux IIe et IIIe siècles; en allait-il de même auparavant?

On a trouvé sur ce site des bassins de salaisons dans des sondages qui les datent de la fin de la République et de la période augustéenne, mais la fouille en extension, qui aurait pu dévoiler le plan de ces usines et leur intégration ou non dans la ville, n'a pas eu lieu. C'est sans doute une des directions de recherche à poursuivre sur ce site.

Le site industriel de Tróia entre dans cette dernière catégorie; même si ce site ne correspond pas à *Caetobriga*, qui est à Setúbal, il dépend certainement de cette ville et en constitue une extension sur l'autre rive de l'estuaire du Sado. Dans notre étude de 1994, nous avons exposé un certain nombre d'hypothèses. Les usines de Tróia sont des unités de production indépendantes les unes des autres, même lorsqu'elles sont mitoyennes. Un large mur de clôture les entoure et les sépare les unes des autres. Ce sont des unités de production de dimensions et de capacités très variables: les usines I/II pouvaient atteindre 750 m^3, mais l'usine III, au plan très classique en U, n'avait que 103 m^3 de capacité (Étienne, Makaroun, Mayet, 1994, 93-95, fig. 31). Dans l'ensemble, les bassins ont des dimensions supérieures à tout ce que nous connaissons par ailleurs: dans l'une des usines détruites le long du Sado, un seul bassin avait une capacité de production à lui seul de 67 m^3, capacité supérieure à bien des petites usines de l'Alentejo et de l'Algarve. Ce grand bassin faisait partie d'une grande salle de bassins en U autour d'une cour; sa profondeur, semblable à celles des autres bassins, ne permet pas de le confondre avec une salle quelconque. Chaque unité de production, enfin, est liée à une maison, demeure du propriétaire et siège de son administration. La maison des usines I/II, encore à fouiller sous une dune de sable, devait être richement décorée, vu les fragments de fresque découverts dans un bassin de salaisons abandonné. D'ailleurs l'importance des thermes laisse à penser que cette maison sera vaste. D'autres maisons possèdent un étage en place, encore visible dans les dunes du littoral: on aperçoit les trous de solives qui supportaient les poutres du plancher et une fenêtre située à l'étage.

C'est la raison pour laquelle nous pensons que sur le plan de la propriété et sur le plan des structures de production, il n'y avait aucune différence entre les établissements isolés, dits ruraux, et les établissements urbains. Dans le second cas, il s'agit d'un regroupement d'unités indépendantes sur un site particulièrement riche en produits de la mer, proche de marais salants et de fours d'amphores, comme c'était le cas sur les estuaires du Tage et du Sado.

Les usines I/II de Tróia ne pouvaient appartenir qu'à un très riche propriétaire, à une famille assez importante pour s'offrir un mausolée sur sa propriété à partir du IIIe siècle. Si l'on additionne les surfaces occupées par les deux salles de bassins, les thermes, l'entrepôt, la maison du maître encore à découvrir et sans doute d'autres bâtiments annexes, on arrive facilement à l'équivalent d'une belle villa. Hélas, cette activité lucrative n'est pas considérée comme honorable; personne ne se vante de posséder de telles entreprises. Si

Umbricius Scaurus est connu à Pompéi, c'est grâce à quelques *tituli picti* sur des *urcei* et surtout grâce à une mosaïque de sa maison, sur laquelle apparaissent quatre *urcei* avec des inscriptions identiques. Il a donné son nom à une sauce, possédait plusieurs officines et il a dû construire une sorte d'«empire industriel»; sa maison révèle sa richesse, mais lui-même n'a fait l'objet d'aucune reconnaissance, d'aucun honneur, d'aucune charge municipale par exemple. Seul son fils, grâce à l'argent gagné par son père dans l'industrie des saumures, a pu accéder à une charge municipale et a laissé son nom et cet honneur sur son tombeau (Curtis, 1991, 92-96, Étienne, Mayet, 1991, 187-194).

Un personnage important de *Sexi*, *C. Aemilius Niger*, prêtre provincial du culte impérial de Bétique, pourrait bien devoir une partie de sa fortune à la production et à la commercialisation des saumures. Il est connu par une inscription sur un piédestal, découvert en remploi dans un des murs d'une dépendance des usines de salaisons d'El Majuelo, à Almuñécar (Étienne, 1999). Naturellement, rien ne transparaît directement dans l'inscription. Mais le lieu de sa découverte et le fait que le piédestal a été élevé à titre privé par ses trois affranchis, surnommés *Ligurius*, *Delius* et *Italicus*, démontrent que leur patron avait des intérêts dans cette industrie. Ces trois *cognomina* révèlent l'activité commerciale de ces hommes et donc le lien qui pouvait exister entre des *mercatores* et un gros producteur.

Dans les inscriptions peintes sur amphores à *garum*, à l'emplacement δ situé près de l'anse, on trouve un nom, plus souvent un surnom, suivi parfois de chiffres. Plutôt que le nom du propriétaire, nous pensons qu'il s'agit plutôt de l'*officinator*, esclave ou affranchi, qui dirige l'usine pour son patron (Étienne, Mayet, 2002, 105-106).

Voici, à peu de choses près, l'état de la problématique sur la production des saumures dans l'Hispanie romaine: une carte de répartition des établissements de salaisons complétée et surtout précisée, de grands manques encore sur l'organisation complète de ces établissements, car les fouilles sont presque toujours partielles, les progrès dans le domaine de la chronologie doivent être poursuivis. Notre connaissance des producteurs proprement dits risque d'être pour longtemps au point mort. Où en est-on du côté de la production des amphores ?

2.– La production d'amphores à sauces et salaisons de poisson.

Il est évident que des unités de production, si nombreuses et si importantes pour certaines d'entre elles, ne pouvaient travailler que pour l'exportation, que celle-ci soit régionale ou lointaine. Pour l'une comme pour l'autre, les produits étaient essentiellement contenus dans des amphores qui sont parvenues jusqu'à nous. Ce sont les mêmes amphores qui ont commercialisé les saumures sur le plan régional, comme les villas de l'Alentejo et de São Cucufate en particulier nous l'ont confirmé, et au loin, à l'extérieur de la Lusitanie. Sans ces conteneurs nous ne connaîtrions pas l'impact des sauces et salaisons de poisson sur le commerce et sur l'alimentation des habitants de l'Empire.

Cela ne fait pas longtemps que l'on étudie conjointement production de saumures et production d'amphores. M. Ponsich et M. Tarradell (1965) parlent fort peu des amphores et d'ailleurs ne les présentent pas dans leur ouvrage. Vingt ans plus tard, J. C. Edmondson tente d'établir une nouvelle typologie en liaison avec les saumures lusitaniennes; R. Curtis parle des amphores dans son ouvrage (1991), mais sans s'appesantir sur leur production; M. Ponsich, en reprenant le *garum* en 1988, fait cette fois-ci une place aux amphores et surtout à leurs lieux de production (Ponsich, 1988, 65-77).

Il paraît évident aujourd'hui qu'on ne peut pas parler de production de saumures sans parler de la production des amphores qui les ont exportées. C'est la raison pour laquelle nous nous sommes intéressés à l'estuaire du Sado qui réunissait marais salants, pêche fluviale et pêche en mer, établissements de salaisons et fours d'amphores, dans une région encore peu urbanisée, contrairement à l'estuaire du Tage par exemple.

Les recherches se sont multipliées sur les amphores romaines pendant cette dernière décennie, des recherches qui ont largement complété nos connaissances sur la typologie, la chronologie et les lieux de production de ces conteneurs que l'on retrouve dans toute la Méditerranée occidentale. Il n'est pas question d'en donner ici un résumé, même succinct: leurs auteurs le feront mieux que nous-mêmes; nous présentons seulement les progrès et les problèmes qui se sont posés à nous au cours de nos travaux.

2.1.- La typologie des amphores.

Sur le plan de la typologie des amphores, nous avons eu la chance de bénéficier de l'ouvrage de Miguel Beltrán (1970) qui a servi de base aux recherches postérieures sur les amphores, comme l'ouvrage de M. Ponsich et M. Tarradell l'a été pour les établissements de salaisons. Les types d'amphores à saumure sont nombreux et variés, beaucoup plus que pour les amphores à vin et à huile. Plus qu'à la dispersion des lieux de production, cette variété semble être la conséquence de la double tradition – punique et romaine – dont ces amphores se sont inspirées et de la longue durée de leur production, de l'époque républicaine jusqu'au Ve siècle au moins. En effet, tout au long de cette période, elles ont subi peu de concurrence de la part des autres conteneurs que sont les *dolia* et fûts de bois, contrairement aux amphores vinaires.

Il n'y a pas eu de révolution sur le cadre général de la typologie; ce sont surtout les variantes de certains types qui ont été mises en valeur ou bien leur chronologie qui a été précisée. Nous allons nous arrêter sur quelques cas que nous connaissons mieux par nos recherches.

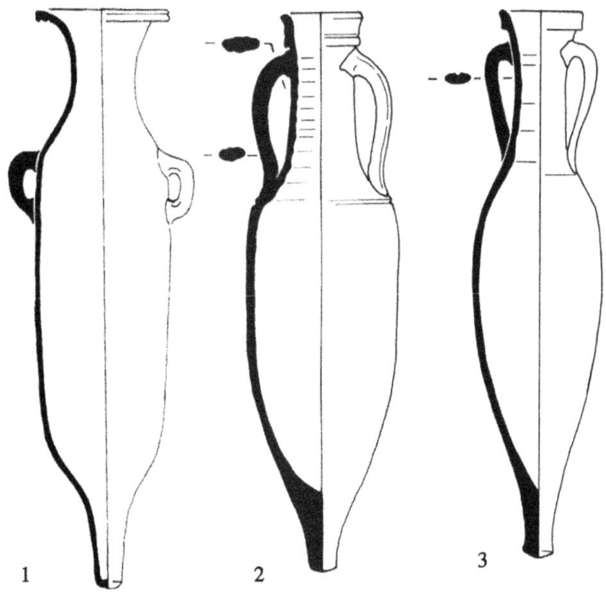

Figura 5. – Amphores d'époque républicaine et augustéenne.

Tout d'abord un groupe d'amphores de la fin de la République et de l'époque augustéenne. Deux types principaux se partagent les niveaux de cette période dans le sud de l'Espagne. L'un, de tradition punique, avec l'amphore Mañá C2b ou Dressel 18 (figura 5, 1), caractérisée par son embouchure en trompette, une longue panse cylindrique, deux petites anses en arc de cercle, situées assez bas sous l'épaulement, un fond cylindrique creux qui deviendra une des caractéristiques des amphores à *garum* romaines, amphore produite essentiellement avec la pâte calcaire typique de la baie de Cadix. L'autre type regroupe une série d'amphores, de tradition italique ou même gréco-italique; il s'agit d'une série peu homogène dont le bord peut être comparé à ceux des amphores Dressel 1A, 1B et 1C; les anses ont un profil en S, typique des amphores Dressel 1C, et le fond est plein (figura 5, 2). Ces imitations plus ou moins fidèles ont été produites dans certains ateliers de la baie de Cadix et dans ceux de la baie d'Algésiras, notamment celui d'El Rinconcillo et sans doute *Baelo Claudia*. Dans ces deux derniers cas, ces amphores sont des amphores à *garum* qui pourraient bien avoir constitué le prototype de l'amphore Dressel 12 (Mayet, 1999), très proche du modèle italique (figura 5, 3).

Du côté de la Lusitanie, de l'estuaire du Sado particulièrement, la typologie des amphores lusitaniennes a été précisée. Aujourd'hui, on distingue facilement l'amphore Dressel 14 de Bétique (figura 6, 1) de l'amphore Dressel 14 de Lusitanie (figura 6, 2 et 3). On a toujours considéré la seconde comme une imitation de la première; cette question, pour nous, n'est pas encore résolue. La fouille de l'atelier d'Abul situe les premiers essais de cette amphore sous le règne de Tibère et le début de sa production de masse sous le règne de Claude. Certes, les potiers de Lusitanie se sont inspirés d'amphores de Bétique, mais pas spécialement de l'amphore Dressel 14. La question pour nous reste ouverte: il faudrait comparer le tout début de l'apparition de chaque type pour la trancher. Sur ce même atelier d'Abul, nous avons distingué pour cette amphore trois variantes principales: le bord en léger bandeau, visible au milieu du Ier siècle, disparaît rapidement pour laisser la place à un bord ouvert dont l'extrémité s'arrondit et s'épaissit de plus en plus dans le courant du IIe siècle (Mayet, Tavares da Silva, 2002). Elle offre une plus grande contenance que son homologue de Bétique et un meilleur rapport entre son poids et sa contenance; en revanche elle est certainement moins solide, sa pâte est friable et la paroi de sa panse trop fine. Cela explique le faible nombre d'amphores entières retrouvées dans nos fouilles. Nous sommes étonnés que la Lusitanie n'ait produit qu'un seul type d'amphore pendant les deux premiers siècles de notre ère, tandis que la Bétique en produisait une grande variété.

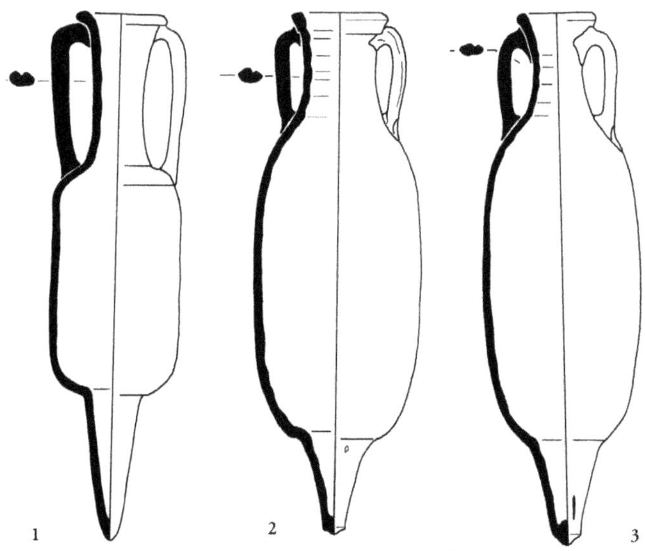

Figura 6. – Amphores Dressel 14 de Bétique (1) et de Lusitanie (2 et 3).

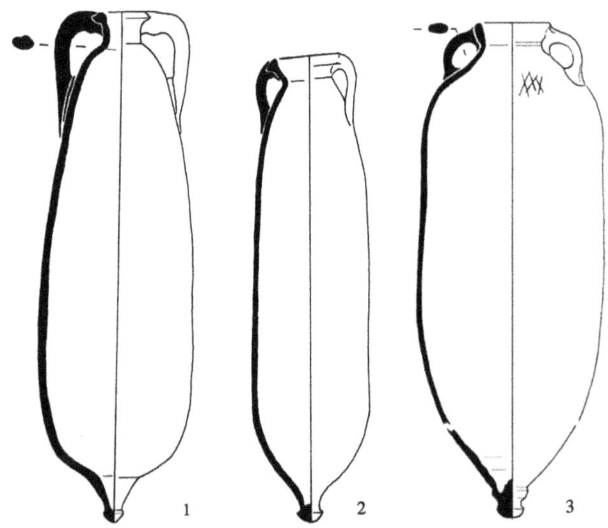

Figura 7. – Amphores Almagro 50 de Bétique (1), de Lusitanie (2) et amphore Sado 1 (3).

En revanche, pour les amphores du Bas Empire, la variété est au rendez-vous en Lusitanie. Nous confirmons que l'amphore Almagro 50 a bien été produite par les potiers lusitaniens (figura 7, 2), mais toujours dans une proportion certes difficile à préciser, mais toujours très faible. Les amphores Almagro 50 à pâte calcaire, que l'on rencontre souvent en Lusitanie et dans les épaves sous-marines, viennent en fait des ateliers de la baie de Cadix (figura 7, 1). Leur découverte à Puente Melchor (Puerto Real) (García Vargas, 1998) est venue confirmer une hypothèse qui ne reposait jusqu'alors que sur des analyses pétrographiques. Là aussi, on aimerait savoir si l'amphore lusitanienne est bien une imitation de l'amphore de Bétique, ce qui paraît le plus logique pour le moment. Malgré tout, l'atelier d'Abul a donné de nombreux essais intermédiaires entre l'amphore Dressel 14 tardive et l'amphore Almagro 50 qui rendent compte des différences de la forme lusitanienne. Une autre forme lusitanienne semble issue de l'amphore Almagro 50, sans l'imiter de façon précise, c'est la forme que nous avons appelée Sado 1 (figura 7, 3) et correspondant au bord de forme Keay LXXVIII. Cette forme a eu plus de succès que l'amphore Almagro 50 proprement dite; d'ailleurs, nous avons noté deux variantes de bord qui se sont succédé entre le milieu du IIIe siècle et le début du Ve.

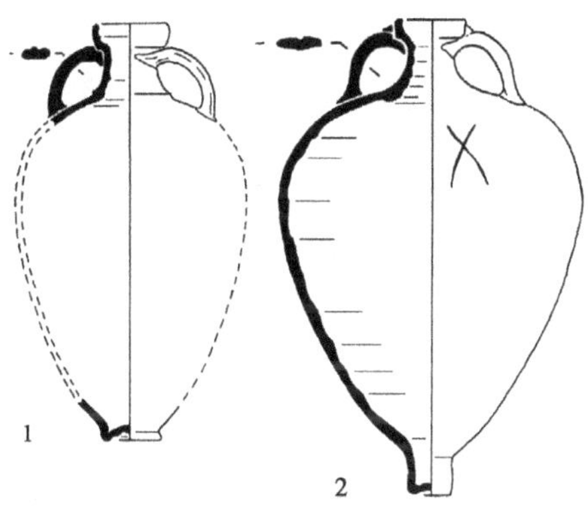

Figura 8. – Amphores Almagro 51c, variante A (1), variante B (2) et variante C (3).

L'amphore Almagro 51c reste la grande amphore lusitanienne du Bas Empire, surtout dans ses variantes B et C (figura 8). Inspirée des amphores à fond plat du Haut Empire, nous nous demandons toujours pourquoi une amphore si petite et au col si étroit a pris autant d'importance. Y a-t-il eu des changements dans la pêche au point qu'il n'y avait plus que des sardines et des petits maquereaux à exporter ou bien davantage de sauces, type *hallec*, que de véritables salaisons ? La question reste ouverte Nous savons aujourd'hui que ce type d'amphore a été fabriqué également en dehors de la Lusitanie et en particulier dans la baie de Cadix. Peut-être dans ce cas avons-nous affaire à une imitation en Bétique ?

L'amphore Almagro 51a-b, moins piriforme que l'amphore Almagro 51c dans le début de sa production, présente la même évolution dans le temps vers des formes fusiformes, de plus en plus étroites et petites, ayant un col si étroit au Ve siècle qu'on l'a longtemps classé dans les fouilles parmi la céramique commune et non parmi les amphores.

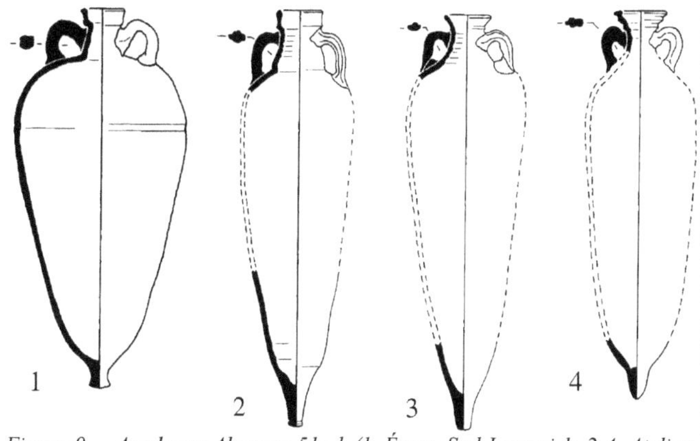

Figura 9. – Amphores Almagro 51a-b (1. Épave Sud-Lavezzi 1; 2-4. Atelier de Pinheiro).

Produites dans l'estuaire du Sado et en Algarve, elles le sont aussi dans un certain nombre d'ateliers de Bétique, notamment dans la province de Malaga et Grenade, à Huerta del Rincón et à Los Matagallares (Bernal *et alii*, 1998). Les épaves contenant ce type d'amphore sont datées de la fin du IVe et du début du Ve siècle; en Lusitanie, elle n'apparaît pas avant la fin du IVe siècle, aussi bien à Pinheiro (Mayet, Tavares da Silva, 1998) qu'à Martinhal (Tavares da Silva *et alii*, 1990), en Algarve. On pourrait se demander si la production de cette amphore ne serait pas plus précoce en Bétique, avec des formes plus larges comme celle de l'épave *Sud-Lavezzi 1*.

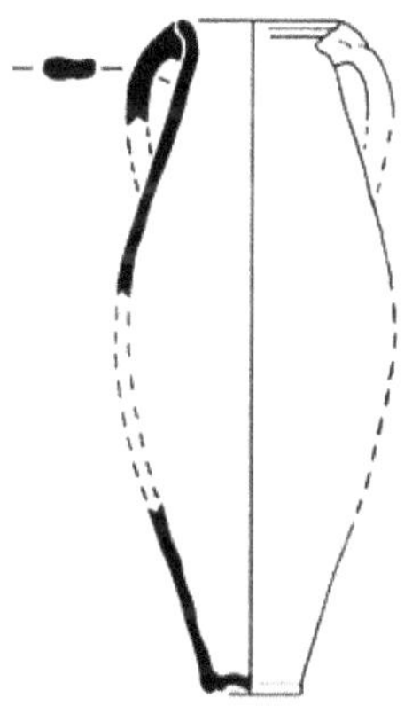

Figura 10. – Amphore Sado 2 de l'atelier de Pinheiro.

Enfin, nous signalons une petite amphore tardive que nous avons appelée Sado 2, fabriquée dans l'atelier de Pinheiro à la fin du IVe et au Ve siècle, cuite dans les plus petits fours de cet atelier. Le col est facile à confondre avec de la céramique commune; Inês Vaz Pinto en a trouvé un certain nombre d'exemplaires dans le matériel du Bas Empire de São Cucufate (Lopes, Vaz Pinto, 2005) prouvant ainsi que ce petit conteneur (0,50 à 0,55 cm de hauteur) servit au commerce local et régional.

2.2.- Le problème des imitations.

A mieux connaître les amphores, leur typologie et leurs lieux de production, on pourrait croire que l'on va mieux appréhender le commerce des salaisons et sauces de poisson.

Cela est vrai dans un certain sens, surtout si l'on tient compte d'une origine géographique assez vaste, par exemple le sud ou le sud-ouest de la Péninsule Ibérique. Mais si l'on veut préciser davantage l'origine, les problèmes au contraire ont tendance à se multiplier.

En effet, on découvre de plus en plus d'ateliers éloignés les uns des autres, mais ayant produit les mêmes types d'amphore ou bien des amphores s'inspirant les unes des autres. Cette constatation n'est pas valable seulement pour les saumures, mais aussi pour le vin et pour l'huile. Pour ces deux derniers produits, l'imitation frôle parfois la contrefaçon, la volonté d'induire le client en erreur, de faire croire que telle forme d'amphore contient toujours le même produit et la même origine. Deux cas sont incontestables: l'amphore Dressel 1B de Tarraconaise transportait-elle du vin italien ou de vin hispanique ? Le client croyait-il boire du vin italien, alors qu'il buvait du vin hispanique ? Que dire également des amphores Dressel 20 fabriquées dans le nord-est de la Gaule et en Germanie Supérieure, là où ne poussent plus les oliviers ? Voulait-on faire passer de l'huile de noix pour de l'huile d'olive de Bétique ? (Laubenheimer, 2000, 1121-1127; Ehmig, 2000, 1143-1152).

Dans le domaine des salaisons, Lyon est connu aujourd'hui pour avoir fabriqué des amphores Dressel 9 *similis*, exportant des saumures qui ne pouvaient pas provenir de la région. On peut se demander si elles servaient seulement à remplacer les amphores qui s'étaient cassées pendant le voyage maritime puis fluvial, lors du transbordement peut-être, ou bien si elles jouaient un rôle de redistribution pour des produits arrivés en vrac, dans des *dolia* ou des fûts en bois, à moins qu'elles n'exportent des sauces particulières, élaborées par un industriel lyonnais à partir de *hallec* ou de salaisons hispaniques, comme faisait *Umbricius Scaurus* à Pompéi. Ce qui est évident, c'est la volonté des marchands d'exporter leurs marchandises dans des conteneurs de forme connue et facilement identifiables pour leurs clients.

Heureusement, toutes les amphores à *garum* n'ont pas été faciles à imiter. L'amphore Almagro 50 de Lusitanie ne peut jamais être confondue avec son homologue de Bétique, ni sur le plan de la pâte bien entendu, ni sur le plan morphologique. Il faudrait savoir si les Anciens étaient aussi sensibles que nous sur ces détails. En revanche, pour les amphores Almagro 51c et Almagro 51a-b, produites dans ces deux provinces, il n'est pas toujours aisé d'identifier leur provenance. Par exemple, sur l'épave *Port-Vendres I* (Pyrénées-Orientales), on trouve des amphores Almagro 51c lusitaniennes et des amphores Almagro 51c de Bétique; on les distingue plus par la pâte que par la morphologie, au moins à première vue. Moi-même (F.M), je ne les ai identifiées qu'après avoir su et vu que ces amphores étaient aussi produites dans la baie de Cadix et je ne suis pas sûre de mon classement à 100 %: il faut dire que les amphores qui ont séjourné pendant des siècles dans l'eau de mer finissent par revêtir un aspect identique.

Faut-il conclure qu'un type d'amphore est imité pour transporter le même type de produit, même s'il n'y a pas toujours la volonté d'induire l'acheteur en erreur ? Il était tout simplement pratique de pouvoir reconnaître le produit exporté et vendu par la forme du conteneur, un peu comme avec les bouteilles de vin modernes. Mais cette règle connaît une exception au moins, celle des amphores de forme italique produites dans la baie de Cadix et la baie d'Algésiras. La soi-disant amphore Dressel 1C de Belo a été parfois baptisée amphore vinaire, en raison du modèle qu'elle imitait. En fait, il s'agit d'une amphore à *garum* comme l'avait déjà pensé Cl. Domergue; nous sommes également de cet avis, en raison du contenu des marques qu'elle porte (Étienne, Mayet, 1994). La découverte récente d'une imitation d'amphore gréco-italique dans un bassin de salaisons de cette ville vient conforter cette identification (Bernal *et alii*, 2003). On pourrait trouver d'autres exemples, moins frappants cependant: les premières amphores Dressel 14 du Sado ne sont pas sans faire penser à l'amphore Haltern 70 (bord en bandeau et anses en particulier), mais avec un fond immédiatement plus important et creux comme presque toutes les amphores à *garum*. Les premières amphores Almagro 51c (variante A) s'inspirent de modèles à fond plat qui transportaient du vin (Oberaden 74, Dressel 28, Gauloise 4). Mais on pense que l'amphore Dressel 30, à fond plat aussi mais plus tardive, transportait peut-être l'huile de Maurétanie Césarienne !

Les problèmes qui restent à résoudre sont encore nombreux; les progrès font toujours apparaître de nouvelles questions et les jeunes générations d'archéologues ne manqueront pas de travail. Naturellement, il faudrait publier tous les ateliers et surtout préciser la date d'apparition de chaque type d'amphore pour savoir dans quel sens jouent les imitations et influences.

2.3.- Les centres de production d'amphores à *garum*.

Tout comme pour les établissements de salaisons, nous avons tenté de dresser une carte de répartition des ateliers qui ont produit ces amphores à salaisons et sauces de poisson. Nous parlons de tentative car nous nous sommes heurtés à de nombreuses difficultés et même à quelques impossibilités. Les fours d'amphores sont connus essentiellement quand ils sont sur le point d'être détruits par des travaux urbains ou routiers; même quand ils font l'objet d'une fouille d'urgence ou de sauvetage, celle-ci est rarement suivie d'une publication exhaustive. On connaît peu de fours tardifs car ils sont plus mal construits que sous le Haut Empire et se conservent très mal. Une autre difficulté réside dans la multiplication de la dénomination de certains fours, comme pour certaines épaves, et dans l'impossibilité de les retrouver sur le terrain car ils ont été souvent détruits après leur découverte. Cette carte est donc incomplète et imprécise sans doute, mais elle révèle cependant les grandes régions de production.

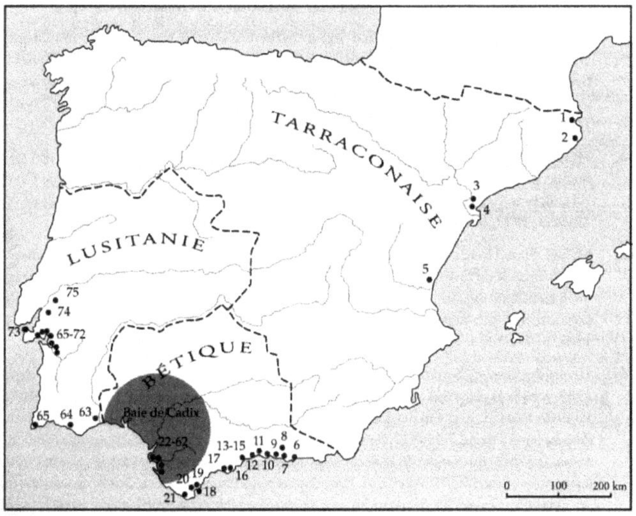

Figura 11. – Répartition des fours à garum dans la Péninsule Ibérique (Étienne, Mayet, 2002, 161, fig. 49).

Même en ne retenant que les sites ayant sûrement produit des amphores, et donc en éliminant les lieux hypothétiques, la suprématie de la baie de Cadix saute aux yeux immédiatement. Sur les soixante-quinze ateliers principaux comptabilisés, quarante et un se trouvent au voisinage de la baie de Cadix, soit près de 55 %. En Tarraconaise (n°s 1-5), la production d'amphores à *garum* semble être restée anecdotique; ce sont des amphores du Haut Empire (surtout Dressel 7/11) alors que le seul établissement de salaisons connu, celui de Rosas, est du Bas Empire. Ces amphores auraient-el les servi seulement à la redistribution de saumures arrivant par bateau du sud de la Péninsule ? On est étonné par l'absence de tels fours dans la province de Murcie autour de Carthagène; certes, on connaît une production de petites amphores tardives, sans savoir où elles ont été fabriquées ni si ce sont les seules à avoir transporter le fameux *garum sociorum*. De même, on aimerait savoir dans quelles amphores ont été transportées les saumures de Sexi (Almuñécar), peut-être dans des amphores Dressel 14A et Dressel 17 produites plus fréquemment à l'est qu'à l'ouest de Gibraltar. Les distances ne sont pas très grandes entre les établissements de salaisons et les fours d'amphores; ces dernières ont pu voyager à vide avant d'être remplies. Mais si les salaisons de Sexi ont duré de l'époque punique à la fin de l'Empire romain, il faut chercher d'autres conteneurs ayant pu les exporter.

Dans la province de Cadix, il faut distinguer deux groupes principaux. Le premier groupe entoure la baie d'Algésiras, depuis El Guadarranque à l'est jusqu'à *Baelo Claudia* à l'ouest: ce sont des productions d'amphores à pâte non calcaire, de couleur rouge ou orangée, réunissant des formes anciennes (Dressel 1, Dressel 1/12 et Dressel 12) et des formes du Haut Empire (Dressel 7-11, Beltrán IIA et IIB, Dressel 14A) que l'on doit pouvoir facilement distinguer des productions gaditaines par leur type de pâte. Le second groupe réunit les ateliers installés autour de la baie de Cadix. Leurs productions se remarquent par leur pâte calcaire, de couleur claire, allant de l'ocre rosé plus ou moins soutenu au blanc jaunâtre ou au blanc verdâtre, selon les cuissons; elles se caractérisent aussi par une typologie variée: Dressel 1 et 1/12, Dressel 18, Dressel 7-11, Beltrán IIA et IIB, avec de nombreuses variantes pour le Haut Empire, Almagro 50, Beltrán 72 et Almagro 51c pour le Bas Empire, sans oublier les formes intermédiaires du début du IIIe siècle (García Vargas, 1998). Les amphores de la baie de Cadix se distinguent facilement de leurs homologues de la baie d'Algésiras et de Lusitanie.

Nous avons suivi le catalogue publié par L. Lagóstena Barrios (1996) pour ne pas compliquer les choses; mais nous avons été étonnés par la disparité des témoignages recueillis sur le terrain. Certains de ces sites possédaient parfois un grand nombre de fours, souvent disparus pour toujours; d'autres ne sont connus que par un seul four; d'autres enfin n'ont donné aucune structure mais seulement des dépotoirs et/ou des rebuts de cuisson. Certains de ces gisements sont si proches les uns des autres qu'ils pourraient faire partie du même atelier. D'ailleurs, la notion d'atelier convient-elle aux structures de production de la baie de Cadix ? Ne s'agirait-il pas d'un seul et même centre de production ?

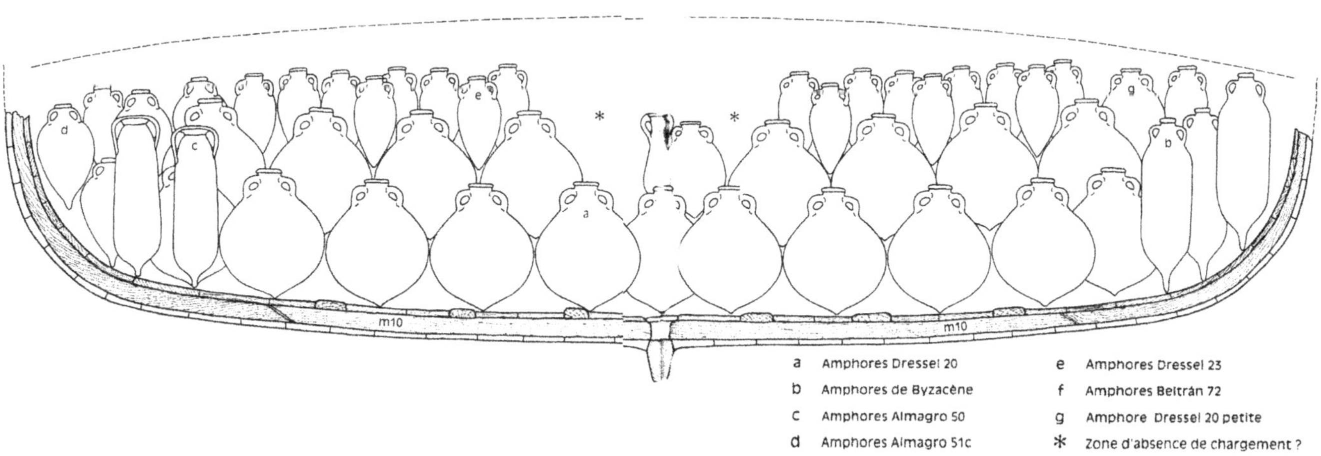

Figura 12. – Coupe du chargement du bateau Cabrera III au niveau de la membrure 10 (Épave Cabrera III, 30-31, fig. 6).

On peut regretter qu'il n'y ait pas encore de publication exhaustive d'un atelier de la baie de Cadix, avec structures architecturales et productions de céramique correspondantes, alors que nous connaissons mieux les ateliers de Málaga et de Grenade. Quand publiera-t-on le matériel conservé dans les réserves du Musée de Cadix ? C'est évidemment un travail d'équipe qui sera nécessaire et bien des étudiants pourraient contribuer à publier systématiquement un matériel sans lequel on ne pourra pas progresser réellement dans cette région.

Pour la Lusitanie, le chiffre minimum des treize ateliers retenus est sans doute dépassé aujourd'hui; mais les trois principaux centres de production d'amphores, à savoir l'Algarve, l'estuaire du Tage et l'estuaire du Sado, correspondent aux trois régions de production de saumures.

En ce qui concerne les productions d'amphores du Haut Empire, on voit nettement la prépondérance et la variété des amphores de Bétique, tandis qu'un seul type d'amphore est fabriqué en Lusitanie. Pour le Bas Empire, on retrouve les mêmes types d'amphore dans les deux provinces, avec sans doute l'amphore Almagro 50 qui domine en Bétique et l'amphore Almagro 51c en Lusitanie. Comment expliquer l'uniformisation des sauces et des salaisons de poisson, ainsi qu'une certaine uniformisation des conteneurs ? Elles ne peuvent être que le fait de ceux qui étaient responsables de l'exportation de ces produits, c'est-à-dire les marchands et surtout des marchands de Gadès.

3. – Le rôle des marchands et industriels de Gadès.

Cette volonté de produire partout les mêmes sauces et salaisons de poisson et cette volonté de les exporter dans des conteneurs qui se ressemblent montrent la toute puissance de la classe des marchands. Ce sont eux qui passent commande, qui réceptionnent les marchandises et les transvasent souvent; ce sont eux qui s'associent à plusieurs pour les exporter au loin, vers Rome ou bien vers le *limes*. Ce sont eux qui surveillent le chargement des bateaux et qui sont responsables du voyage et de la bonne arrivée des marchandises: leur fortune et/ou celle de leur patron en dépendent.

3.1.- L'épave Cabrera III (Majorque).

En étudiant la composition du chargement de l'épave *Cabrera III*, nous nous sommes aperçus qu'il avait été constitué en une seule fois, au départ. Les amphores y étaient rangées en fonction de leurs formes et de leurs dimensions, de telle façon qu'elles étaient maintenues en place les unes par les autres. Cela est évident sur la coupe hypothétique que les fouilleurs ont pu reconstituer à partir de leurs constatations (figura 12).

Les amphores Dressel 20 étaient posées sur la coque, en fond de cale et sur des sarments de vigne, de part et d'autre de la quille et elles étaient rangées en carré sur deux niveaux superposés. Au-dessus de ces amphores à huile, l'espace restant jusqu'au pont a été comblé par de plus petites amphores (Dressel 23, Beltrán 72 et même une petite amphore Dressel 20). Sur les flancs du bateau, d'autres types d'amphores complètent le chargement: des amphores Almagro 50 à bâbord, puis des amphores Almagro 51c quand la coque remonte; à tribord, ce sont les amphores de Byzacène qui ont été placées. Ce schéma correspond à un schéma logique, plaçant les amphores les plus lourdes et les plus encombrantes au fond du bateau, les amphores hautes et étroites rattrapant plus ou moins les deux rangées d'amphores Dressel 20, les petites amphores surmontant le tout pour occuper tout l'espace.

Un telle disposition impose nécessairement que le chargement ait été constitué en une seule fois, pour des raisons d'équilibre; il ne peut donc pas résulter d'un cabotage étalé dans le temps et dans l'espace, comme on le croyait autrefois quand on trouvait des amphores de provenance diverse sur un même bateau. De même, la cargaison n'a pu être livrée que complète, pour les mêmes risques de déséquilibre. Le bateau *Cabrera III* appartient à la navigation au long cours, allant d'un port-entrepôt à un autre port-entrepôt; il fréquentait la grande route commerciale venant du détroit de Gibraltar et se dirigeant vers les côtes d'Italie, vers Ostie certainement. C'était la route la plus fréquentée par les navires de commerce. La composition de la cargaison et celle du « trésor » monétaire contenu dans une amphore Dressel 23 – la caisse du capitaine sans doute – militent en faveur du port-emporion de Gadès comme point de départ de ce bateau. Seuls les entrepôts de ce port pouvaient accueillir les productions de Bétique, celles de Lusitanie et celles de provinces plus lointaines, comme la Byzacène. La présence des amphores de Byzacène n'étonne plus aujourd'hui, car on les trouve de plus en plus sur le pourtour de la Péninsule Ibérique, depuis la Tarraconaise jusqu'en Lusitanie. En revanche, que faisaient-elles sur le site de Tróia, site lui-même producteur de saumures ? C'est une question à laquelle il faudra tenter de répondre à l'avenir.

Cette épave n'est pas la seule à contenir des amphores et des produits hispaniques, loin de là. Les épaves sont nombreuses à jalonner cette route commerciale et presque toutes recélaient plusieurs types d'amphore. Sous le Haut Empire, ces bateaux transportaient vin, huile et saumures, entre autres, comme l'épave *Port-Vendres II*, et il est vraisemblable que la majorité d'entre eux provenait du port de Gadès. Nous avons dressé la carte de ces épaves en Méditerranée occidentale (figura 13) pour cette époque: toutes celles qui sont suffisamment fouillées et publiées contiennent des saumures hispaniques, presque toujours dans des amphores produites dans la baie de Cadix.

Au Bas Empire, les amphores vinaires ont disparu de ces bateaux et la provenance des amphores à saumures s'est diversifiée, mais la route commerciale entre Gadès et Ostie s'est maintenue tout au long de l'Empire.

Après avoir étudié les cargaisons des épaves *Port-Vendres II* (1977) et *Cabrera III* (1992), nous avons été persuadés de l'importance du port et des gens de Gadès dans l'exportation des trois produits principaux transportés en amphores: vin, huile et saumures. Peu après, une autre hypothèse est venue renforcer cette conviction et ce sont les amphores de *Baelo Claudia* qui en sont l'origine.

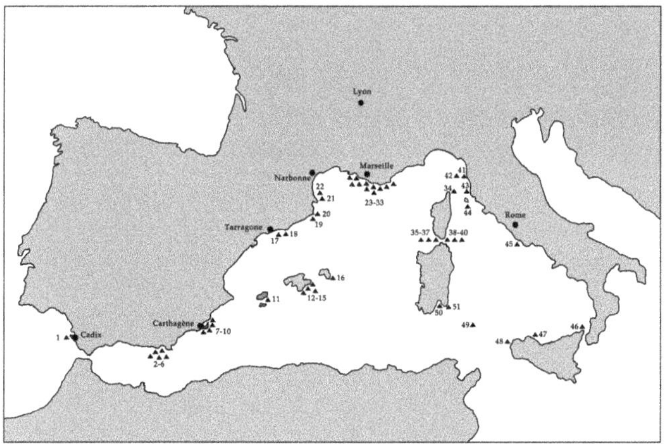

Figura 13. – Épaves sous-marines contenant des amphores à saumures hispaniques datant du Haut Empire (Étienne, Mayet, 2002, 197, fig. 61).

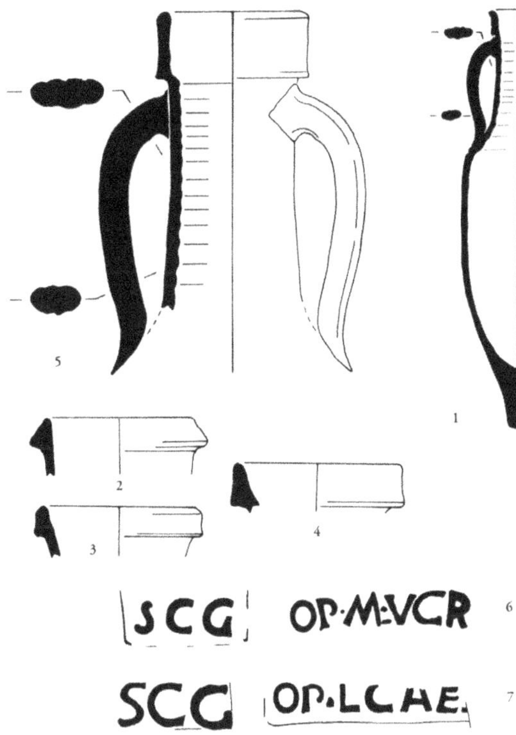

Figura 14. – Amphores « Dressel 1C » de Baelo Claudia (Étienne, Mayet, 2002, 114, fig. 27).

3.2.- Une *societas cetariorum gaditanorum.*

En étudiant le matériel amphorique des fouilles de *Baelo Claudia*, nous avons repris le dossier des amphores de tradition italique, produites sur ce site ou dans un lieu très proche. Les cols de la forme dite « Dressel 1C » de Belo sont connus depuis la reprise des fouilles en 1966 et Cl. Domergue, tout en leur donnant cette dénomination, en a fait une amphore à *garum*. Les exemplaires qu'il a publiés montraient un haut bord en bandeau vertical, un col cylindrique et des anses au profil en S qui rappelaient bien le prototype italique. Toutefois, en regardant la totalité de ce matériel, il est visible que le bord de ces amphores est loin d'être homogène car on y rencontre des bords au profil triangulaire, proches de celui de l'amphore italique Dressel 1A, des bords en bandeau vertical de hauteur très variable, entre deux et huit centimètres. La forme générale est assez proche du modèle italique, avec 1,10 mètre de hauteur, une panse cylindrique, un épaulement moins marqué, un fond plus ou moins conique, plein et massif, très lourd à soulever.

La pâte de ces amphores « Dressel 1C » de Baelo est rouge, parfois presque rose, contenant un dégraissant blanc nettement visible. Ces amphores étaient recouvertes d'un engobe crème, très souvent conservé. Les ratés de cuisson sont nombreux; ils se reconnaissent à leur couleur virant au gris ou bien au rouge lie-de-vin et par des fissures profondes. Ces amphores se sont cassé sans se déformer comme les amphores de la baie de Cadix. Notre hypothèse d'une production locale repose sur ces ratés de cuisson, sur l'existence d'une production d'amphores Dressel 21/22, de briques, de tuiles et de céramique commune sur le même site.

Cette production a été datée par les fouilles de la seconde moitié du Ier siècle avant notre ère et de l'époque augustéenne (Domergue, 1973, 111-112).

Une autre caractéristique de cette série d'amphores est de porter, sur les bords les mieux conservés, deux timbres de grande taille, avec des lettres creuses. L'un de ces timbres contient de façon constante les trois lettres S.C.G; le second timbre fait connaître deux noms, *M(arcus) Lucr(etius)* et *L(ucius) Caes(ius)*, précédés du terme *Op(us)*, habituel dans les timbres sur briques romaines, auxquels il faut ajouter *C(aius) Avienus*, présent sur des amphores Dressel 21/22, sur des briques et sur des tuiles. Nous ne connaissons, nulle part ailleurs dans la Péninsule Ibérique, cette association de deux timbres, fait qui milite aussi en faveur d'une production locale. Ces trois derniers noms correspondent à des *officinatores*, responsables d'un atelier de céramique et travaillant pour une entité connue par les trois lettres S.C.G.

C'est Cl. Domergue qui nous a mis sur la voie de la compréhension de ces trois lettres. Pour lui, le S correspondrait à *societas* ou à *socii* – et nous savons qu'il y en eut beaucoup à l'époque romaine –, le G pourrait être en rapport avec le *garum* et il ne savait pas à quoi correspondait le C intermédiaire. C'est parmi le matériel des fours d'El Rinconcillo (Algésiras) que nous avons trouvé le début de la solution: des cols semblables à ceux de Baelo portent également le timbre SCG, mais avec une graphie différente; des cols d'amphores Dressel 12 portent quant à eux le timbre S.CET. Dès lors le développement du C en *cetariorum* s'est imposé à nous. Puis le développement du G en *gaditanorum* nous a paru évident en constatant, qu'après la fin de la production des amphores Dressel 1C à Belo, ce sont les amphores produites dans la baie de Cadix qui sont venues chercher les sauces et salaisons de poisson de Belo. Les amphores locales étaient trop lourdes et leur contenance trop faible pour rivaliser avec les amphores de Cadix. Leur production a été abandonnée, mais la *societas* ou bien les *socii cetarii* de Gadès ont poursuivi leur mainmise sur les saumures de Baelo, saumures qu'ils devaient entreposer dans leurs magasins avant de les vendre à des marchands qui les exportaient au loin. Certains de ces marchands pouvaient être d'ailleurs des esclaves ou des affranchis de ces *socii*, comme les trois affranchis du prêtre du culte impérial, *C. Aemilius Niger*, d'Almuñécar.

Nous sommes persuadés que ces *socii cetarii* de Gadès, qui drainaient vers ce port les productions de saumures depuis *Baelo Claudia*, faisaient la même chose vers l'ouest jusque sur la côte alentéjane. On ne peut pas comprendre autrement la présence de nombreuses amphores de la baie de Cadix (Beltrán IIA et IIB, Almagro 50 et Beltrán 72) dans les centres de production de salaisons de l'Algarve jusqu'à ceux de l'île de Pessegueiro, en face de Sines. Elles venaient, vides ou pleines de sel, et repartaient chargées de sauces ou de salaisons vers les entrepôts de Gadès. Il est possible sans doute d'étendre cette hypothèse pour le littoral de la Maurétanie Tingitane, où l'on connaît de nombreux établissements de salaisons mais fort peu d'ateliers d'amphores et peu de ressources en sel.

L'existence de cette classe d'industriels ou entrepreneurs aide à mieux comprendre l'uniformisation des saumures connues sous le nom de *garum hispanum*, ainsi que l'uniformisation des formes d'amphore, sous le Bas Empire du moins. Les amphores Dressel 14 de Lusitanie, si abondantes dans les ateliers du Tage et du Sado, sont relativement rares dans les épaves sous-marines en Méditerranée. Nous nous demandons si elles n'ont pas servi seulement à transporter les sauces et salaisons lusitaniennes jusqu'aux entrepôts de Gadès. Comme elles étaient loin d'avoir la solidité des amphores de la baie de Cadix, les saumures ont dû changer de conteneurs dans ces entrepôts et être réexportées au loin dans des amphores à pâte calcaire. Cette hypothèse aurait l'avantage d'expliquer pourquoi la capacité de production d'amphores de la baie de Cadix, où l'on a retrouvé tant de fours, nous paraît supérieure à la capacité de production des usines de salaisons locales. En fait, les amphores de Gadès exportaient une grande partie des saumures du sud-ouest de la Péninsule; ce sont elles que l'on retrouve dans les épaves et dans les centres de consommation lointains.

Sur le plan des saumures, il y a eu complémentarité entre la Bétique et la Lusitanie. La baie de Cadix avait en abondance le sel, l'argile calcaire avec laquelle se fabriquaient les amphores résistant le mieux au transport maritime, des installations portuaires de grande envergure et une classe d'entrepreneurs et de marchands, sans doute héritée de l'époque punique. La Lusitanie avait quant à elle une grande capacité de production de saumures, mais des amphores moins solides pour résister aux tempêtes et une tradition commerciale beaucoup moins forte.

L'importance du port de Gadès dans la commercialisation des salaisons de poisson, telle que l'archéologie la révèle, rejoint la renommée de cette région dans les sources littéraires. En effet, Pline l'Ancien, dans le Livre IX de son *Histoire Naturelle*, parle à plusieurs reprises de l'*oceanus gaditanus*, de *fretum gaditanum* et de *gaditana litora*.

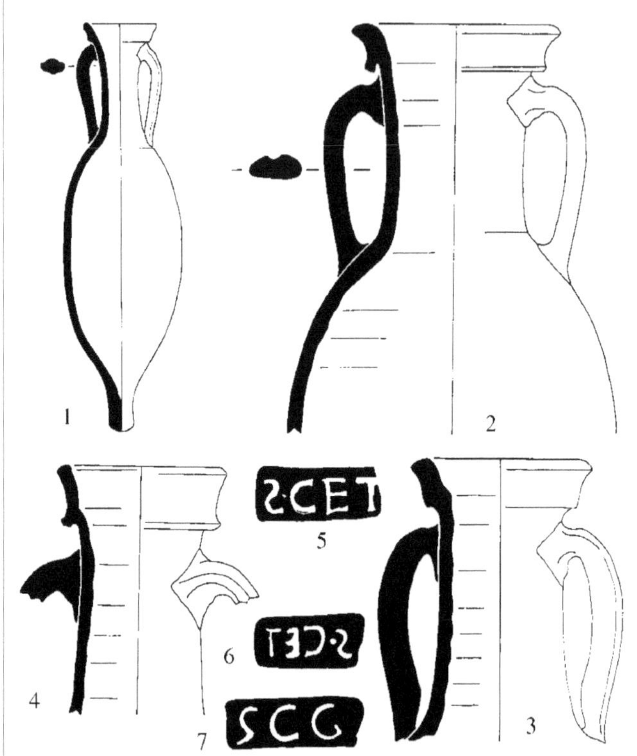

Figura 15. – Amphores et timbres d'El Rinconcillo (Algésiras) (Étienne, Mayet, 2002, 116, fig. 28).

En conclusion de cette présentation des salaisons et sauces de poisson en extrême Occident, nous voudrions dire que la voie ouverte par M. Ponsich et M. Tarradell a été largement suivie (voir entre autres, Lagóstena Barrios, 2001), que la problématique s'est élargie car il n'est plus question aujourd'hui de parler seulement d'usines de salaisons; il faut les replacer dans leur contexte, urbain ou non urbain; il faut y ajouter la production des amphores qui ont exporté ces produits, suivre leur diffusion dans le monde romain et par là toucher les centres de consommation et améliorer nos connaissances sur l'alimentation des Romains.

Pline l'Ancien lui-même attire notre attention sur le fait que « les poissons de mer ont été en usage dès la fondation de l'histoire de Rome » (*NH*, XXXII, 10), laissant entendre qu'ils ont joué un grand rôle dans le régime alimentaire des Romains. Le poisson de choix était consommé frais ou conservé dans des viviers (Étienne, 2005), alors que le poisson commun était consommé en conserve, séché ou salé, le second étant certainement beaucoup plus abordable. Les Romains ont ainsi privilégié l'apport des graisses *oméga 3*, tellement en honneur actuellement, et sans le savoir, ils ont favorisé l'allongement de la vie. Mais ils étaient suffisamment conscients de la supériorité de leur régime alimentaire pour, d'une part, le propager jusqu'aux frontières de l'Empire, par l'intermédiaire des soldats et, d'autre part, refuser de le partager avec les Barbares, comme nous l'apprend un texte du *Code Justinien* (IIII, XXXXI, 1): « A la date de 370-375, les empereurs Valentinien, Valens et Gratien interdisent tout transfert chez les Barbares de vin, d'huile et de *liquamen*, que ce soit en échantillon ou pour en faire commerce ». Nous retrouvons là les trois clés de la diététique romaine qui ont fait la richesse des provinces hispaniques.

Bibliographie

BELTRÁN LLORIS M. (1970): *Las ánforas romanas en España, Monografías arqueológicas, 8, Anejos de Caesaraugusta*, Saragosse.

BERNAL D. *et alii* (1998): *Los Matagallares (Salobreña, Granada). Un centro romano de producción alfarera en el siglo III d. C.*, Salobreña.

BERNAL D. *et alii* (2003): "Imitations of italic amphorae for fish sauce in *Baetica*. New evidence from the salt-fish factory of *Baelo Claudia (Hispania)", Rei Cretariae Romanae Fautorum Acta*, 38, 305-313.

CHEVALIER Y., SANTAMARIA C. (1972): "L'épave de l'Anse Gerbal à Port-Vendres (Pyrénées-Orientales)", *Revue des Études Ligures (Hommage à Fernand Benoit)*, XXXVII, 7-32.

CURTIS, R. I. (1991): *Garum and Salsamenta. Production and commerce in Materia Medica, Studies in Ancient Medicine, 3*, Leyde.

DESSE-BERSET N., DESSE J. (2000): "Salsamenta, garum et autres préparations de poissons", *Ce qu 'en disent les os, La culture maritime dans l'Antiquité*, 3, 73-97.

DOMERGUE C. (1973): *Belo I. La stratigraphie*, *Publications de la Casa de Velázquez, 1*, Madrid.

EDMONDSON, J. C. (1987): *Two Industries in Roman Lusitania: Mining and Garum Production, BAR, int. Ser., 362*, Oxford.

EDMONDSON, J. C. (1990): "Le garum en Lusitanie urbaine et rurale: hiérarchies de demande et de production", *Les villes de Lusitanie romaine. Hiérarchies et territoires (Talence, 1988)*, Paris, 123-147.

EHMIG, U. (2000): "Dressel 20/23: ex Baetica originalis-imitatio ex Germania superiore", *Ex Baetica Amphorae*, III, Écija, 1143-1152.

ÉPAVE CABRERA III = BOST J.-P., CAMPO M., COLLS D., GUERRERO V. et MAYET F. (1992): *L'épave Cabrera III (Majorque). Échanges commerciaux et circuits monétaires au milieu du IIIe siècle après Jésus-Christ*, Publications du Centre Pierre Paris, 23, Paris.

ÉPAVE PORT-VENDRES II = COLLS D., ÉTIENNE R., LEQUEMENT R., LIOU B. et MAYET F. (1977): *L'épave Port-Vendres II et le commerce de la Bétique à l'époque de Claude*, *Archaeonautica, 1*, Paris.

ÉTIENNE R. (1999): "Un nouveau prêtre provincial du culte impérial de Bétique", *Mélanges Claude Domergue, PALLAS*, 50, 141-152.

ÉTIENNE R. (2005): "Des viviers", *Actes du colloque international "Ressources et activités maritimes des Peuples de l'Antiquité" (Boulogne, 12-14 mai 2005)*.

ÉTIENNE R. (2004-2005): "L'interdiction d'exporter des produits alimentaires chez les Barbares", *Studii Clasice*, XL-XLI (in honorem magistri Eugen Cizek), 73-75.

ÉTIENNE R., MAKAROUN Y., MAYET F. (1994): *Un grand complexe industriel à Tróia (Portugal)*, Paris.

ÉTIENNE R., MAYET F. (1991): "Le *garum* à la mode de Scaurus", *Alimenta. Estudios en homenaje al Dr Michel Ponsich* (*Gerión*, Anejos III), Madrid, 187-194.

ÉTIENNE R., MAYET F. (1994): "A propos de l'amphore Dressel 1C de Belo", *Mélanges de la Casa de Velázquez*, XXX, 1, 131-138.

ÉTIENNE R., MAYET F. (1998): "Cartographie critique des industries de salaisons de poisson dans la Péninsule Ibérique", *Congrès National des Sociétés historiques et scientifiques (120e, Aix-en-Provence, 1995 et 121e, Nice, 1996), Archéologie-Méditerranée*, Paris, 33-57

ÉTIENNE R., MAYET F. (2002): *Salaisons et sauces de poisson hispaniques (Trois clés de l'économie de l'Hispanie romaine, II)*, Paris.

ÉTIENNE R., MAYET F., TAVARES DA SILVA C. (2000): Chronologie des usines de salaisons de Lusitanie, *La culture maritime dans l'Antiquité*, 3, 99-117.

GARCÍA VARGAS E. (1998): *La producción de ánforas en la Bahía de Cádiz en época romana (siglos II A. C.-IV D. C.)*, Écija.

Histoire de l'alimentation (1996): FLANDRIN, J.-L., MONTANARI, M. (dir.), *Histoire de l'alimentation*, Paris, Fayard.

La culture maritime dans l'Antiquité = I, dans *MEFRA*, 110, 1998, 1, 7-192; II, dans *MEFRA*, 111, 1999, 1, 7-156; III, dans *MEFRA*, 112, 1, 2000, 7-171.

LAGÓSTENA BARRIOS L. (1996): *Alfarería romana en la Bahía de Cádiz*, Cádiz.

LAGÓSTENA BARRIOS L. (2001): *La producción de salsas y conservas de pescado en la Hispania romana (II a.C.-VI d.C.)*, Col.lecció Instrumenta, 11, Barcelona.

LAUBENHEIMER F. (2000): "Imitations d'amphores à huile de Bétique dans l'est et le nord des Gaules et en Germanie supérieure", *Ex Baetica Amphorae*, III, Écija, 1121-1127.

Les amphores lusitaniennes (1990) = *Les amphores lusitaniennes. Typologie, production, commerce, Actes des Journées d'Étude tenues à Conimbriga les 13 et 14 octobre 1988*, édités par A. ALARCÃO et F. MAYET), Paris-Conimbriga.

LIOU B., GASSEND J.-M. (1990): "L'épave *Saint-Gervais 3* à Fos-sur-Mer (milieu du IIe siècle ap. J.-C.). Inscriptions peintes sur amphores de Bétique. Vestiges de la coque", *Archaeonautica*, 10, 157-264.

LOPES M. DA C., VAZ PINTO I. (2006): "Ânforas de *villae* romanas alentejanas", *Produção e comércio de preparados piscícolas durante a proto-história e a época romana no ocidente da Península Ibérica (Homenagem a Françoise Mayet), Setúbal Arqueológica* (sous presse).

MAYET F. (1999): "La production d'amphores Dressel 1C et Dressel 12 dans le détroit de Gibraltar", *Mélanges Claude Domergue, PALLAS*, 50, 53-61.

MAYET F., TAVARES DA SILVA C. (1998): *L'atelier d'amphores de Pinheiro (Portugal)*, Paris.

MAYET F., TAVARES DA SILVA C. (2002): *L'atelier d'amphores d'Abul (Portugal)*, Paris.

PONSICH, M. (1988): *Aceite de oliva y salazones de pescado. Factores geo-económicos de Bética y Tingitana*, Madrid.

PONSICH M., TARRADELL M. (1965): *Garum et industries antiques de salaison dans la Méditerranée occidentale,* Bibliothèque de l'École des Hautes Études Hispaniques, XXXVI, París.

ROSELLÓ E. *et alii* (2003): "Salsas de pescado de la factoría romana de *Baelo Claudia* (Cádiz, España)", *Presencia de la arqueoictiología en México* (12ª reunión del Grupo de Trabajo en restos de peces del Consejo internacional para la Arqueozoología), Guadalajara, Jalisco, México, 153-157.

STERNBERG M. (2000): "Données sur les produits fabriqués dans une officine de Neapolis (Nabeul, Tunisie)", *La culture maritime dans l'Antiquité*, 3, 135-153.

TAVARES DA SILVA C., SOARES J. (1993): *Ilha do Pessegueiro. Porto romano da costa alentejana*, Lisbonne.

TAVARES DA SILVA C., SOARES J., COELHO-SOARES A. (1992): "Estabelecimento de produção de salga da época romana na Quinta do Marim (Olhão). Resultados preliminares das escavações de 1988-1989", *Setúbal Arqueológica*, IX-X, 335-374.

TAVARES DA SILVA C. *et alii* (1990): "Produção de ânforas romanas no Martinhal (Sagres)", *Les amphores lusitaniennes. Typologie, production, commerce* (Actes des journées d'étude tenues à Conimbriga les 13 et 14 octobre 1988, édités par A. Alarcão et F. Mayet), Paris-Conimbriga, 1990.

VON DEN DRIESCH A. (1980): "Osteoarchäologie Auswertung von Garum-Resten des Cerro del Mar", *Madrider Mitteilungen*, 21, 151-154.

WHEELER A., LOCKER A. (1985): "The estimation of size in sardines (*Sardina pilchardus*) from amphorae in a wreck at Randello", *Journal of archaeological Science*, 12, 97-100.

AN EXAMPLE OF FISH SALTERIES IN AFRICA PROCONSULARIS: THE OFFICINAE OF NEAPOLIS (NABEUL, TUNISIA).

L. SLIM
Institut National du Patrimoine
M. BONIFAY
Centre Camille Jullian (Aix-Marseille, Université-CNRS)
J. PITON
Musée de l'Arles et de la Provence Antiques
M. STERNBERG
Centre Camille Jullian (Aix-Marseille, Université-CNRS)

The Nabeul Fish Salteries project[1] is a result of the Tunisian Coastline Survey conducted in 1987-97 by H. Slim, P. Trousset, A. Oueslati and R. Paskoff, and recently published (Slim *et alii,* 2004). One of the most outstanding results of this survey is the highlighting of an economic field which had so far been underestimated within the general picture of the Roman African economy: production and commerce of salted fish products.

In fact, the Roman province of *Africa Proconsularis*, and especially the part today included within modern Tunisia, benefits from very favourable conditions for the development of this activity (figure 1). Pol Trousset (Slim *et alii,* 2004, 264-275) retains three main characteristics pertaining to the Tunisian coastline, explaining the particular ability of the inhabitants of this region in fishing and exploiting sea resources. One of the main characteristics of the Tunisian coastline is the presence of several shallow water zones, notably in the vicinity of Kerkennah Islands and in the Gabes Gulf, both providing an exceptional biotope to the maritime fauna and facilitating its capture. These sections of the littoral are nowadays well known for their traditional fishing techniques, the so-called *cherfiya* fixed fisheries, fabricated with palm branches fixed in the mud, thus directing fish into capture areas. Another important factor is Tunisia's great halieutic potential due to its geographic position in the Strait of Sicily, which drains tuna migrations in the same way as the Strait of Gibraltar. Tuna coming from the Atlantic approach the African coastline from April to October, looking for shallow water where to eat and to spawn, and there is no doubt that they were just as easily caught during Antiquity as they are today. Strabo confirms the existence of observatories called *tunnoscopeia*, allowing the fishermen to be informed of the arrival of a tuna shoal. Finally, the Tunisian littoral presents the distinctive feature of having a series of coastal lagoons, linked with the sea or not, and constituting very attractive ecosystems. The examples of the Bahiret el-Biban in the Gabes Gulf, and of the Ichkeul Lake, near Bizerte, are the most famous ones, today still exploited as some sort of huge fishponds.

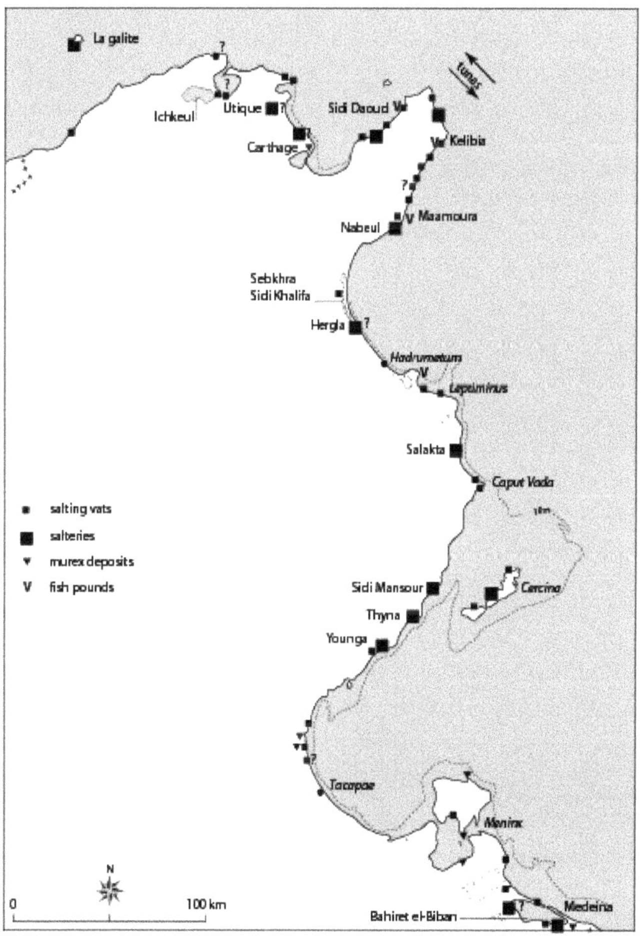

Figure 1.- Roman salteries of Tunisia (after Slim et al., 2004).

[1] The Nabeul Fish Salteries project is a co-operation between the Institut National du Patrimoine of Tunis and the Centre Camille Jullian of Aix-en-Provence (France). This project is directed by Latifa Slim and Michel Bonifay in collaboration with Jean Piton and Myriam Sternberg (archaeoichtyology). The current team includes, under the control of Mounir Fantar (INP, in charge of the archaeological site): Nejib Ben Lazreg (INP, decorated tiles), Sami Ben Tahar (INP, pottery), Véronique Blanc-Bijon (CCJ, mosaics and wall painting), Philippe Columeau (CCJ, mammalian fauna), Loïc Damelet (CCJ, photography), Vincent Dumas (CCJ, topography), Danièle Foy (LAMM, glass), Jean-Marie Gassend (IRAA, architecture and valorisation), Solenn de Larmina (Post-graduate student, anthropology), Zakia Loum (Université of Tunis, numismatic), Tomoo Mukai (Post graduate student, pottery). The following persons participated the 2004-2005 campaigns: Moez Achour (Post-graduate student, lamps), Houda Barhoumi (student), Houria Bourgaresh (student), Céline Brun (Post-graduate student, pottery), Mouna Hermassi (Post-graduate student), Céline Huguet (Post-graduate student, pottery), Ichraf Khouni (student), Anne Lise Marsolat (MST of Paris, pottery restoration), Jihen Nacef (Post-graduate student, pottery), Olivier Sarda (student), Assia Veleva (Post-graduate student, pottery drawings). The technical coordination of the excavation and restoration was assured by Bechir Ayadi (INP) and masonry works were conducted by Khmaïs Chtioui (INP). The project was financed by the Institut National du Patrimoine de Tunis, the French Ministry for Foreign Affairs, the Maison Méditerranéenne des Sciences de l'Homme (Aix-en-Provence), the Institut Français de Coopération (Tunis) and the Agence de Mise en Valeur du Patrimoine Culturel (Tunis). We warmly thank Mr. Abdelaziz Daoulatli, Mr. Boubaker Ben Fraj and Mr. Beji Ben Mami, successive Directors of the Institut National du Patrimoine, and Mr. Hedi Slim and Mr. Fethi Bejaoui, successive Directors of the Research and the Inventory in this Institute, for the interest they took in our project. We also want to thank Mr. Thierry Vielle, Director of the Institut Français de Coopération (Tunis), and Mr. Pierre-Yves Bertrand, co-operation attaché, for their efficient support.
The English translation is due to Sophia Björnesjö.

Actas del Congreso Internacional *CETARIAE. Salsas y salazones de pescado en Occidente durante la Antigüedad*, Universidad de Cádiz, Noviembre de 2005, *B.A.R. int. ser.* 1686, Oxford 2007, 21-44.

In spite of these favourable natural conditions, the historiography of Roman African economy always focused on three other main resources, not stemming from the sea but from the soil. First of all, it is obvious that wheat was one of the most important agricultural productions, giving to Africa its name of "Rome's granary". Archaeological traces of this activity are scarce but texts and epigraphy largely testimony to it (Rickman, 1980, 231-235). Then, since the 1970ies, scholars have emphasised the place of the olive oil production, as a locomotive of the economic development of Roman Africa (Carandini, 1970). In fact, Roman press remains are ubiquitous in Algeria, Tunisia and Western Libya, and the numerous African amphorae diffused throughout the Mediterranean were for a long time said to be mainly assigned to the transport of this foodstuff. At last, one pays more and more attention to a possible valuable production of wine in Roman Africa. Since the first survey of R. Lequément 25 years ago, collecting and underlining the texts mentioning the African viticulture (Lequément, 1980), current studies allow us to revise the interpretation of the farm remains in the African landscape, a good many of the presses being not for oil but for wine (Brun, 2003), and of the content of African amphorae (Bonifay, 2004).

However, two arguments campaigned for taking into consideration salted fish as an important foodstuff produced and exported by Africa. The numerous mosaics showing fish and fishing sceneries provided us with the first one: undoubtedly, these pictures showed a local reality of the Roman African coastline. The topic of amphora contents provided the second one. The fact that two different amphora types wore the same stamps and were produced in the same workshops probably meant that they were assigned to two different contents (Zevi, Tchernia, 1969) and, beside olive oil, salted fish products (Lequément, 1975) were a better candidate than wine (Lequément, 1980).

The survey of the Tunisian coastline has offered a clarification. Not less than 40 points of Roman saltery remains were discovered, scattered between the Libyan border to the Algerian ones (figure 1). Three main zones appear. A group of Western Tripolitania includes about ten installations around the Bou Grara See and the Bahiret el-Biban lagoon. Spread on about 500m along the Southeast coast of this lagoon, Henchir el-Medeina is perhaps one of the most important saltery complexes in this first zone, just like Meninx in the Jerba Island where murex was also processed. A second group, in Central Byzacena, coincides with the shallow water zone between La Skhirra and Hergla. Saltery traces are particularly relevant in Younga (*Iunci*), Thyna (*Thaenae*), Bordj el-Assar in the Kerkennah Island (*Cercina*), Salakta, *Leptiminus* and Hergla, where the coastal erosion has revealed plenty of vats. The third group is situated in the Cap Bon, with the greatest concentrations in the Eastern coastline between Nabeul and Kelibia.

In the early 1990ies, only two within this long list of Roman African salteries had been partially excavated: one in Salakta (Foucher, 1970), and another one in Nabeul (Darmon, 1968). There was a huge gap between the presumed importance of the salted fish production in Roman Africa and the deficit of our knowledge in this subject. For this reason, it was decided, even before the end of the Tunisian Coastline Survey, to start excavations in a saltery installation. The *Institut National du Patrimoine* of Tunis proposed to resume the work undertaken 30 years ago by Jean-Pierre Darmon on the Nabeul saltery (Darmon, 1968).

In fact, the Tunisian-French team had a double interest in excavating in Nabeul. From a historical point of view, this city is extremely interesting. Nabeul, with its particularity of having a Greek name (*Neapolis*), is mentioned in very ancient texts indeed. Thucydides described it as a Punic *emporion* at the beginning of the 5th century BC. Said to be "destroyed" by *Calpurnius Pison* in 148 BC, the city was rapidly revived: cited by Caesar (*De Bello Africano*, II), it became *colonia* perhaps at the time of *Augustus*. The prosperity of the town seemed intact at the beginning of the 5th century AD as attested by two inscriptions still mentioning *navicularii*, and bishops were listed until 646. From a patrimonial point of view, developing archaeology in Nabeul was seen as a very good opportunity considering the cultural orientation of tourism in the Cap Bon area.

In spite of this double interest, *Neapolis* was barely known through archaeology. Described at the end of the 19th century as marked by "very erased ruins, buried under sand", the antique city spread "along the coastline, between the Wadi Sohil, the Wadi Srir and the main road conducting from Nabeul to Hammamet" (Babelon, Cagnat, Reinach, 1892-1913; also Guérin, 1862, 253, and Tissot, 1884, 133) (figure 2a). The first excavations were conducted in 1965-1966 by Jean-Pierre Darmon who discovered, besides the saltery, a very large 4th century house, the name of which is given by one of the mosaics: *Nymfarum domus* (Darmon, 1980). Later, Latifa Slim completed the plan of the *insula* around the *Nymfarum domus* and excavated a bath outside the protected archaeological zone (Slim, Khanoussi, 1995, 22-23; figure 2b).

The Nabeul Fish Salteries project, performed from 1995 to 2002 on an area of about 2000m^2, increased more than threefold the surface initially excavated by Jean-Pierre Darmon (figure 3). This contribution intends to provide some information about the general periodisation of the site, the morphology of the saltery installations, the nature of the salted fish products, and their commercialisation, in advance of the forthcoming monograph.

1.- Chronology of the salteries.

Life in the city of *Neapolis* lasted over a long period of time. One of the main purposes of these excavations was to situate this industrial activity within the frame of a general historical perspective. The overall stratigraphy of this part of the site can be summarized in seven principal phases (figure 4 and 10).

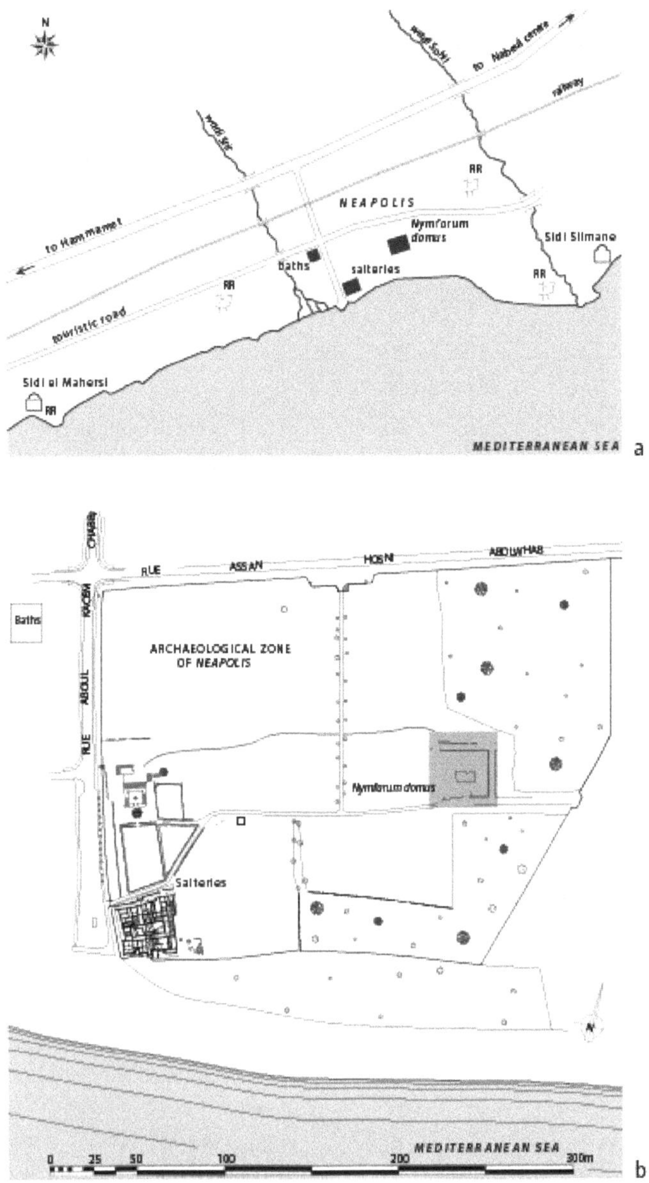

Figure 2.- Map of antique Neapolis *and of the archaeological protected zone (T. Leroy/V. Dumas).*

Figure 3.- The Nabeul salteries in 1999 (M. Bonifay).

1.1.- Phase 1: the seashore (6th-5th centuries BC).

The excavations of the plunder trenches and two deep stratigraphical pits made us reach a thick layer of sand alternating with organic layers in which some ceramic of Greek type were enclosed (figure 5). According with the geomorphologic study conducted in 1995 by Roland Paskoff, this sand seems to be in place and looks like the low dunes with vegetal covering as on today's beach. Potteries include Punic amphorae (only body sherds) and Attic Black gloss ware of the end of the 6th century BC (base and handle of *kylix*). Thus we can say that the excavated area was situated on a beach sporadically visited during the 6th century and probably during the 5th century BC.

1.2.- Phase 2: Punic settlement (3rd century BC?).

During the Punic period houses were constructed on the dunes. Some rooms have a floor in *opus signinum* with scattered white *tesserae*, others have a simple sand floor. Another dig pit reveals an external circulation floor, for a courtyard or a path. The most relevant documentation comes from rooms XXVI and XXVII, which were covered with a thick layer of burning containing various types of ceramics: Punic Black gloss ware (Morel forms 2710, 2233, 2640, 1120), Greek type cooking wares (*lopades*), and amphorae Maña type D. This assemblage seems to indicate that these houses were burnt in the middle or at the end of the 3rd century BC. This fire, if not accidental, could be related to events which affected the Cap Bon area during the first Punic war (the landing of Regulus' troops) and seem to have caused the abandon of the city of Kerkouane.

1.3.- Phase 3: Early Roman settlement (end of the 1st century BC – middle of the 1st century AD).

After a hiatus of about two centuries, the most ancient traces of Roman occupation date to the end of the 1st century BC or the beginning of the 1st century AD. Seen only in small test-pits, these remains point to a very precarious type of habitation: holes for poles, mud floors, earths (figure 7). They seem to be related to fishing activities considering the remains of fish and a bronze fish-hook which were found in this context. A street probably already exists, with a gravel floor, on the northern edge of the excavated area. Ceramic finds include Italian Terra-Sigillata, thin-walled pottery and African cooking wares Hayes forms 194 and 198. The floors immediately preceding the saltery construction provide a more developed assemblage: the association of South-Gaulish Terra-Sigillata (Dragendorff 37), late Italian Terra-Sigillata (*Conspectus* 19 with non-epigraphic stamp) and possibly a closed form in African Red slip ware A, indicates the last third of the 1st century AD.

1.4.- Phase 4: The fish salteries (last third of the 1st century AD – middle of the 3rd century AD).

We can distinguish two sub-phases in the development of the saltery installations. During the first one (phase 4A), the construction of a first big fish-salting factory (factory A)

Figure 4.- Periodisation: phases 2-4 (V. Dumas).

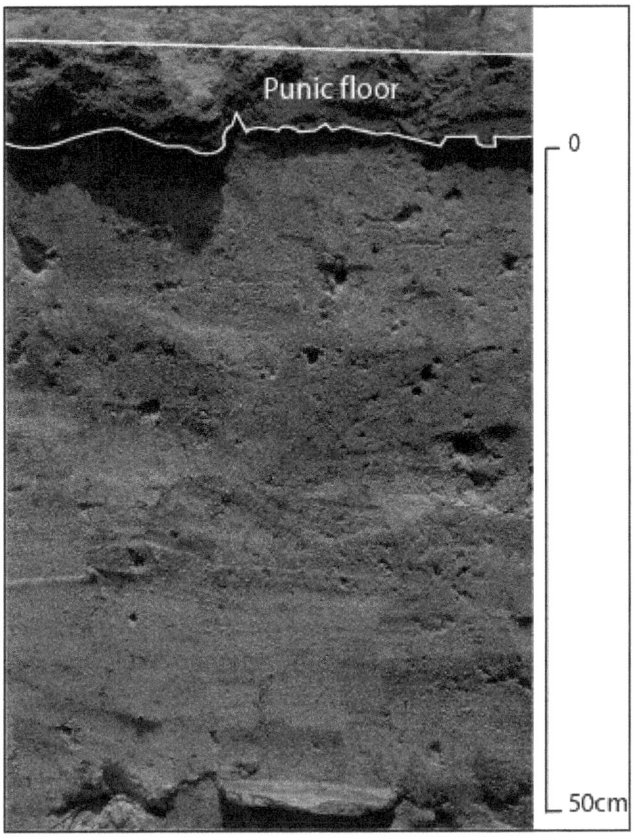

Figure 5.- Phase 1: Stratigraphical section in the sand of 6th-5th centuries BC. (M. Bonifay).

Figure 6.- Phase 2: Floor of the Punic houses in opus signinum with white tesserae *(M. Bonifay).*

Figure 7.- Phase 3: Mud floor and earth of the early Roman settlement (M. Bonifay).

Figure 8.- Phase 4A. Row of fish-salting vats (II to VI) (M. Bonifay).

took place some time between 60 and 80 AD. The plan shows a vast central courtyard (XII) surrounded by a gallery with a row of vats on its north-east side (II-VI) (figure 8), and linked to the sea by a path (XV). Certain vats are still not built (I, VII), others exist and will be suppressed in the second sub-phase (XXXIV). Information is scarce, but it seems that factory C is already existing and that a simple house (with a floor in *opus signinum* decorated of cross-motives of black and white *tesserae*) stands in place of factory B.

The transformations of phase 4B are not all necessarily contemporaneous but the most important ones do not occur before the end of the 2nd century. In the factory A, new vats are built: vat I, completing the row of vats II-VI, the large vat VII in the northern gallery, and the group of three vats XXIX-XXX-XXXI (figure 9). When some saltery installations are improved, others are suppressed. In this way, the factory courtyard (XII) is reduced in order to give place to a house with a peristyle courtyard (XXII) surrounded by sleeping quarters and a reception room with mosaic flooring. The last

Figure 9.- Phase 4B. Fish-salting vats (XXIX to XXXI) and vat XXXIV (phase 4A) (M. Bonifay).

transformation consists in the construction of very small vats (XVIII A-D) on the floor of the gallery on the western side of vat VII (figure 20). During this same phase 4B, the factory B is built with a row of six vats (XVII, XLVI-L) along a gallery, completed by commercial and habitation rooms (LI-LIV) and probably a courtyard (LVI-LVII). The street, paved with stones, is probably a secondary *decumanus*.

The progressive desertion of the industrial installations seems to take place during the 3rd century in both factory A and B: African lamp of Deneauve type VII/4 and type VIII/1 were found with the fish bones of vat III, a deposit which seems to be very similar in date to the ceramics coming from the bottom of vats XVII, XLVI and XLIX (African Red slip ware Hayes 33, African Cooking ware Hayes 181, 182, 184, Africana I B and II A amphorae). Some basins of the factory A (XXIX, XXX and XXXI) are being used until the second half of the 4th century AD (African Red slip ware Hayes forms 58 and 59, and African amphorae Keay type 25.1).

1.5.- Phase 5: The urban houses (4th century AD –middle of the 5th century AD).

There are some indications which show that the industrial installations were at this time progressively covered up by houses. In factory A, the drains coming from the saltery

Figure 10.- Periodisation: phases 5-7.

installations were filled up and a new one was built, used to evacuate water from a new apsidal basin of the peristyle courtyard (figure 11). Another peristyle courtyard was probably built, of which only two column bases in the former eastern gallery of the saltery subsist today. Vats XXIX-XXXI were used as dump from the second half of the 4th century onwards. Traces of mosaic are visible above the *opus figlinum* floor of the saltery gallery of factory B. This

Figure 11.- Phase 5. New apse in the peristyle courtyard of the house (M. Bonifay).

phenomenon of urban houses replacing salteries has been observed on other sites: close to here, at Kelibia, salting vats are found under the peristyle of the great house called "Maison des deux chasses" (Ennaïfer, 2003, 226 and figure 9). Assemblages of the 4th century contain African Red Slip ware Hayes forms 57, 58, 59, 61A, and African amphorae Keay type 25.1 and 3. Sherds of a diatreta glass cup represent one of the more southern discoveries of this luxury production (Foy, 2003, 70 and figure 33). The habitat is still attested during the first half of the 5th c. AD in factory A (ARS ware Hayes forms 60, 61B, 91B, ARS lamps Atlante VIII, African so-called *spatheion* amphorae) and until the end of the century or the beginning of the 6th century in factory C (ARS ware Hayes form 87B, African amphora Keay type 55A).

1.6.- Phase 6: A rural setting and a necropolis (7th century AD –beginning of the 8th century AD).

A little cemetery within the ruins cannot be linked precisely to the general stratigraphy according to the tomb types (stonework framing and absence of artefacts) it seems to belong to a late Vandalic or an early Byzantine context. The late Byzantine or the early Islamic period is well marked by several layers of occupation in various parts of the site. An agricultural well and a silo show that this occupation has nothing to do with the industrial activities which had developed on this site from the end of the 1st c. to the middle of the 3rd c. AD. Ceramic assemblages include very late ARS ware productions (Hayes forms 105, 107, 109B), ARS lamps with blurred decoration, African amphorae Keay type Keay 8A and miniature *spatheia* (figure 12).

Figure 12.- Phase 6. Small amphora on a late Byzantine floor (M. Bonifay).

1.7.- Phase 7: A coastal quarry for recovering building material (Islamic period).

Most of the antique walls have been completely plundered ("in negative") (figure 13). It is not known exactly when these demolitions were undertaken (11-12th century?). The geographer Al-Idrisî (12th century) distinguishes an ancient Nabeul (*Nabeul Kedim*) in ruins, and a new Nabeul distant of about 2 km. Northwest: undoubtedly the new city needed stones. Perhaps the reason why this part of the antique ruins was plundered to such an extent is the closeness to the seashore. Little boats could easily moor and load the construction materials, as in the numerous stone quarries known all along the Tunisian coast. Other remains are more recent such as a pottery kiln (modern period?). The whole area was covered by a layer of farming soil (around 0.60m thick) in which modern farmers had left fragments of clay pipes...

Figure 13.- Antique walls completely plundered (M. Bonifay).

2.- The installations.

Even though the main aim of the project was to try understanding the plan and the working of an African saltery, the reading of the remains has been extremely difficult, as shown by the figure 14. Two major reasons can explain this

Figure 14.- Detailed plan of the site (G. Hallier/M.Bonifay/J.-M. Gassend/V. Dumas).

Figure 15.- Restored plan of the site and proposed limits of the three factories (V. Dumas).

difficulty. The first one is the long period of life of the site, where the saltery occupies a short space of time, mainly from the end of the 1st century to the middle of the 3rd century AD. The second reason comes from the huge destructions suffered by the site after its abandonment, when it becomes a quarry for recovering building material: no more than 20% of the walls have survived, the rest having been plundered down to the foundations.

In spite of these difficulties, the excavations conducted from 1995 to 2002 have enabled us to propose a plan of the salteries, in which it is possible to distinguish at least three different factories (figure 15). The fact that these factories are lined by a street suggests that they are integrated into a real urban fabric. Finally, an underwater survey conducted in 2005 induces us to reconsider our hypothesis concerning the localisation of the seashore.

2.1.- Three factories.

A minute observation of the wall foundations, of the soil level differences, of the roof down pipes and drain layouts, of the doors between the rooms when subsisting, allows us to propose the following provisory division:

2.1.1.- Factory A.

The first factory corresponds to the one which was described in the former preliminary publication (Slim, Bonifay, Trousset, 1999). In its maximal extension, at the beginning of the 3rd century AD, this factory spread on about 1000m^2 and included three groups of structures.

The access path

The factory A was organised on both sides of a North-South path (XV) with a smooth slope towards the sea (figure 17). But we do not know today if this path conducted directly to the seashore or if it joined with a public space (a street?) situated at the southern edge of the factory. This path roughly constituted a symmetry axe for the buildings. Fitted with an axial drain for the evacuation of waste water, this path was at its origin paved with stones but the most of them were later removed. These stones are better conserved at the northern edge of the path, where it emerges in the saltery courtyard.

The saltery installations

The saltery courtyard (XII) forms a square of approximately 9 by 9m (figure 18), with a vat at its north-western angle (IX). The *opus signinum* floor of this courtyard, very damaged, shows traces of a 1m large and 4.50m long construction which was possibly a table in masonry for the fish preparation (example in Cotta: Ponsich, Tarradell 1965, 60). This courtyard is lined on three sides by a U-shaped gallery. The eastern gallery, wider and probably covered by a two slope roof, housed a six vat row (I-VI). The southern gallery is entirely destroyed but the northern one was occupied on half length by the large vat VII. Continuing towards the West, the northern gallery led to a group of three vats, side by side, of quadrangular plan but with rounded edges (XXIX-XXXI). Both side vats communicate with the central one, 0.80m deeper, through lead pipes (figure 16). Two other quite shallow vats (VII and XXXII) were situated at the northern edge of the saltery in line with path XV.

Both the gallery floors and the vat bottoms were constituted by a non-slip covered *opus figlinum* (figure 19). Amphorae without neck were inserted in some of these floors in order to serve as cleaning vats, in accordance with a process observed in several other Roman salteries (Étienne, Makaroun, Mayet, 1994, 94 and figure 31). In factory A, ten to eleven of the amphorae reused for this purpose were Betican amphorae of Dressel type 20 (figure 21); the other one was an African amphora, probably of Hammamet type 1 (Bonifay, 2004).

South of courtyard XII and East of path XV, is a large quadrangular room (XIII), the roof of which was supported by two pillars, and the floor was covered with *opus signinum* (figure 22). We do not know the function of this room: perhaps a storage room? Nevertheless, we know that this room belongs to factory A because it is surrounded by a drain coming from courtyard XII. This drain passes trough a water repartitor situated in room XIV, permitting either to supply the cistern located under room XVI with rain water, or to evacuate waste water towards the axial drain of path XV.

The house

All the western part of the factory A was occupied, from the end of the 2nd century, by a house with a peristyle courtyard, whose open-air area did not exceed 6m x 6m (figure 23). The galleries were paved with mosaics, one of them showing a black and white decoration of swastika and square meanders in its later stage. Only the western and southern galleries, wider than the eastern and northern ones, were distributing habitation rooms. The noble rooms, probably with a *triclinium* or an *oecus* (XXXV), the mosaic floor of which had collapsed in the underlying cistern, were situated in the western part whereas in the southern part there were three bed rooms (?) with *opus signinum* floors.

2.1.2.- Factory B.

The evidence of a second factory adjacent to factory A is suggested by several arguments. The northern wall of vats VI and VII is a double one, indicating a clear separation. Vats XVII and XLVI-L are smaller than vats I-VI and shifted in alignment from them (figure 25). This row of vats XVII and XLVI-L seems to be the eastern limit of factory B, because of the level difference of the floors discovered in test pits. The northern limit of the building is the *decumanus*. To the West, we propose to see a limit with the series of rooms LXIII and LXIV, the narrowness of which could indicate another property separation. To the South, we find again the first mentioned wall.

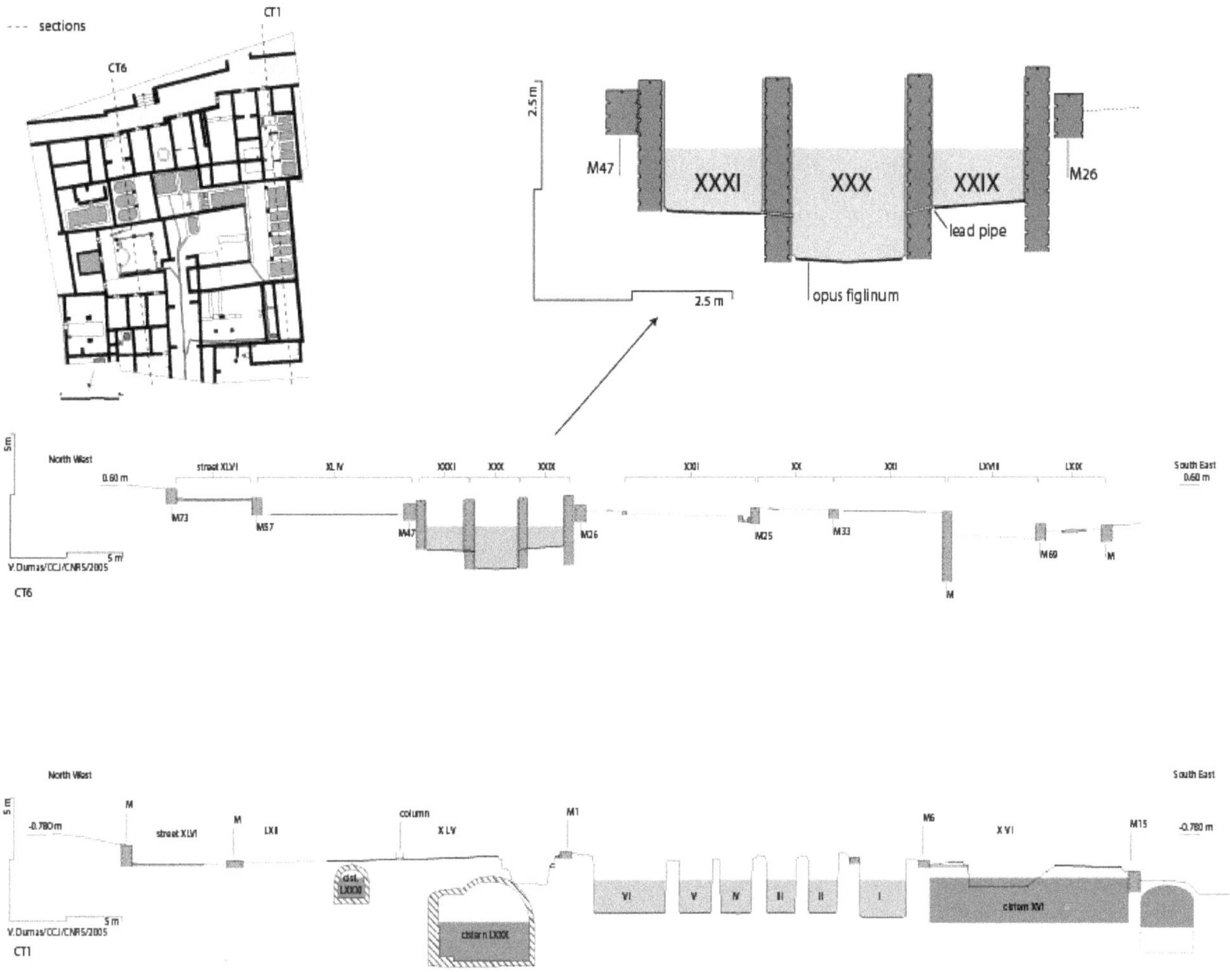

Figure 16.- North/South sections (V. Dumas).

Figure 17.- Factory A. Access path XV (M. Bonifay).

Figure 18.- Factory A. Courtyard of the factory (XII) (L. Damelet).

According to this hypothesis, we may consider a roughly squared, 15m sided building, and within it three different parts which may be distinguished: Rooms LVI-LVIII seem to correspond to a partially open-air space (figure 24). The mud-brick floor of room LVI is reminiscent of a courtyard floor; for the same room we can also imagine an angle door opening onto the *decumanus*. The series of rooms LI-LIV more likely point out to a commercial and domestic use, because of the white mosaic floors of rooms LII and LIV. Finally, the saltery installations are grouped in room XLV, housing the row of vats XVII and XLVI-L (figure 25). It is a sort of gallery with *opus figlinum* and *opus signinum* floors, in which an amphora cleaning vat and two cistern manholes are inserted. We do not know the function of room LXI.

2.1.3.- Factory C.

In the south-western corner of the excavated area, a large room XXXIX seems to belong to a third factory. This room has a floor down below that of fabric A, with which it has no communication. On the other hand, a door opens through the western wall towards a non excavated area, perhaps an access path. This door is flanked to the North by an amphora cleaning vat and to the South by a cistern manhole. The *opus signinum* floor, very damaged in front of the door, shows incrustations of mosaic and particularly an isolated letter (or the first letter of a damaged inscription): *N[...]*. This room with its two axial pillars, together with room XIII, is reminiscent of fabric A. A vat situated in the adjacent but not excavated room LXVII indicates that we still are in presence of saltery installations.

2.2.- The street.

An East-West street limits the northern side of the excavated buildings. This is a section of a secondary *decumanus*, apparently parallel to the one which limits the southern side of the “Maison des Nymphes” *insula.*

Like this one, the *decumanus* of the saltery district was paved with stones, although it is largely more damaged here than there. The street is also fitted with an axial sewer which is built with small quarry stones and vaulted (figure 27). Just like the stone pavement, this sewer has been plundered and its layout appears in the shape of a trench filled with black soil, clearly visible over the yellow ballast used to support the stone pavement. Under this ballast, the earliest date of the successive street gravel floors points to the first half of the 1st century AD. The stone pavement itself is not precisely dated, but the axial sewer begins to be filled during the 3rd century. Finally, thick white lime refill shows that this street has been used until at least the second half of the 7th century AD.

The very irregular layout of this street may be surprising. The width is not constant and the façade walls draw a lot of angles. As these walls have been plundered, it is difficult to determine precisely the location of the entrance doors of the saltery factories. It seems certain that the entrance into factory B was somewhere along the *decumanus*, however this is not proved for factory A entrance. In fact it is difficult to imagine this access, except perhaps through the series of rooms LXIII-LXIV (before the construction of the small late vats XXVIIIA-D).

On the other hand, within the rooms along the street, one may notice the repetition in three exemplars (rooms XLIV, LIV and LIX) of a tripartite plan, composed by an antechamber and a chamber, separated by a wall with a large door (figure 28). Such a plan points to some sort of shops or offices. One of theses rooms (XLIV) presents quite a luxurious appearance, with a polychrome mosaic and masonry seats along the wall of the antechamber. Another quadrangular room opening onto the street shows traces of a craft activity, perhaps a mill (room LX).

2.3.- The seashore.

The test pit conducted in 1995 in the sandy substratum under the Punic houses of phase 2, revealing traces of antique dunes, allowed Roland Paskoff to deduce a probable stability of the seashore since the Antiquity (Slim *et alii,* 2004, 233). Nevertheless in 1999 we mentioned the presence of stone blocks under the sea in front of the salteries, at about 50m from the seashore, without any satisfactory explanation: harbour installations or immerged buildings?

An underwater survey conducted in 2005 by L. Damelet and V. Dumas on a 500m^2 area in front of the excavated site revealed 43 structures immersed at a depth of 3-4m: 22 wall sections, 3 floor elements, and 19 stone blocks. The 21 wall sections have collapsed laterally and are built in small masonry. The three *opus signinum* floors were discovered within the walls. Due to their dimensions and their number, it seems improbable that these elements were lost when the site was used as a quarry, in a post-antique period. Although tipped over, the wall sections seem to have a north-west line compatible with the line of the saltery walls (figure 29).

Interpretation of these remains is not easy. Their configuration does not seem to correspond to harbour installations. If we maintain the hypothesis of structures immersed during Antiquity, we may consider fish pounds. But a third possibility would be traces of buildings broken and submersed by the sea. In this case, it would be necessary to admit, contrary to the initial hypothesis, a substantial retreat of the seashore from Antiquity. This hypothesis has to be checked by new underwater explorations.

The re-opening of the Nabeul saltery excavations have provided a new view of these installations. Nowadays we know that the salteries were inserted into an urban *insula* and included at least three production units of different sizes. Other vat remains visible in the archaeological area, close to the beach, and overall those revealed by the emergency excavations conducted by Tahar Ghalia in the area between our excavation and the Wadi Srir, show that these installations had a considerable expansion from West to East. Finally the underwater survey suggests that these installations were not strictly coastal ones but could have had a substantial expansion towards the interior of this outlying area of the *Neapolis* city. From these observations emerges the picture of an urban industrial area, other examples of which exist in Mediterranean, the best known being the one of *Baelo Claudia* (Sillières, 1995, 178-188; Arévalo González and Bernal Casasola, 1999, 75-129).

Fig. 19. Factory A. Gallery X and vat row II to VI (M. Bonifay).

Fig. 22. Factory A. Room XIII (L. Damelet).

Figure 20.- Factory A. Vats XVIII A-D (M. Bonifay).

Figure 23.- Factory A. Peristyle courtyard of the house (XXII) (M. Bonifay).

Figure 21.- Factory A. Gallery X : Betican amphora reused as cleaning vat (M. Bonifay).

Figure 24.- Factory B. Courtyard LVI (M. Bonifay).

Figure 25.- Factory B. Gallery XLV and vat row XVII, XLVI to L (M. Bonifay).

Figure 27.- Decumanus *(M. Bonifay).*

Figure 26.- Factory C. Room XXXIX (L. Damelet).

Figure 28.- Compared plans of rooms XLIV, LIV et LIX (V. Dumas).

3.- The products.

During the first excavations of the saltery area in Nabeul in 1965, Jean-Pierre Darmon prudently and cleverly stopped when he came across an "organic, pulverulent sediment containing tiny fish bones of small fry" (Darmon, 1968, 274) on the bottom of vat III (figure 30). Thirty years later, during the re-opening of the excavations, it was possible to study the fish remains of vat III, through the analysis of the residue sedimentation (figure 31), permitting the observation of the conditions under which fishes were poured into the vat (figure 32), and through species identification. These analysis revealed a mixture of about 60% of anchovies (*Engraulis encrasicolus* L.), 20% of sardines (*Sardinella aurita* V.), 12% of blotched picarel (*Spicara sp.*), 5% of mackerels (*Scomber sp.*), and 3% of small pandoras (*Pagellus erythrinus* L.), which had been used whole (Sternberg, 2000, 135-153). The fact has been established that whole and not scaled fishes were used (figure 33, 34), nevertheless it has been much more difficult to precisely qualify the product. Neither the fish composition, nor the deposit type have allowed the association to this product a Latin name mentioned by literary sources, without any reserve. P. Grimal and T. Monod demonstrated the real nature of *garum*, but its fabrication can begin with the same initial salting process as the one used for *salsamenta*. In order to obtain *garum*, the process must be continued until the fish putrefaction makes it possible to extract the juice of its decomposition (Grimal, Monod, 1952, 27-38; Sainclivier 1985). The solid residues are thus given the name of *allec*, and are generally considered as a sub-product. The thickness and the importance of the deposit found in the vat III, make us hesitate on the interpretation concerning the abandonment of such remains: are they traces of *salsamenta* abandoned in place or of an autolysis in progress (Sternberg, 2000, 148)? Literary sources themselves are not clear about the definition of salted fish products and R. Curtis (1991, 6-15) noted on *garum* and *salsamenta* that both these products resulted from different stages of a same process and that they were only defined through their basic ingredients: salt or brine, and fishes. He emphasized the fact that *garum* could be produced in such a quantity as necessary, as long as the ratio between salt and fishes was respected, and that the container type or size did not matter. He also noted the imprecision of the terms of *liquamen* and *garum*, and, concerning *salsamenta*, specified that the Latin texts did not permit to distinguish the different salted fishes as precisely as the Greek ones did, all these salted fishes being included within the term of *salsamenta*. He again stressed the fact that the producers could choose between a great number of preparation types according to the selected species.

On the other hand, searching for the recurrence of the same residues in other vats in factories A and B lead to wider prospects: first of all, the possibility of an archaeological characterisation of the products, even if only the latest ones were concerned. The second aspect was a comparison of products from other salted fish factories in the Mediterranean.

3.1.- The product testimonies in factory A.

Residues of vat III were precisely analysed and showed the use of small migratory species (anchovies, sardines, mackerels), mixed with two coastal species (blotched picarels and pandoras) (Sternberg, 2000, 148). The migratory fish appear in the vicinity of the coastline only during certain periods of the year. Their catch is thus intermittent or seasonal. Generally during spring, they arrive in great number, constituting considerable shoals, pressing themselves close to the shore. They reach the western Mediterranean and they head for the Strait of Sicily. At this moment, fishermen undertake great beats and catch masses of fish. The sardine, pelser, and anchovies movements are limited to horizontal and vertical ones, from the open sea and the depths towards the shore and the surface, during reproduction time. But just as for the tuna, their fishing is seasonal, during summer, and do not keep the fishermen away from the shore (Fages, Ponzevera, 1899; Borrel, 1956). The catch of seasonal fish takes place in the vicinity of the coastline, during well defined periods, often brief ones, sometimes with fixed fisheries and in an intensive way.

Looking for other traces of production necessitated several samplings in factory A vats.

The small vat XXXIV, razed and filled before the abandonment of vat III, delivered a density of fish remains, testimonies to a secondary deposit, but composed of the same species as those found in vat III. If the proportions of the different species are yet to be specified, these samples confirm the use of the same species before the abandonment of this vat.

In the dumps filling vats XXIX, XXX, and XXXI, fish remains of diversified sizes were recovered: tuna, bonito, and grouper remains, and the remains of other small unidentified species. Some of the remains show carving traces. Even if they are not direct testimonies to production, these remains permit to enlarge the spectrum of the exploited and consumed species in the site and testify to the tuna catch. Vats XXIX, XXX, and XXXI, were connected to each to other by lead pipes and intended to the decantation of a liquid product, the central vat being deeper than both the side ones. Sporadic samplings made at the pipe entries delivered pulverulent fish remains, unidentifiable from the species point of view, but permitting to suggest the hypothesis that these vats were used to prepare a salted fish product. The discovery on the bottom of vat XXX of a very thin organic brown layer similar in appearance to the one observed under the sedimentation of bone remains on the bottom of vat III, confirms this hypothesis.

No other remain as clear as those of vat III were discovered in the other factory A vats, but the samplings taken from the walls and the bottom of different vats bring comparison elements, subtle ones certainly, their condition being extremely pulverulent, but indubitable ones nevertheless.

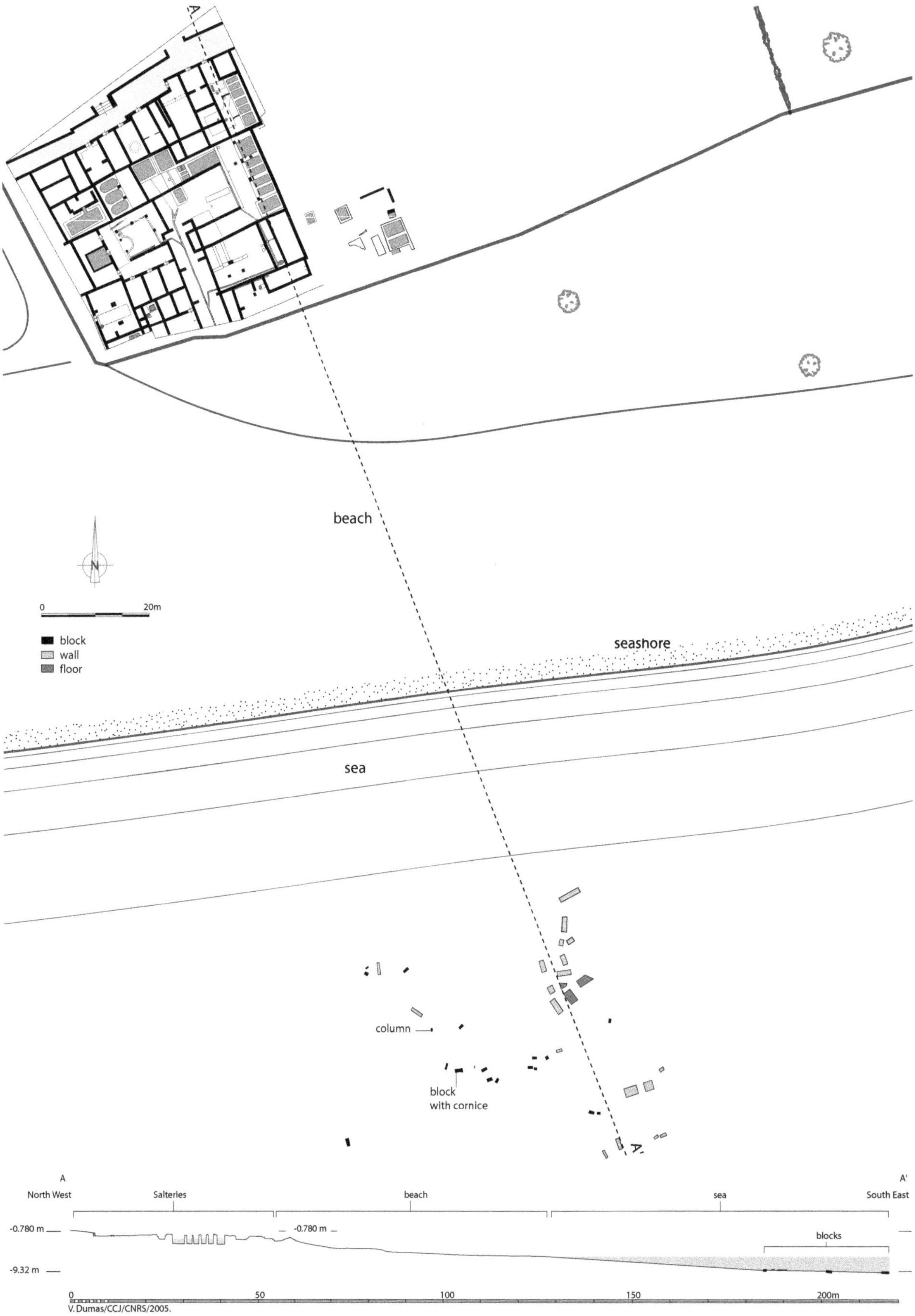

Figure 29.- Map of the immersed remains (L. Damelet, V. Dumas).

Figure 30.- Fish remains in vat III (M. Sternberg).

Figure 33.- Fish remains in vat III: vertebras in anatomic connexion (M. Sternberg).

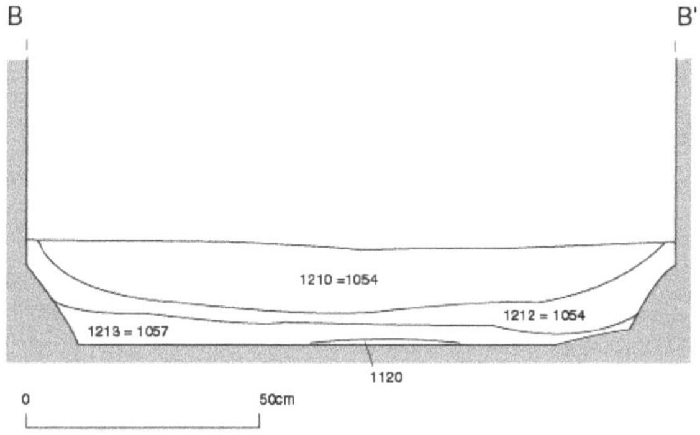

Figure 31.- Fish remains in vat III (stratigraphical section) (M. Sternberg).

Figure 34.- Fish remains in vat III: mackerel head in anatomic connexion (M. Sternberg).

Figure 32.- Fish remains in vat III (detail) (M. Sternberg).

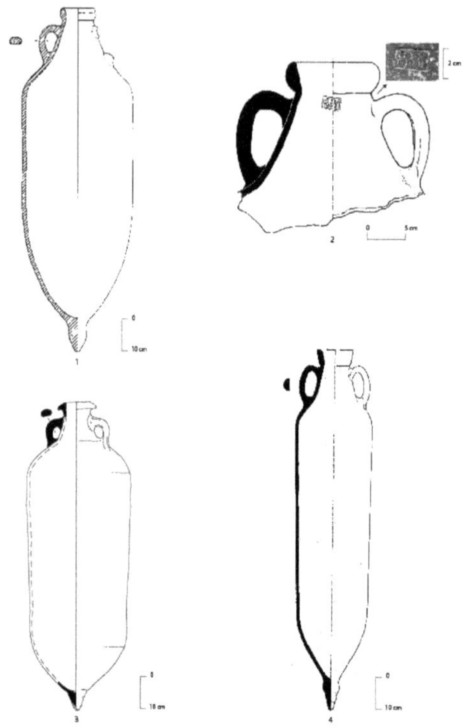

Figure 35.- Amphorae produced in Nabeul. N° 1-2: Africaine II C type (Ostie, after C. Panella) and stamp C.I.N. (Calvi, after B. Liou). N° 3: Keay 35B type (Dramont E wreck, after C. Santamaria ; drawing M. Bonifay). N° 4: Keay 25.1 type (Pampelonne wreck, after R. Lequément).

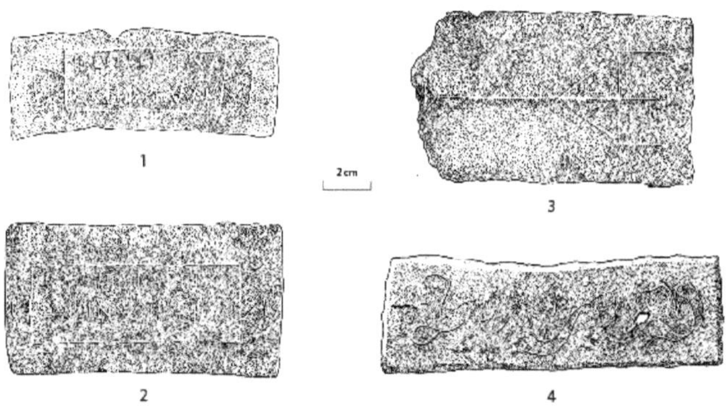

Figure 36.- Lead labels (after R. Lequément): N° 1-3: Annaba wreck. N° 4: Pampelonne wreck.

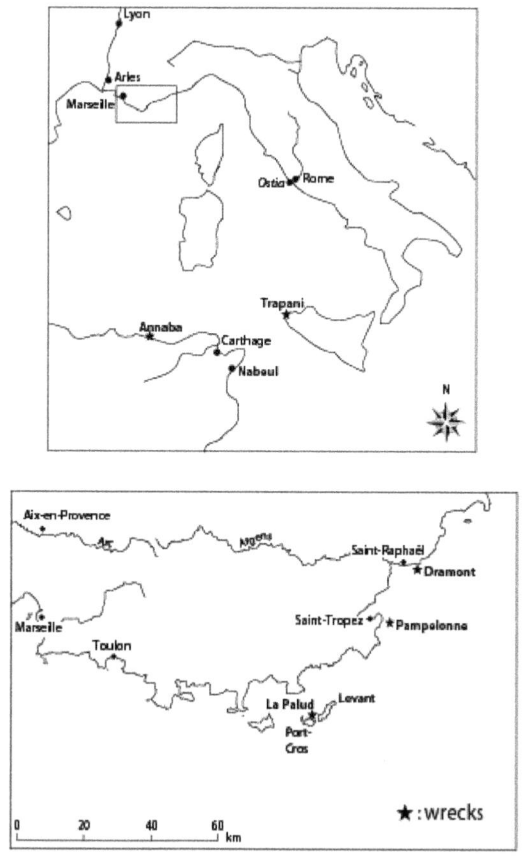

Figure 37.- Map of the wrecks cited in the text (M. Bonifay).

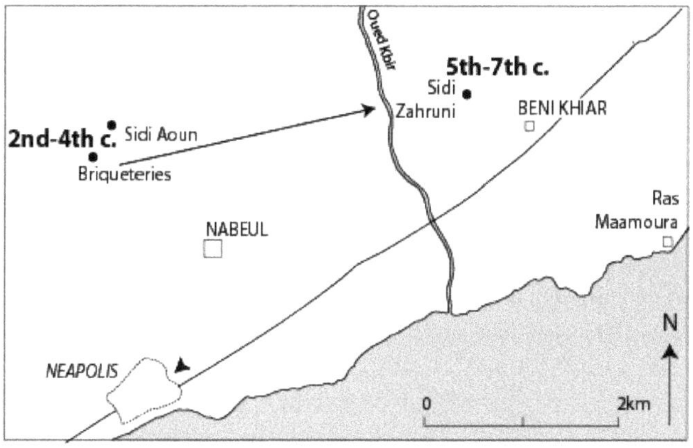

Figure 38.- Map of the amphora workshops of Nabeul (M. Bonifay).

3.2. -The product testimonies in factory B.

The most convincing vat utilisation traces were discovered on the bottom of vat XLIX, in the shape of a very thin layer of fish remains, comparable with the remains of vat III but much more scattered. All the remains were sampled. A preliminary survey demonstrated that they were small fishes and that the whole skeleton was present, which implies that whole fishes had been put into the vat. Among them, anchovies and sardines were used. These results are yet to be confirmed on the whole sample, as the presence and the proportions of other species have to be checked.

The point of this observation is to establish the fact that factories A and B processed the same product before their decline. Thus one can be sure that the remains of vat III are not isolated but reveal a production at the scale of both factories A and B.

3.3.- Salted tuna production: *ex silentio* arguments.

If samples bring some information about the last product processed in the vats before their abandonment and their filling, they do not allow us to maintain that this product was the same throughout the period of activity in both the factories. One must also consider the possibility of a seasonal or annual production, specialised or diversified, both from the species point of view and from the process modus. The question of the tuna use, for example, must be taken into consideration. The creation of saltery complexes on both sides of the Strait of Gilbraltar do not permit to doubt about their link with the massive catch of these great migratory fishes, when they enter the Mediterranean during spring, as when they go out during autumn (Ponsich, Tarradell, 1965). On the other hand, the existence of modern fixed traps (*madragues*) around the Cap Bon and along the eastern coastline of Tunisia indicates that this technique was known, even if it is not possible to assert its utilisation during Antiquity. The absence of tuna remains in the salting vats of factories A and B does not seem to be a strong enough argument against the use of these fishes, as the tuna size itself imposes a particular cutting up, well related in the texts: Pliny the Old specifies that, excepted the "neck" and the "abdomen" which must be consumed fresh, the other parts of the tunas can be preserved, and that the younger ones (*pelamydes*) can be cut up in pieces or in small dice (Pliny the Old, Natural History, IX, 18).

To our knowledge, one of the rare sites which yielded an important quantity of tuna bone remains, is the site of Place Jules-Verne in Marseille: in a 3rd century AD sedimentation, a great number of vertebras in anatomical connexion presents the ablation of the transversal apophyses as well as denters and cleithra remains with cutting traces (Sternberg, 1998, 81-109). This comparison with the Nabeul salteries is done in view to underline the place where these remains were found, indubitable testimonies to the throwing away of the vertebral axis, the tails and the heads, after removal of the consumable parts. The accumulation of these remains has been observed at the base of a wharf in the harbour zone of the city. Thus they could be remains rejected into the sea after cutting up the tunas on their disembarkation (?) place. This example suggests that such remains were evacuated as soon as they arrived on the seashore, and that there is no chance to find them in the production and consummation places. On the engraving published in the M. Ponsich's and M. Tarradell's book, showing the tuna catch in Cadiz in the 16th century, useless tuna skeletons are burned (Ponsich, Tarradell, 1965, figure 57). How may we not imagine, in the framework of the massive tuna fishing and of the organisation of the Roman salteries, the evacuation and the disappearing of the bulky tuna remains?

In this perspective, it is difficult to turn down the hypothesis of a seasonal use of tuna in the Nabeul factories, even if no bone remains were found.

3.4.- Production capacities of factories A and B.

The progressive addition of big vats (vats I, VII, XXIX, XXX, XXXI) to the initial row of vats (II, III, IV, V, VI) in factory A shows an increase of the production capacity of this factory during its activity period (figure 4, phases 4a and 4b). In its maximal extension it reaches a capacity of about 183m^3 and increases more than threefold its initial known capacity (56,2m^3). Its greater extension is far behind that of the huge factory of Troia I/II, in Portugal (more than 606 m^3) and even behind Cotta, in Morocco (258m^3), both functioning from the 1st century to the end of the 2nd century AD (Étienne, Makaroun, Mayet, 1994, 118; Étienne, Mayet, 2002). It compares closer with the capacity of factories IA, IB, IC and II of Troia, varying from 81m^3 to 157m^3, the chronology of which extends from the 3rd century to the 4th century AD (Étienne, Mayet, 2002, 96). The difficulty of these capacity comparisons has already been emphasized by R. Étienne and F. Mayet: few production units have been entirely excavated and published and most of them are only attested by some vats (Étienne, Mayet, 2002, 95). For example, concerning the site of *Baelo Claudia*, the statistics differ from various publications. According to more recent estimations, the capacities of different factories are between 38,721m^3 (factory IV) to 81,442m^3 (factory VI) (Étienne, Mayet, 2002, 101-102) and their chronology is not clear. They are in any case rather small production units compared with Troia I/II and Cotta, and it can be noted that no *Baelo Claudia* factory has a production capacity superior to the capacity of the Nabeul factory A. On the other hand, the capacity of the Nabeul factory B, estimated to 33m^3, is inferior to the capacity of all the *Baelo Claudia* factories. It compares with the capacity of the factories of Creiro (38,484m^3), Sines

(34,634m^3) or Pessegueiro (factory D14: 36,265m^3), the plans of which may not be complete (Étienne, Mayet, 1998, 33-57).

The capacity estimation of both the Nabeul factories, the expansion of which is known, testifies to two different volumes of production.

A small unit (factory B) includes a simple row of six vats, with three different sizes: two are 0,80m wide (vats XLVI, XLVII), three others are 1,20m wide (vats XLVIII, LIX, L) and the last one is 2m wide (vat XVII) (figure 25).

A larger production unit (factory A) in its maximal expansion includes vats of different forms and sizes, which could reflect the existence of different process chains for different products in the same factory. It associates a row of six vats with three different sizes (vats II, III and IV are identical, vat VI twice as big, and the added vat I of a 16,8m^3 capacity), a large isolated vat (vat VII), and a row of three oval vats (vats XXIX, XXX, XXXI) with an original system of communication. One also has to mention two square, shallow vats (vats VIII and XXXII) and some small ones communicating with each other (vats XVIII A-D) (figure 20).

Being more recent than the Troia factories I/II and the Cotta factory with their much larger production capacities, the Nabeul factories have some originality in their vat arrangement, but remain comparable with the other factories of the Mediterranean by their production capacity.

4.- The commercialisation.

The large size of the urban area of the salteries and the huge quantity of vats point to a production that was not simply intended to the satisfaction of local needs. But the question of the commercialisation of the Nabeul *salsamenta* and *garum* products includes three different aspects: Which amphora types were produced in the city of *Neapolis*? Which ones were assigned to the *salsamenta* and *garum* transport? Are there any testimonies to the maritime transport of these products?

4.1.- The amphorae.

More than 30 years ago, Clementina Panella proposed to attribute to Nabeul one of the four variants of her type Africana II, the variant C (figure 35, n° 1-2), because these amphorae wore a stamp *C.I.N.* which she suggested to develop as *C(olonia) I(ulia) N(eapolis)* (Panella, 1973, 463-633). The hypothesis could have been considered hazardous but it has proven to be right. Actually we know today that this amphora is actually produced in Nabeul as numerous kiln wasters of this type have been found on two workshops recently surveyed, the most important being Sidi Aoun (Ghalia, Bonifay, Capelli, 2005, 498). Even when the stamp is absent, the characteristic fabric allows us to recognise a good many of these Nabeul Africana II C amphorae exported from Africa during the 3rd century and the beginning of the 4th century AD.

Another amphora seems to be characteristic of Nabeul, the Keay type 35B, dated to the 5th century AD (figure 35, n° 3). Traces of production have been found on the huge workshop of Sidi Zahruni (Ghalia, Bonifay, Capelli, 2005), surveyed in Beni Khiar, in the north-western part of the *Neapolis* territory. In this case too, the fabric and the surface treatment of the Nabeul Keay 35B type is characteristic enough to be easily identified on the numerous Mediterranean sites where these amphorae are present.

A third amphora type is produced in Nabeul, but not exclusively there, the Keay 25 subtype 1 (figure 35, n° 4). These medium sized cylindrical containers, typical of the 4th century AD, are one of the best diffused African amphorae in the Mediterranean. Their production is well attested on the Sidi Aoun workshop, in association with late exemplars of Africana II C amphorae.

We have chosen these three amphora types among all those produced in Nabeul because they permit us to cover a long period of time, from the middle of the 3rd century to the end of the 5th century AD, and also because they offer some information about their contents.

4.2. -The contents.

From their first highlighting (Zevi, Tchernia, 1969) and during all the time of their progressive classification (Panella, 1973; Keay, 1984), the African amphorae were assigned to the transport of the main foodstuff well attested by texts and considered as emblematic to the Roman province of *Africa Proconsularis:* olive oil. Yet in 1969, Fausto Zevi and André Tchernia notified their readers of the existence of two distinct types, *Africano piccolo* (I) and *Africano grande* (II), produced in the same workshop as sometimes indicated by identical stamps, which could suggest two different kinds of content. The first type (Africana I), abundantly found in the vicinity of the Salakta saltery, may have preferably been used for the transport of *salsamenta* and *garum*, whereas the second one (Africana II), larger in size, was for the transportation of olive oil (Zevi, Tchernia, 1969).

More decisive arguments were brought by Robert Lequément (1975). Using the Africana II C amphorae from the Annaba wreck as a precise example, he observed that these amphorae were pitched. Pitch is normally incompatible with oil content, as oil presents the property of dissolving pitch. On the other hand, he pointed out that these amphorae wore a lead label fixed to one of their handles, where the words *de/ex officina* followed by a family name were mentioned. Now, the word *officina* is not known as referring to oil production but it is well attested to referring to *cetariae* activities. Thus, according to Robert Lequément, the Africana II C amphorae of the Annaba wreck may have transported salt fish products.

Considering that the African amphora contents were debatable, A. Tchernia and F. Formenti proceeded to a series of chemical analysis of Africana I and II amphora sherds in 1980 (unpublished report: see Panella, 1982, 171-186). Among the 14 Africana I samples analysed by F. Formenti, 10 presented traces of lipids, while no sample of Africana II did; moreover two Africana II samples wore traces of pitch. Thus the Zevi's initial hypothesis was inversed: Africana I amphorae might have transported olive oil and Africana II amphorae another foodstuff, perhaps salt fish products.

Considering the lack of new chemical analysis, what are nowadays the arguments for salt fish content in the three amphora types chosen as representative of the Neapolitan production? First, pitch is systematically present in Africana II C, Keay 25.1 and Keay 35B amphorae (Bonifay, 2004, 464-467 and Table IV). These amphorae are preferably blocked up with a cork stopper, unlike the Africana I amphorae which are blocked up with a ceramic disk or a carved sherd (Bonifay, 2004, 467). Fish remains seem to have been observed in Africana II C (?) amphorae in Cabrera III (Mayet in Bost *et alii,* 1992, 143) and Cap Blanc wrecks (Parker, 1992, 99) as well as in Lyon (Silvino *et alii,* forthcoming), and in a Keay 35B amphora in Aguilas (Pareja, 1972, 107-108). Finally, the three types are present in the salteries of Nabeul and tn those of the eastern Cap Bon coast: Africana II C and Keay 25.1 types in the Nabeul factory A, Keay 35B type in the coastal salteries North of Korba (Bonifay *et alii,* 2002-2003, 175).

Nevertheless one must be careful with this last argument. Amphorae present in the filling of the saltery vats are not always linked with the factory production. For example, both the Africana II A amphorae discovered in vat XVII of the Nabeul factory B (Slim, Bonifay, Trousset, 1999, 173 and figure 28), do not originate from Nabeul but from Salakta, as shown from the very recognisable clay fabric of this city. In other respects, pitch can also indicate a wine content, a very suitable hypothesis for Keay 25.1 amphorae, and it can also be accommodated to an oil content in certain conditions (Garnier, forthcoming). At last, the three mentioned types all are subsequent to the main production period of the Nabeul salteries: we do not have any information about the containers used by the Nabeul 2nd century salteries.

4.3.- The wrecks.

It is obvious that a diffusion map of the Nabeul amphorae is yet to be done. But we have already made progress concerning the diffusion modalities of these containers. In fact, it appears that wrecks with Nabeul amphorae are rather frequent. We may come across two different cases:

First, we have heterogeneous cargoes where Nabeul amphorae, being in the minority, are mixed with amphorae originating from other African cities or from other provinces. This is notably the case of the Cabrera III wreck, and, according to the authors (Bost *et alii,* 1992), this ship probably came from an important warehouse harbour of the Iberian Peninsula.

But we also have some more homogeneous cargoes (figure 37). Robert Lequément put forward this hypothesis concerning the Annaba wreck, even if the destination of the ship could not be determined (extra provincial or intra provincial trade?). The situation appears to be clearer with two wrecks of the French coastline: Pampelonne, dated to the beginning of the 4th century AD (Lequément, 1976), and Dramont E, of the second quarter of the 5th century (Santamaria, 1995). In both these cases, the cargo is almost entirely African, and petrographic analysis have shown that it could be considered as mainly Neapolitan: there is a great similitude of fabric between the amphorae of these wrecks and the ones coming from the Sidi Aoun and Sidi Zahruni workshops (Bonifay, Capelli, Long, 2002, 195-200). A third wreck, very close to the others, La Palud, but later in date (second quarter of the 6th century) (Long, Volpe, 1998), could also come from Nabeul (Bonifay, Capelli, Long, 2002, 198-199). Considering the homogeneity of these three cargoes, it is difficult to imagine another scenario than a direct line travel from the Nabeul harbour. In this context, both inscriptions mentioning Neapolitan *navicularii* at the beginning of the 5th century AD make clear sense. This hypothesis is also consolidated by a recently published wreck in Trapani (Tusa, Empola, Lentini, 2004), the cargo of which is very similar to the one of the Pampelonne wreck.

The products transported by these ships were probably quite diversified. Oil, and olive and meat preserves, are attested in the Dramont E wreck (Santamaria, 1995, 123), and at least part of the Pampelonne wreck amphorae possibly transported wine (Lequément, 1976, 191 and note 3). But there is no doubt that *salsamenta* and *garum* were also represented by the Africana II C amphorae of Pampelonne wreck, or the Keay type 35B amphorae of Dramont E wreck. It is noteworthy that both these amphora types had a large diffusion, mainly in Western Mediterranean for the second one, but also in Eastern Mediterranean, for example in Caesarea of Palestine (Riley, 1975, 38, n° 52; Peleg, Reich, 1992, figure 15, n° 16) or in Athens (Grace 1961, figure 37), and in the northern fringes of the Empire (for example in London: Miller, Schofield, Rhodes, 1986, 102, n° 1.8) for the first one.

The Nabeul workshop surveys, conducted in 2000-2001 (Ghalia, Bonifay, Capelli, 2005), allowed for important progress on the commercialisation of the Nabeul products, and specially those linked with the exploitation of the sea resources. But these surveys also revealed an interesting phenomenon of workshop transfers during Late Antiquity upon which it is necessary to insist. Until then, short distance transfers of workshop were only known on the Salakta territory (Peacock, Bejaoui, Ben Lazreg, 1989, 179-222), where it has been demonstrated that the amphora workshop, after having been grouped in the city suburbs throughout the Roman period, had been moved towards the internal landscape during the 5th century. These workshop transfers were explained by a reorganisation of the production during the Vandalic period. Apparently the phenomenon seems to be similar in Nabeul: during the 2nd-4th centuries AD, the amphora workshops were situated in front of the antique city, but 2-3km from the urban perimeter because of their implantation on the clay deposit flourishing on the foot-hills (example: Sidi Aoun). There is definitively a transfer of these workshops during the 5th century towards an area even more distant from the city (example: Sidi Zahruni), but at equal distance from the sea because the workshops follow the hills which are parallel to the sea. Nevertheless, in Nabeul, it could be interesting to link these transfers with those of activities which are great consumers of amphora, like the salteries themselves. In fact, from the end of the 4th century onwards, we have no more traces of salteries in the city, while they are attested on the north western coastline. Furthermore, a secondary town, probably situated on the territory of the *Neapolis* city, seems to gain ground during Late Antiquity: the site of Maamoura, situated in front of the 6th-7th century amphora workshops, where traces of salteries are attested (Slim *et alii,* 2004, 170), and which could also have developed harbour activities from the 5th century onwards (Bonifay, 2004, 484).

5.- Conclusion.

The Nabeul Fish Salteries project is now on the point of being completed. A great effort has been done in order to fulfil both the aims of this project: the problematic of salted fish production in *Neapolis* and the cultural valorisation of the site.

First of all, this project has revealed a real urban industrial area. Localised in the south-west quarter of the agglomeration, this area gathered *officinae* of different sizes. The great moment for these fabrics seems to have been the 2nd century and the first half of the 3rd century AD, then they gave place to the urban settlement during the 4th century and migrated out of the city, mainly towards the north western coastline.

Research has made it possible to detail the different actors of this economic branch. The Neapolitan producers, who may also be the fishermen themselves (Curtis, 1991, 149-150), probably had different status among them as shown by the different sizes of the excavated salteries. The same observation was done by Robert Lequément when reading the lead labels wound around or attached to the amphora handles (Lequément, 1975 and 1976). The fact that these labels gave the name of *officinae* owners shows that these persons were different from the amphora producers, who stamped their own names on the amphorae. Another argument is that the Nabeul amphora workshops produced containers assigned not only to the transport of salted fish products but also to the transport of oil and wine. We have no trace of salt production, which could be done in the so-called *sebkhra* coastal lagoons. Such natural salt marshes are now visible southward in the Hammamet Gulf, or northward between Maamoura and Kelibia. We do not know if these salt marshes were under Imperial ownership, as in Italy or in Spain. The last actors are the merchants: they also are different from the producers because they had salted fish products coming from different *officinae* embarked on a same ship (Lequément, 1975). Neapolitan merchants left few written traces (no *tituli picti* unlike the Spanish merchants: Étienne, Mayet, 2002, 211-220) but they were powerful enough to manage direct shipping towards Gaul. A last question has to be asked: why do the amphora stamps mention the name of the city, in Nabeul as in several other African cities, from the 3rd century onwards? It has been suggested these stamps could be linked with the annonary system (Reynolds, 1995, 108), but salted fish products do not seem (Sirks, 1991, 401) to have been part of *annona*.

Even if it is difficult to give a Latin name to the salted fish products, the traces of which were found in Nabeul, it seems established that the production is seasonal and linked with the migratory fish path, close to the coastline. The presence of several sedentary species among the fishes used in the vat III may be accidental and linked with a fishing technique which makes a selection more by the fish size than the fish species. The recurrent observation of the same remains when the vats are abandoned, whatever the abandonment period may be in both factories (2nd century AD for the vat XXXIV, 3rd century for the vats III and XLIX), suggests the hypothesis of a production identical for all the factories, throughout their period of activity.

Secondly, the project took a particular interest in the valorisation of the site (figure 39). From the second excavation campaign, the strengthening of walls and floors began to be undertaken. In 1999, a valorisation plan was completed by Latifa Slim and Jean-Marie Gassend and implemented by the *Institut National du Patrimoine* and the *Agence de Mise en Valeur du Patrimoine*. This plan has permitted the restoration of the roof of the eastern and northern galleries in factory A, in order to protect the vats I-VI and VII from rain and to recreate the volumes of the building, for a better understanding for visitors. All the plundered walls have been reconstructed according to their initial layout, with a cartouche indicating their restoration date, and the *opus figlinum* and *opus signinum* floors have been repaired. As far as the much damaged *decumanus* is concerned, a new artificial stone pavement has been laid in order to recreate this major circulation axe. Lastly, new plantations have been installed in the former peristyle courtyard of the factory A house. The layout of a visit path with explanation plates has made it possible to open the site to the public in 2005. In the same way, the archaeological Museum of Nabeul was renovated in 2003 and nowadays includes a room entirely devoted to the presentation of the excavations of the Nabeul Roman salteries.

Figure 39.- Overall view of the site in 2005 (L. Damelet).

Bibliography

ARÉVALO GONZÁLEZ, A., BERNAL CASASOLA, D. (1999): "La factoría de salazones de *Baelo Claudia* (Tarifa, Cádiz), Balance historiográfico y novedades en la investigación", *CuPAUAM* 25.1, 75-129.

BABELON, E. R., CAGNAT, R., REINACH, S. (1892-1913): *Atlas archéologique de la Tunisie*, Paris.

BONIFAY, M. (2004): *Etudes sur la céramique romaine tardive d'Afrique*, Oxford (BAR IS, 1301).

BONIFAY, M., CAPELLI, C., LONG, L. (2002): "Recherches sur l'origine des cargaisons africaines de quelques épaves du littoral français", in RIVET, L., SCIALLANO, M. (Ed.), *Vivre, produire et échange: reflets méditerranéens, Mélanges offerts à Bernard Liou,* Montagnac, 195-200.

BONIFAY, M., CAPELLI, C., MARTIN, T., PICON, M., VALLAURI, L. (2002-2003): "Le littoral de la Tunisie, étude géoarchéologique et historique (1987-1993): la céramique", *AntAfr* 38-39, 125-202.

BORREL, A. (1956): *Les pêches sur la côte septentrionale de la Tunisie*, Paris.

BOST, J.-P., CAMPO, M., COLLS, D., GUERRERO, V., MAYET, F. (1992): *L'épave Cabrera III (Majorque), Echanges commerciaux et circuits monétaires au milieu du IIIe siècle apr. J.-C,* Paris (Publications du Centre Pierre Paris, 23).

BRUN, J.-P. (2003): "Les pressoirs à vin d'Afrique et de Maurétanie à l'époque romaine", *Africa*, n. s., Scéances Scientifiques, 1, 2003, 7-30.

CARANDINI, A. (1970): "Produzione agricola e produzione ceramica nell'Africa di età imperiale", *Studi Miscellanei* 15, 97-119.

CURTIS, R. I. (1991): *Garum and salsamenta, Production and Commerce in Materia Medica*, Leiden (Studies in Ancient Medicine, 3).

DARMON, J.-P. (1968): "Neapolis", *Africa* II, 271-292.

DARMON, J.-P. (1980): *Nympharum Domus, les pavements de la maison des Nymphes à Neapolis (Nabeul-Tunisie) et leur lecture*, Leiden.

ENNAÏFER, M. (2003): "La chronologie de la Maison des Deux Chasses à Kélibia", *L'Afrique Vandale et Byzantine*, 1, *AnTard* 10, 223-232.

ÉTIENNE, R., MAKAROUN, Y., MAYET, F. (1994): *Un grand complexe industriel à Troia (Portugal)*, Paris.

ÉTIENNE, R., MAYET, F. (1998): "Cartographie critique des établissements de salaisons de poissons dans la péninsule ibérique", *Méditerranée antique, Pêche navigation et commerce, Actes du 120e et du 121e Congrès National des Sociétés historiques et scientifiques*, (Aix-en-Provence, 1995 ; Nice 1996), Paris, 33-57.

ÉTIENNE, R., MAYET, F. (2002): *Salaisons et sauces de poisson hispaniques, Trois clés pour l'économie de l'Hispanie romaine*, Paris.

FAGES, E. DE, PONZEVERA, C. (1908): *Les pêches maritimes de la Tunisie*, Tunis.

FOUCHER, L. (1970): "Note sur l'industrie et le commerce des *salsamenta* et du *garum*", *Actes du 93e Congrès National des Sociétés Savantes (Tours, 1968)*, Paris, 17-21.

FOY, D. (2003): "Le Verre en Tunisie: L'apport des fouilles récentes tuniso-françaises", *Journal of Glass Studies* 45, 59-89.

GARNIER, N. (forthcoming): "Annexe: Analyse du contenu d'amphores africaines", in BONIFAY, M. "Que transportaient donc les amphores africaines ?", in PAPI, E., SCARDIGLI, B. (éd.), *Supplying Rome and the Roman Empire,* Porthmouth (JRA Supplement).

GHALIA, T., BONIFAY, M., CAPELLI, C. (2005): "L'atelier de Sidi-Zahruni: mise en evidence d'une production d'amphores de l'Antiquité tardive sur le territoire de la cité de *Neapolis* (Nabeul, Tunisie)", in GURT I ESPARRAGUERA, J. M., BUXEDA I GARRIGOS, J., CAU ONTIVEROS, M. A. (éd.), *LRCW1, Late Roman Coarse Wares, Cooking Wares and Amphorae in the Mediterranean: Archaeology and Archaeometry*, Oxford (BAR IS, 1340), 495-507.

GRACE, V. R. (1961): *Amphoras and the ancient Wine Trade*, Princeton.

GRIMAL, P., MONOD, T. (1952): "Sur la véritable nature du garum", *REA* 54, 1952, 27-38.

GUÉRIN, V. (1862): *Voyage archéologique dans la régence de Tunis*, t. 2, Paris.

KEAY, S. J. (1984): *Late roman amphorae in the Western Mediterranean, A typology and economic study: the Catalan evidence*, Oxford (BAR IS, 196).

LEQUÉMENT, R. (1975): "Etiquettes de plomb sur des amphores d'Afrique", *MEFRA* 87, 667-680.

LEQUÉMENT, R. (1976): "Une épave du Bas-Empire dans la Baie de Pampelonne (presqu'île de Saint Tropez)", *RAN* 9, 177-188.

LEQUÉMENT, R. (1980): "Le vin africain à l'époque impériale", *AntAfr* 16, 1980, 185-193.

LONG, L., VOLPE, G. (1998): "Le chargement de l'épave de la Palud (VIe s.) à Port-Cros (Var), Note préliminaire", in BONIFAY, M., CARRE, M.-B., RIGOIR, Y. (dir.), *Fouilles à Marseille, Les mobiliers (Ier-VIIe s.),* Paris (Etudes Massaliètes 5), 317-342.

MARQUARDT, J. (1888): *De l'organisation financière chez les Romains*, Paris.

MILLER, L., SCHOFIELD, J., RHODES, M. (1986): *The Roman Quay at St Magnus House, London, Excavations at new Fresh Wharf, Lower Thames Street, London 1974-78,* London (London and Middlesex Archaeological Society, Special Paper N° 8).

PANELLA, C. (1973): "Le anfore", in CARANDINI, A., PANELLA, C. (dir.), *Ostia III*, Rome (Studi Miscellanei, 21), 463-633.

PANELLA, C. (1982): "Le anfore africane della prima, media e tarda étà imperiale, tipologia e problemi", in *Actes du colloque sur la céramique antique de Carthage (23-24 juin 1980)*". Carthage.

PAREJA, F. (1972): "Marques sur une amphore de l'île de Fraile (Aguilas)", *Cahiers d'Archéologie Subaquatique* I, 107-108.

PARKER, A. J. (1992): *Ancient Shipwrecks of the Mediterranean and the Roman Province*, Oxford (BAR IS 580).

PEACOCK, D. P. S., BEJAOUI, F., BEN LAZREG, N. (1989): "Roman amphora production in the Sahel region of Tunisia", in *Amphores romaines et histoire économique, Actes du colloque de Sienne (22-24 mai 1986),* Rome (Coll. de l'Ecole française de Rome, 114), 179-222.

PELEG, M., REICH, M. (1992): "Excavations of a Segment of the Byzantine City Wall of Caesarea Maritima", *Atiqot* XXI, 137-155.

PONSICH, M., TARRADELL, M. (1965): *Garum et industries antiques de salaison dans la Méditerranée occidentale,* Paris.

REYNOLDS, P. (1995): *Trade in the Western Mediterranean AD 400-700: The Ceramic Evidence*, Oxford (BAR IS 604).

RICKMAN, G. (1980): *The Corn Supply of Ancient Rome*, Oxford.

RILEY, J. (1975): "The pottery from the first session of excavation in the Cesarea Hippodrome", *BASOR* 218, 25-63.

SAINCLIVIER, E. (1985): *Procédés de conservation du poisson,* Thèse de Doctorat, Institut d'Etudes Agronomiques, Rennes.

SANTAMARIA, C. (1995): *L'épave Dramont E à Saint Raphaël (Ve s. apr. J.-C.)*, Archaeonautica 13, Paris.

SILLIÈRES, P. (1995): *Baelo Claudia, Une cité romaine de Bétique*, Madrid (Coll. de la Casa de Velásquez).

SILVINO, T., MAUDET, C., DUFFRAISSE, M., HÄNNI, C. (forthcoming): "Lyon, Saint-Georges, Identification et origine de résidus organiques contenus dans des céramiques antiques", in BONIFAY, M., TREGLIA, J.-C. (éd.), *LRCW 2, Late Roman Coarse Wares, Cooking Wares and Amphorae in the Mediterranean: Archaeology and Archaeometry*, Oxford (BAR IS).

SIRKS, B. (1991): *Food for Rome*, Amsterdam.

SLIM, H., KHANOUSSI, M. (1995): "Les grandes découvertes d'époque romaine", La Tunisie, Carrefour du monde antique, *Les Dossiers d'Archéologie* 200, 18-29.

SLIM, L., BONIFAY, M., TROUSSET, P., WITH BLANC-BIJON, V., FOY, D., GASSEND, J.-M., HALLIER, G., PASKOFF, R., PASQUALINI, M., PITON, J., STERNBERG, M. (1999): "L'usine de salaison de *Neapolis* (Nabeul), Premiers résultats des fouilles 1995-1998", *Africa* XVI, 153-197.

SLIM, H., TROUSSET, P., OUESLATI, A., PASKOFF, R. (dir.), with the coll. of BONIFAY, M. and LENNE, J. (2004): *Le littoral de la Tunisie. Étude géoarchéologique et historique*, Paris (Études d'Antiquités Africaines).

STERNBERG, M. (1998): "Les produits de la pêche et la modification des structures halieutiques en Gaule Narbonnaise du IIIe s. av. n.-è au Ier s. de n.-è.", *La culture maritime dans l'Antiquité, 3, MEFRA* 110, 1998, 81-109.

STERNBERG, M. (2000): "Les productions de la fabrique de *salsamenta* de *Neapolis* (Nabeul, Tunisie)", *La culture maritime dans l'Antiquité, 3, MEFRA* 112, 135-153.

TISSOT, C. (1884): *Géographie comparée de la Province romaine d'Afrique, II, Chorographie, réseau routier*, Paris.

TUSA, S., AMPOLA, B., LENTINI, F. (2004): "Un relitto tardo-romano nelle acque di Marausa (Trapani)", *Sicilia Archeologica* XXXVII-102, 151-170.

ZEVI, F., TCHERNIA, A. (1969): "Amphores de Byzacène au Bas-Empire", *AntAfr* 3, 173-214.

LA PESCA Y LA INDUSTRIA CONSERVERA EN LA ECONOMÍA DEL MUNDO ANTIGUO. VÍAS DE APROXIMACIÓN.

F.J. FERNÁNDEZ NIETO
Universidad de Valencia

La pesca y la elaboración de sus productos constituyó sin duda una rama activa e importante en la vida económica del Mediterráneo antiguo. Para poder determinar su alcance contamos, por una parte, con los restos materiales que forman los emplazamientos de las pesquerías y de las factorías de salazón, así como con una serie de contenedores salidos de estos centros de fabricación, gracias a los cuales se pretenden reconstruir las formas de preparación y elaboración del pescado, y las vías y procedimientos de difusión comercial de las conservas. Pero esto constituye tan sólo un aspecto de aquella constante actividad económica, que debe ser examinada desde perspectivas mucho más amplias. Hay que profundizar, por tanto, en el estudio de otros muchos componentes de aquel sector y señalar qué nuevas investigaciones serían recomendables para la obtención de una imagen global. Mi intención no es otra sino referir diversas líneas de trabajo hasta ahora poco desarrolladas y plantear algunos problemas y reflexiones, pues la realidad es que los escasos estudios que han abordado la función económica de la pesca en el mundo antiguo suelen decantarse exclusivamente hacia aspectos cuantitativos de explotación en determinados sectores territoriales (y, por lo tanto, sociales) y desconocen otras perspectivas, que deberían contemplarse conjuntamente si queremos trazar un cuadro lo más completo posible acerca de aquella actividad de la vida económica.

Mi contribución no podría ser exhaustiva, aunque tampoco debe limitarse, por razones internas que no precisan justificación, al enunciado espacial del congreso (occidente mediterráneo). Tomaré por ello una serie de ejemplos pertinentes de la tradición oriental, así como de la griega y romana, llamando la atención sobre las últimas monografías más generales, para abordar facetas de naturaleza económica tales como la forma en que los poderes públicos reglamentan el derecho a la pesca, las delimitaciones de las zonas explotables, los gravámenes sobre las actividades pesqueras y la explotación de las capturas, la organización de los profesionales de la pesca en grupos corporativos, los mercados (de costa y de interior), la distribución y la difusión comercial de las salazones, así como los distintos productos obtenidos de la riqueza marina en función de las especies y las técnicas aplicadas a la pesca y su transformación. Aludiré finalmente a las implicaciones económicas entre la pesca y las salinas, pero también a los aspectos ligados a la pesca fluvial –la gran ausente en los estudios sobre la actividad pesquera en la Europa antigua–, puesto que fue objeto de constante aprovechamiento y estuvo sometida generalmente a un régimen legal y económico especial.

Actas del Congreso Internacional *CETARIAE. Salsas y salazones de pescado en Occidente durante la Antigüedad*, Universidad de Cádiz, Noviembre de 2005, *B.A.R. int. ser.* 1686, Oxford 2007, 45-75.

El marco jurídico (Grecia). Para la evaluación del marco económico de la actividad pesquera, el primer elemento a examinar es quién puede pescar, en qué condiciones concretas y en qué lugares, lo que nos conduce al tratamiento legal de la actividad pesquera. Señalaré con detalle la situación que regía en el mundo griego, reproduciendo de uno de mis trabajos anteriores las partes que afectan más directamente al caso (Fernández Nieto, 2006a). La regulación jurídica del aprovechamiento de la riqueza piscícola en el mundo griego clásico, a saber, si las aguas saladas y dulces fueron consideradas como un dominio abierto o si estuvieron adscritas a la propiedad del Estado, que podía vender o ceder su disfrute a los particulares, no es objeto de tratamiento directo por parte de nuestras fuentes antiguas ni tampoco se halla sistematizada en la investigación actual, si exceptuamos la valiosa aportación de Höppener (1931). Precisamente, la reducción del interés de casi todos los estudiosos a unos pocos ejemplos aislados ha conducido a conclusiones generales muy imprecisas y abiertamente contrapuestas. Mientras unos señalan que la pesca se configura sobre todo como una lucrativa regalía o monopolio del Estado (Francotte, 1909, 58; Busolt, 1920, 607; Andreades, 1931, 158 s.; Brun, 1996, 135), otros han escrito con mayor acierto que aun cuando comprobemos que el Estado se reserva un derecho sobre la pesca, no cabe hablar de monopolio porque nunca sucede que la *polis* haya tomado directamente en sus manos la captura de especies, sino que tan sólo ejerce el traspaso de sus derechos a contratistas privados (Hasebroek, 1928, 167; Höppener, 1931, 153 s.).

El único texto de la época que podría reflejar las condiciones legales que afectaban a la pesca lo debemos a Platón (*Leg.* VII 824 a). El pasaje en cuestión afirma: "al pescador, excepto en los puertos y en los ríos, pantanos y lagos sagrados, que en todas las demás partes se le permita realizar capturas, a condición de que no recurra al enturbiamiento por medio de zumos" (Platón se refiere aquí a los venenos obtenidos del jugo de ciertas plantas, cuyo uso no era infrecuente entre algunos pescadores: véase, por ejemplo, Aristot., *H. A.* IV 8, 534 b; VII 20, 602 b-603 a; Opian., *Hal.* IV 647-693; Aelian., *N. A.* I 58; Filostr., *Imag.* I 13, 7-10 (390-391 K); Plin., *N. H.* XXV 98; 116). No encontramos aquí ninguna referencia a la singularidad de derechos por parte del Estado en las aguas marítimas ni en los ríos y lagos interiores, excepto los que son de propiedad sagrada –y según la costumbre griega pertenecen al dios, representado por las autoridades sagradas y civiles–, ni parece existir más limitación fuera del ámbito sacral que la proyectada sobre los puertos. Sin embargo, se conserva una información en Ps. Aristóteles (*Econom.* II 2, 3a, 1346 b) según la cual en cierta coyuntura la ciudad de Bizancio, urgida por la necesidad de contar con fondos, enajenó las tierras que pertenecían a las cofradías religiosas, pero en compensación vendió luego a los miembros de aquellas cofradías, entre otras cosas, los derechos de pesca en el mar (hay que introducir, sin embargo, dos matizaciones. Seguramente no se trató de una venta definitiva, sino de una venta temporal, pues respecto a los recintos sagrados de titularidad estatal el propio pasaje indica que las tierras no productivas fueron vendidas para siempre, pero las fértiles lo fueron sólo por un período fijo de tiempo: luego a las fecundas pesquerías debió aplicárseles el mismo criterio. Es improbable, en cambio, que la venta encubra en este caso una cesión temporal de las rentas pagadas al Estado como canon por los arrendatarios públicos de las pesquerías: sobre ello *cf.* Migeotte, 1980, 167; 1984, 395s.). Esta indicación histórica, que podría referirse a hechos sucedidos en la segunda mitad del siglo V (Fernández Nieto, 1998, 36 s.), ha sido normalmente mencionada para sustentar la idea de que el Estado controlaba todo tipo de pesca marítima y de que la ciudad poseía el derecho exclusivo sobre su captura, cosa que está en abierta contradicción con el anterior pasaje de Platón. Solamente Höppener (a quien siguió Van Groningen, 1933, 58) arguyó que no era verosímil que una actividad tan extendida entre la población como era la de pescador llegase a constituir un monopolio o hubiese sido de repente transformada en tal dentro de una *polis*; además, recuerda que en el resto de Grecia existieron lugares costeros aptos para la pesca que pertenecieron bien al Estado, bien a particulares, o bien quedaron libres de dominio y fueron comunes, por lo que piensa que el texto debe entenderse en el sentido de que Bizancio vendió no un monopolio de pesca, sino el total de las pesquerías incluidas en el patrimonio del Estado. Pero esta interpretación, que en líneas generales inspira confianza, no elimina la aparente divergencia entre ambos textos desde el momento en que nos encontramos con que junto a los puertos, los ríos y los lagos sagrados existen otros puntos concretos del territorio en los que al pescador libre se le impedía faenar, contra lo que quiere Platón.

Es necesario así pues que ordenemos el mayor número posible de ejemplos y testimonios producidos en el mundo griego y que intentemos extraer de su confrontación la estructura legal del régimen de pesca. Para ello comenzaremos por integrar nuestros datos en dos grandes apartados; el primero establecerá un registro de los lugares o zonas sobre los que se asienta un derecho de pesca, mientras que el segundo se orienta a analizar la documentación que, aparentemente, revelaría la aplicación en algunas *poleis* de un τέλος o tasa sobre los peces, es decir, sobre la pesca efectuada, y terminaremos analizando el problema de los puertos pesqueros.

Lugares de propiedad pública o privada que llevan anejo un derecho de pesca en el mar. Son aquellos puntos del litoral marítimo de un Estado especialmente aptos para la extracción de determinadas especies (peces, moluscos, esponjas). Su importancia radica no sólo en la presencia de una rica ictiofauna, sino también en que ofrecen buenas condiciones para llevar a cabo las correspondientes labores de captura (abrigos, fondeaderos, muelles, atalayas, playas de arrastre). Por ejemplo, en Halicarnaso, durante el siglo V, se vendieron las propiedades de los deudores de Apolo y de Atenea Parthenos, por no haber cumplido sus compromisos de pago. Uno de sus habitantes (Hyssoia Arbesio) compró la tierra de un debitor (Diótimo hijo de Sarisollo), así como el derecho de pesca en el lugar en que se encontraba un observatorio o puesto de vigilancia para detectar la llegada de los bancos compuestos por un género especial de atunes, el llamado ὄρκυνος (*Syll.* [3] 46, l. 42-44). Sobre este tipo de atalayas de pesca (σκοπία, θυννοσκοπεῖον, ἡμεροσκοπεῖον) me he ocupado en un reciente trabajo, y únicamente quiero recordar aquí que constituían elementos imprescindibles para avistar un espacio de mar bastante amplio y poder capturar mediante un refinado sistema de pesca (almadrabas, madragues, Thunfischnetze) bandadas de grandes peces compuestas por cientos de ejemplares (Rohde, 1892; Fernández Nieto, 2002, 242-247; son inexactas las explicaciones que proporciona Dittenberger sobre θάλασσα y ὀρκυνεῖον en la edición del epígrafe, pues ni el primer término alude a una albufera, conectada o no con el mar, sino a los rendimientos marítimos anejos a la propiedad del observatorio, ni el segundo define un tipo de vivero o piscina). Es evidente que el vendedor poseía la propiedad de este observatorio junto con el derecho exclusivo a la pesca, pero el epígrafe en sí no permite conocer de qué manera lo obtuvo el primer transmisor, aunque resulta lógico pensar que debió adquirirlo del Estado halicarnasio, según luego explicaremos.

Crates proporciona la noticia de que en uno de los demos atenienses denominados Halas –no podemos precisar si era en Halas Aixonides o en Halas Arafenides se levantaba un observatorio de atunes que reportaba a la ciudad grandes ingresos (*F Gr Hist* 362 F 2 (= Photius, *s.v.* Κύννειος); *vid.* también Suid., s.v. Κύνηειος). Esto significa que aquel punto de la costa ática y el pedazo de mar que estaba alrededor formaban parte de los bienes estatales y eran objeto de arriendo, como otros muchos δημόσια.

Estos observatorios con derechos de pesca existían asimismo en la isla de Cos y figuran relacionados en un epígrafe bastante conocido (*Syll.* [3] 1000; Vreeken, 1953, 70-73; Sokolowski, *LSCG* 168). El reglamento pertenece al siglo I a. C. (véase asimismo Ziebarth, 1896, 21 s.; Francotte, 1900, 127 s; Debord, 1982, 198 s.). El texto de Cos no es sino un reglamento sagrado destinado a regular qué personas dentro de la comunidad se hallaban obligadas anualmente a costear sacrificios ofrecidos a las divinidades poliadas (magistrados, arrendatarios de impuestos, de servicios y de trabajos públicos, artesanos). Dicho reglamento fija, entre otros supuestos, que aquella obligación incumbía: a) A quienes hubiesen comprado el derecho a utilizar la atalaya pública (l. 10). b) A quien hubiese tomado en arriendo el otro observatorio, asimismo del Estado (l. 11); esta pesquería se hallaba situada en el lugar llamado Nautileo. c) A cuantos hubiesen puesto en alquiler cualquier atalaya (privada) y a cuantos se hubiesen adjudicado el alquiler de alguna de las atalayas de propiedad particular (l. 18-20).

Resulta evidente que todos estos puestos de observación se hallan ligados a la pesca, y en concreto a la de las especies migratorias (fundamentalmente atún y caballa), de forma que la expresión σκοπά es sinónima aquí de *thynnoskopeion* (Toepffer, 1891, 411 ss.; la σκοπά mencionada en l. 20 es interpretada por Reinach, 1891, 369 s. como otro observatorio público cuya construcción todavía no ha terminado. συνεστηκυῖα). La importancia de este documento para nuestro estudio estriba no sólo en proporcionarnos una serie de datos que con naturalidad pueden retrotraerse a la época clásica, sino también en ratificar la práctica documentada en Halicarnaso de que estos observatorios podían ser propiedad de particulares, disponiendo también como tales titulares del derecho de pesca en aquel punto. Conviene además señalar que la inscripción menciona acto seguido (l. 21) a unos μετάβολοι τοὶ ἐν τοῖς ἰχθύσιν, es decir, revendedores de pescado que, en mi opinión, estaban relacionados con los adjudicatarios de las atunaras, dadas las enormes cantidades de peces que se lograban en cada captura; pero sobre esta cuestión volveremos luego.

Los observatorios de pesca propiedad del Estado estaban extendidos también por la Argólida. Precisamente el hecho de que nos hayan llegado noticias de los mismos gracias a las actas de arbitrajes pronunciados para resolver disputas territoriales entre *poleis* argólicas que pugnaban, entre otras cosas, por el control de esas pesquerías, junto con el hecho de que una parte de las atalayas estuviese sometida a un régimen de copropiedad y uso común entre dos o más ciudades, constituyen un firme indicio de que esta situación es la continuidad de una regulación más antigua, que alcanza como mínimo la época clásica. En la primera mitad del siglo II a. C., jueces enviados desde Tenos realizaron un arbitraje territorial entre las ciudades de Zárax y, probablemente, Epidauro Limera (el texto del arbitraje en Ager, 1996, nº 80, 221-223; *vid.* también Wilhelm, 1951, 60-67). Como una de las marcas que delimitan la zona en disputa nuestro texto señala un observatorio (l. 5), y dos líneas más abajo sitúa otro de los vértices del territorio en un puerto. Debía tratarse, por tanto, de un observatorio pesquero que llevaría aparejado el derecho de pesca. Cabe en lo posible que este punto marítimo estuviese incluido dentro del propio litigio, y en tal caso no podría haber sido más que un *thynnoskopeion* que anteriormente habría conocido un uso común entre ambas ciudades, pero de cuya explotación se habría apropiado una de las dos. Esto significaría que el observatorio pesquero gozaba del estatuto de titularidad pública. El decreto recoge también los honores concedidos a los árbitros, en agradecimiento por su labor, y entre ellos figura la concesión por dos años de la mitad de una cierta tasa marítima (l. 29) que, como luego desarrollaré, debe hallarse en relación con los derechos de pesca, lo que vendría a reforzar el argumento de que el observatorio mencionado en el arbitraje era un puesto de pesca, y no una torre interior de vigilancia. Satisfecha por la resolución del problema, la ciudad de Epidauro cedió por dos años la mitad de las rentas de pesca en los lugares de avistamiento que de nuevo comparte con Zárax.

El segundo testimonio que nos interesa concierne al arbitraje realizado por altos funcionarios de Ptolomeo VI para solucionar otra disputa territorial surgida entre Arsínoe (Metana) y Trecén a mediados del siglo II a. C. (Ager, 1996, nº 138, 381-385. Acerca de los θυννεῖα mencionados en el instrumento del arbitraje, en particular, véase Robert,1960, 159, nº 2 y Magnetto, 1997, 260, nº 5). La resolución arbitral pone de manifiesto que ambas ciudades habían dispuesto de un territorio común ribereño del golfo sarónico y de unas pesquerías de atún en régimen de copropiedad y uso compartido, obteniendo cada una de ellas los correspondientes ingresos durante el tiempo en que le pertenecía la explotación (l. 24, 39-40, 43-44). La reconstrucción de lo sucedido es bastante simple. Antes de que estallasen las diferencias entre ambas *poleis* estas pesquerías habían sido aprovechadas en común, siguiendo una alternancia, pero al producirse el enfrentamiento aquella *polis* que logró controlar en exclusiva la parte del territorio que incluía los *thynnoskopeia* procedió sin más a arrendar los observatorios a contratistas privados, que serían prioritariamente ciudadanos propios; y esta situación debió mantenerse durante cierto tiempo. A su vez, la ciudad desposeída de un pedazo de territorio común, así como de su condición de copropietaria, y en consecuencia del uso y disfrute de los productivos *thynneia*, se vio obligada a recurrir al ejercicio de la compensación mediante represalia, arrebatando a sus oponentes cualquier objeto de valor como prenda para resarcir los daños sufridos. Pudieron producirse varios supuestos, por ejemplo asaltar por sorpresa la pesquería durante la temporada de pesca, atacar las barcas que retiraban los atunes hasta las factorías de salazón, tomar como prisioneros a los trabajadores de la pesquería o a cualquier otro ciudadano de la *polis* enemiga, considerando el dinero obtenido por su venta o rescate como compensación de las rentas no obtenidas por la pérdida del observatorio. Sin duda alguna esta conducta despertó la práctica de operaciones similares por parte del enemigo, iniciándose la consabida escalada de actos violentos que causarían perjuicios indiscriminados y recomendaron a las partes someterse a un arbitraje. Esto explica bien dos de las decisiones de los árbitros para poner fin a la querella y hacer tabla rasa con los incidentes del pasado, cuales fueron la prohibición de llevar a nadie ante los tribunales por reclamaciones relativas a las rentas de las pesquerías (l. 39-40; esta medida se adopta paralelamente a la decisión de no admitir en los tribunales tampoco ninguna causa relacionada con el territorio común ni con los frutos y beneficios del mismo, ἐπικαρπία, término que comprende asimismo los derechos de pastoreo) y el reparar la indemnización de quienes hubiesen padecido tales represalias recurriendo, entre otras cosas, a las rentas generadas en el futuro por las pesquerías (l. 43-44).

Otro documento del final de la época helenística testimonia que la ciudad de Cízico poseía, al menos, una pesquería de este género, la cual era objeto de arrendamiento público para su explotación por los particulares (Michel 1225, a corregir con las acertadas indicaciones de Robert, 1950, 94-97). A J. y L. Robert corresponde el mérito de haber detectado la existencia de un observatorio marítimo que fue tomado en arriendo por una sociedad de pescadores representada por su correspondiente ἀρχώνης (l. 2); otras dos personas atendían los aspectos gerenciales y de intervención de fondos (l. 3-4: ἐπὶ τοῦ χρηματισμοῦ). La σκοπία se hallaba emplazada en un lugar de la costa cuyo nombre ya no resulta completamente legible en la estela. Es muy verosímil que, como sugirió Robert, ésta no fuera la única sociedad constituida en Cízico para explotar la pesca del atún en el dilatado litoral de que disponía la ciudad, incluyendo la isla de Mármara, lo que invita a suponer que el Estado poseía en otros sectores costeros más instalaciones para la detección de los bancos migratorios, y que éstas eran aprovechadas, contra el pago de un canon, por otras sociedades. El marcado interés de esta ciudad griega por la pesca y la reserva de su dominio útil en favor de la colectividad se pone además de relieve, en mi opinión, por el dato de que Cízico y Bizancio se habían repartido como copropietarios el lago Dascilítide, situado en el país de los migdones, no lejos de la costa de la Propóntide (Strab. XII 8, 11 [C 576]; el texto señala claramente que ambas ciudades disfrutaban de la posesión:

τῆς Δασκυλίτιδος λίμνης τὰ μὲν ἔχουσιν ἐκεῖνοι ,*sc*. los habitantes de Cízico, τὰ δε Βυζάντιοι).

Que Hierapitna disponía de emplazamientos públicos para la pesca en algunos lugares de su costa, bien en forma de observatorio, bien de puerto pesquero, puede deducirse indirectamente del texto del tratado suscrito entre Rodas y aquella ciudad de Creta hacia finales del siglo III a. C. (Schmitt, *Staatsverträge*, 551). En una de las cláusulas del pacto (l. 66-70) se determina que los rodios enviarán dos trirremes en ayuda de los hierapitnios, entre otros supuestos, si alguien perjudicaba los ingresos obtenidos del mar por Hierapitna. Se ha sugerido (Vélissaropoulos, 1980, 205, n. 3), que el texto aludiría a las tasas percibidas por el comercio marítimo. Esta interpretación me parece insatisfactoria, puesto que dichas tasas se cobraban en los puertos, y el hecho de que alguien acabase violentamente con ellas sólo es concebible si Hierapitna sufría un ocupación o un bloqueo (de una escuadra oficial o de piratas); pero el tratado efectuado con Rodas cubría ya sobradamente dicho supuesto cuando prevé el auxilio al aliado en caso de ataques contra su territorio (está prevista en l. 64-66). Otra posibilidad, apuntada por Vélissaropoulos, es que dicha mención de las rentas procedentes del mar comprendería no sólo las tasas sobre el comercio marítimo, sino también el derecho de los hierapitnios a entrar en propiedad de los naufragios que las olas arrastrasen hasta sus playas. No negaré que esa preocupación rondase por la cabeza de algunas autoridades cuando negociaron el tratado, pero parece insuficiente como para generar una cláusula tan precisa. En primer lugar, pudiera ser que aquella parte de Creta no registrase demasiados naufragios; tendríamos que suponer, por otra parte, que las *poleis* vecinas conocían rápidamente los naufragios habidos en el litoral de Hierapitna y acudirían sin tardanza a pillar los restos, antes de que lo hiciesen los lugareños; por último, no deja de ser extraño que esa intromisión fuese tan difícil de evitar que recomendase avisar a un aliado, cuyas dos trirremes llegarían cuando hubiesen desaparecido ya todos los bienes que transportaba el pecio hundido.

En mi opinión, los ingresos procedentes del mar que los hierapitnios están protegiendo con esta cláusula son los derechos de pesca en las costas de su territorio, derechos que podían verse amenazados y disputados por las ansias de anexión de algunas ciudades vecinas, e incluso por piratas corsarios sostenidos por *poleis* cretenses. Es bien conocida la importancia de la pesca de la púrpura en Creta desde época minoica, y éste era uno de los muchos productos del mar que procuraba buenos ingresos a muchas ciudades insulares y de Asia Menor (luego veremos algunos ejemplos), y la técnica de la captura de púrpura se desarrolla en la plataforma inmediata al litoral (y a menudo basta con la existencia de puntos para el buceo y la instalación de nasas en la costa). Si a esto añadimos que el mosaico político de Creta fue especialmente propicio a generar tensiones fronterizas, se hace muy probable la hipótesis de que los hierapitnios hubiesen tenido ya que defender, en momentos anteriores de su historia, los lugares y caladeros de pesca en donde obtendrían muy buenos ingresos mediante arrendamiento. La cláusula del tratado estaría orientada, ante todo, a impedir que si otra *polis* cretense intentaba o consumaba la ocupación de un puesto de pesca hierapitnio y comenzaba a explotarlo, abriendo así un incidente que podría desembocar en un conflicto armado, los rodios se comprometían a acudir con dos trieres para que se restableciese el estatus original en las zonas de pesca propiedad de su aliado cretense.

La ciudad jonia de Iasos disponía de un golfo marino protegido y cerrado, denominado Mar Menor, que debía poseer el estatuto de propiedad estatal. En efecto, una inscripción de Iasos ligeramente anterior al año 323 a. C. registra el hecho de que dos hermanos, Gorgo y Minio, realizaron gestiones ante Alejandro Magno y consiguieron que el rey macedonio devolviese la posesión sobre el mismo al *demos* de Iasos; en agradecimiento a su labor, la ciudad les concedió la *atéleia* y la *prohedría* perpetua para sí y sus descendientes (*Syll.*^{3} 307). La satisfacción de la *polis* por haber recuperado todo ese espacio de mar apunta al hecho de que esta ciudad tradicionalmente arrendaba pesquerías instaladas en la ribera o imponía cargas a quienes practicaban la pesca en el interior de sus aguas; pero el sátrapa de Caria les habría privado total o parcialmente de este ingreso, para sumarlo a la hacienda del Gran Rey (Höppener, 1931, 157 s.). Hay otros datos referentes a Iasos que muestran cómo la pesca era el recurso principal de la ciudad, según destacaba Estrabón (XIV 2, 21 [C 658]). Hay dos inscripciones más de época helenística que ilustran la extensión de la pesca en Iasos y podrían tener conexión con el régimen de explotación del mar. En un decreto de Iasos votado en favor de un jefe militar extranjero se pondera, entre otros méritos, que esta persona garantizó en cierta ocasión la seguridad de los navegantes y de quienes trabajaban en el mar, es decir, de quienes practicaban la pesca (Pugliese-Carratelli, 1969, 371 ss.; J. y L. Robert *Bull. Épigr.* 1973, 419). El texto nos recuerda cómo aquel comandante logró evitar, mediante una maniobra naval, que fuerzas hostiles a Iasos entrasen por la estrecha embocadura que conducía al interior del golfo o Mar Menor, y perjudicasen a quienes estaban trabajando en esta agua, lo cual corrobora hasta qué punto los recursos pesqueros eran fuente de riqueza muy estimada y cómo la ciudad se preocupaba de preservarlos. Otro epígrafe de Iasos nos transmite el texto de una carta remitida a la ciudad por Aristóbulo, funcionario del rey Ptolomeo I Soter, a finales del siglo IV a. C. (Pugliese Carratelli, 1969, 437 ss., nº 1; vid. J. y L. Robert *Bull. Épigr.* 1971, 620). Una embajada enviada por la ciudad había realizado varias solicitudes al soberano lagida, y entre aquellas que se le reconociera el derecho a percibir rentas sobre los puertos. Después de haber consultado con el rey, Aristóbulo confirmó a los iasios que quedaban garantizadas todas las rentas propias, incluidas las procedentes de los puertos. Como estos ingresos incluían, según expondré más adelante, los ingresos cobrados por la concesión de los permisos de pesca, y en ciertos casos hasta pueden significar exclusivamente eso, nuestro documento certificaría que un cuarto de siglo después de la decisión de Alejandro Magno el Estado continuaba en posesión del derecho de pesca en toda el área de su mar interior, y que se esforzaba para que su titularidad fuese reconocida y confirmada por los soberanos helenísticos.

En el siglo II a. C. un decreto de Leros menciona la presencia en la isla de un tal Aristómaco, hijo de Dromón, al que se le conceden algunos honores –elogio público; participación en los sacrificios– (Michel 372; Manganaro, 1963-1964, 298-305). De él se nos dice que vivía en Leros la mayor parte del tiempo y que realizaba un trabajo en el mar (l. 11-12). Si dicha expresión, como se ha propuesto (Haussouillier *ap.* Michel, n. 3; J. y L. Robert, *Bull. Épigr.* 1973, 419; Brun, 1996, 132 s.; en cambio, Manganaro y Vélissaropoulos, 1980, 44, tienden a considerarlo un comerciante naval), está directamente apuntando a la explotación de los recursos marinos, deberíamos ver en Aristómaco la figura de un patrón o empresario de pesca. Desde luego, es sugestiva la idea de suponerle dedicado a la extracción de esponjas, tal como hace Hausouillier, porque eso significaría que operaba en las zonas costeras más apropiadas y, con gran probabilidad, que el uso de estos puntos era objeto de concesión mediante canon por parte del Estado; pero tampoco sería descartable la posibilidad de que Aristómaco estuviera especializado en la obtención de púrpura o incluso de que fuese el arrendatario (¿propietario?) de una atalaya para la captura de especies migratorias.

El establecimiento de observatorios de pesca de propiedad estatal en la Propóntide figura de nuevo certificada por dos testimonios procedentes de Pario, muy interesantes para conocer el aprovechamiento de los *thynnoskopeia* públicos por sociedades de pescadores (J. y L. Robert, 1950, 80-97; Frisch, 1983, 10-15; 85 =IK 25, 5 y 6). Aunque ambas inscripciones son ligeramente posteriores a la fundación por César de la colonia *Iulia Pariana*, no hay duda de que este sistema se había iniciado siglos antes y estaba consolidado desde antes de la época helenística. Las dos sociedades de pescadores fueron constituidas para tomar en arriendo un puesto de vigía con su correspondiente almadraba, y constaban de un elevado número de miembros asociados; todos ellos participaban a la vez en el arrendamiento del lugar y en las acciones de pesca. Como ya vimos que sucedía en Cízico, también en Pario comprobamos que el Estado efectuaba un registro completo de los lugares cuya propiedad se había reservado y cuyo disfrute adjudicaba anualmente al mejor postor, de forma que una de las sociedades explota la atalaya llamada *Neilaios*, mientras que la otra ocupa la σκοπιά de *Frou* –el topónimo no está completo en la lápida– (IK 25, 5, l. 3; 6, l. 3). Las especies objeto de pesca eran las caballas y los atunes. La sociedad creada para rentabilizar el *thynnoskopeion* de Nileo contaba con un apoderado que los representaba en el contrato de arrendamiento (ἀρχώνης), así como con un secretario que hacía la función de interventor de fondos (IK 25, 5, l. 3-4 ἀρχονοῦντος Ποπλίου᾽Αουίου Λυσιμάχου; l. 11-12 ἀντιγραφομενου Σεκο[ύν]ύνbδου τοῦ ᾽Α<ο>υίου Λυσιμάχου).

Teniendo en cuenta que la sociedad que explotaba la σκοπιά de Cízico se valía también de un apoderado y de un secretario/interventor, cabe imaginar que los arrendatarios de la costa en el lugar denominado *Frou-* estarían igualmente representados por uno de los socios ante la ciudad de Pario y que habrían confiado a otro partícipe los asuntos de gestión.

Ya en época romana refiere Estrabón que las ciudades de Bizancio y de Sinope conservaban sus instalaciones para la pesca del atún, que evidentemente eran continuidad de otras más antiguas. Los bizantinos poseían enclaves especialmente adecuados para capturar a los pequeños bonitos que la corriente marina conducía por sus costas hacia la salida del Mar Negro (Dumont, 1976-1977, 96 ss.), y estos observatorios pertenecientes a la *polis* eran sin duda arrendados; la ciudad obtenía así considerables ingresos, que beneficiaban también al Estado romano (Strab. VII 6, 2 [C 320]). Sinope se levantaba en una península y había construido en ambas partes del istmo un grupo de puertos, que sin duda fueron pequeñas ensenadas habilitadas para la práctica de la pesca, así como una serie de observatorios terrestres para detectar la salida hacia el Mediterráneo de los pequeños atunes denominades *pelamydes* y capturarlos mediante almadrabas. Esta forma de pesca era un derecho perteneciente al Estado, y los puestos de vigía, con el anejo derecho de pesca, estarían presumiblemente arrendados por sociedades de pescadores. En estas almadrabas se habría perfeccionado tanto la técnica de pesca, que resulta muy probable que la propia ciudad o los mismos arrendatarios hubiesen levantado barreras y otros artilugios fijos para encauzar la dirección de los peces y habilitar el enganche y recogida de la almadraba, hasta el punto de que aquellas *pelamydeia* se habían convertido en objeto de admiración, como recuerda Estrabón.

Pero el ejemplo más evidente y completo del arrendamiento de los derechos de pesca nos lo proporciona, sin duda, la isla de Delos, cuyas costas y las de las dos islas dependientes, Renea y Micono, eran explotadas para la captura de los múrices, así como de peces. El documento delio más antiguo concerniente a la pesca data del año 410/9 a. C. (*IG* I^2 377). Por ésta y otras inscripciones que ha sido bien sistematizadas (Höppener, 1931, 159-161; Bruneau, 1969, 759 ss.), conocemos que las mejores zonas de estas islas donde practicar la pesca formaban parte de los dominios de Apolo y eran arrendadas a particulares por períodos de diez años, al igual que los dominios rurales. Diez años era también la duración de los arriendos de bienes públicos en Atenas (Arist., *Athen. Pol.* 48, 4), y esta regla venía en Delos prescrita por la ἱερὰ συγγραφή, ordenanza general que regulaba los arrendamientos y otros procedimientos legales (fianzas, órdenes de pago, penalizaciones por atrasos, deudores, embargos ejecutorios); la existencia de este reglamento puede presumirse desde tiempos del protectorado ateniense sobre Delos (Durrbach, 1919; Ziebarth, 1926; Weiss, 1927; Tréheux, 1944-1945; 1948, 1009; Kent, 1948, 267-285; Charre y Couilloud, 1999). El arrendamiento de los derechos de pesca se orientaba a dos actividades. Por una parte, a la extracción de la púrpura, un molusco que podía ser pescado en grandes cantidades en las zonas poco profundas contiguas al perímetro de las islas, en particular en Delos, en Renea y en torno al istmo. Por otra, a la captura de otras especies (peces en general, esponjas) dentro de las pequeñas bahías o de los estanques regularmente invadidos por las aguas marinas, según la interpretación de Hansen (1987, 100). Naturalmente, la administración del santuario arrendaba a publicanos la percepción de las tasas establecidas por la concesión de estos derechos de pesca, como se comprueba en un calendario de cultos de Micono que prevé destinar 20 dracmas para comprar las víctimas del sacrificio a Poseidón Ficio, sacadas del dinero pagado por el arriendo de percepción de aquellas tasas

(*Syll.*[3] 1024 =Sokolowski: *LSCG* 96; Le Guen-Pollet, 1991, 63).

Muchas otras ciudades griegas controlaron dentro de su territorio litoral uno o varios *thynnoskopeia*, y conocemos de su presencia tanto en la zona de Tanais, dentro de la laguna Meótida, como en el extremo occidental del Mediterráneo (Antípolis, Massalia, Hemeroskopeion; las σκοπαί de los clazomenios en el territorio cimerio de la laguna Meótida están mencionadas en Estrabón XI 2, 4 (C 494); sobre el resto Fernández Nieto, 2002, 247). Pero la mera indicación de su existencia no nos permite averiguar cuál era su condición legal, ni si formaban parte del patrimonio público de cada *polis* y eran objeto de arrendamiento (así debió suceder en la mayoría de los casos), o bien se hallaban en poder y disfrute de particulares.

Queda por considerar un último punto que se halla en estrecha relación con la cesión de los derechos de pesca y las tasas por las ventas del pescado, a saber, las llamadas *rentas de los puertos*. Hay efectivamente una serie notable de documentos que, en mi opinión, se hallan directamente concernidos por el ámbito de la pesca, y son en concreto todos aquellos que mencionan la existencia de πρoσόδοι o de un τέλος recibidos en función de los puertos o gracias al mar (ἐκ θαλάσσης, θαλάσσιον), aunque tales ingresos han sido interpretados tradicionalmente como ligados a la actividad mercantil naval y al transporte marítimo (Vélissaropoulos, 1980, 218-231).

Abordemos primero lo relativo a los puertos. Desde el comienzo de mi trabajo he utilizado conscientemente la expresión puntos o puertos de pesca para significar que, si los observatorios que garantizaban capturas de especies migratorias eran en principio propiedad estatal sacada en arriendo, había también numerosos caladeros muy rentables a la hora de extraer los productos, especialmente los atunes y los caracoles de púrpura, en torno a los cuales se habían habilitado rudimentarios puertos, los cuales pertenecían asimismo a la *polis* y estaban a menudo oportunamente distribuidos por las mejores zonas litorales -ícticamente hablando- del territorio de esa ciudad (un ejemplo arquetípico de esta clase de puertos en ensenada, donde las barcas fondean y al final del mismo se han instalado dos grandes escaleras de madera, desde arriba de las cuales los vigías otean la llegada del atún, puede verse en Faber, 1883, 65, reproducido por Gallant, 1985, Plate 14, Tunny watchtowers). La consecuencia de ese fenómeno es que determinadas ciudades mutiplicaron el número de esos sencillos puertos, que no pasaban de ser simples abrigos costeros ligeramente retocados, y que esas ocupaciones provocaron fricciones con las *poleis* vecinas a consecuencia de la indeterminación ancestral de las fronteras marítimas y del uso común de ciertos tramos de costa o de islotes sin población.

No debemos olvidar que cuando ciertos textos nos hablan de puerto o puertos no se refieren necesariamente a puertos convencionales destinados a fines mercantiles, puesto que existe un segundo valor del término con el significado de 'lugares de la costa adaptados para el albergue de embarcaciones con fines de pesca'. Así define esta realidad, por ejemplo, un reconocido especialista en el estudio geográfico del antiguo Peloponeso: 'λιμήν s'applique à un port artificiel aussi bien que naturel; dans ce dernier cas, ce qui distingue un *limén* d'un simple mouillage, c'est à la fois la sécurité plus grande qu'il offre aux embarcations et les aménagements qu'on y trouve, dont le minimum doit etre un appontement, un quai de bois ou de pierre pour faciliter l'accostage'. Y un segundo elemento propio de esta clase de puertos es la de concentrar un pequeño grupo de población que vive y negocia con la explotación de los productos del mar: 'Quand la ville n'est pas construite autour du port et pour lui, quand celui-ci est à part, encore que tout proche, on ne peut se le représenter simplement comme l'endroit où stationnent des embarcations, ce n'est jamais un lieu désert, mais environné d'habitations où logent ceux qui vivent de la mer, dans un quartier distinct menant sa vie propre. Les bords de la Méditerranée nous en donnent encore d'innombrables exemples; les choses n'ont pu beaucoup changer depuis l'Antiquité' (Baladié, 1980, 235 s.).

Puesto que la razón de ser de muchos puertos era exclusivamente la pesca, el Estado tuvo que intervenir de dos formas, y cada ciudad aplicaría el criterio legal más favorable a su programación económica, al igual que se hacía con cualquier observatorio. La forma más extendida sería la de reservarse la propiedad y proceder al arriendo de uso del puerto-pesquería. Esta opción viene reforzada por el hecho de que tales puertos pesqueros surgieron precisamente en zonas especializadas en una clase concreta de pesca (esencialmente púrpura), que no podía obtenerse en otros lugares, por lo que el arriendo de ocupación del lugar otorga como extensión indivisible el derecho al usufructo de la parcela marina circundante. También sería posible que otros puertos fuesen de propiedad particular y pudieran pasar de mano en mano, como sucedió con el observatorio de Halicarnaso o el de Cos. Y una última porción, en fin, pudo recibir el estatus de puertos de pesca libres y abiertos, al igual que lo eran los comerciales, en cuyo caso es indudable que se habrían establecido tasas por utilizar los pescadores el lugar como fondeadero y amarre. Doy por sentado que el mayor número de puertos griegos (y antiguos, en general) era mixto, es decir, que además de contar con verdaderos muelles y permitir el estacionamiento de naves comerciales, un sector del mismo era utilizado con fines de pesca por abundar los peces y moluscos allí mismo o en el entorno inmediato, o bien como base de salida y lonja de venta del pescado para las embarcaciones que faenaban lejos de la costa (como, por ejemplo, los barcos mencionados por Jenofonte en *Hell.* V 1, 23: el comandante espartano Teleutias realizó en el año 387/6 a. C. una operación naval contra Atenas, y después de abandonar el Pireo, donde se adueñó de algunos barcos, fue siguiendo la costa del Ática y capturó también muchas barcas de pesca - πολλὰ καὶ ἁλιευτικὰ ἔλαβε. Por otra parte, es muy probable que en el interior de estos puertos comerciales la pesca no fuera libre, sino que estuviera sujeta a limitaciones y tasas. Platón recomendaba, en efecto, que al pescador no se le permitiese faenar dentro de puerto, pero un pasaje de Filarco, *F Gr Hist* 81 F 45, manifiesta que en Síbaris quisieron levantar la tasa que pesaba sobre los pescadores de anguilas -

μηδὲ τοὺς τὰς ἐγχέλεις πωλοῦντας τέλος ἀποτίνειν, μη δὲ τοὺς θηρεύοντας- y es muy probable que estas personas llevasen a cabo su tarea en el puerto de la ciudad). Fuese cualquiera de ellas la condición jurídica de los pequeños puertos pesqueros, el Estado no renunciaría a imponer la correspondiente tasa sobre el valor de la pesca que fuese objeto de venta (naturalmente, las capturas realizadas en un puerto exclusivamente pesquero podían ser vendidas allí mismo -y controladas por alguna persona para que pagasen el τέλος de venta- o ser conducidas hasta el puerto principal de la ciudad y enajenadas a los revendedores bajo control oficial. En el segundo caso, es evidente que el puerto principal, de carácter eminentemente mercantil, adquiría por añadidura mayor dimensión de puerto-lonja de pescado).

En el tratado que cerraron Filipo II y los tesalios en el 353 a. C. el rey macedonio dio su conformidad para que éstos siguieran gozando de las rentas de sus puertos y mercados (Demosth., *Olynth.* I 22; Schol. Dem. Olynth. I 22; sobre el tratado en cuestión Bengtson, *Staatsverträge,* 315). Nada impide sospechar que una parte de aquellos puertos que generaban ingresos a la liga tesalia fuesen fondeaderos-pesquerías instalados a lo largo de la costa, de ahí el interés en defender, junto a los ingresos por tasas sobre el comercio naval, la propiedad de cuanto se recaudase por derechos de pesca y por tasas en los mercados públicos: los mercados porque movían un volumen considerable no tanto de productos manufacturados (que vende el artesano en su taller), como de animales y frutos de la tierra y del mar; los puertos porque son también la lonja donde afluyen grandes cantidades de pescado, que generan buenas tasas de venta y abastecen los mercados.

Especial interés ofrece el caso de Caudos. La comunidad que ocupaba esta pequeña isla, situada al sur de Creta, había quedado bajo la dependencia de Gortina. Los gortinios acordaron otorgar un estatuto especial a Caudos –s. III/II– (Chaniotis, *Verträge*, 69), y entre las numerosas disposiciones del pacto se imponía a los habitantes de la isla la obligación de entregar una *dekate* de todo cuanto producía el territorio, pero quedaban exentos de pagar diezmo por los animales jóvenes (¿comprendidos los esclavos?), por los ingresos de los puertos y por las verduras (l. 8-11). Esta redacción suscita en principio perplejidad, pues como ha escrito Chaniotis *'es ist auffällig, daß die Hafeneinkünfte, die gleichfalls von den Gortyniern nicht mit einer Dekatezahlung belegt sind, als Teil der Landesprodukten verstanden werden'*; por otra parte, llama asimismo su atención que entre los bienes de Caudos que no se someten a diezmo o se exceptúan del mismo, no figure la pesca: '*Der Fischfang, der mit Sicherheit eine der wichtigsten Einnahmequellen der Bevölkerung von Kaudos darstellte, wird hier nicht erwähnt. Da er kaum unter* τα γινόμενα ἐν τὰι χώραι *verstanden werden kann und für alle Meereseinkünfte (Salzproduktion, Strandgut) besondere Regelungen getroffen wurden, müssen wir annehmen, daß die Gortynier entweder keinen Anspruch auf einen Zehnten hatten oder dass der Fischfang in der verlorenen Zeilen des Vertrags behandelt wurde'* (Chaniotis, 1996, 415; también Pleket, 1958, 133, había destacado la ambigüedad de la expresión). Sin embargo, todas las dificultades se desvanecen si consideramos, en la línea de nuestra exposición, que la indicación sobre los ingresos de los puertos implica no sólo la idea de puerto comercial, sino también la realidad de los distintos λιμένες operativos en la isla para la explotación de la pesca, puertos que generarían bastantes ingresos mediante arrendamiento del derecho a las capturas y por las τέλη sobre la venta del pescado. Es normal, entonces, que los ingresos de la pesca sean entendidos como formando parte del territorio porque los puertos se reputan plataforma inmueble necesaria para generar los frutos del mar, y el puerto más la zona marítima circundante constituyen una unidad de explotación. Desde esa perspectiva, los peces son producidos por la isla y representan un rendimiento más, como los rebaños y las verduras. Los caudios obtuvieron, pues, de los gortinios la ventajosa condición de conservar su sistema propio de arrendamiento y explotación de los puntos de pesca con caladero, sin tener que entregar el diezmo de esa renta.

Gracias al arbitraje dictado hacia finales del siglo III a. C. por jueces de Mileto y de Rodas en la disputa territorial entre Epidauro y Hermíone sabemos que uno de los elementos objeto de litigio eran los llamados Ἄγριοι λιμένες o 'puertos salvajes', que correspondían a la costa que forma hoy la bahía de Vurlia (Magnetto, 1997, nº 69, I, l. 14; II, l. 13 y 37; *vid.* Wilhelm, 1948, 57-59). Este topónimo es bien elocuente y refleja abiertamente la existencia de varias instalaciones de pesca dentro de esa bahía, sobre cuya propiedad y explotación, tal vez compartida en tiempos, discrepaban ambas ciudades. A juzgar por el adjetivo ἄγριος debía tratarse de lugares donde la pesca resultaba especialmente fatigosa tanto por la posición y estructura de los puertos como por la crudeza de las faenas a realizar. Ya que en otros puntos de la costa occidental del golfo argólico se documentan topónimos en relación con las *thynneia* y la pesca del atún (Robert, 1960, 159, nº 2), es más que probable que aquellos puertos constituyeran la base de grupos de pescadores que tendían sus almadrabas al paso de los atunes, y esta riqueza periódica sería explotada por ambas ciudades arrendando a particulares la utilización y usufructo de aquellos rústicos puertos.

Los ingresos de los puertos que Ptolomeo I Soter reconoce a la ciudad de Iasos (*supra*) tienen que englobar no sólo el concepto de transacciones comerciales, sino también los ingresos obtenidos por aquella ciudad en sus distintos puertos de pesca. La realidad es que la ciudad de Iasos poseía la titularidad de los derechos de pesca en todo su golfo, el denominado Mar Menor; dentro del mismo tuvo que haber numerosos abrigos para los barcos de pesca que allí faenaban, y tales refugios y amarraderos debieron ser considerados λιμένες y concentrar alrededor pequeñas poblaciones de pescadores. Es muy probable que Iasos arrendase estos puntos a quienes practicaban la pesca, sin menoscabo de percibir otras tasas cuando se producía la venta de las capturas, y que la cantidad recaudada fuese tan importante como para esforzarse en conseguir que el soberano lagida declare su voluntad de respetarlos.

En esta misma línea cabría interpretar un ingreso anotado por los hieropos en Delos, llamado λιμήν, que figura seguido de una cifra (*ID* 353 A, l. 28; 354, l. 25; *IG* XI 2, 287 A, l. 39). Gauthier se preguntó si este término designaría no el puerto, sino el producto de una tasa (¿derecho de fondeadero?) percibida en el puerto, y es posible responder que ambas cosas (Gauthier, 1976, 174; para Vélissaropoulos, 1980, 219, sería un derecho de anclaje). La práctica administrativa delia registraría aquí el arrendamiento a un particular de la explotación de un puerto-pesquería, de un λιμένιον habilitado para faenar en la extracción de púrpura o practicar la pesca en caladero, mientras que la cifra representa una cantidad en relación a la tasa de arrendamiento (ya sea pagada por quien disfruta del emplazamiento, ya por el arrendatario de los τέλη). También expusimos antes que en el acta del arbitraje entre Arsínoe (Metana) y Trecén se contemplaban unos ingresos provenientes de la pesquería de atún (Ager, 1996, nº 138, l. 43-44). Tales pesquerías eran las almadrabas anejas a un observatorio o a un puerto más o menos rudimentario. Por eso me parece bastante significativo que dentro de la zona territorial en conflicto el acta de arbitraje registre un puertecillo o λιμένιον (l. 27), que tal vez fue una de entre las varias pesquerías de atún que ambas ciudades compartían.

Ahora bien, algunas veces se prefiere utilizar otro giro lingüístico que equivale asimismo como referencia a los ingresos generados por la pesca. Ya antes advertimos que la formulación ingresos provenientes del mar anotada en el tratado entre Rodas y Hierapitna se había redactado para proteger no sólo las tasas percibidas sobre el comercio marítimo, sino principalmente las rentas que Hierapitna lograba cediendo en arriendo la explotación del mar a través de atalayas o de puertos, y que el compromiso de los rodios consistía en ayudar a sus aliados si estas pesquerías se encontraban amenazadas por un tercero.

En el acuerdo suscrito a comienzos del siglo III a. C. entre las ciudades cretenses de Praisio y Estalas para regular la situación jurídica de esta segunda comunidad, dependiente de los praisios (*Syll.*[3] 524=Chaniotis, *Verträge*: 64), encontramos que, en relación al mar, los praisios se limitaron a exigir a los estalitas la entrega de la mitad de los ingresos que obtuviesen por la tasa que gravaba la venta de la pesca de púrpura y pescado. Por eso nos interesa destacar que en el texto del juramento pronunciado por los praisios se fijó el compromiso de permitir a los estalitas que gozasen por siempre del disfrute del mar (Chaniotis, *Verträge*: 64, A, 17-20). Lo cual significa que si dejaban en manos de Estalas la propiedad y posesión del mar, quedaban transferidos los derechos de pesca; a partir de entonces, los estalitas son libres de proceder al arrendamiento de tales derechos en la forma y al precio que estimen oportuno. Por esa razón, el juramento de los praisios dice que Estalas disfrute del mar, pero no que pueda disponer de los ingresos que provienen del mar, porque esto sería falso desde el momento en que una parte de los mismos estaba constituida por las τέλη que se cobran por la venta del pescado y de la púrpura a los μετάβολοι, y de esa tasa los praisios retenían la mitad.

El último testimonio procede del arbitraje ya mencionado entre Zárax y, presumiblemente, Epidauro Limera. En agradecimiento a la labor realizada como abogados defensores de su causa, Epidauro concedió a los dos hermanos Angeles y Teodoro el arrendamiento de la tasa marítima por una duración de dos años. Wilhelm (1951, 60-67) quiso identificar esta tasa con el *ellimenion*, pero su hipótesis no resulta nada verosímil por cuanto, como argumenta Vélissaropoulos (1980, 218), esa denominación de *thalassion* no encaja ni con los derechos de aduana ni con el *ellimenion*, que cubriría las tasas percibidas por la entrada y utilización del puerto; por eso sugiere que podría referirse a una cierta tasa sobre la navegación (ναυκληρία). Sin embargo, conviene no perder de vista que el beneficio procurado a la ciudad por ambos hermanos se tradujo seguramente en la recuperación de un territorio disputado que incluía, al menos, un observatorio de pesca del atún junto con el derecho a la explotación del pedazo de mar circundante, y hemos tenido ocasión de ver que esos observatorios son ofrecidos a particulares y otorgan, anejo a la ocupación del lugar, el usufructo de la pesca. Como el dinero a satisfacer por un observatorio era a su vez adjudicado a los arrendatarios de τέλη, y es muy probable que Epidauro poseyera varios observatorios y caladeros (λιμένες), estoy convencido de que este θαλάσσιον τέλος se refiere estrictamente a los arrendamientos de pesca hechos por la ciudad, que debían constituir un magnífico negocio para los publicanos. Supuso una elocuente prueba de generosidad honrar a ambos hermanos con la adjudicación directa, sin competencia, del más boyante arrendamiento de tasas, que empezó a florecer nuevamente gracias al arbitraje impulsado por los dos abogados de la causa de Epidauro.

Si establecemos por fin una retrospectiva sobre cuanto hemos examinado, se llega a varias conclusiones. Todos los datos parecen confirmar que el criterio que Platón consideró deseable para regir la pesca responde básicamente a la situación que se vivía en su época y que se mantuvo hasta época romana. El mar era un bien común, a excepción de aquellas parcelas que necesitaban de un puesto o emplazamiento en tierra para poder explotar una forma determinada de pesca o, si se prefiere, para conseguir la captura de unas especies concretas (esto era palmario en los casos del atún y de la púrpura; los animales purpurígenos ocupan el suelo marino a profundidades de entre 1 y 10 metros, de manera que ha habido siempre lugares especialmente fecundos en capturas gracias a los bajos fondos circundantes.). Estos puntos son los observatorios y los puertos; el resto del mar es libre y ningún Estado griego reivindicó los derechos de pesca en mar abierto dentro de su plataforma marina (en la práctica, pocas embarcaciones de pesca se arriesgarían a faenar cerca de las costas de otras ciudades, que podían ejercer sobre ellas el derecho de presa; lo habitual sería permanecer en el περὶ τὴν χώραν θάλαττα propio; Jenof., *Por.* I 3). Tanto sobre la σκοπιά como sobre el λιμήν se sitúa la autoridad de la *polis*, que quiso regular el acceso de todos sus miembros a esas fuentes visibles de riqueza, imprescindiblemente unidas a la costa. La fórmula hallada es que el Estado se convierta en propietario del lugar concebido como coto de pesca, es decir, que la propiedad de las tierras del litoral arrastra consigo la propiedad de la franja marítima lindante, determinando un derecho de aguas; se establece, en definitiva, una dependencia del mar a tierra firme. El correspondiente espacio marítimo adscrito al coto debió delimitarse de forma totalmente arbitraria, aunque conocida por todos. En la medida de lo posible contaría con hitos o referencias de límite, y en el caso de los observatorios se trazaría un radio mar adentro que llegase hasta un punto del horizonte a partir del cual se detectasen, desde las altas atalayas, los bancos migratorios. La solución no fue problemática para el caso de los cotos situados en territorio no controvertido, pero planteó dificultades cuando la pesquería ocupaba un pedazo de costa vecino a la χώρα de otra *polis* o que estaba enclavada en islotes deshabitados. Los varios arbitrajes encaminados a componer conflictos territoriales donde se ventilaban, entre otros intereses, el derecho a explotar un observatorio o un puerto (Hermíone-Epidauro, Zárax-Epidauro, Arsínoe-Trecén), son un buen testimonio de la inestabilidad del título en exclusividad del derecho de pesca y su impugnación por parte de los estados vecinos.

Como dueño de la posesión de tales lugares, el Estado puede dejar en suspenso la pesca aneja -caso normal en épocas de guerra y en ciertos puertos- o cederla mediante arriendo a los particulares. Dada la productividad de aquellos caladeros, debió ser frecuente que se constituyesen sociedades de pescadores para tomarlos en arriendo, el cual se licitaba, como el de los restantes bienes públicos, por el plazo de un año. Las cantidades a percibir por estas adjudicaciones seguían el sistema general administrativo, siendo arrendadas al Estado por publicanos. Algunas de estas 'pesquerías de tierra firme + coto marino' eran participadas por dos (¿o más?) *poleis*, que habrían de establecer alguna fórmula de ejercicio de la copropiedad; lo más probable es que se turnasen anualmente en la posesión del lugar, o bien que repartiesen las fechas de pesca (por meses), arrendando separadamente cada ciudad sus derechos. No sabemos si las diferentes pesquerías se arrendaban una a una o en conjunto, y ambas decisiones sería lógicas, puesto que el arrendamiento conjunto perseguiría la adjudicación de las menos solicitadas con la recompensa de las más rentables. Por supuesto, el adjudicatario podría proceder al subarriendo: tal vez ésta es la situación que subyace en la inscripción de Cos respecto a una de las atalayas-coto.

Como la riqueza generada en las pesquerías era tan continua y estimable, los estados griegos optaron por aplicar una tasa especial a los rendimientos de la pesca (incluida la que procedía de la explotación libre del mar); dicha tasa sería registrada en los mismos cotos y puertos antes de ser ingresada por los publicanos. Al parecer, el uso más extendido fue el de aplicar la tasa porcentual del 10 % sobre el valor de venta de la mercancía. Cotos de pesca del Estado fueron, además de los observatorios, numerosos puertos habilitados en lugares del litoral donde la abundancia y calidad de capturas aconsejó establecer una dependencia del mar circundante respecto a la tierra. Si se percibía que esa dependencia era también conveniente dentro de un λιμήν de carácter urbano, entonces cualquier puerto principal de una ciudad adquiría la naturaleza de enclave comercial y de pesca. Desde el momento en que los ingresos estatales generados por las actividades de los observatorios y de los puertos pesqueros, así como por la venta de los moluscos y del pescado, mostraron ser una fuente notable de riqueza, las ciudades se preocuparon por mantener y defender estos ingresos, que pueden ser calificados como προσόδοι τῶν λιμένων o προσόδοι ἐκ θαλάσσης. Es incluso bastante probable que en determinados textos, por ejemplo en Jenofonte, *Por.* IV 40, el término ἐλλιμένιον deba comprenderse como el conjunto de todas las tasas habidas en puerto, incluidas las de pesca (arrendamiento de derechos y tasa por venta; ya Gauthier, 1976, 174 consideró que este término, aun comprendiendo la tasa de la *pentekosté*, es sin embargo más general, y pensaba que no debe rechazarse la posibilidad de que hubiese englobado otras tasas, como los derechos de fondeadero o las tasas de descarga; *vid.* asimismo Thiel, 1926; Pleket, 1958; Vélissaropoulos, 1980, 218-231).

Hubo circunstancias concretas que condujeron a ciertas *poleis*, en su calidad de propietarias, a enajenar su derecho sobre una pesquería, que pasaba así a manos de un particular. No fue frecuente, pero es sabido que algunas ciudades pasaron por momentos que obligaron a sacrificar diferentes bienes públicos. Un observatorio de atunes en Halicarnaso y otro en Cos pertenecían a particulares, y en el caso de Halicarnaso se señala expresamente cómo el comprador adquiere un derecho de aguas sobre el mar circundante. Por otra parte, es probable que la venta de la ἁλιεία τῆς θαλάττης efectuada por Bizancio, que al inicio comentamos (Ps. Aristot., *Econom.* II 2, 3ª, 1346 b), comprendiera no sólo la enajenación del arrendamiento de sus derechos de pesca, sino también la transferencia de propiedad de algún 'coto-pesquería' (σκοπιά, λιμήν) de entre los muchos que sabemos poseyó (Dumont, 1976-1977).

Marco jurídico (Roma). Según la doctrina más extendida entre los jurisconsultos romanos, el mar era *res communis*; su uso está al alcance de todos, por ser una posesión común, y nadie puede apropiárselo. Sin embargo la costa es un bien *publicus*, es decir, pertenece al pueblo romano, salvo el derecho de ocupación temporal reservado a todos. Esta doctrina concuerda con el carácter público que las leyes romanas reconocieron a los puertos, que eran asimismo públicos (McCann *et alii*, 1987, 35). De este modo, el derecho de pesca marítima no podía ser monopolizado ni prohibido, como tampoco el uso del mar, y el *ius piscandi* reconocido a todos incluía los derechos de pesca, de reparar y proveerse de redes y de construir refugios en la costa. En principio, toda persona tenía facultad para establecer una casita de pesca en el litoral e incluso ocupar una porción de terreno para construir allí (así, las explotaciones industriales de salazón; las cabañas construidas sobre pilotes en el mar); estas instalaciones tenían la consideración de *res privatae*. También los particulares podían construir y ejercer la propiedad sobre estructuras alzadas en los puertos, pues el Estado ejercía la jurisdicción sobre los mismos, pero no podía reclamar su propiedad (Fenn, 1926, 13-16). Ahora bien, derruido o abandonado un edificio en la costa o en un puerto, el suelo revertía a su estado anterior; la propiedad duraba lo que la casa.

No obstante, el Estado romano se reservaba una jurisdicción sobre la costa y puertos, pues siempre podía impedir toda construcción que considerase perjudicial para la navegación, la pesca, el anclaje o abordaje de naves, o bien que dañase derechos anteriores (*Dig.* 43, 12, 17). Se trataba, en definitiva, de una reglamentación análoga a la de las *res publicae*. Por eso el uso de las riberas del mar estaba protegido por interdictos; el que construía sin autorización, de modo que causase perjuicio, podía ser apartado por vía de hecho (las autoridades ordenaban la demolición); la persona impedida de pescar o navegar podía recurrir a la *actio iniuriae*. Sin embargo, las actividades pesqueras parecen haber conducido a situaciones especiales que acabaron por ser reconocidas en derecho. Aun constituyendo *res publicae*, hubo sectores del mar y de las playas que podían pasar al uso patrimonial, creando una auténtica realidad posesoria. Es cierto que quienes se considerasen damnificados podían, como hemos dicho, impedir cualquier construcción que perjudicase sus propias conveniencias o que se opusiera al *usus publicus*. Pero el efecto logrado por la ocupación de hecho de un tramo de mar y costa, en ausencia de reclamaciones por daños a terceros, no sólo sustraía la superficie del mar a usos públicos haciéndola ingresar en el ámbito privado (*privata causa*), sino que incluso legitimaba al ocupante a recurrir al interdicto *uti possidetis* cuando se tratase de impedir el ejercicio de su derecho (Ørsted, 1998, 14-27; Purpura, 2006). Y este caso predominaba esencialmente en las zonas de costa tradicionalmente dedicadas a actividades económicamente sustanciosas, como la cría y captura de algunos moluscos y la pesca del atún, para evitar que una vez realizadas grandes inversiones, si no afectaban gravemente al uso colectivo por parte de terceros, la subsiguiente explotación no fuera luego alterada por cada recién llegado (esto explicaría, en mi opinión, que en los puntos más rentables de la costa, donde conocemos que hubo factorías de salazón, la explotación estuviese a cargo de sociedades de pescadores, porque en su día se procuró integrar a todos los interesados en el negocio para que no hubiese terceros que reclamasen. Pasado un tiempo, la pesca en ese punto había ya quedado *de facto et iure* sustraída al uso público).

Ya vimos que en Grecia se arrendaba la explotación de la sal y de la pesca en ciertas partes de sus aguas marinas, pero en realidad era un arrendamiento de instalación en lugar. Eso mismo exactamente, creo, debió aplicar Roma, de manera que las antiguas instalaciones dadas en arriendo por las poleis en los sitios más productivos, como se ve por los documentos de Asia y la Propóntide, siguió concediéndolas el Estado romano por vía de arrendamientos a sociedades y corporaciones, extendiendo luego esa política. De ese modo, las construcciones previas garantizaban el derecho a la explotación; desde luego, el Estado controló directamente algunos puertos e incluso algunas pesquerías en diversas partes del mundo romano (Bohlen, 1937, 44-51). Los mejores emplazamientos se irían ocupando pronto, controlados y arrendados por el poder, y sólo las partes donde no había instalaciones previas pasarían a regirse por las normas anteriormente mencionadas.

Hubo, por último, un tercer tratamiento legal de la pesca por parte de Roma, ligado estrictamente a la captura del atún. Un texto de Ulpiano (*Dig.* 8, 4, 13 *pr.*) testimonia cómo en el s. III d. C. estaban ya protegidos los intereses de los dueños de las fincas que terminaban en el litoral a la hora de retener, como uso patrimonial, el derecho a pescar. Como bien ha estudiado Purpura (2006), cabría pensar que mientras no entraron en juego elementos económicos apetecibles, los propietarios de fundos ribereños toleraban -se atenían a la ley- que en las playas contiguas a su propiedad se practicase cualquier forma de pesca, porque el uso del mar era común a todos. Pero según el caso comentado por Ulpiano, resulta que el propietario de una finca litoral podía imponer a quien se la comprase una servidumbre de no cazar atunes (*servitus thynnos non piscandi*), reteniendo para sí aquel provecho. Tal servidumbre vedaría al adquirente tanto la posibilidad de establecer una almadraba en esa parte del mar, utilizando el posible observatorio o atalaya para detectar los bancos (*thynnoscopeium*), como de trasladar a la orilla los peces y elaborar las salazones en las instalaciones contiguas a la playa; el vendedor, en cambio, sí mantedría el derecho a realizar tales operaciones. El jurisconsulto romano advierte en principio que no es lícito imponer servidumbres al mar por contrato privado, pero luego reconoce que se trata de una práctica que implicaba no sólo al mar y a la playa, sino también a la propia finca litoral. Serían pues las actividades efectuadas sobre el fundo (ocupación y aprovechamiento del punto en que se instalaba el vigía, balsas para la elaboración inmediata de las capturas), y no las desarrolladas en el mar, las que terminaron por imponer el criterio de que si en todo el acto técnico de la caza de los atunes, la intervención del terreno gozaba de posición necesaria y dominante, aquel derecho en su conjunto, aun afectando al mar, podía estipularse en servidumbre.

La sal. La economía de la pesca se halla íntimamente ligada, como es bien sabido, a la *producción de la sal*. Fueron numerosas las explotaciones salinas que desde época fenicia se desarrollaron en las costas del Mediterráneo, y aunque últimamente se están desarrollando varias líneas de investigación sobre salinas marinas y salinas de interior, todavía falta por sistematizar un panorama claro sobre los puntos productores de sal y las técnicas utilizadas, así como establecer una serie de cálculos aproximados sobre la capacidad de producción de los puntos detectados, puesto que aquel artículo –la sal- condicionaba directamente los porcentajes de las capturas que podían someterse al proceso de salazón y conservas. Detectar balsas de fabricación de sal en las cercanías de las fábricas de salazones –explotaciones que necesariamente existían, aunque fuese en un radio algo alejado, aunque no hayan aparecido- no arroja datos, en principio, sobre el volumen de conservas mientras ignoremos cuántas salinas había en uso, los rendimientos aproximados en la temporada de explotación (para lo que conviene conocer las técnicas de instalación de balsas y de evaporación), y los aportes almacenados procedentes de otras salinas (transporte por mar, salinas de interior).

Muchos fabricantes y negociantes de conservas debieron de gestionar, sin duda, algunas salinas, probablemente asociándose entre sí y tomando en arriendo las instalaciones de titularidad pública. Ilustraré estas situaciones con una serie de datos que afectan sobre todo a la administración romana, aunque sin olvidar la situación en Grecia y Oriente, haciendo además especial referencia a las regiones de *Hispania*. También en los primeros territorios conquistados por Roma fuera de la península itálica los enclaves productores de sal fueron afectados al dominio del Estado, que los arrendaba mediante percepción de un canon. Todos los ejemplos que poseemos de los siglos II y I a. C. son claros al respecto. Las salinas de la costa oriental de Cerdeña estaban arrendadas por *socii salarii* o por una *societas salariorum*, y las más importantes de todas ellas, que se encontraban en la región de Pauli Gerrei, eran administradas por un siervo de la sociedad, de nombre Cleón (*vid.* la inscripción trilingüe latina, griega, púnica: *CIL* X 7856=*IFPO* 9). Como ya advirtió Pais, estas riquísimas salinas tuvieron que dar notables ingresos al erario público, y llegaron a enriquecer a los arrendatarios romanos, partiendo del hecho de que aquel Cleón, aun siendo un simple siervo de los *socii*, pudo ofrendar a una divinidad una base de bronce que pesaba cien libras: y puesto que dedica la inscripción y la ofrenda de forma pública, cabe deducir que este administrador no se había enriquecido ilegalmente; por lo tanto, si Cleón había logrado esa clara posición de bonanza económica, parece evidente que los ingresos de los arrendatarios tuvieron que ser muchísimo mayores (Pais, 1923, 523 s.; Manfredi, 1992, 7 y 12). Todavía durante el Bajo Imperio una inscripción funeraria de Cagliari menciona los *loca* que pertenecen a los *mancipes salinarum* (Prinz, 1936, 459 s.), lo que hace sospechar que esta fuente de recursos nunca salió del patrimonio estatal, aunque la expresión admitiría ser también interpretada en la línea de que las salinas habían pasado al ámbito de la administración municipal y eran arrendadas por la propia ciudad (*Caralis*). De todo ello se deduce que la isla tuvo una alta capacidad de producción y que pudo atender las necesidades en sal de numerosas pesquerías, ya desde época fenicia, pues es probable que existiesen algunas instalaciones más en otros puntos de la costa.

La misma suerte corrieron las famosas salinas de la ciudad de Priene, en Asia Menor, que fueron objeto de un áspero litigio entre las autoridades griegas del lugar, que reclamaban los derechos de propiedad a favor del santuario de Atenea, y los publicanos a quienes duda de que el Senado romano había concedido el arriendo de las balsas de sal (*Inschr. v. Prien.* 111, lín. 112 ss.). Pese a todas las gestiones de los prienenses, el Estado romano mantuvo el dominio sobre las instalaciones de sal, y la mención de Cicerón (*Pro leg. Man.* 16) sobre los numerosos empleados de plantilla que los publicanos mantenían allí (*familias maximas quas in salinis habent*) es muestra de que este yacimiento constitutía una fuente apreciable de ingresos públicos, a la que no se renunció. Lo mismo hizo la República romana con las salinas de la Argólida y de la Propóntide ligadas a las explotaciones de la pesca, según se deduce de otra serie de datos relativos a las grandes pesquerías que allí funcionaban (Fernández Nieto, 2002, 238-241). Para otros territorios, conservamos documentos epigráficos de época imperial en que se recuerda, por ejemplo, a los *conductores pascuarum et salinarum* de Dacia (Ørsted, 1985, 346 s.), que nos ratifican cómo las comunidades provinciales daban en arriendo las salinas propias a sociedades de publicanos.

¿Cuáles fueron las medidas adoptadas por Roma respecto a la sal desde poco después de su instalación en la Península Ibérica? No hay duda de el Senado aplicaría la misma doctrina que implantó en Asia Menor, de modo que si la derrota de Cartago en la segunda guerra púnica puso en manos de Roma una serie importante de salinas costeras en *Hispania*, desde el norte de *Carthago Nova* hasta *Baelo* –ligadas en general a la explotación de la pesca– (Lagóstena, 2001, que analiza todos los puntos de producción), la expansión de Roma por el interior debió convencer plenamente a las oligarquías romanas, a través de los informes realizados por los distintos generales (y por los cuestores a sus órdenes) que se sucedieron en el mando, de la inmensa riqueza de las salinas que los hispanos explotaban desde antiguo en los territorios centrales, y de que éste era un ingreso seguro y muy conveniente para el Erario y permitía por la vía del arrendamiento engrosar sus fortunas; tampoco debió escaparles la posición estratégica de aquellos yacimientos interiores para cubrir las necesidades primero del ejército y luego de las poblaciones que se instalasen en dichos territorios. En un trabajo todavía inédito que presentamos al Congreso de Historia de la sal de Cerdeña ("La sel chez les celtes hispaniques. Le cas de la Celtibérie"), desarrollo la idea de que la sal dio origen precisamente a la concentración de riqueza y de poder de quienes controlaron todos los aspectos de la producción, y que ese control condicionaba a su vez la multiplicación de otras riquezas, como la cría de ganado y la industria del hierro, los dos bienes más relevantes dentro de aquella sociedad. Los beneficiarios de tales riquezas orientaban los excedentes hacia el comercio y los intercambios, ante la demanda de las regiones limítrofes, y formaron élites muy prósperas como sucedió entre los celtas centroeuropeos (Hallstatt). Estos grupos celtibéricos defendieron las fuentes de agua salada como su bien más precioso, sobre el que ejercían un control muy estricto. Apiano (*Iber.* 54) recoge el dato de que después de su llegada a Celtiberia los romanos carecieron por completo de la sal necesaria, y eso pese a las múltiples explotaciones que había en la zona, las cuales estaban controladas por sus adversarios; y esta carencia repercutió sin duda en la eficacia del ejército. En mi opinión, Roma empezó a plantear correctamente la guerra celtibérica cuando los generales comprendieron la necesidad de privar al enemigo de esta materia estratégica que les procuraba múltiples ventajas y beneficios, por ser su fuente primordial de riqueza, y no es en absoluto casualidad que, excepto en el caso de Numancia, durante las guerras de ocupación empezasen a instalar sus campamentos estables en el corazón mismo de las zonas de producción de sal (el caso de Luzaga es muy ilustrativo), lo que marca la etapa final de la resistencia de los celtíberos.

Todas estas salinas, como las de la costa, pasaron sin duda a ser propiedad del Estado y creo que debieron permanecer bajo ese régimen hasta época de Augusto al menos, es decir, hasta la pacificación completa de *Hispania*, aunque para algunas explotaciones concretas el régimen de control estatal podría haberse alargado hasta época de Vespasiano. Todas las necesidades de sal del ejército y de sus campamentos en la Península (cuando conservamos datos en los papiros, vemos que los soldados piden aceite y sal, muy necesaria para el pan; pero la sal también era muy necesaria para los animales de los *prata militaria* y para la *mulomedicina* del ejército. Vegecio cita precisamente en el *ars veterinaria* la sal hispana para el tratamiento de ciertas enfermedades), que no eran pocas, estarían cubiertas por el abastecimiento oficial a través del *praefectus copiarum* o de los *procuratores* o *praepositi annonae* de las correspondientes expediciones (Domaszewski, 1927, 17 s.). Es bastante probable que las salinas de mayor rendimiento y más cercanas a los territorios de Cantabria, Asturia y Callaecia (La Bureba y Añón, en el trazado de la vía romana desde el Ebro hasta *Asturica Augusta*, Villafáfila) quedaran adscritas prioritariamente a fines militares, teniendo los arrendatarios que entregar directamente al ejército una parte de la producción; pero no olvidemos que también desde las mismas pudieron abastecerse numerosos puntos de la costa norte atlántica. Puede servirnos de ejemplo un caso atestiguado en los acuartelamientos del Rhin, donde un suboficial de la *legio* VI *Victrix* asentada en *Novaesium*, L. Lepidio Próculo, vemos que dejó el ejército para consagrarse a la producción, compra y transporte de sal, sin duda porque se trataba de un negocio que conocía bien gracias a la experiencia acumulada abasteciendo a los campamentos (*CIL* III 390 y 391; sobre este caso véase Will, 1962, 1649-1657, y el artículo de J. Napoli en este mismo volumen).

El problema esencial consiste en saber si el aprovechamiento de las salinas, de costa y de interior, se mantuvo dentro de la titularidad estatal, o bien se transfirió al régimen municipal. En las provincias romanas los *vectigalia*, en su sentido más técnico, definían toda clase de censo a plazos o de renta pública que no era ni el tributo ni la capitación; el término engloba la totalidad de los derechos percibidos a título de impuesto o de tasa y constituyen, como bien ha estudiado Le Roux, los recursos no evergéticos de las distintas comunidades (Le Roux, 1999, 160-163; Langhammer, 1973, 96 s.). ¿Cuál fue su naturaleza y diversidad? La *lex Ursonensis*, en su parágrafo 82, precisa que los bienes de la colonia consisten ordinariamente en *agri, silvae et aedificia*. Se trataba de propiedades comunales inalienables, arrendadas de acuerdo a un sistema de contratos quinquenales. La noción de inalienabilidad se encuentra certificada indirectamente en la *lex Irnitana*, rúbricas 63 y 76, puesto que se han creado disposiciones anuales relativas a la explotación de las rentas públicas. En la rúbrica J de esta misma ley municipal se señala que los *publica* pueden ser objeto de una *locatio* o de una *venditio*, que muy probablemente indica la cesión renovada (venta en pública subasta) de un derecho de percepción municipal mediante transferencia negociada a la caja local. Dión Crisóstomo (36, 3) nos refiere que, en época de Domiciano, las salinas de Olbia, que estaban situadas en la desembocadura del Dniéper, eran el lugar a donde acudían a procurarse sal tanto los bárbaros, como los griegos y escitas, y presenta el canon que entregaban por la explotación como una venta de los olbiopolitanos, ὠνούμενοι τοὺς ἅλας (Baladié, 1994, 147 s.). Asimismo la sal de Caunos, en Asia Menor, que cubría el abastecimiento de una zona muy amplia, era arrendada mediante venta en subasta: μεμισθωμένοι τὴν ἁλικὴν ὠνήν (Robert, 1984, 525 s., con remisión a los documentos epigráficos). Las rentas públicas aparecen siendo diversas y se extienden a rendimientos que podían comprarse temporalmente en beneficio de la ciudad, y algunas se pagaban no en dinero, sino en especie. Posesiones y bienes de todo tipo se encuentran incluidos al mismo nivel que las adjudicaciones por adelantado (*ultro tributa*) en el ámbito de las obras públicas. La vigilancia ejercida sobre los *fines* del municipio indica que el territorio estaba protegido y controlado regularmente, y la fijación de lindes o amojonamientos perseguía eminentemente objetivos fiscales, pero eran también expresión de la lucha contra las usurpaciones, invasiones y fraudes perpetrados desde las propiedades limítrofes.

El término que se aplicaba para definir las actividades especializadas de explotación, y que comprendía a las salinas, era la voz *locus*, mediante la cual se establece una diferencia con los terrenos arrendados de los *funda* y se pone de manifiesto la ausencia de una villa o granja. Además de los ejemplos extrahispanos citados, cabría mencionar en la Península un caso de arrendamiento de una zona pública para la apicultura, que demuestra que hubo variedad de situaciones en función de las ciudades y que muestra que los municipios hispanos de derecho latino y romano buscaban muy diversos tipos de rentas (Rodríguez Neila, 1994, 425-460). Pero los indicios de otras formas de censos a plazo son extremadamente débiles. Se ha hablado de la concesión de los derechos de algunas minas en favor de ciertas ciudades o enclaves (*Carthago Nova*, *Astigi*, las de Sierra Morena, *Ucubi*), apoyándose también en un texto de Suetonio que hablaría de un *ius metallorum* de las ciudades de *Hispania* y de otras provincias que Tiberio habría confiscado, pero el texto puede más bien referirse a derechos de particulares y en concreto de Sexto Mario (Le Roux, 1999, 162).

El balance a efectuar deja fuera de duda que las ciudades provinciales en *Hispania* disfrutaron de un dominio público diversificado, y varios elementos apuntan hacia el protagonismo de Augusto decidiendo dotar de variados *vectigalia* a las ciudades hispanas. Estas rentas o censos, pagables en especie o en dinero, provenían de tierras cultivadas o en barbecho, de los pastos o *pascuae*, de los montes, del arbolado y de los bosques, de otros *loca* aptos para actividades especiales, como caza y pesca, así como de deducciones y derechos *ad valorem* o fijos. No conservamos ningún testimonio directo de porciones de suelo imperial (¿tal vez alguna mina?) concedidas a una ciudad concreta y autorizándole para que perciba los correspondientes frutos, lo que significa que en el caso de las salinas hispanas no hay manera de determinar, en ausencia de documentos fehacientes, cuántas de ellas fueron transferidas del patrimonio estatal al régimen administrativo de las colonias y municipios. Otro conjunto de ingresos municipales más teórico que documentado, aunque verosímil, sería el compuesto por las rentas derivadas de las aguas canalizadas y llevadas a la ciudad, de los derechos de entrada en las termas o en los espectáculos, de los peajes y consumos, de las cargas excepcionales sobre la colectividad (*vectigales* extraordinarios para la construcción de caminos), de las contribuciones por talleres (incluyendo las fábricas de salazón), de las tasas locales y de los impuestos sobre los *incolae*.

Pero con el paso del tiempo, y parece bastante verosímil que este proceso se fuese desarrollando a lo largo del siglo I d. C. (cuando ya no había excesivo interés por controlar el producto a efectos militares, aunque es probable que alguna salina quedase adscrita para abastecer los campamentos del Norte peninsular), todas o casi todas las salinas debieron de cederse como *agri publici* a las colonias y municipios, que lograrían así incrementar el conjunto de sus *vectigalia* mediante el arrendamiento de la explotación de los pozos de sal y de la sal marina. Creo que numerosos indicios apuntan en esa dirección, el principal de los cuales es el auge urbanístico y evergético que podemos apreciar en todas aquellas ciudades de estatuto privilegiado en cuyos territorios existieron salinas. Hay casos muy significativos, como los de *Segobriga*, donde radican las salinas más ricas de todo el interior (Belinchón; aparte de la riqueza alcanzada por esta ciudad gracias a la explotación del *lapis specularis,* la sal debió constituir una fuente importantísima de ingresos para este municipio, contribuyendo a su monumentalización. El rendimiento de las salinas de Belinchón es óptimo, pues la salmuera obtenida en sus pozos se halla cercana a la saturación -falta tan sólo un grado); *Valeria*, que construye incluso un ramal de calzada para explotar ciertas salinas (Palomero 1987, 164, con indicación del ramal de la vía que parte desde La Losilla hasta alcanzar las salinas de Monteagudo. El ramal es hoy perfectamente visible y conserva aun restos de fábrica de un pequeño puente romano), y Medinaceli, que debió constituir un importante centro de producción, como los anteriores (Fernández Nieto, 2001, 373-387). Serían también grandes los rendimientos que estas comunidades obtenían en los *fora et conciliabula* por las tasas indirectas de la sal. El bronce de Fuentes de Ropel (Zamora) refleja seguramente la preocupación de la administración de un municipio -aunque no es improbable que en este caso la titularidad fuese estatal- por delimitar en su catastro las lindes de las *lacunae* destinadas a la explotación salina, que fueron probablemente las de Villafáfila, siendo objeto de arrendamiento por *locatio* o *venditio* (Mayer-García-Abásolo, 1998, 161-174). La nómina de municipios prósperos con control de salinas puede aumentarse con los nombres de la colonia de *Celsa* (salinas de Caspe, Sástago y Escatrón) y el municipio de *Bilbilis*, así como las ciudades indígenas y romanas de *Salduie*, *Alabon*, *Contrebia Belaisca* y *Caesaraugusta*, que seguramente explotaban los imponentes yacimientos de sal gema del mioceno en ambas riberas del Ebro a 30 kms. de Zaragoza (explotación de las capas superficiales, sal que luego era molida). Desde allí, una buena parte de esta sal podía alcanzar, descendiendo el río, las costas de la Tarraconense. También el municipio romano de Ibiza obtendría apetecibles ingresos del negocio de la sal, a juzgar por los posibles restos de un antiguo muelle para embarcar el producto junto al yacimiento de Sa Rossa, casi contiguo a la ciudad (la sal en Ibiza fue explotada ya por los semitas y constituyó siempre, con la pesca y la púrpura, el principal recurso económico de la isla; también en la isla de Mallorca se conocen salinas aprovechadas en época púnica y romana; Vila Valentí, 1953, 363-413; 1954, 225-232; Guerrero, 1987, 77-82; Manfredi, 1992, 8).

Pescado y fiscalidad. Otro apartado importante lo constituyen las cuotas relativas a derechos de pesca y las tasas adscritas a la venta de pescado (fresco y en salazón); este aspecto ha sido estudiado parcialmente tanto en el caso del Egipto helenístico y romano como, muy sumariamente, para algunos momentos del Imperio romano; en el caso de Grecia yo mismo he abordado este problema, y de nuevo expondré aquí algunas de mis aportaciones (Fernández Nieto, 2006 a).

Todavía hoy podemos compartir la idea de Busolt, según el cual "der Charakter der Fischereiabgabe läßt sich nicht mit Sicherheit feststellen" (Busolt, 1920, 608). No hay duda de que, como todos los productos que eran comercializados en los mercados de las ciudades, también los peces estaban sujetos a las tasas habituales que regían esta actividad pública (ἀγοραῖα τέλη). La venta del pescado fresco se realizaba en Atenas en una parte especial del mercado (Aristof., *Ran.* 1068; Aten. VI 227 e). La importancia del pescado como medio de alimentación hizo que el número de pescadores y comerciantes en las ciudades costeras fuese bastante elevado; ambos oficios, por lo demás, estaban separados. Así pues, todo el pescado que a través de comerciantes de la reventa llegaba al mercado tributaba en éste sus correspondientes tasas, como figura claramente expresado en algunas fuentes (*Schol. Hom. Iliad.* XXI 203). Sin embargo, conservamos otros datos alusivos a cantidades o porcentajes de tipo variable que si a menudo han sido interpretadas como impuestos sobre el valor de venta del pescado, pueden también entenderse como simples porcentajes tomados sobre el arrendamiento de los derechos de pesca o sobre el arrendamiento de su percepción por publicanos. Y conviene además que precisemos con exactitud qué cosa significa valor sobre las ventas de pescado.

Una inscripción del siglo IV nos informa de que la ciudad de Colofón recibió un empréstito para financiar sus murallas y decidió ofrecer entre las garantías de la deuda una parte (el 20 %) de los ingresos a obtener, entre otras cosas, por la πέμπτη τῶν ἰχθύων (Maier, 70=Migeotte, 1984, nº 87, l. 30 s., l. 83). Tradicionalmente se ha tenido a esta cifra como expresión de un alto impuesto que gravaría directamente la venta de peces (Wilhelm, 1939, 361-363; Maier, 1959, 235; Brun, 1996, 135; pero Migeotte, 1984, 285, escribe solamente "cinquième des poissons", sin pronunciarse). Apoyándose en esa hipótesis, Wilhelm postuló que de la misma forma cabría interpretar otras dos problemáticas expresiones (Wilhelm, 1939, 361s.). En su opinión, también la πέμπτη que aparece registrada en el arbitraje de Cnido sobre los préstamos reclamados por dos ciudadanos de Cos a la ciudad de Calimna hacia el 300 a. C. (texto en Migeotte, 1984, nº 59 y Magnetto, 1997, nº 14), sería un impuesto del 20 % sobre la venta de peces, y esto le lleva a suponer que la τετάρτη (25 %) aludida en una inscripción de Cízico del siglo VI a. C. (*Syll.*[3] 4 B, l. 8), de la cual no se exceptúa a un ciudadano que ha sido beneficiado con exenciones fiscales, constituiría asimismo una tasa sobre la venta del pescado (Wilhelm basa su conjetura ante todo en el hecho de que tampoco se le exceptúa de la ἱππωνίη y de la ἀνδραποδωνίη, que son manifiestamente tasas sobre el valor de la venta de équidos y esclavos). Pero lo cierto es que ambas deducciones no son correctas y no deben ser tomadas en consideración, puesto que la πέμπτη del arbitraje de Calimna es prácticamente seguro que se refiere no a un impuesto, sino a la cuota de participación que poseen uno y otro acreedor (Migeotte, 1984, 208 s.; Magnetto, 1997, 93s.), y la naturaleza de la τετάρτη de Cízico mantiene su opacidad por cuanto podría estar encubriendo tasas patrimoniales, derechos de aduana o impuestos extraordinarios sobre la renta (Andreades, 1931, 161s.).

Otra indicación similar a la de Colofón emerge en el acuerdo suscrito a comienzos del siglo III a. C. entre las ciudades cretenses de Praisio y Estalas para regular la situación jurídica de esta segunda comunidad, dependiente de los praisios (*Syll.* [3] 524=Chaniotis, *Verträge*: 64). En el decreto que regula el acuerdo se reconoce que ambos firmantes compartirán para siempre, por mitad, una serie de diezmos que generen los estalitas (A, l. 6-8). ¿De qué clase de diezmo de trata? Aquí sí parece evidente que nos hallamos ante una tasa sobre el valor de venta del pescado y del molusco de la púrpura, conclusión que, por el contrario, resulta bastante problemática al analizar el caso anteriormente citado de Colofón. En efecto, la πέμπτη τῶν ἰχθύων de Colofón podría no reflejar la existencia de un impuesto de venta: precisamente por haberse constituido dicha cuota en garantía de la deuda, cabría considerarla como el 20 % a retener por los acreedores sobre el total de los arrendamientos por derechos de pesca que Colofón hubiese concedido (observatorios, puntos y puertos pesqueros); y el hecho relevante de que este porcentaje figure en paralelo a la πέμπτη τῶν ἐμφορβίων, es decir, al 20 % de los derechos de pasto (es decir, de la suma obtenida por su arrendamiento), refuerza sólidamente esta segunda alternativa en detrimento de la primera (que sean tasas sobre la venta).

En cambio, las δεκάται de Praisio/Estalas nunca pueden representar el diezmo del arrendamiento de los derechos de pesca, sino que deben dejar constancia de una tasa porcentual sobre operaciones comerciales. Si atendemos a la reconstrucción efectuada, siguiendo las cláusulas del tratado, por Gschnitzer y Chaniotis, las relaciones entre ambas comunidades habrían seguido el siguiente proceso (Gschnitzer, 1975; Chaniotis, 1996, 388 s.). Estalas habría sido en origen una *polis* independiente conquistada en el siglo IV a. C. por los praisios, quienes habrían mantenido en su poder y beneficio el territorio y la ciudad, aunque dejando en posesión de los estalitas las islas y el mar, puesto que para Praisio, cuyo emplazamiento urbano se encuentra en la zona interior de Creta, se hacía arduo controlar aquellos espacios del litoral. Mas a cambio de dicho usufructo obligaron a Estalas a entregarles la totalidad de los derechos de puerto, así como el diezmo sobre la púrpura y *la mitad del diezmo* sobre los peces. En mi criterio, es esta última expresión la que pone de manifiesto que el diezmo sobre los peces no era una cifra fijada por los praisios para hacerse con una parte del dinero ingresado por Estalas en concepto de arrendamiento de derechos de pesca (como entiende Chaniotis, 1996, 390 al traducir *'der Zehnte aus dem Fischfang und dem Porpurschneckenfang'*), sino que constituía una tasa creada por los estalitas para gravar una operación relacionada con los peces y la púrpura, y ésta sólo podía ser la venta de las capturas. De haber querido Praisio llevarse un porcentaje de los ingresos de Estalas por los derechos de pesca, lo lógico habría sido imponer directamente una εἰκοστὴ τῶν ἰχθύων (un 5 %), y nunca se habría hablado de la mitad de un diezmo; además, en tal supuesto el juramento de los praisios nunca podría haber incluido la manifestación de que entregaban la propiedad del mar a los estalitas (A, l. 17-20). Estamos pues, tanto en el caso de la púrpura como en el de los peces, frente a una tasa preexistente en Estalas antes de ser conquistada por los praisios y de caer bajo su dependencia, y esa tasa afectaría a las ventas de pescado y de moluscos purpurígenos celebradas en sus puertos. Éste sería justamente el mismo impuesto decretado en Delos para la pesca, el llamado en numerosos documentos contables de la isla δεκάτη ἰχθύων, que correspondería a una tasa del diez por cien aplicada al valor de la venta del pescado (Höppener, 1931, 163 ss.; la tasa denominada en Delos ὑποτρόπιον, que según Homolle, 1890, 442, sería otra forma de denominar la δεκάτη ἰχθύων, me planteo si no pudo ser la tasa del 10 % que se aplicó a la venta de los caracoles de la púrpura -que se izaban en nasas-); y en el mismo sentido sería lícito interpretar, si es que no se refiere al arriendo de la percepción de los derechos de pesca, la expresión τέλος τῶν ἰχθύων del calendario de cultos de la isla de Micono (*Syll.*[3] 1024=Sokolowski, *LSCG*: 96; Le Guen-Pollet, 1991, 63), lo que supondría que las veinte dracmas para comprar las víctimas salieron de las tasas por la venta del pescado. Ahora bien, al manejar el concepto 'valor de venta' resultaría incorrecto que imaginásemos un gravamen sobre las ventas realizadas al consumidor en general en los correspondientes mercados públicos, que aplicaban tasas propias, sino que afecta tan sólo a las compraventas llevadas a cabo entre los pescadores y los asentadores o revendedores, tal como las conocemos hoy en las modernas lonjas del pescado; en el caso de la púrpura afecta a las ventas directas hechas por los pescadores a los fabricantes del tinte, aunque con frecuencia el mismo pescador de púrpura era a la vez fabricante del tinte, como prueba el término griego πορφυρεύς, que se aplica por igual a ambas actividades.

En el Egipto helenístico y romano se pagaba la τετάρτη τοῦ ταρίχου, es decir, un impuesto del 25 % por los productos de salazón, y en la inscripción de Cos hemos visto que aparece también un impuesto sobre el τάριχος. Sin duda debió de estar muy extendida en todo el Mediterráneo antiguo, de los fenicios a Roma, la costumbre de gravar la salazón en origen con una tasa bastante alta antes de que se procediese a su comercialización o venta (*vid.* también más abajo, al hablar de los mercados, y el caso que mencionamos del padre de Bión en Olbia). En Egipto existió otro impuesto aplicable al pescador, el llamado χειρωνάξιον (que se percibía de todos los obreros y artesanos); en un papiro de Oxirrinco comprobamos que la valoración impositiva anual para un pescador era de 56/52 dracmas (un tejedor de alfombras pagaba 184 dracmas; 120 un sastre; sólo 60 un negociante de aceite, o un acemilero; por debajo del pescador estaban el comerciante de plomo, que abonaba 48, y el de condimentos, tasado con 40).

Capacidad y ámbitos de explotación, dedicación profesional. Recordemos, en primer lugar, que el pescado constituyó en la Antigüedad un medio de alimentación completamente habitual entre todos los grupos sociales. El constante uso entre la población egipcia del pescado salado se refleja muy bien en el hecho, señalado por Reil (1913, 163), de que algunos documentos administrativos en papiro anotan casi a diario los desembolsos efectuados para la compra de conservas de pescado. Probablemente una serie de sus productos (frescos y en conserva) representaban la alimentación más barata para las clases menesterosas, aunque otros productos consumidos por las clases pudientes eran bastante caros. Se decía que los atenienses despreciaban la sardina dada su abundancia, y que era el plato más común entre los pobres; sin embargo en otras ciudades con menores capturas se admiraban mucho de que fuese tan poco apreciada (Aten. VII 285 E). En general, los peces frescos se integraron como comida muy frecuente en toda Grecia (recuérdese lo que decimos luego de su traslado hasta las regiones del interior y de la pesca fluvial), y a tal efecto se ha llamado la atención sobre el cambio de significado que experimentó el término ὄψον, que originalmente designaba toda clase de vianda, excepto el grano de cereal, y que paulatinamente adoptó el sentido restringido de comida de pescado.

En dos recientes trabajos, Gallant (1985; 1991, 120 s.) ha querido rebajar la importancia de la pesca y del consumo de pescado en la Antigüedad por considerar que los datos con que contamos han sido exagerados. Gallant defiende que los medios técnicos eran muy primitivos, lo cual ocasionaría que el total de las capturas fuese relativamente bajo, y mantiene que el pescado no constituía un alimento tan extendido como se ha pensado ni entraba a menudo en la dieta normal (sería un artículo caro, y ni siquiera el pescador podría mantener con él a su propia familia). Afirma, por ultimo, que las conservas de pescado se preparaban sólo en pequeñas cantidades y alcanzaban escasa entidad comercial, puesto que las capturas fluctuaban demasiado de un año a otro, siendo a menudo bajas, y porque los métodos de preservar el pescado eran deficientes. De aquí concluye que la principal función del pescado en el mundo antiguo no sería otra sino la de proporcionar al agricultor ribereño un medio de subsistencia durante los períodos de carestía debidos al bajo rendimiento de las cosechas. Aun siendo cierto que una parte de la pesca tuvo carácter local y complementario, y que los excedentes se preparaban para consumo personal y no para el comercio –aunque servían para el intercambio dentro de las comunidades-, es indudable que dicho planteamiento pasa por alto numerosos factores que contradicen sus frágiles resultados. No sospecha siquiera la gran evolución técnica de las artes y métodos de pesca que se desarrolló antes de época romana y que luego se perfeccionó –no es admisible creer que la pesca en la Antigüedad provenía casi exclusivamente del pescador solitario, desde la orilla o con barca-; hace caso omiso a los rendimientos de la pesca fluvial y en lagunas, que dieron riqueza a las ciudades instaladas en sus orillas; no toma en cuenta numerosos rendimientos marinos que sirvieron a la alimentación y a la industria (toda clase de moluscos, langostas, erizos, ortigas, etc.), centrándose en las cuatro especies más comunes, y parece ignorar que el pescado seco y salado es transportado y consumido sin dejar rastro. Además, su idea de la fluctuación de las especies es errónea, y basta con remitir a la sólida impugnación de las hipótesis de Gallant que acaban de realizar Bekker-Nielsen (2005) y Jakobsen (2005), destacando el buen nivel técnico alcanzado por las antiguas flotas de pesca (aparejos y técnicas complejas, inversiones para mantenimiento del material) y criticando la imprudencia de generalizar los datos modernos sobre capturas y acopios de conservas en una parte del Mediterráneo (Adriático), sin haberse documentado sobre los comportamientos de las especies registrados por la ecología histórica. Lo cierto es que Gallant en ningún momento procede a valorar las evidencias arqueológicas y se despreocupa de los cientos de factorías detectadas en toda la cuenca mediterránea, así como en la vertiente atlántica y en el Mar Negro, que representan nuestra mejor orientación para calibrar la capacidad de los lugares que procesaban pescado y los elementos que componían las conservas.

Pero además, para conocer la capacidad de explotación de algunas especies que se alcanzó durante la antigüedad es necesario conocer bien los datos que suministran las propias fuentes antiguas, información que debe rastrearse a fondo pues faltan todavía muchos aspectos por registrar. Seleccionaré algunos ejemplos. Señala Aristóteles que "cuando las anguilas mueren, su cuerpo no flota ni sube a la superficie como la mayoría de los peces, pues tienen el vientre pequeño. Algunas contienen grasa, pero la mayor parte no la posee. Una vez sacadas del agua, viven todavía cinco o seis días, sobre todo cuando sopla el viento del norte (aquilón, es decir, con tiempo frío), y menos cuando sopla del sur (calor), y cuando se las transporta hasta los viveros mueren, cosa que no ocurre en invierno. Por lo demás, no soportan los cambios violentos de temperatura, por ejemplo, si, en el curso del transporte, se las sumerge en agua fría, e incluso mueren todas ellas. Mueren también asfixiadas cuando se crían en una pequeña cantidad de agua... Ciertas anguilas viven siete u ocho años" (Aristot., *HA* VIII , 2, 592 a). Este pasaje demuestra cómo se había alcanzado ya suficiente experiencia para regular la crianza y mantenimiento artificial de una especie que fue objeto de gran aprecio y consumición en todo el mundo antiguo, incluso en salazón (Oder, 1893, 1-4), y cuyo rastro deberíamos esforzarnos en buscar, pues hubo lugares concretos donde se preparó y contenedores cerámicos para trasportar la mercancía.

Otros productos que cada día son objeto de mayor atención sabemos que dieron vida a algunas comunidades, especializadas en ellos. En Grecia ciertas localidades eran famosas por sus buceadores, como sucedía con los habitantes de Antedón, en la costa norte de Beocia, que cogían púrpura y esponjas y vivían casi exclusivamente del mar (pesca y construcción de barcas) (Hirschfeld, 1894, 2361). De esponjas se conocían tres variedades, dos para usos domésticos y comunes, la otra era más delicada. Se cogían en todo el Mediterráneo y las mejores estaban a relativa profundidad. El griego tiene varios nombres para estos pescadores de esponjas (σπογγεύς, κολυμβήτης) los romanos los incluían en la categoría general de los buceadores (*urinatores*). Recuérdese lo ya dicho sobre el interés estatal por la concesión de las esponjas en las islas de Leros y Delos. Para valorar la dimensión económica de las esponjas, conviene recordar los usos domésticos de estos esqueletos animales: para muebles, calzados, suelo; para baños y afeites; en escritorios (lavar plumas); material habitual de pintores, haciéndose incluso pinceles; para cerrar vasos, amortiguar golpes (gladiadores, soldados debajo de corazas); tenía asimismo usos terapéuticos, y se aprovechaban incluso sus cenizas.

Junto a las ciudades especializadas en tipos concretos de captura, había otras que basaban casi toda su economía en la pesca. Era el caso de Olbia póntica, situada frente al estuario del Bug y del Dniéper, que eran riquísimos en peces. Heródoto (IV 53) ya destacaba la importancia del Borístenes (Dniéper), que proporcionaba pescado de calidad exquisita y en grandes cantidades; nos dice que produce para la salazón grandísimos peces sin espinas, a los que se denomina antaceos –eran, probablemente, esturiones-, y menciona igualmente la sal que se depositaba en las lagunas del estuario. Dión Crisóstomo (XXXVI 33) habla también sobre ello y precisa que la mayoría de los griegos y de los escitas que habitaban en el Quersoneso Táurico recibían por vía comercial la sal y las conservas del Dniéper. La misma condición tenía la más antigua colonia del Mar Negro, la de la isla de Beresan, que era en principio una población de pescadores y un depósito de mercancías. Las excavaciones han exhumado no sólo una gran cantidad de objetos relacionados con la pesca (anzuelos, lastres de red), sino también, en una zona concreta, una densa capa de raspas de pescado (Belin de Ballu, 1972, 33, 187). Esta intensa especialización en un sólo producto se hallaría testimoniada asimismo por el sistema de gravámenes establecido para las exportaciones de salazón, reglamento que, según sabemos, se hacía cumplir en Olbia con gran rigor. Se ha conservado la noticia (Diog. Laerc. IV 46) de que el padre del filósofo Bión, que era un liberto y mercader de salazones, fue reducido nuevamente a la esclavitud junto con toda su familia por haber violado el reglamento sobre las tasas (τέλη) vigente en Olbia; lo normal en otras partes de Grecia era penalizar dicha infracción con una multa. De la ciudad púnica de Kerkouane, junto al cabo Bon, se ha escrito que vivía más del mar que de la explotación agrícola del interior, y así lo certifican la cantidad de útiles de pesca allí encontrados y las instalaciones de salazón (Fantar, 1986, 491-511).

Es importante destacar, por otra parte, la labor que últimamente se viene realizando para conocer más a fondo la situación de sectores muy concretos dedicados a la pesca de ciertos productos, que eran capturados y explotados por grupos de especialistas. El caso más característico es el de la pesca de la púrpura y sus diferentes formas de aprovechamiento a lo largo de todo el Mediterráneo, que dieron lugar a prósperas industrias de fabricación de tintes (las cuales se hallaban en relación asimismo con la sal). Baste con remitir a las actas del primero de los congresos celebrados sobre la púrpura (Alfaro Giner, Wild, Costa, 2004)[1], que contiene indicaciones muy precisas sobre este material, de altísima rentabilidad económica y sujeto, por consiguiente, a un estrecho control fiscal por parte del poder. En estas mismas páginas insisto sobre su importancia al referirme a la titularidad de los derechos de pesca y al *portorium* de Asia. Se ha abierto en esta línea, sin duda, un campo de trabajo extraordinario, pero convendría igualmente ordenar todos los datos acerca de la recogida de otros moluscos (ostras, lapas, pernas, almejas, telinas, navajas), cuya floreciente pesca dio origen en ciertos lugares a la creación incluso de colegios profesionales (*vid. infra*) y que servían a otros sectores pesqueros para complementar y rentabilizar algunas salsas y conservas de pescado. Un último apartado sobre los rendimientos económicos del mar debería encaminarse a registrar la recogida y comercialización de ciertos productos especiales, como el coral, que era buscado en varias partes del mediterráneo, según indican numerosas fuentes antiguas, dado su alto valor y su constante demanda como objeto de lujo para joyas y amuletos. Aunque esta pesca mediante buceo era penosa, ocupó a bastantes personas en los cotos más propicios, sobre todo en época romana, e investigaciones bien planificadas podrían establecer la procedencia de los corales antiguos hoy conservados y los ritmos de abastecimiento, así como la ubicación de los talleres de elaboración de las piezas y su ulterior comercialización.

Hay también otras especies marinas que hasta ahora no han sido bien estudiadas y de las que interesaría conocer mejor su proyección en la alimentación y en la economía antigua. Por ejemplo, la pesca de la foca –la foca monje o fraile, de vientre blanco, cuyo hábitat es el Mediterráneo- estuvo extendida en época antigua. Las descripciones sobre la misma en el libro cuarto de la Odisea son tan exactas, que se entiende fueron muy frecuentes ya entonces y sabemos que eran aprovechadas tanto su carne como su piel. Lo mismo cabe decir respecto a la caza de ballenas y cachalotes, pues consta que fueron conseguidas con cierta regularidad en aguas atlánticas.

Niveles técnicos de la pesca. Pasemos ahora rápidamente al apartado de las *técnicas de pesca*, cuyo mejor resumen sigue siendo Claudio Eliano (*Hist. Anim.* XII 43): "Hay, según se dice, cuatro métodos de pesca, a saber, la red, el arpón, la nasa y el anzuelo. La pesca mediante red proporciona riqueza y se parece a la captura de un campamento y a la toma de prisioneros, y requiere variedad de utensilios, como soga, sedal de lino blanco y negro, cuerda hecha de junco, corchos, plomo, madera de pino, correas, zumaque y una piedra, papiro, cuerno, una nave de seis remos, torno con su manubrio, una *kottáne*, tambor, hierro, madera y pez. Y caen en la red diferentes especies de peces, en bandadas numerosas y variadas.

La pesca con arpón es la más varonil de todas y requiere un pescador de gran fortaleza. Necesita tener un arpón bien recto de madera de pino, cuerdas de esparto. Necesita también un pequeño bote y vigorosos remeros con buenos brazos. La pesca con nasa es una pesca que requiere mucha astucia y plan bien meditado. Parece poco recomendable a personas libres. Necesita juncos secos, sauzgatillo, una piedra ancha, áncoras, algas marinas, hojas de junco y de ciprés, corchos, trozos de madera, un cebo y una pequeña barca.

La pesca con anzuelo es la pesca más perfecta y la más apropiada a los hombres libres. Se necesita crin de caballo de color negro, rojo y gris. Si las crines son teñidas, los pescadores eligen las que están teñidas en gris azulado y en púrpura marina. Porque todas las demás, dicen, son malas. Utilizan también las cerdas erectas de los jabalíes, así como el lino y gran cantidad de bronce; cuerdas de esparto y plumas especialmente blancas, negras y polícromas. Utilizan asimismo los pescadores lana carmesí y lana teñida de púrpura, corchos y trozos de madera. Son necesarios también hierro y otros materiales, entre ellos cañas bien desarrolladas y enjutas, juncos que han sido mojados, tallos de hinojo, frotado y liso, una caña de pescar de madera de cornejo, los cuernos y el

[1] A este primer Symposium ha seguido un segundo, que acaba de celebrarse en Atenas (nov. 2005) organizado por las Profesoras C. Alfaro Giner y L. Karali, y se ha proyectado un tercero para el año 2008 (Nápoles), organizado asimismo por C. Alfaro Giner y Ph. Borgard.

pellejo de una cabra. Unos peces son capturados mediante un método, otros con otro, y ya he descrito los varios procedimientos para pescarlos".

Arpones y tridentes, anzuelos simples y compuestos, nasas y redes, constituyen instrumentos ya desarrollados y bien conocidos desde época homérica, comunes a griegos y orientales. No es preciso describir la existencia de las redes de arrastre o jábegas, hundidas por abajo con plomo o con lastres de piedra o de arcilla, y sostenidas en superficie por corchos o flotadores (están documentadas ya en Troya, Lesbos, Naxos, Herakleia, Filakopi, Quíos, etc.); de la red para lanzar, el esparavel o boliche, de otras que llevan distintos nombres (redondas, pequeñas, en forma de saco, para ostras, de las que sólo nos hacemos una idea aproximada). Cuanto señala Eliano puede ilustrarse con otras noticias, todas las cuales certifican la exactitud del pasaje: el lino fue el material por excelencia, pues esparto y lana tuvieron una aplicación muy restringida; entre el plomo y el anzuelo, el hilo para pescar se hallaba envuelto en un pedazo de cuerno destinado a protegerlo contra la mordedura del pez; a veces, en lugar del cordel de lino se usaba cadenilla de metal trenzado, que evitaba roturas ante los peces de mayor tamaño y fuerza; pero el hilo de pescar se realizaba a veces con otros materiales, como la genista (Plinio, *N.H. XXIV* 65).

Pero debe aún investigarse cómo se tejían exactamente las redes y los costes de estas tareas; las formas y usos de las agujas de tejer o entretejer, que fueron en origen de hueso o de cobre. Debe también establecerse el catálogo de las cestas, canastas y nasas (sobre la técnica y uso de las nasas en la pesca antigua deben consultarse las páginas escritas por L. Robert,1960, 39-46), sus materiales (madera, junco o caña trenzados, etc.) y sus funciones según las distintas formas, pues los utensilios nos ayudan también a conocer los tipos de pesca practicados (Lagóstena, 2006). Los estudiosos de la púrpura ya han avanzado en este sentido algunos resultados. Conviene sistematizar, por último, el tema de los cebos naturales en función de las distintas clases de pesca (residuos de carnicería, desechos de las fábricas de salazón, pulpos, peces pequeños, moluscos), y cómo se accedía a estas porciones de comida. Todo ello debe por último combinarse con lo que sabemos acerca de las técnicas de uso de tales aparejos, en particular las de tendido de las redes para efectuar las capturas en masa de las grandes y medianas especies migratorias (*vid.* al respecto García Vargas, 2001; Fernández Nieto, 2002; Lagóstena, 2006), o el empleo de redes y sedales con anzuelo múltiple faenando desde barcas alejadas de la orilla (como vemos que hacían los pescadores atenienses; *supra*, n. 15). Sin haber realizado previamente tales estudios en el ámbito (territorial y temporal) de pesca que nos interese, como intenta Bekker-Nielsen (2005), todo cuanto pueda escribirse hoy sobre potencialidades y volúmenes de captura, en la línea que persiguen algunos centros de investigación, no deja de ser mera especulación voluntariosa pese a la apariencia de cuantificación con que se reviste, máxime porque tampoco disponemos de datos incontrovertibles sobre las poblaciones antiguas de peces y sus pautas ni sobre el número de personas dedicadas al efecto. Están por hacer, desde luego, los distintos *corpora* de objetos, herramientas y aparejos de pesca hallados en yacimientos arqueológicos (importantes son los hallazgos en pecios por cuanto proporcionan un registro bastante amplio; Galili, Rosen, Sharvit, 2002, 182-201; véase también, como otro ejemplo, el análisis de los aparejos y de su aplicación a las técnicas de anzuelo y de redes que se ha realizado respecto a la ciudad púnica norteafricana de Kerkouane: Fantar, 1986, 491-511), que deberían publicarse comparándolos con las alusiones conservadas en los textos y las representaciones figuradas en sellos, gemas, monedas, relieves, mosaicos, etc. Esto podría proporcionar también pistas (aunque la verdaderamente fiable sigue siendo la existencia de fábricas) sobre la distribución en ciertas costas de las pesquerías más significativas. Para el caso de las redes un reciente trabajo sobre época romana (Bekker-Nielsen, 2002a) viene a completar las valiosas aportaciones de Pottier (1918) y Buchholz, Jöhrens y Maull (1973, 167-180). De todas formas, la ausencia de aparejos en un yacimiento, a la ribera del mar o de un río, no significa que la pesca careciese de importancia, ya que tales instrumentos tienden a desaparecer por completo (por ejemplo, si predominaba el uso de redes).

Las implicaciones económicas de cada nivel técnico son distintas, mas por desgracia debemos conformarnos con saber que determinadas zonas estaban mejor capacitadas para obtener mayores rendimientos de pesca si nos consta que aplicaban estos u otros métodos (y que contaban con ricas pesquerías). A su vez, es seguro que a partir de un determinado nivel de operaciones en el mar las ciudades más volcadas en la pesca generaban industrias secundarias de abastecimiento que les proporcionaban los productos y aparejos más relevantes (de metal, de lino, trenzados, corchos, materias conservantes del lino y de las embarcaciones, cestas para transporte), desarrollando otras formas de trabajo y activando los mercados artesanales locales. Algunas de estas consecuencias cabría rastrearlas, por ejemplo, en el ámbito de los municipios costeros romanos más dedicados al mar.

Tipos de conserva y clases de peces. Sabemos que los antiguos conocieron y, seguramente, consumieron unos 150 ejemplares distintos de peces, incluyendo los fluviales. Establecer qué ejemplares o familias eran objeto de pesca en los puntos y épocas que examinamos, y tratar de determinar los tipos de conservas que se confeccionan, es la primera tarea a emprender (como han realizado Etienne y Mayet, 2002, 37-53). Muchas de las memorias sobre fábricas de salazón omiten prácticamente esta cuestión, pues se centran en las instalaciones y en los contenedores, y debe instarse urgentemente al análisis de los micro-residuos, que nos proporcionarán los datos necesarios al respecto. Las conservas se distinguían y valoraban por la forma de preparación, grado de salazón, clase de pescado y modo en que se añadía (sin escama o con ellas; con cabezas, limpios, etc.). Las había completamente saladas, medio saladas (ἡμιτάριχος) y ligeramente saladas (espolvoreado ligeramente, ἀκρόπαστος). Las había grasas (πίονα) y magras (ἀπίονα). Entre las de atún se fabricaban, al menos, tres clases: trozos selectos en conserva; otra confeccionada con partes cercanas a la cabeza (ὠμοτάριχος), y el denominado οὐραία, con partes de la cola. En otras conservas entraban grandes peces de calidad inferior al atún, o bien peces jóvenes capturados en primavera (la mejor de las ἀπίονα). Otras eran salazones de peces cortados (y preparados) de forma especial (triangular, cuadrangular, cúbica: τρίγωνον, τετράγωνον, κύβιον). Tenemos luego las salazones tipo mojama: piezas pequeñas, grandes cortadas de esturión y de atún, saladas y secas, parecidas a tablas de encina; cabe añadir los pescados enteros abiertos, salados y secos, con o sin cabeza. Naturalmente, no en todas partes se hacían todas las clases, y es evidente que estamos ante diferentes especialidades pertenecientes cada una, en principio, a un lugar y cultura. Ahora bien, si la forma de confeccionar una parte de los productos pudo transmitirse –en forma aproximada- a lo largo de las épocas, no debemos perder de vista que la industria conservera nunca dejó de evolucionar, a fin de adaptarse a la realidad de la pesca y para "descubrir" nuevas salazones que hiciesen más competitiva a una determinada casa comercial, por lo que se equivocan quienes piensan que las fábricas detectadas se mantuvieron siempre detenidas en una producción uniforme y exenta de innovaciones. Sirva como claro ejemplo esta información sobre un tipo de conserva al que tradicionalmente se califica como de escasa calidad y valor: "el alex o alec, desecho del *garum*, no es más que una hez imperfecta y mal filtrada. Sin embargo, han empezado a prepararlo también separadamente con un pez muy pequeño y sin valor: nosotros lo llamamos *apua*, y los griegos *aphúe*. Las gentes de Forum Iulii (Fréjus) lo confeccionan con un pez al que denominan lobo. El alex se ha *convertido luego en un artículo de lujo, y sus clases se han diversificado infinitamente*. Lo hay parecido a un *garum* y que ofrece el color del vino con miel, de una suavidad tan desleída que se puede beber. Otro tipo se prepara con pescado que conserva las escamas. Y así, el *alex* incluye ahora ostras, erizos, ortigas de mar, hígados de salmonete, y se ha comenzado a descomponer la sal de mil maneras para satisfacer los placeres del paladar" (Plinio, *NH* XXXI 95). Nuestro autor describe así un interesante proceso que debe servirnos para reconocer que, aun siendo denominada por el mismo nombre, una especialidad de salazón reviste de hecho varias modalidades que van desde lo más simple y barato hasta auténticas (y, por consiguiente, caras) exquisiteces.

Por lo general, el τάριχος de calidad común no era demasiado caro; un proverbio griego pretendía que se pagaba por él un óbolo, mientras que a veces el aliño tan sólo costaba dos. Los precios que señala Ateneo, que remontan a la comedia media (y en eso, como Aristófanes, andan centrados) oscilan, para un plato de τάριχος normal, entre algo más de medio óbolo hasta tres óbolos. En cambio, los precios de variedades más finas eran más altos, y algunos ejemplos de cifras que transmiten las fuentes no tienen más valor que el del precio que se paga hoy día por el primer salmón de la temporada. Por eso las conservas de pescado eran, las más comunes, alimento de esclavos, campesinos, gente de escasos ingresos, soldados. Lo mismo sucedió en época romana, pues también el pescado fue bastante apreciado. Los ricos gustaban de los más sabrosos peces y conservas, que alcanzaban a menudo alto precio; pero la mayor parte de la producción estaba destinada a la población normal y a los más menesterosos, para quienes las salazones, fáciles de encontrar, constituyeron siempre una parte importante de su alimentación, junto a los peces frescos más baratos, cuando podían obtenerse (*vid. infra*). En cualquier caso, no debe olvidarse que el pescado seco debió ser un alimento predominante en muchas áreas, pues formaba parte de la economía local de subsistencia (aunque una parte del mismo sería comercializada); era una fuente barata de alimento no perecedero, que consumía sobre todo el propio pescador. Como para su preparación no precisa de instalaciones o receptáculos especiales, resulta que no deja ningún rastro arqueológico apreciable y es imposible contabilizar su consumo. ¿Cómo estimar la importancia de las llamadas por los griegos μελάνδρυα, que no eran sino grandes tajadas de atún y de esturión, saladas y secas, que recordaban un tablón de encina? ¿Podemos sospechar que también se prepararon en otras partes del Mediterráneo, como la Península Ibérica (atún, esturiones del *Baetis*)?

Las pesquerías y centros de elaboración de salazones no estaban situadas caprichosamente, sino que seguían la pauta marcada por la presencia de los principales bancos migratorios, de manera que si pudieran establecerse de forma homogénea los puntos de explotación y etapas de funcionamiento cabría obtener una imagen de la migración histórica de algunas especies pelágicas. Una última cuestión a tener también en cuenta. Los antiguos se regían a veces por supersticiones y tabúes sacros, y la pesca no era dominio exento; podía así suceder que ciertas especies, que nosotros creemos se consumían, eran siempre devueltas al agua y no se explotaban, o bien no se consumían durante ciertas fechas. Un texto egipcio greco-romano (*PSI* VIII 901) relata cómo Heraclides, secretario de una corporación de pescadores, delante de los delegados del nomarca Sarapión jura, en nombre propio y de los trece representantes de todos los pescadores, que jamás han pescado, en ninguna forma, dos tipos de peces que se consideraban sagrados y que en Egipto se denominaban εἴδωλα θεῶν (imágenes de los dioses). Entramos aquí en el tema de la veda de especies y de las prohibiones de pesca, que está aún totalmente por estudiar y que tenía asimismo una relevancia económica parcial.

Ventas y reventas de pescado y salazón, mercados, transporte al interior. La importancia del pescado como medio alimenticio de capas muy extensas de la población producía que el número de pescadores y mercaderes de pescado fuese, particularmente en las ciudades costeras, muy alto; ambos oficios estaban claramente separados. La tarea del pescador era ya suficientemente dura como para sumar sobre sus espaldas el oficio de transportar sus capturas al mercado y proceder a su venta; podían ocuparse de ello otros miembros de la familia, pero resultaba más cómodo vender el total de la pesca a un comerciante de pescado. Además, determinadas formas de pesca conducían a acumular en una sola jornada tan grandes cantidades de presas (atunes, *pelamydes*, caballa, albacora, sardina) que era necesario destinarlas de inmediato para su tratamiento en fábricas especiales que producían salazón de pescado (ταρίχη, ταριχηρά, ταριχεύματα). Es cierto que una parte de estas tareas de conservación en sal la asumían los propios marineros, aunque lo habitual era que el pescador (sobre todo los grupos o asociaciones de pescadores) diesen inmediata salida a su mercancía vendiéndola a comerciantes de víveres al por mayor (asentador), a los revendedores del mercado o vendedores itinerantes (ἰχθυοπώλης, κάπηλος), a los fabricantes/vendedores de salazones marinas (ταριχοπώλης, ταριχέμπορος), a los fabricantes de púrpura (πορφυρεύς, πορφυροβάφος). Tales operaciones de venta debían llevarse a cabo en los puertos, tanto en los mixtos (comerciales y pesqueros) como en los estrictamente pesqueros; pero también se procedería a vender el global de las capturas en las playas y puntos donde existía un observatorio y su correspondiente almadraba, o donde había caladeros arrendados para la extracción de moluscos. En el caso de otras instalaciones donde se detecta la práctica de la pesca, el problema consiste en saber si quienes faenaban en el mar lo hacían sólo para su propio abastecimiento o bien se ocupaban de abastecer a quienes elaboraban la pesca con miras industriales. Allí donde frecuentemente se realizaban capturas estamos ante una pesquería, pero sólo una parte de éstas tuvieron al mismo tiempo la condición de lonjas de pescado, por limitadas que fueran y sólo por temporadas, para dar suministro a las industrias.

La realidad de estas prácticas con el pescado fresco viene certificada, para el caso griego, por algunos testimonios, que nos ilustran sobre las operaciones de venta en la costa o en el puerto y las hechas en los mercados de tierra adentro, aunque este último tipo de comercio sufría unas limitaciones impuestas por la distancia y por los impedimentos del transporte. Un testimonio elocuente es la inclusión de los llamados μετάβολοι τοι; ἐν τοῖς ἰχθύσιν como personas obligadas a sacrificar en la inscripción de Cos antes mencionada (*Syll.*[3] 1000, l. 21), y la carga que se les impone lo es del mismo modo y con el mismo título que a los adjudicatarios de las rentas públicas, seguramente porque sobre ellos recaía un ἐπώνιον o impuesto concreto de venta, aunque no está claro si estos comerciantes constituían en Cos una asociación propiamente dicha (véase Andreades, 1931, 161s.; Vélissaropoulos, 1980, 99. Para Francotte, 1900, 210 y Poland, 1909, 124, no eran una corporación; para Ziebarth, 1896, 99 y Vreeken, 1953, 83s., serían un grupo subvencionado por la ciudad para hacer los sacrificios), o si eran invitados a hacerlo distinguiéndolos individualmente y recaudando entre ellos la suma con que adquirir las víctimas. Mas lo que interesa a nuestro tema es que el reglamento nos descubre la vigencia de este oficio en Cos y la entidad que había alcanzado, hasta el punto de ser expresamente incluido entre los ciudadanos acomodados que ejercían actividades lucrativas. La función de los μετάβολοι era concretamente la de comerciante/revendedor (Robert, 1933, 142s.=*OMS* III: 1597s.), y evidentemente consistía en comprar al por mayor las capturas de los pescadores y bien distribuirlas en el mercado, bien venderlas por el interior, bien destinarlas a las fábricas de salazón. Que había tales fábricas en la isla de Cos se desprende de la propia inscripción, que prescribe también la obligación de sacrificar para quienes habían tomado en arrendamiento el impuesto sobre el τάριχος (*Syll.*[3] 1000, l. 15).

Otra de las tareas de los μετάβολοι en Grecia, la de traficar con el pescado para abastecer a las zonas del interior, se refleja perfectamente gracias a un testimonio procedente de Epidauro. Entre los milagros atribuidos a Asclepio figura el realizado con la mercancía llevada hasta el mercado por un tal Amfimnasto, quien había transportado desde la costa de la Argólide hasta Arcadia (Tegea) el pescado que compró, seguramente, en puerto. Pero por medio de alguna artimaña eludió pagar una δεκάτη al dios, y éste obró en público un prodigio (resucitar los peces), forzando a Amfimnasto a confesar su falta (*IG* IV 1[2] , 123, 47, y las precisiones de J. y L. Robert, *Bull. Épigr.* 1964, 180, sobre la posible naturaleza del milagro). De la anécdota podría inferirse que las autoridades de Epidauro habían establecido un diezmo en beneficio de la caja del santuario[2], el cual repercutía sobre las ventas de pescado hechas por los μετάβολοι, y es probable que esta δεκάτη se cobrase asimismo en los demás puertos de la Argólide. A su vez, un pasaje de Aristóteles (*Ret.* I 7, 1365 a 26-27) nos permite averiguar que un olimpiónico argivo se dedicó durante un tiempo a transportar a sus espaldas las cestas de pescado desde Argos a Tegea, un trayecto de casi cuarenta kilómetros por caminos incómodos. La acción de estos comerciantes/revendedores era, pues, constante y debió dar lugar a un tráfico regular y suficientemente importante como para generar ingresos no desdeñables en los puertos de adquisición de la mercancía (Baladié, 1980, 219). En una de sus cartas Alcifrón presenta al pescador Egialeo quejándose de que vende su mercancía a poco precio, y cómo le gustaría abastecer las cestas de Erasicles de Esfeto o de Filóstrato de Colargo, que eran sin duda dos adinerados revendedores (Alciphr. I 9, 1-2).

Parece por lo tanto bastante evidente que algunas ciudades griegas poseían una flota de pesca permanente y de cierta entidad, que no se limitaba a lo estrictamente necesario para el abastecimiento de la población, sino que procuraba grandes capturas, sobre todo en los momentos del año más adecuados para la pesca de las especies migratorias (desde primavera al otoño). Este alto rendimiento facilitaba no sólo la distribución del pescado entre las poblaciones de tierra adentro, alcanzando a menudo un radio de acción bastante amplio, sino que además proporcionaba a la industria de salazón importantes surtidos de depósito. Varios autores antiguos mencionan como producto especialmente afamado las sardinas del puerto ateniense de Falero (Aristof., *Acarn.* 901; *Aves* 76, Aten. 135 a), y no resulta ocioso preguntarse por qué recibieron esa denominación. Cabe suponer que obedece al hecho de que se extraerían en las cercanías de la costa ática y serían luego desembarcadas y comercializadas en aquel puerto, e incluso que una parte de ellas era preparada para salazón en el mismo Falero, donde se realizarían todas las ventas a los μετάβολοι. Es lógico, en definitiva, que casi todas las

[2] La inscripción contiene lagunas y no resulta fácil reconstruir todo lo sucedido, y aun cuando se relata que Amfimnasto se había comprometido por voto a ofrecer τὰν δεκάταν (el diezmo; no se precisa más, de forma que el artículo determina poco), más adelante se asegura que no saldó su deuda con Asclepio utilizando las ganancias conseguidas con los peces (ἐμπολαὶ τῶν ἰχθύων). Pero este planteamiento falla, puesto que la intervención del dios ocurre cuando nuestro hombre se encuentra en el mercado y las ganancias todavía no se habían producido. Cabe sospechar con fundamento que la actuación de Amfimnasto se limitó a privar al dios, usando una trampa, del diezmo que estaba obligado a pagar a raíz de la compraventa del pescado. Sobre la importancia de la pesca para Epidauro deja constancia indirecta el conflicto territorial que la enfrentó a Hermíone y que fue arbitrado por jueces de Mileto y Rodas (Magnetto, 1997, nº 69); dentro del territorio objeto de litigio se hallaban los llamados *Agrioi Limenes*, o puertos salvajes, relacionados sin duda con la explotación del mar.

poleis considerasen la conveniencia de imponer una tasa por las operaciones de venta de pescado, gravando el valor del negocio cerrado, y esa tasa no fue otra sino la δεκάτη de que tenemos constancia en Estalas, Delos y, probablemente, Epidauro. No aflora aquí para nada la idea de compensar la cesión del derecho de pesca por parte del Estado, sino la de intervenir fiscalmente el mercado colocando bajo tributación una mercancía en cuya venta se cruzaban sustanciosas sumas. De haber sucedido así, y parece obvio, es seguro que el Estado arrendaría las tasas a publicanos, y éstos ya se ocuparían de cobrarlas en los lugares adecuados. Tal vez alguna reglamentación de la δεκάτη hubiese previsto que no se realizara ningún negocio en puerto con los μετάβολοι sin haber avisado previamente al magistrado competente; pero ciertos comerciantes serían proclives a cerrar un trato y recoger la pesca en lugares difíciles de controlar, para escapar al pago de la tasa, y ésa podría haber sido la trampa efectuada por Amfimnasto en Epidauro (pero al dios no logró ocultárselo).

El estudio de Tenger sobre el *phoros* entregado a la liga marítima ático-délica por algunas ciudades costeras de Asia Menor traza un panorama aproximado sobre la importancia económica de los ingresos que proporcionaba la pesca (Tenger, 1995, 144 s., 155), ingresos que sin duda provenían, como vengo sosteniendo, de la concesión por arrendamiento de los derechos de pesca y de la percepción de tasas por la venta de los productos a los comerciantes y revendedores del ramo. El *phoros* se evaluaba en función de los recursos de cada ciudad, y sabemos que la principal riqueza de algunas era precisamente la pesca, lo cual significaría que las aportaciones a la liga de Abidos, Pario, Lámpsaco y Sigeion deberían basarse, esencialmente, en los ingresos estatales obtenidos por los derechos de capturas de atunes, caballa y púrpura (atunes en Abidos y Pario; caballas en Pario; púrpura en Sigeion: Aristot., *H.A.* V 15, 547ª 5-6; Aten. III 88 F; y en Lámpsaco, *Vita S. Parthenii* 9 [*PG* 114, 1357]). Con todo, la nómina de productos marinos explotados debía ser más extensa e incluir los arrendamientos por la captura de otros moluscos, como ostras y navajas (ostras en Abidos, Aten. III 92 D; navajas (σωλήν) en Dídimas, J. y L. Robert, *Bull. Épigr.* 1961, 560, y en Mileto, *OGIS* 756, l. 6), o la de langostas y esponjas (langostas en Sigeion, Aristot., *H.A.* V 17, 549b 16-17; Aten. III 105 D; esponjas tal vez en Leros).

El papiro Tebtunis 701, del año 235 a. C., nos informa de que en el Egipto helenístico la pesca, transporte y venta del pescado estaban organizados por grandes empresas que, o bien eran negocios reales, o bien estaban administrados por el tenedor de una gran hacienda regalada por el soberano. Como ya señaló Rostovzeff, las cuentas registradas en este documento muestran cuán grande era la parte de beneficio que correspondía al rey o al tenedor de los *dorea*, y lo escasa que era la que le quedaba al verdadero pescador. Sin embargo, en la mayoría de los casos la administración pública siguió aplicando a la pesca un sistema similar al empleado por los Ptolomeos al organizar la explotación de otras fuentes de ingresos. Un sistema era que los derechos de pesca se cedían a τελῶναι o publicanos especiales que suscribían el contrato de pesca (ἰχθυικὴ ὠνή); las capturas en sí eran practicadas por pescadores expertos obligados a pagar a la casa real el 25 % de su pesca (la τετάρτη ἁλιέων o ἰχθυικῶν), además de otros impuestos menores. El otro consistía en que los pescadores trabajasen por su propia cuenta como contratistas estatales del negocio de la hacienda real. En este caso los pescadores pagaban un alto φόρος (entre el 30 y el 40 % del producto vendido), y recibían un préstamo para la compra del aparejo; gozaban además de una ὀψώνια (ración de pescado para su aprovisionamiento). Sin embargo, es posible que las cuentas de Tebtunis 701 sean las del administrador de un fundo regalado por el rey, que incluye pesquerías, y no las de un ecónomo oficial del Estado. Del posible intercambio de pescado salado por parte de fenicios y griegos con las poblaciones ibéricas del interior –nada se dice del pescado fresco, ni quiénes trasladaban el producto (seco o envasado)- se ha ocupado recientemente Lowe (2001).

La venta del pescado fresco se celebraba en Atenas en un mercado al efecto (ἰχθυοπωλεῖον), que funcionaba bajo la supervisión de los agoranomos, mientras que la venta de salazones se hacía fuera de la ciudad, junto a las puertas. Antes del s. III a. C. los vendedores de pescado disponían en Roma de un emplazamiento propio, el *forum piscarium*, según una tendencia del momento a establecer pequeños mercados especializados. Pero con el tiempo estos *fora* especiales fueron desapareciendo y el *piscarium* acabó reemplazado a finales del III por un gran *macellum*, que ponía en venta géneros alimenticios muy variados (Coarelli, 1985, 150 s.). También junto al Tíber surgió un punto para la venta del pescado obtenido en el mismo río (Varrón, *L.L.* V 146). Los *macella* locales repartidos por todas las ciudades del Imperio tuvieron, sin duda, ese carácter mixto que incluía entre sus dependencias a los puestos para la venta de pescado fresco y de conservas. Los residuos encontrados en el mercado de Pompeya hicieron pensar a Mau que todo el pescado que se vendía era desescamado y lavado allí mismo.

Para el mundo griego, conservamos dos listas o tarifas de mercado que se fijaron en público y que datan de época helenística (Delfos, Acrefía). No sabemos si en estas ciudades hubo otras listas de precios, pero si no hay paralelos con otras mercancías que también se vendían en el mercado es seguramente porque aquéllas no ofrecían tantas particularidades como la pesca. Es muy instructivo también conocer cómo se regulaba esta venta al por menor, porque debió ser lo habitual en los mercados antiguos hasta Sicilia y occidente (pasando luego a Roma). La tarifa de Delfos enumera (Vatin, 1966) y registra el precio de una veintena de pescados, de pequeño y gran tamaño, de los que sólo pueden indentificarse siete con seguridad. A su vez, la tarifa de Acrefía o Acrefnio, en Beocia, no lejos del lago Copais (Copaide) ni del mar, que es de finales del s. III (Salviat, Vatin, 1971, 95-109), distingue entre peces de mar (salmonete, pescadilla, atún, atún hembra, lenguado, gallo, mújol, lampuga y otros varios sin identificar); de agua dulce figuran el barbo, la anguila, el escaro y alguno más no identificado. Cada nombre de pez iba acompañado de los precios, pero esa columna se ha perdido (quedan algunas, como 20 ó 15, seguramente óbolos). El precio varía con el peso, según que el pescado pese en torno a una mina (436 gr.) media o menos: estos últimos no se venden nunca a la pieza, sino a tanto la mina. A veces (lenguado y mújol) el precio se expresa separando los que pesan más de una mina, más de media mina, y el resto (los que no llegan a media: por ejemplo, un lenguado normal pequeño). Se producía ya la discriminación económica en una misma pieza según la calidad de las partes, como muestra el caso del atún. Cortado en pedazos para venderlo, la zona más apreciada es lo que se conoce como el ὑπογάστριον o ventrecha, que es un pedazo tierno y delicado; seguían otras tres partes (lomo, clavícula, costados), y finalmente el resto del pez (τῷ ἄλλῳ), a un precio más bajo. Se ha mantenido que la tarifa de Delfos constituiría una lista con los precios ajustados, para mantener a raya las pretensiones excesivas de los vendedores, prevenir las operaciones desmesuradas y evitar la explotación de los visitantes foráneos no habituados al mercado local (Vatin, 1966, 279). Sin embargo, Migeotte (1997, 40 s.) ha precisado que, como carecemos del título inicial de la inscripción, resulta difícil hacernos una idea sobre su contexto y alcance, e ignoramos si los precios señalados poseían un valor permanente en el mercado de la ciudad o se aplicaban solamente en un marco determinado. Pues resulta que la lista de Acrefía parece haber servido únicamente para estabilizar los precios durante la celebración de una fiesta religiosa (las llamadas Ptoia), dado que la afluencia de fieles y peregrinos solía conducir a recargos abusivos. La fijación de precios regía sólo, así pues, durante los días de la festividad, y es probable que se aplicase sucesivamente cada año, aunque es lógico suponer que sería revisada de tiempo en tiempo para adecuarla a las fluctuaciones mercantiles.

Para la situación en el Imperio romano, el edicto de Diocleciano (5, 1-12) resulta muy instructivo a efectos de conocer el pescado y marisco consumido corrientemente. Puesto que esta tarifa no toca para nada los artículos de lujo, como es bien sabido, el género que se menciona no comprende los peces que sabemos alcanzaban mayor precio. Por esta misma razón no se mencionan, excepto en un caso, las distintas especies, sino que se distinguen tres grupos: peces marinos, peces de río, salazones de pescado. En el caso de los marinos, se distinguen entre peces con espinas (*aspratiles*) y peces de calidad inferior (*secundi*), que probablemente incluían los de menor tamaño y tal vez cefalópodos, pulpos y calamares; en los de río, se diferencia entre *optimi* y *secundi*. Es muy indicativo también que los máximos previstos para estos últimos por libra de peso sean la mitad (24/12; 16/8) que los fijados para los marinos, lo que habla bien a las claras no sólo de una mayor demanda del cliente hacia los primeros (aunque no sería así en las zonas de interior), sino sobre todo, en mi opinión, de la necesidad de obtener mayor precio para compensar los costes fijos imputables a la pesca en el mar (material, amortización, mano de obra, riesgos, gravámenes).

Lo más barato, en cambio, son los *piscisalsi*, es decir, las conservas de pescado (sin duda, las más simples), que no pueden sobrepasar los seis denarios por libra. Entre los moluscos figuran las ostras y los erizos, que se venden por piezas (1 denario ostra máximo, medio denario un erizo). Otras dos formas en que los erizos aparecían en el mercado era frescos y ya preparados, sin el caparazón (*echinus recentis purgati*) y *salsi*: ambas son dos formas de conserva, la primera más barata pues cuesta la mitad (100/50 denarios) por sextarios (sexta parte del congio). La única excepción nominal se hace con las sardinas, cuyo consumo debía estar tan extendido como siempre y cuyo precio se fija en un máximo de 16 denarios la libra, es decir, como un pez del grupo de los *secundi* (luego las sardinas eran los peces más frecuentemente considerados entre los de esta clase).

Quiero llamar también la atención sobre un dato económicamente relevante para captar la diversificación de actividades de las fábricas productoras de conservas. La tarifa diocleciánea regula en este mismo capítulo de los pescados el precio del queso curado (*caseus siccus*); en cambio los quesos tiernos, que se llevan a diario al mercado junto con la leche, aparecen junto con ésta en otro apartado del Edicto. Con razón se dedujo que seguramente entre los romanos el queso sería fabricado y vendido por los especialistas en salazones, pues el proceso del secado y salmuera de la cuajada son muy similares a algunas conservas de pescado, y es probable que en ciertas temporadas de baja producción y más frío se aprovecharan las instalaciones para esta actividad. La excavación cuidadosa de las factorías de salazón puede detectar, en esta línea, su adscripción eventual a otras tareas que precisan también la confección de salmueras especiales (por ejemplo, preparación de aceituna), como bien ha señalado D. Bernal en este mismo congreso.

Sin embargo, para el mundo romano las orientaciones de la investigación son algo paradójicas desde el momento en que, bastantes veces, al registrar las mercancías globales de un territorio el pescado no suele tenerse en cuenta. En un reciente trabajo (Schneider, 1998, 654-673) sobre la producción de subsistencias y su redistribución en el Imperio romano, se estudia la función específica de los mercados y de los comerciantes dentro de un sistema que encerraba muy diferentes relaciones de intercambio, en las que los mercados no eran en absoluto un factor dominante de la economía. En la parte dedicada a la alimentación y bienes de subsistencia, analiza para la ciudad y el campo las cifras de consumo y transporte de vino, cereal y aceite, más algo de la carne, especialmente como funciones de la burocracia romana en las diferentes provincias (*annona, navicularii, nundinae*). Pues bien: nada en absoluto se dice acerca de la función de las salazones de pescado, de los circuitos de la pesca y de las formas de explotación públicas y privadas.

Me parece que un indicador muy fiable de las tendencias y canales efectivos de distribución del pescado a lo largo del Imperio romano puede obtenerse en los asentamientos militares. Como ha estudiado Davies (1971, 128-131, asimismo Menéndez 2002, 454 s.), un primer dato a considerar es que los soldados sentían predilección por los moluscos. De los asentamientos que figuran en el cuadro I de su trabajo (Britannia, Galia, Belgica, Helvetia, Rhin), 16 de ellos contenían ostras y mejillones, y había sólo ostras en nueve más. Otros moluscos consumidos eran las lapas, *buccina*, berberechos y caracoles de mar comestibles. Las unidades estacionadas no lejos del mar presentan muchos ejemplares, pues tenían más oportunidades de obtenerlos. Pero también se hacían esfuerzos para enviarlos hacia el interior, a veces a considerables distancias. Por ejemplo, las ostras halladas en Vindonissa (Windisch, en Suiza), proceden de Portugal o del Canal de la Mancha, las de Benwell, junto al *vallum Hadriani*, provienen del sur de Inglaterra. El examen de los ejemplares de un asentamiento sugiere que unas ostras eran naturales y otras cultivadas (procedían de viveros).

Se consumía también en las plazas militares, desde luego, mucho pescado, pese a que los excavadores, como se lamenta Davies, no siempre han registrado los hallazgos. Se documentan tanto especies fluviales (lucio, perca, esturión), como marinas, en particular bacalao. En Vindonissa y en un campamento de Britania se hallaron ganchos de pesca (ríos vecinos, con lucio y esturión). En Valkenburg, un fuerte auxiliar junto a la desembocadura del Rhin, aparecieron junto a restos de lucio y esturión muestras de marsopa común, de ballena y de sepias, un bocado muy apreciado. Todo ello se complementa con las salazones llegadas en ánforas (y el estudio de la difusión de las mismas, cuando puede determinarse su origen, es una tarea importantísima que ha ocupado a muchos de los participantes en este congreso y es línea fundamental para varios centros de investigación (en España, el CEIPAC que dirige en la Universidad de Barcelona el Prof. J. Remesal). Digamos, sin embargo, que por lo que ahora sabemos sobre los asentamientos militares, a las provincias no llegaba tanto el *garum* como las variedades más baratas de conserva, es decir, la *muria*, aunque, eso sí, las mejores de esta clase; se encuentra a menudo la de primera clase y alta calidad, que era especialmente picante, la *muria arguta excellens flos*, como reza el título de los contenedores. Estos datos del consumo en establecimientos militares casan bien con la realidad que se desprende de la regulación de precios de Diocleciano. Cabría preguntarse si es que los tipos de salazones más costosos estaban sometidos a una baja demanda en el s. III a consecuencia de los problemas económicos generales que el propio edicto debe atender y pretende controlar, y las clases más comunes predominaban en el conjunto del Imperio, condicionando la producción.

El comercio de las salazones. Sería imposible ofrecer aquí un panorama conjunto de este problema, que exige la realización de una monografía para cada época, insertando el producto en la correspondiente red pública y privada de intercambios comerciales (un esfuerzo de este orden en Carrié, 1994, 175-211, que deja fuera, por cierto, los derivados de la pesca). Me limitaré brevemente a señalar ciertos aspectos y dificultades, que tal vez ayuden a orientar la búsqueda de respuestas. Creo que no han perdido su agudeza las siguientes ideas de un viejo maestro: "hay que insistir en la necesidad de apreciar exactamente el valor de los hechos. Muchos autores se limitan a coleccionarlos, y, si leemos sus trabajos, se imagina uno a Grecia, a Egipto y a Fenicia empeñados desde muy temprano en mantener relaciones comerciales muy estrechas y muy intensas. Eso son anacronismos; y debemos procurar que el cuadro que se ha trazado descienda varios siglos. El gran impulso comercial e industrial de Oriente y Occidente comienza en época romana; sólo entonces se crea, en el mundo, un vasto mercado, y, para los productores, una clientela numerosa y con capacidad para comprar cuanto se ofrece" (Francotte, 1900, 138).

En esta línea, veamos algunas complejas teorías recientes, que difícilmente pueden compartirse. Se ha supuesto que, en la edad arcaica, las colonias fenicias de la Península ibérica mantendrían una política de contacto entre diferentes "ligas" de ciudades semitas, las cuales concretarían los aspectos económicos y políticos de sus relaciones y dejarían establecidas las respectivas esferas de influencia de los firmantes. La pesca se erigiría entonces en actividad económica que generaría importantes riquezas entre todos los fenicios del sur, especialmente para *Gadir*. Se crearían nuevas formas de obtención de las materias primas: almadrabas y corrales; y si las primeras daban para una actividad temporal, de estación (ciclos migratorios), los segundos -depósitos construidos en la línea costera, aprovechando escollos y bajíos, aunque a veces se usan sillares y madera; funcionan aprovechando el ciclo de las mareas- asegurarían una provisión continua de materia prima para las factorías. Habría pequeñas unidades productivas de régimen familiar, en unos casos, pero también podía haber conjuntos más amplios, verdaderas fábricas de salazón, configurados no sólo por aljibes, alfares y dependencias de almacenaje, sino también por oficinas de contabilidad y gestión de la producción, etc.

Ciertas marcas en algunas ánforas fenicias han llevado además a postular que esta actividad estaría bajo control del Estado, que controlaría todo el proceso económico (confección, almacenaje, etc) y garantizaría que el comercio se efectuaba por los cauces legales a través de los acuerdos internacionales entre Estados (ligas), convirtiéndose en un comercio administrado. Sería un proceso, pues, pactado previamente, y las divinidades actuarían como garantes de que dichos pactos se llevasen a cumplimiento. Así las ciudades firmantes controlarían no sólo las exportaciones, sino también las importaciones y la dinámica de su distribución. Cartago participaría en este entramado de las relaciones internacionales, según se deduciría de una noticia del tratado pseudo aristotélico *de mirabilibus*, y en Cartago se procedería al intercambio de estos productos de salazón con los Estados firmantes de los acuerdos bajo garantía administrativa y mediante certificación de las operaciones por funcionarios escargados de dicho cometido, etc. (sin embargo, el texto en cuestión dice que "los fenicios que habitan la llamada *Gadir* salando e introduciendo a los atunes en vasijas los transportan a Cartago. Y los cartagineses no los exportan, sino que por la calidad que tienen para la alimentación los consumen ellos mismos"; Ps. Arist, *Mir. Ausc.* 136). Tal sistema estaría en vigor desde el s. VI hasta finales del III a. C. (De Frutos, Muñoz, 1996, 148-150). Pero este conjunto de ideas descansa tan estrictamente en la combinación de hipótesis indemostrables sobre hegemonías económicas en un sector del Mediterráneo - curiosas interpretaciones económicas y administrativas basadas en restos anfóricos; desmesurada apreciación del volumen, auge y expansión de una industria cuasi desconocida, pues no hay datos sobre técnicas de captura, épocas de explotación, suministro de sal, capacidad de elaboración, cantidad de materia prima transformable-, que resulta conveniente tomarlas sólo como un brillante ejercicio de posibilismo.

No es correcto, en mi opinión, el enfoque de que sal y *garum* fueron monopolio bárquida, según modelo helenístico, o que lo fue de las ciudades (templos) fenicias incluso durante época bárquida, y que con Roma pasaría a ser un monopolio estatal. Ni siquiera en el ámbito más intervencionista y controlador, que fue el de los lágidas, hubo un monopolio como tal (jamás se desarrolla esa concepción). Lo que equivocadamente se ha denominado por muchos monopolio, en la acepción moderna, no es más que una acentuación del control administrativo necesario para el desarrollo de una adecuada red comercial y para el correspondiente disfrute fiscal; y el modelo ptolemaico, que representa el arquetipo en que un gobierno ejerce un control general de la producción, fue considerablemente reducido en importancia en época romana, siendo reemplazado definitivamente por un sistema en el que se otorgaban licencias a negociantes privados. Ya hemos visto el tratamiento jurídico de las costas y el mar, que es esencial en este aspecto económico, y en el caso romano, aparte de las zonas libres, el Estado aplicó dos modos de explotación, que pasan por las grandes sociedades de publicanos y por un segundo tipo de arriendos, que se adjudicaba a arrendatarios individuales o a sociedades privadas que no gozaban de los privilegios de las sociedades de publicanos ni se regían por las mismas normas.

Otra cuestión a tener en cuenta afecta a las principales vías por las que tradicionalmente transitaron las mercancías, entre ellas las ánforas de salazones. Junto a ciudades que sin duda fueron puertos importantes, pero con un radio de acción menor (Atenas, Siracusa, Cartago, Tarento, Bizancio), destacan sin embargo las ciudades situadas en los puntos de cabecera y llegada de las rutas comerciales: Masalia estaba al frente de la línea del Ródano; Cirene manda en las vías de Africa; Éfeso, en Jonia, de las rutas que ligan Asia con el Egeo; Alejandría actúa como punto de unión entre Egipto y el mar Rojo con Europa; *Gades* es el enclave que concentra el comercio atlántico africano y el del sur de la Bética. ¿Cuál era la intensidad del tráfico? ¿Cuáles eran los objetos y los procedimientos? ¿Convenía a los negociantes del mundo romano tocar precisamente en esos puntos, porque allí se efectuaban los controles fiscales? Son cuestiones que tal vez podrían responderse, en lo que atañe a los productos elaborados de la pesca, examinando con detenimiento los itinerarios de las ánforas y otros datos conservados en textos y registros epigráficos, sin perder de vista los cambios operados en virtud de la política económica de cada época. Un texto de Polibio (IV 38, 1-4), que escribe en la primera mitad del s. II a. C., nos informa sobre el hecho de que el grueso de las salazones procedentes del Mar Negro, vía Bizancio, eran sólo las de alto precio, y esto hace pensar que los productos más comunes eran consumidos en las regiones ribereñas del Ponto Euxino; resulta además lógico que el programa de política económica de la ciudad tendiese a obtener más rentabilidad seleccionando las mejores mercancías (también de las que importaban, aceite y vino, que revenderían en todo el Mar Negro): "los bizantinos, por la parte del mar, habitan la ciudad mejor situada de todo el mundo conocido tanto respecto a su seguridad como a su prosperidad... Efectivamente, por el lado del mar dominan tan completamente la boca del Ponto que ningún barco de los que comercian puede entrar ni salir sin su permiso. Y como el Ponto abunda en productos que los hombres en general consideran muy necesarios para su subsistencia, de todos esos productos tienen el control los bizantinos. Para las necesidades indispensables de la vida, las diversas regiones del Ponto nos procuran animales (pieles, carne seca) y un número considerable y muy útil de hombres traídos de allí como esclavos, mientras que entre los artículos de lujo nos proporcionan abundante miel, cera y pescado en conserva. A cambio reciben de nuestras regiones lo sobrante en aceite y todo género de vinos... En consecuencia, los griegos perderían completamente este comercio, o no extraerían ningún provecho del mismo, si los bizantinos quisieran perjudicarlos deliberadamente y aliarse con las poblaciones indígenas. Porque el paso es tan estrecho y los bárbaros tan numerosos en sus orillas, que el Ponto se nos haría intransitable. Sin duda los bizantinos son los primeros en aprovecharse financieramente de su situación, porque pueden exportar todo cuanto les sobra e importar lo que les falta en condiciones ventajosas, y sin gravámenes ni riesgos. Ahora bien, gracias a ellos otros hombres pueden también procurarse muchos recursos. Por esa razón, puesto que son unos benefactores de todo el mundo, deberían contar no sólo con el agradecimiento, sino también con el apoyo general por parte de los griegos contra las irrupciones de los bárbaros". Pero a partir de la época Imperial, esa situación tuvo necesariamente que variar, ya que se produjo la creación de un mercado mucho más amplio que facilitaba la difusión y rentabilidad de productos de muy distinta calidad.

Antes de época imperial parece como si las salazones hubieran sido objeto de atención menos preferente a efectos fiscales, pues tal vez su comercialización bastante masiva no se había desarrollado aún. La ley aduanera de Asia vigente en época republicana, hallada en Éfeso, establece el *portorium*, impuesto para una serie de mercancías que son objeto de comercio en el territorio; para las capturas de púrpura que se desembarquen en cualquier puerto fija una tasa del 5% (Engelmann, Knibbe, 1989, lín. 20 y 122 del epígrafe). De la inscripción no puede deducirse si hubo algún gravamen propio para la fabricación de púrpura que estuviese ligado al *portorium Asiae*, ni si se aplicaba ese mismo porcentaje también a la importación de púrpura que llegase de otro territorio. Respecto al resto de productos sacados del mar, no es claro que figuren en la ley (estaba exento de arancel lo que se dedicaba a consumo personal), aunque Purpura (2006) piensa que toda la pesca destinada a ser negociada fue incluida también en el registro aduanero mediante una cláusula complementaria del año 5 a. C. Seguramente la tarifa era calculada por los oficiales del portorio en función de una estimación aproximada del precio que podría alcanzar la mercancía, por peso y calidad, ya fuesen púrpuras, múrices o *buccina* (Heil, 1991, 14) o el resto de la pesca. A lo largo del Imperio, la tarifa de portorio aplicada a la salazón osciló sin duda, como sabemos por los aranceles sobre otras mercancías, entre el 2,5 y el 5%.

Hay que ser prudente además con las estimaciones que realizamos grosso modo sólo por el hecho de que un lugar tiene una determinada producción de salazón (certificable por restos materiales y por textos relativos a la misma) y, por otro lado, sabemos que las fuentes escritas mencionan como de calidad el producto que proviene de esa zona, lo que invita a pensar en una comercialización normal. Ya he señalado las grandes diferencias que siempre existieron entre los distintos tipos que se fabricaron, pero nada nos permite evaluar si salió grande o poca cantidad, y si ésta no se quedó muy cerca relativamente, y que ciertos mercados prácticamente no exportaron, porque su buena y barata mercancía se quedó dentro del país. Veamos un caso del que cabe extraer algunas reflexiones. El registro aduanero de la satrapía de Egipto en época aqueménida (texto arameo recuperado sobre un papiro palimpsesto de Elefantina) fue publicado en 1993, y afecta al comercio de mediados del s. V a. C. Contiene noticias sobre los cargamentos de 36 barcos de procedencia jonia (casi seguramente todos de Asia Menor) y 6 de origen fenicio; su capacidad era de 60 toneladas de carga para los llamados grandes, y de 40 toneladas para los pequeños. Productos importados a Egipto: ni un solo gramo de salazones de pescado. Hay vinos de varias categorías, y aceite; incluso llevan a veces recipientes vacíos. Los restantes productos son bronce, hierro, lana y madera, así como la denominada tierra de Samos, que tenía usos domésticos e industriales, desde la medicina a los textiles y tintes; se trata, pues, junto al vino y al aceite, de materiales para la construcción, para la industria y el artesanado. Como señalaron los primeros editores y comentaristas del documento (Brian, Descat, 1998, 69-73), los distintos navíos transportan los mismos productos que el año anterior, lo que en su opinión esclarecería de manera evidente los usos comerciales en el Mediterráneo clásico. La empresa comercial es una empresa de riesgo, pues nunca se tiene la seguridad de poder vender y de tener los clientes interesados en las mercancías que se transportan. Cuando los distintos surtidos de tráfico han podido colocarse en una plaza mercantil y el consignatario conoce que ésa es una demanda fija, todo le empuja a llevar siempre las mismas mercancías. Egipto producía aceite, pero no bastaba para toda la población; en cambio, su producción de pescado era mayoritariamente consumida en el interior y sólo debía exportar algunos reducidos excedentes; seguramente se importarían a veces raras salazones de gran calidad, que desde luego aquí no se registran (luego las conservas que saliesen del Mar Negro y norte del Egeo, tan renombradas, acababan seguramente en Grecia como destino final, sobre todo las baratas). Los barcos están de 7 a 20 días. Por desgracia, sobre las mercancías que llevan a su salida de Egipto sólo conocemos que, al menos los jonios, se llevan un cargamento de natrón, única mercancía que es tasada; el resto de las mercancías desgraciadamente no están tasadas. Todo hace pensar que acertó Rostovzeff cuando estimaba que la pesca en Egipto era transportada del lugar donde se capturaba hasta los mercados y debía servir al mismo propósito que la producción de vino y aceite, es decir, surtir a la población y a los colonos con las provisiones de comida a la que estaban habituados sin recurrir a la importación. Sin duda, falta mucho por concretar acerca de los rendimientos de las zonas aptas para la pesca en el Mediterráneo antiguo, tanto en época griega como romana, mientras no podamos determinar qué cantidades se consumían directamente, cuántas se destinaban a conserva y salazón, y en dónde y en qué proporción eran consumidas estas últimas (tanto por ciento consumido en un radio próximo, tanto por ciento que era exportado).

El apartado que ha adquirido mayor pujanza en los últimos tiempos para el estudio del comercio es, desde luego, el relacionado con el origen y distribución de los recipiente dedicados al transporte de los productos de salazón, en particular de las ánforas romanas que contenían el *garum*. Es abundantísima la producción bibliográfica sobre este aspecto, que puede hallarse en varias de las monografías y artículos citados. Sólo debo advertir que, una vez señalados los lugares de producción y estudiadas las ánforas de un territorio, surgen luego otros trabajos que son sencillamente reiterativos y que se limitan a registrar gráficamente líneas ya conocidas (así, el reciente trabajo de Trakadas, 2005, que es un resumen incompleto en lengua inglesa –ahí está la clave- de cuanto existe sobre las factorías de la Península Ibérica, para lo cual ya contábamos con las importantes monografías de Lagóstena, 2001 y Étienne y Mayet, 2002). El problema esencial es que los envases de las salsas de pescado permiten obtener informaciones parciales, que cabrá mejorar el día en que dispongamos de mayor número de ánforas. No podemos calcular la exportación total de las industrias que las comercializan porque ignoramos la capacidad de producción de los lugares que procesaban el pescado; y a la inversa, tampoco los restos de ánforas hallados sirven para evaluar las cantidades de pescado necesarias para elaborar la producción de una temporada. Muy poco sabemos de las redes y estaciones del comercio, en particular dentro de cada territorio provincial romano, y hemos de conformarnos con exhumar los recipientes en los puntos de llegada; además, es muy difícil establecer si una determinada industria constituía un negocio de explotación familiar o pertenecía a un grupo especial (sociedad, incluso al Fisco). De ahí que hoy se trate sobre todo de determinar cómo inciden las ánforas de salazón, dentro de un período de tiempo, en la balanza de las importaciones de una ciudad concreta, comparándolas con los porcentajes de ánforas de vino y aceite, lo cual nos arroja una imagen aproximada del papel que tuvo el *garum* en la economía de consumo frente a los otros dos productos, si los iguala en importancia o bien representa niveles inferiores (Bekker-Nielsen, 2002b; Ejstrud, 2005).

La arqueología permite sin duda estudiar las formas de explotación, si hubo pequeñas conserverías o bien grandes factorías industriales unitarias, y el tiempo que duró su actividad; cuándo y dónde se abandonan unas y se ponen otras en marcha, como se viene haciendo, por ejemplo, con los centros del llamado círculo del Estrecho, algunas de las cuales funcionan desde Augusto hasta época bizantina (com. del s. VI d. C.). Pero como bien han indicado los excavadores de las factorías de *Iulia Traducta*, sólo con ello no pueden estudiarse ni explicarse las posibles causas de recesión en la fabricación y comercio, como sucede en el s. III, y hay además varios factores que nos escapan porque es necesario conocer la evolución más amplia del propio territorio (situación macroespacial) y la conexión de las fábricas con la red comercial y con los puntos de destino, así como la intervención de la administración, que permenece en la sombra (Bernal, Jiménez, Lorenzo, Torremocha, Expósito, 2002, 178-180). Tampoco es posible determinar en qué momento se produce la transferencia de las explotaciones del ámbito original (indígena, griego, fenicio/púnico, norteafricano, etc,) a Roma, que se hace cargo de las mismas y las inserta en el gran mercado imperial, ni si la desaparición final de las factorías se debe a un fenómeno de atomización económica propiciado por la descomposición de la estructura romana (mercado) y el paso de la zona a otras manos, los bizantinos.

El negocio que hacían los grandes comerciantes de productos derivados del mar era sin duda muy próspero, y han quedado bastantes testimonios. Así, sabemos que por su generoso comportamiento con los ciudadanos, un mercader de salazones llamado Queréfilo recibió, a propuesta de Demóstenes, el derecho de ciudadanía en Atenas (Dinarco I 43). Hermolao, fabricante de púrpura, mandó construir en Asia Menor un emplazamiento cubierto (especie de *stoa*), anejo a un templo, probablemente para banquetes (MAMA VIII 562). En el siglo I/II d. C. Eusquemón, un rico traficante de púrpura de Miletúpolis, en los alrededores de Cízico, hace construir a sus expensas un templo a la diosa ᾿Αγαθὴ Τύχη, es decir, a Bona Fortuna. También los comerciantes de conservas de pescado podían amasar grandes fortunas, a juzgar por una inscripción de Siracusa insertada en el pavimento de un mosaico por un ταριχηγός, que rehizo el templo de Venus y regaló el mosaico y los asientos o bancos del recinto sagrado. En Pompeya es conocido Aulo Umbricio Escauro, que traficaba con ánforas de conservas de pescado, el cual poseía una alta posición y vivía en una gran residencia (Curtis, 1991, 92; 167 s.). Sería deseable analizar si hay posibilidad de extraer de la onomástica de la epigrafía anfórica datos suficientes para reconstruir la actividad de los principales agentes dedicados al mercadeo de las salazones (Lagóstena, 2006)

Pescadores, agrupaciones y corporaciones. No insistiré demasiado en este aspecto, en el que sería muy conveniente profundizar. Los pescadores, cuyo estatus social en las ciudades helénicas y en los municipios romanos era más bajo que el de los propietarios agrícolas, solían agruparse para constituir sociedades de explotación de los recursos -tanto los que podían arrendarse como aquellos que eran libres, pero cuyo aprovechamiento convenía consolidar para "excluir" a terceros-, o bien creaban organizaciones corporativas, mediante las cuales trataban con la administración, obtenían los beneficios reconocidos a los colegios profesionales y ayudaban a sus miembros cuando precisaban ciertos servicios. Pues bien, la nómina actualizada de estos colegios se halla aún pendiente, pese a los numerosos datos epigráficos que han ido apareciendo en los últimos decenios, y deberíamos contar con una visión exacta de en qué épocas y lugares, en todo el Mediterráneo y zonas adyacentes, se documenta la existencia de una de tales agrupaciones. Su presencia certifica no sólo el ejercicio de la pesca en ese territorio marino, sino que puede además permitirnos el reunir datos cronológicos e información sobre el número aproximado de miembros y sobre la especialidad de pesca practicada, y extraer consecuencias sobre su incidencia social y económica.

Espigaré por encima algún ejemplo: gracias a una inscripción de Rouad (Siria) sabemos que la agrupación de los pescadores de púrpura tenía su puerto propio en la ciudad, que estaba junto al puerto dedicado a las restantes actividades; este segundo puerto, por tanto, se había financiado en función de la importancia económica de esta clase de pesca, practicada por bastantes profesionales (Rey-Coquais, 1970, 46 s., nº 4016 *bis*). En Dídimas aparece un grupo importante de pescadores especializados en una sola clase de moluscos, el σωλήν o navaja, que se hallaban asociados y tenían reservada una zona pública para sus reuniones (L. Robert, *Gnomon* 1959, 661=J. y L. Robert, *Bull. Épigr.* 1961, 560; 1969, 527). En época helenística conocemos en Esmirna unidos, formando corporación, a los κυρτοβόλοι (pescadores con nasa) y a los ἰχθυοβόλοι (pescadores con redes); en Cízico figura un sacratísimo συνέδριον de los pescadores (Stöckle, 1924, 459). También las inscripciones funerarias, griegas y romanas, deben ser repasadas exhaustivamente, en particular las de época romana, porque mencionan junto al nombre del difunto, el de su oficio; y así, en la ciudad de Tiro aparece con frecuencia en las lápidas la mención de los κογχυλεῖς y κογχυλευταί (pescadores de múrice), como era de esperar (J. y L. Robert, *Bull. Épigr.* 1964, 500; 1970, 625); otro epitafio de Corinto de época bajoimperial está dedicado a un pescador con nasa (J. y L. Robert, *Bull. Épigr.* 1967, 253, N. 551).

En otros casos, la existencia del colegio nos habla de la labor de un grupo de pescadores que se especializan también en secar y salar pescado, seguramente como una industria limitada y familiar. Uno de estos colegios figura en el nomo de Coptos (Reil, 1913, 163 y 178), pues aunque parece que en ciertas zonas de Egipto el oficio de pescador se hallaba separado del de salador de pescado, en otros lugares es seguro que formaban una misma cosa. En Arsínoe hubo en el siglo III una calle de los pescadores y otra de los comerciantes de salazones. Y tanto estos últimos como los comerciantes/revendedores de pescado fresco constituían un oficio propio, que se agrupaba en gremios (Stöckle, 1924, 459).

Roma conoce también junto al oficio de *piscator* o *piscicapus* el de revendedor y traficante de pescado, aunque ambas actividades podían fundirse en una sola. A este grupo pertenecerían los denominados *cetarii* por Columela (VIII 17, 12), que ejercían la pesca y preparaban las conservas con sus capturas, comerciando con ellas. Los pescadores poseían asimismo colegios propios, y lo mismo hacían los comerciantes de pescado, pero algunas veces estaban asociados en una corporación única, como sucedía en Ostia (*piscatores et propolae*: *CIL* XIV 409). También en Hispania los *piscatores et propolae* constituyeron uno de los colegios locales de Cartago Nova (*CIL* II 5929; Curchin, 1982, 34). Por una inscripción del s. III d. C. conocemos que en la organización de los denominados *ludi piscatorii*, celebrados anualmente en Roma, asumía una destacada participación el colegio de los *piscatores* y *urinatores* (buzos) del Tíber (*CIL* VI 1872).

Pesca en aguas dulces (ríos y lagos). Ya antes señalé que todavía no se han hecho estudios concretos (exceptuando el panorama egipcio) sobre la situación de la pesca en las aguas dulces dentro del mundo griego y del mundo romano, ni tampoco se han realizado cálculos sobre su explotación y potencialidad. Es ésta una tarea pendiente. Sabemos, sin embargo, que las necesidades de pescado en Oriente eran cubiertas en buena medida por las ricas pesquerías del Tigris y Eufrates, en Mesopotamia, y las del Nilo y los lagos Fayum y Meris en Egipto. Del lago Meris se extraían, según Diodoro Sículo (I 52, 6), hasta veintidós tipos distintos de peces. Salvo en la costa siria y fenicia, el pescado de mar y sus conservas representaron en la zona oriental un papel secundario, pues las aguas interiores fueron las que suministraban la parte principal del abastecimiento piscícola. Un segmento muy importante del aprovisionamiento que circulaba por Grecia en forma de salazón y conservas provenía de algunos ríos y lagos (por ejemplo, del lago Copais de Beocia, del Estrimón en Tracia), pero especialmente se importaba desde numerosas y florecientes factorías fluviales de los grandes ríos del contorno del Ponto: Danubio, Dniéster, Dniéper, Bug, Don, Kuban. En el caso romano, sabemos que se explotaba de forma sistemática la pesca en el Tíber, en el Po y en numerosos lagos de la península itálica (grandes capturas en el lago de Garda, preparadas también en salazón; Oder, 1893, 2), y que en época imperial llegaban a la Urbe incluso salazones preparadas en el Rhin y en el Danubio. La estimación de la pesca en ríos de la Galia (Ródano) y de *Hispania*, como el *Tagus* y el *Baetis* (de este último siempre se extrajeron numerosos esturiones), constituye una tarea aún por realizar y que está esperando las correspondientes prospecciones arqueológicas que permitan detectar los lugares de pesca y elaboración del pescado, técnicas de trabajo y de faenar, especies capturadas. En este sentido, casi todas las provincias del mundo romano siguen siendo un terreno virgen todavía por desbrozar (pues los peces de agua dulce servían sobre todo para el consumo de las regiones de interior), aunque hay numerosos datos sueltos en los informes de cientos de excavaciones, que deberían ser sistematizados.

Estudiaré, a modo de ejemplo, cuál era la condición de la pesca en las lagunas y aguas fluviales del mundo griego, incluyendo las *poleis* occidentales del Mediterráneo. La normativa pesquera propuesta por Platón (*Leg.* VII 824 a) defendía que todos los ríos y lagos, excepto los elevados a la condición de sagrados, quedarían exentos de la intervención del Estado y estarían sujetos al ejercicio libre de la pesca. Pues bien, todos los ejemplos que conservamos ponen de relieve que esta directriz del filósofo no hace sino recoger la legalidad imperante en su tiempo.

Las noticias acerca del aprovechamiento de la pesca en los lagos de titularidad estatal muestran, en efecto, que rige no sólo una ausencia de censos o tasas, sino que en ciertos casos hasta podía acotarse una parte de las aguas mediante barreras, adquiriendo el ocupante un derecho a la pesca desde la instalación practicada. Los habitantes de Cízico y los de Bizancio poseían en común el lago Dascilítide, situado en el país de los migdones, no lejos de la costa de la Propóntide (Strab. XII 8, 11[C 576]), pero que fuese de titularidad estatal no contradice que sobre sus aguas se aplicase el estatuto de libertad de pesca (en provecho, naturalmente, sólo de ambas comunidades, que se habían repartido el lago como copropietarios). Lo mismo cabe decir de la laguna de Calidón (lago de Klisova), grande y rica en peces, de cuya fauna disfrutaban los habitantes de Patras (Strab. X 2, 21 [C 460]; *vid.* Baladié, 1980, 220-222). La ciudad de Acragante creó un gran estanque artificial (κολυμβήθρα), que tenía siete estadios de perímetro y veinte pies de profundidad, desviando hacia su interior algunos cursos de agua; fue construida usando como mano de obra a los prisioneros cartagineses cogidos en la batalla de Hímera (480 a. C.). Diodoro Sículo asegura que constituía un vivero de peces destinados εἰς τροφὴν καὶ ἀπόλαυσιν, así como εἰς τὰς δημοσίας ἑστίασεις, de donde cabría deducir o que su aprovechamiento era gratuito, o bien que la pesca sólo estaba abierta y autorizada durante la celebración de fiestas oficiales para nutrir los banquetes públicos (Diod. XI 25, 4; XIII 82, 5).

Una inscripción fragmentaria de Caunos (s. I a. C.) podría contener aspectos de una regulación sobre la pesca en su grande y famoso lago (Bean, 1954, 97, nº 20; *vid.* SEG XIV 638, que mantiene dudas sobre si el epígrafe debería titularse *lex Cauniorum de piscando*. Con mayor cautela, J. y L. Robert, *Bull. Épigr.* 1956, 274 a, nº 20, se limitan a advertir que se trata de una inscripción relativa a peces). No hay forma de saber si este texto se refiere a derechos por explotación pesquera, o más bien a las tasas de mercado que, como todos los productos objetos de venta en la ciudad, tendrían que satisfacer los pescadores si realizaban alguna transacción; esta tasas eran competencia de los agoranomos, que precisamente se hallan mencionados en la l. 7 del epígrafe. El cualquier caso, si pudiera confirmarse la hipótesis de Bean de que el reglamento o decreto hace sospechar, por concernir a la pesca, que también durante la época antigua, como sucede hoy en día, hubo instalado un *dalyan* en el lago de Caunos (sobre este tipo de pesquería que utiliza barreras, palizadas y cañizas para crear una especie de almadraba fija, véase la detallada descripción de Robert, 1984, 521-526), entonces cabría plantearse si los usufructuarios del mismo se encontraban sujetos al pago de canon -una opción que no puede apoyarse en ningún paralelo ni en el criterio de libertad de pesca en los lagos públicos, que parece general en toda Grecia- o si, por el contrario, se había reconocido el derecho de los particulares a disponer un *dalyan* dentro del lago y beneficiarse de su explotación, sin tener que soportar cargas o gravámenes estatales (como presumiblemente sucedía en los ríos; véase *infra*, arbitraje entre las ciudades de Condaia y Gonnos).

Analicemos ahora la situación de los lagos sagrados, es decir, de aquellas lagunas que por estar adscritas a un determinado templo gozaban de la condición de propiedades sagradas; de ahí se derivaba que todos los derechos inherentes al uso y aprovechamiento pertenecían al dios titular del santuario, por lo que se cumplía plenamente la circunstancia suscrita por Platón de mantenerlos cerrados a la pesca, puesto que su dueño era una divinidad. Ahora bien, esto no significa que dichos enclaves fuesen apartados de la explotación de sus eventuales riquezas ícticas, puesto que los santuarios dependían normalmente de una ciudad, que ejercía su administración (Holleaux, 1924, 23). Ésta es la razón de que algunas veces ocurra que el pescado de las lagunas sagradas es objeto también de arrendamiento y procura saneados ingresos a la caja del dios (controlada igualmente por la ciudad).

Así rige, al menos, en dos casos. El lago Selinusia contenía algunas pesquerías que eran propiedad de la Artemis de Éfeso; éstas generaban, al decir de Estrabón, grandes ingresos para la diosa (Strab. XIV 1, 26 [C 642]). No hay duda de que tales rentas se lograban mediante arrendamiento del derecho de pesca, y éste se ofrecería en la forma ordinaria de adjudicar los arriendos de bienes estatales en Éfeso (garantes, plazos, etc.), aunque reemplazando a los magistrados por las autoridades sacerdotales del Artemision. Sabemos que los reyes de Pérgamo se apoderaron de las rentas obtenidas por la explotación del lago, y más tarde los romanos se las restituyeron al templo, aunque la información de Estrabón no basta para determinar si los Atálidas tomaron posesión de la laguna Selinusia y la sumaron al patrimonio real, administrando directamente su explotación, o respetaron su carácter de propiedad sagrada y se limitaron a incautarse de los fondos, transfiriendo anualmente los ingresos de este dominio desde la caja del santuario al tesoro real (Cardinali, 1906, 180, nº 2; Picard, 1922, 69-71; Debord, 1982, 148s.).

A su vez, la denominada ἱερὰ λίμνη de Delos era un estanque o albufera sagrada (λιμνοθάλασσα) que contenía peces, como especifican las cuentas de los hieropos (*IG* XI 2, 161 A, l. 36 ἰχθύες ἐν τῇ λίμνῃ; *vid.* Homolle, 1882, 66; Francotte, 1909, 58; Höppener, 1931, 161; Gauthier, 1976, 55). Como por la adjudicación de los derechos de pesca en la laguna se establecía un canon, y la percepción del mismo era comprada por los arrendatarios de impuestos, conservamos en las cuentas del santuario la indicación de los porcentajes de las tasas, como sucedía con los ingresos percibidos por las concesiones de pesca en las zonas marítimas de este dominio sacro. Debemos suponer que, al igual que en el caso de la púrpura y de la pesca marina, los derechos de captura en el estanque eran cedidos por diez años.

Pero en el resto de los santuarios dominaba el criterio señalado por Platón de que los peces crecidos en sus lagos o estanques no podían ser objeto de caza, normalmente en razón de prohibiciones o tabúes sacrales. La ciudad de Egias, en Laconia, albergaba el lago llamado de Poseidón, junto al que existía un templo y una imagen del dios, pero la población se abstenía de capturar los peces por obra de un temor reverencial, sancionado por una leyenda (Paus. III 21, 5). En la ciudad aquea de Faras había una fuente consagrada a Hermes en la que no se cogían los peces por respeto al dios (Paus. VII 22, 4). Estaba prohibido pescar en la fuente Aretusa de Siracusa, pues sus peces eran sagrados (Diod. V 3, 6; Plut., *Mor.* 976 A). Una ley sagrada de Esmirna prohibía tocar a los peces que vivían en el ἰχθυοτρόφιον de una diosa, por considerarlos sagrados (*Syll.*[3] 997=Sokolowski: *LSAM* 17).

Respecto a los ríos y corrientes fluviales, hemos verificado que se adoptaron medidas similares, coincidentes con lo que escribe Platón. Los ríos sagrados se integran en el patrimonio dominical de los templos, y no hay noticias sobre cesión de derechos de pesca a particulares. Jenofonte (*Anab.* V 3, 8) menciona que, a su paso por el Artemision de Éfeso, el río Selinunte era rico en peces, pero nada dice sobre su posible arrendamiento. Desde luego, en los ríos denominados Reitos, que fluían por el territorio de Eleusis, únicamente los sacerdotes de Core y Deméter podían coger los peces (Paus. I 38, 1). En cambio, el resto de los ríos no fue acotado y se hallaba libre para la pesca. El arbitraje llevado a cabo para dirimir disputas territoriales entre las ciudades de Condaia y, probablemente, Gonnos, datado en el siglo II, nos ilustra sobre la presencia en el cauce del río Peneo de unas instalaciones especiales para la práctica de la pesca, que reciben el nombre de κελέτρα (texto del arbitraje en *IG* IX 2, 521=Ager, 1996, nº 70). La *keletra* era una palizada o presa que constaba de un muro, formando dique, y se completaba con una serie de materiales ligeros, esencialmente maderos y ramas; mediante un sistema de derivación se conseguía que los peces pasasen hasta un receptáculo, donde eran fácilmente capturados. Estas pequeñas presas cumplen en los ríos un papel semejante al del *dalyan* en los lagos, como ha estudiado brillantemente Helly (1999, 102-110). Dos de tales instalaciones situadas en el río Peneo sirvieron a los jueces para delimitar las fronteras entre ambas *poleis*, y por la declaración de los testigos averiguamos que ciudadanos de Condaia, así como algunos otros de la ciudad de Mopsio, poseían en propiedad una de aquellas represas. La inscripción los califica de οἱ τὴν κελέτραν κεκτημένοι (l. 33), habla de τὴν κελέτραν τὴν αὑτῶν (l. 35), así como de τῆι κελέΔτραι τῆι τῶν Κονδαιέων (l. 35 s.). Esto nos permite extraer dos consecuencias. Si aquellos ciudadanos poseían la propiedad (κεκτημένοι) sobre el emplazamiento fluvial, es obvio que habían adquirido simultáneamente el derecho a la pesca, que en el caso de los ríos no estaba intervenido por el Estado. Pero además, cabe pensar que cualquier particular consolidaba sin más ese derecho construyendo en el río una κελέτρα y procediendo a explotarla. Seguramente la costumbre recomendaba mantener una distancia entre cada una de ellas, pero también podría estimarse como factor determinante la impetuosidad periódica del río, la cual condicionaba los tramos adecuados para este tipo de diques. Desde luego, la propiedad del emplazamiento y sus elementos muebles sería transmisible por venta o herencia, y contaría como un bien patrimonial.

No se opone al principio de libertad de las aguas fluviales el sistema de explotación por el Estado que las autoridades de Istro impusieron para las pesquerías establecidas en la desembocadura del Danubio. Un decreto de Istro datado en el siglo III a. C. contiene la concesión de honores públicos a los embajadores enviados por la ciudad hasta la residencia del rey de los getas, Zalmodegico. Entre los méritos acumulados durante su misión, se menciona que los tres legados persuadieron al soberano para que devolviese los ingresos y ganancias que pertenecían al *demos* de Istro (*SEG* XVIII 288, l. 11-13; *cf.* J. y L. Robert, *Bull. Épigr.* 1961, 421). Tales ingresos debían de ser, como defendió Pippidi, las rentas que conseguía Istro mediante la explotación del territorio rural y de la pesca en el Danubio (Pippidi, 1967, 177s.). Es ésta una conjetura muy verosímil si recordamos que en el siglo I d. C. varios magistrados romanos reconocieron a los habitantes de Istro, en sucesivos edictos, los antiguos derechos que poseían sobre la pesca en las bocas del Danubio, y estas bocas son expresamente citadas por sus nombres en las cartas remitidas por los magistrados a la ciudad (SEG I 329). Gracias a estas epístolas podemos saber que los pescadores preparaban allí mismo sus salazones y obtenían importantes beneficios. ¿Cuál era el carácter de estas pesquerías, en donde se manufacturaban también salazones? Es fácil entender que no constituían estrictamente explotaciones fluviales, porque las bocas del Danubio, muy ricas en pesca, formaban un extenso territorio de marismas que desnaturaliza el aspecto y condición del río (Panin, 1983, 175-184). Los istrios las alcanzaban por mar, navegando un buen trecho de costa, y los primitivos emplazamientos debían hallarse no lejos de la costa o a la vista del mar. Es lógico, por tanto, que antes de la llegada de los romanos se aplicara a las pesquerías danubianas el mismo régimen de propiedad que a los observatorios y a los puertos pesqueros marítimos, para que contribuyesen con su arriendo a financiar los gastos generales de una *polis* que, como demuestra el envío de aquella embajada a Zalmodegico, defendía militar y diplomáticamente la posesión de una saneada fuente de riqueza. Cuando Roma ocupó toda esta zona, los habitantes de Istria consiguieron quedar exentos de aranceles para toda la pesca practicada en las lagunas del delta, pero por la obtenida en el mar se vieron gravados con los impuestos aduaneros del *portorium ripae Thraciae* (Purpura, 2006).

Así pues, respecto a los ríos, pantanos y lagos no sagrados, es cierto, como principio general, que en Grecia parece no haber existido reserva estatal de los derechos de pesca, y que ésta se halla abierta a toda la población. Hay incluso particulares que ocupan espacios fluviales mediante el sistema de fabricar una κελέτρα. En cambio, en los ríos y lagos considerados sagrados el dios ejercía la propiedad, de manera que las autoridades ciudadanas, que actúan como administradoras de ese patrimonio, no tuvieron inconveniente en arrendar los derechos de la pesca en las condiciones usuales. El interés en explotar esa riqueza pudo conducir a veces a declarar sagrados, valiéndose de curiosas historias, determinadas corrientes y lagunas, lo que automáticamente generaba una reserva de derechos a favor de una divinidad (de hecho, a favor del Estado) y a la obtención de rentas por el arriendo de la pesca.

En el *caso romano*, todos los ríos eran públicos y por ello el derecho de pesca era común a todas las personas (*Dig.* 43, 12-15). Sin embargo, es bastante probable que también en estas aguas, como vimos que sucedía con el régimen jurídico del mar, se tolerase la creación de construcciones para aprovechar la pesca, generando usos patrimoniales privados. Por otra parte, tratándose de ámbitos espaciales cerrados y abarcables contenidos dentro un territorio, la administración del Estado no dudó en incluir una parte de los mismos entre los bienes propios y transferibles, pues hay constancia de que los derechos de pesca en las aguas pertenecientes a los municipios romanos (ríos y lagunas) se concedían a los particulares a cambio de un *vectigal* (Langhammer, 1973, 97). Finalmente, debemos recordar que entre las aristocracias romanas se extendió la moda de construir en sus propiedades grandiosas piscinas y viveros de agua dulce, donde pescaban, y en el siglo I a. C. algunos las hicieron con agua de mar, pero no sabemos en qué casos cumplían una función práctica ni en cuáles servían sólo para satisfacer la ostentación.

Estas páginas tan sólo pueden trazar un bosquejo imperfecto de los múltiples ámbitos que la pesca mantuvo durante la Antigüedad y de cómo las distintas sociedades organizaron los aprovechamientos de aquella sólida fuente de riqueza. La multiplicación de grupos de investigación que actualmente trabajan en torno a este vastísimo campo dará en el futuro, sin ningún género de dudas, incontables frutos, sobre todo si logran entrecruzar con acierto las decenas de datos y perspectivas que aquí confluyen y que nos ofrecen los textos y la arqueología. En mi opinión, los mejores resultados deberán obtenerse profundizando en cada aspecto de forma exhaustiva, y parece prometedora la labor continua de reuniones científicas que se propongan examinar en todas sus dimensiones un problema concreto (unas técnicas de pesca, un producto, una especie de pez o de molusco, sal y pesca, mercados e intercambio, fábricas y procesos, circulación de conservas, etc.). Sin olvidar que cualquiera de ellos forma a su vez parte, en cada época, de una realidad más extensa (sociedad, derecho, religiosidad, economía, ciencia, administración pública, artesanía, alimentación, higiene y salud).

Bibliografía:

AGER, S. L. (1996): *Interstate Arbitrations in the Greek World, 337-90 B. C.*, Berkeley-Los Angeles-London.

ALFARO GINER, C.; WILD, J. P.; COSTA, B. (eds.) (2004): *Purpureae vestes. Actas del I Symposium internacional sobre Textiles y tintes del Mediterráneo en época romana*, Valencia.

ANDREADES, A. (1931): *Geschichte der griechischen Staatswirtschaft, I. Von der Heroenzeit bis zur Schlacht bei Chaironeia*, München.

BALADIÉ, R. (1980): *Le Pélopponnèse de Strabon. Étude de géographie historique*, Paris.

BALADIÉ, R. (1994): "Le sel dans l'Antiquité sur la côte nord de la Mer Noire. À propos d'un passage des Histoires d'Hérodote et à la lumière des voyageurs de l'époque moderne", en *Il Mar Nero. Annali di archeologia e storia* 1, 145-166.

BEAN, G. E. (1954): "Notes and Inscriptions from Caunus", *JHS* 74, 97-105.

BEKKER-NIELSEN, T. (2002a): "Nets, Boats and Fishing in the Roman World", *C&M* 53, 215-234.

BEKKER-NIELSEN, T. (2002b): "Fish in the Ancient Economy", en K. Ascani *et alii* (eds.), *Ancient History Matters. Studies presented to Jens Eric Skydsgaard on His Seventieth Birthday*, *Analecta Romana* Suppl. XXX, Roma, 29-37.

BEKKER-NIELSEN, T. (2005): "The Technology and Productivity of Ancient Sea Fishing", en T. BEKKER-NIELSEN (ed.), *Ancient Fishing and Fish Processing in the Black Sea Region* (Black Sea Studies, 2), Aarhus, 83-96.

BELIN DE BALLU, E. (1972): *Olbia, cité antique du littoral de la Mer Noire*, Leiden.

BERNAL, D., JIMÉNEZ, R., LORENZO, L., TORREMOCHA, A., EXPÓSITO, J. A. (2003), "Las factorías de salazones de *Iulia Traducta*. Espectaculares hallazgos arqueológicos en la calle San Nicolás nº 3-5 de Algeciras", *Almoraima. Revista de Estudios Campogibraltareños*, 29 (*=VII Jornadas de Historia del Campo de Gibraltar. Castellar de la Frontera, 18, 19 y 20 de octubre de 2002*), 163-183.

BOHLEN, D. (1937): *Die Bedeutung der Fischerei für die antike Wirtschaft (Ein Beitrag zur Geschichte der antiken Fischerei)* , Diss. Hamburg.

BRIANT, P.; DESCAT, R. (1998): "Un registre douanier de la satrapie d'Égypte à l'époque achéménide (*TAD* C3,7)", en N. Grimal, B. Menu (eds.), *Le commerce en Égypte ancienne*

(Institut Français d'Archéologie Orientale. Bibliothèque d'Étude, 121), Le Caire, 59-104.

BRUN, P. (1996): *Les archipels égéens dans l'antiquité grecque (Ve-IIe siècles av. notre ère)* (Annales Littéraires de l'Université de Franche-Compté, 616. Centre de Recherches d'Histoire Ancienne, Vol. 157), Paris.

BRUNEAU, PH. (1969): "Documents sur l'industrie délienne de la pourpre", *BCH* 93, 759-791.

BUCHHOLZ, H.-G.; JÖHRENS, G.; MAULL, I. (1973): *Jagd und Fischfang, mit einem Anhang: Honiggewinnung* (Archaeologia Homerica, II J), Göttingen.

BUSOLT, G. (1920): *Griechische Staatskunde*, I³, München.

CARDINALI, G. (1906): *Il regno di Pergamo. Ricerche di storia e di diritto pubblico* (Studi di Storia Antica pubblicati da Giulio Beloch, Fasc. V), Roma.

CARRIE, J.-M. (1994): "Les échanges commerciaux et l'État antique tardif", en J. ANDREAU, P. BRIANT, R. DESCAT (eds.), *Économie antique. Les échanges dans l'Antiquité: le rôle de l'État* (Entretiens d'Archéologie et d'Histoire, 1), Saint-Bertrand-de-Comminges, 175-211.

COARELLI, F. (1985): *Il Foro Romano, II. Periodo repubblicano e augusteo*, Roma.

COSTA, B.; ALFARO GINER, C. (2006): "Salt, Fishing and Salted Fish in the Pityussas Islands in Antiquity", en *actas del Coloquio Internacional "Ressources et activités maritimes des peuples de l'Antiquité"*, Boulogne-sur-Mer, en prensa.

CHANIOTIS, A. (1996): *Die Verträge zwischen kretischen Poleis in der hellenistischen Zeit*, Stuttgart.

CHARRE, R.; COUILLOUD-LE DINAHET, M.-TH. (1999): "Sites de ferme à Rhénée", en M. BRUNET (ed.), *Territoires des cités grecques. Actes de la Table Ronde Internationale organisée par l'École Française d'Athènes, 31 octobre-3 novembre 1991* (BCH, Supplément 34), Paris, 153-157.

CURCHIN, L. A. (1982): "Jobs in Roman Spain", *Florilegium* 4, 32-62.

CURTIS, R. I. (1991): *Garum and salsamenta. Production and Commerce in Materia Medica* (Studies in Ancient Medicine), Vol. 3, Leiden.

CURTIS, R. I. (2005): "Sources for Production and Trade of Greek and Roman Processed Fish", en T. BEKKER-NIELSEN, *Ancient Fishing and Fish Processing in the Black Sea Region* (Black Sea Studies, 2), Aarhus, 31-46.

DAVIES, R. W. (1971): "The Roman Military Diet", *Britannia* 2, 122-142.

DEBORD, P. (1982): *Aspects sociaux et économiques de la vie religieuse dans l'Anatolie Gréco-romaine* (EPRO 88), Leiden.

DE CENIVAL, F (1983): "Nouvelles sources démotiques concernant le recensement et la taxe sur le sel à l'époque ptolemaïque", en E. VAN'T DACK, P. VAN DESSEL, W. VAN GUCHT (eds.), *Egypt and the Hellenistic World. Proceedings of the International Colloquium, Leuven, 24-26 May 1982* (Studia Hellenistica, 27), Louvain, 31-41.

DE FRUTOS REYES, G.; MUÑOZ VICENTE, A. (1996): "La industria pesquera y conservera púnico-gaditana: balance de la investigación. Nuevas perspectivas", *SPAL* 5, 145-152.

DOMASZEWSKI, A. von (1927): "Die Annona des Heeres im Kriege", en ΕΠΙΤΥΜΒΙΟΝ *Heinrich Swoboda dargebracht*, Reichenberg, 17-19.

DUMONT, J. (1976-1977): "La peche du thon à Byzance à l'époque hellénistique", *REA* 78-79, 96-119.

DURRBACH, F. (1919): "La ΙΕΡΑ ΣΥΓΓΡΑΦΗ de Délos", *REG* 32, 167-178.

EJSTRUD, B. (2005): "Size Matters: Estimating Trade of Wein, Oil and Fish-Sauce from Amphorae in the First Century A. D.", en T. BEKKER-NIELSEN (ed.), *Ancient Fishing and Fish Processing in the Black Sea Region* (Black Sea Studies, 2), Aarhus, 171-182.

ENGELMANN, H.; KNIBBE, D. (1989): *Der Zollgesetz der Provinz Asia: eine neue Inschrift aus Ephesos* (*EA* 14), Bonn.

ÉTIENNE, R; MAYET, F. (2002): *Salaisons et sauces de poisson hispaniques* (*Trois clés pour l'économie de l'Hispanie romaine*, II), Paris.

FABER, G. L. (1883): *The Fischeries of the Adriatic and the Fish Thereof*, London.

FANTAR, M. (1986): *Kerkouane. Cité punique du Cap Bon (Tunisie). Tome III. Sanctuaires et cultes. Société-économie*, Tunis.

FENN, P. TH. (1926): *The origin of the right of fishery in territorial waters*, Cambridge (Mass.).

FERNÁNDEZ NIETO, F. J. (1998): "El cálculo de los gastos y la indemnización de Samos (IG I³ 363)", *Dike* 1, 27-37.

FERNÁNDEZ NIETO, F. J. (2001), *Revisión histórica del Bronce de Cortono*, en F. VILLAR, M. P. FERNÁNDEZ ÁLVAREZ (eds.), *Religión, lengua y cultura prerromanas de Hispania* (Acta Salmanticensia, 283), Salamanca, 373-387.

FERNÁNDEZ NIETO, F. J. (2002): "*Hemeroskopeion=thynnoskopeion*. El final de un problema histórico mal enfocado", *Mainake* 24, 231-255.

FERNÁNDEZ NIETO, F. J. (2006a): "Titularidad y cesión de los derechos de pesca en la antigua Grecia", en *Symposion 2003. Akten der Gesellschaft für griechische und hellenistische Rechtsgeschichte* 17, Wien, 217-242.

FERNÁNDEZ NIETO, F. J. (2006b): "Roma y la explotación de la sal en *Hispania*: la integración en el modelo itálico", en *Hiberia Italia-Italia Hiberia. Atti del Convegno Internazionale di Epigrafia e Storia Antica*, Milano, en prensa.

FRANCOTTE, H. (1900): *L'industrie dans la Grèce ancienne* (Bibliothèque de la Faculté de Philosophie et Lettres de l'Université de Liège, Fasc. VII), Bruxelles.

FRANCOTTE, H (1909): *Les finances des cités grecques*, Liège-Paris.

FRISCH, P. (1983): *Die Inschriften von Parion* (IK 25), Bonn.

GALILI, E.; ROSEN, B.; SHARVIT, J. (2002): "Fishinggear sinkers recovered from an underwater wreckage site off the Carmel coast, Israel", *IJNA* 31, 182-201.

GALLANT, T. W. (1985): *A Fisherman's Tale* (Miscellanea Graeca, Fasc. 7), Gent.

GALLANT, T. W. (1991): *Risk and Survival in Ancient Greece*, Cambridge.

GARCÍA VARGAS, E (2001): "Pesca, sal y salazones en las ciudades fenicio-púnicas del sur de Iberia", en B. COSTA Y J. H. HERNÁNDEZ (eds.), *De la mar y de la tierra. Producciones y productos fenicio-púnicos. XV Jornadas de Arqueología Fenicio-Púnica (Eivissa, 2000)*, Ibiza, 9-66.

GAUTHIER, PH. (1976): *Un commentaire historique des* Poroi *de Xénophon* (Centre de Recherches d'Histoire et de Philologie de la IVe Section de l'EPHE, III. Hautes Études du Monde Gréco-Romain, 8), Genève-Paris.

GSCHNITZER, F. (1975): "Ἐπὶ τοῖσδε ἔδωκαν Πραίσιοι Σταλίταις τὰν χώραν. Zu inem Geschäfttypus des griechischen Völkerrechts", en H. J. WOLFF (ed.), *Symposion 1971. Vorträge zur griechichen und hellenistischen Rechtsgeschichte*, Köln-Wien, 79-102.

GUERRERO AYUSO, V. M. (1987): "La colonia de Sant Jordi (Mallorca)", en *Estudis d'arqueologia y epigrafia*, Palma de Mallorca.

HANSEN, O. (1987): "Epigraphica varia", *Eranos* 85, 100.

HASEBROEK, J. (1928): *Staat und Handel im alten Griechenland*, Tübingen.

HEIL, M. (1991): "Einige Bemerkungen zum Zollgesetz aus Ephesos", *EA* 17, 9-18.

HELLY, B. (1999): "Modèle, de l'archéologie des cités à l'archéologie du paysage", en M. BRUNET (ed.), *Territories des cités grecques. Actes de la Table Ronde Internationale organisé par l'École Française d'Athènes, 31 octobre-3 novembre 1991* (BCH, Supplément 34), Paris, 99-124.

HIRSCHFELD, O. (1984): *RE* I 2, cols. 2360 s., *s.v.* Anthedon (2).

HOLLEAUX, M. (1924): "Inscription trouvé à Brousse", *BCH* 48, 23 (=*Études d'épigraphie et d'histoire grecques*, II, Paris 1938).

HOMOLLE, TH. (1882): "Comptes des hiéropes du temple d'Apollon Délien", *BCH* 6.

HOMOLLE, TH. (1890): "Comptes et inventaires des temples déliens en l'année 279", *BCH* 14.

HÖPPENER, H. (1931): *Halieutica. Bijdrage tot de kennis der oud-grieksche visscherij*, Amsterdam.

JACOBSEN, A. L. L. (2005): "The Reliability of Fishing Statistics as a Source for Catches and Fish Stocks in Antiquity", en T. BEKKER-NIELSEN (ed.), *Ancient Fishing*..., 97-104.

JOHNSON, A. C. (1936): "Roman Egypt to the Reign of Diocletian", en T. FRANK (ed.), *An economic Survey of Ancient Rome*, II, Baltimore.

KENT, J. H. (1948): "The Temple Estates of Delos, Rheneia and Mykonos", *Hesperia* 17, 243-338.

LAGÓSTENA BARRIOS, L. G. (2001): *La producción de salsas y conservas de pescado en la Hispania romana (II a. C.-VI d. C.)* (Instrumenta, 11), Barcelona.

LAGÓSTENA BARRIOS, L. G. (2006): "Pesquerías en la *Hispania* altoimperial. Reflexiones y perspectivas para su estudio", en *III Congreso Internacional de Estudios Históricos, El Mediterráneo: la cultura del mar y de la sal.*

LANGHAMMER, W. (1973): *Die rechtliche und soziale Stellung der Magistratus Municipales und der Decuriones in der Übergangsphase der Städte von sich selbstverwaltenden des spätantiken Zwangsstaates (2.-4. Jahrhundert der römischen Kaiserzeit),* Wiesbaden.

LE GUEN-POLLET, B. (1991): *La vie religieuse dans le monde grec du Ve au IIIe siècle avant notre ère. Choix de documents épigraphiques traduits et commentés*, Toulouse.

LE ROUX, P. (1999), "Vectigalia et revenus des cités en Hispanie au Haut-Empire", en *Il capitolo delle entrate nelle finanze municipali in occidente e in oriente. Actes de la Xe rencontre francoitalienne sur l'épigraphie du monde romain* (Collection de l'École Française de Rome, 256), Roma, 155-173.

LOWE, B. (2001): "Between Colonies and *Emporia.* Iberian hinterlands and the exchange of salted fish in eastern Spain", en Z. H. ARCHIBALD, V. GABRIELSEN, G. J. OLIBER (eds.), *Hellenistic Economies*, London-New York, 175-200.

MAGNETTO, A. (1997): *Gli arbitrati interstatali greci, Volume II. Dal 337 al 196 a. C.*, Pisa.

MAIER, F. G. (1959): *Griechische Mauerbauinschriften, I. Texte und Kommentare* (Vestigia, Bd. 1), Heidelberg.

MANFREDI, L. I. (1992): "Le saline e il sale nel mondo punico", *RStudFen* XX, 1, 3-14.

MANGANARO, G. (1963-1964): "Le iscrizioni delle isole milesie", en *ASAA* 41-42 (N. S. 25-26), 293-349.

MAYER, M.; GARCÍA, R.; ABÁSOLO, J.-A. (1998): "El bronce de Fuentes de Ropel (Zamora)", *BSEAA* 64, 161-174.

MENÉNDEZ ARGÜÍN, A. R. (2002): "Consideraciones sobre la dieta de los legionarios romanos en las provincias fronterizas del N.O. del Imperio", *Habis* 33, 447-457.

MCCANN, A. M.; BOURGEOIS, J.; GAZDA, E. K.; OLESON, J. P.; WILL, E. L. (1987): *The Roman Port and Fischery of Cosa*, Princeton.

MIGEOTTE, L. (1980): "Engagement et saisie de biens publics dans les cités grecques", en *Mélanges d'études anciennes offerts à Maurice Lebel*, St.-Jean-Chrysostome,161-171.

MIGEOTTE, L. (1984): *L'emprunt public dans les cités grecques. Recueil des documents et analyse critique*, Québec-Paris.

MIGEOTTE, L. (1997): "Le contrôle des prix dans les cités grecques", en J. ANDREAU, P. BRIANT, R. DESCAT (eds.), *Économie antique. Prix et formation des prix dans les économies antiques* (Entretiens d'archéologie et d'histoire), Saint-Bertrand-de-Comminges.

NOSTRAND, J. J. VAN (1937): "Roman Spain", en T. FRANK (ed.), *An Economic Survey of Ancient Rome*, III, Baltimore.

ODER, E. (1893): *RE* I 1 cols. 1-4, *s.v.* Aal.

ØRSTED, P. (1985): *Roman Imperial Economy and Romanization. A study in Roman imperial administration and the public lease system in the Danubian provinces from the first to the third century A. D.*, Copenhagen.

ØRSTED, P. (1998): "Salt, fish and the sea in the Roman Empire", en NIELSEN, I., NIELSEN H. S., (eds.), *Meals in a Social Context. Aspects of the Communal Meal in the Hellenistic and Roman World* (ASMA I), Oxford, 13-35.

PAIS, E. (1923), *Storia della Sardegna e della Corsica durante il dominio romano*, Roma.

PALOMERO (1987), *Las vías romanas en la provincia de Cuenca*, Cuenca.

PANIN, N. (1983): "Black Sea Coast Line Changes in the Last 10.000 Years. A new Attempt at identifying the Danube Mouths as described by the Ancients", *Dacia* 27, 175-184.

PETRIKOVITS, H. V. (1980): *Die Rheinlande in römischer Zeit, mit einem Überblick über die rheinische Urgeschichte*, Düsseldorf.

PICARD, CH. (1922): *Éphèse et Claros. Recherches sur les sanctuaires et les cultes de l'Ionie du Nord* (BEFAR, fasc, 123), Paris.

PIPPIDI, D. M. (1967): *Contributi la istoria veche a României*, Bucarest.

PLEKET, H. W. (1958): "Note on a Customs-Law from Caunus", *Mnemosyne* 11, 128-135.

POLAND, F. (1909): *Geschichte des griechischen Vereinswesen*, Leipzig.
PRINZ, O. (1936): "Beiträge aus der Thesaurus-Arbeit, III. im(?)", *Philologus* 91, 459-460.
PUGLIESE CARRATELLI, G. (1969): "Supplemento epigrafico di Iasos", *ASAA* 45-46 (N. S. 29-30), 437-486.
PURPURA, G. (2006): "*Liberum mare.* Acque territoriali e riserva di pesca nel mondo antico", en las actas del Coloquio Internacional *Ressources et activités maritimes des peuples de l'Antiquité*, Boulogne-sur-Mer, en prensa (puede consultarse en www.archeogate.it/subacquea/article.php?id=310)
REIL, TH. (1913): *Beiträge zur Kenntnis des Gewerbes im hellenistischen Ägypten*, Borna-Leipzig.
REINACH, TH. (1891): "Inscription de l'île de Cos", *REG* 4, 357-376.
REY-COQUAIS, J.-P. (1970): *Inscriptions grecques et latines de la Syrie, VII. Arados et régions voisines, nos. 4001-4061*, Paris.
ROBERT, J., ROBERT L. (1950): *Hellenica. Recueil d'épigraphie, de numismatique et d'antiquités grecques*, IX, Paris.
ROBERT, L. (1933): "Inscriptions grecques inédites au Musée du Louvre", *RA*, 142 s. [=*OMS* III, 1597 s.].
ROBERT, L. (1960): *Hellenica. Recueil d'épigraphie, de numismatique et d'antiquités grecques*, XI-XII, Paris.
ROBERT, L. (1984): "Documents d'Asie Mineure", *BCH* 108, 457-532.
RODRÍGUEZ NEILA, J. F. (1994): "El epígrafe *CIL*, II, 2242 – Corduba– y las *locationes* de propiedades públicas municipales", en C. GONZÁLEZ ROMÁN (ed.), *La sociedad de la Bética. Contribuciones para su estudio*, Granada, 425-460.
ROHDE P., (1892): *"Thynnorum captura quanti fuerit apud veteres momenti", Jahrbücher für classische Philologie*, Suppl. Bd. XVIII, Leipzig.
SALVIAT, F.; VATIN, C. (1971): *Inscriptions de Grèce centrale*, Paris.
SCHNEIDER, H. (1998): "Das *Imperium Romanum*: Subsistenzproduktion-Redistribution-Markt", en P. Kneissel, en V. LOSEMANN (eds.), *Imperium Romanum. Studien zu Geschichte und Rezeption. Festschrift für Karl Christ zum 75. Geburtstag*, Stuttgart.
STÖCKLE, A. (1924): *RE* Suppl. IV, cols. 456-462, *s. v.* Fischereigewerbe.
TENGER, B. (1995): "Phoroshöhe und Bevölkerungszahl. Die Athener Tributlisten als Indikator für die Grösse der Einwohnerschaft einer Polis?", en *Asia Minor Studien*, Bd. 16 (Studien zum antiken Kleinasien, III), Bonn.
THIEL, J. H. (1926): "Zu altgriechischen Gebühren", *Klio* 20, 62-67.
TOEPFFER, J. (1891): "Koisches Sakralgesetz", *Ath. Mitt.* 16, 411-432 (=Toepffer (1897), *Beiträge zur griechischen Altertumwissenschaft*, Berlin, 204-223).
TRAINA, G. (1992): "Sale e saline nel Mediterraneo antico", *PP* 47, 363-378.
TRAKADAS, A. (2005), "The Archaeological Evidence for Fish Processing in the Western Mediterranean", en T. BEKKER-NIELSEN (ed.), *Ancient Fishing and Fish Processing in the Black Sea Region* (Black Sea Studies, 2), Aarhus, 47-82.
TRÉHEUX, J. (1944-1945): "Études d'épigraphie délienne", *BCH* 68-69, 284-295.
TRÉHEUX, J. (1948): "Les dernières années de Délos sous le protectorat des Amphictions", *RA* 31-32, 1008-1032.
VAN GRONINGEN, B. A. (1933): *Aristote. Le second Livre de l'Économique*, Leiden.
VATIN, C. (1966): "Un tarif des poissons à Delphes", *BCH* 90, 274-280.
VÉLISSAROPOULOS, J. (1980): *Les nauclères grecs. Recherches sur les institutions maritimes en Grèce et dans l'Orient hellénisé* (Centre de Recherches d'Histoire et de Philologie de la IVe Section de l'EPHE, III. Hautes Études du Monde Gréco-romain, 9), Genève-Paris.
VILA VALENTI, J. (1953): "Ibiza y Formentera, islas de la sal", *Revista de Estudios Geográficos* 14, 363-413.
VILA VALENTÍ, J (1954): "Notas sobre la producción y comercio de la sal en el Mediterráneo occidental", en *I Congreso Arqueológico del Marruecos Español*, Madrid, 225-232.
VREEKEN, W. A. L. (1953): *De lege quadam sacra Coorum (Ditt. Syll.*^{3} *1000)*, Diss. Groningae.
WALLACE, S. L. (1938): *Taxation on Egypt from Augustus to Diocletian*, Princeton.
WEISS, E. (1927): "ΙΕΡΑ ΣΥΓΓΡΑΦΗΥ", en ΕΠΙΤΥΜΒΙΟΝ *Heinrich Swoboda dargebracht*, Reichenberg, 325-335.
WEST, L. C. (1929): *Imperial Roman Spain. The Objects of Trade*, Oxford.
WILCKEN, U. (1899): *Griechische Ostraka aus Aegypten und Nubien. Ein Beitrag zur antiken Wirtschaftsgeschichte*, I, Leipzig-Berlin.
WILHELM, AD. (1939): "Athen und Kolophon", en W. M. CALDER, J. KEIL (eds.), *Anatolian Studies presented to William Hepburn Buckler*, Manchester, 361-362.
WILHELM, AD. (1948): "Ein Gebietsstreit in der Argolis", en *Anzeiger der Akademie der Wissenschaften in Wien, philosophisch-historische Klasse*, 57-80 [=*Akademieschriften zur griechischen Inschriftenkunde (1895-1951)*, Teil 3 (Opuscula, Bd. VIII, 3), Leipzig 1974, 319-342].
WILHELM, AD. (1951): *Griechische Inschriften rechtlichen Inthalts* (Πραγματεῖαι τῆς᾽Ακαδεμίας᾽Αθηνῶν, 17,᾽Αριθ. 1), Athenai.
WILKINS, J. (2005): "Fish as a Source of Food in Antiquity", en T. BEKKER-NIELSEN (ed.), *Ancient Fishing and Fish Processing in the Black Sea Region* (Black Sea Studies, 2), Aarhus, 21-36.
WILL, E. (1962): "Le sel des Morins et des Ménapiens", en *Hommages à Albert Grenier* III (Collection Latomus, LVIII), Bruxelles, 1649-1657.
ZIEBARTH, E. (1896): *Das griechische Vereinswesen*, Leipzig.
ZIEBARTH, E. (1926): "Die ΙΕΡΑ ΣΥΓΓΡΑΦΗ von Delos", *Hermes* 61, 87-109.

COMUNICACIONES

LOS ORÍGENES DE LA INDUSTRIA PESQUERO-CONSERVERA EN BAELO CLAUDIA (ss. II-I a.C.)

A. ARÉVALO
D. BERNAL
Universidad de Cádiz

1.- Introducción.

La dimensión comercial que adquiere la explotación de los recursos del mar con Roma es un fenómeno a escala mediterránea. Durante el proceso de expansión romana en época republicana comienzan a despuntar las industrias derivadas de los productos del mar, como se plasma en las famosas pesquerías de la ciudad de *Cosa*, en la costa de la Italia tirrénica, amparadas en el consorcio industrial de los conocidos *Sextii* (Mc Cann, 1987 y 2002).

En la Península Ibérica son aún escasos los datos sobre la industria salazonera romana de esta época, remitiendo las últimas novedades en la investigación a yacimientos del Estrecho de Gibraltar. La propia *deductio* o fundación de *Carteia* en el 171 a.C., colonia en cuyas emisiones monetales figura el pescador y otros temas marinos como emblemas ciudadanos (Chaves, 1979) es un ejemplo tangible de cómo la pesca y la industria de la salazón forman parte de la política de conquista como actividad económica privilegiada. Efectivamente, la riqueza y variedad de los tipos monetales marinos entre los ss. III y I a.C. en la zona (*Gadir*, *Asido* o la propia *Bailo*) es el mejor contrapunto a la escasez de factorías republicanas en el circuito comercial de *Gadir*/*Gades*.

El caso más paradigmático entre todos los conocidos por el momento es el de Bolonia. En efecto, la ciudad de *Baelo Claudia* es el prototipo mediterráneo de las grandes factorías conserveras. Es una de las primeras industrias de salazones excavadas, pues conocemos su planimetría desde 1923 (París *et alii*, 1923). Ha sido objeto de diferentes actuaciones arqueológicas y trabajos monográficos en la segunda mitad del siglo XX que han ampliado el conocimiento sobre este enclave gaditano (Domergue, 1973; Sillières, 1995), de tal manera que el conocido como barrio industrial, situado en la zona meridional de la ciudad, es una parte más del urbanismo romano de este pequeño *municipium*.

Desde el año 2000 la Universidad de Cádiz está realizando, al amparo de los Cursos Internacionales de Arqueología Clásica que se celebran todos los años en esta ciudad hispanorromana (Arévalo y Bernal, 2006 a y b), un estudio sistemático y pormenorizado de la factoría de salazones, habiendo acometido algunas actuaciones arqueológicas que han permitido completar la carencia de datos cronológicos sobre este enclave salazonero, debido a la descontextualización de las estructuras. Adicionalmente se ha llevado a cabo una actuación arqueológica en Punta Camarinal-El Anclón, a un kilómetro del Conjunto Arqueológico, encaminada a profundizar en el estudio de la industria pesquero-conservera (Arévalo y Bernal, 2007; Arévalo *et alii*, 2003; Alvarez *et alii*, 2003).

De esta forma se han acometido siete sondeos arqueológicos en el interior del barrio meridional (figura 1), realizados respectivamente en el Conjunto Industrial III (Sondeo 2), y VI (Sondeo 1), en el edificio situado al oeste de la zona excavada, junto al conjunto industrial V (Sondeo 3), y en el ángulo nororiental del barrio industrial (Sondeos 7 a 10). Los tres restantes son los llevados a cabo en Punta Camarinal-El Anclón (Sondeos 4, 5 y 6).

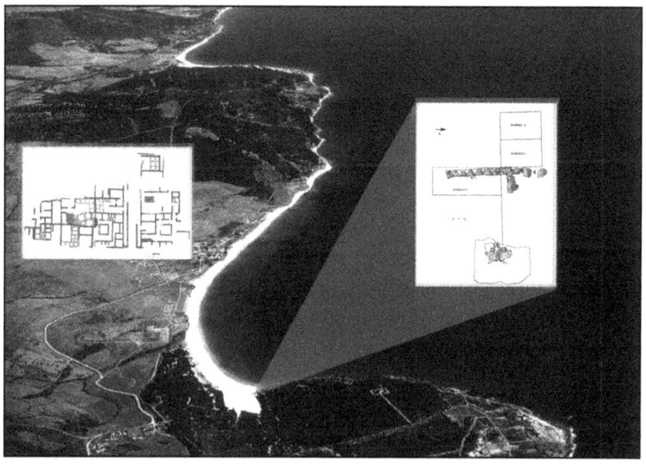

Figura 1.- Localización de los sondeos con niveles romano-republicanos en Baelo.

De todas estas intervenciones los hallazgos más contundentes desde el punto de vista histórico-arqueológico son los relacionados con época romano-republicana, y que vinculan las actividades de la ciudad con la industria pesquera. Hallazgos que, por otra parte, adquieren una gran importancia debido a la escasez de datos existentes, con antelación, sobre el origen del asentamiento humano en la ensenada de Bolonia, como se puede advertir en los últimos trabajos de síntesis (Sillières, 1995, 51-52). Al tiempo que han permitido empezar a interpretar los antiguos hallazgos de esta época en otros sectores de la ciudad, así como la emisión de moneda por parte de la ciudad de BAILO (Bernal *et alii*, 2007).

Por ello se hace necesario, antes de presentar los resultados de estas recientes intervenciones arqueológicas, plantear el estado de la cuestión a nivel historiográfico, repasando las principales interpretaciones de esta problemática ofrecidas hasta el momento.

2.- Los sondeos estratigráficos de 1966.

En relación con la cronología de las industrias conserveras en la ciudad, el inicio de las actividades fue planteado por Domergue (1973) a finales del s. II o principios del s. I a.C., en base a los contextos estratigráficos obtenidos en los sondeos realizados en 1966 por la Casa de Velázquez. En este sentido, resalta que son los sondeos meridionales ubicados intramuros los que aportan las informaciones más contundentes, apuntando a un primer poblamiento de *Baelo* situado en la

Actas del Congreso Internacional *CETARIAE. Salsas y salazones de pescado en Occidente durante la Antigüedad*, Universidad de Cádiz, Noviembre de 2005, *B.A.R. int. ser.* 1686, Oxford 2007, 79-91.

proximidades de la costa y del arroyo de las Viñas, destacando especialmente los resultados del sondeo 29 (el más cercano a los conjuntos industriales salazoneros), así como los sondeos 26, 36 y 40, el primero situado junto al *decumanus maximus* y los otros dos en una zona más próxima al arroyo de la Viñas y a la denominada Puerta de *Gades*.

En el sondeo 29 se obtuvo una secuencia estratigráfica que abarcaba desde finales del s. II a.C. hasta el s. IV d.C. Hasta el estrato IV (situado hasta -3,10 mts) se documentan niveles de época alto y bajoimperial, con niveles de pavimentación y nivelación de la zona. Dichos niveles amortizaron totalmente un área anteriormente utilizada con fines industriales, como señalan los hallazgos arquitectónicos de los estratos Va-b, en los cuales se documentaron dos piletas salazoneras y su relleno. Las piletas presentaban la característica morfología cuadrangular bien conocida en la propia factoría baelonense, con un grueso recubrimiento de *opus signinum* tanto en las paredes como en la base (estrato Vb). El relleno interno de dichas balsas (estrato Va) comprendía ánforas del tipo Dr. 1B-C, T-7.4.3.3 y las especialmente abundantes Sala I (quizá también alguna Lamb. 2), así como algunos fragmentos de barniz negro tipo Campaniense A y B, en ocasiones con decoración estampillada. Entre los envases anfóricos, en especial sobre los pertenecientes a variantes del tipo Dr. 1C, se documentó una destacada colección de sellos: OP.C.AVIENI, OP.L.CAE(...), OP.M.LUCR(...) y posiblemente [SC]G), que han sido relacionados con un posible taller alfarero situado en la propia *Baelo* (Sillières, 1995, 52), sin que por el momento existan fundamentos arqueológicos que avalen esta hipótesis. La ausencia de elementos como T.S.I. inicial permitió plantear a C. Domergue (1973, 41) una cronología para el relleno hacia mediados o el tercer cuarto del s. I a.C.

Los sondeos 36 y 40, situados más al oeste, en una zona próxima al arroyo y a la denominada Puerta de *Gades*, también proporcionaron algunos indicios cerámicos relacionados con estos primeros compases de la ocupación del lugar si bien se trata de contextos alterados en época altoimperial de los que sólo podemos inferir la extensión de la zona afectada durante los momentos finales del s.II a.C. y buena parte del I a.C. En el nivel IV del sondeo 36, estrato que incluso presentaba intrusiones de TSA D, se localizaron Dr. 1C, T-7.4.3.3, Sala I, cerámica ibérica y paredes finas (Domergue, 1973, 51-57), documentando un horizonte similar al ya comentado para el estrato Va del sondeo 29 (posiblemente primera mitad del s. I a.C.). El nivel VI del sondeo 40 (Domergue, 1973, 58-66) proporcionó parecidos resultados, estando presentes en él otros elementos más "arcaizantes" como ánforas del tipo Dr. 1A, que insinúan una cronología algo anterior respecto del sondeo 36, acercando más sus resultados a los reflejados por las excavaciones más recientes de la Universidad de Cádiz (Arévalo *et alii*, 2002, 22-31; Bernal *et alii*, 2003, 305-313).

Finalmente, el sondeo 26 (ubicado al norte del nº 40, junto al *decumanus maximus*) también deparó algunos restos también aparentemente desposeídos de su contexto primario, pertenecientes a las primeras fases de ocupación. El nivel V, situado bajo una capa de tendencia horizontal estéril y asociado a los muros 5 y 6, permitió documentar un momento de ocupación altoimperial temprano, si bien la edificación de dichas estructuras conllevó la remoción de los niveles infrayacentes, incluyendo en el conjunto algunos materiales probablemente algo más antiguos (s. I a.C. avanzado) como ánforas Dr. 1C[1], Sala I, T-7.4.3.3 o vajilla de barniz negro de tipo Campaniense B. El nivel VI también proporcionó muestras de edilicia anteriores (muro 7), amortizadas por las del estrato V, así como algunas monedas de las cecas de *Gadir, Bailo* (figura 2) y *Carteia*[2], así como un denario de *M. Lucilius Rufus* (datado entre 119 a.C. y 91 a.C.). El material cerámico asociado a este estrato se compone fragmentos de BN Campaniense B, ánforas Dr. 7/11, Dr. 1A y T-7.4.3.3. En conjunto, puede hablarse de un estrato pre-augústeo, datable entre las postrimerías del siglo II a.C. y la primera mitad del s. I a.C.,

Figura 2.- Moneda de Bailo procedente de los sondeos estratigráficos de 1966.

del que muy posiblemente procederían los elementos intrusivos detectados en el nivel V. Finalmente, el estrato VII (situado a -2,70/-3 mts de profundidad), también permitió documentar indicios de esta primera fase de ocupación, en este caso asociada a una conducción hidráulica subterránea realizada con *tubuli* cerámicos machihembrados y bloques pétreos en la que se depositaron, según sus excavadores, algunos bronces de *Bailo* (figura 2), *Carteia*[3] y otras cecas indígenas a modo de ofrenda fundacional (Domergue, 1973, 66-68). La cerámica asociada a este nivel era realmente escasa, con algunos fragmentos de barniz negro tipo Campaniense A y una pátera L7 en Campaniense B con un grafito post-cocción (¿ACAMV(...)?). La cronología de las monedas y los escasos elementos cerámicos señalan un escaso distanciamiento cronológico del nivel VI (debemos tener en cuenta en el caso

[1] Destaca en relación con este tipo de envases a efectos de datación la presencia de dos fragmentos de panza que conservaban parcialmente sellos alfareros aparentemente similares de lectura (...)M.LVCRE(...), sin duda emparentados directamente con algunos de los recuperados en el relleno de las piletas del Sondeo 29, amortización datada hacia mediados del s. I a.C.

[2] Las monedas de *Carteia* fueron consideradas por Domergue (1973, 75, nn. 31 y 33) como monedas indígenas inclasificables; sin embargo, en el estudio monográfico sobre las monedas de *Belo* figuran catalogadas como de *Carteia* (Bost *et alii*, 1987, nn. 62 y 81).

[3] En un principio esta moneda fue catalogada como de *Gadir* (Domergue, 1973, 66-68, nº 38), pero el posterior estudio monetal (Bost *et alii*, 1987, nº 86) llevó a considerarla como de *Carteia*.

de las monedas su alto desgaste, fruto probablemente de un uso prolongado), lo que no parece permitir retrotraer los inicios de la ocupación antrópica del lugar a momentos anteriores a los últimos años del s. II a.C.

Con la realización de estos sondeos se pudo establecer los inicios de la ocupación del yacimiento de *Baelo* a finales del s. II a.C. al menos en la zona baja de la ciudad. Asimismo, Domergue (1973, 101-102) planteó la relación entre esta fase inicial y las industrias salazoneras, aspecto especialmente evidenciado por el sondeo 29, quizás también por la canalización del sondeo 26, las cuales serían abandonadas en un momento anterior al principado (¿guerras civiles?), diferenciándose ambas *facies* urbanas de una forma clara. Pero por encima de estas cuestiones, Domergue retomó la búsqueda del pasado remoto de la ciudad, evidenciado por la numismática (con caracteres libio-fenicios y tipos de influencia púnica) y la propia raíz lingüística del nombre de la ciudad, compartiendo las inquietudes ya expresadas por P. París en los inicios del s. XX, al faltar totalmente vestigios fenicio-púnicos o turdetanos bajo la ciudad romana. En este sentido, Domergue (1973, 101-103) señaló de nuevo al posible *oppidum* situado en las alturas de la Silla del Papa como el lugar en que se ubicaría la ciudad prerromana y republicana inicial, sin dar una explicación expresa del traslado hacia la costa.

3.- Los sondeos de la Casa de Velázquez bajo el *macellum* y el *decumanus maximus*.

Los restos republicanos excavados bajo los pavimentos del s. I d.C. del *Macellum* son escasos y descansan sobre un firme natural que presenta una superficie irregular. Consisten esencialmente en rellenos de tierra de color oscura y naturaleza arcillosa, en la que se recuperan principalmente fragmentos de ánforas tardo-republicanas, mientras que otros estratos presentan una composición en la que son muy abundantes los restos de desechos óseos de atún. Lo que nuevamente llevó a interpretar estos vestigios como pertenecientes a actividades vinculadas con la industria pesquera (Didierjean *et alii,* 1986, 376-377).

Tan solo se ha documentado la existencia de una estructura perteneciente a esta fase en el sondeo nº 15, y se trata de un pequeño muro definido por sus excavadores como "*de inspiración ibérica*", en función de la técnica constructiva utilizada. La cronología de esta fase es bastante imprecisa, y los materiales recuperados (cerámicas de barniz negro, fragmentos de copas helenísticas decoradas con relieves y fragmentos de ánforas) arrojan una datación de finales del s. II-I a.C. Asimismo, conviene resaltar que el segundo estadio definido en el estudio de este edificio, permite una precisa datación cronológica, años 10-8 a.C. y una interpretación clara: arrasamiento y nivelación de estructuras anteriores para la construcción de una nueva edificación.

Por otra parte, en un sondeo realizado en 1979 bajo el pavimento del *decumanus maximus* de la ciudad se excavaron una serie de niveles que según sus excavadores pueden pertenecer a una fase preagustea. En estos niveles situados bajo un estrato fechado a finales del s. I a.C. se recuperaron, junto a una moneda de *Bailo*, varios fragmentos de cerámica ibérica decorada con bandas pintadas de color rojo, ánforas de los tipos Dressel 21/22, 18 y 1C, junto a abundantes fragmentos de cerámica campaniense. Bajo este estrato se sitúa otro estéril bajo el que vuelve a aparecer un contexto anfórico similar (Dardaine y Bonneville, 1980, 376-377).

Igualmente junto al *decumanus* se realizó un sondeo en la entrada de la primera estancia situada en la parte este de la manzana localizada en la parte occidental del *Macellum* (Dardaine y Bonneville, 1980, 403). La parte más profunda de la secuencia estratigráfica presenta varios niveles republicanos. Son concretamente los niveles X, Xa, IX, VIII y VII. El primero de ellos permitió la recuperación de fragmentos de ánforas, de cerámicas campanienses A y B y de un semis de *Carteia* de la 13ª emisión, fechado en el año 90 a.C. (Chaves, 1979), y fragmentos de lucernas delfiniformes, su datación se establece a finales del siglo II-I a.C. Sobre este nivel se dispone otro prácticamente estéril, sobre él apoya un pequeño horno, excavado sólo parcialmente (VIII), cubierto por un estrato (VII) en el que aparecen restos de ánforas Dressel 1 y Campaniense B, cuya cronología se situaría a mediados del siglo I a.C.

4.- El testimonio monetal de Bailo.

Durante mucho tiempo la ciudad de *Baelo* sólo se conoció por sus monedas y por algunos textos que enumeraban las localidades del Estrecho de Gibraltar. Estas monedas (figura 2), que fueron emitidas por la ciudad de BAILO como refleja la leyenda toponímica que aparece escrita en la misma, se sitúan cronológicamente en el mismo período que venimos analizando, es decir la época republicana, ya que se datan entre los ss. II y I a.C., sin una mayor precisión dada la escasez de moneda de *Bailo* aparecida en las excavaciones, siendo los ejemplares aparecidos en el sondeo 26 el testimonio arqueológico por el momento más expresivo para la datación de las mismas, finales del s. II a.C., frente a la propuesta de García-Bellido (1993, 106-108) de situarlas a principios del siglo I a.C., por considerar que el estrato donde se hallaron se fechaba en la primera mitad del s. I a.C., cuestión que como acabamos de exponer ha sido matizada en el reestudio de estos contextos y que ha permitido retrotraer los inicios de la ocupación antrópica del lugar a momentos anteriores a los últimos años del s. II a.C.

Conviene recordar que estas monedas se engloban dentro del llamado grupo de acuñaciones libiofenicias (García-Bellido, 1993, 106-108), por contar en las primeras emisiones junto con la leyenda latina BAILO, la leyenda toponímica escrita en neopúnico precedida de una fórmula administrativa, *b'l/'bln*, que se leería como "los ciudadanos de Bailo", y que encontramos también en acuñaciones de *Seks*, *Asido* y *Oba*, y que ha permitido considerar a esta ciudad como púnica, como lo refleja también su iconografía, con tipos habituales en la moneda hispano-púnica. En este sentido conviene resaltar que en ellas se utiliza una iconografía no antropomorfa, salvo en la última emisión, donde los tipos más habituales son el toro y la espiga, y tan sólo en una emisión se utiliza la imagen del atún acompañado en el anverso de un caballo (CNH,

124, nº 4). Esta iconografía que la vincula con otras acuñaciones libiofenicias, como *Asido*, la diferencia al mismo tiempo de otras cecas con iconografía claramente marina, como los casos ya citados de *Gadir* o *Carteia*, ciudades que por otra parte contaban con una larga vinculación con la industria pesquero-conservera. Esta iconografia probablemente nos esté reflejando lo que fueron inicialmente sus actividades productivas y económicas más importantes, la agricultura y la ganadería, así como los primeros pasos de una nueva actividad ahora vinculada con la explotación de los recursos piscícolas, como refleja el tipo del atún y como también parecen mostrar los últimos testimonios arqueológicos (Arévalo *et alii*, 2002, 22-31; Bernal *et alii*, 2003, 305-313; Arévalo y Bernal, 2007).

5.- Las excavaciones de la Universidad de Cádiz: el sondeo arqueológico en el conjunto industrial VI.

Con el objetivo de documentar los niveles más antiguos de este enclave salazonero se llevo a cabo durante el año 2001 un sondeo arqueológico en el denominado C.I VI o "de las piletas troncocónicas" (Sondeo 1). La intervención arqueológica se inició procediendo al levantamiento de parte del pavimento de *opus signinum* de una de las estancias de esta *cetaria*, por lo que se garantizaba la ausencia de intrusiones en los niveles arqueológicos infrayacentes. Tras la excavación de los niveles de construcción de dicho pavimento, fechados en el segundo cuarto del s. I a.C. –según se deduce del hallazgo de barniz negro de la producción B y ánforas del tipo Dr.1A, tanto itálicas no campano-laciales como de producción regional gaditana y las primeras series de Dr. 7/11 béticas-, se detectó la presencia de un nivel de génesis natural y de matriz arenosa, de una potencia superior a un metro de espesor, que fue interpretado como resultado de la acumulación en la zona excavada de una duna de arena cuya presencia es fácilmente asumible si tenemos en cuenta que nos encontramos a escasos metros de la línea de costa y, por tanto de la playa de arena. De manera excepcional, dicho médano había cubierto totalmente los restos de algunas habitaciones, en las cuales las ánforas de transporte eran el elemento más frecuente. Esta cuestión fortuita permitió la conservación íntegra de los materiales arqueológicos, entre los cuales destacaba un conjunto de seis ánforas completas –o casi íntegras-, permitiendo, por tanto, un estudio en profundidad tanto de la problemática de los envases como de sus respectivos contenidos originales (Bernal *et alii*, 2003, 305-313; 2004, 85-90; Roselló *et alii*, 2003, 153-157).

Las estructuras excavadas se corresponden por un lado con una habitación realizada con muros de mampostería de *opus vittatum* con empleo masivo de calizas –de la que se conservan dos muros (el occidental y el meridional)- y alzado en tapial, y con un enlosado interior a base de lajas pétreas de grandes dimensiones o *crustae*, en cuyo interior se localizó un ánfora púnica completa del tipo T-7.4.3.2, habiéndose excavado únicamente una zona muy reducida de su perímetro, por lo que es muy probable que se localicen más envases en toda la zona restante de su superficie (Arévalo *et alii*, 2002, 25-31). Además del ánfora, los hallazgos en el interior de la parte excavada de la habitación se limitaron a un fragmento de tégula, dos fragmentos de pared de barniz negro entre las dos grandes piedras de la zona central, algunas paredes de cerámicas comunes y de cocina, ocho fragmentos de un ánfora itálica, un clavo de hierro muy fragmentado bajo el envase y numerosos restos de fauna marina y malacofauna. Los fragmentos de ánfora itálica, aparentemente relacionables con un único individuo, nos ponen sobre la pista de la existencia potencial de otros envases en el interior de la habitación, al norte del límite excavado. Al mismo tiempo, la cantidad de hallazgos en el interior de la habitación en relación a la reducida superficie excavada (cercana a 1 m^2) permiten vaticinar que además de las funciones de almacenaje debieron realizarse posiblemente otras actividades en su interior, vinculadas posiblemente con el preparado y/o almacenaje de conservas piscícolas. Lo que sí es evidente es que las actividades realizadas no requerirían un pavimento impermeabilizante, por lo que las funciones de almacenaje parecen las más coherentes, pues no tendría sentido valorar actividades de limpieza y despiece que generarían multitud de residuos en una zona difícil de limpiar.

En la parte exterior se localizó un pórtico realizado probablemente en madera, según se deduce de la existencia de una hilera con huecos de postes equidistantes, paralela al muro perimetral de la habitación mencionada, siendo ésta la zona en la cual se localizaban las restantes ánforas, concretamente una púnica fragmentada del tipo T-7.4.3.3, una Dr. 1 itálica, dos grecoitálicas tardías o Dr. 1A importadas y dos imitaciones de grecoitálicas tardías con restos de sus paleocontenidos originales (figura 3). Asimismo, conviene destacar que además de estos envases anfóricos se recuperaron diversos materiales cerámicos –BN del tipo campaniense A, paredes finas

Figura 3.- Detalle del sondeo efectuado en el C.I. VI.

de la forma Mayet IA, una olla del tipo Vegas 2, entre otros- y un semis de *Carteia* (figura 4) de la emisión 15 (CNH, p. 46, nº 37; Chaves, 1979, II, 15.A.a); el interés de este hallazgo monetal reside en que, como estamos analizando, procede de un estrato cuyo contexto cerámico debemos situar en el último tercio del s. II a.C., lo que no parece concordar con la cronología propuesta para esta emisión, pues Chaves la sitúa hacia el 80 a.C., por lo que a raíz de este testimonio tendremos que situar esta emisión carteiense al menos en el último tercio del s. II a.C.

Figura 4.- Semis de Carteia recuperado en el C.I. VI.

Por otra parte, el hecho de que los envases almacenados en el lugar sean tanto importados como de producción regional parece evidenciar que se trata de un espacio destinado al almacenaje de mercancías, quizás para la venta o pendientes de su reexpedición en fletes navales. Asimismo, estas estructuras, fechadas en las últimas décadas del s. II a.C., denotan el carácter estable de la ocupación romano-republicana, al tiempo que han permitido entrever el cambio de orientación de los ejes urbanísticos entre época republicana y altoimperial, al haberse detectado una disfunción evidente entre los ejes del trazado de la habitación excavada –en este caso de este a oeste- y los posteriores.

El estudio en detalle de los contenidos o de los residuos resultado de la degradación de los mismos se ha podido realizar en el caso de seis ánforas completas o semi completas, algunas de ellas incluso con el opérculo en las inmediaciones. Los resultados, abordados por un equipo interdisciplinar de la Universidad de Cádiz y la Autónoma de Madrid, han sido publicados en diversos foros (Bernal *et alii*, 2004, 25-90; Roselló *et alii*, 2003, 153-154). Básicamente su problemática se resume en lo siguiente. Las ánforas vinarias, todas ellas de importación campano-lacial o etrusca, estaban vacías en su interior, presentando costras y/o adherencias resultado de la degradación del vino[4]. Las demás (dos grecoitálicas tardías/Dr. 1 A tempranas de producción regional y un ánfora tardopúnica del tipo Mañá C2B –Ramon T-7.4.3.2), contenían restos de preparados de origen piscícola. En los tres casos citados se procedió al cribado del sedimento interior, y a su flotación, habiendo recuperado restos arqueozoológicos en todas ellas. El ánfora púnica tenía únicamente escamas del corsé de atunes de gran tamaño, de lo que se ha deducido que conservaba originalmente restos de carne de grandes túnidos en salazón, ajustándose a la variedad de *salsamenta* citada en las fuentes (Curtis, 1991). Por su parte, las dos grecoitálicas de pasta gaditana presentaban una trilogía que denota que no nos encontramos ante un hecho casual: grandes escamas y otros restos de ictiofauna, escasos restos de mamíferos terrestres y algunas virutas de caracoles de gran tamaño, amén de otros restos de fauna intrusiva[5]. La interpretación del producto comercializado en estos envases es que nos encontramos ante una salsa de contenido mayoritariamente piscícola (grandes trozos de atunes y escómbridos), a la que se le adicionaron intencionalmente restos cárnicos de mamíferos terrestres (cochinillo y ovicáprido respectivamente), y caracoles terrestres, para darle un cierto "bouquet" especial a la salsa. Se trata de la primera vez que se documentan arqueológicamente este tipo de salsas mixtas, una variante del *garum* no conocida hasta la fecha en los recetarios de la Antigüedad, de ahí el gran interés de estos hallazgos.

Por último, incidir en que estos hallazgos han servido adicionalmente para valorar cómo las imitaciones regionales –gaditanas- de ánforas itálicas (grecoitálicas y Dr. 1) estuvieron destinadas, al menos en ocasiones, al envasado de productos de origen piscícola, y no de vino como en su zona de origen, confirmando una propuesta realizada hace años de restitución de las conocidas marcas anfóricas de El Rinconcillo como *S(ocii) C(etariorum) G(aditanorum)*, vinculándolas a contenidos salsario-salazoneros (Étienne y Mayet, 1995).

Por otra parte, en el corte estratigráfico realizado en el ángulo sureste de este sondeo se detectaron al menos cinco horizontes de ocupación caracterizados por presentar facies cíclicas de suelo/abandono, con una potencia total de casi tres metros (figura 5). Todas ellas se fechan en época republicana y en un arco temporal no superior a medio siglo, por lo que la explicación de tan dinámico proceso de amortizaciones no resulta sencilla, máxime si tenemos en cuenta la ausencia de datos asociables a episodios traumáticos, tales como incendios. Por el contrario, tendemos a pensar que las explicaciones posibles para esta cuestión, a verificar en el futuro con intervenciones geoarqueológicas específicas, pasan bien por encontrarnos ante las evidencias tangibles de una agresiva dinámica litoral en el entorno que provoca tormentas de arena o pequeños maremotos, o bien fases de ocupación estacional de estos ambientes –derivadas de la temporada de

Figura 5.- Cata estratigráfica realizada en el C.I. VI.

[4] Estos análisis, que demuestran una clara vinculación con sustancias de origen vínico al haber detectado taninos, han sido analizados por colegas del Dpto. de Tecnología de los Alimentos de la Facultad de Ciencias de la UCA (Dres. L. Pérez y V. Palacios), a quienes queremos mostrar nuestro agradecimiento.

[5] Remitimos a los trabajos citados para ampliar los detalles técnicos al respecto (Roselló *et alii*, 2003; Bernal *et alii*, 2004, 85-90).

almadrabas- con el consecuente abandono de las estructuras y su natural cubrición por dunas móviles.

El registro material recuperado en todas estas fases es similar (barnices negros y ánforas grecoitálicas y tardopúnicas), por lo que la cronología no parece llegar en ningún momento a fechas anteriores al s. II a.C. Además, en estos horizontes se han recuperado restos de malacofauna procesada térmicamente en una serie de hogares y grandes túnidos en posición anatómica, de lo que se infiere la gran diversificación en la explotación de los recursos del mar y la intensidad de las capturas, posiblemente asociables a la pesca con almadrabas. Del análisis de estos restos ictiológicos se desprende que los atunes constituyen con diferencia el sector dominante de fauna (61% de los restos estudiados, 67% de los vertebrados y 70% del total de los peces). Por otra parte, el desglose esquelético de partes evidencia la aparición de todas las porciones constituyendo los restos craneales un nada despreciable 34% y las vértebras apenas el 10% de lo identificado (Morales y Roselló, 2007). Estos hallazgos son de gran interés ya que los huesos más grasos del atún suelen conservarse mal, por lo que es frecuente que los más frágiles –radios aletiles y cráneos- no aparezcan en el registro arqueológico; sin embargo, en *Baelo* son los más numerosos. Es también significativa la presencia de agallas, pues al igual que los anteriores no suelen estar presentes, de lo que se podría deducir que no fueron desechadas con el resto del esqueleto, quizá debido a su uso en la elaboración de ciertas *salsamenta*, como el *haemation* realizado básicamente con las agallas de pescado y su sangre (Curtis, 1991). Por último, el estudio de las vértebras, además de revelar la existencia de columnas vertebrales completas, con frecuencia sectores en conexión anatómica, es asimismo revelador del proceso de fileteado del atún.

Es evidente, a tenor de estos restos de ictiofauna, la vinculación de este horizonte cronológico con la explotación de los recursos del mar; sin embargo, debido al carácter aislado de los hallazgos, no permite interpretarlos funcionalmente bien como restos de comida, bien como despojos relacionados con actividades industriales.

Crono-estratigráficamente pueden vislumbrarse, con la cautela necesaria ante un registro no excesivamente numeroso, dos momentos diferenciados dentro de un lapso temporal no demasiado prolongado (algunas décadas o alrededor de medio siglo quizá): en primer lugar, podemos aislar los momentos de ocupación y abandono constatados en las UU.EE 105-106, en cuyos estratos se documentaron las estructuras murarias y el destacable conjunto anfórico ya descrito, que evidenciarían momentos avanzados de la actividad desarrollada en el lugar y que se podría situar quizás alrededor de 130-100 a.C., si atendemos a la tipología anfórica y a la vajilla de barniz negro; en segundo lugar, parece poder diferenciarse un momento más antiguo correspondiente a la base de la estratigrafía, en concreto relacionado con las UU.EE 120-121, cuyo contenido cerámico sugiere un inicio de la ocupación de la costa baelonense anterior, que podría situarse hacia el 140-130 a.C, en cualquier caso posterior a la mitad de la centuria. En cualquier caso ambas subfases, aparentemente etapas de una misma secuencia de uso del lugar, son deudoras de las características generales ya expresadas en lo referente a la funcionalidad y tipología en general.

Un último aspecto que se evidencia de todo el conjunto material documentado, especialmente de los envases anfóricos, las piezas de BN y otras categorías de cocina, es el carácter portuario de cierta importancia del enclave, que estaba abierto tanto a los numerosos productos itálicos documentados como a los manufacturados en los alfares de *Gadir*, que probablemente actuó como redistribuidor de los primeros en buena medida, si bien no podemos destacar un papel significativo de estos momentos iniciales de *Baelo* en las rutas marítimas entre el Estrecho de Gibraltar y *Gadir*.

6.- Las actuaciones arqueológicas en el denominado Conjunto Industrial III (año 2002).

Se trata de una zona parcialmente excavada por P. París en la cual parecían documentarse aún los restos de los niveles de colmatación de la factoría inmediatamente tras su abandono. En concreto este sondeo, el número 2, se localizó junto al muro perimetral oeste del Conjunto Industrial III que da acceso a la Calle de las Columnas. La previsión inicial era localizar los niveles de colmatación de las estructuras arquitectónicas, pues daba la impresión de que el registro arqueológico se conservaba completo en esta zona, si tenemos en cuenta la cota del terreno en relación con los edificios adyacentes, que se sitúa a más de un metro por encima de los mismos.

En este sondeo se han documentado los niveles de colmatación del supuesto conjunto industrial, habiéndose podido fechar la amortización definitiva del mismo durante la segunda mitad del s. II d.C., pues se han hallado restos de la techumbre realizada en material constructivo latericio (*tegulae* e *imbrices*) caídos sobre la pavimentación de la habitación, habiendo sido realizada esta última a base de tierra apisonada. Inmediatamente debajo del nivel de derrumbe de la estructura perimetral norte, que da acceso a este edificio, han aparecido diversas unidades sedimentarias con multitud de materiales arqueológicos que confirman el relleno antrópico y el abandono definitivo de estas instalaciones en unas fechas anteriores a las previstas inicialmente. En efecto, toda esta zona parece haber sufrido un proceso de abandono intencional en un momento muy temprano (segunda mitad del s. II d.C.), en el cual otras zonas de la factoría se mantuvieron a pleno rendimiento.

Se ha localizado *in situ* una columna compuesta por cuatro tambores almohadillados realizados en biocalcarenita, al tiempo que se ha podido excavar hasta el nivel de pavimentación de las habitaciones. En este sentido ha resultado interesante documentar la topografía del barrio industrial en esta zona de la ciudad, con unidades de habitación situadas a una cota ostensiblemente inferior a la prevista inicialmente, habiéndose confirmado la existencia de estructuras al menos con dos pisos en esta zona, aspecto éste que confirma el dinamismo del urbanismo del barrio meridional y la existencia de varios modelos arquitectónicos en el interior de la factoría baelonense.

Especialmente relevante ha sido la constatación de una fase anterior a la construcción del complejo industrial, la cual se fecha en época romano-republicana, y cuya detección ha sido posible al excavar bajo los niveles de pavimentación anteriormente comentados. Junto a la existencia de una unidad constructiva arrasada en dirección norte-sur, se ha localizado parte de una pavimentación realizada con *summae crustae* que ha permitido contrastar arqueológicamente la existencia de una ocupación antrópica en la zona en el s. II a.C. de gran importancia, especialmente si unimos estos hallazgos a los producidos en el Sondeo 1 realizado en el Conjunto Industrial VI.

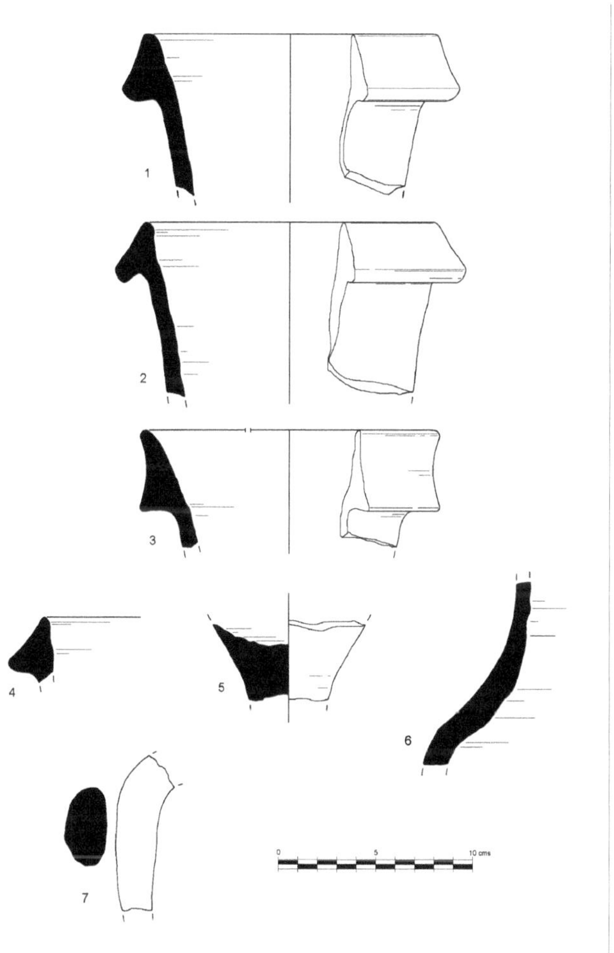

Figura 6.- Selección de materiales de la U.E. 218 del Sondeo 2. 1, 2, 4.- Bordes de ánforas grecoitálicas tardías o Dr. 1 iniciales (BC/01/218/1, 2, 3); 3.- Dr. 1 A itálica (BC/01/218/4); 5.- Pivote de grecoitálica tardía/Dr. 1 de pasta gaditana (BC/01/218/6); 6.- Pared de ánfora itálica campano-lacial (BC/01/218/10); 7.- Asa de ánfora itálica (BC/01/218/8).

El horizonte material se caracteriza nuevamente por la alta presencia de envases anfóricos (48% del total cerámico, más un 19% de opérculos relacionados con su hermetización), lo que de nuevo nos sitúa ante un ambiente industrial costero vinculado con la manufactura y comercialización de derivados piscícolas. Destacan las importaciones itálicas, fundamentalmente ánforas de los talleres campo-laciales, así como alguna Dr. 1A. Junto a ellas están presentes diversas producciones del área del Estrecho –ánforas de los tipos T-9.1.1.1 y T-7.4.3.3 (figura 6). Asimismo se han documentado diversas manufacturas ibéricas, greco-orientales y al menos un par de envases cartagineses (uno de ellos con seguridad perteneciente al tipo T-7.4.2.1), que de nuevo permiten constatar una actividad en la zona al menos durante el tercer cuarto del s. II a.C.

Por otra parte, llama la atención la ausencia de vajilla de BN y el reducido número de otros elementos morfológicamente itálicos. Entre la vajilla de uso cotidiano culinario o de mesa son frecuentes, otra vez más, los de morfología itálica (grandes platos-tapadera Burriac 38,100 o cazuelas de la forma Torre Tavernera 4,10), así como los de fabricación regional (cuencos simples o jarritas). Por último, destacan algunos elementos exógenos como *kalathoi* y jarritas grises bicónicas manufacturados probablemente en alfares costeros catalanes (figura 7) y que testimonian una plena incidencia de las grandes líneas comerciales desarrolladas en estos momentos en la costa atlántica gaditana, cuestión por el momento poco conocida en esta zona excepto por recientes hallazgos gaditas (Montero *et alii*, 2004) o lixitas (Bonet *et alii*, 2001; Izquierdo *et alii*, 2001), y que parece poder insertarse sin problemas en la dinámica comercial de la época que integraba el tradicional y restaurado eje entre *Gadir*, *Cartago Nova*, *Ebusus* y *Emporion*.

Las características del conjunto cerámico estudiado señalan su proximidad funcional, cultural y cronológica a los horizontes republicanos documentados en el Sondeo 1. A efectos

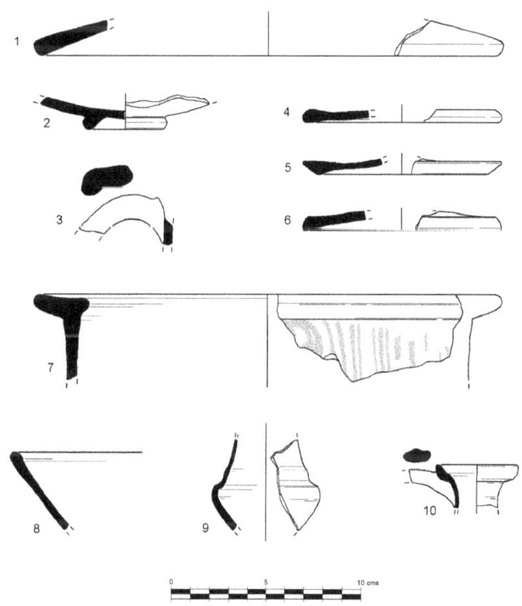

Figura 7.- Selección de materiales de la U.E. 218 del Sondeo 2. 1.- Tapadera de común itálica (BC/01/218/26); 2.- Base de una pátera de posible barniz rojo púnico-gaditano (BC/01/218/23); 3.- Asa de cerámica común (BC/01/218/24); 4-6.- Bordes de opérculos (BC/01/218/32, 27 y 28); 7.- Kalathos ibérico pintado en rojo (BC/01/218/24); 8.- Borde de común (BC/01/218/34); 9.- Pared y carena de cerámica gris (BC/01/218/7); 10.- Borde, asa y pared de común (BC/01/218/sn).

de datación y ante la ausencia de elementos definitorios como la vajilla de BN, la presencia de envases anfóricos cartagineses se revela esencial, señalando un inicio de la ocupación desarrollado, cuando menos, durante el tercer cuarto del s. II a.C. El resto de elementos de juicio de cierto peso, como la tipología anfórica o las importaciones ibéricas, sugieren como en el caso del Sondeo 1 una prolongación de la cronología hasta posiblemente los inicios del s. I a.C., diferenciándose netamente del horizonte material ofrecido por contextos sertorianos o pos-sertorianos como algunos silos ampuritanos (Aquilué *et alii*, 2002, 18-20), los niveles de destrucción de *Valentia* (Ribera, 1998, 346-359), algunos contextos de *Tarraco* (Díaz, 2000, 228-229) o los hallazgos del complejo minero cordobés de La Loba (Passelac, 2002; Benquet y Olmer, 2002).

Destacar también que se hallaron restos de fauna terrestre y marina, con un claro predominio de la segunda, siendo abundantes los restos malacológicos de diversos taxones. De ahí se puede inferir, aunque indirectamente, que las actividades realizadas en época republicana en esta zona estaban relacionadas, una vez más, con la explotación de los recursos del mar. Asimismo, el análisis de los testimonios anfóricos recuperados aporta de nuevo claros indicios de que nos encontramos en un área relacionada con actividades industriales y/o comerciales, con la circulación o almacenaje de envases o su procesado debido a la cercanía de los saladeros y del puerto proporcionado por la cercanía de la costa.

Por último, incidir en el hecho de que en los dos sondeos realizados en el barrio meridional de *Baelo Cluadia* en los cuales se ha profundizado por debajo de los pavimentos de las habitaciones sí han aparecido restos de época republicana. Además, la notable separación entre ambos cortes (Sondeos 1 y 2), cercana a los 50 mts. lineales, permite proponer que bajo la actual superficie del barrio meridional deben existir evidencias de ocupación anterior, fechables en la segunda mitad del s. II a.C., dispersas por toda su superficie.

7.- Las evidencias romano-republicanas de Punta Camarinal-El Anclón.

Como parte del *territorium* costero de esta ciudad hispanorromana, uno de los yacimientos más vinculados al asentamiento fue la pequeña factoría de salazones documentada en la confluencia de la Playa de Bolonia con Punta Camarinal, asentamiento descubierto por M. Ponsich (1988, 199) en los años ochenta, en el cual no se había realizado intervención arqueológica alguna. En los últimos años, de nuevo en el marco de los Cursos Internacionales de Arqueología Clásica en *Baelo Claudia*, se han llevado a cabo diversas prospecciones arqueológicas en la zona que han permitido recuperar materiales arqueológicos que confirmaban la existencia de un asentamiento industrial en el lugar en época romana, según se deduce de los restos de piletas hoy visibles en las primeras estribaciones rocosas de la Cala del Tesorillo (figura 8), habiendo sido documentados mayoritariamente materiales de época tardorrepublicana (Arévalo *et alii*, 2001, 115-132). No obstante, los hallazgos documentados por Ponsich se fechaban, según este investigador, hasta el s. IV d.C. (Ponsich, 1988, 199) por la aparición de sigillata clara D.

El yacimiento arqueológico en cuestión no contaba con una catalogación específica, limitándose su conocimiento a los datos indirectos comentados anteriormente. Por otra parte, el estudio del medio físico en la ensenada de Bolonia y su evolución histórica (Ménanteau *et alii*, 1983, 193) habían llevado a plantear la existencia, en las inmediaciones de Cabo Camarinal, de una zona apropiada para el fondeo y refugio de embarcaciones (Alonso y Navarro, 1998, 137; Alonso *et alii*, 2003, 68-70).

Figura 8.- Vista general de Punta Camarinal-El Anclón.

Como condicionantes previos al inicio de la intervención arqueológica se contaba con tres elementos: la existencia del fondo de dos piletas revestidas de *signinum* en un mogote pétreo junto a la línea de costa, una unidad muraria en dirección norte-sur localizada a unos cinco metros al oeste de las piletas, además de un notable afloramiento superficial de fauna junto a una escorrentía que cruzaba la zona en dirección sur-norte.

La planificación del trabajo de campo conllevaba, en primer lugar, la realización de la planimetría arqueológica de los restos emergentes, antes citados, debido al total desconocimiento y delimitación del yacimiento arqueológico. En segundo lugar, se planteó la ejecución de tres cortes estratigráficos (sondeos 4, 5 y 6) trazados en torno a un eje perpendicular a la ya mencionada estructura muraria, con el objetivo de que sirviese de nexo de unión espacial entre las piletas por el este y la zona más alta de la secuencia estratigráfica por el oeste, vector lineal con una longitud de una veintena metros que serviría para poder referenciar en planta todas las estructuras identificadas previamente al inicio de la intervención.

Desde un punto de vista cronológico, las estructuras y niveles arqueológicos excavados permiten fechar la etapa de uso y abandono del asentamiento en un momento similar al constatado en *Baelo*, aunque quizá algo más avanzado (entre 140/130 a.C.), perdurando el uso de las instalaciones hasta al menos el primer cuarto del s. I a.C. Algunos testimonios dispersos señalan la presencia antrópica en época tardorrepublicana o altoimperial inicial, siendo prácticamente imposible en base a la muestra cerámica disponible elucubrar sobre la posible discontinuidad entre ambos momentos. En efecto, los hallazgos cerámicos documentados, sin tener en cuenta las cerámicas modernas de los estratos superficiales y las probables intrusiones aparentemente más recientes (tégula, Dr. 1C), no difieren mucho de la expuesta para los Sondeos 1 y 2, predominando otra vez, en lo referente a las ánforas, el binomio compuesto por importaciones itálicas y gadiritas. Entre las primeras destacan los envases de tipo grecoitálico tardío, la mayoría de alfares campano-laciales. Entre las manufacturas anfóricas de *Gadir* se documenta una mayor variedad formal, con anforillas T-9.1.1.1, acompañadas de algunas T-8.2.1.1 de líneas evolucionadas, T-12.1.1.2 y un ejemplar de T-7.4.3.3, muestra completa del repertorio de la metrópolis extremo-occidental durante las últimas décadas del s. II a.C. También encontramos alguna forma de probable origen griego oriental, así como quizá un individuo perteneciente al denominado tipo tripolitano antiguo. Un par de individuos clasificables dentro del grupo de las Sala I, con morfologías claramente diferenciadas, podrían pertenecer a esta fase plenamente republicana, si bien la presencia de otros elementos "intrusivos" más recientes plantea dudas al respecto. Además de este importante conjunto anfórico se recuperaron un gran número de opérculos de influjo cartaginés, así como otros de diámetro variable dotados de pellizco de aprehensión sólido relacionables con los envases itálicos.

El resto de los hallazgos, compuestos esencialmente por cerámicas barnizadas y comunes pertenecen al ajuar cotidiano de los trabajadores de la instalación pesquero-conservera de Punta Camarinal. La vajilla de barniz negro itálica comprende varios boles de la forma L27 (quizá en la variante 27ab), una pátera L5, así como otros elementos de morfología menos precisa, si bien parece tratarse en general de producciones propias de momentos avanzados del s. II a.C., coincidentes en buena medida con el horizonte reflejado en los CCNN (Sanmartí y Principal, 1998; Principal, 2000), y otros contextos del último tercio de la centuria. La vajilla de barniz rojo helenística de manufactura gadirita también está presente (Niveau, 2003 y 2004), con un plato de pescado L23, lo que parece mostrar que a pesar de la decadencia de estas producciones en esta recta final del s. II a.C., su vigencia exportadora aún mantenía cierto nivel al menos en el ámbito regional cercano. Entre el repertorio común, los más numerosos son los de producción regional (cuencos simples, ollas, vasos, jarritas y tapaderas), muestra de las necesidades cotidianas de los trabajadores. Por último resalta la presencia de una pequeña tinaja pintada con bandas rojas y negras de filiación turdetana, cuya vía de llegada bien pudo ser la marítima acompañando quizá los productos gadiritas o fruto de los contactos con el entorno turdetano de *Baelo*.

En cuanto a la funcionalidad de este asentamiento, es evidente que está directamente vinculada con la explotación de los recursos piscícolas del entorno. Para defender tal propuesta contamos con al menos tres argumentos de peso.

El primero de ellos es la existencia en la zona de las bases de dos saladeros o piletas revestidas de *signinum*, cuya relación con la industria conservera es evidente. Su situación a pie de costa confirma la existencia de una *cetaria* en las inmediaciones, cuya relación con las estructuras excavadas parece obvia, aunque no sea posible confirmar la sincronía entre ellas. En efecto, detalles topográficos y algunos materiales cerámicos –Dr. 1C que daría una cronología de la primera mitad del s. I a.C.- parecen plantear que estas estructuras se corresponden con dos momentos edilicios diferentes, de manera que las piletas constituirían la natural continuidad en el tiempo de las actividades precedentes.

En segundo lugar contamos con las evidencias procedentes de la funcionalidad de las habitaciones excavadas, cuya relación con pequeños *horrea* portuarios es la propuesta más viable por el momento. Se trata de un edificio del cual se conserva su ángulo suroeste, compuesto al menos de dos habitaciones, y con su acceso desde cualquier lugar menos desde el oeste. Debemos destacar que la técnica constructiva es totalmente divergente a la habitación documentada en el Sondeo 1 en el interior del barrio meridional baelonense, la cual se caracterizaba por el empleo de zócalos de *opus vittatum* con empleo masivo de calizas y alzados de tapial, frente al empleo en Camarinal de *incertum* en ostionera, diferencia constructiva que puede reflejar bien una diacronía o una divergente funcionalidad. En cuanto al registro cerámico aparecido, éste se relaciona en un 95% con ánforas de transporte, que se debían encontrar apiladas en dichas estancias de almacenaje. Y en el único caso en el cual han aparecido restos de contenido asociados a una de ellas (imitación gaditana de Dr. 1 A), éste estaba relacionado con productos de origen marino. Tampoco debemos olvidar que la mayor parte de las ánforas halladas eran salazoneras (T-8.2.1.1., T-9.1.1.1 y T-7.4.3.3), acompañadas por algunas vinarias itálicas (Dr. 1 A campano laciales), en una dinámica prácticamente idéntica a la detectada en los niveles republicanos del Conjunto VI de la factoría baelonense (Bernal *et alii*, 2003). Es decir, almacenes para ánforas mayoritariamente salsarias y salazoneras (figura 10).

El tercer argumento es, con diferencia, el más contundente e importante, al haber sido excavado un depósito de miles de restos óseos de túnidos asociables a colas, aletas y columnas en posición anatómica. En efecto, en las 11 unidades estratigráficas que forman esta asociación, se han contabilizado un total de 395 restos de moluscos, 683 vértebras de atún y posiblemente varios miles (hay 1200 contabilizados hasta el momento) de piezas procedentes de radios aletiles, donde parecen dominar los pectorales y caudales en conexión anatómica (figura 9).

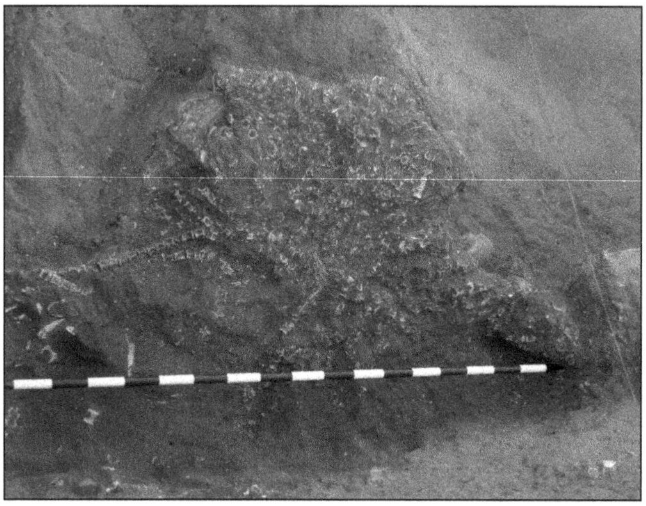

Figura 9.- Pudridero localizado en Punta Camarinal-El Anclón.

También se encuentran en conexión anatómica las vértebras, generando columnas de túnidos unas sobre otras, dando la impresión que las carcasas se acumularon en un episodio muy corto de tiempo, posiblemente de pocas horas de duración, siendo cubiertas con tierra casi inmediatamente. Seguramente para evitar los malos olores que produciría la putrefacción de tal cantidad de restos de voluminoso tamaño. La conservación de los radios aletiles pectorales y caudales apoya tal hipótesis pues de otro modo, el ataque de perros, gaviotas u otros carroñeros habría desintegrado, al menos, las porciones periféricas de las carcasas.

Destaca la ausencia de elementos craneales y de las primeras vértebras troncales, que son frecuentes en *Baelo Claudia.* Esta ausencia quizá se deba a que las cabezas, con las vértebras más próximas, fueron transportadas o acumuladas en otro lugar tras su separación del resto del espinazo.

Al igual que ocurre en *Baelo Claudia*, la fauna de moluscos que acompaña a los atunes de Punta Camarinal se encuentra dominada por las lapas (47% de los moluscos identificados) e incluye unos pocos restos de pulmonados (caracoles terrestres, en este caso *Theba pisana* y *Helix aspersa*). Parece pues que otro tipo de fauna se procesaba en estas factorías de salazón.

Por otra parte, conviene resaltar que dichas concentraciones de restos ictiológicos se situaban en torno a un sillar de ostionera de grandes dimensiones localizado en posición primaria. Quizás se trata de la base de un yunque o de una mesa para facilitar las tareas de despiece del pescado.

Por todo ello, no cabe la menor duda de que nos encontramos ante una instalación relacionada con la industria pesquera en época romano-republicana. No obstante, desconocemos por el momento si se realizaban en esta zona actividades relacionadas con las conservas de pescado, pues únicamente las piletas sobre el mogote pétreo apuntan en tal dirección y no sabemos si son sincrónicas. Otra propuesta es que nos encontremos ante un establecimiento con un punto de embarque en el cual se descargasen los productos obtenidos en la almadraba –tras su limpieza y eliminación parcial de despojos-, bien para procesarlos en el mismo sitio, en estructuras aún no excavadas (por lo que nos encontraríamos ante una *cetaria*), bien para su transporte a alguna factoría cercana, parcialmente preparados, quizás al barrio industrial de *Baelo Claudia.* Lo que no cabe duda es que ésta es una de las primeras ocasiones en las cuales se documenta un depósito de grandes túnidos conexionados anatómicamente en ámbito hispano.

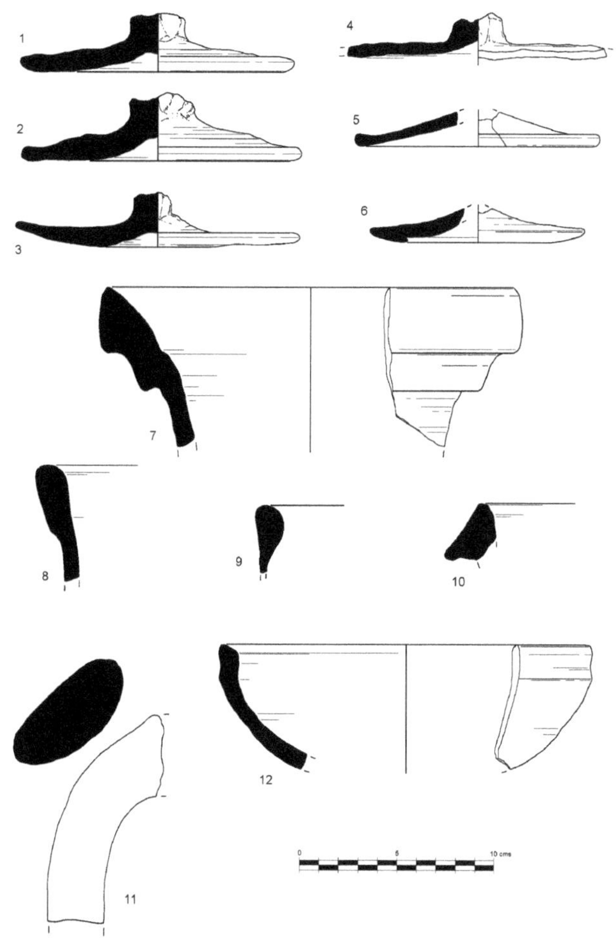

Figura 10.- Selección de materiales de la U.E. 602 del Sondeo 6. 1-6.- Opérculos anfóricos (BC/03/602/16, 14, 13, 15, 17, 18; nº 2.- OP.2; nº 3.- OP.3; nº 4.- OP.1); 7.- Borde de LC 67/Sala I (BC/03/602/6); 8.- Borde de T-8.2.1.1 (BC/03/602/3); 9.- Borde de T-9.1.1.1 (BC/03/602/4);10.- Borde de grecoitálica tardía (BC/03/602/2); 11.- Asa de ánfora itálica (BC/03/602/7); 12. Cuenco de cerámica común (BC/03/602/8).

Por último, incidir que en Punta Camarinal-El Anclón nos encontramos con un yacimiento con una actividad claramente documentada en época republicana, pero con indicios de ocupación en época precedente y posterior. No obstante, el abandono de la zona excavada sí permite inferir un posible traslado de la actividad fabril a partir de dicho momento a otros lugares de la ensenada de Bolonia, posiblemente a la zona en la cual en estos mismos momentos de la segunda mitad del s. II a.C. se ha constatado una intensa actividad relacionada con los recursos del mar. Puede ser éste el momento en el cual se comience a producir la concentración de las actividades pesquero-conserveras en la zona meridional de la ciudad hispanorromana, siendo estas actividades el germen de su posterior urbanismo.

8.- Conclusiones.

Debemos resaltar en primer lugar la documentación de niveles de época republicana, centrados en la segunda mitad del s. II a.C., en todos aquellos lugares en los cuales se ha excavado la totalidad de la secuencia estratigráfica: el Sondeo 1 en la fábrica de las piletas troncocónicas, el Sondeo 2 del C.I. III y en los tres cortes realizados en Punta Camarinal (Arévalo *et alii,* 2002; Arévalo y Bernal, 2007).

Desde un punto de vista cronológico, los resultados obtenidos en los sondeos realizados son coincidentes, al ofrecer una cronosecuencia centrada en momentos muy avanzados del s. II (Sondeos 1 y 2), pues los contextos cerámicos parecen sugerir un inicio de la actividad en la costa baelonense hacia el 140/130 a.C., y que quizás llegue a inicios del s. I a.C. en Punta Camarinal. Asimismo, queremos resaltar la singularidad del contexto arqueológico desde el punto de vista cronológico, pues carecemos de secuencias estratigráficas de época republicana en la zona que nos ocupa. En este sentido, destacar únicamente los recientes resultados de las intervenciones hispano-marroquíes en *Lixus*, concretamente los de la Fase Púnico-Mauritana I (175/150-80/50 a.C.), también con abundantes importaciones itálicas.

Por otra parte, es evidente en todos los casos que se trata de contextos con una clara vocación portuaria e industrial, cuyos contenidos cerámicos muestran tanto las necesidades de la industria conservera situada en la ensenada, como las necesidades de abastecimiento y usos cotidianos de los empleados en las pesquerías y saladeros, aportando también una buena muestra del tráfico marítimo comercial desarrollado en la costa gaditana. Resaltar asimismo la excepcionalidad del contexto anfórico del Sondeo 1, que ha deparado restos de dos imitaciones regionales de grecoitálicas tardías/Dr. 1 llenas de una salsa mixta de pescado y carne, así como una ánfora púnica con restos de *salsamenta* (Bernal *et alii*, 2003; Roselló *et alii*, 2003). Se trata de uno de los escasos contextos mediterráneos al respecto, que no llegan a la treintena de atestaciones en función de los datos publicados (García Vargas *et alii*, 2007). Todo ello convierte a estos hallazgos en especialmente importantes para el conocimiento de la gastronomía en la Antigüedad, siendo los primeros hallazgos de estas características en todo el Círculo del Estrecho en época romana.

La primera inferencia histórica general que podemos realizar es que la ocupación de Bolonia durante época republicana fue muy intensa y, aparentemente generalizada a la parte baja de la ciudad. En este contexto de valoración de la importancia de la ocupación de la zona durante el s. II a.C. se inserta la constatación de actividades edilicias de cierta magnitud en las últimas áreas intervenidas: una habitación con un almacén porticado en el Sondeo 1, además de la existencia de seis fases constructivas superpuestas documentadas en este mismo sondeo; así como, una pavimentación de *crustae* y otras estructuras arrasadas en el Sondeo 2. A ello debemos sumar las antiguas evidencias constatadas al norte del *decumanus*, bajo el *macellum* y las instalaciones situadas al oeste (Dardaine y Bonneville, 1980, 375-419; Didierjean *et alii*, 1986, 80-89; Sillières, 1995, 52-53). También se puede concluir que en estas fechas la ocupación del territorio afectó a otros sectores, tales como la orilla derecha del Arroyo de las Viñas (Domergue, 1973) o Punta Camarinal (Arévalo y Bernal, 2007).

Cabe plantearse algunas cuestiones que las intervenciones arqueológicas efectuadas hasta el momento no han terminado de clarificar, dada su escasa extensión en lo referente a las áreas inferiores de las estratigrafías: por un lado, es evidente la ocupación fundamentalmente conservera republicana, sin que se haya documentado, por el momento, un núcleo cívico estable republicano bajo la posterior ciudad altoimperial, por lo que sigue sin haber argumentos arqueológicos claros que permitan hablar de una ciudad republicana en la costa. En este sentido, conviene traer ahora a colación la reciente propuesta de García-Bellido (2001, 325-327) de considerar esta área industrial asociada al primer *oppidum* presumiblemente en la Silla del Papa, es decir que en este lugar se encontraría el *oppidum* prerromano y la *Bailo* púnico-republicana, cuyo testimonio cívico mejor conocido, hoy por hoy, son sus monedas, que por otra parte parecen evidenciar que antes del desarrollo de la industria conservera, su actividad productiva y económica estaba vinculada a la agricultura y a la ganadería, como evidencia la iconografía monetal.

La hipótesis de que se trate de un apéndice del *oppidum* situado en la Silla del Papa, el cual sería aprovechado con funciones pesqueras y especialmente durante las campañas de pesca de las especies pelágicas, permitiría explicar el por qué de las cíclicas fases de construcción y abandono detectadas especialmente en el Sondeo 1.

El aprovechamiento pesquero-conservero detectado en la ensenada de Bolonia bien pudiera haber sido realizado por la propia ciudad indígena, bien por entes cívicos más potentes o por agentes o sociedades privadas dedicados a tales fines. En este sentido, la parquedad de los datos arqueológicos sobre esta fase y la dificultad de apreciar este tipo de aspectos a través de la cultura material nos hacen ser cautos sobre el particular. Si bien pensamos que la intensa ocupación del área costera podría ser puesta en relación con los intereses de los colonos itálicos asentados en la zona del Estrecho tras la conocida *deductio* de *Carteia* en el 171 a.C. La colonización de que fue objeto esta zona durante los ss. II y I a.C., al amparo de la ciudad de *Carteia*, principal potencia económica del Estrecho de Gibraltar en estos momentos, explicaría la presencia mayoritaria de moneda de *Carteia* (figura 4) frente a otras cecas hispánicas como refleja la circulación monetaria constada en *Baelo Claudia*, en donde por otro lado son escasas las monedas de *Gadir*. En este sentido queremos destacar que las dos únicas monedas que han aparecido en las intervenciones arqueológicas acometidas por la Universidad de Cádiz proceden de esta ceca y que han sido halladas en estos contextos romano-republicanos. También los hallazgos de sellos anfóricos vinculados al grupo de los *Sextii* parecen apuntar en este sentido: resulta tentador plantear la existencia de una posible filial de los *Sextii* en esta zona de la *Ulterior*, propuesta que explicaría el desarrollo posterior de alfares con producciones genuinamente itálicas como el caso de El Rinconcillo en Algeciras.

La conexión de esta fase "industrial" costera con la posterior ciudad augústea no está del todo clara, y la cronología de la amortización de estructuras como las localizadas en el Sondeo 29 de 1966 o en el recientemente excavado Sondeo 1, anteriores claramente a mediados del s. I a.C. sugieren cierta cautela en este aspecto. De cualquier forma, nuevas intervenciones más extensas y ubicadas en diversos puntos de la zona sur de la ciudad deberán corroborar o matizar estos extremos.

Por último, careciendo por el momento de datos estratigráficos de la Silla del Papa, no podemos saber el momento de traslado hacia la costa (cuyas industrias comienzan a funcionar en la segunda mitad del s. II a.C.), pero sí debemos plantear la necesidad de cierta cautela en esta fase de la investigación respecto a relacionar dicho proceso con sucesos como las guerras civiles, el conflicto sertoriano o elementos más genéricos como la romanización socio-económica de las élites de *Bailo*. Pues como muestran cada vez con más contundencia las últimas intervenciones arqueológicas, la industria conservera de la entidad cívica baelonense estaba plenamente en funcionamiento desde momentos de mediados del s. II a.C., por lo que pudo ser la excelente marcha del negocio conservero y portuario una causa capital para el traslado, por encima de decisiones políticas o efectos de conflictos armados, si bien se trata de una sugerente línea de trabajo a desarrollar en el futuro (Bernal *et alii*, 2007).

Bibliografía

ALONSO, C.; OJEDA, R; MÉNANTEAU, L.; GRACIA, J. F. (2003): "Análisis geoarqueológico del sector meridional de *Baelo Claudia* (Tarifa, Cádiz)", *PH Boletín del Instituto Andaluz del Patrimonio Histórico*, 43, 58-74.

ALONSO, C. y NAVARRO, M. (1998): "*Baelo Claudia*: sus posibilidades portuarias y la navegación por el Estrecho de Gibraltar", *III Jornadas de Arqueología Subacuática. Reunión Internacional sobre puertos antiguos y comercio marítimo* (Valencia 13, 14 y 15 de Noviembre de 1997), Valencia, 133-140.

ÁLVAREZ, A.; ARÉVALO, A. y BERNAL, D. (2003): "Intervención Arqueológica de Urgencia en la playa de Bolonia (Punta Camarinal-El Anclón, Tarfia)", *Anuario Arqueológico de Andalucía*, Sevilla.

AQUILUÉ., X.; CASTANYER, P.; SANTOS, M. y TREMOLEDA, J. (2002): "El campo de silos del área central de la ciudad romana de Empúries", *Romula*, 1, 9-38.

ARÉVALO, A. y BERNAL, D. (1999): "La factoría de salazones de *Baelo Claudia*: balance historiográfico y novedades de la investigación", *Cuadernos de Prehistoria y Arqueología de la Universidad Autónoma de Madrid*, 25, 73-127.

- (2004): "Contexto cerámico de época romano-republicana", AA.VV., *Garum y salazones en el Círculo del Estrecho* (Algeciras mayo-septiembre 2004), Granada, 142-147.

- (2006, a): "Docencia e investigación en *Baelo Claudia*. Balance de los Cursos Internacionales de Arqueología Clásica (2000-2004)", *I Jornadas Internacionales de Baelo Claudia*. Balance *y perspectivas (1966-2004*), (Cádiz, 2004).

- (2006, b): "El proyecto «Cursos Internacionales de Arqueología Clásica en *Baelo Claudia*»", *I Seminario Hispano-marroquí de Especialización en Arqueología*, Cádiz-Tetuán.

- (2007): *Las cetariae de Baelo Claudia. Avance de las investigaciones arqueológicas en el barrio meridional (2000-2004),* Sevilla, Colección Arqueología Monografías de la Junta de Andalucía.

ARÉVALO, A.; BERNAL, D. y ÁLVAREZ, A. (2002): "La factoría de salazones de *Baelo Claudia* (Tarifa, Cádiz). Intervenciones arqueológicas", *Revista de Arqueología*, 251, 22-31.

- (2003a): "Importantes hallazgos cierran el IV Curso Internacional de Arqueología Clásica en *Baelo Claudia*", *PH. Boletín del Instituto Andaluz del Patrimonio Histórico*, 46, 4-5.

- (2003b): *Informe preliminar de la Intervención Arqueológica Puntual en la Playa de Bolonia (Punta Camarinal-El Anclón (Bolonia, Tarifa, Cádiz*), Informe inédito depositado en la Consejería de Cultura de la Junta de Andalucía.

ARÉVALO, A.; BERNAL, D. y LORENZO, L. (2001): "Prospecciones arqueológicas en el *territorium* de *Baelo Claudia*: nuevos elementos interpretativos", *VI Jornadas de Historia del Campo de Gibraltar*, Gibraltar, 115-132.

- (2003): "La industria pesquero-conservera en época romano-republicana. Novedades de las excavaciones en Punta Camarinal-El Anclón", *I Jornadas de Arqueología del Campo de Gibraltar*, Tarifa (Cádiz).

BENQUET, L. y OLMER, F. (2002): "Les amphores", J. Blázquez; C. Domergue y P. Sillières (eds.), *La Loba (Fuenteobejuna, province de Cordoue, Espagne). La mine et le village minier antiques*, Burdeos, 295-332.

BERNAL, D.; ARÉVALO, A.; LORENZO, L. y AGUILERA, L. (2003): "Imitations of italic amphorae for fish sauce in Baetica. New evidence from the salt-fish factory of Baelo Claudia (Hispania)", *Rei Cretariae Romanae Fautorum Acta* 38, Abingdon, 305-313.

BERNAL, D.; ARÉVALO, A.; ROSELLÓ, E. y MORALES, A. (2004): "*Garum* y salsas mixtas. Análisis arqueozoologico de los paleocontenidos de ánforas procedentes de *Baelo Claudia* (s. II a.C.)", *Avances en Arqueometría 2003*, Cádiz, 85-90.

BERNAL, D.; ARÉVALO, A. y SAÉZ, A. (2007): "Nuevas evidencias sobre la ocupación en época republicana (ss. II – I A.C.)", A. Arévalo y D. Bernal (eds.), *Las cetariae de Baelo Claudia. Avance de las investigaciones arqueológicas en el barrio meridional (2000-2004),* Sevilla, Colección Arqueología Monografías de la Junta de Andalucía.

BONET, H.; KBIRI, M.; VIVES-FERRÁNDIZ, J. y HASSINI, H. (2001): "La ocupación púnico-mauritana", C. Aranegui (ed.), *Lixus. Colonia fenicia y ciudad púnico-mauritana. Anotaciones sobre su ocupación medieval, Saguntum, Papeles del Laboratorio de Arqueología de Valencia, Extra* 4, Valencia, 51-71.

BOST, J.P.; CHAVES, F.; DEPEYROT, G.; HIERNARD, J. y RICHARD, J.C. (1987): *Belo IV. Les monnaies*, Madrid.

CURTIS, R. (1991): *Garum and salsamenta in materia medica*, Leiden.

CHAVES, F. (1979): *Las monedas hispano-romanas de Carteia*, Barcelona.

DARDAINE, S. y BONNEVILLE, J.N. (1980): "La campagne de fouilles d'octobre 1979 a Belo", *Melanges de la Casa de Velázquez*, XVI, 375-419.

DÍAZ, M. (2000): "Tipocronología de los contextos cerámicos tardo-republicanos en *Tarraco*", *Empuries*, 52, 201-260.

DIDIERJEAN, F. ; NEY, F. y PAILLET, J-L. (1986): *Belo III. Le macellum*, Madrid.

DOMERGUE, C. (1973): *Belo I. La stratigraphie*, Madrid.

ÉTIENNE, R. y MAYET, F. (1995): "A propos de l'amphore Dressel 1 C de Belo (Cádiz)", *Mélanges de la Casa de Velázquez* XXX, 1, 130-138.

GARCIA-BELLIDO, Mª P. (1993): "Las cecas libiofenices", *Numismática hispano-púnica. Estado actual de la investigación. VII Jornadas de arqueología fenicio-púnica*, Ibiza, 97-146.

- (2001): Recensión a P. Sillières, *Baelo Claudia. Une cité romaine de Bétique*, Madrid, 1995 ; J.N. Bonneville, M. Fincker, P. Sillières, S. Dardaine et J.M Labarthe, *Belo VII. Le Capitole*, Madrid, 2000, *Archivo Español de Arqueología*, 74, 325-327.

GARCÍA-VARGAS, E.; ROSELLÓ, E.; BERNAL, D. y MORALES, A. (2007): "Salazones y salsas de pescado en la Antigüedad. Un primer acercamiento a las evidencias de paleocontenidos y depósitos primarios en ámbito euromediterráneo", D. Bernal (ed.), *La factoría de salazón de Traducta. Primeros resultados de las excavaciones en la calle San Nicolás (Algeciras, Cádiz)*, Algeciras, en prensa.

IZQUIERDO, I.; KBIRI, M.; BONET, M. H. y MLILOU, B. (2001): "Las fases púnico-mauritanas I (175/150 a 80/50) y II (80/50 – 15 d.C.)", C. Aranegui (ed.), *Lixus. Colonia fenicia y ciudad púnico-mauritana. Anotaciones sobre su ocupación medieval, Saguntum, Papeles del Laboratorio de Arqueología de Valencia, Extra* 4, Valencia, 141-168.

MC CANN, M. (1987): *The Roman Port and Fishery of Cosa*, Princeton.

- (2002): *The Roman Port and Fishery of Cosa*, Roma.

MENANTEAU, L.; VANNEY, J. R. y ZAZO, C. (1983): *Belo et son environnement (Detroit de Gibraltar). Étude physique d' un site antique*. Belo II. Archéologie, 4, 39-221.

MONTERO, A. I.; MONTERO, R.; SÁEZ, A. M. y DÍAZ, J. J. (2004): "Innovaciones, transformaciones y pervivencias. Evolución de la alfarería gadirita durante los ss. III-II a.n.e.", *Actas del Congreso Internacional Figlinae Baeticae. Talleres alfareros y producciones cerámicas en la Bética romana (ss. II a.C.-VII d.C.)*, BAR International Series 1266, Oxford, 413-426.

MORALES, A. y ROSELLÓ, E. (2007): "Los atunes de *Baelo Claudia* y Punta Camarinal (Cádiz. Siglos II-I a.C.): Apuntes preliminares", A. Arévalo y D. Bernal (eds.), *Las cetariae de Baelo Claudia. Avance de las investigaciones arqueológicas en el barrio meridional (2000-2004),* Sevilla, Colección Arqueología Monografías de la Junta de Andalucía.

MORALES, A.; ROSELLÓ, E.; ARÉVALO, A. y BERNAL, D. (2004): "Conjunto de túnidos", AA.VV., *Garum y salazones en el Círculo del Estrecho* (Algeciras mayo-septiembre 2004), Granada, 82-83.

MORALES, A; ROSELLÓ, E.; BERNAL, D. y ARÉVALO, A. (2004): Paleocontenido de imitaciones gaditanas de ánforas grecoitálicas, en AA.VV., *Garum y salazones en el Círculo del Estrecho* (Algeciras mayo-septiembre 2004), Granada, 254-255.

NIVEAU, A. M. (2003): *Las cerámicas gaditanas "tipo Kuass". Bases para el análisis de la Bahía de Cádiz en época púnica, Bibliotheca Archaeologica Hispana*, 21, Madrid.

- (2004): "La producción de barniz púnico-gaditano en el s. II a.C. Nuevos datos aportados por el conjunto alfarero de Pery Junquera (San Fernando, Cádiz)", *Actas del Congreso Internacional Figlinae Baeticae* (Cádiz, noviembre 2003), BAR International Series 1266, vol. 2, Oxford, 677-690.

PARÍS, P. ; BONSOR, G. ; LAUMONIER, A. ; RICARD, R. y MERGELINA, C. DE (1923): *Fouilles de Belo (Bolonia, province de Cadiz) (1917-1921). La ville et ses dépendances*, París.

PASSELAC, M. (2002): "Le mobilier céramique de La Loba. Vaisselle de table et de cuisine, lampes et autres objets de terre cuite", J. Blázquez, C. Domergue y P. Sillières (eds.), *La Loba (Fuenteobejuna, province de Cordoue, Espagne). La mine et le village minier antiques*, Burdeos, 231-288.

PONSICH, M. (1988): *Aceite de oliva y salazones de pescado. Factores geo-económicos de Bética y Tingitania*, Madrid.

PRINCIPAL, J. (2000): "Vajilla de barniz negro de los campamentos del cerco numantino (Garray, Soria)", X. Aquilué, J. García y J. Guitart (Coords.), *La cerámica de vernís negre dels segles II i I a.C. Centres productors mediterranis i comercialització a la Península Ibérica*. Taula Rodona (Ampurias, 4-5 junio de 1998), Mataró, 269-279.

RIBERA, A. (1998): *La fundació de Valencia*, Estudios Universitarios, 71, Valencia.

ROSELLÓ, E.; MORALES, A.; BERNAL, D. y ARÉVALO, A. (2003): "Salsas de pescado de la factoría romana de *Baelo Claudia* (Cádiz, España)", Guzmán, A.F.; Polaco, O.J. y Aguilar, F.J. (eds.), *Presencia de la Arqueoictiología en México*, Conaculta-Inah, México D.F., 153-157.

SANMARTÍ, E. y PRINCIPAL, J. (1998): "Cronología y evolución tipológica de la Campaniense A del s. II a.C.: las evidencias de los pecios y de algunos yacimientos históricamente fechados", Ramon J. *et alii* (eds.), *Les facies cerámiques d'importació a la costa ibérica, les Balears i les Pitiuses durant el segle III aC i la primera meitat del segle II aC, Arqueomediterrània*, 4, Barcelona, 193-215.

SILLIÈRES, P. (1995): *Baelo Claudia. Une cité romaine de Bétique* , Madrid.

VILLARONGA, L. (1992): *Corpus Nummun Hispaniae ante Augusti aetatem*, Madrid (citado como CNH).

ALGO MÁS QUE GARUM. NUEVAS PERSPECTIVAS SOBRE LA PRODUCCIÓN DE LAS CETARIAE HISPANAS AL HILO DE LAS EXCAVACIONES EN C/ SAN NICOLÁS (ALGECIRAS, CÁDIZ)

D. BERNAL
Universidad de Cádiz

"Para estos monstruos (=ballenas) se emplea una maroma hecha con muchas hebras unidas y bien retorcidas, tan gruesa como el cable, ni muy grande ni muy pequeña, y de longitud adecuada a la presa"
(Opiano, *Haliéutica*, V,132-135)

1.- Atunes, viveros, cetáceos, moluscos... Una insospechada variedad de recursos marinos.

La notable tradición de los estudios sobre la industria pesquero-conservera en el área del Estrecho de Gibraltar, con casi un siglo de vigencia si recordamos los pioneros trabajos del equipo de la *École des Hautes Études Hispaniques* en *Baelo Claudia* (París *et alii*, 1923) ha abordado cíclicamente el tema de la pesca y la explotación de los recursos del mar al estudiar las factorías de salazón de la *Baetica* y la *Tingitana*. El gran interés que para los eruditos e investigadores suscitaba el afamado *garum* y todas las salsas relacionadas con el mismo, hundía sus raíces en los pioneros estudios de P. Grimal y Th. Monod (1955) y otros con posterioridad como los de C. Jardín (1961), siendo una temática abordada sistemáticamente por todos los estudiosos que han realizado síntesis sobre la industria pesquero-conservera a nivel mediterráneo, como es el caso de R.I. Curtis (1983 y 1991, 6-26) o R. Etienne y F. Mayet (2002, 26-55) o en *Hispania* (Lagóstena, 2001). Sin ánimo de trivializar, y a pesar de ser múltiples los avances conseguidos en los últimos años, especialmente de la relectura de textos tan ilustrativos como las *Geopónicas*, una conclusión evidente es que la elaboración del *garum*, el *liquamen*, la *muria* o el *allec*, por citar los más conocidos (Martínez Maganto, 1992) se han convertido en un tópico historiográfico en los estudios de Historia Económica del Mundo Antiguo, sobre cuya caracterización se ha avanzado poco en las últimas décadas, repitiéndose, conjuntamente con la información procedente del conocido recetario de *Apicio* de época de Tiberio, los conocimientos transmitidos por las fuentes literarias, que se han integrado plenamente en las tendencias más recientes de la Arqueología de la Alimentación (Curtis, 2001, 402-416).

Si a este apriorismo (un sólido conocimiento "teórico" de los productos fabricados en las *cetariae* mediterráneas y atlánticas) le unimos el escaso desarrollo de los estudios arqueozoológicos en nuestras factorías de salazón, el problema se multiplica exponencialmente. Sin ánimo de ser exhaustivos, contamos con datos procedentes de la factoría del Cerro del Mar (Von den Driesch, 1980), a los cuales se unen los preliminares de Santa Pola – *Portus Ilicitanus* (Roselló, 1989 b) o del saladero gaditano de Puerto – 6 (Morales y Roselló, 1990), a los que adicionar la caracterización de los contenidos de algunas ánforas como las lusitanas del pecio siciliota del s. III de Randello (Wheeler y Locker, 1985) o una Keay XXVI africana del vertedero tarraconense de Vila Romà en el s. V d.C. (Morales y Roselló, 1989). ¿Qué pasa con la información procedente de los grandes saladeros mediterráneos como Cotta o *Lixus* en *Tingitana*, *Baelo* o *Sexi* en la Bética, o Troia en *Lusitania*? Este panorama tan desolador, confirmado por las síntesis generales de la acqueoictiología hispánica en dichas fechas (Roselló, 1989 a), se ha ido completando lentamente, y nunca en paralelo –y vertiginoso diríamos- ritmo de las nuevas excavaciones arqueológicas tanto en fábricas de salazón como en contextos salazoneros con evidencias de paleocontenidos. A mediados de los noventa podemos citar datos como nuevos contenidos en ánforas romanas (Bruschi y Wilkens, 1996), pero no en ámbito hispánico. Un cambio significativo al respecto fue la reunión en Roma, con resultados publicados en los *MEFRA* 110, 111 y 112 (1998, 1999 y 2000), en cuyas páginas se dieron a conocer, entre otros, las conservas de la fábrica tunecina de Nabeul (Sternberg, 2000) y de diversos contextos itálicos (Delussu y Wilkens, 2000), así como un panorama general de lo que los estudios arqueoictiológicos aportan para el conocimiento de los *salsamenta* y las salsas de pescado en la Antigüedad (Desse-Berset y Desse, 2000).

Como se puede comprobar en los párrafos anteriores, los estudios sobre las evidencias orgánicas asociadas a ánforas y piletas de salazón romanas son prácticamente insignificantes en relación a los hallazgos arqueológicos del centenar aproximado de fábricas salazoneras conocidas en *Hispania* en época romana (Ponsich, 1988, 103-228), a los que debemos unir únicamente ejemplos que se alejan de esta tendencia como el de la fábrica de la Plaza del Marqués de Gijón (Fernández Ochoa, 1994; Morales y Liessau, 1994) y en fechas más cercanas a nosotros, las cetariae conserveras urbanas de *Barcino* (Beltrán, 2001).

Esta evidente desproporción ha constituido una de las premisas de partida para diversos estudios acometidos desde la Universidad de Cádiz en los últimos años, caso de las excavaciones en *Baelo Claudia* (Arévalo y Bernal, 2007, eds.) o en las fábricas de *Traducta*, exhumadas en diversos solares de la c/ San Nicolás (Bernal *et alii*, 2003 a; Bernal, 2007, ed.). En ambos casos, se ha tenido como premisa de trabajo fundamental el estudio de los biofactos de manera paralela al análisis de los contextos cerámicos y de la problemática histórico-arqueológica de los edificios. En *Baelo Claudia* se han estudiado restos del s. II a.C., tanto los paleocontenidos de un ánfora púnica con *salsamenta* y diversas imitaciones de grecoitálicas tardías con salsas mixtas – atunes, otros peces, ungulados y caracoles- (Bernal *et alii*, 2003 b; Roselló *et alii*, 2003; Morales *et alii*, 2004 d y e) como un pudridero con despojos de atunes en Punta Camarinal (Arévalo, Bernal y Lorenzo, 2006; Morales *et alii*, 2004c) y el proceso de despiece de escómbridos, así como una primera estimación de sus tallas y edades (Morales *et alii*, 2004b; Morales y Roselló, 2007 a). En la c/ San Nicolás de la Villa Vieja de Algeciras, antigua *Traducta*, se han exhumado evidencias de

Actas del Congreso Internacional *CETARIAE. Salsas y salazones de pescado en Occidente durante la Antigüedad*, Universidad de Cádiz, Noviembre de 2005, *B.A.R. int. ser.* 1686, Oxford 2007, 93-107.

época tardorromana (ss. V/VI d.C.), concretamente conservas en posición primaria sobre el fondo de algunas cubetas (Morales *el alii,* 2004 a), así como la primera caracterización exhaustiva de los recursos malacológicos asociados a una de estas fábricas del Estrecho (Vásquez, Rosales y Bernal, 2004 a y b). La publicación, en curso, de la memoria sobre estas últimas *cetariae* tardorromanas, que constituyen una de las principales novedades de la industria pesquero-conservero hispana, ha conllevado a la actualización del registro tanto ictiológico (Morales y Roselló, 2007 b) como malacológico (Vásquez y Rosales, 2007), así como a la revisión de toda la evidencia euromediterránea relativa a paleocontenidos en ánforas romanas y a depósitos ícticos en posición primaria, con unas cincuenta atestaciones únicamente (García *et alii,* 2007), lo que da una idea, como decimos, del carácter tan embrionario de esta línea de investigación.

Por otra parte, hemos podido constatar que si ha sido escasa la atención dedicada a los peces en los contextos de producción de *garum* y *salsamenta,* menor ha sido el interés hacia otros elementos del registro orgánico como la malacología, la fauna terrestre o los sedimentos de diversa naturaleza. Desgraciadamente, de las excavaciones antiguas restan escasos registros orgánicos conservados, en parte porque hasta fechas recientes no se les ha prestado la atención suficiente a los mismos por los investigadores, y en menor medida porque terminan siendo las primeras muestras eliminadas con el paso del tiempo, por cuestiones tanto de conservación como por el aparente "escaso" interés histórico-arqueológico. De ahí que la única manera de avanzar al respecto -salvo en honrosas y contadas excepciones- sea mediante un minucioso análisis histórico-arqueológico del material orgánico procedente de nuevas excavaciones en nuestros centros conserveros de *Hispania.*

En este contexto se sitúa la aportación que presentamos en estas páginas, que constituye un avance de los primeros estudios sobre las fábricas salazoneras de *Traducta* (Bernal, 2007, ed.), cuyo objetivo es utilizar este yacimiento, con una amplia cronología (s. I a.C. – VI d.C.) para ilustrar las nuevas líneas de investigación posibles en relación a esta problemática si se analizan con minuciosidad nuestras fábricas conserveras del Círculo del Estrecho. A continuación se apuntan algunas de las líneas de investigación obtenidas del estudio de los depósitos de abandono de estas fábricas, especialmente del denominado Conjunto Industrial I, que es la gran fábrica abandonada en las primeras décadas del s. VI d.C. de la cual proceden la mayor parte de materiales presentados en estas páginas (figura 1). Estas propuestas se consideran el inicio de nuevas líneas de investigación, que deberán ser completadas en el futuro con nuevos datos.

2.- *Ostrearum Vivaria.* Ostricultura y conservas malacológicas en la Bahía de Algeciras en la Antigüedad Tardía.

Una de las características de los niveles arqueológicos excavados en las fábricas exhumadas en la c/ San Nicolás 3-5 era la abundancia de malacofauna, siendo miles los individuos recuperados, especialmente en los niveles de relleno de las cubetas de salazón y en los estratos de cubrición sobre la pavimentación de *opus signinum* de la parte central de la fábrica (patio denominado H-100). Una primera constatación advertida durante el proceso de excavación era la excepcional abundancia entre ellos de ostreidos, siendo además diversas las tallas, algunos de ellos de descomunal tamaño (figuras 2 y 3). Se pudo por tanto determinar, durante la propia excavación, que su presencia no parecía derivar de capturas accidentales, respondiendo, por tanto, a una pesca selectiva o a la potencial existencia de viveros de ostras en esta época, los cuales eran muy bien conocidos tanto en la literatura sobre la acuicultura en la Antigüedad (Higginbotham, 1997) como por la iconografía, especialmente por las conocidas series de las *ampullae* de vidrio, de época bajoimperial, con representaciones del puerto de Puteoli y del de Baia, en el entorno campano de Nápoles (Painter, 1975).

Figura 1.- Vista aérea del Conjunto Industrial I excavado a inicios del s. XXI en la c/ San Nicolás 3-5 de Algeciras.

Figura 2.- Conjunto de ostreidos procedentes de uno de los niveles de relleno (U.E. 1422) de la Pileta 11.

En este contexto se decidió acometer un primer estudio de caracterización de la malacofauna aparecida en la excavación realizada en el año 2001, concretamente de los estratos de relleno de cuatro piletas (P-3, 11, 12 y 13) y de los niveles de colmatación del pavimento (H-100) del Conjunto Industrial I, y de una cubeta del Conjunto Industrial II de la c/ San

Nicolás 3-5, contextos de los cuales se seleccionaron un conjunto de 1787 especímenes tras cuyo estudio se identificaron 852 individuos (Vásquez y Rosales, 2007, tabla 3), lo que parecía una muestra suficientemente significativa a efectos de una primera evaluación de la problemática de estas evidencias malacológicas. En primer lugar, se pudo cuantificar que la *Ostrea edulis* constituía el bivalvo predominante de esta fábrica salazonera, con el 52,6% del total de individuos de las especies (448 NMI), llegando en algunos contextos a más del 70% (Vásquez y Rosales, 2007, tabla 3). Estos valores adquieren aún más significación cuantitativa si cabe teniendo en cuenta que se han identificado un total de 33 taxones en esta fábrica, de los cuales únicamente cuatro superan el 3%, concretamente la *Acanthocardia Tuberculata* –corruco- (11,7%), la *Charonia lampas* –caracola- (5,4%), la *Chamelea gallina* –almeja- (5,05%) y la *Glycymeris insubrica* –almeja- (3,52%), como se advierte con claridad todas ellas con valores evidentemente menores (Vásquez, Rosales y Bernal, 2004 b, 84; Vásquez y Rosales, 2007, tabla 3). Además, durante el proceso de estudio en laboratorio, datos de tipo biométrico e indicadores estadísticos (conchas de tamaño entre 140,4 y 185 mm.) unidos a la localización de algunos fragmentos que habían crecido sobre un fragmento de ánfora tardorromana, permitieron confirmar arqueozoológicamente que se trataba de ejemplares de tallas seleccionadas procedentes de cultivos marinos (Vásquez, Rosales y Bernal, 2004 b, 170; Vásquez y Rosales, 2007). Todo ello ha permitido proponer la existencia de cultivos de ostras en la Bahía de Algeciras, activos con seguridad en las primeras décadas del s. VI, que es el momento cronológico al cual corresponden los depósitos estudiados, si bien es más que probable que constituyan la fosilización de una práctica ancestral en estas aguas del Círculo del Estrecho. Respecto al método utilizado es estos *vivaria ostrearum*, contamos con el ya citado paralelo en las botellas campanas de vidrio de los ss. III-IV d.C., en las cuales se identifican las hileras de ostras colgadas de bateas, en cabos verticales (figura 4).

Figura 3.- Ejemplos de diversas tallas de las Ostrea Edulis –y de otros moluscos- de uno de los rellenos de la Pileta 11 (U.E. 1421).

Por la información de la que disponemos, constituiría la primera atestación arqueológica de este tipo de instalaciones de ostricultura, de las que autores como Plinio, Columella o Varrón dan tantos datos, en el litoral de la *Hispania* romana.

No olvidemos que se trata ésta, la piscicultura, de una práctica netamente romana, desarrollada a partir de época republicana, si seguimos a Plinio, que atribuye a *Caius Sergius Silius Orata* (*Naturalis Historia,* IX, 168) la invención de estas prácticas de ostricultura, conociéndose las referencias a cultivos de las "ostras rojas" según sus propias palabras en *Ilici*. Los estudios de los últimos años en contextos productivos similares inducen a considerar la posibilidad de la ostricultura también en otros yacimientos, en los cuales la evidencia de conchas de estos bivalvos es abundante: así sucedería con *Barcino* (Beltrán, e.p.) o en *Emporiae*, ya que en las fases tardorromanas de Sant Martí d'Empúries son claramente mayoritarias también (Buxó, 2006, 24-25).

Figura 4.- Ampulla *de vidrio de Populonia con ilustración de los viveros de ostras (Painter, 1975, 62, fig. 8).*

Un segundo aspecto que es conveniente plantear es cómo interpretar estos millares de ostras aparecidos en una factoría de salazón. Es evidente que las ostras constituyen un producto de gran fama en la mesa romana –como nos refleja la literatura agronómica y los moralistas romanos-, que por su propia naturaleza eran consumidas normalmente en fresco, como se sigue haciendo en la actualidad: el propio Apicio, en la Roma del s. I d.C., nos da dos recetas, una de ellas sobre la salsa de comino para aderezar las ostras y las almejas (I, XXIX; IX, 6) así como una indicación sobre el modo de conservación de las mismas, procediendo a su lavado en vinagre o a la limpieza del recipiente donde se iban a colocar (I, XII). No obstante, algunos autores antiguos confirman la elaboración de conservas con este producto, caso de la referencia a conservas de ostreidos aportada por Plinio. Las evidencias aparecidas en la c/ San Nicolás 3-5 de Algeciras parecen contundentes al respecto: se procedía al desconchado de los ostreidos en la propia factoría, algo que solamente puede ser entendido si tenemos en cuenta la preparación de algún tipo de conserva en la propia fábrica, si atendemos a los miles de individuos y al hecho de su normal apertura inmediatamente antes de su consumo, para evitar la deshidratación del animal. La posibilidad de que multitud de los elementos de cerámica común aparecidos durante las excavaciones, con pastas de producción local/regional, estuviesen destinados a estos productos es una de las posibilidades, que habrá que valorar en el futuro con analíticas de residuos, por el momento no disponibles.

Por otra parte, estos hallazgos del vivero de ostras sirven para incidir sobre una propuesta de trabajo planteada hace algunos años (Bernal *et alii*, 2005, s.v. Gallineras), según la cual la tipología de los *vivaria* en *Hispania* diverge, claramente, de la propia de la península itálica, caracterizada ésta última por las piscinas talladas en la roca conectadas al mar por canales para permitir una regulación continuada del flujo hídrico (síntesis en Higginbotham, 1997). En *Hispania*, como conocemos desde los años sesenta y otros estudios han confirmado en fechas posteriores, es el área litoral alicantina la única que cuenta con instalaciones rupestres de este tipo, siendo las mas conocidas las de Javea y Calpe (Ponsich y Tarradell, 1965, 81-82; Ponsich, 1988, 171-173; Lagóstena, 2001, 185-190). Esta excepcionalidad permite interpretar dichas *piscinae* como reflejo de la instalación de *villae a mare* en el entorno de la Tarraconense meridional por parte de itálicos, implantando en tierras hispanas los conocidos modelos de la Italia tirrénica (Lafon, 2001), propuesta ésta que es además la mantenida en las interpretaciones más recientes sobre este y otros yacimientos cercanos como los de Campello (Olcina, 2004; Roselló, 2004). De ahí que la constatada presencia de estos *vivaria* en la Bética obligue a tratar de rastrear otro tipo de estructuras arqueológicas, posiblemente en materia deperible en unos casos –como indican las evidencias de San Nicolás- y en otros piletas revestidas del *opus signinum* hidrófugo cuyo módulo y características se alejan de los propios de las *cetariae*. Además, la aparición de piletas intercomunicadas con *fistulae* plúmbeas (u otros sistemas) y elevadas concentraciones de cubetas parecen los indicios de cara a su rastreo arqueológico en el futuro: el yacimiento de Gallineras en la Bahía de Cádiz, con hileras de cubetas rectangulares e intercomunicadas, constituye uno de los candidatos más ilustrativos por el momento (Bernal *et alii*, 2005, s.v. Gallineras). También es probable que algunas de las cubetas se rellenasen de agua en las fábricas, utilizándose como *vivaria* o bien para mantener el pescado/marisco vivo previamente a su venta: posiblemente en tales casos tendrían sistemas de evacuación hídrica, detectados en algunos casos como *Lixus* o *Nabeul*.

Por último, recordar que además de los ostreidos hay otras 32 especies identificadas en las fábricas de San Nicolás, de las cuales quince son gasterópodos marinos, otras tantas bivalvos marinos y dos pulmonados terrestres (Vásquez, Rosales y Bernal, 2004 a). De todas ellas sobresalen porcentualmente tres tipos de almejas sobre las demás, caso de los "corrucos", que son las más abundantes (*Acanthocardia Tuberculata)* y dos especies de almejas (*Chamelea gallina* y la *Glycymeris insubrica*), que conjuntamente constituyen el 20% aproximadamente del total (consideramos que las *Charonia lampas* debieron constituir capturas accidentales). La dinámica planteada para estos moluscos es muy similar, ya que con ellos debieron realizarse conservas de diversa naturaleza (posiblemente escabechados o macerados en aceite) para permitir su conservación y venta a larga distancia.

3.- Aceites y harinas de pescado. De la elevada presencia de molinos en las *cetariae* hispanorromanas.

Tras el proceso de inventariado de la fauna aparecida en el Conjunto Industrial I de la c/ San Nicolás 3-5, una cuestión encontraba, aparentemente, difícil explicación: de un conjunto de varios millares de restos óseos, la separación preliminar en grandes grupos para su envío al laboratorio permitió constatar la ínfima presencia de huesos de peces, que apenas constituían una milésima parte del registro óseo recuperado: menos de una decena de individuos, evidentemente no contabilizando los restos de conservas de engráulidos (sardinas y boquerones mayoritariamente) aparecidas *in situ* en la base de algunas piletas (Morales, Roselló y Bernal, 2004 a). Paralelamente, durante el desarrollo de las excavaciones, se constató la elevada frecuencia de molinos de mano rotatorios, los cuales ascendían a más de una veintena de ejemplares, siendo especialmente significativo su hallazgo en diversos contextos estratigráficos, tanto los Conjuntos Industriales I y II de c/ San Nicolás 3-5 como en diversos lugares de las fábricas A, B, C y D exhumadas en c/ San Nicolás 1. Ello nos condujo al planteamiento de la hipótesis de que la elevada frecuencia de restos esqueléticos de peces, en unos ambientes en los cuales los restos óseos eran muy elevados, derivada de su potencial triturado para la realización de harina de pescado y otros posibles subproductos (Bernal *et alii*, 2004 a, 172). Se trataba de un conjunto muy elevado tanto de *metae* como de *catilli*, asociados a molinos rotatorios de tracción manual, si tenemos en cuenta sus reducidas dimensiones, con diámetros en torno a unos 30 cms. y unos 10 cms. de altura, si bien hay ejemplares que se ajustan a otros módulos, tanto mayores como menores (figura 5). Mayoritariamente estaban realizados en biocalcarenina, por lo que un origen local/regional es la propuesta más viable en la actualidad para los mismos.

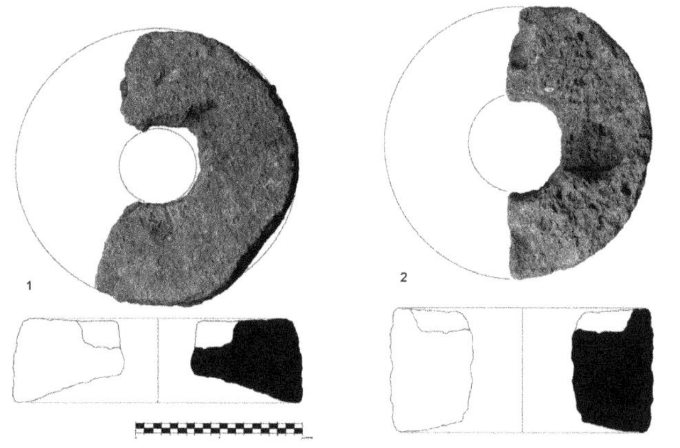

Figura 5.- Dos de los molinos documentados en c/ San Nicolás 1 (Bernal y Sáez, 2007, figura 1).

Con posterioridad han sido realizados análisis de las adherencias que presentaban las partes activas de once de ellos, mediante microscopia óptica y electrónica de barrido (MEB), tras su aislamiento, habiendo obtenido unos resultados de gran relevancia: tras un primer proceso de triado o separación, se aislaron tanto sustancias minerales como restos orgánicos; entre las primeras, granos diminutos de cinabrio, y entre los segundos, vértebras y escamas de peces, así como espículas de equinodermos y caparazones de caracol (Domínguez-Bella, 2007). Estos resultados dan carta de naturaleza a la propuesta inicial, ya que los hallazgos de escamas y vértebras confirman la trituración de pescados en estos instrumentos de molienda. Adicionalmente, han abierto nuevas líneas de trabajo, sobre las cuales se está trabajando en la actualidad, relativas al posible uso del cinabrio en estas instalaciones industriales.

Esta constatación del uso de subproductos del pescado en las *cetariae* del Mediterráneo constituye otra novedad de gran interés. Conocemos el aprovechamiento secundario de las partes piscícolas no cárnicas para la obtención de aceites de menor calidad y harinas desde época moderna al menos, existiendo multitud de paralelos documentales en las almadrabas de Zahara, Conil o Tarifa, tratándose de productos que con el paso del tiempo han pasado al consumo animal y a su uso como fertilizantes (Bernal y Sáez, 2007). No teníamos constancia tampoco en esta ocasión de una propuesta similar en contextos hispanorromanos, a excepción de algunas citas textuales a la fabricación de harina de pescado y a su consumo por parte de los "ictiófagos".

De gran interés ha sido la localización con posterioridad de multitud de molinos asociados a la industria pesquero-conservera, tanto mediterránea como atlántica: los ejemplos mejor conocidos por el momento son los de la fábrica de *Barcino* entre los ss. III y V d.C., en la cual se detectó la presencia de varios ejemplares, planteando explícitamente dicha propuesta (Beltrán, 2001, 62). Así como los establecimientos armoricanos de Plomarch, como se puede comprobar en la contribución de J-I. Eveillard en las páginas de este mismo encuentro. Conocemos además referencias a molinos manuales en Gijón y en alguna fábrica gallega (Fernández Ochoa, 1994, 147), así como en *Baelo Claudia*, estos últimos inéditos por el momento. Todo ello permite plantear que las tareas de molienda en el interior de las fábricas conserveras constituían una práctica muy difundida en el Mundo Antiguo, y que por lo que sabemos hasta la fecha la constatación de las mismas induce a plantear una relación directa con la obtención de aceites y harinas de pescado, así como de otros subproductos. Sorprende el hecho del reducido tamaño de las piezas de molino, que recuerdan ampliamente a los molinos ibéricos, lo que nos pone sitúa ante volúmenes de producción limitados, a no ser que nos encontremos ante ingenios hidráulicos, en los cuales la rotación generaría una actividad mucho más productiva (Bernal y Sáez, 2007).

Esta constatación ha llevado a plantear, adicionalmente, otras hipótesis que habrá que verificar en los próximos años. La primera es la posible interpretación de las prensas existentes en algunas fábricas, como en la de Cotta (Ponsich, 1988, 154, fig. 83), no tanto como una pequeña almazara para aceite (hipótesis tradicional), sino como un elemento para la molienda de los restos esqueléticos de pescados y las partes no aprovechables de los mismos de cara a la obtención de harinas y aceites, hipótesis para cuya contrastación habrá que recurrir en el futuro a las analíticas de residuos, como se ha realizado en Algeciras. Y por otro, el potencial uso de estos ingredientes, ya que las posibilidades son múltiples, pasando desde el consumo humano al animal. Tampoco podemos olvidar posibilidades tales como su uso en acuicultura para facilitar el engorde del pescado, si recurrimos a paralelos etnográficos –incluso actuales-, o para actividades tales como la pesca (como cebo) o para la preparación de todo tipo de adhesivos, aspectos estos dos últimos bien documentados en las fuentes literarias.

4.- Pesca/consumo de cetáceos y el "ambar gris": primeros datos para época romana.

Una pieza ósea de singular importancia fue recuperada en los estratos de abandono del Conjunto Industrial I. Se trata de una vértebra fracturada de grandes dimensiones, reutilizada por ambos lados como yunque, según evidencian las múltiples marcas con instrumentos metálicos cortantes, que además permiten plantear un uso prolongado de este elemento en los procesos de carnicería acontecidos en las instalaciones de la propia fábrica (figura 6). Su notable tamaño, superior a la veintena de centímetros, permitía intuir tras su hallazgo su relación con cetáceos, algo que ha permitido precisar su caracterización arqueozoológica. Efectivamente, parece que nos encontramos ante una vértebra de un gran cetáceo, con marcas de percusiones en su faceta articular craneal, con un diámetro aproximado de 32-36 cms.: a pesar de que la asignación taxonómica no pueda ser precisa, su gran tamaño la relaciona con un cetáceo de más de 8 mts. de tamaño, por lo que las posibles especies se reducen a 4/5, que considerando únicamente las actualmente habituales en el Mediterráneo nos encontramos antes dos candidatos, bien el rorcual común (*Balaenoptera physalus*), bien el cachalote (*Physeter catodon)*, como han propuesto los colegas del Laboratorio de Arqueozoología de la Universidad Autónoma de Madrid (Morales y Roselló, 2007 b).

Figura 6.- Vértebra de cetáceo reutilizada como yunque, procedente del Conjunto Industrial I.

Desconocemos en la literatura especializada hallazgos de restos esqueléticos de cetáceos en contextos del Mundo Antiguo, si bien estamos convencidos que estas ausencias se deben, sobre todo, a deficiencias en la investigación. Contamos, además, con propuestas como la de M. Ponsich, relativa al recordatorio de las citas de Plinio y Estrabón relativas a la presencia de ballenas y aguas del Estrecho, citando explícitamente el hallazgo de algunas vértebras de ballena en el entorno de la fábrica de las piletas troncocónicas de *Baelo*, amén de mencionar su habitual frecuencia en contextos conserveros (1988, 39-40). Atendiendo a la meticulosidad de este investigador, a pesar de que no publique fotos o de datos empíricos de los restos óseos, consideramos muy probable su frecuencia en *Baelo Claudia*, al tiempo que tampoco nos parece casual su documentación en el entorno del Conjunto

Industrial VI o "fábrica de las piletas troncocónicas", cuyas cubetas son excepcionales –en la Bética y en el Mediterráneo- tanto por su morfología (de ahí su nombre) como por su notable capacidad, mucho mayor de lo habitual: de ahí que su uso para el procesado de cetáceos es una hipótesis de trabajo que consideramos muy viable.

Junto a los datos de Estrabón y Plinio, especialmente importante al efecto es la *Haliéutica* de Opiano, en la que este autor dedica a la captura de la ballena parte de su libro V (115-358): se hacía nocturnamente, y los *piscatores* contaban con muchos recursos para saber sus dimensiones, siendo pescada con una maroma a la que se le colocaba un anzuelo metálico con puntas a ambos lados, amarrado a su vez con una cadena de bronce, y al arte iban unidos odres inflados para evitar la inmersión del animal; se colocaba hígado o un hombro de toro como carnada, y una vez pescado el animal se ataba la nave a la costa, para evitar accidentes o naufragios; al final se la remataba con hachas, lanzas, hoces y tridentes, siendo remolcada a la costa (Opiano, *Haliéutica*, V, 255-260 y 290). Es decir, un procedimiento que empleaba a múltiples operarios y que recuerda mucho a las prácticas balleneras tradicionales.

Con estas referencias queríamos dejar constancia evidente no tanto del conocimiento de estos cetáceos en época romana, sino de su pesca, que no fue ocasional sino que, de manera especializada, implicaba a multitud de operarios y requería artes específicas. Ello permite despejar una duda, que es la que se plantea para épocas precedentes (especialmente la Prehistoria), cual es la de si tras estas evidencias osteológicas nos encontramos ante partes esqueléticas reaprovechadas por oportunismo de varamientos costeros o no. Tratándose en el caso de la factoría de San Nicolás de un único hueso, además reaprovechado como yunque, pueden surgir dudas sobre el procesado de estos cetáceos en las fábricas, si bien una cosa es evidente: el contacto de los operarios de las factorías con los cetáceos y su conocimiento. Evidentemente, como sucede también con los atunes, tras el despiece la carne y otros subproductos serían los llevados a las fábricas, de ahí la escasez de restos óseos. Planteamos que este indicio es un elemento a relacionar con el procesado de este tipo de cetáceos en las fábricas de *Traducta*, que habrá que continuar apuntalando en el futuro con nuevas evidencias.

Por otro lado, consideramos importante destacar que las bases para la pesca de ballenas en el Estrecho se han establecido habitualmente, a tenor de la información disponible, en dos lugares de sus costas: la compañía "Ballenera del Estrecho" disponía de su factoría en Getares (Algeciras), y la "Industrial Marítima" en aguas de Benzú (Ceuta), siendo las dos únicas del Estrecho en época contemporánea (Vargas, 2005). Por los derroteros de la campaña de caza de 1954, realizada entre abril/mayo y septiembre, última de estas instalaciones industriales (la prohibición internacional data de 1986), que reproducimos en la figura 7, sabemos que los cetáceos se cazaban especialmente en el Golfo de Cádiz, y muy puntualmente en el Mediterráneo, algo que predispone a las factorías de la zona atlántica para potenciales hallazgos en esta línea (Vargas, 2005, 99 y 100).

Figura 7.- Derroteros de pesca de un barco ballenero en el año 1954 en aguas del Estrecho (Vargas, 2005, 99).

Respecto a la "tipología" de las balleneras en épocas conocidas, podemos tratar se rastrear los elementos indispensables, para así hacernos una idea de cómo pudieron ser en el Mundo Antiguo. La citada de Getares, distante sólo algunos kilómetros de nuestra factoría de c/ San Nicolás, contaba básicamente con una rampa para el izado de los cetáceos, una explanada de despiece y una sala de calderas para el tratamiento de los aceites/grasas y subproductos, amén de ingenios eléctricos –frigoríficos y tanques de fusión- (Vargas, 2005, 11). Especialmente singular es la rampa, que además es aparentemente un elemento consustancial de estos enclaves, como también se detecta en Benzú (Vargas, 2005, 63). En el s. XIX, contamos con un interesante proyecto (AWSANZ –Archaeology of Whaling in Southern Australia and New Zealand) que ha tratado de recuperar toda la evidencia histórico-arqueológica de la caza de ballenas en el sur de Australia y Nueva Zelanda, especialmente en el s. XIX, aunando la información documental, paisajística y de cultura material (Lawrence y Staniforth, 1998). Destacar el carácter perecedero y poco estable de estos establecimientos, con ejemplos como en Nueva Gales y la Isla de Northfolk (Gojak, 1998) o en la costa oeste de Australia, combinando la información documental con la excavación de algunas bases balleneras (Gibbs, 1998), y con interesantísimos datos sobre el instrumental utilizado –arpones y artefactos para el tratamiento de las grasas- (Jacomb, 1998) y sobre las técnicas de pesca en la costa de Tasmania (Nash, 1998). Se detectan algunas estructuras sólidas, como torres construidas en mampostería, si bien de los campamentos, normalmente estacionales, eran como mucho de mampostería, si bien con más frecuencia las estructuras son orgánicas, dejando escasas evidencias arqueológicas.

Surge en este contexto la pregunta: ¿estaban disociadas o no las estructuras relacionadas con la pesca de cetáceos de las demás estructuras pesqueras? Es decir, ¿existían balleneras en sentido estricto en el mundo romano? Pensamos que no por varios motivos. En primer término porque aún no se han localizado estructuras romanas relacionadas con la industria pesquera alejadas del canónico modelo de las *cetariae*. Además, el hallazgo de esta vértebra en San Nicolás y los posibles hallazgos de *Baelo Claudia* confirman el procesado de la carne y los subproductos de los cetáceos en las propias instalaciones de las factorías salazoneras. Evidentemente el despiece de las ballenas, cachalotes y rorcuales debería hacerse a pie de costa, pues no tendría sentido su traslado al interior de los edificios conserveros, por cuestiones mecánicas obvias. En tal sentido las fábricas de c/ San Nicolás aportan un interesante dato, ya que las mismas se sitúan sobre una colina a una veintena de metros sobre el nivel del mar, sobre un promontorio, existiendo una ladera de conexión con la zona portuaria, localizada en el cercano río de la Miel, hacia el norte. En esta zona de ha excavado parte de una pequeña rampa (c/ Méndez Núñez), amortizada en la Antigüedad Tardía (s. VII d.C.) en contacto directo con la línea de costa. Ha sido interpretada como parte de los embarcaderos de acceso a la zona de factorías (Bernal *et alii*, 2007 a), si bien no es improbable que fuese utilizada asimismo para el tratamiento y despiece de los cetáceos tras su captura.

Por último, queremos dejar constancia de que además de la carne de ballena existen otros subproductos obtenidos de los cetáceos objeto de explotación inmemorial. Tal es el caso del "ámbar gris", una sustancia viscosa y grasienta de dicho color claro generada por los intestinos de los cetáceos, expulsada por ellos por el aparato excretor con los restos no digeridos (mandíbulas de cefalópodos...), y que llegaba a las costas en forma de masas globosas entre escasos gramos y más de 50 kgs. (Sánchez, 2004, 214-215). Es un producto muy útil en perfumería, tanto por su grato aroma como por su capacidad para retener el olor de determinadas fragancias volátiles: en Tenerife tenemos constancia de que constituía un producto carísimo a finales del s.XVI, ya que un gramo equivalía aproximadamente a un barril de sesenta litros lleno de trigo (Sánchez, 2004, 214-215). En época contemporánea la carne del cachalote no se consumía, pero sí otros subproductos como el "ámbar gris" de sus intestinos, muy demandado en la industria cosmética, al tiempo que su grasa se utilizaba tanto para velas como para iluminación (Vargas, 2005, 105). Otros subproductos eran el denominado "espermatocito", un aceite existente en grandes cantidades en la cabeza de los cachalotes, antes utilizado para las velas por su elevada duración, y actualmente destinado a engrasar instrumentos de precisión (Sánchez, 2004, 216).

¿Se utilizaron dichos subproductos en época antigua? Pensamos que sí, ya que conscientes del pleno aprovechamiento de los escómbridos y de todo tipo de recursos marinos –como se defiende en estas páginas-, si está atestiguada la pesca de la ballena no es probable que se desechasen las grasas y aceites que han caracterizado a estos animales de antaño. Resta para el futuro tratar de proceder a su localización arqueológica mediante analíticas de residuos orgánicos (Cromatografía de Gases/Espectrometría de masas): quizás algunas de las piletas que tradicionalmente interpretamos como destinadas a la maceración del "*garum*", por sus menores dimensiones, sean en realidad decantadores de grasas; o que los *caldaria* interpretados por A. Hesnard sagazmente como destinados a la fabricación de sal de ignición, en factorías tingitanas como Cotta o Tahadard (Hesnard, 1998), sean en realidad hipocaustos destinados al procesado de estos subproductos de los cetáceos y de otros mamíferos marinos y peces. Resta pues mucho por avanzar en torno a este tema en el futuro, si bien al menos sabemos que no se pueden olvidar los cetáceos, a partir de ahora, cuando se plantee la explotación de los recursos del mar en el *Fretum Gaditanum*.

5.- ¿Conservas cárnicas en las fábricas de *Traducta*? Columella y la fauna terrestre procesada en la c/ San Nicolás 3-5.

En el mismo contexto epistemológico en el cual se decidió acometer el estudio de las fábricas salazoneras exhumadas en la c/ San Nicolás 3-5 de Algeciras, se decidió abordar la clasificación sistemática de la fauna terrestre aparecida en las excavaciones (figura 8), de la cual se seleccionó un conjunto de 1767 restos óseos procedentes de una decena de niveles de relleno, tanto de piletas o estratos de abandono sobre el pavimento del Conjunto Industrial I como de una cubeta del Conjunto Industrial II. En orden de representación decreciente por NMI destacan la vaca (30 individuos), la oveja (28), el ciervo (25), la cabra (15) -y la cabra/oveja- (38) y el cerdo (12), siendo ínfima la presencia del caballo (2), del asno (1), del buey (1), del jabalí (1), del perro (2), del conejo (1), de la liebre (1) y del gallo (1), y muy elevado el índice de determinación (82,3%), según las estimaciones de I. Cáceres (2007, tabla 3). De una parte, contamos con una cabaña ganadera predominantemente doméstica (algo más del 90%), si bien la salvaje está presente en porcentajes elevados como evidencian los cérvidos. Se detecta en general un constante grado de fracturación de los restos: en el caso de las vacas, presentes en todas las UU.EE. estudiadas, del estudio tafonómico se desprende que las reses eran decapitadas aquí, ya que han aparecido cornamentas aserradas y con un evidente descuartizamiento y despiece del neurocráneo y del viscerocráneo, así como de las restantes partes del esqueleto; en el caso de los cerdos, se sacrificaban preferentemente en edades jóvenes e infantiles (cochinillos y lechales), de lo que se infiere su cría únicamente -o preferentemente- para la obtención de

Figura 8.- Detalle de la fauna terrestre procedente de uno de los niveles tardorromanos de las piletas de la fábrica salazonera.

carne y no otros productos secundarios (Cáceres, 2007). Sin ánimo de ser exhaustivos, queremos destacar que se ha documentado el proceso completo de carnicería en las especies más representadas, desde la extracción de la piel hasta el despiece y completo descuartizamiento, a través de las marcas de desarticulación, de fileteado y de tajos diversos (de estos últimos, se han documentado 185 ejemplos) en el caso de las especies más representadas (bóvidos, cérvidos, ovejas, cabras y cerdos), cuya tafonomía induce a plantear que se han realizado con herramientas metálicas. Otro dato de gran interés para la interpretación del yacimiento ha sido la constatación de varios fragmentos de cráneos de cérvidos con el arranque de las cuernas, lo que se ha interpretado como evidencia de que los animales fueron cazados entre febrero y abril, fechas del desmogue o reeemplazo de la cornamenta (Cáceres, 2007). Por último, indicar que el perfil de mortalidad de la cabaña bovina y de los suidos es mayoritariamente bajo (individuos infantiles y jóvenes), de lo que se ha deducido una utilización preferente de las reses para el aprovechamiento cárnico, algo que no sucede en otras especies; asimismo, da la impresión de que unos restos estuvieron en contacto con salmuera, debido a algunas adherencias que presentan (Cáceres, 2007).

De todo lo comentado, parece evidente que en las dos fábricas conserveras excavadas en la c/ San Nicolás 3-5 se desecharon restos de animales de diferentes especies con signos evidentes de carnicería. El hallazgo de la ya citada vértebra de cetáceo reutilizada como yunque confirma que las labores de carnicería se realizaban en el lugar (figura 6), algo además confirmado por la elevada frecuencia de restos óseos con marcas de despiezado en prácticamente todos los niveles excavados. Como se ha comentado antes, hay especies cuyos perfiles de mortandad indican claramente un sacrificio para la obtención de carne, al tratarse de individuos prerreproductores. La abundancia de especies procesadas en estas fábricas conserveras, mayoritariamente domésticas (bóvidos, ovicápridos y suidos) aunque también salvajes (cérvidos), confirma que el despiezado se trataba de una actividad "industrial" que afectaba a toda la cabaña disponible.

¿Cómo interpretamos, en el contexto de una factoría de salazón de pescado, tal cantidad de restos de fauna terrestre con signos inequívocos de prácticas carniceras? Evidentemente, en el interior de estas fábricas se estaban despiezando animales, cuyos despojos fueron arrojados a las piletas de salazón que, por el motivo que fuese, estaban siendo progresivamente abandonadas.

En este contexto cobra especial singularidad la conocida referencia al sistema de salar pescado, que el gaditano Columella nos describe como exactamente igual a la elaboración de la salazón de carne de cerdo (*De Re Rustica,* 12.55.4), aspecto éste sobre el cual se han manifestado sistemáticamente diferentes autores (Curtis, 1991, 75, nota 140). ¿Podemos plantear que de las similitudes entre el proceso de salado de la carne de cerdo y el pescado en Columella pueda inferirse una relación de ambos productos en las fábricas pesqueras? Pensamos que sí.

Tampoco es ésta, ni mucho menos, la primera vez que se detectan restos de fauna terrestre en factorías salazoneras. En *Hispania* contamos con el caso de Gijón, en cuyas fábricas de época bajoimperial se documentó la presencia mayoritaria de ganado vacuno y luego ovicaprino, con presencia también de cerdos, todo ello interpretado como evidencias de consumo de carne en las propias fábricas, como parte de la dieta alimenticia (Morales *et alii*, 1994, 177-178, tabla 1; Morales y Liesau, 1994). Una preciosa evidencia de la íntima relación entre conservas piscícolas y cárnicas es la ilustrada por los paleocontenidos de las grecoitálicas de imitación del s. II a.C. aparecidas en *Baelo Claudia*, en las cuales peces y mamíferos (cerdo y ovicáprido) –además de caracoles terrestres- fueron utilizados para la elaboración de una variedad de salsa mixta en las fábricas republicanas de la ciudad (Bernal *et alii*, 2003 b). En otros contextos mediterráneos se cita la documentación de huesos de ganado en las piletas de salazón de Kerobestin y Telgruc en las Galias, planteándose explícitamente en tal caso que durante la época en la cual los centros pesqueros no estaban en temporada, su actividad se mantenía gracias a las manufacturas cárnicas (Curtis, 2001, 397).

En el caso de San Nicolás, como tratamos de plasmar en este trabajo, pensamos que la industria haliéutica no estaba limitada a la época de paso de las especies migradoras por las aguas del Estrecho (abril/mayo – junio/julio), puesto que eran múltiples las demás actividades realizadas en las fábricas, entre las que debemos incluir a la piscicultura. De ahí que pensemos que las manufacturas cárnicas no debieron suplantar a la elaboración de *salsamenta* y salsas de pescado, sino que debieron combinarse con ellas en función de las necesidades de cada instalación. El proceso de salazón se llevaría a cabo en las cubetas de las *cetariae*, cuya similitud, como indica Columella, no implicaba modificación alguna en las estructuras de producción. De ahí que no resulte fácil saber qué actividades se realizaron en cada una de las pilas y con qué frecuencia si no es a través de los indicadores orgánicos como los aquí presentados.

Otro elemento digno de mención del estudio arqueozoológico es la constatada ausencia de marcas de carnicería en las especies minoritarias, caso del buey, del caballo, del burro o del perro, de lo que se ha inferido su carácter de suministrador de fuerza en el primer caso, funciones de transporte para los équidos y de compañía para el perro (Cáceres, 2007). A nuestro juicio la constatación de équidos, y especialmente de mulos/burros, permite confirmar una práctica ancestral documentada etnográficamente, cual es el empleo de estos animales en las tareas de transporte de los túnidos de la costa hasta las chancas o fábricas conserveras o para jalar de las embarcaciones, como ya se encargó en su momento de confirmar gráficamente M. Ponsich recurriendo para ello a los paralelos de las playas de Barbate, Zahara y Conil (1988, 78-

80). Algo que parece que remonta sus orígenes, como poco, a época romana.

6.- Un amplio repertorio mal sistematizado aún: coral, tortugas, ¿focas?, ¿esponjas? y otros recursos marinos.

Como decimos, son múltiples los recursos del mar objeto de aprovechamiento en época romana, de los cuales arqueológicamente documentamos mínimas trazas. A continuación vamos a citar algunos ejemplos, conscientes de que en el futuro habrá que incrementar esta lista de recursos.

Respecto al coral, su pesca y aprovechamiento en el mundo antiguo está perfectamente atestiguado, especialmente gracias a la joyería y a la metalistería, trabajos en los cuales se utilizaba este producto con asiduidad (Morel, Rondi-Costanzo y Ugolini, 2000). En el área del Estrecho contamos con su atestación en al menos dos factorías, lo que parece empezar a indicar en que no se trata de un fenómeno aleatorio: se había documentado en *Septem Fratres*, un ejemplar del género *Dendrophillia Ramea* (Bernal y Pérez, 1999, 68-70, fig. 33), y en el año 2001 se ha documentado otro ejemplar en un nivel de finales del s. II d.C. (U.E. 2205), asociado a la Pileta 15 del Conjunto Industrial I (figura 9). Recientemente se han dado a conocer un amplio conjunto de ramas de corales destinadas a la elaboración de joyas y elementos decorativos procedentes de las antiguas excavaciones en la *Neapolis* de Ampurias, anteriores al año 1936, estando constatada la presencia del coral rojo –*corallium rubrum*- desde al menos el s. VI a.C. (Aquiluè, 2006, 14-15). Como decimos, los dos hallazgos citados asociados a *cetariae* permiten plantear que no se trata de capturas ocasionales asociadas a las redes, sino que esta actividad debió formar parte del amplio repertorio de actividades desarrolladas por los *piscatores* en estos centros pesquero-conserveros.

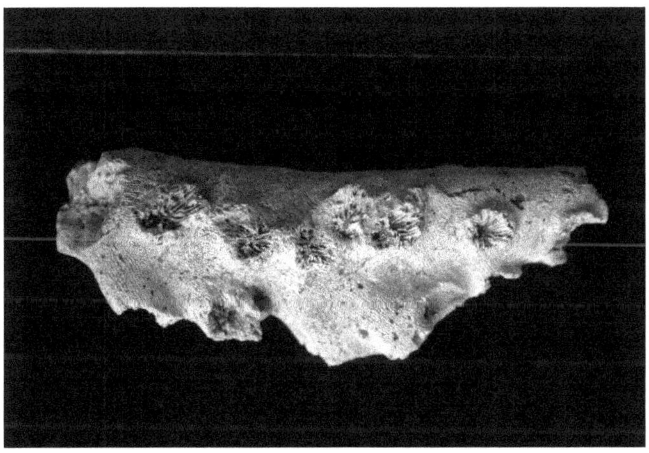

*Figura 9.- Fragmento de coral de época altoimperial (*Dendrophillia Ramea*), procedente de la Pileta 15 del Conjunto Industrial I (U.E. 2205).*

Tenemos también constancia de la pesca de otros animales, caso de las tortugas, como nos relata Opiano en su *De la pesca*, indicando que tras su avistamiento en alta mar pueden ser pescadas manualmente, siendo con posterioridad rematadas con "golpes de hierro" o bien atadas a la embarcación, aunque también a veces son capturadas desde la propia orilla (V, 391-416). Una primera constatación de su presencia en aguas del Estrecho y también en directa asociación a una fábrica de salazón se ha realizado en *Septem*, procedente de una de las piletas abandonada a inicios del s. VI d.C. (Bernal y Pérez, 1999, 70, fig. 32), tal y como se ha documentado en un reciente estudio (Pérez, 2005).

Otro de los fenómenos infravalorados a la hora de analizar las prácticas pesqueras es el marisqueo. Es ésta un actividad de la cual tenemos muchas evidencias en las fuentes literarias, citándose el uso de lancetas para la extracción de lapas en algunos textos. Recientemente, y al hilo del estudio de un conchero relacionado con un taller del púrpura en el s. IV d.C., en el barro alfarero de Villa Victoria, localizado en el perímetro industrial de la ciudad de *Carteia*, se ha planteado la recolección de algunas especies por marisqueo, caso de las lapas (*Patellae*) o los burgaillos-bígaros (*Monodontae*), que alcanzan porcentajes muy elevados en dicho registro general, cercanos al 20 y al 15% respectivamente (Bernal *et alii*, 2007 b). ¿Qué se hacía con estos gasterópodos marinos? ¿Se consumían en fresco o se realizaban conservas con ellos, procediendo a su envasado para un transporte a corta o media distancia? Su presencia en prácticamente todas las factorías parece poder explicarse como resultado de su captura accidental en redes, como parece ilustrar a la perfección las dos especies de *Monodontae* documentadas en la fábrica de c/ San Nicolás 3-5, que apenas llegan al 0,5% del total de taxones identificados (Vásquez y Rosales, 2007, tabla 3). No obstante, en este mismo contexto debemos citar las lapas, de cuatro especies, que en conjunto alcanzan el 6% aproximadamente, y que difícilmente pueden haber llegado a la fábrica como fauna acompañante en las cajas con las pesquerías, al superar los 50 ejemplares.

De otras actividades no tenemos, por el momento, constatación directa. Así sucede con las focas, sí presentes en el ámbito del Estrecho de Gibraltar en la Cueva de Gorham en Gibraltar, en niveles musterienses –conjuntamente con tortugas- (Giles *et alii*, 2001, 57), pero aún no identificadas arqueológicamente en ninguno de los yacimientos romanos de la región, constatación que estamos seguro responde únicamente a deficiencias de la investigación. El propio Opiano aporta numerosas referencias de este mamífero, indicando incluso explícitamente datos sobre su pesca, para la cual no se usaban ni anzuelos ni tridentes, sino que cuando eran atrapadas en las redes las llevaban a la costa donde la mataban con palos, tridentes y espadas (Haliéutica, I, 686-702; V, 377-392). La alusión a estos mamíferos, que fueron emblema de alguna polis griega como la renombrada Focea, deriva de los variados usos de los subproductos obtenidos de ellas, además de la carne: grasas, aceites y la piel, entre otros.

Otros productos tales como la pesca de esponjas debieron completar las actividades cotidianas de estas comunidades hispanorromanas y mauretorromanas. Se trata de una práctica muy bien atestiguada una vez más en Opiano, quien nos relata el modo de proceder de estos *piscatores*: amarrados a un cabo con una hoz en la mano se sumergían gracias a un elemento de plomo que llevaban en la otra; portaban aceite en la boca, lo que les permitía ver el fondo cuando lo expulsaban; tirando de la cuerda eran izados por sus compañeros (Opiano, *Haliéutica* V, 612-674). Se trata de prácticas ancestrales que gozaron de gran predicamento hasta la instauración de la industrialización (Perney y Follin, 1985). Aún no constatadas en nuestro entorno, algo alejado de las zonas con grandes bancos de esponjas, ésta debió constituir otra de las actividades frecuentes en las costas del *Mare Nostrum* en la Antigüedad, especialmente en el Mediterráneo central (Túnez y Sicilia) o en el Egeo, donde son especialmente abundantes (Perney y Follin, 1985, 246).

Por último, queremos insistir en el hecho de la frecuente interpretación del hallazgo de ejemplares de cañaillas (*Murex Brandaris* o *Hexaplex Trunculus)* en contextos pesqueros, tras los cuales se plantea habitualmente una relación casi "unidireccional" con la producción de la afamada púrpura. Estas especies constituyen un alimento muy apreciado, tanto en la actualidad como en el Mundo Antiguo: basta recurrir a su frecuente representación en la musivaria para constatar su importancia en las mesas del mundo romano. Sin contar con patrones de fracturación que permitan confirmar su explotación para la obtención de los glandes purpurígenos, así como su hallazgo en concheros y a centenares/millares, su interpretación debe ser puesta en relación con la obtención de alimento o con la preparación de platos. Así se interpreta en las fábricas de San Nicolás, en las cuales constituyen únicamente el 1,5% (13 ejemplares) de las especies documentadas (Vásquez y Rosales, 2007, tabla 3), mientras que en citado taller de púrpura de *Carteia* contamos con miles de individuos y un claro patrón de fracturación (Bernal *et alii*, 2007 b).

7.- La *conductio* de las *cetariae*. De la producción a los *macella*.

Una reflexión que consideramos fundamental hacer, al hilo de las actividades documentadas en las fábricas conserveras de la c/ San Nicolás 3-5 es la propuesta de que en estas industrias, además de las actividades productivas, se llevaban a cabo empresas de tipo comercial. ¿Cómo es posible plantear esta variable comercial de las *cetariae* hispanorromanas? Los argumentos disponibles son básicamente tres: elevada presencia de monedas, aparición de ponderales y la variedad del registro cerámico.

En relación al numerario, una de las primeras cuestiones que llamaba a atención a los excavadores era la elevada frecuencia de monedas en prácticamente todos los contextos excavados: en los rellenos sobre los pavimentos, en los niveles de vertido dentro de las piletas salazoneras y, en general en todos los estratos de amortización de la fábrica (Bernal *et alii*, 2003 a). Una primera valoración de dichos materiales, sobre una muestra de 78 piezas de la U.E. 3602, permitió documentar en circulación a inicios del s. VI numerario de finales del IV -AE 2 de Graciano, Honorio y Arcadio- y multitud de *nummi* y *minimi*, lo que nos ponía en contacto con el tipo de moneda utilizada en estas industrias para los pequeños pagos y las transacciones comerciales a pequeña escala (Arévalo y Bernal, 2003, 154). Se trata de un conjunto de unas 1500 piezas, de las cuales un tercio aparecieron agrupadas en torno a un recipiente cerámico fragmentado en las habitaciones situadas al norte del Conjunto Industrial I, en un área porticada. Pensamos que esta abundancia de moneda no puede ser explicada como consecuencia de pérdidas ocasionales, sino que refleja, como se ha indicado antes, unas intensas actividades comerciales de compra-venta en el entorno inmediato de las fábricas, lo que debió generar, con el paso del tiempo, la progresiva acumulación de este tipo de monedas de reducido módulo en la zona.

En segundo término, contamos con documentación explícita que atestigua la realización de actividades comerciales en las fábricas. Tal es el caso de un fiel de balanza y de un *exagium* pétreo (figura 10, nº 2 y 5), procedentes de la actuación arqueológica realizada en la c/ San Nicolás 7 (Jiménez, Aguilera y Garzón, 1995). Estos hallazgos, unidos a otros aún inéditos, evidencian que las actividades comerciales eran desarrolladas cotidianamente al amparo de estos centros productores de *garum* y *salsamenta*.

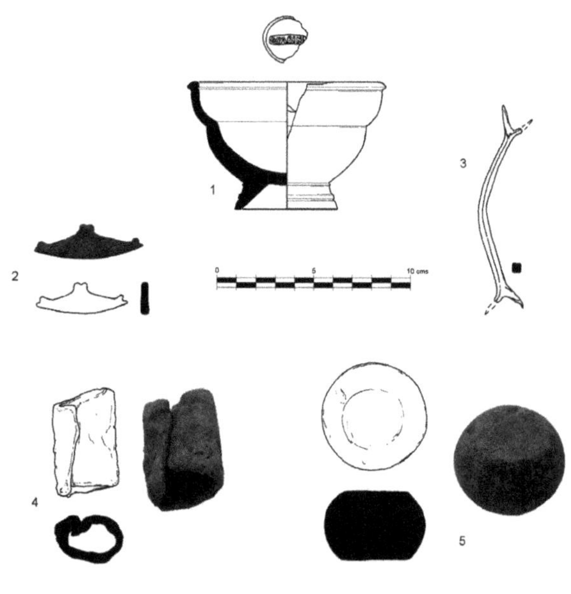

Figura 10.- Materiales altoimperiales documentados en la factoría de c/ San Nicolás nº 7.

1.- Drag. 27 en TSG con sello O(ficina) SABINI; 2.- Fiel de balanza en bronce; 3.- Lanzadera en bronce; 4.- Pesa de red en plomo; 5.- Exagium en piedra.

Otro elemento significativo al respecto es la variedad, diversidad de orígenes geográficos y amplitud de los materiales de importación aparecidos en los estratos de abandono de las fábricas. Lo habitual sería encontrar estratos de abandono con una predominancia de cerámicas de producción local/regional, amortizadas tras su uso en las tareas de producción de alimentos y/o almacenaje de las conservas elaboradas. Por el contrario, la tónica habitual es documentar un predominio evidente de materiales de importación, tanto elementos de vajilla (ARSW D especialmente y en menor medida LRC), como cerámicas africanas de cocina o de mesa, lucernas del Norte de África, ánforas norteafricanas (Keay XXV, XXVII, XXXV, *spatheia*), orientales (L.R. 1, "micaceous jars", ánforas de Gaza o griegas de diversos centros de procedencia) o sudhispánicas (Almagro 51 a-b/Keay XIX, Almagro 51c o envases lusitanos), de las cuales se han dado algunos avances (Bernal *et alii*, 2004 b). Su elevada frecuencia, como indicamos, no puede responder a los artefactos utilizados y consumidos por los operarios de la fábrica, sino que deben reflejar las mercancías llegadas a la zona desde los cercanos embarcaderos, cuyos envases ya utilizados o contenedores/objetos inservibles serían desechados.

En la zona situada al norte de los Conjuntos Industriales se han detectado evidencias de diversas habitaciones pavimentadas (figura 1, izda.), las cuales estuvieron porticadas tanto en época altoimperial como en la Antigüedad Tardía, respondiendo posiblemente a la zona en la cual se procedía a la compra-venta de los enseres fabricados en las *cetariae* y de todas las mercancías llegadas a esta zona de *Traducta*. Da la impresión, por tanto, de que no existe una disociación clara entre las actividades productivas y comerciales en este entorno, ya que todas estas posibles *tabernae* están adosadas a las fábricas, con las cuales mantienen una estrecha relación física. Tampoco tenemos evidencias claras de edificios dedicados específicamente a estas actividades comerciales, de manera que en torno a las grandes fábricas de *Traducta*, al menos en la zona excavada de su topografía urbana, las actividades comerciales se desarrollarían en el entorno inmediato de las industrias conserveras, siendo quizás gestionadas las mismas por los propios *conductores* de las *cetariae*.

Se trata ésta, la perspectiva comercial de las fábricas conserveras, de una línea argumentativa no tenida en cuenta habitualmente a la hora de interpretar la vida cotidiana de estas instalaciones fabriles. Este modelo parece ligado, por cuestiones obvias, a las industrias conserveras urbanas, como parece ilustrar el caso de *Traducta*. Por el momento no disponemos de paralelos claros en el Estrecho, aunque sí en otras zonas geográficas: en la factoría ilicitana de La Picola, activa en el Bajo Imperio, se ha documentado un ambiente interpretado como "sala de ventas y comercialización", de algo menos de 40 m^2, siendo además la única de todo el conjunto pavimentada con un mosaico polícromo (Molina, 2005, 101-102, fig. 8). Es decir, en algunas fábricas, la venta y tareas comerciales de diversa índole se acometerían directamente en las propias instalaciones fabriles de las chancas, de manera que no se enviaría la producción a otros entornos para su redistribución. Evidentemente este modelo es complementario al de todas aquellas instalaciones conserveras que no disponen de estas instalaciones, cuyos excedentes serían mayoritariamente reexpedidos para su comercialización en ámbito urbano, como evidencia el caso de Cotta en la *Tingitana*.

8.- Perspectivas. La polifuncionalidad como criterio en las chancas hispanorromanas.

La documentación incluida en estas páginas, en curso de estudio aún, permite plantear una imagen de los centros conserveros hispanos mucho más dinámica y diversificada que la bipolaridad planteada por la producción de *salsamenta* y salsas de pescado de diversa naturaleza. Otros recientes hallazgos, como las salsas mixtas de origen piscícola pero con adición de carne de cochinillo y ovicáprido y caracoles terrestres en *Baelo Claudia* (Bernal *et alii*, 2003 b) confirman, como se ha comentado anteriormente, esta diversidad de productos fabricados en las chancas hispanorromanas.

Se han presentado algunos de los resultados científicos obtenidos del estudio y caracterización de los biofactos procedentes de dos de las fábricas de *Traducta* exhumadas en la c/ San Nicolás 3-5, denominadas respectivamente Conjunto Industrial I y II (Bernal, 2007, ed.), que han servido como botón de muestra de la variedad y riqueza de las actividades realizadas en las *cetariae* del Círculo del Estrecho. Al menos se ha podido confirmar hasta la fecha la existencia de viveros de ostras en la Bahía de Algeciras en pleno s. VI d.C., siendo con seguridad la variedad de la acuicultura mucho mayor, pero para cuya caracterización aún no disponemos de más evidencias: consideramos clave para el futuro no aplicar estas cuestiones sin filtro a otros asentamientos, sino que tras un detallado análisis de los mismos podrá ser reconstruida la variedad productiva y la especialización de las diversas regiones costeras de la Bética y la *Tingitana*, como hemos propuesto recientemente (Bernal, 2006). Además, está constatada la producción de harina de pescado en estas fábricas, así como la molienda de otros productos, entre ellos de equinodermos, sobre los cuales habrá que investigar en el futuro: no olvidemos una similar constatación en la fábrica de *Barcino* (Beltrán, 2001, 60), que apunta por tanto a fenómenos no exclusivamente locales. También contamos con las primeras evidencias de cetáceos en las fábricas hispanorromanas, así como con una elevada frecuencia de productos cárnicos de diversa naturaleza (vaca, ovicápridos, cerdos o cérvidos), cuyo despiezado y procesado en las fábricas está confirmado gracias a los diversos análisis tafonómicos realizados, que han permitido detectar huellas de carnicería, así como de tratamiento térmico de algunos restos óseos. Adicionalmente se cuenta con datos de interés sobre la explotación de coral y la pesca de tortuga, habiéndose propuesto adicionalmente la caza de focas y la pesca de esponjas, actividades estas últimas ampliamente documentadas en la literatura haliéutica, y por el momento no constatadas arqueológicamente en el litoral hispano.

La mayor parte de la evidencia presentada procede de contextos estratigráficos de época tardorromana, normalmente de las primeras décadas del s. VI d.C. Si contamos con tal grado de diversificación productiva en los últimos siglos de la Antigüedad Tardía, ¿cuan amplia sería la variedad de productos manufacturados en el momento del *floruit* de las actividades fabriles en pleno Alto Imperio? Esta es, pensamos, otra de las variables por las cuales los datos de San Nicolás en *Traducta* cobran más importancia aún, si cabe, es por su cronología tardorromana, testimonio indiscutible, y de los más contundentes por el momento en aguas del Estrecho, sobre la importancia de la continuidad y del elevado volumen productivo de las actividades haliéuticas en estas fechas.

Muchas de las propuestas en la bibliografía de referencia sobre la sobreexplotación de los caladeros a lo largo del tiempo o la mayor o menor repercusión de determinadas especies son resultado, pensamos, de un deficiente grado de conocimiento de los registros arqueoictiológicos. Por citar únicamente un par de ejemplos, la conocida constatación de clupeidos en las fábricas de época tardorromana (Santa Pola, Lisboa, Troia, Nabeul), ha inducido a muchos investigadores a proponer una progresiva esquilmación de los caladeros, lo que habría llevado al final del Mundo Antiguo a la pesca de especies menores. San Nicolás se convierte también en un contrapunto a esta propuesta, ya que además de las sardinas y boquerones constatados en las fábricas (Morales, Roselló y Bernal, 2004 a), también se han constatado otras especies, entre ellas serránidos, marrajos y atunes (Morales y Roselló, 2007 b): nuestra opinión al respecto es que las conservas de tacos de atún en salazón no dejan casi huellas osteológicas, de ahí el escaso hallazgo de depósitos primarios de esta naturaleza, problema metodológico que podría explicar esa "aparente" inflación de conservas de peces pequeños (completos y, por tanto, con múltiples evidencias osteológicas, frente a los limpios lomos de atún que no dejan rastro arqueológico perceptible, como mucho escamas y algunos radios aletiles). Otro de los ejemplos sería la "aparente" ausencia de túnidos en los contextos arqueológicos, puesta sobre la mesa durante años (Morales, 1993), que como este investigador intuía, responde únicamente a deficiencias en la investigación: los primeros análisis ictiológicos detallados han arrojado multitud de atunes en *Baelo Claudia* en época republicana (Morales *et alii*, 2004 b y c), y como decimos en San Nicolás ya contamos con los primeros túnidos en época tardorromana (Morales y Roselló, 2007 b).

Son múltiples las líneas de trabajo para el futuro, como por ejemplo la posibilidad de que los marrajos documentados en San Nicolás (Morales y Roselló, 2007 b), constituyan las primeras evidencias tangibles de prácticas tan gaditanas como la del conocido "cazón o marrajo en adobo". Con estas páginas hemos tratado de demostrar cómo más allá de los datos conocidos sobre las salsas bien seriadas (*garum, liquamen, muria, allec...*) surgen nuevas propuestas sobre las que profundizar.

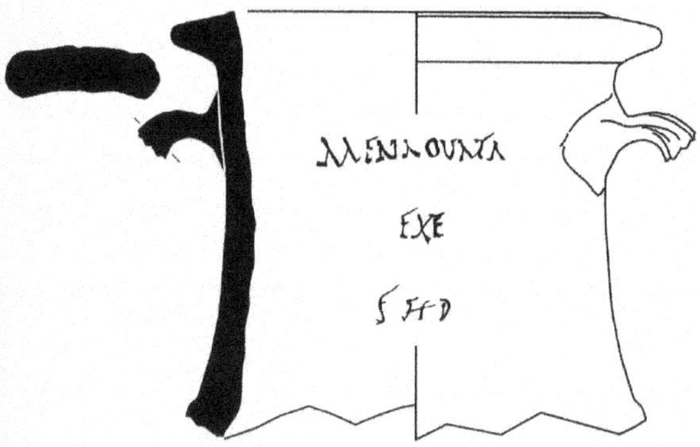

Figura 11.- Ánfora con titulus pictus relativo a chucla moteada (maena ovata) procedente de Ostia (Brentchaloff 2004, 432, fig. 1).

Una reciente propuesta en la misma línea ha sido considerar tras un *titulus pictus* de época flavia en un posible ánfora gálica del tipo G.5 procedente de Ostia (figura 11), cuya lectura desarrollada es *m(a)ena ovata ex(c)e(llens) S(exti) H() D()*, su correspondencia con una conserva de chuclas moteadas (*Maena Maena*), pez citado por diversos autores entre los cuales Dioscórides o Plinio alaban las propiedades terapéuticas de sus cabezas saladas con miel (Brentchaloff, 2004, 431-433). Plinio alude explícitamente a la *menarum muria* (XXVIII, 88-90), quizás constatada por primera vez en estas ánforas de posible producción sudgálica (Brentchaloff, 2004).

Se trata de un buen ejemplo de nuestro limitado conocimiento sobre la riqueza y dinamismo de la industria pesquero-conservera en la Antigüedad Clásica. De ahí la necesidad de contar con buenos y detallados registros empíricos para poder avanzar en estas novedosas e interesantes líneas de investigación.

Bibliografía

AQUILUÉ, X. (2006): "La pesca i Empúries a l'Antiguitat", en AA.VV., *Pescadors de l'antiga Empúries*, Gerona, 12-15.

ARÉVALO, A. y BERNAL, D. (2003): "Conjunto monetal", *Bizancio en España. De la Antigüedad Tardía al Greco. Catálogo de la Exposición del M.A.N.*, Madrid, 154-155.

ARÉVALO, A. y BERNAL, D. (2006, eds.): *Las cetariae de Baelo Claudia. Avance de las investigaciones arqueológicas en el barrio meridional (2000-2004)*, Sevilla.

ARÉVALO, A., BERNAL, D. y LORENZO, L. (2007): "La industria pesquero-conservera en época romano-republicana. Novedades de las excavaciones en Punta Camarinal-El Anclón", *I Jornadas de Arqueología del Campo de Gibraltar*, Tarifa (Cádiz), *Almoraima* 33, Algeciras, 221-233.

BELTRÁN DE HEREDIA, J. (2001): "Una factoría de *garum* y salazón de pescado en *Barcino*", en J. Beltrán, dir., *De Barcino a Barcinona. Resultados de las exvaciones arqueológicas en la Plaza del Rey de Barcelona*, Barcelona, 58-63.

BELTRÁN DE HEREDIA, J. (2007): "*Cetariae* bajoimperiales en la costa catalana: el caso de *Barcino*", *Actas del Congreso Internacional CETARIAE. Salsas y salazones en Occidente en la Antigüedad (Cádiz, 2005), B.A.R.*, Oxford.

BERNAL, D. (2006): "La industria pesquero-conservera en el Círculo del Estrecho. Consideraciones sobre la geografía de la producción", *Congreso Internacional L'Africa Romana XVI* (Rabat, diciembre de 2004), 25-68.

BERNAL, D. (2007): *Las factorías de salazón de Traducta. Primeros resultados de las excavaciones arqueológicas en la c/ San Nicolás (Algeciras, Cádiz)*, Universidad de Cádiz y Ayuntamiento de Algeciras, Algeciras, en prensa.

BERNAL, D., ARÉVALO, A., ROSELLÓ, E. y MORALES, A. (2003 b): "*Garum* y salsas mixtas: análisis arqueozoológico de los paleocontenidos de ánforas procedentes de *Baelo Claudia* (s. II a. C.)", *V Congreso Ibérico de Arqueometría. Libro de resúmenes de actas*, Puerto de Santa María, 81-82.

BERNAL, D., BLANQUEZ, J., ROLDÁN, L., DÍAZ, J.J. y PRADOS, F. (2007 b): "Del marisqueo a la producción de púrpura. El conchero tardorromano de Villa Vitoria (San Roque, Cádiz)", *II International Symposium on Textiles and Dyes in the*

Mediterranean Ancient World (Atenas, 2005), Valencia, en prensa.

BERNAL, D., IGLESIAS, L. y LORENZO, L. (2007 a): "La zona de acceso a los embarcaderos de *Traducta*. Intervención arqueológica en c/ Méndez Núñez nº 4 (Algeciras)", en D. Bernal, ed., *Las factorías de salazón de Traducta. Primeros resultados de las excavaciones arqueológicas en la c/ San Nicolás (Algeciras, Cádiz)*, Universidad de Cádiz y Ayuntamiento de Algeciras, Algeciras, en prensa.

BERNAL, D., JIMÉNEZ, R., LORENZO, L., TORREMOCHA, A. y EXPÓSITO, J.A. (2003 a): "Las industrias de salazón de *Traducta*. Espectaculares hallazgos arqueológicos en la c/ San Nicolás 3-5 de Algeciras", *VII Jornadas de Historia del Campo de Gibraltar, Almoraima* 29, 163-183.

BERNAL, D., JIMÉNEZ, R., LORENZO, L., TORREMOCHA, A. y EXPÓSITO, J.A. (2004 a): "Molinos rotatorios –San Nicolás, Algeciras-", en AA.VV., *Garum y salazones en el Círculo del Estrecho* (Algeciras mayo-septiembre 2004), Granada, 172-173.

BERNAL, D., JIMÉNEZ, R., LORENZO, L., TORREMOCHA, A. y EXPÓSITO, J.A. (2004 b): "Contexto cerámico de importación de la factoría de San Nicolás", en AA.VV., *Garum y salazones en el Círculo del Estrecho* (Algeciras mayo-septiembre 2004), Granada, 232-237.

BERNAL, D. Y PÉREZ, J.M. (1999): *Un viaje diacrónico por la Historia de Ceuta. Resultados de las excavaciones arqueológicas en el Paseo de las Palmeras*, Ceuta.

BERNAL, D. y SÁEZ, A.M. (2007): "Molinos rotatorios en las fábricas romanas. Entre arqueología y etnografía", en D. Bernal, ed., *Las factorías de salazón de Traducta. Primeros resultados de las excavaciones arqueológicas en la c/ San Nicolás (Algeciras, Cádiz)*, Universidad de Cádiz y Ayuntamiento de Algeciras, Algeciras, en prensa.

BERNAL, D., SÁEZ, A., SÁEZ, A.M., DÍAZ, J.J., LORENZO, L. y TOLEDO, F.J. (2005): *La Carta Arqueológica Municipal de San Fernando*, Sevilla.

BRENTCHALOFF, D. (2004): "Tout savoir sur la *maena*", *SFECAG, Actes du Congrès de Vallauris*, Marsella, 431-434.

BRUSCHI, T. y WILKENS, B. (1996): "Divers types de conserves de poisson á partir de quatre amphores romaines", *Archaeofauna*, 5, p. 165-169.

BUXO, R. (2006): "Las espècies de peixos i mol.luscs documentades a Empúries", en AA.VV., *Pescadors de l'antiga Empúries*, Gerona, 23-25.

CÁCERES, I. (2007): "Estudio zooarqueológico y tafonómico de la fauna terrestre de la factoría de salazones de la c/ San Nicolás. Implicaciones económicas", en D. Bernal, ed., *Las factorías de salazón de Traducta. Primeros resultados de las excavaciones arqueológicas en la c/ San Nicolás (Algeciras, Cádiz)*, Universidad de Cádiz y Ayuntamiento de Algeciras, Algeciras.

CURTIS, R. I. (1983): "In Defense of *Garum*", *Classical Journal*, 78.3, 232-240.

CURTIS, R. I. (1991): *Garum and salsamenta: production and commerce in materia medica. Studies in Ancient Medicine*, 3, Leiden, Nueva York, Londres, Copenhage.

CURTIS, R. I. (2001): *Ancient Food Technology*. Brill, Leiden-Boston-Colonia.

DELUSSU, F. y WILKENS, B. (2000): "Le conserve di pesce. Alcuni dati da contesti italiani", *MEFRA*, 112, 53-65.

DESSE-BERSET, N. y DESSE, J. (2000): "*Salsamenta, garum* et autres préparations de poissons. Ce qu'en disent les os", *MEFRA*, 112, 73-97.

DOMÍNGUEZ-BELLA, S. (2007): "Molinos de mano en el yacimiento de c/ San Nicolás 3-5 (Algeciras). Estudio arqueométrico e implicaciones sobre su origen y utilización", en D. Bernal, ed., *Las factorías de salazón de Traducta. Primeros resultados de las excavaciones arqueológicas en la c/ San Nicolás (Algeciras, Cádiz)*, Universidad de Cádiz y Ayuntamiento de Algeciras, Algeciras, en prensa.

ÉTIENNE, R. y MAYET, F. (2002): *Les salaisons hispaniques*, Burdeos.

FERNÁNDEZ OCHOA, C. (1994): *Una industria de salazones de época romana en la Plaza del Marqués, Excavaciones arqueológicas en la ciudad de Gijón*, Gijón.

GARCÍA, E., ROSELLÓ, E., BERNAL, D. y MORALES, A. (2007): "Salazones y salsas de pescado en la Antigüedad. Un primer acercamiento a las evidencias de paleocontenidos y depósitos primarios en ámbito euro-mediterráneo", en D. Bernal, ed., *Las factorías de salazón de Traducta. Primeros resultados de las excavaciones arqueológicas en la c/ San Nicolás (Algeciras, Cádiz)*, Universidad de Cádiz y Ayuntamiento de Algeciras, Algeciras, en prensa.

GIBBS, M. (1998): "Colonial boats and Foreign ships: the History and Archaeology of Nineteenth Century Whaling in Western Australia", Lawrence, S. y Staniforth, M., *The Archaeology of Whaling in Southern Australia and New Zealand*, 36- 47.

GILES, F., FINLAYSON, C., GUTIÉRREZ, J.M., SANTIAGO, A., FINLAYSON, G. y REINOSO, C. (2001): "Investigaciones arqueológicas en Gorham's Cave. Resultados preliminares de las campañas de 1977 a 1999", *Almoraima* 25, 49-64.

GOJAK, D. (1998): "An historical and Archaeological overview of the Whaling Industry in New South Wales and Northfolk island", Lawrence, S. y Staniforth, M., *The Archaeology of Whaling in Southern Australia and New Zealand*, 11-20.

GRIMAL, P. y MONOD, TH. (1955): "Sur la veritable nature du *garum*", *REA*, 54, 27-38.

HESNARD, A. (1998): "Le sel des plages (Cotta et Tahadart, Maroc)", *MEFRA* 110, Roma, 167-192.

HIGGINBOTHAM, J. (1997): *Piscinae. Artificial fishponds in Roman Italy*, Carolina del Norte.

JACOMB, C. (1998): "Shore Whaling Sites of Banls Peninsula: An Archaeological Survey", Lawrence, S. y Staniforth, M., *The Archaeology of Whaling in Southern Australia and New Zealand*, 68-78.

JARDIN, C. (1961): "*Garum et sauces de poisson de l'Antiquité* ", *RSL*, 27, 70-96.

JIMÉNEZ PÉREZ, C., AGUILERA RODRÍGUEZ, L. y GARZÓN PEDEMONTE, E. (1995): "Excavaciones de urgencia en el solar de la calle San Nicolás nº 7. Una nueva factoría de salazones en Algeciras (Cádiz)", *Anuario Arqueológico de Andalucía, III, Actividades de Urgencia*, Sevilla, 65-69.

LAFON, X. (2001): *Villa maritima*, París.

LAGÓSTENA BARRIOS, L. (2001) : *La producción de salsas y conservas de pescado en la Hispania romana (II a.C.-VI d.C.)*, Barcelona.

LAWRENCE, S. y STANIFORTH, M. (1998): *The Archaeology of Whaling in Southern Australia and New Zealand, The*

Australian Society for Historical Archaeology and The Australian Institute for Maritime Archaeology, Special Publication nb 10.

MARTÍNEZ MAGANTO, J. (1992) : "Las salazones romanas: apuntes historiográficos de interés en arqueozoología", *Archaeofauna* 1, Madrid, 73-81.

MOLINA VIDAL, J. (2005): "La *cetaria* de Picola y la evolución del *Portus Ilicitanus* (Santa Pola, Alicante)", *El Mediterráneo: la cultura del mar y de la sal. Actas del III Congreso Internacional de Estudios Históricos (J. Molina y M.J. Sánchez eds.)*, Santa Pola, 95-112.

MORALES, A. (1993): "Where are the tunas? Ancient Iberian Fishing industries from an archaeozoological perspective", en Clason, A., Payne, S. y Uerpmann, H.P. (eds.): *Skeletons in her cupboard,* 135-141. Oxbow Books. Oxford.

MORALES, A. y LIESAU, C. (1994): "Los mamíferos de la factoría romana de la Plaza del Marqués (Gijón)", en C. Fernández Ochoa dir., *Una industria de salazones de época romana en la Plaza del Marqués*, Gijón, 181-187.

MORALES, A. y ROSSELLÓ, E. (1989): "Informe sobre la fauna ictiològica recuperada en una àmfora tardo-romana del tipus Keay XXVI (spatheion)", *Un abocador del segle V d.C. en el fòrum provincial de Tàrraco, Memòries d'Excavació* 2, Tarragona, 324-328.

MORALES, A. y ROSELLÓ, E. (1990): "Puerto 6 (Cádiz): consideraciones osteométricas y culturales de la ictiofauna", *Huelva Arqueológica* XII, 471-484.

MORALES, A. y ROSELLÓ, E. (2007 a): "Los atunes de *Baelo Claudia* y Punta Camarinal (s. II a.C). Apuntes preliminares", en Arévalo, A. y Bernal, D. eds., *Las cetariae de Baelo Claudia. Avance de las investigaciones arqueológicas en el barrio meridional (2000-2004)*, Sevilla.

MORALES, A. y ROSELLÓ, E. (2007 b): "Vertebrados de las factorías de la c/ San Nicolás y reflexiones zoológicas sobre las factorías romanas de salazones", en D. Bernal, ed., *Las factorías de salazón de Traducta. Primeros resultados de las excavaciones arqueológicas en la c/ San Nicolás (Algeciras, Cádiz)*, Universidad de Cádiz y Ayuntamiento de Algeciras, Algeciras, en prensa.

MORALES, A., ROSELLÓ, E. y BERNAL, D. (2004 a): "Restos de conservas de origen piscícola", en *Garum y salazones en el Círculo del Estrecho. Catálogo de la Exposición (A. Arévalo, D. Bernal y A. Torremocha eds.)*, Granada, 178-179.

MORALES, A., ROSELLÓ, E., BERNAL, D. y ARÉVALO, A. (2004 b): "Proceso de despiece de túnidos", en *Garum y salazones en el Círculo del Estrecho. Catálogo de la Exposición (A. Arévalo, D. Bernal y A. Torremocha eds.)*, Granada, 176-177.

MORALES, A., ROSELLÓ, E., BERNAL, D. y ARÉVALO, A. (2004 c): "Conjunto de túnidos", en *Garum y salazones en el Círculo del Estrecho. Catálogo de la Exposición (A. Arévalo, D. Bernal y A. Torremocha eds.)*, Granada, 82-83.

MORALES, A., ROSELLÓ, E., BERNAL, D. y ARÉVALO, A. (2004 d): "Paleocontenido de imitaciones gaditanas de ánforas grecoitálicas", en *Garum y salazones en el Círculo del Estrecho. Catálogo de la Exposición (A. Arévalo, D. Bernal y A. Torremocha eds.)*, Granada, 254-255.

MORALES, A., ROSELLÓ, E., BERNAL, D. y ARÉVALO, A. (2004 e): "Paleocontenido de ánfora púnica (tipo Ramón T-7.4.3.2)", en *Garum y salazones en el Círculo del Estrecho. Catálogo de la Exposición (A. Arévalo, D. Bernal y A. Torremocha eds.)*, Granada, 152-153.

MORALES, A., ROSELLÓ, E., MORENO, R. y LIESAU, C. (1994): "La fauna del yacimiento de la Plaza del Marqués", en C. Fernández Ochoa dir., *Una industria de salazones de época romana en la Plaza del Marqués*, Gijón, 175-180.

MOREL, J.P., RONDI-COSTANZO, C. y UGOLINI, D. (2000, eds.): *Corallo di ieri, corallo d'oggi, Atti del Convegno (Ravello, 1996). Scienze e materiali del Patrimonio Culturale*, 5, Bari.

NASH, M. (1998): "A Survey of the Tasmanian Shore-Based Whaling industry", Lawrence, S. y Staniforth, M., *The Archaeology of Whaling in Southern Australia and New Zealand,* 21-28.

OLCINA, M. (2004): "La villa romana de Punta de l'Arenal", *Xàbia. Arqueología y Museo. Museos Municipales en el MARQ*, Alicante, 62-81.

OPIANO, *De la pesca*, Biblioteca Clásica Gredos, Madrid (Traducción, introducción y notas de C. Calvo Delcán).

PAINTER,K.S. (1975): "Roman flasks with scenes of *Baiae* and *Puteoli*", *Journal of Glass Studies* XVII, 54-67.

PARÍS, P., BONSOR, G., LAUMONIER, A., RICARD, P. y MERGELINA, C. DE (1923): *Fouilles de Belo (Bolonia, province de Cadiz) (1917-1921). La ville et ses dépendences*, París.

PEREA, J.M. (2005): "La factoría de salazones romana de Ceuta", *Jornadas de Historia de Ceuta*, Ceuta.

PERNEY, M. y FOLLIN, R. (1985): "La pêche des éponges et du corail en Méditerranée au XIXe siècle: les hommes et leurs techniques", *L'homme mediterraneen et la mer. Actes du 3e. Congrès International d'études des cultures de la Méditerranée Occidentale (Jerba, 1981)*, Túnez, 239-246.

PONSICH, M. (1988): *Aceite de oliva y salazones de pescado. Factores geo-económicos de Bética y Tingitania*, Madrid.

PONSICH, M. y TARRADELL, M. (1965): *Garum et industries antiques de salaison dans la méditerrannée occidentale*, París.

ROSELLÓ, E. (1989 a): *Arqueoictiofaunas ibéricas. Aproximación metodológica y bio-cultural*, Madrid.

ROSELLÓ, E. (1989 b): "Informe preliminar de la ictiofauna de Santa Pola (Alicante)", *Saguntum*, 22, 439-455.

ROSELLÓ, E., MORALES, A., BERNAL, D. y ARÉVALO, A. (2003): "Salsas de pescado de la factoría romana de *Baelo Claudia* (Cádiz, España)", Guzmán, A. F., Polaco, O., Aguilar, F. (eds.), *Presencia de la arqueoictiología en México*, Guadalajara.

ROSSELLÓ, V.M. (2004): "Vivers de peix i salines al litoral valencià", *Evolución paleoambiental de los puertos y fondeaderos antiguos en el Mediterráneo occidental, ANSER I*, Roma, 247-269.

SÁNCHEZ PINTO, L. (2004): "Antiguas producciones naturales de Canarias", *Fortunatae Insulae. Canarias y el Mediterráneo*, Tenerife, 209-219.

STERNBERG, M. (2000): "Donnes sur les produits fabriqués dans une officine de Neapolis (Nabeul, Tunisie)", *MEFRA*, 112, 135-153.

VARGAS, M. (2005): *Cazadores de ballenas en el Golfo de Cádiz*, Algeciras.

VASQUEZ, V. y ROSALES, T. (2007): "Análisis de la malacofauna de algunos contextos de los Conjuntos Industriales I y II", en D. Bernal, ed., *Las factorías de salazón de Traducta.*

Primeros resultados de las excavaciones arqueológicas en la c/ San Nicolás (Algeciras, Cádiz), Universidad de Cádiz y Ayuntamiento de Algeciras, Algeciras, en prensa.

VASQUEZ, V., ROSALES, T. y BERNAL, D. (2004 a): "Diversidad de especies de malacofauna (San Nicolás)", en AA.VV., *Garum y salazones en el Círculo del Estrecho* (Algeciras mayo-septiembre 2004), Granada, 84-85.

VASQUEZ, V., ROSALES, T. y BERNAL, D. (2004 b): "Selección de malacofauna (*Ostrea Edulis* y *Acanthocardia tuberculata*) -San Nicolás, Algeciras-", en AA.VV., *Garum y salazones en el Círculo del Estrecho* (Algeciras mayo-septiembre 2004), Granada, 170-171.

VON DEN DRIESCH, A. (1980): "Osteoarchäologie Auswertung von Garum-Resten des Cerro del Mar", *MM*, 21, 151-154.

WHEELER, A. y LOCKER, A. (1985): "The stimation of size in sardines (*Sardina pilchardus*) from amphorae in a wreck at Randello, Sicily", *Journal of Archaeological Science*, 12, 97-100.

COLUMELA, DE RE RUSTICA VIII, 16-17: UNA FUENTE PARA EL CONOCIMIENTO DE LA PISCICULTURA EN BAETICA

L. LAGÓSTENA
Universidad de Cádiz

1.- Introducción, proposición y objetivos.

Lucio Iunio Moderato Columela abordó, en el libro octavo de su obra *De re rustica,* los asuntos relativos a la *pastio villatica*, la cría de especies menores en el marco de la economía rural. En este libro dedicó los capítulos 16 y 17 a la piscicultura, denominándolos respectivamente *De piscium cura* y *De positione piscinae.* Estos pasajes columelianos han constituido tradicionalmente una fuente principal para el conocimiento de este aspecto de las actividades productivas romanas y, desde luego, no han pasado desapercibidos para los especialistas que han tratado sobre las explotaciones piscícolas en la época antigua.

Constituyeron pasajes de referencia en la elaboración de la voz *vivarium* del *Dictionnaire des Antiquités Grecques et Romaines* (Lafaye, 1919, 960), donde se ofrecía un resumen de la fuente, enumerando los aspectos del tema descritos por Columela, como las posibilidades de construcción de *piscinae*, los elementos que deben tener las instalaciones, la naturaleza de las costas y sus potenciales producciones, y, finalmente, la alimentación de los peces.

También Corcoran, en su trabajo dedicado a las pesquerías romanas, estudió los asuntos relativos a los viveros y empleó, como fuente principal, los capítulos que nos ocupan, especialmente para el análisis de la construcción de los viveros marítimos y sus elementos, y, como fuente secundaria, para otros aspectos tratados en relación con los *vivaria* (1957, 136-140).

Un reciente estudio sobre estas cuestiones, el dedicado por Higginbotham a las *piscinae* en Italia, considera estos episodios del tratado Columeliano como el relato más detallado conservado, de entre aquellos que trataron sobre la piscicultura romana, y, consecuentemente, constituyen estos capítulos del *De re rustica* una de las fuentes básicas de la investigación que este autor desarrolla, aunque empleada, al igual que hiciera Corcoran, con especial atención a las descripciones de los elementos técnicos, materiales y ambientales del vivero (Higginbotham, 1997, 22 ss.). También Lafón, en su reseña al libro de Higginbotham, se preocupa por contextualizar históricamente estos testimonios piscícolas de Columela, aunque brevemente, como no podía ser de otra manera en el marco de aquella contribución (1998, 573; 576-579).

Los investigadores que, al abordar esta temática, han recurrido a esta fuente, han percibido por lo general no sólo el valor técnico de los pasajes que Columela dedica a la piscicultura, sino que también han deducido de los mismos variadas informaciones de carácter histórico. Sin embargo ningún estudio parece haber analizado específicamente las fuentes y la estructura de los capítulos 16 y 17 del libro octavo del *De re rustica* de Columela; ni tampoco han recibido estas referencias una atención especial por parte de los estudiosos que se han acercado al conocimiento de la piscicultura hispana, o al análisis de cualquiera de los sectores implicados en la captura y el procesamiento del pescado en esta realidad provincial del imperio romano. Sólo en un artículo de P. Sáez Fernández, buen conocedor de la obra columeliana, se llama la atención sobre las posibilidades de estos pasajes para el conocimiento de una posible producción piscicultora en la Bética (1995, 695-696).

Desde estas consideraciones previas son varios los objetivos planteados en esta contribución. Por una parte se pretende avanzar en la delimitación de las fuentes específicas empleadas por Columela para la elaboración de estos capítulos de su tratado agronómico, en el conocimiento del tipo de fuentes a las que recurrió, y en la identificación de las obras literarias preferentemente empleadas. En segundo lugar, se pretende delimitar aquella parte de la información vertida en estos capítulos que pudo derivar de la propia experiencia del autor en asuntos relacionados con la cría de peces y el tratamiento con fines conserveros del pescado. El tercer objetivo pretende conocer cuánto de esa experiencia personal procedería de sus años de formación en la Bética y de sus vivencias en *Gades*.

En última instancia, ha sido un objetivo preferente en esta contribución – o la proposición principal de la misma si se prefiere- demostrar que estamos ante una fuente que, además de ser clave para el conocimiento general de la piscicultura romana altoimperial, es particularmente interesante para el estudio de esta actividad económica en las costas de la *provincia Baetica*, como referente espacial y productivo del autor en la elaboración de su tratado, y en consonancia con las afirmaciones que en este sentido se han realizado para una parte significativa de los contenidos agrarios de la obra (Sáez, 1987, 6 ss.; 249; Sáez, 1995, *passim*).

2.- La explotación marina en la Bética. La existencia de *vivaria* marítimos.

La importancia de las actividades pesquero-conserveras en la economía del litoral meridional de *Hispania* durante la Antigüedad es una cuestión ampliamente demostrada, y ha sido abordada con especial énfasis en los últimos años por la investigación (Campos, Perez y Vidal, 1999; Lagóstena, 2001; Arévalo y Bernal, 2002; Étienne y Mayet, 2002; Fernández Nieto, 2002), motivando recientemente la celebración de diversos encuentros académicos dedicados al tema[1].

Actas del Congreso Internacional *CETARIAE. Salsas y salazones de pescado en Occidente durante la Antigüedad*, Universidad de Cádiz, Noviembre de 2005, *B.A.R. int. ser.* 1686, Oxford 2007, 109-115.

[1] *Produção e comércio de preparados piscícolas durante a Proto-História e a procura romana no Ocidente da Península Ibérica*, Setúbal, 7-9 de Mayo de 2004; *I^a Conferencia Internacional sobre la Historia de la Pesca en el ámbito del Estrecho*, El Puerto de Santa María, 1-5 de Junio de 2004; *Garum y salazones en el Círculo del Estrecho*, Algeciras, Mayo-Septiembre de 2004; *III Congreso Internacional de Estudios Históricos, El Mediterráneo: la cultura del mar y de la sal*, Santa Pola (Alicante), 25-29 de Octubre de 2004.

En el espacio geográfico que nos ocupa, definido esencialmente por las costas béticas, existió una concordancia evidente entre las factorías conserveras romanas, dedicadas al procesamiento de las capturas pesqueras, y las instalaciones habilitadas para el aprovechamiento de la sal marina, *salinae* difíciles de conocer en su fisonomía antigua por, entre otras razones, la continuidad de la explotación hasta el presente de los espacios propicios para ello (Alonso *et alii*, 2004, 323 ss.; Lagóstena, 2005b, 78-80). Sin embargo se conoce por ahora muy poco sobre una posible actividad relacionada con la cría de peces y moluscos en cautividad en la Bética, y menos aún sobre los vínculos que tal actividad podría tener con las *cetariae* y *salinae,* ambientes productivos mejor estudiados.

No puede negarse, por otra parte, que, *a priori*, la costa bética parece haber concitado a fines del siglo I a.C. suficientes condiciones históricas, socio-económicas y geográficas para amparar el desarrollo de los *vivaria* a una escala relevante, y que este tipo de instalaciones destinadas a los cultivos acuícolas pudieron resultar un interesante complemento productivo a las explotaciones salineras y a las pesquero-conserveras.

Desde un punto de vista histórico cabe resaltar cómo la provincia *Baetica* y sus comunidades costeras conocieron una fuerte incidencia del fenómeno de la colonización itálica producido en tiempos de la República Tardía, y cómo este contingente migratorio se implicó en una amplia gama de actividades provinciales que dieran respuesta a sus ansias de promoción social, política y, en este caso, particularmente económica, tales como la agricultura, la minería, las actividades pesquero-conserveras y las manufacturas cerámicas, circunstancias bien estudiadas por nuestra historiografía reciente (*v.g.*: Marín, 1988; López Castro, 1995; Molina, 1997; García Vargas, 1996; Lagóstena, 2001; Blázquez *et alii*, 2002; Molina, 2002; Lagóstena, 2005a).

Por otra parte, las prácticas propias de la acuicultura antigua eran ya bien conocidas en los ámbitos de procedencia de estos emigrantes itálicos (Corcoran, 1957, 125 ss.; Higgimbothan, 1997, *passim;* Lagóstena, e.p., *passim*), lugares donde estas explotaciones habían ya pasado por distintas etapas históricas y generado diversos sistemas productivos propios del sector (Lafón, 1998, 575; Lagóstena, 2007, *passim*).

Tales conocimientos, experiencias y vivencias, portadas por los contingentes itálicos, pudieron perfectamente confluir con la ancestral tradición pesquera, salinera y conservera de las costas béticas, aunque esta última, la tradición salazonera, fuese menos frecuente en la explotaciones itálicas (no obstante véanse al respecto las contribuciones en estas actas de M.T. Iannelli y F. Cuteri, de A. Marzano, y de S. Pesavento *et alii*). Todas estas circunstancias, sumadas a las buenas condiciones del litoral del sur hispano, de sus costas, pesquerías y salinas, habrían propiciado la implantación de este tipo de explotaciones piscícolas que ahora nos ocupa.

Que este potencial sector de la economía del litoral bético sea en la actualidad poco conocido por la historiografía se explica por la escasez de fuentes literarias para el estudio de la piscicultura provincial; también por la primitiva localización física de las instalaciones, generalmente en los espacios intertidales, expuestas cotidianamente a todo tipo de inclemencias climáticas y geológicas, dificultando así la conservación de sus vestigios; y, quizá debido a lo anterior, por la poca información deducida para el tema hasta el momento desde la práctica de la arqueología andaluza. En este sentido escasas novedades se han producido desde que se propusiera la identificación con antiguos corrales de pesca y viveros de dos tipos de estructuras circulares, sumergidas en las playas de la gaditana localidad de Barbate, unas excavadas en el sustrato rocoso y otras construidas con sillares (Moreno, Abad, 1971, 214).

Este uso antiguo de cercos de pesca y de *vivaria* no es completamente desconocido en las costas peninsulares. Balsas y cubículos tallados en las rocas han sido identificados como posibles viveros en diversos puntos del levante mediterráneo, en los *territoria* de las antiguas comunidades de *Ilici*, *Lucentum* y *Dianium*: desembocadura del Vinalopó, Punta de Pilas, Isla de Tabarca, Playa del Carabassi, Baños de la Reina en Calpe, Punta de l'Arenal, Punta del Castell (Lagóstena, 2001, 175-188, con la bibliografía precedente), aunque no es menos cierto que funcionalmente estas estructuras pueden también relacionarse con actividades salineras y conserveras (Alonso *et alii*, 2004, 320 ss.). Por otra parte, en el litoral noroeste portugués, los hallazgos de Espinho atestiguaron el empleo de corrales de pesca, pues fueron localizados dos, construidos con elementos vegetales, que se dataron por RC14 entre los siglos I-III d.C. (Alves *et alii*, 1988-1989).

En la costa bética comienzan ahora tímidamente a aflorar algunos indicios de una actividad piscicultora. En este foro se han dado a conocer evidencias arqueológicas de una crianza gaditana de ostras en la Antigüedad, según los vestigios hallados en contextos productivos de la actual Algeciras, moluscos que procederían de *vivaria* especializados (véase la contribución de D. Bernal en estas actas; Lagóstena, 2007). Por otra parte, etimológicamente, el término *estero,* con el cual se designa en estas tierras sureñas un tradicional criadero de peces, deriva del empleo para esta piscicultura de los canales que permiten la entrada y la saturación del agua marina destinada a los tajos salineros, lo que los autores latinos denominaron *aestuaria*, término que técnicamente se puede aplicar a los cauces habilitados para alimentar del líquido marino tanto a las *salinae* como a los *vivaria.*

Desde luego, si queda demostrado que los capítulos aquí analizados contienen suficientes elementos históricos propios de las actividades piscícolas en la Bética en tiempos de Columela, autor que, en palabras del profesor Sáez Fernández, *conoce muy bien el auge económico de su zona natal* (1995, 688), se dispondrá de una fuente literaria revalorizada para orientar futuros estudios sobre el tema en estas costas provinciales.

3.- Fuentes del *De re rustica* VIII, 16 y VIII, 17.

Ya se ha indicado con anterioridad la necesidad, para el cumplimiento de los objetivos planteados en esta contribución, de profundizar en el conocimiento de las fuentes empleadas por Columela para la elaboración de estos pasajes. Ello sin perder de vista que los capítulos analizados muestran una particularidad: tratan de la piscicultura en el marco de una obra dedicada a la agricultura.

La mayor parte de las fuentes generales declaradas por Columela para su tratado (*R.R.* I,1,7-14) versaron exclusivamente sobre temas agrarios y ni siquiera abordaron estos asuntos acuícolas, pues no es sino hasta tiempos de Varrón cuando la piscicultura aparece tratada con cierto detalle en los textos agronómicos latinos, al abordar, eso sí, las cuestiones relativas a la *villatica pastio.* Es precisamente en el tracto cronológico delimitado por las obras de Varrón y del naturalista Plinio en el cual se halla el mayor volumen de fuentes literarias para lo que concierne a la piscicultura latina (Corcoran, 1957, 2 ss.).

Aunque el estudio general de las fuentes del tratado de Columela ha sido abordado por numerosos especialistas, a nuestro juicio no se ha reparado suficientemente en las que concernían a los capítulos 16 y 17 del libro VIII (respecto a los estudios sobre las fuentes de Columela véase la síntesis de Holgado, 1988, XXVI-XXVII, en particular su nota 48; en esta contribución utilizamos generalmente esta traducción del tratado). Para dilucidar, en la mayor medida posible, las fuentes empleadas por el tratadista, nos hemos acercado al texto desde dos perspectivas: la primera analizando las evidencias presentes en cada capítulo y que remiten explícitamente a las fuentes, sean estas directas o indirectas, expresas o imprecisas; la segunda atendiendo a la estructura interna del discurso que en ambos pasajes estableció Columela, en busca de una comprensión del sentido del mismo lo más completa posible.

En el capítulo 16, estableció Columela dos apartados con contenidos específicos: uno dedicado a justificar la inclusión en el texto de su exposición sobre la piscicultura, en el cual realizaba un breve recorrido histórico sobre estas prácticas hasta su época (VIII, 16, 1-6); y un segundo apartado en el que abordó la relación entre el medio costero y las especies que lo pueblan, como primera circunstancia que debe conocer quien pretenda obtener ganancias del mar (VIII, 16, 7-10).

En la primera parte del capítulo 16, Columela, cuya fuente principal aquí es Varrón, sintetiza en tres etapas, y no con poca perspicacia histórica, los cambios que observa en relación con la práctica de la piscicultura: una primera época, la de los ancestros – *maiores nostri*- caracterizada por un espíritu curioso e innovador, que ensaya experimentaciones tales como criar peces marinos o introducir huevas de peces de mar en lagos de agua dulce; la segunda etapa la sitúa en el recuerdo de sus mayores –*avorum memoria*- durante la cual se descuidaron las prácticas anteriores, el carácter pragmático de los antepasados fue sustituido por la refinada gula, y, dice el agrónomo, *los lujos de los opulentos encerraron a los propios mares y a Neptuno*; y en tercer lugar, caracteriza Columela su propia época, superadas ya ciertas aversiones morales propias de la etapa anterior, considerada ahora esta piscicultura como laudable y honorable, y siendo contemplada con cierta normalidad por el agrónomo entre las actividades propias de la *pastio villatica* (*R.R.* VIII, 16, 1-6).

Esta primera parte del capítulo 16 se basa principalmente en diversos epígrafes del libro tercero del *De agri cultura* de Varrón, en los cuales se exponen una serie de anécdotas relacionadas con la piscicultura. Partiendo de ellas, Columela elabora una exposición personal de carácter histórico, ordenándolas en el tiempo, que le sirve para su propia justificación e introducción al tema. Cabe destacar que el recurso a los pasajes de Varrón no consiste en reproducir asépticamente su pensamiento, sino que es empleado para enmarcar el análisis que del asunto realiza el propio Columela.

Varrón como fuente en Col. *R.R.* VIII, 16, 1-6.		
Columela	**Varrón**	**Asunto**
VIII,16,1-3	III,3,6-9	Prácticas de los antepasados.
VIII,16,3-4	III,3,9,5	Marcio Filipo y el lobo de río.
VIII,16,4	III,3,9,2	Los estanques y las ranas.
VIII,16,5	III,2,17	Catón, Lúculo y la venta de sus propiedades.
VIII,16,5	III,3,10	Orata, Murena y los *cognomina* piscícolas.

La segunda parte del capítulo 16 ofrece mayores dificultades a la hora de establecer sus fuentes. En ella Columela explica cómo examinar el lugar apropiado para la instalación del vivero atendiendo al tipo de costa que se desee explotar, y expone qué cría es la más apropiada según las condiciones de cada litoral. De igual manera procede con los diversos mares y sus especies.

Los autores que han empleado estos capítulos en sus análisis, como Corcoran o Higginbotham, no aluden a las posibles fuentes empleadas aquí por Columela, siendo Lafaye quien indicó la similitud de ciertos elementos con algún pasaje, dedicado a las variedades y características de los moluscos productores de púrpura, que se puede encontrar en la *Historia de los Animales* de Aristóteles (*H.A.* 547a; Lafaye, 1919, 960). Desde luego esta descripción de las costas y sus peces no parece que responda directamente a ninguna cuestión planteada en el tratado de Varrón en los apartados que éste dedica a la piscicultura, como ocurría en la primera parte del capítulo 16.

En cambio, entre los pasajes VIII,16,8 y VIII,16,10, Columela alude hasta cuatro veces a asuntos propios de las costas de su patria, cuestión que parece muy significativa para dilucidar de donde procede parte de las fuentes informativas de este párrafo (véase la tabla posterior).

En el capítulo 17 resultan más escasas las alusiones directas de Columela a sus fuentes. Además del recurso a la máxima virgiliana –*qué fruto produce y cuál rechaza cada región* (VIII,17,7; Verg. *Geor.* I, 53)- el autor emplea fuentes imprecisas, mientras en otras ocasiones recurre a su propia experiencia personal, como se refleja en las tablas siguientes; y alude en dos ocasiones a los conocimientos que tiene de la Bética. Así lo entendemos cuando trata de los desechos habituales generados en las *officinae cetariorum* (VIII, 17,12,2-8), siendo evidente en la alusión a los higos secos de *Baetica*

(VIII,17,15,5-7), ambos pasajes dedicados a la alimentación en los *vivaria*.

Cabe recordar, en relación con el origen de estas referencias imprecisas que se encuentran entre las fuentes del capítulo 17, la hipótesis de P. Sáez según la cual Columela realiza un esfuerzo por no caer excesivamente en citas sobre particularismos béticos (1995, 696-697), quizá en un afán de no evidenciar más de lo necesario su origen provinciano.

Alusiones a las costas hispanas en Col. *R.R.* VIII, 16, 8-10		
Pasaje	**Traducción**	**Cita**
VIII,16,8,4-5	...ombrinas cartaginesas y de nuestro país.	*Punicasque et indigenas umbras*
VIII,16,9,6-7	Como el pez gallo en el Atlántico, que se incluye entre los peces de mejor clase en mi nativo municipio de Cádiz -donde lo llaman zeus según una antigua costumbre.	*Ut Atlantico faber, qui generosissimis piscibus adnumeratur in nostro Gadium municipio -eunque prisca consuetudine zaeum appellamus-*
VIII,16,9,12-13	(el escaro) ...pero nunca nadó hasta penetrar en el mar de Liguria, ni, pasando las Galias, en el mar ibérico.	*Numquam in Ligustinum nec per Gallias enauit ad Hibericum mare.*
VIII,16,10,3-7	De entre los peces valiosos sólo la morena, aunque originaria del mar tartésico, que es el más alejado, resiste como huesped un mar extranjero ...	*Sola ex pretiosis piscibus muraena, quanuis Tartesi pelagi, quod est ultimum, vernacula, quouis hospes freto peregrinum mare sustinet*

Fuentes imprecisas en Col. *R.R.* VIII, 17		
VIII,17,2, 8	A algunos no les gusta que éstas (las murenas) se mezclen con peces...	*Quamquam nonullis commisceri eas cum alterius notae piscibus non placet...*
VIII,17,5	Muchos piensan que en los estanques de este tipo deben fabricarse...	*Multi putant in eiusmodi stagnis... esse fabricandos...*

Opinión y experiencia personal en Col. *R.R.* VIII, 17		
VIII,17,3,6	Pienso que estos conductos deben hacerse por la parte más baja del recinto...	*Hos autem meatus fieri censemus per imam consepti partem...*
VIII,17,7,6-9	Y aunque quisiéramos, no podríamos alimentar en un vivero gran cantidad de salmonetes, tal como algunas veces hemos visto en el mar...	*Neque enim si velimus, ut in mari nonnumquam conspeximus, in vivario multitudinem mullorum pascere queamus*
VIII,17,8,3-5	Por el contrario, con frecuencia vemos en recintos cerrados rebaños marinos del mujol indolente...	*At contra frequenter animaduertimus intra septa pelagios greges inertis mugilis...*

Pero la importancia de la experiencia personal en la redacción de Columela se evidencia en mayor medida cuando se compara la estructura de su capítulo 17 con el orden planteado en el capítulo bajo la misma numeración del libro III de la obra *De agri cultura* de Varrón.

La estructura establecida por Columela en este capítulo atiende el orden del relato varroniano, y explica lo relativo a la construcción de los viveros, a su poblamiento de peces y a la alimentación de los mismos.

Parece nuestro autor escribir aquí a la vista de los pasajes del tratado de Varrón, contrastándo las opiniones vertidas en ellos con su propia experiencia, y, aspecto éste muy importante en la comprensión de todo el capítulo, resolviendo los asuntos que en el texto varroniano se presentan como los principales problemas de la piscicultura de su tiempo: *Primum enim aedificantur magno, secundo implentur magno, tertio aluntur magno.*

Comparación de las estructuras en los pasajes de Varrón y Columela.	
Varrón *De agri cultura* III,17.	Columela *De re rustica*, VIII,17.
Dos tipos de *piscinae*. III,17,2.	Ubicación del mejor estanque. VIII,17,1.
Viveros de agua dulce y salada. Piscinas singulares y *loculata*. III,17,3.	De la construcción del estanque y sus refugios. VIII,17,2.
Las *piscinae* de los *Luculli* y el suministro de agua salada. Dos casos contrapuestos. III,17,9.	Sobre los canales de evacuación y la profundidad del estanque. VIII,17,3-5.
	Otros elementos del vivero. VIII,17,6.
Separación de especies en los viveros. III,17,3.	Peces para criar y criterios para su elección. VIII,17,7-9.
	Diversidad de estanques según los tipos de peces. El estanque de los peces planos. VIII,17,9-11.
Gastos y beneficios de *Hirrus*. III,17,3. *Q. Hortensius* y los costos de sus *piscinae*: personal, construcción, alimentación. III,17,5-7.	La alimentación en el vivero. VIII,17,12-15.

4.- Claves varronianas en *De re rustica* VIII,17.

En el capítulo 17 del libro III de Varrón, uno de los contertulios del diálogo, *Axius*, expone lo ruinoso que resulta la piscicultura marítima, enumerando los inconvenientes que en ella aprecia. Varios son los aspectos que Varrón, por boca de este personaje, destaca como negativos en la práctica de la explotación piscícola:

a) Los grandes costos de edificación de los viveros.
b) El contraste, cargado de connotaciones morales, entre la explotación del vivero de agua dulce y la del vivero de agua marina.
c) Los grandes costos derivados de la alimentación de los peces en cautividad.
d) Las dificultades para suministrar y renovar el agua de mar para las instalaciones.

Columela, en la parte de la obra que analizamos, asume como uno de sus objetivos principales dar cumplida respuesta a las serias objeciones mostradas hacia la piscicultura por *Axius*, un objetivo que sólo se evidencia ante la lectura comparada del capítulo VIII,17 de su tratado y el capítulo III,17 del de Varrón.

A la primera cuestión planteada por *Axius*, lo costoso de la edificación de *vivaria,* responde nuestro agrónomo caracterizando los tipos de estanques por su ubicación más o menos favorable, dando unas precisas instrucciones sobre su construcción y los elementos necesarios para su funcionamiento. Este vivero descrito por Columela contrasta, por su sobriedad y economía (tallados en la roca o construidos en *opus signinum*), con el modelo criticado por *Axius*, ejemplificado en los costosos viveros de *Hirrus* (III, 17, 3). Parece esta posibilidad de obtener unas apropiadas instalaciones piscícolas con escasa inversión el verdadero argumento del pasaje.

Respecto a la segunda cuestión, las alusivas a la valoración moral, Columela no se detiene en su exposición a replicar las objeciones del fragmento varroniano, pues ya lo hizo en la primera parte del capítulo 16, al elaborar su perspectiva sobre la historia de la piscicultura latina. La moral que encarna Varrón se manifiesta en el contraste que establece entre el vivero de agua dulce (plebeyo) y el de agua salada (noble); o en las maliciosas alusiones que realiza al trato diferenciado que daba Hortensio, exponente de las prácticas acuicultoras de la *nobilitas*, a sus peces y a sus esclavos. El discurso de Columela en este sentido insiste más en la potencial rentabilidad de la piscultura que en las posibles objeciones morales que se pudieran realizar a tales empresas, como podemos observar en la cantidad de referencias – hasta nueve- que sobre este asunto del beneficio hallamos en los capítulos 16 y 17 del libro octavo del *De re rustica*, una frecuencia que delata uno de los más claros intereses del autor al abordar el tema.

La rentabilidad de la piscicultura en Col. *R.R.* VIII, 16-17	
VIII,16,1.	*...quorum reditum quamvis alienissimum agricultoribus putem...*
VIII,16,5.	*...grandi aere sestertium milium quadringentorum piscina pupilli sui venditabat.*
VIII,16,6.	*...hunc etiam quaestum villaticum patri familiae demonstraremus.*
VIII,16,6.	*...ut ex mari reditum constituat.*
VIII,16,9.	*...qui generosissimis piscibus adnumeratur...*
VIII,16,10.	*Sola ex pretiosis piscibus muraenae...*
VIII,17,7.	*...meminisse etiam in fluviatili negotio...*
VIII,17,8.	*...quorum pretia vigent; nam vile ne captare quidem, nedum alere conducit...*
VIII,17,15.	*nam nisi piscis domini cibariis saginatur, cum ad piscatoris forum perlatus est, macies indicat eum non esse libero mari captum sed de custodia elatum, propter quod plurimum pretio detrahitur.*

Axius, en el texto varroniano, subraya cómo los réditos obtenidos de los viveros de *Hirrus* se perdían en la alimentación de los peces que los ocupaban (III,17,3) y lo mismo ocurría con los de *Q. Hortensius* (III,17,5-7); son muy contundentes las objeciones realizadas por *Axius* en relación al costo de la alimentación de los viveros y a los derivados de la contratación del personal especializado necesario para obtenerla, los pescadores.

La respuesta de Columela constituye un amplio párrafo (VIII,17,11-15) dedicado a las posibilidades existentes para alimentar los viveros de peces marinos, enumerando fórmulas variadas, económicas, y alternativas a las costosas prácticas de *Hortensius* descritas por *Axius*, quien las ridiculizaba de manera evidente indicando, por ejemplo, cómo este propietario llegaba a comprar *salsamenta* para alimentar a sus peces. Columela reacciona en defensa de la rentabilidad de los *vivaria*, ofreciendo una amplia gama de alimentos que pueden ser precisamente obtenidos de entre los desechos de la producción de las *cetariae* (posiblemente lo que en realidad se empleaba en los viveros de Hortensio), siendo ésta su principal propuesta para nutrir los peces de los viveros, aunque no la única.

Alimentación de los viveros en Col. *R.R.* VIII, 17, 11-15
Ex cetariorum officinis
Hallecula
Sardina
Saurorum Branchias
Intestini pelamis
Intestini lacertus
Scombri venterculos
Carchari venterculos
Elacatae venterculos
Otros alimentos terrestres
Higo verde abierto
Madroño maduro
Serva tierna
Fruta del tiempo troceada
Higo seco
Otros alimentos marinos
Sábalo
Camarón
Gobio
Otras alternativas alimenticias
Bolas de pan basto
Queso fresco, si el precio lo permite

También la necesidad de renovar el agua marina en las *piscinae* se muestra como un grave problema y un obstáculo en Varrón (III,17,8-9) quien lo expone empleando sendos ejemplos, contrapuestos pero igualmente perniciosos: los de las piscinas de Marco Lucullo y las de Lucio Lucullo, unas mal alimentadas *-aestuaria idonea non haberet-* y otras bien surtidas, aunque en este caso a costa de una gran inversión en canalizaciones.

Las posibles soluciones a este problema se encuentran dispersas por el capítulo 17 de Columela, quien alude a ello hasta en cuatro ocasiones, y para quien lo primordial en la solución es la oportuna ubicación de los *vivaria* en el mismo litoral y, dato muy significativo por lo que de atlántico encierra, el apropiado uso de los gradientes mareales para facilitar las imprescindibles tareas de renovación del agua, una referencia a las mareas que, por otra parte, también se encuentra en Varrón (III, 17, 9; Sáez, 1995, 696).

5.- La propuesta de Columela para la piscicultura marítima de su época y la experiencia bética.

En los pasajes del tratado agronómico de Columela analizados el autor ofrece, sucintamente, los elementos que a su juicio pueden sustentar con éxito una explotación piscicola marítima. Estas bases vertebran un modelo productivo aplicado a la piscicultura, bien distinto al de los tiempos finales de la República registrado en los textos y el pensamiento de Varrón. La existencia de esta dualidad, presente en los sistemas de explotación pertinentes a los *vivaria* marítimos, propias de dos etapas históricas distintas y consecutivas, ha sido constatada y comentada por diversos investigadores (Corcoran, 1957, 130 ss.; Higginbotham, 1997, 55 ss.; Lafon, 1998, 576 ss.)

Sin embargo no se había reparado suficientemente hasta la fecha en dos aspectos fundamentales del discurso columeliano dedicado a la piscicultura, y claves en la comprensión de su propuesta alternativa:

a) Su elaboración en contraposición a las opiniones sobre el particular vertidas en el capítulo 17 del libro III del diálogo varroniano.
b) La importancia de la experiencia bética en la formulación alternativa de su explotación, circunstancia que el tratadista no manifiesta expresamente pero que puede ser deducida por numerosos aspectos internos del texto.

Respecto a la primera cuestión, Columela rebate sistemáticamente ciertas opiniones, principalmente relativas a los excesivos costos económicos de la actividad piscicultora, sin indicar expresamente que es esa la base de su exposición y el punto de partida de su argumentación, y sin indicar la fuente de los extremos que cuestiona en relación con la piscicultura, aunque en otros pasajes del capítulo 16 aluda reiteradamente al autor de los mismos, Varrón, como ya se ha comentado. En realidad los contenidos del capítulo 17 del libro VIII del *De re rustica* de Columela constituyen una respuesta en toda regla a las objeciones varronianas, puestas en boca de *Axius*.

Así pues la fuente literaria principal, tanto del capítulo 16 como del 17 del libro octavo de Columela procede de los fragmentos dedicados a la piscicultura en Varrón. La lectura paralela de ambos testimonios agronómicos, dedicados a este peculiar aspecto de la *pastio villatica*, permite acceder a muchas de las claves comprensivas de estos pasajes columelianos. Permite también sintetizar las características principales de la explotación marítima propuesta por el tratadista bético y, con paralelismos evidentes en su defensa de un modelo de explotación agraria rentable, permite comprender cómo su defensa de las prácticas piscicultoras se basa en una firme creencia en la viabilidad económica de las mismas, una viabilidad que se sustenta en la posibilidad de reducir los costes de las inversiones destinadas tanto a la construcción de las instalaciones como al mantenimiento de la producción en los viveros y que, no conviene olvidarlo, se sitúa históricamente en la coyuntura social y económica marcada por la etapa final de la dinastía julio-claudia, durante el principado de Nerón (véase al respecto Lomas, 1997, 177 ss.).

Al igual que acostumbra a hacer cuando trata de asuntos agronómicos, también en la piscicultura procura Columela ofrecer un modelo de explotación viable, con propuestas concretas que solventen los problemas de las experiencias precedentes, un modelo de explotación capaz de generar beneficios para quien emprenda esta actividad, objetivo principal que debe orientar, según trasluce la opinión de Columela, a quien se interesa en este tipo de empresa.

Si el modelo piscícola columeliano se construye en contraposición a la crítica narración que es el texto varroniano, y por tanto éste se convierte en el principal referente literario de estos pasajes, las alternativas integradas en el discurso de Columela se nutren principalmente, y al igual que cuando se refiere a la viticultura, de su propia experiencia personal. Muchos son los indicios existentes en los textos comentados que apuntan hacia una experiencia que el agrónomo adquirió sobre todo en sus vivencias atlánticas, béticas y gaditanas.

Pero en estos pasajes analizados, Columela se muestra como un buen conocedor de los asuntos pesqueros, marineros y conserveros de su época. Particularmente destacada es la información que posee sobre las actividades relacionadas con la producción de salsas y conservas de pescado. El propio Columela alude en su obra a una fuente, hoy perdida, que le pudo proporcionar información detallada sobre el particular, me refiero al tratado de Gayo Macio (*nec ignoro plurima <in> hunc librum non esse conlata, quae Gaius Matius diligentissime persecutus. illi enim propositum fuit urbanas mensas et lauta conuiuia instruere; libros tres edidit, quos inscripsit nominibus <pistoris>, coci et salgamari, RR* XII, 46,1), y de los tres libros, particularmente el dedicado a los salazoneros.

Si el papel de la *origo* bética del autor se ha destacado por lo que aporta a su cultura agrícola (Sáez, 1995, 692), no debe ser menos influyente la *origo* gaditana en sus conocimientos piscícolas, pues ciertos detalles mencionados por Columela indican un conocimiento directo de la actividad de aquellas *officinae cetariorum.*

Por no abundar en este aspecto, Columela y la actividad pesquero-conservera de su tiempo, una cuestión que merecería una atención particular, sólo indicaremos un dato que con demasiada frecuencia pasa desapercibido: nuestro autor es miembro de la *gens Iunia Gaditana*, porta pues un gentilicio que se manifiesta con frecuencia en los hallazgos epigráficos relacionados con la producción y el comercio de las salsas y conservas de pescado gaditanas en época julio-claudia (Holgado, 1988, xiv; García Vargas, 1998, 238; Lagóstena, 2001; Lagóstena, 2004, 219).

Creemos en definitiva que los investigadores interesados debemos releer, desde una perspectiva gaditana y bética, estos capítulos del libro octavo de la obra de Columela, para deducir nuevas informaciones alusivas a las prácticas piscícolas –en un sentido extenso- propias de los tiempos de Columela en este litoral provincial. Es posible además que al binomio productivo bético *cetariae-salinae*, aceptado por la totalidad de la historiografía como parte importante de las bases económicas de estas comunidades costeras, debamos añadir un tercer elemento complementario, los *vivaria.*

Bibliografía

ALONSO, C., GRACIA, F.J., MÉNANTEAU, L. (2004): "Las salinas de la Bahía de Cádiz durante la Antigüedad: visión geoarqueológica de un problema histórico", *Spal* 12 (2003), Sevilla, 317-332.

ALVES, F.J., ALVERINHO, J.M., ROCHA DE ALMEIDA, M.J., FERREIRA, O., TABORDA, R. (1988-1989): "A armadilha de pesca da época romana descoberta na praia de Silbadle (Espinho)", *O.A.P.* serie IV, vol. 6-7, 187-226.

ARÉVALO, A., BERNAL D. (2002): "La factoría de salazones de *Baelo Claudia*. Balance historiográfico y novedades en la investigación", *CuPAUAM* 25.1999, Madrid, 275-129.

BALDWIN, B. (1963): "Columella's sources and how he used them", *Latomus* 22, 786-791.

BLAZQUEZ, J.M., DOMERGUE, C., SILLIERES, P. (2002): *La Loba (Fuenteovejuna, province de Cordoue, Espagne): la mine et le village minier antiques*, Burdeos.

CAMPOS, J.M., PÉREZ, J.A., VIDAL, N. (1999): *Las cetariae del litoral onubense en época romana*, Huelva.

CORCORAN, T.H. (1957): *The roman fishing industry of the Late Republic and Early Empire*, Ann Arbor, Michigan.

ÉTIENNE, R., MAYET, F. (2002): *Trois clés pour l'économie de l'Hispanie romaine. Salaisons et sauces de poison hispaniques*, París.

FERNÁNDEZ NIETO, F.J. (2002): "Hemeroskopeion= Thynnoskopeion. El final de un problema histórico mal enfocado", *Mainake* XXIV, Málaga, 231-255.

GARCÍA VARGAS, E. (1996): "La producción de ánforas en la Bahía de Cádiz durante la República como índice de romanización", *Habis* 27, Sevilla, 49-62.

GARCÍA VARGAS, E. (1998): *La producción de ánforas en la Bahía de Cádiz en época romana (siglos II a.C.-IV d.C.)*, Écija.

HIGGINBOTHAM, J. (1997): *Piscinae. Artificial fishponds in Roman Italy*. University of North Carolina Press.

HOLGADO REDONDO, A. (1988): *De los trabajos del campo de Lucio Junio Moderato Columela.* Edición preparada por Antonio Holgado Redondo, Madrid.

LAFAYE, G. (1919): "*Vivarium*", C. Daremberg, E. Saglio, *Dictionnaire des Antiquités Grecques et romaines*, París, 957-962.

LAFON, X. (1998), "*Piscinae* et piscicultura dans le bassin occidental de la Méditerranée", *JRA* 11, 573-582.

LAGÓSTENA BARRIOS, L. (2001): *La producción de salsas y conservas de pescado en la Hispania romana (II a.C.-VI d.C.). Col.lecció Instrumenta* 11, Barcelona.

LAGÓSTENA BARRIOS, L. (2004): "Las ánforas salsarias de *Baetica*. Consideraciones sobre sus elementos epigráficos", J. Remesal (ed.), *Epigrafía Anfórica, Col.lecció Instrumenta* 17, Barcelona, 197-219.

LAGÓSTENA BARRIOS, L. (2005a): "Aportación al conocimiento de la sociedad de la costa de la *Ulterior* en época republicana y julio-claudia. El registro δ en los *tituli picti* de las ánforas salsarias de *Castra Praetoria*", *LVCENTVM* XXI-XXII, 2002-2003, Alicante, 227-236.

LAGÓSTENA BARRIOS, L. (2005b): "Pesquerías en la Hispania Altoimperial. Reflexiones y perspectivas para su estudio", J. Molina Vidal, M.J. Sánchez Fernández (eds.), *III Congreso Internacional de Estudios Históricos. El Mediterráneo: la cultura del mar y de la sal*, Santa Pola, 77-88.

LAGÓSTENA BARRIOS, L. (2007): "La ostricultura romana", en D. Bernal, (ed.) *Las factorías de salazón de Traducta. Primeros resultados de las excavaciones arqueológicas en C/ San Nicolás (Algeciras, Cádiz)*, Universidad de Cádiz y Ayuntamiento de Algeciras, Algeciras, en prensa.

LOMAS SALMONTE, F.J. (1997): "Plinio el Viejo versus Columela. Otra visión del campo y la existencia", J.M. Maestre, L. Charlo, A. Serrano (eds.), *Estudios sobre Columela*, Cádiz, 177-191.

LÓPEZ CASTRO, J.L. (1995): *Hispania Poena. Los fenicios en la Hispania romana*, Barcelona.

MARÍN DÍAZ, A. (1988): *Emigración, colonización y municipalización en la Hispania Republicana*, Granada.

MARTIN, R. (1971), *Recherches sur les agronomes latins et leurs conceptions économiques et sociales*, París.

MOLINA VIDAL, J. (1997): *La dinámica comercial romana entre Italia e Hispania Citerior*, Alicante.

MOLINA VIDAL, J. (2002): "La irrupción de Hispania en los movimientos socieconómicos del Mediterráneo occidental durante las Guerras Civiles", *Gerión* 20, Madrid, 281-306.

MORENO, A., ABAD, L. (1971): "Aportaciones al estudio de la pesca en la Antigüedad", *Habis* 2, Sevilla, 209-221.

SÁEZ FERNÁNDEZ, P. (1987): *Agricultura romana de la Bética I.* Sevilla.

SÁEZ FERNÁNDEZ, P. (1995): "Columela y la Bética", P. Sáez, S. Ordoñez (eds.), *Homenaje al Profesor Presedo*, Sevilla, 687-697.

CASAIS VELHO (CASCAIS), CERRO DA VILA (QUARTEIRA) Y TORREBLANCA DEL SOL (FUENGIROLA): ¿FACTORÍAS DE TRANSFORMACIÓN DE SALSAS Y SALAZONES DE PESCADO O DE TINTES?

F. TEICHNER
CEIPAC – Universidad de Barcelona

Desde la publicación del trabajo pionero de Michel Ponsich y de Miguel Tarradell (1965), el conocimiento sobre las explotaciones de recursos marítimos en la Península Ibérica en época romana ha avanzado significativamente (Lagóstena, 2001; Étienne, Mayet, 2002). La principal línea de investigación actual está enfocada hacia la parcela histórico-económica, y da prioridad a las fuentes 'indirectas' (de forma igualmente paradójica que en el caso de la producción de aceite de la Bética), como los recipientes de transporte y sus referencias epigráficas y los talleres cerámicos a los que estos pertenecían (*figlinae*). Paralelamente, las intervenciones arqueológicas de urgencia han supuesto el conocimiento de una imprevisible cantidad de instalaciones técnicas asociadas a factorías pesqueras (*cetariae*). Y son precisamente los avances en esta labor arqueológica a pie de yacimiento - de la cual este congreso es prueba fehaciente - los que invitan a reconsiderar los pormenores de la producción y de sus correspondientes productos.

En lo tocante a las fuentes griegas y romanas, la investigación desde sus inicios había subrayado siempre que, aparte de los diversos productos salsarios y de salazones de pescado, existían también procesos más complejos pero menos conocidos de transformación de crustáceos (sus valvas, más concretamente). Basta citar la impresionante descripción de Estrabón (III, 2, 7) sobre la producción de púrpura en la bahía de Algeciras (véase también los resultados preliminares de la factoría de la c/San Nicolás en Algeciras, donde destaca la gran diversidad productiva: Bernal Casasola en este mismo volumen). En este orden de ideas, la cuestión de si las instalaciones técnicas - principalmente la arquitectura de las factorías, de los edificios, de los almacenes y de las piletas - poseen una relación específica y característica con ciertos sectores de la producción, tiene especial interés. Bajo esta perspectiva se van a estudiar aquí brevemente tres yacimientos romanos litorales, ubicados en la costa ibérica atlántica (Casais Velho; figura 1, 1), en la costa ibérica del Algarve (Cerro da Vila; figura 1, 2) y en la costa ibérica mediterránea (Torreblanca del Sol; figura 1, 3).

1.- Casais Velho (Areia, Cascais, Portugal).

Al oeste de la capital portuguesa, en el término de Cascais, cerca de la aldea de Areia se localiza un yacimiento romano tradicionalmente llamado 'Casais Velho', caseríos viejos o fincas viejas (Alarcão, 1988, II 2, 122; Cardoso, d'Encarnação, 1989; 2005, 16; Cardoso, 1991, 49-51; Carvalho, 1993, 327-329; Lagóstena, 2001, 30). En la costa atlántica de esta zona dominan los paisajes rocosos. Cerca del Cabo de Roca, en el punto más occidental del Viejo Mundo, donde ni siquiera la extensa bahía del Guincho ofrece protección contra los fuertes vientos del Atlántico. No obstante, con una distancia de menos de 1 km. de la playa (figura 2), el yacimiento localizado en una colina con el máximo de 65 m. sobre el nivel del mar, estaba claramente orientado al Atlántico y a la producción pesquera.

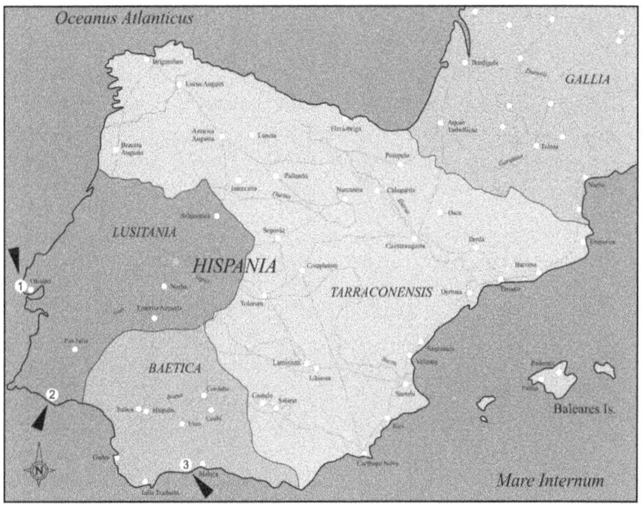

Figura 1.- La Península Ibérica en época imperial romana. Ubicación de los tres yacimientos estudiados en el texto: 1: Casais Velho (Cascais, Lisboa, Portugal), 2: Cerro da Vila (Quarteira, Faro, Portugal) y 3: Torreblanca del Sol (Fuengirola, Málaga, España). (Imagen: M. Münz).

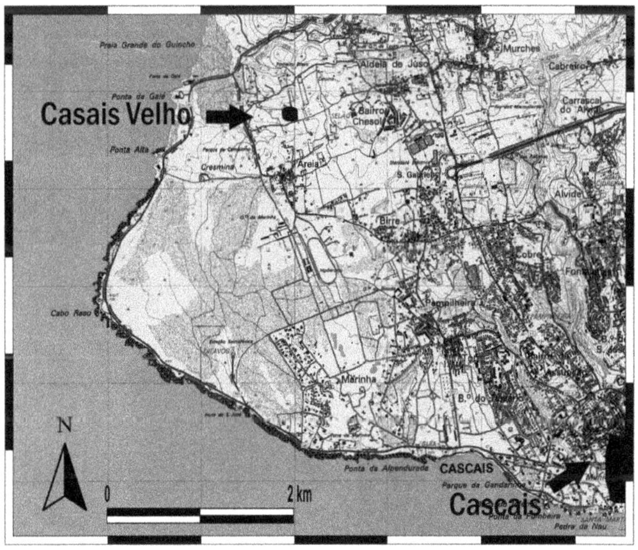

Figura 2.- Situación topográfica del yacimiento de Casais Velho (Areia, Portugal), cerca de la ciudad de Cascais, entre el estuario del Tajo y la Sierra de Sintra con el Cabo de Roca (Imagen: A. Lorenz, base: Carta militar de Portugal, fol. 429).

Las primeras intervenciones arqueológicas en Casais Velho se llevaron a cabo por iniciativa del ilustre arqueólogo portugués Afonso do Paço, que en el año 1945 ejecutó una limpieza del lugar (Figueiredo, Paço, 1950). Asimismo, la única

Actas del Congreso Internacional *CETARIAE. Salsas y salazones de pescado en Occidente durante la Antigüedad*, Universidad de Cádiz, Noviembre de 2005, *B.A.R. int. ser.* 1686, Oxford 2007, 117-125.

descripción detallada de las ruinas fue elaborada ya hace unos años en el contexto de una intervención de conservación en 1968 (Castello Branco, Ferreira, 1971, figura 1)[1]. Por lo tanto, el conocimiento de la cronología y de la función del lugar es bastante limitado: Las construcciónes mejor conservadas (nº 6) son las instalaciones termales (*balneum*), localizadas sobre un pequeño arroyo al sur del yacimiento (figura 4, 2). Lo que encontramos aquí es una planta compacta de balnearios rurales de pequeñas dimensiones (Reis, 2005, 126): la entrada al oeste daba acceso a una sala (4,9 x 6,9 m.) usada simultáneamente como *apodyterium* y *frigidarium* con dos tanques semicirculares para los baños fríos (*alveii;* Figueiredo, Paço, 1950, figura 3-4). Al sur de esta sala se hallan otros dos espacios cuadrados, caldeables (*tepidarium* y *caldarium*), con dimensiones idénticas entre sí (3,1 x 2,9 m.). Además, en el caso del *caldarium* se localiza un *praefurnium* al oeste y un *alveus* semicircular para agua caliente al sur.

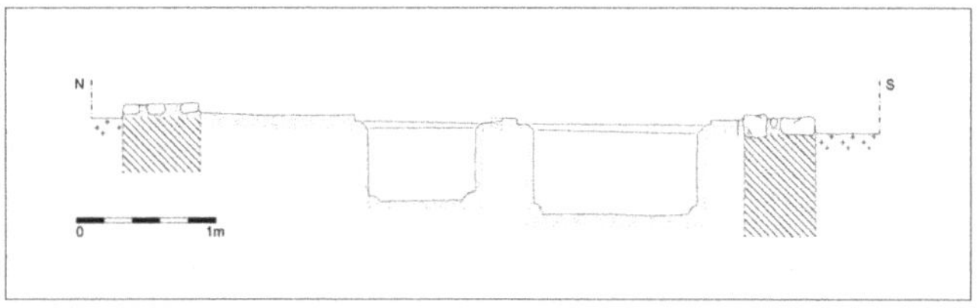

Figura 3.- Sección de los dos tanques de producción encajados en el suelo del edificio nº. 3 del yacimiento romano de Casais Velho (Cascais, Portugal). Es característico el revestimiento con opus signinum (Imagen: A. Lorenz, F. Teichner).

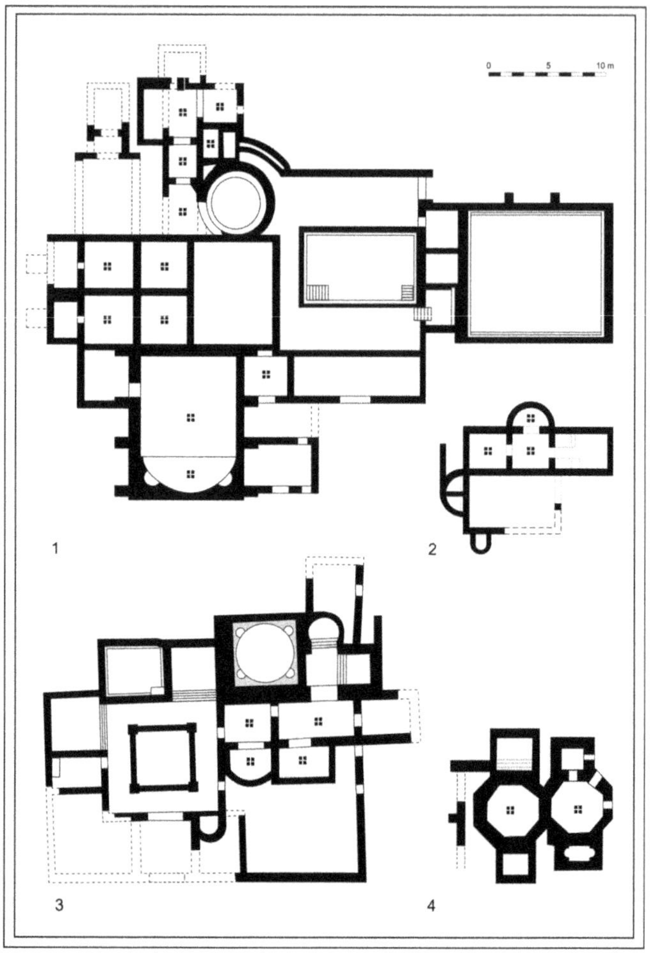

Figura 4.- Las instalaciones termales pertenecientes a los yacimientos romanos de Cerro da Vila (1: Quarteira, Portugal), Casais Velho (2: Cascais, Portugal), Finca 'El Secretario' (3: Málaga, España) y Torreblanca del Sol (4: Málaga, España). (Imagen: A. Lorenz, F. Teichner).

Diez metros más al norte del balneario se halla, en una posición más elevada, un depósito de agua rectangular (nº 8; Figueiredo, Paço, 1950, figura 6), con revestimiento en *opus signinum* (8,9 x 3,75 m.). El agua era suministrada por un acueducto (nº 5) que ligaba el yacimiento con una fuente natural al este, que garantizaba de esta manera la afluencia continua de agua dulce. Más al nordeste de estas dos construcciones se identifican restos arquitectónicos de al menos tres edificios de un solo ambiente. El edificio nº 4 tenía una planta rectangular (5,5 x 5 m.) con una puerta de 0,85 metros al sur. El suelo de *opus signinum* muestra los arranques de los muros con el característico refuerzo de media caña. Durante las excavaciones se hallaron en el interior de la casa varias pesas de cerámica (Castello Branco, Ferreira, 1971, 72 «instalação do tear»). Cerca de este edificio se encuentra otra construcción (nº 3), pero entre lo conservado no queda rastro identificable de una entrada. La planta, de forma rectangular (3,9 x 3 m.), tenía un anexo insólito de esquema semicircular, a modo de cabecera (figura 10, 11). Dos piletas encajadas en el suelo de *opus signinum* (figura 3; Figueiredo, Paço, 1950, 309, figura 7; Carvalho, 1993, figura p. 328) son testimonio de una actividad productiva en este edificio. Las dos piletas, una de forma rectangular (1,2 x 0,6 m.) y la otra más cuadrada (0,8 x 0,6 m.), estaban bien revestidas de argamasa. Sus excavadores describen también que este *opus*

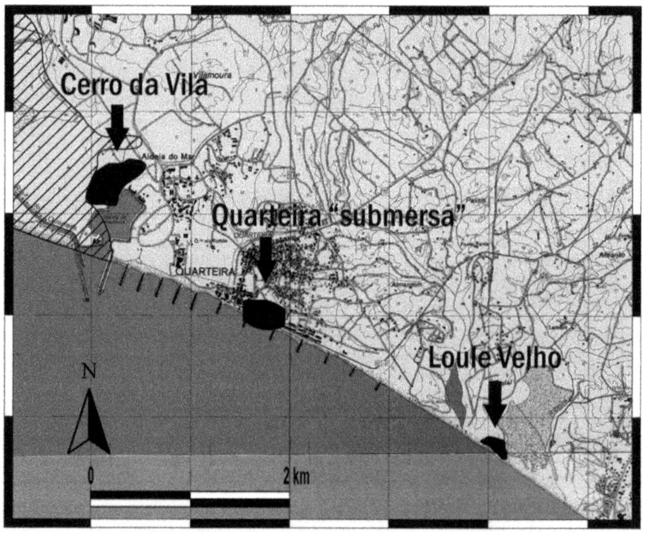

Figura 5.- Situación topográfica del yacimiento romano de Cerro da Vila (Quarteira, Portugal) en el sotavento del Algarve. El yacimiento está localizado en la urbanización turística de Vilamoura, entre las ciudades de Quarteira (este) e Albufeira (oeste). La posición topográfica del Cerro da Vila estaba antiguamente dominada por un paleo-estuario (sombreado). Al este del enclave se encuentran los yacimientos romanos de 'Quarteira submersa' y de 'Loule Velho' (Imagen: A. Lorenz, base: Carta militar de Portugal fol. 605/606).

[1] Agradecemos al Prof. Dr. José d'Encarnação (Coimbra) la cesión de un plano actual del yacimiento elaborado en 2002. Las imágenes del edificio de producción (figura 2-3) están basadas en este plano y complementadas por el autor con la ayuda de los señores A. Nehen (Colonia) y Th. Schierl M. A. (Frankfurt) en verano de 2004. Los números de los edificios aquí se refieren al plano publicado por Castello Branco y Ferreira (1971, figura 1).

formaba al nivel del suelo una «moldura para se ajustar uma tampa» (Castello Branco, Ferreira, 1971, 71). Otro edificio arrasado hasta los cimientos, pero todavía visible en 1945 (Figueiredo, Paço 1950, 309 figura 8), puede ser interpretado como un lagar (nº. 2). *In situ* se conserva una pileta de muretes estrechos, forrado el interior de piedras (1,2 x 0,6 m.). A la vez era descubierta también una losa de piedra con una *canalis rotunda* excavada, que formaba originariamente el pie de una prensa (Castello Branco, Ferreira 1971, 73, lam. 4, 11).

Los ajuares provenientes de varias inhumaciones al oriente y al occidente de los edificios, así como las cerámicas recogidas de forma poco sistemática durante la limpieza de las construcciones, están datadas en época imperial (ss. II-V). Estas fechas pueden confirmarse a través de una serie de monedas que, como de costumbre, datan en su mayoría de época tardía, comenzando con emisiones de Alejandro Severo y llegando hasta la época de *Arcadius*.

Cabe destacar que el yacimiento de Casais Velho ha sido caracterizado de la misma manera por sus diversos arqueólogos como «*villa romana* ... en el fin del Imperio romano de Occidente» (Figueiredo, Paço, 1950), como «povoado ou cidade industrial, [com] uma oficina para o tratamento de Púrpura» (Castello Branco, Ferreira, 1971, 82-83), como una «villa» donde se «fabricavam ou tingiam tecidos» (Alarcão,1988, II 2, 122), como «Villa provifa de complexo industrial de tintura ou curtumes» (Cardoso, 1991, 49) o como «villa... con taller de teñido y curtido de tejidos» (Reis, 2005, 126). Para argumentar esto se cuenta con los «muitos restos de conchas de *purpura haemastoma*» descubiertos en el lugar (Castello Branco, Ferreira, 1971, 82). El edificio nº 2 con el lagar tenía elementos claramente atribuidos a la producción de vino o de aceite y en la estructura nº 4 no se han conservado instalaciones técnicas. Queda el edificio nº 3, con el gran área de trabajo y las dos pequeñas piletas, que parece que pudo estar dedicado a la comentada actividad tintorera (figura 10, 11).

2.- Cerro da Vila (Quarteira, Portugal).

Entre las ciudades portuguesas de Albufeira y Quarteira, en la urbanización turística de Vilamoura, se encuentra el yacimiento arqueológico del 'Cerro da Vila' (figura 5). Este cerro, con una altura máxima de 9 metros por encima del nivel del mar, está actualmente ubicado a unos 800 m. de distancia de la línea de costa del sotavento del Algarve (Playa de la Falesia). Para una descripción exacta de la ubicación del lugar en la costa sur de la Lusitania, es imprescindible tener en cuenta como la línea de costa ha variado considerablemente durante el Holoceno, con profundas alteraciones, especialmente desde época romana (Hilbich *et alii*, 2005). Es de destacar que las respectivas investigaciones revelan que antiguamente existía un gran estuario conectado con el mar. La laguna circundaba el yacimiento y se adentraba tierra adentro en sentido noroeste, dirección que todavía hoy está indicada por el arroyo llamado 'Ribeira de Quarteira' (figura 5). La datación de radiocarbono del material orgánico recuperado en los sedimentos fluviales y marinos del estuario demuestra que la colmatación habría comenzado en la Edad del Bronce. Como resultado de este proceso, a comienzos de nuestra era, la laguna ya se había reducido en su extensión y tenía el aspecto de una ría con varios brazos aún navegables hasta época islámica. Con todo esto, el Cerro da Vila se encontraba en época romana en una posición excelente, con un puerto natural en un medio litoral atlántico que contaba con una flora y fauna propia de agua salada.

La «zona central» del Cerro da Vila fue ya excavada durante los años 70 y 80, simultáneamente a la construcción de las instalaciones turísticas, por el arqueólogo lisboeta José Luis de Matos (Matos, 1971; 1984; 1994; 1997a). En estos años se descubrieron diversas casas (A, E-G; las letras que se han dado a las diversas unidades arquitectónicas se refieren a la nueva planta del Cerro da Vila, ya presentada en varias ocasiones: Teichner 2005a-c; 2006 a-b, d.), con particulares mosaicos de una sorprendente riqueza, un gran complejo termal (C) (figura 4, 1), una necrópolis con inhumaciones (N), un mausoleo templiforme (K) y otro en forma de torre (O) y finalmente también una gran variedad de piletas interpretadas como *cetariae*. Sin embargo, el yacimiento fue dado a conocer por la preciosa cerámica andalusí allí encontrada (Matos 1983; 1991a/b; 1997b; Teichner, Schierl, 2006). Curiosamente, ni el hecho de la existencia de varias áreas habitacionales independientes en época romana, ni el tamaño insólito y poco común de las termas C de la misma época, ni las proporciones desacostumbradamente pequeñas de las piletas casi siempre aisladas, llamaba especialmente la atención de sus descubridores. La interpretación del yacimiento era de *comunis opinio* de «uma das '*villae*' mais ricas de Portugal, residência de alguma família ossonobense cujo nome desconhecemos» (Alarcão, 1988, II 3, 206) con una «fábrica de conserva de peixe» con continuidad en etapa islámica (Matos, 1984, 138).

Los resultados obtenidos en las recientes excavaciones realizadas por la Universidad de Frankfurt entre 2000 y 2004, obligan a reflexionar sobre esta extendida interpretación (Teichner, 2004; 2005a-c; 2006a-d). Mientras tanto en el Cerro da Vila pueden ser identificadas en total, dieciséis unidades arquitectónicas de época romana, incluyendo además de los edificios y de los monumentos funerarios, un acueducto ligado a una presa (P). El edificio más destacado (A), en los informes antiguos llamado «Villa dos Mosaicos» estaba ubicado en una posición elevada por encima de la laguna. La planta de la casa estaba dominada por un peristilo central, un gran biclinio y un balneario privado (*balneum*) (Teichner, 2005b, figura 7-10). Un corredor (B), con instalaciones sanitarias y lavabos (*latrinae*) anexionados, servía de unión entre este edificio y el complejo termal (C). Estas grandes termas tenían una extensión extraordinaria con un *apodyterium*, un *frigidarium* con una amplia piscina, áreas calientes duplicadas (*tepidaria* y *caldaria*), instalaciones sanitarias propias (*latrinae*) y una gran cisterna para depósito y reserva de agua (figura 4, 1). Los nuevos elementos constructivos encontrados durante las recientes investigaciones, demuestran que la extensión de las termas era superior al tamaño típico de los *balnea* de las villas de la Lusitania (Reis, 2005) lo cual podría implicar en este caso un uso semi-

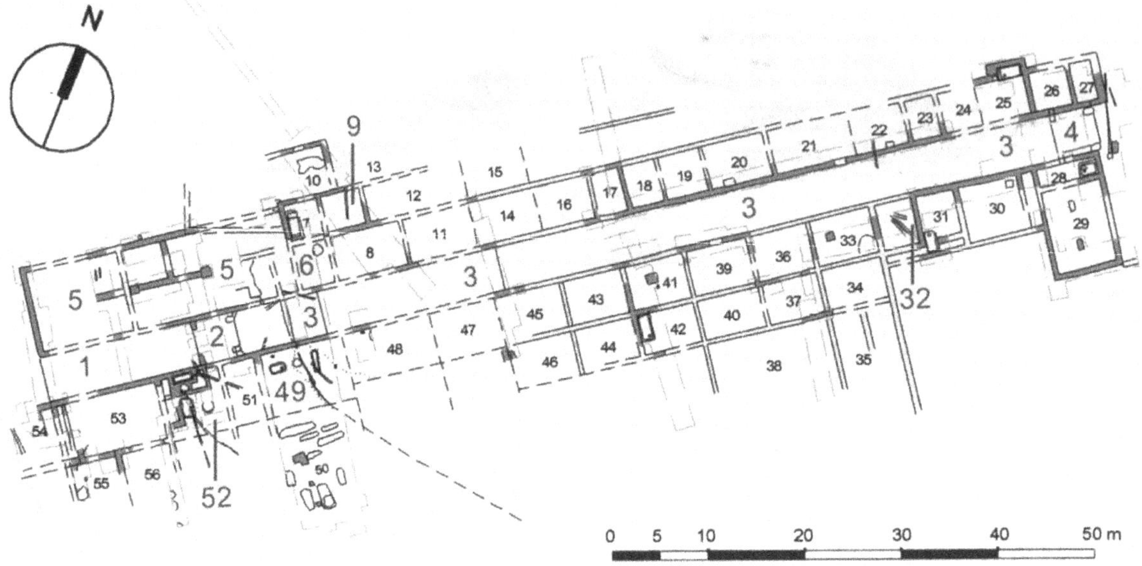

Figura 6.- Planta del edificio J (fabrica) del yacimiento romano de Cerro da Vila (Quarteira, Portugal). Están indicados el corredor central J1/3 con las dos puertas J2 y J4, los grandes almacenes J5 y J29, y entre ellos las diversas instalaciones técnicas de producción (Imagen: N. Schwarcz, F. Teichner).

público o público de las mismas, siendo muy probable que fueran utilizadas tanto por los habitantes locales de la región, como por los visitantes que llegaban por vía marítima.

El carácter especial del Cerro da Vila se encuentra finalmente subrayado por la existencia de un conjunto de varias casas, al norte de las termas, designadas como unidades E-G. Estos edificios, que estaban ligados los unos a los otros constituyendo de esta forma un verdadero barrio, contaban con diferentes áreas unas dedicadas a la habitación y otras a la producción y almacenamiento. La arquitectura característica de éste «*barrio del norte*» está visiblemente representada en la planta de la casa F, recientemente completada por medio de varios sondeos (Teichner, 2005b, figura 2-6; 2006c). El edificio contaba con un área doméstica de dos pisos ubicados hacia el norte, con todos los elementos tradicionales de la arquitectura romana (*triclinium, cubicula, vestibulum, atrium testudinatum*), un corral con una entrada en forma de rampa en el medio y una *pars rustica* con los almacenes hacia el sur. Los mosaicos de las habitaciones así como el pequeño *nymphaeum* localizado en el patio dan fe del alto nivel de vida de los propietarios (Teichner, 2005a, figura 3; 2005b, figura 4).

De particular importancia en el ámbito económico del yacimiento romano es el análisis funcional de cuatro extensos edificios con carácter de *fabrica* (H, I, J y E). Son elementos característicos las diversas pilas y los amplios almacenes de tres o cuatro naves. La arquitectura está ejemplarmente documentada en el caso de la unidad arquitectónica J. Esta *fabrica* fue descubierta en el año 2001 gracias a una extensa prospección geofísica de un área de 4000 m.^{2} al norte de la necrópolis N. El terreno presenta en esta zona un ligero declive hacia el norte, en un área donde las investigaciones geo-arqueológicas habían localizado un brazo lateral del paleo-estuario, ya la planta de la prospección geomagnética indicaba el contorno de una estructura enorme, con más de 100 m. de extensión en sentido Este-Oeste (Teichner, 2005c, figura 4).

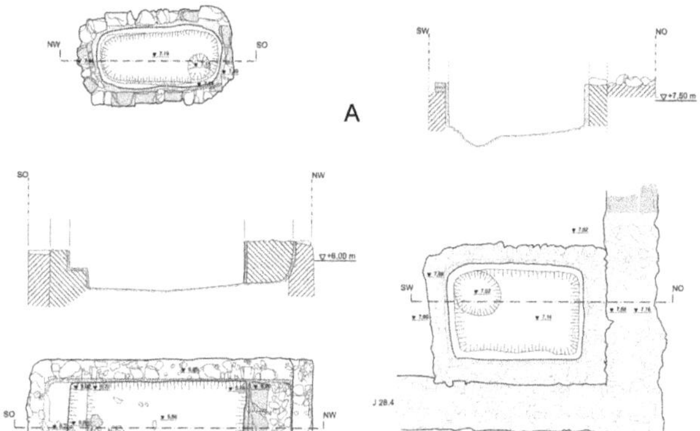

Figura 7.- Planos y secciones de tres tanques de producción (A: J7.5; B: J28.5 y C: J49.5) de la fábrica J del yacimiento romano de Cerro da Vila (Quarteira, Portugal). (Imagen: M. Münz, F. Teichner).

Los sondeos arqueológicos realizados posteriormente en la zona posibilitaron la identificación de la estructura prospectada como el mayor edificio del Cerro da Vila en época romana. La unidad arquitectónica J estaba dividida por un corredor central (J1/3) en dos alas (figura 6). Éste corredor elaborado con argamasa y grava, contaba con una anchura de 4,5 m. extendiéndose entre las fachadas Oeste y Este a lo largo de 114 m. Dos puertas con forma de torre cuadrada controlan las entradas y salidas del edificio (J2 y J4). En las alas situadas al Norte y Sur del corredor, se localizarían varios compartimentos de diferentes dimensiones (Teichner, 2005a, figura 13).

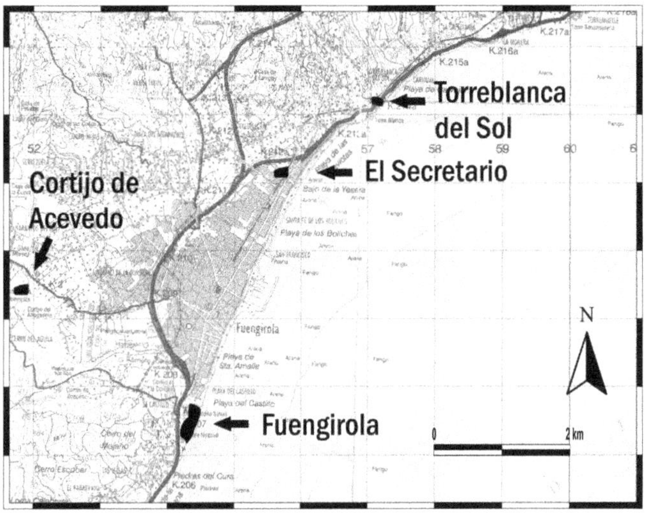

Figura 8.- Situación topográfica del yacimiento de Torreblanca del Sol en el término de Fuengirola (Málaga, España). Localizado en la franja costera de la provincia de Málaga, al nordeste de la villa romana de la Finca 'El Secretario' (Imagen: A. Lorenz, base: Mapa militar de España L16-45;17-45).

El elemento más impresionante del edificio es sin duda un gran almacén de 225 m^2, localizado en la esquina nordeste (J5). Dos únicos pilares soportaban la techumbre, tradicionalmente compuesta de *tegulae* e *imbrices*. Un segundo almacén (J29), de menores dimensiones, estaba ubicado en la esquina opuesta, al sureste del corredor principal. En el resto de los compartimentos rectangulares, puertas y entradas estaban orientadas hacia el corredor central. La construcción de los pavimentos dependía siempre de la función a la que el compartimento estaba destinado. Había áreas con pavimentos clásicos con argamasa de cal, el famoso *opus signinum* (Teichner, 2005a, figura 7), pero existían también construcciones realizadas con ladrillo, así como otros en arcilla, grava, gravilla o arena. Asimismo, se había construido un riguroso sistema de abastecimiento y conducción de aguas, formado por tubos de barro y canales de ladrillos en todas las áreas de la *fabrica* J (*ibidem*, figura 8). Pero como se ha mencionado anteriormente, realmente las instalaciones más características eran las diversas pilas encontradas con particular regularidad en una de las esquinas de los compartimentos (figura 10, 1-3). A pesar de que únicamente han sido excavadas 7 piletas, el número estimado para toda la fábrica J sería de entre 20 y 25 albercas. La longitud de las piletas variaba entre 1,9 y 2,5 metros, con una anchura de entre 0,8 y 1,8 metros, y una profundidad que en ocasiones llega hasta 60 centímetros por debajo del nivel de los pavimentos (figura 7). Estaban construidas con muros estrechos levantados con piedras pequeñas (Teichner, 2005a, figura 10) y su interior se encontraba revestido con un *opus signinum* de 4 a 7 centímetros de grosor. En la parte más estrecha de las piletas se localizaba siempre una pequeña escalera, en frente de cuyos escalones se encontraba, con cierta regularidad, un hueco en el suelo a través del cual se vaciaba el líquido en ellas contenido.

Aparentemente, parece que todos estos detalles de la construcción de las piletas podrían ser comparables con los de las *cetariae*, las famosas unidades de producción de salazones existentes en toda la costa de *Hispania*. Pero a diferencia de lo que solía ser habitual en dichas instalaciones, en el caso de las *fabricae* del Cerro da Vila, las piletas nunca estaban organizadas en grupos o conjuntos, sino que eran siempre albercas individualizadas dentro de grandes salas de producción. Por otro lado, la planta de las piletas cuya forma era mucho más estrecha que larga, supone una diferencia funcional en relación con las habituales *cetariae*.

Los análisis arqueozoológicos del material procedente de los basureros del complejo fabril J fueron muy útiles para encontrar una explicación para éstas observaciones. Los resultados mostraron que en el lugar no existían resíduos típicos de productos generados en pescaderías o fábricas salazoneras, sino que había una dominante proporción de conchas y caracoles característicos de las aguas frías del Atlántico o de aguas saladas de una laguna. Los caracoles en especial aparecían muy fragmentados o, mejor dicho, intencionadamente destruidos para facilitar la retirada del contenido de su interior para un posterior tratamiento y utilización. El minucioso análisis de los residuos indica que además de la gran cantidad de berberecho (*cardium edule)* existen también muchos vestigios de la especie cañailla (*murex brandaris;* Teichner, 2005a, figura 12), es decir, de los famosos caracoles de mar utilizados – como explica Plinio el Viejo (*nat. Hist.* IX, 135) – para la producción de la tinta más cara de la antigüedad, la púrpura (el procedimiento esta reconstruido principalmente en la obra de Steigerwald, 1986; 1989). Resumiendo, parece bien claro que el enorme edificio J del Cerro de Villa construido a lo largo del brazo lateral del paleo-estuario no tenía solo una función general, portuaria y de emporio, sino también de centro especializado en la producción de tinte y especialidades de conchas y caracoles del mar.

En lo que respecta a la cronología de la fábrica J del Cerro da Vila, es posible distinguir estratigráficamente seis fases de ocupación. Existen dos niveles anteriores a la fábrica, ambos datados en el s. I d.C., así como dos fases posteriores (visigótica e islámica) de reutilización (Teichner, Schierl, 2006). La fase principal de producción se caracteriza por el hallazgo de diversas cerámicas de importación (africanas de cocina) datables entre la 2ª mitad del s. II y el s. V d. C. (fase II-III). Después, nos encontramos con un nivel de destrucción y sedimentos marinos probablemente resultado de una gran ola consecuencia de un maremoto. A continuación, se puede identificar una segunda fase, en la cual las importaciones de *terra sigillata* del África y del Oriente de los ss. V y VI prueban los todavía estables contactos marítimos de la población local (fase IV-V). Esta cronología de la fábrica J se incorpora bien en el cuadro cronológico del yacimiento que se extendería desde principios de la época romana (republicana tardía / augustea) hasta la época de los reinos de Taifas islámicos (Teichner, Schierl, 2006; Teichner, 2006d).

A través de las nuevas investigaciones también el carácter del yacimiento localizado en el sur de la *Lusitania*, con varias áreas habitacionales («barrio norte» y «villa dos mosaicos»), un enorme complejo balneario y diversas *fabricae*, ha de reconsiderarse, no pudiendo ser definido durante más tiempo como «villa», sino mejor como poblado portuario o aglomeración secundaria.

3.- Torreblanca del Sol (Fuengirola, España).

En el flanco más meridional de las cordilleras béticas, en la franja costera de la provincia de Málaga, se sitúa el término municipal de Fuengirola (Málaga). Las excavaciones a pie del castillo de la ciudad ('Castillo de Sohail') muestran que la producción de salazones era una de las actividades más importantes en el *municipium Suelitanum* (Atencia, Sola, 1978; Rodríguez, 1981; Hiraldo, Martín, Sánchez 2001; Lagóstena, 2001, 140). Mientras que las *cetariae* junto a la playa de Fuengirola se conservan sólo en parte, debido a la erosión del mar (figura 9, 5), una factoría completa de producción de salazones (figura 9, 11), junto con los hornos de una alfarería de ánforas y un complejo balneario de tamaño medio (figura 4, 3) eran descubiertos en otro yacimiento cercano. Éste se sitúa a las afueras de la moderna Fuengirola, al norte, en el margen izquierdo del arroyo Pajares en la finca 'El Secretario' (figura 8). Dado que no se conocen las correspondientes estructuras domésticas, es difícil definir el estatus del asentamiento, normalmente identificado como «villa suburbana» (Villaseca, 1997; Hiraldo, Cisneros, 2001; Serrano, 2004, 171-172, figura 11).

Las mismas dudas surgen en cuanto a otras ruinas romanas que se encuentran más al este, localizadas en la urbanización Torreblanca del Sol. La epónima torre de vigía medieval 'Torre blanca', se encuentra en la carretera N-340 (km. 220) de Fuengirola, en dirección norte hacia Benalmádena-Costa y Torremolinos (figura 8). Ubicada en el margen sur de un arroyo, la plataforma del cerro se eleva a 50 metros sobre el nivel del mar. Las aguas superficiales de la Costa del Sol son, en comparación con el Atlántico al que hay que relacionar los dos yacimientos anteriormente estudiados, relativamente calientes, y el hábitat marino es claramente mediterráneo.

Desgraciadamente, en un inicio, las ruinas fueron descubiertas y excavadas sin participación científica durante la construcción de una finca, labores de las que existe tan sólo un primitivo informe. Hay que agradecer el conocimiento actual del lugar a la posterior reexcavación y cuidadoso estudio del director del Museo de Málaga (Puertas, 1986/87; 1989; 1991/2; 1994). Aunque gran parte del yacimiento de Torreblanca del Sol estaba ya perdido en la línea del talud del arroyo y en dirección al mar, se consiguen diferenciar como mínimo tres fases de ocupación, en particular, además de una necrópolis "visigoda", dos niveles de construcciones romanas. Los materiales encontrados, especialmente las sigillatas itálicas y sudgálicas evidencian el inicio de la ocupación en el s. I. d. C. Las construcciones arquitectónicas más destacadas son algunos elementos de un complejo termal (fase 1). Llaman la atención especialmente las dos salas octogonales (A y B) en medio de las construcciones conservadas (figura 4, 4). Muros fuertes que todavía se levantan hasta 3,5 m. de altura delimitan las dos salas arriba mencionadas. Verdadera importancia para el entendimiento de la función de las termas

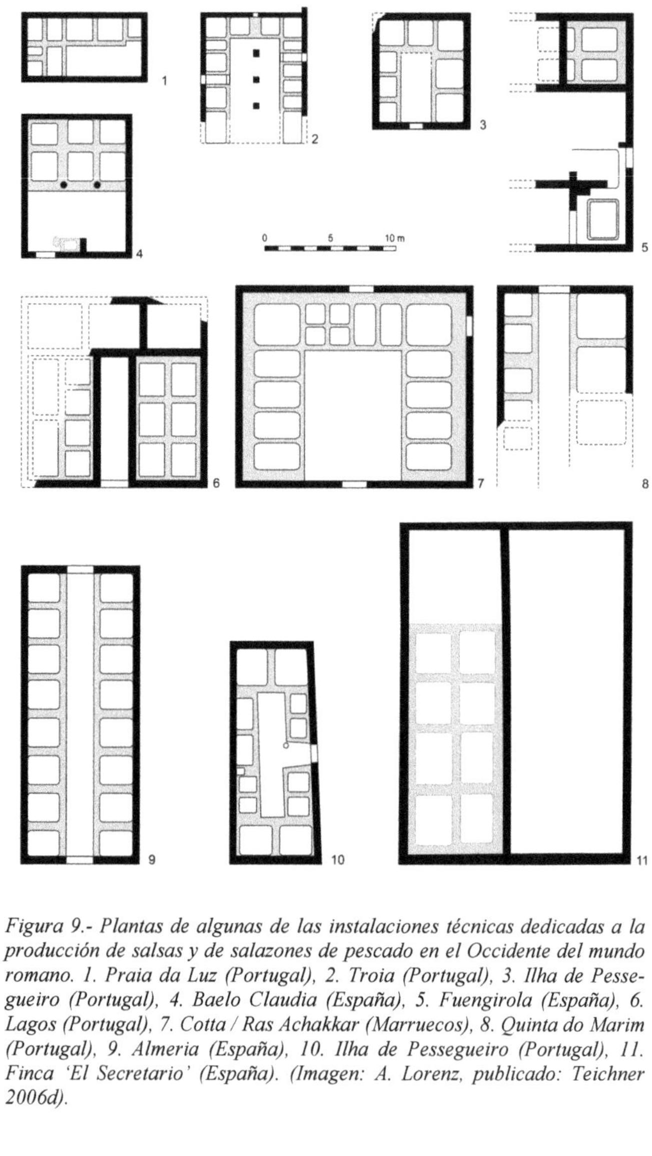

Figura 9.- Plantas de algunas de las instalaciones técnicas dedicadas a la producción de salsas y de salazones de pescado en el Occidente del mundo romano. 1. Praia da Luz (Portugal), 2. Troia (Portugal), 3. Ilha de Pessegueiro (Portugal), 4. Baelo Claudia (España), 5. Fuengirola (España), 6. Lagos (Portugal), 7. Cotta / Ras Achakkar (Marruecos), 8. Quinta do Marim (Portugal), 9. Almeria (España), 10. Ilha de Pessegueiro (Portugal), 11. Finca 'El Secretario' (España). (Imagen: A. Lorenz, publicado: Teichner 2006d).

tiene un área llamada «horno» al sureste de las salas. La relación arquitectónica directa desde este *praefurnium* al *hipocaustum* de la sala B implica su interpretación como la habitación más caliente (*caldarium*), mientras que la subordinada sala A, más al oeste, puede ser interpretada como *tepidarium*. Aunque la planta apunta a que había cuatro construcciones rectangulares casi simétricas anexadas, la documentación existente sólo permite la identificación de un tanque de agua fría (*alveus*), con escalera de acceso al noreste del *tepidarium* (sala A). La similitud entre las construcciones octogonales y la arquitectura de las probables termas romanas de 'Las Bóvedas' (Marbella) en la misma provincia, se ha venido señalando anteriormente. Por eso, R. Puertas Tricas atribuye las «pequeñas termas, indudablemente privadas» de Torreblanca del Sol a un momento cronológico alto imperial, a partir del s. II (Puertas, 1986/87, 146-147). Hay que señalar, que la conservación parcial de las ruinas - por lo que no sabemos la extensión completa del conjunto termal - complica mucho la deseable interpretación funcional del conjunto. El estado actual de la cuestión hace que los edificios habitacionales y con funciones productivas, que indudablemente formaron parte de cualquier *fundus maritimus* continúen siendo desconocidos. No obstante, en la opinión del excavador se trata de «una *villa*, que sería una residencia señorial de carácter suburbano, situada en las cercanías del *municipium Suelitanum*» (Puertas, 1986/87, 146; 1991/92, 235).

Sólo para la segunda etapa de ocupación, caracterizada por la reutilización de los materiales de construcción del *balneum*, conocemos algunas instalaciones de producción. La sala octogonal A se ve partida por un muro para convertirla en dos piletas desiguales, lo que implica una remodelación profunda de estas estancias termales. Muros hechos con sillares reutilizados formarán al sur de las termas abandonadas un grupo de nuevos recintos (figura 10, 10). Además de una base rectangular en medio de un cuarto, que pudo ser utilizada como plataforma de trabajo o simplemente como pilar y una vez más varios tanques de pequeño tamaño, son las características de este conjunto arquitectónico. En las plantas hasta ahora publicadas, todas a escala muy reducida, pueden ser identificadas como mínimo cuatro piletas. En concreto se trata de «una plataforma [que] es la base de una alberca o piscina» de 1,40 x 1,25 m. en la cara interna y muretes de 0,25 m. (nº III); «una pila o alberca (nº IV) de planta asemejada a un trapecio rectángulo» (2,4 x 1,8 metros); «cuatro muretes [con / de gordura / espesores que oscilan entre 0,25 y 0, 4 m.] que albergan una pila» con 1,7 x 1,2 metros en el interior y «perfil en 'U' ....., altura 50 cm., ... y muros ... formando un escalón» (nº VI) como también de otra «plataforma sensiblemente cuadrada [2,25 x 2,25 m.] ...que es la base de una alberca o piscina [1,65 x 1,65 m.]» (nº VII); todas «...estas piletas tenían en su mayoría un revestimiento de *opus signinum*» (Puertas 1991/92, 214-216, 227; 1994, 145-147).

A través de un sistema de abastecimiento de agua y de redistribución por medio de canalizaciones, todas estas instalaciones técnicas fueron cuidadosamente ligadas a un aljibe de agua de 12,4 x 1,55 m. (nº VIII). Sopesando todas estas informaciones, parece evidente que las construcciones de la segunda etapa de ocupación en Torreblanca del Sol formaban parte de una *industria artesanal* o *factoría pequeña*, que *vendría funcionando desde mediados del siglo III hasta finales del IV* (Puertas, 1986/87, 147-8; 1989, 15; hay también indicaciones de *pilas salsarias* en la parte baja del cerro, en la playa cercana: Puertas, 1991/92, 211). Finalmente, en la parte sureste de este depósito de agua ya durante las excavaciones se localizaron varios niveles de vertido de basuras, con una considerable cantidad de restos malacológicos (Uscatescu, 1994, 147 lam. 9-10). El minucioso análisis de una muestra de este material indica un significativo porcentaje (10%) de ejemplares de cañadilla (*murex brandaris*) (Puertas, 1991/92, 208-211). Esta cantidad de múrices en el relleno del gran aljibe apunta claramente a la producción de tinta en este lugar o, más concretamente, a un *taller de púrpura* (Uscatescu, 1994, 147; sin embargo, R. Puertas Tricas interpreta todo el material malacológico como muestra de la dieta de los habitantes).

4.- Resumen.

Son indudablemente los estudios y métodos interdisciplinarios, particularmente de la arqueozoología, arqueobotánica y de los análisis químicos y físicos los que han facilitado en los últimos años la identificación de complejos procesos productivos existentes en la antigüedad (p. ej. Jordi-Tresserras, 2000). Así, en primer lugar los análisis de los residuos de la producción han demostrado la transformación de crustáceos y moluscos marítimos en los tres yacimientos romanos en cuestión. En relación a los paleo-ambientes locales, la orilla atlántica fría de Casais Velho, la laguna con aguas saladas del Cerro da Vila y las aguas templadas del mediterráneo en Torreblanca del Sol ofrecen una combinación diferente, con diferentes especies animales, pero en los tres casos han sido identificados gasterópodos marinos adecuados para la pro-

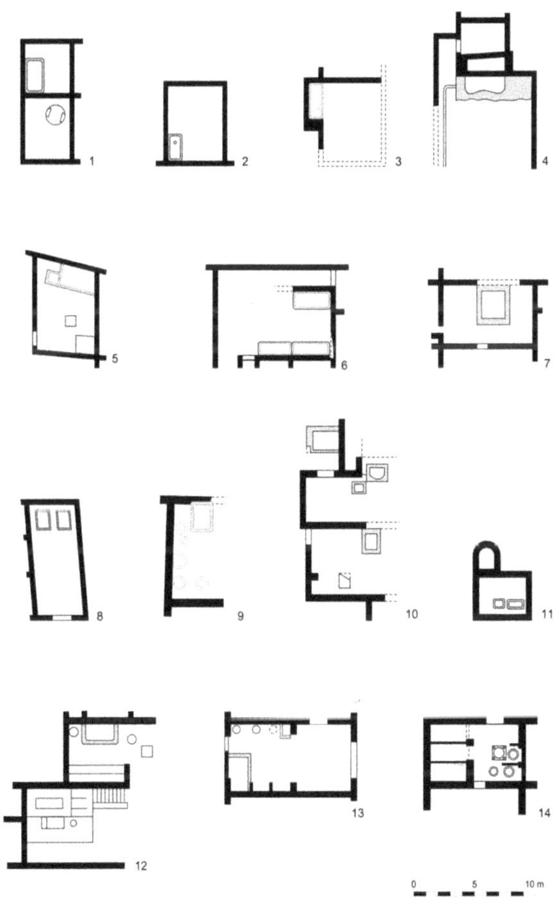

Figura 10.- Plantas de algunas de las instalaciones técnicas dedicadas a la producción de tinte y de dar color a las telas recién tejidas del Occidente del mundo romano. 1-3. Cerro da Vila, J7.5; J31.6; J25.5 (Portugal), 4. Mogador (Marruecos), 5. Conimbriga (Portugal), 6. Barcelona (España), 7. Isla Brioni (Istria, Croacia), 8. Saint Romain (Francia), 9. La Loma de Benagalbon (España), 10. Torreblanca del Sol (Espana), 11. Casais Velho (Portugal), 12. Pompeia (Italia), 13. Ostia antigua (Italia) y 14. Timgad (Argelia). (Imagen: A. Lorenz; publicado: Teichner 2006d).

ducción de tintes: *purpura haemastoma*, *cardium edule* y *murex brandaris*. En el caso de la identificación de la producción del tinte más famoso de la antigüedad, la púrpura, todavía hoy se puede constatar un predominio de los análisis de las fuentes literarias (véase Fernández Nieto en este mismo volumen) y la falta de argumentaciones estrictamente arqueológicas.

Independientemente de esto, también el estudio arqueológico comparativo de la arquitectura de los tres yacimientos (figura 10) muestra claramente que las instalaciones fabriles, tanto el taller pequeño identificado en Casais Velho, como en la factoría media localizada en Torreblanca del Sol, o los grandes establecimientos industriales excavados en el Cerro da Vila, tienen ciertas características que los distinguen de las *cetariae* pesqueras tradicionales (figura 9). Lo más característico son las piletas, excavadas en el suelo y revestidas, como suele ser frecuente, con *opus signinum*, material que aseguraba su impermeabilidad.

En cuanto a ellas, cabe destacar dos características. En primer lugar, sería su reducido volumen en comparación con otras piletas conocidas para la producción de grandes cantidades de salazones y salsas. Los datos compilados recientemente por R. Étienne y F. Mayet (2002, 95-104), indican que en factorías como Almuñecar, *Baelo Claudia* o Troia, el volumen medio para las pilas oscilaba entre los 5 y los 10 m^3, sin embargo, las piletas de los yacimientos que ahora tratamos, podrían contener tan sólo entre 1 y 2,5 m^3. Asimismo, los escalones y el hueco en el suelo de estas piletas especializadas constituyen las pruebas del cuidadoso rescate del precioso líquido en ellas producido.

En segundo lugar, estas piletas, casi siempre exentas, sólo ocupan una quinta parte del espacio disponible en el interior de las factorías analizadas (figura 10). En lugar de la alineación habitual compacta de varias pilas, que en muchas ocasiones deja solamente un corredor o un patio central (figura 9), en los tres yacimientos se encontraron siempre grandes áreas de trabajo. En relación a los resultados de las recientes excavaciones en la *fabrica* J del Cerro da Vila, hay que comentar que en estas áreas de trabajo se localizaron las instalaciones necesarias para limpiar (dolia con abastecimiento de agua dulce) y para abrir los caracoles (contrapesos con brazos de palanca) y para preparar la tinta (hornos pequeños), pasos descritos en detalle por Plinio el Viejo, para la producción de púrpura (*nat. Hist.* IX 125-133).

En resumen, del análisis arquitectónico de las instalaciones técnicas en Casais Velho, en el Cerro da Vila y en Torreblanca del Sol resulta un indicio - más claro, que las generalmente imprecisas referencias a hallazgos de «murex y purpura» (Laza, 1958; Cara Barrionuevo *et alii*, 1988; García Vargas, 2004) - de la existencia de una producción industrial relacionada con crustáceos, con mucha probabilidad de tintes en factorías especializadas en los litorales de la Península Ibérica romana (para estimar la extensión de los *balnea* y termas parece ser una buena base (figura 8) y para la clasificación del carácter administrativo-jurídico de los diferentes yacimientos -*villa marítima*, *fundus maritimus* o aglomeración secundaria - de especial importancia en relación a las limitaciones por la ley para la producción de púrpura en el imperio romano - la extensión de las *balnea* y termas -ver figura 4- parece ser una buena base).

Además, las necesarias especializaciones arquitectónicas - en este momento mejor documentadas en el sur de la *Lusitania* (Cerro da Vila) - son un firme argumento contra la tradicionalmente postulada producción estacional de tintes y púrpura en las grandes factorías pesqueras: esta doble actividad existía solamente en talleres pequeños, como es visible en el caso de la villa del Castillo de la Duquesa, en Manilva: Villaseca, 1991, figura 2. Por el contrario, en Algeciras (c/San Nicolás), la mejor estudiada factoría del Estrecho, no hay indicios de una producción de púrpura: véase Bernal Casasola en este mismo volumen.

Bibliografía[2]

ALARCÃO, J. DE (1988): *Roman Portugal*, Warminster.

ATENCIA, R., SOLA, A. (1978): "Arqueología romana malagueña: Fuengirola", *Jábega* nº 23, 73-84.

CARA BARRIONUEVO, L., CARA RODRÍGUEZ, J., RODRÍGUEZ LÓPEZ, J. Mª. (1988): "Las Cuevas de la Reserva (Roquetas) y otras factorías pesqueras de época romana en la provincia de Almería", *Actas I Congreso Internacional «El Estrecho de Gibraltar»*, Madrid, vol. I, 919-934.

CARDOSO, G. (1991): *Carta arqueológica do Concelho de Cascais*, Cascais.

CARDOSO, G., D'ENCARNAÇÃO, J. (1989): *Ruinas romanas. Casais Velho*, Cascais.

CARDOSO, G., D'ENCARNAÇÃO, J. (2005): *A presença romana em Cascais. – Um território da Lusitânia ocidental,* Lisboa.

CARVALHO, A, (1993): "A ocupação romana no concelho de Cascais", J. Medina (Eds.), *História de Portugal. II: O mundo Luso-romano*, Amadora, 325-331.

CASTELLO BRANCO, A., FERREIRA, O. DA VEIGA (1971): "Novos trabalhos na estação lusitano-romana da Areia (Guincho)", *Bol. Museu-Biblioteca dos Condes de Castro Guimarães* nº 2, 69-83.

ÉTIENNE, R., MAYET, F. (2002): *Salaisons et Sauce de Poisson hispaniques. Trois clés pour l'Économie de l'Hispanie romaine* II, Paris.

FIGUEIREDO, F. J. DO AMARAL, PAÇO, A. DO (1950): "Vestigios romanos de los 'Casais-Velhos' (Areia - Casais)", *Actas I Congreso Nacional de Arqueología y del V Congreso Arqueológico del Sudeste* – Almería 1949, Cartagena, 306-311.

GARCIA VARGAS, E. (2004): "Las pesquerías de la Bética durante el Imperio Romano y la producción de púrpura", C. Alfaro Giner, J. P. Wild, B. Costa: *Purpureae vestes. Actas del I Symposium Internacional sobre Textiles y Tintes del Mediterráneo en época romana*, Valencia, 219-235.

HILBICH, C., MÜGLER, I., DAUT, G., FRENZEL, P., VAN DER BORG, K., MÄUSBACHER, R. (2005): "Reconstruction of the

[2] Para la corrección del castellano, el autor tiene que agradecer a las señoritas Natalia Muñoz Izarra (Burgos/Alcalá de Henares), Marian Berihuete (UAB, Girona) y a Xavier Soria Rincón (CEIPAC, Barcelona). La Señora Fernanda Torquato da Silva (IPA, Lisboa) muy amablemente me ayudó con la bibliografía más antigua.

Depositional History of the Former Coastal Lagoon of Vilamoura (Algarve, Portugal): A Sedimentological, Microfaunal and Geophysical Approach", *Journal of Coastal Research,* 23, (en prensa).

HIRALDO AGUILERA, R., MARTÍN RUIZ, J. M., SÁNCHEZ BANDERA, P. J. (2001): "Informe preliminar de la excavación arqueológica de urgencia en la ciudad romana de Suel (Fuengirola, Málaga)", *A.A.A.* III, 2, Sevilla, 729-735.

HIRALDO AGUILERA, R. F., CISNEROS FRANCO, J. (2001): "Actuación arqueológica de urgencia en las termas del yacimento romano de la finca 'El Secretario' (Fuengirola, Málaga): Zona colindante con la variante a la N-340", *A.A.A.* III, 2, Sevilla, 737-744.

JORDI-TRESSERRAS, J. (2000): "El uso de platas para el lavado y teñido de tejidos en época romana. Análisis de residuos de la *fullonica* y la *tintoria* de *Barcino*". *Complutum* n° 11, 245-252.

LAGÓSTENA BARRIOS, L. (2001): *La producción de salsas y conservas de pescado en la Hispania romana (II a. C. – VI d. C.). Instrumenta n° 11*, Barcelona.

LAZA PALACIO, M. (1958): "*Murex Brandaris*. Púrpura de la Costa del Sol", *Gibralfaro* VIII, n° 9, 35-39.

MATOS, J. L. DE (1971): "Cerro da Vila", *O Arqueólogo Português*, Lisboa, Vol. III n° 5, 201-214.

MATOS, J. L. DE (1983): "Malgas árabes do Cerro da Vila", *O Arqueólogo Português,* Lisboa, Vol. IV, n° 1, 375-390.

MATOS, J. L. DE (1984): "Estações e monumentos – Cerro da Vila (Algarve)", *Arqueologia*, Porto, n° 10, 137-142.

MATOS, J. L. DE (1991a): "Cerâmica muçulmana do Cerro da Vila", *A cerâmica medieval no mediterrâneo ocidental*, Mértola, 429-456.

MATOS, J. L. DE (1991b): "Influências orientais na cerâmica muçulmana do Sul de Portugal", *O Llegado Cultural de Judeos e Mouros. Estudos Orientais* n° *2*, 75-83.

MATOS, J. L. DE (1994): "Cerro da Vila", *Arqueología en el entorno del Bajo Guadiana - Actas del Encuentro Internacional de Arqueología del Suroeste*, Huelva, 521-525.

MATOS, J. L. DE (1997a): "Cerro de Vila", M. F. Barata, R. Parreira (Eds.), *Noventa séculos entre a serra e o mar.* Lisboa, 387-394.

MATOS, J. L. DE (1997b): "O período islâmico no Cerro dc Vila", M. F. Barata / R. Parreira (Eds.), *Noventa séculos entre a serra e o mar.* Lisboa, 459-467.

PONSICH, M., TARRADELL, M. (1965): *Garum et industries antiques de salaison dans la Méditerranée occidentale,* París.

PUERTAS TRICAS, R. (1986/87): "Los hallazgos arqueológicos de Torreblanca del Sol (Fuengirola)", *Mainake* n° 8/9, 145-200.

PUERTAS TRICAS, R. (1989): "Los siglos oscuros en la historia de Malaga (siglos IV-VII)", *Jábega* n° 63, 1989, 9-20.

PUERTAS TRICAS, R. (1991/92): "Las termas romanas de Torreblanca del Sol (Fuengirola) y su perduración hasta el siglo VIII", *Mainake* n° 13/14, pp. 232-248.

PUERTAS TRICAS, R. (1994): "Málaga en los siglos VI y VII", F. Wulff Alonso, G. Cruz Andreotti (Eds.), *I Congreso de Historia Antigua de Málaga: Historia Antigua de Málaga y su Provincia*, Malaga, 143-152.

REIS, P. M^a. (2005): *Termas e balnea romanos da Lusitânia. Stvdia Lvsitana* n° 1, Mérida.

RODRÍGUEZ OLIVA, P. (1981): "*Munipium Suelitanum*", *Arqueologia de Andalucia oriental: Siete estudios*, Málaga, 49-72.

SERRANO RAMOS, E. (2004): "Alfares y producciones cerámicas en la provincia de Málaga. Balance y Perspectivas", *Figlinae Baeticae* I, BAR IS 1266, Oxford, 161-193.

STEIGERWALD, G. (1986): "Die antike Purpurfärberei nach dem Berichte Plinius des Älteren in seiner Naturalis Historia", *Traditio* 42, 1-58.

STEIGERWALD, G. (1989): "Herstellungsmethode des antiken Purpurs", *Naturwissenschaftliche Rundschau* 42, 417-418.

TEICHNER, F. (2004): "Purpur, Olivenöl und Fischsaucen als Exportartikel. Wirtschaftsarchäologische Untersuchungen am Rande der antiken Welt in Lusitanien", *Forschung Frankfurt aktuell*, Frankfurt, 60-63.

TEICHNER, F. (2005a): "Cerro da Vila - aglomeração secundária e centro de produção de tinta no sul da província Lusitânia" *Xelb*, Silves [= *Actas do 2° Encontro de Arqueologia do Algarve*], 81-96.

TEICHNER, F. (2005b): "Arquitectura doméstica romana no litoral algarvio: Cerro da Vila (Quarteira)", *Estudos IPPAR*, Lisboa, Vol. 7, 206-211.

TEICHNER, F. (2005c): "Neue Forschungen zu den römischen Villen Lusitaniens". *Balácai Közlemények,* 2005 [= *Akten des Kollquiums Vesprem 2004*] 117-132.

TEICHNER, F. (2006a): "De lo romano a lo árabe - La etapa de transición en el sur de la provincia da Lusitania al-Gharb de al-Andalus (nuevas investigaciones en los yacimientos de Milreu e Cerro da Vila)". *Anejos de Archivo Español de Arqueologia 38,* Madrid, 207-220.

TEICHNER, F. (2006b): "Cerro da Vila: paleoestuário, aglomeração secundária e centro de fabricação de recursos marítimos", *Setubal Arqueologia 13,* 2006 [*Actas do Simpósio Internacional em homenagem a Françoise Mayet*] 69-82.

TEICHNER, F. (2006c): "Imagens da vida de civilizações perdidas. A reconstrução virtual da arquitectura romana em Pompéia (Itália) e no Sul da Lusitania (Portugal)", *Xelb 6,* Silves [= *Actas do 3° Encontro de Arqueologia do Algarve*] 157-177.

TEICHNER, F. (2006d): "Zwischen Land und Meer - Entre tierra y mar. Studien zur Architektur und Wirtschaftsweise ländlicher Siedlungen im Süden der römischen Provinz Lusitanien", *Stvdia Lvsitana n° 3* [= Madrider Beitr.], Merida (en prensa).

TEICHNER, F. / SCHIERL, TH. (2006): "Cerro da Vila - Aldeia do mar na época islâmica", *Al-Ândalus espaço de mudança – Homenagem a Juan Zozaya,* Mertola, 123-139.

USCATESCU, A. (1994): *Fullonicae y tinctoriae en el mundo romano.* Cornucopia - Repertoris i materials per a l'estudi del Món Clàssic 1, Barcelona.

VILLASECA, F. (1991): "El conjunto arqueológico romano Entorno del Castillo de la Duquesa, Manilva-Malaga (1987-1989)", *A.A.A.* III, Sevilla, 365-370.

VILLASECA, F. (1997): "La producción anfórica de los hornos de la finca 'El Secretario' (Fuengirola)", *Figlinae Malacitanae*, Malaga, 261-269.

NOVAS PRODUÇÕES DE FABRICO LUSITANO: PROBLEMÁTICAS E IMPORTÂNCIA ECONÓMICA

R. MORAIS
Unidade de Arqueologia da Universidade do Minho
C. FABIÃO
Faculdade de Letras da Universidade de Lisboa

1.- Problemática.

No contexto da produção de ânforas na Península Ibérica, a Lusitânia tem assumido uma condição singular. De facto, contrariamente ao que sucede com a Tarraconense ou com a Bética, não dispomos de elementos seguros sobre eventuais fabricos datáveis do período tardo-republicano ou mesmo dos inícios do Principado, nos centros produtores conhecidos. Assim, colocava-se uma questão importante: ou, por um qualquer motivo desconhecido, o fabrico de ânforas na Lusitânia ter-se-ia iniciado somente no reinado de Tibério ou Cláudio, pelo menos, fazendo fé nas propostas até à data apresentadas, isto é, num momento substancialmente mais tardio do que o verificado nas restantes províncias hispânicas, facto tanto mais insólito, quanto se verifica, em vários outros domínios, uma evidente aproximação às dinâmicas históricas das áreas meridionais ocidentais; ou, pelo contrário, existiria também uma produção de ânforas de cronologia anterior que, no entanto, não tinha ainda sido identificada, devidamente tipificada e datada, por manifesta falta de dados concretos.

Uma nova perspectiva para esta questão foi suscitada pela reconhecimento em diversos contextos arqueológicos de cronologia tardo-republicana ou augustana de ânforas de evidente fabrico lusitano, pelas características das suas pastas, de presumível inspiração itálica, com corpo ovóide, colos e asas curtas, e outras formas coevas, de colo e asas mais alongadas, análogas às formas Haltern 70 e, provavelmente, Dressel 7, e notórias semelhanças com as conhecidas formas produzidas na Tarraconense e na Bética.

Apesar de ainda não se terem identificado na Lusitânia, de uma forma inequívoca e categórica, os centros oleiros que fabricaram estas ânforas, algumas hipóteses se podem aventar, a partir da reavaliação da informação disponível.

Um estudo recentemente apresentado por um dos signatários (Morais, 2003, 36-40), sobre fragmentos de ânfora de morfologia ovóide, recolhidos em povoados da Galiza (Castro de Panxon, Montecastro e Castro de Vigo, Vigo) e da região entre os rios Minho e Douro (Castro de Santa Luzia e Castro da Terronha, ambos em Viana do Castelo; Porto – R. da Banharia e Aljube; Casto de Fiães, Vila da Feira), permitiu evidenciar a importância destas formas no contexto das produções lusitanas presentes nestes locais; e sugerir uma cronologia mais precoce para o início do fabrico destes contentores cerâmicos de evidente tipologia romana. Achamos relevante sublinhar o carácter plenamente romano destas formas, uma vez que existem indícios de que, em épocas anteriores, em algumas zonas do ocidente, se poderão ter fabricado ânforas com morfologias inspiradas nos modelos púnicos, como em Castro Marim (Arruda, 1997, 108) ou na área de Alcácer do Sal (Diogo, Faria, 1990, 92).

Mais recentemente a ideia de que poderia haver uma fase mais antiga na produção de ânforas no extremo ocidente peninsular de tipologia romana tem ganho maior consistência graças a diversos outros contributos que dão notícia de fragmentos, eventualmente, pertencentes a esta primeira fase da produção, uma vez que não se enquadram nas tipologias bem conhecidas e datadas. Estão neste caso algumas das ânforas provenientes da Alcáçova de Santarém (Arruda, Viegas, Bargão, 2004), das quais destacámos cinco peças datadas dos inícios do período imperial, com as características molduras sob o bordo, incluídas no tipo Dressel 7 e integradas no Fabrico 1 A (atribuído às olarias do Sado Jusante e Tejo) e no Fabrico 2 (de proveniência incerta) de origem lusitana (Arruda, Viegas, Bargão, 2004, nº s 25; 28; 30-35). A estas haveria a acrescentar, ainda, um significativo conjunto de fragmentos provenientes das antigas escavações sem contexto do Castelo de Alcácer do Sal e atribuídas à primeira fase de produção do vale do Sado, salientando os autores a sua "similitude com os protótipos Béticos, da forma Haltern 70 e do grupo das Dressel 7-11" (Pimenta, *et al.*, 2006); ou os exemplares encontrados nos níveis romanos republicanos escavados na Rua dos Correeiros, em Lisboa (Bugalhão, 2001, 31-33 e Fig. 27).

Desta mesma cidade de Lisboa outros materiais se poderiam acrescentar, embora, infelizmente, sem que tenhamos informações sobre os contextos estratigráficos em que foram encontrados. De entre estes, merece especial destaque um, recolhido em circunstâncias não controladas arqueologicamente, em 1988, aquando da abertura da vala para implantação do interceptor geral de águas residuais da chamada baixa lisboeta. Trata-se de um bocal de ânfora, de colo e asas curtas, com um lábio marcado por uma ténue moldura. Atendendo às características do bocal, poderíamos supor que se trataria de um forma similar à Haltern 70, embora de inequívoco fabrico lusitano (nº 1). Contudo, a dimensão do binómio colo e asas afasta-a claramente das dimensões "canónicas" daquela forma, de colos e asas mais alongadas. Por outro lado, o facto de dispormos, neste caso concreto, da totalidade do bordo, infelizmente, omisso na maioria dos restantes casos tratados, sobretudo daquelas que têm contexto seguro, confere especial interesse a este exemplar e permite reavaliar outros casos similares conhecidos, onde apenas o bordo se conservou.

Naturalmente, trata-se de materiais sem contexto e, por isso mesmo, de problemática interpretação, no entanto, faz sentido invocá-los, já que a expressão quantitativa da presença destes materiais, tal como a sua dispersão, sublinham devidamente estarmos perante uma verdadeira

Actas del Congreso Internacional *CETARIAE. Salsas y salazones de pescado en Occidente durante la Antigüedad*, Universidad de Cádiz, Noviembre de 2005, *B.A.R. int. ser.* 1686, Oxford 2007, 127-133.

fase inicial da produção lusitana e não de um qualquer período experimental, como já foi sugerido (Mayet, Silva, 2002). Perante estes dados, estamos convictos de que não se trata de experiências, ou de tentativas incipientes, mas sim de uma autêntica etapa de fabrico, até ao momento não devidamente caracterizada e valorizada, na medida em que estes contentores viajaram para fora da sua área de fabrico, até presumíveis centros de consumo. Sublinhe-se, porém, que este modesto contributo, mais não é do que uma primeira chamada de atenção para uma realidade que carece de um estudo mais desenvolvido e aprofundado, desejavelmente, a partir de informações devidamente contextualizadas e estratigrafadas em centros produtores e locais de consumo.

2.- As Formas.

Apesar do estado de fragmentação dos exemplares conhecidos destas ânforas, maioritariamente representadas por bordos e outros fragmentos indeterminados de asas e fundos, podem, no entanto, individualizar-se dois exemplares de perfil completo e alguns fragmentos de parede e colo que permitem sugerir quais seriam os tipos principais, numa primeira fase de produção das ânforas lusitanas.

As ânforas ovóides foram registadas em diferentes estações da Galiza e actual território português, com particular destaque para alguns dos exemplares recolhidos nos Castros de Vigo e Santa Tecla (Pontevedra), no antigo Aljube da cidade do Porto e no Alentejo, no Castelo da Lousa (Mourão, Évora) (nº 2-14). Destes locais, cujas ânforas estão acompanhadas por materiais datáveis do período de Augusto, salientam-se os dois últimos: o primeiro, por corresponder a um potente aterro realizado na rua de S. Sebastião no momento da construção do edifício do Aljube no ano de 1749, com materiais datáveis do período de Augusto, destacando-se as ânforas Haltern 70, as *sigillatas* de tipo itálico e as paredes finas oriundas da Etrúria (vd. Morais; Carreras Monfort, 2003, 102, nota 103; Morais, 2005); o segundo, afigura-se ainda mais interessante, na medida em que se trata de uma fortaleza cujo *terminus ante quem* de ocupação não ultrapassa este mesmo período.

As ânforas análogas aos tipos Haltern 70 e, provavelmente, Dressel 7, igualmente documentadas nas produções de Peniche, encontram paralelo em dois exemplares de perfil completo, respectivamente depositados nos Museus de Vila Franca de Xira e Évora. O exemplar afim à forma Haltern 70 foi recentemente publicado por José Carlos Quaresma, juntamente com outras ânforas provenientes de recolhas ocasionais, realizadas por pescadores no rio Tejo (Quaresma, 2006) (Figura 1). O exemplar semelhante às produções béticas do tipo Dressel 7, parece estar representado pela ânfora nº 12 da tipologia de Dias Diogo, que segundo o autor corresponde à produção piscícola do Sado "fabricada durante um período muito curto, iniciando-se a sua produção nos finais do século I a. C." (Diogo, 1987, 179-91) (Figura 2).

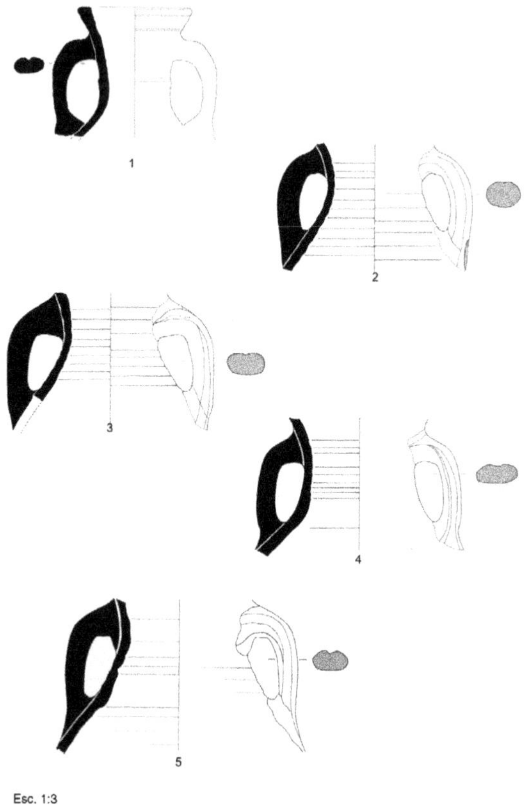

Figura 1.-

1- *Lisboa (s/contexto – baixa lisboeta). Nº s/número.*
2- *Castro de Vigo (Pontevedra). Nº 2321.*
3- *Castro de Vigo (Pontevedra). Nº s/número*
4- *Castro de Vigo (Pontevedra). Nº 2709.*
5- *Castro de Santa Tecla (Pontevedra). Nº 1671.*

3.- Outras apreciações morfológicas sugeridas pelos fragmentos de bordo.

Das apreciações que acabamos de expor, a partir dos fragmentos ou exemplares conhecidos, não restam dúvidas acerca da produção de formas ovóides e outras de colos e asas mais alongadas, análogas às formas Haltern 70 e, provavelmente, Dressel 7.

No entanto, uma análise mais atenta de um conjunto numeroso de bordos atribuíveis a estas produções iniciais da Lusitânia sugere a presença de outras ânforas, igualmente conhecidas em formas análogas da Tarraconense e da Bética.

Como exemplo dessa diversidade, refira-se um conjunto de fragmentos recolhidos no Castelo da Lousa (Mourão, Évora) em contextos dos finais do século I a. C. e do período augustano, cujas características formais nos aproximam das ânforas ovóides. Trata-se de um conjunto diferenciado de fragmentos que, à semelhança da forma Lomba do Canho 67, tipificada por um dos autores (Fabião, 1989), possuem uma característica moldura sob o bordo (nº 15-19), o que não significa, naturalmente, que se trate da mesma forma, produzida na Bética e Norte de África.

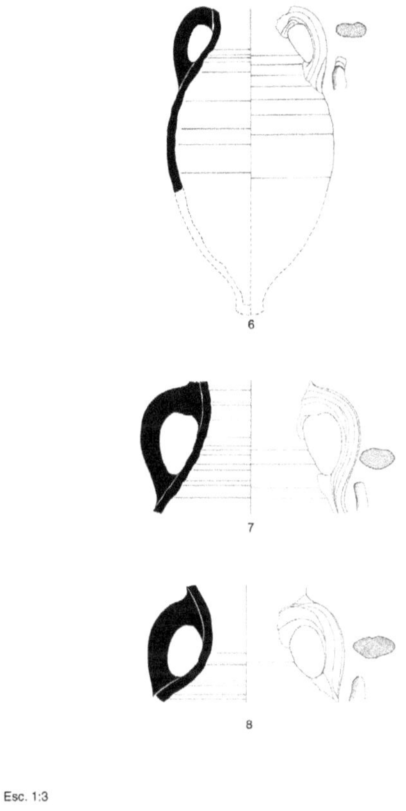

Figura 2.-

- 6- *Porto (Aljube). Nº 17335.*
- 7- *Porto (Aljube). Nº 17853.*
- 8- *Porto (Aljube). N. 29975.*

Outros bordos, sem a característica moldura, encontram ainda algumas afinidades com os de ânforas de morfologia ovóide e outros seus contemporâneos que possuem colos e asas mais ou menos alongadas (nº 20-26).

A apreciação da diversidade de bordos que apenas acabamos de enunciar não pode, no estado actual de entropia que caracteriza esta fase das produções lusitanas, ser encarada como indicador de um ou de outro tipo específico. Na verdade, admitimos que no seu conjunto e até à recolha de fragmentos mais significativos, não deve atribuir-se uma tipologia concreta somente a partir dos bordos. Poder-se-ia, seguramente, encontrar outros paralelos ou outras formas com bordos aproximados, o que, naturalmente, conduziria a confirmar a precariedade e precocidade das apreciações tipológicas acima expostas. Como exemplo dessa diversidade, apresentam-se alguns fragmentos de bordo recolhidos noutras estações arqueológicas aqui já referenciadas e que possuem características afins aos fragmentos recolhidos no Castelo da Lousa (nº 27-38).

De todos os sítios arqueológicos referidos, destaca-se ainda um conjunto muito abundante de opérculos de fabrico lusitano (c. de uma centena), recolhidas no depósito augustano do Aljube do Porto, com diâmetros compatíveis com o dos bocais das ânforas de fabrico lusitano igualmente aí documentados (nº 39-55).

4.- A existência de outros fabricos...

Este estado de entropia relativamente ao conhecimento destas primeiras produções lusitanas é, de momento, acrescido pela identificação de exemplares, cujo local de fabrico não corresponde a nenhumas das áreas de produção até à data identificadas. De entre estas destacamos alguns fragmentos recolhidos em contextos tardo-republicanos e augustanos do Castelo da Lousa, que possuem um fabrico característico das produções de cerâmica comum do Alentejo, nomeadamente com algumas cerâmicas de São Cucufate, ricas em minerais negros típicos do complexo gabro-diorítico de Beja (mais exactamente anfíbolas de hornblenda castanha, além de quartzos e felspatos alcalinos e plagioclase). Trata-se de fragmentos que possuem uma característica moldura sob o bordo à semelhança de ânforas ovóides suas contemporâneas, em particular as ânforas Lomba do Canho 67, e fragmentos com um bordo análogo à forma Haltern 70 (n.ºs 56-60). A favor desta problemática refira-se a recente identificação de ânforas piscícolas com este suposto fabrico alentejano recolhidas nas *villae* romanas de S. Cucufate, enquadráveis nas produções médio e baixo imperiais do tipo Dressel 14 tardia, Lusitana 3 e Keay LXXVIII (vd. Pinto; Lopes, no prelo).

5.- Revisitando os centros produtores conhecidos.

A possibilidade de ter existido uma produção mais antiga de ânforas lusitanas, de morfologias já plenamente romanas é algo que tem "andado no ar", embora, por falta de evidência empírica concreta, tenha acabado quase sempre por ficar somente no domínio das conversas e debates informais, sem assumir uma expressão escrita e publicada. Na recente síntese que um de nós apresentou sobre o tema da produção de ânforas na Lusitânia, o tema esteve uma vez mais em apreciação, assinalando-se a existência deste fase antiga, respectivamente, na ainda mal conhecida olaria do Morraçal da Ajuda (Peniche), em lugar indeterminado do baixo Tejo, nas olarias do Largo da Misericórdia e Pinheiro (Setúbal) e na de Abul (Alcácer do Sal); para o Algarve, ficava em aberto a possibilidade de uma fase da produção do centro oleiro do lugar dos Olhos, S. Bartolomeu de Castro Marim (Vila Real de S. António) poder também ser integrada nesta etapa (Fabião, 2004).

Em face dos novos dados disponíveis, estes casos são merecedores de uma reavaliação.

Em primeiro lugar, o Morraçal da Ajuda (Peniche), ainda somente conhecido por notícias preliminares (Cardoso,

Gonçalves, Rodrigues, 1998 e Cardoso, Rodrigues, 2002). Documentou-se, no local, o fabrico de ânforas com evidentes afinidades com as morfologias béticas, designadamente, formas próximas da Haltern 70, outras inseríveis na vasta "família" das Dressel 7-11, com exemplares de colos e asas curtas, indiciando eventuais formas ovóides. A produção local foi frequentemente marcada e a estampilha apresenta um *tria nomina* (L. ARVEN. RVSTICI), reveladora de que o centro oleiro estaria associado a um cidadão romano (Fabião, Guerra, 2004). A cronologia proposta é júlio-cláudia, embora seja importante frisar, uma vez mais, que se trata somente de notícias preliminares. Podemos, pois, admitir que o início da sua laboração se pudesse situar dentro do horizonte cronológico precoce que aqui tratamos (Figura 3).

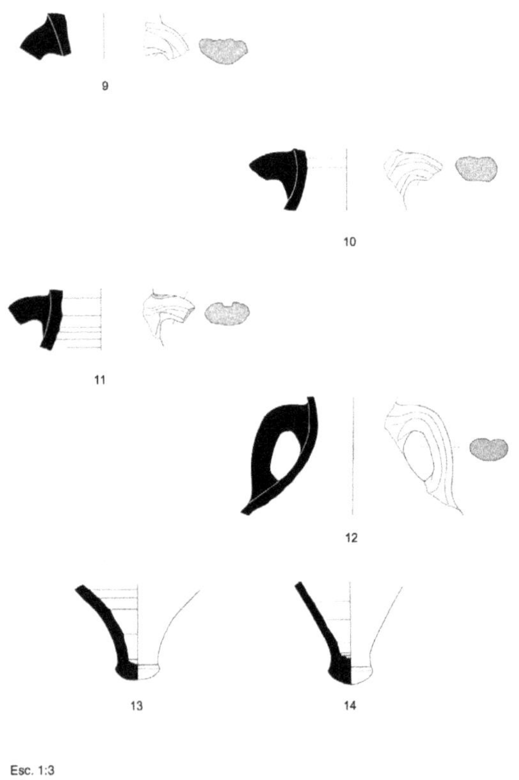

Figura 3.-
9- Porto (Aljube). Nº 13451.
10- Porto (Aljube). Nº 25236.
11- Porto (Aljube). Nº 30040
12- Castelo da Lousa (Mourão, Évora). Nº 378/961/383.
13- Castelo da Lousa (Mourão, Évora). Nº 345.
14- Castelo da Lousa (Mourão, Évora). Nº 344.

Para o baixo Tejo, as dúvidas e interrogações persistem, até porque nas olarias conhecidas não existe uma evidência concreta desta fase antiga da produção, sendo esta intuída somente a partir de materiais recolhidos em diversos contextos e circunstâncias. Os novos dados entretanto conhecidos e atrás brevemente comentados, embora não modifiquem, no essencial, o já exposto, multiplicam claramente o número de ocorrências registadas, reforçando ainda mais a ideia de que por estas bandas poderá também ter existido uma fase precoce de produção, em centros oleiros ainda desconhecidos.

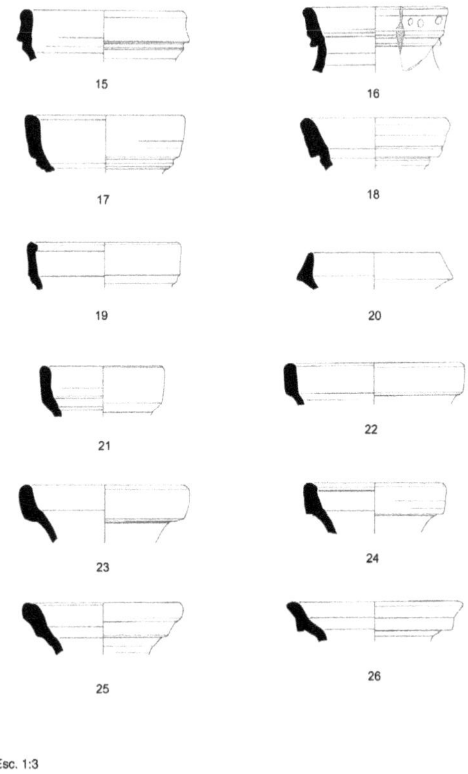

Figura 4.-
15- Castelo da Lousa (Mourão, Évora). Diâmetro: bordo 18,7 cm. Nº 445.
16- Castelo da Lousa (Mourão, Évora). Diâmetro: bordo 16,5 cm. Nº 435.
17- Castelo da Lousa (Mourão, Évora). Diâmetro: bordo 18 cm. Nº 446.
18- Castelo da Lousa (Mourão, Évora). Diâmetro: bordo 17 cm. Nº 858.
19- Castelo da Lousa (Mourão, Évora). Diâmetro: bordo 17 cm. Nº 335.
20- Castelo da Lousa (Mourão, Évora). Diâmetro: bordo 15 cm. Nº 441.
21- Castelo da Lousa (Mourão, Évora). Diâmetro: bordo 14 cm. Nº 859.
22- Castelo da Lousa (Mourão, Évora). Diâmetro: bordo 20, 6 cm. Nº 272.
23- Castelo da Lousa (Mourão, Évora). Diâmetro: bordo 16 cm. Nº 334.
24- Castelo da Lousa (Mourão, Évora). Diâmetro: bordo 19 cm. Nº 338.
25- Castelo da Lousa (Mourão, Évora). Diâmetro: bordo 18 cm. Nº 333.
26- Castelo da Lousa (Mourão, Évora). Diâmetro: bordo 20 cm. Nº 372.

No baixo Sado, também nada de substancialmente diferente haverá a assinalar. Gostaríamos, contudo, de salientar os fragmentos de bordo documentados na olaria de Abul (Alcácer do Sal) que, à luz do exposto, poderão corresponder, de facto, a distintas morfologias de ânforas, desde as formas mais próximas da Haltern 70 e Dressel 7, até a eventuais formas ovóides, não detectadas nem assim descritas pelo estado excessivamente fragmentado do material (Figura 4) (Mayet, Silva, 2002); o mesmo se poderá dizer, relativamente aos fragmentos documentados nas restantes olarias, Largo da Misericórdia (Silva, 1996) e Pinheiro (Mayet, Silva, 1998). Merece um referência o facto de se ter registado uma importante presença de materiais importados, associada à dita fase antiga, que sugeriu aos autores da escavação que se trataria de alguém exterior ao ambiente local, com óbvias ligações ao mundo itálico ou a outras áreas da Península Ibérica mais precocemente romanizadas (Mayet, Silva, 2002).

Finalmente, sobre o único centro oleiro do Algarve que poderá ter conhecido uma fase antiga de laboração, o de S. Bartolomeu de Castro Marim (V. Real de Santo António), também pouco haverá a acrescentar. Recorde-se que o local foi investigado nos finais do século XIX (Vasconcellos, 1898), pelo que não poderíamos esperar que o tipo de registo efectuado respondesse às modernas interrogações. Assinale-se, contudo, que, à luz da informação que ora tratamos, talvez não faça sentido continuar a procurar integrar as ânforas ali fabricadas no tipo Dressel 14, ainda que assinalando a sua singularidade. Fará de facto mais sentido retomar a velha ideia exposta por Miguel Beltrán Lloris, que incluiu estas produções algarvias no seu tipo I (Beltrán, 1970, 400-405) -onde agrupou também, como é sabido, a forma Haltern 70 e a sequência 7-11 da tabela de formas de H. Dressel-, embora tal ideia tenha sido posteriormente rejeitada pela totalidade dos autores que do tema se ocuparam, incluindo, por diversas vezes, um dos autores destas linhas. Como é óbvio, não queremos com isto propor o regresso de uma designação genérica em que já ninguém se revê, nem o próprio Beltrán, bem entendido, queremos sim salientar que aquela sugestão, no que respeita aos critérios formais e eventual âmbito cronológico, poderá estar muito mais perto da verdade, do que a (algo forçada) aproximação ao tipo Dressel 14 (Figuras 5 e 6) Uma vez mais, afigura-se interessante assinalar a existência de uma marca, com *tria nomina* (LFT) associada a este fabrico (Maia, 1979; Fabião, Guerra, 2004).

Pelo que fica exposto, parece claro que nada de surpreendente acaba por ter a proposta que aqui trazemos, uma vez que existia já uma significativa massa de dados sugerindo um fabrico precoce, genericamente datado dos finais do séc. I a.C. e primeiro terço da centúria seguinte, de ânforas lusitanas, com evidentes afinidades com os modelos béticos. O que agora acrescentamos é somente a possibilidade de toda essa produção poder ser, afinal, um pouco mais antiga. Interessante nos parece também o facto de se tratar de um fenómeno evidentemente associado a ambientes profundamente romanizados, quer pela presença de epigrafia anfórica de produção, com marcas nominais com *tria nomina*, como são os casos de Morraçal da Ajuda e S. Bartolomeu de Castro Marim, quer pelo notório registo de importações indiciadoras de um tal ambiente cultural, como se verifica em Abul. O cariz evidentemente romano das morfologias fabricadas só confirma esta ideia. De onde vem quem se instala naqueles locais já poderá ser uma questão de mais difícil resposta. Pela proximidade geográfica, somos tentados a propor uma deslocação de oleiros a partir da Andaluzia, já que as formas produzidas são, genericamente, análogas às fabricadas naquela região. Contudo, não excluiríamos a possibilidade de se tratar de gentes oriundas de outras paragens, plenamente romanas.

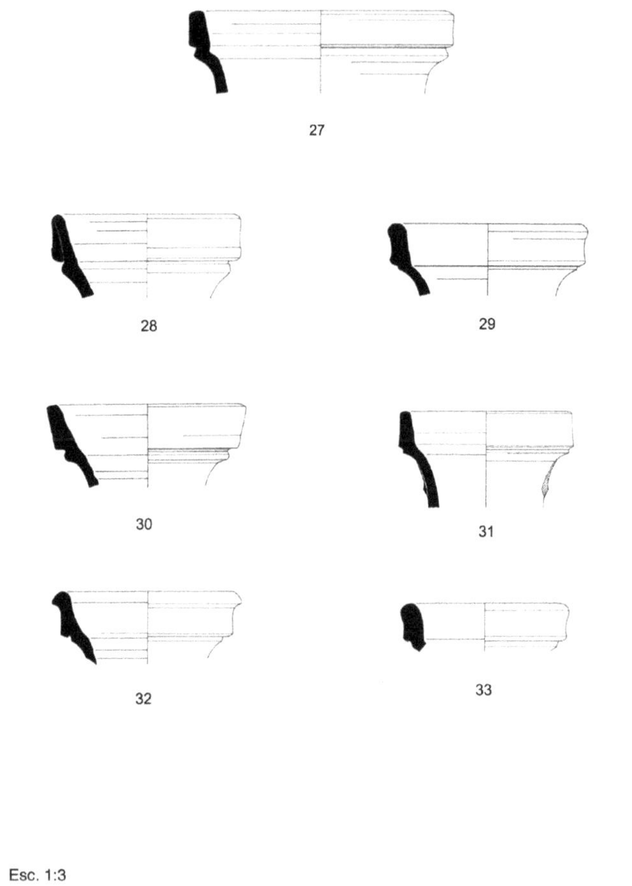

Figura 5.-
27- Castro de Panxón, Monte Castro (Pontevedra). Diâmetro: bordo 24 cm. Nº 6792.
28- Castro de Santa Tecla (Pontevedra). Diâmetro: bordo 17 cm. Nº 1984-85
29- Castro de Santa Luzia (Viana do Castelo). Diâmetro: bordo 18 cm. Nº 1955.
30- Castro da Terronha (Viana do Castelo). Diâmetro: bordo 18 cm. Nº 114.
31- Castro de Fiães (Vila da Feira). Diâmetro: bordo 15,5 cm. Nº 38.02.287.
32- Porto (Aljube). Diâmetro: 17 cm. Nº 13406.
33- Porto (R. da Banharia, 68-96). Diâmetro: bordo 15 cm. Nº 459.

6.- O significado e a importância económica destas produções no contexto da Lusitânia.

A individualização destas ânforas para as últimas décadas do século I a. C. e o período de Augusto vem contribuir, no estado actual dos nossos conhecimentos, para uma melhor compreensão da sucessão cronológica e tipológica do processo de fabrico de ânforas romanas na Lusitânia, cuja produção e exportação remontaria assim, pelo menos, àquele período.

Este panorama vem, aliás, demonstrar que também a *Lusitania* desempenhou um papel importante na produção de bens alimentares, no caso presente, provavelmente, produtos piscícolas, e que, à semelhança das áreas mais precoce e profundamente romanizadas da Andaluzia e da Tarraconense, esta província possuía um desenvolvimento económico que incluía uma componente de exportação e abastecimento de territórios exteriores, com recurso a contentores perfeitamente "romanizados". A proximidade geográfica explicará a significativa expressão que estes materiais têm em contextos arqueológicos do noroeste peninsular.

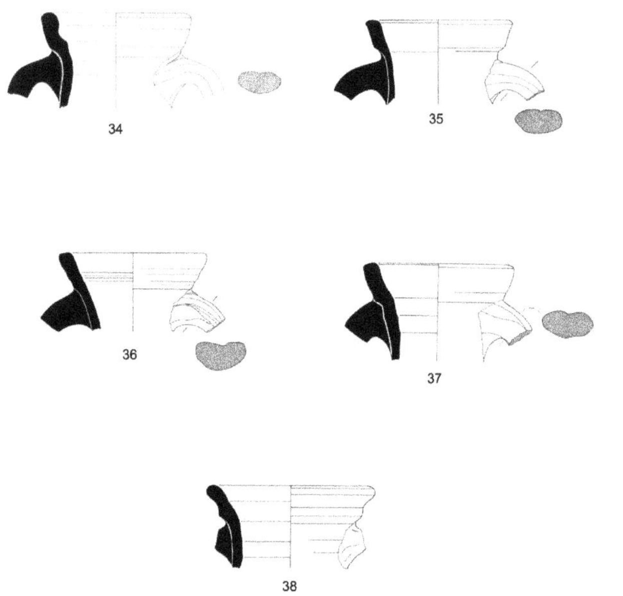

Esc. 1:3

Figura 6.-
34- Castro de Vigo (Pontevedra). Diâmetro: bordo 15 cm. Nº 1002.
35- Castro de Santa Tecla (Pontevedra). Diâmetro: bordo 15 cm. Nº s/número.
36- Castro de Santa Tecla (Pontevedra). Diâmetro: bordo 14,9 cm. Nº s/número.
37- Castro de Santa Tecla (Pontevedra). Diâmetro: bordo 15,5 cm. Nº s/número.
38- Porto (R. de São Sebastião). Diâmetro: bordo 17 cm. Nº 1856.

A existência destas produções que tão precocemente imitam as restantes produções peninsulares e, em particular, as produções da Bética, parece sugerir que a relação com o mundo peninsular terá passado por uma deslocação de oleiros béticos para o ocidente peninsular. Este fenómeno, ainda não devidamente conhecido, não é, no entanto, um caso isolado. Refira-se, por exemplo, uma produção específica de Braga, conhecida por cerâmica "bracarense" que igualmente terá pressuposto a deslocação de oleiros vindo da Bética, conhecedores das formas específicas de paredes finas emeritenses e da *terra sigillata* daquela região (Morais, 2005, 320).

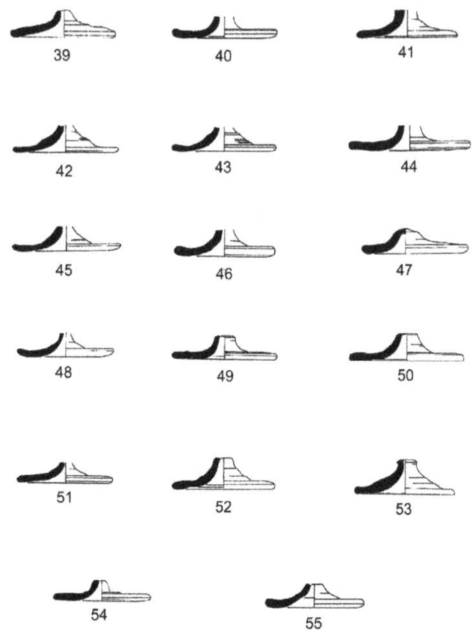

Esc. 1:3

Figura 7.-
39- Porto (Aljube). Diâmetro: 9,2 cm. Nº 18121.
40- Porto (Aljube). Diâmetro: 9 cm. Nº 22715.
41- Porto (Aljube). Diâmetro: 9 cm. Nº 27280.
42- Porto (Aljube). Diâmetro: 9,2 cm. Nº 33418.
43- Porto (Aljube). Diâmetro: 9,2 cm. Nº 22713.
44- Porto (Aljube). Diâmetro: 10,6 cm. Nº 14807.
45- Porto (Aljube). Diâmetro: 9,4 cm. Nº 9494.
46- Porto (Aljube). Diâmetro: 8,8 cm. Nº 18123.
47- Porto (Aljube). Diâmetro: 9,2 cm. Nº 20233.
48- Porto (Aljube). Diâmetro: 8,4 cm. Nº 5485.
49- Porto (Aljube). Diâmetro: 9,2 cm. Nº 22714.
50- Porto (Aljube). Diâmetro: 10 cm. Nº 1493.
51- Porto (Aljube). Diâmetro: 8,2 cm. Nº 9492.
52- Porto (Aljube). Diâmetro: 9 cm. Nº 1649.
53- Porto (Aljube). Diâmetro: 8,6 cm. Nº 9491.
54- Porto (Aljube). Diâmetro: 8,6 cm. Nº 9495.
55- Porto (Aljube). Diâmetro: 8,8 cm. Nº 18124.

7.- Nota final.

Já depois de terminado e apresentado este trabalho, foi publicada a primeira notícia mais extensa sobre a olaria romana do Morraçal da Ajuda, em Peniche – Cardoso, G.; Rodrigues, S. (2005) *Olaria romana do Morraçal da Ajuda (peniche, Portugal)*, in: *Actas do Congresso A Presença Romana na Região Oeste*, Bombarral: Museu Municipal do Bombarral / Câmara Municipal do Bombarral, 83-102. O referido trabalho em nada altera o que se escreveu, ainda que introduza maior complexidade no panorama das formas conhecidas, que carece de uma mais detalhada análise. Da leitura do artigo, apesar da grande profusão de ilustrações, resulta claro que nos encontramos ainda perante uma publicação preliminar da informação obtida.

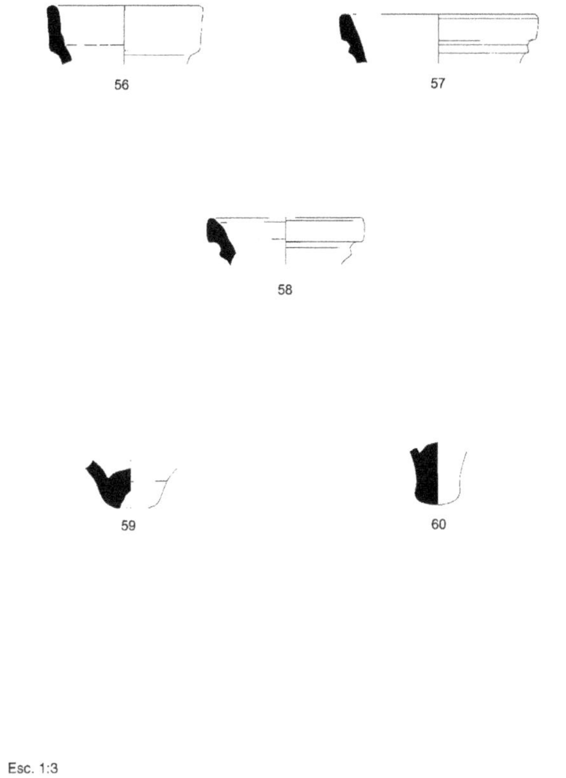

Figura 8.-
56- Castelo da Lousa (Mourão, Évora). Diâmetro: 15 cm. Nº 823.
57- Castelo da Lousa (Mourão, Évora). Diâmetro: 20 cm. Nº 744.
58- Castelo da Lousa (Mourão, Évora). Diâmetro: 15,5 cm. Nº 743.
59- Castelo da Lousa (Mourão, Évora). Nº 821.
60- Castelo da Lousa (Mourão, Évora). Nº 822.

Referências

ARRUDA, A. M. (1997): "As cerâmicas áticas do Castelo de Castro Marim", *Arqueologia e História Antiga*, Edições Colibri, Lisboa, 13-17.

ARRUDA. A.; VIEGAS, C.; BARGÃO, P. (2004): "Ânforas lusitanas da Alcáçova de Santarém", *Simpósio Internacional Produção e comércio de preparados piscícolas durante a Proto-História e a época Romana do Ocidente Peninsular. Homenagem a Françoise Mayet*, Setúbal, no prelo.

BELTRÁN LLORIS, M. (1970): *Las Ánforas romanas de España*, Zaragoza: Monografías Arqueológicas, 8.

BUGALHÃO, J. (2001): "A indústria romana de transformação e conserva do peixe em Olisipo", *IPA, Trabalhos da Arqueologia*, 15.

CARDOSO, G.; GONÇALVES, J. L.; RODRIGUES, S (1998): "Forno romano de cerâmica descoberto em Peniche", *Al-madan*, II série (7), Almada, 178-79.

CARDOSO, G.; RODRIGUES, S. (2002): "4ª Campanha de sondagens arqueológicas na olaria romana do Morraçal da Ajuda (Peniche)", *Al-Madan*, II série, 11, 6.

DIOGO, A. M. D. (1987): "Quadro tipológico das ânforas de fabrico lusitano", *O Arqueólogo Português*, série IV, 5, 179-91.

DIOGO, A. M. D. E FARIA, J. C. L. (1990): "Fornos de cerâmica romana no vale do Sado. Alguns elementos", Alarcão, A. Mayet, F. (eds.), *As ânforas lusitanas. Tipologia, Produção, Comércio, Actas das Jornadas de Estudos realizados em Conimbriga em 13 e 14 de Outubro de 1988*, Paris, 173-186.

FABIÃO, C. (1989): *Sobre as ânforas do acampamento de Lomba do Canho (Arganil)*, UNIARQ / INIC (Cadernos de Arqueologia, 1), Lisboa.

FABIÃO, C. (2000): "Sobre as mais antigas ânforas "romanas"da Baetica no Ocidente Peninsular", in *Congreso Internacional EX BAETICA AMPHORAE...* (Sevilla - Écija, 17 a 20 de Dezembro de 1998), Vol. I, Écija, 665-682.

FABIÃO, C. (2004): "Centros oleiros da *Lusitania*: balanço dos conhecimentos e perspectivas de investigação", in Bernal, D.; Lagóstena, L. (eds) *FIGLINAE BAETICAE. Talleres alfareros y producciones cerámicas en la Bética romana (ss. II a. C. – VII d.C.)*, vol. 1, Oxford, BAR 1266, 379-410.

FABIÃO, C.; GUERRA, A. (2004): "Epigrafia anfórica da Lusitânia: uma perspectiva", in Remesal, J. (ed.) *Epigrafía anfórica – workshop de Barcelona 9-10 de mayo de 2003*. Barcelona, Univ. de Barcelona, 221-244.

MAIA, M. (1979): As ânforas de S. Bartolomeu de Castro Marim, *Clio*, 1, 141-151

MAYET, F.; SILVA, C.T. (1998): *L'atelier d'amphores de Pinheiro (Portugal)*, París.

MAYET, F. ; SILVA, C. T. (2002) - *L'atelier d'amphores de Abul (Portugal)*, París, Diff. E. De Boccard.

MORAIS, R. (2003): "Problemàtiques i noves perspectives sobre les àmphores ovoides tardo-republicanes. Les àmphores ovoides de producció lusitana", *Culip VIII i les àmfores Haltern 70. Monografies del Casc*, 5. Girona, 36-40.

MORAIS, R. (2005): *Autarcia e Comércio em Bracara Augusta no período Alto-Imperial: contribuição para o estudo económico da cidade*, Partes I a IV (tese de doutoramento apresenta em 2005 na Universidade do Minho), policopiada.

MORAIS, R.; CARRERAS MONFORT, C. (2003): "Geografia del consum de les Haltern 70", *Culip VIII i les àmfores Haltern 70. Monografies del Casc*. 5, Girona, 93-112.

MORAIS, R.; SCHMITT, A. (2005): "Late republican amphorae from Castelo da Lousa (Mourão, Évora, Portugal) of Lusitanian fabrics?", *8 th European Meeting on Ancient Ceramics* (26-29 October 2005), Lyon, no prelo.

PIMENTA, J.; SEPÚLVEDA, E.; FARIA. J. C.; FERREIRA, M. (2006): "Cerâmicas romanas do lado ocidental do Castelo de Alcácer do Sal, 4: as ânforas", *Revista Portuguesa de Arqueologia*. Lisboa, no prelo.

PINTO, I.; LOPES, C. (2004): "Ânforas de *villae* alentejanas", *Simpósio Internacional Produção e comércio de preparados piscícolas durante a Proto-História e a época Romana do Ocidente Peninsular. Homenagem a Françoise Mayet*, Setúbal, no prelo.

QUARESMA, J. C. (2006): "Ânforas romanas provenientes da pesca de arrasto no Tejo, depositadas no Museu Municipal de Vila Franca de Xira", *Revista Portuguesa de Arqueologia*. Lisboa, no prelo.

SILVA, C. T. (1996): "Produção de ânforas na área urbana de Setúbal: a oficina romana do Largo da Misericórdia", in Filipe, G.; Raposo, J.M.C., (eds.) *Ocupação romana dos estuários do Tejo e do Sado (actas das jornadas, Seixal, 1991)*, Lisboa, D. Quixote, 43-54.

VASCONCELLOS, J. L. (1898): "Olaria luso-romana em S. Bartolomeu de Castro Marim", *O Archeólogo Português*, 4, 329-336.

APORTACIÓN AL CONOCIMIENTO DE LA INDUSTRIA DE SALAZÓN EN LAS RÍAS BAIXAS GALLEGAS[1]

B. CURRÁS
Instituto de Historia del CSIC de Madrid

Gracias a las intervenciones de los últimos 20 años las Rías Baixas se han mostrado como un importante núcleo romano de producción de salazones de pescado. En este trabajo pretendemos desarrollar una aproximación a su estudio desde dos perspectivas diferentes pero que se complementan a la hora de obtener una interpretación conjunta: en primer lugar realizamos un análisis de las condiciones materiales que las rías ofrecieron de cara al establecimiento de un complejo productor de salazones en lo referente a la posibilidad de obtener sal y pescado; a continuación, exponemos un catálogo en el que se examinan las características tipológicas, cronológicas y espaciales de cada uno de los enclaves productores. En último término, en base a estos datos, realizamos una aproximación interpretativa al significado del complejo productivo de las Rías Baixas.

1.- Las condiciones de la producción: sal y pesca. Una aproximación a la materia prima.

Para acercarnos al conocimiento de las circunstancias en que las Rías Baixas pudieron producir manufacturas pesqueras no cabe duda de que, en primer lugar, es imprescindible estudiar cuales fueron las especies piscícolas y marisqueras presentes en sus aguas así como las características de la pesca desarrollada durante el dominio romano. Sólo así podremos saber si era este lugar adecuado para el establecimiento de una industria de transformación de productos marinos o no. Afortunadamente, para esta labor contamos para el NO con una abundante bibliografía sobre paleofauna marina que, para mayor ventura, se basa principalmente en yacimientos comprendidos en la zona propuesta (Vázquez, Rey y Camino, 1993; Vázquez, Urgorri y Troncoso, 1993; Vázquez y Rodríguez, 1999/2000; Ferré, 2003).

El estudio de la ictiofauna de varios enclaves de las Rías Baixas revela que en sus aguas aparecía en época antigua sargo (*Diplodus sargus*), sargo mojarra (*Diplodus vulgaris*), dorada (*Sparus aurata*), pargo (*Pagrus pagrus*), besugo (*Pagellus bogaraveo*), aligote (*Pagellus acarne*), dentón común (*Dentex cf. dentex*), todos de la familia de los espáridos. También faneca (*Trisopterus luscus*), abadejo (*Pollachius pollachius*) y merluza (*Merluccius merluccius*), de la familia de los gádidos. Vaqueta o maragota (*Labrus bergylta*) y tordo o porredana (*Symphodus melops*), ambos de la familia de los lábridos. Jurel (*Trachurus trachurus*), corvina (*Argyrosomus regyus*), congrio (*Conger conger*), lubina (*Dicentrarchus labrax*), caballa (*Scomber scombrus*), estornino (*Scomber japonicus*), sardina (*Sardina pilchardus*), anguila (*Anguilla anguilla*) y mújol (*Mugil s.p.*), así como otras especies de presencia menos significativa. Todas son especies comestibles y de alta calidad cárnica, que hoy podemos encontrar en las lonjas gallegas sin dificultad. Se caracterizan en su mayoría por ser demersales, propias de facies rocosas con algas, o de fondos de arena y cascajo, a excepción de jurel, caballa y sardina que son pelágicas y nadan formando cardúmenes en constante movimiento. Básicamente todos son pescados que podemos encontrar en las cercanías de los yacimientos en donde se registraron sus restos.

La riqueza pesquera de las rías es patente, pero es que además de su potencial pesquero, el estudio de los concheros de 14 yacimientos de época castrexa y romana encuadrados en el marco de las Rías Baixas, nos desvelan una enorme riqueza marisquera. Se identifican más de 35 especies diferentes, entre las que encontramos varias especies de ostra (familia Ostreidae), mejillón (familia Mytilidae), almeja (familia Veneridae), lapa (familia Patellidae), navaja (familia Solenidae), vieira (familia Pectinidae), berberecho (familia Cardidae), erizo de mar (*Paracentropus lividus*) y púrpura (*Thais haemastoma*), así como una amplia cantidad de caracoles de mar como caramujos o bígaros.

Sabemos por fuentes escritas que en Roma se conocía y apreciaban la mayoría de las especies que acabamos de citar. La merluza, el dentón, la anguila, la dorada, la sardina, el mújol, el congrio, la lubina y sin ningún lugar a dudas la caballa y el estornino, fueron tipos de pescado de conocido prestigio culinario. Por otro lado, dentro del marisco, ostra, mejillón y erizo de mar también fueron especies de fama en las mesas romanas.

Lo que podemos concluir tras esta larga relación de especies es que las Rías Baixas eran fértiles en algunas de las especies más demandadas por Roma. Sin embargo, no deja de llamarnos poderosamente la atención la práctica total ausencia de ejemplares de la familia de los escómbridos. Caballa, atún, bonito y otras especies semejantes fueron las protagonistas de la producción de conservas y salsas de pescado en la antigüedad (Ponsich, 1988, 38), pero todo parece indicar que ni en las Rías Baixas ni en sus cercanías fue posible capturarlas sin tener que llegar al esfuerzo desmesurado para la época de salir a mar abierto. La propia dinámica biológica de estas especies explica esta ausencia. El atún es una especie de marcados hábitos migratorios que cruza periódicamente el estrecho de Gibraltar en su período pre y postreproductor, desplazándose después en dirección norte hacia el Atlántico en busca de aguas templadas. Este comportamiento lleva a

[1] Este estudio es parte de un trabajo académico dirigido por el profesor de la USC F. Acuña Castroviejo. Su conclusión no habría sido posible sin la ayuda de Ángel Acuña, Vicente Caramés, Ángel Carreira, Juan Carlos Castro, Fructuoso Díaz, Adolfo Fernández, Alejandro Parga, Fermín Pérez, Mª. Soledad Prieto, Eduardo Rodríguez, V. Carmen Torres y Santiago Vieito, a quienes debo mi más sincera gratitud por la desinteresada colaboración mostrada a la hora de dejarme consultar los datos de sus intervenciones arqueológicas, todavía inéditos. No menos valiosos fueron los inestimables consejos y apuntes aportados por Pedro López Barja, Almudena Orejas y Mario César.

Actas del Congreso Internacional *CETARIAE. Salsas y salazones de pescado en Occidente durante la Antigüedad*, Universidad de Cádiz, Noviembre de 2005, *B.A.R. int. ser.* 1686, Oxford 2007, 135-149.

estos peces a permanecer alejados de las aguas frías que brotan en las costas gallegas, de modo que el flujo migratorio se separa del litoral. Con el bonito y la caballa ocurre algo semejante, aunque esta última especie se acerca en verano a la costa.

Entendemos así porque los estudios en arqueoictiofauna del NO no identifican apenas escómbridos: los bonitos ni aparecen; en un yacimiento medieval se encontraron restos de un atún que sólo parecen ser testimonio de intercambios comerciales, y finalmente las muestras de caballa son escasas y problemáticas. Como dijimos, este último pez permanece alejado de la costa la mayor parte del año y sólo se acerca en verano a la boca de las rías donde se puede pescar con suerte. Es muy probable que la captura de la caballa sólo se produjera ocasionalmente y que fuera imposible mantener una producción industrial a su costa.

No podemos pasar por alto esta ausencia de escómbridos. Las especies más citadas por las fuentes, las de mayor prestigio en las salsas, las que aportaban una rentabilidad económica más elevada y sobre las que se basó el funcionamiento de la gran mayoría de las factorías hispanas, no aparecen en las Rías Baixas. De un modo u otro, este hecho influyó determinantemente en la industria de conservas del área de estudio, que se vio reducida a actuar desde una producción marcadamente diferenciada en relación al sur peninsular.

Sin embargo, pese a esta carencia que condicionó irremisiblemente la producción, las Rías Baixas sí llegaron a poseer una notable industria conservera que sólo se puede explicar por la gran riqueza de sus aguas. El poeta hispano Marcial (X,37) ya nos deja testimonio en el s. I de la abundancia de la pesca en el *Callaicum Oceanum*, del tamaño del mújol y la calidad de la ostra. Tenemos constancia de que en época medieval se desplegó una importante actividad pesquera y comercial centrada en la abundancia de sardina, congrio y merluza, que permitió el desarrollo de las villas costeras y propició el nacimiento de las cofradías de mareantes, dedicadas a la conserva y comercialización de tan abundante pesca. Durante el mismo período, además del pescado, la ostra también fue capturada e incluso cultivada, generando una sólida actividad marinera (Ferreira, 1988, 58). Toda esta riqueza pesquera de las rías fue su principal motor económico a lo largo de su historia, con hitos de tal magnitud como la llegada de los fomentadores catalanes en el s. XVIII en busca de la copiosa sardina y el despegue industrial conservero del s. XIX centrado en este mismo pescado (Fernández, 1998).

Semejante patrimonio marino se entiende por la especial singularidad de las rías, dotadas de una configuración orográfica idónea que crea un sistema estuárico de circulación positiva que actúa como trampa de las sales nutrientes que llegan con el agua procedente de la plataforma continental (Labarta, 1985, 110). Se trata de un sistema que sostiene una elevada producción, soportada por procesos autóctonos de degradación de materia orgánica, regeneración de nutrientes y por el afloramiento en la plataforma adyacente de aguas ricas en nutrientes que la propia circulación de las rías hace penetrar en su interior (Varela, Fuentes, Penas y Cabanas, 1984, 173). Una alta producción primaria, primer escalón de la cadena trófica, que explica el elevado volumen de capturas de las rías.

Así pues, la riqueza de las aguas de las Rías Baixas suplió con creces la falta de determinadas especies. Un notable recurso con una larga tradición de aprovechamiento que se remonta a la prehistoria. Siguiendo los estudios de J. M. Vázquez vemos como en el mundo castrexo la explotación del medio marino se desarrolla en el entorno inmediato al poblado, con un marcado carácter primitivo y orientado al autoconsumo. La composición de los concheros nos indica que se emplearon artes sencillas, desde tierra o en pequeñas embarcaciones; se pescaba con liña y anzuelo, como apunta el predominio de especies carnívoras; no se capturaban especies de fondo; se recogía el marisco de la zona intermareal,... es decir un modelo de explotación circunscrito al entorno anexo al poblado, destinado al consumo local y que de ningún modo podría abastecer a las factorías de salazón.

Pero las cosas iban a cambiar con la llegada de Roma tal y como se colige del análisis de las variaciones en el registro ictiológico. Ahora se efectúa un cambio estructural en la forma de explotar el mar que pone claramente de manifiesto la aparición de una producción de carácter "industrial" de los recursos pesqueros. La antigua explotación destinada a la manutención es sustituida por una intensificación y especialización en las especies más demandadas; la pesca ya no es una actividad relacionada con la subsistencia y el uso de los recursos más próximos, si no que ahora se amplia el área de captación en cuanto a que se pesca más lejos de la costa y se capturan especies que habitan a mayor profundidad. El aprovechamiento del medio marino pasa a ser una actividad de gran importancia económica: se aprecia por un lado una mayor diversidad de especies capturadas, pero sobre todo se registra un notable incremento del número de capturas.

El impacto de la llegada de Roma supone un desarrollo de la tecnología pesquera. La aparición en el registro de especies de fondo y pelágicas o epipelágicas, es testimonio de la aparición de nuevas artes de pesca. Rastros, nasas y algún tipo de red que llegase al fondo, así como redes de tamaño medio, bien de arrastre o cerco, que se emplearían en la captura de especies pelágicas que forman amplios cardúmenes como la sardina o el jurel serían algunas de estas innovaciones técnicas. A su vez, las necesidades de los nuevos aparejos y el hecho de tener que salir cada vez más lejos de la costa, implicó probablemente el uso de embarcaciones más desarrolladas y de mayor tamaño (Vázquez y Rodríguez, 1999/2000). Estos avances tecnológicos permitían tanto la captación de nuevas especies como el aumento del volumen de capturas; en definitiva, un incremento de la pesca capaz de proveer a las factorías.

Vemos de este modo que las rías tenían una gran riqueza pesquera cuya explotación se desarrolló con la llegada de Roma. Pero la notable ausencia de escómbridos deja una pregunta en el aire, ¿Qué es lo que producían las Rías Baixas?, ¿Cuál era el pescado que se destinaba a la salazón? Hemos visto una amplia lista de especies susceptibles de ser aprovechadas por las factorías, pero el problema está en que aparecen en los concheros de diferentes yacimientos, es decir en basureros, y no podemos tratar su presencia como una evidencia directa de lo que se pescaba de cara a las factorías, sino simplemente como un indicador de los recursos potencialmente explotables. En muchos casos, los restos se recogen en concheros de castros que en principio no guardan relación directa con la pesca "industrial" destinada a la conservas, con lo que sólo sabemos que esas especies estaban en las rías y que eran capturadas, aunque se nos escapa si estaban destinadas al autoconsumo de las comunidades locales o por el contrario eran empleadas en las factorías de salazón. Además, otra cuestión es la del peso porcentual de la muestra de cada especie en el total de los restos del conchero, un problema todavía sin solución que a menudo sólo permite constatar la presencia de una especie y no su proporción en el total como desearíamos. De este modo es muy difícil saber cuáles eran las especies más abundantes en las aguas de las rías u observar cuáles fueron las predilectas, las más buscadas o capturadas.

Sin embargo, por encima de estos problemas, en un par de ocasiones sí podemos asegurar que determinadas especies piscícolas fueron utilizadas por las factorías de salazón. Estamos hablando de las pilas aparecidas en A Igrexiña de Nerga (Acuña, 1999) y en Adro Vello (Carro, 1991, 95), en donde se recogieron muestras de sardina y jurel. Esta información es muy valiosa pues puede ser el indicio de una producción especializada en este tipo de pescado, que sabemos fue muy abundante en las rías a lo largo de la historia. En época castrexa su pesca no está testimoniada, pero la llegada de Roma, con nuevos aparejos capaces de capturar grandes cantidades de especies pelágicas de carácter gregario como estas, propició su captura. De hecho, entre la composición ictiológica documentada en las Rías Baixas en época antigua, al margen de la problemática presencia de caballa, la sardina y el jurel fueron las únicas especies de carácter pelágico que formaban grandes cardúmenes; es decir eran las especies de mayor rentabilidad económica ya que podían ser capturadas de forma masiva sin demasiado esfuerzo. Sin duda, el análisis de los restos ictiológicos aparecidos en el fondo de las pilas de la factoría de Marqués de Valadares (Torres, 2003; Torres, 2005) arrojará nueva luz sobre esta cuestión.

En definitiva, ante la ausencia de escómbridos, la producción industrial de las factorías de las Rías Baixas tuvo que orientarse en otra dirección y todo indica que la pesca de la sardina y el jurel fue preponderante. Son especies que se pueden capturar en masa sin demasiada dificultad y que podrían sustentar un elevado rendimiento, capaz de generar un volumen de salazón que llegase al mercado. Además, su demanda queda constatada con la aparición de restos de sardina en el interior de ánforas situadas en varios pecios del mediterráneo occidental (Étienne y Mayet, 2002, 41). No se puede descartar tampoco que el congrio, la merluza o cualquier otra de las especies presentes en las rías fueran explotadas y comercializadas, aunque su rentabilidad debió de estar lejos de los beneficios que aportaban sardina y jurel.

En lo referente al marisco, entre las especies que pudieron ser explotadas de cara a la exportación, no cabe duda de que la ostra ocupa un lugar preponderante. Su presencia está bien testimoniada en aguas gallegas y Marcial (X,37) nos deja noticia de su especial calidad. J. M. Vázquez y C. Rodríguez (Vázquez y Rodríguez, 1999/2000, 356) indican la existencia de un comercio de exportación de ostras en fresco hacia el interior de Galicia, testimoniado entre otros lugares en la villa romana de Portas de Arcos, localizada tierra adentro en un punto que sólo podría ser aprovisionada desde las Rías Baixas. Otro molusco que debió de ser explotado con fines industriales fue la púrpura, de la que se extraía el preciado tinte y que como vimos está presente en las aguas de las rías. No podemos tampoco descartar que el resto de los mariscos fueran utilizados en la fabricación de salsas.

Si no parece haber dudas sobre la abundancia y la calidad de la pesca de las Rias Baixas, no podemos decir lo mismo de su sal. El segundo elemento necesario para la fabricación de salazones, sin el que sería impensable plantear la viabilidad de una factoría, no goza de buena reputación por esas latitudes. Hasta no hace demasiado era común hablar de un volumen restringido de producción de pescado en salazón causado por la escasez de sal del NO. Sin embargo, recientes hallazgos han puesto al descubierto un sorprendente complejo de producción de sal marina de época romana que nos permite cerrar el marco de materias primas necesario para la implantación de una factoría de salazón.

Básicamente, la sal se puede obtener de dos modos: bien por medio de la explotación directa de los depósitos de sal mineral (en estado cristalino o diluido), o por la desecación -natural o inducida- de aguas marinas. En el NO no se localizan depósitos de sal gema, así que sólo resta la explotación del agua salada del mar.

Uno de los motivos más socorridos para negar la existencia de una industria de salazón en el NO es el de la inexistencia de sal. Así lo hace A. Lomba (1987, 171), que explica la ausencia de grandes factorías por la falta de salinas; por su parte, R. Étienne y F. Mayet (2002, 16) cuando trazan la "geografía de la sal" de la península ibérica, dejan al NO sin vestigio alguno de salinas. Lo cierto es que no podemos imaginar en las Rías Baixas un gran centro productor de sal. El Océano Atlántico no es el lugar idóneo para esta actividad por causa de la baja temperatura de sus aguas y el considerable aporte de agua dulce que vierten los ríos, elementos que redundan en una menor salinidad de las aguas; además, está el factor climático, con escasos días de sol al año, lluvias frecuentes y vientos húmedos. Y así y todo, la documentación arqueológica reveló en los últimos años la existencia de salinas alimentadas con agua del mar que debieron producir cantidades suficientes de sal para aprovisionar a la industria de salado del pescado.

La primera prueba de que sí era factible la obtención de sal a partir del agua del mar la encontramos en época castrexa. En la orla costera del norte de Portugal, concretamente entre los ríos Cávado y Miño, han aparecido unos recipientes pétreos que han sido interpretados como pequeñas salinas móviles (Almeida, 1979; 2002). Se trata de placas de pizarra de no más de 1,5 m de largo, de escaso grosor y que se caracterizan por tener un ligero rebaje interno que funcionaría como depósito de decantación del agua marina. Estas salinas aparecen cerca del nivel del mar fuera de un contexto seguro, pero la identificación de ejemplares de la misma tipología en algunos niveles del Castro de San Lourenço (Esposende), reutilizadas como parte de la cubrición de las viviendas, permite adscribirlas a una cronología prerromana. También han sido datadas en época castrexa una serie de depósitos excavados en la roca que aparecen en la misma región, aunque su datación no deja de ser problemática. De cualquier modo, la capacidad productiva de esta tecnología a duras penas cubriría las necesidades de los poblados litorales.

Este panorama de precariedad y subsistencia iba a cambiar con la llegada de Roma, que supuso el mismo revulsivo a nivel productivo que observamos al analizar la pesca. Es en la mitad sur de la ría de Vigo donde recientes descubrimientos sacan a la luz la existencia de una amplia zona costera dedicada a la obtención de sal por medio de la decantación de aguas marinas en tanques construidos al efecto. En la ciudad de Vigo, en la zona de O Areal, varias intervenciones realizadas a partir de los años 90 desde la arqueología de urgencia, han sacado a la luz unas salinas de indudable adscripción romana y de un notable tamaño. En este lugar, hoy alejado del mar por los continuos rellenos y modificaciones de la línea de costa, las actuaciones en el Nº 5 de la calle Hospital (Acuña, 1995; 1996), en los Nº 13 (Prieto, 1997) y Nº 14 (Castro, 1999) de la calle Rosalía de Castro y en el Nº 14 de la calle Oporto (Rodríguez, 2003a; 2003b), han revelado una secuencia estratigráfica bien definida en la que se insertan las salinas romanas.

El nivel inferior está formado por una potente capa de arena, que se sabe estuvo cubierta por el mar y que sólo arroja restos de ánforas. Se trataría del sector intermareal de una antigua playa, un amplio puerto natural donde habría tenido lugar una fructífera actividad comercial. A. Acuña (1995; 1996) plantea dos momentos, dos oleadas de acción mercantil: la primera datada entre el s.II a.C. y el cambio de era, se corresponde con la presencia de ánforas vinarias y olearias de los tipos Lamb. 4, Dres. 2-4, Dres. 1 y Dres. 18. El segundo momento de comercio vendría marcado por la presencia casi absoluta de Halt. 70 y se situaría en el s.I d.C.

En un momento indeterminado situado entre los ss. I y II d.C., el nivel del mar experimenta un episodio regresivo, en el que la línea de costa retrocede y comienza a ser invadida por aportes sedimentarios de origen continental. El paisaje costero queda ahora formado por una barra de arena que recorre la costa formando un sistema dunar, tras la cual se encuentra una marisma nutrida por aportes marítimos y fluviales, que se situaría entre las actuales calles de Rosalía de Castro y García Barbón. Es sobre la zona dunar donde a partir del s. I d.C. se construyen las salinas. Estas consisten en una serie de tanques de decantación, de forma rectangular y de diferente tamaño, con una superficie bien alisada y preparada, y delimitados por unos pequeños muretes de piedras hincadas que apenas sobresalen unos 20cm. El piso de las salinas se formaba por un pavimento perfectamente nivelado compuesto por arcilla mezclada con gravas, muy endurecido, compacto e impermeable y en algunos casos por un enlosado. Los tanques se diferencian entre si por su diferente tamaño, que va de los 2 x 5 m. de Hospital Nº 5, a los 6 x 10 m. y 2,5 x 4,5 m. de Rosalía de Castro Nº 13 y 14. Se caracterizan además por estar situados a diferentes cotas de altitud y de forma estratégica, de modo que se facilitaba la entrada del agua del mar y la circulación interna entre los diferentes depósitos. Todas los tanques tienen una orientación semejante, NO/SE, que refleja la homogeneidad del conjunto. Otra característica de las salinas es que en su interior aparecen en algunas ocasiones unas pequeñas cubetas cuadradas de 60 x 60 o 80 x 80 cm., formadas por lajas, que se interpretaron como depósitos de decantación final.

Todo el conjunto de las salinas está recortado por riachuelos y canales como el que aparece en el extremo E de Oporto Nº 14, fuera del límite de las salinas, y encauzado por un conducto delimitado por grandes lajas. En dirección O, entre Rosalía de Castro Nº 13 y Hospital Nº 5, aparece otro cauce de características semejantes, también delimitado por grandes lajas de funcionalidad estructurante y que atraviesa las salinas transversalmente, dejando atrás las marismas para salir al mar.

F. Pérez (2002, 253) cifra en 12.000 m.^{2} la superficie total de las salinas, aunque la posterior intervención en la calle Oporto demuestra que el límite es ligeramente más occidental de lo que él suponía. De cualquier modo, la superficie es considerable y sólo puede responder a una explotación industrial destinada a abastecer de sal a las factorías de salazón (Torres, 2003; Torres, 2005).

El momento de abandono de la explotación de las salinas viene marcado por el tercer horizonte estratigráfico. Se trata de una necrópolis de amplio desarrollo cronológico que abarca desde tumbas de fosa datadas en torno al s. III, hasta enterramientos tardorromanos ya del s. VI. Es a partir del s. III cuando las salinas comienzan a ser abandonadas y cubiertas por la necrópolis coincidiendo con la continuación del proceso regresivo del nivel del mar que en su momento había posibilitado el establecimiento de las salinas, pero que ahora supone su fin. El nivel del mar sigue retrocediendo y la llegada de aportes continentales comienza a colmatar las salinas y la marisma a partir del s. III. Durante este siglo aparecen las tumbas en fosa en el sector más occidental de las salinas; más tarde, durante los ss. IV y V, la necrópolis se amplió, ya con el rito de inhumación. El abandono de las salinas no debió de ser un proceso sincrónico, comenzó por el O con las primeras tumbas de fosa durante el siglo tercero, y se fue expandiendo progresivamente en dirección E donde ya sólo encontramos sepulturas tardías. El que el abandono de las salinas se debiera a causas naturales que imposibilitaron su uso o a factores antrópicos de índole económica, es algo que se nos escapa.

Sin salir de la banda sur de la ría de Vigo encontramos los vestigios de una posible salina romana (Pérez, Vieito y Fernández, 2003). En la parte oriental de la Villa de Toralla han aparecido los restos del tanque de una salina tipológicamente muy semejantes a los que encontrábamos en la zona de O Areal de Vigo. Se trata de un pavimento arcilloso, perfectamente nivelado y delimitado por hileras de piedras hincadas. Todo apunta a que se trata de una salina, aunque nuevas prospecciones realizadas hacia el E no han detectado su continuidad. A nivel cronológico, ante la ausencia de materiales, el único indicador es la correspondencia con la datación de la villa la cual es ocupada en el s. III.

Es de destacar que muy cerca de la Villa de Toralla encontramos unas salinas de época moderna (Costas y Hidalgo, 1999). Son las salinas del río Lagares, datadas entre los ss. XVIII y XIX, pero que ya cuentan con referencias en el s. XIII. Esta explotación junto con la de Vilaboa, situada al fondo de la ría de Vigo, en el Val do Ulló, y de cronología semejante, es un buen ejemplo del modo en que pudieron haber funcionado las salinas romanas. Si bien la aproximación al modelo tecnológico todavía es muy arriesgada debido a los parcos restos de las salinas de O Areal, estos lugares sí que nos permiten conocer de un modo aproximado como debió de haber sido el paisaje sobre el que se asentó la explotación: una zona de marisma inundable por las mareas sobre la que se dispusieron los tanques de decantación.

En la cara norte de la ría de Vigo, en la playa de Barra, encontramos otras salinas, aunque de tipología diferente y cronología incierta[2]. En la desembocadura del arroyo de As Forcadas, a unos 70 m. del límite de la marea, aparece un pavimento formado a base de cantos rodados y arcilla, distribuido a modo de estanques de escasa profundidad divididos por lajas de piedra. Dada su situación muy cerca del yacimiento de A Igrexiña, en donde aparecen varias pilas de salazón, podríamos especular con una cronología romana, aunque la mención de unas salinas en Barra en un documento del s. XVII nos hace desconfiar.

Además de estas evidencias directas, también tenemos indicios de explotaciones que habrían tenido continuidad desde época romana hasta la Edad Media. La más segura de estas pistas es la que se refiere a la comarca de O Salnés, una península situada entre las rías de Arousa y Pontevedra, cuyo significativo topónimo podemos rastrear hasta el Parroquial Suevo del s. VI en donde aparece mencionada como *Salinense*. Esta precocidad del topónimo nos invita a pensar que no sería nada descabellado plantear la prolongación de una explotación romana en tiempo medieval. Más adelante, en los ss. IX y X, encontramos nuevas noticias sobre la existencia de salinas en varios lugares de la comarca, concretamente en la zona de A Lanzada y de O Grove; además, sabemos que en el s. XVIII estaban en funcionamiento.

En cualquier caso, si bien no siempre podemos asegurar su continuidad desde época romana, todas estas referencias sí nos permiten constatar la viabilidad de aprovechar el agua marina para la producción de sal en el NO. A tal efecto también serían útiles las referencias que encontramos en los documentos de salinas de los ss. XII y XIII situadas al norte de Galicia en la Mariña Lucense y en la ría de Betanzos. Lo mismo ocurre con la costa portuguesa situada al norte del Duero, en donde varios documentos mencionan salinas de los ss. X y XI. En este último caso, C. A. Almeida (1979, 398) sospecha que se trate de explotaciones de raíz romana.

Con todo, por más que las condiciones no fueran tan adversas como se tiende a pensar, no podemos pasar por alto la más que probable escasa productividad de estos complejos, ni las dificultades geográficas para la explotación de la sal que mencionábamos arriba. La falta de sal en Galicia y las dificultades para salar las grandes cantidades de pescado fueron un problema endémico durante la Edad Media que sólo se pudo solventar por medio de otros sistemas de conserva, pero sobre todo por el recurso a la importación. Se capturaba más pescado del que se podía poner en salazón y así, Galicia quedó irremisiblemente sujeta a la llegada de sal extranjera de la que dependía toda su producción pesquera (Ferreira, 1988, 158). Estas condiciones de baja rentabilidad de las salinas y de dificultad para salar el pescado que se documentan durante el medioevo debieron de ser muy semejantes a las de la antigüedad. En definitiva, las Rías Baixas contaban con capacidad suficiente para producir sal para conservar el abundante pescado de sus aguas aunque a costa de enormes esfuerzos y de bajos rendimientos y en unas condiciones que en más de una ocasión debieron de dejar pescado en los puertos sin poder ser salado.

2.- Catálogo de las localizaciones productoras de salazón en las Rías Baixas.

Encontramos otros estudios que abordan el estudio de los enclaves productores de salazón del NO en su conjunto en A. M. Lomba (1987), J. Naveiro (1991), J. Naveiro y F. Pérez (1992), C. Fernández y J. Martínez (1994), Beltrán (2000), L. Lagóstena (2001), R. Étienne y F. Mayet (2002) y A. M. Suárez (2003). A continuación haremos un recorrido de sur a norte por las Rías Baixas siguiendo los establecimientos productores de salazón de época romana. Cada uno de los yacimientos incorpora un número que lo identifica en el mapa adjunto (figura 1).

2.1.- O Cocho/Punta Borralleiro.

La instalación de una escollera en el extremo O de la playa de O Cocho motivó un cambio en la dinámica de las corrientes que provocó que la rompiente de la marea pusiera al descubierto unas estructuras que serían excavadas de urgencia en el año 1989 por J. M. Hidalgo y E. Rodríguez (1995). El yacimiento se encuentra en Punta Borralleiro, un pequeño cabo localizado al E de la playa antes nombrada. Se excavaron 100 m^2 que pusieron al descubierto unos restos constructivos pertenecientes a la cimentación de una estructura, apoyados sobre un rebaje de la roca realizado a tal efecto. Se trata de dos muros que se unen en ángulo recto, formando un esquinal reforzado con piedras de mayor tamaño y que delimitan el espacio interior, dividido en su lado O por otros muros que conforman diversos habitáculos. Fuera del espacio que delimita esta estructura aparece una especie de enlosado en el lado oeste; parte de un muro orientado en dirección E-O; y a unos 4 m del esquinal, en dirección NO, una roca más adentrada en el nivel actual del

[2] Fichas de Patrimonio do Museo Provincial de Pontevedra. "Cangas, O Hío, Praia de Barra".

mar que presenta unos rebajes y un muro que le dan una forma cuadrangular de superficie plana. El pavimento que forma el piso de esta última estructura, así como sus laterales, están revestidos de *Opus Signinum*, lo que llevó a identificarla como pila de salazón.

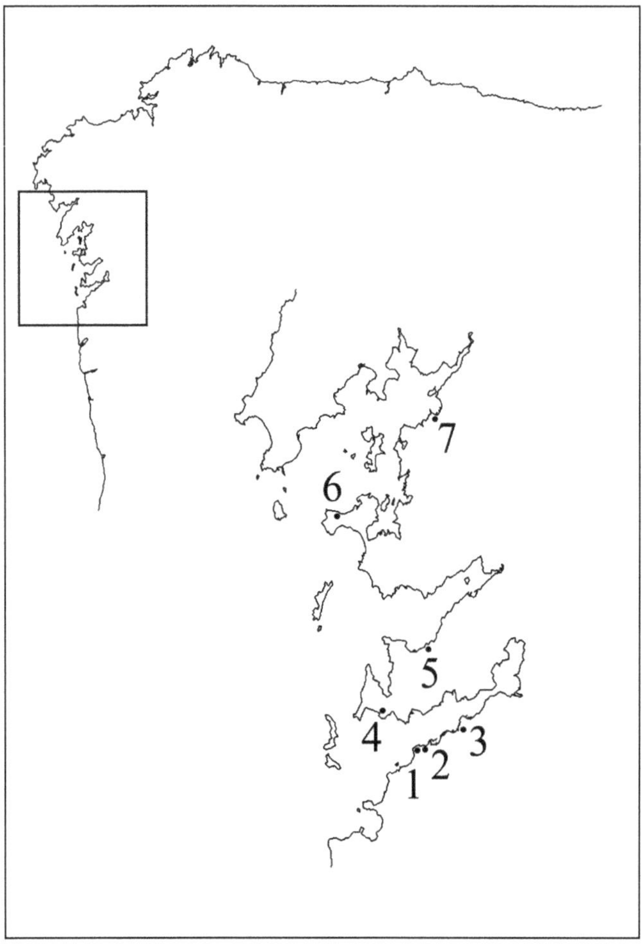

Figura 1.- Distribución de establecimientos productores de salazón de las Rías Baixas: 1- O Cocho/Punta Borralleiro; 2- O Fiunchal/Alcabre; 3- Marqués de Valadares/Vigo; 4- A Igrexiña/Nerga; 5- A Pescadoira/Bueu; 6- Adro Vello; 7- Vilagarcía de Arousa.

J. M. Hidalgo y E. Rodríguez (1995, 168) interpretan el yacimiento como parte de una villa con una pila de salazón, que datan en los ss. III-IV. Pero como se reconoce en el propio artículo, no existe una total seguridad. El área excavada es muy restringida y el material recogido escaso y poco significativo y aunque apunte a una datación tardía, parece ser que esta se sustenta también en lo que es habitual (sic) en las *villae* del área geográfica. Además, la identificación con una villa tampoco deja de ser problemática. Por todo esto, los datos de este yacimiento debemos recibirlos con precaución a la espera de un estudio más exhaustivo.

Es importante destacar que a escasos metros, en Punta do Muiño de Vento, se constata la existencia de un castro de cronología prerromana que alcanza el cambio de era. En ese momento el castro es abandonado y se forma un asentamiento romano en el entorno inmediato que probablemente se vincularía con este yacimiento[3].

2.2.- O Fiunchal/Alcabre.

En las proximidades de la punta conocida como O Fiunchal, en el extremo este de la playa de Carril, a sólo 500 m en dirección E del yacimiento de O Cocho, los sondeos previos a la instalación de un colector realizados en 1995 pusieron al descubierto los vestigios de lo que parece ser una factoría de salazón en la que se efectuó una intervención arqueológica a cargo de J. C. Castro (1992/1993).

Es muy difícil concretar demasiado acerca de este enclave porque el sector excavado es mínimo, tan solo una franja de 24 x 3 m., y no se conoce de forma completa la planta del edificio. Además, probablemente por la acción marina, el yacimiento aparece casi totalmente arrasado. Exactamente, aparecieron los restos de tres tanques de planta rectangular, de los cuales sólo uno fue excavado por completo; posee unas medidas de 1,6 m x 2,7 m., con un piso delimitado por un zócalo de sección semicircular que apenas levanta unos 6 cm. en alzado y que enlaza el pavimento con un enlucido existente en el muro. El pavimento, el zócalo y el enlucido están cubiertos con *opus signinum*. Bajo el pavimento, a modo de preparación, se suceden varias capas de gravas, piedras pequeñas y medianas, hasta llegar finalmente al sustrato de arena. Las pilas de salazón se disponen en batería cruzando de norte a sur el emplazamiento. Al lado de los tanques, aparece una estancia de 4,8 m. de ancho, delimitada por dos muros y formada por un piso de pequeñas gravas y tierra arenosa compactada. Todavía habría una tercera habitación, contigua a la anterior, con un pavimento semejante y un ancho de 2,9 m. Todos los muros discurren de norte a sur formando las tres estancias; el cierre transversal habría quedado fuera del área excavada. A unos 20 m. en dirección O, aparecen los restos de un muro que sigue la orientación de los anteriores y un piso que es el propio substrato de arcilla sometido a una nivelación.

Cronológicamente estamos ante un yacimiento construido *ex novo* sobre la misma playa y con un único momento de ocupación que corresponde a los ss. III-V. Esta adscripción cronológica fue realizada en base a los materiales aparecidos, de indudable atribución tardía. En nuestra opinión, dado lo reducido del área excavada, podría plantearse a nivel meramente hipotético la adscripción del yacimiento a una cronología más temprana, donde los materiales recogidos sólo serían muestra de la ocupación final. El predominio de dataciones altoimperiales en las factorías de las Rías Baixas sería un factor a tener en cuenta en este sentido.

Es de gran interés indicar que entre el edificio y el muro situado al O aparece una vaguada que estaría antiguamente ocupada por un arroyo, hoy colmatado. Esta fuente de agua dulce es uno de los elementos básicos para poder desenvol-

[3] Inventario de yacimientos arqueológicos de la provincia de Pontevedra: "Vigo. Castro de Punta do Muiño de Vento. GA 36057153". Ficha cubierta por V. Caramés.

ver normalmente los trabajos de salazón. Además, la proximidad a la playa sobre la que se asienta el yacimiento proporcionaba un puerto natural muy útil para el abastecimiento y comercio.

Castro Carrera interpreta el yacimiento como una instalación de salazón, con una batería de pilas de salar, dos estancias inmediatas y otra al O de la vaguada que funcionarían como lugares de trabajo en el proceso de elaboración de salazones. A este respecto no parece haber duda, el problema está en identificar el conjunto como parte de una villa o como factoría independiente. La aparición de restos romanos en el año 1896 en las proximidades de este enclave, precisamente durante la obras para la construcción de una fabrica de conservas, ha llevado a algunos autores a identificar un castro en el entorno inmediato de la factoría, aunque esta atribución parece no estar muy clara, pues podría más bien tratarse de una villa a la que se asocia un lugar de enterramiento (Carballo, Luaces y Toscano, 1998, 85).

Como dijimos, la parte excavada del edificio es muy reducida, pero parece guardar una cierta semejanza formal con la típica planta de una factoría, integrada por una batería de tanques de salazón situados alrededor de un área de trabajo. Este hecho, unido al gran tamaño de las pilas, parece inclinar la balanza interpretativa hacia la opción de la factoría, en cuyas proximidades existiría una villa o pequeño poblado.

2.3.- Marqués de Valadares/Vigo.

En la calle Marqués de Valadares de Vigo, en un solar situado a escasos 200 m. de las salinas romanas, los trabajos previos a la construcción de un edificio sacaron a la luz en el 2003 un importante conjunto arqueológico excavado entre ese año y el 2004 bajo la dirección de V. C. Torres (2003; 2005)[4].

En el nivel inferior del yacimiento aparece una factoría de planta rectangular de gran extensión, cuyos límites no quedan bien definidos por introducirse bajo los solares contiguos, que se dispone directamente sobre el sustrato, previamente rebajado y nivelado. En su interior aparecen 5 pilas de salazón de gran capacidad recubiertas de *opus signinum* y dispuestas en forma de L en torno a un patio interior. Además, uno de los esquinales de la factoría aparece cubierto por una edificación moderna, justo en el ángulo que forma la batería, dejando probablemente enterrada una sexta pila. El patio interior se forma por un pavimento de gravas que funcionaría como espacio de trabajo en el que aparecen varios huecos relacionados con la estructura del edificio.

Al sur de la factoría aparecen otras estructuras de interés. Se trata de varios elementos de captación y canalización de agua, así como de una mina, que servirían a la fábrica para los trabajos relacionados con el salado del pescado. Estratigráficamente, estas estructuras parecen guardar sincronía con la factoría, aunque el estado preliminar en que se encuentran los trabajos no permite realizar ninguna afirmación taxativa.

En la actualidad, el emplazamiento de la factoría se encuentra tierra adentro, pero durante el período en que estuvo en funcionamiento se localizaba probablemente al pie de la playa, que sabemos funcionó como puerto. Muy cerca, se levantaba O Castro, un importante poblado indígena del que hablaremos más adelante.

En lo referente a la cronología, el estudio de los materiales lleva a datar el período de funcionamiento de la factoría en los ss. I-II d.C., con un abandono situado en los ss. III-IV. En este último momento se construyen directamente sobre el enclave productor una serie de estructuras de difícil interpretación. Es importante destacar que esta datación situada en los ss. I-II, presenta una clara sincronía con el período de ocupación de las salinas de Vigo, que sin duda habrían funcionado como fuente de abastecimiento de la factoría.

2.4.- A Igrexiña/Nerga.

La primera noticia de la existencia de este yacimiento la da J. M. Massó en el año 1963, informando al Museo de Pontevedra de la existencia al pie de un castro de varios tanques de salazón, situados sobre un piso de rocas donde aparece un cemento de cal, conchas y cuarzo con arenas gravosas[5]. Unos años más tarde, F. Bouza, J. M. Álvarez y E. Massó (1971, 65), indicaban de que "en el verano de 1963 fueron descubiertos por J. M. Massó cuatro lagares de salazón dispuestos en bloque, fabricados con argamasa de tipo romano". Desde entonces, el yacimiento permaneció olvidado hasta que en los años 90 la escorrentía de la lluvia, desviada por las acciones resultantes de recientes intervenciones urbanísticas en el lugar, abrieron un cauce de 30 m. de largo por 1 m. de ancho que sacó a la luz las antiguas pilas encontradas por J. M. Massó. A raíz de este hecho se lleva a cabo una intervención de urgencia dirigida por A. Acuña (1999). El área que necesitó ser excavada fue de 20 m.^{2} y reveló dos estructuras formadas por tres muros de edificación sincrónica: se trata de un tanque de salazón y de una dependencia anexa de difícil interpretación.

El tanque muestra unas medidas de 2,9 x 2,4 m. y una altura de 1,15 m. Sus paredes son redondeadas, con un zócalo de sección convexa. Paredes y piso están cubiertos por una capa unos 6 cm. de *opus caementicium*, un mortero calizo, blanquecino y muy duro, mezclado con agua y grava. Un enlucido fino y blancuzco de mortero y arena fina, regulariza esta capa de *opus caementicium* con un esmerado alisado exterior. Estratigráficamente, el tanque está casi absolutamente arrasado por un pozo cónico de 1 m.^{2}, quizás practicado durante las intervenciones de los 60, en cuyo interior no aparece más que una mezcla de arena con tierra, restos de madera, cuerdas y plásticos. A nivel cronológico, las características constructivas llevan a los excavadores a datar el tanque en el s. I d.C. en base a paralelos tipológicos.

[4] Para una descripción más pormenorizada del yacimiento puede consultarse en este mismo volumen a Torres V. C.; Castro J. C.; Prieto S.: *La factoría romana de salazón del yacimiento de O Areal en Vigo.*

[5] Fichas de Patrimonio del Museo Provincial de Pontevedra: "Cangas, O Hío, Praia de Nerga".

Contiguo al tanque, compartiendo el mismo muro transversal y separada por un muro medianero, aparece una "estructura anexa" que se asienta directamente sobre el sustrato, donde apenas se pudo excavar un área de 1,4 m^2. Sus paredes carecen de cualquier tipo de *opus* y no hay ningún revestimiento. En el plano estratigráfico se aprecia una secuencia de uso, derrumbe y abandono: el nivel inferior muestra un suelo habitacional con restos alimentarios y cerámica de uso cotidiano, cubierto por el derrumbe del tejado y por una capa de basura entre la que aparece una moneda de la mitad del s. IV.

A. Acuña interpreta el yacimiento como un asentamiento castrexo que se transforma en factoría conservera a comienzos de era y que es abandonado hacia la segunda mitad del s. IV. El final de la ocupación queda bien datado y su cronología no plantea dudas; no así el momento de construcción de la factoría, que se sitúa en el s. I pero sólo en base a paralelos tipológicos. La mayoría del material es tardío, ss. III-IV, pero la exigua área excavada no permite hacer ninguna afirmación.

Otra cuestión es la de la situación de la factoría en el momento de su abandono definitivo en el s. IV. Se sabe que en la estructura anexa al tanque de salazón aparece una ocupación de marcado carácter habitacional. Podría haber ocurrido que la fábrica, con una "vivienda" en su interior, estuviera en funcionamiento hasta el último momento de vida activa del yacimiento. En nuestra opinión, parece más plausible que la factoría fuera abandonada algún tiempo antes, cuando una vez obsoleta por las causas que fuere, se transforma en una vivienda. Cabe incluso la opción de creer que la estructura anexa no es si no un tanque reutilizado a modo de vivienda, algo semejante a lo que ocurre en A Pescadoira de Bueu. El hecho de que el esquinal conservado de esta estructura tenga forma redondeada parece apuntar en este sentido aunque la escasa superficie excavada no permite aventurar mucho más. En contra de esta hipótesis juega la ausencia de revestimiento en las paredes y la falta de impermeabilidad del espacio. Una excavación más extensa vendrá a resolver estas dudas.

La factoría se encuentra al pie de un castro de cronología imprecisa, justo en el extremo E de una ensenada que dibuja una amplia y cómoda rada donde sería fácil el fondeo y el desembarque. Además, Massó informa de los restos de un muelle romano en la zona cuyo rastreo llevado a cabo en unas prospecciones en el año 1982 (De La Peña, 1984, 208) no consiguió más que recoger algunas *poutadas* que certifican la pesca antigua y varios fragmentos de cerámica muy rodada, debido a que la zona había quedado muy alterada a causa de una cantera. Por otro lado, en la contigua playa de Barra aparecen unas salinas de las que ya hemos hablado, que aportarían la sal necesaria en el proceso de conserva del pescado. La presencia de agua dulce quedaba bien cubierta por dos arroyos cercanos, el de Nerga y el de As Forcadas.

El análisis de este yacimiento merece un último apunte dado el desconcierto creado a su alrededor por algunas publicaciones que lo refieren incorrectamente. A. Lomba (1987, 172) lo situó en la playa de Barra (parroquia de O Hío), sólo separada unos pocos metros de la de Nerga, un ínfimo error que sin embargo llevó a la aparición de una factoría "fantasma", o más bien, a la duplicación de una ya existente. En su estudio, C. Fernández y J. Martínez (1994, 117), con la semilla de la confusión ya sembrada, se refieren por un lado al yacimiento de A Igrexiña de Nerga, publicado por A. De La Peña, y por otro, como un yacimiento diferente, al de Barra-Hío, descubierto en el 63 por J. M. Massó. El origen del error está en A. Lomba, que al hablar del yacimiento de Barra (O Hío) creaba una discordancia con los autores que se referían correctamente al de A Igrexiña de Nerga. De este modo, aparecían dos yacimientos diferentes que realmente son uno mismo: el de A Igrexiña sería uno y se sitúa en la playa de Nerga; el otro es el de Barra, que es totalmente irreal. Ante la ausencia de referencias de ningún resto romano en este último lugar, C. Fernández y J. Martínez lo localizaron en la villa romana de Pipín, que también se encuentra en la parroquia de O Hío, pero no en la ría de Vigo si no en la de Aldán. Lógicamente, expresan sus dudas sobre la existencia de una factoría en este lugar ya que en la villa de Pipín no hay ningún resto de una factoría de salazón (Fariña, De La Peña y Sierra, 1999, 177). A partir de aquí, L. Lagóstena (2001, 40) y R. Étienne y F. Mayet (2002, 70) diferencian, la factoría de A Igrexiña de Nerga, de la factoría de la Barra de O Hío, que como dijimos, ni existe, ni mucho menos tiene nada que ver con la villa de Pipín.

2.5.- A Pescadoira/Bueu.

En la banda sur de la ría de Pontevedra, en el extremo oriental de la ensenada de Bueu, la acción urbanística sobre los solares Nº 4, 6, 7, 8, 10 y 12 de la Avenida Montero Ríos en el barrio de A Pescadoira sacó a la luz una importante área industrial de época romana. Las intervenciones llevadas a cabo por F. Díaz (2000a; 2000b; 2000c), A. Carreira (2000) y A. Parga (2001) han dado como resultado la aparición de un conjunto fabril de gran homogeneidad formado por una factoría de salazón, un horno de ánforas, un taller de cerámica común dotado de un horno y una serie de estructuras de funcionalidad menos clara que parece actuaron como dependencias secundarias. No cabe duda del gran interés que supone un estudio de conjunto de este enclave. A la espera de la aparición de una investigación definitiva, nosotros haremos un somero análisis del yacimiento centrándonos en lo referente a la producción de salazones y ánforas.

La factoría de salazón aparece en el sector NE del solar Nº 7 y se introduce parcialmente bajo la carretera, por lo que no fue excavada en su totalidad. Se forma por una batería en forma de L de 6 pilas que configuran un patio interno, aunque el número podría ser mayor pues están cortadas por la carretera en los dos extremos de la factoría. Cada pila mide en torno a 3,25 x 2,75 m., con una altura conservada de al menos 1 m. que en todo caso sería superior. Su interior estaba cubierto por algún tipo de recubrimiento, probablemente *opus signinum*. Las pilas dan forma a un patio interior que funcionaría como espacio de trabajo, en donde aparece una pieza de molino posiblemente empleada en la fabricación de harina de pescado.

El edificio cuenta además en su cara S con una serie de estructuras relacionadas con el trabajo de elaboración del pescado que se identifican como almacenes, sala de prensado y patio. En su interior aparece un hogar de planta circular de función desconocida y tres piezas de molino de probable mismo uso que la aparecida en la sala central. La edificación es un anexo de la factoría que se añade en un momento posterior a su construcción pero que pertenece a la misma fase de uso.

El conjunto es de nueva planta y según F. Díaz se funda en el s. I d.C. y permanece en uso durante el s. II. Más tarde, la fábrica es abandonada en torno al s. III durante un período indeterminado y luego reutilizada con una finalidad diferente ya en el s. IV. Durante esta etapa final de uso, las diferentes pilas de salazón son reacondicionadas y utilizadas como espacios de almacenamiento, lugar de trabajo del metal, como basureros y como hábitat. Esta reutilización se aprecia en el arrasamiento intencionado de los muros de la factoría, en la edificación de otros nuevos y en la construcción de un hogar justo sobre la capa de arena que marca el lapsus de abandono. Esta segunda fase de ocupación es inmediatamente anterior al abandono definitivo que se efectúa en el final del s. IV. En general, todo el asentamiento de A Pescadoira muestra un claro retroceso a partir del s. III, con el abandono de espacios, actividades y un marcado empobrecimiento arquitectónico.

Aún en el solar Nº 7, al S del conjunto que forma la fábrica de salazón, aparece un horno de ánforas construido sobre el sustrato granítico aprovechando el arranque de la pendiente. Tiene una cámara de combustión de planta circular irregular de unos 4 $m.^2$ y conserva una altura de 1 m. En el centro aparece el hogar, de planta ovalada y construido con un anillo de argamasa y restos de ánfora y relleno de fragmentos de ladrillo. La solera no se preservó, pero entre los cascotes se recogieron sus restos. Circundando al horno aparecen 13 huecos de poste que funcionarían como soporte de la cubierta.

El interior del horno está relleno por dos niveles de escombro correspondientes a momentos diferentes de uso y por un cenizal. Ambas fases son contemporáneas al período de funcionamiento de la factoría: en la primera estaría activo el hogar antes descrito, que más tarde es sustituido por uno de mayor tamaño construido con grandes bloques de granito que se apoya directamente sobre el anterior. De entre los escombros de los dos momentos de uso del horno se recuperaron abundantes fragmentos de ánforas de tipología Dres. 14, Alm. 50 y Alm. 51C. El primer tipo anfórico se correspondería con la primera fase de funcionamiento del horno. Luego, alrededor al siglo tercero, sobre el primer hogar se construye uno de mayor tamaño en el que se producirían Alm. 50 y 51C.

Además de este horno, existe información sobre otro situado a escasos metros del barrio de A Pescadoira, también en la ensenada de Bueu, en el lugar de A Capela (Díaz y Vázquez, 1988). En esta ocasión los datos no proceden de una intervención arqueológica, si no de un hallazgo casual en el que se descubrieron los escombros de un antiguo horno entre los que se recuperaron fragmentos de Alm. 50 y Dres. 30. Es interesante llamar la atención sobre el hecho de que en la factoría de A Igrexiña se recuperó un fragmento de Alm. 50 caracterizado con la misma peculiaridad tipológica de carácter local que se aprecia entre los restos de este horno de A Capela. Esta constatación viene a probar la existencia de relaciones entre ambos yacimientos.

Otro punto de interés en A Pescadoira dejando a un lado el solar Nº 7, es el solar Nº4 (Parga, 2001). Estamos a unos pocos metros al norte de la factoría de salazón, en un lugar más próximo al mar. En el nivel inferior de este yacimiento aparece una serie de muros de factura similar a los de la factoría y que presentan su misma orientación; perpendicular a uno de estos muros se aprecian los restos de una batería de tres tanques de salazón. La interpretación de esta estructura es verdaderamente complicada ya que sus vestigios están casi del todo arrasados. Se conservó poco más que una impronta de tierra quemada, probablemente *opus signinum*, que presentaba una planta que daba forma a tres cuadrados de aproximadamente un metro de lado, con las esquinas redondeadas. A nivel cronológico, aparecen en un nivel altoimperial, funcionando de forma sincrónica a la factoría del solar Nº 7. Su abandono está en relación con la construcción de una serie de estructuras tardías que destruyeron las pilas, sobre las que se disponen varios agujeros de poste. En definitiva, una cronología coincidente con la de la factoría.

Una cuestión que queda en el aire es la interpretación funcional de estas posibles pilas de salazón. En principio no parece haber duda de que están en el mismo contexto cronológico que la factoría y en un edificio que muestra una más que probable relación con ella. La pregunta está en que papel pudieron haber jugado estas tres pilas: aisladas, de escasa capacidad y de pobre factura.

Visto en conjunto, el enclave se encuentra en Punta Pescadoira, en el extremo oriental de una amplia playa que bien pudo haber funcionado como puerto. Cercano transcurre el arroyo de Mondelo y aún hoy se ve una mina de agua adyacente al recinto excavado. El yacimiento aparece próximo al castro de A Cividá, en torno a 1,5 km. en línea recta. Es notable el hecho de que de todas las factorías de las Rías Baixas, esta es la única que aparentemente no cuenta con vestigios de salinas en sus cercanías; identificar su posible emplazamiento es una tarea pendiente, a no ser que nos planteemos el aprovisionamiento por vía marítima de la sal. Como hipótesis, podríamos pensar en la explotación de salinas en la zona de marisma situada en la playa de Bueu, hoy ocupada por el centro urbano, y que sólo dista 1 km. de Punta Pescadoira. Por último, no podemos ignorar el hecho de que este conjunto se encuentra justo bajo una fábrica de salazón del s. XIX.

2.6.- Adro Vello.

En San Vicenzo do Grove nos encontramos ante un interesante conjunto arqueológico formado por una *villa* romana a la que se superponen una necrópolis medieval y moderna, una iglesia visigótica y un conjunto defensivo bajomedieval. En un nivel inferior a la *villa*, aparece una batería de tres tanques de salazón datados en un momento anterior al s.III.

En el año 1987, durante la séptima campaña de excavación de este yacimiento (Carro, 1989), apareció en el extremo SO de la *villa*, en un lugar donde se encontraron varios muros que delimitaban espacios habitacionales, una estructura en pozo rellena de escombros. La mayor parte se encontraba bajo la carretera que pasa por encima del yacimiento, por lo que fue muy difícil su excavación. Al año siguiente, en la campaña del año 1988 (Carro, 1991), una de las actuaciones previstas fue la intervención en la zona donde había aparecido el pozo cuadrilátero. Tras su excavación se constató que presentaba paredes de mampostería de unos 30 cm. de espesor, esquinas redondeadas y un revestimiento interior a base de cal y pequeños fragmentos de piedra (principalmente cuarzo) y teja o ladrillo. Sus medidas son de 1,50 x 1,50 x 1,50 m. Existen además evidencias de que el *opus signinum* del recubrimiento tenía continuidad en el piso donde se encontró la pila. En dirección NO, aparecieron dos pilas más de dimensiones y características idénticas a la anterior, dispuestas en línea a modo de batería, pero que no pudieron ser vaciadas debido a la dificultad que presentaba el perfil. Afortunadamente, la primera pila sí pudo ser excavada revelando una gran cantidad de cascote y basura, y en el fondo, una capa de unos 20 cm. de espesor que contenía restos de espinas y escamas de sardina y jurel.

A nivel cronológico no hay ningún elemento que permita datar las pilas directamente, pero sí hay un referente *ante quem* que no deja lugar a contradicciones. La *villa* está datada en los ss. III-IV y puesto que uno de sus muros asienta parte de su cimentación en la mitad de una de las pilas, no queda otra opción que datar la batería de tanques de salazón en un espacio de tiempo indeterminado siempre anterior al s.III. Además, visto el panorama predominante en las dataciones de las factorías de las Rías Baixas podríamos especular con una fundación del s. I d.C.

En lo que se refiere a la localización del yacimiento, este se encuentra como todos los demás, al pie de una playa que funciona a modo de puerto y curiosamente también en las inmediaciones de una moderna fábrica de conservas. Sobre el abastecimiento de sal no parece haber demasiados problemas dada la abundancia de referencias a salinas medievales en la zona, posiblemente continuidad de una explotación de época romana. A muy pocos metros, aparece un castro: el Castro de Carreiro o O Castriño.

2.7.- Vilagarcía de Arousa.

Para la factoría de Vilagarcía de Arousa contamos con multitud de referencias escritas pero ninguna prueba material. Aun así, la existencia de un enclave productor de salazones situado bajo el actual puerto es bastante fiable por el testimonio de varios autores que dan constancia de haber examinado visualmente sus restos.

La primera noticia la da J. Núñez en la revista Nós en el año 1921 (Núñez, 1921, 18), donde habla de unos recintos con un pavimento cubierto por un cemento compuesto por cal y fragmentos de cuarzo, en cuyo interior aparecen restos de pescado. Para el, serían depósitos dedicados a la conserva de pescado en salazón dependientes del castro de San Cristobo de Alobre. En 1947, F. Maciñeira (1947, 227) se hace eco del descubrimiento e informa de que al pie del castro de Alobre aparecieron hace años pilas para la salazón de pescados fabricadas con mortero de cuarzo, semejantes a los de la pesquería de Espasante. En 1952, basándose en este autor, M. Vázquez (1952, 114) repite la información pero datando su hallazgo en el 1938. En este testimonio hay un error que puede dar lugar a confusiones e incluso a creer en la existencia de dos yacimientos diferentes. Las pilas de salazón no aparecen en 1938, si no 17 años antes. La confusión, se origina cuando Maciñeira dice que la información se la proporciona F. Bouza en el año 1938; luego, M. Vázquez confunde los términos y pone como momento del descubrimiento el año 1938. Realmente hay un único hallazgo efectuado en 1921.

Más tarde, en 1957, F. Bouza (1957, 79), el punto de origen de la información, pone por escrito su descubrimiento y cuenta lo visto durante las obras del puerto de Vilagarcía. "Se trata de varios pilos (dos completos al menos) para salar pescado, rectangulares, cuyo revestimiento interno es de un mortero formado con cuarzo machacado a tamaño como de nueces, recubierto de un enlucido blanco formado de los mismos restos del cuarzo reducido a polvo, formando hormigón hidráulico [...]. Estos pilos, de conocida forma romana, estaban emplazados a la orilla del mar; casi pegados al castro [...]. El desmonte de las obras del puerto deshizo este viejo establecimiento industrial [...]".

El yacimiento parece no diferir en gran medida del de A Igrexiña de Nerga, una batería de tanques de salazón recubiertos de *opus signinum*, que se localizan al pie de un castro y justo en la típica situación espacial de las factorías en una playa que facilita la comunicación; el abastecimiento de agua dulce vendría aportado por el regato de O Con. Este hecho nos permite pensar que nos encontramos ante una factoría de época romana, pero sobre su cronología no podemos aportar ningún apunte más por causa de la escueta información que los autores nos dan del enclave. C. Fernández y J. Martínez (1994, 118) añaden que no es improbable la existencia de dos momentos en su construcción/utilización: uno, en época prerromana, cuyo origen estaría en un momento indeterminado, y otro ya en tiempos de Roma cuyo período final se sitúa en el s. IV. Esta referencia a dos fases no tiene base alguna que pudiéramos rastrear, más que su cercanía a un castro, lo que no tiene por que tener ningún valor cronológico. Dado que los tanques de salazón quedaron destruidos por los trabajos en el puerto y que no contamos con ningún registro exhaustivo, tendremos que conformarnos con constatar la existencia de este enclave romano sin poder otorgarle una cronología más precisa.

2.8.- Enclaves dudosos.

En este epígrafe recogemos algunos yacimientos referidos por varios autores, cuya existencia es más que dudosa.

En primer lugar están las referencias a Vilar. La existencia de esta factoría es casi mítica, todos los autores la mencionan aunque no existe ninguna referencia clara que hable de su emplazamiento, cronología, materiales o estructuras. J. Filgueira y A. García (1954/1956, 187) citando a G. Álvarez (1936, 887) hablan de "restos romanos muy avanzados y un establecimiento de salazón". Lo que indicaba G. Álvarez en 1936 es que en "Vilar se encontraron restos romanos de época muy avanzada y visigóticos y por algunas edificaciones descubiertas, dedujeron que tenía existido allí un establecimiento de salazón, probable precedente de los actuales". Pero esta es una información muy confusa, en primer lugar porque no concreta donde se encuentra "O Vilar" y sobre todo porque cita como origen de su información las excavaciones realizadas por Margelina, González Paz y Filgueira Valverde. Lo extraño está en que Filgueira Valverde no se cite a si mismo como descubridor de los restos y que en cambio cite a G. Álvarez, que sin embargo lo toma a él como fuente. Pero lo más extraño está en el emplazamiento que J. Filgueira y A García le otorgan al yacimiento: Matamá, Vigo. Esta ubicación en una parroquia situada en el interior de Vigo, a más 3 Km. de la costa, invalida toda interpretación que apunte hacia una factoría de salazón. En el actual estado de conocimiento sobre este yacimiento no podemos más que negar su existencia, por lo menos como enclave productor de salazón de pescado.

Las villas romanas de Panxón (Nigrán, ría de Vigo), Nasos (Illa de Arousa, ría de Arousa) y Pipín (Cangas, ría de Aldán) han sido identificadas por A. Lomba (1987, 171) como puntos productores de salazón de pescado. A raíz de estas informaciones otros autores han recogido la posible existencia de pilas de salazón en estos lugares. Sin embargo, si atendemos al actual estado de la investigación arqueológica, sólo podemos negar la existencia de tales enclaves productores. Probablemente se trate de establecimientos dotados de un fuerte vínculo con el mar y su explotación, pero eso no tiene por que significar que fueran directamente productores de salazón.

3.- La salazón en las Rías Baixas. Una visión de conjunto.

Es lugar común en la mayoría de los autores que han abordado el estudio de la salazón romana en el NO hablar de una producción de carácter local, destinada al autoconsumo, de volumen restringido, desvinculada de producciones anfóricas locales y situada en un momento tardío. Sin duda, las últimas intervenciones arqueológicas y una relectura de las existentes vienen a desmentir esta posición que parece heredera de una vieja visión que tiende a ver en el NO un lugar apartado, poco romanizado y alejado de toda influencia externa. El elevado número de factorías de cronología altoimperial situadas en las Rías Baixas, la potencialidad productiva del entorno y el alto número de pilas de salazón y su gran capacidad, son las pruebas que ponen en juego una nueva interpretación acerca de esta área geográfica. Lejos de la penuria económica que ciertas visiones postulan, las Rías Baixas cumplían las condiciones necesarias para convertirse en un notable centro productor de salazones y así fue como ocurrió.

El estudio conjunto de los enclaves productores de salazón de las Rías Baixas viene a confirmar en primer lugar los apuntes que A. Lomba (1987, 167) daba acerca del emplazamiento ideal de una factoría: proximidad de un río o curso de agua dulce, existencia de salinas y posibilidades portuarias del lugar. Requisitos que como vimos cumplen la mayoría de los yacimientos analizados.

Especialmente llamativo es el modelo de ocupación del espacio, idéntico en todos los casos: disposición de la factoría en el extremo de una playa, principalmente sobre un pequeño cabo o saliente que forma un promontorio. Esta elección estratégica, que garantizaba la comunicación y proporcionaba un punto resguardado, es fácilmente observable en todos los yacimientos a excepción del de Marqués de Valadares, en donde las desproporcionadas modificaciones de la línea de costa nos impiden acercarnos al antiguo paisaje, aunque todo parece indicar que se encontraba al pie de una playa. Este tipo de emplazamiento que aprovecha lugares resguardados, que se sirve de ensenadas naturales a modo de fondeadero y que cuenta con playas que funcionan como varadero también fue escogido por los "castros costeros" y por las *villae a mare* (Naveiro y Pérez, 1992, 64). No es tampoco un mera anécdota recordar que las fábricas de conserva de los ss. XVIII-XIX optaron por este tipo de emplazamiento para ser edificadas, en algún caso sentando sus cimientos sobre las factorías romanas como ocurre en A Pescadoira.

Otra constatación de interés referente a la ocupación del espacio que se extrae tras el análisis de los distintos yacimientos es su vinculación con poblados indígenas, hecho que ya venían indicando algunos autores (Fernández y Martínez, 1994, 126). Desgraciadamente, estos castros no siempre están debidamente estudiados y datados por lo que no se puede aportar una cronología segura en todos los casos, ni plantear con absoluta certeza una relación directa con las factorías. Sabemos que O Cocho está a sólo unos cuantos metros del castro de Punta do Muiño; Marqués de Valadares está al pie de O Castro de Vigo; A Igrexiña de Nerga está al lado del castro homónimo; A Pescadoira de Bueu no dista más de 1,5 km. del castro de A Cividá; Adro Vello está adyacente al castro de Carreiro y el enclave situado en Vilagarcía parece ser que estaba casi pegado al castro de Alobre.

A nivel cronológico hay un predominio de dataciones altoimperiales: las dos factorías de mayor tamaño y mejor excavadas -A Pescadoira y Marqués de Valadares- dan dataciones inequívocas de los ss. I-II; Adro Vello está en funcionamiento antes del s. III; A Igrexiña de Nerga comienza a funcionar en torno al s. I. La excepción la encontramos en O Cocho, cuya datación tardía no está suficientemente argumentada, y en O Fiunchal, con una cronología que comprende los ss. III-IV, aunque en este enclave quizás podamos pensar en un período de funcionamiento anterior. Respecto al yacimiento de Vilagarcía no tenemos ninguna referencia cronológica.

Se puede hablar de una cierta homogeneidad temporal que también detectamos al analizar el momento de abandono, fechado a lo largo del s. III. El fin de la actividad de la factoría de A Pescadoira está datado entre los ss. III-IV, cuando pasa a ser reutilizada con una finalidad diferente, al tiempo que su entorno fabril da muestras de una clara decadencia; en Marqués de Valadares el abandono se fecha en el s. III, momento en que las salinas también dejan de funcionar; Adro Vello ya no estaría operativo de ningún modo durante el s. III; en cuanto a A Igrexiña, es muy probable que también perdiera su carácter industrial y fuera reutilizada con otro sentido en este momento. La caída de la producción de salazón en las Rías Baixas durante la tercera centuria parece indudable.

En cuanto a la capacidad de las factorías, un cálculo provisional y aproximado para el conjunto de los enclaves estudiados muestra un total de 230 m.[3], un volumen más que considerable. En cualquier caso, estos datos no pueden ser asumidos de forma acrítica: en primer lugar porque son el resultado de una visión diacrónica que toma todas las factorías en conjunto pasando por alto posibles diferentes ritmos de uso entre ellas, -si bien todo parece indicar que funcionaron simultáneamente en época altoimperial-; en algún caso, debido a que las pilas estaban arrasadas y sólo se conservaba la planta, el cálculo se basa en una extrapolación de la altura; además, para las factorías de Vilagarcía y O Cocho no tenemos datos del tamaño de las pilas por lo que no las incluimos en el cálculo y por último, el hecho de que muchas factorías estén parcialmente excavadas permite pensar que el número de pilas sea mayor, tal y como ocurre en A Pescadoira, en Marqués de Valadares o en O Fiunchal.

Varios autores (Lomba, 1987, 171; Fernández y Martínez, 1994, 126; Lagóstena, 2001, 228) han apuntado para el NO una vinculación de la producción de salazones con las villas marítimas; de esta teoría derivó el planteamiento de una producción tardía y relacionada con el autoabastecimiento. Ahora sabemos que es más probable que las factorías se instalaran en relación a castros, en época altoimperial y orientadas hacia una alta producción enfocada cara el comercio.

Como conclusión de todo lo expuesto, vemos como en las Rías Baixas desde el siglo primero se forma un importante núcleo productivo. El marco de las rías era ideal: la explotación de la sal era viable sobre las abundantes zonas de marisma y sus aguas eran prósperas en todo tipo de pescados y mariscos. Por más que la captura de escómbridos no fuera posible, otras especies como la sardina y el jurel debieron centrar la producción, sin hablar de la multitud de pescados que pudieron ser empleados en salazones y salsas como el congrio, la merluza o la dorada entre otros muchos.

El conjunto de los enclaves productores muestra una gran homogeneidad, tanto en la ocupación del espacio como del tiempo. Las factorías se disponen de una forma más o menos regular por toda la costa, escogiendo como lugar de emplazamiento pequeños salientes o cabos situados en el borde de una playa; cerca, siempre aparece algún curso de agua dulce y sobre todo una zona de marisma donde poder construir unas salinas. Además, la presencia en las cercanías de un poblado indígena que aportaría la mano de obra necesaria en el proceso industrial es una constate que se repite en todos los puntos analizados, aunque por ahora esta afirmación hay que tomarla con ciertas reservas. En cuanto a la fecha de llegada de las factorías, esta se produce en algún momento del s. I d.C., mostrando una ocupación continuada durante el s. II para finalmente desaparecer irremisiblemente entre los ss. III-IV.

A la vista de estos datos, podemos plantear una serie de hipótesis que nos acerquen a un modelo explicativo del establecimiento de las factorías de salazón en las Rías Baixas y de su organización:

- El origen de las factorías de las Rías Baixas estaría en la expansión de la industria conservera por la orla atlántica durante la primera centuria al amparo de la buena coyuntura de ese siglo para esta actividad. La localización de importantes centros productores en los estuarios del Sado y del Tajo que se ponen en funcionamiento en torno al s. I d.C. (Lagóstena, 2001, 245), es la plasmación meridional de lo que estaba ocurriendo en las Rías Baixas en el mismo momento.

Por medio de un sumario análisis geográfico vemos como una vez dejada atrás la desembocadura del Tajo, el primer lugar que cumplía unas buenas condiciones para establecer las factorías era el de las Rías Baixas: su navegabilidad, la disponibilidad portuaria, la protección y resguardo que aportaban, la abundancia de la pesca... Sin duda, los agentes -quienes fueran- encargados de propagar la industria de salazón por el atlántico, encontraron en esta región un marco ideal para establecerse.

- El modelo de organización de las factorías se adaptó a la realidad preexistente. Las Rías Baixas carecían de una organización urbana sobre la que fundamentar la industria, sí presente en ámbitos meridionales. Su modelo de ocupación se caracterizaba por su dispersión lo que no respondía al sistema habitual de establecimiento de las factorías, concentradas en torno a una ciudad o núcleo secundario (Lagóstena, 2001, 260). Así pues, el sistema existente fue aprovechado y los enclaves productores de salazón se dispusieron a lo largo de la costa en relación directa con pequeños poblados indígenas, que serían inicialmente el elemento que articulaba el espacio.

Pero aunque las Rías Baixas carecieran de un ámbito urbano director y las factorías se distribuyeran de forma dispersa y aparentemente anárquica, pronto apareció un núcleo secundario de carácter portuario relacionado con O Castro de Vigo que pasaría a ejercer el papel de elemento aglutinante y organizador de la industria. El poblado prerromano se caracterizaba por su posición destacada en el espacio, una configuración protourbana y un desarrollo que lo habría llevado a desempeñar la función de capital comarcal a nivel político y socioeconómico. Alcanza su máximo esplendor en el s. I d.C., coincidiendo con la llegada de las factorías; ahora comienza el progresivo abandono del poblado y la formación de un núcleo romano junto al mar. Aunque hay un silencio notable de las fuentes escritas en relación a este núcleo secundario, hoy se cree que podría corresponderse con *Vicus Elanei*, desechándose por completo la tradicional identificación con *Vicus Spacorum* (Pérez, 2002, 265).

L. Lagóstena (2001, 41) relaciona la actividad productiva de las Rías Baixas con el centro portuario romano de Vigo y F. Pérez (2002, 264) incide en la vocación comercial y productiva de lo que sería un centro de almacenamiento y distribución e incluso un puerto de comercio. Lo cierto es que desde el s. II a.C. el castro de Vigo era testigo de una prospera actividad comercial detectada en el margen litoral. La llegada de Roma debió de haber afectado al antiguo núcleo de población, que entre los ss. I-II d.C. se convierte en un centro romano de nueva planta que funcionaría como órgano rector de la industria conservera de las Rías Baixas.

El modelo consistiría pues en una serie de enclaves esparcidos por el litoral en estrecho vínculo con los poblados indígenas que estarían regidos por el núcleo secundario de Vigo, que sin llegar a poseer unas características propiamente urbanas, sí habría actuado como centro organizador, redistribuidor y probablemente fiscalizador de la producción. Queda todavía sin zanjar la cuestión del papel que podría haber jugado el importante centro industrial de Bueu, cuya especial relevancia productiva y probablemente portuaria nos invita a pensar en una funcionalidad destacada que es preciso aclarar.

- El impacto sobre las comunidades indígenas debió ser crítico; por más que esta fuera una zona abierta a toda influencia comercial y acostumbrada a la presencia de forasteros, la llegada de la salazón superaba todo lo anterior. El cambio tecnológico en la pesca y en la producción de sal ya vimos que fue absoluto; a su vez, las relaciones sociales y el sistema de trabajo también debieron de quedar profundamente tocados, ya que la mano de obra encargada de obtener la sal y el pescado probablemente habría sido eminentemente indígena.

Por otra parte, el modelo de ocupación del territorio también pudo haberse visto afectado. Como vimos, las factorías se establecieron en relación a poblados indígenas, aunque a este respecto es justo decir que nos movemos dentro de la especulación ya que cercanía no es sinónimo de relación y todavía faltan referencias cronológicas claras; en un segundo momento, bajo el influjo de roma, los castros serían abandonados y sustituidos por poblados de nueva planta. Lo comprobamos en el castro de Punta do Muiño, relacionado con las factorías de O Cocho y O Fiunchal, que se abandona en el cambio de era y es sustituido por un poblado romano situado a su lado. El problema es que estos dos enclaves relacionados con el castro no tienen una datación claramente altoimperial. En O Castro de Vigo, ocupado desde el s. II a.C., el momento de máximo desarrollo se produce en el s. I d.C. para luego ser abandonado al tiempo que se construye un establecimiento romano al borde del mar. En el resto de los castros relacionados con factorías no tenemos datos suficientes, pero quizás se pueda mantener como hipótesis su sustitución por un nuevo tipo de asentamiento. Este es un proceso de amplio espectro geográfico no exclusivo de las Rías Baixas, aunque en esta zona acaso se viera amplificado por los importantes cambios que supuso en materia social y económica la llegada de las factorías de salazón.

Estas son sólo hipótesis de trabajo y muchas son las cuestiones que quedan en el aire. En este trabajo sólo buscamos un acercamiento a la producción de salazones en las Rías Baixas que sirva de base para futuros estudios que aborden otros aspectos. Sin duda, es necesario conocer el sentido y la dirección de la producción; más interesante aún si cabe, será el análisis del impacto que supuso para las poblaciones indígenas la llegada de las factorías y todo lo que implicó la presencia de Roma. Establecer una cronología precisa y una jerarquización de los enclaves de las Rías Baixas también es una tarea no conclusa debido a que muchos de los datos que aquí manejamos proceden de excavaciones todavía pendientes de una publicación exhaustiva o de una ampliación del área intervenida que revele nuevos datos; además, la dimensión real de esta área productiva parece no estar del todo desvelada y a buen seguro próximas intervenciones arqueológicas sacarán a la luz vestigios de otros centros dedicados a la elaboración de manufacturas pesqueras. Así pues, estudios venideros tendrán que contestar a la infinidad de cuestiones que la aparición de este núcleo productor de salazones plantea.

Bibliografía

ACUÑA, A. (1995): *Informe de valoración. Proyecto de sondeos y excavación arqueológica del solar nº 5 de la calle Hospital, Vigo (Pontevedra)*, Informe inédito depositado en el Servizo de Arqueoloxía da Xunta de Galiza, Santiago.

ACUÑA, A. (1996): *Informe de valoración II. Ampliación de la excavación arqueológica del solar nº 5 de la calle Hospital, Vigo (Pontevedra),* Informe inédito depositado en el Servizo de Arqueoloxía da Xunta de Galiza, Santiago.

ACUÑA, A. (1999): *Memoria técnica de intervención arqueológica. A Igrexiña. Sondeos, protección y catalogación del yacimiento de A Igrexiña, Cangas (Pontevedra)*, Memoria inédita depositada en el Servizo de Arqueoloxía da Xunta de Galiza, Santiago.

ALMEIDA, C. A. (1979): "Salinas medievais entre o Cávado e o Neiva", *Bracara Augusta* 33, Braga, 391-402.

ALMEIDA, C. A. (2002): *Povoamento romano do litoral minhoto entre o Cávado e o Minho,* Vila Nova de Cerveira.

ÁLVAREZ, G. (1936): "Provincia de Pontevedra" en Carreras, F. *Geografía General de Galicia* XIII, A Coruña.

BELTRÁN, M. (2000): "Ánforas béticas en la Tarraconense: bases para una síntesis", *Congreso internacional EX BAETICA AMPHORAE. Conservas, aceite y vino de la Bética en el Imperio Romano*, Ecija, 441-535.

BOUZA, F. (1957): "O castro de Alobre e os contactos antre a Bretaña e Galiza en época romana", *Homaxe a F. López Cuevillas*, Santiago, 73-110.

BOUZA, F.; ALVAREZ, J.; MASSÓ, E. (1971): "Las aras del santuario galaico-romano de Donón (Hío-Cangas)", *Cuad. Est. Gallegos* 78, Santiago, 64-81.

CARBALLO, X.; LUACES, J.; TOSCANO, Mª C. (1998): *Catálogo do patrimonio arqueolóxico. Arqueoloxía de Vigo e a súa historia*, Vigo.

CARREIRA, A. (2000): *Actuación arqueológica vinculada al proyecto de construcción de un bloque de viviendas en los solares Nº: 6, 8, 10 y 12, de la Avenida de Montero Ríos, en el Concello de Bueu (Pontevedra). Excavación en área, Informe valorativo*, Informe inédito depositado no Servizo de Arqueoloxía da Xunta de Galiza, Santiago.

CARRO, X. (1989): "Xacemento antropo-arqueolóxico de Adro Vello (San Vicenzo do Grove, Pontevedra)", *Arqueoloxía/Informes 1, campaña 1987*, Santiago, 86-92.

CARRO, X. (1991): "Adro Vello (S. Vicenzo do Grove, Pontevedra)", *Arqueoloxía/Informes, campaña 1988*, Santiago, 93-99.

CASTRO, J.C. (1992-1993): "Intervención arqueolóxica no xacemento romano de "O Fiunchal". (Alcabre, Vigo)", *Castrelos*, 5-6, Vigo, 71-83.

CASTRO, J. C. (1999): *Escavación arqueolóxica en área na parcela nº 14 da U. E. I-05 Rosalía de Castro 1, Vigo,* Informe inédito depositado en el Servizo de Arqueoloxía da Xunta de Galiza, Santiago.

COSTAS, F. J.; HIDALGO, J. M. (1999): *Las salinas de Vigo. Aproximación al estudio de las salinas de la desembocadura del río Lagares (Vigo)*, Vigo.

DE LA PEÑA, A. (1984): "Primeras prospecciones arqueológicas subacuáticas en el litoral de la provincia de Pontevedra", *Pontevedra arqueológica*, I, Pontevedra, 205-238.

DÍAZ, F. (2000a): *Excavación arqueológica en área en el solar nº 7 de la Avenida Montero Ríos (Bueu, Pontevedra)*, Informe inédito depositado no Servizo de Arqueoloxía da Xunta de Galiza, Santiago.

DÍAZ, F. (2000b): *Excavación arqueológica perimetral en el horno romano de ánforas descubierto en el solar nº 7 de la calle Montero Ríos de Bueu (Bueu, Pontevedra), Informe valorativo*. Informe inédito depositado no Servizo de Arqueoloxía da Xunta de Galiza, Santiago.

DÍAZ, F. (2000c): *Primer tratamiento de los materiales arqueológicos recuperados en la excavación de área realizada en el solar Nº 7 de la calle Montero Ríos de Bueu (Bueu, Pontevedra). Memoria de los trabajos realizados*, Informe inédito depositado no Servizo de Arqueoloxía da Xunta de Galiza, Santiago.

DÍAZ, F.; VÁZQUEZ, M. (1988): *Noticia preliminar del primer horno y alfar de ánforas gallegas*, Vigo.

ÉTIENNE, R.; MAYET, M. (2002): *Salaisons et sauces de poisson hispaniques*, París.

FARIÑA, F.; DE LA PEÑA, A.; SIERRA, J.C. (1975): "Restos de una villa romana en Hío", *Museo de Pontevedra* 29, Pontevedra, 177-186.

FERNÁNDEZ, C. (1998): *Historia da pesca en Galicia*, Santiago.

FERNÁNDEZ, C.; MARTÍNEZ, J. (1994): "Las industrias de salazón en el norte de la Península Ibérica en época romana. Nuevas aportaciones", *AEspA* 67, 115-134.

FERRÉ, Mª DEL C. (2003): *Contribución al estudio de la arqueoictiofauna holocena en Galicia*, Santiago. Tesis doctoral inédita depositada en el Dept. de Bioloxía Animal da USC.

FERREIRA, E. (1988): *Galicia en el comercio marítimo medieval*, A Coruña.

FILGUEIRA, J.; GARCÍA, A. (1954-1956): "Materiales para la Carta Arqueológica de la provincia de Pontevedra", *Museo de Pontevedra* 8, Pontevedra, 18-241.

HIDALGO, J. M.; RODRÍGUEZ, E. (1995): "Excavación arqueolóxica de urgencia na praia do Cocho, Alcabre (Vigo, Pontevedra)", *Arqueoloxía/Informes, campaña 1989*, Santiago, 165-168.

LABARTA, U. (1985): *A Galicia mariñeira*, Vigo.

LAGÓSTENA, L. (2001): *La produción de salsas y conservas de pescado en la Hispania romana (II a.C.-VI d.C.)*, Barcelona.

LOMBA, A. Mª. (1987): "Contribución al estudio de la industria de salazón de época romana. El noroeste peninsular", *Lucerna* 2, Porto, 165-176.

MACIÑEIRA, F. (1947): *Bares. Puerto hispánico de la primitiva navegación occidental*, Santiago.

NAVEIRO, J. L. (1991): *El comercio antiguo en el N.W. peninsular*, A Coruña.

NAVEIRO, J. L.; PÉREZ, F. (1992): "Un finisterre atlántico en época romana: la costa Galaica (NW de la península Ibérica)", en Wood, M.; Queiroga, F., *Current research on the romanization of the western provinces (B.A.R. Int.Ser., 575)*, 63-90.

NÚÑEZ, J. (1921): "Achádegos arqueolóxicos", *Nós* 5, Ourense, 18.

PARGA, A. (2001): *Excavación en área en el solar Nº 4 de la avenida Montero Ríos (Bueu, Pontevedra). Informe valorativo*, Informe inédito depositado no Servizo de Arqueoloxía da Xunta de Galiza, Santiago.

PÉREZ, F. (2002): "Entre a cidade e a aldea. Estudio arqueohistórico dos "aglomerados secundarios" romanos en Galicia", *Brigantium*, 13, A Coruña.

PÉREZ, F.; VIEITO, S.; FERNÁNDEZ, A. (2003): *Escavación arqueolóxica na villa romana de Toralla (Oia, Vigo). Campaña 2003. Informe preliminar,* Informe inédito depositado en el Servizo de Arqueoloxía da Xunta de Galiza, Santiago.

PONSICH, M. (1988): *Aceite de oliva y salazones de pescado. Factores geo-económicos de Bética y Tingitania*, Madrid.

PRIETO, Mª. S. (1997): *Excavación arqueológica en área en la parcela nº 13 de la U.E. Rosalía de Castro 1, Vigo. Informe valorativo*, Informe inédito depositado en el Servizo de Arqueoloxía da Xunta de Galiza, Santiago.

RODRÍGUEZ, E. (2003a): *Sondaxes arqueolóxicas no solar nº 14 da rúa Oporto de Vigo*, Informe inédito depositado en el Servizo de Arqueoloxía da Xunta de Galiza, Santiago.

RODRÍGUEZ, E. (2003b): "Sondeos arqueológicos en el solar del nº 14 de la calle Oporto (Vigo), en el ámbito del yacimiento romano de las calles Areal-Pontevedra", *Bol. Inst. Est. Vigueses* 9, Vigo, 185-201.

SUÁREZ, A. Mª. (2003): "La explotación del mar en la Galicia romana. El ejemplo de las instalaciones de salazón", *Cuad. Est. Gallegos* 116, Santiago, 9-25.

TORRES, V. C. (2003): *Escavación arqueolóxica en área nos solares Nº 41 e 43 da rúa Marqués de Valadares, Vigo*, Informe inédito depositado en el Servizo de Arqueoloxía da Xunta de Galiza, Santiago.

TORRES, V. C. (2005): *Escavación arqueolóxica en área nos solares Nº 41 e 43 da rúa Marqués de Valadares, Vigo. 3ª e 4ª fase*, Informe inédito depositado en el Servizo de Arqueoloxía da Xunta de Galiza, Santiago.

VARELA, M.; FUENTES, J. M.; PENAS, E.; CABANAS, J. M. (1984) "Producción primaria de las Rías Baixas de Galicia",

Actas do Primeiro Seminario de Ciencias do Mar: As rías galegas, A Coruña, 173-182.

VÁZQUEZ, J. M; REY, J.; CAMINO, M. (1993): "La pesca en el mundo castreño y romano de Galicia", *Galicia: da romanidade á xermanización. Problemas históricos e culturais*, Santiago, 91-100.

VÁZQUEZ, J. M; RODRÍQUEZ, C. (1999/2000): "El aprovechamiento de los recursos marinos en la prehistoria y la antigüedad de Galicia", *Bol. Museo Prov. Lugo* 9, Lugo, 335-365.

VÁZQUEZ, J. M; URGORRI, V.; TRONCOSO, J. S. (1993): "El marisqueo en la cultura castreña de Galicia", *Galicia: da romanidade á xermanización. Problemas históricos e culturais*, Santiago, 101-112.

VÁZQUEZ, M. (1952): "Factorías pesqueras de la Playa de Area", *Bol. Com. Monum. Lugo* 5, Lugo, 110-114.

LE SITE DES PLOMARC'H EN DOUARNENEZ (FINISTÈRE, FRANCE): UN MODÈLE POUR LE FONCTIONNEMENT DES USINES DE SALAISONS SUR LA FAÇADE NORD-OUEST ATLANTIQUE?

J.-Y. EVEILLARD
Centre de Recherche Bretonne et Celtique (UMR-CNRS 6038), Université de Bretagne Occidentale, Brest.
J.-P. BARDEL
Service Régional de l'Archéologie, Bretagne, Rennes.

C'est en 1972 qu'un article fondateur de R. Sanquer et P. Galliou a clairement mis en évidence l'existence de salaisons de poisson à l'époque romaine dans la baie de Douarnenez (Sanquer, Galliou, 1972). Les cuves à salaisons sont principalement disséminées sur le pourtour de la baie, mais non exclusivement puisque des découvertes sporadiques ont eu lieu également sur la côte sud de la Bretagne (par exemple à Lanester, Morbihan; André, 1992) et avec moins de certitude sur la côte Nord (par exemple à Saint-Michel-en-Grève, Côtes-d'Armor; il s'agit de découvertes anciennes - 1867-1868- non authentifiées. (Galliou, 2002, 297 ; Figure 1). Dans la baie de Douarnenez les établissements se présentent soit en petites unités d'une, deux, ou quatre cuves, soit en unités plus importantes pouvant comprendre dix bassins ou plus. La plus grande est celle des Plomarc'h à un kilomètre à l'est du centre de la ville de Douarnenez avec 24 cuves recensées (figure 2). C'est à ce site, qui a été à nouveau exploré en 1994 et 1995 sous la direction de J.-P. Bardel, avec la collaboration de G. Le Cloirec puis de D. Pouille, dans le but d'une mise en valeur et d'une ouverture au public, que nous consacrerons l'essentiel de notre propos. Cette exploration a fourni des renseignements complémentaires qui permettent désormais de mieux appréhender le fonctionnement de l'usine et les problèmes qui s'y rapportent. Nous retiendrons ici les points qui nous ont paru les plus intéressants (nous les extrayons des rapports de fouilles: Le Cloirec, Bardel, 1994; Bardel, 1995; les premiers résultats ont été présentés dans Bardel, Le Cloirec, 1995). Ce sera aussi l'occasion de soulever un certain nombre de questions plus générales ayant trait aux salaisons de poisson dans la Bretagne gallo-romaine et de nous demander dans quelle mesure l'usine des Plomarc'h peut être considérée comme un modèle sur la façade nord-ouest atlantique. On aura bien sûr présent à l'esprit que cette activité s'insère dans un contexte économico-géographique plus vaste qui est celui du monde romain et on pourra s'interroger sur un rapport possible avec les salaisons de poisson de la Péninsule Ibérique et de la Méditerranée occidentale, thème dominant du colloque.

L'établissement des Plomarc'h a été fouillé pour la première fois entre 1905 et 1911 par Mlle Queinnec la propriétaire des lieux (Abgrall, 1910), puis de 1955 à 1957 par le professeur L. Fleuriot (Merlat, 1957; 1959), et à nouveau de 1976 à 1978 par R. Sanquer (Sanquer, 1977). Ces fouilles successives ont livré un riche mobilier qui a été conservé et étudié (Galliou, 1971; Galliou, Sanquer, 1973). La dernière intervention, celle de 1994-1995, a porté sur un seul bâtiment appelé unité n° 4, le mieux conservé. Elle a consisté à vider intégralement plusieurs cuves et à faire des relevés pierre à pierre de toutes les maçonneries. Outre des renseignements sur la construction de l'unité, elle a fourni un mobilier complémentaire et des relevés stratigraphiques. Cette intervention a permis de progresser dans la compréhension du fonctionnement de l'usine, mais seule une fouille exhaustive des différentes unités montrerait quels rapports ont existé entre elles.

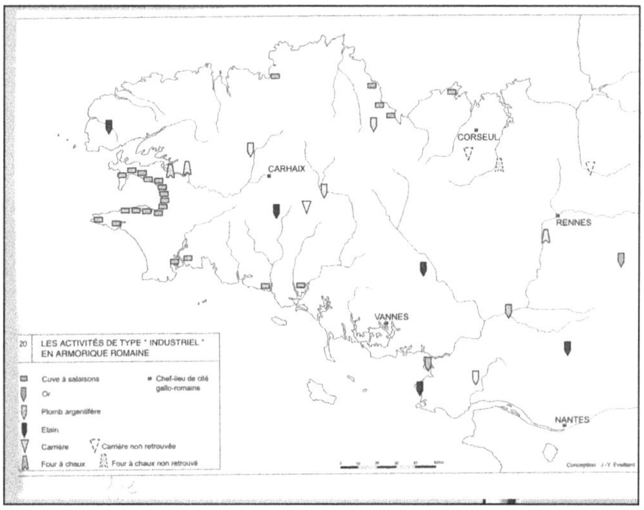

Figure 1. – Les cuves à salaisons en Armorique romaine (Skol Vreizh, 2002, 49).

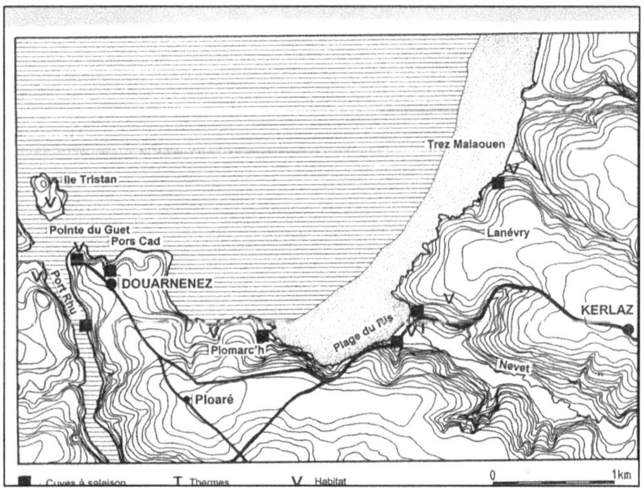

Figure 2. – Situation des Plomarc'h et des vestiges romains dans les environs de Douarnenez (Le Goffic, Peuziat, 1999, 100).

Celles-ci sont au nombre de quatre, nettement individualisées les unes des autres et se succédant sur une distance de 130 m, au sommet d'une falaise qui domine la mer d'une vingtaine de mètres en moyenne (figure 3). Seules les unités 3 et 4 sont plus rapprochées et séparées uniquement par un grand mur

Actas del Congreso Internacional *CETARIAE. Salsas y salazones de pescado en Occidente durante la Antigüedad*, Universidad de Cádiz, Noviembre de 2005, *B.A.R. int. ser.* 1686, Oxford 2007, 151-156.

long de 30 m. La tendance a été jusqu'ici de considérer ces quatre unités comme les différentes composantes d'une même usine. Ainsi le bâtiment n° 1, au centre, situé au fond d'un petit vallon traversé par un ruisseau, comportait un hypocauste: il a été interprété comme un lieu destiné à la préparation du poisson et à une première élaboration des produits, l'hypocauste devant permettre d'accélérer la macération des sauces de poisson. Les bâtiments 2 et 3 pourraient avoir été destinés au stockage. Le bâtiment 4, celui qui est de beaucoup le mieux connu et qui a été l'objet de la dernière fouille, pourrait correspondre au stade final de la chaîne d'élaboration, c'est-à-dire au conditionnement des produits avant leur commercialisation. Nous ne cachons pas que cette interprétation pose de sérieux problèmes, en particulier à cause de la manutention et des transports qui auraient été nécessaires d'une unité à l'autre, et qu'elle pourrait être reconsidérée.

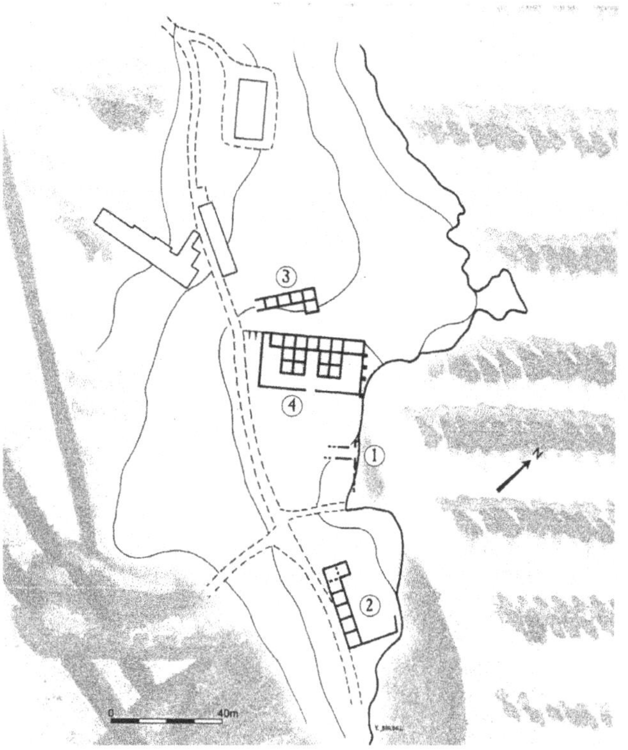

Figure 3. – Les établissements de salaisons des Plomarc'h en Douarnenez (Finistère, France).

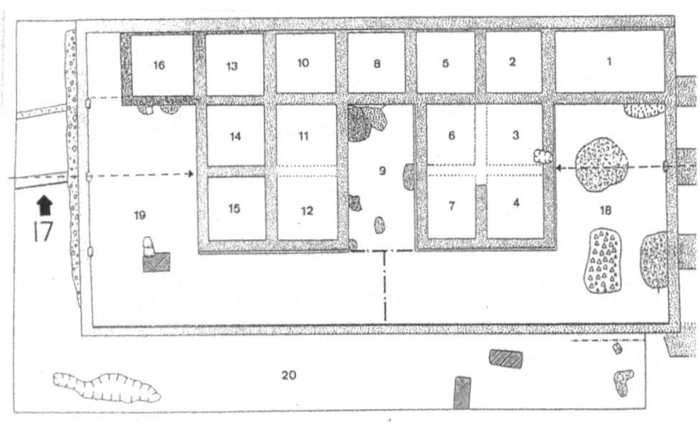

Figure 4. – Plan de l'unité n° 4.

Pour l'heure, nous nous en tiendrons à la description de l'unité 4 la plus compréhensible parce que presque totalement fouillée (figure 4). Elle se présente comme un grand rectangle de 35,80 m. sur 18,60 m. ceint de murs. Le mur de façade au sud-est, moins épais, est un simple mur de clôture, tandis que les trois autres sont des murs porteurs. À l'intérieur du bâtiment une zone de circulation et des espaces de travail disposés en forme de E donnent accès à l'ensemble des cuves. Celles-ci, au nombre de 15, sont réparties en deux groupes de 6 placées de manière symétrique autour d'une cuve centrale. Deux autres cuves sont situées de part et d'autre de cet ensemble au nord et au sud (figure 5).

La présence de cavités d'encastrement et de stylobates en pierre dans les murs latéraux permet de restituer une toiture qui prenait également appui sur le grand mur du fond et sur des poteaux de bois situés aux angles des cuves. Le bâtiment devait avoir l'aspect d'une halle (figure 6). L'existence de volets en bois amovibles sur les côtés afin de permettre un meilleur éclairage et une meilleure circulation de l'air est supposée. Des transformations observables dans la maçonnerie (par exemple l'ajout de contreforts contre le mur nord ou la réfection d'une cavité d'encastrement) sont le résultat de travaux de consolidation, ce qui semble normal pour une durée d'utilisation qui a dû s'étendre sur deux siècles environ.

Les cuves, au nombre de 16, sont de dimensions pratiquement égales en plan (3,60 m. de côté en moyenne), à l'exception de la cuve n° 1, de superficie double, qui avait été prévue pour être divisée en deux parties (présence de pierres d'attente). Leur profondeur est variable et oscille entre 3,30 m. et 4,77 m. pour la grande cuve n° 1. La capacité de l'unité peut être ainsi estimée à 750 m³, ce qui permet de rapprocher les Plomarc'h des plus grandes usines de salaisons connues telles que Cotta au Maroc et surtout Tróia au Portugal (pour les comparaisons avec d'autres usines voir Etienne, Makaroun, Mayet, 1994, tab. p. 118). Dix cuves sur quinze sont enduites de mortier de tuileau et comportent un renfort d'angle (sauf la n° 13), tandis que dans les cinq autres cuves de la partie droite, la maçonnerie est restée brute. Cette constatation fait penser que dans les premières le produit était liquéfié et en vrac, alors que dans les secondes il était déjà conditionné dans des conteneurs et prêt à l'expédition.

Figure 5. – Vue de l'unité n° 4.

Figure 6. – Proposition de restitution de l'unité n° 4.

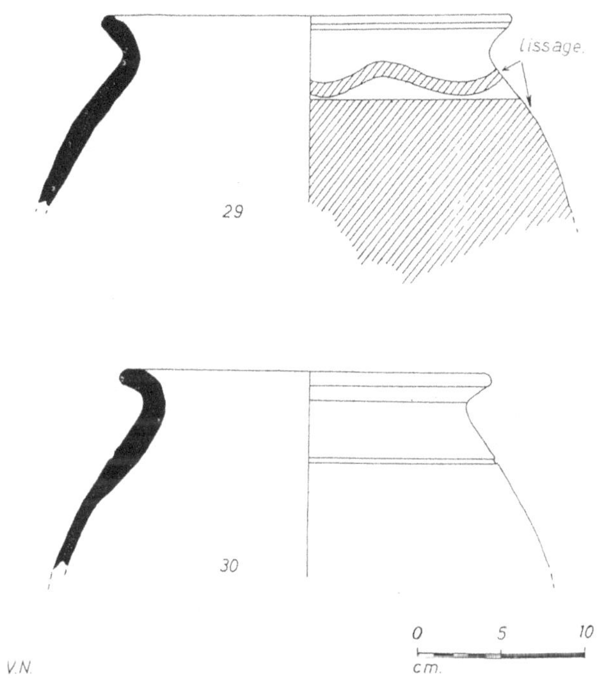

Figure 7. – Vases ovoïdes en céramique commune grise contenant des sédiments de poissons (garum ou allec) provenant de la cuve n° 1.

Sur la nature des produits et la matière première qui a servi à les élaborer nous sommes renseignés par les dernières fouilles qui sont venues compléter les informations obtenues en 1976-1978. Au fond de la cuve n° 13 était conservé un épais sédiment caramélisé, de couleur brune, dû à un liquide cristallisé. Une analyse effectuée à l'issue de la fouille de 1976 par G. Desse avait montré que ce même sédiment contenait presque exclusivement (99 %) de restes de sardines: vertèbres, têtes et écailles (Sanquer, 1976)[1]. Dans la cuve n° 1, non enduite et où pouvait être entreposé le produit déjà conditionné, ont été récupérés en 1995 d'importants fragments de deux vases ovoïdes en céramique commune grise, auxquels adhérait un dépôt d'arêtes et de vertèbres finement broyées (figure 7). Ces restes évoquent un produit liquide moins raffiné que le *garum*, du type *allec*.

Les deux vases ovoïdes qui ont été découverts dans la cuve qui a pu servir de local de stockage avant l'expédition, posent la question des conteneurs dans lesquels était conditionné le (ou les) produit. À la différence de la péninsule Ibérique ou de l'Afrique du Nord, aucune officine fabriquant des amphores dans le but d'approvisionner des salaisons de poisson voisines n'a été découverte en Bretagne. Mieux, l'absence notoire de tessons dans les fouilles est surprenante, si bien qu'on ne peut pas non plus envisager la réutilisation d'amphores à vin ou à huile importées, par exemple, de la Péninsule Ibérique. La découverte de 1995 prouve qu'on a utilisé des vases globulaires de couleur grise de fabrication locale. Ces vases à large ouverture (20 cm) devaient être obturés par un opercule. Mais on a de la peine à croire que des vases de cette forme aient pu servir pour un transport à longue distance, ce qu'il faudrait déjà vérifier par une recherche sur les lieux de destination possibles, et on les voit plus adaptés à une distribution proximale. Pour une expédition à grande distance l'utilisation de tonneaux de bois qui n'ont laissé aucune trace semble la plus probable.

Parmi les autres découvertes intéressantes signalons une partie d'un rouleau en granite dans la cuve n° 13, qui devait servir à broyer le poisson (figure 8). Sa forme tronconique et les traces d'usure circulaire aux deux extrémités indiquent qu'il tournait à l'horizontale dans une cuve, autour d'un axe central, comme le montre le dessin de restitution (figure 9).

L'une des parties les plus remarquables du bâtiment n° 4 des Plomarc'h est le grand mur du fond, long de 30 m. et conservé par endroits sur une hauteur de plus de 3 m. Ce mur est percé de trois niches destinées à abriter les statuettes des divinités qui devaient assurer la prospérité de l'établissement. En effet, dès les premières fouilles au début du XXe siècle fut retrouvée une statuette d'Hercule en marbre blanc (H: 0,52 m. Abgrall, 1910, p. XLI-XLII). Trois autres statuettes et bas-relief du même Hercule ont été signalés à Douarnenez, en liaison avec d'autres établissements de salaisons, montrant que la découverte des Plomarc'h n'est pas isolée et qu'Hercule était étroitement lié à cette activité (Moitrieux, Maligorne, Eveillard, 2003). En 1994 a été récupéré dans la cuve n° 13 située dans la partie gauche de l'installation un fragment d'une deuxième statuette en calcaire blanc. Ce fragment d'une hauteur de 13 cm représente la jambe gauche dénudée et tendue, se détachant sur un fond de draperie, d'un personnage de sexe masculin. Le dieu Neptune étant présent sur le site de salaisons voisin du Ris grâce à une inscription -et depuis peu une belle statue en granite découverte en mars 2004 (Eveillard, s.p.)–, l'hypothèse a été émise que le fragment pouvait provenir d'une représentation de cette divinité qui elle aussi était garante des activités maritimes (Bardel, Le Cloirec, 1995, 48). S'il est possible de la replacer dans la niche située à gauche et celle d'Hercule dans

[1] Déjà, au début du XXe siècle, des pêcheurs avaient identifié formellement des restes de sardines dans les cuves de Kerobestin en Combrit, en dehors de la baie de Douarnenez (*BSAF*, 1899, 304-308).

Figure 8. – Partie d'un rouleau en granite provenant de la cuve n° 13.

Figure 9. – Restitution du fonctionnement du rouleau en pierre.

celle de droite, il reste à déterminer l'identité de la divinité principale qui occupait la niche centrale [2].

Une partie du mobilier archéologique récupéré dans le dégagement des cuves ne concerne manifestement pas le fonctionnement de l'usine. C'est le cas d'une colonnette en calcaire du Val de Loire de faible capacité portante (cuve n° 12). Ajoutée à des objets anciennement trouvés (une œnochoë en bronze, une clef avec manche en bronze en forme de protomé de panthère, etc. Galliou, Sanquer, 1973), elle confirme la présence d'un habitat voisin où devait résider le propriétaire et qui reste à localiser avec précision.

Du point de vue chronologique la campagne de fouilles de 1994-1995 a confirmé les conclusions obtenues par R. Sanquer (1976, 47), c'est-à-dire la construction de l'établissement dans la première moitié du IIe siècle de notre ère et l'arrêt de la production à la fin du IIIe siècle. Cependant elle a révélé aussi l'existence d'une occupation antérieure (deuxième moitié du Ier siècle) sous forme d'un mur et d'un fossé parallèle dans la partie sud du site. La nature de cette occupation n'a pu être déterminée.

Si la fouille de 1994-1995 a permis de progresser dans la compréhension de l'organisation et du fonctionnement de l'usine des Plomarc'h, plusieurs points, qui concernent aussi l'ensemble des salaisons de l'Armorique romaine et plus spécialement de la baie de Douarnenez, restent non élucidés (un récent mémoire d'étudiant de maîtrise a bien sérié ces différents points et a approfondi les questions soulevées par R. Sanquer et P. Galliou en 1972: Leroy, 2000). Au premier rang de ceux-ci arrive celui de la fourniture en sel. On sait que les usines de salaisons de poisson et de sauces étaient grosses consommatrices de cette denrée, ce qui explique qu'elles recherchaient la proximité des salines. Selon R. Etienne et F. Mayet, entre un quart et un huitième du volume du poisson était nécessaire (2002, 44). On imagine les grandes quantités de sel qu'il a fallu pour faire fonctionner une usine de l'importance de celle des Plomarc'h. En Bretagne, et uniquement sur la côte sud-est, les marais salants où le sel était obtenu par évaporation ne sont pas connus avant le VIIe siècle (Daire, 1999). Par contre, la production du sel ignigène par la technique des briquetages est aujourd'hui amplement documentée pour l'époque de La Tène, et dans l'ensemble de la péninsule (Daire, 1999; 1994). Certains sites explorés (par exemple dans le marais de Dol; Daire 1994, 105), prouvent que ce procédé a perduré bien après la conquête; toutefois on n'en connaît pas en baie de Douarnenez ou à proximité. R. Sanquer et P. Galliou avaient attiré l'attention sur une autre technique ignigène, voisine de celle des briquetages, qui consiste à concentrer une saumure tirée du sablon, c'est-à-dire du sable de plage imprégné de sel (Sanquer, Galliou, 1972, 221-223). Cette technique est attestée en Normandie

[2] Lors du colloque, P. Bueno Serrano, que nous remercions, nous a fourni un parallèle ethnographique intéressant: au-dessus des cuves modernes de Barbate et dans un emplacement semblable à celui des statuettes des Plomarc'h, on peut voir l'image peinte de la *Virgen del Carmen*, protectrice des marins. En réalité le cas des Plomarc'h n'était sûrement pas exceptionnel et bon nombre d'usines à salaisons antiques devaient posséder un emplacement réservé à la représentation de leur(s) divinité(s) protectrice(s).

pour l'époque romaine (Edeine, 1975). R. Sanquer et P. Galliou se demandent si le four découvert à Camézen en Plonévez-Porzay (Finistère), à proximité de 11 cuves à salaisons, n'a pas eu cet usage (Sanquer, Galliou, 1972, 215-216). On peut se poser la même question à propos de la chaufferie sur hypocauste repérée dans le bâtiment 1 des Plomarc'h, qui aurait alors servi à la production du sel plutôt qu'à la macération du *garum* (c'est ce que suggère A. Hesnard pour les salaisons du Maroc; Hesnard, 1998). Au Moyen Âge, plusieurs "salines" sont connues dans l'actuel département du Finistère, dont une sur la côte nord de la presqu'île de Crozon, non loin de la baie de Douarnenez (Tanguy, 1975). Selon B. Tanguy il ne peut s'agir que d'une production de sel ignigène. Était-ce la continuation du procédé décrit ci-dessus? Enfin, si ce procédé a réellement existé, on peut se demander aussi s'il permettait d'obtenir des quantités suffisantes et si une importation complémentaire depuis des régions situées plus au sud, où le sel était récolté dans des marais salants, n'était pas nécessaire?

Second point: comparée à beaucoup d'établissements de la baie de Douarnenez qui sont de taille réduite et qui ne pouvaient guère constituer qu'un revenu d'appoint pour leurs propriétaires, l'usine des Plomarc'h par son importance devait être le siège de l'activité principale de celui qui la possédait. Se pose alors la question, déjà abordée (Galliou, 1983, 133), des débouchés pour les produits. Si une part de la production était absorbée localement par une population acculturée aux goûts culinaires méditerranéens, l'hypothèse a été émise que les surplus étaient destinés à une clientèle extérieure, en l'occurrence les légions stationnées dans l'île de Bretagne et sur la frontière du Rhin (Galliou, 1983, 133; Immerzel, 1990). Si l'hypothèse est vraisemblable, on doit reconnaître que les témoignages irréfutables, par exemple ceux que fournissent habituellement les restes de conteneurs trouvés sur les lieux de consommation, font défaut. D'ailleurs, que peut-on espérer de ce type de preuve si ces conteneurs étaient des tonneaux de bois? [3]. Pour défendre la dite hypothèse, le Néerlandais M. Immerzel s'est appuyé, d'une manière à la fois séduisante et convaincante, sur un fait d'histoire de l'art: il existe dans l'arrière-pays de Douarnenez, autour de Quimper, un type de monuments sculptés, les cavaliers à l'anguipède, dont la plus grande densité se situe dans les provinces de Germanie (Eveillard, 2000; Bauchhenss, Noelke, 1981). Pour M. Immerzel, la présence de ces monuments cantonnés à l'extrémité occidentale de l'Armorique serait la conséquence de relations étroites et continues avec la Rhénanie, les échanges artistiques empruntant – le fait est bien connu – les routes commerciales. Ajoutons dans le même sens, qu'un autre monument situé à l'écart des précédents, à Plouaret (Côtes-d'Armor) a été découvert à une faible distance d'une portion du littoral où la présence de cuves à salaisons est probable (à Saint-Michel-en-Grève, voir *supra*).

Figure 10. – Statuette d'Hercule (H. : 52 cm) et fragment d'une seconde statuette en calcaire (H. : 13 cm) provenant des cuves de l'unité 4 des Plomarc'h.

Si ce fait était avéré, on pourrait attribuer l'implantation et l'essor des établissements de salaisons de poisson en baie de Douarnenez au IIe siècle de notre ère, à trois facteurs principaux : 1) l'existence de conditions favorables sur place, en particulier l'abondance de sardines dans la baie à une certaine période de l'année ; 2) une plus grande proximité que les lieux traditionnels de production du sud de la péninsule Ibérique, par rapport à de nouveaux lieux de consommation tels que l'île de Bretagne et la Rhénanie ; 3) l'initiative de hardis entrepreneurs qui maîtrisaient les différentes techniques, comme ce *Caius Varenius Varus*, un méditerranéen connu par une inscription découverte sur le site du Ris, voisin des Plomarc'h (Sanquer, 1973).

Bibliographie

ABGRALL, J.-M. (1910): "Substructions romaines en Plomarc'h ", *Bul. de la Soc. Arch. du Finistère*, XLI-XLII.

ANDRE, P. (1992): "Un atelier de salaison chez les Vénètes d'Armorique ", *Revue des Études Anciennes*, 94, fasc. 1-2, 41-47.

[3] Lors du colloque, A.K.G. Jones, de l'Université de Bradford, nous a fait savoir qu'il avait identifié à Londres, Lincoln et York des restes de poissons non locaux et de provenance atlantique. Cette piste serait à explorer.

BARDEL J.-P. (avec la collaboration de D. Pouille) (1995): *Une usine antique de salaison: l'établissement des Plomarc'h-Pella à Douarnenez (Finistère), Rapport de fouille programmée*, Rennes, SRA Bretagne.

BARDEL J.-P., LE CLOIREC, G. (1995): "Un établissement industriel antique. L'usine à *garum* des Plomarc'h à Douarnenez (Finistère)", *Patrimoine. Bul. de la Soc. Archéol. de Corseul,* n° IX, 46-49.

BAUCHHENSS G., NOELKE, P. (1981): *Die Jupitersaülen in den germanischen Provinzen, Beiheft des Bonner Jahrbücher*, 41, 516, 103 pl.

DAIRE, M.-Y. (Dir.), (1994): *Le sel gaulois: Bouilleurs de sel et ateliers de briquetages armoricains à l'Âge du fer*, Saint-Malo, CeRAA, 182.

DAIRE, M.-Y. (1999): "Le sel à l'Âge du fer: réflexions sur la production et les enjeux économiques ", *Revue Archéologique de l'Ouest*, 16, 198.

EDEINE, B. (1975): "Les techniques de fabrication du sel dans les sauneries pré- et protohistoriques ainsi que gallo-romaines", *Annales de Bretagne et des Pays de Loire*, 82, 1, 1-18.

ETIENNE, R., MAKAROUN, Y., MAYET, F. (1994): *Un grand complexe industriel à Tróia (Portugal)*, De Boccard.

ETIENNE R, MAYET, F. (2002): *Salaisons et sauces de poisson hispaniques*, De Boccard.

EVEILLARD, J.-Y. (2000): "Les cavaliers à l'anguipède de l'Armorique. Étude comparée", *La sculpture d'époque romaine dans le nord, dans l'est des Gaules et dans les régions avoisinantes*, dir. H. Walter, Besançon, 21-34.

EVEILLARD, J.-Y. (s.p.): "À propos de la découverte d'une statue de Neptune à Douarnenez (Finistère): *Caius Varenius Varus*, producteur de salaisons de poissons" à paraître dans les Actes du colloque de Boulogne, *Ressources et activités maritimes des peuples de l'Antiquité.*

GALLIOU, P. (1971): "La céramique de Plomarc'h en Ploaré-Douarnenez", *Annales de Bretagne*, 219-237.

GALLIOU, P. (1983): *L'Armorique romaine*, 1983.

GALLIOU, P. (2002): *Carte archéologique de la Gaule. Côtes-d'Armor. 22*, Paris.

GALLIOU P., SANQUER, R. (1973): "Les bronzes de Plomarc'h en Ploaré-Douarnenez ", *ibidem*, 203-214.

HESNARD, A. (1998): "Le sel des plages (Cotta et Tahadart, Maroc)", *MEFRA*, 110, 1998, 1, 167-192.

IMMERZEL, M (1990): "Profession: *negotiator allecarius*. Fabrication et commerce de sauce de poissons dans le nord-ouest de l'Empire romain ", dans *Oudheidkundige Mededelingen uit het Rijksmuseum van Oudheden te Leiden*, Leiden, 70, 183-192.

LE CLOIREC G., BARDEL, J.-P. (1994): *Une usine de salaison antique: l'établissement des Plomarc'h à Douarnenez, Rapport de fouille programmée*, Rennes, S.RA. Bretagne, 41 p.

LE GOFFIC, M., PEUZIAT, J. (1999): "Les thermes du Ris-Izella en Kerlaz (Finistère) ", *BSAF.*

LEROY, A. (2000): *Les ateliers de salaisons en baie de Douarnenez (Finistère)*, Mémoire de maîtrise, Rennes, 2 volumes 113 p. + 97 p.

MERLAT, P. (1957): "Chronique, Ploaré-Douarnenez ", *Gallia*, XV, 2, 186-190,

MERLAT, P. (1959): "Chronique, Ploaré-Douarnenez ", *Gallia*, XVII, 2, 342-343.

MOITRIEUX, G. MALIGORNE, Y., EVEILLARD, J.-Y. (2003): "Sur quelques témoignages du culte herculéen en Gaule", *Latomus*, t. 62, fasc. 3, juillet-septembre, 574-597.

SANQUER, R. (1973): "Une nouvelle lecture de l'inscription à Neptune trouvée à Douarnenez et l'industrie du *garum* armoricain ", *Annales de Bretagne*, 215-236.

SANQUER, R. (1976): "Chronique d'archéologie antique et médiévale, Douarnenez, Plomarc'h ", *Bul. de la Soc. Arch. du Finistère*, CIV, 42-44.

SANQUER, R. (1977): "Douarnenez, Les Plomarc'h ", *Gallia*, 2, 355-360.

SANQUER, R., GALLIOU, P. (1972): "*Garum*, sel et salaisons en Armorique gallo-romaine ", *Gallia*, 30, 199-223.

SKOL VREIZH (2002): *Atlas d'Histoire de Bretagne.*

TANGUY, B. (1975): *La Presqu'île de Crozon*, dir. L. Calvez, 59-60.

NOUVELLE RÉFLEXION SUR LES SALINATORES: L'ÉCLAIRAGE DU LUSTRUM PRIMIPILI

J. NAPOLI
Université du Littoral-Côte d'Opale

Les *salinatores* des Morins et des Ménapiens, peuples du littoral de Gaule Belgique, sont connus par les deux inscriptions qu'ils ont dédiées au centurion *L. Lepidius Proculus.* Ces deux dédicaces au formulaire identique, probablement placées à l'origine dans les deux *civitates*, ont été transférées par sa fille à *Ariminum*/Rimini d'où *Lepidius Proculus* était originaire et c'est là qu'elles ont été découvertes, près de la porte St. André (Will, 1962, 1649). Elles retracent la carrière d'un soldat sorti du rang (Annexe I).

Le propos de notre communication n'est pas de commenter les différentes interprétations qui ont été proposées sur les *salinatores* dans lesquels on a vu tour à tour des ouvriers, des fermiers ou des contrôleurs du fisc, des marchands (Will, 1962, 1650-1; Hocquet, 1994, 18-19) voire des spéculateurs (Waltzing, 1896, 226) et plus récemment des fonctionnaires préposés à la gestion des entrepôts (Hocquet, 1994, 19; Martens *et alii.*, 2002, 414). Nous tenterons seulement d'approfondir l'hypothèse émise par Ernest Will dans un article paru en 1962, et qui nous paraît aujourd'hui encore la meilleure.

On pouvait *a priori* écarter l'idée que les *salinatores* aient été techniquement occupés à la fabrication du sel (Will, 1962, 1651-2). Les ouvriers de salines sont généralement qualifiés de *salarii* dans les inscriptions (CIL V, 6670; VI, 1152; X, 557; X, 7856 = ILS 1874; XIV, 4285). Rien n'autorise á penser que les *salarii* évaqués par Martial (1, 41, 8: *Quid ergo? Verna hoc quod viles pueri salariorum*; IV, 86, 9: *Ad salariorum curras sirinia protinus licebit*) *salarii* aient été des marchands de sel au détail (Waltzing, 1896, 227) et encore moins des marchands de salaison (Izaac, 1969). Les *Salinae* étaient à Rome un quartier situé sur la rive gauche du Tibre, près du pont *Sublicius*, à l'intérieur de la *Porta Trigemina* (Tite-Live, XXIV, 47; Frontin, *De aquaeductibus*, 5; Solin, I, 8); Catalogue des Regions (région VI, saline) où était peut-être autrefois traité et stocké le sel transporté depuis l'embouchure du Tibre comme une matière première (Richardson, 1992, *s. v. Salinae*; Coarelli, 1999, *s. v. Salinae*). C'est là que les marchands de sel, encore sous l'Empire, avaient leurs greniers (Besnier, D. A. s. v., *sal*, 1012). Vers 200 avant J.-C., la Cité de Rome y employait apparemment des débardeurs (*salarii*) pour transporter des marchandises entre le débarcadère fluvial et l'entrée de la cité (Plaute, *Captifs*, 90, qui emploie la formule *ed sacrum ire* et CIL, XIV, 4285). Les *viles pueri salariorum* de Martial pour raient avoir œuvré non dans une boutique, mais dans es entrepôts. L'image en broute d'un enfant était placée prés des premiers à sel (Festus, *De sign. Verb.* Panckoucke, 1846, 413). Ce n'est peut-être pas une simple coïncidence. En tout cas dans le Glossaire de Papias = Corp. Gloss. Lat. II, 592, 14, le *salarius* est encore celui qui fait le sel *-qui salem facit-* (Will, 1962, 1651 n. 3).

A l'époque où se placent les inscriptions de Rimini, les *salinatores*, dans la mesure où ils soulignent leur appartenance à des cités, ne pouvaient être davantage des commerçants en gros. On pouvait donc supposer qu'ils étaient impliqués dans la production de sel, ne serait-ce que parce que le sel constituait pour ces cités une sorte d'industrie nationale, en effet bien attestée pour la période antérieure à la conquête romaine (Will, 1962, 1653; Thoen, 1986, 23-27; 30-36). Certes les *salinatores* devaient vendre leur sel (Forcellini, *s. v. salinator*: *verbale a salino, quo significatur qui in salinis versatur, qui sal conficit aut vendit*; Ducange, VI, 1846, *s.v. salinator*), mais à des prassistes et cela n'en fait pas d'eux forcément des marchands spécialisés dans la distribution du sel.

1.- Des fournisseurs de l'armée.

De nouvelles inscriptions permettent en effet de confirmer que les *salinatores* ne sont pas des commerçants[1]. Elles proviennent d'un sanctuaire de la déesse celte Nehalennia, découvert en 1970 près de Colinjsplaat aux Pays-Bas, au large de l'île zélandaise de Noord-Beveland et aujourd'hui englouti. Les 130 autels qui y ont été retrouvés ont été offerts par des industriels et des négociants faisant du commerce entre la Rhénanie, la Bretagne et le Nord de la Gaule (Bogaers, 1971; Stuart, Bogaers, 2001).

Parmi ces autels, qui datent de la 2e moitié du IIe ou de la 1ère moitié du IIIe siècle (sur les exemplaires datés, Stuart, Bogaers, 2001, 40-41), quatre dédicaces évoquent des *negociatores salarii*, citoyens romains de Cologne, comme *M(arcus) Excingius Agricola* (Annexe II; Bogaers, 1971, 34, 41-43, catalogue n° 1, 4, 25 et C1971; Stuart, Bogaers, 2001, 35-36, catalogue A1, A26, A49, B1). Ces *negociatores* sont bien, eux, des commerçants en gros qui achètent le sel aux producteurs de la mer du Nord, et peut-être à ceux du pays des Morins et des Ménapiens. Et il est peu probable qu'à la même époque des commerçants en sel aient été qualifiés de *negociatores* dans la plus grande partie des inscriptions et de *salinatores* dans les deux exemplaires attestés au Nord de la Gaule.

Ernest Will avait donc probablement raison de penser que les *salinatores* étaient des fermiers de salines. C'est à juste titre qu'il situe la rencontre entre le centurion et les *salinatores* entre 70 et 79, date de la mort de Vespasien qui n'est pas qualifié de *divus* dans les dédicaces, autrement dit à l'époque où le centurion est muté dans la VIe légion, alors stationnée à Neuss/*Novaesium* sur le Rhin, un *poste* frontalier qui était à l'est des Morins et des Ménapiens et le plus proche d'eux géographiquement (Will, 1962, 1650; Dobson, 1978, 214 n° 91; Cenerini, 1997, 22; Richier, 2004, 245-6, n° 157: *Lepidius Proculus* aurait obtenu les *dona militaria* dans le 2e trimestre de 69 ou au début de 70, mais l'auteur a lu par erreur *salina* au lieu de *salinatores* et fait de *Lepidius* un

Actas del Congreso Internacional *CETARIAE. Salsas y salazones de pescado en Occidente durante la Antigüedad*, Universidad de Cádiz, Noviembre de 2005, *B.A.R. int. ser.* 1686, Oxford 2007, 157-161.

[1] Nous remercions Angélique Demon, Responsable du Service archéologique de Boulogne-sur-Mer, d'avoir attiré notre attention sur ces découvertes.

exploitant de saline). L'hypothèse la plus simple est en effet que les *salinatores* ont été amenés à approvisionner la VIe légion à laquelle appartenait le centurion *L. Lepidius Proculus*.

Une pratique pourrait apporter un nouvel éclairage sur les liens qui unissaient le centurion et les *salinatores*: c'est celle du *lustrum primipili*, bien étudiée par Andreas Mocsy dans un article de 1966 (312-326; puis Dobson, 1978, 143-144). Des inscriptions (Mocsy, 1966, 313-4: en particulier CIL III, 14356^{3a} = ILS, 9103; J. Szilagyi, *Acta Antiqua Acad. Hung.*, 1, 1951, 196; CIL V, 808; CIL V Suppl. Ital., 165 = ILS, 4222; CIL XIII, 6794), ainsi que deux passages de Végèce décrivant la hiérarchie de l'ancienne légion, permettent selon lui de définir la tâche du primipile. Végèce souligne à deux reprises non seulement les grands honneurs dont jouissait cet officier, mais aussi ses *grands avantages* (II, 8; II, 21: *"c'est ainsi que le centurion primipile, après avoir commandé dans toutes les autres cohortes, parvient dans la première à cette haute dignité, qui lui procure des avantages infinis dans toute la légion" -in prima cohorte ad hanc pervenit palmam, in qua ex omni legione infinita commoda consequitur*). D'où lui venaient-ils?

Le *Primus pilus* était en fait en charge pendant cinq années du ravitaillement de l'armée, d'où le terme de *lustrum*. Cette charge primipilaire, qui est décrite en détail dans une disposition de Constance II (*CT*, VIII, 4, 6) est aussi qualifiée de *pastus*, ce qui montre qu'elle était consacrée plus précisément au ravitaillement en vivres de l'armée, les primipiles étant alors expressément chargés du transport de marchandises à la frontière de l'Empire.

Le *Primus pilus* gérait cette charge apparemment comme une affaire privée: il était à la tête d'une *administratio* (*CI*, VII, 73, 1) à laquelle étaient attachés des gains (les *commoda*) et des sommes à payer (les *reliqua*, *CI*, XII, 62, 1). De par sa fonction, le primipile pouvait escompter tirer de gros bénéfices de ses fournisseurs et tout porte à croire qu'il s'agissait d'une activité très lucrative, d'autant qu'à ses gains légaux (ses *commoda*) pouvaient s'ajouter des gains illégaux.

Parmi celles qui évoquent le *lustrum primipili*, l'inscription ILS 9103, datée de 205 ap. J.-C., nous apprend que ses fournisseurs pouvaient être des *conductores* militaires. Il en est ainsi du soldat *C. Iulius Catullinus* qui, comme responsable de la rentrée des récoltes d'un pré, le *pratum Furianum*, est aux ordres du *Primus pilus*: *I(ovi) o(ptimo) m(aximo)/ sacr(um)/ pro sal(ute) Aug(ustorum)/ C(aius) Iul(ius) Catullinus mil(es)/ leg(ionis) XIIII G(eminae) M(artiae) V(ictricis)/ cond(uctor) prat(i)/ Fur(iani) lustr(o)/ Nert(ii) Cele/rini p(rimi)p(ili)/ v(otum) s(olvit) l(aetus) l(ibens) m(erito)/ kal(endae) oct(obres)/ Imp(eratoribus) Anton(ino) Aug(usto) duobus et Geta/ C aes(are) co(n)s(ulibus).*

Les autres *actores* des inscriptions sont le plus souvent des esclaves ou des affranchis. Ce ne sont pas des employés officiels de la légion, mais des exécutants privés du *Primus pilus*. Celui-ci jouissait donc partout dans sa sphère d'action d'une considération indéniable.

Le *lustrum primipili* est bien attesté à l'époque de Septime Sévère, mais un système semblable pourrait avoir été mis en place avant cette date. C'est ce que semble tout d'abord indiquer un texte d'Ulpien[2]: "Aux primipilaires, en raison même de ce qu'ils sont des primipilaires, une dispense de gardes commença à être accordée par le divin Hadrien".

On sait en effet qu'une dispense (*vacatio*) pouvait être liée à une mission d'approvisionnement. C'est ce que montrent des papyrus des deux premiers siècles de notre ère, évoquant également des *conductores* militaires (Mocsy, 1966, 324). Ceux-ci étaient des chargés de missions de courtes durées pour le ravitaillement de l'armée. Ils assumaient, contre une certaine quote-part, les diverses tâches techniques du ravitaillement et étaient dispensés pendant ce temps des exercices militaires (Mocsy, 1966, 324; Davies, 1989, 52, 202, 248 n. 92 et 98, 288 n. 96-97).

Mais deux Tablettes de Vindolanda (Bowman, Thomas, 1994, II, n°343; II, n°180) nous permettent de remonter davantage dans le temps. L'une d'entre elles (II, n°343) montre qu'une mission analogue pourrait avoir été confiée à un certain *Octavius* qui a mis en jeu la somme de 800 deniers (300 qu'il a avancés, 500 qu'il réclame à son frère *Candidus*) pour acheter 5000 *modii* de céréales et qui s'apprête à faire transiter 170 peaux pour les besoins de l'armée. Les sommes en jeu sont considérables et l'importance des fournitures ne peut suggérer un autre marché que celui de l'armée. Il est difficile de savoir si *Octavius* était un marchand ou un responsable militaire. Mais il a eu besoin de passer par son frère pour obtenir que la fabrique militaire de Catterick/*Cataractonium* lui envoie des peaux, ce qui signifie peut-être que *Candidus* était militaire et qu'*Octavius* ne l'était pas (Bowman, Thomas, 1994, II, 325-6). *Spectatus* et *Firmus* qui sont évoqués dans cette lettre ainsi que dans un autre document (II, n°180), étaient clairement des responsables du ravitaillement (Bowman, Thomas, 1994, II, 122) et certains de ces personnages, sinon tous, pourraient être des centurions légionnaires comme le confirme l'emplacement des tablettes retrouvées à l'extrémité du baraquement (Birley, 1991a, 17; 1991b, 93-94; 1993, II, 60); ou bien des *optiones* dont on sait qu'ils avaient aussi des responsabilités en matière de ravitaillement, (Bowman, Thomas, 1994, II, 122, 322, Tablette II, n°148; Fink, 1971, n° 80; Breeze, 1984, 281). Loin de s'étonner de la présence dans un baraquement militaire, de documents commerciaux civils, il faut en conclure que ces officiers étaient responsables du ravitaillement et qu'ils entretenaient des relations d'affaires avec des civils pour le ravitaillement de l'armée (Bowman, Thomas, 1994, II, 122. Voir aussi Fink, 1971, 335-337: n° 81, ii, 5-12. Des liens commerciaux semblent avoir existé entre le camp de York et la région du Rhin et entre York et la Gaule, cf. Breeze, 1984, 282-283).

Ces deux Tablettes de Vindolanda, qui semblent appartenir à la phase IV du fort en bois (Birley, 1991, 16-17), se situent entre 105 et 125, mais rien ne dit qu'il n'existe pas des documents similaires avant cette date. Les Tablettes de Vindo-

[2] *Primipilaribus, ob id ipsum, quod primipilares sunt, vacatio a tutelis a divo Hadriano dari coepit:* P. Krueger, Th. Mommsen, G. Studemund éd., *Fragmenta Vaticana*, Berlin, 1890, l. 141. Mocsy, 1966, 323.

landa sont en majorité datées entre 95 et 100 (Bowman, 1983, 16), elles ne sont donc pas très éloignées des inscriptions de Rimini. Il n'est pas impossible que dès l'époque flavienne, par un système comparable à celui de Septime Sévère, mais pour des missions plus courtes, des centurions aient été dégagés de leurs obligations de service pour être chargés du ravitaillement. Le centurion *L. Lepidius Proculus*, qui officie sous Vespasien entre 70 et 79, pourrait avoir assumé une, voire plusieurs missions de ravitaillement pour sa légion. C'est ainsi qu'il aurait pu être amené à entrer en contact avec les *salinatores*: il leur aurait acheté le sel nécessaire à la subsistance des soldats. Et le simple fait d'avoir permis aux *salinatores* d'écouler leur production, de leur avoir offert un débouché non négligeable pouvait lui valoir une certaine reconnaissance.

Il se pourrait même que le centurion ait été honoré pour avoir promu l'exportation du sel de la côte flamande, quand pendant la révolte Batave, également datée des années 70, l'armée a pu décider de s'approvisionner dans les régions plus paisibles des Morins et des Ménapiens, jusqu'alors boudées parce qu'elles étaient une zone de refuge des rebelles Gaulois (Hypothèse séduisante de Van Beek, 1988, 11: l'absence de sigillée en Hollande à l'époque flavienne coïncide avec le changement d'approvisionnement en sel de l'armée).

Quoi qu'il en soit, les *salinatores* sont bien apparemment des fermiers de salines qui ont exporté leur production vers le frontière rhénane et sont devenus sans doute grâce au centurion *L. Lepidius Proculus*, des fournisseurs de l'armée.

2.- Des fermiers locaux?

La question qui se pose maintenant est celle de savoir à quelle catégorie de fermiers appartenaient les *salinatores*. S'agissait-il de publicains ayant pris à bail l'exploitation de salines (*Digeste*, XXXIX, 4, 13 : *"On met aussi au nombre des publicains, ceux qui tiennent à ferme les salines, les carrières et les mines"*) ou d'exploitants locaux?

La première hypothèse semble peu crédible. Il est vrai que toutes les grandes sociétés vectigaliennes, encore à cette époque, étaient composées de chevaliers, y compris celle des revenus des domaines[3]: *"les redevances en blé, les impôts indirects et les autres revenus de l'Etat étaient administrés par des sociétés de chevaliers romains"* (Tacites, *Ann.* IV, 6, 3 pour 23 ap. J.-C.; et aussi *Ann.*, XIII, 50). Mais il est peu vraisemblable que des publicains aient élevé une stèle à un centurion dans une société aussi hiérarchisée que la société romaine. De plus, compte tenu de la puissance financière des publicains et de l'ampleur de leurs affaires (Nicolet, 2000, 301-302; 315-319), il paraît peu probable qu'ils se fussent contentés des salines d'une petite cité. Du reste le mot *societas* auquel on pouvait s'attendre (*Digeste*, III, 4, 1 : *"...sont érigés en corps les sociétaires qui ont pris à ferme les revenus fiscaux de l'Etat" -vectigalium publicorum sociis permissum est corpus habere-* ainsi que ceux qui ont pris à ferme les mines d'or et d'argent, et les salines *-vel aurifodinarum vel argentfodinarum et salinarum*; § 1: Dans ce cas ils doivent avoir des biens communs, un coffre commun et faire administrer les affaires de la communauté par un agent ou syndic *-res communes, arcam communam et actorem sive syndicum-* comme cela se fait dans une République), n'apparaît pas dans nos inscriptions, alors qu'il est mentionné à quatre reprises, au début du 1er siècle ap. J.-C., dans les inscriptions de Minturnes (ILLRP 743 = CIL I, 2, 2703 qui évoque notamment un certain *Nicepor(us) salin(atorum) soc(iorum) s(ervus)* et aussi ILLRP 734 = CIL I, 2, 2698, 738 = CIL I, 2, 2691, ainsi que ILLRP 810). De même la dédicace à Jupiter de *Catius Drousus*, qui porte deux noms locaux et dont on peut supposer qu'il était *Sal(inator) (civitatis) Men(apiorum)* (Raepset-Charlier, 1995, 363 n. 15, 364), ne fait pas non plus état de la dignité de chevalier ni du titre d'associé (*socius*): *I(ovi) O(ptimo) M(aximo) / et Genio / mun(icipii) Tung(rorum) / Cat(ius) Drousus / sal(inator ?) Men(apiorum ?) / v(otum) s(oluit) l(ibens) m(erito)* (l'inscription est datée de la 2e moitié IIe ou de la 1e moitié du IIIe siècle, cf. Raepset-Charlier, 1995, 361-364; AE, 1994, 1279; Vanvinckenroye, 1994, 225-238).

La piste de fermiers locaux nous paraît de ce fait plus intéressante. L'extraction du sel est, comme on l'a dit, une tradition ancienne de ces régions. Il s'agit, bien entendu, de la production de sel marin pour laquelle les indices archéologiques sont très nombreux, que l'on pense aux piliers, aux augets, aux éléments de four ou aux salines elles-mêmes (Will, 1962, 1653-7; Thoen, 1986, 30-46; Prilaux, 2000). L'Etat Romain aurait pu confier la charge des salines à des entrepreneurs privés, sous contrat d'affermage (*Digeste*, XXVII, 9, 3, 4-5, 1; XXVIII, 5, 59, § 1). Cette hypothèse a été évoquée à propos des marques sur pains de sel, retrouvées en Grande-Bretagne, à Shavington, à Nantwich et dans le Northwich (Penney, Shotter, 1996, 362-5). La même pratique est attestée, également en Grande-Bretagne, pour la production de plomb, comme le montrent les marques de sociétés privées apposées sur des lingots du Mendip, par exemple celles de l'affranchi *C. Nipius Ascanius* (Richmond, 1973, 150-3).

Les *salinatores* de la cité des Morins et ceux de la cité des Ménapiens pourraient être de même des exploitants privés ayant passé contrat avec Rome pour l'affermage des salines de leur cité. Mais l'absence d'estampilles ou de marques de *socii* dans cette région du Nord de la Gaule et la formule qui rattache les *salinatores* à une cité en particulier amènent plutôt à envisager que l'affermage aurait pu être confié à la cité elle-même, soit pour le compte de Rome, soit pour son propre compte, en totalité ou en partie, peut-être en vertu de cet usage ancien par lequel l'empereur pouvait abandonner un tiers de ses droits aux villes et aux municipes[4]. C'est la

[3] Les *vectigalia* étaient soit des revenus fiscaux soit des revenus des domaines, cf *Digeste*, L, 16, 17, 1 : «Nous devons entendre par *vectigalia publica* ceux que le *fiscus* lève sur certaines choses, par exemple sur les marchandises qui se vendent dans les ports ainsi que sur les salines, les métaux et la poix *(Publica vectigalia intelligere debemus, ex quibus vectigal fiscus capit : quale est vectigal portus, vel venalium rerum, item salinarum et metallorum et picariarum).*

[4] *CI*, IV, 61, 13 : « Excepté ces droits (*exceptis iis vectigalibus*) qui ont été destinés de tous temps à notre patrimoine impérial, qu'il soit abandonné aux

cité qui se serait alors portée caution et aurait reçu la personnalité juridique. Le cas est justement prévu par le législateur: *"le syndic nommé par la ville ou par une communauté pour agir, n'est point censé être donné par plusieurs particuliers; il agit au nom de la ville ou de la communauté et non pas au nom de chaque membre en particulier" (si municipes, vel aliqua universitas ad agendum det actorem (...) hic enim pro republica vel universitate intervenit non pro singulis; Digeste*, III, 4, 2 et aussi *Digeste*, III, 4, 3: *"Il n'est permis d'agir au nom d'une ville ou d'une curie qu'autant qu'on a reçu cette permission de la loi ou qu'on a le suffrage des deux tiers au moins de l'ordre"*). Les sociétés de chevaliers n'étaient donc pas les seules à être dotées de la personnalité juridique.

Les *salinatores* des cités des Morins et des Ménapiens semblent donc pouvoir être identifiés à des fermiers de salines, en l'occurrence fournisseurs en sel de l'armée romaine mais peut-être pas exclusivement. A l'époque de Vespasien, le centurion *L. Lepidius Proculus*, chargé du ravitaillement de sa légion, entre en contact avec eux, leur offrant ainsi un débouché peut-être inespéré. Se sentant redevables envers lui, les *salinatores* lui élèvent les stèles trouvées à Rimini.

Les relations de *Lepidius Proculus* et des *salinatores* sont peut-être en rapport avec la révolte de Civilis, qui a dû perturber le commerce entre ces régions et le Rhin, ou plutôt avec la mission de réorganisation qui a eu lieu après la révolte et a offert à *Lepidus* l'occasion de défendre les intérêts des *salinatores*.

Si les *salinatores* sont des fermiers, il est peu probable que ce soient des publicains. Ils peuvent en revanche être des fermiers locaux, auxquels l'Etat romain affermait pour luimême les salines de leur cité ou bien auxquels il avait concédé le privilège d'exploiter pour eux-mêmes ces mêmes salines, en raison de l'ancienneté de cette tradition dans le nord de la Gaule et en échange d'une redevance par laquelle il continuait d'affirmer sa souveranité. Mais dans l'un ou l'autre cas, il semble bien que ce fut sous la responsabilité juridique de la cité.

Annexe I: les dédicaces des *salinatores*

CIL XI, Ariminum, 390

L(ucio) Lepidio L(ucii) f(ilio) An(iensi tribu) / Proculo / mil(iti) Leg(ionis) V Macedon(icae) / (centurioni) Leg(ionis) eiusd(em) (centurioni) Leg(ionis) eiusd(em) II /(centurioni) Leg(ionis) VI Victricis / (centurioni) Leg(ionis) XV Apollinar(is) / prim(o pilo) Leg(ionis) XII I Gemin(ae) / donis donato ab / Imp(eratore) Vespasiano Aug(usto) / bello iudaico torquib(us) / armillis phaleris / corona vallari / salinatores Civitatis / Menapiorum / ob mer(ita) eius / Septimina f(ilia) reponend(um) / curavit.

CIL XI, Ariminum, 391

L(ucio) Lepidio L(ucii) f(ilio) An(iensi tribu) / Proculo / mil(iti) Leg(ionis) V Macedonic(ae) / (centurioni) Leg(ionis) eiusd(em) (centurioni) Leg(ionis) eius d(em) II / (centurioni) Leg(ionis) VI Victricis / (centurioni) Leg(ionis) XV Apollinar(is) / prim(o pilo) Leg(ionis) XIII Geminae / donis donato ab Imp(eratore) / Vespasiano Aug(usto) bello / Iudaico torquib(us) armil(lis) / phaleris corona va ll ar(i) / salinatores Civitatis / Morinorum / ob mer(ita) eius / Septimina f(ilia) reponend(um) / curavit.

Annexe II: Les dédicaces des *negotiatores salarii* à la déesse Nehalennia

- Stuart, P. et Bogaers, J. E. (2001, A1) = *AE*, 1973, n° 362

Deae Nehalenniae / M(arcus) Excingius / Agricola / cives Trever / negotiator / salarius / C(oloniae) C(laudiae) A(rae) A(grippinensium) v(otum) s(oluit) l(ibens) m(erito).

- Stuart, P. et Bogaers, J. E. (2001, A 26) = *AE*, 1973, n°364

Deae Nehaleniae sacrum/ C(aius) Iul(ius) Floren/tinus Agripp(inensis)/ negotiator/ salarius pro s/e et sui s v(otum) s(olvit) l(ibens) m(erito).

- Stuart, P. et Bogaers, J. E. (2001, B1) = *AE*, 1973, n° 378

Deae/ Nehalenni(ae)/ Q(uintus) Cornelius/ Superstis/ negotiator/ salarius/ v(otum) s(olvit) l(ibens) m(erito).

- Stuart, P. et Bogaers, J. E. (2001, A 49)

Deae Nehalenniae/ C(aius) Iul(ius) Ianuarius/ Agrip(pinensis) neg(otiator) salar(i)us l(ibens).

Bibliographie

ADAMS, C.E.P. (1995): "Supplying the Roman Army: O. Petr. 245", *Zeitschrift für Papyrologie und Epigraphik* 109, 119-124.

BESNIER, M. (1877-1919): *s.v., sal, Dictionnaire des Antiquités grecques et romaines* (=D.A.)

BIRLEY, A. R. (1991a): "Vindolanda; new writing-tablets 1986-9", V. A. MAXFIELD and M. J. DOBSON (eds), *Roman Frontier Studies. Proceedings of the XVth International Congress of Roman Frontier Studies*, Exeter, 16-20.

BIRLEY, A. R. (1991b): "Vindolanda: notes on some new writing tablets", *Zeitschrift für Papyrologie und Epigraphik*, 88, 87-102.

villes sur le restant de quoi fournir à leurs dépenses locales, préalablement évaluées. Comme l'ancien règlement fait à ce sujet porte que 2 portions de ces droits seront versées dans notre trésor (*cum duas portiones aerario nostro conferri prisca institutio disposuerat*), nous ordonnons que la troisième restante soit mise à la disposition des villes (*atque hanc tertiam jubemus adeo in ditione urbium municipiumque consistere*), afin qu'elles apprennent que les droits ont été établis plus pour leur propre avantage que pour celui des autres; et qu'il soit permis à ces villes tant qu'elles auront droit à la portion désignée, de l'affermer autant qu'elles jugeront convenable à leurs intérêts.

BIRLEY, E., BIRLEY, R. E., BIRLEY, A. R. (1993): *Vindolanda Research Reports,* new series, II, Hexham.

BOGAERS, J. E. (1971): "Nehalennia en de epigraphische gegevens", P. STUART, J. E. BOGAERS, *Deae Nehalenniae*, Stadhuis Middelburg.

BOWMAN, A. K. (1983): *The Roman Writings Tablets of Vindolanda*, London, British Museum Press.

BOWMAN, A. K., THOMAS, J. D. (1994): *The Vindolanda Latin writing-tablets, II - III*, London, British Museum Press.

BREEZE, D. J. (1984): "Demand and Supply on the northern Frontier", MIKET et BURGESS (eds.), *Between and beyond the Walls. Essays on the Prehistory and History of North Britain in honour of George Jobey*, Edinburgh, 264-286.

CAMARDO, D., FERRARA, A. (1990): "*Petra Herculis*: un luogo di culto alle foce del Sarno", *AION (Arch)*, 12, 169-175.

CENERINI, F. (1997): "Notizia di economia dall'iscrizione riminiese CIL XI 419", *MEFRA*, 109, 1, 21-30.

COARELLI, F. (1999): *s.v. salinae*, E. M. STEINBY (ed.), *Lexicon Topographicum Urbis Romae*, IV, Rome.

DAVIES, R. W. (1989): *Service in the Roman Army*, Edinburgh.

DOBSON, B. (1978): *Die Primipilares. Entwicklung und Bedeutung. Laufbahnen und Persönlichkeiten eines römischen Offiziersranges*, Cologne.

FINK, R. O. (1971): *Roman military Records on papyrus*, Cleveland.

HOCQUET, J.-C. (1994): "Production et commerce du sel à l'âge du Fer et à l'époque romaine dans l'Europe du Nord-Ouest", *Revue du Nord*, 76, 308, 9-20.

IZAAC, H.J. (1969): *Martial, Epigrammes*, Paris, les Belles Letres.

MARQUARDT, J. (1888): *L'organisation financière des Romains*, Manuel des Antiquités romaines, 9, Paris (= *Staatsverwaltung*, Leipzig, 1884, II, 160).

MARTENS, M., DE BRUYNE, T., VANDERHOEVEN, A. (2002): "Céramique d'un enclos Tibéro-claudien à Tirlemont et commercialisation du sel dans la Gaule du Nord", *SFECAG, Actes du Congrès de Bayeux*, Marseille.

MOCSY, A. (1966): "Das *lustrum primipili* und die *Annona militaris*", *Germania*, 44, 312-326.

NICOLET, C. (2000): "Deux remarques sur l'organisation des sociétés de publicains à la fin de la République romaine", S. LEFEBVRE (éd.), *Censeurs et publicains*, Paris, 297-319 (= Van Effenterre, H. éd., *Points de vue sur la fiscalité antique*, 1979, Paris).

PENNEY, S. , SHOTTER, D. C. A. (1996): "An inscribed Roman salt-pan from Shavington", *Britannia*, 27, 360-365.

PRILAUX, G. (2000): *La production de sel à l'âge du fer. Contribution à l'établissement d'une typologie à partir des exemples de l'autoroute A 16, Protohistoire européenne 5,* Montagnac.

RAEPSET-CHARLIER, M.-TH. (1995): "*Municipium Tungrorum*", *Latomus*, 54, 361-369.

RICHARDSON, L. (1992): *s.v. salinae, A New Topographical Dictionary of Ancient Rome*, Baltimore and London.

RICHIER, O. (2004): *Centuriones ad Rhenum: les centurions légionnaires des armées romaines du Rhin,* Paris.

RICHMOND, I. A. (1973): *Roman Britain*, Aylesbury.

STUART P., BOGAERS, J. E. (2001): *Nehalennia. Römische Steindenkmäler aus der Oosterscheide bei Colijnsplaat,* Leiden, National Museum of Antiquities, XI.

THOEN, H. (1986): "L'activité des sauniers de la plaine maritime flamande, de l'âge du fer à l'époque romaine", *Les hommes et la mer dans l'Europe du Nord-Ouest de l'Antiquité à nos jours, Actes du colloque de Boulogne-sur-mer, Revue du Nord*, H.S., n°1, Coll. Histoire.

VAN BEEK, B. L. (1988): "*Salinatores* and sigillata: the coastal areas of North Holland and Flanders and their economic differences in the 1st century AD", *Helinium*, XXIII, 3-12

VANVINCKENROYE, W. (1994): "Een Romeins votiefaltaar te Tongeren", *Limburg*, 73, 225-237.

WALTZING, J.-P. (1896): *Étude historique sur les corporations professionnelles chez les Romains*, II, Louvain.

WILL, E. (1962): "Le sel des Morins et des Ménapiens", *Hommage à Albert Grenier*, Bruxelles, 1648-1657.

LA SAL Y LA TÉCNICA DE LA SALAZÓN EN LA ANTIGÜEDAD: ESTADO DE LA CUESTIÓN EN EL SIGLO XVI

S. RAMOS
Universidad de Cádiz

El presente trabajo pertenece a la línea de investigación que desarrollo actualmente en el seno del Grupo de Investigación (HUM-251) "Elio Antonio de Nebrija" de la Universidad de Cádiz dentro del Proyecto de la DGICYT BFF2003-01367, consistente en la recuperación del patrimonio textual latino ligado al entorno y medio ambiente de Andalucía, en particular, y de España y Europa en general, y más en concreto en el estudio, edición crítica y traducción de textos en latín editados por humanistas españoles y europeos que investigaron en el siglo XVI sobre mineralogía, química, fauna y flora, con especial atención a la sal y sus aplicaciones diversas (salazones, salinas artesanales, salinidad de las aguas,...) debido al interés que en los últimos años ha despertado en Europa, España, Andalucía y, especialmente, en la Universidad de Cádiz los proyectos relacionados con la sal.

Para la preparación de *salsamenta* dos son los componentes esenciales, pescado y sal. Mi intención es presentarles el estado de la cuestión en el siglo XVI sobre estos dos componentes básicos, partiendo de esta premisa: la estrecha relación que existe, por un lado, entre la sal, las salinas, las salazones, las *cetariae* y el comercio marítimo, y por otro lado, entre Humanismo y Antigüedad Clásica. Para ello describiré las obras de algunos humanistas, que encontraron en los autores grecolatinos clásicos no sólo un objeto de interés, de curiosidad, de verdadero culto y veneración, sino, sobre todo, el punto de partida de sus investigaciones. Estas obras, generalmente en latín, no cuentan en su mayoría con ediciones y traducciones modernas, que faciliten su consulta y estudio a los investigadores actuales de la Antigüedad Clásica.

Los objetivos, pues, de mi comunicación son:

a) realizar una breve descripción de los textos más importantes *De piscibus* escritos en el siglo XVI,

b) presentar a la comunidad científica especialista en *Cetariae* el primer y único libro más completo escrito sobre la sal y sus aplicaciones diversas,

c) exponer brevemente en qué estado se halla la investigación sobre la sal en el siglo XVI, desde el punto de vista de su descripción físico-química, partiendo de lo que sabían los escritores grecolatinos, fundamentalmente Aristóteles y Plinio el Viejo,

d) mostrar lo que sobre el *ars salsamentaria* en la Antigüedad sabían los investigadores del siglo XVI en lo que respecta a las denominaciones diversas que recibían los profesionales de la sal y la técnica de la salazón,

e) enumerar las formas de obtención de sal (natural y artificial), así como los yacimientos más importantes (con especial atención a los ubicados en España y en el Mediterráneo Occidental) que aparecen en la obra mencionada sobre la sal.

1.- *De piscibus libri* en el siglo XVI.

Tras Aristóteles y Plinio, únicos ictiólogos sistemáticos de la Antigüedad -pues Ovidio, Opiano, Donato, Ausonio y Fígulo escribieron solamente sobre peces del país o de lugares concretos-, habrá que esperar al Renacimiento para que, de la mano de los humanistas, se genere la producción más importantes de obras *De piscibus* que, partiendo de los autores clásicos, realizarán una labor de recuperación textual y de descripción y catalogación de animales acuáticos sin igual en los siglos precedentes.

Tras el filósofo, naturalista y teólogo alemán Alberto Magno (n. entre 1193-1207, m. en 1280) que, en su libro *De animalibus,* dedicó algunos capítulos a los peces, la primera obra monográfica renacentista sobre la cuestión, muy poco conocida (Minonzio, 1988-89, 106), es la del célebre humanista e historiador italiano Paolo Giovio (1483 – 1552). Escribió un *De Romanis piscibus Libellus...*, Romae, F. Minutius Calvi, 1524, con reedición en 1531. Del mismo año se citan unos *Antiqua et recentiora nomina piscium marinorum, lacustris et fluuialium, quae in Iouii commentariis continentur.* Roma: Francesco Minizio Calvo, 1524? (con reedición en 1527). Poco después publicó un *Pauli Iouii Nouocomensis De piscibus marinis, lacustribus, fluuiatilibus, item de testaceis ac salsamentis liber.* Romae, ex aedibus F.Minitii Calui, mense aprili 1527.

Dedica el último capítulo (XLI) de su *De Romanis piscibus romanis* a los *salsamenta* (he consultado la versión digitalizada del texto en: http://gallica.bnf.frn), cuyo comienzo traduzco así: "Los griegos tenían en tanta consideración las salazones, que a los hijos de Queréfilo, por vender salazones, los Atenienses les concedieron la ciudadanía. Los romanos también se dedicaron con profusión a esta labor, según se deduce de lo que cuenta Plinio. El *garum* era el más apreciado, un *liquamen,* confeccionado a partir de la salmuera de la salazón de caballas, que se vendía para diversos usos culinarios. El mejor se elaboraba en África, al que se llamó también "de los aliados", pero éste hoy ha caído completamente en desuso". Giovio, además de transmitir erróneamente el nombre de Queréfilo [escribe *Chereptrili* en lugar de *Cherephili* (cf. Ateneo 3, 119)] considera "africano" el *garum sociorum*, un tema recurrente de discusión entre los humanistas, como luego veremos.

Destaca a continuación Guillaume Rondelet (1507-1566), que publicó estas obras sobre peces: *De piscibus marinis, libri XVIII, in quibus veræ piscium effigies expressæ sunt* (Lyon, 1554); *Universæ aquatilium historiæ pars altera, cum vivis ipsorum imaginibus* (Lyon, 1555); *Histoire entière des poissons* (Lyon, 1558). Podemos encontrar en su obra la descripción de 244 especies del Mediterráneo y muy crítico con los textos antiguos, rechaza todo lo que le parece ser una fábula. En las páginas 211 y 212 de su *De piscibus marinis*

Actas del Congreso Internacional *CETARIAE. Salsas y salazones de pescado en Occidente durante la Antigüedad,* Universidad de Cádiz, Noviembre de 2005, *B.A.R. int. ser.* 1686, Oxford 2007, 163-171.

(he consultado la versión digitalizada del texto también en: http://gallica.bnf.fr) encontramos, por ejemplo, la descripción e ilustración del *Encrasicholi,* de la especie de las *Aphyae*, para lo cual consulta los textos antiguos de Aristóteles, Plinio, Ateneo, Suida, Eliano, Opiano. Identifica estos peces con las *Anchoies* (según denominación francesa) y entre otras cuestiones referentes a su salazón, escribe que en Francia su pesca es muy abundante, la cual se realiza por la noche en naves iluminadas con antorchas. Nunca los *salsamentarii* los venden sin orégano, de ahí el refrán antiguo PVTRE SALSAMENTVM AMAT ORIGANVM.

De la misma década está la obra del italiano Ippolito Salviani (1514-1572): *Aquatilium animalium historiae, liber primus, cum eorumdem formis, aere excusis*. Romae, 1554. Según algunos críticos, la obra más bella jamás publicada sobre peces y animales marinos, con denominaciones en latín, griego y vulgar y detalladas noticias sobre cada especie.

De la misma década también es la obra del científico y humanista suizo Konrad Gesner (1516-1565), *Historia animalium, Tiguri, apud Christ. Froschoverum, 1551-1558.* En cinco volúmenes de cerca de 4.500 páginas y numerosas ilustraciones, realiza una recopilación de todos los animales citados por los autores antiguos, recogiendo noticias no sólo de carácter científico, sino también literario, histórico y alegórico. El que trata *De piscium & aquatilium animantium natura* es el libro IV.

Expresión típica del naturalismo enciclopédico del siglo XVI es la obra del boloñés Ulisse Aldrovandi (1522-1605), quien en 1599 inicia la publicación de una monumental enciclopedia de historia natural; algunos de los libros, como el de los peces (*De piscibus libri V et de cetis lib. Unus,* Bononiae, apud Io. B. Bellagambam, 1613), se publicaron tras su muerte. Destacamos las páginas 271 y 275 del libro II (en la muy buena versión digitalizada publicada en la WEB: http://diglib.cib.unibo.it/info/info17.html), donde escribe sobre el *salsamentum sexitanum* y el *gaditanum* en el capítulo dedicado a los *Scombri* de *Hispania.* Afirma que en ninguna parte abundan más que *iuxta Herculis insulas prope Carthaginem nouam*, y de tal forma es así que una de estas islas se llamó *Scombroaria*, según cuenta Estrabón (aunque el *interpres* lo traduce con cuatro sílabas *Scombraria*), donde lo diferencia del *salsamentum Sexetani* o *Sexitani*, que Plinio cita como municipio del sur de España. En otro pasaje de la página 271 recoge el conocido pasaje de Plinio (9, 49) sobre las *cetariae* de España que abundan en caballas: *"Totum interim Hispanicum Oceanum Scombris abundare, ex hoc Plinii quoque discimus: Hispaniae cetarias Scombris implent; Thynnis non commeantibus : hoc est (ut Massarius interpretatur), quod Thynni ad ea loca non commeant".*

Aldrovandi interpreta el ablativo absoluto *Thynnis non commeantibus* según la explicación de *Massarius* -humanista que escribió (*uide infra*) unas famosas *annotationes* a los libros *de piscibus* de Plinio en 1537-, es decir, como oración causal: *"porque a esos lugares [sc. Hispaniae cetarias] no acuden atunes".*

Francisco Hernández, el primer traductor al español de la *Naturalis Historia* de Plinio (ca. 1576) –realizó además la primera expedición científica a América para realizar una Historia Natural del Nuevo Mundo a imitación de la Historia Natural del Viejo Mundo pliniana-, traduce el pasaje así en el Libro IX, Cap. XV (D'Ardois, 1999[3] [=1960]): *"Hinchen en Hespaña déstos [sc. "escombros o cavallas"] sus almadravas cuando no acuden atunes".* Aldrovandi, no obstante, refiere en la página 322, que *"en la actualidad los gaditanos realizan la pesca del atún cerca del fretum Herculeum durante los meses de mayo y junio con sumo placer para los observadores".*

En el *Index* de su libro (pág. [738]) se recogen las siguientes entradas sobre el *garum*: *Garum quid*; *Garus hodie qui dictus*; *Garum qui piscis fuerit ignorat author*; *Garum ut ex Encrasicholis fiat; ex quo sale; ex Garo pisce; ex Atherinis; ex Scombris et multa de eo*; *Garum sociorum cur sic dictum est.*

Sobre el *garum sociorum* Aldrovandi escribe (pág. 273): *"No estoy de acuerdo con Johannes Lange, quien en sus epístolas [Epistolae medicinales, 1554] sostiene que hay que leer "associorum", algo así como "asotorum", es decir, glotones y derrochadores que, por su intemperancia en alimentos y bebida, dilapidaron los bienes paternos. [...]".* Y después de analizar diversos pasajes de autores grecolatinos clásicos (Plinio, Marcial, Apicio, Séneca) Aldrovandi llega a la conclusión de que "el *garum sociorum* es el *garum hispanicum*."

De las ediciones que los humanistas realizaron de los ictiólogos grecolatinos destacaría los siguientes:

-Aristoteles, *De animalibus*, graec. & lat. curâ Scaligeri. Tolosoe 1619, fol. ed. *opt.* item, *ex interpretatione* Theod. Gaza, Lugd. 1590, fol. edit. *opt.*

-Franciscus Massarius, *Annotationes & castigationes in nonum Plinii librum, de naturâ piscium.* Basileae 1537, in - 4°. Lutetiae apud Vascosan 1542, in - 4°. edit. *opt.*

-Laurentius Lippius, *Oppiani HALIEUTIKON*, sive *de naturâ & venatione piscium*, lib. v. Venetiae 1517. Lutetiae 1555, in - 4°.

Otras obras *de piscibus* de ictiólogos renacentistas son:

-Bellonius (Petrus), *Histoire naturelle des étranges poissons marins.* Paris 1551, in 4°. Item, *La nature & diversité des poissons,* chez Charles Etienne 1555, in - 8°. obl. Item, *Observations de choses mémorables, &c.* Paris 1554, in - 4°. *De aquatilibus, libri duo*, Parisiis : apud Carolum Stephanum, 1553.

-Bonsuetus (Franciscus), *De universâ aquatilium naturâ, carmen.* Lugd. 1558, in - 4°.

-Figulus (Carolus), IKTYOLÓGIA *sive de piscibus Dialogus*, Colon. 1540, in - 4°.

-Gillius (Petrus), *De gallicis & latinis nominibus piscium.* Lugd. 1535, 4°. edit. *prima.*

-Linocier (Geoffroy), *Histoire des plantes, animaux, poissons, serpens.* Paris 1584, in - 8°.

-Marschalcus (Nicolaüs), *De aquatilium & piscium historiâ.* Rostochii *apud autorem* 1520, in – fol.

2.- *De sale libri* en el siglo XVI.

Frente a los numerosos textos monográficos *De piscibus* escritos por humanistas de diversas nacionalidades no encontraremos hasta el Renacimiento, ni en la Antigüedad ni en la Edad Media, ninguna obra dedicada monográficamente al segundo componente imprescindible para la realización de salazones: la sal. Habrá que esperar a la segunda mitad del siglo XVI para encontrar la primera monografía. Escrita en latín, es obra de un español, que la edita al amparo de Felipe II.

Se trata de los *Commentarii de sale*, una especie de enciclopedia, que analiza los múltiples valores, usos y aplicaciones de la sal en disciplinas científicas hoy tan diferenciadas y especializadas como la medicina, la química y la alquimia, la mineralogía y la metalurgia, la botánica, la zoología, la astronomía, la historia, la arqueología…, actividades científicas desarrolladas fundamentalmente en el Quinientos por la figura del médico (López Piñero, 1979, 49), pero desarrolladas también por quienes entonces eran depositarios de la cultura en unas proporciones casi exclusivas, el alto clero, los hombre de Iglesia, los teólogos (Ramos Maldonado, 1999, 67-76), como el autor de esta *quasi* enciclopedia, Bernardino Gómez Miedes, humanista alcañizano que fue arcediano de Sagunto, canónigo de Valencia y obispo de Albarracín, y que, tras largos viajes por Italia, Francia, Alemania y el Mediterráneos Occidental, publica en Valencia, en 1579, la segunda y definitiva versión de un libro que puede considerarse como el primer texto científico dedicado al llamado "oro blanco" de la Edad Moderna por su importancia en el comercio mundial (Porres, 2003, 17). Esta obra ha sido editada y traducida recientemente por quien firma este trabajo, en "Palmyrenus" Colección de Textos y Estudios Humanísticos [Madrid-Alcañiz, 2003, 3 vols, 1.700 págs.], con prólogo de A. Malpica Cuello, Director de la "Comisión Internacional de Historia de la Sal" (CIHS).

2.1.- Los *Commentarii de sale* de Bernardino Gómez Miedes: género, contenido, estructura y fuentes.

En el prólogo al lector el autor presenta el argumento de la obra: se hallaba Gómez Miedes en Roma, en el año 1554, con otros tres amigos españoles, dos de los cuales sentían una absoluta aversión por la sal, en cambio el tercero, el barcelonés Joan Quintana la tomaba tan sin medida, que la espolvoreaba incluso sobre los postres. Entonces sucedió que los primeros, aprovechando una mínima ocasión en una cena, empezaron a atacar duramente a Quintana, sin estar él presente, por idolatrar tanto la sal. Gómez Miedes, que, inclinado a una posición neutral en la discusión, defendía la moderación en su empleo, de ningún modo pudo tolerar que atacaran y ofendieran a un amigo suyo tan querido y que estaba ausente, por lo que en ese momento se dispuso rápidamente a hacer una defensa de su amigo y de la sal. Pero los nobles españoles, los "antisalistas", debido a que se tenían que marchar de viaje, le dejaron con la palabra en la boca. Al día siguiente el alcañizano, muy agitado, se dirige a casa de Quintana y le refiere lo sucedido. Y así, aprovechando la ausencia de aquéllos, durante todo un día Gómez Miedes, que adopta el nombre de Metrófilo, para evidenciar la postura vital defendida, dialoga con Quintana y le proporciona los argumentos necesarios para defender el empleo de la sal y refutar a los nobles españoles tras su regreso.

Divide su argumentación o defensa en cinco partes, que coinciden con los cinco libros de la obra: en el libro I elogia y defiende el uso de la sal desde un punto de vista físico y filosófico, en el libro II desde un punto de vista médico y empírico, el libro III trata sobre el lugar, el momento y la cantidad de sal convenientes en la mesa, el libro IV trata sobre la sal divertida y jocosa y, por último, el libro V, sobre la sal mística o teológica, todo ello salpicado de historias y acontecimientos de la época, vivencias personales, anécdotas, personajes diversos, fábulas, cuentos, curiosidades, proverbios, citas clásicas y bíblicas y todo tipo de digresiones.

A pesar de sus evidentes conexiones con el género oratorio y dialógico, se trata en última instancia de uno de los textos de moda en el humanismo, el comentario, es decir, el de aquellos que tenían por objeto otro texto, lo que respondía al deseo del humanista por recuperar y hacer accesible al nuevo y amplio público que la imprenta había creado las obras de los autores clásicos. En este sentido, Gómez Miedes, después de anotar en un diario (*ephemeris*) todo cuanto ha visto, leído, oído y reflexionado acerca de la sal durante sus diez años de estancia en Roma y diversos viajes por el resto de Europa, a continuación se dispone a comparar sus anotaciones y experiencias con lo que otros autores, principalmente grecolatinos, han dicho o escrito sobre el tema, siendo su aportación personal dar a todo ello una *philosophica ratio,* una explicación filosófica. Estas son las fuentes citadas expresamente en la obra (Ramos Maldonado, 1998, 181-201):

	FUENTES DE LOS *COMMENTARII DE SALE*			
	ANTIGÜEDAD	EDAD MEDIA	SS. XV-XVI	TOTALES
Autores Alegados	65 (82,2 %)	3 (3,7 %)	10 (12,6 %)	79
Citas Realizadas	408 (95,7 %)	4 (5,1 %)	14 (3,2 %)	426
Diez autores más alegados	13 (16,4 %)	0	0	13
Citas de estos autores	324 (76,05 %)	0	0	324

El 82,2 % de autores pertenecientes a la Antigüedad Clásica (muchos de los cuales aparecen con más de una obra) y el elevado número de citas atribuido a ellos (= 95,7 %) demuestran la supremacía absoluta de las autoridades antiguas y el peso abrumador del Mundo Clásico en la conformación de las obras de los humanistas. Los diez autores más citados son grecolatinos y son éstos por orden de frecuencia: Plinio, Cicerón, Platón, Aristóteles, Horacio, Virgilio, Galeno, Hipócrates, Dioscórides y Plutarco.

2.2.- La sal y la técnica de la salazón: la higroscopicidad de la sal.

La salazón se basa, como es sabido, en el hecho de que la sal es muy higroscópica y retiene grandes cantidades de agua. La denominación **higroscópico** deriva del griego *hygro-* ὑγρός (gr. 'húmedo') + *skop-* σκοπέω (gr. 'mirar detenidamente') y se refiere a todos los compuestos que atraen agua en forma de vapor o de líquido de su ambiente. Así, al colocar un alimento en sal conseguimos que poco a poco pierda el agua, con lo que no podrán tener lugar los procesos de putrefacción. Así describe Plinio (*nat.* 31, 98) esta propiedad de la sal que también recogerá Miedes en su obra: *"La sal es por naturaleza ígnea y al mismo tiempo enemiga del fuego, del que huye; lo corroe todo, pero a los cuerpos los astriñe, seca, comprime y a los cadáveres los libra incluso de la putrefacción, de modo que perduran durante siglos".*

Para entender este proceso de higroscopicidad es necesario conocer la naturaleza físico-química de la sal, que sólo desde el siglo XIX es conocida con el nombre de **cloruro sódico**, es decir, un compuesto formado por dos elementos (un ácido más una base):

- el **elemento sodio**, un metal de color plateado que reacciona tan violentamente con el agua, que produce llamas cuando el sodio se moja,

- el **elemento cloro**, un gas de color verdoso tan venenoso, que fue usado como un arma en la Primera Guerra Mundial.

Cuando estos elementos químicos se enlazan, estas dos peligrosas substancias forman un compuesto, un cristal, el cloruro de sodio, tan inofensivo ya, que lo comemos todos los días: la sal de mesa común. A pesar de ser un elemento conocido e imprescindible desde las civilizaciones más antiguas, habrá que esperar hasta el 1807, año en que se aisló por primera vez el sodio, para llegar a aprehender la verdadera naturaleza de la sal. Pero ¿cómo era conocida en la Antigüedad Clásica? ¿cómo describían los autores grecorromanos la naturaleza físico-química de la sal? En este estudio histórico-filológico de la estructura físico-química de la sal estoy trabajando en la actualidad, pero les adelanto algunos datos:

En 1869, el químico ruso Mendeleyev propuso por primera vez que los elementos químicos exhibían una "propiedad periódica" y los agrupó en una tabla con hileras y columnas. Pues bien, desde los cuatro elementos primarios que se hallaban en la base del universo físico para los filósofos jonios o monistas (Guthrie, 1962, I 39 et ss.) hasta los 118 elementos puros que hay en la naturaleza, catalogados en la tabla periódica, el camino recorrido ha sido largo. En una empresa tan novedosa y ambiciosa como es la elaboración de una enciclopedia sobre la sal, no puede faltar en un lugar destacado la definición física del más antiguo de los condimentos. ¿En que punto de ese largo camino se halla la definición de Gómez Miedes?

El prelado alcañizano define la sal [MIED. *sal.* I, 14,1] como *«una especie de jugo (succus mistus) compuesto de tierra y de humor (ex terra et humore), condensado por la fuerza del calor (ui caloris concretus) en sabor salado, de facultad cálida y seca (calidus et siccus), pero que puede contener en sí misma las restantes cualidades primarias, no pasivas, tan útil y necesaria para la naturaleza y la conservación de las cosas, que parece que ha sido creada completamente por inspiración divina, ora para la fecundidad de los seres vivos, ora para su salud y el disfrute de la vida».* Y para poner un ejemplo de mineral de similar «solidificación» [*concretio*] inserta en su segunda edición un apéndice «señalado» con asteriscos, de apenas dos líneas, sobre la solidificación del *crystallus* (gr. krýstallos), a partir de la explicación de Diodoro Sículo (*cf.* D. S. 2,52): se trata de «agua pura solidificada en piedra (*lapis*) no tanto por el frío como por la fuerza del divino calor».

Aunque todavía estamos lejos de la descripción físico-química moderna de la sal, encontramos una definición de la sal que la considera un "compuesto" formado por la mezcla (*mistus succus*) de dos elementos básicos o primarios (*terra et aqua siue humor*) y es el resultado de una solidificación idéntica a la que experimenta el *crystallus*. Gómez Miedes coloca la mayoría de sus observaciones al amparo de alguna autoridad, generalmente clásica. ¿Por qué no apoya su definición con el nombre de alguna autoridad en la materia, clásica o no? ¿Acaso es suya esa definición? Veámoslo.

Las primeras nociones científicas de mineralogía hay que buscarlas en los *Meteorológicos* de Aristóteles, lo más parecido a un tratado de química (Junceda, 1981, 37-58). Reconoce los cuatro elementos propuestos por Empédocles, el aire, el agua, la tierra y el fuego, pero les integra cuatro atributos que considera de máxima universalidad y que se dan como parejas contrarias: el calor y el frío (potencias activas), la humedad y la sequedad (potencias pasivas). La explicación de todos los fenómenos cíclicos de la naturaleza se realiza mediante las interacciones entre dos formas de exhalaciones, una seca y caliente y otra húmeda y fría, que producen la transición entre los cuatro elementos clásicos. Esta teoría prácticamente se mantendrá intacta durante más de veinte siglos (Halleux, 1974, 65 et ss.).

La sal aparece descrita escuetamente por el filósofo griego (*Meteor.*388b.10-17) como un cuerpo solidificado por el calor, cuyo componente esencial es la tierra, frente al hielo (krýstallos), que es esencialmente agua solidificada por el frío. «Aquellos de los cuerpos sólidos que se solidifican por efecto del frío son de agua, v.g.: el hielo [gr. krýstallos], la nieve, el granizo, la escarcha; los que se solidifican por el calor, son de tierra, v.g.: la arcilla, el queso, el natrón, las sales [gr. háles]» (Candel, 1996, 417).

Gómez Miedes, pues, al no considerar el "cristal" como "hielo congelado" no sólo se está apartando de la tradición aristotélica, sino incluso de la escolástica y bíblica.

Plinio el Viejo consagró los libros XXXIII a XXXVII de su *Historia Natural* a la descripción de los minerales (Healy, 1986, 111-146), dando a conocer las propiedades sobrenaturales o medicinales que les atribuyeron los antiguos. La sal y sus aplicaciones ocupan numerosas partes de la enciclopedia pliniana, pero no incluye su estudio en el bloque dedicado al «reino mineral» (libros XXXVI-XXXVII), sino en el dedicado a la farmacopea animal, casi al final del libro XXXI que contiene «los remedios procedentes de los animales acuáticos». No encontraremos aquí una definición precisa de la sal, sino una escueta descripción del condimento mediante ablativos absolutos, *umore coacto uel siccato* (*nat.* 31,73), es decir, «líquido condensado o desecado» por acción de *aestivi soles*. Define a su vez el *crystallus* como (*nat.* 37, 23) *gelu uehementiore concreto,* es decir, "hielo solidificado por un frío muy intenso". Estilo abrupto, braquilógico, que obedece a las reglas de la expresión condensada del *sermo technicus* que ya Catón respetaba y que contribuyó a la fama de oscuro del naturalista.

Las Sagradas Escrituras y los autores cristianos no dicen apenas nada sobre la naturaleza de la sal, salvo sobre su valor etimológico y simbólico (incorruptibilidad, hospitalidad, etc.) y usos en diferentes sacrificios. El libro XVI de los *Etymologiarum siue originum libri XX* de San Isidoro de Sevilla (570-636 d.C.) trata de la mineralogía (*De lapidibus et metallis*) y utiliza la subdivisión en piedras, gemas y metales, adoptada ya por Plinio. Realiza las siguientes etimologías de la sal, en el apartado *de glebis ex aqua*, productos térreos procedentes del agua (ISID. *orig.*16, 2, 3-6) y del cristal (en el apartado *de crystallinis* (ISID. *orig.*16,13,1):

> «Piensan que la sal se llama así porque salta cuando se la echa en el fuego. Otros consideran que se llamó sal por *salum* (mar) y sol. [...] De ahí hay quien piensa que tomó su nombre la salud (*salus*), pues no hay nada más útil que la sal y el sol».
>
> «El cristal es luminoso y del color del agua. Se dice que es nieve endurecida por el hielo durante años, de ahí que los griegos le impusieran tal nombre».

Durante el tiempo que transcurrió de Plinio (24-79 d.C) a Avicena (980-1036) no se encuentran escritos referentes a los minerales. En correspondencia con los *Meteorologica* de Aristóteles, algunas secciones de la *Shifā (Libro de la curación)* y del libro *Najāt (Libro de la salvación)* de Avicena examinan *«las cosas altas»* y lo que el filósofo y médico árabe llama la formación de las cosas inanimadas. Cerca del año 1200, el inglés Alfredo de Sareshel tradujo parte de las secciones de la *Shifa*, parafraseándolas directamente del árabe al latín, y a esta paráfrasis le puso el título de *De mineralibus* (S. F. Afnan, 1965, 286). Agrupó los minerales en cuatro clases: las *piedras* o cuerpos incombustibles, los *metales* o sustancias fundibles, los *sulfuros* y las *sales*, cuyo nombre aparecía por primera vez en un sistema de mineralogía, indicando materias que se disolvían en el agua, mezclándose con ella para constituir líquidos cuyas propiedades dependían, naturalmente, de las que la sal tuviera. Considera la sal como una "sustancia acuosa que el calor solidifica con ayuda de la fuerza de la sequedad de la tierra" (Achena-Massé, 1986, 51-53).

Dos siglos después Alberto El Grande (1193-1280) escribió un tratado *De mineralibus et rebus metallicis libri quinque*, en el cual se dan a conocer las enseñanzas practicadas en aquellos tiempos. Ciertas ideas antiguas relativas a los minerales cristalizaron en el supuesto de que por el calor interno fueron destilándose los metales en las grietas del suelo, rellenándolas y originándose así los filones metalíferos. Pero no hallamos en él una definición precisa de la sal (he consultado la edición editada en Estrasburgo, en 1541).

¿De dónde procede la novedosa definición de Gómez Miedes? Después de analizar y estudiar diversas obras sobre mineralogía del siglo XVI descubrí la verdadera fuente: el alemán *Georgius Agricola* (1494-1555), considerado uno de los fundadores de las modernas mineralogía y metalurgia. En su *De ortu et causis subterraneorum* (Agricola, 1558, 43-44) reconoce la inexistencia de una adecuada definición de la sal desde Aristóteles, pasando por Teofrasto y Alberto el Grande: «Pero sobre el origen de los jugos condensados Aristóteles no hace mención alguna. De la sal sólo dice que es una especie de tierra y que la exhalación seca produce por ignición, como el azufre y el rejalgar. Lo que opinara Teofrasto se ignora, pues su libro *Sobre la sal, el nitro y el azufre* se ha perdido. Alberto en cambio piensa que las sustancias que participan de dos cosas contrarias, entre las que incluye los jugos condensados, salvo el betún y el azufre, se producen a partir de la mezcla de exhalación y vapor, es decir, como él afirma, de la combinación material del metal y la piedra» (la traducción es mía).

Agricola no define la sal en un lugar concreto de sus obras sobre minerales, sino por diversos lugares, definición que yo he recopilado de diversos pasajes así: es un *succus concretus macer qui nascitur ex liquore permisto cum terra.* El término SVCCVS es la primera vez que lo encuentro aplicado a los minerales y es, como hemos visto, el que utiliza Gómez Miedes para definir la sal. *Agrícola* define un *succus* como un "humor graso y siempre compuesto": *CRASSVS ET MISTVS SEMPER HVMOR.* Por su parte considera el *CRYSTALLVS,* un *LAPIS* (una "piedra", como Diodoro, no "hielo congelado", como Aristóteles, la Biblia y los autores cristianos), es decir, un "cuerpo fósil seco y duro", *CORPVS FOSSILE SICCVM ET DVRVM INTRA TERRAM FRIGORE (sic) DENSATVS.*

En fin, la fuente «mineralógica» principal de Gómez Miedes para la definición físico-química de la sal es claramente el alemán *Agricola*, silenciada por el peso de la censura inquisitorial en el siglo XVI, recelosa de los libros procedentes de la zona protestante (Ramos Maldonado, 2000, 231). Por ello la única fuente que se puede permitir citar sin despertar sospechas y que está más cerca del pensamiento del científico alemán y por extensión del propio Miedes es la de un autor griego, Diodoro Sículo -al que considera junto con Heródoto, el más importante historiador de la Antigüedad, como luego dirá-, el cual le ofrece una definición de un mineral de "cristalización" parecida a la de la sal. Estamos, pues, en el siglo XVI, en el camino recto hacia el conocimiento químico de la sal, aunque haya que esperar al principio del siglo XIX para que se produzca el primer paso de gran relevancia.

Una vez descrita la naturaleza física de la sal, Gómez Miedes aborda la característica más específica de nuestro blanco condimento: su capacidad de conservación de las carnes. Así en I 13, 7 dice de dónde procede esta capacidad: "De aquí, de la madre tierra, contrae una sequedad sumamente eficaz que contribuye muchísimo a la conservación de las cosas, pues reduce la abundancia de grasa y consume los líquidos sobrantes del cuerpo para que no se pudran".

Y un poco después, en I 15, 1-2, añade: "Puesto que la sal consta, por tanto, de tierra y de agua y participa también de las cualidades primarias de los otros elementos, de las cuales la frialdad y la humedad son en ella tan ociosas que apenas se sirve de ellas, pero con la sequedad y el calor la sal desarrolla plenamente sus posibilidades y funciones, resulta que deducimos que es cálida y seca y, por tanto, salada. Cuando el calor crece y aumenta sobre el humor, si continuara secando, como un poco más arriba he apuntado, se forma el sabor salado. Por ello resulta que todo lo salado también quema y seca".

Sobre la facultad ígnea de la sal reflexiona en otros pasajes donde nos ofrece incluso un proverbio clásico, concretamente de Zenobio (I, 84), que hace referencia a esta propiedad. Dice en II, 5, 6-7: "La sal, además, ¿qué fuego no tiene encerrado en su calor -un fuego tanto divino como terrestre del que nos servimos-, como para poder decir no insulsamente esto?: *La sal tiene energía ígnea y origen celeste.* Es tal, pues, el calor que posee que se la considera necesaria para cocer los alimentos crudos y al mismo tiempo adecuarlos a la cocción y al estómago. Aunque el estómago siente aversión por los alimentos crudos y, salvo que se cuezan con fuego, de ningún modo nos alimentamos de carne, sin embargo, el poder ígneo de la sal consigue sin fuego librar de su estado de crudeza y cocer con su calor a las carnes o los peces que están cubiertos de ella e incluso los vuelve apropiados al estómago. El poco o casi inexistente calor externo que estas salazones necesitan para cocerse se demuestra con el proverbio griego ταριχός [ὀπτός] εὐθύς, ἄν ἴδῃ τὸ πῦρ, es decir, se piensa que UNA SALAZÓN SE CUECE CON SÓLO VER EL FUEGO".

2.3.- Los profesionales del *ars salsamentaria.*

Diversas son las denominaciones que hallamos en los *Commentarii de sale* para aludir a los mercaderes y trabajadores de la sal y las salazones, una profesión vilipendiada por algunos sectores, según parece testificar Gómez Miedes en I 8,1: "Por esta razón decía [un antisalista] que la sal, excremento de la tierra y del mar, la habían inventado en este sentido los *cupedinarii*, los hombres más depravados, para poder honrar con ella su profesión y alimentar siempre la insaciable peste de la gula. Convenía, por consiguiente, no sólo enviar lejos del Estado a esos *salgamarii* junto con su condimento, sino también suprimir el uso de la sal, como algo pernicioso y en absoluto necesario para los mortales".

Para entender en qué sentido utiliza Gómez Miedes estos dos conceptos, *cupedinarii* y *salgamarii,* hay que leer los siguientes pasajes. El humanista, en su papel de Metrófilo, se erige en el defensor de la industria de la salazón, *salsamentaria ars* (II 45, 2) que equipara a otras artes u oficios como las de banquero, armador, mercader, pintor, jardinero, decorador o panadero. Refuta, pues, a esos desagradables "antisalistas", remontándose a la Antigüedad Clásica para honrar la profesión de mercader de salazones. Así en I, 20, 2 dice: "Y son incluso los más desagradables de todos los «antisalistas» que sostienen que ese estrechísimo vínculo existente entre la sal y el gusto, ya sea natural, ya sea que lo hayan convertido en arte, como ellos proponen, los propios *cupedinarii* (a los cuales los griegos llaman ταριχοπῶλαι y Marcial *salarii* [MART. 4,86,9]) debe destruirse junto con sus artífices como muy pernicioso para el Estado". El término *cupedinarii,* pues, alude a los vendedores de "exquisiteces" o "golosinas", alimentos que sirven más para el gusto que para el sustento.

Y a continuación (MIED. *sal.* I 20, 4) equipara los *salsamentarii* con los *salgamarii* según un pasaje de Columela: "Hubo en otro tiempo *salsamentarii* de este tipo que Columela [COLVM. 12,46,1; 12,56,1] llama *salgamarii* por los *salgama,* término este que abarcaba a todos los alimentos en conserva [*conditanea*] que, tras aplicárseles sobre todo sal, se conservan en recipientes para nuestro sustento. Piensa, pues, que los *salgamarii* son los que venden "conservas" (*salgama*)".

El Código, por otro lado, parece aludir con el término *salgamum* a una práctica habitual de extorsión con alimentos que practicaban soldados y otros grupos sociales (MIED. *sal.* I 20,5): "En efecto, en Roma existieron escuelas, o mejor dicho, gremios de *salgamarii,* así como también de panaderos y de mensajeros. Y en los XII libros del «Código» se contiene una ley que prohíbe ofrecer *salgamum* a los huéspedes en estos términos: «Que ningún noble, tribuno, gobernador o soldado, con el pretexto del *salgamum,* obtenga por la fuerza de sus huéspedes colchones, madera, aceite». [cfr. COD. *Theod.* 7,9: *De Salgamo hospitibus non praebendo*: VII,9,2 (a. 340/361 Oct. 11)].

En el *Hierolexicon siue sacrum dictionarium* de los hermanos Domenico y Carlo Magri (Magri, 1677, s.u.) leemos lo siguiente a propósito del término *salgamum*: "SALGAMUM. Cellarium, sive cella penuaria, vulgo Dispensa, et graeco vocabule σαλγαμα quod esculenta significat. [Et salganum positum ante domum suprascripti Monaterii. S. Gregor. in Regist. lib. 5. epist. 44.] sed Columella lib. 12. cap. 53. Salgamarium, Salsamentarium intelligere videtur".

En I, 31, 4 utiliza otra denominación para los que se dedican a la conservación con sal de las carnes: "Después de estas palabras queda claro que casi todas las propiedades de los conservantes se contienen en la sal y que la sal se emplea principalmente para conservar cuerpos. Por ello, a los conservadores de este tipo se les daba el nombre de *salinatores*, llamados así por la sal, el medicamento, por así decirlo, principal y más necesario para la conservación, como refieren Heródoto y Diodoro, los historiadores de más peso de la Antigüedad". Pero esta técnica de salazón o conservación de cuerpos con sal se refiere al "embalsamamiento" de cadáveres. Miedes emplea la denominación de *salinatores* como la traducción más adecuada del griego «tarijeutai» de «tarijeúo», salar, poner en conserva o salazón, verbo griego que Heródoto y Diodoro [Hdt. II, 86; III, 10-16; D.S. I,91,2] utilizan para referirse a la técnica de "embalsamar" con sal, que es la que proporciona, según los historiadores griegos, la conservación mas duradera y resistente de la carne.

2.4.- Tipos de sal y yacimientos de sal en España y en el Mediterráneo Occidental.

Las salinas vienen siendo explotadas desde antes de los romanos, pero éstos extendieron el uso de la salazón y establecieron grandes factorías para ella, por lo que se requería la explotación generalizada e intensiva de todas las salinas existentes. Este uso dio valor estratégico a la sal y desde entonces la propiedad de las salinas fue un bien preciado, justificando conflictos y generando riqueza en su entorno. Gómez Miedes distingue entre sales naturales y artificiales. Estas son, pues, las sales y los lugares de donde se extraen o condensan según los *Commentarii de sale* (libro II), deteniéndome especialmente en los yacimientos ubicados en España y el Mediterráneo occidental, lugares recorridos personalmente por el humanista, pues también se describen en la obra las salinas del Norte de Europa, de África, Asia y el Nuevo Mundo:

A. SAL NATURALIS

A. I. SAL FOSSILIS: En II, 71, 3 dice a propósito de la sal fósil de montaña: "Y por esta razón los franceses, cuya región es fría y húmeda, carecen en su mayor parte de sal fósil de montaña; los españoles, por el contrario, que habitan una región cálida y seca y que hacia el sur está más expuesta a los ardores del sol gracias a que los montes hacen frente al Aquilón, abundan en sal fósil de montaña y cualquier otro tipo de sales." Confiesa que las mejores están en la *Hispania* Tarraconense y son la de Cardona y la de Egelesta, sobre las que después volverá.

A.II. SAL AQVATILIS:

II.1. De salibus fontanis et fluuialibus. Las sales de fuente: para usos medicinales y terapéuticos. Destaca las sales de las fuentes de Salsula, en la Galia Narbonense donde, con una fortificadísima fortaleza española que recibe el nombre de sus fuentes, los españoles delimitan las jurisdicciones de los franceses (Estrabón y Pomponio Mela). Es más salada que el agua de mar.

II.2. De sale puteali. La sal de pozo: como la de Volterra de Etruria; la de Selinonte en Sicilia; la sal de Naval en Huesca; las salinas muy antiguas, en la comunidad provincial de Zaragoza cerca de Montalbán, una insigne población de los celtíberos, muy cerca de cierto municipio que vulgarmente llaman Armillas, casi *Halmyrillas*, es decir, *Salinulas*, del griego ἁλμυρόζ que significa *salado*; la de Tortosa, junto al Ebro.

II.3. De sale lacustri. La sal de lago: la *tarentina*, en la Apulia, por Tarento; la *agrigentina* en Sicilia; la del lago *de la Mata* (Alicante) "en el reino de Valencia no lejos del golfo de Elche, distante del mar casi una milla y media".

II.4. De sale marino. La sal marina:

a) Las salinas de Denia, Játiva y las antiquísimas de Calpe, junto al peñón de Ifach, sobre las que dice (II 76 3): "También la sal se condensa entre los calpetanos vecinos de esta costa, junto al peñón de Ifach [...]. A sus pies, por donde se une con el continente, hay una zona extensísima rodeada de muchas salinas. En efecto, excavadas allí las rocas, unos canales muy largos reciben las olas que se elevan del mar, las cuales luego desaguan en algunas zonas rasas, donde, una vez que el agua de mar se condensa por efecto del rocío del cielo y el soplo del Aquilón, producen este tipo de sal. Y los calpetanos, que la utilizan para salar después de capturar peces (cuya pesca es muy espléndida en ese mar) realmente ven acrecentados ora sus riquezas, ora su renombre de pueblo pescador, porque los peces salados con esta sal y enviados por todas las zonas de los alrededores y a las tierras del interior, están mucho más deliciosos que los recién pescados que no han sido salados".

b) Salinas de Alicante y en el golfo de Elche.

II.5. Sal obtenida del agua del mar que desemboca en las aguas dulces de lago.

a) Salinas de Ibiza frente al cabo de Ferraria o Hemeroscopion: "Es tan inmensa, por ello, la cantidad de sal que se saca, que aquel lago con su sal puede condimentar en abundancia no sólo toda la costa de la Galia junto con la de Liguria, a las cuales se exporta, sino a Europa en general".

b) Salinas de las islas Baleares, la isla mayor abunda en aceite de sal.

c) La sal calaritana de la isla de Cerdeña.

III. *De salibus Hispanicis*:

a) La sal de Alcýmena o Almenara, a cuatro millas de Sagunto.

b) La sal de la albufera valenciana.

c) La sal de Cardona de los Castellanos, junto al río Llobregat,, en la Tarraconense: fósil y acuática.

d) La sal egelastana (fósil y acuática) o de Enyesta, por Egelasta, población insigne y muy antigua de la España Citerior, antaño de la comunidad provincial de Cartagena y actualmente emplazada en la zona más al exterior del reino de Castilla, por donde Valencia se orienta hacia el oeste: se trata de la mina llamada *de Minglanilla* que en aquella época no existía como núcleo urbano, sino como terreno de Egelasta (Iniesta), que está realmente en el término municipal de La Pesquera (Cuenca), y que se ha explotado casi continuamente desde época romana hasta mediados del siglo XX.

B. SAL FACTITIVS SIVE ARTE CONFECTVS

Después de enumerar y describir las sales naturales, tanto marinas como terrestres, que la naturaleza engendra de forma espontánea, Gómez Miedes aborda el tema de las sales artificiales o producidas con alguna técnica, pues en los lugares donde la naturaleza no ha producido sal ni es asequible y fácil exportarla de otro lugar "es asombroso cuán ingeniosa ha sido la agudeza humana en reproducirla". "Unos vierten – dice en II 83, 2- agua salada sobre maderos ardientes y los carbones resultantes se convierten en bloques de sal. Otros asimismo (según escribe Teofrasto, cuyo opúsculo sobre la sal lamentablemente se ha perdido) acostumbran a cocer en agua ceniza de caña y de junco, hasta que queda un poco de líquido que se convierte en sal. También se puede volver a cocer el agua salada de las salazones, cuyo líquido, consumido por segunda vez, recobra su naturaleza original (PLIN. *nat.* 31,83). Galeno, por último, enseña a hacer sal con vino en su libro *La utilidad de la respiración*, si se seca el vino con humo, puesto que las heces del vino son saladas".

También puede obtenerse sal "no sólo de las maderas, sino de las hierbas y casi todas las hojas de los árboles quemadas, si sus cenizas se cuecen en agua, aunque sea una sal algo amarga y de ínfimo género, no obstante, se obtiene por la fuerza de un calor abrasador" (II 83, 4).

Refiere, por último, un tipo de sal artificial "abominable" utilizada por ciertos pueblos bárbaros del interior de la región occidental del Nuevo Mundo (II 83, 5): "Se hace a partir de las heces humanas..., luego se cuecen de nuevo con agua y unas hierbas especiales según una costumbre exclusiva de aquéllos. Lo cierto es que este tipo de sal, así como es el peor y así como es fétido y propio de bárbaros, así también para todos los que no han hecho un uso frecuente y habitual de él durante un tiempo largo y duradero, es desagradable y aborrecible, provoca náuseas y es considerado muy despreciable. Por esta razón no debe incluirse entre las sales verdaderas y puras, pues hay en ella más de amargo que de salado, y huele, cosa que no es propia de la verdadera sal".

Y termina describiendo (II 83, 6) "otra semejante que los fabricantes de pólvora suelen extraer del estiércol viejo de los rebaños, de las manadas y de los caballos y mezclarlo con sal de nitro y azufre. Todo estiércol, así pues, está dotado de un líquido bilioso, agrio y algo salado y entre otros desechos está principalmente la orina de cada cual. Pero esta sal es más soportable que la anterior, porque no se emplea para la comida, sino para otras necesidades".

Y cuando no es posible reproducirla artificialmente la única solución es exportarla o importarla, como describe Miedes a propósito de algunos pueblos de África (II 12, 4-5): "Dicen que allí hay una región tierra adentro en un lugar llamado Tagaza, muy abundante en sal pétrea, en cambio, es pobre en otros recursos, sobre todo en oro. Por esta razón los que habitan cerca de allí la exportan a lugares vecinos que están muy necesitados y ávidos de sal y a cambio se llevan a sus hogares una gran cantidad de provisiones. En efecto, en el reino de Mali, cercano a Tagaza, en el que un calor intensísimo causa estragos, está tan unida la necesidad de sal con la gran utilidad que reporta a la vida y a la salud, que sin sal el pueblo piensa que se les escapa la salud y la vida, pues a ellos les hierve la sangre hasta tal punto en determinadas estaciones del año, que, a no ser que lo remedien con sal, al punto se mueren por una súbita hemorragia. Y a esta enfermedad le ponen remedio con este único, por así decirlo, antídoto: chupar continuamente sal derretida con agua. Por lo cual ocurre que en esta misma provincia, que a causa de la esterilidad de su suelo carece de casi todo tipo de cuadrúpedos, es notable e ininterrumpido el tráfico y mercadería de sal, que transportan de un lugar a otro a hombros de los habitantes".

3.- Conclusión.

Gómez Miedes llega a la conclusión que de todas las sales naturales la "sal egelastana" es la que se lleva la palma de todas la sales del mundo y que esta sal, que describe Plinio, es la de Enyesta (Iniesta) porque "tras explorar y estudiar cuidadosamente toda la comunidad provincial por doquier, no he oído decir que en ese lugar se hubiera encontrado ninguna salina que abundara en sal fósil de montaña y compacta y tampoco en una sal de este tipo tan transparente, cuya sal fuese tan habitual como esta de Egelasta" (MIED. *sal.* II 81, 5).

Termino con estas palabras que resumen perfectamente el objetivo último de mi comunicación: mostrarles la labor de los humanistas. Esta nueva generación de hombres aunaban en su persona las labores que hoy desempeñamos de forma especializada y, en ocasiones, muy aislada, filólogos, científicos de la naturaleza, historiadores y arqueólogos. Sus ediciones de textos *De piscibus* y *De sale* revelan una actitud respetuosa con la Antigüedad Clásica sin igual, pero a la vez crítica y empírica, muy cercana a la ciencia moderna. Por su labor de recuperación, estudio y comentario de los mejores manuscritos y textos clásicos, punto de partida para sus diferentes investigaciones, pueden ser una puerta de acceso interesante para un conocimiento más completo de la Antigüedad, y en este contexto, de la sal, las salazones y las *cetariae*.

Bibliografía

ACHENA, M. - MASSE DE, H. (1986): *Avicenne. Le livre de science, I. Logique, Métaphysique. II. Science naturelle. Mathématique*, Paris.

AFNAN, S. F. (1965): *El pensamiento de Avicena*, México-Buenos Aires.

AGRICOLA, G. (1558): *"De mineralibus [De ortu et caussis subterraneorum. De natura eorum quae efluunt ex terra. De natura fossilium. De ueteribus et nouis metallis. Bermannus siue de re metallica]",* In officina Frobebiana per Hieronymum Frobenium et Nicolaum Episcopum, Basilea.

CANDEL, M. (1996): *Aristóteles. Acerca del cielo, Meteorológicos*, Madrid.

D'ARDOIS, S. (1999 [=1960]): *Historia Natural de Cayo Plinio Segundo, trasladada y anotada por el Doctor Francisco Hernández (libros I a XXV) y por Jerónimo de Huerta (libros XXVI a XXXVII) y apéndice (libro VII, capítulo LV)*, UNAM, México.

GUTHRIE, G. K. (1962): *A History of Greek Philosophy*, Cambridge.

HALLEUX. R. (1974): "Le problème des metaux dans la science antique", *Bibliothèque de la faculté de philosophie et lettres* de l'Université de Lièges, CCIX.

HEALY, J. F. (1986): "Pliny on Mineralogy and Metals", R. French - F. Greenaway, (eds.), *Science in the Early Roman Empire: Pliny the Elder, his Sources and Influence,* Cambridge.

JUNCEDA, A. G. (1981): "Los `Meteorologica' de Aristóteles y el `De mineralibus' de Avicena", *Milenario de Avicena.* Actas del Coloquio Internacional celebrado en Madrid en marzo de 1980, Madrid.

LÓPEZ PIÑERO, J. Mª (1979): *Ciencia y técnica en la sociedad española de los siglos XVI y XVII*, Barcelona.

MACRO, D. – C. (1677): *Hierolexicon sive sacrum dictionarium: in quo ecclesiasticae voces, earumque etymologiae, origines, symbola ... elucidantur. Opus figuris ornatum, quod praecedit index criticus, ac subsequuntur syllabus Graecarum vocum exoticarum ... & Contradictiones apparentes Sac. Script. ab eodem Dominico conciliata & ex eius schedis in hac tertia & postuma impr. aucta.* Romae.

MINONZIO, F. (1988-89): *Appunti* sul *De romanis piscibus, Periodico della Società Storica Comense,* LIII.

PORRES MARIJUÁN, R. (2003): *Sazón de manjares y desazón de contribuyentes. La sal en la corona de Castilla en tiempos de los Austria*, Universidad del País Vasco, Bilbao.

RAMOS MALDONADO, S. (1998): "Fuentes científicas en la obra del humanista Bernardino Gómez Miedes", *Minerva 12*, 181-201.

RAMOS MALDONADO, S. (1999): "El clero y el cultivo de la ciencia en el siglo XVI: la actividad científica del humanista alcañizano Bernardino Gómez Miedes", *La filología latina hoy. Actualización y perspectivas*, Sociedad de Estudios Latinos, Madrid, II, 1245-1253.

RAMOS MALDONADO, S. (2000): "Humanismo, censura y mineralogía: la formación del cristal de roca y la sal según Palmireno y Gómez Miedes", *Studia Philologica Valentina* 4, 209-235.

RAMOS MALDONADO, S. (2003): *Bernardino Gómez Miedes. Comentarios sobre la sal*, Madrid-Alcañiz, Instituto de Estudios Humanísticos – Ed. Laberinto – C.S.I.C., Alcañiz – Madrid, 3 vols.

FISH-SALTING WORKSHOPS IN SABRATHA

A. WILSON
University of Oxford, UK.

1.- Introduction.

The city of *Sabratha* is, along with *Lepcis Magna*, one of Libya's most picturesque Roman sites. The modern visitor is struck by the quantity and quality of monumental buildings exposed and partly re-erected in a programme of clearance excavation that started under Mussolini and continued, in various forms, until the 1950s. Today the ruins suggest a charming and peaceful city, rich in marble architecture and sculpture—a picture-postcard Roman town. Yet this undoubtedly gives a false picture of what the city was like as a place to live and work in during antiquity. The Italian excavations of 1925–1942 had a political purpose, to reveal the grandeur of the Roman civilisation in North Africa, as part of a programme of presenting Fascist Italy's occupation of Libya as a restoration of Roman/Italian civilisation in the region (Munzi, 2001). Both in the initial excavation and in the subsequent publications attention was concentrated on the public buildings. But the same clearance excavations that laid bare the heart of the city before the Second World War also revealed domestic and commercial quarters around the *forum*. Whole areas of houses, shops and workshops were stripped in many cases down to early Roman floor and street levels, apparently without surviving record of their stratigraphy and artefacts. With the exception of some sondages made after the Second World War by Kathleen Kenyon and John Ward-Perkins in Insula II.10 (Kenrick, 1986), none of the excavations of the domestic and commercial structures was ever published. A wealth of data on the everyday life of *Sabratha* has thus been lost.

However, we can still glean something from the surviving remains. Before the lifting of the embargo on air travel to Libya in 1999, British teams working in the Sahara and at Benghazi travelled in overland from Tunisia and we were kindly accommodated at *Sabratha* by the Libyan Department of Antiquities. I had the opportunity to explore the site on several occasions and was struck by several buildings containing groups of vats or tanks. Thanks to the kindness and help of Mabruk Zenati, Controller of Antiquities for Sabratha, I was able to photograph, measure and record them in the course of brief visits to the site. No cleaning or excavation was undertaken (Wilson, 1999; 2002a; 2002b, 242-8).

Among the remains still visible at the site are at least 18 sets of vats, in groups of 2, 3 or 4 vats (Figures 1–2). They tend to measure between 80 cm and 1.75 m on a side, and many are up to 1.5 m deep to the current fill. They are lined with waterproof cement—usually the greyish-brown mortar with gravel inclusions that is commonly found as a waterproof lining for hydraulic features in Tunisia and Tripolitania; less often they are lined with a whitish cement with large terracotta inclusions. The internal angles are rounded, and the renders extend also across the upper surfaces of the divisions between vats.

Figure 1 - Sabratha, vat group 4, consisting of two large vats, a smaller one, and a terracotta dolium in situ in the left foreground (Photo: A. Wilson).

Figure 2.- Sabratha, vat group 5 (Photo: A. Wilson).

Actas del Congreso Internacional *CETARIAE. Salsas y salazones de pescado en Occidente durante la Antigüedad*, Universidad de Cádiz, Noviembre de 2005, *B.A.R. int. ser.* 1686, Oxford 2007, 173-181.

Because the pre-war clearance excavations have arbitrarily removed floor and ground levels, it is often difficult to establish the relationship of the vats to the walls that surround them, which complicates any assessment of their function. In many cases a group of vats is enclosed by three or four walls with a doorway on one side, and thus appears to be located within a small room. The upstanding walls are usually in large ashlar masonry, and it is clear that the vats have not been subsequently excavated within rooms that already existed—to do so would have undermined the walls.

Figure 3.- Sabratha, vat group 8. Note the difference between the small masonry construction of the vats and the upstanding ashlar walls above them. Scale: 0.5 m. (Photo: A. Wilson).

Indeed, in some cases it is demonstrable that the upstanding walls belong to a late phase; in vat groups 4 and 5 the walls are not exactly aligned with the vats and appear to sit on top of the water-proofing render covering the division walls (Figures 1–2). In other cases, as in Group 8, the vats themselves are constructed from small blockwork, and the overlying walls are in large ashlar (Figure 3)—an unlikely sequence of construction if both were planned as part of the same phase, and here too it looks as though the ashlar walls belong to a later phase. Nevertheless, there are other cases where the walls and vats may be contemporary, as in vat group 15, where the walls are plastered down to the level of the top of the vats (Figure 5). There are three vats in this group, and from the area not occupied by a vat a doorway leads through to a second room of the same property.

The vats in most cases are thus either contemporary with or earlier than the walls now visible around them. In the instances where the walls are later, the fact that they usually respect the orientation and limits of groups of vats may be explained by the desire to use the external vat walls as foundations, rather than building load-bearing walls across the unconsolidated fills of disused vats.

Dating the complexes is difficult because of the loss of the associated stratigraphy. Possibly they may belong to the Flavian period of rebuilding in the area around the forum after an earthquake; alternatively, they may predate such rebuilding. They are clustered around the forum and the area

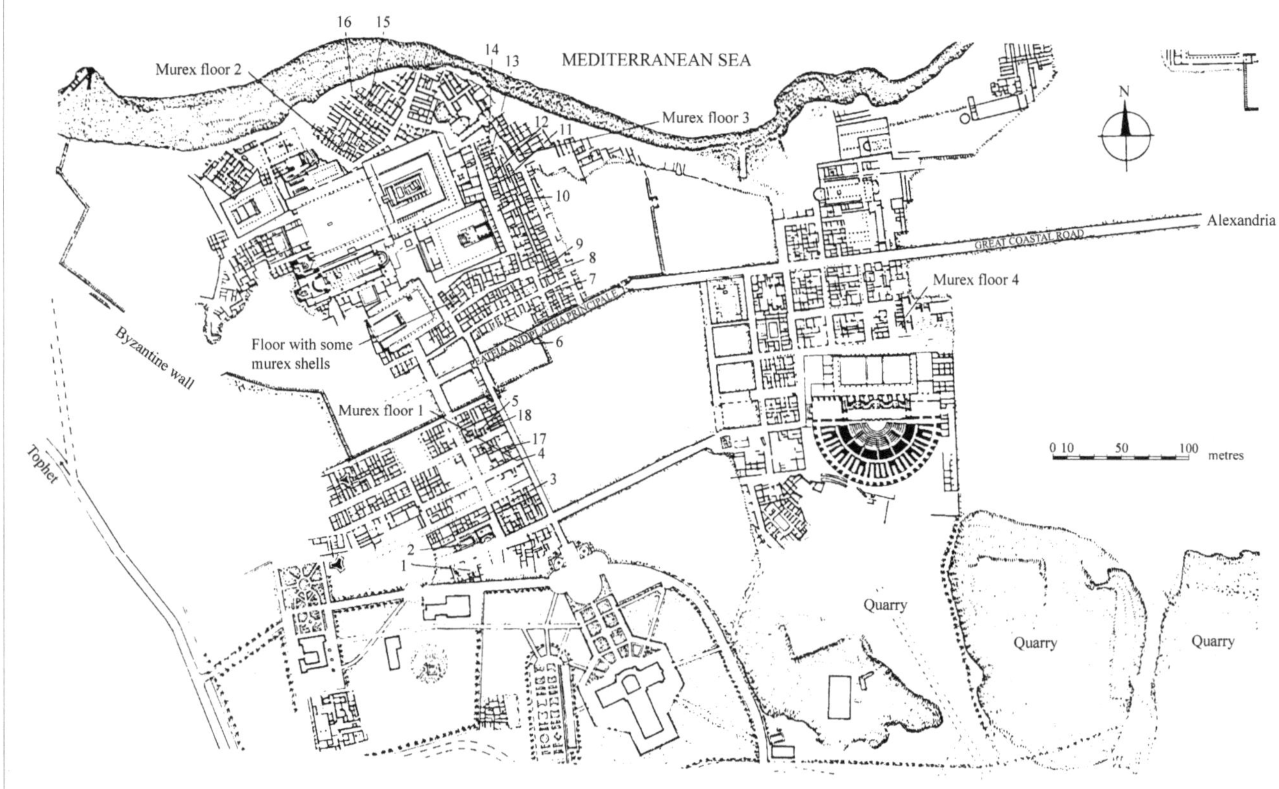

Figure 4.- Plan of Sabratha showing locations of fish-salting workshops. (Wilson 2002b, figure 5).

to the south of the city centre; but they are absent from the new quarter laid out north of the theatre in the late second century (Figure 5). We can propose that they probably belong to the first or second century A.D., but can hardly be more precise without further excavation. Such a date would be consistent with the fact that they are in some cases overlain by later features, such as a water channel running diagonally across the evidently disused vat group 2.

Figure 5.- Sabratha, vat group 15. Scale: 0.5 m. (Photo: A. Wilson).

2.- The function of the vats.

What were these vats for? No record exists of what if anything was found in them, so we have only their structure and morphology to go on. Their waterproof lining shows that they contained something wet, and they must have had some kind of industrial function. They are too deep to be fulling tubs, and while fullers' rinsing vats may be over a metre deep, they are also longer and wider, and usually arranged in series to overflow into successive vats. Dye vats tend to have some provision for heating underneath, and to be smaller than the *Sabratha* vats, which are in any case too deep for convenient dyeing. In terms of size and shape, the vats at *Sabratha* find some parallels in the production of olive oil, to collect the liquid from the press before skimming off the oil. But such vats usually occur singly or in pairs, not in threes or fours, and other elements for oil production—the press, or an olive crushing mill—are lacking in these establishments. An exception at *Sabratha* is the so-called Casa del Oleificio, where an olive mill and a group of three vats now occupy the same room; there is, however, no sign of a press. In the other establishments there seems to be no room for an olive press, although the uncertain relationships between the vats and standing walls make it difficult to reconstruct the original configuration of rooms. But in the eighteen groups under consideration here (I exclude the group in the Casa del Oleificio) there are no elements of mills, press beds, or press orthostats. Olive oil production thus seems unlikely as an explanation. By contrast, there are good parallels for the size and depth of the vats, and for their grouping in pairs, threes or fours, in fish-salting vats from elsewhere in North Africa, as at Salakta in Tunisia (Figure 6). *Sabratha* is, after all, a coastal site, and until the 1960s there was a tuna-canning factory just to the west of the town. On the basis of the Tunisian parallels, and the exclusion of most other industrial functions that would require vats of this kind, we can confidently identify the features at *Sabratha* as vats for fish-salting.

Figure 6.- Salakta (ancient Sullecthum, Tunisia), salting vats. Scale: 1 m. (Photo: A. Wilson).

Some groups contain vats of different sizes, and this is also paralleled at fish-salting sites in North Africa and Spain. Groups 10 and 14 have a much smaller vat alongside or between vats of normal size (about 1–1.5 m on a side; Figure 7), and Group 4 has two large vats, one smaller one, and a terracotta *dolium* still *in situ* in the remaining corner (Figure 1). Such smaller vats, or the *dolium*, might have been used for salting small fish or for *garum* production, using small fry and the guts removed from the fish that were salted in the larger vats.

Figure 7.- Sabratha, vat group 10. Scale: 0.5 m. (Photo: A. Wilson).

3.- Capacity and output.

At least 18 groups of vats are known, with 49 vats in all, and a total capacity of over 100 m^3 (Table 1: all depth measurements used in the total calculation are minima, and underestimate the true capacity). The known vats are clustered around the *forum*, but a glance at their distribution

Complex	Vat	Length	Breadth	Minimum Depth	Minimum Capacity	Total for complex
1	A	1.75	1.02	1.15	2.05	
1	B	0.70	1.38	1.15	1.11	
1	C	0.80	1.33	1.15	1.22	4.39
2	A	1.23	0.88	0.97	1.05	
2	B	1.03	1.08	0.88	0.98	
2	C	1.14	1.03	0.82	0.96	2.99
3	A	1.49	1.15	1.07	1.83	
3	B	1.55	1.40	1.20	2.60	
3	C	1.47	1.37	1.19	2.40	6.83
4	A	1.73	1.72	1.34	3.99	
4	B	1.68	1.79	1.35	4.06	
4	C	1.65	0.76	1.20	1.50	9.55
5	A	1.32	1.27	1.27	2.13	
5	B	0.99	1.24	1.27	1.56	
5	C	0.88	0.97	1.24	1.06	4.75
6	A	1.55	0.95	1.56	2.30	
6	B	1.64	1.15	1.65	3.11	
6	C	1.68	1.31	1.35	2.97	8.38
7	A	1.81	1.35	1.15	2.81	
7	B	1.40	1.77	1.32	3.27	6.08
8	A	1.25	1.42	0.95	1.69	
8	B	1.25	1.40	0.95	1.66	
8	C	1.33	1.40	0.40	0.74	
8	D	1.10	1.40	0.80	1.23	5.33
9	A	0.80	1.70	1.10	1.50	
9	B	0.81	1.70	1.10	1.51	
9	C	1.15	1.63	0.90	1.69	4.70
10	A	1.54	1.80	1.00	2.77	
10	B	0.60	1.50	0.73	0.66	
10	C	0.99	1.85	1.00	1.83	5.26
11	A	1.78	1.53	1.40	3.81	
11	B	2.25	1.08	1.38	3.35	7.17
12	A	0.76	1.38	1.68	1.76	
12	B	1.48	1.36	1.46	2.94	
12	C	1.48	1.03	1.35	2.06	6.76
13	A	1.60	1.28	0.83	1.70	
13	B	1.06	1.30	0.67	0.92	2.62
14	A	0.38	1.25	0.28	0.13	
14	B	1.09	1.00	1.45	1.58	
14	C	1.27	1.20	1.65	2.51	4.23
15	A	1.75	1.16	1.24	2.52	
15	B	1.73	1.15	1.35	2.69	
15	C	1.68	1.15	1.42	2.74	7.95
16	A	1.50	1.10	1.00	1.65	
16	B	1.58	1.56	1.00	2.46	4.11
17	A				Est. 2.00	
17	B				Est. 2.00	4.00
18	A				Est. 2.00	
18	B				Est. 2.00	4.00
Total					**99.09**	
Average vat size					**2.02**	

Table 1.- Vat dimensions (in m) at Sabratha. Data for complexes 1–16 are from Wilson 1999. Dimensions are not available for complexes 17 and 18; in calculating the totals I have used an estimate based on the average vat size for the other complexes. All depths are minima because all measured vats contained a partial fill of soil; the true capacities are therefore also larger than the figures given here.

in relation to the unexcavated areas (Figure 4) makes it clear that there should be more salting workshops to be found in the unexcavated parts of the site, and other vats may have been lost to marine erosion (one group is currently being destroyed by the sea). One side of the street leading to the Seaward Baths contains 7 groups of vats; the other side of the street is unexcavated, but one would expect more vats here. The original total of vats must have been considerably higher, and their capacity correspondingly greater. Perhaps we have only a third or half the total; but then again, we cannot prove that all the known vats were in contemporaneous use, though it seems likely that many of them were.

We do not know much about local amphora production at Sabratha. Until recently the three main Tripolitanian amphora types were considered to have carried olive oil, but Michel Bonifay has recently shown that Tripolitanian II was pitched and cannot therefore have carried oil; wine or fish products are the most likely possibilities (Bonifay, 2004). Furthermore, Tripolitanian I oil amphorae were reused to carry salted fish in the shipwreck found off Grado in the Northern Adriatic (Auriemma, 2000). In any case, the Tripolitanian amphora of *c.* 50–60 litres capacity gives us a rough idea of possible container sizes. Even the produce of the 49 known vats might yield at least 60 m^3 of salted fish, assuming that during salting the volume reduced to 60% of the original, a compression ratio which is probably on the high side. This would fill at least 1,000 Tripolitanian amphorae of 60-litre capacity—probably more, as the fish would not pack efficiently. The total annual production would need to be multiplied by perhaps two or three times to take account of the unexcavated vats, and then multiplied again by the number of batches produced per year—which depends of course on the length of time the fish were left to absorb the salt. I have calculated elsewhere that if the total vat capacity was only double that of the known vats, and the length of salting each batch was six weeks, annual production could have been 16,000 amphorae of salt fish (Wilson, 2002b). We do not know the population of Sabratha—10,000 is a guess based on the known site area—but they would clearly have had difficulty consuming all this locally, and the production must have been geared towards export. Even if the population was as much as 20,000, everybody would have had to eat 290g of salted fish *every day* to consume the produce of the fish-salting workshops within the town. Of course, these calculations make questionable assumptions at almost every stage; but I have set the assumptions deliberately to minimise the total produced; there is still a considerable surplus available for export. Furthermore, the population of a coastal town tends to eat fresh fish for much of the year in preference to salted fish—the purpose of salting is in large part to enable the product to be preserved for transport and export to other markets. In the case of Sabratha, these markets will have been largely overseas, but will also have included the Tripolitanian hinterland, and possibly some southward Saharan trade to the Garamantes of Fazzan.

4.- Working arrangements.

In contrast to the better known factories at sites such as Cotta or *Lixus*, the workshops at *Sabratha* are located within the town centre. Although the aggregate capacity of the town's salting establishments is considerable, individual workshops were small—much smaller than the suburban and extra-urban factories known from the Straits of Gibraltar. The Sabrathan workshops each have two to four vats with an average capacity per vat of only *c.* 2 m^3, and total capacities per workshop of 3–10 m^3 (Table 1). The space for fish preparation is relatively limited. Despite the problems already referred to about knowing which surviving walls might belong to the same phase as a group of vats, and thus in reconstructing the spatial layout of a workshop with vats, we can attempt some reconstruction of working arrangements, using as an example the seven groups of vats in Insula II.10 (Figure 8). At the south end of the insula, group 8 consists of four vats in the rear of a room opening

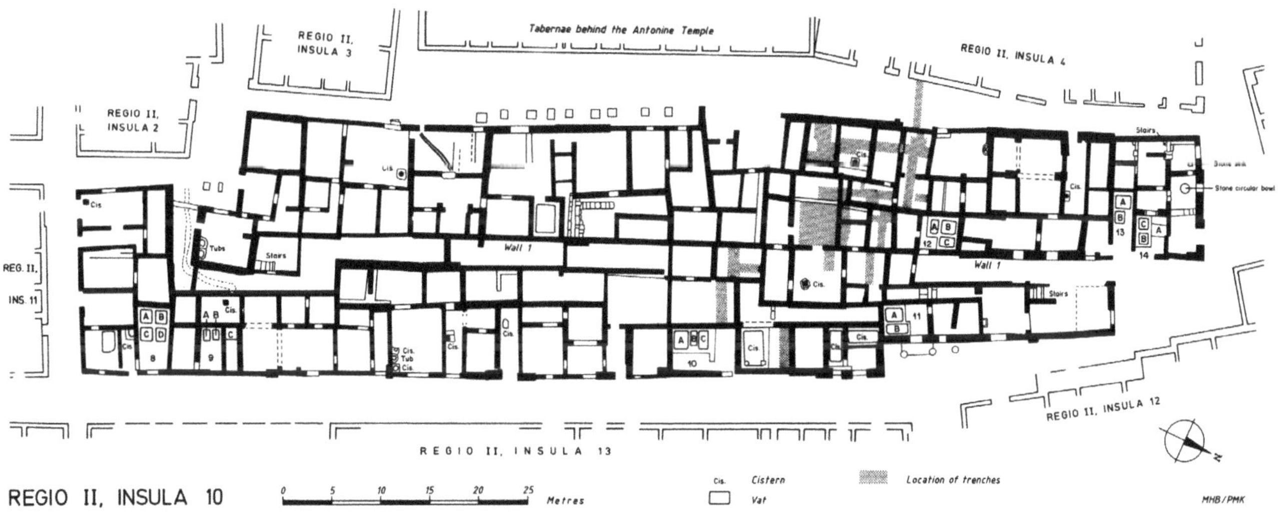

Figure 8.- Plan of Insula II.10, showing location of vat groups 8-14 (numbered, with individual vats in each group lettered A-D).

directly off the street; a door leads into an adjacent room with a cistern mouth. One could imagine tables for gutting the fish in the front part of the room, nearer the street. To the north, group 9 consisted perhaps originally of three vats (later separated by a wall between B and C), again occupying the rear of a room with space in the front, and communicating with a second room.

Group 10, in the middle of the insula, again has three vats set towards the rear of a room opening directly off the street; space in front of and beside the vats may have been used for gutting and preparation. Group 11 consists of two vats to the side of a room opening off the street, which communicates with another two-roomed unit to the north. Group 13 consists of a pair of vats set towards the back of a room, with space at the front and a possible communication with an adjacent room. It may have formed part of the same group as group 14, immediately to the north, with two large and one small vat in a room opening off the street, communicating with other rooms to the rear.

Figure 9.- Fish-salting vats at Tipasa, Algeria. (Photo: A. Wilson).

It is possible that some of these unit reconstructions are misleading and that the currently visible walls do not belong to the same phase as the vats. However, several features common to all these workshops suggest some degree of confidence in the broad unit identifications proposed. Vats tend to be set towards the rear of a room; preparation of the fish for salting could either be done in the front part of the room or an adjacent room. There is relatively little space for storage of products between salting and sale—although we cannot be sure of the existence of upper storeys, it would be inconvenient to lug amphorae of salted fish up a wooden staircase or ladder and then back down again later, and if upper storeys existed over these workshops they might rather have been used as living accommodation. Instead, the apparent lack of storage space on the ground floor suggests that produce was sold or moved outside the workshop as it was packed into amphorae—batches of amphorae packed with salted fish might have been taken straight to the forum or the harbour for sale.

5.- Urban fish-salting workshops in the Roman world.

The concentration of fish-salting workshops in the town centre may seem unusual. They find parallels at *Baelo Claudia* (discussed elsewhere in this volume), but it is common to find in the literature on fish-salting that the establishments at *Baelo Claudia* are unique in the Western Mediterranean in being located within the city limits (e.g. Curtis, 1991, 52; Trakadas, 2005, 53). However, there is now a growing body of evidence for other parallels besides Sabratha, from North Africa, the Iberian Peninsula and Italy, as well as the Black Sea.

The closest parallels to Sabratha, in urban situation, size and workshop arrangement, come from two sites on the Oued Sebou in Morocco, *Thamusida* and *Banasa*. A group of three small fish-salting vats is known from *Thamusida*, while at *Banasa* at least five workshops, two with single vats and three with pairs of small vats very similar to those at *Sabratha* have been recently identified by Laura Cerri (this volume); again, as at Sabratha, these were uncovered in old unpublished excavations and were overlooked until now. The Oued Sebou is tidal up beyond *Banasa* and variations in the river's salinity would attract migratory fish upstream past both *Thamusida* and *Banasa*. At Tipasa in Algeria there is a fish-salting workshop within the town adjacent to a set of baths overlooking the sea; the remains include four square vats, lined with cement with rounded corners, and a concrete-floored area with sockets for the posts for a wooden roof (Figure 9; Baradez, 1952, 39-40). There is evidence for late *garum* manufacture also from the nearby Maison des Fresques; after its destruction by fire in the third century, the house was converted in the mid fourth century into a salting/*garum* works. Ornamental basins in the peristyle court were converted for industrial use, and a new tank was built for scaling/washing the fish, but the main salting seems to have been done in a group of 8 large dolia, rather than in the type of cement-lined vats normal in the first to third centuries A.D. (Baradez, 1961, 92-6). At Carthage, a pair of vats in the commercial buildings associated with the circular harbour in the Roman period may have been for fish-salting (Hurst, 1994, 84-5, 97 and fig. 7.5 p. 80; with comments in Wilson 2004, 159-60), while the factory at Nabeul is also within an urban quarter (Slim *et alii*, this volume).

Figure 10.- Tarraco, vats behind the municipal basilica. They may have served either for olive oil production, or fish-salting (Photo: A. Wilson).

In the Iberian peninsula, apart from the well-known case of *Baelo Claudia*, urban fish salting factories are known from Lisbon (Etienne and Mayet, 1998, 45), Seville (Amores Carredano *et alii*, this volume) and Barcelona (Beltrán de Heredia, this volume). There is also another possible example in Spain, at Tarragona. A building excavated in the 1920s behind the basilica of the municipal forum had a concrete floor and and four vats (Figure 10). The excavator, Serra Vilaró, thought they were for oil production, on the basis of a stone mortar which he compared to a *trapetum*, and discolouration of the cement lining up to a few centimetres below the top, which he thought might be due to olive oil (Serra Vilaró, 1932, 79-81; cf. 68 fig. 28, and pl. XIV.4; Balil, 1973, 51 and fig. 28). However, the stone mortar is too small for a *trapetum* and has the wrong shape internally; the discolouration of the cement lining might also result from fish-salting, and there was no evidence of a press. Given the comparative material presented here, their size[1] and their grouping in a four, it is conceivable that they might be a group of salting vats, though olive oil processing of course remains possible, as Serra Vilaró thought.

There is also recent evidence suggesting the possibility of intra-mural fish-salting workshops at Pompeii. In the triangular insula (VI.1) near the Herculaneum Gate, excavations by the Anglo-American Pompeii Project have discovered a series of commercial properties below the A.D. 79 levels. These properties were constructed during the second half of the second century B.C., and were destroyed during Sulla's attack on the city in 89 B.C. during the Social War. Six workshops with a vat or a pair of vats have been excavated; they measure *c.* 1 × 1.5 m × 1.5 m deep. The properties consist of one or two rooms with the vats next to the street door. In the northern part of the insula several vats still contained fish remains, including an articulated example of the family *Sparidae*. The size and morphology of the tanks, coupled with the fish remains, suggests their identification as salting vats (Jones and Robinson, forthcoming).

Similarly, excavations by P. Carafa and M. T. d'Alessio behind the *macellum* at Pompeii also discovered several small commercial units in the frontage of the Casa delle Nozze di Ercole (VII.9.47), again with one or two vats adjacent to the entrance from the street. These too are of a similar size to those in Insula VI.1; one at least had a recess for a removable (wooden?) cover. According to the latest study of the pottery by C. Colelli, they went out of use in the first quarter of the first century A.D. But we know from Pliny (*HN* 31.94), from the house of *A. Umbricius Scaurus* and the *urcei* bearing *tituli picti* mentioning him and other Pompeian producers that Pompeii produced *garum* and liquamen during the first century A.D. (Curtis, 1991, 90-96); and it therefore seems likely that the fish-salting activities were relocated out of town, perhaps to the river harbour or to unexcavated areas along the sea front.

Urban salting workshops are known from at least two sites on the Black Sea, Tyritake and Chersonesos. At Tyritake excavations in the 1930s to 1950s discovered a total of 57 salting vats, grouped in small production units typically of three to six vats. The largest workshop has 16 vats, with a total capacity of 155 m^3; remains of herring were found in them. The vats usually measure between 2.0 × 1.40 m and 2.50 × 1.50 m, with depths usually between 1.50 and 2.0 m, with some up to 3.0 m deep. The total capacity has been calculated at 457 m^3, and it is estimated that the town could process up to 365 metric tons of fish simultaneously. Most of the vats seem to have been constructed in the first century A.D.; after the third century production continued but on a smaller scale (Højte, 2005, 142-8)

At Chersonesos over 100 vats are said to have been found, with a total capacity of over 2,000 m^3, again distributed in fairly small work units of two or three vats each in houses throughout the town but particularly in the harbour area. Most were rock-cut, and then lined with masonry and waterproofed with *opus signinum*. They are on average somewhat larger than those at Tyritake, and depths of 3 m or more are common. The fish processed included anchovy and herring. The vats are usually accompanied by storerooms containing pithoi. Most of the establishments seem to have been created in the first and second centuries A.D. (Højte, 2005, 151-3).

Taken together, the fish-salting establishments at *Sabratha*, *Thamusida*, *Banasa*, Tipasa, Carthage, Nabeul, *Leptiminus*, Salakta, Lisbon, *Baelo Claudia*, Barcelona, and possibly *Tarraco* and Pompeii in the central and western Mediterranean, and at Tyritake and Chersonesos in the Black Sea, suggest that urban-based production of salted fish products was not uncommon. The workshops at *Sabratha* and Banasa, although excavated in the first half of the twentieth century, were only recognised as fish-salting establishments some 60–70 years later, while the Pompeii finds derive from new excavations. It is very likely that other urban workshops may lie unrecognised among poorly

[1] 1.64 × 0.87 × 1.025 m deep; 0.88 m × 1.62 m × depth unrecorded; 0.88 m × 1.68 m × depth unrecorded; 1.95 × 1.10 × 1.05 m deep (Serra Vilaró, 1932, 80).

published excavations of the late nineteenth and early twentieth centuries, and certain that other examples await discovery and excavation.

The urban workshops at *Sabratha, Thamusida, Banasa* and Pompeii are much smaller than those at the extra-urban or suburban factories along the North African and Spanish coasts—salting establishments at Pompeii have capacities of only 2–2.5 m^3 each, while the *Sabratha* complexes have total capacities of *c.* 3–10 m^3. Even the urban factories at *Baelo Claudia* had capacities of between 13 and 86 m^3 (Étienne and Mayet, 1998, 49). The larger, out-of-town factories operating on a vast scale are located along the main migratory routes for species such as tunny, which enter the Mediterranean through the Straits of Gibraltar and then shoal down the Tunisian coast to spawn. These installations, with total vat capacities often between 30 and 600 m^3 (Étienne and Mayet, 1998, 48), were geared towards handling massive peak seasonal catches. At *Sabratha* and Pompeii, in the central Mediterranean where the shoaling patterns may have been less intense, and perhaps also at *Thamusida* and *Banasa* located on a tidal river, the smaller urban workshops may have operated with a smaller but more regular turnover from ordinary fishing. The absence of known salting establishments in the eastern Mediterranean is striking, and is likely in part to reflect a lack of field research aimed at the subject.

From the evidence of literature and of amphorae, fish-salting for export was practised in both the Greek and Punic worlds, in structures or containers that remain poorly understood, though dolia and pithoi were probably used. The construction of built vats implies production on a much larger scale; water-proofed concrete tanks for fish-salting allowed for larger batch sizes than could be processed in dolia or pithoi. The earliest known built vats for salting fish are all from Punic sites in the Bay of Cadiz: Puerto-19 (in use from the fifth century BC to the late third or early second century BC) and Plaza de Asdrubal (in use from the late third century to the first half of the first century BC), and a possible site at Las Redes with two vats which may be as early as the fourth century B.C. (Sáez Romero and Bernal Casasola, this volume; Muñoz Vicente *et alii.*, 1989; De Frutos *et alii*, 1988). These are all small vats, occurring singly in pairs, each with a capacity of *c.* 2 m^3. Apart from these, the earliest known built vats in the salting sites of the Spanish and North African coasts belong to the second half of the first century B.C., and many were built in the first century A.D. Their construction at the Black Sea sites seems also to be no earlier than the first century A.D. The evidence from Pompeii for salting vats of the later second century B.C. and which were put out of use in 89 B.C., constitutes the earliest currently known examples of built salting vats outside Spain, and suggests that Italy was also involved in the development of salting technology at an early stage, before the use of salting vats became generalised in the western Mediterranean from the Augustan period onwards. From the early Principate onwards, the political unification of the Mediterranean under Rome, the reduction in piracy, and the urban expansion of the Augustan period fuelled an economic intensification which encouraged capital investment in larger scale production facilities geared towards export for a network of urban markets. Although it is the large out-of-town salting factories that have attracted most attention to date, the evidence from *Sabratha* and elsewhere adds to a growing body of urban fish-salting workshops and factories, and doubtless other examples of such arrangements still await discovery.

Acknowlegements.

I owe a debt of gratitude to Mabruk Zenati, Controller of Antiquities for Sabratha, for his hospitality on several visits and his kind permission to study and publish the salting vats there. I am very grateful to Rick Jones and Damian Robinson for showing me around their excavations of Insula VI.1 at Pompeii in 2001, and to Damian Robinson for subsequent discussion and making available a copy of Jones and Robinson in advance of publication. Maria Teresa d'Alessio kindly showed me around her excavations behind the Macellum at Pompeii in 2000, and discussed her discoveries with me on site; and I am grateful to her for permission to refer to them here. I am grateful also to Annalisa Marzano for research assistance, and to Laura Cerri for discussion of the vats at Banasa. Digital processing of black and white images from colour slides and negatives was done by Ian Cartwright, and Alison Wilkins prepared Figure 4. This paper was prepared during a period of research leave made possible by the award of a Philip Leverhulme Prize, for which I am deeply grateful to the Leverhulme Trust.

Bibliography

AURIEMMA, R. (2000): "Le anfore del relitto di Grado e il loro contenuto", *Mélanges de l'École française de Rome, Antiquité* 112, 1, 27–51.

BALIL, A. (1973): *Casa y urbanismo en la Hispania antigua*, vol. 3, Valladolid.

BARADEZ, J. (1952): *Tipasa, ville antique de la Maurétanie*, Alger.

BARADEZ, J. (1961): "Nouvelles fouilles à Tipasa", *Libyca (Archéologie-Épigraphie)* 9, 7-199.

BONIFAY, M. (2004): *Études sur la céramique romaine tardive d'Afrique*, Oxford.

CURTIS, R. I. (1991): *Garum and salsamenta: production and commerce in materia medica*, Leiden.

DE FRUTOS, G., CHIC, G. AND BERRIATUA, N. (1988): "Las ánforas de la factoría prerromana de salazones de 'Las Redes' (Puerto de Santa María, Cádiz)", PEREIRA MENAUT, G. (ed.) *Actas 1er Congreso Peninsular de Historia Antigua, Santiago de Compostela, 1-5 julio 1986* vol. 1. Cursos y congresos de la Universidad de Santiago de Compostela 52, Santiago de Compostela, 295-306.

ÉTIENNE, R. AND MAYET, F (1998): "Cartographie critique des établissements de salaisons de poisson dans la péninsule Ibérique", RIETH, E. (ed.) *Méditerranée antique : Pêche, navigation, commerce*, Paris.

HURST, H. R. (1994): "Excavations at Carthage. The British Mission", vol. 2.1 *The circular harbour, north side: The site and finds other than pottery*, Oxford.

HØJTE, J. M. (2004): "The archaeological evidence for fish processing in the Black Sea Region", BEKKER-NIELSEN, T. (ed.), *Ancient fishing and fish-processing in the Black Sea region*. Black Sea Studies 2, Aarhus, 133-60.

JONES, R. AND ROBINSON, D. J. (forthcoming): "The economic development of the Commercial Triangle (VI.I.14-18, 20-21)", in GUIDOBALDI, M. P. (ed.) *Nuove ricerche sull' area Vesuviana - New research in the Vesuvian area*. Soprintendenza Archeologica di Pompei Monograph, Roma.

KENRICK, P. M. (1986): *Excavations at Sabratha 1948-1951*, London.

MUNZI, M. (2001): *L'epica del ritorno: archeologia e politica nella Tripolitania italiana*, Roma.

MUÑOZ VICENTE, A., DE FRUTOS REYES, G. and BERRIATUA HERNÁNDEZ, N. (1989): "Contribución a los orígenes y difusión comercial de la industria pesquera y conservera gaditana a través de las recientes aportaciones de las factorías de salazones de la Bahía de Cadiz", RIPOLL PERELLÓ, E. (ed.) *Actas de Congreso Internacional "El Estrecho de Gibraltar", Ceuta - Noviembre* 1987, vol. 1, Madrid, 487-508.

SERRA VILARÓ, J. (1932): *Excavaciones en Tarragona, Memorias de la Junta Superior de Excavaciones y Antigüedades, no. 5*, Madrid.

TRAKADAS, A. (2004): "The archaeological evidence for fish processing in the Western Mediterranean", BEKKER-NIELSEN, T. (ed.) *Ancient fishing and fish-processing in the Black Sea region*. Black Sea Studies 2, Aarhus, 47-82.

WILSON, A. I. (1999): "Commerce and industry in Roman Sabratha", *Libyan Studies* 30, 29-52.

WILSON, A. I. (2002a): "Marine resource exploitation in the cities of coastal Tripolitania", KHANOUSSI, M., RUGGERI, P. and VISMARA, C. (eds) *L'Africa Romana XIV* vol. 1, Roma, 429-36.

WILSON, A. I. (2002b): "Urban production in the Roman world: the view from North Africa", *Papers of the British School at Rome* 70, 231-73.

WILSON, A. I. (2004): "Archaeological evidence for textile production and dyeing in Roman North Africa", C. ALFARO, J. P. WILD, and B. COSTA (eds.) *Purpureae Vestes. Textiles y tintes del Mediterráneo en época romana*. Valencia, 155-64.

NOUVELLE ÉTUDE CHRONOLOGIQUE DU QUARTIER INDUSTRIEL DE LIXUS

M. HABIBI
Université Abdelmalek Essaâdi (Marruecos)

1.- Situation.

Le quartier industriel de salaison de poisson à Lixus est situé au sud de la ville au pied de la colline, dans la zone basse, au bord de la rive droite de l'oued Loukkos, près du port, parallèle à la route nationale Tanger – Larache (Tissot, 1878, 76, a signalé un môle perpendiculaire au cours du fleuve Loukos, et considère qu'il constitue le port de Lixus).

2.- Description.

Considéré comme étant la plus importante installation de salaison de poisson de l'occident romain, il regroupe cent cinquante et un bassins (Ponsich, 1981, 27) dans onze ensembles. Chaque ensemble de bassins représente une usine (figure 1). La plupart des bassins sont en majorité de forme rectangulaire couverts d'un béton en mortier de tuileau avec des angles arrondis. Ils sont régulièrement alignés dans un ensemble et présentent des renforcements aux angles en gros blocs taillés. Ceux-ci jouaient le rôle de piliers qui soutenaient une toiture en tuiles plates "tegulae". Dans certaines usines on a retrouvé des petits bassins qui servaient d'après les auteurs (Ponsich, Tarradell, 1965, 37) à fabriquer le *garum*. Dans d'autres, des transformations tardives (IIIe siècle) ont eu lieu, modifiant certains bassins en citernes de formes rectangulaires voûtées, réservées à l'eau (figure 2).

Figure 1.- Le quartier industriel de Lixus, usines de salaison de poisson.

3.- Datation.

Le quartier industriel a bénéficié d'une publication particulière (Ponsich, Tarradell, 1965, 9-37); bien détaillée, elle comporte une étude de chaque ensemble de bassins, avec des plans, des coupes stratigraphiques, des sondages bien situés et des listes de matériel recueill dans ces sondages. Les conclusions assorties des résultats des travaux de fouilles sur le quartier sont les suivantes:

- Le quartier fut construit à la fin du Ier siècle avant J.-C. et au début du Ier siècle, sous le règne de Juba II (Ponsich, Tarradell, 1965, 37). Il est en fonction jusqu'au IIIe siècle, époque où il fut abandonné et partiellement détruit. Rebâti au IVe siècle, il est définitivement abandonné au début du Ve siècle.

4.- Problèmes chronologiques.

La date qui nous intéresse ici est celle de la construction du quartier industriel. Elle est fixée par M. Ponsich sous le règne de Juba II et confirmée (d'après lui) par les résultats des sondages qu'il a effectués.

Figure 2.- Le quartier industriel, citernes d'eau.

Actas del Congreso Internacional *CETARIAE. Salsas y salazones de pescado en Occidente durante la Antigüedad*, Universidad de Cádiz, Noviembre de 2005, *B.A.R. int. ser.* 1686, Oxford 2007, 183-189.

Cependant, après examen de ces résultats publiés, nous constatons l'existence de beaucoup d'éléments qui mettent en cause la datation proposée et qui sont plutôt en faveur d'une datation postérieure au règne de Juba II. Nous donnons ci-dessous les constatations faites sur chaque ensemble de bassins.

5.- Les ensembles de bassins de salaison.

- L'ensemble N°1 (figure 3):
Daté par l'auteur au Ier siècle avant J.-C. (Ponsich, Tarradell, 1965, 15). Cette datation est signalée par M. Ponsich comme étant le résultat des deux sondages effectués au-dessous du sol bétonné de la grande cour (Ponsich, Tarradell, 1965, 13) (figure 3). Mais nous remarquons que parmi la liste du matériel recueilli du sondage 2 sous le sol (Ponsich, Tarradell, 1965, 15) figurent trois fragments de céramique à paroi fine, à décor guilloché, qui est généralement datée vers le milieu du Ier siècle après J.-C. (entre 40 et 60 ap.). Quant à la date d'abandon de cet ensemble, elle est située à la fin du premier quart du IVe siècle (Ponsich, Tarradell, 1965, 15), et dans une publication plus récente elle est prolongée jusqu'au premier quart du VIe siècle (Ponsich, 1988, 105).

- L'ensemble N°2 (figure 4):
L'auteur ne nous donne aucune date de construction pour cet ensemble. Mais la succession chronologique donnée par le matériel recueilli dans les différents niveaux d'occupation, fait remonter la date de construction (c'est–à–dire celle du plus ancien niveau d'occupation) au Ier siècle après J.-C. (parmi le matériel publié de ce niveau, l'auteur note l'existence de la céramique marbrée de la Graufesenque; cf. Ponsich, Tarradell 1965, 15). Sous le sol du bassin n° 1 (figure 3) fut trouvée une monnaie de Trajan qui daterait la construction de ce règne à la fin du Ier siècle ou au début du IIe siècle après J.-C.

- L'ensemble N° 3 (figure 5):
Aucune date de construction ni aucune liste de matériel ne sont données par l'auteur. Seule la date d'un nouveau niveau d'occupation est située au IVe siècle après J.-C. (Ponsich, Tarradell 1965, 18). Ce niveau a été mis en évidence sous le deuxième seuil de la porte d'entrée qui se superpose au premier. Le matériel de ce niveau est conservé au musée de Tanger dans une boîte contenant l'indication suivante:

Lixus – Salaison, Groupe III,

Sondage Porte sud, seuil (Intérieur du bâtiment)

Liste du matériel (figure 6):

1 - Un fragment de bord d'un bol en céramique sigillée claire A, forme Hayes 8 (figure 6, a).
2 - Deux fragments de bord de deux bols en céramique sigillée claire A, forme Hayes 14 (figure 6, b).
3 - Un fragment de bord d'un bol en céramique sigillée claire A, forme Hayes 15 (figure 6, c).
4 - Six fragments de panses en céramique sigillée claire C, forme indéterminée.
5 - Deux fragments de fonds en céramique sigillée claire C, forme indéterminée.
6 - Trois fragments de bords et de panses en céramique sigillée claire D, forme Hayes 64 (figure 6, d).

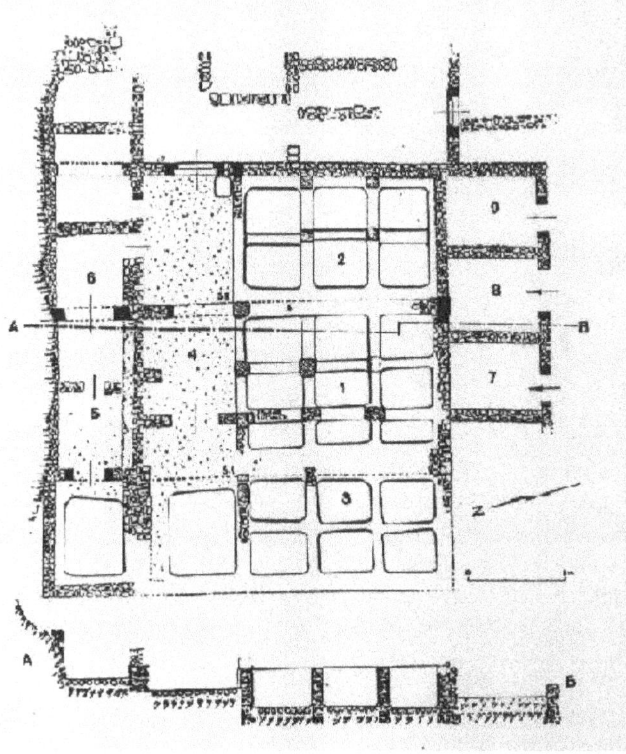

Figure 3.- Le quartier industriel, ensemble n°1 (Ponsich, 1988, 109, figure 45).

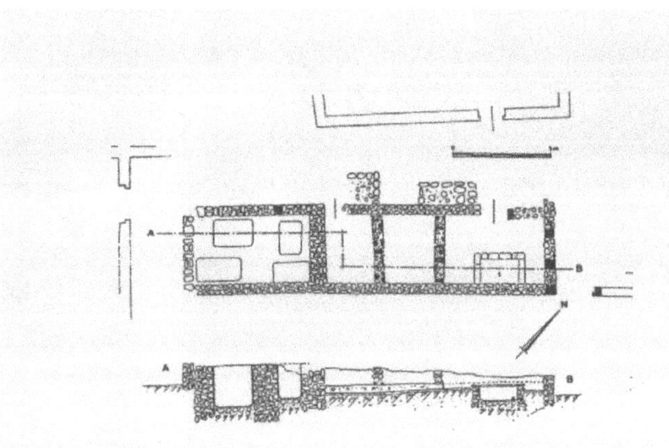

Figure 4.- Le quartier industriel, ensemble n°2 (Ponsich, 1988, 112, figure 48).

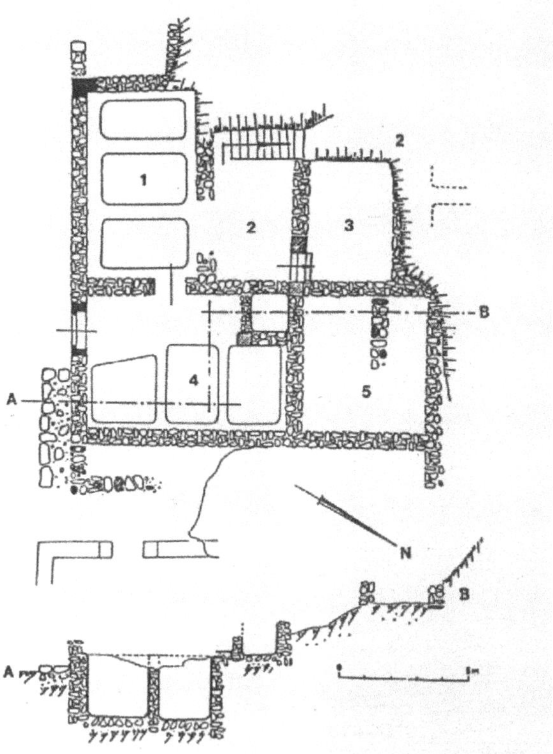

Figure 5.- Le quartier industriel, ensemble n° 3 (Ponsich, 1988, 113, figure 49).

Ce matériel recueillit sous le seuil de la porte d'entrée de l'ensemble n° 3 témoigne d'une occupation tardive de l'usine que l'on peut situer non pas au IVe siècle (Ponsich, Tarradell 1965, 18) mais bien plus tard au début du VIe siècle après J.-C.

En effet, la présence de la céramique sigillée claire D et des formes Hayes 61 (datée entre 320 et 420; Hayes, 1972, 107; AA.VV. 1981, 84), Hayes 64 (sa chronologie est située dans la première moitié du Ve siècle après J.-C.; Hayes, 1972, 111), Hayes 76 (la chronologie proposée par Hayes situe cette forme entre 425 et 475; Hayes 1972, 125) et du *terminus post quem* représenté ici par un fragment de la variante D de la forme Hayes 91, nous autorise à situer la date de la construction du deuxième seuil de la porte de l'ensemble n° 3, et par conséquent de toute cette nouvelle occupation tardive, dans la première moitié du VIe siècle après J.-C. Notre échantillon est une variante tardive de la forme 91 de Hayes. Cette variante ce caractérise par sa taille plus réduite, une petite collerette et un bord légèrement marqué. J. W. Hayes propose une date qui s'insère entre 530 et 600. La même forme a été trouvée à Carthage et datée par M. G. Fulford entre 525 et 550 (Fulford, 1984, 65).

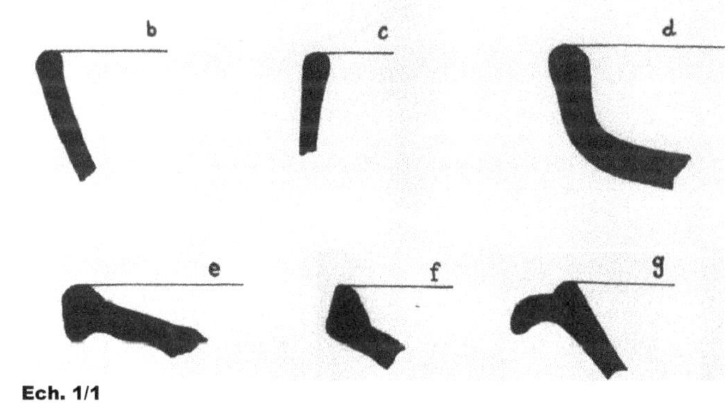

Figure 6.- Matériel du sondage dans l'ensemble n° 3.

7 - Un fragment de bord d'un plat en céramique sigillée claire D, forme Hayes 76 (figure 6, e).
8 - Deux fragments de bords de deux plats en céramique sigillée claire D, forme Hayes 61(figure 6, f).
9 - Un fragment de bord d'un bol en céramique sigillée claire D, forme Hayes 91 D (figure 6, g).
10 - Deux fragments de fond en céramique sigillée claire D à décor géométrique estampé représentant des cercles et des carrés, forme indéterminée.
11 - Un fragment de fond en céramique sigillée claire D, forme indéterminée.
12 - Quatre fragments de panses en céramique sigillée claire D, forme indéterminée.

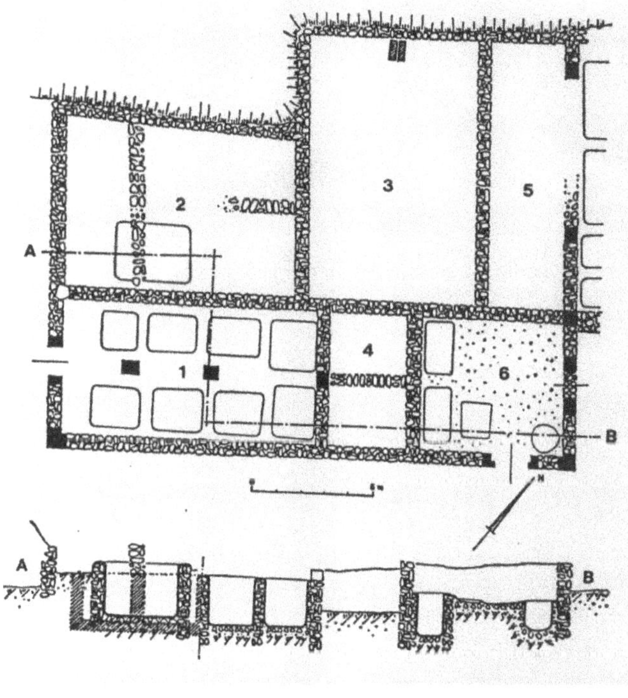

Figure 7.- Le quartier industriel, ensemble n° 4 (Ponsich, 1988, 115, figure 51).

- L'ensemble N° 4 (figure 7):

Le matériel recueilli dans les bassins et les sondages est très mélangé. Les éléments les plus récents datent du IVe siècle après. Pourtant M. Ponsich conclut "ainsi donc, cette usine fut contemporaine des trois précédentes et fonctionna dès le Ier siècle avant J.-C." (campanienne B; Ponsich, 1988, 22). Alors que cet unique fragment de campanienne B a été trouvé mélangé à d'autres éléments plus récents tels que la céramique sigillée claire D (Ponsich, 1988, 19).

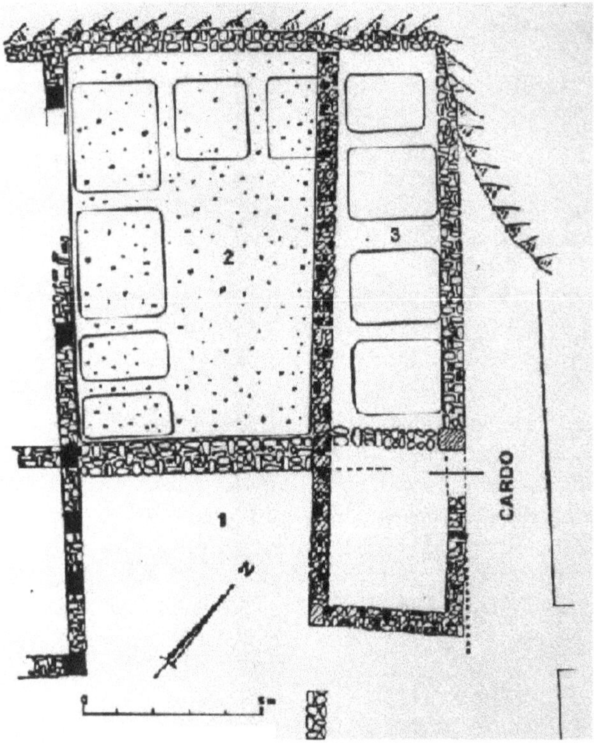

Figure 8.- Le quartier industriel, ensemble n° 5 (Ponsich, 1988, 119, figure 55).

- L'ensemble N° 5 (figure 8):
L'auteur, sans fournir de précisions stratigraphiques, date cette usine du Ier siècle avant J.-C. Or, la liste de matériel donnée, est très homogène (Ponsich, 1988, 23-24) et comporte des éléments allant jusqu'au IVe siècle après J.-C.

- L'ensemble N° 6 (figure 9):
Daté par M. Ponsich au Ier siècle après J.-C., l'ensemble n°6 a "subi d'importantes transformations à la fin du IIIe et au début du IVe, pour être abandonné au Ve siècle (Ponsich, 1988, 27). Cependant, nous remarquons que les dites transformations que l'ensemble a subi sont à situer au plus tôt au VIe siècle. Par conséquent, l'abandon de cette usine serait postérieur. L'auteur des fouilles a bien noté que les bassins de la pièce n°1 (figure 9) furent comblés lors de transformation pour céder la place à de nouvelles constructions (Ponsich, 1988, 24). Sous ces nouvelles construction, dans le remblai des bassins a été récupéré un matériel céramique en grande partie composé de la sigillée claire D. Ce matériel daterait plutôt les nouvelles constructions qui se superposent aux bassins et non pas l'abandon de l'usine. Il présente les formes: Hayes 61, Hayes 67, Hayes 73 et Hayes 91 (Ponsich, 1988, 27, figure 14) (figure 10) dont la production est généralement située entre la fin du IVe siècle et la fin du VIe siècle. La présence d'un fragment de céramique estampée

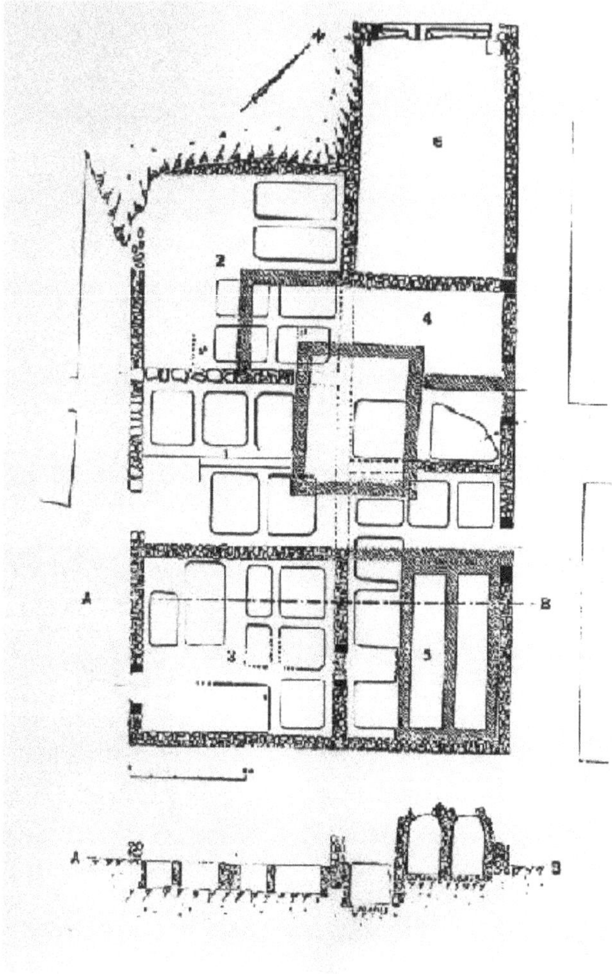

Figure 9.- Le quartier industriel, ensemble n° 6 (Ponsich, 1988, 120, figure 56).

grise décorée (Ponsich, Tarradell, 1965, 24, figure 14) prolongerait la date de ces nouvelles constructions au début du VIIe siècle. Donc l'ensemble n°6 a subi des transformations à la fin du VIe ou au début du VIIe siècle après J.-C. et par conséquent l'abandon de cet ensemble serait postérieur.

- L'ensemble N° 7 (figure 11):
Sa date de construction, bien qu'elle reste incertaine, est située par l'auteur au Ier siècle après J.-C. (Ponsich 1988, 121). Tandis que la date d'abandon est fixée au IVe siècle.

- L'ensemble N° 8 (figure 12):
Il a subi des dégagements anciens effectués par C. L. De Montalban qui sont restés inédits. En conséquence, les dates de construction et d'abandon sont restées inconnues.

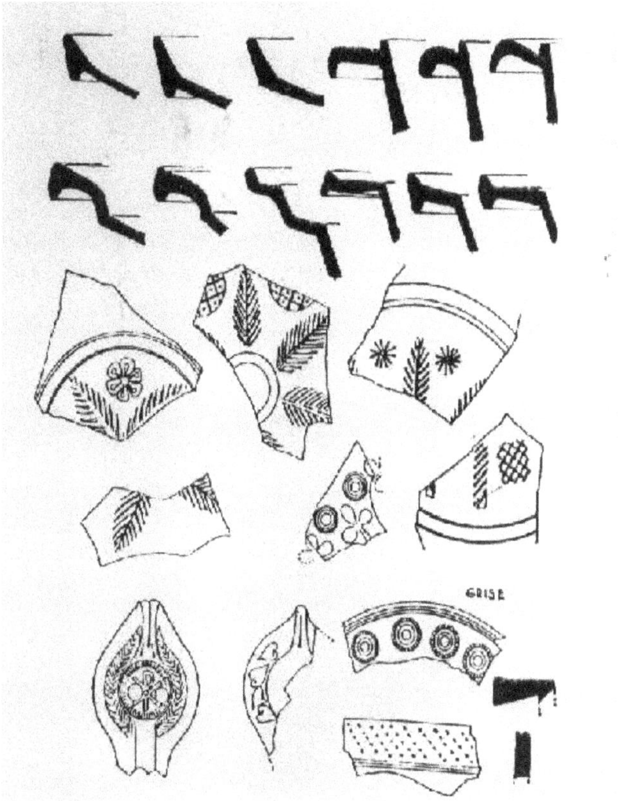

Figure 10.- Ensemble n° 6, matériel du remblai des bassins (sous les constructions tardives).

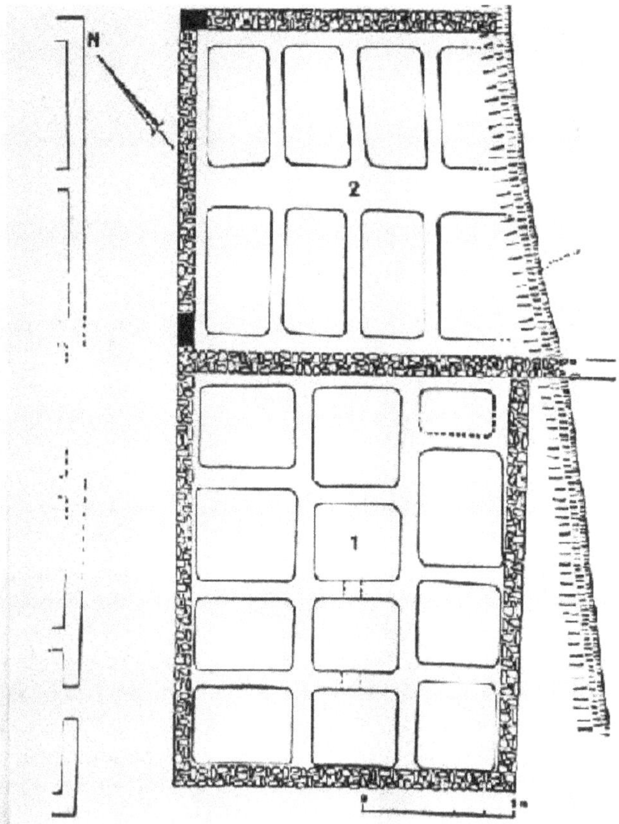

Figure 12.- Le quartier industriel, ensemble n° 8 (Ponsich, 1988, 126, figure 61).

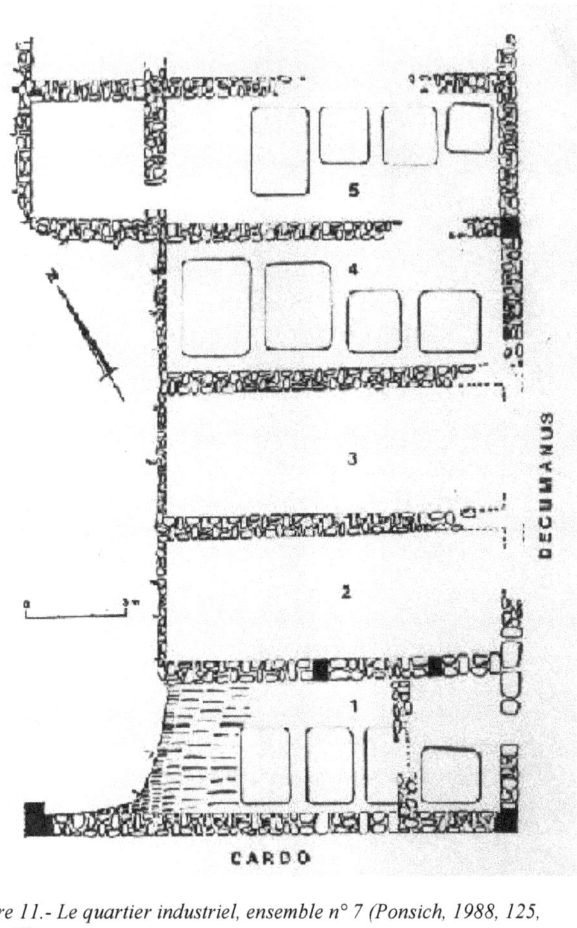

Figure 11.- Le quartier industriel, ensemble n° 7 (Ponsich, 1988, 125, figure 60).

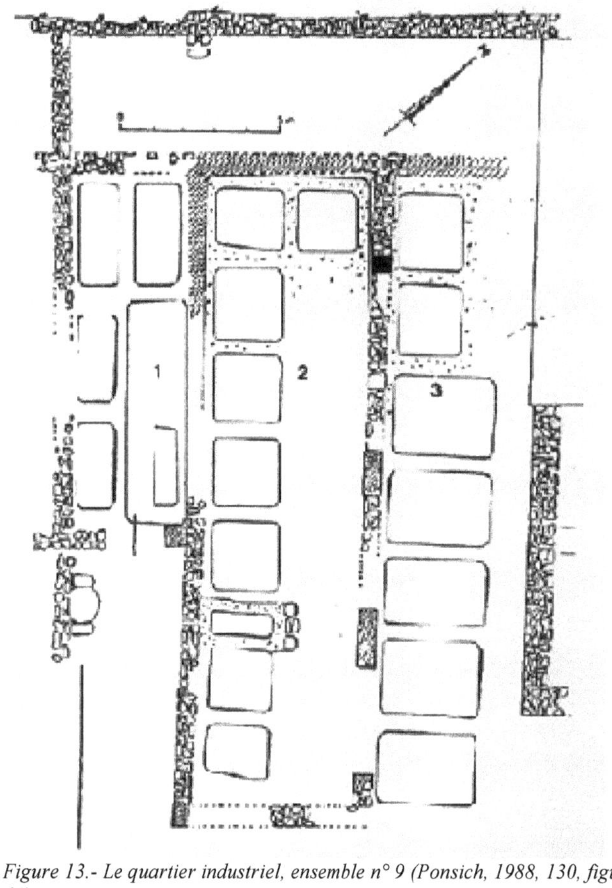

Figure 13.- Le quartier industriel, ensemble n° 9 (Ponsich, 1988, 130, figure 64).

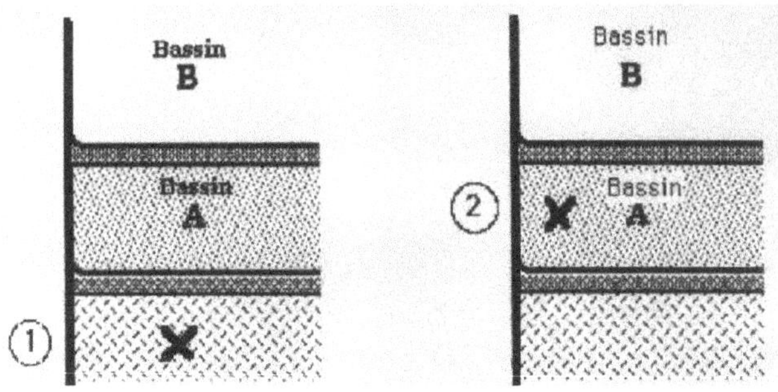

Figure 14.- Sondage dans l'ensemble 9, coupe stratigraphique:
1 = Niveau inférieur (matériel sous le bassin A).
2 = Niveau supérieur (matériel sous le bassin B).

- L'ensemble N° 9 (figure 13):
M. Ponsich date la construction de cet ensemble du règne de Juba II (Ponsich,Tarradell, 1965, 35; Ponsich, 1988, 129). Un sondage effectué par l'auteur des fouilles sous le sol de la pièce N°I a révélé un deuxième sol en mortier de tuileau qui est antérieur au premier. Nous avons retrouvé, dans les boîtes en carton déposées au musée de la Kasbah à Tanger, le matériel des deux niveaux (entre les deux sols et sous le deuxième sol). Sur ces boîtes figurent une indication et un dessin de la coupe du sondage (le même dessin de la coupe du sondage est repris dans Ponsich,Tarradell 1965, 34) représentant les deux niveaux (figure 14), dont voici la liste du matériel:

Ière boîte:
Indication sur la boîte:
Lixus - Salaison: Ensemble IX Sondage sous le béton du bassin inférieur (A)
Pièce I; Niveau inférieur:
Liste du Matériel: (figure 15)

Figure 15.- Matériel du sondage sous le sol en béton du bassin inférieur A.

Céramique à paroi fine:
- Un fragment de bord à vernis orange luisant à l'intérieur, marron à l'extérieur.
- Un fragment de fond; pâte couleur rose-beige, sans vernis.

Céramique à vernis rouge pompéien:
- Six fragments d'un fond plat; pâte couleur marron, trace d'utilisation sur le feu à la face extérieure.
- Un fragment de bord et de panse; la pâte et le vernis présentent les mêmes caractéristiques que les fragments précédents; forme: Goudineau 16 (Goudineau, 1968, 290-291).

Céramique sigillée italique:
- Un fragment de bord en céramique à vernis rouge; forme: Goudineau 36.
- Un fragment d'un bord en céramique à vernis rouge, à bord lisse portant une volute en relief d'applique; forme: Goudineau 38 (Tibère +20 cf: Goudineau, 1968, 305-306).

Céramique sigillée sud-gauloise:
- Un fragment de bord à vernis rouge; forme: Ritterling 9.
- Un fragment de panse à vernis marbré, couleur jaune présentant des nervures rouges; forme indéterminée.
- Deux fragments de bords et de panses à vernis rouge; forme: Dragendorf 27.
- Un fragment de panse en céramique sigillée sud-gauloise; forme: Dragendorff 27.

Céramique sigillée hispanique:
- Un fragment de panse à vernis rouge orné; forme: Dragendorff 29.
- Un fragment de fond à vernis rouge orné; forme Dragendorff 29.
- Deux petits fragments de panses à vernis rouge; forme indéterminée.
- Une monnaie en bronze (illisible)

IIème boîte:
Indication sur la boîte:
Lixus - Salaisons: Ensemble IX
Sondage sous le béton du basin supérieur (B)
Pièce I. Niveau supérieur:
Matériel: (figure 16)

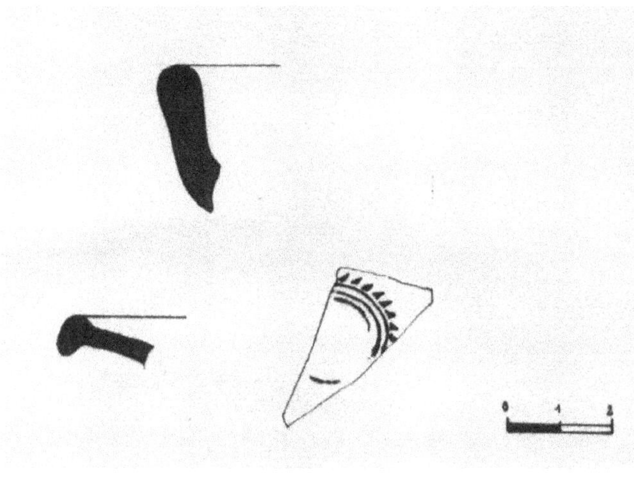

Figure 16.- Matériel du sondage sous le sol en béton du bassin supérieur B.

Céramique sigillée hispanique:
- Un petit fragment de panse à vernis rouge orné portant des traces de mortier à chaux; forme indéterminée.

Céramique sigillée claire D:
- Trois fragments de fonds plats dont deux portant des traces de mortier à chaux; forme indéterminée.
- Quatre fragments de panses dont un portant des traces de mortier à chaux; forme indéterminée.
- Un fragment de bord d'un plat; forme Hayes 69.
- Un fragment de bord d'un plat; forme Hayes 64.
- Un fragment de fond estampé forme indéterminée.

Chronologie:
Il apparaît après l'étude du matériel du niveau inférieur sous le bassin d'origine (A) (le plus bas) que cet ensemble fut construit au plus tôt en 60 après J.-C. La présence de la Graufesenque marbrée de la forme Drag. 27, que l'auteur a luimême auparavant située au Ier siècle après J.-C. (voir *supra*, ensemble N° 2; Ponsich, Tarradell 1965, 15), et de l'hispanique –forme Drag. 29– sont des indices suffisants pour situer la construction de cette usine sous les Flaviens (Vernhet, 1976, 13-27). Le niveau supérieur, situé sous le bassin supérieur (B), contient de la céramique sigillée claire D. La forme Hayes 64 de cette céramique est généralement datée de la première moitié du Ve siècle après J.-C. (Hayes, 1972, 111). Quand à la chronologie de la forme Hayes 69, elle est située entre 370 et 425 après J.-C (Hayes, 1972, 116). Ce niveau daterait donc le bassin supérieur de la première moitié du Ve siècle après J.-C. et prouverait en conséquence que l'industrie de salaison à Lixus s'est maintenue en fonction au Ve siècle après J.-C.. Cette activité industrielle a perduré pendant tout le VIe siècle comme nous l'avons vu dans l'étude du matériel du sondage sous le seuil de la porte de l'ensemble 3.

L'ensemble N° 10 (figure 17):
Pour cet ensemble M. Ponsich conclut: *Cet ensemble n° 10 fut fouillé autrefois, mais il n'en reste aucun matériel qui permet de le dater; il semble cependant que l'on puisse le rapprocher de l'ensemble n° 6 ...* (Ponsich, Tarradell, 1965, 37; cet ensemble, ainsi que d'autres, fut fouillé par César Louis De Montalban en 1930 et resté inédit). Nous rappelons que l'ensemble n° 6 a été daté par l'auteur au Ier siècle après J.-C. Ainsi donc, l'étude des données matérielles de chaque ensemble de bassins (usines) nous autorise, sans recourir à de nouveaux sondages, à situer la construction du quartier industriel à la deuxième moitié du Ier siècle après J.-C. Par conséquent, le quartier industriel est construit à l'époque romaine. Un arrêt des activités du quartier est percevable dans l'usine n° 9 car entre le bassin d'origine et le deuxième bassin qui lui superpose, un niveau assez épais témoigne d'une période d'abandon de l'usine. Cet abandon n'est peut-être pas généralisé sur l'ensemble du quartier, mais il est révélateur d'une situation de crise économique, d'une réduction de la production du quartier industriel. Les usines semblent avoir retrouver leur vitalité à partir du Ve siècle après J.-C. et continuent à produire pendant tout le VIe siècle.

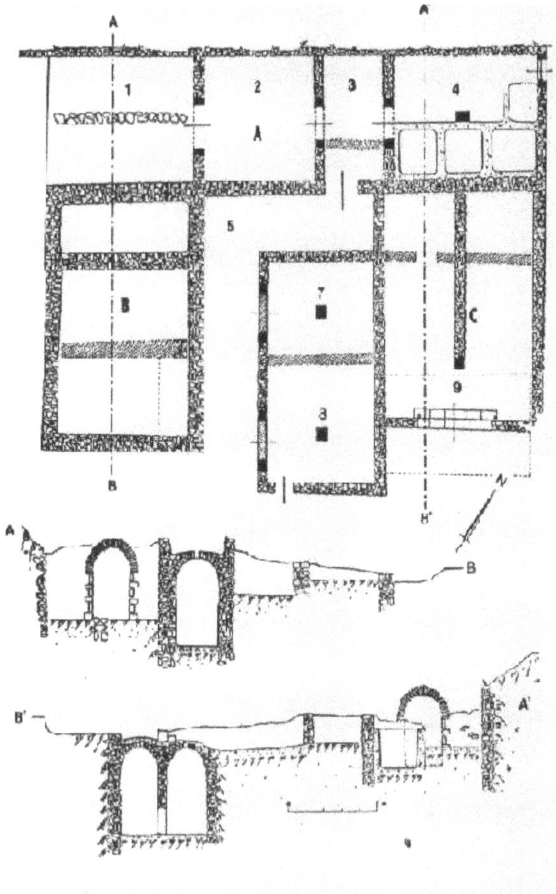

Figure 17.- Le quartier industriel, ensemble n°10 (Ponsich, 1988, 134, figure 67).

Bibliographie

AA.VV. (1981): *Atlante delle forme ceramiche, I, ceramica fine romana nel bacino mediterraneo (medio e tardo impero)*, Rome.

FULFORD, M.G. (1984): *Excavations at Carthage: the British Mission*, I, 2, Sheffield.

GOUDINEAU,CH. (1968): *La céramique arétine lisse, fouilles de l'Ecole Française de Rome à Bolsena (Poggio Moscini), 1962-1967, IV*, Paris.

HAYES, J.-W. (1972): *Late Roman Pottery*, Londres.

PONSICH, M. (1981): *Lixus, le quartier des temples*, dans *ETAM*, 9, Rabat.

PONSICH, M. (1988): *Aceite de oliva y salazones de pescado. Factores geo-económicos de Bética y Tingitania*, Madrid.

PONSICH, M., TARRADELL, M. (1965): *Garum et industries antiques de salaison dans la Méditérranée occidentale, Bibl. de l'Ecole de hautes études hispaniques*, 36, Paris.

TISSOT, CH. (1878): *Recherches sur la géographie comparée de la Maurétanie Tingitane*, dans *Mémoires présentés par divers savants à l'Académie des Inscriptions et Belles Lettres*, 1ere serie, 9, Paris.

VERNHET, A. (1976): "Création flavienne de six services de vaisselle à la Graufesenque", *Figlina*, 1, 13-27.

LES USINES DE SALAISONS AU NORD DU MAROC: ETAT ACTUEL

A. CHEDDAD
Université Abdelmalek Essaâdi (Marruecos)

La région côtière de la Péninsule tingitane s'étendant d'oued Martil à Lixus se présente sous forme d'un trapèze entouré de trois côtés par la mer. Son développement économique consiste à l'exploitation des ressources naturelles locales et aux échanges commerciaux avec le monde extérieur. Certes, la rive espagnole du détroit de Gibraltar forme à cet égard un partenaire de premier ordre (les récits de Strabon II, 3, 4; III, 2, 6 mentionnant d'une part des marins gaditains qui vont pêcher sur le littoral marocain et d'autre part la faculté de toute cette région à rivaliser en richesse avec les contrées les plus favorisées de l'Empire font probablement allusion au monopole économique de la ville espagnole sur tout le littoral du détroit. Cette idée de complémentarité économique entre les deux rives du détroit est soutenue par divers auteurs modernes, Cf. Ponsich, 1975, 655 ss. ; Villaverde, 2001, 296, n. 92 ; pour son étude concernant les centres de l'industrie des salaisons et du garum au Maroc, cf. 295- 298 et 535-552). Grâce à cette réalité géographique, la mer représente une double fonction: un moyen de communication et un milieu productif dont les richesses constituent un facteur déterminant pour l'orientation des activités quotidiennes de la population. Le mouvement de migration des poissons a certainement attiré l'attention des habitants installés au long de cette ligne côtière depuis les époques préhistoriques. L'archéologie nous en a fourni des preuves avec les découvertes des vertèbres de thons appartenant à l'époque néolithique dans les grottes limitrophes de Tanger (Jodin, 1958-59, 310). Les récits des auteurs anciens (Plin. IX, 48, 92: *D'après Trébius Niger, le xiphias, c'est-à-dire l'espadon, a le museau pointu, ce qui lui permet de percer les vaisseaux et les couler en bas; dans l'océan, près d'un endroit de la Maurétanie nommé Cotta, non loin du fleuve nommé Lixus, d'après le même auteur, les exocets s'élancent hors de l'eau en si grand nombre qu'ils font couler les navires* ; XXXI, 43, 93-94: *Il existe encore une autre espèce de liquide recherché, appelé garum: ... il fait même la renommée des peuples qui le produisent. La Maurétanie d'une part, et Carteia d'autre part, en Bétique, prennent les scombres quand ils entrent venant de l'Océan...* ; Str. III, 2, 6) témoignent de leur part de l'existence de certains centres où les industries liées à la pêche étaient particulièrement florissantes durant l'époque romaine (a noter que sur le revers de quelques pièces monétaires de Lixus sont gravées des images de thons; cf. Mazard, 1955, 189- 191, n° 635).

1.- Etat actuel des usines de salaisons.

A travers la première partie de cette communication, nous envisageons apporter de nouvelles informations sur l'état

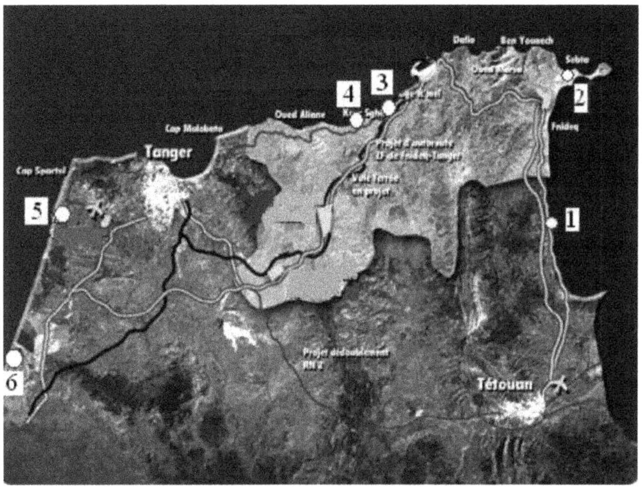

Figure 1.- Emplacement géographique des installations de salaison citées dans le texte. 1: Sania Torres, 2: Ceuta, 3: Ksar es-Seghir, 4: Zahara, 5: Cotta, 6: Tahaddart.

actuel des usines de salaisons situées dans cette région. Une deuxième partie est consacrée au quartier industriel de salaison de poisson à *Lixus* et comporte une révision chronologique que Mohammed Habibi a effectué sur la base des résultats publiés et de l'étude du matériel céramique issu des anciennes fouilles et conservé au Musée Archéologique de Tanger. Nous espérions contribuer aux discussions qui restent toujours ouvertes sur ce sujet (l'unique ouvrage de synthèse qui s'intéresse à ce thème est celui de M. Ponsich et M. Tarradell paru en 1965. Puis, en 1988, presque sans aucune modification notable pour la côte marocaine, M. Ponsich a publié une nouvelle édition en espagnole. Ponsich, Tarradell, 1965; Ponsich, 1988; a noter que nous avons délibérément omis toute mention aux usines de *Lixus* qui seront étudiées dans la deuxième partie de cette communication; cf. Figure 1). Les constatations faites sur l'ensemble des usines de salaison au nord du Maroc résultent à des visites que nous avons effectué sur place et que nous comptons continuer avec méthodologie afin de porter ces bassins à leur convenable place au sein du patrimoine archéologique nord-marocain et d'apprécier l'apport de ce secteur dans l'évolution économique du pays.

- <u>Sania Torres</u> (Figure 2): Les premiers bassins que nous évoquions sont ceux de Sania Torres (à mi chemin entre Tétouan et Ceuta). Ils furent découverts en 1953; mais malheureusement au même moment de la rédaction de cet article, nous avons assisté à leur démolition peut-être pour la simple raison de permettre une meilleure vue aux nouvelles constructions touristiques qui dévastent progressivement toute cette côte. Il s'agissait donc de trois bassins occupant une butte sablonneuse (à une centaine de mètres de la mer), non loin de l'embouchure de deux petites rivières et qui étaient depuis l'étude de M. Ponsich et M. Tarradell délaissés à leur sort sans aucune protection ni même un avis portant à la connaissance du public leur valeur historique. Nous rappelons que déjà M. Ponsich signalait que deux autres bassins étaient partiellement détruits et que d'autres situés plus à l'est ont disparu sous l'effet des flots de la mer.

Actas del Congreso Internacional *CETARIAE. Salsas y salazones de pescado en Occidente durante la Antigüedad*, Universidad de Cádiz, Noviembre de 2005, *B.A.R. int. ser.* 1686, Oxford 2007, 191-194.

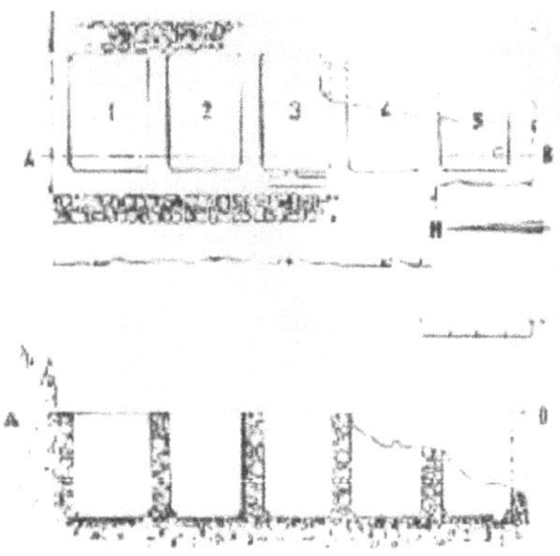

Figure 2.- Sania Torres, plan détaillé et coupe des bassins (Ponsich 1988, figure 94).

Quant à leur datation, l'auteur n'apporte aucune précision (Ponsich, 1988, 167-169).

- Ksar es-Seghir (Figure 3): Dans des conditions que nous ignorons (érosion maritime ou intervention humaine ?), les bassins signalés à Ksar es-Seghir (localité située sur la côte du détroit à 35 km à l'est de Tanger) sont eux aussi disparus. Nous n'avons pu repéré que les traces d'un seul bassin enfoui entre les terres cultivables et la plage. Il s'agissait selon M. Ponsich d'un groupe de bassins (plus de dix) abandonné au IIe siècle après Jésus, puis réoccupés au IV-Ve siècle. A noter aussi que l'état de ces bassins étaient déjà impartfait au moment où ce dernier menait ses études (Ponsich, 1988, 161-162).

D'autre part, des fouilles archéologiques récentes -imposés par les grands travaux que connaît cette zone- ont révélé (à environ 4 km de la plage de Ksar es-Seghir, sur la rive droite du fleuve homonyme, au lieu dit Dhar Asekfan) l'existence d'une importante usine de salaison de poissons alimentée par cinq citernes d'eau.

- Zahara (Figure 4): Tout près de la plage dite Zahara (à environ 5 km à l'ouest de ksar es-Seghir), sur la rive droite d'un petit oued, nous avons reconnu l'emplacement des bassins de salaison signalés par M. Ponsich. L'auteur affirmait alors l'importance de ce complexe. Son état actuel est assez bien conservé bien qu'il reste cependant menacé. Outre les décombres des fouilles précédentes, les cassures dont souffrent plusieurs bassins, nous avons remarqué une fosse creusée certainement par des ''chercheurs de trésors'' qui a mis au jour et endommagé une partie d'un bassin de salaison.

Le matériel recueilli, relativement abondant d'après M. Ponsich: fragments d'amphores, sigillée claire A et C lui a permis de dater ces bassins au II- IIIe siècle après. Cela tout en reconnaissant que les sondages effectués ne s'étendaient que sur une partie du site (Ponsich, 1988, 159-160).

- Cotta (Figure 5): Quant à l'usine de salaisons de Cotta (sur l'Océan et à 15 km à l'ouest de Tanger), elle est depuis environ cinq ans intégrée au domaine d'une propriété privée.

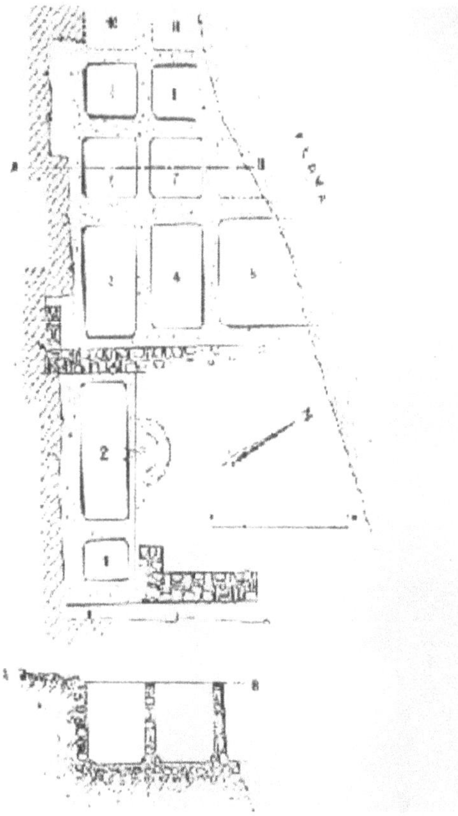

Figure 3.- Ksar es Seghir, plan et coupe de l'usine (Ponsich, 1988, figure 90).

Figure 4.- Zahara , plan et coupe de l'usine (Ponsich, 1988, figure 88).

Nous espérons que cette situation protège le complexe des aléas néfastes en attendant un statut meilleur. Toutefois, la visite du site n'est pas interdite, et bien qu'il y a eu quelques travaux de restauration (éclairage, reconstitution des thermes, ...), ce site mérite bien une attention particulière. Suivant les conclusions de M. Ponsich, cette usine est la plus complète des établissements destinés à l'industrie des salaisons dans tout le bassin occidental de la Méditerranée et qui date selon le même auteur de la fin du I^e siècle avant Jésus au IIIe siècle (Ponsich, 1988, 150-159). Au centre de l'édifice, 16 bassins de salaisons -proportionnellement bien conservé- sont disposés sur les trois côtés autour d'une citerne d'eau couverte.

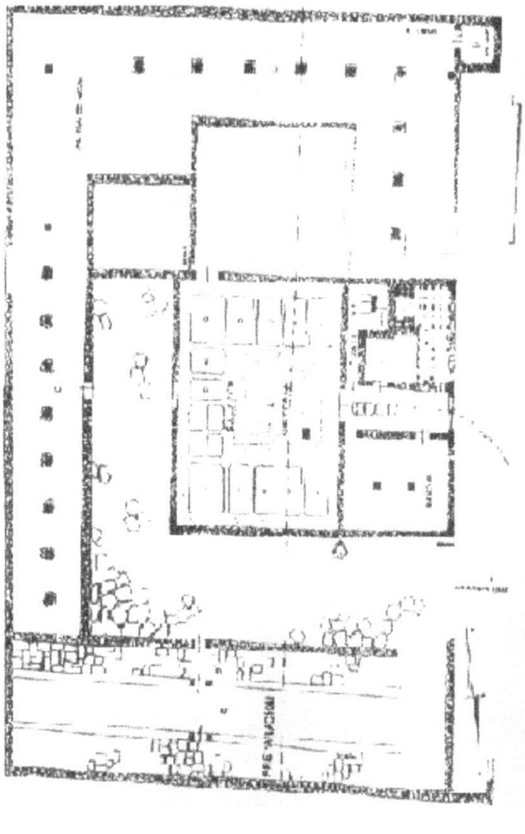

Figure 5.- Cotta, plan de l'usine (Ponsich, 1988, figure 82).

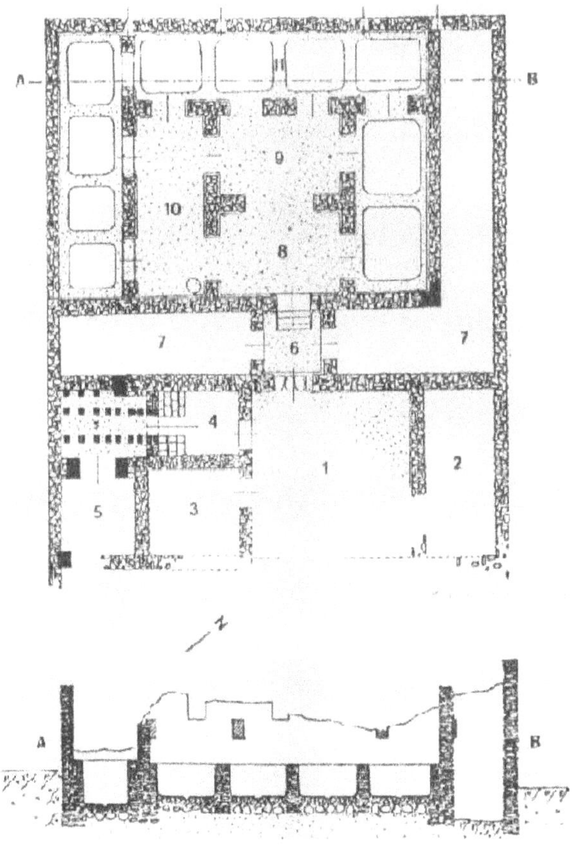

Figure 6 .- Tahaddart, plan de l'usine n° 1 (Ponsich, 1988, figure 76).

- <u>*Tahaddart*</u> (Figure 6): En longeant la côte atlantique, à environ 30 km au sud de Tanger, nous trouvons les usines de salaisons de Tahaddart. Elles sont situées sur la rive gauche du fleuve homonyme où des salines modernes prennent de plus en plus de l'ampleur. Nous avons pu constaté l'existence de deux grands ensembles comportant plusieurs bassins ainsi que plusieurs autres éparpillés aux alentours. Tous ces bassins sont couverts de plantes sauvages et des amas de déchets. D'autres encore, sont enfouis totalement sous la terre. En effet, les fragments de céramiques et des cailloux avec lesquels est bâti ce complexe témoignent que la superficie du site s'étend sur des dizaines d'hectares. Notons qu'outre les six groupes de bassins qu'il a étudié, M. Ponsich signalait la découverte de quatre tombes romaines et déclarait que les fouilles n'étaient pas terminées. Il situe la datation de ces usines du I^e^ siècle avant Jésus jusqu'au Ve- VIe siècle (Ponsich, 1988, 139-150. L'auteur note qu'il s'est contenté de fouiller l'ensemble 1 qui est le plus important et le mieux conservé tandis que seuls quelques sondages ont été pratiqués aux autres).

- <u>*El Kouass*</u>: Sur la plage d'El Kouass (à environ 36 km. au sud de Tanger), nous n'avons nullement trouvé les traces concernant les bassins de salaisons. Pourtant, les caractéristiques géographiques de ce site antique (proximité de la plage, à l'embouchure du fleuve Gharifa, la présence de nombreuses salines modernes, ...) ne peuvent témoigner qu'en faveur des soupçons de M. Ponsich qui lui aussi n'a pas pu préciser l'emplacement exacte de ces bassins (Ponsich, 1988, 136-139). Nous craignons qu'il ne soit plus possible de les localiser à cause de la prolifération des maisons et des demeures estivales sur ce littoral.

- <u>*Ceuta*</u>: Il importe aussi ajouter à cette liste les usines de salaison découvertes à Ceuta. Les recherches archéologiques confirment leur importance (faute de ne pas pouvoir se rendre sur place, cette réflexion s'appuie uniquement sur les conclusions des travaux suivants, cf.: Bravo *et alii*, 1995; Pérez, Bernal, 1998, 249-263; Villaverde, López, 1995) et corroborent ainsi le témoignage éloquent d'Al Edrîssî[1].

3.- Conclusion.

Abstraction faite du problème de l'introduction de ces activités et des techniques utilisées chez la communauté locale (sur ce problème, les opinions se partagent entre ceux qui croient à une origine grecque - Étienne, 1970, 298-299- et ceux – Ponsich, Tarradell, 1965, 113- qui attribuent

[1] Al Edrîssî, *Description de l'Afrique et de l'Espagne*, Texte arabe publié pour la première fois avec une traduction, des notes et un glossaire par R. Dozy et M. J. de Goeje, E. J. Brill, Leiden, 1968, 200: ''Il existe auprès de Ceuta des lieux où l'on pêche de gros poissons. Nulle côte n'est plus productive, soit sous le rapport de l'abondance, soit sous celui du commerce de poisson. On en compte environ cent espèces différentes, et l'on se livre particulièrement à la pêche du gros poisson qui s'appelle le thon et qui se multiplie beaucoup dans ces parages. On le prend au moyen de harpons munis à l'extrémité de crochets saillants qui pénètrent dans le corps du poisson et n'en sortent plus. Le bois du harpon est garni de longues ficelles de chanvre. Ces pêcheurs sont tellement exercés et tellement habiles dans leur métier, qu'ils n'ont au monde point de rivaux''.

l'introduction de l'industrie des salaisons et du *garum* aux éléments phénico-puniques), nous remarquons que ces usines occupaient des endroits disposant de toutes les conditions propices pour la floraison de cette industrie (proximité des plages, des embouchures de fleuves et de salines d'où on extrait la matière indispensable pour la conservation des poissons) et cela a certainement contribué à affermir l'apport de la côte marocaine dans l'économie du *circuit du détroit de Gibraltar*. Nous présumons que l'idée attribuant à la côte espagnole un rôle prédominant dans ce secteur dérive essentiellement du déséquilibre considérable entre le nombre des activités archéologiques sur les deux côtes (a ce propos, nous voulons rappeler que contrairement à ce qu'il croyait dans le premier ouvrage, M. Ponsich conclut à la fin du second que les bassins de la rive espagnole sont plus importants, Cf.: Ponsich, 1988, 234-235; Ce jugement n'est fort probablement pas définitif: les études concernant les usines de salaisons marocaines méritent à la fois une révision des données et l'ouverture de nouveaux chantiers de fouilles). De même, il faut tenir en considération les grands travaux d'aménagement (routes, zones industrielles, complexes touristiques, ...) que connaît depuis quelques années cette région et dont les conséquences sont souvent désastreuses pour le patrimoine archéologique. A signaler à titre d'exemple qu'à l'emplacement même du nouveau port en cours de construction, au lieu dit oued Rmel, un site ou furent trouvés des restes d'époque punico-maurétanémme et romaine est anéanti (Gozalbes, 1977, 34-35; Tarradell, 1966, 435. L'auteur signale aussi la trouvaille de fragments de céramiques gallo-romaine, claire et commune à oued Aliane, à environ 20 km à l'est de Tanger sur la route côtière menant à Ceuta. Cette remarque peut concerner aussi les sites d'oued el Marsa et Sidi Bouhayel. Ne serait-il pas possible que d'autres usines consacrées à l'industrie des salaisons existaient au d'autres endroits?). Devant ce bilan, nous croyons qu'il est nécessaire d'élaborer un plan de sauvetage pour la mise en valeur de ces sites et leur préservation. Les deux sites: Zahara et Tahaddart n'ont été que partiellement fouillés. Ils restent encore prometteurs pour une exploitation scientifique future et ne manqueraient pas d'enrichir nos connaissances sur ce thème.

Bibliographie

BRAVO PÉREZ, J., HITA RUIZ, J.M., MARFIL RUIZ, P., VILLADA PAREDES, F. (1995): "Nuevos datos sobre la economía del territorio ceutí en época romana: las factorías de salazón", *Actas del II Congreso Internacional El Estrecho de Gibraltar, t. II,* (Ceuta 1990), Madrid, 439-454.

ÉTIENNE, R. (1970): "A propos du *garum sociorum*", *Latomus*, XXIX, 298- 299.

GOZALBES GRAVIOTO, C. (1977): "Las ciudades romanas del estrecho de Gibraltar: región africana", *Cuadernos de la Biblioteca Española de Tetuán*, t. 16, 34- 35.

JODIN, A. (1958-59): "Les grottes d'El Khril à Achakar", *B.A.M.*, III.

MAZARD, J. (1955): *Corpus nommorum numidiae mauretaniaeque*, Art et Métiers Graphiques, Paris.

PÉREZ, J.M., BERNAL, D. (1998): "La factoría de salazones de *Septem Fratres*: novedades de las excavaciones arqueológicas en el Paseo de las Palmeras n° 16- 24", *Homenaje al Prof. Carlos Posac Mon*, Instituto de Estudios Ceutíes, t. I, Ceuta, 249- 263.

PONSICH, M. (1975): "Pérennité des relations dans le circuit du détroit de Gibraltar ", *ANRW*, II, 3, 655- 684.

PONSICH, M. (1988): *Aceite de oliva y salazones de pescado. Factores geo-económicos de Bética y Tingitana*, Universidad Complutense, Madrid.

PONSICH, M., TARRADELL, M. (1965): *Garum et industries antiques de salaison dans la Méditerranée occidentale*, Bibliothèque des Hautes études Hispaniques, fasc. XXXVI, Paris.

TARRADELL, M. (1966): "Contribution à l'Atlas archéologique du Maroc: région de Tétouan", *B.A.M.* t. VI, 435.

VILLAVERDE VEGA, N. (2001); *Tingitana en la Antigüedad tardia (siglos III- VII)*, Real Academia de la Historia, Madrid.

VILLAVERDE VEGA, N., LÓPEZ PARDO, F. (1995): "Una nueva factoría de salazones en *Septem Fratres*. El origen de la localidad y la problemática de la industria de salazones en el Estrecho durante el Bajo Imperio", *Actas del II Congreso Internacional El Estrecho de Gibraltar,* t. II, (Ceuta 1990), Madrid, 455- 472.

LA PRODUZIONE E IL COMMERCIO DI SALSAMENTA DELLA MAURETANIA TINGITANA (I SECOLO D.C.)

L. CERRI
Universidad de Siena

1.- Introduzione.

La produzione e la commercializzazione dei *salsamenta* prodotti nei principali centri tingitani è ampiamente documentata dalle evidenze archeologiche ed epigrafiche che costituiscono un importante strumento per lo studio dell'economia di questa provincia e per la ricostruzione delle dinamiche commerciali di cui fu protagonista.

Per la provincia della *Tingitana* lo studio e l'indagine delle strutture archeologiche attribuibili ad impianti di lavorazione del pesce non ha avuto notevoli sviluppi dopo il lavoro di M. Ponsich e M. Tarradel sulla produzione di *salsamenta* nel mediterraneo occidentale pubblicato nel 1965 (Ponsich e Tarradell, 1965; Ponsich, 1988) che a distanza di tanti anni rimane un riferimento fondamentale per la cronologia delle strutture e per la distribuzione dei siti (figura 1), nonostante una revisione a questo lavoro sia certamente necessaria.

A differenza di quanto avviene in Spagna e in Portogallo dove negli ultimi anni si sono moltiplicate le indagini archeologiche in questo campo (Arévalo Gonzàlez, e Bernal Casasola, 1999; Lagóstena Barrios, 2001; Étienne e Mayet, 2002; Arévalo Gonzàlez, Bernal Casasola e Torremocha Silva, 2004), in Marocco non si hanno a disposizione molti dati nuovi riguardanti le strutture produttive i cui resti stanno inevitabilmente scomparendo per opera del tempo e delle attività antropiche. Alcuni dei siti descritti da Ponsich e Tarradell sono ben noti, come *Lixus* (Ponsich e Tarradell, 1965, 9-37), *Cotta* (Ponsich e Tarradell, 1965, 55-68) e Tahadart (Ponsich e Tarradell, 1965, 40-55), che rappresentano sicuramente gli esempi più significativi della produzione di *salsamenta* in *Tingitana* e le cui rovine sono ancora ben visibili agli occhi dei visitatori; altri centri produttivi, anche se più ridotti nelle loro dimensioni, hanno avuto una sorte peggiore, come Alkazarseguer (Ponsich e Tarradell, 1965, 71-75), Kuass (Ponsich e Tarradell, 1965, 38-40), Sania e Torres (Ponsich e Tarradell, 1965, 75-77) e Sahara (Ponsich e Tarradell, 1965, 68-71) che sono stati distrutti dalle costruzioni moderne. Nonostante il panorama che si prospetta non sia del tutto positivo, si deve aggiungere che la distruzione di alcuni di questi centri cede fortunatamente il posto alla testimonianza di nuovi siti, non recensiti da Ponsich e Tarradell, che rappresentano nuove attestazioni della produzione di *salsamenta* in *Mauretania Tingitana*, come è il caso di *Septem Frates* (Villaverde Vega e Lopez Pardo, 1995; Bernal Casasola e Perez Rivera, 1998), Sidi Kacem, Marsa e Rmel (Gozalbes Cravioto, 1997, 127-130), Sidi Bu Nuar e Lalla Safia (Villaverde Vega 2001, 108). Un altro caso è rappresentato da *Banasa*, dove in

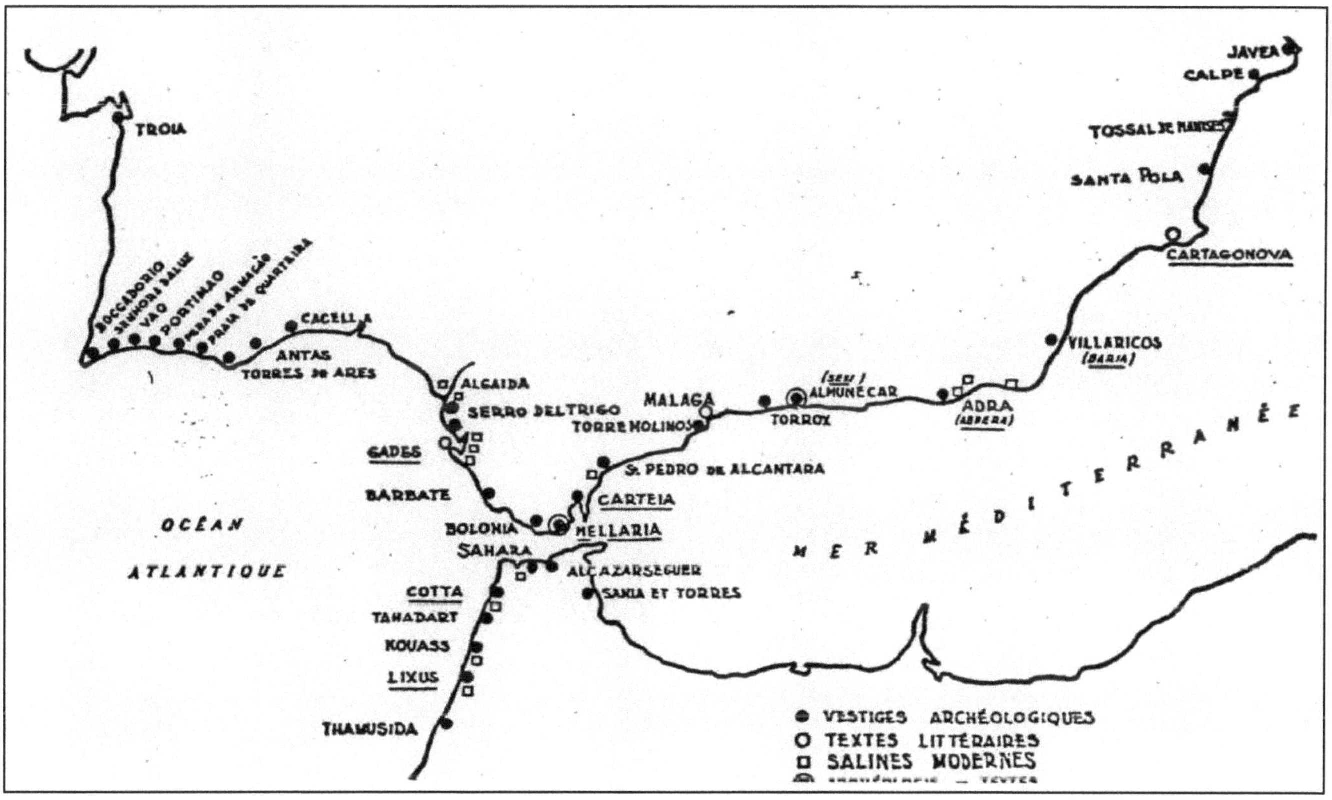

Figura 1.- Siti per la produzione di salsamenta in Baetica e Tingitana (da Ponsich e Tarradell 1965).

Actas del Congreso Internacional *CETARIAE. Salsas y salazones de pescado en Occidente durante la Antigüedad*, Universidad de Cádiz, Noviembre de 2005, *B.A.R. int. ser.* 1686, Oxford 2007, 195-204.

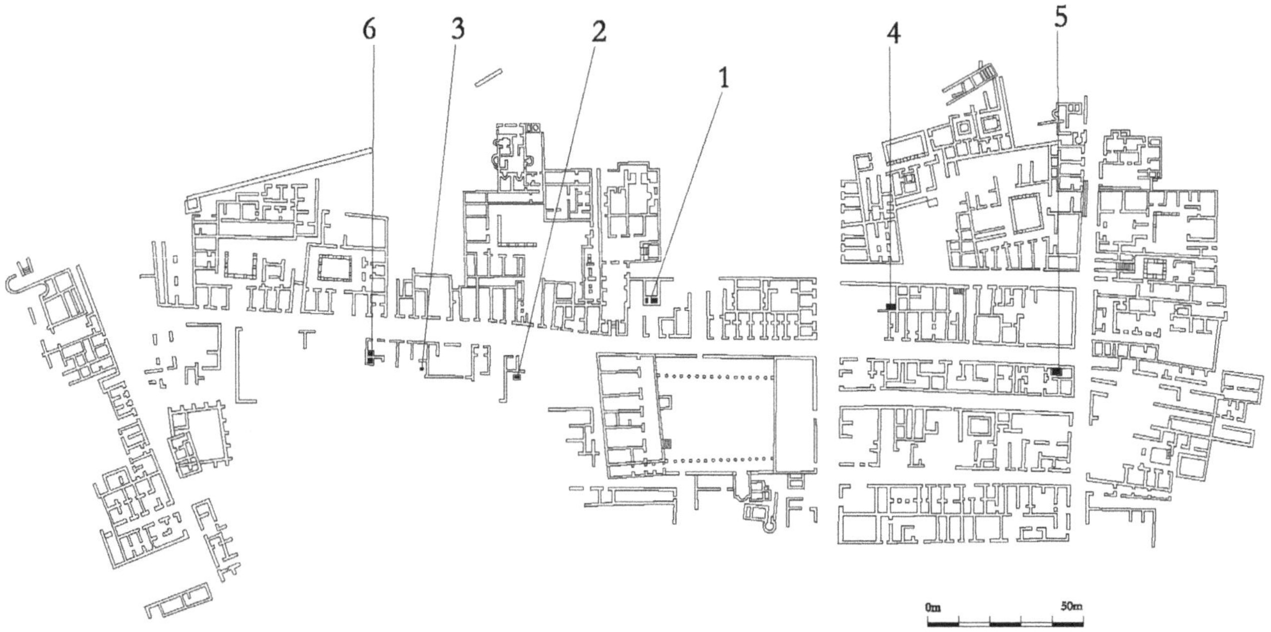

Figura 2.- Banasa: localizzazione delle vasche.

Figura 3.- Banasa: le vasche del gruppo 1 (foto L. Cerri).

Figura 4.- Particolare dell'interno delle vasche (foto L. Cerri).

seguito ad un sopralluogo sul sito è stato possibile constatare la presenza di sei gruppi di vasche rivestite di *opus signinum* che potrebbero costituire una nuova e inedita testimonianza della produzione di *salsamenta* in questo sito (figura 2).

Le 6 vasche individuate a *Banasa* sono rappresentate da due gruppi, il primo costituito da vasche doppie (1 e 6 in figura 2) e il secondo da 4 vasche singole (2-3-4-5) tutte situate all'interno della città nella zona circostante il foro. Nonostante la planimetria delle strutture non sia completa e non sia possibile stabilire una cronologia per i muri visibili, le vasche sembrano inserite all'interno di edifici più grandi dove, verosimilmente, potevano avere luogo le fasi di preparazione e lavorazione del pesce. Come già detto, i gruppi 1 (1.26 m x 1.90 m e 1.26 m x 0.90 m, la profondità attualmente rilevabile è di circa 1 m) e 6 (1.80 m x 1.30 m e 1.30 m x 0.67 m, profondità rilevabile 1 m circa) sono costituiti da vasche doppie affiancate e di forma rettangolare, mentre le vasche 2 (1.26 m x 2.20 m) e 5 (1.95 m x 1.05 m) sono singole, ma tutte presentano il caratteristico rivestimento in *opus signinum* e gli angoli interni modanati (figure 3-4). La vasca n. 4 (1.13 m x 1.70 m), e probabilmente anche la vasca 3 di forma ovale (1.13 m x 0.90 m), presenta caratteristiche leggermente differenti; non essendo costruita sotto il livello pavimentale e gli angoli interni del rivestimento sono ad angolo retto. Questa vasca deve essere messa in relazione con ogni probabilità con la produzione di olio per la presenza di un frammento di base per un torchio visibile presente al lato della vasca. Per quanto riguarda la funzione delle altre vasche, che hanno una capacità che varia da 1 a 3 m^3 (la profondità delle vasche non è visibile, calcolando una profondità di circa 1 m che è quella attualmente visibile per le vasche del gruppo 1 e 6, si calcola che la capacità complessiva delle vasche potesse essere di circa 12 m³), non avendo a disposizione nessun dato di scavo è solo ipotizzabile una funzione legata alla produzione di *salsamenta* e la localizzazione delle vasche all'interno di un centro urbano non rappresenta un fatto insolito, essendo già attestata da altri esempi simili, come quello di *Banasa*, come a *Baelo Claudia*, Pompei e Sabratha (Wilson, 2002; vedi anche A. Wilson in questo volume). Si tratta in questo caso di una produzione ristretta di ambito locale e destinata a soddisfare i bisogni della singola città. Il sito di *Banasa* presenta caratteristiche molto comuni ai siti dove è attestata una produzione di *salsamenta*, tra le quali come la presenza di un fiume, il Sebou, che non solo poteva fornire pesci in abbondanza ma anche l'acqua necessaria nelle fasi di lavorazione e preparazione del pesce.

2.- Lo studio dei *tituli picti* di *Lixus* e *Tingis* e i *salsamenta* della *Mauretania Tingitana.*

In Marocco, la carenza di dati archeologici riguardanti le strutture produttive spinge verso la ricerca di altre fonti di informazione, come l'epigrafia, che possono aiutare a comprendere le dinamiche produttive e il commercio dei *salsamenta* tingitanie e individuare i personaggi che, ne furono i protagonisti, ricostruendo un importante aspetto della storia economica di questa provincia. In questo senso l'epigrafia, in particolare quella che si è conservata sulle anfore, rappresenta una fonte di informazioni fondamentale per ricavare non solo i nomi di coloro che furono alla base dei processi di produzione e di commercializzazione dei prodotti tingitani, ma anche per meglio definire le caratteristiche dei prodotti esportati e la loro diffusione nei territori dell'impero romano.

Tralasciando di affrontare in questa occasione la questione delle anfore adibite al trasporto dei *salsamenta* fabbricate in *Tingitana*, la cui produzione è ora attestata dalle fornaci scavate nel sito di *Thamusida* (Gliozzo, Cerri, Damiani e Memmi, 2005), si entende da quelle individuate presso Azilah, si intende invece soffermare l'attenzione sui *tituli picti* e, in particolare, sulle iscrizioni che ricordano il nome dei due più importanti centri tingitani: *Lixus* e *Tingis*.

Le anfore per *salsamenta* erano spesso accompagnate da vere e proprie etichette (figura 5) che in forma più o meno complessa riportavano le caratteristiche del prodotto in esse contenuto, come la varietà e le qualità delle salse e salagioni di pesce, il luogo di origine del prodotto, il peso dell'anfora e il nome del *mercator* addetto alla sua commercializzazione. Sui *tituli picti* e sull'interpretazione delle informazioni in essi contenute sono stati condotti numerosi studi nel corso degli anni. A partire dal lavoro di Dressel sulle iscrizioni dipinte del Castro Pretorio e di Pompei, raccolte nei volumi XV e IV del *Corpus Inscriptionum Latinarum*, l'argomento fu poi affrontato da altri studiosi (Manacorda, 1977; Lagóstena Barrios, 2001; Étienne e Mayet, 2002), alcuni dei quali si occuparono delle iscrizioni dipinte rinvenute nei relitti, in particolare quelli individuati lungo la costa francese (Colls, Étienne, Lequement, Liou e Mayet, 1977; Liou e Marichall, 1978; Liou, 1987, 1990 e 1993; Liou e Gassend 1990). Altri importanti studi furono fatti su *tituli* dagli scavi di Augst (Martin-Kilcher, 1994) e di Magonza (Ehmig, 2003). Grazie a queste ricerche è stato possibile distingure le singole parti che compongono i *tituli* e giungere alla definizione di uno schema base secondo il quale essi sono strutturati e che, salvo alcune eccezioni, si ripete in forma costante anche su anfore destinate al trasporto di derrate alimentari diverse dai *salsamenta* (figura 6).

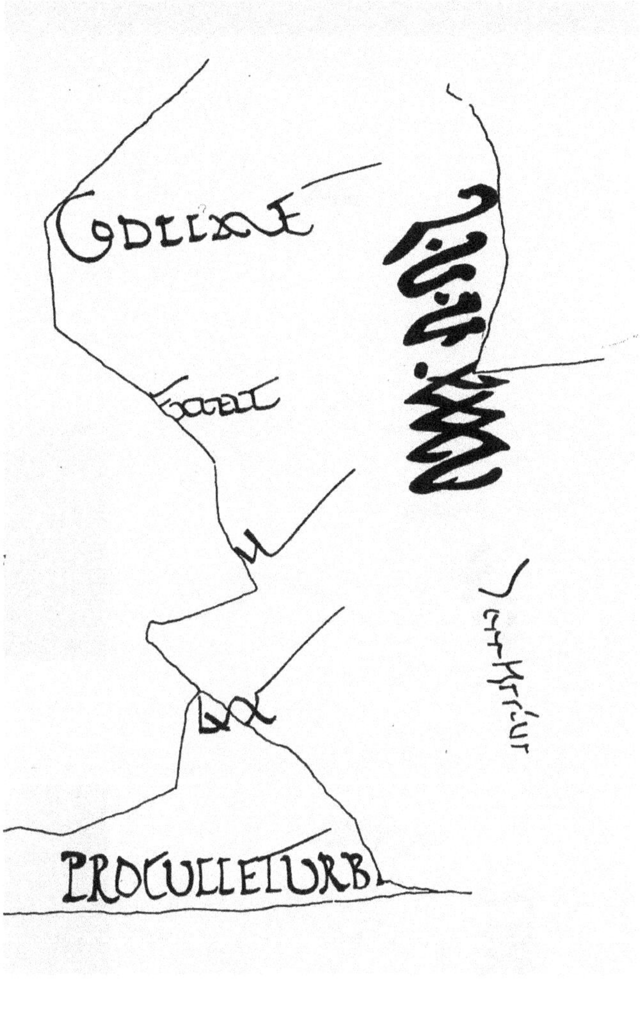

Figura 5.- Titulus pictus di Lixus (da Martin-Kilcher 1994).

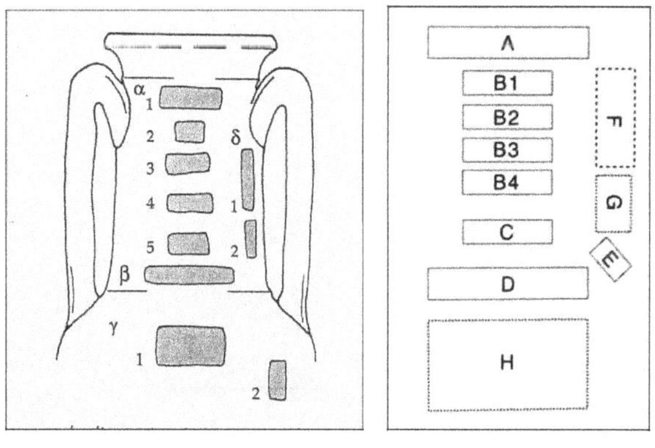

Figura 6.- Modello teorico dei tituli picti (a sinistra: da Étienne e Mayet 2002; a destra: da Martin-Kilcher 1994).

I *tituli* ci offrono una serie di informazioni indispensabili per distinguere le varietà di *salsamenta* prodotti nel mondo romano e una ampia bibliografia è stata scritta riguardo i principali prodotti, come il *garum*, *l'allec*, la *muria* e il *liquamen*, sui metodi di preparazione e sulle fonti letterarie che trattano l'argomento, non è quindi in questa occasione che si intende ribadire quanto è già stato ampliamente scritto (Curtis, 1991; Étienne e Mayet, 2002). Il presente contributo, che in parte rappresenta un'analisi e in parte uno sviluppo di quanto è già stato pubblicato finora, è rappresentato da due fasi principali della ricerca: la prima è la raccolta di tutti i *tituli* di origine tingitana editi finora, in un secondo momento, dopo aver identificato i prodotti e i personaggi strettamente collegati alla produzione e al commercio dei *salsamenta* tingitani. Si è tentato di verificare l'esistenza di una loro relazione con la produzione ispanica e con le dinamiche commerciali a cui furono subordinati i prodotti betici, nella possibilità di identificare un modello di confronto che fosse utile per comprendere il ruolo che i *salsamenta* tingitani rivestirono nel contesto dei traffici commerciali tra Roma e i territori dell'impero.

Le iscrizioni dipinte di Pompei hanno rappresentato un punto di partenza fondamentale per ricavare le informazioni necessarie a questa ricerca. Le condizioni privilegiate che caratterizzano il contesto pompeiano hanno sicuramente contribuito alla conservazione dei *tituli picti*, anche se a questo si deve aggiungere che il 79 d.C. rappresenta il *termine ante quem* per il contesto esaminato. Il problema della lettura dei *tituli picti* e che in generale, anche considerando altri ambiti territoriali o i dati forniti dei relitti, sulla sola base dei *tituli picti* è impossibile stabilire le dinamiche commerciali successive al I secolo d.C., è quindi a tale periodo che si farà riferimento in questo contributo.

Il problema delle lettura dei *tituli picti* costituisce la difficoltà maggiore per chi intende giungere ad una loro corretta interpretazione ai fini della ricerca. I *tituli*, infatti, per la caratteristica di essere stati scritti a mano presentano grafie che possono essere soggette a più intrepretazioni. La lettura dei *tituli* è fortemente condizionata da fattori soggettivi che spesso influenzano anche la restituizione grafica delle iscrizioni, proprio per questo quando non è disponibile un supporto fotografico, come nel caso del CIL, o non è possibile un'osservazione diretta dell'oggetto, risulta spesso impossibile giudicare la correttezza delle ipotesi di lettura proposte dagli autori.

I *tituli picti* di *Lixus* e *Tingis* finora individuati appartengono nella maggior parte dei casi ad anfore del tipo Pompei VII secondo la tipologia Mau-Shoene pubblicata nel CIL, e corrispondente ai tipi Beltran 2A e Dressel 7-11, e in minor numero al tipo Pompei XIV, corrispondente al tipo Dressel 12 (Manacorda, 1977, 128).

Tra tutte le iscrizioni esaminate e provenienti da contesti diversi è stato possibile indivuare 38 tituli riferibili alla produzione di *Lixus* e *Tingis* (figura 7), alcuni dei quali restano di incerta attribuzione, in particolare quelle iscrizioni in cui compaiono elementi che potrebbero far ipotizzare una proveneinza tingitana, come per esempio alcune caratteristiche grafiche o la comunanza del nome in posizione δ nei *tituli* ma sul quale però esistono ancora dubbi riguardo la funzione, come vedremo.

In tutti i casi identificati ricorrono solo due termini abbreviati che indicano il prodotto contenuto nell'anfora: *cod* e *lac* associati ai nomi di entrambi i centri tingitani, come produttori che si rivelano principalmente di questi due tipi di *salsamenta*.

Il termine *cod*, che compare anche nella forma *cord* (Marichal, 1974, p. 536 n. 13) e *codl* (CIL IV, 5629), è ora considerato senza alcun dubbio come la forma abbreviata per il termine *cordyla* di cui parlano le fonti antiche (Étienne e Mayet, 2002, 39; Liou e Rodríguez Almeida, 2000, 12), tra le quali Plinio (*nat. hist.* 9, 47), che lo indica come il tonno catturato nel primo anno di vita, o Marziale, che nomina la *cordyla* stagionata, aggiungendo anche che la qualità migliore era quella invecchiata quattro anni (Marziale, *ep.* 11, 52, 7).

Da Plinio conosciamo l'utilizzo che della *cordyla* si faceva nel mondo romano: "Si chiama *cordyla* il tonno nato da poco che in autunno accompagna le madri, dopo che hanno deposto le uova, al momento del loro ritorno al grande mare; quindi cominciano a chiamarsi limosi o, dal nome greco del fango, *pelamydes*, e quando hanno superato un anno, tonni. Tagliati a pezzi sono pregiati per la testa e l'addome, e anche la clavicola, purché siano freschi e comunque provocano pesanti rutti. Tutta la restante parte ricca di polpa si conserva sotto sale. *Melandrya* si chiamano i pezzi simili ad assicelle di quercia. Le parti di minor valore sono quelle più vicine alla coda, perché sono prive di grasso; le più apprezzate sono quelle intorno alla gola, ma in qualsiasi altro pesce le parti più ricercate sono quelle intorno alla coda. Le *pelamydes*, tagliate in pezzi scelti e membro a membro si ripartiscono in cubetti (*cybia*)" (Plinio, *nat. hist.* 9, 47-48).

La seconda abbreviazione, *lac*, che compare in un *titulus* di *Lixus* (CIL IV,5648) e in due *tituli* di *Tingis* (CIL IV, 9373 e Ehmig, 2003, n. 47), oltre che in altre iscrizioni in cui però non figura l'indicazione del toponimo (CIL IV 5643-5646-9372; CIL XV, 4733-4734-4741), risulta più problematica da interpretare non essendo ancora stata proposta un'identificazione sicura del termine. Questo termine, infatti, che a volte compare scritto anche nella forma *laccat* (CIL IV, 5640-5641-5642 e Martin-Kilcher, 1994, 406 P29), fu interpretato per la prima volta dal Dressel come abbreviazione per la parola *laccatum* ideata dallo stesso autore sulla base di un *titulus* rinvenuto a Roma dove compariva la parola *lacca* (CIL XV, 4734) che l'autore interpretà come un vino aromatizzato con una particolare erba, basandosi sulla citazione in Apuleio di un'erba medicamentosa chiamata *lacca* (Dressel, 1879, 67-70). Ma le caratteristiche del contenuto indicate nei *tituli* in cui compaiono le parole *lac* o *laccat* sono favorevoli a far credere che si trattasse di un tipo di *salsamentum* piuttosto che di un vino, come ora sostiene la maggior parte degli studiosi (Étienne e Mayet, 2002, 52), anche se la questione è

Posizione α (contenuto)	Posizione α (provenienza)	Posizione β (*mercator*)	Posizione γ (destinatario)	Posizione δ1	Posizione δ2	Luogo di ritrovamento	Bibliografia
1. cordyla	*Lixus*					Pecio Gandolfo	Liou e Rodríguez Almeida 2000, p. 11 n. 1
2. indeterminato	*Lixus ?*	[---]*M*[---]				Pecio Gandolfo	Inedito (vedi J. Martinez Maganto in questo volume)
3. cordyla	*Lixus*	*Q. Fabi Philargyri*		*Mavri*		Ladenbourg	Hahn 1988, pp. 267-277; CEIPAC n.12020
4. cordyla	*Lixus*	*Procvli et Vrbici*		*Domesticus*	--IV LXXV	Magonza	Ehmig 2003, n.50
5. cordyla	*Lixus*	*Procvli et Vrbici*		*Domesticus*	L.V.V.XXXV	Augst	Martin-Kilcher 1994, fig. 272.1
6. cordyla	*Lixus*	*Procvli et Urbici*		*Domesti(cus)*	C.I.S. VII	Magonza	Ehmig 2003, n. 53
7. coryla	*Lixus?*	*L. Vritti Verecundi*		*Domesti(cus)*	M.L.V.VI	Magonza	Ehmig 2003, n. 52
8. coryla	*Lixus*	*Procvli et Urbici*	*ELM*			Pompei	CIL IV,9368
9. cordyla	*Lixus*	*Procvli et Urbici*				Pompei	CIL IV,9369
10. cordyla	*Lixus*					Augst	Martin-Kilcher 1994, P27
11. cordyla	*Lixus*					Pompei	CIL IV,5631
12. cordyla	*Lixus*					Pompei	CIL IV,5632
13. cordyla	*Lixus*	*C. Papini Plantaes*				Pompei	CIL IV,5636
14. cordyla	*Lixus?*					Aquileia	Inedito (cfr. Liou 1987, p. 68 nota 25
15. cordyla	*Lixus*	*M. Valeri Abinnerici*	*HA*	*Atimetis vel Vitalis?*		Pompei	CIL IV,5630
16. cordyla	*Lixus*					Pompei	CIL IV,5645
17. s(---)	*Lixus?*	*M. Valeri Felicis*				Pompei	CIL IV, 5652
18. cordyla vel conditum	*Lixus*	*L[---] M [--] Rv[---]*				Pompei	CIL IV, 10286a
19. lac(---)bes(---)	*Lixus*	*C. Terenti Paulli*	*C(aio) Ennio Fort(unato)*	*Atim*[*etis*]	IXXXIVS	Pompei	CIL IV,5648
20. cordyla	*Tingis*	*C. Terenti Paulli*	*C(aio)E(nnio) F(ortunato)*	[*Ati*]*metis vel* [*Her*]*metis*		Pompei	CIL IV,5637
21. cordyla	*Tingis*	*C. Levciti [Ma]Therni?*			TRIN[---]	Heidelberg	Hahn 1988, pp. 267-277 n. 50; CEIPAC n. 12021
22. cordyla	*Tingis*	*M et L Claudiorum*				Pompei	CIL IV,5629
23. cordyla	*Tingis*	*M et L Claudiorum*				Pompei	CIL IV, 10286b
24. cordyla	*Tingis*					Ercolano	CIL IV, 10730
25. cordyla	*Tingis*					Carlisle	Tomlin e Hassal 2002, p. 361 n. 7; AE 2002, p. 321
26. cordyla	*Tingis*					Windisch	Marichal 1974, p. 536 n. 13
27. cordyla	*Tingis*					Windisch	Marichal 1974, p. 539 n. 32
28. cordyla	*Tingis*					Strasburgo	Baudoux 1988, p. 73
29. cordyla	*Tingis*					Strasburgo	Baudoux 1988, p. 75
30. cordyla	*Tingis*					Tolone	Inedito (cfr. Liou e Rodríguez Almeida 2000, p. 14 nota 24)
31. lac(---) bes(---)	*Tingis*	*A. Titini Hercvlani*	*Terentiae*	*Vitalis?*		Pompei	CIL IV, 9373
32. lac(---)	*Tingis*				Q.A---	Magonza	Ehmig 2003, n. 47
33. cordyla	*Tingis?*	*M.Valeri Felicis*	*Terentiae*	*Vitalis?*		Pompei	CIL IV, 9609
34. cordyla	*Tingis*	*L.L.Ivicis ?*		*Hermetis vel Hatimetis*		Pompei	CIL IV,5639
35. Laccat(---)	*Tingis?*	*M. et L. Claudiorum*		*Domiti vel Domisticus?*		Pompei	CIL IV,5640
36. Laccatum Tinctum?	*Tingis*	*C. Terenti Paulli*	*Sod(alis)Caes(ari)*		[---]IIX	Pompei	CIL IV, 5641
37. [lac(---) ?]Bes	*Por(tuensis) [Lixus ?]*	*M. Fontei Severi*				Pompei	CIL IV, 9367
38. laccat(um) et tinc(tum) vel ting(is) ?	*Tingis?*					Pompei	CIL IV, 5642

Figura 7.- Elenco dei tituli picti di Lixus e Tingis (L. Cerri).

ancora dibattuta. A conferma dell'idea che il termine indichi un *salsamentum* è il fatto che, oltre alla tipologia delle anfore su cui sono attestati i *tituli,* che sono quelle tipiche per i *salsamenta,* nei *tituli* in cui compare questo misterioso prodotto si ritrovano le stesse indicazioni che compaiono nei *tituli* relativi alla *cordyla* e ai *salsamenta* in genere, come gli aggettivi *excellens*, *summarum*, *argutum*, *vetus*, gli anni di invecchiamento del prodotto, che come per la *cordyla* variano da tre a quattro, e l'indicazione di nomi di *mercatores* che furono addetti al commercio di *salsamenta*, tutti elementi che sono sufficienti a dimostrare che questo prodotto sia da identificare con un alimento a base di pesce.

Nonostante le difficoltà che si possono riscontrare nell'identificazione di questo misterioso prodotto e nella corretta interpretazione del termine, mi sembra utile fare qualche rapida osservazione intesa a riflettere sul significato delle parole *lac* (...) e/o *laccatum*, avvertendo che non si tratta di uno studio esaustivo ma solo di ipotesi.

Una prima ipotesi, forse la più probabile, è quella di considerare il termine *lac* come abbreviazione per *laccatum* ma non inteso come un vino, come sostenuto dal Dressel, ma come un prodotto che abbia una relazione con un *salsamentum.* A questo proposito può essere utile un riferimento ad Apicio che nel suo libro di cucina segnala la ricetta per preparare una salsa chiamata *laseratum* (Apicio, *De re coq*., 1.16). Apicio scrive: *Laseratum. Laser Cyrenaicum vel Parthicum tepida dissolvis cum aceto, liquamine temperatum, vel piper, petroselinum, mentam siccam, laseris radicem, mel, acetum, liquamen.* Il *laseratum* è dunque una salsa a base di *laser* (succo di una pianta chiamata silfio dai Greci, molto usata in cucina e in particolarmente apprezzata era quella proveniente dalla Cirenaica) a cui vengono aggiunti altri ingredienti tra i quali il *liquamen,* che nella ricetta compare due volte. Sulla base di quanto dice Apicio, è dunque probabile che il *laccatum* fosse una salsa simile al *laseratum* e ottenuta dal succo dell'erba *lacca*, di cui parla Apuleio (Ap., *De med. Herb*., 4.2), mescolato con altri ingredienti tra cui il *liquamen*, che era usatissimo nella cucina romana come si osserva nelle ricette di Apicio dove è uno degli ingredienti quasi sempre presenti. L'erba *lacca* è sconosciuta, Apuleio riporta solo la notizia che si trattava di un'erba il cui succo era utilizzato in medicina contro l'itterizia. A questo proposito è interessante notare che in due *tituli picti* attribuibili a *Lixus* e *Tingis* (CIL

IV, 5648-9373) e in un altro *titulus* di origine incerta nel quale compare l'indicazione *por(tuensis)* (CIL IV, 9367), il termine *lac* è associato alla parola *bes*. Il termine *bes* non compare mai nelle fonti antiche, il suo significato resta pertanto molto ambiguo e di difficile interpretazione Sulla base della posizione che il termine occupa nei *tituli*, dove compare sempre nella prima linea associato al nome del prodotto e prima dell'indicazione del toponimo, è probabile che si tratti di un aggettivo destinato a qualificare il contenuto. Esaminando le parole latine che potrebbero essere associate a questo aggettivo quella che mi pare la più probabile, o meglio dire la meno insensata, è l'aggettivo *bessicus* riferito alla popolazione dei *Bessi* che viveva in Tracia. Se l'ipotesi fosse valida, la lettura completa dei *tituli* nei quali compaiono entrambe le parole esaminate, potrebbe essere *laccatum bessicum*, sull'esempio del riferimento in Apicio al *laser cyrenaicum* o *parthicum.*

La seconda ipotesi, invece, è quella di considerare distintamente i due termini *lac* e *laccatum* e supporre che si riferiscano a due prodotti diversi. Infatti, nei *tituli* riferibili a *Lixus* e *Tingis*, così come in altri, compare semplicemente la sigla *lac,* nella quale forse non si deve riconoscere necessariamente il termine abbreviato della parola *laccatum*. Se consideriamo il essere interessante prendere in considerazione quello che dicono le fonti antiche riguardo le specie ittiche e confrontare le informazioni che da esse si ricavano con i dati degli studi paleo-ittiologici che negli ultimi anni si stanno moltiplicando, favorendo il chiarimento di alcuni aspetti riguardanti i processi produttivi dei *salsamenta* oltre ad avere un ruolo fondamentale per l'identificazione delle specie di pesci e per determinare le parti che di essi si utilizzavano nella produzioni delle salagioni.

Tra le specie ittiche citate dalle fonti letterarie compare il *lacertus*, la cui identificazione non è ancora stata chiarita in modo definitivo da latinisti e ittiologi (Étienne e Mayet, 2002, 38), ma con la quale si potrebbe forse identificare il termine *lac* indicato nei *tituli picti.* Gli autori antichi che nominano il *lacertus* danno una definizione piuttosto generica di questa specie di pesce, il cui nome raggruppa in realtà un insieme di pesci simili e non una singola specie, sulla base di quanto riferisce Plinio che parla di *lacertorum genera* (Plinio, *nat. hist.* 32, 145). Ma è certo è che si trattasse di pesci utilizzati per fare le salagioni (Celso, *med.* 2, 18. 7).

È interessante esaminare da vicino ciò che ci dicono le fonti riguardo i *lacerti.* In Plinio, che è sicuramente la fonte più valida per una possibile indentificazione, il termine *lacertus* compare sempre al plurale, *lacerta* e *lacertorum genera,* e nell'elenco dei pesci redatto dall'autore le *coliae*, cioè i lanzardi, figurano tra il genere dei *lacerti,* trattandosi infatti di *lacerti* più piccoli e per i qauli erano note le città di Paro e Sexi (Plinio, *nat. hist* 32, 147-149). Secondo Celso i *lacerti* erano pesci dal valore nutritivo medio usati abitualmente sulle tavole dei romani e coi quali si facevano anche le salagioni (*Celso*, *med.* 2, 18. 7); nelle fonti sono ricordati anche i *lacerti* di Bisanzio (Stazio, *silv.* 4, 9.13) e di Sexi (Marziale, ep. 7, 78), quest'ultima citata anche da Plinio a proposito delle *coliae* e da Strabone il quale dice che da *Sexi* prendevano il nome anche le salagioni di pesce (*Strabone*, *geog.* 3, 4, 6), i *saxitani veteres* nominati anche in un *titulus pictus* (Liou e Rodríguez, 2000, n. 2), a probabile conferma che i due termini *colia* e *lacertus* erano sinonimi.

Secondo De Saint-Denis (Guasparri, 2005, 284) il *lacertus* corrisponderebbe al termine greco *sauros* che, sulla base di Senocrate (Senocrate, *alim.* fr. 7), sarebbe da identificare con il *trachurus.* In ogni caso, ciò che emerge dalle fonti letterarie è che i *lacerti,*o *lacerta*, non erano pesci pregiati, ma pesci di uso comune e di impiego frequente (Marziale, *ep.* 11, 27, 3 e 11, 52; Giovenale, *sat.* 14, 131). In uno studio condotto sulla terminologia delle specie ittiche che compaiono nei testi antichi (Guasparri, 284-285) è stato analizzato il dato diacronico del termine *lacertus*, cioè la traccia che di esso è rimasta nei vocabili dialettali italiani, e dal quale emerge che nel contesto italiano il nome lacerto è associato a tre specie di pesci che sono il *trachurus sp.*, lo *scomber japonicus colias* e lo *scomber scombrus*. Le affinità fisiche di questi pesci, come le striature e il colore, devono aver contribuito ad estendere il nome generico lacerto indistintamente all'una e all'altra specie. Stando a quanto detto e se si accetta l'ipotesi che l'abbreviazione *lac* che compare nei *tituli picti* indichi il termine *lacertus*, o *lacerta*, dobbiamo dunque immaginare che il contenuto delle anfore fosse costituito da un *salsamentum* fatto con una delle specie sopra indicate. Questa ipotesi potrebbe essere sostenuta anche dai dati archeo-zoologici condotti sul contenuto di alcune anfore che rivelano come in alcuni casi il contenuto delle anfore fosse costituito proprio da queste specie di pesci. Infine, un'altra ipotesi, che erano spesso introdotte intere all'interno dei contenitori (Auriemma, 2000).

Infine, un'altra ipotesi potrebbe essere quella di mettere in relazione l'abbreviazione *lac* con la parola *elacata* (*elacata* > *elaccata* > *laccata*?) che compare in Columella (Col., *rust.* 8, 17, 12) per indicare un tipo di tonno, o che sia rimasta traccia di questo termine nel vocabolo "laccia" che in italiano indica l'alosa.

3.- Ipotesi sul commercio dei *salsamenta* tingitani.

I luoghi di rinvenimento delle anfore con i *tituli* di *Lixus* e *Tingis* dimostrano che la loro diffusione all'interno dei territori dell'impero romano seguì le stesse dinamiche del commercio dei *salsamenta* betici (Curtis, 1988, 206) e sulla base della documentazione finora disponibile si può osservare che la loro distribuzione si concentrò in particolar modo nella zona dei *castra* situati lungo il *limes* germanico, in Gallia, nel nord della Britannia e a Pompei (figura 8).

I nomi dei *mercatores* addetti al commercio dei prodotti tingitani testimoniano un'origine italica di questi personaggi che, come i *mercatores* che commercializzarono i *salsamenta* betici, erano legati alle famiglie più illustri presenti in *Baetica*, come quelle dei *Fabii* (n. 2 in figura 5), dei *Valerii* (n. 14), *Terentii* (nn. 18-19) e dei *Claudii* (nn.21-22-34), note soprattutto nella zona di Cadice e ben affermate sulla scena dei traffici commerciali nel corso del I secolo d.C.

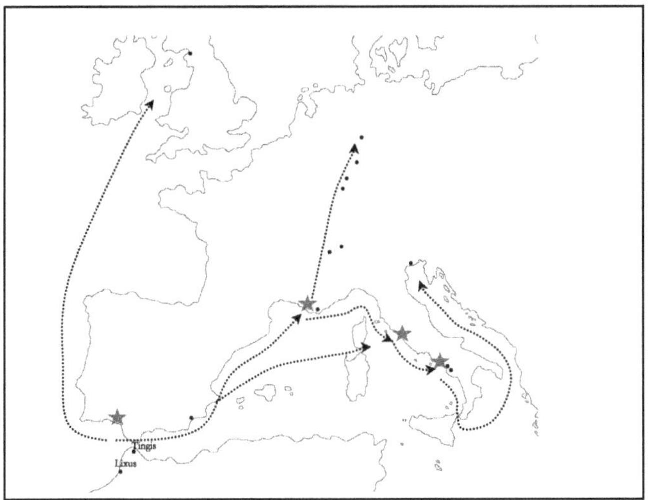

Figura 8.- La distribuzione dei tituli tingitani (L. Cerri).

(Lagóstena Barrios, 2001, 102; Étienne e Mayet, 2002, 215-219). Dai nomi dei *mercatores* che compaiono nei tituli, come *Caius Papinius Plantaes*, *Quintus Fabius Philargyrus*, *Marcus* e *Lucius Claudii*, si ribadisce ancora una volta la presenza di personaggi di varia estrazione sociale, liberti e affracati, "*homines tenues, obscuro loci nati*" così definiti da Cicerone, che furono i protaginisti degli scambi commerciali tra i territori dell'impero (Étienne e Mayet, 2002, 220; García Brosa, 1999), uomini che "passavano la maggior parte del loro tempo in mare" (Strabone, G*eog*. 3, 5.3) e grazie al coraggio dei quali "Cadice divenne talmente progredita in ogni sua forma di prosperità in mare da risultare la più famosa di tutte, nonostante si trovasse al confine estremo della terra", così secondo la definizione di Strabone (G*eog* 3, 1.8).

L'importanza di Cadice come porto ed emporio è ben documentata dalle fonti letterarie, in particolare da Strabone, e gli autori antichi testimoniano anche lo stretto legame che unì i centri meridionali della *Baetica* con quelli nel nord della *Tingitana*, separati dal solo Stretto di Gibilterra che non rappresentò un confine e una frontiera tra le due terre ma una vera e propria via di comunicazione, un punto di incontro e di scambio tra elementi culturali e commerciali di due paesi, "come se lo stretto non fosse stato che un semplice fiume" (Ponsich, 1975, 679) tra due terre che nell'antichità erano considerate l'una come il prolungamento dell'altra, tanto da attribuire il nome di *Mauretania Gaditana* ai territori posti a sud dello stretto (*Geografo di Ravenna*, 3.11). Il forte legame che unì le due province è testimoniato anche dalle numerose monete di Cadice rinvenute in molti siti della *Tingitana* (Lopez Pardo, 1987, 742) e dalle monete dei centri tingitani attestate in *Baetica* (Villaverde Vega, 2001, 50). È quindi probabile che Cadice fungesse da porto d'imbarco dal quale i *salsamenta* tingitani venivano inviati nei territori dell'impero seguendo le rotte commerciali principali, e in particolare l'asse Cadice-Ostia, anche in considerazione del fatto che la *Tingitana* era fuori dalle traittorie marittime più comuni (Gozalves Cravioto, 1997, 137-138). È probabile che in un primo momento i salsamenta venissero radunati a *Tingis* che era di certo un punto centralizzatore per tutta la provincia, come dimostra anche il fatto che secondo l'Itinerario Antonino i due assi viari principali della Tingitana partivano proprio da *Tingis*, considerata probabilemente come un centro fondamentale per la comunicazione e gli scambi tra le città del territorio tingitano. Ma è anche probabile che la città non disponesse di un porto adatto a sostenere intensi traffici commerciali, come sostiene anche Ponsich che affema che l'inospitalità delle coste marocchine non dovette agevolare la presenza di porti adatti all'approdo delle grandi navi mercantili e che la stessa Tangeri si dotò di un grande porto solo nel XV secolo (Ponsich, 1974, 262). Per quanto riguarda l'esistenza di una rotta *Tingis-Baelo*, attestata da Strabone che scrive che *Baelo* era il luogo "da dove si partiva per *Tingis*" (Strab., *Geogr.* 3,1.8), è probabilmente da riferire a trasporti di persone o a traffiti commerciali di minore entità, in quanto i dati numismatici sembrano dimostrare un'assenza di monete della città di *Baelo* in *Tingitana* dove sono invece attestate quelle di Cadice e di *Baesippo*, e forse quest'ultima potrebbe meglio identificarsi come luogo di imbarco per i prodotti del centro tingitano anche se finora in questo sito non sono stati rinvenuti resti di strutture portuali che permetteano di verificare questa ipotesi (Millán León, 1998, 200).

I *salsamenta* prodotti da *Lixus* e da *Tingis*, la *cordyla* e il *laccatum,* trascorso il tempo necessario al loro invecchiamento (tre o quattro anni) in appositi magazzini, come dimostrerebbero anche i dati degli scavi di *Lixus* dove sono stati rinvenuti magazzini pieni di anfore (Aranegui *et alii*, 2005, 29), venivano trasportati a Cadice, centro di raccolta anche probabilmente per gran parte dei centri betici che qui venivano immagazzinati in attesa di essere commercializzati per conto dei *mercatores.* Le navi, una salpate partite, facevano scalo nei principali porti del Mediterraneo, come Malaga, Fos, Marsiglia che fungevano da veri e propri "poli attrattivi" e da dove le merci venivano distribuite per vie secondarie nei diversi luoghi di destinazione attraverso i più importanti corsi fluviali, come il Reno e il Rodano, mentre la nave proseguiva verso la meta finale, verso Roma, Ostia e Pozzuoli (Panella, 1993, 613; Gianfrotta, 1990, 225). L'esistenza di scali intermedi nelle rotte principali è daltronde dimostrata dai carichi misti rinvenuti nei relitti (Liou e Gassend, 1990; Étienne e Mayet, 2002, 189-199) e dall'attestazione del nome di alcuni *mercatores* in siti differenti, come è il caso di *Proculus* e *Urbicus,* addetti al commercio della *cordyla* lixitana, le cui anfore sono note a Pompei (CIL IV, 9368-9369), Magonza (Ehmig, 2003, nn. 50-52-53) e Augst (Martin-Kilcher, 1994, fig. 272.1).

Come elemento a favore dell'ipotesi che i prodotti betici e tingitani venissero trasportati insieme si possono prendere in considerazione anche alcuni elementi che si ricavano dal carico dei relitti e dalle iscrizioni dipinte. Per esempio nel c.d. Pecio Gandolfo, un relitto rinvenuto nei pressi di Almeria, erano imbarcati *salsamenta* betici provienti da Sexi e quelli tingitani di *Lixus* (Liou e Rodríguez Almeida, 2000; vedi anche Martínez Maganto in questo volume). Un elemento che porta a ipotizzare che i *salsamenta* delle due province fossero imbarcati in un porto comune è rappresentato dal fatto che alcuni *mercatores* furono polivalenti, cioè addetti anche al trasporto dell'olio betico (Étienne e Mayet, 2002, 215-216, nn.9-10-18-49), un dato che potrebbe sostenere l'idea che nei porti principali fossero radunati e immagazzinati tutti i prodotti destinati al commercio esterno, secondo una procedura che chiaramente agevolava il caricamento delle navi e semplificava il lavoro di *mercatores* e *navicularii*.

Un altro elemento che potrebbe sostenere l'ipotesi proposta è dato da due *tituli picti* di origine tingitana i quali però potrebbero mettere in discussione la corretta interpretazione dei nomi in posizione δ nei *tituli*, questione affrontata da molti studiosi e sulla quale esistono pareri discordanti tra chi ritiene che si tratti del nome del produttore della salsa (Colls, Étienne, Lequement, Liou e Mayet, 1977, 93-103; Étienne e Mayet, 2002, 214; Lagóstena Barrios, 2004, 286) e chi crede invece che si tratti di un controllore del fisco (Manacorda, 1977, 128). Il dato che emerge dai due tituli tingitani (figura 9) è che il nome del *mercator Caius Terentius Paullus* compare in un *titulus* che menziona la *cordyla* di *Tingis* (CIL IV,5637) e in uno che indica il *laccatum* prodotto a *Lixus* (CIL IV, 5648). Su entrambi i *tituli* compare anche il nome dello stesso destinatario, *Caius Ennius Fortunatus,* noto anche da un altro *titulus* pompeiano (CIL IV, 9516) a conferma che doveva trattarsi di un grossista attivo a Pompei. Ma sui due *tituli* tingitani sembrerebbe comparire anche lo stesso nome in posizione δ. La lettura generalmente accettata per il nome in posizione δ nel titulus di *Tingis* è [*Her*]*metis* (CIL IV, 5637; Lagóstena Barrios, 2001, 302) sulla base del confronto con un altro *titulus* pompeiano (CIL IV, 5639) dove in posizione δ compare il nome *Hermetis*. Osservando i tre *tituli* in questione, confrontando anche le grafie, sembra però più probabile che la parte mancante del *titulus* di *Tingis* possa essere integrata con quella conservata nel *titulus* di *Lixus* dove si legge *Atim*[*etis*], che in tal caso sarebbe il nome completo in posizione δ in entrambi i tituli. Se l'ipotesi di lettura fosse corretta, in questo caso il personaggio in posizione δ dovrebbe essere indentificato con il nome del controllore del fisco o con un funzionario responsabile dell'imbarco delle anfore e non con il produttore della salsa, perchè in tal caso si tratterebbe di un produttore di *salsamenta* attestato in entrambi i siti tingitani, ed escluderei anche la possibilità che possa trattarsi di un caso di omoninia alla quale si dovrebbe anche aggiungere il caso di una paradossale coincidenza del nome dello stesso *mercator* e dello stesso destinatario. Ritengo quindi più probabile che le due anfore facessero parte di un medesimo carico imbarcato nello stesso porto, come mostrerebbero anche altri esempi pompeiani (CIL IV, 5611-5617) dove si ha la menzione degli stessi nomi in posizione β, γ e δ (Manacorda, 1977, 128). In questo caso credo che il *mercator Caius Terentius Paullus* giunto nel porto d'imbarco, forse Cadice, abbia imbarcato le proprie anfore sulle quali *Atimetis* avrà apposto la sua firma di controllo e che una volta giunte a destinazione le anfore siano state vendute al grossita pompeiano *Caius Ennius Fortunatus*. Un altro elemento a favore per l'interpretazione del titulus δ come controllore e non come produttore di *salsamenta* è dato dal fatto che le scritte in posizione δ appaiono scritte in modo frettoloso e anche la loro posizione, in obliquo e al lato del *titulus* principale, sembra indicare che siano stati scritti in un secondo momento. Inoltre, interpretando il nome come quello del produttore è normale domandarsi perchè il suo nome non sia stato scritto in modo chiaro, leggibile e in evidenza come il ben noto nome di *Umbricius Scaurus* che compare sugli *urcei* di Pompei? Non concordo con l'opinione degli autori del relitto di Port Vendres che partendo dall'esame dei *tituli picti* su anfore Dressel 20 rinvenute nel relitto sostengono con convinzione la tesi che i nomi indicati in posizione δ siano i nomi dei

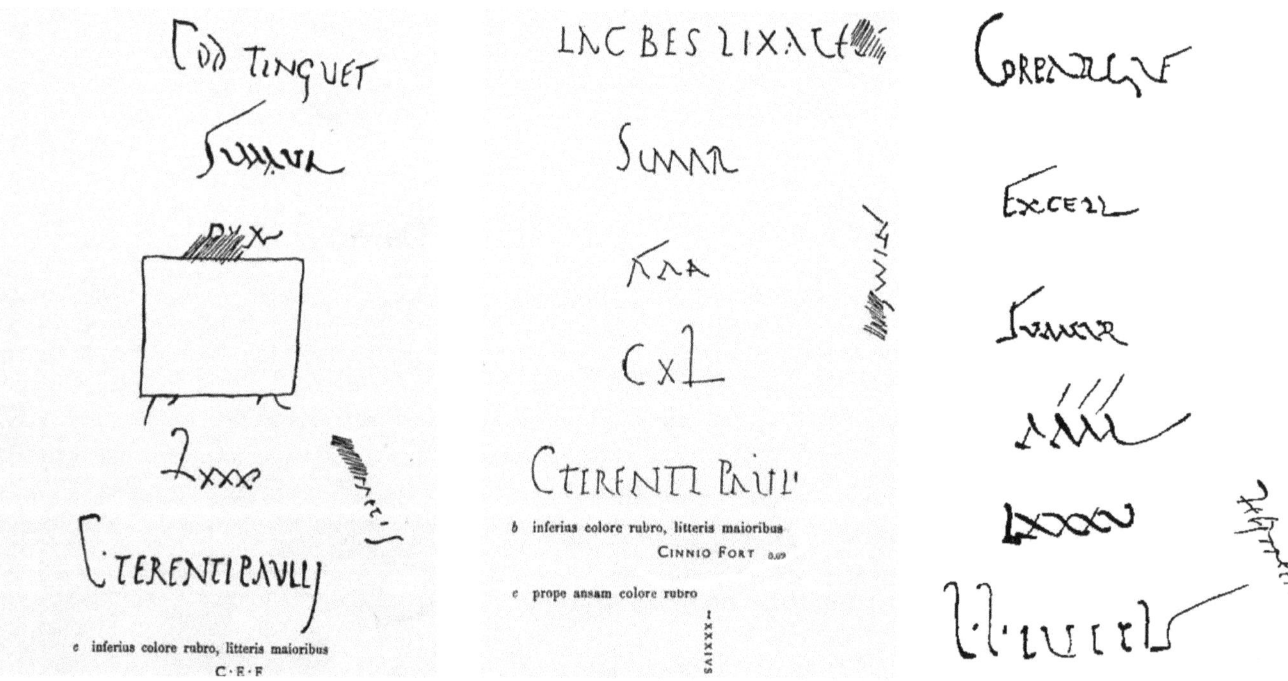

Figura 9.- Tituli di Tingis e Lixus da Pompei (CIL IV 5637, 5648 e 5639).

produttori e che si tratti di *nomina* e di *cognomina* e non di nomi servili (Colls, Étienne, Lequement, Liou e Mayet, 1977, 93). Ritengo che si possa estendere alle anfore per *salsamenta* le considerazioni fatte per le anfore Dressel 20 che in quanto destinate al trasporto dell'olio per l'annona furono sottoposte a vicende che non si possono generalizzare, come ben dimostra il caso del Testaccio. Inoltre, nel caso specifico dei *tituli* riguardanti i *salsamenta* penso che i nomi che compaiono in posizione δ siano nomi servili (per la lista dei nomi cfr. Étienne e Mayet, 2002, 105-106) e che non si possa dimostrare con certezza assoluta che si tratti di *nonima* o di *cognomina* che in tal caso comparirebbero sempre con una sola indicazione, non essendo mai presenti *tria nomina* o *nomen* e *cognomen* uniti nello stesso titulo (i *tria nomina* indicati in posizione δ2, nn. 5-6-7-21 e 33 in fig. 7, sono da considerarsi relativi alla seconda fase del trasporto delle anfore, quando il carico una volta raggiunto uno degli scali presenti nel Mediterraneo veniva distribuito lungo gli assi commerciali secondari, come il Rodano e il Reno, per raggiungere le varie destinazioni). Fermo restando che si tratta, a mio parere, di nomi servili, è da escludere che si trattasse di individui legati alla produzione dei *salsamenta* che doveva essere retta da personaggi di un certo livello sociale, come dimostrerebbe la struttura degli impianti di *Baelo Claudia* dove le strutture produttive sono collegate a *domus* di un certo prestigio (Arévalo González e Bernal Casasola, 1999).

Concludendo, quello che emerge riguardo la produzione e il commercio dei *salsamenta* betici e tingitani, è quello di una complessa struttura organizzativa e di una fitta rete di rapporti d'interdipendenza tra centri produttori e porti d'imbarco, perchè è solo attraverso una solida organizzazione e una precisa divisione dei ruoli che è possibile spiegare i meccanismi che portarono alla nascita e allo sviluppo di grandi centri produttivi come quelli di *Lixus, Tingis* o di *Belo Claudia* e alla straordinaria diffusione che i loro prodotti ebbero nel mondo romano. L'immagine che emerge è dunque quella di un grande scenario collettivo all'interno del quale produttori, betici e tingitani, e responsabili del commercio e del trasporto marino si impegnarono in vista di un obbiettivo e di una meta comuni, vale a dire il mercato di Roma e delle sue province.

Bibliografía

AGUILERA MARTÍN, A. (2004): "Sistemación de los tituli picti anfóricos para la base de datos CEIPAC", *Epigrafía Anfórica*, Barcelona, 105-126.

ARANEGUI GASCÓ, C. *et alii*. (2005): *Lixus – 2 Ladera Sur. Excavaciones arqueológicas marroco-españolas en la colonia fenicia. Campañas 2000-2003*, Valencia.

ARÉVALO GONZÁLEZ, A. E BERNAL CASASOLA, D. (1999): "La factoría de salazones de *Baelo Claudia* (Tarifa, Cádiz). Balance historiográfico y novedades en la investigación", *Cuadernos de Prehistoria y Arqueología de la Universidad Autónoma de Madrid*, 75-129.

ARÉVALO GONZÁLEZ, A. BERNAL, D. E TORREMOCHA SILVA, A. (2004): *Garum y Salazones en el Circulo del Estrecho*, Algeciras.

AURIEMMA, R. (2000): "Le anfore del relitto di Grado e il loro contenuto", *MEFRA* 112, 27-51.

BAUDOUX, J. (1988): *Les amphores du nord-est de la Gaule*, Parigi, 73-75.

BELTRÁN LLORIS, M. (1970): *Las ánforas romanas en España*, Zaragoza.

BERNAL CASASOLA, D. E PÉREZ RIVERA, J.M. (1998): "La factoría de salazones romana de *Septem Frates*: novedades de las excavaciones arqueológicas en el Paseo de las Palmeras", *Homenaje al Profesor Carlos Posac Mon*, Instituto de Estudios Ceutíes, 1, 249-263.

BERNAL D. E LAGÓSTENA BARRIOS L. (2004): *FIGLINAE BAETICAE. Actas del Congreso Internacional Figlinae Baeticae. Talleres alfareros y producciones cerámicas en la Bética romana (ss. II a.C.-VII d.C.)*, BAR. int. ser. 1266, Oxford.

COLLS D., ÉTIENNE R., LEQUEMENT R., LIOU B. E MAYET F. (1977): "L'épave Port-Vendres II et le commerce de la Bétique à l'époque de Claude ", *Archaeonautica 1*.

CURTIS, R.I. (1988): "Spanish trade in salted fish products in the 1st and 2nd centuries AD", *IJNA* 17, 205-210.

CURTIS, R.I. (1991): *Garum and salsamenta: production and commerce in materia medica*, Leiden.

CURTIS, R.I. (2001): *Ancient Food Technology*, Leiden.

DESBAT, LÉQUEMENT R. E LIOU B. (1987): "Inscriptions peintes sur amphores: Lyon et Saint-Romain-en-Gaul ", *Archaeonautica* 7, 141-166.

DRESSEL, H. (1879): "Di un grande deposito di anfore rinvenuto nel nuovo quartiere di Castro Pretorio", *Bullettino Comunale VII*, Roma, 36-112 e 143-196.

EHMIG, U. (2003): *Der Römischen Amphoren aus Mainz*. Frankfurter Archäologische Schriften, 4.- Bibliopolis, Möhnesee.

EHMIG, U. LIOU, B. E LONG, L. (2004): "Le *garum* de *Caius Saturius Secundus*, governeur de la province romaine de Rétie", *REA*, 106, 1, 123-131.

ÉTIENNE, R. E MAYET, F. (1998): "Le *garum* à Pompei. Production et commerce", *REA*, 100, 199-215.

ÉTIENNE, R. E MAYET, F. (2002): *Salaisons et sauces de poisson hispaniques*, Parigi.

GARCIA BROSA, G. (1999): "*Mercatores* y *negotiatores*: simples comerciantes?", *Pyrenae* 30, 173-190.

GIANFROTTA, P. (1990): "Navi, flotte, porti e il viaggio per mare", *Civiltà dei Romani. La città, il territorio, l'impero*. Milano, 215-228.

GLIOZZO, E. CERRI, L. DAMIANI, D. E MEMMI TURBANTI, I. (2005): "Amphora production and *salsamenta* trade: the case of *Thamusida* (Rabat, Morocco)", *Atti del III Congresso Nazionale AIAR "L'archeometria in Italia: La scienza per i Beni Culturali" (Bressanone, 12-14 Febbraio)*, Bologna, 203-213.

GOZALBES CRAVIOTO, E. (1993): "Las rutas del comercio marítimo entre Hispania y el norte de África en la Antigüedad Tardía", *Caminería Hispánica* I, Madrid, 527-561.

GOZALBES CRAVIOTO, E. (1997): *Economía de la Mauretania Tingitana (siglos I A. de C. – II D. de C.)*, Ceuta.

GUASPARRI, A.: *Aquatilium vocabula ad similitudinem. Lessico antropo-linguistico degli animali acquatici nel mondo antico*. Tesi di dottorato - Università di Siena AA 2004/2005. Inedito

HAHN, J. (1988): "Zwei tituli picti auf Südspanischen amphorem aus Ladenburg und Heidelberg", Stuttgart, 267-277.

LAGÓSTENA BARRIOS, L. (2001): *La Producción de salsas y conservas de pescado en la Hispania romana (II.a.C.-VI d.C)*, Barcelona.

LAGÓSTENA BARRIOS, L. (2004): "Las ánforas salsarias de Baetica. Consideraciones sobre sus elementos epigráficos", *Epigrafía Anfórica*, Barcelona, 197-220.

LIOU B. (1987) : "Inscriptions peintes sur amphores : Fos (suite), Marseille, Toulon, Port-la- Nautique, Arles, Saint-Blaise, Saint-Martin-de-Crau, Mâcon, Calvi ", *Archaeonautica,* 7, 55-140.

LIOU B. (1990): "Le commerce de la Bétique au I siècle de notre ère. Notes sur l'épave Sud-Lavezzi 1 (Bonifacio, Corse du Sud) ", *Archaeonautica* 10, 125-156.

LIOU B. (1993): "Inscriptions peintes sur amphores de Narbonne ", *Archaeonautica* 11, 131-148.

LIOU B. E GASSEND J.M. (1990): "L'epave Saint-Gervais 3 à Fos-sur-Mer (milieu du II siècle ap. J.-C.). Inscriptions peintes sur amphores de Bétique. Vestiges de la coque ", *Archaeonautica* 10, 1990, 157-264.

LIOU B. E MARICHAL R. (1978): "Les inscriptions peintes sur amphores de l'anse Saint-Gervais à Fos-sur-Mer ", *Archaeonautica* 2, 109-182.

LIOU B. E RODRÍGUEZ ALMEIDA E. (2000): "Les inscriptions peintes des amphores du Pecio Gandolfo (Almeria)", *MEFRA* 112, 7-25.

LÓPEZ PARDO, F. (1987): "Apuntes sobre la investigación hispana en el desarrollo de las estructuras económicas coloniales en *Mauritania Tingitana*", *Actas de Congreso Internacional El Estrecho de Gibraltar*, Ceuta, 741-748.

MANACORDA D. (1977): "Anfore spagnole a Pompei", *L'instrumentum domesticum di Ercolano e Pompei nella prima età imperiale,* Roma, 121-33.

MANACORDA, D. E PANELLA, C. (1993): "Anfore", H. Harris (a cura di), *The inscribed economy. Production and distribution in the roman empire in the light of instrumentum domesticum, JRA*, Supplementary series 6, 55-64.

MARGAT, J. (1961): *Les eaux salées au Maroc. Hydrogéologie et hydrochimie*, Rabat.

MARICHAL R. (1974): "Paleographie latine et française", *Annuaire de l'Ecole Pratique des Hautes Etudes*, IV section, Parigi, 521-542.

MARTIN-KILCHER S. (1994): *Die Römischen Amphoren aus Augst und Kaiseraugst. Die Amphoren für wein, fischsauce, südfrüchte* (gruppen 2-24), 2-3, Augst.

MARTÍNEZ MAGANTO J. (2000): "Inscripciones sobre ánforas de salazón: interpretación sobre la estructura y significación comercial de los *tituli picti*", *Congreso Internacional Ex Baetica Amphorae: Conservas, aceite y vino de la Baetica en el Imperio Romano* (Écija y Sevilla 1998) IV, Sevilla, 1207-1226.

MILLÁN LEÓN, J. (1998): *Gades y la navegaciones oceánicas en la antigüedad (1000 a.C. – 500 d.C.)*, Sevilla.

MODRZEWSKA, I. E PIANETTI, F. *Il Mediterraneo e le rotte commerciali tra la penisola appenninica e iberica*, versione elettronica http://www.sci.uni-klu.ac.at/archeo/respub/

PANELLA, C. (1993): "Merci e scambi nel Mediterraneo", *Storia di Roma 3, L'età Tardoantica*, Torino, 613-697.

PONS PUJOL, L. (2000): "Nuevos sellos y grafitos hallados en la *Mauretania Tingitana*", *Antiquités Africaines*, 36, 109-136.

PONSICH, M. (1974): "La navigation antique dans le détroit de Gibraltar", *Litterature gréco-romaine et gèographie historique*, Paris, 257-274.

PONSICH, M. (1975): "Pérennité des relations dans le circuit du Détroit de Gibraltar", *ANRW* II, 654-684.

PONSICH, M. (1988): *Aceite de oliva y salazones de pescado. Factores geo-economico de Baetica y Tingitana*, Madrid.

PONSICH M. E TARRADEL M. (1965): *Garum et industries antiques de salaison dans la Méditerranée Occidentale*, Paris.

TOMLIN R.S.O. E HASSAL M.W.C. (2002): "Roman Britain in 1990. II. Inscriptions", *Britannia* 33, 361.

VILLAVERDE VEGA, N. E LÓPEZ PARDO, F. (1995): "Una nueva factoría de salazones en *Septem Frates* (Ceuta). El origen de la localidad y la problemática de la industria de salazones en el Estrecho durante el Bajo Imperio", *Actas del II Congreso Internacional "El Estrecho de Gibraltar"*, Madrid, 455-472.

VILLAVERDE VEGA, N. (2001): *Tingitana en la antigüedad tardía (siglos III-VII)*, Madrid.

WILSON, A. (2002): "Marine resource exploitation in the cities of costal Tripolitania", *L'Africa Romana*, 14, Roma, 429-436.

DATOS PARA LA GESTIÓN PESQUERA DE LIXUS (LARACHE, MARRUECOS)

C. ARANEGUI
Universitat de València
C. G. RODRÍGUEZ
Museo y Parque Arqueológico Cueva Pintada
(Cabildo de Gran Canaria).
M. J. RODRIGO
Universitat de València

En esta ciudad [Gades] en efecto, mientras los ricos arman grandes navíos, los pobres fletan barcos pequeños llamados hippoi por las figuras esculpidas de su proa; los utilizan para ir a pescar hasta el Lixos en Maurousia. Hubo incluso armadores que reconocieron en estas figuras de la proa los barcos que, habiendo navegado más allá del río Lixos, no regresaron.

(Str., II, 3, 4, según Poseidonio)

Al sur de Lixos ... se abre un golfo llamado empórico donde hay establecimientos de comerciantes fenicios.

(Str., XVII, 3,2)

1.- *Lixus*, ciudad pesquera.

La reconstrucción del paleopaisaje de *Lixus* y el estudio reciente de sus restos por un equipo hispano-marroquí (Aranegui, ed., 2001 y 2005) están contribuyendo a sacar más partido de lo que, en cuanto a factores económicos, se conocía de este yacimiento tras los decisivos trabajos de Tarradell (1959 y 1960) y de Ponsich (1988, 102-168). La delimitación de la laguna estuarina al pie de la ladera S (Carmona, 2001, 9-13; 2005, 5-11) alcanza entre 2700 ha (superficie de 0 a 2 m snm actualmente) y 6000 ha (superficie entre 0 y 3 m snm actualmente) de extensión y justifica la localización de las *cetariae* y del puerto (Tissot, 1878, 211-212). Ambos comunican con el barrio elevado a través de una vía habilitada sobre una visera rocosa que sube por la ladera occidental hasta el famoso muro ciclópeo del yacimiento, según hemos podido observar recientemente (figura 1).

2.- Las fábricas de salazón (figuras 2, a, b y c).

Aunque no hay nuevas excavaciones en las *cetariae* (Ponsich, 1988, 103-136; Habibi y Cheddad en este congreso), la analítica de los desechos ícticos y malacológicos domésticos de las excavaciones en la ladera S aportan datos nuevos sobre la pesca (Rodrigo, Rodríguez Santana, 2001, 204-220 y 2005, 241-252; Carrasco, 2001, 220-230 y 2005, 253-262); también ha avanzado el balance sobre las ánforas salsarias (Aranegui, Kbiri Alaoui, Vives-Ferrándiz, 2004, 363-378; Aranegui, ed., 2005) y, finalmente, la datación de la ceca local, alguna de cuyas emisiones presenta reversos de atunes como los de Tánger, Gadir, Sexi, Abdera y Solunto, ha mejorado al contar con contextos arqueológicos (Tarradell, 2001, 247-252; 2005, 183-189).

Excavaciones realizadas en muy distintos momentos han dado a conocer una alineación de unas 12 factorías ceñidas al acantilado de la vertiente meridional de la colina donde está el yacimiento, con un total de 147 piletas con capacidad para más de 1000 m^3, selladas por una potente capa de arrastres caídos desde la ladera. Ponsich describió las cerámicas finas que datarían su inicio hacia el 130-80 a.C. y su final entre los ss. IV y VI d.C., con remodelación de los espacios, reducción de al menos un tercio de las piletas y aparición de habitáculos, algunos de dos alturas y cubiertas de teja, con un tratamiento decorativo de estucos pintados murales relativamente cuidado aunque sin suelos bien pavimentados, por lo que sabemos, y buenas cisternas abovedadas, que indican la aparición de viviendas a expensas (¿) de algunos de los antiguos lugares de trabajo. Las plantas arquitectónicas corresponden bien al modelo de sala de preparación de la pesca, más uno o dos patios con piletas adosadas a las paredes cubiertas por techumbres apoyadas en pilares y uno o dos almacenes o tabernas, como los conjuntos 4, 5, 7 y 9, o bien al modelo con piletas concentradas, como parte del conjunto 1 y el conjunto 8.

Además de su extensión, el sector salazonero de *Lixus* se singulariza por su inserción en la ciudad hasta la época bajoimperial. La muralla occidental helenístico-romana descendía hasta el puerto pesquero y toda la ladera S estaba ocupada por una urbanización en terrazas que llegaba hasta el mismo. Sin embargo, la colonia de época de Claudio deja ya sin urbanización compacta la franja por encima de las factorías y, más tarde, la muralla tardorromana presenta un tramo en dirección E-O datado en los ss. III-IV d.C. (Akerraz, 1992, 379-385) que excluye las fábricas de salazón. Entonces la situación extramuros de las *cetariae* plantea ya sea la segregación del sector industrial de la ciudad o la prioridad de la defensa de la población frente a los peligros del mar, más patentes arqueológicamente en esa época que en las precedentes.

En relación a las *cetariae* de las villas romanas del N de Marruecos, como la de Cotta, y de las pesquerías de las desembocaduras del Tahadart y del Gariffa, el complejo pesquero lixitano es el más potente de los conocidos. Los pescadores, aunque procedieran de otras ciudades o actuaran en otros puntos, concentrarían aquí sus productos para la comercialización a gran escala, lo cual explica la combinación no sólo de intereses privados y públicos en el tráfico pesquero sino también el acuerdo de distintas ciudades, como refleja el texto de Estrabón al relatar el caso de los gaditanos que, necesariamente, tendrían que utilizar las factorías de *Lixus*.

Actas del Congreso Internacional *CETARIAE. Salsas y salazones de pescado en Occidente durante la Antigüedad*, Universidad de Cádiz, Noviembre de 2005, *B.A.R. int. ser.* 1686, Oxford 2007, 205-214.

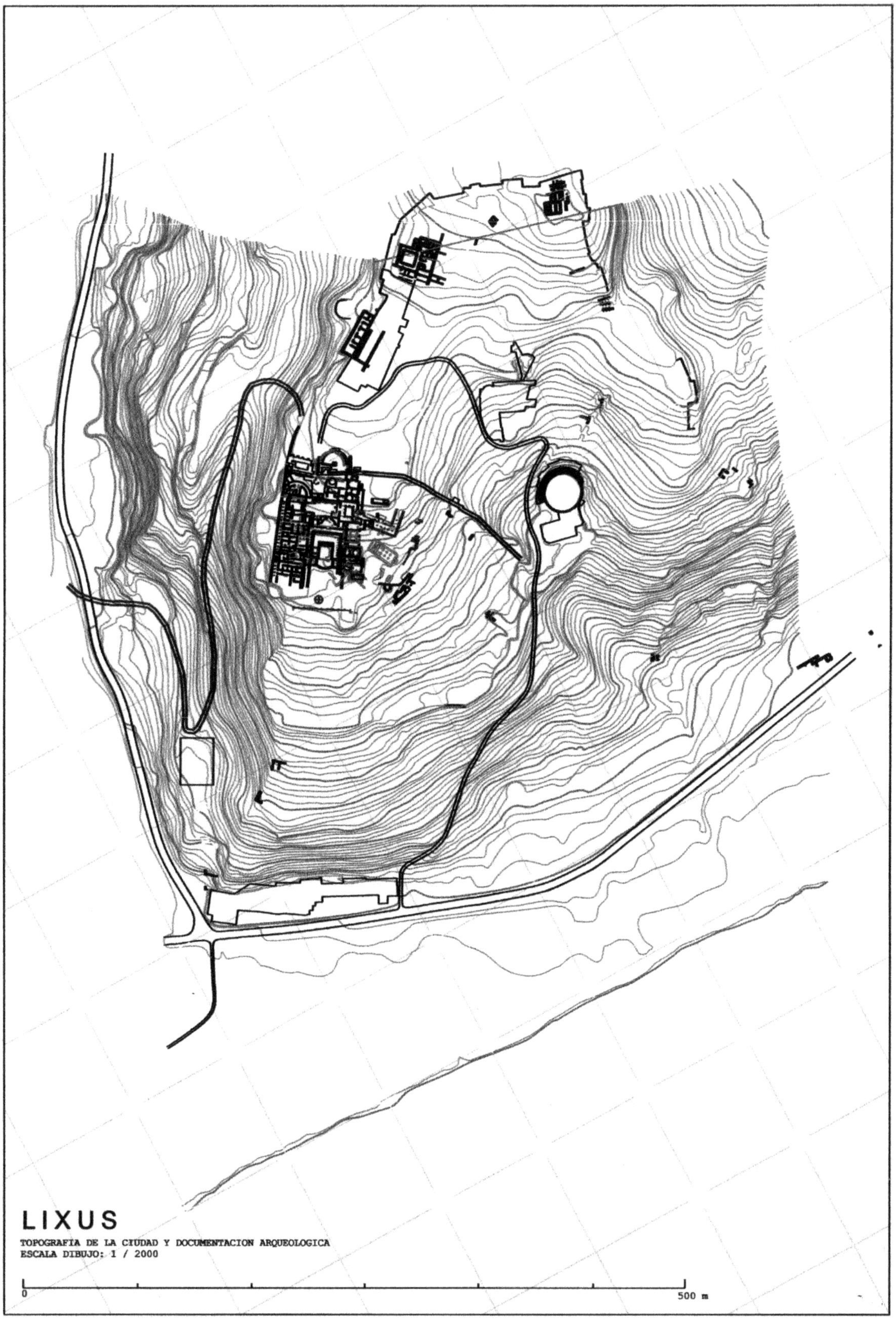

Figura 1.- Planta topográfica de Lixus con indicación de la vía de acceso desde las cetariae a la cumbre de la colina siguiendo la visera rocosa de la pendiente oeste.

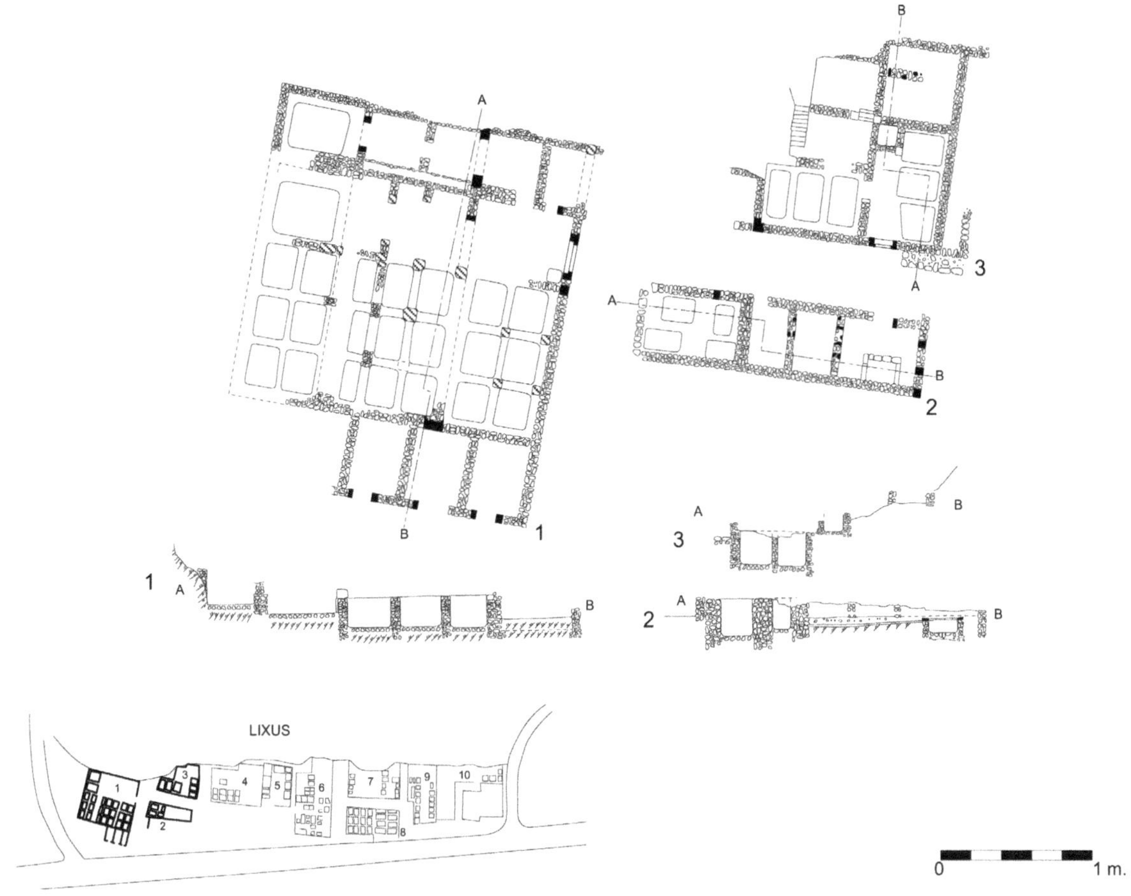

Figura 2a.- Cetariae 1, 2 y 3, según Ponsich (1988).

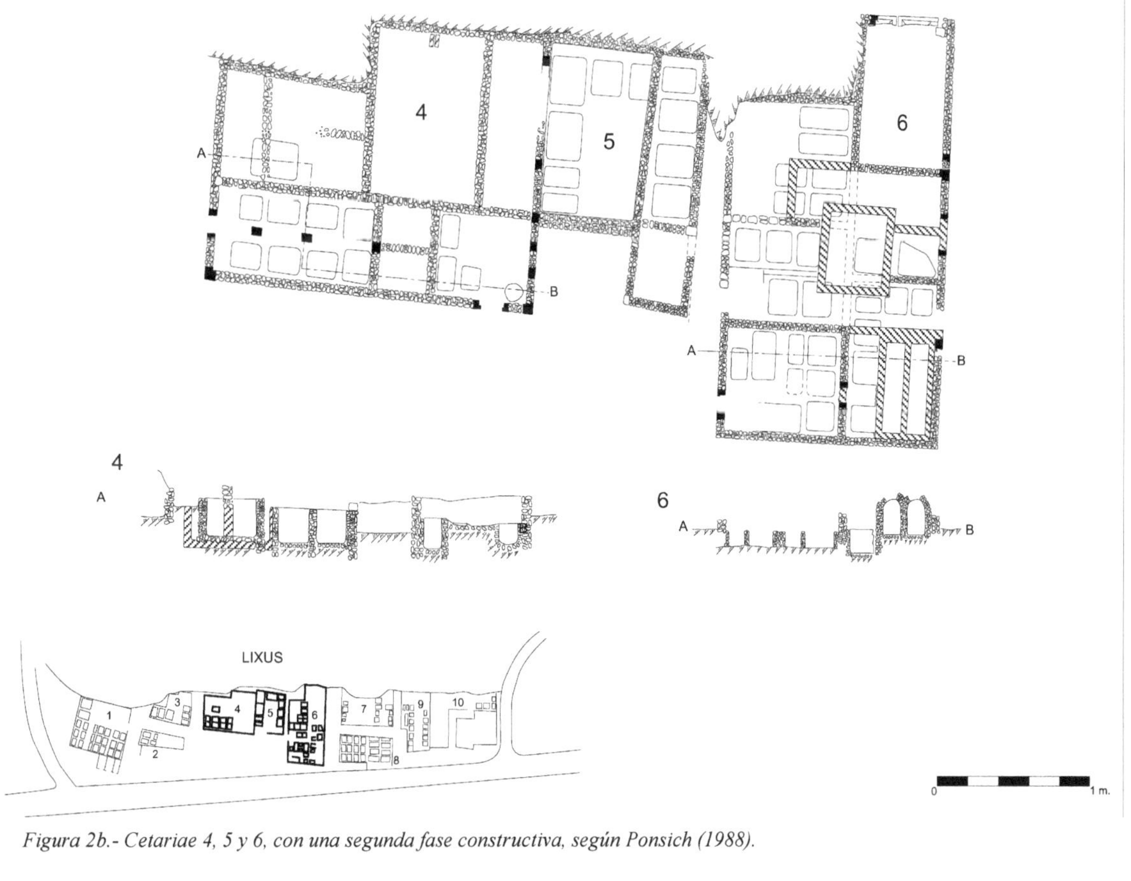

Figura 2b.- Cetariae 4, 5 y 6, con una segunda fase constructiva, según Ponsich (1988).

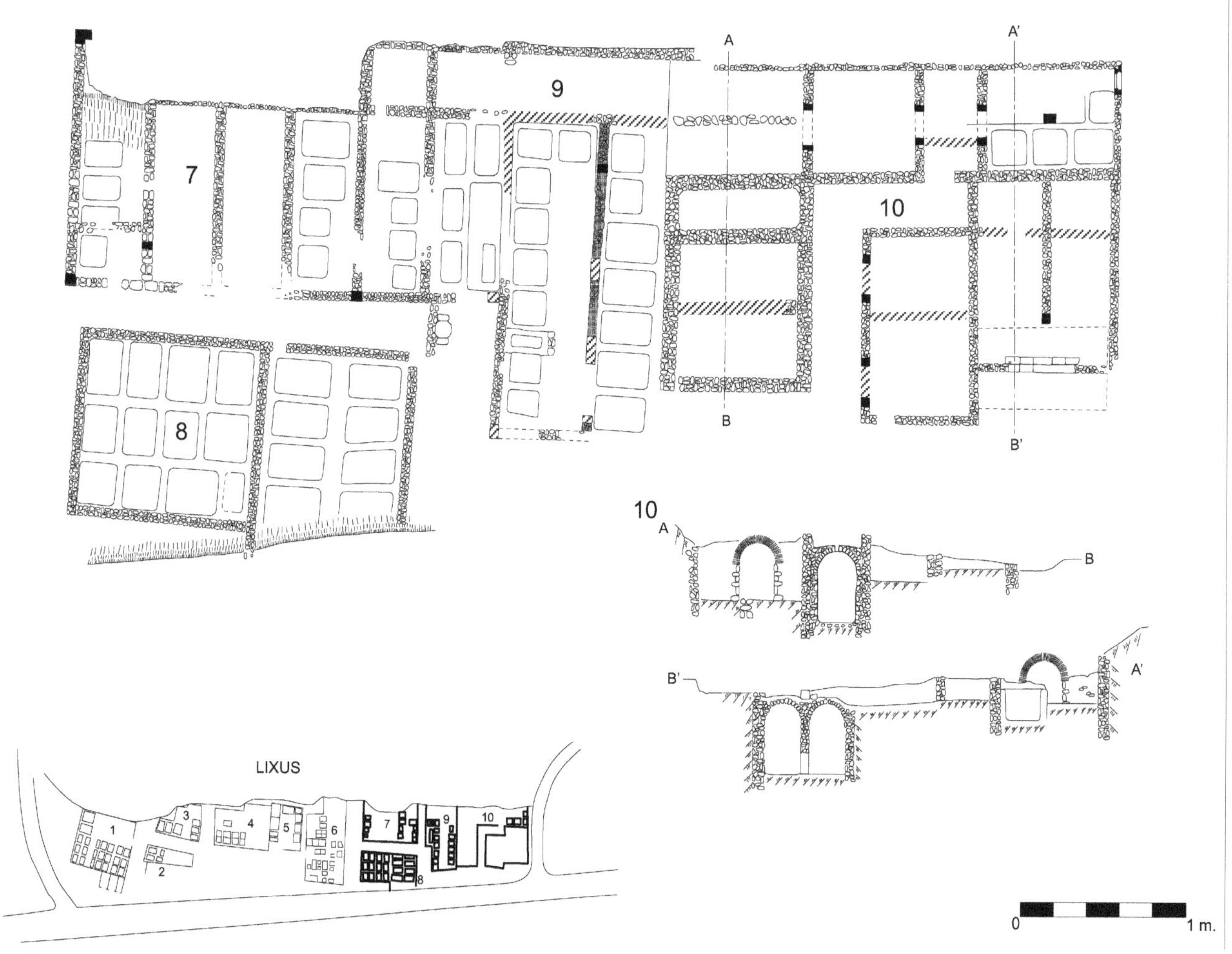

Figura 2c.- Cetariae 7, 8, 9 y 10, con una segunda fase constructiva, según Ponsich (1988).

3.- Las ánforas.

Nuestro registro cerámico no presenta un volumen de ánforas destacado hasta los ss. IV-III a.C. La circulación de alimentos envasados -entre los que predominan los derivados de la pesca- no es, pues, abundante hasta la época púnico-helenística antes de la cual, no obstante, algunas ánforas T-11.2.1.3 (Mañá-Pascual A4 antiguas) cuyas pastas presentan la matriz calcárea característica de Kuass (Maniatis *et alii*, 1984, 205-222; Kbiri Alaoui *et alii*, 2004a) salieron llenas de trozos de atún del N de Marruecos hacia Corinto, en contextos de entre el 460 y el 425 a.C. (Williams, 1979, 105-124, y 1980, 108-111; Zimmerman, 1983, 266-268), y hacia Olimpia (Gauer, 1975). La fabricación de recipientes comerciales, en todo caso, no está comprobada en Marruecos antes del s. IV/III a.C. en que aparecen los hornos de Kuass a unos 30 km al N de Lixus (Kbiri Alaoui, 2004b).

Entre el 325 y el 175 a.C., las ánforas representan ya casi un 20% del total de la cerámica y ese porcentaje no hará más que crecer hasta el momento de la constitución de la colonia romana en época de Claudio, lapso de tiempo bien representado en nuestras excavaciones. Inferimos de ello que hay una elaboración local de conservas, además de un tráfico comercial regular, al menos desde tal época. Tras la destrucción de Cartago en el 146 a.C., se dispara en *Lixus* el volumen de las ánforas de pescado con las Mañá C2b (T-7.4.3.3., principalmente) distribuidas por los mercantes romanos por todo el Mediterráneo y por su fachada atlántica (Lagóstena, 2001). Estas ánforas aparecen en la tabla de Dressel con el número 18 y hay hallazgos datados antes del 50 d.C. en el Castro Pretorio; los *tituli* que aparecen sobre ellas repiten con frecuencia el término *hallec* (Plin. *NH* XXXI, 95), preparado con trozos de pescado no totalmente líquido ni filtrado como el *garum*. Nosotras hemos identificado en su interior no sólo restos de diversos pescados pequeños sino también conchas de mejillones y también alguna pepita de uva, lo que nos ha llevado a la conclusión de que había muchísimas recetas a base de pescado, mezclándolo ocasionalmente con uva, vino o vinagre y hasta con carne; la mezcla con uva afecta también al contenido de algunas ánforas Sala 1 – Lomba do Canho 67 (García Vargas, 1998), luego no parece que sea accidental (en nuestro caso). A falta de *tituli* uno de nuestros ejemplares presenta un pez inciso pre-cocción (figura 3) en el lugar donde suelen aparecer el sello y el *titulus* y así deducimos que estas ánforas se reconocían básicamente como envases de pescados. Sin restar importancia a los tipos más antiguos, verdadero exponente púnico en los mercados internacionales, como demuestra el pecio de Tagomago (Benisafuller, Menorca) (Guerrero, Miró, Ramon, 1989), se puede

Figura 3.- Ánfora T-7.4.3.3. con grafito en forma de pez.

afirmar que las ánforas T-7.4.3.3. fueron las primeras de salazones del Estrecho de ámbito universal hasta el punto que son las que marcan en época tardo-republicana las rutas de las Dr. 1 que luego aprovecharán las Dr. 7-11. La pesca protagonizó un capítulo importante del transporte marítimo anterior a la plena presencia romana.

Los nuevos recipientes Dr. 7-11, que en nuestro registro incluyen también Dr. 12 -aparentemente la forma más antigua de la serie-, suponen la adopción del ánfora con cuello y asas más desarrollados, siguiendo la tradición itálica, cambio que se produce en Lixus hacia el 50 a.C. en paralelo al predominio casi absoluto de la cerámica de barniz negro de Cales tardía en la vajilla de mesa. Alcanzan una dispersión mayor que la de los tipos anteriores, que debe implicar un mayor desarrollo de las *cetariae* paralelamente. En alguna ocasión se ha dicho que hay producción local de Dr. 7-11 en *Lixus*, extremo que no está demostrado. Se puede suponer, sin embargo, que algunas de las ánforas en cuyos *tituli* se lee *Lix* (*CIL* IV, 5631 y 5636; Liou, 1993, 140; Arévalo, Bernal y Torremocha, 2004; Cerri, 2006, 2175-2182) pudieran pertenecer a este grupo en sus variantes lixitanas, pero la investigación todavía carece de pruebas al respecto. Esta mención se repite sobre la forma Beltrán IIA en el pecio Gandolfo (Almería) (Liou, Rodríguez Almeida, 2000, 7-23) cuya cronología es posterior a la creación de la provincia de *Mauritania tingitana*, ánfora que no está bien representada en nuestras excavaciones, si bien hay pruebas de su fabricación, por ejemplo, en *Thamusida*, junto al *oued Sebou*. El contenido de unas y otras, por lo que indican los *tituli* (*COD LIX VET*; *COD PORT LIX VETUS*...), alude a los atunes rojos de un año (*cordula*), pescado muy diferente al que se utiliza para el *hallec* y que, por capturarse en aguas profundas, implica una distinta entidad de las flotas pesqueras. Estos *tituli* (*CIL* IV, 5631, 5636, 5637. Pecio Gandolfo, Carbona, Augst...) indican, por otra parte, que el preparado se dejaba envejecer hasta tres años. Nos preguntamos dónde tenía lugar esta operación y planteamos la posibilidad de que almacenes semi-subterráneos, como el de 18 m^2 (Aranegui, ed., 2005, 27-25) de nuestras excavaciones – de cronología anterior-, pudieran servir para esta maceración que repercutía en el precio de la conserva. Las artes de la pesca, el envase de los preparados y el tratamiento de los mismos cambian al final del s. I a.C., luego también es probable que cambien las grandes *cetariae*.

Los indicios de consumo de pescado salado y fresco por parte de los habitantes de una ciudad pesquera como *Lixus* pueden reflejarse en la vajilla utilizada y observarse en los restos alimenticios. Si desde hace mucho tiempo se sabe la asiduidad con que aparece en ambientes púnicos el plato de pescado Lamb. 23 y la frecuencia con que es objeto de imitaciones locales hasta el final del s. II a.C., se debe igualmente prestar atención a las cazuelas o marmitas con tapadera (*lopades*, *patinae*) que, en parte, se utilizaban para freir pescado, desde época púnica hasta época romana. En *Lixus* hay imitaciones a mano de estas últimas en la fase mauritana y numerosos platos de pescado, lo que no es específico porque, por encima de fronteras y culturas, la alimentación que comprende pescado y aceite se extendió por todo el mundo antiguo.

4.- Las ictiofaunas arqueológicas.

Son ya varias las publicaciones en las que se va dando a conocer cuál es el registro íctico que el yacimiento de *Lixus* empieza a ofrecer, una vez que se han emprendido los nuevos programas de recuperación de micro-restos (Aranegui, ed., 2001; Aranegui, ed., 2005; Aranegui *et alii*, e. p.). En estos textos se hace hincapié tanto en la habitual ausencia de restos de peces en los registros arqueológicos de aquellos yacimientos que la bibliografía describía como factorías de salazón, como en el logro que supone contar con muestras de esta naturaleza[1], esenciales para empezar a matizar con fundamento cuál fue el papel que jugó la explotación de los recursos marinos en enclaves de dilatada ocupación. Es ésta una nueva oportunidad para poner de relieve el notable desarrollo de la investigación arqueoictiológica y la creciente toma de conciencia de los responsables de proyectos de investigación en yacimientos de estas características[2]. Las exigencias que estos trabajos imponen en el desarrollo de las campañas de excavación son costosas, en medios materiales y humanos[3], no obstante es palmario que éste es el camino y resulta difícil imaginar una vuelta atrás, toda vez que han quedado bien patentes las posibilidades interpretativas que estos análisis auguran.

[1] Recordemos que las flotaciones que se emprendieron en *Lixus* en el año 1999 tenían como fin incorporar al registro arqueológico no sólo arqueofaunas, sino todo tipo de microrrestos, entre ellos los antracológicos y carpológicos (Grau *et alii*, en Aranegui, 2001, pp. 191-230).

[2] Sirvan de ejemplo los trabajos realizados en Castillo de Doña Blanca (Cádiz), Cerro del Villar (Málaga) o *Baelo Claudia* (Cádiz) *inter alia*.

[3] Baste citar en lo referente a este asunto la referencia de Clason y Prummel, 1977.

Los vestigios analizados en *Lixus* proceden de contextos que nos han permitido determinar las especies de consumo local, pero no adentrarnos en el apasionante mundo de las industrias derivadas de la pesca, que tanta expectación despierta entre los historiadores consagrados al estudio de las factorías que jalonan, desde el primer milenio antes de la era, las costas del ámbito del Estrecho.

5.- Las especies consumidas por los lixitanos.

Las muestras analizadas hasta el momento están formadas por 546 restos susceptibles de ser identificados específicamente. El nivel de determinación anatómica ha sido alto, ya que alcanza el 98% de la muestra. Por lo que se refiere al diagnóstico taxonómico, tal y como suele ser habitual, el porcentaje de piezas identificadas no es tan satisfactorio ya que el 22,6% de los restos no ha sido adscrito a ningún taxón (ya sea de familia, ya de especie)[4].

Las cuestiones relativas a las características de las muestras, así como a la composición anatómica y específica de los conjuntos óseos analizados, pueden ser consultadas en las publicaciones ya citadas. Sí es importante recordar que las series ícticas más destacadas proceden de las unidades estratigráficas 2029 y 3033, ámbitos amplios en los que la concentración de ánforas es especialmente relevante y significativa de los preparados de las *cetariae* (aunque no necesariamente de las lixitanas). Este hecho permitirá trabajar ambos conjuntos de forma individualizada.

Los cuadros 1 y 2 presentan el resumen, a día de hoy, de la composición íctica del yacimiento. En el primero se incluyen todos los taxones diagnosticados y en el segundo se resumen esos datos, agrupándolos en familias.

Las gráficas 1 y 2 ofrecen un panorama donde, para todos los períodos, el predominio de los *Sparidae* es evidente. La presencia de restos de sardina es también destacable aunque las variaciones son escasas dado el número de restos que se maneja. Tal y como subrayamos, la entidad cuantitativa de la muestra no permite aún una comparación entre las fases. Es conveniente recordar que el número de restos está en relación con las unidades escogidas para llevar a cabo los cribados exhaustivos, en las que predominan las pertenecientes a la etapa mauritana (175 a.C.-50 d.C., en nuestro caso). Es por ello que resulta improcedente llevar a cabo apreciaciones basadas en el criterio cuantitativo, esto es, en el número de restos determinado para cada una de las etapas.

Por otro lado la destacada presencia de la familia de los espáridos (en la que, de hecho, se han determinado más de doce especies) no debe ocultar la riqueza taxonómica detectada en todo el conjunto, ya que, dado el número de restos identificables, la variabilidad específica no es en absoluto desdeñable, alcanzando una treintena de especies. Esta composición íctica heterogénea refleja, sin embargo, una innegable homogeneidad en lo que respecta a las zonas en las que se localizan estas especies. En efecto, aunque no hay un nicho ecológico preferente, predominan las especies bentónicas ligadas a sustratos arenosos, rocosos y praderas de algas. Por lo que se refiere a su presencia en el litoral, todas ellas se acercan a la costa y pueden ser capturadas en aguas próximas al yacimiento, estando también presentes los ejemplares que incluyen entre sus hábitos el de penetrar en los estuarios. A este hecho se une la aparición en el espectro ictiofaunístico de una especie exclusiva de las aguas dulces, un *Cyprinidae*, muy abundantes en los ríos marroquíes (Bayed *et alii,* 1987, 74; Dakki *et alii,* 1987, 202), pero que no habían sido determinados hasta ahora en un yacimiento de las características de *Lixus*.

TAXONES	FENICIO	PÚNICO-MAURITANO
Clase Chondrichthyes	1	14
Clase Osteichthyes		
Anguilidae		
Anguilla anguilla	4	1
Muraenidae		
Muraena helena		2
Clupeidae	3	7
Sardina pilchardus		21
Cyprinidae		
Belonidae		
Belone sp.	1	
Moronidae		
Dicentrarchus labrax	2	6
Dicentrarchus punctatusx	6	1
Dicentrarchus sp.		3
Pomatomidae		
Pomatomus saltator	1	3
Carangidae		
Trachurus trachurus		2
Caranx dentex		1
Haemulidae		
Pomadacys incisus		6
Sparidae		
Sarpa salpa	2	
Boops boops	2	3
Dentex gibbosus		1
Dentex canariensis		5
Dentex sp.		5
Oblada melanuras		1
Spondyliosoma cantharus	1	
Diplodus vulgaris	14	11
Diplodus annularis		2
Diplodus sargus		3
Diplodus sp.	12	10
Pagrus pagrus	20	7
Pagrus sp.	3	1
Pagellus erythrinus	49	4
Pagellus sp.	5	1
Sparus aurata	2	2
Sparidae	31	14
Sciaenidae		
Argyrosomus regius	7	1
Mugilidae		
Chelon labrosus	1	6
Mugil cephalus	4	1
Mugilidae	7	6
Scombridae		
Scomber japonicus	6	25
Scomber sp.	2	1
Auxis rochei		
Euthynus sp.	1	
Indeterminados	87	27
TOTALES	274	204

Cuadro 1.- Total de taxones identificados (atendiendo al NR de cada taxón y el total de las etapas[5]).

[4] Este porcentaje de elementos indeterminados se debe principalmente al estado de conservación del material, en concreto, a la fragmentación de gran parte de los huesos, que dificulta la observación de los rasgos diagnósticos. Los criterios de muestreo pueden ser consultados en las publicaciones citadas.

[5] El NR que aparecerá en los cuadros 1 y 2 no corresponde con el NR indicado al inicio del epígrafe. La razón: se han dejado de lado los restos de las etapas tardorromana y medieval.

Teniendo en cuenta la información ofrecida por los estudios paleogeográficos, no es de extrañar la presencia de un nutrido grupo de especies como las anguilas (*Anguilla anguilla*), las lubinas (*Moronidae*: *Dicentrarchus labrax* y *Dicentrarchus punctatus*) y las doradas (*Sparus aurata*), abundantes en las lagunas salobres. Los mismos hábitos tienen los mújoles *Chelon labrosus* y *Mugil cephalus*, ya que si bien son pelágicos de aguas costeras, penetran igualmente en lagunas y estuarios.

TAXONES	FENICIO	PÚNICO-MAURITANO
Clase Chondrichthyes	1	14
Clase Osteichthyes		
Anguilidae	4	1
Muraenidae		2
Clupeidae	3	28
Cyprinidae		
Belonidae	1	
Moronidae	8	10
Pomatomidae	1	3
Carangidae		3
Haemulidae		6
Sparidae	141	70
Sciaenidae	7	1
Mugilidae	12	13
Scombridae	9	26
Indeterminados	87	27
TOTALES	274	204

Cuadro 2.- Total de taxones identificados en Lixus (atendiendo al NR).

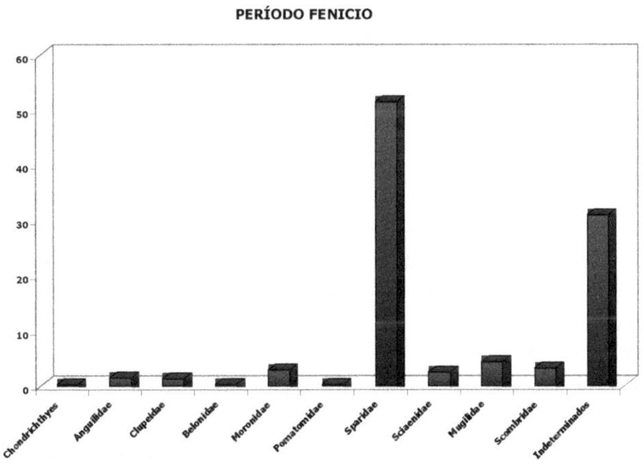

Gráfica 1.- Frecuencia relativa de los distintos taxones determinados a partir del número de restos procedentes de niveles fenicios (NR=274).

A estas especies se une la presencia del voraz pejerey *Pomatomus saltator*, la melva *Auxis rochei*, el chicharro *Trachurus trachurus* y el jurel *Caranx dentex,* propios de ambientes pelágicos y epipelágicos, aunque todos ellos relativamente costeros. La caballa *Scomber japonicus* y la boga *Boops boops*, que poseen hábitos epipelágicos, se pueden incluir en esta panoplia.

Otro conjunto está formado por aquellas especies demersales propias de fondos duros tales como el dentón (*Dentex dentex*) o la chopa *Spondylosama cantharus*, a los que se unen la salema *Sarpa salpa*, la breca *Pagellus erythrinus*, el pargo *Pagrus pagrus* y los sargos (*Diplodus spp.*) que habitan tanto los fondos rocosos como los arenosos y herbáceos.

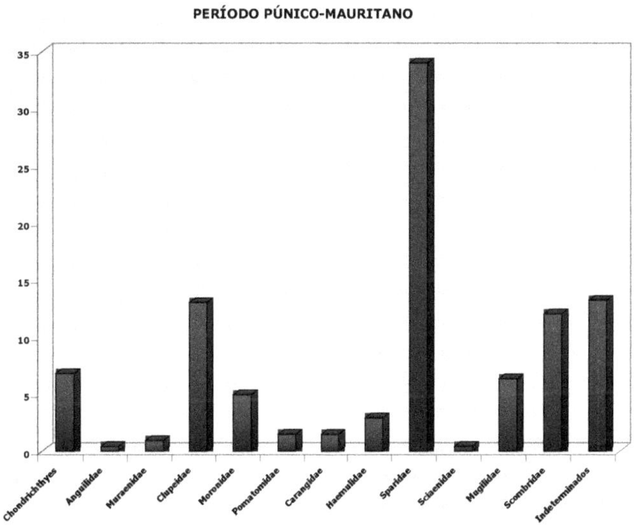

Gráfica 2.- Frecuencia relativa de los distintos taxones determinados a partir del número de restos procedentes de niveles púnico-mauritanos (NR=204).

Así pues, la composición específica registrada en *Lixus* hasta el momento no hace sino encajar perfectamente en las características del litoral próximo al asentamiento. Siempre hemos señalado la adecuación entre el conjunto de especies determinadas y las características de esta costa, conocida, además, por la riqueza pesquera de sus aguas. Una representación gráfica de la frecuencia relativa del conjunto de las especies determinadas en el yacimiento atendiendo a su hábitat preferente (gráfica 3) pone de manifiesto la homogeneidad de este conjunto y el apego de la práctica pesquera a las zonas próximas a la costa, ya que incluso las pelágicas se acercan al litoral y, en el caso de algunas de las especies (como las sardinas), pueden penetrar en las lagunas salobres como la que hubo en *Lixus*.

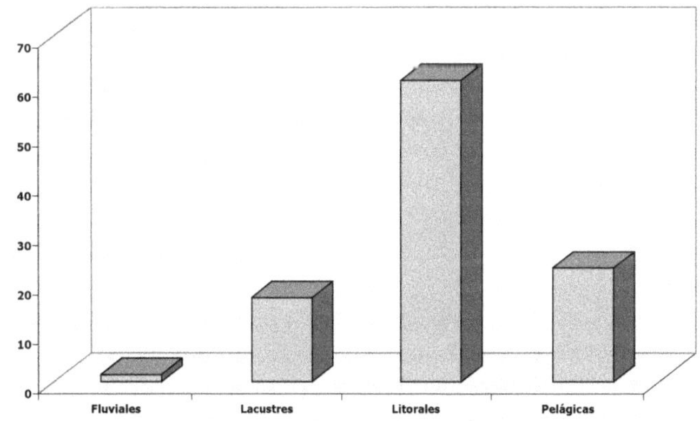

Gráfica 3.- Frecuencia relativa de las especies determinadas en Lixus, atendiendo a su hábitat preferente.

6.- Procesado y preparación de las capturas.

La primera valoración tafonómica de las ictiofaunas de *Lixus* se refiere a la composición anatómica de la muestra. Como suele ser habitual, entre los restos recuperados destacan las piezas vertebrales frente a las del cráneo. Esta realidad no debe extrañar pues la conservación diferencial de los elementos óseos favorece la presencia de los elementos vertebrales, los más numerosos y, generalmente, los más robustos del esqueleto. De hecho, para algunas especies, las vértebras constituyen el único elemento que suele ser encontrado en los yacimientos arqueológicos, siendo muchas las especies sólo representadas por estas piezas esqueléticas (condríctios, morenas, pejerreyes, jureles...).

El estado de conservación varía considerablemente, aunque ya ha sido destacado el alto grado de fragmentación que dificulta la identificación, salvo que se conserve una parte diagnóstica. Sin embargo hay elementos esqueléticos en un estado impecable, lo que pone en evidencia que los procesos postdeposicionales no han sido agresivos en exceso con estos restos.

Los huesos quemados casi no se documentan y ocurre lo mismo con las deformaciones que son, en general, ligeras, se encuentran esencialmente en las vértebras, y no parecen deberse a las alteraciones propias del tránsito intestinal. Resulta más probable plantear que los fenómenos mecánicos postdeposicionales sean los causantes de las mismas.

Lo que sí puede ser destacado en este punto es el número de piezas que presentan trazas de corte, pues no suelen ser muy frecuentes en las ictiofaunas arqueológicas. Entre los restos ícticos lixitanos sí se han detectado algunas trazas destacadas, tanto en elementos vertebrales como en elementos pertenecientes a las aletas. Además, algunas vértebras sólo presentan trazas superficiales que quizás constituyen la huella de los cortes realizados en el ejemplar para facilitar la cocción.

Se trata de una pesca artesanal para el consumo doméstico en el emporio industrial de *Lixus*.

Tal y como hemos señalado en otras ocasiones, ni los restos arqueológicos derivados del consumo de pescado, ni las UUEE excavadas, ni los períodos a los que éstas pertenecen permiten adentrarnos directamente en lo que a todos interesa a la hora de evocar el nombre de *Lixus*: la explotación industrial del medio marino, que tuvo como fin la elaboración de productos destinados esencialmente a la exportación.

Las zonas excavadas sólo revelan un espectro de ictiofaunas propias de las aguas litorales próximas al yacimiento, en las que las especies escogidas para ser procesadas no se ajustan al patrón convencional, que designa a los grandes escómbridos como las especies de captura preferente para ser destinadas a las industrias de salazón y elaboración de salsas de pescado. En cualquier caso sí se podría hablar de productos del tipo de las salsamentas y otros preparados a base de trozos de pescado de pequeño calibre, mezclados con moluscos, como se desprende del estudio malacológico (Carrasco, 2005, 263-265).

Podría plantearse, por lo tanto, que el análisis de las ictiofaunas indica que estamos ante los restos de una actividad pesquera que quizás no sólo estuvo destinada al consumo local sino también a ser envasada en ánforas.

La mención a las industrias pesqueras asociadas a estos asentamientos, esencialmente dirigida a la elaboración de salazones, salsas y salmueras de pescado, aún no puede ser determinada a la luz de vestigios asociados a las *cetariae* lixitanas. Afortunadamente, en otros lugares ya se cuenta con estudios de depósitos cerrados procedentes de ánforas y de piletas de algunas factorías pesqueras, que permiten empezar a hablar de qué género de productos se elaboraban, con qué especies y siguiendo qué procedimientos (Desse-Berset y Desse, 2000; Roselló *et alii*, 2003). Cabe destacar igualmente los conjuntos de túnidos procedentes de Punta Camarinal (Arévalo, Bernal y Torremocha, ed, 2004, 82-84). El nombre de *Lixus* se une a los de Kouass, Tahadart, Cotta o Alcazarseguer, mencionados por Ponsich y Tarradell, a la hora de jalonar las factorías de *garum* y salazón de la costa atlántica marroquí, en una lógica continuidad de su *Méditerranée Occidentale* (Ponsich y Tarradell, 1965). Pero establecer hipótesis sobre el papel de la pesca entre las actividades económicas de exportación desarrolladas por los habitantes de *Lixus* sigue siendo aventurado. Los restos de atún rojo *Thunnus thynnus* y otros escómbridos, debían estar, en el mejor de los casos, en los sedimentos extraídos de las *cetariae* lixitanas. Su recuperación no fue posible, y ahora sólo cabe esperar nuevas actuaciones para documentar lo que debió constituir la materia prima indispensable para la puesta en marcha de la actividad industrial en *Lixus*, según indican los letreros de las ánforas altoimperiales.

7.- Los tráficos pesqueros.

Por todo lo expuesto, y pese a lo incompleto de la documentación, *Lixus* se presenta como un centro pesquero grande con una antiquísima tradición en la explotación de la pesca que, en el N de Marruecos, sólo podría compararse a *Tingis* (Tánger) de cuya antigüedad prerromana, sin embargo, sólo conocemos datos sueltos entre los que, en lo referente a la pesca, la iconografía de las monedas y *tituli* hallados en Pompeya (*CIL* IV, 5637) demuestran la elaboración a gran escala de conservas de atunes rojos de un año, como en *Lixus*.

Hoy por hoy el panorama preaugusteo de *Lixus* es el de una pesca principalmente en el estuario, sin necesidad de arrastreros ni de una flota compleja sino basada en una práctica experimentada y eficaz. Y, puesto que el paleopaisaje estudiado es comparable al de otros muchos estuarios de la zona y, en general, del Estrecho, cabe plantear que, con anterioridad al cambio de era, la industria salazonera funcionó aquí sin grandes infraestructuras, aprovechando las facilidades del medio para elaborar conservas de proyección, sin embargo, comercial.

Al inicio del Imperio corresponde una situación nueva, coincidente con la comercialización explícita de los atunes que se cita junto al término *portensis* (figura 4). Este calificativo, exclusivo de las salazones de varias ciudades del Estrecho (*Lixus*, Tánger, *Sexi, Malaca*...) que debían disponer de flotas pesqueras –para las especies migratorias en alta mar hacen falta galeras, arrastreros, etc.-, de instalaciones portuarias y de fábricas de salazón en consonancia con la envergadura de la operación, marca una comunidad de intereses que optimizó la secular explotación de la pesca, en un espacio tradicionalmente pródigo en capturas cuya prosperidad, sin embargo, sólo estuvo asegurada cuando el comercio de larga distancia le abrió mercados a nivel mundial.

Figura 4.- Titulus sobre un ánfora BIIA del Pecio Gandolfo, según Liou y Rodríguez Almeida (2000).

Bibliografía

AKERRAZ, A. (1992): "*Lixus* du Bas-Empire à l'Islam", *Lixus*, École française de Rome 166, Roma, 379-385.

ARANEGUI, C., ed. (2001): *Lixus. Colonia fenicia y ciudad púnico-mauritana. Anotaciones sobre su ocupación medieval, Saguntum*-extra 4, Valencia.

ARANEGUI, C., ed. (2005): *Lixus 2. Ladera Sur, Saguntum*-extra 5, Valencia.

ARANEGUI, C., KBIRI ALAOUI, M., VIVES-FERRÁNDIZ, J. (2004): "Alfares y producciones cerámicas en Mauritania occidental. Balance y perspectivas", D. Bernal, L. Lagóstena, eds., *Figlinae Baeticae*, BAR Int. Series 1266, Oxford, 366-378.

ARANEGUI, C., RODRÍGUEZ, C. G., RODRIGO, M. J. (en prensa): "Los recursos marinos y el registro arqueológico de *Lixus* (Larache, Marruecos)", D. Ruiz Mata, ed., *I Reunión internacional sobre la historia de la pesca en el estrecho*, Puerto de Santa María (junio de 2004).

ARÉVALO, A., BERNAL, D., TORREMOCHA, A., eds. (2004): *Garum y Salazones en el Círculo del Estrecho*. Algeciras.

BAYED, A., BEAUBRUN, P.-C., MENIOUI, M. (1987): "La faune marine litoral", *La Grande Encyclopedie du Maroc. Faune*, M. Dakki, ed., Rabat, Cremona.

CARMONA, P. (2001): "El estuario del *Oued Loukkos* y la evolución reciente del litoral de *Lixus* (Marruecos)", C. Aranegui, ed., cit., 9-11.

CARRASCO, Mª S. (2001): "Estudio malacológico", C. Aranegui, ed., cit., 220-230.

CARRASCO, Mª S. (2005): "Estudio malacológico", C. Aranegui, ed., cit., 253-262.

CERRI, L. (2006): "*Tituli picti* de *Lixus* e *Tingis*", *L'Africa Romana* 16, 2175-2182.

CLASON, A.T., PRUMMEL, W. (1977): "Collecting, Sieving and Archaeozoological Research", *Journal of Archaeological Science* 4 (2), 171-175.

DAKKI, M., EL AGBANI, M.-A., FEKHAOUI, M. (1987): "La faune des eaux douces", *La Grande Encyclopedie du Maroc. Faune*, M. Dakki, ed., Rabat, Cremona.

DESSE-BERSET, N., DESSE, J. (2000): "*Salsamenta, garum* et autres préparations de poissons. Ce qu'en disent les os", *Mélanges de l'école française de Rome Antiquité*, 112, 73-97.

FROESE, R., PAULY, D., eds. (2003): *FishBase*, World Wide Web Electronic publication, www.fishbase.org, versión 04 marzo 2004.

GARCÍA VARGAS, E. (1998): *La producción de ánforas en la Bahía de Cádiz en época romana (ss. II a.C.-IV d.C.)*, Gráficas Sol, Écija.

GAUER, W. (1975): "Die Tongefässe aus den Brunnen unter Station-Nordwall und in Südost-Gebiet", *Olympische Forschungen* 8, Berlín.

GUERRERO, V., MIRO, J., RAMON, J. (1989): "L'épave de Binisafuller (Minorque). Un bâteau de commerce punique du IIIe siècle av. J.-C. ", *Studia Phoenicia* X.

HABIBI, M., CHEDDAD, A. (en prensa): "Bassins de salaisons au nord du Maroc: état actuel et nouvelle étude chronologique du quartier de *Lixus*", *Cetarie* 2005 (Cádiz, 7-9 nov.).

KBIRI ALAOUI, M. (2004b): *Comercio e intercambio en el Atlántico. Producción e importaciones cerámicas del asentamiento fenicio-púnico y púnico-mauritano de Kuass (Asilah, Marruecos)*, Tesis doctoral presentada en la Universidad Complutense, Madrid.

KBIRI ALAOUI, M., DAHROUCH, A., STAMBOULI, A., EL BOURI, A. (2004a): "Apport de l'analyse physico-chimique à l'étude des céramiques de Kouass (Asilah, Maroc)", *Bulletin d'Archéologie Marocaine* 20.

LAGÓSTENA BARRIOS, L. (2001): *La producción de salsas y conservas de pescado en la Hispania Romana (II a.C.-VI d.C.)*, Universitat de Barcelona, Col. Instrumenta 11, Barcelona.

LEPIKSAAR, J. (1981-1983): *Osteologie I. Pisces*. Copia mecanografiada sin publicar. Goteborg.

LIOU, B. (1993): "Inscriptions peintes sur amphores de Narbonne (Port-la-Nautique)", *Archaeonautica* 11, 131-148.

LIOU, B., RODRIGUEZ ALMEIDA, E. (2000): "Les inscriptions peintes des amphores du Pecio Gandolfo (Almería)", *Mélanges de l'École française de Rome antiquité* 111, 7-23.

MANIATIS, V., JONES, R. E., WHITEBREAD, I. K., KOSTIKAS, A., SIMOPULOS, A., KARAKALOS, CH., WILLIAMS, C.K. II (1984): "Punic Amphoras found at Corinth, Greece: an Investigation of their origin and technology", *Journal of Field Archaeology* 11, 205-222.

PONSICH, M. (1988): *Aceite de oliva y salazones de pescado. Factores geo-económicos de Bética y Tingitana*, Universidad Complutense, Madrid.

PONSICH, M., TARRADELL, M. (1965): *Garum et industries antiques de salaison dans la Méditerranée occidentale*, París.

RODRIGO, Mª J., RODRÍGUEZ, C. G. (2001): "La ictiofauna arqueológica", C. Aranegui, ed., cit., 204-219.

RODRÍGUEZ, C. G., RODRIGO, Mª J. (2005): "Las ictiofaunas arqueológicas", C.Aranegui, ed., cit., 241-252.

ROSELLLÓ, E., MORALES, A., BERNAL, D., ARÉVALO A. (2003): "Salsas de pescado de la factoría romana de *Baelo Claudia* (Cádiz, España)", *Presencia de la arqueoictiología en México, Libro de memorias de la 12ª reunión del Grupo de Trabajo en Restos de Peces del Consejo Internacional para la Arqueozoología*, 153-157.

TARRADELL, M. (1959): *Lixus, historia de la ciudad. Guía de las ruinas y de la sección de Lixus en el Museo Arqueológico de Tetuán,* Tetuán.

TARRADELL, M. (1960): *Historia de Marruecos. Marruecos púnico*, Universidad de Rabat, Tetuán.

TARRADELL I FONT, N. (2001): "Las monedas", C. Aranegui, dir., cit., 247-252.

TARRADELL I FONT, N. (2005): "Las monedas", C. Aranegui, dir., cit., 183-189.

TISSOT, C. (1878): "Recherches sur la géographie comparée de la Maurétanie Tingitaine", *Mémoires de l'Académie des Inscriptions et Belles Lettres*, première série, IX, París.

WHEELER, A., JONES, A. K. (1989): *Fishes*, Cambridge University Press, Cambridge.

WILLIAMS, CH. K. (1979): "Corinth 1978: Forum Southwest", *Hesperia* 48, 105-124.

WILLIAMS, CH. K. (1980): "Corinth 1979: Forum Southwest", *Hesperia* 49, 108-111.

ZIMMERMAN, M. L. (1983): *Corinthian Trade in the West in the Classical Period*, Ann Arbor.

CONSUMO DE SALAZONES BÉTICOS DESDE ÉPOCA DE AUGUSTO A LOS JULIO-CLAUDIOS: MERCADOS EMERGENTES EN ASTURICA AUGUSTA (ASTORGA), BARCINO (BARCELONA) Y OPPIDUM CUGERNORUM (XANTEN)

C. CARRERAS
Universitat Oberta de Catalunya

En el transcurso de apenas una generación, las salsas y salazones béticas alcanzaron las principales ciudades del Occidente del Imperio Romano. Se trata de un cambio importante tanto en volumen como en circuitos de distribución, que suponía abrir nuevos mercados que apenas consumían este tipo de productos.

El presente artículo pretende analizar el despertar de estos mercados emergentes a las salazones béticas, intentando explicar las razones que existirían en su importación en un período comprendido desde época de Augusto (finales del siglo I a.C.) hasta época de Claudio. Para ello, se partirá del estudio del material de las excavaciones de Correu Vell (*Barcino*), Paseo Blanco de Cela 21 (*Asturica Augusta*) i Ost Mauer (*Xanten*). Estos tres yacimientos son fundaciones augusteas, por lo tanto establecimientos *ex novo* con aportaciones indígenas e itálicas, que permiten observar la aparición de estos mercados emergentes a las exportaciones béticas.

1.- Contextos estudiados.

Cada uno de los conjuntos estudiados presenta diferencias en su localización geográfica, su formación así como su horquilla cronológica, si bien también tienen sus puntos comunes como que el material documentado estaba en uso desde el 10 a.C. hasta época de Claudio aproximadamente o que todos ejercen la función de basurero (p.e. acolmatación de estructuras o depósito próximo a un puerto). Sin duda resulta más sencillo comprender las diferencias y similitudes de todos ellos a partir de su descripción, que aparece a continuación.

1.1.- Blanco Cela 21 (Astorga).

A lo largo de los años 1993 y 1995 se realizaron un conjunto de intervenciones en el solar de Blanco Cela, 21 de la ciudad de Astorga, en donde se hallaron restos de estructuras de foso de sección en forma de V, de lo que podría haber sido un campamento militar de las campañas militares de Augusto en esta región (alrededor del 26 a.C.). El foso se colmató a inicios del siglo I d.C. con el objetivo de remodelar el yacimiento y convertirlo en un establecimiento civil (González, 1996).

Toda la intervención cubría una extensión de unos 110 m^2, con unas estructuras de *fossae* claramente identificables, y que una vez inutilizadas, se rellenaron con material contemporáneo. Por lo tanto, se trata también de un basurero de amortización de estructuras anteriores (figura 1).

Figura 1.- Foso del campamento militar documentado en la excavación de Blanco Cela 21 (Astorga).

En relación con la datación del conjunto, son precisamente las cerámicas finas que sitúan la amortización en el segundo cuarto del siglo I d.C., con la presencia de *Terra Sigillata Aretina* del cambio de Era en planta pedis con sellos de *Svavius Titius*, sellos de *Ateius*, *Romanus Rufus*, *Avellis* y el más tardío de *Felix* (10 a.C. – 15/20 d.C.). Dos monedas de época de Augusto (*Celsa*) y Tiberio (22/23-30 d.C.) respectivamente acabarían por confirmar la fecha.

En relación a la composición de las ánforas del conjunto, la siguiente tabla muestra cuantitativamente las cantidades de cada una de las tipologías. Se debe tener en cuenta que *Asturica Augusta* (Astorga) era una ciudad del interior por lo que el transporte de envases pesados como las ánforas era más difícil. Por ello, se debe considerar que la densidad baja de ánforas (56300 cg/m^2) es lógica debido la distancia de *Asturica* respecto el mar y las cuencas fluviales, ya que las ánforas eran envases adecuados para estos medios de transporte.

Dentro del conjunto, las ánforas de salazones del Sur de *Hispania* son una de las más presentes junto con las Dressel 2-4 orientales. Más concretamente las ánforas Dressel 10 y las Dressel 7-11 son las representadas en la excavación. La única otra ánfora que podía contener ocasionalmente salazones era la Haltern 70, que en Blanco Cela no está excesivamente representada. En este sentido, cabe recordar que se ha documentado una concentración importante de Haltern 70 en un lugar como *Braccara Augusta* en este mismo período cronológico (Morais, 2004), algunos de sus contenidos tal vez fueron transferidos a otros envases para realizar el recorrido terrestre a ciudades del interior como *Asturica*.

El predominio de las Haltern 70 es abrumador en yacimientos costeros del NO de la Península Ibérica (Carreras *et alii*, 2004, 96-105), mientras que en el interior su presencia no es tan predominate. Es precisamente en el interior de esta región en que las ánforas de salazones béticas están mejor representadas que en la costa. Sirvan como ejemplos las ánforas de

Actas del Congreso Internacional *CETARIAE. Salsas y salazones de pescado en Occidente durante la Antigüedad*, Universidad de Cádiz, Noviembre de 2005, *B.A.R. int. ser.* 1686, Oxford 2007, 215-220.

Ánforas	EVE	Fragmentos	Peso	Asas	Pivotes	Densidad
Bética						
Dressel 20		21	2470			2245,45
Dressel 28		1	300		1	272,73
Haltern 70	87	79	2891			2628,18
Campania						
Dressel 2-4		30	4730	5		4300,00
Oriental						
Dressel 2-4	75	228	18150	6	4	16500,00
Dressel 5		2	400	2		363,64
P&W66		3	110			100,00
Rodia	18	35	4410	18		4009,09
Sur Hispania		105	17300	6		15727,27
Dressel 10	37	2	440			400,00
Dressel 7-11	62	3	460			418,18
Lipari						
Richborough 527	22	50	3850	3		3500,00
Gallia		23	1690			1536,36
Tarraconense						
Dressel 2-4		4	1960		1	1781,82
Local	15	19	2290	1		2081,82
??		8	480			436,36
TOTALES	316	613	61931	41	6	56300,91

Figura 2.- Tabla de cuantificación de las ánforas de Blanco Cela, 21 (Astorga).

Campa Torres (Gijón) en cronologías como máximo de principios del siglo I d.C., en donde las Haltern 70 suponen el 73% de las ánforas mientras las Dressel 7-11 del Sur de *Hispania* alcanzan sólo un 4% (Carreras, 2001).

A simple vista, la composición del conjunto de ánforas de Blanco Cela 21 coincide plenamente con los conjuntos de esta época procedentes de otros lugares del NO de la Península Ibérica, con la única diferencia en las densidades de Haltern 70 entre costa e interior. Por lo tanto, esta excavación puede ser representativa de la circulación de ánforas en la zona Atlántica del NO de la Península Ibérica, en un momento en que se había completado la conquista de la zona cántabra-astur, por lo que la circulación tiene un marcado carácter militar, y que se iniciaba la explotación de sus recursos mineros y la construcción de ciudades *ex novo*.

1.2.- Ost Mauer (76/29) (*Xanten*).

En julio del 2002, se realizó un estudio exhaustivo de 4 conjuntos anfóricos de la *Colonia Ulpia Trajana Xanten*. De ellos destacaba uno, Ost Mauer (76/29) por la gran variedad de formas que aparecían, así como lo temprano de su datación que iba desde época de Augusto a una fecha incierta del reinado de Claudio-Nerón. Se trataba de material que correspondía a la primera fase de ocupación del yacimiento, anterior a la fundación de la colonia, tal vez del *oppidum Cugernorum*, que citan las fuentes clásicas (Zieling, 2001). Además la excavación de una extensión de 24 m^2 proporcionaba unas densidades de material altísimas, seguramente por tratarse de uno de los basureros del establecimiento inicial, próximo al puerto fluvial.

Entre los elementos datantes, la mayoría de monedas halladas son 13 ases con dataciones que van del 27 a.C. al 14 d.C., a excepción de un dupondio de Nerón y un sestercio y denario de Antonio Pío, que parecen aportaciones posteriores a la amortización. La cerámica fina de mesa aún permite una mejor datación del conjunto con Terra Sigillata Aretina de la primera década del siglo I d.C. (taller de *Ateius*), una producción de Lyon del cambio d'Era (taller de *Diomi*), pero la mayoría son cerámicas de Lyon-Muette y La Graufesenque de la segunda y tercera década d.C (talleres de *Xanti*). Si bien algunas de estas producciones tienen dataciones amplias que alcanzan incluso época de Claudio-Nerón y Vespasiano, parece lógico situar la mayor parte de las importaciones entre el 10 a.C. y 30 d.C.

Con respecto a las ánforas, se han intentado datar los labios de las ánforas Dressel 20 a partir de la clasificación propuesta por Martin-Kilcher (1987). Si bien todos ellos se situarían en tipos datados en la primera mitad del siglo I d.C., existe la sensación de que la clasificación para estos primeros tipos tempranos de Dressel 20, próximos a las Oberaden 83, no es del todo precisa.

Respecto a la composición de las ánforas del conjunto, la siguiente tabla muestra cuantitativamente las cantidades de cada una de las tipologías:

Inicialmente se puede observar un predominio de los productos béticos, tanto las salazones agrupadas en torno a las ánforas Dressel 7-11 del Sur de *Hispania*, como los productos del valle del Guadalquivir (Bética). El ánfora bética mejor representada en este período concreto es la Haltern 70 (figura 3), este envase multiusos que contenía *defructum-sapa*, olivas, *muria* y seguramente otros productos (p.e. vino) (Carreras *et alii*, 2004). Le sigue el ánfora olearia Dressel 20, que en periodos posteriores será la predominante en Xanten.

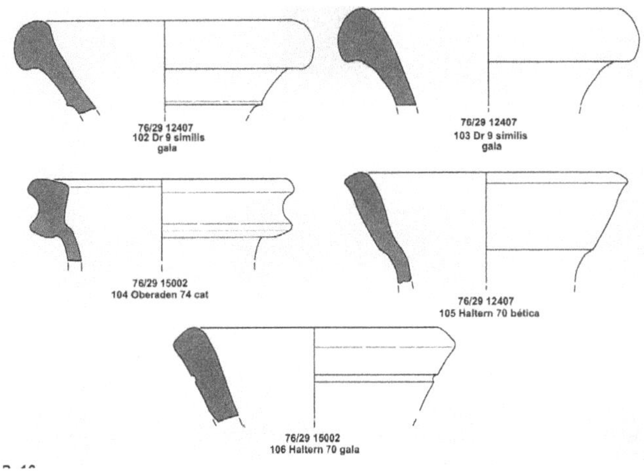

Figura 3.- Algunas ánforas de Dressel 9 similis y Haltern 70 de Ost Mauer (Xanten).

En lo que respecta a la presencia de ánforas de salazones, la tipología mejor representada es la Dressel 7-11 del Sur de *Hispania*, con un número mínimo de 11 ejemplares (EVE). También aparecen representadas Dressel 7-11 (1 ejemplar) de la zona de las Marismas, otra de las zonas productoras béticas que sólo aparecerá documentada en este momento de cambio de Era. Existe además la posibilidad de que alguna de las Haltern 70 pudiera haber transportado *muria*.

Del éxito del consumo de las salazones béticas se desprende también indirectamente la presencia de las Dressel 9 similis galas producidas en Lyon-Bas-de-Loyasse con unos 5 ejemplares como mínimo (figura 3). Todos los ejemplares hallados corresponden a la variante A con una pequeña moldura que se data en el cambio de Era (Desbat y Dangréaux, 1997, 77). Se sabe por los *tituli picti* que estos envases de Lyon-Bas-de-Loyasse contenían salazones (*muria* y *garum*), producidos localmente o transferidos de otros envases que alcanzaban esa región. Tienen una amplia difusión por toda la cuenca del río Ródano y Rhin (Angers, Augst, Brumath, Estrasburgo, Metz, Biesheim, Haltern o Köln).

La circulación de ánforas de Ost Mauer de marcado carácter militar recuerda a grandes rasgos a la presente en Blanco Cela (Astorga), si bien se añaden algunas producciones de salazones regionales como las Dressel 9 (Lyon). Sin duda, el conjunto de Ost Mauer está más en consonancia tanto por variedad como porcentajes de ánforas a los documentados en los yacimientos de las cuencas del río Ródano y Rhin (Desbat y Martin-Kilcher, 1989).

1.3.- Correu Vell (*Barcino*).

Se trata de un conjunto de la primera época de la colonia con una variedad tipológica considerable. Existen dos formas que son novedad, una sólo porque su pasta cerámica es itálica. Respecto a las densidades obtenidas, Correu Vell proporcio-

Ánforas	EVE	Fragmentos	Peso	Asas	Pivotes	Densidad
Africa						
Africana I		3	230			958,00
Bética		635	101670	2	1	423625,00
Dressel 20	813	115	29760	25	8	124000,00
Dressel 7-11(Maris.)	39	3	970		1	4041,00
Haltern 70	525	266	52910	31	11	220458,00
Dressel 2-4	71	6	1470	5		6125,00
Dressel 28		1	340			1416,00
Campania		3	570		1	2375,00
Dressel 2-4	108	95	12960	20	3	25174,00
Dressel 21-22	10	1	270			708,00
Oriental		150	21670		5	90291,00
Dressel 2-4	249	104	14990	7	4	62458,00
Rodia	76	85	11030	18	2	45958,00
Sur Hispania		488	102940	27	10	428916,00
Dressel 7-11	1007	48	13650	1	1	56875,00
Dressel 2-4		4	1010	3		4208,00
Gallia		208	32220	24	4	134250,00
G-2	10	12	1400			5833,00
G-3	39	2	180			750,00
G-4	91	4	310			1291,00
Dressel 2-4	31	4	760	2		3166,00
Haltern 70 similis	109	5	460			1916,00
Dressel 9 similis	453	87	18680	9	3	77833,00
Lipari						
Richborough 527	15	1	30			125,00
Germania	30	1	240			1000,00
Tarraconense		22	3260	1		13583,00
Dressel 2-4	71	21	5050	6	1	21041,00
Oberaden 74	23	1	100			416,00
Pascual 1	58	8	1170	3		4875,00
??		3	610	1		2541,00
TOTALES	3828	2386	430910	185	55	1766206

Figura 4.- Tabla de cuantificación de las ánforas de Ost Mauer (Xanten).

Anforas	EVE	Fragmentos	Peso	Asas	Pivotes	Densidad
Africa		175	6900	1	-	1533,00
CV-325	14	50	1	-	-	40,00
ER 11-B	17	1	210	-	-	46,00
Bética		297	22860	3	-	5080,00
Dressel 20		4	1250	4	-	277,00
Dressel 7-11(Maris.)	12	1	120	-	-	26,00
Haltern 70	59	17	1930	9	1	428,00
Haltern 70 (Maris.)	25	2	430	1	-	95,00
Oberaden 83	83	19	3560	3	-	791,00
Campania		286	13610	12	2	3024,00
Dressel 2-4		11	1330	9	-	295,00
Oriental		2	340	1	-	75,00
Dressel 2-4	22	1	60	-	-	13,00
Carrot		5	750	1	1	166,00
Rodia	11	2	130	1	-	28,00
Sur Hispania		111	14940	6	1	3320,00
Dressel 7-11	70	4	530	-	-	117,00
Beltran II-B	21	1	180	-	-	40,00
Lipari				-	-	
Richborough 527	11	1	30	-	-	6,00
Púnico-Ebusitana		3	120	-	-	26,00
Tarraconense		9340	501500	8	56	111444,00
Layetana 1	6	2	350	1	-	77,00
Dressel 2-4	142	32	4980	20	-	1106,00
Dressel 7-11	60	2	840	-	-	186,00
Oberaden 74	27	2	210	-	-	46,00
Pascual 1	2316	381	47680	182	-	10595,00
??		162	7950	2	1	1744,00
TOTALES	2896	10914	632791	0	0	140624,00

Figura 5.- Tabla de cuantificación de las ánforas de Correu Vell (Barcelona).

na una de las más elevadas de *Barcino*, posiblemente porque se trataba de un basurero de la ciudad en un principio, sobretodo al encontrarse a pie de murallas y en una salida al mar.

Todas las tipologías presentes en la muestra tienen una cronología coherente, que representaría a la circulación de mercancías del siglo I d.C. Si bien existen ánforas cuya cronología amplia podría ir más allá del siglo II d.C., la falta de envases africanos de principios del siglo II d.C., a excepción de la Tripolitana 1, sugiere que el conjunto no supera los finales del siglo I d.C. También es interesante la aparición de tipologías muy arcaicas que se situarían en el momento fundacional de *Barcino*, por ejemplo las Laietanas 1 y las Púnico-ebusitanas que son posiblemente de antes del cambio de Era.

Al igual que sucedía con la excavación de Ost Mauer, la intervención de Correu Vell ha proporcionado una extraordinaria cantidad de ánforas procedentes de un área de unos 430 m^2, con una densidad muy elevada (140624 cg/m^2). La ubicación de Correu Vell cerca de una de las puertas de acceso a la ciudad, que comunicaba con el posible puerto de *Barcino*, sería la justificación de que se utilizara el lugar como basurero de aquellos residuos sólidos urbanos (Carreras, 1998).

Como se puede observar en la tabla correspondiente, el mayor porcentaje de ánforas es de producción local, o sea ánforas tarraconenses (Layetana 1, Pascual 1, Dressel 2-4, Dressel 7-11, Oberaden 74), dado que *Barcino* era uno de los puertos de salida de las producciones anfóricas de la Layetana, tanto la zona costera como el interior. En relación con las importaciones, de nuevo los productos de la Bética son predominantes, tanto los de las costas como los del valle del Guadalquivir.

Las salazones del Sur de *Hispania* aparecen transportadas en ánforas Dressel 7-11, y Beltran II B, envase este último que se importa a partir del segundo cuarto del siglo I d.C. Por lo tanto, la Beltrán II-B se situaría al final del período estudiado. En el caso de las producciones del Guadalquivir también aparecen Dressel 7-11 de la región de las Marismas (Carreras, 2000), lugar en que también se documenta el envase multiusos Haltern 70. También aparecen Haltern 70 del valle medio y alto del Guadalquivir.

La presencia de Dressel 7-11 y Haltern 70 con pastas cerámicas de la zona de las Marismas también se observa en otros yacimientos catalanes en cronologías augusteas-tiberianas como la vila Can Ventura de l'Oller (inédito), en donde aparecen 2 fragmentos de Dressel 7-11. Aquí de nuevo hay un predominio de envases del Sur de *Hispania* (Dressel 8, Dressel 9 y Dressel 10) junto con ánforas del valle del Guadalquivir (Lomba do Canho 67, Oberaden 83, Dressel 20 y Haltern 70).

Al igual que sucede con los otros conjuntos, la diversidad y cantidades de ánforas del conjunto de Correu Vell no parece un caso aislado, sino muy al contrario parece representativo de la circulación de ánforas en el NE de la Península Ibérica en época de Augusto-Tiberio. Se puede comparar al conjunto de un relleno de un pozo de *Valentia* de época de Augusto (Albiach *et alii*, 1998) en que tanto las Haltern 70 como las ánforas de salazones (Dressel 7, Dressel 8, Dressel 7-11, Dressel 12) están ampliamente documentadas.

Por supuesto, la mayor o menor presencia de producciones locales tarraconenses puede alterar la representación de uno u otro tipo, pero si se discriminan los envases locales, los conjuntos de este período en la región NE muestran muchas similitudes. Se debe tener en cuenta que esta zona ya quedaría alejada de cualquier ruta de aprovisionamiento militar, y que las producciones locales de aceite (p.e. molas olearias, imitaciones de Dressel 20 tarraconense) y salazones (p.e. imitaciones de Dressel 7-11 locales, piletas de secado) podían completar la demanda interna de dichos productos.

2.- Comparaciones en el consumo de salazones.

Del análisis individualizado de cada uno de los conjuntos anfóricos, ya se observaba que existían una serie de diferencias en el consumo de salazones, y por extensión de los productos béticos en el período que nos ocupa. Estas diferencias obedecen a que las regiones podían o no disponer de los mismos productos localmente, la presencia de las legiones o dificultades en el transporte terrestre. No es sencilla la interpretación de los conjuntos, pero si parece evidente que existían ciertas diferencias.

Aunque no acostumbramos a utilizar porcentajes para comparar conjuntos, las especiales características de las excavaciones presentadas aquí con altísimas densidades de ánforas nos han obligado a emplear proporciones para su comparación. Por otra parte, se ha substraído del porcentaje las producciones locales tarraconenses del conjunto de Correu Vell (*Barcino*) porque distorsionaban la imagen, puesto que se pretende comparar el consumo de productos y no la producción local.

Así pues, el histograma que aparece a continuación muestra los porcentajes de ánforas béticas y de salazones que se han documentado en cada uno de los conjuntos de Blanco Cela, Ost Mauer y Correu Vell. Quedan patentes las similitudes en porcentajes entre el conjunto de Ost Mauer (Xanten) y el de Blanco Cela (Astorga), si bien la Haltern 70 tiene una mayor presencia en el establecimiento de la *Germania Inferior*.

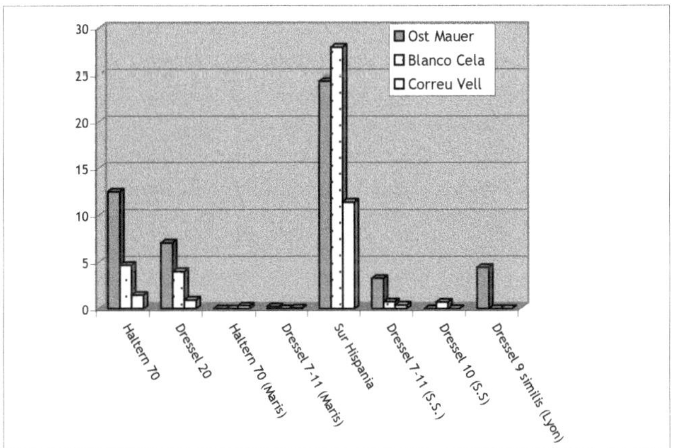

Figura 6.- Comparación de porcentajes de ánforas de Ost Mauer, Blanco Cela y Correu Vell.

Por otra parte, la producción de Dressel 9 *similis* (Lyon) en el valle del Ródano permitió el acceso a unas salazones alternativas para los habitantes del primitivo establecimiento de Xanten, situación que en aquel momento no podía gozar Astorga, y que seguramente también disfrutó *Barcino* bien a través del contenido de las Dressel 7-11 locales u salazones en otros envases. También parece que las ánforas olearias béticas Dressel 20 estaban más encaminadas a centros militares como Astorga o Xanten que a colonias civiles como *Barcino*, a tenor de su representación en esta época.

Parece evidente, a tenor de los datos que el desarrollo de la producción y de la comercialización de salazones y aceites béticos está muy vinculada al aprovisionamiento ejército, tal vez no de la forma sistemática que aparecerá en período posterior sino tal vez relacionado con personas, regiones y campañas concretas. Aún no se dispone de información suficiente como para establecer dichas relaciones, si bien es una posibilidad abierta al estudio.

En lo que respecta a la presencia de envases procedentes de la región de las Marismas, no existen excesivas diferencias entre los conjuntos. Se trata de producciones de Haltern 70 y Dressel 7-11 exportadas en un momento muy concreto (Augusto-Tiberio), que no parecen tener continuidad en el tiempo, y que su presencia es muy residual.

Tal como se indicaba, el conjunto de Ost Mauer se asemeja a los conjuntos anfóricos de cronología augustea-tiberiana de las cuencas del río Ródano y Rhin estudiados por Desbat y Martin-Kilcher (1989) y Desbat y Lemaître (2000). Como en estos estudios no se distinguían ejemplares procedentes de las Marismas ni las producciones de Dressel 9 *similis* (Lyon), se han comparado sólo las producciones de salazones del Sur de *Hispania* (preferentemente Dressel 7-11)

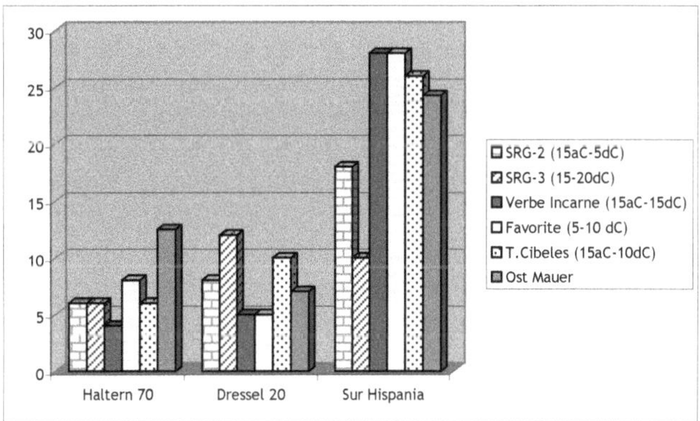

Figura 7.- Comparación de porcentajes de ánforas de Ost Mauer con Saint-Romain-en-Gal (SRG-2 y SRG-3) y Lyon (Verbe Incarne, Favorite, Temple Cibeles).

Como se puede observar en el histograma anterior, el porcentaje de ánforas de salazones del Sur de *Hispania* documentado en Ost Mauer coincide a grandes rasgos con las concentraciones de tres yacimientos coetáneos de Lyon (Verbe Incarne, Favorite, Temple Cibeles), mientras que aparece una cierta diferencia con respecto a los contextos de Saint-Romain-en-Gal (SRG 2 y 3). En lo que respecta a las cantidades de Dressel 20, apenas existen diferencias si bien sus valores son menores a los documentados de ánforas de salazones béticas. Por otra parte, si que se observa una cierta divergencia en la proporción de Haltern 70, que están mucho mejor representada en Ost Mauer que en Lyon o Saint-Romain-en-Gal. Resulta complicado aventurar una explicación a estas diferencias, pero tal vez la circulación de ánforas de la *Germania Inferio*r presenta sus propias características.

3.- Comentarios finales.

La comparación entre los conjuntos anfóricos augusto-tiberianos de Blanco Cela (Astorga), Ost Mauer (Xanten) y Correu Vell (*Barcino*) han evidenciado que a pesar de que la circulación de ánforas presenta rasgos comunes en este período, cada región muestra su propia idiosincrasia en importación de envases. Al utilizar métodos cuantitativos en contextos cronológicos bien definidos se puede disponer de una información de calidad que permite distinguir diferencias en la circulación regional y facilitar su interpretación.

En el caso concreto que nos ocupa, cada uno de los conjuntos estudiados representa una región con un tipo de circulación distinta: NO Península Ibérica, NE Península Ibérica y cuenca del río Ródano-Rhin. Seguramente otras zonas adyacentes comparten algunas de las características aquí apuntadas.

A pesar de las diferencias, todos los yacimientos estudiados comparten una misma característica: el predominio de las importaciones de salazones del Sur de *Hispania* en este período de finales de época de Augusto (circa 10 a.C.) y Tiberio con porcentajes que oscilan entre el 27,93% de Blanco Cela (Astorga) al 11,37% de Correu Vell (*Barcino*). Predomina la Dressel 7-11, y más concretamente el tipo Dressel 10.

Tal como apuntaban Desbat y Lemaitre (2000) a partir de los horizontes de la excavación del Templo de Cibeles de Lyon, en el período que va desde el 40 a.C. al 10 d.C., las ánforas de salazones béticas dominaran los mercados pasando de un 6% en el horizonte 1 (circa 40 aC) con presencia de ovoides, a un 20% en el horizonte 2 (40-20 aC) con presencia de ovoides, Dressel 7 y Dressel 9, para alcanzar el máximo de 26% en el horizonte 3 (15 a.C. – 10 d.C.) con presencia de Dressel 7, Dressel 8 y Dressel 9. Sería importante repetir este tipo de estudios en otros yacimientos para ver si se cumple la misma evolución, y en que sentido la presencia de las legiones romanas pudo ser un catalizador de su difusión.

A partir de los últimos Julio-Claudios, otras ánforas olearias y vinarias incrementaran sus producciones y exportaciones haciendo que el porcentaje de ánforas de salazones disminuya en los conjuntos, a pesar de que las densidades absolutas parecen mantenerse. Aún nos faltan más estudios cuantificados y por horizontes cronológicos para entender todos los cambios que se produjeron en la exportación y distribución de las salazones béticas, que seguramente tiene una dimensión socio-política en el ascenso de algunas familias gaditanas a altos cargos de la administración imperial.

Bibliografía

ALBIACH, R. *ET ALII* (1998): "La cerámica de época de Augusto procedente del relleno de un pozo de Valentia (*Hispania Tarraconensis*)", *SFECAG Actes d'Istres*, 139-166).

CARRERAS, C. (1998): "Els abocadors en el món romà: el cas de *Londinium* i *Barcino*", *Pyrenae* 29, 147-160.

CARRERAS, C. (2000): "Producción de Haltern 70 y Dressel 7-11 en el *lacus Ligustinus* (Las Marismas, Bajo Guadalquivir)", *Congreso Internacional Ex Baetica amphorae* vol. I. Sevilla-Ecija, 17-20 Desembre 1998, 419-426.

CARRERAS, C. (2001): "Ánforas de la Campa Torres (Campañas 1985-1997)", J.L.Maya y F.Cuesta (eds.) *El castro de la Campa Torres. Período prerromano*, Gijón, 389-392.

CARRERAS, C. ET ALII (2004): *Culip VIII i les àmfores Haltern 70*. Girona.

DESBAT, A.; DANGREAUX, B. (1997): "La production d'amphores à Lyon", *Gallia* 54, 1-17.

DESBAT, A.; LEMAITRE, S. (2000): "Les premières importations d'amphores de Bétique à Lyon", *Congreso Internacional Ex Baetica amphorae* vol. I. Sevilla-Ecija, 17-20 Diciembre 1998, 793-815.

DESBAT, A.; MARTIN-KILCHER, S. (1989): "Les amphores sur l'axe Rhône-Rhin à l'époque d'Auguste", *Amphores romaines et histoire économique. Dix ans de recherche.* Siena-1986, CEFR 114, 339-365.

GONZALEZ FERNÁNDEZ, Mª L. (1996): "Consideraciones sobre el origen militar de *Asturica Augusta*", C.Fernández Ochoa (coord.), *Los finisterres atlánticos en la antigüedad*, Gijón, 85-90.

MARTIN-KILCHER, S. (1987): *Die Römischen Amphoren aus Augst und Kaiseaugst.* Berna.

MORAIS, R. (2004): "*Braccara Augusta*: um pequeno Testaccio de ânforas Haltern 70 – Considerações e problemáticas de estudo", *Figlinae Baeticae. Talleres alfareros y producciones cerámicas en la Bética romana (s.II a.C. – VII d.C.),* Cádiz-2003, BAR Int.Ser. 1266, Oxford.

ZIELING, N. (2001): "Konstruktionstypen vorcoloniazeitlicher Gebäude auf dem Areal der Colonia Ulpia Trajana", *Xantener Berichte* Bd. 9, 27-36.

A IMPORTAÇÃO DE ÂNFORAS DE PREPARADOS PÍSCICOLAS EM OLISIPO (SÉCULOS II-I A.C.).

J. PIMENTA
IPPAR

1.- Introdução.

O papel do rio Tejo como importante via de comunicação para o interior do território, levou a que desde cedo, o porto de *Olisipo* se afirmasse como um dos mais importantes portos de toda a fachada atlântica, ponto de contacto entre dois mundos, o Mediterrânico e o Atlântico.

O estudo das ocupações antigas de Lisboa depara-se com um conjunto de problemáticas muito específicas que importa ter presentes num estudo desta natureza. O facto de estarmos a lidar com uma cidade viva com uma longa diacronia de ocupação e com uma larga tradição histórica de actividade sísmica, limita em parte a nossa percepção, visto o constante renovar e reinventar do tecido urbano causar lacunas e hiatos na estratigrafia que nem sempre são fáceis de explicar.

Ainda que recentes intervenções permitam supor que a ocupação humana possa remontar à Idade do Bronze, os dados disponíveis permitem sublinhar que é durante a Idade do Ferro que o sítio é extensamente ocupado.

Esta primeira fase de ocupação do morro e colina do Castelo (séculos VIII-V a.C.) apresenta evidentes contactos com o mundo fenício ocidental, bem patentes no seu espólio cerâmico onde se destaca os recipientes cobertos com engobe vermelho, os *pythoi* decorados com bandas, as ânforas, as urnas de tipo Cruz del Negro e as cerâmicas cinzentas finas (Arruda, 2002).

No que diz respeito à área ocupada os dados de que dispomos e a dispersão das intervenções já realizadas deixam antever uma superfície de grandes dimensões, que já levou a que fosse sugerido que em termos de área ocupada *Olisipo* corresponde ao maior povoado orientalizante do território Português (Arruda, 2002, 129).

Apesar dos dados serem mais numerosos para esta primeira fase, a ocupação da segunda metade do primeiro milénio a.C. encontra-se bem evidenciada. A continuidade de importação de produtos alimentares em ânforas de clara proveniência meridional a par da presença de cerâmicas gregas de verniz negro e figuras vermelhas, permitem salientar o papel do povoado da foz do Tejo ao longo deste período (Pimenta, Calado e Leitão, 2005).

Os primeiros contactos com o mundo Itálico parecem ter ocorrido na segunda metade do século II a.C. no âmbito do processo de conquista e consolidação do poder de Roma no extremo ocidente peninsular. Através de Estrabão (III, 3.1), sabemos que *Olisipo* foi fortificada em 138 a.C., pelo novo governador da província romana da Ulterior, o procônsul Décimo Júnio Bruto.

Este general, utilizou o vale do Tejo como eixo principal da sua campanha militar ao noroeste peninsular, tendo usado a cidade de Morón, como base de operações e *Olisipo*, junto à foz como cidade de retaguarda, desempenhando o papel de domínio da entrada do rio, mantendo livre a navegação e assegurando o abastecimento aos exércitos em campanha.

Os resultados das recentes intervenções realizadas na colina do Castelo permitem sublinhar a importância da sua dinâmica económica durante esta fase, e do seu profundo impacto no desenvolvimento subsequente do núcleo urbano (Pimenta, 2005).

Os dados das fontes clássicas voltam a ser escassos para o papel do vale do Tejo durante este período, sendo importante reter a passagem de C. Julio César, como pretor da província da Ulterior (61-60 a.C.). Ainda que não exista qualquer referência ao papel de *Olisipo* nesta campanha, a referência à utilização de meios navais e a opção de *Scallabis* como base de operações, denominada *Praesidium Iulium,* levam-nos a salientar o impacto que esta expedição deverá ter tido no centro portuário da foz do Tejo.

Segundo Plínio-o-Velho (Plin. 4, 117) sabemos que *Olisipo* terá recebido o estatuto de município romano (*municipium Civium Romanorum*) e com ele o *cognomentum Felicitas Iulia*, possivelmente entre 31 e 27 a.C. (Faria, 1999, 37).

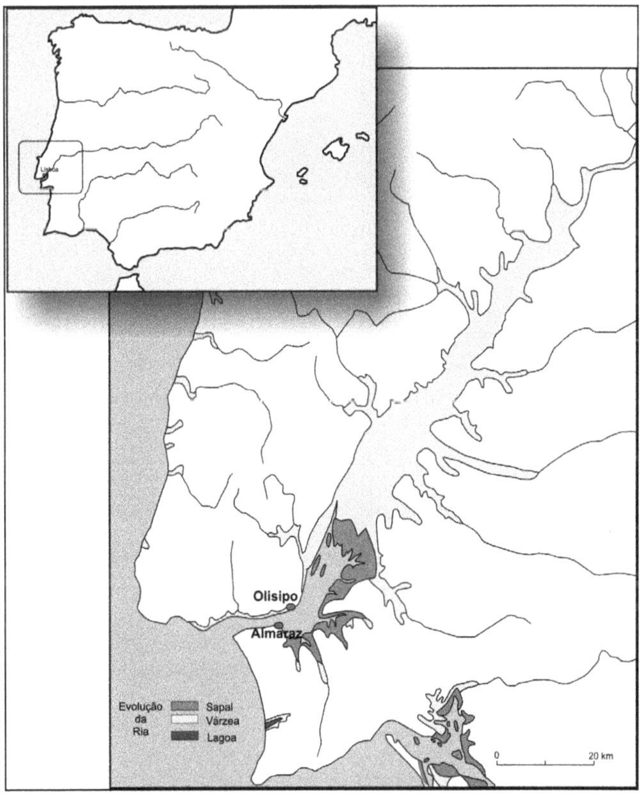

Figura 1.– Localização de Lisboa na península Ibérica e vale do Tejo.

Actas del Congreso Internacional *CETARIAE. Salsas y salazones de pescado en Occidente durante la Antigüedad*, Universidad de Cádiz, Noviembre de 2005, *B.A.R. int. ser.* 1686, Oxford 2007, 221-233.

Da cidade de época alto imperial restam abundantes vestígios epigráficos (Silva, 1944), arquitectónicos (Mantas, 1990; Silva, 1999), assim como espólios arqueológicos muito diversificados comprovativos do seu dinamismo económico e da importância da sua vida municipal.

O desenvolvimento das intervenções na parte baixa da cidade têm vindo a multiplicar as descobertas de unidades industriais de conservas de peixe, consolidando a ideia do papel preponderante que a foz do Tejo, assume a partir de meados do século I d.C. nesta actividade económica (Bugalhão, 2001).

2.- Contextos – enquadramento das intervenções.

2.1.- A "acrópole".

As pesquisas que desde meados de 1996 têm vindo a ser efectuadas na antiga alcáçova de Lisboa, tem permitido comprovar a importância do morro do castelo na génese do primitivo aglomerado pré-romano e do seu subsequente desenvolvimento ao longo de cerca de três mil anos (Gomes *et alli*, 2003). Esta longa diacronia de ocupação que se materializa em grandes e complexas potências estratigráficas permite aferir uma série de leituras da evolução do povoado da colina do Castelo, sendo de particular interesse para o presente trabalho os dados relativos à época romana republicana.

Em todas as leituras estratigráficas efectuadas em diversas zonas do Castelo, foi possível definir de uma forma clara unidades estratigráficas documentando os primeiros momentos de contacto com o mundo Itálico. O estudo desses contextos, permitiu definir uma única fase de ocupação para esta época, centrada no terceiro quarto do século II a.C. (150-125 a.C.). Mais precisamente entre 140-130 a.C., tendo em conta a homogeneidade das diversas importações identificadas e a sua comparação com os resultados aferidos em contextos similares em estações com cronologias bem definidas (Pimenta, 2005).

Sintetizando os dados dos diversos contextos que já tivemos oportunidade de apresentar detalhadamente, importa determo-nos nas características gerais das importações que definem esta fase e que permitem individualizá-la: o predomínio da cerâmica campaniense A sobre as restantes cerâmicas de verniz negro, a presença de *kalathoi* "ibéricos", a associação entre ânforas greco-itálicas tardias e as primeiras Dressel 1, ânforas de Brindisi, ânforas do Tipo 9.1.1.1., Tipo 4.2.2.5., Subgrupo 12. 1.1.0. e T. 7.4.3.3. de Ramon Torres (1995), imitações hispânicas dos modelos Greco-itálicos e ânforas oleícolas tripolitanas antigas.

Os dados relativos a esta fase da vida do povoado ganham outra relevância se tivermos em conta, a ausência de níveis republicanos posteriores aos finais do século II a.C. em todas as leituras estratigráficas efectuadas na antiga alcáçova medieval. Apenas numa intervenção na área mais alta do morro do Castelo, foi possível identificar, embora em níveis de aterro posteriores, uma série de materiais que permitem alicerçar uma continuidade pelo menos em algumas áreas da alcáçova até meados do século I a.C.

Essa leitura associada à inexistência de níveis de época romana Imperial à excepção de os alicerces de um grande edifício público que tivemos oportunidade de descobrir recentemente (Gaspar *et alli*, no prelo), levou-nos a propor a existência de uma alteração do eixo urbano da cidade em meados do século I a.C. Tendo o planalto do Castelo perdido a sua função urbana já secular em deprimento da encosta da sua colina e do vale da Baixa, onde se desenvolve o *Municipium Civium Romanorum* de *Felicitas Iulia Olisipo* (Pimenta, 2005).

Figura 2.– Planta do centro histórico de Lisboa com a localização das intervenções mencionadas no texto: 1- Castelo de São Jorge; 2- FRESS; 3- Teatro Romano; 4- Claustro da Sé; 5- Casa dos Bicos; 6- Sommer; 7- São João da Praça.

2.2.- A colina.

Apesar de as intervenções se terem multiplicado nos últimos anos no centro histórico da cidade os dados relativos à época romana republicana são escassos. A instalação nesta área das grandes termas da cidade romana, do Teatro, do Fórum e do grande esforço construtivo para a instalação de um urbanismo que domasse a encosta, tiveram um profundo impacto nos níveis precedentes.

Importa ter presente este preâmbulo visto a maioria dos dados de que dispomos para este período na colina resultarem de materiais exumados em contexto de deposição secundária. A sua revisão e estudo detalhado ainda está por fazer, no entanto, uma primeira leitura que pude desenvolver do volumoso espólio de duas das mais importantes escavações aí realizadas permite avançar com algumas hipóteses de trabalho.

No Teatro Romano de Lisboa os resultados das escavações antigas permitiram recolher um conjunto de ânforas de época romana republicana (Diogo e Trindade, 1999 e Diogo, 2000) a que se vêm aduzir os numerosos exemplares da intervenção em curso[1]. Embora os elementos que começam a ser disponíveis para esta área comecem a ser assaz relevantes, e representativos das importações da cidade durante o século II/I a.C. esses materiais resultam de depósitos e aterros de cronologia posterior à construção do Teatro. Saliente-se, visto o âmbito do presente trabalho, a presença de abundantes ânforas de preparados de peixe de proveniência sul peninsular.

As escavações que desde o início dos anos noventa vêm sendo desenvolvidas no claustro da Sé Catedral de Lisboa (Amaro, 1993), permitiram a par de importantes vestígios do urbanismo da cidade romana, exumar quantidades significativas de campanienses e ânforas de época romana republicana[2]. No entanto, na sua maioria esses materiais foram exumados num aterro de época medieval para a construção do Claustro da Catedral no século XIV, não permitindo esclarecer o seu real significado.

Durante o verão de 2004, foi possível realizar uma sondagem com o quadro de indagações prévio de resolver questões ligadas à datação do urbanismo romano. Essa leitura permitiu identificar uma ampla estratigrafia de época romana republicana desde finais do século II a.C. até aos inícios do século I d.C. Não sendo aqui o nosso objectivo de apresentar extensamente esses resultados e as suas implicações na dinâmica urbana da cidade, importa explicitar, ter-se pela primeira vez identificado contextos e estruturas do século I a.C., comprovando a importância da ocupação da colina nesta fase. Voltaremos mais à frente a referirmo-nos a esta estratigrafia e ás sua associações de materiais importados.

2.3. - A área portuária.

Optei propositadamente por destinguir os dados resultantes das intervenções na área junto ao rio, visto a sua implantação estratégica e o cariz industrial e portuário que desde cedo pauto esta espaço. A primeira escavação aí realizada data já dos anos oitenta do século passado (Amaro, 1982 e 2002), no edifício renascentista da Casa dos Bicos. As leituras aí aferidas, permitiram identificar sob os níveis de implantação de uma unidade de transformação de preparados piscícolas de época romana imperial, uma série de unidades estratigráficas de época romana republicana[3], que deixam antever a real dimensão da área ocupada neste período.

Recentemente foi realizada uma importante escavação (ainda não concluída) mais a este, no edifício dos antigos armazéns Sommer. Esta intervenção permitiu identificar um conjunto de estruturas de época romana de crucial importância para a compreensão da área ribeirinha. Para o período que nos ocupamos foi identificado um contexto preservado de meados do século II a.C. associado a dois muros e um pavimento de argila vermelha, a que não é possível atribuir uma funcionalidade clara, visto a exiguidade da área intervencionada[4].

Por último a intervenção de emergência na Rua de São João da Praça, na área da antiga porta da muralha medieval, permitiu apesar de todos os condicionalismos inerentes a uma intervenção de emergência, escavar níveis preservados de época pré-romana, tendo-se identificado uma estratigrafia contínua desde meados do século III a. C. até época tardo-republicana (Pimenta, Calado e Leitão, 2005).

Estação	T-9.1.1.1.	SG-7.4.3.0.	Imitações itálicas	Classe 67	Total
Castelo de S. Jorge	15	121	14	6	156
Teatro Romano		18			18
FRESS	1	3	1		5
Claustro da Sé	2	49		7	58
Casa dos Bicos		2	1		3
SOMMER	1	10			11
P.M. Angêja		1			1
R. S. João da Praça	1	1			2
	20	205	16	13	252

Quadro 1.– Ânforas de preparados de peixe em Lisboa.

3.- Produção de preparados de peixe em época pré-romana?

A existência de uma importante e activa indústria de conserva de preparados de peixe em época romana imperial encontra-se bem documentada na foz do Tejo em ambas as margens (Bugalhão, 2001). Se os dados disponíveis sobre o início da sua actividade, não nos permite de momento supor uma maior antiguidade dessa tradição, comprova que as condições propícias para esse pressuposto fabrico existiam e que poderiam ter sido aproveitadas.

As escavações em Lisboa junto ao rio, tem permitido registar sob os níveis de ocupação alto-imperiais, contextos pré-romanos, que tem vindo a ser relacionados com actividades portuárias possivelmente de cariz industrial (Bugalhão, 2001 e Pimenta, Calado e Leitão, 2005). Recentemente o Professor Lázaro Lagóstena Barrios, (2001), propôs face aos dados das escavações do núcleo arqueológico da Rua dos Correeiros que "(...) la presencia de un taller anfórico en este espacio y la constatación de niveles prerromanos bajo la factoría de Rua Augusta pueden sugerir la existencia de actividades conserveras en estos momentos (...) "(Lagóstena Barrios, 2001, 206). Embora esta hipótese seja plausível, os dados conhecidos da Rua dos Correeiros não autorizam, pelo

[1] Dirigida pela Dr. Lídia Fernandes, a quem agradecemos a disponibilidade e o incentivo para observar o espólio da sua escavação.

[2] Agradeço à Dr. Alexandra Gaspar, directora do projecto da Sé de Lisboa, a disponibilidade demonstrada no acesso aos materiais e a toda a documentação relativa às recentes escavações.

[3] Agradeço ao Dr. Clementino Amaro a oportunidade de observar os materiais antigos da Casa dos Bicos.

[4] Trabalhos dirigidos pela Dr. Ana Gomes a quem agradeço todo o apoio prestado.

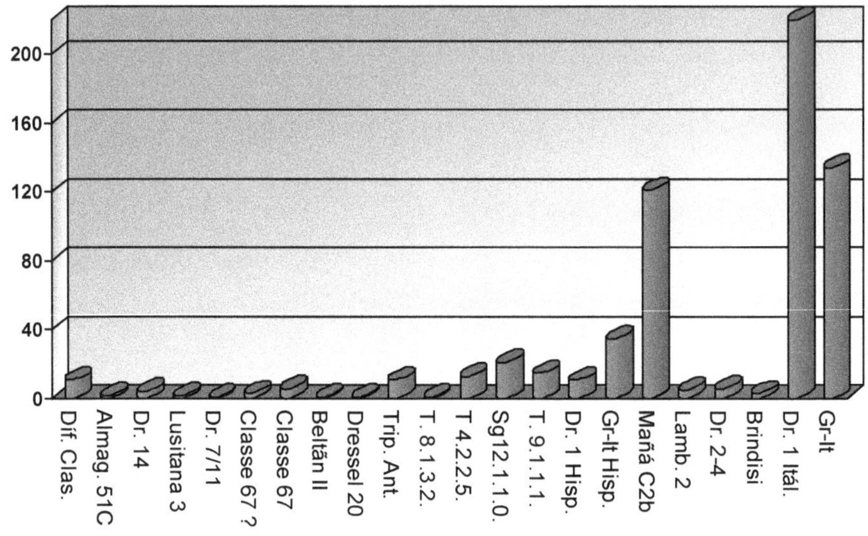

Gráfico 1.– Resultados da análise da totalidade das ânforas identificadas no Castelo de São Jorge.

menos de momento, uma leitura linear da utilização das estruturas e dos compartimentos identificados.

O estudo dos contextos das intervenções arqueológicas no Castelo de São Jorge e da Rua de São João da Praça, permitem introduzir novos dados empíricos a esta discussão. A análise do ritmo de comercialização de bens alimentares em ânforas, permitiu identificar um conjunto significativo de contentores do Subgrupo 12. 1.1.0. e Tipo 4.2.2.5. de Rámon Torres (1995), de possível fabrico local ou regional no vale do Tejo (Pimenta, 2005). A análise dos dados estratigráficos permitem datar o início da sua circulação em meados do século III a.C. perdurando, pelo menos até finais do século II a.C. Poderiam estas ânforas servir para transportar preparados de peixe produzidos no vale do Tejo? De momento face aos elementos disponíveis apenas podemos levantar a hipótese, que só futuros trabalhos poderão corroborar. Sublinhe-se porém, que no vale do Sado também de detectou a produção de ânforas da "família" das ânforas Maña Pascual A4.

4.- As ânforas de preparados de peixe no conjunto das importações anfóricas.

Os primeiros elementos de que dispomos sobre a importação de ânforas de preparados de peixe, remontam a meados do século V a.C. quando parecem ter chegado as primeiras ânforas do T-11.2.1.2. No entanto, os dados disponíveis não permitem equacionar qual a sua importância na dinâmica económica do porto de *Olisipo*. Entenda-se, apesar de os típicos contentores da baia Gaditana continuarem a chegar, ainda que de uma forma pouco expressiva, à foz do Tejo em meados do século III a.C., não é ainda perceptível qual o seu real peso no conjunto das importações de produtos alimentares, durante a segunda metade do primeiro milénio.

Os elementos disponíveis aumentam exponencialmente com a chegada dos exércitos romanos ao vale do Tejo na segunda metade do século II a.C. De facto a amostra com que podemos lidar demostra claramente o papel decisivo que o porto de *Olisipo*, parece ter assumido durante esta fase, materializando-se em milhares de fragmentos de ânforas deste período presentes um pouco por toda a colina do Castelo.

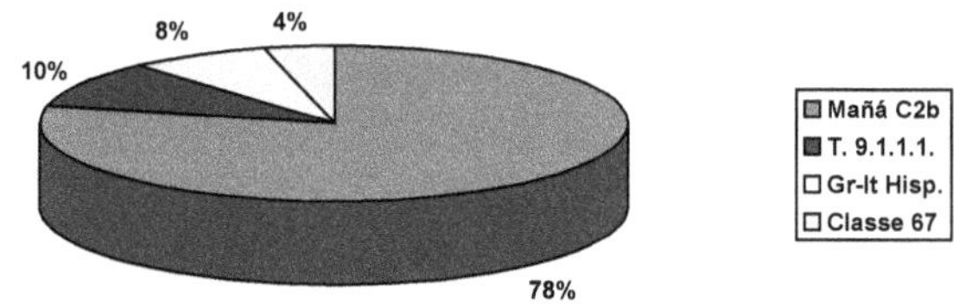

Gráfico 2.– Ânforas de preparados de peixe.

O estudo que tenho vindo a desenvolver acerca das ânforas da antiga alcáçova de Lisboa (Pimenta, 2003, 2005) e os dados que pude observar das intervenções na colina e na área portuária, permitem afirmar que as ânforas de preparados piscícolas assumem um peso importante entre o panorama das importações da cidade de *Olisipo* em época romana republicana, tendo os abastecimentos ocidentais, da área do Estreito de Gibraltar um papel preponderante.

Na antiga alcáçova Islâmica, onde dispomos já de dados quantitativos com algum peso estatístico (Um número mínimo de 671 indivíduos, ver Gráfico 1), as ânforas de preparados píscicolas representam 23 % das importações, sendo apenas ultrapassadas pela importação de vinho itálico, que domina de uma forma esmagadora o conjunto das importações.

A análise dos contextos da antiga *Olisipo*, permitiu identificar, diferentes contentores de produção na área do estreito de Gibraltar, destinados à comercialização dos

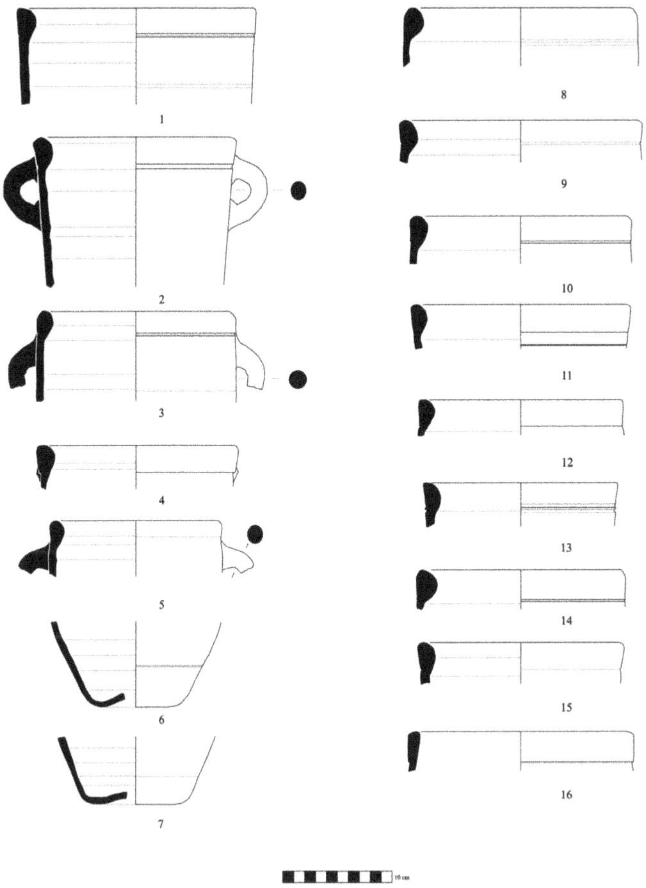

Figura 3.– Ânforas do Tipo 9.1.1.1. do Castelo de São Jorge - n.º 1 a 13, Sé de Lisboa – n.º 14 e 15 e Armazéns Sommer - n.º 16.

diversificados preparados de peixe aí produzidos, atestando o seu ritmo de exportação para a fachada atlântica.

4.1.- O Tipo 9.1.1.1.

Este tipo individualizado pela primeira vez por Sanmartí Grego (1985), no seu estudo acerca dos materiais das escavações de Schulten nos acampamentos Numantinos (CC.NN), encontra-se bem representado na cidade de Lisboa. Estas características ânforas cilíndricas estão presentes no Castelo de São Jorge, na colina: na escavação da Fundação Ricardo Espírito Santo e Silva, no Claustro da Sé e na área portuária na Rua de São João da Praça e nos Armazéns Sommer (Figura 2).

Embora ainda não disponhamos de dados estatísticos fiáveis para a totalidade das ânforas da cidade, no Castelo estes contentores correspondem a 10% das importações de preparados piscícolas em época romana republicana.

Apesar de a sua produção ter inicio ainda em meados do século III a.C. (Ramon Torres, 1995), trata-se de ânforas típicas da segunda metade do século II a.C. Encontrando-se bem atestadas nos acampamentos republicanos de circunvalação a Numancia datados de 134-133 a.C. (Sanmartí Grego, 1985), nos níveis de fundação de Valencia (138 a.C.) (Ribera i Lacomba, 1998) e no naufrágio da Ilha Pedrosa com uma datação de 150-140 a.C., não parecendo ultrapassar os inícios do século I a.C. (Carretero Poblete, 2004).

Em Lisboa o início da sua importação encontra-se bem atestado no Castelo, onde surgem em estratigrafia a par das

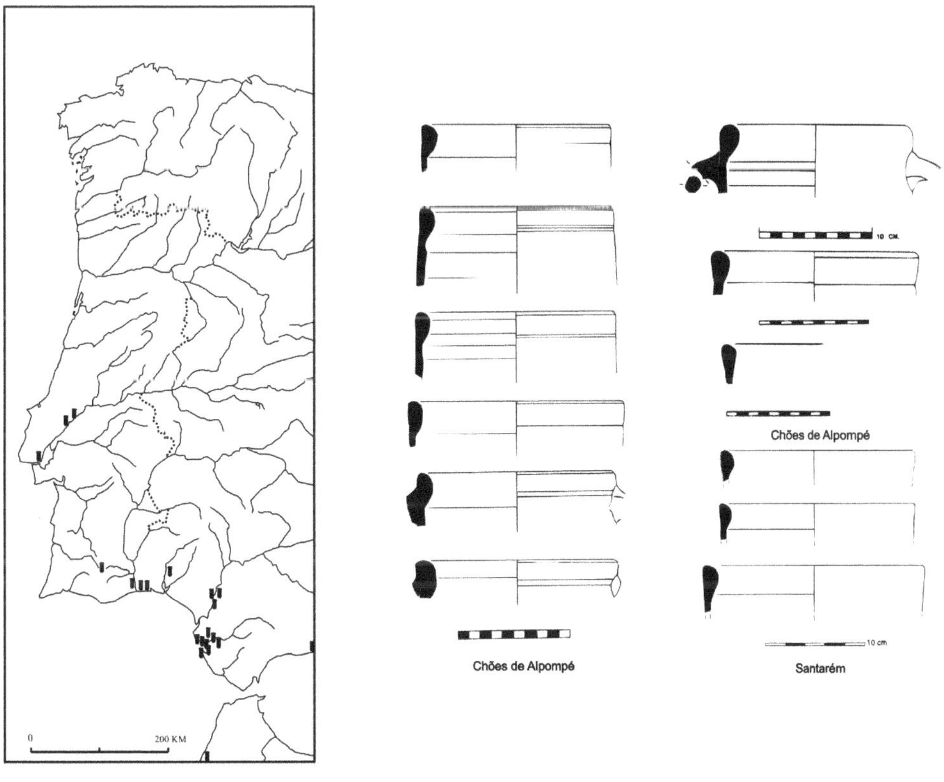

Figura 4.– Ânforas do Tipo 9.1.1.1. de Chões de Alpompé (Diogo, 1993; Diogo e Trindade, 1993-94) e Santarém (Arruda et alii, 2005).

primeiras importações itálicas (140-130 a.C.), não se tendo detectado qualquer tradição de importação destes contentores anterior a esta data. Na escavação do Claustro da Sé identificou-se um fragmento num contexto bem datado por importações itálicas, atestando a continuidade da sua importação em inícios do século I a.C.

Em relação ao seu conteúdo, a sua presença nos níveis de abandono da fábrica pré-romana de salga de peixe da Praça de Asdrúbal em Cádis (García Vargas, 1998), na fábrica de Las Redes Puerto de Santa Maria (Muñoz Vicente) e a existência de um conjunto de estampilhas sobre este tipo de ânfora, elucidam-nos acerca da sua utilização enquanto recipientes de transporte de preparados de peixe. García Vargas (1998) tendo por base a análise dos amplos diâmetros da boca destes recipientes cerâmicos, sugere mesmo a sua utilização para transporte de *salsamenta*.

A análise macroscópica dos exemplares identificados em Lisboa, permitiu definir dois tipos distintos de pastas (Pimenta, 2005), que podem ser incluídos no Grupo Baía de Cádis de possível produção nos fornos de San Fernando (Carretero Poblete, 2004).

Em Portugal a análise da sua dispersão, evidencia uma concentração no vale do Tejo. Estão presentes na Alcáçova de Santarém (Arruda, 2002), em Chões de Alpompé (Diogo, 1993; Diogo e Trindade, 1993-94) e em Lisboa. No sul encontram-se atestados em Castro Marim (Arruda, Viegas, Bargão e Pereira, no prelo) e nas Mesas do Castelinho (Almodôvar)[5].

A sua presença em sítios de cariz militar, nomeadamente nos acampamentos republicanos de circunvalação a Numância (Sanmartí Grego, 1985), *Carthago Nova* (Molina Vidal, 1997), *Tarraco* (Díaz García, 2000) e nos níveis de fundação de *Valentia* (Ribera i Lacomba, 1998), permitem vislumbrar o papel que os abastecimentos de cariz "institucional" aos exércitos parecem ter no quadro de difusão destes contentores. Face a esses dados, a concentração dos exemplares destas ânforas identificada no extremo Ocidente peninsular, no vale do Tejo, apesar de todos os condicionalismos resultantes do actual estado da investigação, apresenta-se particularmente sugestivo, visto ser precisamente nesta área que as fontes clássicas nos referem movimentações militares durante o século II a.C.

4.2.- SG-7.4.3.0.

As ânforas do SubGrupo-7.4.3.0. de Ramon Torres (1995) são claramente o contentor ocidental melhor representado no conjunto das importações de *Olisipo* nesta fase (205 ânforas NMI), correspondendo a 78% das importações de preparados piscícolas na antiga alcáçova de Lisboa.

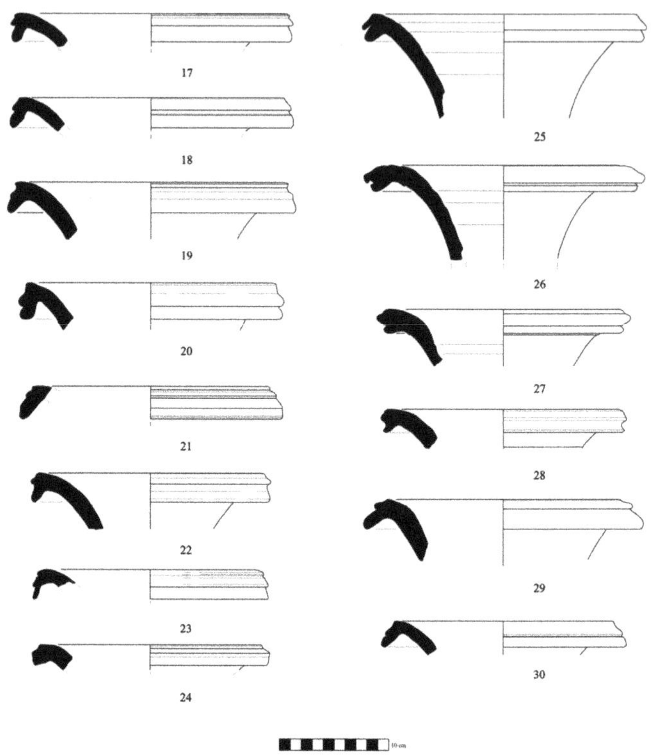

Figura 5.– Ânforas do SG-7.4.3.0. do Castelo de São Jorge.

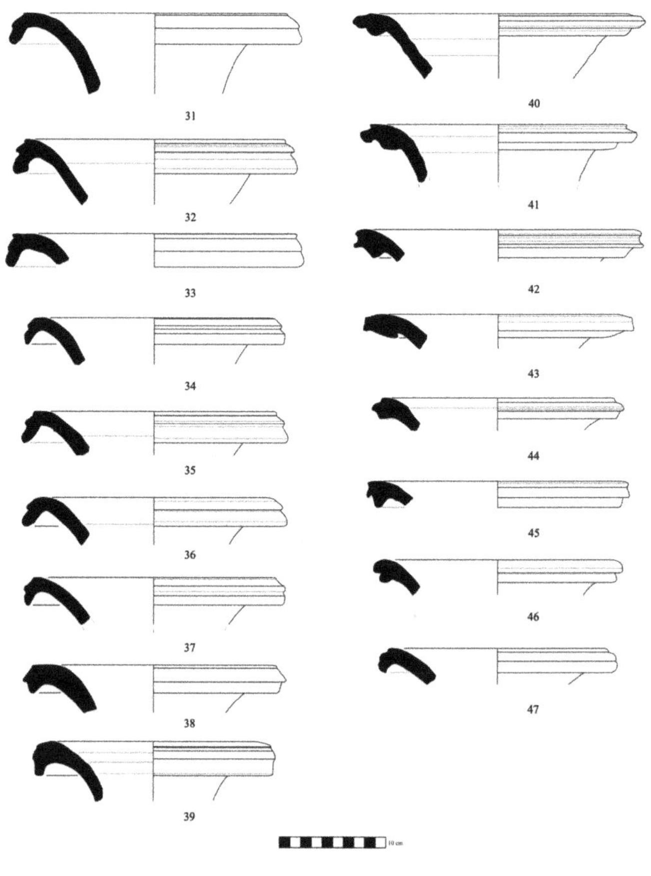

Figura 6.– Ânforas do SG-7.4.3.0. do Castelo de São Jorge.

[5] Informação do Professor Doutor Carlos Fabião.

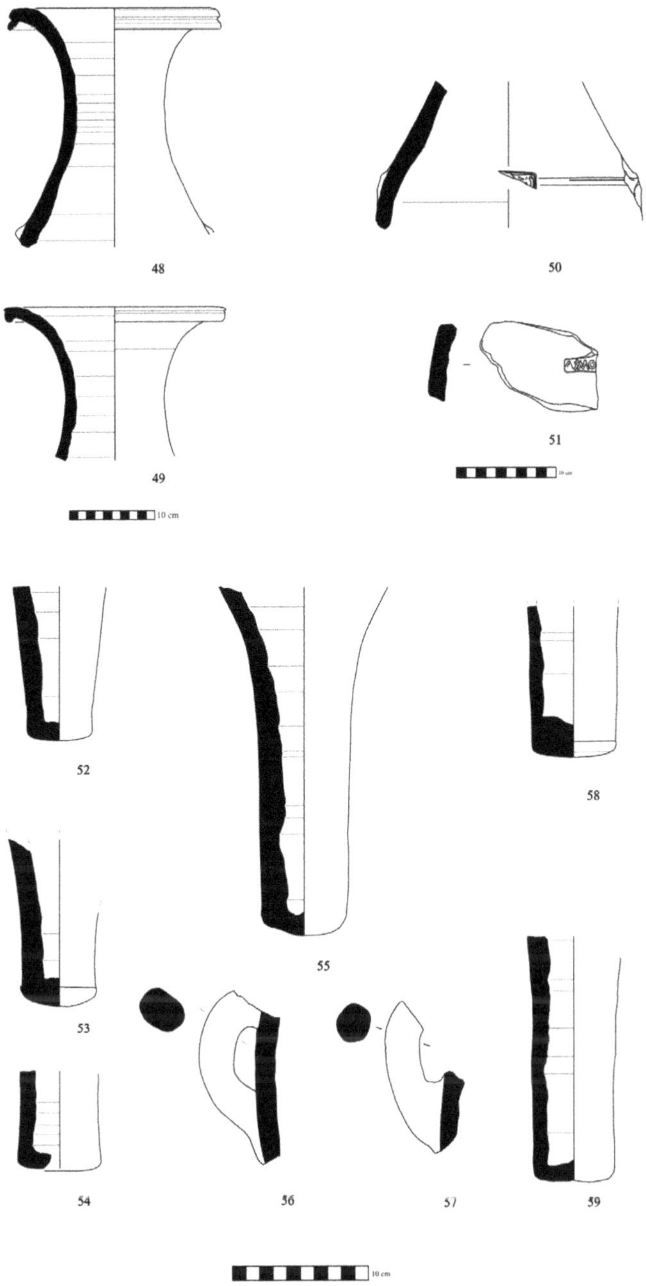

Figura 7.– Ânforas do Tipo SG-7.4.3.0. do Castelo de São Jorge.

Estes contentores encontram-se muito bem atestados no Castelo de São Jorge, embora grande parte em contextos de deposição secundária. Na colina pude observar a sua presença no Teatro Romano (Diogo e Trindade, 1999 e Diogo, 2000 e escavações recentes), na escavação do pátio da Fundação Ricardo Espírito Santo e Silva[6] e no Claustro da Sé. Na área portuária embora pouco numerosos, detectei exemplares desta forma no espólio da escavação da Casa dos Bicos, nos Armazéns Sommer e no Palácio Marques de Angêja (Figura 2).

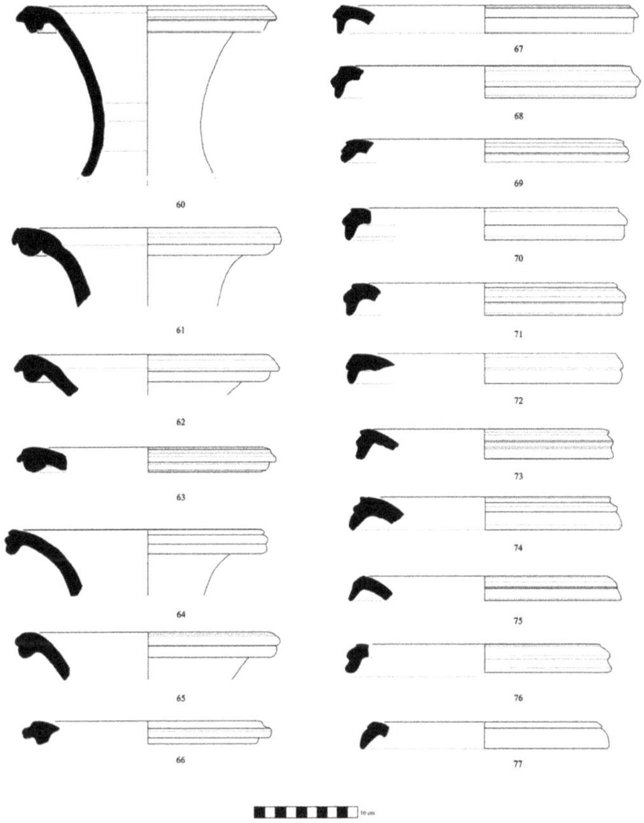

Figura 8.– Ânforas do Tipo SG-7.4.3.0. do Castelo de São Jorge.

O início da sua importação encontra-se bem documentado na estratigrafia do Castelo de São Jorge, surgindo a par dos primeiros produtos itálicos, não se tendo detectado qualquer tradição de comercialização destes modelos anterior à chegada dos exércitos romanos ao vale do Tejo. Os dados da colina e zona portuária permitem vislumbrar o ritmo da sua importação ao longo de cerca cento e trinta anos. No claustro da Sé, identificou-se uma sequência estratigráfica de época romana republicana que permite confirmar a continuidade de importação destes contentores ao longo do século I a.C. alcançando o virar da era. A sua presença, embora já de forma residual, encontra-se ainda atestada em contextos augusto-tiberianos no claustro da Sé e nos armazéns Sommer.

A análise macroscópica das pastas das ânforas Mañá C2 da cidade de Lisboa permitiu identificar quatro tipos distintos. A caracterização destes fabricos, permite observar alguns dados interessantes, nomeadamente a coexistência das mesmas pastas nos exemplares nas ânforas Mañá C2b, no Tipo 9.1.1.1. e nas Greco-itálicas "hispânicas". De facto, o grupo 1 e 2, claramente maioritários surgem em ambas as produções, sendo apenas característico das ânforas Mañá C2b o Grupo 3 e 4. Tal situação não é de estranhar visto os três tipos, surgirem representadas nos fornos de San Fernando - Cádis (Muñoz Vicente e Frutos Reyes, 2004).

Grupo 1 - Caracteriza-se por uma pasta compacta, arenosa e bem depurada. A cor é amarelo rosado (Mun. 5 YR 7/6). Os elementos não plásticos são pouco abundantes e bem

6 Agradeço à Dr. Ana Gomes e Dr. Maria José Sequeira a disponibilidade demonstrada no acesso aos materiais da intervenção aí realizada sob a sua direcção.

distribuídos, constituídos essencialmente por pequenos grãos de calcite, pequenos quartzos dispersos alguns dos quais rolados, grãos carbonatados, elementos de cerâmica cozida bem calibrada e vacúolos alongados. As superfícies apresentam-se apenas alisadas evidenciando uma tonalidade que varia entre o amarelado avermelhado (Mun. 10 YR 8/3) e o amarelo claro (Mun. 10 YR 8/4).

Grupo 2 - Caracteriza-se por uma pasta arenosa dura e bem depurada. A cor varia entre o beige (Mun. 2,5 YR 8/4), beige rosado (Mun. 7,5 YR 8/4) e o beige esverdeado (Mun. 5 Y 8/1). Os elementos não plásticos são pouco abundantes de pequena e média dimensão, bem distribuídos e constituídos essencialmente por quartzos rolados, grãos ferruginosos, elementos de argila cozida e grãos carbonatados dispersos. As paredes apresentam a tonalidade da pasta e foram apenas alisadas.

Grupo 3 - Caracteriza-se, por uma pasta compacta, dura e homogénea. A cor é amarelo avermelhado (Mun. 5 YR 7/6). Os elementos não plásticos são raros, e constituídos por quartzos e elementos carbonatados. As paredes apresentam a tonalidade da pasta e foram apenas alisadas.

Grupo 4 - Caracteriza-se, por uma pasta dura e compacta. A cor é castanha alaranjada (Mun. 2.5 YR 7/6). Os elementos não plásticos são abundantes, constituídos por quartzos de pequena dimensão, calcários feldspatos, nódulos de argila cozida, elementos ferruginosos e raras partículas de argila cozida. As paredes apresentam a tonalidade da pasta e foram apenas alisadas.

O estudo da totalidade das ânforas deste tipo identificados em Lisboa permite-nos sublinhar a sua proveniência ocidental, não se tendo identificado até ao momento nas cerca de duas centenas de ânforas que pude estudar, os seus congéneres produzidos na área de influência de Cartago. A maioria dos exemplares de Lisboa integra-se no tipo 7.4.3.3.de Ramón Torres (1995), que é aliás também o tipo melhor documentado em todos os outros centros de consumo do território actual português.

Na antiga alcáçova Islâmica de Lisboa, pude exumar dois fragmentos de ânforas Mañá C2b, infelizmente em níveis de deposição secundários de cronologia medieval, evidenciando marcas de produtor (figura 7, n.º 50-51). A análise macroscópica das pastas permite atribuí-las ao Grupo 1 de possível fabrico na área do Estreito de Gibraltar, possivelmente dos centros produtores da baía gaditana ou norte-africanos ocidentais. Embora os dados disponíveis sobre a epigrafia destes contentores não seja muito abundante, salienta-se o seu carácter bilingue. Surgindo marcas com o nome do fabricante ou negociante do produto em caracteres neo-púnicos, a par de outros em escrita latina, veiculando alguns destes nomes semitas (Ramon Torres, 1995).

O exemplar mais bem conservado apresenta-se incompleto, sendo perceptíveis os caracteres **ASMO**[...]. Embora sejam conhecidas diversas marcas sobre estas ânforas em caracteres latinos, até ao momento não nos foi possível identificar paralelos para esta marca.

O segundo exemplar corresponde a uma marca, que se encontra muito fragmentada, em caracteres neo-púnicos, sendo apenas possível identificar o signo *-pe-*. Embora o seu estado de conservação não permita grandes ilações, a sua comparação com marcas similares existentes não permite uma identificação categórica do seu significado (compare-se com García Vargas, 1998, Fig. 30, n.º1 e Ramon Torres, 1995, Fig. 222).

O panorama da distribuição das ânforas do tipo Mañá C2b no território actual Português, revisto recentemente (Arruda e Almeida, 1998 e Pimenta, 2005), permite observar a ampla distribuição deste forma. Apresenta uma larga difusão litoral desde o vale do Guadiana ao vale do Rio Mondego, com algumas penetrações para o interior acompanhando as principais vias de entrada naturais. A concentração que a sua distribuição apresenta no Vale do Tejo e baixo Sado não deixa de ser expressiva, explicitando o papel que o grande centro portuário da foz do Tejo deve ter assumido na sua distribuição. Não posso deixar de salientar que o número de ânforas deste tipo identificado no vale do Tejo, nomeadamente na Alcáçova de Santarém – 250 exemplares (Arruda e Almeida, 1998; Arruda, Viegas e Bargão, 2005), Chões de Alpompé – 26 (Diogo e Trindade, 1993-94) e Lisboa – 205, apresenta uma representatividade, que apenas encontra paralelos no extremo ocidente peninsular na distribuição das ânforas vinárias itálicas.

5.- Imitações itálicas.

Ainda que pouco expressivos do ponto de vista quantitativo, identificou-se em Lisboa cerca de trinta e cinco exemplares de ânforas Greco-itálicas e onze Dressel 1 de produção "hispânica". Estas ânforas documentam uma precoce imitação de modelos exógenos, que se integra numa questão mais vasta que é o da "romanização dos contentores" (Fabião, 1998), entenda-se a alteração dos modelos morfológicos tradicionais no extremo ocidente de influência púnica por os protótipos Itálicos que se integram na família dos exemplares de influência helenística.

Os dados disponíveis permitem definir duas áreas onde as ânforas Greco-itálicas foram fabricadas durante o século II a.C. na península Ibérica. Em Ibiza, onde as ânforas denominadas PE 24 (Ramon Torres, 1991, 118) mais não são do que uma versão local das ânforas Greco-itálicas datadas da primeira metade do século II a.C. E na baía de Cádis, em San Fernando, onde foram identificados dois centros produtores Torre Alta (Sáez Romero, 2004) e Pery Junquera (Bustamante y Arroyo, 2004), que fabricaram ânforas Greco-itálicas a par com ânforas Mañá C2b,e Tipo 9.1.1.1.

A análise macroscópica das pastas das ânforas deste tipo identificadas na cidade de Lisboa, permitiu identificar cinco grupos de fabrico (Pimenta, 2005), que se afastam claramente dos tipos conhecidos para as produções da península Itálica. O grupo 1 e 2 são possivelmente de produção na área do estreito de Gibraltar, sendo similares aos fabricos identificados nas ânforas Mañá C2b e T-9.1.1.1. identificados em Lisboa.

No conjunto das imitações Itálicas de produção "hispânica", encontram-se 12 ânforas Greco-itálicas e 2 Dressel 1 (NMI) do Grupo 1 e 2. A sua presença em contextos bem definidos no Castelo de São Jorge, permite atestar a sua precoce exportação para o extremo ocidente em meados da segunda metade do século II a.C.

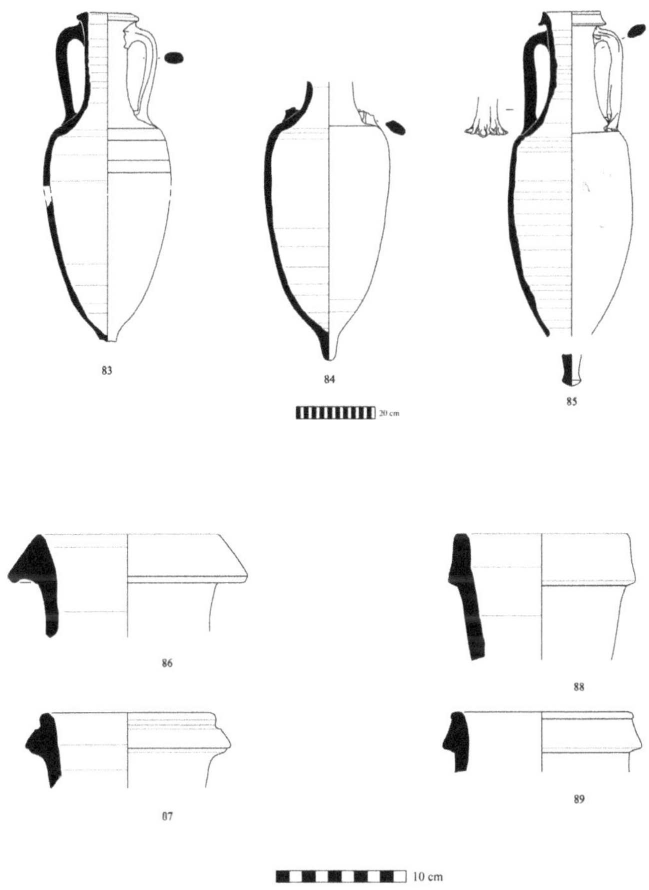

Figura 9.- Ânforas Greco-itálicas e Dressel 1 "Gaditanas" (?).

Qual o seu conteúdo, é uma questão que se mantêm em aberto, não havendo dados esclarecedores para uma afirmação categórica. Se, para as Greco-itálicas ebusitanas, um conteúdo vinícola é plausível, embora não muito claro (Ramon Torres, 1991). Já para as produções sul peninsulares, têm vindo a ser propostos tanto um conteúdo vinícola como um relacionado com os famosos preparados de peixe desta área (Pérez Rivera, 2000). Argumentando-se a favor deste último a existência de uma marca sobre uma Greco-itálica de produção Gaditana, onde se observa uma mulher e um peixe (García Vargas, 1998) e a localização geográfica dos centros produtores conhecidos, afigurando-se pouco plausível um conteúdo vinícola para as produções de San Fernando. A

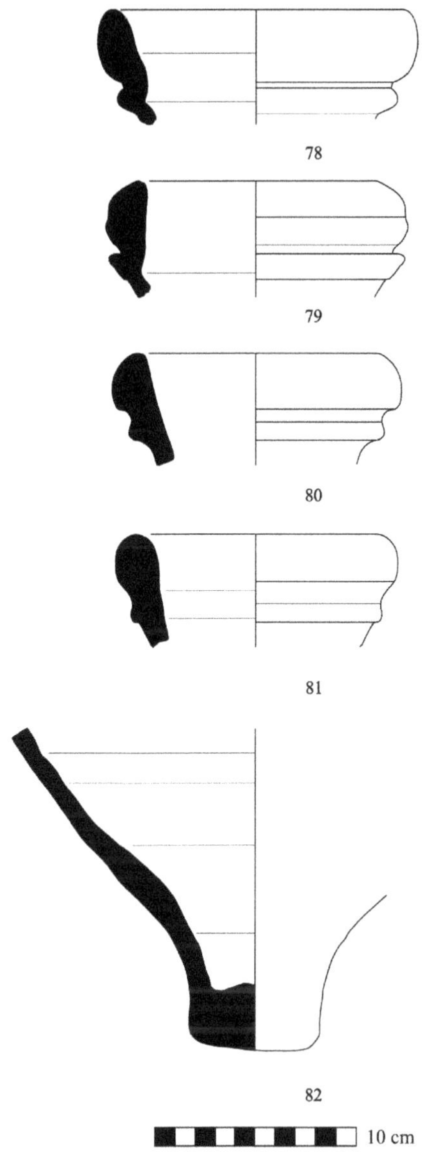

Figura 10.- Ânforas da Classe 67 do Castelo de São Jorge.

recente escavação de uma fábrica de preparados piscícolas tardo-republicana, na cidade de *Baelo Claudia,* veio fornecer novos dados empíricos para esta discussão (Bernal, at alii 2003b). Tendo o estudo dos paleoconteúdos de ânforas greco-itálicas de produção hispânica, revelado através da análise da ictiofauna uma utilização destes contentores para o transporte e comercialização de um tipo de salga de peixe.

5.1.- Classe 67.

Os típicos contentores de morfologia ovóide, definidos a partir do estudo das ânforas do acampamento romano da Lomba do Canho (Fabião, 1989), encontram-se escassamente representados na cidade de *Olisipo.* Entre os milhares de fragmentos de ânforas identificados no Castelo de São Jorge apenas foi possível classificar com segurança seis fragmentos de bocais e dois fundos deste tipo. Infelizmente estes exemplares provêm de um contexto de deposição secundária, que em nada ajuda na cronologia do ritmo de comercialização destes contentores.

Entre as restantes intervenções realizadas no casco antigo da cidade, apenas no Claustro da Sé de Lisboa identificaram-se exemplares desta forma. Nesta escavação exumaram-se sete bocais da Classe 67 assim como fragmentos de asas e dois fundos. Na sua maioria estas ânforas, provêm de contextos de aterros de época medieval, no entanto, um exemplar foi exumado num contexto bem definido de finais do século I a.C. surgindo associado a ânforas Dressel 1C Itálicas, Mañá C2b, e Haltern 70.

A proveniência destas ânforas não é consensual, mas, de um modo geral, estão definidas duas zonas produtoras simultâneas, o norte de África (Boube, 1987-1988) e o sul peninsular (Fabião, 1998). A caracterização macroscópica dos exemplares de Lisboa indica uma única área de proveniência, apresentando as características pastas do médio Guadalquivir.

No que diz respeito aos seus conteúdos ainda é grande a indefinição. Inicialmente definidos como contentores de preparados de peixe (Fabião, 1989), recentemente foi proposta a associação esta forma ao transporte de azeite, pelo menos no que respeita à sua produção norte africana (Aranegui Gascó, 2001, 160). Admitindo-se mesmo alguma variabilidade do conteúdo transportado, nomeadamente preparados de peixe, azeite, vinho ou *defrutum* (Fabião, 1998, 405; Molina Vidal, 2000, 638).

6.- Considerações finais.

As excelentes condições portuárias e a localização singular da cidade de *Olisipo* (Lisboa), foram determinantes pelo papel que esta região assumiu desde meados do primeiro milénio a.C. Tendo esta sua implantação estratégica sido aproveitada pelos generais romanos, durante as primeiras campanhas militares no extremo ocidente peninsular, como base de apoio ao abastecimento dos exércitos.

O estudo que tenho vindo a realizar, sobre os contextos de diversas intervenções realizadas na "acrópole" do povoado, a que recentemente se vieram acrescentar novos dados de diversas intervenções na colina e área portuária, permitiram analisar vários milhares de fragmentos de ânforas desta época. O volume das importações detectadas fornece-nos uma base de análise quantitativa bastante fiável, atestando alguns dos produtos indispensáveis para a dieta mediterrânica, com proveniências bem diversas que revelam uma intrincada rede comercial que apenas começamos a antever.

O significado do seu ritmo de importações na primeira fase de contacto com o mundo romano (140-130 a.C.), e do claro predomínio das ânforas vinárias Itálicas da costa tirrénica, não pode deixar de se relacionar com o papel que os circuitos institucionais de abastecimento aos exércitos em campanha têm na chegada e distribuição destes contentores. Os dados identificados no Castelo de São Jorge, demonstram claramente a inexistência de qualquer tradição comercial com o mundo romano anterior a esta fase, indicando uma clara e brusca ruptura com as tradições comerciais do antigo povoado da colina do Castelo.

Os preparados piscícolas (cerca de 23%), assumem um peso importante entre o panorama das importações da cidade em época romana republicana, tendo os abastecimentos ocidentais, da área do Estreito de Gibraltar um papel preponderante diria mesmo dominante. A análise de contextos fechados, bem datados da segunda metade do século II a.C. permite estudar o início da sua comercialização para a fachada atlântica, sendo um dos indicadores mais eloquentes do precoce despertar da *Hispania.* O estudo da estratigrafia da Sé de Lisboa permite vislumbrar o padrão das importações da cidade durante o século I a.C. complementando as leituras estratigráficas do Castelo e atestando a importância das ânforas Mañá C2b na dinâmica comercial do porto de Lisboa durante este período.

O papel que as ânforas do SubGrupo-7.4.3.0., Tipo 9.1.1.1., e Greco-itálicas "hispânicas" apresentam nos contextos analisados, e a concentração das duas primeiras no vale do Tejo permite-nos indagar acerca do significado da sua comercialização. Sendo plausível que materializem no registo arqueológico a necessidade de assegurar o abastecimento local de determinados produtos ao exército. Não deixa de ser interessante face a esta interpretação, recordar o papel de Gádir durante este período e o seu declarado apoio às tropas romanas, materializado na utilização da sua frota, no fornecimento de dispositivos militares e certamente no abastecimento de produtos alimentares (López Castro, 1994).

Embora os contextos da segunda metade do século I a.C. sejam escassos na cidade de Lisboa, os dados disponíveis permitem salientar, que ainda que em menor escala, assiste-se a uma clara continuidade de importação de ânforas de preparados de peixe sul peninsulares. Estes aliás continuam a chegar à foz do Tejo ao longo do século I d.C. , ainda que de uma forma residual (Sabrosa e Bugalhão, 2004).

O despertar das indústrias de preparados de peixe Lusitanas, a partir de meados do século I d.C. e a importância dessa actividade na própria cidade e no estuário do Tejo, leva claramente a uma quebra nas importações das ânforas desses produtos que nunca voltam a atingir a importância que detiveram ao longo deste período.

Bibliografía

ALARCÃO, A., M.; MAYET, F. (1990): *Les amphores Lusitaniennes. Typologie, Production, Commerce,* Actes des Journées d'Etudes tenues à Conimbriga les 13 et 14 octobre 1988, Museu Monográfico de Conimbriga.

AMARO, C. (1982): "Casa dos Bicos - Notícia histórico arqueológica", *Arqueologia,* Porto, 6, 96-110.

AMARO, C. (1993): "Vestígios Materiais orientalizantes do claustro da Sé de Lisboa", *Estudos Orientais IV - Os*

Fenícios no território Português, Lisboa, Instituto Oriental da Universidade Nova de Lisboa, 183-192.

AMARO, C. (2002): "Percurso arqueológico através da Casa dos Bicos", *De Olisipo a Lisboa. A casa dos Bicos*, Comissão Nacional para as comemorações dos descobrimentos Portugueses, 11-27.

ARANEGUI GASCÓ, C. (2001): *Lixus. Colonia Fenicia y Ciudad Púnico-Mauritana. Anotaciones sobre su ocupación Medieval, Saguntum* Extra 4, Valencia, Universidad.

ARANEGUI GASCÓ, C.; KBIRI ALAOUI, M.; VIVES FERRÁNDIZ, J. (2005): "Alfares y producciones cerámicas en Mauritania Occidental. Balance y perspectivas", *Congreso Internacional Figlinae Baetica. Talleres Alfareros y Producciones Cerámicas en la Bética Romana (ss. II a. C. – VII d.C)*, Facultad de Filosofía y Letras, Universidad de Cádiz. (12-14 de Noviembro de 2003), BAR Internacional Series 1266, Vol. 1, 363-378.

ARCELIN, P.; TUFFREAU-LIBRE, M. (1998): *La quantification des céramiques Conditions et protocole. Actes de la table ronde du centre archéologique européen do Mont Beuvray* (Glux-en-Glenne, 7-9 abril de 1998), Collection Bibracte. 2.

ARRUDA, A. M. (2002): *Los Fenicios en Portugal. Fenicios y mundo indígena en el centro y sur de Portugal (siglos VIII-VI a. C.*, Cuadernos de Arqueología Mediterránea. 5-6. Barcelona.

ARRUDA, A. M. ; ALMEIDA, R. R. (1998): "As Ânforas da Classe 32 da Alcáçova de Santarém (Campanhas de 1983-1991)", *Conimbriga*, Coimbra, XXXVII, 201-231.

ARRUDA, A. M.; ALMEIDA, R. R. (2000): "Importação e consumo de vinho Bético na colónia romana de *Scallabis* (Santarém, Portugal)", *Actas Congreso Internacional Ex Baetica Amphorae.* Conservas y vino de la Bética en el Imperio Romano, Vol. 2, Écija, Editorial Graficas Sol, 703-715.

ARRUDA, A. M. ; VIEGAS, C. ; BARGÃO, (2005): "As ânforas da Bética costeira na Alcáçova de Santarém", *Revista Portuguesa de Arqueologia,* Lisboa, Vol. 8, Número 1, 279-297.

ARRUDA, A. M. ; VIEGAS, C. ; BARGÃO, ; PEREIRA, R. (No prelo): "A importação de preparados de peixe no Castelo de Castro Marim: Da Idade do Ferro à Época Romana", *Simpósio Internacional. Produção e comércio de Preparados Piscícolas durante a Proto-História e a Época Romana no Ocidente da Península Ibérica,* Homenagem a Françoise Mayet, Setúbal, 7 a 9 de Maio de 2004.

BARROS, L.; HENRIQUES, F. (2002): "A última fase de ocupação do Almaraz", *Actas do 3.º Encontro Nacional de Arqueologia Urbana,* Almada 20-23 de Fevereiro de 1997, Monografias –Arqueologia, Câmara Municipal de Almada / Divisão de Museus, 97-107.

BERNAL, D. (2004): "Ánforas de transporte y contenidos. A propósito de la problemática de algunos envases de los ss. II y I a.C.", *Las Industrias Alfareras y conserveras Fenicio-Púnicas de la Bahía de Cádiz,* XVI Encuentros de Historia y Arqueologia. Ayuntamiento de San Fernando. Publicaciones Obra Social y Cultural Cajasur. Córdoba, 321-378.

BERNAL, D.; ARÉVALO, A.; LORENZO, L.; AGUILERA, L. (2003b): "Imitations of Italic amphorae for fish sauce in Baetica. New evidence from the salt-fish factory of *Baelo Claudia* (*Hispania*)", *Actas Rei Cretariae Romanae Favtorum, Acta 38*, International Congress – 2002, American Academy in Rome, 305-313.

BERNAL, D.; DÍAZ, J.; EXPÓSITO, J. ; SÁEZ, A. M.; LORENZO, L.; SÁEZ, A. (2003a): *Arqueología y urbanismo. Avance de los hallazgos de época púnica y romana en las obras de la carretera de Camposoto (San Fernando, Cádiz)*, Universidad de Cádiz, Colección Patrimonio Histórico y Cultural de San Fernando.

BOUBE, J. (1973-75): "Marques d'amphores découvertes á Sala, Volubilis et Banasa", *Bulletin d'archéologie Marocaine,* Rabat. IX, 163-236.

BOUBE, J. (1987-1988): "Les amphores de Sala a l'epoque Mauretanienne", *Bulletin d'archéologie Marocaine,* Rabat, Tome XVII, 183-207.

BUGALHÃO, J. (2001): *A indústria romana de transformação e conserva da peixe em Olisipo. Núcleo Arqueológico da Rua dos Correeiros,* Instituto Português de Arqueologia, Lisboa, Trabalhos da Arqueologia, 15.

BUSTAMANTE ÁLVAREZ, M.; ARROYO SÁNCHEZ, M. (2004): "La producción de ánforas greco-itálicas de imitación y su evolución en la bahía Gaditana durante el siglo II a.C.: Los contextos de la Avenida Pery Junquera en San Fernando (Cádiz)", *Congreso Internacional Figlinae Baeticae. Talleres Alfareros y Producciones Cerámicas en la Bética Romana (ss. II a. C. – VII d.C),* Facultad de Filosofía y Letras Universidad de Cádiz. (12-14 de Noviembre de 2003), BAR Internacional Series 1266, Vol. 2, 441-446.

CARRETERO POBLETE, A. (2004): "Las producciones cerámicas de ánforas tipo Campamentos Numantinos y su origen en San Fernando (Cádiz). Los Hornos de Pery Junquera", *Congreso Internacional Figlinae Baeticae. Talleres Alfareros y Producciones Cerámicas en la Bética Romana (ss. II a. C. – VII d.C),* Facultad de Filosofía y Letras Universidad de Cádiz. (12-14 de Noviembre de 2003), BAR Internacional Series 1266, Vol. 2, 427-440.

DÍAZ, M. (2000): "Tipocronología de los contextos cerámicos tardo-republicanos en Tarraco", *Empuries,* Museu d'Arqueologia de Catalunya, Barcelona, N.º 52, 201-260.

DIOGO, A. M. D. (1993): "Ânforas pré-romanas dos Chões de Alpompé (Santarém)", *Estudos Orientais IV - Os Fenícios no território Português,* Lisboa: Instituto Oriental da Universidade Nova de Lisboa, 215-227.

DIOGO, A. M. D. (1990): "Elementos para a caracterização e periodização da economia do Baixo Sado, durante a época romana", *Arqueologia Hoje I, Etno-Arqueologia,* Universidade do Algarve, Faro, 92-107

DIOGO, A. M. D. (2000): "As ânforas das escavações de 1989/93 do Teatro Romano de Lisboa", *Revista Portuguesa de Arqueologia,* Lisboa, Vol. 3, Número 1, 163-179.

DIOGO, A. M. D.; TRINDADE, L. (1993-94): "Materiais provenientes de Chões de Alpompé (Santarém)", *Conímbriga,* XXXII-XXXIII, 263-281.

DIOGO, A. M. D.; TRINDADE, L. (1999): "Ânforas e sigillatas tardias (Claras, foceenses e cipriotas) provenientes das escavações de 1966/67 do teatro Romano de Lisboa", *Revista Portuguesa de Arqueologia,* Lisboa, Vol. 2, Número 2, 83-95.

FABIÃO, C. (1989): *Sobre as ânforas do acampamento Romano da Lomba do Canho (Arganil)*, Lisboa, UNIARQ / INIC, 162.

FABIÃO, C. (1998): *O Mundo Indígena e a sua Romanização na área Céltica do território hoje Português*, Lisboa, Dissertação de Doutoramento em Arqueologia apresentada a Faculdade de Letras da Universidade de Lisboa, Policopiado.

FABIÃO, C. (2000): "Sobre as mais antigas ânforas «romanas» da Baetica no ocidente peninsular", *Actas Congreso Internacional Ex Baetica Amphorae. Conservas y vino de la Bética en el Imperio Romano,* Vol. 2, Écija. Editorial Graficas Sol, 665-682.

FABIÃO, C.; GUERRA, A. (1994): "As ocupações antigas de Mesas do Castelinho (Almodôvar). Resultados preliminares das campanhas de 1990-92", *Actas das V Jornadas Arqueológicas (Lisboa, 1993) da Associação dos Arqueólogos Portugueses*, Lisboa, 275-290.

FARIA, A.M. (1999): "Colonização e Municipalização nas províncias Hispano-Romanas: Reanálise de alguns casos polémicos", *Revista Portuguesa de Arqueologia,* Lisboa, Vol. 2, Número 2, 29-50.

FRUTOS, G.; CHIC, G.; BERRIATUA, N. (1988): "Las ánforas de la factoría prerromana de Salazones de Las Redes (Puerto de Santa María, Cádiz)", *Actas do 1.º Congresso Peninsular de História Antiga,* Vol. 1, Santiago de Compostela, 295-306.

FRUTOS REYES, G.; MUÑOZ VICENTE, A. (1994): "Hornos púnicos de Torre Alta (San Fernando, Cádiz)", *Actas del encuentro internacional de Arqueología del suroeste, Arqueología en el entorno del Bajo Guadiana,* 393-414

GARCÍA VARGAS, E. (1998): *La Producción de ánforas en la bahía de Cádiz en época romana (Siglos II A.C. – IV D.C.),* Ecija, Editorial Graficas Sol.

GARCÍA VARGAS, E. (2000): "La producción de ánforas Romanas en el sur de *Hispania*. República y alto Imperio", *Actas Congreso Internacional Ex Baetica Amphorae.* Conservas y vino de la Bética en el Imperio Romano, Vol. 1, Écija, Editorial Graficas Sol, 57-174.

GASPAR, A.; GOMES, A.; PIMENTA, J.A.; VALONGO, A.; MENDES, H.; GUERRA, S.; RIBEIRO, S.; PINTO, V. (NO PRELO): "Intervenção arqueológica no edifício do Grupo Desportivo do Castelo de São Jorge (Lisboa)", *Apresentado ao IV Congresso de Arqueologia Peninsular.* 14 a 19 de Setembro de 2004, Faro, Universidade do Algarve.

GOMES, A.; GASPAR, A.; PIMENTA, J. ; GUERRA, S.; MENDES, H.; RIBEIRO, S. ; VALONGO, A.; PINTO, V. (2003): "Castelo de São Jorge – Balanço e perspectivas dos trabalhos arqueológicos", *Património estudos,* 4, Instituto Português do Património Arquitectónico, 214-223.

GUERRERO AYUSO, V. M. (1986): "Una aportación al estudio de las ánforas púnicas Maña C", *Archaeonautica,* 6, Paris, Éditions du centre National de la Recherche Scientifique, 147-196.

LAGÓSTENA BARRIOS, L.(1996): "Explotación del salazón en la Bahía de Cádiz en la antigüedad: Aportación al conocimiento de su evolución a través de la producción de las ánforas Maña C", *Florentia Iliberritana,* II 7, 141-169.

LAGÓSTENA BARRIOS, L. (2001): *La producción de Salsas y conservas de pescado en la Hispania Romana (II a.C. – VI d.C.),* Col-lecció Instrumenta. 11, Barcelona.

LAMBOGLIA, N. (1955): "Sulla cronologia delle anfore Romane di Etá repubblicane (II-I Secolo A. C.)", *Rivista di Studi Liguri,* Museo Bicknell. Bordighera, 22, 241-270.

LÓPEZ CASTRO, J. L. (1994): *Hispania Poena, Los fenicios en la Hispania Romana,* Barcelona, Crítica /Arqueología.

MANTAS, V. G. (1990): "As cidades marítimas da Lusitânia", *Les Villes de la Lusitanie Romaine. Hiérarchies et Territoires, Table ronde internationale du CNRS,* Talence – 1988. Paris, CNRS, Collection de la Maison des Pays Ibériques, 42, 149-205.

MOLINA VIDAL, J. (1997): *La Dinámica Comercial Romana entre Italia e Hispania Citerior*, Universidad de Alicante, Alicante, Instituto de Cultura Juan Gil-Albert, 353.

MOLINA VIDAL, J. (2000): "Las primeras exportaciones Béticas en el Mediterráneo Occidental", *Actas Congreso Internacional Ex Baetica Amphorae* (Ecija 1998), vol II, 637-645.

MUÑOZ VICENTE, A. ; FRUTOS REYES, G. (2004): "El comercio de las salazones en época fenicio-púnica en la Bahía de Cádiz. Estado actual de las investigaciones: Los registros arqueológicos", *Las Industrias Alfareras y conserveras Fenicio-Púnicas de la Bahía de Cádiz,* XVI Encuentros de Historia y Arqueología, Ayuntamiento de San Fernando, Publicaciones Obra Social y Cultural Cajasur. Córdoba, 131-167.

PASCUAL BERLANGA, G.; RIBERA I LACOMBA, A. (2000): "El consumo de productos Béticos en *Valentia* y su entorno: La continuidad de una larga tradición", *Actas Congreso Internacional Ex Baetica Amphorae,* Conservas y vino de la Bética en el Imperio Romano, Vol. 1, Écija. Editorial Gráficas Sol, 57-174.

PEACOCK, D. S. ; WILLIAMS, D. F. (1987): *Amphorae and the Roman Economy. An introductory guide*, London, Longman Publications.

PÉREZ RIVERA, J. M. (2000): "Las imitaciones de ánforas Grecoitálicas e Itálicas en el sur de la Península Ibérica", *Actas Congreso Internacional Ex Baetica Amphorae. Conservas y vino de la Bética en el Imperio Romano,* Vol. 1, Écija, Editorial Gráficas Sol, 227-238.

PIMENTA, J. (2003): "Contribuição para o estudo das ânforas do Castelo de São Jorge (Lisboa)", *Revista Portuguesa de Arqueologia,* Lisboa, Vol. 6, Número 2, 341-362.

PIMENTA, J. (2005): *As ânforas Romanas do Castelo de São Jorge (Lisboa)*, Instituto Português de Arqueologia, Lisboa, Trabalhos de Arqueologia, 41.

PIMENTA, J. ; CALADO, M.; LEITÃO, M. (2005): "Novos dados sobre a ocupação pré-romana da cidade de Lisboa. As ânforas da sondagem n.º 2 da Rua de São João da Praça", *Revista Portuguesa de Arqueologia,* Lisboa, Vol. 8, Número 2,

RAMON TORRES, J. (1991): *Las ánforas púnicas de Ibiza.* Ibiza, Museo Arqueológico.

RAMON TORRES, J. (1995): *Las Ánforas Fenicio-Púnicas del Mediterráneo Central y Occidental,* Col.Lecció Instrumenta, 2, Barcelona.

RAMON TORRES, J. (2004): "La Producción anfórica Gaditana en época Fenicio-Púnica", *Las Industrias Alfareras y conserveras Fenicio-Púnicas de la Bahía de Cádiz,* XVI Encuentros de Historia y Arqueología. Ayuntamiento de San Fernando. Publicaciones Obra Social y Cultural Cajasur. Córdoba, 63-100.

RIBERA I LACOMBA, A. (1998): *La fundació de Valencia. La ciutat a l'època romanarepulicana (Segles II-I a. De C.)*, Estudios Universitario, 71, Valencia.

SABROSA, A.; BUGALHÃO, J. (2004): "As ânforas béticas do núcleo Arqueológico da Rua dos Correeiros, Lisboa", *Congreso Internacional Figlinae Baeticae. Talleres Alfareros y Producciones Cerámicas en la Bética Romana (ss. II a. C. – VII d.C)*, Facultad de Filosofía y Letras Universidad de Cádiz. (12-14 de Noviembre de 2003), BAR Internacional Series 1266, Vol. 2, 571-586.

SÁEZ ROMERO, A. M. (2004): "El alfar Tardopúnico de Torre Alta. Resultados de las excavaciones de 2002-2003", *Congreso Internacional Figlinae Baeticae. Talleres Alfareros y Producciones Cerámicas en la Bética Romana (ss. II a. C. – VII d.C)*, Facultad de Filosofía y Letras Universidad de Cádiz. (12-14 de Noviembro de 2003), BAR Internacional Series 1266, Vol. 2, 699-711.

SANMARTÍ GRECO, E. (1985): "Sobre un nuevo tipo de ánfora de época republicana de origem presumiblemente hispánico", *Ceràmiques greques i helenístiques a la Ibérica,* Empuries, 18- 20 març 1983, 133-142.

SILVA, R. B. DA (1999): "Urbanismo de *Olisipo*: A zona ribeirinha", *Actas do II colóquio temático Lisboa Ribeirinha,* Lisboa, Câmara Municipal de Lisboa, 43-67.

SILVA, V. (1944): *Epigrafia de Olisipo (Subsídios para a história da Lisboa Romana),* Lisboa, Publicações Culturais da Câmara Municipal de Lisboa.

COMPLEMENTO DE COMÉRCIO DAS ÂNFORAS: CERÂMICA COMUM BÉTICA NO TERRITÓRIO PORTUGUÊS

I. V. PINTO
Universidade Lusíada de Lisboa, Portugal
R. MORAIS
Universidade do Minho, Portugal

1.- Introdução.

Neste trabalho pretende-se apresentar uma síntese das formas mais significativas de cerâmica comum de pasta clara calcária recolhidas no território português e que se considera provirem da Bética.

A origem bética baseia-se, tal como foi desenvolvido por um dos signatários deste estudo (Pinto, 2004, 13-14), no facto desta cerâmica ter uma pasta semelhante à das ânforas de pasta clara produzidas naquela região e ter sido comercializada nos mesmos âmbitos. Embora esta proveniência pareça cada vez mais provável, senão quase certa, note-se que não foi ainda comprovada por análises científicas.

A intenção não é fazer uma tipologia mas sim agrupar peças com características morfológicas afins e assim fazer sobressair formas que, segundo os dados disponíveis, foram comercializadas no espaço actualmente português.

2.- Cerâmica comum de pasta clara calcária no território português.

As peças de cerâmica comum de pasta clara calcária apresentadas neste trabalho provêm de diversos sítios arqueológicos do território português escavados e publicados desde a década de 70 do século XX até aos nossos dias.

A Jorge de Alarcão, pioneiro dos estudos de cerâmica comum romana no território português, se deve a publicação do primeiro conjunto de cerâmica comum de pasta clara, proveniente de *Conimbriga* (Condeixa-a-Velha) (fig.1), cidade romana de fundação augustana que se veio sobrepor a um povoado pré-romano (Alarcão e Étienne, 1977). Trata-se de um conjunto de 33 peças (1976, 71-74, est. XVII e XVIII, nº 1-33) que o autor não atribuiu especificamente a uma região, ainda que as tivesse considerado de produção peninsular. A adequada descrição das pastas permite, no entanto, identificá-las como cerâmicas comuns de pasta clara atribuíveis a uma produção bética. Essas peças, das quais sobressaem os almofarizes, seguidos das bilhas e dos potes, provêm essencialmente de camadas da época de Cláudio e dos flávios, por vezes de Trajano, onde estavam acompanhadas de ânforas béticas da forma Dressel 7-11, e outros fragmentos indeterminados com pastas afins (Alarcão, 1976a, 84-85).

Actas del Congreso Internacional *CETARIAE. Salsas y salazones de pescado en Occidente durante la Antigüedad*, Universidad de Cádiz, Noviembre de 2005, *B.A.R. int. ser.* 1686, Oxford 2007, 235-254.

Figura 1.– Localização dos sítios com cerâmica comum bética apresentada neste artigo.

Num estudo posterior, já de meados da década de 90, Jeannette Nolen (1994) apresenta um conjunto significativo do mesmo tipo de cerâmica recolhido em Torre de Ares (Tavira), sítio identificado como a cidade romana de *Balsa* (figura 1), situado no Algarve e bem mais próximo da Bética. *Balsa* foi objecto de escavações antigas que deixaram um abundante material sem contexto estratigráfico. No entanto, a simples análise desse material revela uma escassa evidência de uma ocupação pré-romana e permite deduzir uma ocupação a partir do período de Augusto/Tibério que só se torna consistente a partir da época de Cláudio e tem continuidade para além da época romana (Nolen, 1994, 7-8).

Em *Balsa*, esta cerâmica comum de pasta clara atinge a proporção de c. de 27% do conjunto de cerâmica estudada e a autora assinala claramente a sua provável proveniência bética (Nolen, 1994, 121). Esta cerâmica aparece a par de ânforas piscícolas béticas também de pasta clara, mais exactamente exemplares da forma Dressel 7-11, Beltrán II A e II B, típicas do Alto Império, e outros exemplares da forma Almagro 51c e Almagro 51a-b, do período médio e baixo imperial (Fabião, 1994, 33).

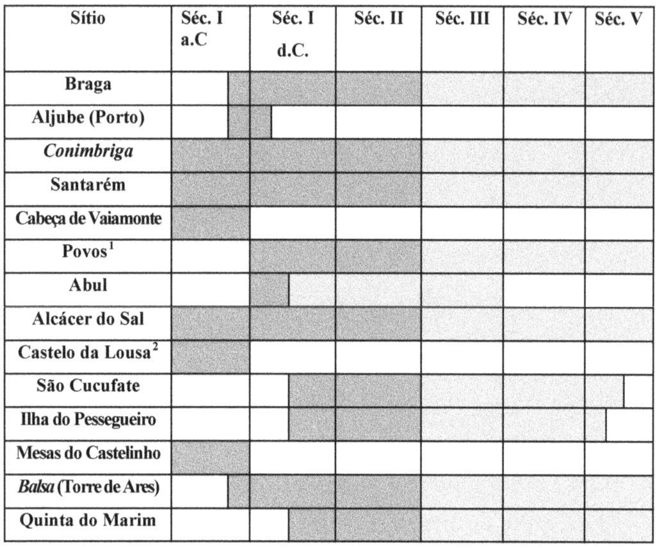

Figura 2.– Período de ocupação romana dos sítios onde se recolheu cerâmica de pasta clara de proveniência bética (cinzento escuro: época mais provável de importação de cerâmica comum bética; cinzento claro: continuidade de ocupação romana dos sítios).

Nalguns trabalhos da década de 80 e inícios da de 90, Carlos Tavares da Silva e outros investigadores do Museu de Setúbal apresentam materiais de sítios de ocupação romana da costa alentejana e algarvia entre os quais é possível identificar, graças à boa descrição petrográfica, três peças de pasta clara calcária do mesmo tipo: um almofariz do Castelo de Alcácer do Sal (Silva *et alii,* 1980-81, 198 e 201, fig.24, nº 298) proveniente de uma camada da segunda metade do séc. I e inícios do séc. II; um almofariz da Ilha do Pessegueiro (Sines) (Silva *et alii,* 1984, 37-38, fig.22, nº 26), recolhido num estrato da segunda metade do séc. I; e uma bilha da Quinta do Marim (Olhão) (Silva, Soares e Coelho-Soares, 1992, 369, fig.6, nº 4) de uma camada da primeira metade do séc. III.

Nos finais da década de 90, Carlos Fabião, na sua tese sobre *O mundo indígena e a sua romanização na área céltica do território hoje português*, dá um forte contributo de âmbito cronológico para o estudo desta cerâmica ao apresentar almofarizes, tigelas e jarros recolhidos em contextos republicanos de Cabeça de Vaiamonte (Monforte) e Mesas do Castelinho (Almodôvar) (1998, 411-415, Est. 110-111).

No estudo da cerâmica comum das *villae* romanas de São Cucufate (Pinto, 2003), a cerâmica comum de produção bética representa pouco mais de 1% do conjunto (Pinto, 2004; Pinto, 2006). Além dos 127 exemplares dos grupos 9 e 10 atribuídos àquela proveniência, há ainda 16 exemplares, de pasta clara rosada no interior, do grupo 12, que pensamos agora terem a mesma origem. Em São Cucufate, esta cerâmica acompanha mais de duas centenas de ânforas piscícolas béticas Dressel 7-11, Beltrán II B e Almagro 50/"Keay XVI" (Alarcão, Étienne, Mayet, 1990, 251-253).

De entre a cerâmica comum de pasta clara, os almofarizes são a categoria que maior atenção tem atraído e são objecto exclusivo de alguns estudos. Além de um pequeno artigo que apresenta apenas cinco exemplares inéditos da *villa* de Povos (Escola Velha, Vila Franca de Xira), foram publicados conjuntos muito significativos de almofarizes de Braga (Morais, 2004) e de Santarém (Arruda e Viegas, 2004), que permitem, neste trabalho, dar um relevo especial a este tipo de recipiente. Em ambas as cidades, os almofarizes estão fortemente acompanhados por ânforas béticas piscícolas com fabricos atribuíveis à baía de Cádis (Arruda, Viegas e Bargão, 2005; Morais, 1998; Morais, 2006).

Abul, um centro de produção de cerâmica, especialmente de ânforas, que laborou desde o reinado de Tibério até meados do séc. III, também oferece um interessante conjunto de cerâmica de pasta clara proveniente de um importante estrato de Augusto/Tibério que indica o início da ocupação do sítio no primeiro terço do séc. I d.C. (Mayet e Silva, 2002, 223-224).

Os restantes materiais que aqui se apresentam são peças inéditas recolhidas nas escavações do Aljube (Porto) e do Castelo da Lousa (Mourão) datáveis dos finais do período republicano e do reinado de Augusto.

É do conhecimento geral que as cerâmicas comuns de pasta clara, e especialmente os almofarizes e as bilhas, aparecem preferencialmente nos contextos do Alto Império, sobretudo do séc. I, acompanhando em especial as ânforas béticas de preparados piscícolas. Algumas peças recolhidas em contextos mais tardios, como acontece, por exemplo, em São Cucufate, poderão ser material residual, e não há, até à data, um conjunto significativo destas cerâmicas em contextos baixo imperiais que testemunhem uma importação durante este período.

O estudo mais recente de materiais de sítios de época tardo-republicana, como é o caso de Cabeça de Vaiamonte (Monforte), Mesas do Castelinho (Almodôvar) e Castelo da Lousa (Mourão) veio revelar, no entanto, que a cerâmica comum do território da futura Bética já circulava activamente no território português nessa época.

A tabela da fig.2 apresenta esquematicamente a cronologia das estações onde foi recolhida cerâmica comum bética e serve de indicador cronológico para as peças adiante apresentadas sempre que dados mais concretos não forem indicados. O cinzento mais escuro indica a época mais provável de importação de cerâmica comum bética, enquanto o cinzento mais claro indica a continuidade de ocupação romana dos sítios. Só no caso de Abul se pode circunscrevê-la ao período de Augusto/Tibério, mantendo-se a maior probabilidade de chegada deste tipo de cerâmica no Alto Império mesmo para as poucas peças recolhidas em contextos posteriores, como é o caso de São Cucufate

[1] Para a ocupação romana de Povos (Escola Velha, Vila Franca de Xira) é apontado um âmbito cronológico do séc.I ao séc.V sem mais precisões (Calais, 1993/94).
[2] Vd. Wahl, 1985; Gonçalves e Carvalho, 2004

(Vidigueira), Povos (Escola Velha, Vila Franca de Xira) e Quinta do Marim (Olhão).

Tendo em conta que as pastas calcárias, no geral, não são adequadas a ir ao lume (Picon e Olcese, 1994, 106-112), são essencialmente categorias de recipientes não-culinárias, de mesa (tigelas, jarros e pequenas bilhas), preparação de alimentos (almofarizes) e armazenagem (potes), que ocorrem neste tipo de cerâmica.

3.- Descrição dos fabricos.

Jorge Alarcão, o primeiro a considerar estas cerâmicas de pasta clara descobertas no território português, descreve quatro tipos de pasta com diferenças apenas na textura e na cor, e que, tal como foi dito, se integram na cerâmica de pasta clara atribuível à Bética. O primeiro é a pasta típica dos almofarizes, de cor branca amarelada, muito arenosa, com grãos de quartzo e alguma hematite e com a superfície granulosa (Alarcão, 1976b, 71). O segundo é uma pasta com a mesma cor e, aparentemente, a mesma composição, mas mais fina, com grãos de quartzo mais pequenos, e a superfície lisa (Alarcão, 1976b, 72). O terceiro tipo é semelhante ao primeiro pelas formas e pela textura arenosa, mas a pasta é ligeiramente rosada e possui um engobe branco amarelado que lhe dá a mesma tonalidade da pasta do primeiro tipo de fabrico. O quarto tipo de pasta é a versão fina do terceiro tipo (Alarcão, 1976b, 72).

Jorge Alarcão supõe a mesma origem para todos estes grupos, sendo de notar que os dois últimos são numericamente insignificantes, pois estão apenas representados por três peças.

Jeannette Nolen descreve as pastas claras de *Balsa* (Torre de Ares, Tavira) como muito homogéneas apesar de variáveis na textura, porosas, com quartzo rolado ou subrolado em abundância, muito feldspato, escassos grãos de minerais ferromagnesianos, raras inclusões de cerâmica moída, alguns nódulos de barro rico em ferro e rara mica, e com elementos típicos que são cubos de pirites e microfósseis marinhos do género "orbitolina" (Nolen, 1994, 123).

No estudo da cerâmica comum de São Cucufate, as pastas claras calcárias correspondem aos grupos 9, 10 e 12. O primeiro tem uma pasta de textura média e porosa, com minerais brancos, sobretudo quartzo, alguns minerais negros e, por vezes, pequenos nódulos de óxido de ferro, podendo as inclusões ser bastante roladas ou mais angulosas e atingir 1 cm de comprimento. A análise mineralógica revelou a presença de quartzos, feldspatos alcalinos e plagioclases, fragmentos de rocha de tipo granítico, alguns grãos de calcário micrítico e raras anfíbolas (Pinto, 2003, 134-135). O grupo 10 foi descrito como tendo uma pasta fina, muito porosa, com minerais de quartzo arredondados, pontinhos cor-de-laranja escuro ferruginosos e pequenos e raros minerais negros. A análise mineralógica revelou apenas pequenos quartzos e algumas palhetas de biotite (mica negra) (Pinto, 2003, 136-137).

O grupo 12 de São Cucufate, que foi considerado de origem indefinida e até à data nunca alinhado com os grupos 9 e 10, corresponderá ao último tipo de pasta clara de *Conimbriga* descrito por Jorge de Alarcão pois tem duas zonas de cor, o interior mais rosado e o exterior esbranquiçado. Tem uma pasta fina, porosa e mole, com muitos pequeninos grãos de calcite, alguns minerais de quartzo rolados e de feldspato angulosos, e alguns pequeninos minerais negros. A análise mineralógica revelou que continha quartzo, feldspato e biotite (Pinto, 2003, 140-141).

O estudo de algumas peças de cerâmica comum de pasta clara de Braga implicou um pequeno estudo arqueométrico que analisou três peças dessa cerâmica e uma ânfora Dressel 7-11 bética quanto à sua caracterização química e mineralógica e comprovou a semelhança das quatro amostras (Prudêncio, 2000, 701).

No estudo dos almofarizes da Alcáçova de Santarém, são descritas duas pastas atribuíveis à Bética, uma delas considerada típica da região de Cádis e a outra do vale do Guadalquivir. É a primeira que se identifica com as pastas claras calcárias aqui tratadas, e que é descrita como *pâte calcaire, cuite en mode A avec ume texture sableuse, dont la couleur varie entre le beige et le blanchâtre et les tons rosés. Une variante a une texture plus compacte avec du dégraissant plus fin* (Arruda e Viegas, 2004, 343).

Por conseguinte, aquilo que se designa genericamente por pastas claras calcárias de proveniência bética são cerâmicas com uma considerável variabilidade no que respeita à textura e à proporção de inclusões mas que apresentam alguns traços comuns:

- uma cor clara, esbranquiçada ou amarela clara, mas que pode ser rosada, quando pouco cozida, ou tender para o esverdeado quando, pelo contrário, foi muito cozida, podendo, nalguns casos, ter duas zonas de cor;

- uma textura arenosa e um toque muitas vezes pulverulento;

- inclusões habituais de quartzo e de nódulos ferruginosos, por vezes alguns minerais negros, tais como anfíbolas e biotite, e possíveis fragmentos graníticos e microfósseis.

Não se sabe, por enquanto, se um estudo petrográfico mais aprofundado e feito a partir dos centros de fabrico permitirá, ou não, a distinção de diferentes tipos de fabrico.

4.- A origem bética dos fabricos de pasta clara calcária.

A atribuição destas cerâmicas à Bética baseia-se na semelhança das suas pastas com as das ânforas de pasta clara dessa região, e no facto de aparecerem juntas nos mesmos contextos.

Ainda que seja possível que o Algarve tenha produzido este tipo de cerâmica dadas as suas formações geológicas semelhantes às da Andaluzia e a enorme quantidade de cerâmica de pasta clara que aí se encontra, na realidade, o registo arqueológico não revelou ainda qualquer produção de cerâmica de pasta clara calcária no território português. Mas mesmo que se venha a demonstrar uma produção algarvia deste tipo de cerâmica, o que não passa, por enquanto, de uma possibilidade teórica, isso não invalida que a grande maioria destas cerâmicas seja de origem bética e tenha sido comercializada junto com as ânforas a partir da baía gaditana. Por essa razão, consideramos estas cerâmicas béticas.

Considerávamos, até há pouco tempo, que todas estas cerâmicas esbranquiçadas deviam provir da baía gaditana, por causa da sua aparente semelhança com as produções anfóricas igualmente esbranquiçadas dessa região. A recente oportunidade de observar materiais de Sevilha, entre os quais almofarizes com fabrico idêntico aos que foram recolhidos em São Cucufate (da 6ª série adiante apresentada), e igualmente semelhantes aos que foram produzidos no centro de produção do Antiguo Hospital de las Cinco Llagas, também em Sevilha (Huarte Cambra, 2003, 231, fig.10)[3], demonstra que estes almofarizes foram produzidos no vale do Guadalquivir. O quase total desconhecimento das produções de cerâmica comum da baía de Cádis impede-nos de saber se houve aí produções idênticas.

Estes novos dados, ainda escassos, permitem formular a hipótese das produções de pasta clara bética mais grosseira, típica de almofarizes, de textura granulosa semelhante à de ânforas Dressel 20 e Dressel 28, serem oriundas do vale do Guadalquivir, incluindo Sevilha. As produções de pasta mais depurada, típica das bilhas, de textura fina muito próxima da das ânforas piscícolas gaditanas, seriam provenientes da baía de Cádis.

Só um aprofundado estudo petrográfico das pastas calcárias dos centros de produção da Bética poderá comprovar ou infirmar esta hipótese.

5.- As formas.

Apresentam-se nas figuras 3 a 17 os exemplares de cerâmica comum bética de pasta clara recolhidos em território português que nos parecem mais significativos, e especialmente aquelas formas que se repetem em sítios diversos. Deste modo, apontam-se, sumariamente, as suas características morfológicas mais significativas e algum dado cronológico que pareça mais relevante. No Catálogo, em anexo, são indicadas a proveniência e as referências bibliográficas das peças publicadas. Dada a exiguidade de paralelos a que nos pudemos reportar, relativamente aos centros de produção da região gaditana e sua difusão a nível regional (onde seguramente estas cerâmicas são abundantes), decidimos alargar a análise comparativa a outras áreas de produção da Bética, independentemente do seu fabrico.

[3] Muito agradecemos a E. García Vargas a oportunidade de ver os materiais de Encarnación (Sevilha) e múltiplas informações sobre as produções do Antiguo Hospital de las Cinco Llagas (Sevilha) e outras produções do vale do Guadalquivir.

5.1.- Almofarizes.

Os almofarizes de pasta clara calcária até à data recolhidos em Portugal representam um conjunto bastante significativo de formas morfologicamente diferenciadas, que aqui se agrupam em dez séries distintas. Inclui-se ainda um pequeno conjunto de formas muito fragmentadas ou com características morfológicas diferentes, reunidas sob a designação de "outras formas".

A diversidade e raridade de alguns destes exemplares mostram a precariedade e precocidade do estabelecimento de tipologias específicas. Na verdade, pensamos que, de momento, apenas se devem reunir ou agrupar conjuntos relativamente homogéneos, para que de futuro se possa ensaiar uma verdadeira tipologia que leve em consideração os locais de produção e os respectivos centros de consumo.

Na breve apresentação que se segue, tentamos salientar as características morfológicas e, sempre que possível, associá-las a um determinado momento cronológico, tendo em conta as diferentes fases fornecidas pelos respectivos locais de consumo no actual território português.

1ª série (nº 1-3, figura 3)

- almofariz de bordo esvasado com um lábio moldurado (nº 1-2) ou biselado (nº 3) no exterior. Com um diâmetro variável entre 31 e 36 cm, possui a parede e o fundo interior estriados e um pé anelar pouco pronunciado. Esta forma destaca-se pela sua antiguidade: está documentada em estratos dos finais do período tardo-republicano em Santarém (forma 2[4]) (Arruda e Viegas, 2004, 344-45) e em estratos de Augusto nas escavações ainda inéditas do Castelo da Lousa (Mourão, Évora) e do Aljube (Porto).

2ª série (nº 4-8, figura 3)

- almofariz de bordo idêntico ao anterior, apenas diferenciado por ser vertical e ter, por vezes, um lábio interno biselado (nº 5-6). Nenhum exemplar tem o fundo preservado mas deve ser igual ao da 1ª série. Os diâmetros variam entre 23,5 e 37 cm. À semelhança da série anterior, esta também se destaca pela sua antiguidade: está documentada em estratos dos finais do período tardo-republicano em Mesas do Castelinho (Fabião, 1998, 412-13, Est. 110, nº 5) e Santarém (forma 2) (Arruda e Viegas, 2004, 344-45). Os exemplares de Conímbriga provêm de níveis flávios (Alarcão, 1976b, 71). Esta forma foi produzida no centro de produção do Antiguo Hospital de las Cinco Llagas (Sevilha), activo na segunda metade do séc. I e na primeira metade do séc. II (Huarte Cambra, 2003, 222-225, fig.10, nº 7 e 9).

[4] Todas as formas de almofarizes de Santarém apresentadas são do fabrico considerado gaditano segundo dados facultados pelas autoras, a quem muito agradecemos.

3ª série (**nº 9-26**, figuras 4-5)

- almofariz de bordo esvasado, simplesmente engrossado (nº 9-14) ou engrossado com um lábio interno reentrante (nº 15-26), parede externa moldurada, fundo interno e parte da parede estriados e pé anelar. Os diâmetros variam entre 26 e 40 cm. Esta forma está representada em estratos dos finais do período tardo-republicano nas Mesas do Castelinho (Fabião, 1998, 412-13, Est. 110, nº 1), em estratos do período augusto-tiberiano em Abul (Mayet e Silva, 2002, 37 e 46) e de Augusto a finais do período de Tibério / inícios de Cláudio em Santarém (forma 3) (Arruda e Viegas, 2004, 345-46) e Braga (grupos II A e II B) (Morais, 2004, 568-569). O exemplar de *Conimbriga* não tem cronologia definida e em São Cucufate, *villa* instalada na época de Cláudio, esta forma não aparece. Além dos exemplares ilustrados, há um almofariz da Praça da Figueira (Lisboa), de um contexto da época de Tibério, que se inscreve nesta série (Silva, 2005, 234, fig.62, nº 33) e há outro do fórum de *Aeminium* (Coimbra), de pasta branco-amarelada, próximo dos almofarizes de importação de *Conimbriga* (Carvalho, 1998, 87-88, nº 2). De acordo com E. Serrano Ramos, este tipo aparece na própria Bética, em Los Castillones, em níveis datados da época tibero-cláudia, e noutros sítios como Munigua, Lacipo, Itálica e Sevilla (1995, 231 e 234, fig.4, cat.27). Na síntese sobre Los Castillones feita posteriormente, E. Serrano Ramos acrescenta que este tipo aparece nos níveis ibero-romanos da estação e em muitos outros lugares andaluzes (2000, 111 e 124, fig. 27).

4ª série (**nº 27-35**, figura 6)

- almofariz de bordo em forma de martelo, parede externa moldurada, fundo interno e parte da parede estriados e pé anelar. Os diâmetros variam entre 26 e 43 cm. Exemplares desta forma estão presentes em estratos de Augusto no Aljube do Porto e em estratos claudianos de *Conimbriga* (Alarcão, 1976, 72-73 e 136, nº 6) e estão particularmente bem representados em estratos de Augusto a finais do período de Tibério / inícios de Cláudio em Braga (grupo II C) (Morais, 2004, 569). Em Santarém, há exemplares (forma 4) em estratos de finais do séc. I a.C. até meados do séc. I d.C. e de finais do séc. I d.C. até inícios do séc. II d.C. (Arruda e Viegas, 2004, 346-347) e o exemplar de Alcácer do Sal provém de uma camada da segunda metade do séc. I e inícios do séc. II (Silva *et alii,* 1980-81, 198 e 201). Também não aparece em São Cucufate, *villa* instalada na época de Cláudio. Além dos exemplares ilustrados, há um almofariz desta forma no fórum de *Aeminium* (Coimbra), de pasta branco-amarelada, próximo dos almofarizes de importação de *Conimbriga* (Carvalho, 1998, 87-88, nº 1). Um paralelo bético provém da *villa* de Los Castillones (Campillos), integrado num conjunto de cerâmica datado de Nero a Adriano (Serrano Ramos, 2000, 107, 111 e 124, nº 27).

5ª série (**nº 36-41**, figura 7)

- almofariz de bordo simplesmente engrossado, de perfil triangular, podendo possuir um acentuado ressalto na face interna (nº 39-41), parede externa lisa, parede interna estriada apenas na parte superior e pé anelar. Os diâmetros variam entre 28,5 e 37 cm. Os dados obtidos em *Conimbriga* situam exemplares desta série em estratos do período flávio (Alarcão, 1976b, 72-73 e 136, Est. XVII, nº 14) e de Trajano (1976, 72-73 e 136, Est. XVII, nº 16). Em Braga (grupo III) não têm cronologia definida (Morais, 2004, 568-569) mas em São Cucufate há quatro exemplares que provêm de camadas dos horizontes 1 e 2 (segunda metade do séc. I e segundo terço do séc. II) (Pinto, 2003, 259-260).

6ª série (**nº 42-50**, figura 8)

- almofariz de bordo engrossado e arredondado, parede externa lisa e parede interna estriada apenas na parte superior. Um exemplar completo, não publicado, da Casa do Procurador em Aljustrel (Pinto, 2003, 260) apresenta um fundo alteado mas sem pé destacado. Os diâmetros variam entre 26,2 e 38,4 cm. As peças desta forma têm uma cronologia mais tardia relativamente aos grupos anteriores. Em São Cucufate esta forma é a mais abundante e aparece nos horizontes 1 e 2 (segunda metade do séc. I e primeiro terço do séc. II) mas também noutros mais tardios (Pinto, 2003, 260). Está presente em estratos do período flávio (Alarcão, 1976b, 72-73 e 136, Est. XVII, nº 17) e de Trajano (1976b, 72-73 e 136, Est. XVII, nº 12) em *Conimbriga,* e num estrato da segunda metade do séc. I na Ilha do Pessegueiro (Silva, et al., 1984, 37-38, fig. 22, nº 26). Os exemplares da *uilla* de Povos (Vila Franca de Xira) são de estratos do séc. I-II, mas a presença de um exemplar em estratos do Baixo Império (Quaresma, 1995-97, 31 e 39) corrobora a possibilidade de um eventual final de produção e circulação destes almofarizes num período mais tardio. Esta forma corresponde ao almofariz 14 de M. Vegas, de Munigua, do terceiro quartel do séc. I d.C. e feito de *barro harinoso ocre-amarillento*, assinalando a autora que também se encontram almofarizes destes em Granada e deve, por isso, tratar-se de uma forma comum em toda a Bética (Vegas, 1973, 31-34). Foi produzida no centro de produção do Antiguo Hospital de las Cinco Llagas (Sevilha), activo na segunda metade do séc. I e na primeira metade do séc. II (Huarte Cambra, 2003, 222-225, fig.10, nº 1-3).

7ª série (**nº 51-53**, figura 9)

- almofariz de bordo em forma de aba abaulada com ressalto na extremidade interna. As afinidades com o tipo Dramont D1, exportado de meados do séc. I até meados do séc. II d.C., estão particularmente evidenciadas nos exemplares nº 52 e 53 cuja superfície interna apresenta o característico revestimento de pequenas pedras incrustadas na pasta ainda fresca. Os diâmetros variam entre 30 e 44 cm. De acordo com os estratos definidos em

Braga, os exemplares desta forma (grupo I) têm uma cronologia anterior ao período flávio e dois exemplares provêm de estratos cuja datação se situa do reinado de Augusto a finais do período de Tibério / inícios de Cláudio (Morais, 2004, 568) Em Santarém, há um exemplar desta forma em fabrico do vale do Guadalquivir sem cronologia definida (Arruda e Viegas, 2004, 343, fig.3) e também em Braga há um exemplar com o mesmo tipo de fabrico e cronologia anterior ao período flávio (Morais, 2004, 568, fig.2, nº 7). M. Vegas apresenta alguns almofarizes desta forma de origem e cronologia variadas. São sobretudo os números 6, 8 e 10, respectivamente da 2ª metade do séc. II a.C., da segunda metade do séc. I, inícios do II e do princípio do séc. V (Vegas, 1973, 30-34). E. Serrano Ramos apresenta exemplares béticos da mesma forma integrados num tipo bastante abrangente que se terá desenvolvido na segunda metade do séc. I d.C. (Serrano Ramos, 1995, 231 e 234, fig. 4, nº 30 e 32) e outro exemplar bético da *villa* de Manguarra y San José (Cártama), *villa* esta que não é anterior ao séc. III (Serrano Ramos, 2000, 133, 135, 144, nº 38).

8ª série (nº 54-55, figura 9)

- almofariz de bordo em forma de aba, diferenciando-se do anterior pela forma mais abaulada e menos espessa da aba. O ressalto interno pode ser biselado para o exterior (nº 54) ou interior (nº 55). Os diâmetros variam entre 32 e 34,2 cm. Não temos, infelizmente, referências estratigráficas; no entanto, de acordo com as afinidades com os exemplares da série anterior, julgamos poderem tratar-se de produtos alto-imperiais, possivelmente do século I. O almofariz 7 de M. Vegas, proveniente de Chorquilla (Cantábria) é um paralelo desta forma e está datado do séc. I d.C. (Vegas, 1973, 29 e 34). E. Serrano Ramos apresenta um paralelo bético desta forma da *villa* de Manguarra y San José (Cártama), não anterior ao séc. III (2000, 133, 135, 144, nº 37). Esta forma é ainda semelhante ao tipo 7 de Pasqualini, comum na Baixa Provença e datado de 110 a 190 d.C. (Pasqualini, 1996, 294-295).

9ª série (nº 56-59, figura 9)

- almofariz de bordo em forma de aba, análogo aos anteriores, diferenciando-se pelas suas menores dimensões, pela forma amendoada e descaída da aba e pelo ressalto interno reentrante muito evidenciado. Os diâmetros variam entre 30 e 35 cm. No naufrágio claudiano Port-Vendres II foram recolhidos dois exemplares integráveis nesta série (Colls *et alii*, 1977, 115 e 117, nº 45 e 47). No actual território português, sabe-se apenas da recolha de um exemplar proveniente do horizonte 3 de São Cucufate (Vidigueira), genericamente datável de meados do século II até meados do século IV (Pinto, 2003, 266-268; 2004, 17). M. Vegas apresenta um almofariz desta forma, o seu nº 12, de Pollentia, datado da segunda metade do séc. III e séc. IV d.C. (Vegas, 1973, 31 e 34). Outros paralelos béticos são os almofarizes 38 e 40 da *villa* de Manguarra y San José (Cártama), cuja cronologia não é anterior ao séc. III (Serrano Ramos, 2000, 133, 135, 144).

10ª série (nº 60-62, figura 10)

- almofarizes de bordo em forma de grossa moldura fortemente biselada para o exterior, com a parte superior convexa (**nº 5-7**), dos quais sabemos haver em *Balsa* vários exemplares com vertedouro ainda inéditos[5]. Os dois primeiros são bastante parecidos com um almofariz de Cartuja (Serrano, 1978, fig. 2, nº 13). No geral, esta forma é bastante próxima do almofariz de bordo triangular nº 11 de M. Vegas, de Pollentia, da segunda metade do séc. III e séc. IV, datação esta que M. Vegas dá por bem confirmada por diversos paralelos bem datados (Vegas, 1973, 31-34). Também os exemplares 29 e 33 de Cartuja (Granada) e Torrox são paralelos desta forma (Serrano Ramos, 1995, 231 e 234). Esta forma é ainda bastante próxima da forma IV-E-3 de São Cucufate, feita em pastas regionais, e datada do Baixo Império (Pinto, 2003, 278-280).

Outras formas (nº 63-67, figura 10)

Neste ponto reúne-se um conjunto de formas atípicas ou excessivamente fragmentadas, a maioria das quais sem cronologia definida, mas tendo a conta a sua proveniência e algumas afinidades com exemplares das séries anteriores, poder-se-ia propor uma cronologia alto-imperial:

- almofariz de bordo simples, com forte ressalto da parede interna (nº 63), recolhido em Mesas do Castelinho, com uma cronologia idêntica a exemplares das séries 1 e 2, datáveis dos finais do período tardo-republicano, e extremamente parecido com um almofariz de Munigua da segunda metade do séc. I d.C. (Vegas, 1973, 31 e 34, nº 15);

- almofariz de lábio reentrante e pega curta abaixo do bordo (nº 64), de Braga (grupo II D) e sem cronologia definida;

- almofariz de bordo moldurado externamente, terminado em forma de pequena aba com a face interna engrossada (nº 65), com 35 cm de diâmetro, de *Conimbriga* e sem cronologia definida;

- almofariz de lábio fortemente engrossado no exterior (nº 66), com 30,5 cm de diâmetro, de Santarém (forma 5) e sem cronologia definida;

- almofariz de bordo reentrante, com um forte ressalto interno (nº 67), com 34 cm de diâmetro, de *Balsa*. Tem uma forma bastante original que lembra os almofarizes em pasta caulinítica da forma IV-B-1 de São Cucufate (Pinto, 2003, 263).

[5] Informação de Catarina Viegas, a quem muito agradecemos.

5.2.- Tigelas (figura 11).

No contexto da cerâmica comum de pasta clara atribuída à Bética, as tigelas são formas que aparecem preferencialmente nos níveis mais antigos, datáveis do período republicano ao período de Tibério, como por exemplo nas Mesas do Castelinho (Almodôvar), no Castelo da Lousa (Mourão) e em Abul (Alcácer do Sal), mas não em todos, pois estão ausentes do conjunto de c. de 120 peças da época de Augusto do Aljube (Porto). São raras nos momentos posteriores, se se tiver em conta a sua escassez em *Balsa* (Torre de Ares) e a existência de apenas um exemplar em S. Cucufate (Vidigueira). De acordo com o material estudado, podem assinalar-se peças com as seguintes características formais:

- tigela de forma hemisférica com pequenas variações no bordo, simplesmente arredondado, aplanado ou biselado, e a parede mais ou menos arqueada (**nº 68-72**). A sua recolha nas Mesas do Castelinho e no Castelo da Lousa sugere, pelo menos, uma cronologia augustana;

- tigela de bordo biselado e introvertido (**nº 73**), do Castelo da Lousa, sítio datado dos finais do período republicano e da época de Augusto;

- tigela de bordo levemente espessado consideravelmente introvertido e o corpo aparentemente alto (**nº 74**), dos níveis de Augusto-Tibério de Abul, onde está representada por vários exemplares, sugerindo, à semelhança das formas anteriores, uma cronologia precoce;

- pequena tigela de bordo muito encurvado e parede baixa (**nº 75**), muito próxima de exemplares de Cartuja (Granada) (Serrano, 1978), embora estes sejam maiores. A sua recolha em *Balsa* não permite definir a sua cronologia;

- tigelas idênticas à anterior mas com paredes mais grossas e irregulares (**nº 76-77**). Estas peças, publicadas em *Balsa* como possíveis cadinhos (Nolen, 1994, 137-138), encontram paralelos aproximados em *platos hondos* (Serrano, 1978, fig. 8, nº 54-55) ou *cuencos hemisféricos* (Fernández, 2004, 209, fig. 11, nº 71-72) de Cartuja (Granada). Tal como os exemplares da forma anterior, não possuem dados cronológicos;

- tigela hemisférica de bordo extrovertido formando pequeno lábio externo (**nº 78**), proveniente dos níveis de Augusto-Tibério de Abul. Parece ser uma forma rara;

- tigela de parede carenada e bordo espessado e extrovertido (**nº 79**), de São Cucufate, sem cronologia definida mas certamente alto-imperial. Parece tratar-se de outra forma bastante rara.

5.3.- Alguidares (figura 11).

Na cerâmica comum de pasta clara publicada, os alguidares apenas estão representados em *Balsa* (Torre de Ares, Tavira), o que sugere tratar-se de uma categoria de recipientes que não terá viajado além do Algarve. Destes vale a pena distinguir três formas:

- alguidar de bordo introvertido separado da parede por um pronunciado ressalto com decoração de dedadas (**nº 80**);

- alguidar de bordo em forma de pequena aba horizontal com decoração ondulada incisa (**nº 81**);

- alguidar de bordo em forma de pequena aba arredondada separada da parede por uma carena bem acentuada (**nº 82**).

5.4.- Terrinas (figura 12).

Apesar dos sete exemplares apresentados, as terrinas estão quantitativamente pouco representadas, podendo mesmo dizer-se que são relativamente esporádicas. À excepção dos exemplares de *Balsa*, que não possuem uma cronologia conhecida, os restantes datam do período alto-imperial. Podem distinguir-se, pelo menos, cinco formas principais:

- terrina (ou pátera) de bordo vertical, levemente arqueado para fora, formando uma carena com a parede. Os exemplares do Aljube (Porto) (**nº 83 e 84**), possuem uma característica asa tubular semelhante à de uma peça recolhida em Cartuja (Granada) (Serrano, 1978, fig. 13); o exemplar recolhido em *Balsa* (**nº 85**) possui um perfil semelhante, ainda que sem asa preservada. Na generalidade, estes exemplares são semelhantes aos *platitos* recolhidos em Cartuja (Granada) (Serrano, 1978, fig. 8, nº 65).

- terrina de bordo introvertido com a parte inferior saliente formando uma moldura de relevo acentuado (**nº 86**). Lembra uma imitação da forma Drag. 44 da *terra sigillata* do sul da Gália e da *terra sigillata* hispânica. Este exemplar, proveniente de *Balsa*, encontra, à semelhança das peças anteriores, um paralelo aproximado em Cartuja (Granada) (Serrano, 1978, fig. 8, nº 61);

- terrina de bordo em forma de aba levemente soerguida (**nº 87**);

- terrina de bordo triangular introvertido, ligeiramente reentrante (**nº 88-89**).

5.5.- Potes (figuras 13-14).

Os potes são uma categoria relativamente bem representada na cerâmica comum de pasta clara bética. De acordo com uma análise quantitativa e de dispersão, é predominante a forma representada pelas peças nº 90-95. Podem, no entanto, ser individualizadas pelo menos sete formas distintas:

- pote de duas asas de corpo globular e fundo anelar pouco alteado; possui um bocal largo que termina num bordo alto e esvasado, com lábio introvertido (**nº 90-95**). Esta forma, representada em praticamente todas as estações, como se pode constatar no Catálogo, é especialmente abundante no Castelo da Lousa (c. de 15 exemplares) e no Aljube (Porto) (c. de 20 exemplares), o que sugere que seja típica da época de Augusto. A presença de exemplares em Braga, S. Cucufate e *Balsa* é, no entanto, testemunho da sua continuidade no período alto-imperial. A abundância desta forma no Castelo da Lousa e no Aljube (Porto) levar-nos-ia a supor que este tipo de pote poderia ter servido de contentor, não fosse a finura das suas paredes e a dificuldade de tapar um recipiente de boca tão larga. Foi produzida em Sevilha, nos fornos do Antiguo Hospital de las Cinco Llagas (Sevilha), activos na segunda metade do séc. I e na primeira metade do séc. II (Huarte Cambra, 2003, fig.13, nº 1-6). Corresponderá igualmente à *olla para guardar provisiones* nº 9 do tipo 48 de M. Vegas, proveniente de Munigua, de *barro amarillo-verdoso* e datada do terceiro quartel do séc. I d.C. (Vegas, 1973, 113 e 117).

- pote com bocal alto e esvasado, parecido com o anterior mas mais estreito, e com o lábio introvertido menos desenvolvido (**nº 96-97**), que lembra também os potinhos nº 113-115 (fig.15). Uma forma semelhante, onde se vê a existência de duas asas, foi recuperada no naufrágio claudiano de Port-Vendres II (Colls *et alii, 1977,* 115-116, nº 32). Tal como as anteriores, a sua recolha no Castelo da Lousa e no Aljube (Porto) leva-nos a crer que se trata de uma forma já existente no período de Augusto;

- pote de boca larga que termina num bordo triangular introvertido (**nº 98-100**); esta forma parece conjugar-se com um fundo de paredes verticais que sugere uma forma barrilóide. Uma forma com estas características foi recuperada no naufrágio de Port-Vendres II (Colls *et alii,* 1977, 115 e 117, nº 38). À semelhança das peças anteriores, a sua recolha no Castelo da Lousa e no Aljube (Porto) sugere, pelo menos, uma origem no período de Augusto. Um exemplar do Castelo da Lousa (**nº 98**) está decorado com uma espécie de mamilo.

- pote ovóide com um colo alto e bordo amendoado ou triangular, levemente extrovertido (**nº 101-103**). Apesar do exemplar de *Balsa* sugerir uma cronologia alto-imperial, a recolha destes exemplares no Castelo da Lousa e no Aljube (Porto) são testemunho de uma produção centrada no período de Augusto. Refira-se, ainda, como paralelos aproximados, dois potes recolhidos em Pinguele (Bonares, Huelva) (Campos, Pérez e Vidal, 2004, 133, fig. 11, nº 10-11) que possuem um bordo e um colo muito parecidos com os aqui apresentados;

- pote de duas asas de corpo ovóide e colo alto que termina num bordo oblíquo, por vezes amendoado (**nº 104-107**). A sua proveniência de Cabeça de Vaiamonte, Castelo da Lousa, Aljube (Porto) e Braga sugerem uma cronologia relativamente antiga, mediada entre os finais do período republicano e as primeiras décadas do período imperial; a recuperação de exemplares deste tipo no naufrágio de Port-Vendres II (Colls *et alii,* 1977, 115 e 117, nº 41 e 42) indica a continuidade desta forma ainda no período de Cláudio.

- pote de duas asas com um bordo reentrante (**nº 108-110**). À excepção dos exemplares recolhidos no Castelo da Lousa, mais antigos, os exemplares de S. Cucufate e Conímbriga estão de acordo com a cronologia alto-imperial fornecida por idênticos potes provenientes do forno do Hospital de las Cinco Llagas de Sevilha (Chic e Garcia, 2004, 321, fig. 27, nº 4-6); a confirmar esta cronologia conhece-se, à semelhança dos anteriores, uma forma deste tipo proveniente do naufrágio claudiano de Port-Vendres II (Colls *et alii,* 1977, 115 e 117, nº 43).

- pote de corpo ovóide e bordo oblíquo (**nº 111**); a sua proveniência de *Balsa* sugere apenas uma cronologia alto-imperial;

- pote de duas asas e corpo ovóide, com um bordo alto e vertical que termina num lábio simples (**nº 112**). A sua recolha no Aljube (Porto) dá-lhe uma cronologia augustana. O fabrico grosseiro deste exemplar, associado à grossura das suas paredes e à estreiteza do bocal, sugere que poderia ter sido usado como contentor, possivelmente adaptado ao transporte de preparados piscícolas.

5.6.- Potinhos (figura 15).

Podem distinguir-se duas formas de potinhos. A sua recolha no Aljube (Porto), em S. Cucufate e em *Balsa* sugere uma cronologia que abarca a época de Augusto e o período alto-imperial:

- potinho de corpo piriforme sobre um fundo alto e estreito, com um bordo alto, arqueado e introvertido, formando um pequeno lábio interior (**nº 113-115**). Como atrás sugerimos, lembra os potes nº 96 e 97 (fig.13), mas num formato mais pequeno;

- potinho de corpo ovóide e bordo vertical biselado (**nº 116-117**). Os dois exemplares conhecidos e aqui apresentados provêm de *Balsa.* Estes potinhos lembram os pequenos vasos para libações do Museu de Riotinto (Campos, Pérez e Vidal, 2004, 141, fig.19, nº 6-13) ou os unguentários de El Castillón de Antequera (Serrano, 1995, 243. fig.11, nº 108-109), mas diferenciados destes por possuírem um bordo vertical. Na verdade, apesar de mais toscos, têm maiores semelhanças com os potinhos da região de Beja como, por exemplo, o da sepultura 127 da necrópole de Valdoca (Alarcão e Alarcão, 1966, est. XI) ou os da forma X-C-fr 1 de S. Cucufate (Pinto, 2003, 419), apesar do fabrico ser diferente.

5.7.- Púcaro (figura 15).

Desta forma, registámos apenas um exemplar com o perfil completo recolhido em *Balsa*:

- púcaro de pequenas dimensões, carenado sensivelmente a meio da parede e terminando num pequeno bordo simples e esvasado do qual sai uma asa (**nº 118**). Tal como para os restantes exemplares recolhidos em *Balsa*, não se pode precisar a sua cronologia.

5.8.- Cântaros (figura 15).

No conjunto das cerâmicas béticas de pasta clara, apenas registámos duas formas integráveis na categoria dos cântaros. Estas formas, recolhidas, respectivamente, no Castelo da Lousa e em S. Cucufate, sugerem uma cronologia desde a época de Augusto até ao final do Alto Império:

- cântaro de colo cilíndrico levemente afunilado que termina num lábio amendoado com um pequena moldura em forma de bisel para assentar uma tampa (**nº 119**). Este fragmento encontra alguns paralelos aproximados em Haza Honda (Málaga) (Serrano, 2004, 177, fig.17);

- cântaro de maiores dimensões que o anterior, com um colo relativamente largo que termina num lábio biselado; sob o lábio arrancam duas asas de secção amendoada que repousam no ombro (**nº 120**). O perfil desta peça parece muito próximo do de uma bilha funerária da necrópole de *Baelo* (París *et alii*, 1926, 22, fig.7, pl. XXVIII).

5.9.- Jarros (figura 15).

A recolha de três fragmentos em S. Cucufate e *Balsa* sugere que os jarros são uma categoria de recipientes comercializada mais tardiamente do que as restantes. De acordo com os exemplares seleccionados, podem-se diferenciar, pelo menos, duas formas:

- jarro de perfil rectangular que termina num bordo extrovertido e engrossado (**nº 121-122**);

- jarro de perfil mais alongado que termina num bordo extrovertido menos engrossado (**nº 123**).

5.10.- Bilhas (figura 16).

As bilhas são uma das categorias melhor representadas, aqui ilustradas por 26 fragmentos, muitos deles agrupáveis pelas suas características morfológicas:

- bilha (ou garrafa) com um colo troncocónico que termina num pequeno bordo esvasado, ligeiramente engrossado e com asa que nasce a meio do colo e assenta no ombro. Caracteriza-se por possuir uma carena bem acentuada na parte superior do bojo (**nº 124**). Esta peça, recolhida em contexto republicano na Cabeça do Vaiamonte (Fabião, 1998), lembra os exemplares béticos de Lora de Estepa (Sevilha) (Serrano, 1995, 242, fig.11, nº 95) e da fábrica de salgas na Calle Millan Astray (Mariano del Amo e De la Hera, 1976, fig.23, nº 1). Na Lusitânia, esta forma é muito comum nas necrópoles da região de Elvas publicadas por J. Nolen (1985, est. XII-XIII);

- bilha com um alto colo moldurado que termina num bordo esvasado (**nº 125-130**). O exemplar nº 125 possui o perfil praticamente completo, permitindo verificar que se trata de bilhas que assentam num fundo plano e possuem um corpo tendencialmente piriforme. Com excepção dos exemplares mais tardios provenientes de *Balsa* e, provavelmente, de *Conimbriga*, os exemplares recolhidos na Cabeça do Vaiamonte e no Castelo da Lousa sugerem uma produção precoce para estas formas, pelo menos a partir dos finais do período republicano. Estas formam encontram bons paralelos formais no forno alto-imperial do Hospital de las Cinco Llagas em Sevilha (Chic e Garcia, 2004, 231, fig.7, nº 7-10) e na Cartuja (Granada) (Serrano, 1978, fig.11, nº 93);

- bilha com um bordo vertical moldurado (**nº 131-134**). A recolha destes exemplares em S. Cucufate, *Balsa* e Braga sugere uma cronologia alto-imperial. De entre os exemplares apresentados, os nº 131 e 132 têm paralelos em formas provenientes de uma necrópole gaditana (Serrano, 1995, 242, fig.11, nº 91);

- bilha de bordo introvertido, com variações na forma do bordo e na altura do colo (**nº 135-141**) que, eventualmente, pode ser moldurado (i.e. nº 140). A recolha destes exemplares na Cabeça de Vaiamonte, Castelo da Lousa, S. Cucufate, Conímbriga e *Balsa* sugere que estas formas possuem uma lata cronologia, desde o período republicano até, pelo menos, ao período alto-imperial. Os nº 135 e 136 têm paralelos aproximados nas cerâmicas béticas do Hospital de las Cinco Llagas, em Sevilha (Chic e Garcia, 2004, 321, fig.27), em Cartuja (Granada) (Serrano, 1978, fig.11, nº 89) e na fábrica de salgas na Calle Millan Astray;

- bilha com a parte superior do colo muito esvasada, terminando num bordo com uma canelura na face externa (**nº 142**) ou um simples lábio pendente (**nº 143**). A recolha destes exemplares em S. Cucufate e *Balsa* sugere uma cronologia alto-imperial. O primeiro encontra um bom paralelo num exemplar de Cortijo del Río, em Sevilha (Chic e Garcia, 2004, 319, fig.23, nº 4); uma forma idêntica ao nº 142 foi recolhida no naufrágio de Port-Vendres II (Colls *et alii,* 1977, 115-116, nº 33);

- bilha que termina num bordo triangular moldurado (**nº 144**) ou simples (**nº 145-146**). À semelhança dos exemplares anteriores, a sua recolha em S. Cucufate e Braga sugere a mesma cronologia; O perfil da peça nº 144 parece muito próximo do de uma bilha funerária com bico vertedouro da necrópole de Belo (París *et alii,* 1926, 22, fig.7, pl. XXVIII);

- bilha que termina num bordo vertical, mas formando uma banda saliente no exterior (**nº 147-148**). Os exemplares apresentados provêm de São Cucufate e da Quinta do Marim (Olhão), este de um nível da primeira metade do séc. III, o que não invalida uma cronologia provavelmente alto-imperial, à semelhança das formas anteriores;

- bilha com um colo levemente afunilado, moldurado na parte superior, que termina num bordo engrossado (**nº 149**). A peça, proveniente de São Cucufate, terá uma cronologia alto-imperial, à semelhança das formas anteriores;

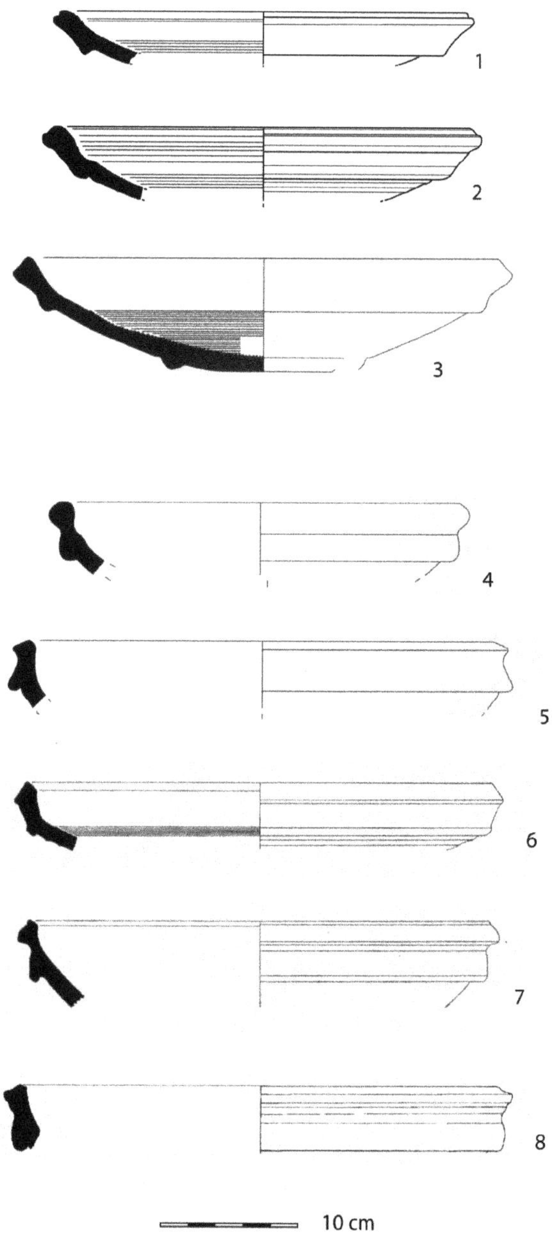

Figura 3.– Almofarizes: 1ª série: 1-3; 2ª série: 4-8.

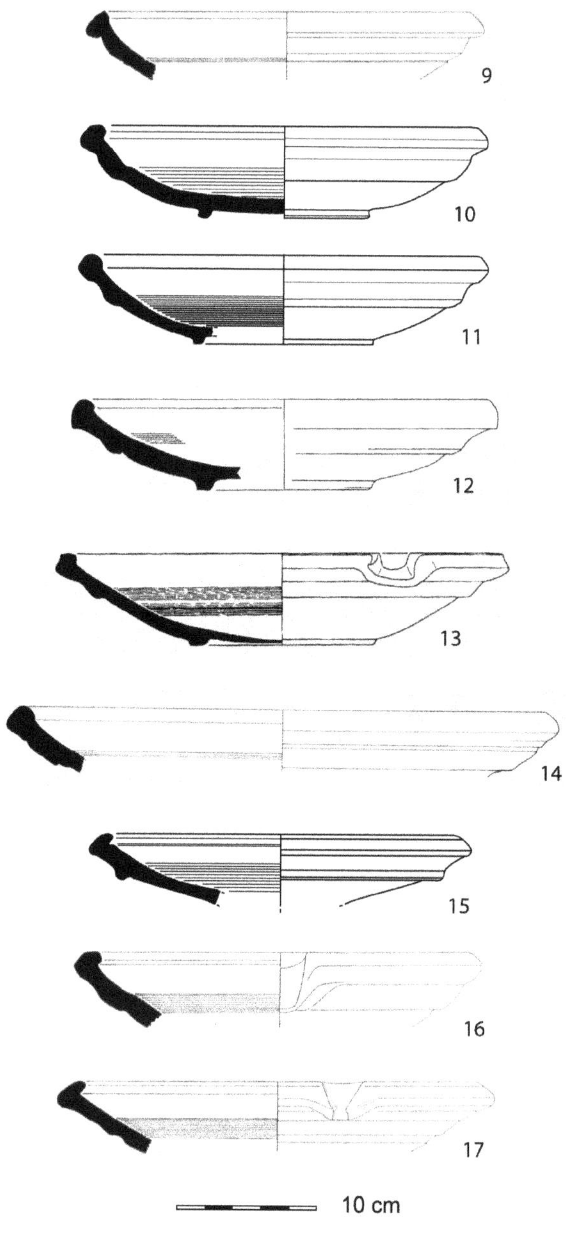

Figura 4.– Almofarizes: 3ª série.

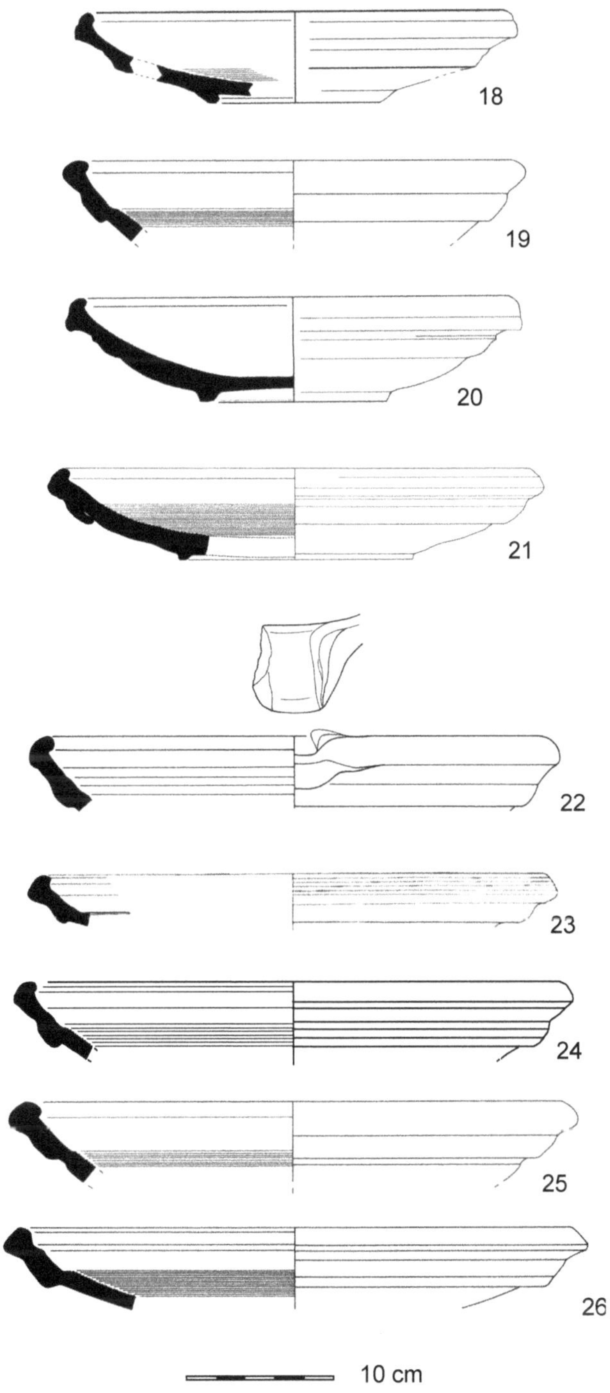

Figura 5.– Almofarizes: 3ª série (cont.).

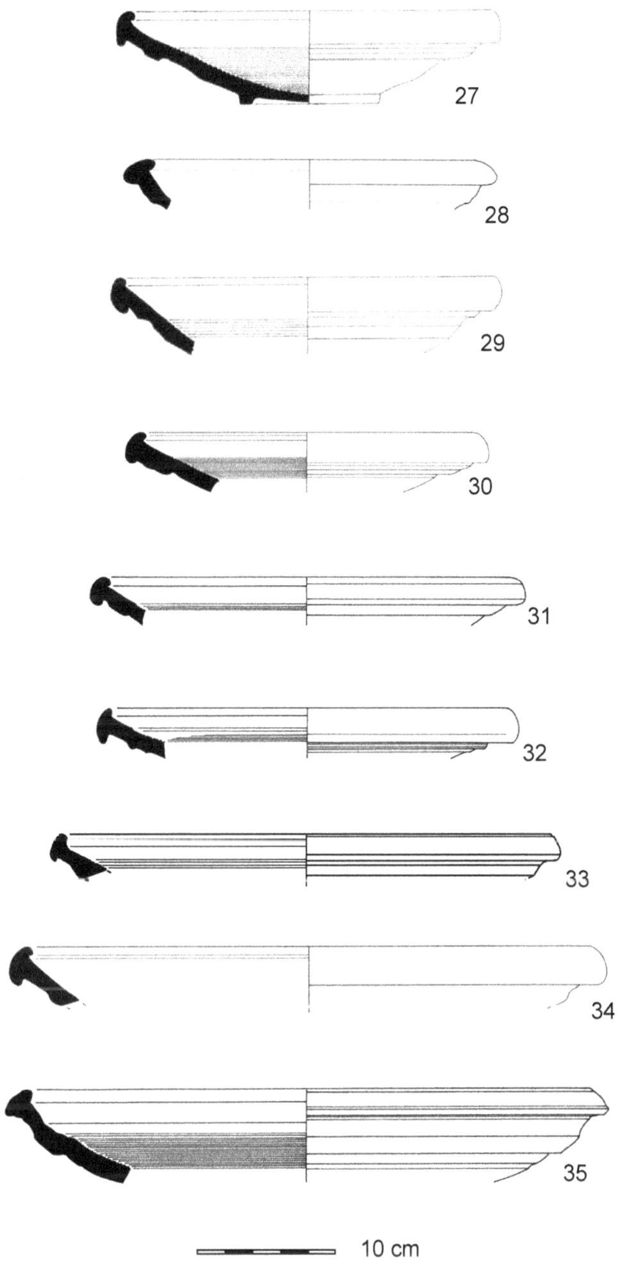

Figura 6.– Almofarizes: 4ª série.

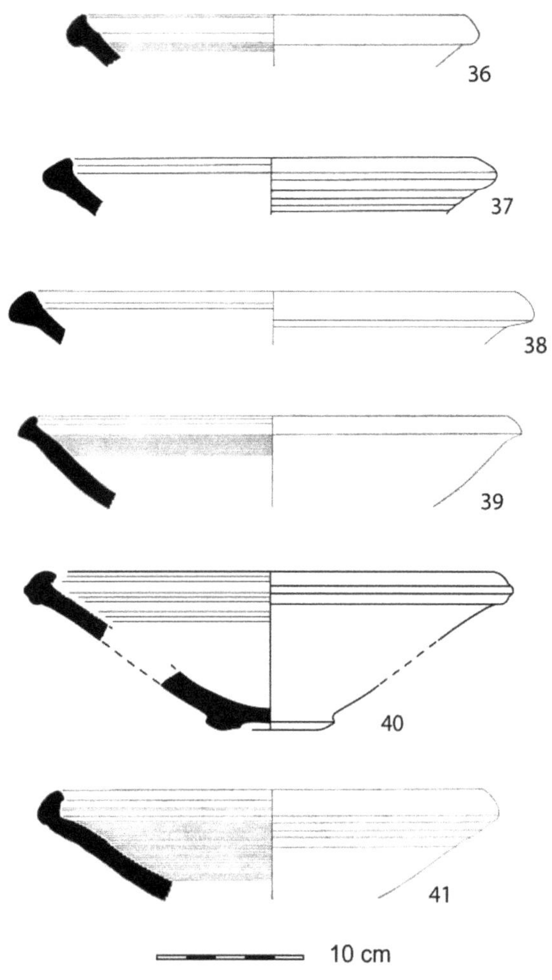

Figura 7.– Almofarizes: 5ª série.

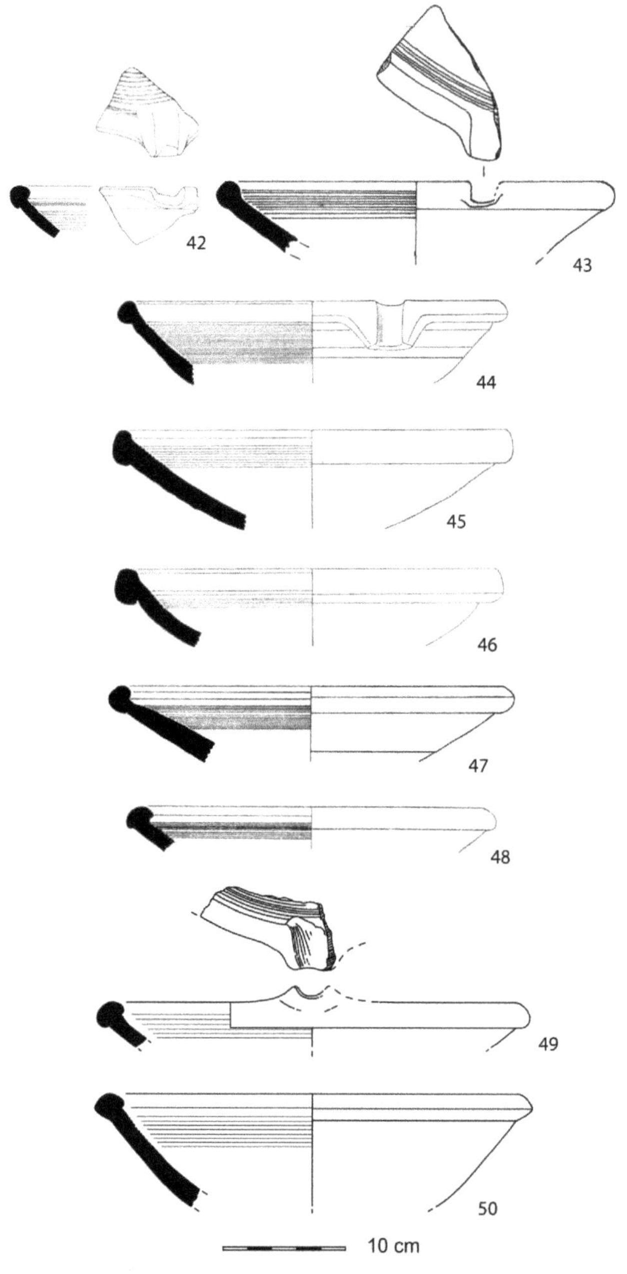

Figura 8.– Almofarizes: 6ª série.

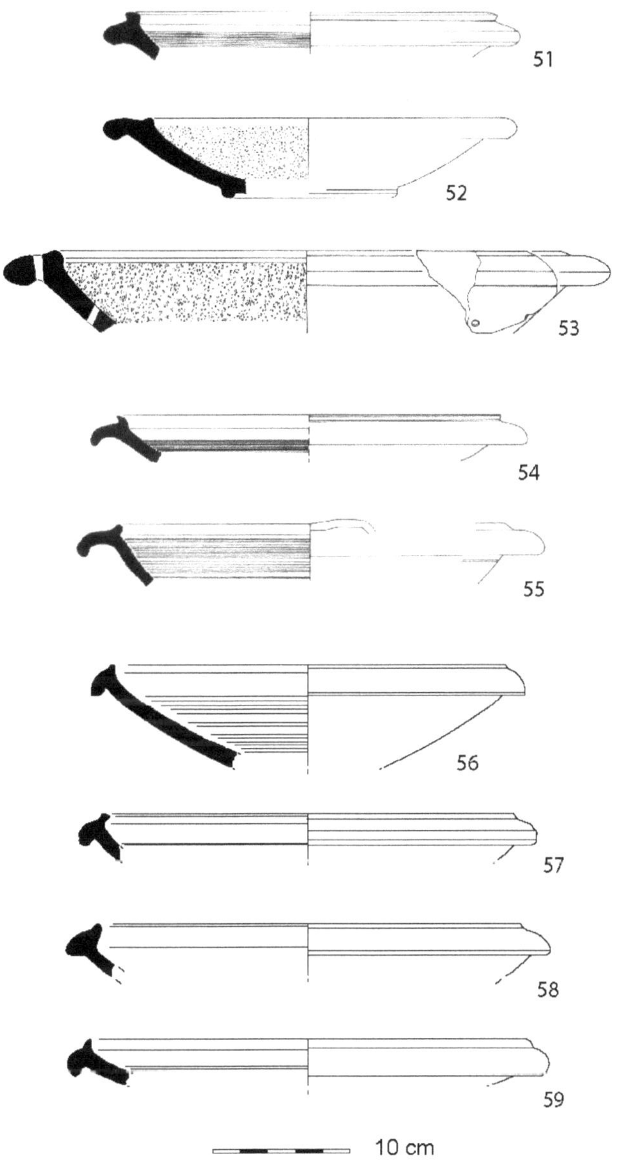

Figura 9.– Almofarizes: 7ª série: 51-53; 8ª série: 54-55; 9ª série: 56-59.

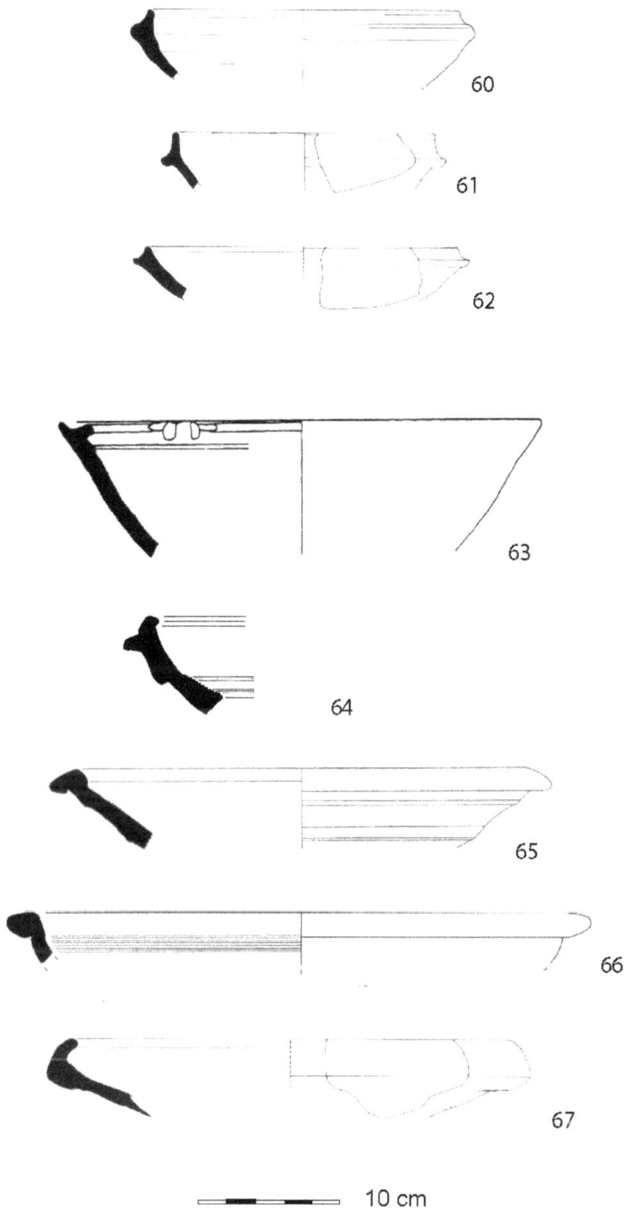

Figura 10.– Almofarizes: 10ª série: 60-62; outras formas: 63-67.

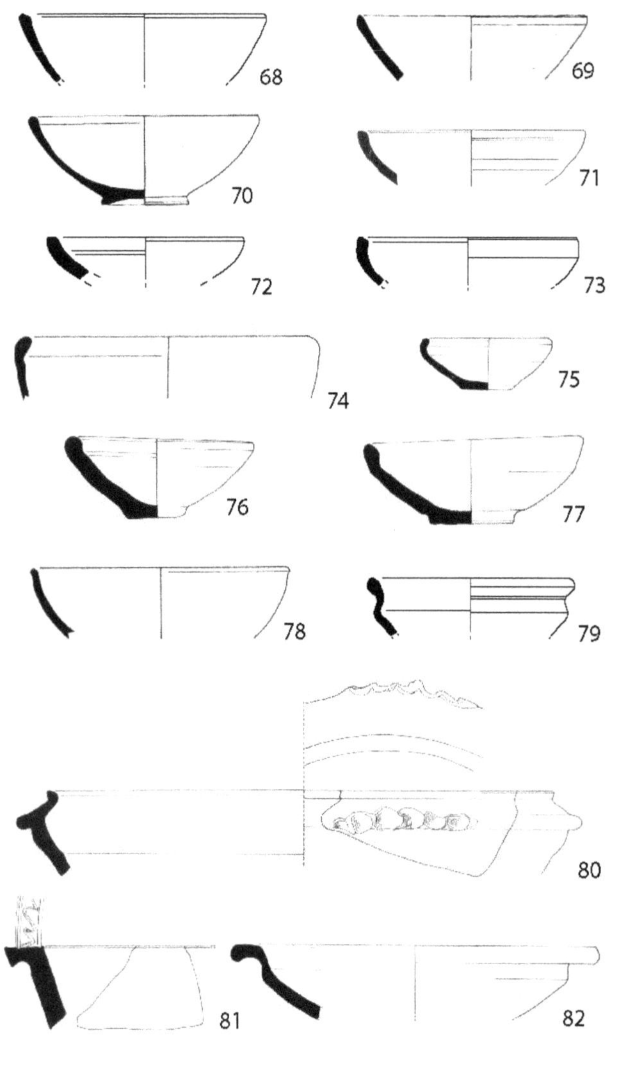

Figura 11.– Tigelas: 68-79; alguidares: 80-82.

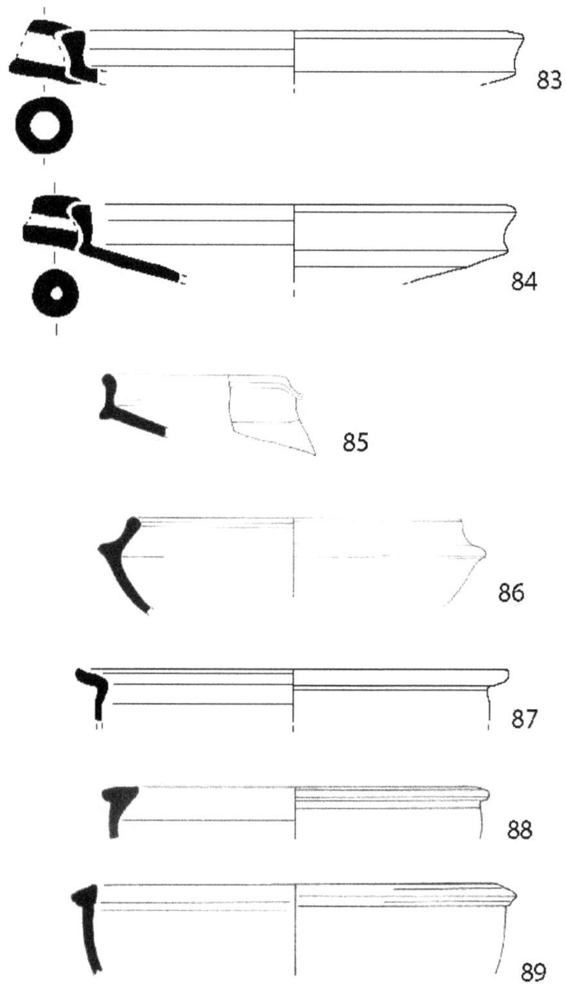

Figura 12.– Terrinas.

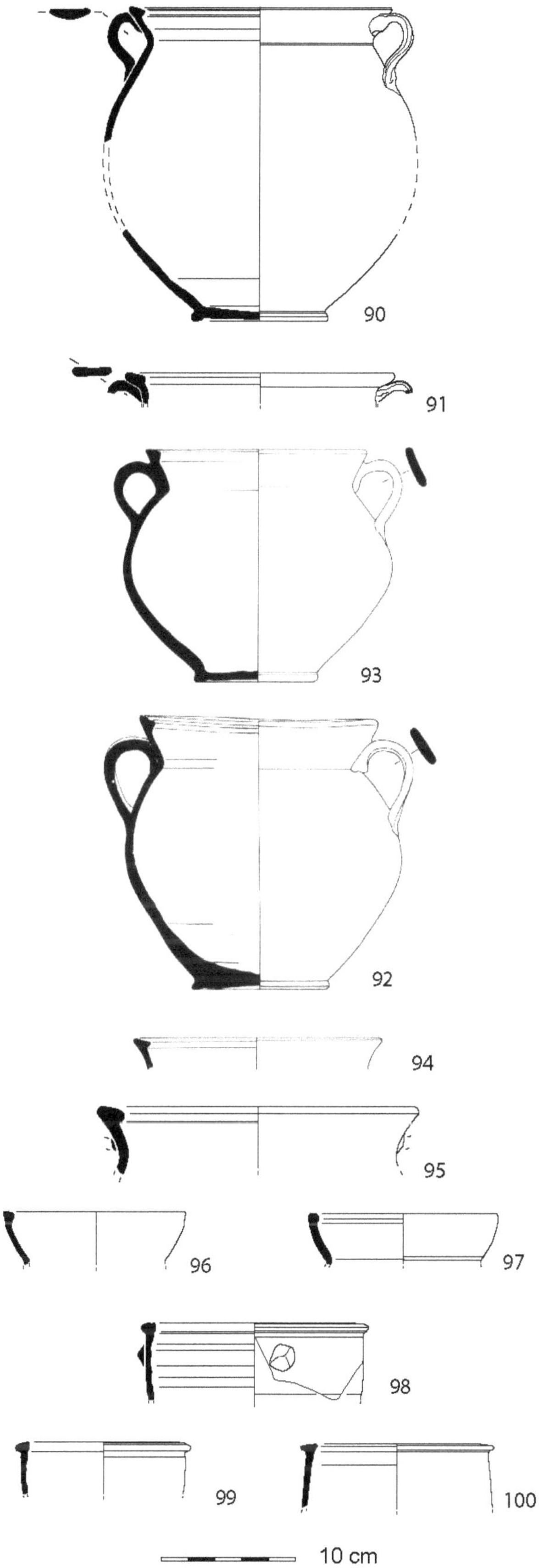

Figura 13.– Potes.

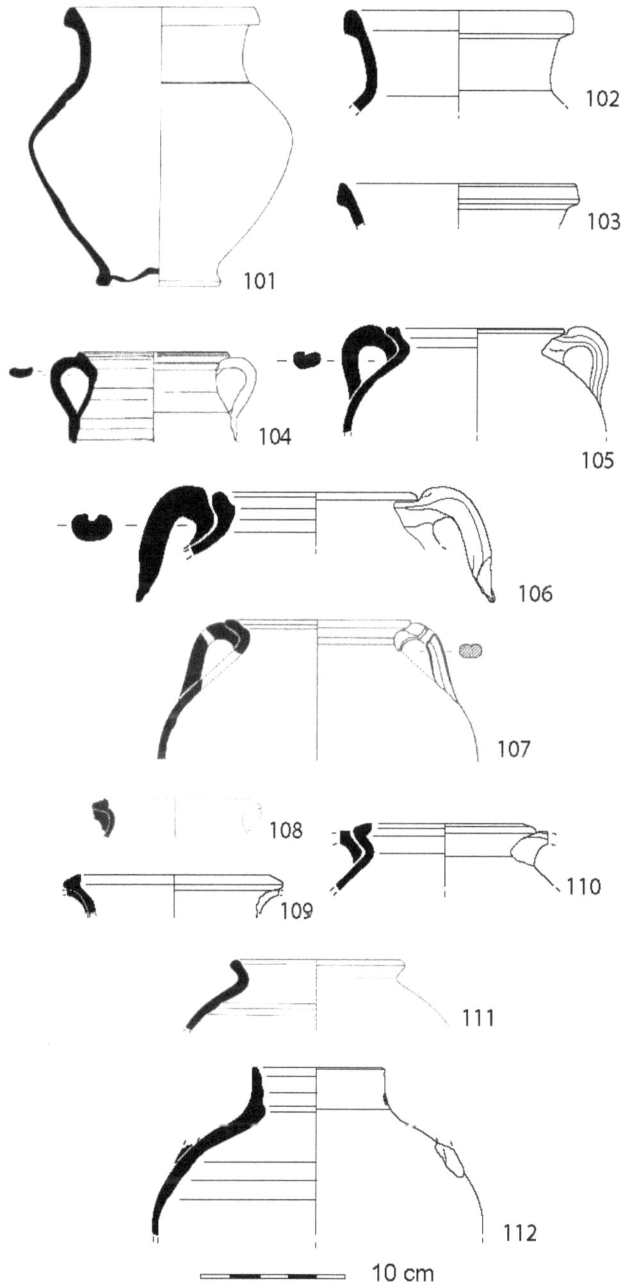

Figura 14.– Potes (cont.).

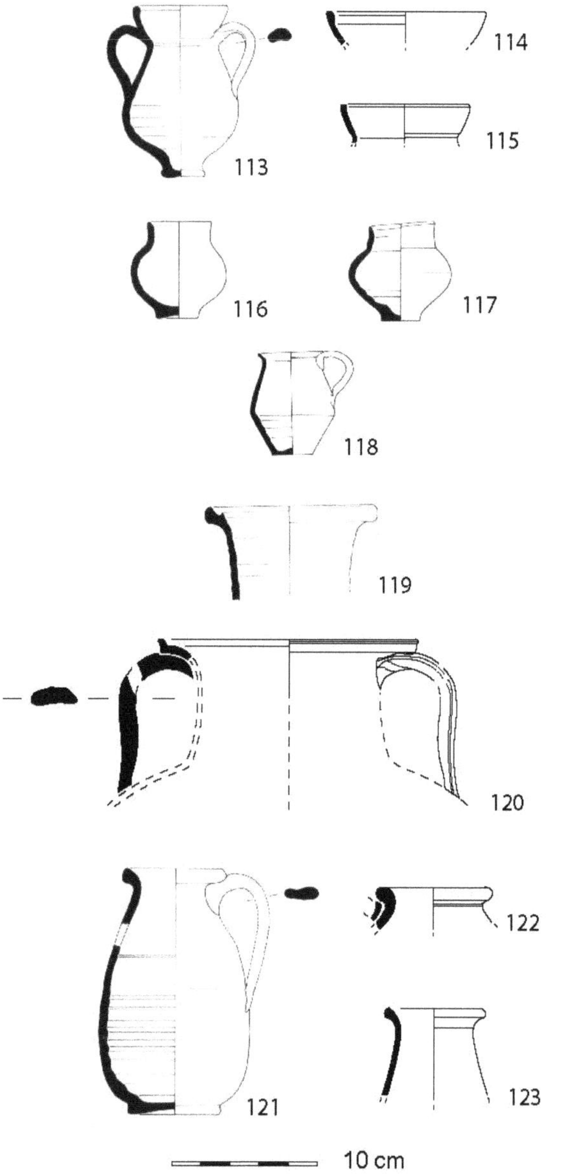

Figura 15.– Potinhos: 113-117; púcaro: 118; cântaros: 119-120; jarros: 121-123.

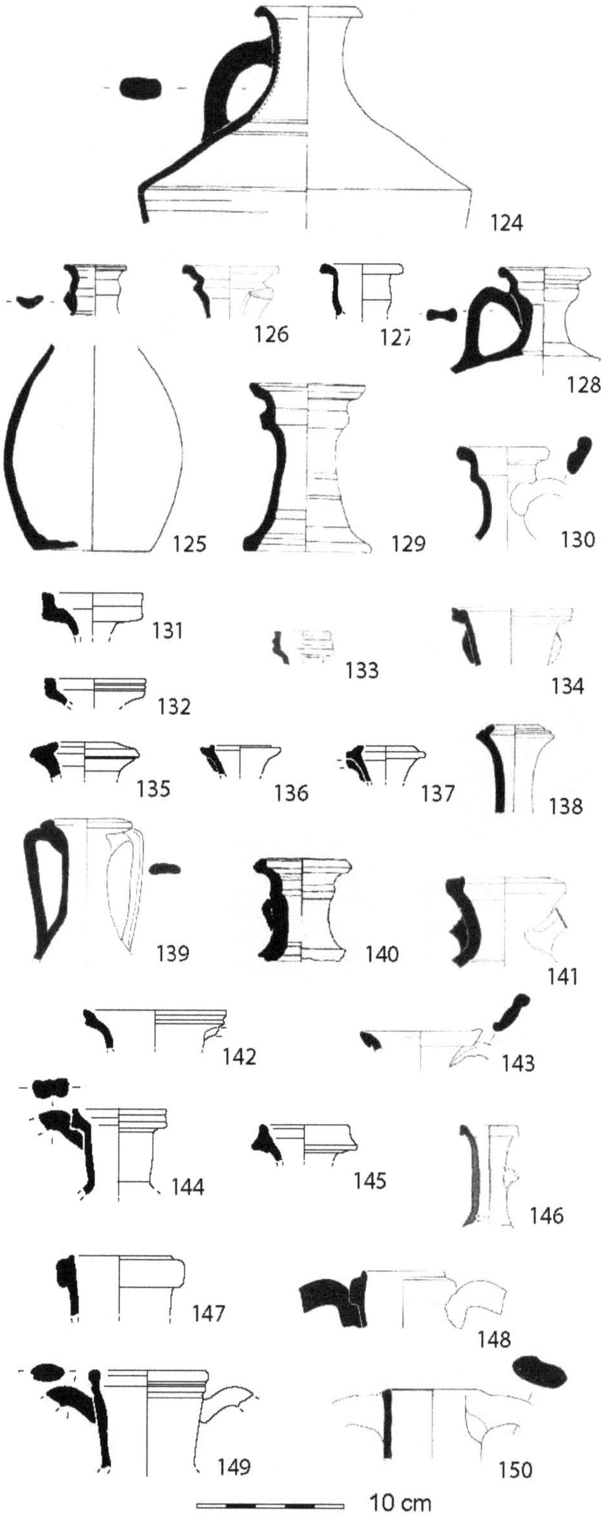

Figura 16.– Bilhas.

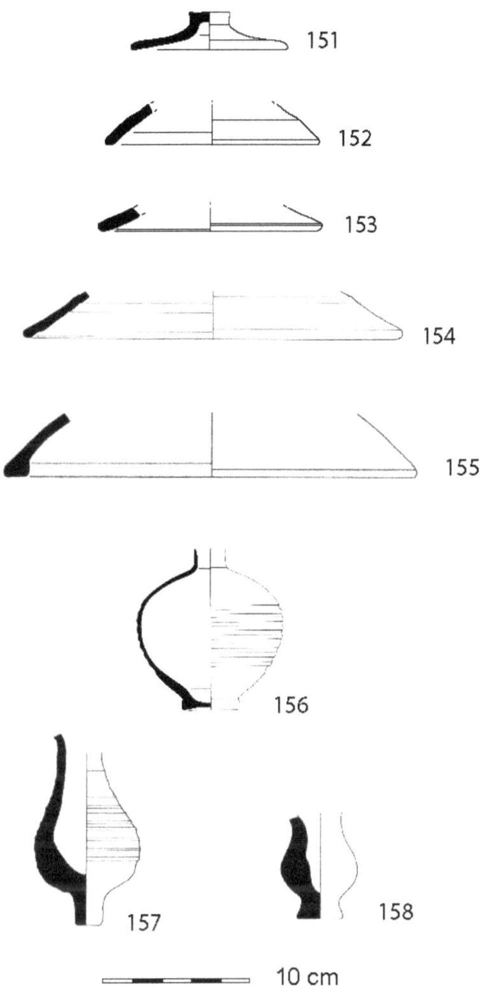

Figura 17.– Tampas: 151-155; outras peças: 156-158.

- bilha com um colo vertical que termina num lábio simples do qual, ao contrário do habitual, saem duas fortes asas de secção ovalada (**nº 150**). Este exemplar, de *Balsa*, admite a mesma cronologia dos exemplares anteriores.

5.11.- Tampas (figura 17).

À parte um conjunto muito significativo de tampas de ânfora apresentado por um dos signatários neste mesmo congresso (Morais, no prelo), pudemos individualizar cinco exemplares de várias proveniências que julgamos serem tampas de cerâmica comum. Apesar da simplicidade destas formas, pudemos constatar algumas diferenças, ainda que, com excepção do nº 151, que encontra paralelo num exemplar recolhido no naufrágio claudiano de Port-Vendres II (Colls *et alii,* 1977, 115 e 117, nº 50), não saibamos se têm algum significado cronológico:

- tampa de bordo simples e parede muito pouco inclinada (**nº 151**), semelhante a um exemplar recolhido em Cartuja (Granada) (Serrano, 1978, fig. 1, nº 5), e, como referimos, no naufrágio de Port-Vendres II.

- tampa de bordo simples com a parede alteada em forma de tigela invertida (**nº 152**);

- tampa de bordo simples com parede oblíqua (**nº 153-154**);

- tampa de bordo engrossado e plano (**nº 155**) com uma parede semelhante ao exemplar nº 152.

5.12.- Outras peças (figura 17).

No conjunto das cerâmicas béticas de pasta clara, salientam-se ainda uma bilha de Braga, a que falta apenas o bordo, e dois anforiscos de *Balsa*. A presença de anforiscos em *Balsa* é extremamente interessante pelo facto de puderem corroborar a forte suspeita da produção e comercialização da cerâmica comum bética da região de Cádis junto com as ânforas da mesma proveniência. Os anforiscos são tampas de ânfora muito eficazes que eram encastradas no colo das ânforas e posteriormente seladas com pozolana, pez ou resina (Caravale e Toffoleti, 1997, 21).

- pequena bilha de parede globular canelada na face externa (**nº 156**). Apesar de não provir de um contexto estratigráfico seguro, o canelado da parede sugere uma peça datável do período baixo-imperial;

- anforiscos (**nº 157-158**).

6.- Considerações finais.

A pretensão deste trabalho foi apresentar uma síntese das formas mais comuns e das vias de difusão no actual território português das cerâmicas comuns de pasta clara produzidas na Andaluzia ocidental. Contrariamente a outras produções da Bética (Serrano Ramos, 1995, 227), estas produções estão ainda mal caracterizadas nos próprios locais de produção, estando praticamente reduzidas a escassas referências dispersas em pequenos artigos e à existência de urnas com acidentes de cozedura recolhidas nas necrópoles de *Baelo* que inequivocamente documentam uma produção regional e local (París *et alii*, 1926, 22).

Esta situação é tanto mais estranha se se tiver em conta que estas produções não só se destinaram a uma circulação de âmbito regional e local, mas foram igualmente objecto de uma forte exportação. Na verdade, é quase certo que se atentássemos numa análise quantitativa da dispersão desta cerâmica nas diferentes províncias do Império, obteríamos proporções muito próximas às das conhecidas exportações de cerâmica comum itálica e africana de cozinha. Esta importância só se explica, no caso das produções béticas de cerâmica comum, tendo em conta que foram produzidas numa das regiões mais cedo "romanizadas" da Península e comercializadas como complemento das ânforas nos mesmos âmbitos.

A grande maioria dos exemplares aqui apresentados corresponde a formas relativamente bem padronizadas, podendo dizer-se que perfazem um repertório formal relativamente reduzido, sendo as diferenças naturalmente atribuíveis à "personalidade" de uma determinada oficina ou conjunto de oficinas. Esta escassa variabilidade formal reflectida nos centros de consumo está ainda relacionada com a habitual selecção de formas a exportar a média e longa distância, neste caso como complemento das ânforas piscícolas.

Há que considerar, portanto, como objectivos prioritários, a identificação e estudo dos centros de produção destas cerâmicas, a caracterização dessas mesmas produções e a avaliação da sua zona de influência comercial para que, de futuro, se possa determinar o verdadeiro significado nas mudanças de hábitos alimentares nas diferentes províncias do Império.

Catálogo

Almofarizes

1 – Castelo da Lousa, nº inv. 6089, inédito
2 – Aljube, nº inv. 97.30078, inédito
3 – Santarém, forma 2 (Arruda e Viegas, fig.4, nº 7)
4 – Santarém, forma 2, (Arruda e Viegas, fig.4, nº 3)
5 - Santarém, forma 2, (Arruda e Viegas, fig.4, nº 2)
6 – *Conimbriga* (Alarcão, 1976, p.72 e 136, est.XVII, nº 1)
7 – *Conimbriga* (Alarcão, 1976, p.72 e 136, est.XVII, nº 2)
8 – Mesas do Castelinho (Fabião, 1998, p.412-413, est.110, nº 5)
9 – *Conimbriga* (Alarcão, 1976, p.73 e 136, est.XVII, nº 9)
10 – Castelo da Lousa, nº inv. 4435, inédito.
11 – Castelo da Lousa, nº inv. 4292, inédito.
12 – Abul (Mayet e Silva, 2002, p.37 e 46, fig.12, nº 113)
13 – Castelo da Lousa (Wahl, 1985, 159, nº 9; Fabião, 1998, est.110, nº 3)
14 – Torre de Ares (Nolen, 1994, p.136, est.26, nº cr-12)
15 – Aljube, nº inv. 97.8386, inédito
16 – *Conimbriga* (Alarcão, 1976, p.73 e 136, est.XVII, nº4)
17 – *Conimbriga* (Alarcão, 1976, p.73 e 136, est.XVII, nº 15)
18 – Abul (Mayet e Silva, 2002, p.37 e 46, fig.12, nº 115)
19 – Santarém (Arruda e Viegas, fig.5, nº 2)
20 – Abul (Mayet e Silva, 2002, p.37 e 46, fig.12, nº 114)
21 – Braga (Morais, 2004, p.568, fig.3, nº 8)
22 – Braga (Morais, 2004, p.568, fig.3, nº 9)
23 – Mesas do Castelinho (Fabião, 1998, p.412-413, est.110, nº 1)
24 – Aljube, nº inv. 97.83587, inédito.
25 – Santarém (Arruda e Viegas, fig.5, nº 1)
26 – Braga (Morais, 2004, p.569, fig.4, nº 17)
27 – *Conimbriga* (Alarcão, 1976, p.73 e 136, est.XVII, nº 6)
28 – Alcácer do Sal (Silva *et al.*, 1980-81, p.198 e 201, fig.24, nº 298)
29 – *Conimbriga* (Alarcão, 1976, p.73 e 136, est.XVII, nº 7)
30 – Braga (Morais, 2004, p.569, fig.5, nº 21)
31 – Braga (Morais, 2004, p.569, fig.5, nº 20)
32 – Braga (Morais, 2004, p.569, fig.5, nº 23)
33 – Aljube, nº inv. 96.19307, inédito.
34 – Santarém (Arruda e Viegas, fig.6, nº 1)
35 – Braga (Morais, 2004, p.569, fig.5, nº 24)
36 – *Conimbriga* (Alarcão, 1976, p.73 e 136, est.XVII, nº 13)
37 – Braga (Morais, 2004, p.569, fig.6, nº 28)
38 – Braga (Morais, 2004, p.569, fig.6, nº 29)
39 – *Conimbriga* (Alarcão, 1976, p.73 e 136, est.XVII, nº 14)
40 – São Cucufate (Pinto, 2003, p.259-260, fig.163, nº 81.3188)
41 – *Conimbriga* (Alarcão, 1976, p.73 e 136, est.XVII, nº 16)
42 – Torre de Ares (Nolen, 1994, p.136, est.26, cr-14)
43 – Povos (Escola Velha) (Quaresma, 1995-1997, p.39, nº 4)
44 – *Conimbriga* (Alarcão, 1976, p.73 e 136, est.XVII, nº 10)
45 – *Conimbriga* (Alarcão, 1976, p.73 e 136, est.XVII, nº 12)
46 – *Conimbriga* (Alarcão, 1976, p.73 e 136, est.XVII, nº 11)
47 – *Conimbriga* (Alarcão, 1976, p.73 e 136, est.XVII, nº 17)
48 – Ilha do Pessegueiro (Silva *et al.*, 1984, p.37-38, fig.22, nº 26)
49 – São Cucufate (Pinto, 2003, p.260-261, fig.164, nº 83.232-9)
50 – São Cucufate (Pinto, 2003, p.260-261, fig.164, nº 79.669-9)
51 – Torre de Ares (Nolen, 1994, p.136, est.26, cr-15)
52 – Braga (Morais, 2004, p.568, fig.2, nº 3)
53 – Braga (Morais, 2004, p.568, fig.2, nº 6)
54 – Torre de Ares (Nolen, 1994, p.136, est.27, cr-16)
55 – Torre de Ares (Nolen, 1994, p.136, est.27, cr-17)
56 – São Cucufate (Pinto, 2003, p.266-268, fig.173, nº 83.5041-9)
57 - São Cucufate (Pinto, 2003, p.266-268, fig.172, nº 82.317-9)
58 - São Cucufate (Pinto, 2003, p.266-268, fig.172, nº 84.4032-9)
59 - São Cucufate (Pinto, 2003, p.266-268, fig.173, nº 83.2307-9)
60 – Torre de Ares (Nolen, 1994, p.137, est.27, cr-31)
61 – Torre de Ares (Nolen, 1994, p.137, est.27, cr-32)
62 – Torre de Ares (Nolen, 1994, p.137, est.27, cr-35)
63 – Mesas do Castelinho (Fabião, 1998, p.412-413, est.110, nº 4)
64 – Braga (Morais, 2004, p.569, fig.6, nº 26)
65 – *Conimbriga* (Alarcão, 1976, p.73 e 136, est.XVII, nº 8)
66 – Santarém (Arruda e Viegas, fig.7, nº 1)
67 – Torre de Ares (Nolen, 1994, p.136, est.27, cr-13)

Tigelas

68 – Castelo da Lousa, nº inv. 760, inédito.
69 – Mesas do Castelinho (Fabião, 1998, p.412-413, est.110, nº 8)
70 – Mesas do Castelinho (Fabião, 1998, p.412-413, est.110, nº 7)
71 – Braga, Albergue Distrital, nº 1999-0446, inédito.
72 – Braga, Cavalariças, nº 1999-0510, inédito.
73 – Castelo da Lousa, nº inv. 756, inédito
74 – Abul (Mayet e Silva, 2002, p.37 e 46, fig.12, nº 111)
75 – Torre de Ares (Nolen, 1994, p.137, est.28, cr-43)
76 – Torre de Ares (Nolen, 1994, p.138, est.28, cr-49)
77 – Torre de Ares (Nolen, 1994, p.138, est.28, cr-55)
78 – Abul (Mayet e Silva, 2002, p.37 e 46, fig.12, nº 109)
79 – São Cucufate (Pinto, 2003, p.258, fig.162, nº 81.586-9)

Alguidares

80 – Torre de Ares (Nolen, 1994, p.136, est.27, cr-18)
81 – Torre de Ares (Nolen, 1994, p.136, est.27, cr-20)
82 – Torre de Ares (Nolen, 1994, p.136, est.27, cr-22)

Terrinas

83 – Aljube, nº inv. 97.25307
84 – Aljube, nº inv. 97.25308, inédito.
85 – Torre de Ares (Nolen, 1994, p.137, est.27, cr-33)
86 – Torre de Ares (Nolen, 1994, p.137, est.27, cr-28)
87 – São Cucufate (Pinto, 2003, p.300, fig.225, nº 83.620-9)
88 – Braga (Morais, 2000, p.699, est. IV, nº11)
89 – Abul (Mayet e Silva, 2002, p.37 e 46, fig.12, nº 107)

Potes

90 – Aljube, nº inv. 96.16944, inédito.
91 – Castelo da Lousa, nº inv. 780, inédito
92 – Torre de Ares (Nolen, 1994, p.135, est.26, cr-4)
93 – Torre de Ares (Nolen, 1994, p.135, est.26, cr-3)
94 – Braga, Cardoso da Saudade, nº 2003-0224, inédito.
95 – São Cucufate (Pinto, 2003, p.390, fig.389, nº 83.401-9)
96 – Castelo da Lousa, nº inv. 6547, inédito
97 – Aljube, nº inv. 96.19329, inédito.
98 – Castelo da Lousa, nº inv. 241, inédito
99 – Castelo da Lousa, nº inv. 7114, inédito
100 – Aljube, nº inv. 97.8374, inédito.
101 – Torre de Ares (Nolen, 1994, p.135, est.26, cr-7)

102 – Castelo da Lousa, nº inv. 753, inédito
103 – Aljube, nº inv. 97.8360, inédito.
104 – Cabeça de Vaiamonte (Fabião, 1998, p.412-413, est.110, nº 6)
105 – Castelo da Lousa, nº inv. 242, inédito
106 – Aljube, nº inv. 97.8337, inédito.
107 – Braga (Morais, 2000, p.699, est. IV, nº 9)
108 – *Conimbriga* (Alarcão, 1976, p.73 e 137, est. XVIII, nº 26)
109 – Castelo da Lousa, nº inv. 801, inédito
110 – São Cucufate (Pinto, 2003, p.390, fig.388, nº 83.752-9)
111 – Torre de Ares (Nolen, 1994, p.135, est.26, cr-8)
112 – Aljube, nº inv. 97.25259, inédito.

Potinhos
113 – Torre de Ares (Nolen, 1994, p.138, est.28, cr-44)
114 – São Cucufate (Pinto, 2003, p.221-225, fig.106, nº 83.2306-9)
115 – Aljube, nº inv. 97.25271, inédito.
116 – Torre de Ares (Nolen, 1994, p.137, est.28, cr-41)
117 – Torre de Ares (Nolen, 1994, p.137, est.28, cr-42)
118 – Torre de Ares (Nolen, 1994, p.138, est.28, cr-45)

Cântaros
119 – Torre de Ares (Nolen, 1994, p.136, est.26, cr-11)
120 – Castelo da Lousa, nº inv. 762, inédito

Jarros
122 – São Cucufate (Pinto, 2003, p.432, fig.482, nº 82.1897-9)
121 – Torre de Ares (Nolen, 1994, p.137, est.28, cr-39)
123 – São Cucufate (Pinto, 2003, p.425, fig.460, nº 83.3931-9)

Bilhas
124 – Cabeça de Vaiamonte (Fabião, 1998, p.412-413, est.111, nº 1)
125 – Cabeça de Vaiamonte (Fabião, 1998, p.412-413, est.111, nº 6)
126 – *Conimbriga* (Alarcão, 1976, p.74 e 137, est. XVIII, nº 33)
127 - Castelo da Lousa, nº inv. 4278, inédito
128 – Cabeça de Vaiamonte (Fabião, 1998, p.412-413, est.111, nº 5)
129 – Cabeça de Vaiamonte (Fabião, 1998, p.412-413, est.111, nº 2)
130 – Torre de Ares (Nolen, 1994, p.137, est.28, cr-36)
131 – São Cucufate (Pinto, 2003, p.441, fig.500, nº 83.5026 e 5027)
132 – São Cucufate (Pinto, 2003, p.441, fig.500, nº 84.1073)
133 – Braga (Morais, 2000, p.699, est. IV, nº 7)
134 – *Conimbriga* (Alarcão, 1976, p.73 e 137, est. XVIII, nº 21)
135 - Castelo da Lousa, nº inv. 317, inédito
136 - Castelo da Lousa, nº inv. 5491, inédito
137 – São Cucufate (Pinto, 2003, p.437, fig.492, nº 83.2592)
138 – *Conimbriga* (Alarcão, 1976, p.73 e 137, est. XVIII, nº 24)
139 – Torre de Ares (Nolen, 1994, p.137, est.28, cr-37)
140 – Cabeça de Vaiamonte (Fabião, 1998, p.412-413, est.111, nº 3)
141 – *Conimbriga* (Alarcão, 1976, p.74 e 137, est. XVIII, nº 31)
142 – São Cucufate (Pinto, 2003, p.427, fig.463, nº 82.1345)
143 – Torre de Ares (Nolen, 1994, p.137, est.28, cr-38)
144 – São Cucufate (Pinto, 2003, p.441, fig.501, nº 84.4069)
145 – São Cucufate (Pinto, 2003, p.428, fig.467, nº 82.3766)
146 – Braga (Morais, 2000, p.699, est. IV, nº 6)
147 – São Cucufate (Pinto, 2003, p.447, fig.519, nº 83.4575)
148 - Quinta do Marim
149 – São Cucufate (Pinto, 2003, p.444, fig.510, nº 84.1779)
150 – Torre de Ares (Nolen, 1994, p.135, est.26, cr-10)

Tampas
151 – São Cucufate (Pinto, 2003, p.463-465, fig.541, nº 81.3186)
152 - Castelo da Lousa, nº inv. 411, inédito
153 – Aljube, nº inv. 97.22792, inédito.
154 – Torre de Ares (Nolen, 1994, p.137, est.27, cr-25)
155 – Braga (Morais, 2000, p.699, est. IV, nº 12)

Outras peças
156 – Braga, Sé, nº 2002-2108, inédito.
157 – Torre de Ares (Nolen, 1994, p.138, est.28, cr-46)
158 – Torre de Ares (Nolen, 1994, p.138, est.28, cr-47)

Bibliografia

ALARCÃO, J. (1976a): "Les amphores", *Fouilles de Conímbriga. VI. Céramiques diverses et verres*, Paris, 79-91, est. XX- XXII.

ALARCÃO, J. (1976b): "Céramiques communes d'importation", *Fouilles de Conímbriga. VI. Céramiques diverses et verres*, Paris, 71-74, est. XVII e XVIII.

ALARCÃO, J. E ALARCÃO, A. M. (1966): "O espólio da necrópole luso-romana de Valdoca (Aljustrel)", *Conimbriga* V, Coimbra, 7-105.

ALARCÃO, J. E ÉTIENNE, R. (1977): *Fouilles de Conimbriga, I. L'Architecture*, Paris.

ALARCÃO, J., ÉTIENNE, R. E MAYET, F. (1990) : *Les villas romaines de São Cucufate (Portugal)*, Paris.

ARRUDA, A. M. E VIEGAS, C. (2004): "Les mortiers de l'Alcáçova de Santarém (Portugal)", *SFECAG, Actes du Congrès de Vallauris*, 341-349.

ARRUDA, A.M., VIEGAS, C. E BARGÃO, P. (2005): "As ânforas da Bética costeira na Alcáçova de Santarém", *Revista Portuguesa de Arqueologia*, vol.8, nº 1, 279-297.

BERNAL, D. E LAGÓSTENA, L. (eds.) (2004): *Figlinae Baeticae. Talleres alfareros y producciones cerámicas en la Bética romana (ss. II a.C.-VII d.C.)*, vol. 1, Oxford.

CALAIS, C. (1993/94): "Povos (Escola Velha) – Vila Franca de Xira – Relatório dos trabalhos arqueológicos de campo (1990) ", *Boletim Cultural Cira*, nº 6, 49-62.

CAMPOS CARRASCO, J. M., PÉREZ MACÍAS, J. A. E O VIDAL TERUEL, N. (2004): "Alfares y producciones cerámicas en la provincia de Huelva. Balance y perspectivas", *Figlinae Baeticae. Talleres alfarefos y producciones cerámicas en la Bética romana (ss. II a.C.-VII d.C)*, vol. 1, Oxford, 125-160.

CARAVALE, A. E TOFFOLETTI, I. (1997): *Anfore antiche. Conoscerle e identificarle*, S.l.

CARVALHO, P. C. (1998): *O forum de Aeminium*, S.l.: Instituto Português de Museus.

CHIC GARCÍA, G. E GARCÍA VARGAS, E. (2004): "Alfares y producciones cerámicas en la provincia de Sevilla. Balance y perspectivas", *Figlinae Baeticae. Talleres alfarefos y producciones cerámicas en la Bética romana (ss. II a.C.-VII d.C)*, vol. 1., Oxford, 279-347.

COLLS, D., ÉTIENNE, R.; LEQUEMENT, R.; LIOU, B. E MAYET, F. (1977): "L´épave Port-Vendres II et le commerce de la Bétique à l'époque de Claude", *Archeonautica,* 1, Paris, 1-143.

FABIÃO, C. (1994): "As ânforas". *Cerâmica e Vidros de Torre de Ares, Balsa,* S.l., 17-34.

FABIÃO, C. (1996): "O povoado fortificado da Cabeça de Vaiamonte (Monforte)", *A Cidade, Revista Cultural de Portalegre*, nº 11 (Nova Série), Portalegre, 35-84.

FABIÃO, C. (1998): *O mundo indígena e a sua romanização na área céltica do território hoje português*, Tese policopiada, Lisboa.

FERNÁNDEZ GARCÍA, M. I. (2004a): "Alfares y producciones cerámicas en la provincia de Granada. Balance y perspectivas", *Figlinae Baeticae. Talleres alfarefos y producciones cerámicas en la Bética romana (ss. II a.C.-VII d.C)*, vol. 1, Oxford, 195-238.

FERNÁNDEZ GARCÍA, M. I. (2004b): "Alfares y producciones cerámicas en la provincia de Jaén. Balance y perspectivas",

Figlinae Baeticae. Talleres alfarefos y producciones cerámicas en la Bética romana (ss. II a.C.-VII d.C), vol. 1, Oxford, 239-272.

GONÇALVES, A. E CARVALHO, P. (2004): "Intervención arqueológica en el Castelo da Lousa (1997-2002): resultados preliminares", *Torres, atalayas y casas fortificadas. Explotación y control del territorio en Hispania (S. III a. de C. – S. I d. de C.)*, Jaén, 65-76.

HUARTE CAMBRA, R. (2003): "Las producciones de la figlina. Cerámicas comunes", *Arqueología y rehabilitación en el Parlamento de Andalucía*, Sevilla, 220-236.

MAYET, F. E SILVA, C. T. (2002): *L'atelier d'amphores d'Abul (Portugal)*, Paris.

MORAIS, R. M. L. S. (1998): *As ânforas da zona das Carvalheiras. Contribuição para o estudo das ânforas romanas de Bracara Augusta*, Braga.

MORAIS, R. (2000): "Poster", *Congreso Internacional Ex Baeticae Amphorae. Conservas, aceite y vino de la Bética en el Imperio Romano (Écija y Sevilla, 17 al 20 de diciembre de 1998), Actas*, vol. II. Écija, 697-701.

MORAIS, R. (2004): "Os almofarizes béticos em *Bracara Augusta*", *Figlinae Baeticae. Talleres alfareros y producciones cerámicas en la Bética romana (ss. II a.C.-VII d.C.)*, vol. 2. Cádis, 567-570.

MORAIS, R. (2006): "Consumo de preparados piscícolas em *Bracara Augusta* durante a época romana", *Simpósio Internacional Produção e Comércio de Preparados Piscícolas durante a Proto-História e a Época Romana no Ocidente da Península Ibérica, Homenagem a Françoise Mayet,* Setúbal Arqueológica, 13, Setúbal, 295-312.

MORAIS, R. (no prelo): "Ânforas de tipo *urceus* de produção bética e produções regionais e locais do NW Peninsular", *Actas del Congreso Internacional Cetariae. Salsas y Salazones de pescado en Occidente durante la Antigüedad*, B.A.R., Oxford.

NOLEN, J. U. S. (1985): *Cerâmica comum de necrópoles do Alto Alentejo*, Lisboa.

NOLEN, J. U. S. (1994): *Cerâmica e Vidros de Torre de Ares, Balsa*, S.l.

PARIS, P., BONSOR, G., LAUMONIER, A., RICARD, R. E MERGELINA, C. (1926): *Fouilles de Belo (Bolonia, province de Cadix) (1917-1921)*, Tome II, *La Nécropole*, Bordéus-Paris.

PASQUALINI, M. (1996): "Vaisselle commune de table et de cuisine en Basse Provence au Ier siècle de notre ère", *Les céramiques communes de Campanie et de Narbonaise (Ier s. av. J.-C.- IIe s. ap. J.-C.). La vaisselle de cuisine et de table (BATS, M., ed.)*, Nápoles, 289-297.

PELICHET, E. (1946) : "A propos des amphores romaines trouvées à Nyon", *Zeitschrift für Schweizerische archaeologie und kunstgeschichte*, Band 8, Heft 4, Basel, 189-202.

PICON, M. E OLCESE, G. (1994): "Per una classificazione in laboratorio delle ceramiche comuni", *Ceramica Romana e Archeometria: lo Stato degli Studi,* Florença, 105-114.

PINTO, I. V. (2003): *A cerâmica comum das villae romanas de São Cucufate (Beja)*, Lisboa.

PINTO, I. V. (2004): "Cerâmica comum de provável origem bética das *villae* romanas de São Cucufate", *Lusíada. Arqueologia, História da Arte e Património*, Lisboa, 9-29.

PINTO, I. V. (2006): "A cerâmica comum bética das *villae* romanas de São Cucufate - uma revisão". *Revista Portuguesa de Arqueologia*, 9, nº 1, 167-184.

PRUDÊNCIO, M. I. (2000): "Anexo técnico. Caracterização química e mineralógica de cerâmica comum fina e de uma ânfora recolhidas em Braga", *Congreso Internacional Ex Baeticae Amphorae. Conservas, aceite y vino de la Bética en el Imperio Romano (Écija y Sevilla, 17 al 20 de diciembre de 1998), Actas*, vol. II, Écija, p. 701.

QUARESMA, J.C. (1995-1997): "Os almofarizes romanos de Povos (Vila Franca de Xira) no contexto do território actualmente português", *CIRA* 7, Vila Franca de Xira, 25-45.

SERRANO RAMOS, E., (1978): "Cerámica común del alfar de Cartuja (Granada)", *Baetica*, Málaga, 243-271.

SERRANO RAMOS, E., (1995): "Producciones de cerámicas comunes locales de la Bética", *Ceràmica comuna romana d'època Alto-Imperial a la Península Ibèrica. Estat de la questió,* Empuries, 227-249.

SERRANO RAMOS, E. (2000): *Cerámica común romana: siglos II a.C. al VII d.C. Materiales importados y de producción local en el territorio malacitano*, Málaga.

SERRANO RAMOS, E. (2004): "Alfares y producciones cerámicas en la província de Málaga. Balance y perspectivas". *Figlinae Baeticae. Talleres alfarefos y producciones cerámicas en la Bética romana (ss. II a.C.-VII d.C)*, vol. 1., Oxford, 161-193.

SILVA, C.T. E SOARES, J. (1993): *Ilha do Pessegueiro. Porto romano da costa alentejana*, Lisboa.

SILVA, C.T., SOARES, J., BEIRÃO, C.M., DIAS, L.F. E COELHO-SOARES, A. (1980-81): "Escavações arqueológicas no Castelo de Alcácer do Sal (campanha de 1979) ", *Setúbal Arqueológica* VI-VII, Setúbal, 149-218.

SILVA, C. T., SOARES, J., COELHO-SOARES, A. (1992) - "Estabelecimento de produção de salga da época romana na Quinta do Marim (Olhão). Resultados preliminares das escavações de 1988-89", *Setúbal Arqueológica*, IX-X, Setúbal, 335-374.

SILVA, C. T., SOARES, J., DIAS, L. F., COELHO-SOARES, A. (1984): "Escavações Arqueológicas na Ilha do Pessegueiro (Sines). Notícia da 2ª campanha (1981) ", *Arquivo de Beja*, volume 1, II Série, Beja, 11-45.

SILVA, R. A. M. B. (2005): *As "marcas de oleiro" em terra sigillata da Praça da Figueira: uma contribuição para o conhecimento da economia de Olisipo (séc. I a.C. – séc. II d.C.)*, Tese de mestrado policopiada apresentada à Universidade do Minho.

VEGAS, M. (1969): "Munigua. Römische keramik des 1. Jahrunderts n. Chr.", *Madrider Mitteilungen,* X, Madrid, 199-250.

VEGAS, M. (1973): *Cerámica Común Romana del Mediterráneo Occidental*, Barcelona.

WAHL, J. (1985): "Castelo da Lousa. Ein wehrghöft caesarisch-augusteischer zeit", *Madrider Mitteilungen,* XXVI, Madrid, 149-176.

CONTENITORI DA GARUM E CONSUMI ALIMENTARI A VILLA ARIANNA DI STABIAE : ALCUNE CONSIDERAZIONI *

R. FEDERICO
Collaboratrice Archeologica, Soprintendenza archeologica di Pompei

A villa Arianna di *Stabiae,* tra i contenitori da *garum* sono presenti sia anfore spagnole che anforette pompeiane di forma Schoene Mau VI. E' significativo che tali materiali provengano da una villa d'*otium* che una lunga tradizione di studi e scoperte ci ha sempre insegnato a scoprire interessante per l'architettura, gli arredi pittorici e musivi, la suppellettile pregiata di bronzo e marmo. L'*Instrumentum domesticum* si rileva altrettanto importante per conoscere la vita sociale ed economica dei suoi abitanti e proprietari attraverso i consumi alimentari, gli approvvigionamenti e le scorte di cibo. Documenta i traffici commerciali che avvenivano via mare o nell'*ager*, i rapporti che intercorrono tra le produzioni e le fabbriche di *garum* (e di altri generi alimentari) e una *villa* nel mondo antico.

1.- Presentazione del sito.

1. Villa Arianna è una villa *maritima* e di *otium* che sorge su una collina poco alta situata in posizione panoramica sul mare (figura 3). Il suo impianto risale ad un periodo che si pone tra la fine della repubblica e gli inizi dell'Impero quando in Campania si costruiscono ville residenziali e di lusso e si diffonde la moda di *vivere in villa* nel Golfo di Napoli da capo Miseno a capo *Atheneum* (Strabone, V,4,8; d'Arms, 1979, 65-86, e 1981,60-96) (figura 1).

Già esplorata in età borbonica, occupa una vasta area archeologica parzialmente indagata che si estende per circa

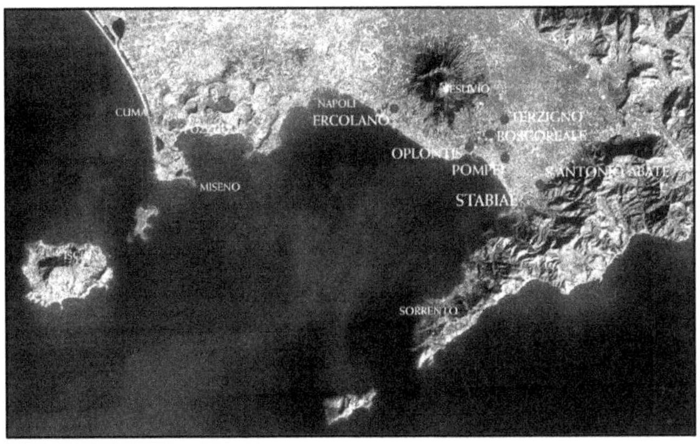

Figura 1.- Mappa geografica, Golfo di Napoli e Stabiae.

Figura 2.- Foto, Arianna dormiente, quarto stile pompeiano.

15.000 mq. di cui gran parte è ancora interrata. Fu costruita inizialmente con eleganti pareti in secondo stile e un atrio monumentale. L'antico *oppidum* di Stabiae, distrutto da Silla (Plinio *Nat.His.,* XXXVI, 34) divenne *ager publicus*, disponibile per investimenti e profitti, dopo la guerra sociale. E' sicuramente a partire dall'età augustea che si articola il suo complesso impianto architettonico, con disposizione degli ambienti del quartiere domestico e rustico a sud e zona padronale con eleganti affreschi di III stile a nord; successive modifiche in età claudia e neroniana riguardano soprattutto i rifacimenti murari e le pitture in quarto stile della parte

* Ringrazio vivamente la Prof. Inmaculada Pérez López che mi ha invitato a esponere a questo Convegno le considerazioni che stano formulando sulla studio dei materiali di Villa Arianna. Molte persone inoltre hanno reso possibile questo lavoro: innanzitutto ringrazio il Soprintendente Prof. Guzzo per l'autorizzazione allo studio dei materiali per la discussione della mia Tesi di Specializzazione alla 'Sapienza'di Roma; il Prof. Pensabene che ha creduto nel mio lavoro e mi ha seguito per la parte architettonica, la Prof. Panella per alcuni suggerimenti utili sulle alcune forme anforarie, a Lourdes Girón Anguiozar, grande amica, che ho incontrato a villa Arianna per la prima volta e con cui ho discusso alcune problematiche riguardanti la ceramica comune (argomento della sua tesi di dottorato). Ringrazio il Prof. D. Bernal per la sua disponibilità; ringrazio il Comitato Organizzatore del Convegno e quanti erano presenti, Professori, Ricercatori, Studenti con cui ho scambiato le mie modeste conoscenze. Ringrazio inoltre tutto il personale di villa Arianna, per la collaborazione e la signora Ida in modo particolare, per la premura mostrata mentre studiavo i materiali, ringrazio anche i Custodi dell'Antiquarium che mi hanno aiutato mentre visionavo e fotografavo alcune anfore. Ringrazio la dott. Bonifacio, Ispettrice degli Scavi di Stabiae per la gentilezza e la disponibilità, il sig. Sabini Assistente Tecnico di Scavo per le utili informazioni sui materiali ceramici scavati già da tempo e custoditi nel deposito. Infine devo un ringraziamento particolare al mio amico, Ing. Montuori di Castellammare di Stabia che ha curato la digitalizzazione delle foto e dei disegni da me eseguiti.

Actas del Congreso Internacional *CETARIAE. Salsas y salazones de pescado en Occidente durante la Antigüedad*, Universidad de Cádiz, Noviembre de 2005, *B.A.R. int. ser.* 1686, Oxford 2007, 255-270.

residenziale (figura 2); ampliamenti successivi all'inizio dell' età flavia, accorpano strutture architettoniche preesistenti come il notevole peristilio (H) a ovest (figure 3, 4); mentre trasformazioni a est testimoniano ancora cambiamenti di destinazioni d'uso e di funzioni degli ambienti, a vantaggio forse di nuovi proprietari e a discapito dei vecchi.

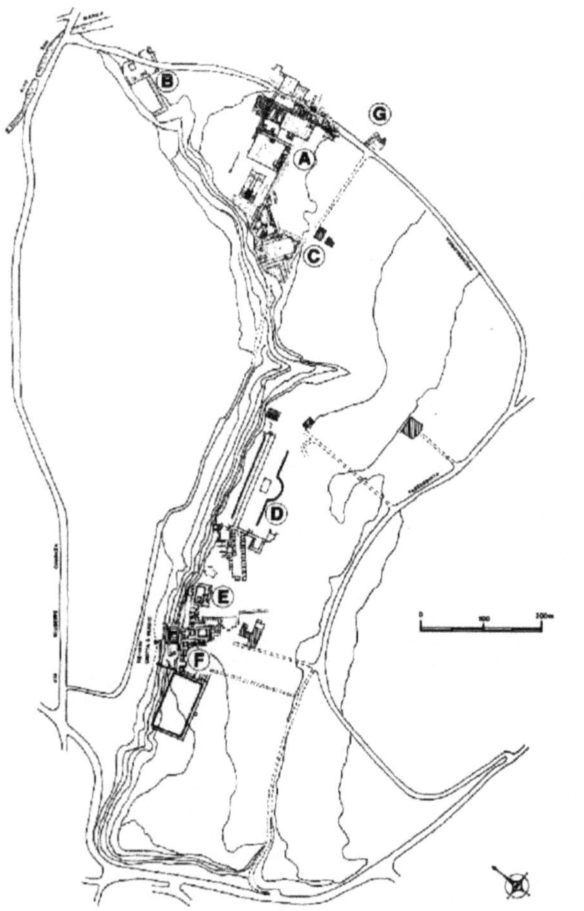

Figura 3.- Mappa topografica, Stabiae: Collina di Varano con ville d'otium, in basso villa Arianna (F).

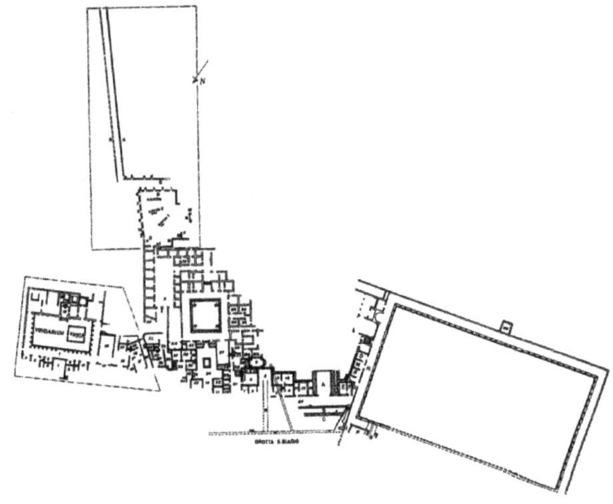

Figura 4.- Planimetria, Villa Arianna con successivi ampliamenti.

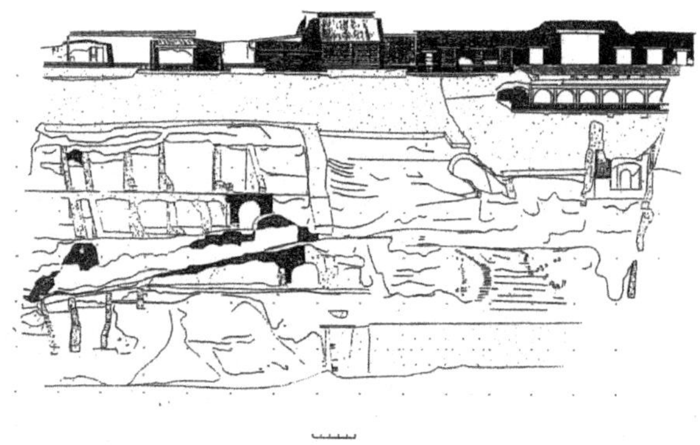

Figura 5.- Disegno prospettico, Villa Arianna a nord (ricostruzione).

2. La villa era collegata direttamente al mare attraverso una rampa situata a nord sulla *frons scenae* sistemata con arcate e due ninfei (figure 5, 6). A metà percorso si apriva un passaggio coperto di servizio, terminante con una stradina basolata su cui poteva transitare anche un carro; esso consentiva dalla linea di costa di uscire direttamente sul piano di campagna, dov'era il quartiere rustico. Gli iniziali proprietari dovevano far parte della *élite* politica ed economica arricchitasi nel corso delle guerre di conquista romana del II e I sec a.C., successivamente legati anche all'*entourage* del *Princeps*. La villa era anche una stazione di soggiorno climatica e termale (Plinio, *Nat. Hist.*, XXXI, 9) essendo disposta a ridosso dei monti Lattari che godevano nell'antichità[1] di rinomata fama per la salubrità dell'aria, per le risorse arboricole e zootecniche (ottimi i pascoli e il latte dei monti Lattari che guariva dalle ulcere).

Figura 6.- Foto, Villa Arianna, frons scenae, come appare oggi.

3. Sotto il profilo economico sfruttava le risorse disponibili sul territorio, prodotti della terra da cui si ricavava il vino e l'olio, e ne importava altri, *garum,* olio, vino. La documentazione dell'*instrumentum domesticum* testimonia sia l'utilizzo della suppellettile quotidiana necessaria alla vita

[1] Galeno, *De methodo medendi,* XII,V; Simmaco, *Epistulae,*VI,18; Cassiodoro, *Variae*, XI,10.

in *villa* (ceramica comune e fine da mensa) che agli approvvigionamenti di scorte alimentari (anfore), configurando quest'impianto come un'azienda produttiva, dinamica anche negli scambi commerciali. Forse aveva un certo controllo delle produzione del territorio circostante disseminato di piccole fattorie e *praedia*. Le produzioni oltre il vino e l'olio erano, in misura considerevole frutta, ortaggi, legumi di cui è ricco il territorio sarnese. Ritrovamenti di ville rustiche in età antica (Ruggiero, 1881), di ville e fattorie in tempi recenti (Miniero, 1984, 35-38; e 1990, 231-271) documentano un territorio densamente popolato e coltivato nella prima età imperiale; il dato è più volte riportato nelle fonti antiche: città edifici e piantagioni assumono l'aspetto di in unica metropoli che si dispone intorno al Vesuvio, protagonista della fertilità e della densità demografica fin dai tempi antichi, di questa parte della *Campania felix* (Strabone, *Geogr.*V, 4, 8; Cicerone, *Lettere ad Attico*, 2, 8, 2; Plinio, *Nat.Hist*, XIX, 140).

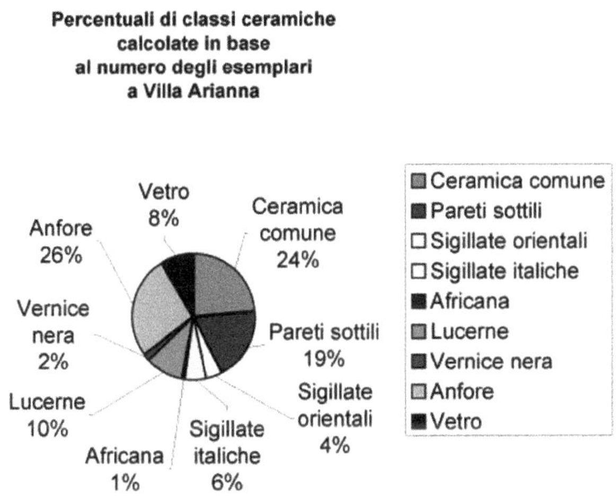

Figura 7.- Grafico, Percentuali delle classi ceramiche.

2.- L'*instrumentum domesticum.*

L'*instrumentum domesticum* attesta consumi alimentari diversificati e un *surplus* di riserve alimentari, quantificabile in recipienti anforari che forse non era destinato soltanto ai consumi della villa ma anche degli abitanti del territorio dell'*ager* intorno. Lo studio del materiale ceramico (ceramica comune e fine) testimonia le abitudini alimentari degli abitanti della villa; esse sono quelle del mondo romano tra la fine della repubblica e il primo secolo dell'impero, basate sul consumo di carne, pesce (e suoi derivati) e prodotti agricoli della terra. Tra la ceramica comune che costituisce il 24% dell'*Instrumentum,* abbiamo una dozzina di pentole di misura standard, altrettante olle, bacili e tegami, contenitori monoansati, brocche, anforette, urcei, coperchi e qualche mortaio: tutto quanto serviva per una cucina abbastanza grande ma destinata pur solo agli abitanti della villa. Tra la suppellettile fine da mensa si registrano le sigillate italiche (6%), quelle orientali (4%) piatti o scodelle, pareti sottili (19%) ollette-boccalini globulari e coppette mono-biansate, secondo un repertorio uniforme e standardizzato. La vernice nera è da considerarsi residua (2%) e sono per lo più piatti; vetri (8%) e lucerne (10%) tutte a disco semplice e monoclini secondo una serie anch'essa fortemente standardizzata, completano il repertorio (figura 7).

Le anfore costituiscono una percentuale abbastanza alta del totale dell'*instrumentum* con il 26% e, se si considera la loro capacità in litri di contenere liquidi o solidi, appare davvero notevole la riserva alimentare per i consumi della *villa*. La tipologia è abbastanza varia per contenuto, forme e provenienza pur se si attesta fortemente col repertorio formale delle Dressel 2-4 (figura 8).

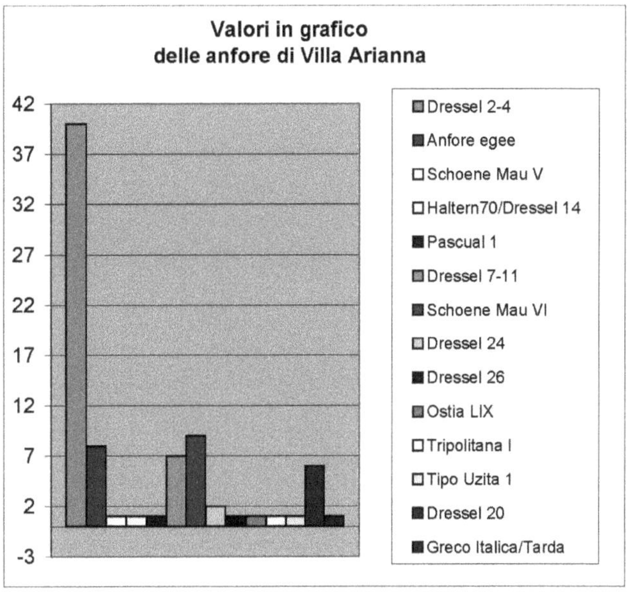

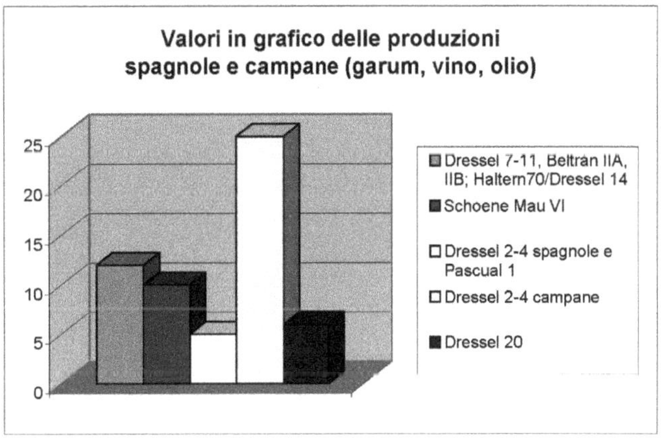

Figura 8.- Grafici, I – Totali anfore,
II – Totali produzioni spagnole e campane.

Il repertorio anforario di villa Arianna è simile a quello dei siti del medesimo periodo, in Italia (Panella, 2002, 181-184, Rizzo, 2003, 144-167) e nella Provincia (Cartagine, Martin-Kilcher, 1993, 269-320; *Limes* renano-danubiano, Martin-Kilcher, 1994, 393-409), tra l'età augustea-tiberiana e la metà del I sec. d.C. o poco oltre. I relitti rinvenuti nelle Bocche di Bonifacio in Corsica (Liou 1990, 125-155; Liou, Domergue, 1990, 11-123) attestano un carico di anfore spagnole simile a quello che arrivò a destinazione, a villa Arianna, Dressel 7-11 e tipi affini, Haltern 70, Dressel 20.

3.- Le anfore.

Il materiale anforario proveniente dalla villa è frammentario: colli con orlo e anse spesso anch'esse frammentarie o fondi. Di tutti gli esemplari soltanto alcuni individui di Dr 2-4 sono ricostruibili quasi interamente e anche un'anfora egea *(Ath.Ag. F65-66)* perché in fase con l'ultima epoca di abitazione della villa. La frammentarietà dei pezzi è attribuibile anche alle modalità di scavo e di conservazione che risale alla metà del secolo scorso. Una breve panoramica tipologica delle anfore illustra una significativa diversità: Dressel 2-4 di varia provenienza, anfore egee, cretesi, tripolitane, baetiche, tarraconesi e leetane (un paio di esemplari), qualche esemplare dalla Lusitania.

pareti, pance, fondi) con i colli è forse dovuta al fatto che alcune anfore potrebbero essere residue cioè non più in uso al momento della distruzione della villa, e probabilmente databili tra l'età augusteo-tiberiana e claudia come del resto alcune classi ceramiche da mensa e alcune strutture murarie.

Parte del materiale anforario forse è lo stesso di quello annotato nei diari di scavo (D'Orsi, 1996, 396-399, senza però indicazioni certe rifundo la tipologia), volto al recupero delle strutture architettoniche con affreschi degli ambienti allineati a nord, e al loro immediato restauro. 'Varie anfore' furono trovate 'rotte' per il crollo del solaio nell'ambiente 22, altre anfore e qualche Dressel 2-4, negli ambienti adiacenti.

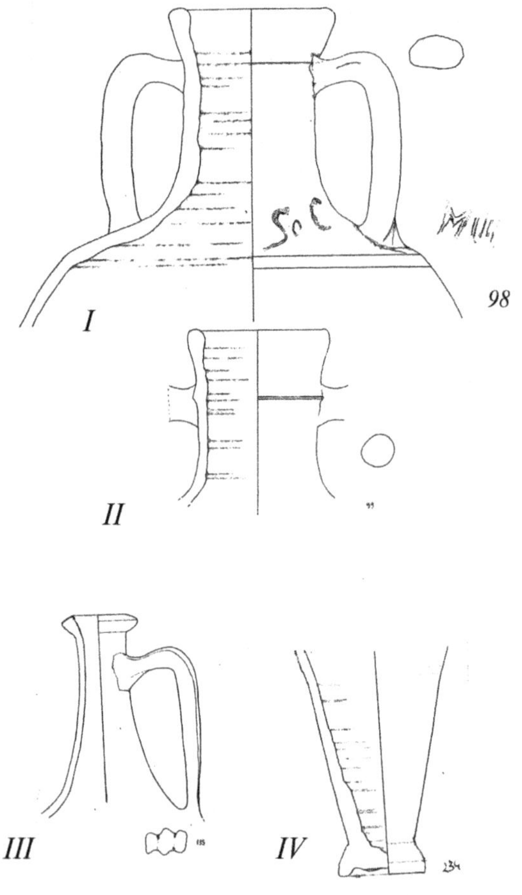

Figura 9.- Disegno, Grafico ricostruttivo delle anfore Dressel 24 e Schoene Mau VI.

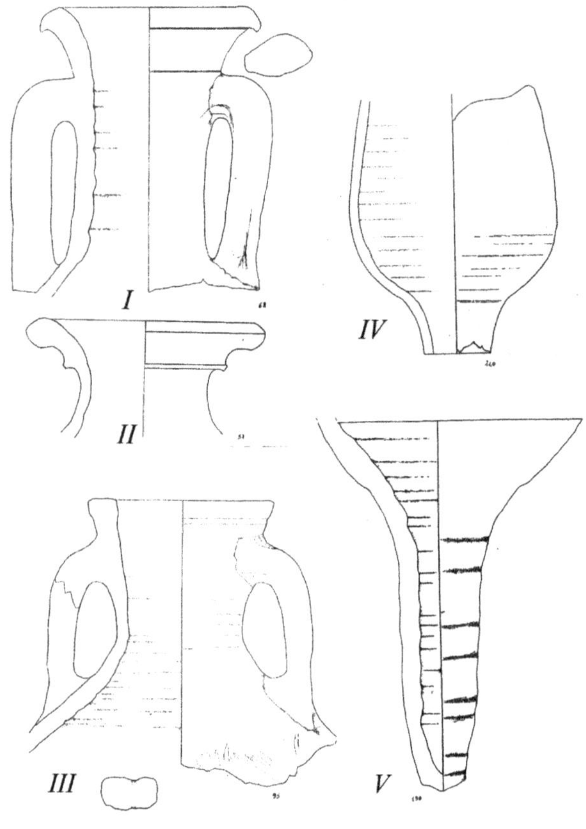

Figura 10.- Disegno, Grafico ricostruttivo delle anfore Dressel 8, Dressel 9/10 similis, Haltern 70/Dressel 14 similis, Pélichet 46, Dressel 8.

Lo studio delle argille si basa sull'osservazione di campioni delle medesime a occhio nudo e con lente d'ingrandimento sulla base anche di confronti con reperti provenienti dal territorio vesuviano e su confronti tipologici in letteratura archeologica. Tutti i reperti analizzati, date le condizioni di ritrovamento non contenevano residui alimentari. Abbiamo considerato anche che la mancanza di pezzi integrabili (come

Si è considerato che solo un terzo della villa è stato scavato per intero e si è considerata anche l'eventualità che l'esplorazioni borboniche abbiano disperso i materiali ritenuti 'irrilevanti', perché trovati 'rotti'. Tuttavia il futuro potrebbe riservare una più completa documentazione dell'*instrumentum* nella parte sud, adibita alla gestione della villa e dei suoi beni quantificabili anche in prodotti alimentari raccolti e immagazzinati. Lo scavo d'emergenza eseguito negli anni scorsi nel quartiere rustico, a sud, metteva in luce una vasta area (figura 4), con magazzini, stalle, un carro e frammenti di un secondo, celle disposte intorno ad una corte in comunicazione col piano di campagna e con l'*ager Stabianus* attraverso un viottolo (Miniero, 1987, 171-209).

4.- Il materiale anforario da *garum*.

La percentuale più alta è costituita da anfore Dr 2-4 (circa 40 individui): di questa una dozzina risulta essere di produzione locale, più di una dozzina di provenienza egea e il rimanente gruppo sembra di produzione non locale, forse dalla Campania settentrionale. Di produzione sud ispanica abbiamo qualche frammento ma gli individui ipoteticamente ricostruibili sono molto pochi in percentuale (forse due); l'attribuzione è fornita dalle caratteristiche e dal colore dell'argilla, giallino-verdognola a grana poco compatta ma fine, molto simile per l'impasto alle Dressel 20 e alle Dressel 7-11 provenienti dalla villa (figura 11).

Figura 11.- Foto, Dressel 8, Dressel 2 - 4.

Dopo le Dr 2-4, la tipologia più attestata in percentuale è quella pertinente alle anfore olearie e da *garum* della *Baetica*, qualche esemplare è classificabile come Tripolitana I che è generalmente un contenitore oleario africano (Panella, 1977, 135-148) e del tipo Bonifay 18, Uzita Pl 52, 10, (Bonifay[2], 2004, 103-4 Van der Werf, 1982, 185) entrambe ritrovate sia a Roma che a Pompei e di epoca flavia. Delle anfore ispaniche alcuni grossi frammenti di collo sono pertinenti ad almeno sei individui di Dr 20 tutti marcati con bollo rettangolare impresso sull'ansa e uno sul labbro.

Le anfore da *garum* sono:

a) da villa Arianna
   1. Dressel 38-39/Pélichet 46
   2. Dressel 8 (*n dis* [3] 68), figura 10, 11
   3. Dressel 9/10 *similis* (*n dis* 57), figura 10, 12, 13
   4. Dressel 8 o Pélichet 46/Beltrán II A (*n dis* 190), figura 10, 13
   5. Pélichet 46/Beltrán II A (*n dis* 240), figura 10, 13
   6. Dressel 24 (*n dis* 98), figura 9, 14, 15
   7. Dressel 24 (*n dis* 99), figura 9,13
   8. Dressel 7-11 (*n dis* 262), figura 17
   9. Haltern 70/Dressel 14 (*n dis* 95), figura 10, 16.

b) dall'Antiquarium stabiano:
   10. Beltrán IIB (*n inv.* 67878), figura 18
   11. Pélichet 46/Beltrán II A (*n inv.* 64429), figura 19

c) da villa Arianna
   Schoene Mau VI, figura 9, 20-21 :
   dal n 12 al n 24 (*nn dis* 70, 171-174 e 135 colli; 76, 84, 232-235, 334 fondi)

Descrizione

1. E' un grosso frammento di Dressel 38-39/Pélichet 46 in argilla e ingubbiatura giallina tipica delle produzioni spagnole meridionali, proveniente dal quartiere rustico[4].

Figura 12.- Foto, Dressel 9/10 similis (Ramon PE-41 ?).

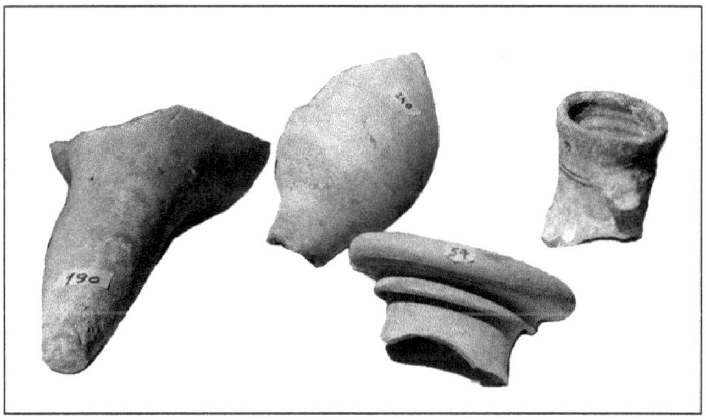

Figura 13.- Foto, Dressel 8, Pélichet 46/Beltrán IIA, Dressel 24, Dressel 9/10 similis.

2. (*n dis* 68) E' un grosso frammento di Dressel 8 che rientra nella grande famiglia delle Dressel 7-11 di età augustea, utilizzata per l'industria conserviera del *garum* e delle altre conserve di pesce. E' una forma abbastanza attestata in territorio vesuviano con alcune varianti (Manacorda, 1977, 121-123) come la Beltrán II B, più tarda e da cui il nostro esemplare si differenzia per la resa delle anse impostate

[2] Devo alla cortesia del dott. Bonifay questa notizia, fornitami durante il Convegno.

[3] *n dis*= numero assegnato al disegno ricostruttivo del singolo frammento; *n inv*=numero inventario.

[4] Si riporta la notizia riferita in Miniero 1987, 177, nota 10.

molto al di sotto dell'orlo pendente. L'argilla biancastra con sfumature dal verdognolo al rosa arancio e l'ingubbiatura biancastra molto diluita, è quella tipica delle produzioni della Spagna meridionale. Il prototipo con orlo a calice nettamente distinto dal collo, lungo e cilindrico, anse a gomito ravvicinate e impostate sotto il calice, appare tra le prime produzioni di età augustea (Panella, 2002, 202, 264 fig. 99) delle officine tra Cádiz e Algeciras dove le industrie di salagione in età romana moltiplicano la produzione essendo la loro attività legata alla felice posizione di transito delle migrazioni di tonni, sardine e sgombri.

Figura 14.- Foto, Dressel 24.

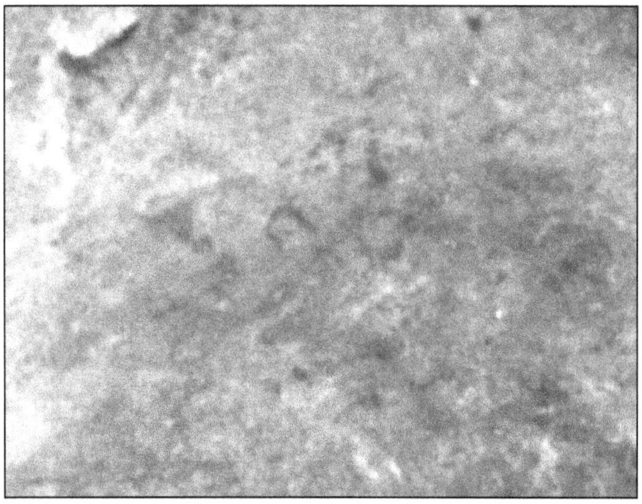

Figura 15.- Foto, Eadem particolare con titulus pictus.

3. (*n dis* 57) E' un grosso frammento di anfora Dressel 9/10 *similis* ha un'imboccatura larga e orlo ingrossato, spigolo ben marcato all'attacco col collo con cui forma un gradino; il tipo di argilla e la lavorazione fanno pensare ad un'anfora di tradizione punica. L'argilla è rosso-arancio molto fine e compatta con inclusi di calcite bianca e quarzi, l'ingobbio giallognolo. La superficie interna tendente al rosso violaceo, con sbavature di argilla alternate a segni impressi con la stecca prima della cottura, che definiscono sul bordo interno dell'orlo il limite con l'ingubbiatura. Sempre sull'orlo è visibile un caratteristico anello di sabbia, indice di un particolare procedimento di lavorazione. Il contenitore, considerate le caratteristiche dell'orlo a imboccatura larga rientra in quelli da *garum* e *salsamenta,* Dressel 7-11. Forse è una produzione della costa valenciana, a sud della Tarraconese, dove l'industria del pesce ebbe una certa rinomanza in età romana pur se non raggiunse le dimensioni industriali della *Baetica* (Panella, 2002, 200) e dove il caratteristico colore dell'impasto sfuma dal rosso-arancio al rosso-marrone (Tchernia-Zevi, 1972, 36-40). Si riscontra anche una rassomiglianza con le argille prodotte in Laietania (Pascual Guasch, 1977, 47-96 e 64; e 1980, 233-242), alcune anfore 'del sud della Spagna' conservate a Pompei sembrano presentare lo stesso tipo fine e colore dell'argilla (Manacorda, 1977, 129; Miró 1988, 99-104). Se è una produzione della Catalogna ad imitazione delle Dressel 7-11 baetiche, l'esportazione fu modesta, pur se raggiunse le coste tirreniche durante la prima metà del I sec d.C., se è una produzione di tradizione punica, ebusitana della tipologia Ramon PE-41, ad imitazione delle Dressel 7-11 baetiche, (Ramon, 1991, fig. 49, 3) sembra essere quasi un *unicum* a *Stabiae.*

Figura 16.- Foto, Haltern 70/Dressel 14 similis.

4. (*n dis*190) E' un lungo puntale conico vuoto pertinente ad anfora Dressel 8 o Pélichet 46/Beltrán IIA di dimensioni medio-grandi. La pasta ceramica è rosa arancio, fine depurata polverosa, con inclusi biancastri puntiformi secondo una delle varianti di argilla delle produzioni della Spagna meridionale.

5. (*n dis* 240) E' un frammento di fondo con puntale conico vuoto mutilo pertinente forse ad un anfora della famiglia Dressel 7-11. E' di piccole dimensioni e forse classificabile come Pélichet 46/ Beltrán IIA molto frequente a Pompei in

numerose varianti (Manacorda, 1977, 123-125), attestate a partire dall'età tiberiano-claudia fino all'età flavia. L'argilla simile a quella dell'esemplare precedente (4), presenta sulla superficie esterna una leggera ingubbiatura rosato-giallino.

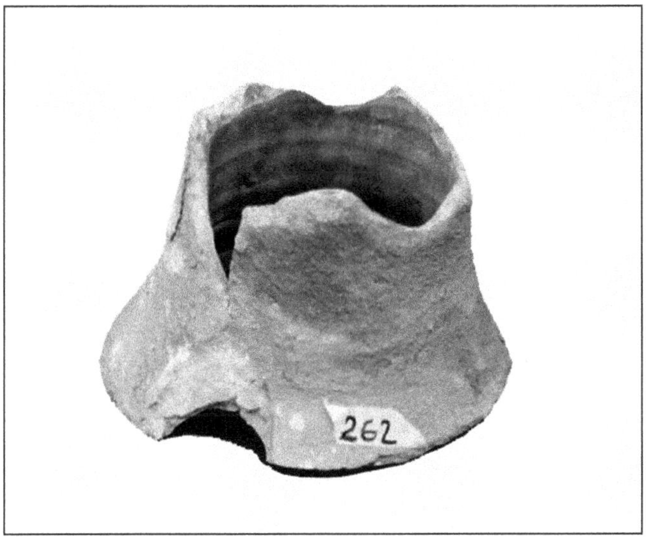

Figura 17.- Foto, Dressel 7 – 11 o 14.

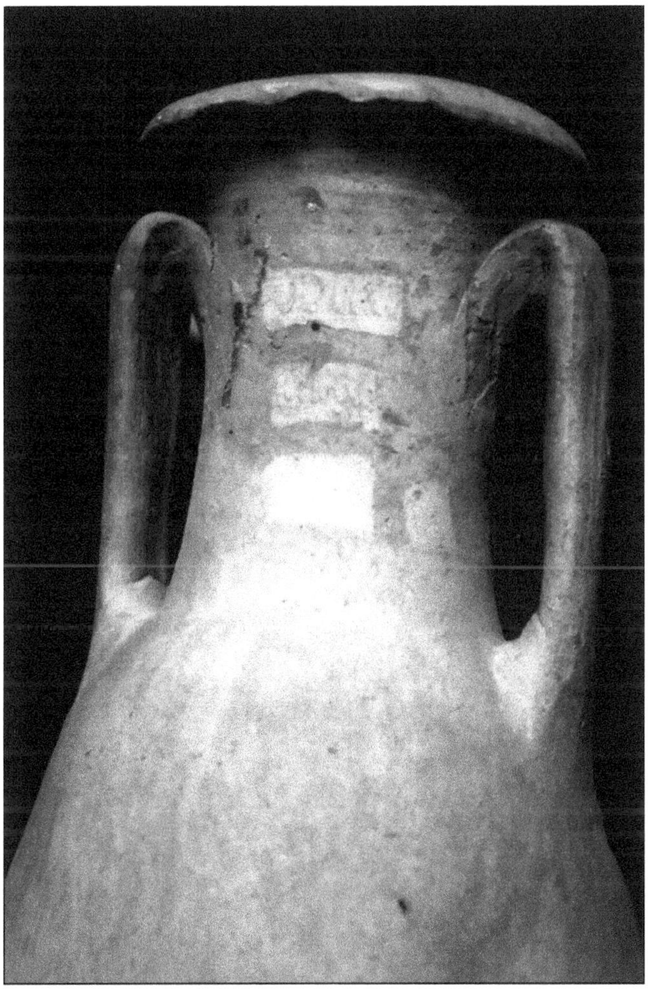

Figura 18.- Foto, Beltrán IIB con titulus pictus.

6. (*n dis* 98) E' una Dressel 24, una forma abbastanza discussa per il tipo di prodotto esportato (olio, vino, *garum*). Presenta il collo alto e l'orlo svasato, anse a nastro, spalla obliqua, corpo probabilmente allungato. L'esemplare è simile ad altri tre ritrovati a Pompei (Manacorda, 1975, 378-383), e sette attestati al Castro Pretorio, a Roma (Zevi, 1966, 223). Il dato propone una cronologia che è a partire della metà del I sec d.C. Un'anfora abbastanza simile di provenienza tarraconese/leetana, è riportata da Panella (Panella, 2002, 261, *ibidem* bibliografia). Ritrovata già precedentemente in territorio tarraconese o al largo di quelle coste (Tchernia, 1971, 43, 53) l'attribuzione alla Spagna meridionale ipotizzata (Manacorda 1977, 129-131) appare abbastanza probabile. L'argilla è rosata a grana fine e compatta, pressoché priva di inclusi a occhio nudo ed ha un'ingubbiatura biancastra, è simile per composizione colore e tonalità arancio rosata a quella che ho letto delle produzioni di Algeciras e Puerto Real (Perez Lopez *et alii*, 2003, 194). Gli scarsi dati epigrafici delle anfore pompeiane fanno ipotizzare a buon ragione un trasporto di *garum* o *salsamenta*. Su una di queste si legge il nome *Umbricii Scaurii,* noto commerciante di *garum* il cui nome compare sui piccoli *urcei* monoansati adibiti alla conservazione del *garum Pompeiano* (figura 22). La presenza di un nome pompeiano su un anfora spagnola si lega evidentemente al ruolo di importatore di Scauro, come si riscontra anche a Cartagine su un'anfora Dressel 2-4 marcata col nome del figlio di quest'ultimo. Forse l'esemplare da villa Arianna è una produzione della *Baetica* e trasportava *garum* o altre salse di pesce.

Sulla spalla sono tracciate tre lettere leggibili dipinte in rosso; la lettura che si propone è: **S o C** (o **S o L**) su un lato, e **M** √√ / / / // sulla parte opposta, si può sciogliere con **Soc**(iorum o soci) e **M**(uria) che compare anche sul collo di un anfora spagnola classificabile tra le Dressel 7-11 (Rizzo, 2003, 152 e Fig. E). Dall'altro lato le aste similmente in rosso, possono interpretarsi come numerali che indicano un numero (?). Da Pompei (*CIL IV*, n 5659) proviene un'iscrizione che si riferisce al *garum sociorum* prodotto a Cartago Nova (Étienne, 1970, 297-313).

Tuttavia il campo della spalla non è quello dove si riporta la scritta della società o compagnia che gestiva il prodotto, per cui le lettere esaminate potrebbero indicare una specificazione della qualità del prodotto o il nome del *mercator*, anche se generalmente le indicazioni suddette compaiono sul collo (parte alta e parte bassa) scritte con inchiostro nero.

La documentazione archeologica indica per la Dressel 24 due centri di produzione, recentemente localizzati nella provincia d'Asia, presso Efeso e presso Smirne (Rizzo 2003,156 e nota 77 con bibliografia); mentre la tradizione archeologica assegna a questo tipo di anfora il trasporto del vino.

Diversi esemplari di varia provenienzia recano caratteri delle lettere in greco; l'esemplare stabiano con scritta in caratteri latini è finora, tra i pochi.

Nei magazzini del foro di Pompei ne ho individuate altre due integre.

7. (*n dis* 99) E' un'altra Dressel 24 simile alla precedente con la variante dell'orlo poco svasato e a profilo continuo col collo. L'argilla è differente: rosata più depurata e fine, con alcuni inclusi bianchi, marroni e neri appena visibili a occhio nudo, la superficie è lisciata. E' ipotizzabile una provenienza dall'Oriente egeo (?) anche insulare; in tal caso la Dressel 24 sarebbe un contenitore polivalente.

8. (*n dis* 262) E' un grosso frammento troncoconico di collo, semblerebbe pertinente ad un'anfora simile a quelle del gruppo 7-11 o 14. L'argilla di colore mattore con inclusi biancastri e traslucidi (quarzi) e rare pictaine rosso amaranto, se ascriverebbe la produzione ad ambito radio. In attessa di analisi della pasta dell'argilla, si preferisce darne la semplize notizia, infatti solo in via molto ipotetica il frammento è attribuibile ad una fabbrica lusitana o terraconese.

9. (*n dis* 95) E' un Haltern 70 simile a Dressel 14 . L'orlo svasato col labbro a sezione triangolare e a profilo continuo col collo non molto allungato, la spalla cadente e il corpo affusolato sono caratteristiche abbastanza generiche e riscontrabili sia nelle Haltern 70 della serie più tarda che nelle Dressel 14 che presentano numerose varianti e orli diversi (Parker 1977, 37-39). L'identificazione dell'esemplare è perciò ancora dubbia per l'argilla e per la forma. L'argilla poco depurata e poco compatta si sfalda in frattura, presenta un colore dal rosso bruno al rosso vinaccio e sembra caratteristica delle produzioni lusitane che imitano nella forma le produzioni della *Baetica.* La tecnica della esecuzione che presenta un anello di sabbia sulla base dell'orlo, come se l'anfora dopo la lavorazione fosse stata messa ad essiccare testa in giù, è una caratteristica attestata per questa classe di materiale (Mayet, 1990, 29-30). Le fabbriche lusitane di Dressel 14 si trovavano lungo il Tago, il basso Sado e la regione dell'Algarve; cominciarono ad esportare questo prodotto in Occidente dall'epoca claudia (Mayet *et alii,* 1996, 16-31) fino alla fine del II d. C. La Dressel 14 *similis* presenta affinità con le Haltern 70 per la foggia del puntale conico, del corpo affusolato, del collo e per la resa dell'orlo che può essere a profilo continuo e senza fascia, caratteristica quest'ultima delle serie di età tiberiana[5]; (Fabião, Carvalho, 1990, 37-63). Il trasporto di questa produzione lusitana in Occidente affiancò quello delle produzioni della *Baetica* in epoca flavia, pur se con percentuale inferiore. La sua diffusione non raggiunse solo il porto di Ostia (e dunque Roma) ma anche quello di Pozzuoli. Erano contenitori per *liquamen* e *muria* e pesci salati come dimostrano i pochi *tituli picti* che figurano su tre esemplari ritrovati intorno a Roma e sulla via latina (Zevi, 1966, 219-220, Beltrán, 1970, 462) e i residui organici dei ritrovamenti sottomarini (Liou, 1973, 571-608). A villa Arianna la sua datazione si pone in età flavia.

Figura 19.- Foto, Pélichet 46/Beltrán IIA.

Questa breve rassegna include due anfore da *garum* alloggiate nell'Antiquarium di Stabia che però non provengono dalla villa, ma dal territorio stabiano, confinante con villa Arianna. Data l'importanza del riscontro si è ritenuto utile inserire anche queste che sono integre.

10.(*n inv* 67878) E' un'anfora integra, forma Beltrán IIB, proviene dalla *Baetica* ed è forse gaditana per il tipo di argilla chiara rosata giallina e ingobbio più chiaro, come già riscontrato per le produzioni di questa regione. Rispetto all'esemplare successivo (11) presenta una struttura più massiccia e una capacità più grande. Il corpo è piriforme con una grossa espansione nella metà inferiore, il puntale è conico e allungato. L'interesse maggiore per quest'anfora proviene dal fatto che reca un *titulus pictus* sul collo, sulla spalla e sul campo sotto l'ansa; l'identificazione della scritta è incerta e ancora in corso di studio. Il *titulus* sul collo, in colore nero, si dispone su tre piani orizzontali: le lettere delle prime due righe potrebbero essere interpretate. Sulla spalla è segnata in inchiostro rosso una *M* corsiva e forse una *U* una *A*, una *L* oppure *É*; sulla scorta di un'iscrizione pompeiana su

[5] Nel corso di questo Convegno ho avuto conferma dell'affinità tipologica esistente nelle produzioni lusitane tra le Haltern 70 e le Dressel 14 e dei limiti delle differenze tra i due tipi dall'età post-tiberiana in poi. L'Haltern 70 lusitana trasportava anche *garum*.

un'anfora spagnola (Manacorda, 1977, 130) si potrebbe sciogliere M VALER...... e con qualche probabilità la scritta potrebbe indicare il nome *M.Valerii Euphileti o Euphemi*; l'ipotesi è suggestiva perché aggiungerebbe un'ulteriore conferma alla presenza di un *mercator* (pompeiano) impegnato nel trasporto di *garum* baetico.

11. (*n inv* 64429) E' un'anfora integra, manca soltanto un'ansa. E' da *garum* Pélichet 46/Beltrán IIA, in argilla giallo arancio chiaro con ingubbiatura spessa più chiara. Dopo il collo, quasi all'attacco della spalla si legge chiaramente una **M** (h cm 1) dipinta in nero, seguono altre quattro, forse cinque lettere non identificabili, in nero, colore che è dei *tituli* delle forme Dressel 7-11 che compaiono sul collo, generalmente.

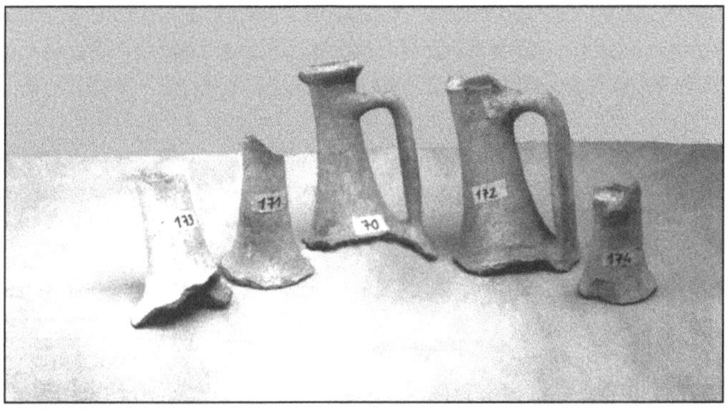

Figura 20.- Foto, Schoene Mau VI (colli).

Altre anfore da *garum* custodite nell'*Antiquarium* di Stabia sono di tradizione punica e provengono dall'Africa Proconsolare e sono di produzione tunisina come la Mañá C1 e C2 o tipi con loro imparentati di età tardo-repubblicana; Dressel 18 e Mau XL costituiscono la serie più tarda, del I secolo dell'Impero (4-5esemplari in tutto). Non si è ritenuto di doverle inserire in questo breve studio in quanto provenienti da tutto il territorio che un tempo costituiva l'*ager Stabianus*. Se ne riporta la notizia in quanto forniscono un'ulteriore testimonianza della libera circolazione di merci nel Mediterraneo nel periodo in questione e della varietà di provenienza e approvvigionamenti di prodotti dell'industria del pesce (e altri prodotti) nel territorio dell'antica *Stabiae*, via mare, dalla Spagna dall'Africa (dall'Egeo). Il dato inoltre testimonia indirettamente il forte contatto esistente tra l'*ager* e le ville di *otium* e tra queste e il mare.

Buona parte dei contenitori da *garum* di villa Arianna elencati (1-11) sono di provenienza sud ispanica e forse in base alle argille, di provenienza gaditana (Dressel 7-11 forse Dressel 24, e Beltrán IIA, Beltrán IIB) con buona ipotesi di trasporto di *garum Gaditanum* e dei prodotti di questa fabbrica. Ad un esame preliminare, alcune iscrizioni dipinte indicherebbero anche la qualità del prodotto trasportato e qualcuna come la iscrizione sulla Beltrán IIB (*n inv* 67878) all'*Antiquarium,* su tre campi sovrapposti e un quarto sotto l'ansa, potrebbe indicare il *mercator,* il *navicularius*, la qualità del prodotto esportato e infine il produttore o gestore dell'officina (Étienne, 1998, 150) mentre l'iscrizione sulla Pélichet 46/Beltrán IIA (*n inv* 64429) con la lettera *M* corsiva potrebbe indicare il *mercator* o ancora una preparazione della salsa: *lum* o *lump* o *muria* o semplicemente *garum* che si legge su numerose iscrizioni pompeiane e che indicano i diversi derivati di questa industria conserviera.

Il panorama dei 'gusti alimentari' a *Stabiae* si allarga se consideriamo infine quello che comunemente si definisce *garum Pompeianum* conservato nelle piccole anfore di forma Schoene Mau VI, una tipologia riportata dal *CIL IV*, 2. Sono così chiamati alcuni vasi monoansati a forma di bottiglia, di fabbrica pompeiana o campana e attestati con numerosi ritrovamenti in Campania.

12-24. (*nn* 70, 171-174 e *n dis* 135 colli; 76, 84, 232-235, 334 fondi). E'un gruppo di anforette mutile (se ne conservano colli o fondi separatamente) di forma Schoene Mau VI, con orlo (quando è presente) ad anello sagomato piatto superiormente e lungo collo sottile che si allarga all'attacco con la spalla, lunga ansa a nastro costolata impostata sotto l'orlo e sulla spalla, il resto del vaso era ovoidale, la base è troncoconica con piede ad anello; la forma è facilmente ricostruibile da esemplari integri depositati nei vari musei vesuviani. L'argilla varia con tonalità dal beige al giallino, presenta minuscoli inclusi neri e bianchi e micacei, è simile a quelle delle produzioni locali di ceramica comune. La stretta imboccatura ha fatto ipotizzare un contenuto liquido come *liquamen* o semiliquido *hallec* ma il prodotto sembra essere sempre il *garum* come si evince dalle scritte che compaiono spesso su questo vaso (De Caro, 1994, 176 con bibliografia alla nota 261). Evidentemente il termine *garum* indica per i Romani tutta la conserva di pesce; infatti *γάρον* significa pesce.

Figura 21.- Foto, Schoene Mau VI (fondi).

All'officina di A.Umbricio Scauro, vanno attribuiti più di 160 esemplari; egli aveva trasformato la sua casa (forse dopo il terremoto del 62 d.C.) in un'azienda redditizia che produceva, immagazzinava ed esportava il prodotto. La sua casa si trovava nella Regio I, (insula 12, n 8) vicino l'anfiteatro e dunque in una zona un po' in disparte dal centro abitato, ma pur sempre su via dell'Abbondanza (Curtis, 1979, 5-23), non lontano da porta *Stabiae* dove era il porto di Pompei. Il *garum* è anche una produzione pompeiana, come indica Plinio il Vecchio (*Nat.Hist*.,XXXI, 93-4), insieme a quello di Clazomene e Lepcis. Forse altre botteghe vi erano oltre quella di Scauro, vasche e acquai si sono ritrovati in parecchie case pompeiane e anche a villa Arianna nella zona delle cucine abbiamo una struttura che rassomiglia ad una capiente vasca (o acquaio) che non sembra fosse utilizzato come acquario, per mantenere i pesci vivi; dal diario di scavo pare che vi fossero scarsi residui di scheletri di pesce.

Figura 22.- Foto, Pompei, Mosaico dalla casa di A. Umbricio Scauro.

Nella casa-bottega di Umbricio Scauro sono stati trovati sei doli che contenevano resti di salsa di pesce e delle anfore che non erano quelle solite del repertorio Dressel 7-11; alcune di esse all'inizio contenevano vino che forse serviva nella preparazione delle salse di pesce oppure erano utilizzate per contenere queste stesse dopo lo svuotamento del prodotto vinario, essendo considerato il vino un buon aromatizzante nell'antichità.

Dal relitto di Grado del I sec.d.C. inizi II d.C. (Auriemma, 2000, 21-51) diversi tipi di anfore tra cui le Dressel 2-4 e Tripolitana I, contenevano *garum* o salsa di pesce o salamoia, come hanno dimostrato le analisi eseguite sui residui anforari. Anche a villa Arianna ci sono anfore della forma Tripolitana I e numerose Dressel 2-4 di provenienza locale o campana. Le fonti antiche concordano sull'uso abbondante e illimitato di questo prodotto sulla mensa romana sia dei poveri che dei ricchi, sia per piatti prelibati sia per vivande annacquate per accompagnare il pranzo dei poveri, sia ancora per rifornire *cauponae* e *thermopolii* e botteghe a buon mercato. Altri recipienti potevano dunque trasportare e contenere *garum*, come le Dressel 2-4.

La varietà del prodotto era ampia e diversa la lavorazione: attraverso vari nomi vi era un controllo della merce e della qualità in base al prezzo, vi era il *garum*, il *gari flos* (prodotto sicuramente eccellente e prelibato), il *garum scombri* (pesce altrettanto prelibato), vi era il *liquamen* e il *liquaminis flos*, l'*excellens scombri*, e poi ancora *muria*, *muria excellens* o *muria flos* e infine *hallec, hallec scombri* (Curtis, 1991; Ponsich, Tarradell, 1965; Manacorda, 1977, 126), per citare solo alcuni dei prodotti derivati da questa grande industria dell'antichità.

5.- Il Sarno, le *Salere* e la pesca in mare.

Pompei e Stabia hanno in comune il fiume Sarno che scorre in mezzo. Il suo territorio era fiorente per le attività legate all'industria conserviera e artigianale; a Pompei arrivava la materia prima (lana e forse pelli, e tessuti) per la successiva lavorazione. Così Pompei in età augustea, era ancora uno scalo fluviale importante (Strabone, *Geogr*., V, 4, 8) e un punto di riferimento commerciale per i paesi situati nella valle del Sarno a cui la città era economicamente da sempre legata. Columella cita in una breve annotazione paesaggistica, le *Salinae Herculeae* (*De re rustica* X, 135-6) vicino ad una *palus* da ubicarsi nei dintorni di Pompei; una località le *Salere* si trova ancor oggi a Torre Annunziata, antica *Oplontis*, località poco distante da Stabia e da Pompei, mentre il toponimo *Stagnone* pure è da situarsi in questa zona e allude all'esistenza in epoca più antica di una zona palustre -di recente indagata attraverso un esplorazione archeologica- dove si ricavava il sale (Murolo, 1995, 119, nota 117). Il sale fino agli inizi dello scorso secolo pare vi fosse ancora utilizzato, secondo la testimonianza di alcuni locali.

C'è poi un passo significativo di Plinio (*Nat.Hist.*, XXXII, 17) che ci parla della pesca dei *melanuri* con il pane. I melanuri sono i cefali di cui il tratto di mare tra Pompei e

Stabiae è ancora ricco (*In stabiano Campaniae ad Herculis petram melanuri in mari panem abiectum rapiunt, idem ad nullum cibum in quo hamus sit, accedunt*). In Francia meridionale, a Lattes (Sternberg, 2005, 277-292) in uno scavo di alcuni pozzi sono stati analizzati resti ittici e tra questi il cefalo in percentuale è notevole: 31% su 232 resti di uno di pozzi. I resti di ittiofauna sono stati messi in rapporto con le strutture ritrovate lungo la banchina che corrispondono alla costruzione di una terrazza e di un capannone o rimessa utilizzati su questo tratto della Narbonese a partire dal 25 a.C. A questa struttura si collegavano le attività di conservazione, essiccazione, salagione ed immagazzinamento del pescato. Essa era anche in relazione ai banchi migratori di pesci. A Olbia, in Sardegna, durante lo scavo di un magazzino una delle anfore che ancora conservavano residui, conteneva resti di cefali dorati (*mugil auratus*) con molte parti in connessione anatomica; i pesci venivano pescati in primavera (Delussu, Wilkens, 2000, 53-65). Il cefalo costituiva dunque una riserva alimentare nei processi di lavorazione, salagione e conservazione del pesce.

A Nabeul, in Tunisia, i dati forniti dall'analisi di campioni di scheletri nelle vasche di salagione del pesce, ugualmente hanno fornito una grossa percentuale di acciughe a cui si aggiunge quella delle sardine, segue poi quella dei pesci di taglia più grande che sono in percentuale inferiore (Sternberg 2000,145-147).

E' ipotizzabile anche per Stabia e Pompei un'attività conserviera basata su questo tipo di pesci, facili da reperire a primavera, di qualità forse più modesta ma sufficienti per carne e grasso per la salagione. Questa poteva avvenire per svariati tipi di pesce di cui una regione disponeva, purché ci fosse del sale e dunque una zona palustre a disposizione. E forse esistevano piccoli impianti anche provvisori per la raccolta e salagione del pesce, lungo le sponde del Sarno, nel tratto più vicino al mare, pur se finora, a causa dei dissestamenti geologici antichi e della selvaggia urbanizzazione dell'area, in tempi moderni, non si sono ancora scavate strutture simili a vasche con una funzione simile, come altrove.

S'è già detto che a ridosso di Pompei e Stabiae, attraversato dal fiume Sarno, l'agro nocerino-sarnese (con la confinante piana di Nola) era un'importante riserva agricola ed economica fin dall'età arcaica. Costituiva un'area di comunicazione e di passaggio tra i monti Piacentini, dell'Irpinia e il mare; anche il sale dunque era una risorsa importantissima. Gli antichi villaggi di Pompei e Stabia in età arcaica nascono con una funzione emporica volta al controllo del fiume e del sale cui si lega anche il culto di Ercole (*Salinae Herculeae* di cui si è detto, cfr. *supra*). Produzione, scambi commerciali e attività conserviere si sviluppavano proprio in rapporto al sale ricavato, ed esso è associato alla transumanza di Ercole e al culto emporico di questa divinità (Murolo, 1995, 105-121). Un residuo dell'antica vocazione commerciale in età storica, a Pompei, è ricordata da porta Ercolano che era chiamata anche porta del sale (*Saliniensis)*; una *porta salis* è menzionata nelle iscrizioni pompeiane: essa conduceva alla via del sale ricordata da alcuni graffiti oschi dalla Regio VI, *viam sarinam* e *veru sarinu* (Murolo, 1995, 117-118, con riferimento alle iscrizioni).

6.- Il *garum* e le altre conserve di pesce, le *officinae*.

Il *garum Pompeianum* si produceva, s'è detto, in modi differenti, meno depurato e con pesci tagliati a pezzi incluse le teste (la *muria* di tonno descritta da Plinio), in quantità sicuramente non industriali (come quelle della *Baetica*) e con pesci come cefali, alici e altre specie di taglia piccola e conservati per intero. Cetara, vecchio borgo marino di pescatori, situata sulla costa amalfitana poco lontano da Pompei è ancora oggi rinomata per le conserve di tonno e alici come pure Amalfi, sulla costiera omonima. I tonni piccoli spesso in maggio risalgono lo stretto di Messina e arrivano fino al largo di questo tratto di costa.

Qualità come *liquamen, hallec,* feccia e rimasugli (in rapporto al pescato di grossa taglia), erano più a buon mercato sulle tavole dei poveri. La parola *(h)allec* significa alice pur se il latino ha un altro vocabolo per indicarla specificamente, il termine viene dal greco *apia* ovvero pesce di pioggia. Le alici o acciughe sono dei climi piovosi come quello del golfo di Napoli e Salerno tra l'autunno e la primavera. Oggi ancora pescate nei due Golfi, le alici non mancano mai sulla tavola napoletana come la sua salsa non doveva mancare su quella dei romani; salagioni e conserve di questo pesciolino sono ancora una pratica comune di tutto il territorio vesuviano a ridosso del mare tra Boscoreale, Terzigno, Poggiomarino e Nola; e nelle case dei contadini e degli agricoltori il vaso a forma di urceo cilindrico conteneva la riserva alimentare di questo pesce in salamoia e serviva a sopperire i magri mesi invernali in cui non si pescava o si aveva difficoltà nel reperirlo fresco. L'*hallec* e la sua scolatura e il *liquamen* possono essere a buon diritto prodotti tipicamente pompeiani; ogni casa poteva rifornirsene procurando il pesce e prepararlo per gli usi domestici, ma soprattutto a Pompei A. Umbricio Scauro grande commerciante di questa materia si era arricchito nel giro di pochi decenni e creando più *officinae* (Łoś, 2000, 263; Curtis, 1989, 19-49) era diventato conosciuto mentre il suo prodotto era esportato anche in Francia e a Roma oltre che in Campania. Il *garum scombri* di gran lunga pregiato tra tutti era un prodotto ricercato (Plinio *Nat. Hist*., XXXI, 94-95) e uno dei centri di produzione era Cartago Nova. *Garum* pregiato a base di ventresca e interiora di tonno erano senza dubbio una produzione esotica e di lusso come afferma Plinio (*Natur. Hist*., XIX, 57); il suo valore sul mercato equivaleva a quello di profumi e unguenti preziosi mentre una sottospecie di questo serviva per il pasto dei poveri nelle campagne, per servi e lavoranti. Era insomma una riserva alimentare molto importante fino ai margini orientali del mondo greco-romano (Desse, Desse-Berset, 2000, 119-134): durante il suo viaggio agli estremi confini dell'Asia Alessandro Magno si meravigliò per aver conosciuto il paese degli *Ittiofagi,* ma forse i greci impararono proprio da allora a conservare il pesce.

Tuttavia non sembra che gli antichi conoscessero bene i vari procedimenti di lavorazione del pesce, lo stesso Plinio (*Nat. Hist.* XXXI, 93) sembra descrivere uno dei tanti modi di lavorazione del pesce in uso ai suoi tempi, egli parla dell'impiego di parti che sono considerate scarto del pesce ovvero interiora e rimasugli che si mettono a imputridire; con quest'ultimo termine l'autore rende piuttosto l'idea di qualcosa che è messo a macerare; salagione e salamoia erano processi primari, le parti così trattate dovevano essere sottoposte a ulteriore lavorazione, ma non sappiamo bene quali. Il trattato medioevale di *Geoponica* passa in rassegna molte ricette e diversi modi di lavorazione del pesce, anche attraverso miscugli, ma non sappiamo se ciò era valido per l'epoca romana; non sappiamo nemmeno se il *garum* fosse un residuo esso stesso di un'iniziale processo di lavorazione di alcune parti, una sorta di autolisi della carne di pesce. L'*allec* era forse la feccia e poteva servire per una nuova preparazione di un nuovo *garum* ed essere servita a buon mercato (Sternberg, 2000, 150).

7.- Produttori e consumi alimentari in *villa*.

1. Nella prima età imperiale, ville marittime di lusso si dotano talvolta di vivai di pesci, ma anche ville d'*otium* più modeste, mentre la creazione di vivai a scopo di profitto e lucro (come l'impresa gestita da L. Sergio Orata nel I sec. a.C. a Baia) da parte di uomini dediti al commercio e agli affari è determinata dal consumo abbondante di pesce fresco e molluschi marini da parte dei residenti delle ville; tutto ciò ha offuscato la nostra conoscenza di abitudini alimentari forse più modeste, ma ugualmente praticate nel territorio vesuviano, quella dei consumi di prodotti derivati dalla conserva del pesce, consumi gestiti da *officinatores* molto spesso di estrazione sociale piuttosto bassa, affrancati o poco più, come dimostrano i nomi degli 'imprenditori' commerciali della Campania e del Lazio (Étienne-Mayet, 1998, 147-156; Łoś, 2000, 255-273).

A partire dall'età augustea (e probabilmente fino all'età neroniana) ricchi romani legati alle parentele senatorie e imperiali, e *Principes,* allontanandosi spesso da Roma soggiornavano nelle splendide residenze di lusso fatte costruire nei punti più incantevoli della costa campana per gustare angoli di paradiso assieme a cibi prelibati. La richiesta di *surplus* alimentari a seguito della consistente 'urbanizzazione' di questa parte del Golfo fa aumentare anche la domanda sul mercato di cibo; approvvigionamenti e scorte alimentari affluiscono poiché la richiesta nel I sec d.C. è indubbiamente più alta rispetto agli ultimi decenni della repubblica. Clientele e personale al seguito dei proprietari delle ville e/o legati alla gestione e manutenzione di queste, in assenza dei padroni, il confluire di più gente, lavoranti operai e salariati, in posti che sono alla moda e che creano un indotto notevole ospitando personaggi ragguardevoli, accelerano processi commerciali di produzione dell'industria conserviera che sono, senza dubbio, pari a quella della produzione doliare di tegole e mattoni (e di anfore) che necessitano per la costruzione e le modifiche (negli anni) di cui quelle residenze stesse (Steinby, 1979, 265-277). Oltre alla produzione locale, il *garum* arriva in maniera determinante anche dalla Spagna (e in misura abbastanza notevole), come d'altronde diversi prodotti (che oggi forse non siamo in grado ancora di specificare tutti, oltre l'olio e il vino) da altre parti delle regioni controllate economicamente dall'Impero. La richiesta di produzioni alimentari esotiche sia di lusso che di normale fabbisogno è grande, anche nelle ville d'otium, considerata l'affluenza di nuovi abitanti, e non solo di ceto elevato; tuttavia continuano forse in maniera modesta (in rapporto agli impianti industriali della *Baetica* sulla costa di Gibilterra), le produzioni artigianali locali di *garum* come anche quelle del vino (in misura maggiore), dell'olio (non sappiamo bene in che misura, ma forse anch'essa notevole), e di altri prodotti della terra (frutta e ortaggi).

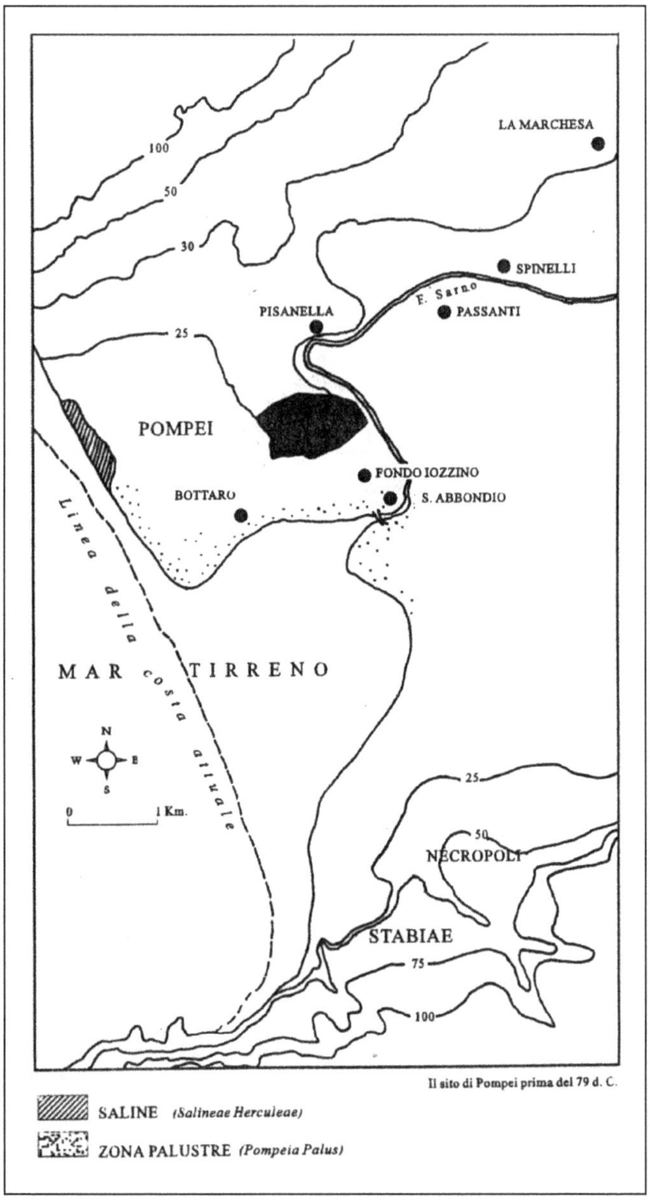

Figura 23.- Pianta topografica, Sarno, Saline e Palude pompeiana, lungo il tratto di costa antica.

2. Si spiegano così la varietà tipologica e dei centri di produzione dei contenitori di trasporto di alimenti a Villa

Arianna e i cambiamenti di strutture della villa a partire dall'età claudio-neroniana. Il fatto è una conseguenza della densità demografica e non ultimo delle graduali trasformazioni avvenute nella fisionomia sociale dell' *élites* delle città della Campania tra l'età claudia e flavia (Castrèn, 1883; Łoś, 2000, 245-272). Infatti si registra sempre più l'ascesa sociale di classi umili arricchitesi con le produzioni e gli affari commerciali (penso anche alla nuova schiera di liberti, quasi una classe protetta, per i quali l'imperatore Claudio nutriva una sorta di predilezione). Forse in questo periodo villa Arianna accentua la propria vocazione agricola e commerciale pur mantenendo nel prospetto esterno l'aspetto di una dimora di lusso e pur rispettandone la funzione e l'utilizzo per questo scopo. Nella città di Pompei molte dimore subiscono trasformazioni già prima del terremoto, dotandosi anche di botteghe sul fronte strada o inglobando porzioni di edifici abitativi adiacenti a scapito di vecchi proprietari; il terremoto del 62 d.C. continua questo processo, il dato è ben noto; basti pensare alla "Villa dei Misteri" situata quasi nel suburbio pompeiano inizialmente, e trasformatasi da residenza di *otium* in azienda vinicola; vale come confronto anche l'esempio che aveva avuto a *Oplontis* la villa di *Crassius Tertius*[6], la quale pur rimanendo una villa pseudo-urbana e rustica era diventata una vera officina di smistamento o di raccolta di anfore vinarie il cui vino era prodotto forse altrove. Così la crescita demografica stava cambiando il volto stesso del paesaggio delle ville di *otium* (*'crater ille delicatus'* Cicerone, *Lettere ad Attico* 2, 8, 2) così a lungo identificato come luogo di tranquillo soggiorno lontano dalla chiassosa ed eterogenea folla dell'Urbe e dagli affari politici, al riparo sul costone di una collina; tutto ciò sarà bruscamente interrotto in poco più di un giorno nell'anno 79 d.C. Ma la occupazione del territorio, come si legge dalle fonti storiche, non tarderà a riprendersi se è vero che poco più di un decennio dopo il poeta Stazio parlerà di *Stabiae renatae* (Silvae III, 5, 105).

Figura 24.- Foto, Pompei, praedia di Iulia Felix: affresco raffigurante pesci locali.

Dunque, i successivi ampliamenti di villa Arianna indicano l'arricchimento dei nuovi proprietari forse proprio attraverso le attività agricole e altre attività lucrative connesse con l'affluenza di prodotti alimentari e con il commercio attraverso il mare e la terra ferma.

8.- Perché importazione di prodotti spagnoli?

Non solo a Pompei attivo centro commerciale a sud del porto di Pozzuoli, ma anche a *Stabiae* in una villa privata, sono presenti anfore da *garum* (e non solo da *garum*) di produzione spagnola e in misura abbastanza rilevante.

Le iscrizioni leggibili sulle anfore spagnole da *garum* finora rinvenute in terra vesuviana non consentono tuttavia di definire la natura e i modi dei contatti commerciali, come invece risulta più chiaramente per le anfore Dressel 20. Non conosciamo inoltre ancora bene il rapporto tra l'esportazione di un prodotto commerciale e la sua importazione *in villa* e nemmeno come ciò avvenisse in età claudia e flavia. Sappiamo di un *titulus* con scritta *M. Valerii Euphemi* o *Euphileti* che compare sul collo di un anfora da *garum* sud ispanica, egli era il *navicularius* o *mercator* che importava quel tipo di anfora e anche altra merce; sull'altra parte del collo si legge invece il nome di Umbricio Scauro al genitivo. Dunque il primo sarebbe l'esportatore, il secondo quello che importava. Gli *Umbricii*, avrebbero comprato il loro prodotto commerciale anche dalle fabbriche della *Baetica*, forse per soddisfare una diversa domanda in rapporto alla qualità e al prezzo (?) e, per aumentare il loro fatturato (?), visto il consumo del tipo di prodotto. Molti nomi di *mercatores* di salse di pesci sono stati identificati sui contenitori ritrovati a Roma e a Pompei ma anche al largo delle coste francesi (Étienne, Mayet, 1998, 153-155) ed essi appaiono legati ad un contesto sociale modesto, in genere libertino; sono uomini della Provincia o dei Municipi, dediti agli affari; alcuni di essi sono forse anche proprietari (o fiduciari) come quelli conosciuti per le *figlinae* in Campania, come a Pompei i *Sextilii* e i *Sextii*, i *Livii* e forse gli *Holconii* e i *Cornelii*, ma non tutti giocarono un ruolo importante nella vita pubblica della loro città e solo qualcuno ricoprì un'importante carica municipale. Sono generalmente mercanti impegnati a trasportare prodotti di varia natura e quindi anfore di forme diverse, come gli *Atinii* i *Numisii*, e gli *Umbricii* impegnati anche nel trasporto di anfore di forma Dressel 2-4, di cui una ritrovata a Cartagine (Łós, 2000, 256). La identità sociale degli *Umbricii* è ben nota anche la parentela (Curtis, 1989, 19-49); della sua *familia* facevano parte anche tutti quelli che lavoravano con e per lui, alcuni dei quali schiavi.

Uno studio recente spiegherebbe la presenza di anfore cretesi in Campania con la riscossione dei *vectigalia* che l'isola forniva anche in natura (anfore vinarie) alla città di Capua, compensata con *fundi* in quelle terre dopo l'esproprio da parte di Augusto a seguito delle guerre civili, a favore dei veterani (Biundo, 2004, 371-436).

Qualche anfora cretese è stata trovata a villa Arianna.

La presenza di anfore spagnole in terra vesuviana si potrebbe spiegare con un fenomeno quasi analogo e con la presenza anche di *mercatores* e *negotiatores* italici in Spagna come

[6] La villa è in corso di studio, ma si veda in proposito Fergola 2004, 102-104, e bibliografia.

avviene per il resto della Provincia, in Asia, nella Narbonese, in Africa, dopo la romanizzazione; infatti la maggiore produzione di *garum* e le relative fabbriche di anfore Dressel 7-11 della *Baetica* sono da collocarsi tra la metà e la fine del I sec. a.C. In età tiberiano-claudia l'importazione a Pompei è già ragguardevole così come in altre regioni della provincia romana. Forse una flessione dell'importazione del prodotto in Occidente si avverte dopo la metà del I sec. d.C. e questo dato potrebbe coincidere col parallelo aumento delle produzioni locali in territorio vesuviano. A villa Arianna le anfore Dressel 2-4 sono numerose (circa una quarantina e in rapporto ad un terzo della villa scavata mentre molta parte del quartiere rustico non è stato indagato). Esse avrebbero potuto contenere anche *garum* pompeiano, come dimostrerebbe l'alta percentuale riscontrata e come ha dimostrato il relitto di Grado (Auriemma, 2000, 26-32) e non solo come merce di ritorno. Tutto ciò in mancanza di dati meno confutabili, appare tuttavia una pura ipotesi. Non abbiamo dati epigrafici certi sulle anfore trovate nella villa. In mancanza di *tituli* leggibili, delle Dressel 7-11 conservate e della forma Haltern 70, il solo dato cronologico sembrerebbe certo al momento, esso si collocherebbe in un periodo di poco anteriore a quello della distruzione della villa, mentre le uniche forme integre Beltrán IIA e IIB sono in fase con la distruzione della villa, pur se provengono (come s'è detto) dal territorio confinante.

Figura 25.- Foto, Villa Arianna: acquaio (ambienti cucine).

Concludo con una riflessione relativa al carico della nave arrivata nel porto di Stabia.

Sulle navi provenienti dalla Spagna il carico più importante era forse costituito dalle anfore olearie cui si aggiungevano quelle da *garum* degli impianti installati nella stessa regione del Guadalquivir nel suo tratto più vicino al mare. E' probabile che la stessa nave che ancorò nel porto di *Stabiae* portasse anche l'altro carico e cioè le sei (finora attestate) Dressel 20 e che lungo il percorso abbia imbarcato anche gli altri pochi contenitori trovati nella villa e che provengono dalla costa del sud della Spagna, dopo Gibilterra. La destinazione della nave era stata in *primis* il grande porto meridionale di Pozzuoli dove le anfore una volta arrivate erano state controllate da un intendente doganale e poi inviate nei luoghi di destinazione, via mare, forse la nave si era fermato anche prima: a Ercolano, a Pompei per consegnare a quelle città un altro carico, infine aveva raggiunto il mare sotto la villa di Arianna. Probabilmente qui aveva concluso il suo viaggio.

Riassumiamo i punti esaminati:

1) A villa Arianna di *Stabiae* il *garum* è sia di provenienza spagnola che di produzione locale.

2) I contenitori spagnoli da *garum* dalla villa sono almeno una decina, le anforette generalmente attribuite a produzioni pompeiane sono circa una decina (notevole è anche la presenza di Dressel 20, più di sei esemplari).

3) Supposta esistenza di saline lungo l'antica linea di costa a nord di Pompei per la salagione del pesce pescato in età romana.

4) Lunga vocazione commerciale dedita alla transumanza e al sale già in età arcaica nel territorio sarnense di cui Pompei e Stabia fanno parte.

5) Varietà del *garum* pompeiano e diversificati gusti alimentari.

6) Probabile trasporto del *garum* in contenitori tradizionalmente adibiti al trasporto di altra merce (vino, olio).

7) Abbondante consumi di *garum* nella villa in rapporto ad abitudini alimentari e ai costi (e anche alla densità abitativa tra la metà e la fine del I sec d.C. del territorio).

8) Il *garum* di provenienza spagnola non sembra destinato solo ai consumi alimentari della villa ma appare eccedente.

9) L'accresciuto benessere dei proprietari della villa può essere stato determinato da un aumento di produzioni, di scambi e commercio attraverso il territorio e il mare.

10) L'importazione *in villa* di prodotti provenienti dalla Spagna.

Riferimenti bibliografici

ANDREAU, J. (1985): "Les financiers romains entre la ville et campagne", *L'origine des richesses dépensées dans la ville antique. Actes du colloque organizé à Aix-en-Provence par l'U.E.R. d'Histoire*, Aix-en-Provence, 177-196.

ANDREAU, J. (1991): "Mercati e mercato", *Storia di Roma, II, 2, I Principi e il mondo*, 367-385.

AURIEMMA, R. (2000): "Le anfore del relitto di Grado", *Mélanges de l'École Française de Rome*, 112, 1, 27-51.

BELTRÁN LLORIS, M. (1970): *Las ánforas romanas en España*, Zaragoza.

BIUNDO, R. (2004): "*Agri ex alienis territoriis sumpti.* Terre in provincia di colonie e municipi d'Italia", *Mélanges de l'Ècole Française de Rome*, 116, 1, 371-436.

BONIFACIO, G., SODO, A. (a cura di) (2000): *Stabiae storia e Architettura, 250° anniversario degli scavi di Stabiae 1749-1999.* Studi della Soprintendenza archeologica di Pompei.

BONIFACIO, G., SODO,A. (2001): *Stabiae le ville. Guida Archeologica alle ville,* Castellammare di Stabia, 91-183.

BONIFAY, M. (2004): *Études sur la céramique romaine tardive d'Afrique. British Archeological Reports, Int. Ser., 1301*, Oxford Archeopress, 103-104.

CASTRÈN, P. (1983) : *Ordo populusque Pompeianus. Policy and society in Roman Pompeii, Acta Instituti Romani Finlandiae, 8*, Rome, 2ªedizione.

CIL IV. (1899): *Corpus Inscriptionum Latinarum,* Berlin.

CURTIS, R.I. (1979): "The garum shop of Pompei", *Cronache Pompeiane V,* 5-23.

CURTIS, R.I. (1989): "A. Umbricio Scauro of Pompeii", *Studia Pompeiana & Classica in Honor of W.F. Jashemsky*", 19-49.

CURTIS, R.I. (1991): *Garum et salsamenta, Production and Commerce in Materia Medica*, Leiden.

DAY, J. (1932): "Agriculture in the life of Pompei", *Yale Cl. St.*, 3, 165-208.

D'ARMS, J.H. (1970): *The Romans on the Bay of Naples*, Cambridge (MA).

D'ARMS, J.H. (1979): "Ville rustiche e ville di otium", *Pompei 79. Raccolta di studi per il 19° centenario dell'eruzione del Vesuvio*, Napoli, 28-44.

D'ARMS, J.H. (1981): *Commerce and social standing in ancient Rome,* Cambridge (MA)-Londres, 60-96.

DESSE, J., DESSE-BERSET, N. (2000): "Salaison de poisons marins aux mages orientales du monde gréco-romain. Contributions de l'Archeozoologie", *Mélanges de l'École Française de Rome*, 112, 1, 119-134.

DE GROSSI MAZZORIN, J. (2000): "État de nos connaissance concernant le traitement et la consommation du poisson dans l'Ántiquité, à la lumière de l'archéologie. L'example de Rome", *Mélanges de l'Ècole Française de Rome*, 112, 1, 155-167.

DE CARO, S. (1994): *La villa rustica in località Villa Regina a Boscoreale*, G. Bretschneider Editore, Roma, 175-177.

D'ORSI L. (1996): *Gli scavi di Stabiae. Giornale di scavo a cura di A. Carosella*, Castellammare di Stabia.

DELUSSU, F., WILKENS, B. (2000): "Le conserve di pesce. Alcuni dati da contesti italiani", *Mélanges de l'École Française de Rome*, 112, 1, Rome, 53-56.

ÉTIENNE, R. (1970): "À propos du *garum sociorum*", *Latomus,* 29, 297-313.

ÉTIENNE, R., MAYET F. (1991): "Le *garum* à la mode d'*Aulus Umbricius Scaurus", Alimenta. Estudios en homenaje al Dr Michel Ponsich, Gerion,III,* Madrid, 187-194.

ÉTIENNE, R., MAYET F. (1998): "Le *garum* à Pompei. Production et commerce", *Revue des Etudes Anciennes, C,* 199-215.

ÉTIENNE, R., MAYET F. (1998): "Les *mercatores* du saumure hispanique", *Mélanges d l'Ècole Française de Rome*, 110, 1, Rome, 147-165.

FABIÃO, C., CARVALHO, A. (1990): "Ãnforas da Lusitánia", *Ãnforas lusitanas*, 37-63.

FERGOLA, L. (2004): *Oplantis e le sue ville*, Pompei, 100-104.

JARDIN, C. (1961): "Garum et sauces de poisson de l'antiquité", *Rivista di Studi Liguri,* 27, 71-96.

LIOU, B. (1973): "Information archéologiques. Directions des recherches archéologiques sous-marin", *Gallia* 31, 571-608.

LIOU, B. (1990): "Le commerce de la Bétique au Ier siècle de notre ère. Note sur l'épave Lavezzi 1", *Archeonautica,* 10, 125-155.

LIOU, B., DOMERGUE, C. (1990): "Le commerce de la Bétique au Ier siècle de notre ère. L'épave Sud-Lavezzi 2 (Bonifacio, Corse du Sud)", *Archeonautica,* 10, 11-123.

ŁOS, A. (2000): "Les affaires « industrielles » des élites des villes campaniennes sous les julio-claudiens et les flaviens", *Mélanges de l'Ècole Française de Rome*, 112 , 1, 243-277.

MANACORDA, D. (1975): "Proposta per un identificazione dell'anfora Dressel 24", *Archeologia Classica XXVII,* Roma, 378-383.

MANACORDA, D. (1977): "Anfore spagnole a Pompei, *L'instrumentum domesticum di Ercolano e Pompei nella prima età imperiale*", Quaderni di cultura materiale. L'Erma di Bretschneider, Roma, 121-134.

MARTIN-KILCHER, S. (1993): "Amphoren der späten Republik und der frühen Kaiserzeit in Kartago", *Mitteilungen des Deutschen Archäologischen Instituts. Römische Abteilung,* 269-320.

MARTIN-KILCHER, S. (1994): "Die römischen Amphoren aus Augst und Kaiseraugst. Ein Beitrag zur römischen Handels- und Kultur-geschichte, 2: Die Amphoren für Wein, Fischsauce, Südfruchte (Gruppen 2-24) und Gesamtauswertung.", *Forschungen in Augst, 7, 2-3,* Augst, 393-409.

MAYET F. (1990): "Typologie et chronologie des amphores lusitaniennes", *Ãnfora Lusitanás*, 29-35.

MAYET F. (2002): "Les amphores lusitaniennes", *Céramiques hellénistiques et romaines III*, Besançon, 277-293.

MAYET F., SCHMITT, A., TAVARES DA SILVA, C. (1996): *Les amphores du Sado (Portugal). Prospection des fours et analyse du matériel*, Paris.

MINIERO, P. (1984): "*Stabiae* le ville, le fattorie agricole - Tra Silla e il Vesuvio", *Salvare Pompei*, Pompei, 35-38.

MINIERO, P. (1987): "Studi di un carro romano dalla villa cosiddetta di Arianna a Stabia", *Mélanges de l'Ècole Française de Rome*, Rome 99, 171-209.

MINIERO, P. (1990): "Ricerche sull '*Ager stabianus*' ", *Studia Pompeiana & Classica in Honor of W.F. Jashemsky*", 231-271.

MIRÓ, J. (1988): "La producción de ánforas romanas en Catalunya. Un estudio sobre el comercio del vino de la Tarraconense (siglos I a.C.-I d.C.)", *British Archeological Reports, Int. Ser., 473*, Oxford.

MUROLO, N. (1995): *Le Saline Herculeae di Pompei. Produzione del sale e culto di Ercole nella Campania antica,* G.Bretschneider Editore, Roma, 105-123.

PANELLA, C. (1973): *Ostia III, 2. Le Terme del Nuotatore. Studi Miscellanei, 21,* Roma, 504-521, 626-627,669-670.

PANELLA, C. (1977): "Anfore tripolitane a Pompei", *L'Instrumentum domesticum di Ercolano e Pompei nella prima età imperiale,* Quaderni di cultura materiale. L'Erma di Bretschneider, Roma, 135-148.

PANELLA, C. (2002): "Le anfore di età imperiale nel Mediterraneo occidentale", *Céramiques hellénistiques et romaines III,* Besançon, 277-293.

PARKER, A.J. (1977): "Lusitanian anforas", *Méthodes classiques et méthodes formelles dans l'étude des amphores,Collection École Française de Rome,* 32, Rome, 34-46.

PASCUAL GUASH, R. (1977) : "Las ánforas de la Layetania", *Méthodes classiques et méthodes formelles dans l'étude des amphores, Collection École Française de Rome,* 32, Rome, 47-96.

PASCUAL GUASH, R. (1980): "La evolución de las exportaciones béticas durante el Imperio", *Producción y comercio del aceite en l'Antigüedad, I,* Madrid, 233-242.

PEACOCK, W. (1986): "*Amphorae and Roman Economy. An Introductory Guide*", London-New-York.

PÉREZ LÓPEZ, I., LAZARICH, M., ALONSO, M., RODRÍGUEZ, M., SÁNCHEZ, M. (2003): "Yacimientos litorales del Término Municipal de Puerto Real (II): Puente Melchor", *Actas do II encontro de arqueologia do sudoeste peninsular (Faro, 7 e 8 novembro de 1996),* Cádiz, 193-206.

PICON, M. (2002): "L'apport du laboratoire dans les identifications de céramiques", *Céramiques hellénistiques et romaines III,* Besançon, 9-30.

PONSICH, M., TARRADELL, M. (1965): *Garum et industries antiques de salaison dans la Méditerranée Occidentale,* Paris.

RAMON, J. (1991): *Las ánforas púnicas de Ibiza,* Eivissa.

RIZZO, E. (2003): *Instrumenta Urbis I,* Bibliotèque École Française de Rome, Rome, 144-168.

RODRÌGUEZ ALMEIDA, E. (1989): *Los tituli picti de las ánforas olearias de la Bética,* I, Madrid.

RUGGIERO, M. (1881): *Degli scavi di Stabia dal MDCCXLIX al MDCClXXXII. Notizie raccolte e pubblicate da Michele Ruggiero,* Napoli.

STEINBY, M. (1979): "La produzione laterizia", *Pompei 79. Raccolta di studi per il 19° centenario dell'eruzione del Vesuvio,* Napoli, 265-277.

STERNBERG, M. (2000): "Donnée sur les produits fabriqués dans une officine de Neapolis (Nabeul,Tunisie)", *Mélanges de l'Ècole Française de Rome,* 112, 1, 135-153.

STERNBERG, M. (2005): "Les restes de poisson et de consommation alimentaire". *Once puits gallo-romains de Lattara.* Lattara, 18, 277-292.

TCHERNIA, A. (1971): "Amphores vinaires de Tarraconaise et leur exportation au début de L'Empire", *Archivo Español de Archeología,* 44, 38-84.

TCHERNIA, A. (1971): "Amphores de Bétique a Pompéi et à Stabiae", *Mélanges de l'Ècole Française de Rome,* 76, 419-437.

TCHERNIA, A., ZEVI, F. (1972): "Amphores vinaires de Campanie et de Tarraconaise à Ostie", *Recherche sur les amphores romaines, Collection Ècole Française de Rome,* 10, Rome, 35-67.

VAN DER WERFF, J.H. (1982): *Uzita, Matériel de fouilles d'une cité antique en Tunisie centrale, vol 2,* Utrecht, 185.

ZEVI, F. (1966): "Appunti sulle anfore romane", *Archeologia Classica XVIII,* 208-247.

LOS CONTEXTOS BAJOIMPERIALES DE LA FACTORÍA DE SALAZONES DE PICOLA-PORTUS ILICITANUS (SANTA POLA, ALICANTE)

C. FRÍAS [1]
F. LLIDÓ [1]
B. MASANET [1]
Universidad de Alicante – Museo del Mar de Santa Pola

1.- El yacimiento de Picola-*Portus Ilicitanus.*

El yacimiento de Picola-*Portus Ilicitanus* se encuentra ubicado en el Polígono Urbano Salinas (Santa Pola, Alicante) en las afueras del casco urbano de Santa Pola (figuras 1, 2). Este asentamiento es uno de los enclaves portuarios más importantes del sur de la Tarraconense, ya que está vinculado a la colonia de derecho latino de *Ilici*. Las primeras excavaciones científicas fueron realizadas por un equipo del Museo Arqueológico Provincial de Alicante, bajo la dirección de Enrique Llobregat, entre 1976 y 1977. Diez años más tarde, a finales de los años ochenta, el Servicio de Investigación Arqueológica del Museo del Mar de Santa Pola descubre la existencia de un conjunto de estructuras de época ibérica y romana entre los que destacaba el hallazgo de un complejo conservero dedicado al tratamiento de pescado y restos de importantes estructuras ibéricas (Sánchez-Guardiola-Blasco, 1989, 413-415). En 1991 se inicia el proyecto hispano-francés (Museo del Mar-La Casa de Velázquez-CNRS) para el estudio de la primera fase de ocupación del yacimiento: un asentamiento ibérico fortificado de los siglos V-IV a. C. (Badie *et alii*, 2000).

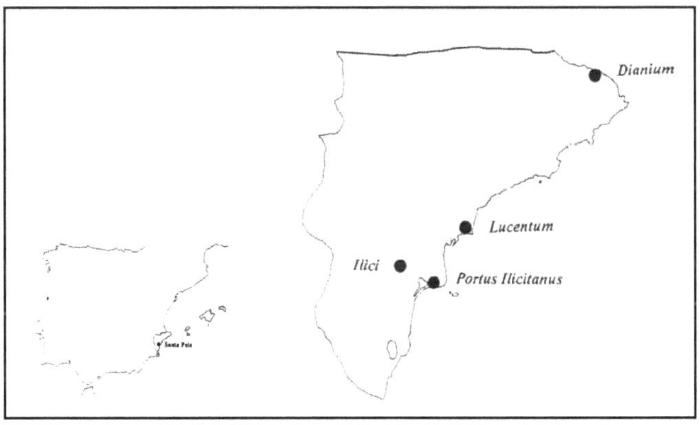

Figura 1. Mapa de situación del Portus Ilicitanus

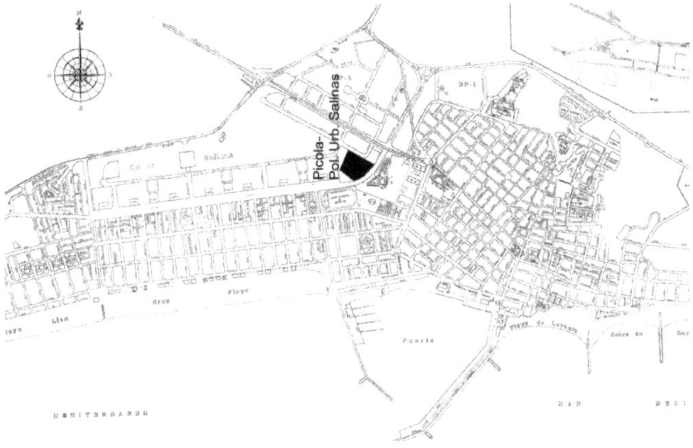

Figura 2.- Plano de localización del yacimiento de Picola.

Desde 1997 un equipo de la Universidad de Alicante y el Museo del Mar de Santa Pola (UA-MMar), dirigido por J. C. Márquez Villora, J. Molina Vidal y Mª. J. Sánchez Fernández retoma las excavaciones periódicas y la investigación de las fases de ocupación romana desde época augustea hasta el abandono de la factoría de salazones en época bajoimperial. En el marco de dicha investigación sobre la evolución y la secuencia estratigráfica de las fases de ocupación romana del yacimiento de Picola se inserta nuestro trabajo, prestando más atención al momento de abandono de la factoría de salazones.

Una primera propuesta sobre la que ha trabajado el equipo de investigación de la UA-MMar señalaba una secuencia evolutiva de las fases de ocupación del yacimiento bastante precisa:

1. Fortificación ibérica (siglos V-IV a.C.)
2. Estructuras de habitación y vivienda de época augustea y altoimperial (fase 1).
3. Estructuras portuarias de época alto y bajoimperial (fase 2).
4. Factoría de salazones bajoimperial (fase 3).

1.1.- La factoría de salazones (fase 3).

La factoría de salazones del *Portus Ilicitanus* está compuesta, básicamente, por tres espacios: una puerta de acceso, la zona de trabajo y la zona de venta (Molina, e. p.). La entrada a la factoría se realiza a través de un pórtico situado al suroeste del conjunto (A), jalonado por dos ambientes simétricos que harían las funciones de tabernas (B_1, B_2). Una vez traspasada la puerta, un pasillo nos lleva a la estancia destinada a la venta la por menor, pavimentada con un mosaico con decoración geométrica cuya construcción se ha datado a mediados del siglo IV d.C. (Vaquero, e. p.; Frías-Llidó, e. p.) (C). A la derecha del pasillo se sitúan dos cisternas cubierta para almacenar agua dulce (D_1, D_2) y, a la izquierda, la zona de trabajo, compuesta por varios ambientes aislados completa-

[1] Miembros del proyecto de investigación *Excavaciones arqueológicas en la factoría de salazones de Picola (Santa Pola, Alicante)*, nº 31/86. Universidad de Alicante-Museo del Mar de Santa Pola.

Actas del Congreso Internacional *CETARIAE. Salsas y salazones de pescado en Occidente durante la Antigüedad*, Universidad de Cádiz, Noviembre de 2005, *B.A.R. int. ser.* 1686, Oxford 2007, 271-276.

mente del resto por el mal olor que se produciría tras la limpieza y maceración del pescado.

En esta parte de la factoría, siguiendo la orientación suresteноroeste, nos encontramos con la sala de limpieza del pescado (E), que, a través de un desagüe, vertería los residuos directamente en el mar (F). A continuación se sitúan dos conjuntos de balsas, empleados para la limpieza y maceración del pescado (G) y la decantación de los restos sólidos (H). Por último, en el extremo sureste del establecimiento se localiza un horno cuya utilización podría destinarse, bien para la fase final en la producción de salsas, bien para obtener sal ignífera. Todo este conjunto se articula alrededor de un gran patio utilizado como zona de tránsito y almacén de las mercancías (I).

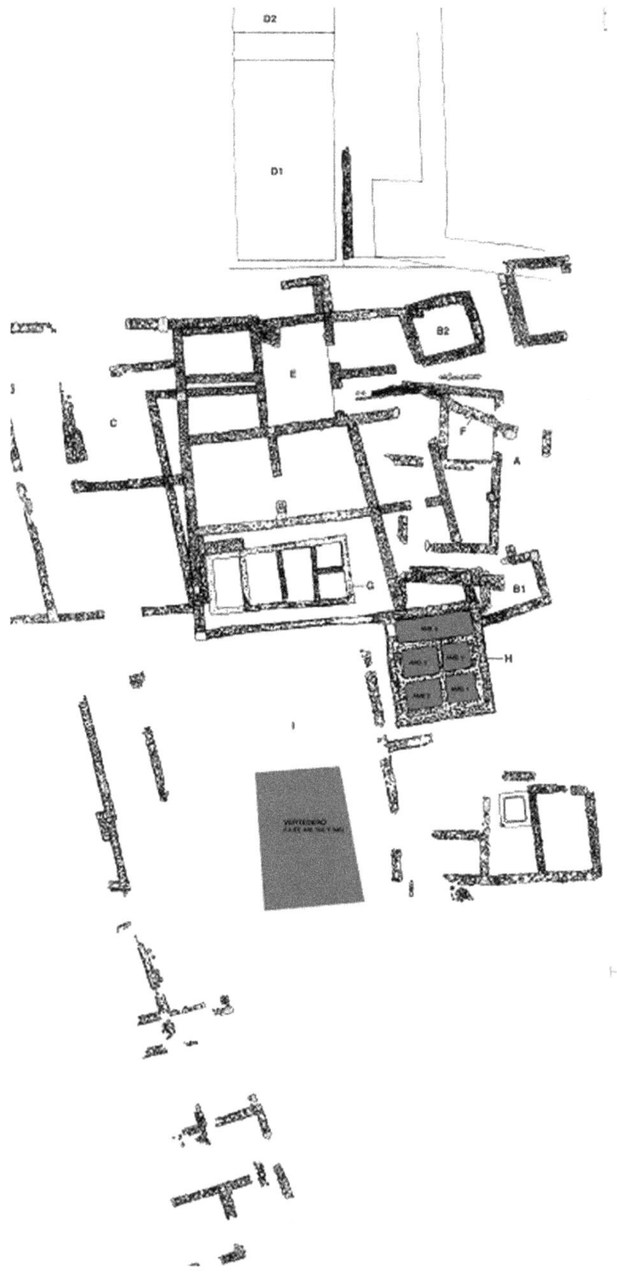

Figura 3.- Planta general del yacimiento.

2.- Los contextos arqueológicos.

Las zonas que nos han permitido obtener datos con los que proponer una datación definitiva para el abandono de las actividades productivas de la factoría son dos áreas excavadas durante las campañas llevadas a cabo por la Universidad de Alicante y el Museo del Mar de Santa Pola: un vertedero situado en el patio central –todavía en proceso de excavación- y uno de los dos conjuntos de balsas utilizadas en la producción de las salsas.

2.1.- Balsas empleadas en el tratamiento del pescado (ambientes 1, 2, 3, 5, 6).

Este conjunto constructivo se encuentra situado en la zona suroeste del asentamiento, junto a otro grupo de balsas excavadas en la campaña de 1987 emplazadas alrededor del patio que articula la zona de trabajo de la factoría (fig. 3, H) (Sánchez, Guardiola y Blasco, 1989, 413-438). Está formado por cuatro piletas de forma rectangular separadas por unos pequeños muros de mampostería y otra balsa de tamaño rectangular situada al este. La excavación de estos depósitos proporcionó las últimas evidencias de la producción de salsas de pescado de la *cetaria*, ya que en el fondo de todas ellas apareció una capa de arena con restos de pescados (cráneos, vértebras y escamas). Estos restos coinciden con los análisis de la ictiofauna hallada en el conjunto de balsas más antiguo y que indicaban el empleo de especies de pequeño tamaño, como chucla, boga, boquerón y sardina para la fabricación de las *salsamenta* (Roselló, 1989, 443-444).

La estratigrafía del relleno de las balsas está compuesta en su mayor parte por capas de tierra arenosa mezclada con malacofauna, fragmentos cerámicos y materiales de construcción de las propias estructuras. Estos estratos arenosos posiblemente correspondan con la colmatación natural de las balsas por los sedimentos marinos, hecho que se relaciona con la cercanía de la línea costera a la factoría en época antigua (Palomares, e. p.).

Los materiales hallados en el interior de las balsas son muy abundantes. Entre los tipos cerámicos más tardíos destaca, en primer lugar, un ánfora del tipo Keay 25B, datada entre finales del siglo IV y mediados del V d.C., que se encontró en la unidad estratigráfica que cubría los restos de pescado (figura 10, 1). Asimismo, en los diferentes rellenos aparecieron varios fragmentos de ARS decorados con los estilos A (ii y iii) de Hayes (figura 10, 2), unos tipos cerámicos propios de finales del siglo IV y mediados del V d. C.

Nº	UE	Parte conservada	Material	Tipo	Cronología	Figura
7358	78	Parte superior	Ánfora	Keay 25B	300-450	10 (1)
1646	80	Fondo	ARS	Hayes, estilo A (ii-iii)	350-470	10 (2)

2. 2.- Vertedero (UE 488, 500, 505).

Al oeste del patio que comunica los diferentes conjuntos de balsas de la factoría se ha localizado en la campaña de excavación de 2004 una fosa de forma ovalada que contenía una

Figura 4.- Vista del vertedero desde el oeste.

gran cantidad de material cerámico en contexto cerrado (figuras 3 (I), 4). Dadas las amplias dimensiones de la misma, por el momento se ha excavado únicamente su mitad meridional, lo cual nos permitió ver que, en sección, presenta un talud que desciende suavemente hacia el centro (figura 5). En su interior se han podido distinguir diferentes estratos, por el color y la textura de la tierra, aunque la cronología de los materiales es uniforme en toda la secuencia. De hecho, realizando el estudio del material, hemos comprobado que los fragmentos de algunas piezas aparecían repartidos en los diferentes niveles, demostrando que se trata de un relleno realizado de una sola vez.

A partir de la estratigrafía de este sector, se ha puesto de manifiesto que la fosa es posterior a la construcción de las balsas, ya que rompe el pavimento del patio, que funcionaría

Figura 6.- Detalle de los restos de pescado hallados en el vertedero (UE 506).

al mismo tiempo que éstas. De hecho, el material aparecido nos indica que se trata de una fosa realizada para enterrar los restos de las últimas producciones de salsas de pescado, ya que han aparecido restos orgánicos y abundante material cerámico vinculado con la elaboración de *salsamenta*.

Como decíamos anteriormente, en el fondo del vertedero se localizó una fina capa de espinas de pescado de características muy similares a las que aparecieron durante la excavación de las balsas (figura 6). Sobre este estrato apareció un nivel de tierra de color marrón parduzco que contenía restos de carbón y de huesos, junto con abundante material de construcción (*opus signinum*, enlucidos, *imbrices*) y material cerámico. Sobre esta capa apareció un nivel de tierra de color rojizo, con escaso material cerámico y restos de espinas de pescado en una concentración menor, que en el estrato anterior.

La mayor concentración de material se localizó en el nivel más superficial, donde se encontraron varios bordes de ánfora, junto con abundantes fragmentos de vidrio y algunas monedas. Entre estas piezas destaca una pátera del tipo *similis* Atlante XXXIX 7 que presenta en el fondo una decoración formada por una combinación de dos estampillas (un motivo vegetal Atlante *stampo* 74) y un busto masculino a la

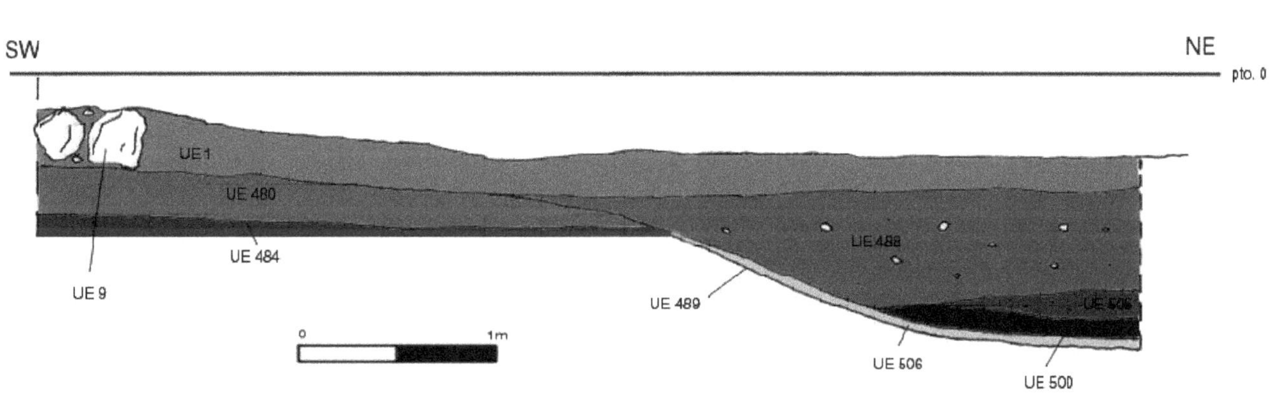

Figura 5.- Sección SW-NE del vertedero.

derecha que se repiten cuatro veces cada una, alternando entre sí. (figuras 8, 9). Estos materiales presentan una cronología bajoimperial sin apenas intrusiones de épocas anteriores. Tanto las ánforas como la *terra sigillata* y las monedas parecen remitirnos a un momento muy concreto, que coincide con la cronología establecida para el abandono de las balsas, ya que algunos materiales presentan exactamente la misma tipología.

Se ha localizado una gran cantidad de bordes de ARS D, que pertenecen a los tipos Hayes 45 B, 61 A-B, 67, 73 A, 80 A, 91 A-B, 92 y 196 (figura 8, 1-8) También se han clasificado dos pequeños fragmentos de pared decorados con estampillas de los estilos A de Hayes. (figura 8, 7-8), así como dos piezas de procedencia hispánica (Drag. 37t=MAYET, lám. CCLXVI, nº 127, con la típica decoración de círculos dobles (3 A 1/1) (figura 9, 1) (cfr. López Rodríguez, 1985, 69) y gálica (un borde de *terra sigillata lucente* con la forma Lamboglia 2/37) (figura 9, 2).

Las ánforas clasificadas pertenecen al mismo horizonte cronológico, con pastas mayoritariamente africanas o locales. Destaca la presencia de numerosos fragmentos de bordes de Almagro 51C (figura 7, 1-8), muy habituales en el *Portus Ilicitanus* (Márquez, 1999, 54), junto a fragmentos de los tipos Keay 21, 25, 27B, 36B y 39 (figura 7, 9-14).

También se han localizado dos fragmentos de disco de lucerna de los tipos Atlante VIII, cuya datación (siglos IV-VI d.C.) coincide con el resto de tipos cerámicos, (figura 9, 4-5) y un fragmento de bol carenado de cerámica paleocristiana gris del tipo Rigoir 15-17 datado entre el 370 y el 500 d.C. (figura 9, 3).

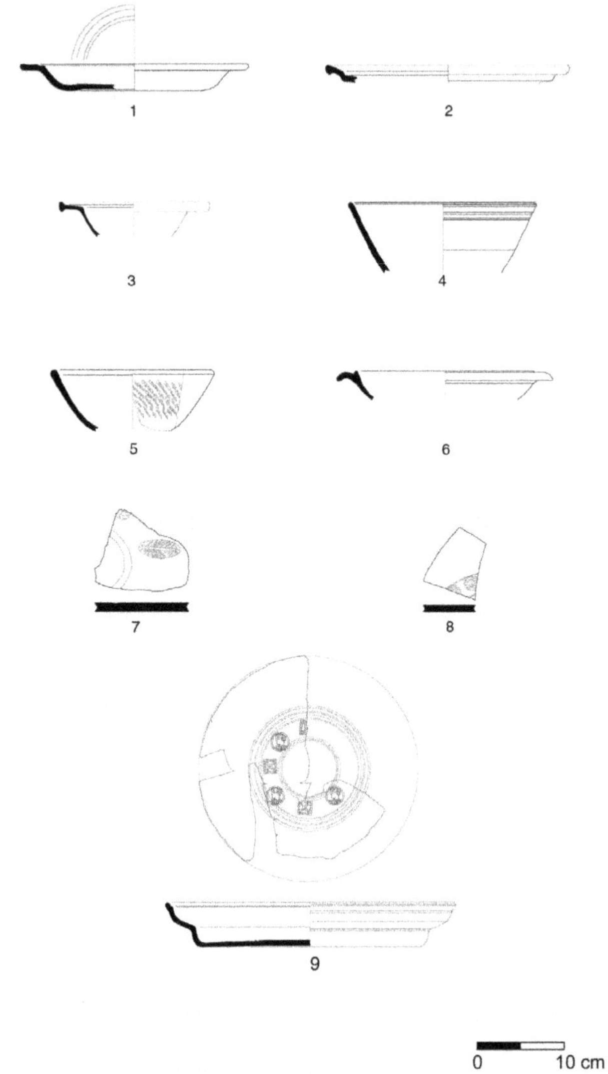

Figura 8.- ARS procedente del vertedero UE 488, 500, 505.

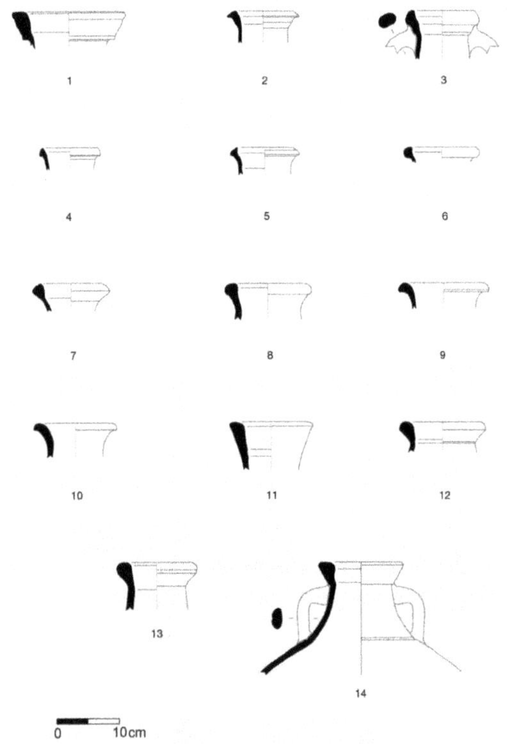

Figura 7.- Ánforas procedentes del vertedero UE 488, 500, 505.

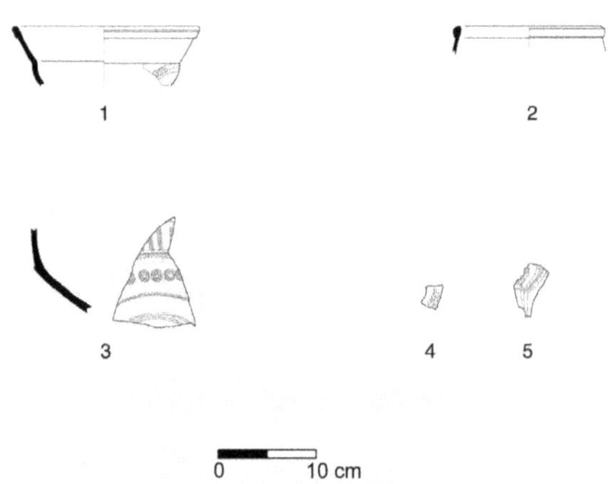

Figura 9.- Cerámica de mesa procedente del vertedero UE 488, 500, 505.

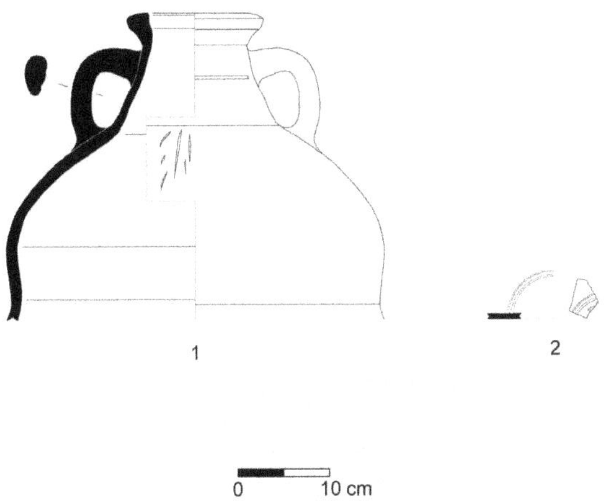

Figura 10.- Cerámica procedente de las balsas (ambientes 1, 2, 3, 5, 6).

Así pues, a partir de los materiales hallados, el contexto se puede datar en la primera mitad del siglo V d.C. Encontramos exactamente el mismo tipo de materiales que en el abandono de las balsas, de modo que hay que interpretar este vertedero como el resultado de la limpieza de las estructuras productivas de la factoría en una de sus últimas utilizaciones poco antes de su abandono, como indica la presencia de fragmentos de *opus signinum*, enlucido y espinas de pescado.

Nº	UE	Parte conservada	Material	Tipo	Cronología	Figura
7936	488	Borde	Ánfora	Keay 21	300-450	7 (1)
7868	488	Borde	Ánfora	Almagro 51C	300-450	7 (2)
7938	488	Borde	Ánfora	Almagro 51C	300-450	7 (3)
7992	488	Borde	Ánfora	Almagro 51C	300-450	7 (4)
8024	488	Borde	Ánfora	Almagro 51C	300-450	7 (5)
8072	488	Borde	Ánfora	Almagro 51C	300-450	7 (6)
8150	488	Borde	Ánfora	Almagro 51C	300-450	7 (7)
8177	488	Borde	Ánfora	Almagro 51C	300-450	7 (8)
8152	488	Borde	Ánfora	Keay 25	300-450	7 (9)
8176	488	Borde	Ánfora	Keay 25	300-450	7 (10)
8023	488	Borde	Ánfora	Keay 27B	300-450	7 (11)
8021	488	Borde	Ánfora	Keay 36B	400-500	7 (12)
8022	488	Borde	Ánfora	Keay 36B	400-500	7 (13)
7933	488	Borde	Ánfora	Keay 39	400-500	7 (14)
7980	488	Pieza semicompleta	ARS	Hayes 59B	320-420	8 (1)
7922	488	Borde	ARS	Hayes 67	360-470	8 (2)
7860	488	Borde	ARS	Hayes 73	420-475	8 (3)
8015	488	Borde	ARS	Hayes 80A	400-500	8 (4)
7925	488	Borde	ARS	Hayes 81A	400-500	8 (5)
8125	488	Borde	ARS	Hayes 91	380-500	8 (6)
8128	488	Fondo	ARS	Hayes, estilo A	320-470	8 (7)
8244	488	Fondo	ARS	Hayes, estilo A (26)	350-470	8 (8)
7915	488	Pieza completa	ARS D	*Sim* Atlante XXXIX 7	400-500	8 (9)
7892	488	Borde	TSH	Drag. 37t	350-500	9 (1)
7916	488	Borde	TSG	Lamboglia 2/37	300-400	9 (2)
7927	488	Pared	DSP	Rigoir 15-17	370-500	9 (3)
8381	488	Disco	Lucerna	Atlante VIII	300-700	9 (4)
8383	488	Disco	Lucerna	Atlante VIII	300-700	9 (5)

3.- Conclusiones.

La finalización de las actividades productivas de la *cetaria* de Picola se ha establecido, a partir de los materiales procedentes de los niveles de abandono excavados en las campañas de 1997 y 2004, en la primera mitad del siglo V d.C. Esta cronología coincide, a rasgos generales, con las dataciones propuestas en trabajos anteriores que situaban el fin de la factoría entre finales del siglo IV y mediados del V d.C. (Sánchez, Guardiola y Blasco, 1989, 420; Márquez, Molina y Sánchez, 1999, 363; Badie *et alii*, 2000, 58; Palomares, e. p.). El estudio del conjunto de materiales que se han obtenido en contextos estratigráficos fiables, relacionados con el último periodo de utilización de las actividades productivas, ha permitido precisar en gran medida esta datación. La abundancia de restos cerámicos localizados en el vertedero del patio nos aporta una fiabilidad estadística alta en la obtención de cronologías, ya que hasta el momento los niveles de ocupación excavados habían proporcionado escasas evidencias materiales o bien la secuencia estratigráfica se encontraba contaminada.

De este modo, los resultados de las últimas campañas de excavación en el yacimiento de Picola señalan con seguridad el periodo de funcionamiento de la *cetaria*, que queda establecido entre mediados del siglo IV y la primera mitad del V d.C. Los datos obtenidos en otros yacimientos de Santa Pola, especialmente aquellos procedentes del registro anfórico, indican la existencia de un aumento de las actividades comerciales del puerto durante el siglo IV d.C., por lo que se ha propuesto este periodo como uno de los momentos de mayor dinamismo del enclave (Márquez, 1999, 133ss). El análisis numismático también confirma este hecho, tanto en el contexto general del *Portus*, como en la factoría. Las emisiones datadas en el siglo IV d.C. suponen más de la mitad del numerario estudiado en los diferentes yacimientos de Santa Pola (Abascal, 1989, 53; Arroyo, 1986, 264), mientras que en Picola, las monedas adscritas a esta centuria alcanzan el 62% del total, siendo la gran mayoría de la segunda mitad[2].

El final de la producción de salsas y salazones del yacimiento también se puede poner en relación con el panorama general de las actividades comerciales del *Portus,* muy vinculadas en este periodo con el área tunecina, tal y como demuestra la alta proporción de envases anfóricos procedentes de esta zona del Imperio (Márquez y Molina, 2001, 93, fig. 16). No obstante, recientemente se ha señalado el aumento de las importaciones lusitanas en el sureste hispano hasta el siglo V d.C., documentada por la epigrafía anfórica en yacimientos como *Valentia* e *Ilici* y el propio *Portus* (Márquez y Molina, 2005, 97). Los últimos indicios de actividad comercial en el puerto se sitúan a mediados del siglo V d.C., momento en que cesan las importaciones de alimentos y, por tanto, el *Portus Ilicitanus* deja de funcionar como el principal enclave portuario del *sinus ilicitanus* (Márquez, 1999, 166-169; Márquez y Molina, 2001, 97-98). El análisis numismático también apunta en esta dirección, ya que los últimos ejemplares clasificados en el *Portus,* Picola y otras zonas del *territorium* de *Ilici* (Abascal, 1989, 87; Frías y Llidó, e. p.; Abascal y Alberola, 1998, 149-150) se han datado en el primer tercio del siglo V d.C., coincidiendo también con la reducción de la circulación monetaria generalizada en la mitad occidental del Imperio.

[2] Esto puede deberse al gran número de emisiones de la serie *Fel Temp Reparatio* emitida en época de Constancio II, coincidiendo con la fundación de la factoría, aunque hemos de tener en cuenta que la cerámica fina también conoce un aumento significativo durante la segunda mitad del siglo (Frías y Llidó, e.p.; Márquez, 1999, 154).

Con los datos aportados en el presente trabajo podemos afirmar que el abandono de la *cetaria* se incluye en el proceso general de declive de la producción salazonera y de salsas en el Mediterráneo occidental. Tradicionalmente se ha propuesto la finalización de esta actividad en el siglo VI d.C. a partir de la datación de los enclaves de Mauritania, sur de la Citerior, Bética y Lusitania (Ponsich, 1988, 105 ss). Estudios recientes han matizado estas cronologías y proponen un declive generalizado de la producción conservera hispana desde el siglo II d.C., una producción que se recupera en el siglo IV d.C., reduciéndose paulatinamente a lo largo de la centuria siguiente para concluir de manera definitiva en el siglo VI d.C. (Lagóstena, 2001).

Bibliografía

ABASCAL PALAZÓN, J.M. (1989): *La circulación monetaria del Portus Ilicitanus*, Valencia.

ABASCAL PALAZÓN, J. M. y ALBEROLA, A. (1998): *Moneda antigua y vida económica en las comarcas del Vinalopó*, Valencia.

ARROYO ILERA, R. (1986): "Estudio numismático de las excavaciones del *Portvs Ilicitanus* –Santa Pola- (Alicante). Campañas 1982 y 1983", *Saguntum*, 20, 257-273.

BADIE, A. *ET ALII*, (2000): *Le site antique de la Picola à Santa Pola (Alicante, Espagne)*, Casa Velázquez, París-Madrid.

FRÍAS CASTILLEJO, C. y LLIDÓ LÓPEZ, F. (e.p.): "Evolución de las actividades comerciales en la factoría de salazones de Picola-*Portus Ilicitanus* (Santa Pola, Alicante): análisis numismático", *III Congreso Internacional de Estudios Históricos. El Mediterráneo: una cultura del mar y de la sal. (Santa Pola, 25-29 de octubre de 2004)*.

LAGÓSTENA, L. (2001): *La producción de salsas de pescado en la Hispania romana (II a.C.-VI d.C.)*, Col·lecció Instrumenta 11, Barcelona.

LÓPEZ RODRÍGUEZ, (1985): *Terra sigillata hispánica tardía decorada a molde de la P. Ibérica, Acta Salmanticensia*, Valladolid.

MÁRQUEZ VILLORA, J.C. (1999): *El comercio romano en el Portus Ilicitanus: el abastecimiento exterior de productos aimentarios (siglos I a.C.-V d.C.)*, Alicante.

MÁRQUEZ VILLORA, J.C. y MOLINA VIDAL, J., (2001): *El comercio en el territorio de Ilici. Epigrafía, importación de alimentos y relación con los mercados mediterráneos*, Alicante.

MÁRQUEZ VILLORA, J.C. y MOLINA VIDAL, J. (2005): *Del Hiberus a Carthago Nova. Comercio de alimentos y epigrafía anfórica grecolatina*, Col·lecció Instrumenta 18, Barcelona.

MÁRQUEZ VILLORA, J.C., MOLINA VIDAL, J. y SÁNCHEZ FERNÁNDEZ, Mª J. (1999): "La factoría de salazones de Picola (Santa Pola, Alicante). Nuevos descubrimientos y estado de la cuestión", *XXV CNA*, Valencia, 360-364.

MOLINA VIDAL, J. (e.p.): "La factoría de salazones de Picola-*Portus Ilicitanus* (Santa Pola, Alicante)", *III Congreso Internacional de Estudios Históricos. El Mediterráneo: una cultura del mar y de la sal, (Santa Pola, 25-29 de octubre de 2004)*.

PALOMARES ARMEGOL, S. (e.p.): "Niveles de abandono del conjunto de balsas surioriental de la factoría de salazones de Picola-*Portus Ilicitanus* (Santa Pola, Alicante)", *III Congreso Internacional de Estudios Históricos. El Mediterráneo: una cultura del mar y de la sal. (Santa Pola, 25-29 de octubre de 2004)*.

PONSICH, M., 1988: *Aceite de oliva y salazones de pescado. Factores geo-económicos de Betica y Tingitania*, Madrid.

ROSELLÓ IZQUIERDO, E. (1989): "Informe preliminar de la ictiofauna de Santa Pola (Prov. Alicante)", *Saguntum*, 22, 443-444.

SANCHEZ, M. J., GUARDIOLA, A. y BLASCO, E. (1989): "Descubrimiento de una factoría bajoimperial de salazón de pescado en Santa Pola (Alicante)", *Saguntum*, 22, 413-415.

VAQUERO, C. (e.p): "Niveles fundacionales del mosaico de la factoría de salazones de Santa Pola", *III Congreso Internacional de Estudios Históricos. El Mediterráneo: una cultura del mar y de la sal. (Santa Pola, 25-29 de octubre de 2004)*.

CETARIAE BAJO IMPERIALES EN LA COSTA CATALANA: EL CASO DE BARCINO

J. BELTRÁN DE HEREDIA
Museu d'Història de la Ciutat de Barcelona

En los últimos años se han puesto de relieve nuevos yacimientos de salazón en la costa gallega, en la del Cantábrico y en la zona del Estrecho, que vienen a sumarse a los ya conocidos. Por el contrario, no ha pasado lo mismo en la costa catalana, en donde apenas existen yacimientos pesqueros. A partir de los datos arqueológicos de que disponemos, podríamos decir que no parece haber existido una actividad centrada en la elaboración de salazón y salsas de pescado, comparable a la de otras zonas de *Hispania.* No se puede reseñar ni un solo yacimiento relacionado con esta actividad durante el Alto Imperio, únicamente Rosas y *Barcino,* son el testimonio de lo que podría ser un foco de producción al nordeste peninsular durante la Antigüedad Tardía (figura 1). Al margen de estos dos yacimientos, solo hay unas confusas noticias del año 1939 sobre la existencia de residuos de pescado en una piscina de la villa romana de Tossa de Mar, que no han podido ser confirmados (Castillo, 1939, 265)

Figura 1.- Mapa de Hispania con la localización de las cetariae existentes en la actual costa catalana.

A pesar de la ausencia de testimonios arqueológicos, seria lógico pensar que debieron existir otras factorías a lo largo de la costa catalana, ya que los recursos que ofrecía el litoral eran sin duda un factor económico a explotar. Es posible que la intensa explotación de la viña y la masiva producción de vino en toda la Layetania, hayan eclipsado la posibilidad de localizar industrias conserveras de época romana, la presencia de depósitos no ha de estar por fuerza vinculada a instalaciones vinícolas u oleícolas.

El yacimiento de la plaza del Rey de Barcelona, que se localiza en el subsuelo de la ciudad actual, conserva parte de la ciudad romana y visigoda, unos 4.000 m^2 de subsuelo arqueológico visitable que configuran el Conjunto Monumental de la Plaza del Rey del Museu d'Història de la Ciutat. El yacimiento fue excavado en la década de los años treinta y de los sesenta del siglo XX, y una parte del conjunto arqueológico fue abierto al público en 1943, año de la creación del museo.

Cuando en 1995 nos hicimos cargo de la puesta en valor del yacimiento, comprobamos que el balance historiográfico del mismo arrojaba un conjunto de hipótesis poco sólidas y a menudo contradictorias lo que nos condujo a poner en marcha un proyecto de investigación que afectó a la totalidad del yacimiento[1].

La intervención puso en evidencia la existencia de un barrio industrial/artesanal en el ángulo norte de la colonia de *Barcino*, junto a la muralla y una de las puertas de entrada a la ciudad, la puerta *principalis sinistra.* En este sector y en el siglo III d.C. se localizaban una serie de talleres, una *fullonica* y una *tinctoria,* la *cetaria* y una industria vinícola, estas dos últimas relacionadas con una *domus.* La instalación de salazones ocupaba el ángulo nordeste de una *insula* que tenía fachada a un eje viario porticado, un *cardo minor.* La factoría se puede datar gracias a los materiales arqueológicos integrados en sus estructuras, como es un ánfora tripolitana, típica del siglo III y dos monedas: un antoniniano (256-276) y una moneda de Salonina, esposa de Galieno (260-268), lo que nos proporcionan un *post quem* del siglo III d.C.

1.- El funcionamiento de la *cetaria.*

La *cetaria* de *Barcino* se organizaba alrededor de un patio interior al aire libre al cual daban las distintas estancias. En el patio se disponían en batería dos grandes depósitos y una serie de piletas más pequeñas, seguramente destinadas a las salsas como el *garum* (figura 2. 1 y 2). Los depósitos con unas dimensiones de 2,35 x 2,37 m. y 5,56 m^3 de capacidad, estaban comunicados entre sí por una tubería de plomo situada en el fondo del depósito (figura 2.1). Los depósitos estaban orientados al sudeste y cubiertos por un tejadillo, del que se han encontrado testimonios arqueológicos, como por ejemplo los elementos de sustentación situados en los vértices de las pilas. La techumbre sobre los depósitos protegía el contenido de los mismos del agua de lluvia y de la exposición directa al sol, al tiempo que permitía la ventilación. Las techumbres de una sola vertiente están ampliamente documentadas en factorías de la costa andaluza, de Galicia y el norte de África (Ponsich, Tarradell, 1965; Suárez Piñeiro,

Actas del Congreso Internacional *CETARIAE. Salsas y salazones de pescado en Occidente durante la Antigüedad,* Universidad de Cádiz, Noviembre de 2005, *B.A.R. int. ser.* 1686, Oxford 2007, 277-284.

[1] La primera fase del proyecto de investigación se desarrolló entre 1996 y 1998. El yacimiento fué reabierto al público en junio de 1998 con una nueva presentación museográfica y nuevas propuestas interpretativas. Respecto al proyecto museográfico ver: Beltrán de Heredia, Nicolau 2000; respecto al proyecto de investigación ver los resultados en: Beltrán de Heredia, 2001. En la actualidad se continúa trabajando en el yacimiento mediante actuaciones anuales que forman parte del programa estable de investigación del museo.

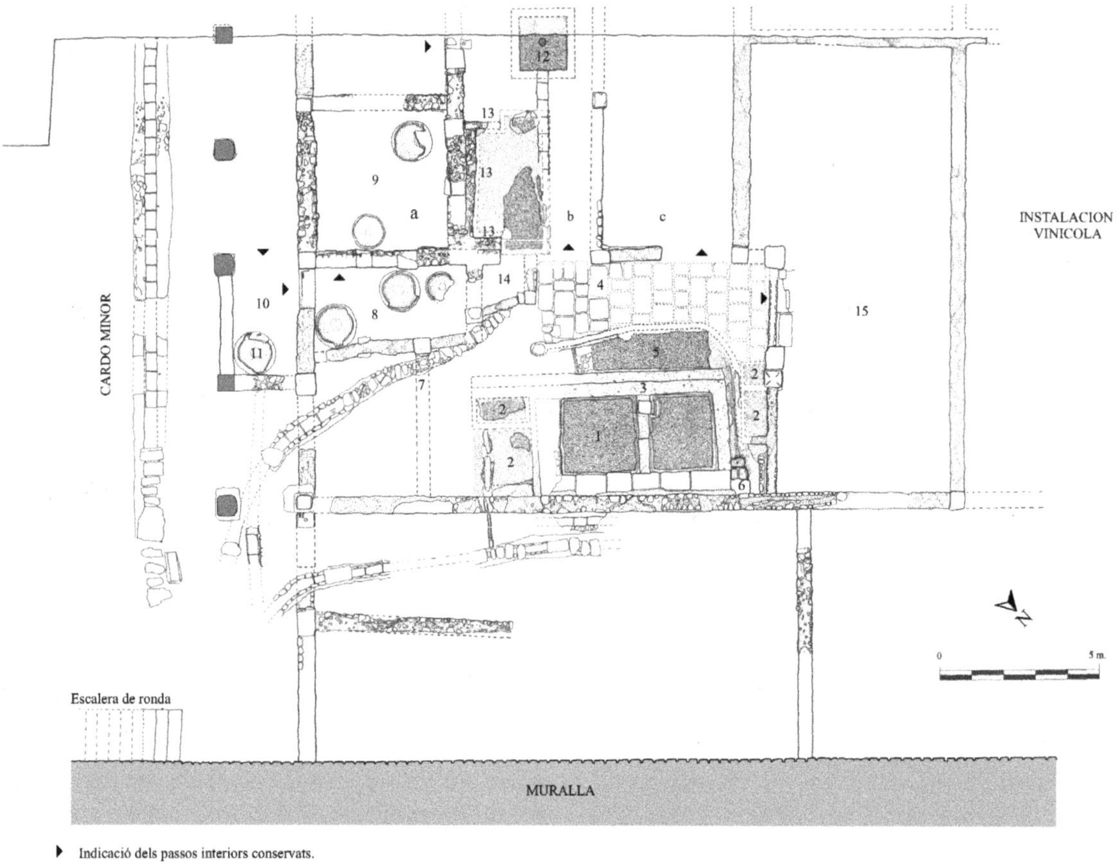

Figura 2.- Planta de las estructuras arqueológicas de la cetaria de Barcino. Dibujo: Emili Revilla-MHCB.

2003). Se ha planteado que este tipo de techumbre, pudiera tener también la función de secadero de pescado (véase la contribución en este mismo volumen de Bernal, 2007).

Los dos grandes depósitos estaban dispuestos a ras de suelo y rodeados por una pequeña plataforma o podio, hecha con grandes bloques de piedra, desde donde los trabajadores podían volcar con facilidad la sal y el pescado (figura 2. 3). Este tipo de depósitos se construían a ras de suelo para facilitar su llenado y asegurar una mayor resistencia al empuje de la masa de sal y pescado, la cual quedaba compensada con el empuje de la tierra. Los depósitos, como es habitual, están revestidos de *opus signinum* y presentan cuartos de bocel y medias cañas en las juntas de unión para evitar las fisuras y facilitar la limpieza.

En el patio interior se localizaban dos pasillos rectangulares pavimentados con losas de piedra y *opus signinum,* respectivamente, rematados con los típicos bordones de cuarto de bocel (figura 2. 4 y 5). Estos pasillos, que presentaban una acusada pendiente, eran de circulación independiente ya que estaban separados por un pequeño murete de obra. La pendiente facilitaba el traslado del pescado y la sal y permitían la evacuación de las aguas de limpieza hasta un desagüe conservado que debió estar comunicado con la red de alcantarillado general (figura 2. 6).

Al este, se sitúa la estancia más grande de la factoría, es de planta rectangular y mide 13,60 m. x 6,20 m, con una superficie de 84, 32 m^2. que también estaba abierta al patio interior (figura 2. 15). Creemos que pudo estar destinada a almacenar el producto ya elaborado, sin descartar que también sirviera para tener a mano la sal necesaria en la factoría, la cual podía almacenarse en sacos. Presenta un umbral elevado que, como en la factoría de Rosas pudo tener la función de que los residuos y la porquería que se generaba en el patio interior no entraran en la zona de almacenaje (Nolla, Nieto, 1982). En el caso de *Barcino*, no disponemos de grandes cisternas subterráneas para almacenar agua dulce, como podemos ver en otros yacimientos, pero el suministro de agua estaba asegurado por dos pozos que iban a buscar la capa freática.

Al sudeste de la instalación, se sitúan una serie de estancias abiertas al patio. Tres de ellas (figura 2. a, b, c) presentan un modulo similar. Las dos situadas más al este conservan cinco *dolia* (figura 2. 8 y 9), un sexto *dolium* se situó en plena calle porticada, creando un pequeño recinto entre dos pilares que se cerró con unos muros y se incorporó a la factoría (figura 2. 10). El *dolium* presenta un pequeño desagüe de limpieza comunicado con una cloaca (figura 2. 11), donde se localizaron gran cantidad de escamas y espinas de pescado, así como púas de erizo, lo que parece indicar un posible uso de estos receptáculos para la preparación de las salsas de pescado. El uso de *dolia* para la fabricación de *garum* es conocido y se ha documentado arqueológicamente en Pompeya (García Vargas, 1993). En la factoría de *Barcino*, no tenemos constatación arqueológica de hornos para *garum* o estancias calientes para acelerar la producción, como por ejemplo la que se localiza en la factoría de Rosas (Nolla, Nieto, 1982). Otros autores opinan que los hornos estarían vinculados no con la producción de salsas (según las fuentes clasicas su producción se aceleraba poniendolo al sol), sinó con la fabricación de sal (Olcina Domenech, 2004, 73).

Se ha de destacar otra de las estancias donde seguramente se limpiaba y troceaba el pescado (figura 2. b). En su interior se conserva una pila con un desagüe central conectado a una cloaca (figura 2. 12). En el conducto de vaciado se han conservado también importantes acumulaciones de residuos de pescado, posiblemente la pila se usó para lavar el pescado con agua dulce. El pavimento de *opus signinum* de la sala presenta una cierta inclinación hacia la mencionada cloaca y, aunque no se ha conservado podemos suponer la existencia de un sumidero para evacuar las aguas sucias del recinto.

Junto a la pared sudeste se localizan unos muretes transversales (figura 2. 13) que por sus características constructivas no se les puede atribuir ninguna función estructural. Creemos que sirvieron se soporte a unas tablas de madera, formando así una mesa para preparar y trocear el pescado (figura 3), caso similar al documentado en Cotta (Ponsich, 1988, 150-154). La existencia de ámbitos de estas características es habitual en las factorías de salazón, aunque el troceado del pescado también podía hacerse directamente sobre suelos inclinados.

Figura 3.- Hipótesis de funcionamiento de la posible mesa para el troceado del pescado. Dibujo: Isabel Fernández del Moral-MHCB.

La instalación da a un *cardo minor*, en el cual se localizan unas estancias abiertas a la calle que podrían corresponder a *tabernae*. Es posible que la *cetaria* pudiera funcionar como *macellum*, aunque no disponemos de datos arqueológicos para apoyar esta hipótesis.

2.- La cultura material.

2.1.- Un rito de fundación.

En la factoría y bajo uno de los muros de las estancias situadas al sudeste (figura 2, 9) se ha localizado una jarra, un *urceus* de cerámica común local, forma Vegas 44, que contenía un pájaro en su interior y presentaba la boca sellada (figura 4, 1). Se trata de un depósito ritual para poner la *cetaria* bajo la protección de los dioses, una práctica mágica cuya finalidad era alejar los malos espíritus. Este tipo de rito, habitual en el mundo romano, se ha documentado también en otros yacimientos de la época, como en el territorio de Empúries en el siglo III d.C. , en este caso conteniendo aves o huevos (Casas, Ruiz de Arbulo, 1997) y en la casa de los Estucos en *Complutum*, donde la jarra tambien tenia la boca sellada (*Las villas romanas...*,1995).

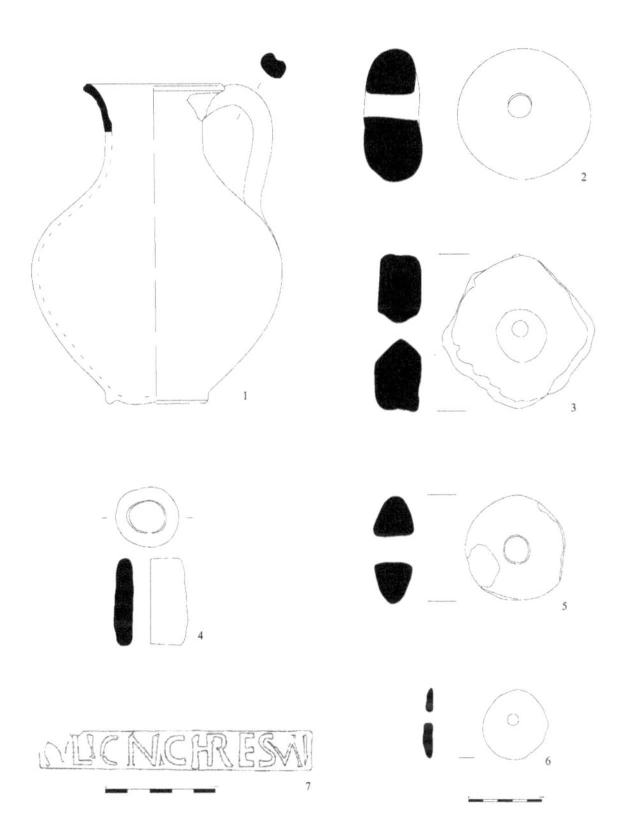

Figura 4.- Materiales relacionados con la factoría. 1. Jarra utilizada en el rito de fundación; 2-5. Pesos de red de cerámica; 6. Peso de red de plomo. 7. Sello del dolium. Dibujo: Ester Albiol-MHCB.

2.2.- Instrumentos relacionados con las actividades pesqueras.

En la factoría y en sus inmediaciones, se han localizado una serie de materiales arqueológicos que podemos poner en relación con las actividades pesqueras. Destacan los pesos de red, las agujas y los anzuelos (figura 5, 6, 7). La mayoría de los pesos de red son de cerámica y presentan dos tipologías. Los más frecuentes son los circulares con un orificio central de unos 8-9 cm. de diámetro, aunque hay ejemplares más pequeños de 6 cm (figura 4, 2-3, 5-6). Los hay realizados en cerámica local y también hechos a partir de ánforas recortadas (figura 4, 3). Algunos presentan las caras alisadas por efecto del desgaste. Pesos de red del mismo tiempo se ha localizado en Cartagena (AAVV, 2005, 63). Únicamente contamos con un peso de plomo (figura 4, 6) y un ejemplar de cerámica del tipo fusiforme (figura 4, 4), este último con paralelos en pesos de la instalación de salazones de Cullera datados en los siglos V-VI (Rosello, 2005, 42).

Figura 5.- Conjunto de pesos de red de cerámica.

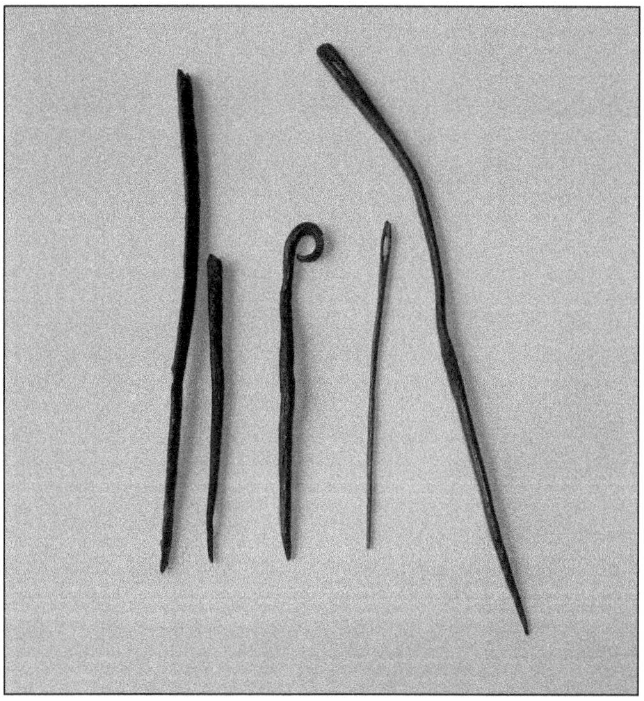

Figura 6.- Agujas de bronce para reparar redes.

Además de los pesos de red, hay una pequeña representación de anzuelos de bronce de sección plana y de diferentes medidas, las cuales debían estar en función del tipo de captura a que estaban destinados (figura 7). Tipológicamente, corresponde a la forma más usual y bien conocida en muchas de las factorías del circulo del estrecho, como *Baelo Claudia*, Algeciras y San Roque (Cádiz), entre otras (Arévalo, Bernal, Torremocha, 2004). También se ha documentado la presencia de agujas para reparar redes, en algún caso del tipo denominado lanzadera. En general, son agujas gruesas de un solo ojal y de dimensiones que van entre 16 a 8 cm. de longitud (figura 6).

Figura 7.- Anzuelos de bronce, peso de red de bronce y una aguja del tipo lanzadera.

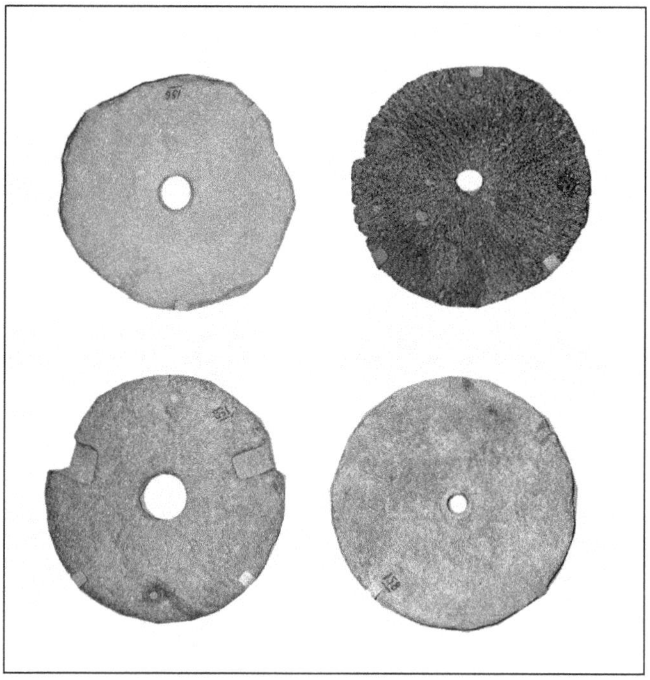

Figura 8.- Piezas de molinos encontradas en la factoría.

En el yacimiento, se localizaron también numerosos morteros de mano y siete piedras de molinos (figura 8), algunas de las cuales se han conservado *in situ*. Se trata de piezas de molinos rotatorios, su finalidad seguramente fué la de moler los esqueletos de los peces y poder elaborar una harina que se utilizaba como pienso o fertilizante. Este tipo de utillaje está documentado en la mayoría de las factorías, como por ejemplo en Gijón o en la factoría de Bares, en Galicia (Fernández Ochoa, 1994,147), en la de San Nicolás, en Algeciras (Arévalo, Bernal, Torremocha, 2004, 172) o en Plomarch en Douarnenez, Finisterre, Francia (véase la contribución de J.-Y. Eveillard en este mismo volumen), por citar nada más algunas. El empleo de la harina de pescado también está reflejada en las fuentes literarias, como por ejemplo en la *Historia de los Animales* de Eliano del siglo III d.C. Este tipo de molinos también pudo ser utilizado para la molienda de la sal, como han apuntado otros autores (Arévalo, Bernal, 1999, 83).

2.3.- Producción y envases.

Con relación a los envases utilizados para la comercialización del producto, no tenemos datos precisos sobre el tipo de envase utilizado en la factoría de *Barcino*. Hay que tener en cuenta que el yacimiento se excavó en 1930-1931 y que muchos de los materiales no se han conservado, aunque la revisión del material existente indica que no hay material anfórico que pueda ponerse en relación con la instalación. Por otro lado, no se conocen producciones tarraconenses tardías, a excepción de las llamadas ánforas de base plana conocidas a través de los hallazgos del taller de Llafranc (Girona), y de los de Denia, Valencia (Nolla, Canes, Rocas, 1982; Gisbert Santoja, 1998). En nuestro caso no hay constancia de este tipo de ánforas en la factoría.

Sin embargo, creemos que se ha de tener en cuenta la posibilidad de que se utilizasen barriles o toneles de madera para dar salida a la carne de pescado salada. Por ejemplo, en la instalación vinaria contigua, en el mismo momento y seguramente bajo el auspicio del mismo propietario, el vino salía de la bodega casi con seguridad en toneles de madera (Beltrán de Heredia, 2001). Otra cosa seria el tipo de envase utilizado para el *garum*, podría tratarse de un recipiente de cerámica común de algún taller local del que tampoco tenemos constancia.

Únicamente podemos apuntar que en la campaña de excavación realizada en 1998 se pudo excavar un sector del *interuallum*, contiguo a la factoría, donde se localizo un ánfora caída en la calle en un nivel de circulación. El envase, que contenía gran cantidad de residuos de escamas y espinas de pescado, correspondía a un ánfora tarraconense Pascual I. El hallazgo se ha de situar en un contexto del siglo I y un siglo II poco avanzado, por lo que no se puede relacionar con la cercana *cetaria,* que data del siglo III d.C., como ya hemos comentado. Este ejemplo muestra el fenómeno de la perduración y reutilización muy presente en el mundo antiguo, ya que estamos frente a un ánfora asociada a la explotación vinaria con un contenido bien distinto. Un caso similar tenemos en la propia factoría, donde uno de los *dolia* lleva la marca de la *gens Licinia* (figura 4, 7), familia que jugo un papel importante en la producción y comercialización de vino en el siglo I d.C. (Berni, Carreras, Olesti, en prensa) Todo indica que el *dolium* fue reutilizado para la fabricación de salsas de pescado.

2.4.- La ictiofauna y la malacolofauna de la factoría.

El estudio de la ictiofauna[2] ha puesto de relieve la existencia de especies de la familia de los espáridos: en concreto de *diplodus vulgaris*, *diplodus annularis* y *diplodus sargus* y posiblemente también de *pagellus acarne*, *lithognathus mormyrus* y *sarpa salpa*, especies propias del mediterráneo, de pequeño y mediano tamaño. Se descartó la presencia de peces de la familia de los escómbridos como atún, caballa, verdel, melva o bonito entre otros, especies conocidas y usadas para la salazón, como por ejemplo pasa en Rosas, donde el grupo principal parece estar formado por atunes de gran tamaño y delfines (Nolla, Nieto, 1982).

De todas maneras, y volviendo al caso de Barcelona, se ha de pensar que la factoría estaría en funcionamiento todo el año y que es muy probable que dependiendo de la temporada, se trabajara con distintos tipos de pescados, entre ellos peces de mayor tamaño. También se ha de tener presente que el aprovechamiento total del pescado, podría haber hecho desaparecer los residuos de determinados ejemplares. Tampoco podemos olvidar que los testimonios localizados en una factoría corresponden a un momento concreto, el de abandono de la instalación y, por lo tanto, aportan información de las especies utilizadas en la ultima etapa.

Figura 9.- Muestra de la malacología procedente de la cetaria.

La malocolofauna del yacimiento se componía principalmente de dos especies de bivalvos marinos, ostras (*ostraea edulis*) y almendras de mar, de la familia *Glycymeridae*, siendo la primera, la especie más importante de la factoría. También se han localizado, aunque en menor proporción cañadillas *(murex brandaris)* y caracoles marinos (figura 9). *Barcino* era conocida en la antigüedad por la fabricación de *garum* y también por la calidad de sus ostras. Ausonio alaba las ostras de *Barcino, Barcino ostrifero super addita Barcino ponto* (Ep. XXIII, 69-70). Como ya hemos comentado la presencia de conchas de *ostraea edulis* en la factoría fué muy importante, ya que *la capa de ostras llega a formar estrato,* según se anota en el diario de excavaciones de 1960 (notas manuscritas de Josep de Calassanç Serra Ràfols, conservadas en el Fons Serra Ràfols de l'Institut d'Estudis Catalans –IEC– de

[2] El estudio de la ictiofauna y la malocolofauna ha sido realizado por Joan Barral y Eulalia Garcia del Museo de Zoología de Barcelona y por Jordi Juan i Tresseres, con el concurso de Rosa Playa, de la Universidad de Barcelona.

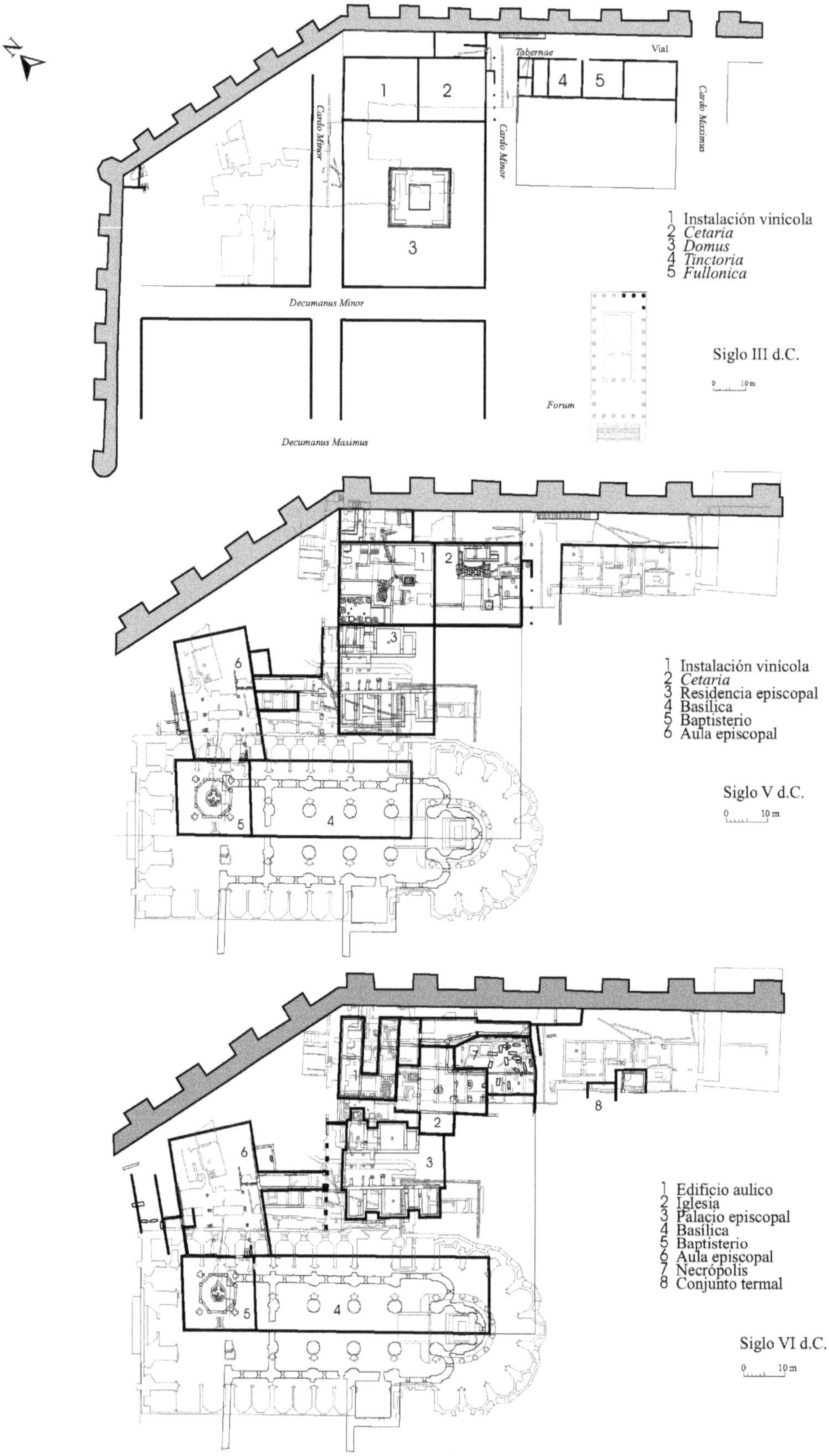

Figura 10.- Situación de la cetaria en la topografía de Barcino el siglo III al siglo V d.C. Ocupación del sector en el siglo VI d.C. por desde el grupo episcopal. Dibujo: Emili Revilla-MHCB

Barcelona). Existe la posibilidad de que se realizaran conservas de ostras como pasa en la factoría de San Nicolás en Algeciras, donde las ostras se vaciaban en la misma factoría, seguramente para ser envasadas (Bernal, 2007). En los residuos localizados en uno de los desagües vinculado a un gran *dolium*, se han encontrado también fragmentos de caparazón y púas de erizo, *paracentrotus lividus* (*equinoïdeus*), así como pequeños fragmentos de conchas de almendras de mar, de la familia *glycymeridae*. Esto parece indicar que el *garum* que se elaboró en *Barcino* incorporó erizos y almendras de mar, unos moluscos comunes en el litoral mediterráneo. Tambien queremos reseñar que el contenido del ánfora Pascual I dió como resultado la identificación de *sardina pilchardus*, en la muestra estudiada.

3.- La *cetaria* en la topografía de *Barcino*.

La factoría de *Barcino* responde al modelo urbano de producción conservera, frecuente en las ciudades costeras del Alto Imperio, modelo que pervive en la ciudad tardoantigua. En los siglos IV-V d.C., la mayoría de las *cetariae* en *Hispania* se localizan fundamentalmente en un medio urbano o portuario (Lagostena, 2001). En este sentido, la industria conservera fue un motor económico de la ciudad durante la Antigüedad Tardía. Curiosamente *Barcino* y Rosas fueron dos centros importantes durante el periodo visigodo. Las dimensiones de la factoría de *Barcino*, nos indican una instalación pequeña, que ocuparía una superficie máxima de 400 m^2. Hay indicios arqueológicos de la existencia de un piso superior (figura 2. 14; se trata de un pequeño espacio que hemos interpretado como una caja de escalera), pero bien pudo estar destinado a vivienda de los trabajadores, sin descartar su posibilidad como secadero de pescado. Por otro lado, es un dato comprobado que las instalaciones tardías de carácter urbano presentan una superficie menor para desarrollar su actividad, con relación a las de época imperial (Lagostena, 2001, 383).

La factoría de *Barcino* está en relación con una *domus*, al nordeste de la cual se localizan dos instalaciones, la *cetaria* y una industria vinícola, que tenían sendas fachadas a los dos *cardines* que limitaban la *insula*, donde suponemos se situaban las entradas pricipales a los núcleos industriales. Esta disposición tiene paralelos en *Baelo Claudia*, donde la llamada *domus* del Cuadrante y la *domus* del Oeste estaban comunicadas con las factorías anexas (Arévalo, Bernal, 1999).

Si bien hasta hace algunos años, casos como el de las factorías de *Baelo Claudia* eran considerados como un *unicum*, por estar situadas en un medio urbano (Arévalo, Bernal, 1999, 94), actualmente, nuevos hallazgos arqueológicos han venido a consolidar el modelo urbano para *Hispania*. Podemos citar la factoría de Gijón, en un ámbito urbano y portuario (Fernandez Ochoa, 1994); las instalaciones de San Nicolas, en Algeciras, Cadiz (Bernal, 2007), o las que se localizan en la ciudad antigua de *Olisipio* en Lisboa (Bugalhao, 2001) y también la de la propia *Barcino*.

Otro tanto ha sucedido con la cronología de funcionamiento y de abandono atribuida a estas intalaciones. La revisión de los contextos arqueológicos vinculados a muchas instalaciones de la Betica, indica que estas no desaparecen sino que se reconvierten y traspasan el siglo IV d.C., estando en funcionamiento en el periodo bizantino. Lo mismo pasa con algunas instalaciones lusitanas, que si bien acusan un receso poco significativo en el siglo III d.C. los talleres remontan en el siglo IV d.C. y continúan funcionando (Lagóstena, 2001, 389; Suárez, 2003). En Ceuta, hay una factoría activa hasta principios del siglo VI (Bernal, Pérez Rivera, 1999), la instalación de *Portus Ilicitanus* (Santa Pola) se sitúa en la segunda mitad del siglo IV-siglo V (Sánchez, Blasco, Guardiola, 1989), la de San Nicolás en Algeciras funciona hasta la mitad del siglo VI (Bernal, 2007), las de *Baelo* hasta el siglo VI (Bernal, Arévalo, 1999, 112), en el litoral catalán, la de Rosas, lo hace hasta el siglo VI d.C (Nolla, Nieto 1982), y la de *Barcino* hasta la segunda mitad del siglo V d.C., como indica la presencia de la formas Hayes 80 B y Hayes 73 A de Terra Sigilata Africana, de la forma Lamboglia 1/3 de cerámica Lucente y del circulante monetario AE 3 (348-361) y AE 4 (388-408) encontrado en los niveles de amortización.

4.- Factoría y propiedad: ¿una instalación ligada a la oligarquía eclesiástica?

Pensamos que la factoría de *Barcino* correspondió a una explotación de un particular, un miembro de la oligarquía local que residía en la *domus* anexa, una *domus* importante que daba al *forum*. En el siglo IV, la cristianización de la topografía de Barcino, incidió sobre este sector; la residencia y su propietario constituyeron el elemento vertebrador del futuro núcleo cristiano, facilitando la implantación de la primera basílica y el baptisterio en solares urbanos de su propiedad.

Las reformas que tienen lugar en esta *insula* en el siglo V d.C., como es la amortización de la antigua *domus*, sobre la que se levanta una nueva residencia para el obispo, respetan el antiguo binomio organizativo *domus*-zona industrial. La ubicación de la factoría y su relación topográfica, primero con la *domus* y después con la residencia episcopal, nos conduce al tema de la propiedad. Ya hemos planteado en otras ocasiones la posibilidad de que ambas instalaciones, seguramente propiedad del personaje que residía en la *domus*, pasaran en un acto de evergetismo, a formar parte del patrimonio eclesiástico. Desde el siglo IV d.C. y a partir del emperador Constantino, la institución eclesiástica podía recibir legados testamentarios. La administración de los recursos que pertenecían a la diócesis estaba en manos del obispo. La ocupación en el siglo VI de toda la zona industrial por nuevas edificaciones del grupo episcopal parece apuntar también en la misma dirección; sobre la *cetaria* se levanta una iglesia de planta cruciforme y su necrópolis anexa, y la instalación vinícola es ocupada por un edificio áulico (Beltran de Heredia, 2001).

En *Hispania* comienza a perfilarse arqueológicamente una vinculación de las sedes episcopales con el comercio y la producción, las oligarquías tardorromanas dan paso a las oligarquías eclesiásticas, con la incorporación de las antiguas familias aristocráticas a las jerarquías eclesiásticas, donde tenían garantizado la conservación de sus privilegios sociales y económicos (en este sentido, se puede citar los estudios sobre la figura del obispo Vincomalos del obispado de Niebla; Pérez Macias, González Fernandez, Oepen, 2004).

La *cetaria* de *Portum Sucrone* se ha relacionado con el papel económico que asumió la sede episcopal de Valencia, apuntando la posibilidad de que pudiera estar bajo su control (Roselló, 2005, 49). Por otro lado, la presencia de instalaciones industriales en relación con espacios eclesiásticos, se ha puesto de relieve en monasterios, como el de Punta de l'Illa, en Cullera, fundado en el siglo VI por el obispo Justiniano o en el monasterio de Mura en Llivia (Roselló 2005, 49). También en los grupos episcopales, núcleos organizativos muy complejos, pudieron existir este tipo de instalaciones industriales. Creemos que este es el caso de *Barcino*, pero también podría ser el de *Valentia*, donde recientemente se ha documentado el mismo fenómeno, con la localización de un área de salazones, datada en los siglos IV-V d.C., junto al núcleo episcopal (Alvarez *et al*, 2007).

Bibliografía

AA.VV. (2005): *Bizancio en Carthago Spartaria. Aspectos de la vida cotidiana*, Museo Arqueológico Municipal de Cartagena.

ÁLVAREZ, N., PASCUAL, G., BALLESTER, C., PÉREZ, G., RODRÍGUEZ, C., NTINOU, M., CARRIÓN, Y., GRAU, E., RIBERA, A. (2007): "Salazones en el área del foro de Valentia, S. IV-V", *Actas del Congreso Internacional CETARIAE. Salsas y salazones de pescado en Occidente durante la Antigüedad*, Universidad de Cádiz, Noviembre de 2005, 327-333.

AREVALO, A., BERNAL, D. (1999): "La factoría de salazones de *Baelo Claudia* (Tarifa, Cadiz): balance historiográfico y novedades de la investigación", *CuPAUAM* 25. 1, 75-129.

AREVALO, A., BERNAL, D., TORREMOCHA, A. (2004): *Garum y salazones en el Círculo del Estrecho.* Cádiz.

BELTRAN DE HEREDIA BERCERO, J., dir, (2001): *De Barcino a Barcinona (siglos I-VII). Los restos arqueológicos de la plaza del Rey de Barcelona,* MHCB, Barcelona.

BELTRAN DE HEREDIA, J. (2005): "La *cetaria* de *Barcino.* Una factoría de salazón del siglo III d.C. en el yacimiento de la plaza del Rei de Barcelona", *III Congreso Internacional de Estudios Históricos. El Mediterráneo: la cultura del mar y la sal.* Santa Pola, Alicante, 2004, 151-168.

BELTRAN DE HEREDIA BERCERO, J., NICOLAU I MARTI, A. (2000): "La revalorización del Patrimonio arqueológico de Barcelona: el Museo de História de la Ciudad", *I Congreso Internacional Ciudad, Arqueologia y Desarrollo. La Musealización de yacimientos arqueológicos*, Alcala de Henares, 151-163.

BERNAL, D. (2007): "Algo más que *garum.* Nuevas perspectivas sobre la producción de las cetariae hispanas al hilo de las excavaciones en la calle de San Nicolás (Algeciras, Cádiz)", *Actas del Congreso Internacional CETARIAE. Salsas y salazones de pescado en Occidente durante la Antigüedad*, Universidad de Cádiz, Noviembre de 2005, 93-107.

BERNAL, D., PEREZ RIVERA, J. M. (1999): *Un viaje diacrónico por la historia de Ceuta. Resultados de las intervenciones arqueológicas en el Paseo de las Palmeras,* Ceuta.

BERNI, P., CARRERAS, C., OLESTI, O. (en prensa): "La *Gens Licinia* y el nordeste peninsular. Una aproximación al estudio de las formas de propiedad y de gestión de un rico patrimonio familiar", *AEspA*, Madrid.

BUGALHAO, J. (2001): *A indústria romana de transformaçao e conserva de peixe em Olisipo. Núcleo Arqueológico da Ruas dos Correiros*, Lisboa.

CASAS, J., RUIZ DE ARBULO, J, (1997): "Ritos domésticos y cultos funerarios. Ofrendas de huevos y gallináceas en villas romanas del territorio ampuritano (S.III d.C.)", *Pyrenae* 28, Barcelona, 211-227.

CASTILLO YURRITA, A. (1939): "La costa brava en la antigüedad, en particular la zona entre Blanes y San Feliu de Guíxols: La villa romana de Tossa", *Empuries* 1, 186-267.

FERNÁNDEZ OCHOA, C. (1994): *Una industria de salazones de época romana en la plaza del Marques,* Gijón.

FERNÁNDEZ OCHOA, C., MARTÍNEZ MAGANTO, J. (1994): "Las industrias de salazón en el norte de la península ibérica en época romana. Nuevas aportaciones", *AEspA* 67, Madrid, 115-134.

GARCIA VARGAS, E. (1993): "Naturaleza y artificio. La transformación de los alimentos", *Convivium. El arte de comer en Roma*, Mérida 85-96

GISBERT SANTONJA, J.A. (1998): "Àmfores i vi al *territorium* de *Dianium* (Dénia). Dades per a la sistematizació de la producció amforal al Pais Valencià", *II Col.loqui Internacional d'Arqueologia Romana. El Vi a l'Antiguitat. Economia, Producció i Comerç al Mediterrani Occidental*, Badalona 1998, 383-418.

LAGOSTENA BARRIOS, L. (2001): *La producción de salsas y conservas de pescado en la Hispania romana (II a.C.-VI d.C.)*, Barcelona.

Las villas romanas de Madrid. Madrid en época romana. Madrid, Catálogo de la Exposición, 1995.

NOLLA, J.M., CANNES, J.M., ROCAS, X. (1982): "Un forn romà de terrissa a Llafranc (Palafrugell, Baix Empordà). Excavaciones de 1980-1981", *Ampurias* 44, 147-183.

NOLLA, J.M.; NIETO, F.J. (1982): "Una factoria de salaó de peix a Rosas", *Fonaments* 3, Barcelona, 187-200.

OLCINA DOMÈNECH, M. (2004): "La villa romana de Punta de l'Arenal", *Xàbia. Arqueología y Museo*, Xàbia, 61-81.

PEREZ MACIAS, J.A., GONZALEZ FERNANDEZ, J., OEPEN, A. (2004). *Los Bojeos de Bonares (Huelva) y el obispado visigodo de Niebla*, Huelva.

PONSICH, M. (1988): *Aceite de oliva y salazones de pescado. Factores geo-económicos de Bética y Tingitania*, Madrid.

PONSICH, M., TARRADELL, M. (1965): *Garum et industries antiques de salaisons dans la Mediterranée occidentale,* París.

RIETH, E. (dir). (1998): *Mediterranée antique. Pêche, Navigation, Commerce.*

ROSELLO I MESQUIDA, M. (2005): "Un establiment de producció de saladures dels segles V-VI dC. en Cullera (València)", *Qulayra*, Museu d'història i Arqueologia de Cullera, 33-54.

SANCHEZ, Mª.J., BLASCO, E., GUARDIOLA, A. (1989): "Descubrimiento de una factoría bajo imperial de salazón de pescado en Santa Pola (Alicante)", *Saguntum* 22, 413-438.

SUAREZ PIÑEIRO, A. Mª (2003): "La explotación del mar en la Galicia romana", *Cuadernos de Estudios Gallegos* 116, Santiago de Compostela, 9-25.

IL COMMERCIO E LA LAVORAZIONE DEL PESCE NELLA CALABRIA ANTICA E MEDIEVALE CON PARTICOLARE RIFERIMENTO ALLA COSTA TIRRENICA

M. T. IANNELLI
Soprintendenza per i Beni Archeologici della Calabria
F. A. CUTERI
Università Mediterranea di Reggio Calabria

I) Nonostante che lo studio dell'età romana in Calabria abbia avuto notevole impulso negli ultimi quindici anni, tuttavia è solo agli inizi quello delle strutture connesse alla lavorazione del pesce, dopo un primo avvio che data tra la fine degli anni ottanta e gli anni novanta.

In tutta la regione sono noti ben pochi impianti per la lavorazione del pesce (figura 1), e quelli meglio indagati sono ubicati lungo il tratto della costa tirrenica tra Pizzo Calabro e Nicotera Marina, prospicienti il promontorio di Tropea e compresi tra gli attuali golfi di Lametia a nord e di Gioia Tauro a sud.

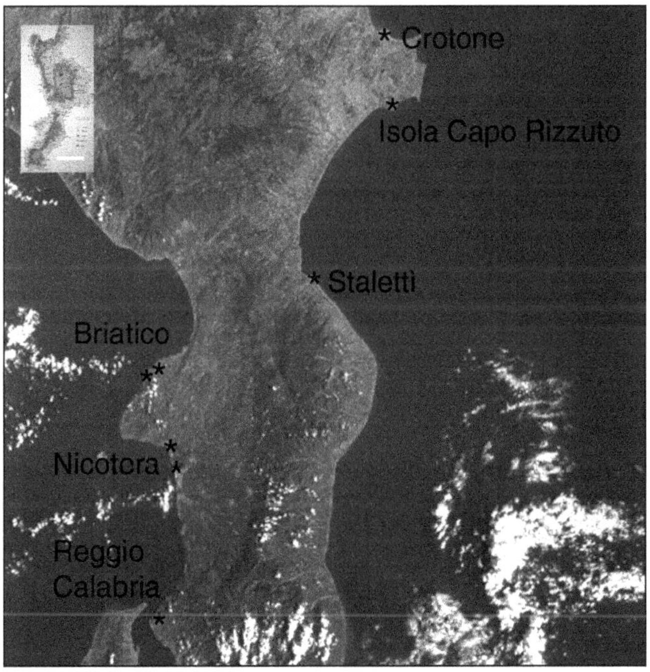

Figura 1.- Calabria. Impianti di lavorazione e di allevamento del pesce.

Si tratta delle peschiere rinvenute nelle località S. Irene e Rocchetta in comune di Briatico (Iannelli, Lena, 1987; Iannelli, Lena, Givigliano, 1992, 27-41, figg. 8-29) e di altri due complessi individuati a Nicotera. Di questi ultimi uno, costituito da tre strutture a pianta quadrangolare e localizzato in contrada "Li Gurni" di Nicotera Marina, è stato segnalato da Colicelli (2004) sulla base dell'analisi della foto aerea e senza alcuna indagine sul terreno; l'altro, relativo ad una vasca per lo stoccaggio del *garum* (Cuteri *et alii,* c.s.), pavimentata con cocciopesto ed impermeabilizzata con intonaco idraulico, fa parte di un complesso indagato in località Casino Mortelleto, interpretato come deposito per derrate alimentari connesso al porto (Colicelli, 2004). Infine, un impianto ubicato a Isola Capo Rizzuto, nel crotonese, segnalato da un sub amatoriale, è noto solo attraverso poche immagini.

Al momento non è altrimenti segnalato, in tutta la regione, alcun impianto per la lavorazione del pescato relativo all'età greca, mentre per il periodo tardo antico/alto medievale sono noti il complesso di Reggio Calabria scavato alla Stazione Lido, le vasche del cosiddetto Vivariense a Stalettì relative all'allevamento del pesce e una canalizzazione messa in luce durante lo scavo alla Banca Popolare di Crotone, nel sito dell'omonima *polis* magnogreca.

La penuria di studi e informazioni che, come si è visto, interessa l'età greca, romana e medievale, diversamente da quanto si registra per l'Ottocento e il Novecento, se solo marginalmente dipende dal mancato approfondimento della ricerca, sembra invece da attribuirsi al rapporto controverso, difficoltoso e mutevole che l'uomo calabrese ha instaurato col mare nel corso dei secoli; rapporto che, senza dubbio, è stato fortemente condizionato dalla peculiare morfologia della regione che, seppur si estende per 800 km di costa, è composta per il 90% da zone collinari e montane.

Che il legame della società calabrese col mare sia stato instabile nel tempo fino a diventare quasi marginale, tanto che solo in ben delimitate aree si riscontra una continuità di utilizzo delle risorse marine, lo dimostra lo studio degli insediamenti umani, che sia sulla fascia jonica che su quella tirrenica registra scelte che prescindendo dagli aspetti climatici e dalla capacità produttiva delle aree, privilegiano ora il litorale costiero, ora le alture discoste dal mare (Noyé, 1991).

Nel territorio vibonese, come pure nel resto della Calabria, è evidente l'alternanza degli insediamenti rispetto al mare fin dall'età preistorica e protostorica, quando si abitano le alture e i terrazzi arretrati dalla linea di costa, per poi popolare nelle età successive (greca e romana) le fasce costiere, con migliori possibilità di sfruttare gli approdi; ed ancora nell'alto medioevo allorché si rioccupano le alture a causa delle incursioni islamiche e della malaria; per arrivare al sovra popolamento costiero di età moderna.

Non è un caso che i viaggiatori stranieri protagonisti del Gran Tour a partire dal Settecento e per tutto l'Ottocento, nei loro viaggi di conoscenza del Meridione d'Italia, hanno "saltato" la Calabria, o l'hanno visitata solo perché "di passaggio" per raggiungere la vicina Sicilia. Pertanto, non sorprende l'affermazione dell'antropologo Matvejevic' che considera la Calabria una specie di isola senza mare come a dire che in generale, per la regione, il mare, nel tempo, è stato piuttosto sinonimo di isolamento che di scambi e frequentazioni.

Actas del Congreso Internacional *CETARIAE. Salsas y salazones de pescado en Occidente durante la Antigüedad,* Universidad de Cádiz, Noviembre de 2005, *B.A.R. int. ser.* 1686, Oxford 2007, 285-300.

E' in tale contesto dunque, che si inquadra la presenza di due impianti per la lavorazione del pesce di età romana (figure 2-6) rinvenuti nell'attuale territorio della provincia di Vibo Valentia a seguito di ricerche interdisciplinari e di accurate indagini subacquee, frutto di collaborazione tra la Soprintendenza per i Beni Archeologici della Calabria, l'Università della Calabria e l'Associazione di volontariato Kodros, diretta da Stefano Mariottini.

Figura 2.- Briatico (VV) – S. Irene. Veduta aerea della peschiera.

Dal punto di vista storico archeologico, il territorio della costa tirrenica in cui sono stati identificati i due impianti è quello relativo al *municipium* di *Valentia*, centro che fin dall'età greca esercitò funzione di drenaggio delle attività economiche e delle risorse di un vasto territorio; basti solo ricordare che parecchi studiosi riconoscono che uno degli obiettivi principali perseguito dai Locresi in relazione alla fondazione di *Hipponion*, fu quello di garantire ai loro traffici commerciali uno sbocco sul Tirreno, evitando lo Stretto di Messina controllato dai Calcidesi (Lombardo, 1989, 426). La *polis* prima e più tardi il *municipium*, esercitarono, quindi, la funzione di *polo d'attrazione e di smistamento, punto imprescindibile di riferimento* anche politico per tutto il territorio circostante (Givigliano, 1989, 743).

La città di *Hipponion-Valentia*, collocata su un pianoro collinare a circa 500 m s. l. m., in posizione di controllo su tutto il territorio circostante, e con un facile accesso alla viabilità principale, era un luogo strategico ubicato nell'ampio tratto compreso tra il Golfo di Lametia e la piana dell'attuale Gioia Tauro (antica Matauros); e il suo territorio, posto in posizione molto favorevole sia dal punto di vista topografico che produttivo, era parte integrante di un ricco paesaggio silvo-pastorale, costituito da una stretta fascia costiera che dalle propaggini montuose della Sila, grande riserva di legname e pece, scendeva verso la piana dove veniva praticata l'agricoltura. A ciò si aggiungeva la presenza del porto che costituiva una via fondamentale nel traffico marittimo della costa tirrenica e che aveva determinato, soprattutto in età romana, il fiorire di vasti complessi insediativi che avevano specializzato e differenziato la loro produttività anche in funzione dell'esportazione a breve e forse anche a più ampio raggio (Guzzo, 1981, 126-135; Sangineto, 1994, 569-575; Nieto, 1991, 40-46; Colicelli, 1995, 75-78). A tal proposito è il caso di ricordare che il porto di *Hipponion-Valentia* costituisce ancora oggi l'unica possibilità di approdo lungo la costa tirrenica a sud di Napoli, tappa obbligata per le comunicazioni con la Sicilia, e quindi con lo Stretto di Messina.

Già da tempo la ricerca archeologica subacquea ha identificato i due moli del porto antico di *Hipponion-Valentia* in due strutture ubicate, quella maggiore nei pressi dell'attuale foce del torrente Trainiti, quella minore in corrispondenza della Punta Buccarelli (Lena, 1989; Iannelli, Lena, Givigliano, 1992, 15-23). Nell'ipotesi avanzata da Lena i due antemurali corrispondono al porto romano più recente rispetto a quello di minori dimensioni che era in uso in età precedente; esso sfruttava un sistema fluviale-lagunare compreso tra le foci dei torrenti S. Anna e Trainiti ed era limitato verso l'interno da un vecchio sistema dunare sul quale, in età romana, erano state costruite alcune ville, delle quali, una in particolare, che assume grande rilevanza per la comprensione degli scambi marittimi, è stata identificata ed in parte indagata nel sito del Castello di Bivona (Cucarzi, Iannelli, Rivolta,1995, 160-165; Cuteri *et alii*, c.s.).

L'esistenza di un porto a *Hipponion-Valentia* è documentato per l'età greca e romana anche dalle fonti antiche (Strabone, Lucilio, Cicerone, Cesare, Appiano), mentre l'epistolario di Gregorio Magno ed il *Liber Pontificalis* testimoniano il protrarsi dell'attività portuale almeno fino all' VIII sec. d. C.; attività che continua nel XIII, vista la menzione del porto di *Bibona* ne *Il Compasso da Navigare*, un portolano attribuito a quell'età; e si interrompe tra il XVII e il XIX secolo, con l'interrimento delle strutture (Lena, 1989, 607; Sogliani, 1990, 457-461).

Ed ancora, la città di *Hipponion-Valentia*, oltre ad essere munita di un porto di grandi dimensioni, se durante le guerre civili tra Cesare e Pompeo aveva ospitato gran parte della flotta di Cesare poi incendiata dal rivale, era anche ubicata in posizione centrale sia rispetto alla rete viaria di grande comunicazione che a quella interna. Ormai è stato accertato, per il rinvenimento fortuito di un miliario nella vicina S. Onofrio (Givigliano, 1990, 279-328; Paoletti, 1994, 465-556, 487-488; Colicelli, 1996) che la via *Annia Popilia*, che assicurava il collegamento tra le città di Capua e Reggio e quindi tra Roma e la Sicilia, passava nei pressi del *municipium* di Valentia e forse l'attraversava nell'odierno quartiere di S. Aloe. Del resto, nei vari itinerari romani, la città di Vibo Valentia è indicata come *statio* con diverse varianti (*Vibona, Bibona Balentia, Bibona Valentia, Vibona Valentia*) e con qualche divergenza di distanze (Givigliano, 1990, 324).

Se la rete viaria principale assicurava le comunicazioni tra *Valentia* e le altre città calabresi, sia con quelle ubicate sul Tirreno che sullo Jonio, quella interna era piuttosto articolata e permetteva i collegamenti tra il centro propulsore e i numerosi insediamenti sparsi sulla costa e sui pianori interni.

La ricostruzione delle modalità insediative di questo territorio, seppur parziale, vista anche l'assenza di indagini sistematiche, ha evidenziato, in particolare per l'età romana, la diffusa presenza di ville dislocate sia sull'altopiano del Poro che lungo la costa. I complessi rurali, realizzati per lo più sui pianori, si basavano su un'economia prevalentemente agricola, e solo in età imperiale si sono evoluti in senso residenziale, mentre per molti di quelli costieri è stata segnalata e talvolta anche ipotizzata la presenza di strutture portuali, certamente costruite in funzione del porto principale attraverso cui si praticava il commercio sia a breve che ad ampio raggio.

Le attività agricole documentate erano la coltura della vite e dell'ulivo, con la relativa produzione di vino ed olio; ma ad esse si associavano spesso la produzione ittica e quella boschiva. In alcuni casi era presente quella artigianale di ceramica ed è stata ipotizzata la produzione locale di anfore di tipo Dressel 1, 2/4 e 21/22 (Sangineto, 1989, 842-843) e di tipo Keay LII (Gasperetti, Di Giovanni, 1991, 875-877; Cuteri *et alii*, c.s.); a questo proposito, è opportuno segnalare la presenza di due fornaci, molto probabilmente connesse a d altrettante ville, entrambe rinvenute nel territorio dell'attuale Briatico e precisamente in località Scrugli e S. Giorgio.

Il periodo d'inizio degli insediamenti in villa nel vibonese sembra da inquadrare, come per il resto della Calabria romana, nel II sec. a. C., periodo che in questo territorio coincide con alcuni eventi che diedero nuovo impulso alle comunicazioni ed al commercio, e cioè la deduzione della colonia di Valentia, e la costruzione della via *Annia Popilia*; mentre ancora tutte da definire sono le conseguenze che causò, nel territorio e nella città di Valentia, l'arrivo nel 194 a.C. di 4000 famiglie di coloni (Iannelli-Givigliano, 1989, 679; Givigliano, 1989).

Per quanto riguarda l'evoluzione delle modalità insediative delle ville, è stato notato che il loro numero sembra aumentare tra il I ed il II sec. d. C.; mentre a partire dal III sec. e soprattutto nel IV, si assiste ad un'inversione di tendenza, nel senso che esse diminuiscono di numero, e quelle che rimangono in uso, concentrate soprattutto nell'attuale comune di Briatico, si ingrandiscono e specializzano la loro produzione.

Lo studio di questo territorio nell'età romana ricostruisce, perciò, una realtà vivace e molto produttiva, che si basava su un'economia mista fondata sullo sfruttamento agricolo del territorio, ma che contestualmente utilizzava in modo intensivo la risorsa mare sia come possibilità di approdo e quindi commerciale, sia come riserva ittica, senza trascurare l'approvvigionamento del legno e della pece nei boschi della Sila, e le attività legate alla pastorizia attraverso la transumanza e soprattutto attraverso i pascoli dei pianori del Poro.

Anche dal punto di vista delle comunicazioni sia la città che il territorio, come abbiamo visto, erano ubicati in posizione oltremodo favorevole, configurandosi la prima come un vero e proprio crocevia sia per le comunicazioni marittime che terrestri. Di grande rilievo, inoltre, sembra essere stato il ruolo assunto dal porto che è documentato anche attraverso la presenza diffusa di materiali d'importazione.

Nel territorio relativo all'altopiano del Poro è documentato il ritrovamento di materiali ceramici della cultura appenninica e di quella eoliana del Milazzese che testimonino, già per l'età preistorica, i contatti culturali intercorsi tra questa area, le vicinissime Isole Eolie, e l'Italia continentale. La presenza, poi, di importazioni dall'area egea attestate non solo a Briatico, ma anche a S. Domenica di Ricadi e a Zambrone e nella stessa Vibo Valentia, dimostra che anche lungo queste coste operavano dal XVI al XII sec. a.C. navigatori e mercanti che stimolarono profonde trasformazioni nelle strutture sociali, economiche e culturali delle popolazioni dell'Italia meridionale e della Sicilia con cui vennero a contatto.

Nell'età greca, anche attraverso il porto di *Hipponion*, strutturato da Agatocle, oltrechè dalla terra ferma, mediati da altre colonie calabresi, arrivarono i prodotti dalla Grecia, ma anche da altre regioni magno greche, come attestano i materiali rinvenuti soprattutto nelle aree sacre della *polis* e nella necropoli (Iannelli, Ammendolia, 2000). Per giungere poi all'età romana quando sono diffuse sia nella città che in tutto il territorio, le ceramiche africane che vennero puntualmente imitate in loco (Iannelli, 1989; Gasperetti, 1989, 858-861; Sangineto, 1990, 749-757); mentre non mancano per l'età tardo antica i contenitori provenienti dall'oriente (Cuteri *et alii*, c.s.); nè i mosaici pavimentali, probabilmente realizzati da maestranze itineranti del nord Africa, come attesta la similitudine della tecnica costruttiva e dei i repertori figurativi (Iannelli, 2002, 271-273); tra gli altri è d'obbligo segnalare quello proveniente dal giardino della villa marittima di località Scrugli, con la rappresentazione di realistiche scene di amorini pescatori che tirano reti ricolme di grandi varietà di pesci (Iannelli, 2002, 274).

Per quest'area della Calabria, in particolare per l'età romana, si deduce pertanto un quadro economico che avvalora l'ipotesi ricostruttiva del paesaggio agrario avanzata da Battista Sangineto (Sangineto 1994, 563-564) e da altri studiosi (Nieto, 1991, 47-48; Colicelli, 1995, 47-51) che descrive il Bruzio come una realtà economica molto articolata e che all'immagine di una terra semidesertica e popolata soltanto da pastori e boscaioli, sostituisce il panorama diffuso del latifondo, basato sulla produzione schiavistica e sullo sfruttamento intensivo delle risorse agricole, connesso alle attività della pastorizia.

Nel vibonese, oltre a tutto ciò si aggiunge, come abbiamo visto, una costante attenzione alla risorsa mare riscontrabile, così come nell'antichità, solo in alcune ristrette aree della Calabria (lo Stretto di Messina e il Crotonese). Non è un caso infatti, che lungo questo tratto di costa siano presenti due stabilimenti per la lavorazione del pesce, molto

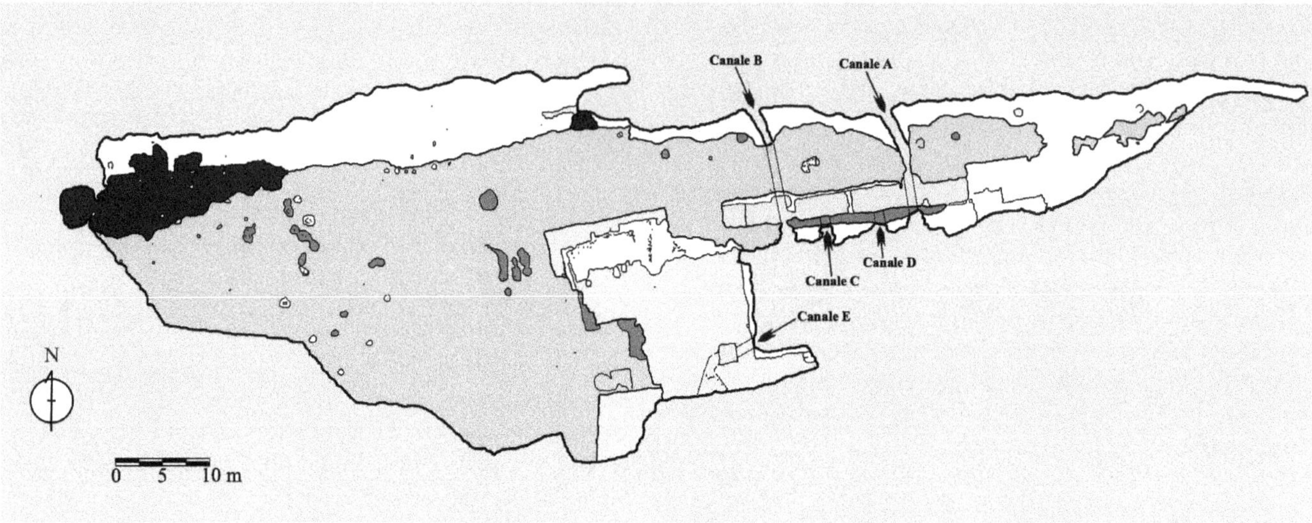

Figura 3.- Briatico (VV) – S. Irene. Pianta della peschiera.

probabilmente connessi ad alcune ville monumentali (Briatico Scrugli e Vibo Marina), o alle strutture portuali di Nicotera.

Dei due impianti per la lavorazione del pesce rinvenuti nel vibonese, quello di Briatico-S. Irene (figure 2-5) si presenta in migliore stato di conservazione, mentre quello della Rocchetta (figura 6) è di difficile interpretazione per il fatto che se ne sono conservati solo alcuni lembi variamente dislocati, taluni sommersi, altri inglobati in uno degli edifici adiacenti, di recente ristrutturato e utilizzato a ristorante, che intorno al 1600 circa era stato adibito alla lavorazione della cannamele. Al piano interrato di questa costruzione sono tuttora visibili quelli che sembrano i resti di ambienti relativi a vasche, la cui pianta non è più ricostruibile, mentre ancora evidente è un lacerto di muro in mattoni e malta, forse di età imperiale, inglobato nelle strutture della quattrocentesca torre, denominata *la Rocchetta.* Tra l'altro, la recente costruzione di un molo ha separato i resti visibili della peschiera che al momento consistono in un canale di adduzione dell'acqua alle vasche, coperto e scavato nella roccia, e in un muricciolo costituito da pietre e malta molto resistente.

Al momento non sembra in connessione con le strutture dell'impianto per la lavorazione del pesce un lungo muro più tardo, individuato in modo fortuito sul bagnasciuga e ora interrato, che corre parallelo alla costa. Tale struttura, intonacata sulla facciavista a monte, è decorato con una serie di figure incise di difficile lettura.

E' molto probabile che il pesce che veniva lavorato in entrambi gli stabilimenti fosse il tonno, anche se in un settore della peschiera di S. Irene sono state individuate delle *marmitte di erosione e vaschette di corrosione* probabilmente adibite all'allevamento di altre specie di pesci, tra cui lamellibranchi e gasteropodi (figura 3) (Iannelli y Lena, 1987, 127-128; Iannelli, Lena y Givigliano, 1992, 34).

Del resto, che nel golfo di *Hipponion* fosse praticata in modo industriale la pesca del tonno lo dimostrano sia le citazioni delle fonti antiche, Atheneo (*Deipnosophistae*, VII, 302) ed Aeliano (*De Natura Animalium*, XV, 3), che esaltano la qualità del pescato hipponiate, dichiarandolo il migliore del Mediterraneo, sia quelle degli eruditi locali, che spesso, sulla scia degli autori classici, forniscono notizie sulla prosecuzione della pesca in epoche più recenti; ma soprattutto lo attesta la continuità di quest'attività produttiva anche nelle età successive, fino ad arrivare ai giorni nostri poiché tuttora sono in funzione due fabbriche di lavorazione del tonno ubicate negli attuali comuni di Pizzo e Maierato che utilizzano le lavorazioni tradizionali, in particolare per la produzione della *bottarga*, cioè delle uova, che con termine dialettale, viene chiamata *vatarico* parola che ricalca quella greca di *tharixos*.

I resti dello stabilimento di S. Irene sono costituiti da uno scoglio di forma triangolare, variamente denominato nel tempo (La Galera, Praca, Vrace) (figura 2), in cui sono state ricavate le vasche per la stabulazione dei tonni, e il porticciolo (figure 3-4); a queste sono connesse le *cetariae,* costruite sulla spiaggia, e poste a circa un centinaio di metri; i due nuclei sembrano in stretta relazione tra loro, anche se non è stata rinvenuta nessuna struttura fissa che li collegasse.

Il porto è ricavato sul fronte sud delle vasche, verso la spiaggia, con il piccolo molo aggettante per circa 7 m., ed è rivolto in senso est-ovest, cioè verso il porto maggiore di Valentia; lungo i tre lati è fornito di dieci bitte ricavate nella roccia (figura 4), di cui le due più esterne, di dimensioni maggiori delle altre, erano evidentemente utilizzate per sbarrarne l'accesso nelle ore notturne, secondo un sistema simile a quello utilizzato nella peschiera di Ventotene (Schmiedt, 1972, 178-179, figura 185). Nel porticciolo sbocca un canale (E) (figure 3-4) che scorre a cielo aperto in corrispondenza di una grande buca quadrata, di cui si è seguito il breve percorso sotterraneo; anch'esso è

Figura 4.- Briatico (VV) – S. Irene. L'area portuale.

confrontabile con uno dei canali della peschiera prima citata (Schmiedt, 1972, 193-194, figura 199, n. 1-n. 3).

Le quattro vasche per il pescato vivo (figura 5), di forma rettangolare, misurano 5 x 2,50 m. circa, sono anch'esse ricavate nella roccia, poste in sequenza l'una accanto all'altra, e sono separate, in senso nord-sud da tre pareti, di cui quella tra la terza e la quarta vasca è munita di due fori e di una scanalatura per il fissaggio e lo scorrimento della *cataracta.* Molto articolato a S. Irene è il sistema dei canali di adduzione di acqua alle vasche, che erano utilizzati anche per la cattura e l'immissione dei tonni; esso è costituito da quattro canali di cui quelli minori (C e D) (figure 3-4) comunicano col mare solo su un lato, e sono muniti di una *cataracta* visibile solo in quello C, mentre quelli maggiori (A e B) (figure 3-4) sono passanti, corrono a cielo aperto lungo la parete sud, sono coperti a volta lungo un tratto di quella nord, ed hanno un andamento obliquo, secondo il dettato di Columella (*De re Rustica* VIII, 11). Interessante è il sistema di bloccaggio di una dei canali maggiori (B) che è del tipo binato descritto per la peschiera di Formia dallo Schmiedt (Schmiedt, 1972, 140-141, figura 154) che l'ha considerato un *unicum* nelle peschiere del Mediterraneo; a S. Irene è costituito da due *cataractae:* una cieca, posta nella parte coperta del canale, che lo bloccava dall'alto, era posizionata in obliquo, per contenere meglio la forza d'urto dell'onda; l'altra era posta nel tratto aperto dello stesso canale, e lo bloccava dal basso, mediante una grata che faceva passare l'acqua ma non i pesci.

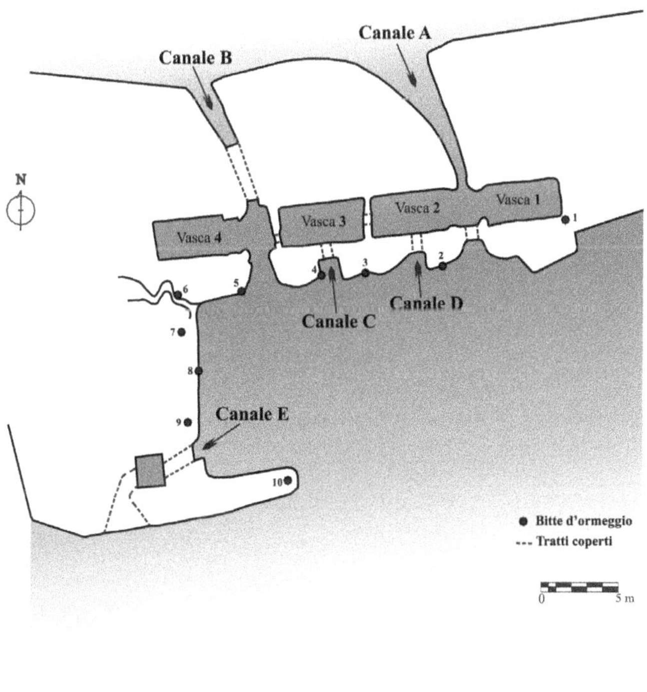

Figura 5. - Briatico (VV) – S. Irene. Vasche per la stabulazione del tonno.

Figura 6.- Briatico (VV) – La Rocchetta. Veduta aerea della peschiera.

Sul resto dello scoglio sono presenti i seguenti manufatti: una banchina in opera cementizia molto solida (figure 2-3) che termina con due grossi corpi aggettanti, e che è stata interpretata come un molo frangiflutti; un lungo ambiente (figura 3), sommariamente scavato e probabilmente non finito per ragioni che sfuggono, posto nelle immediate vicinanze delle vasche per la stabulazione dei tonni; un ambiente che probabilmente è stato utilizzato come area di lavoro, per la presenza di alcuni fori di scolo e della pendenza del piano di calpestio, intenzionalmente realizzata per impedire il ristagno dell'acqua (Iannelli, Lena, 1987, 130).

In questa peschiera non sono stati rinvenuti i classici moli consigliati da Columella che dovevano racchiudere le vasche e superarne il livello (Columella, *De re Rustica*, VII, 11).

Di fronte allo scoglio e sulla spiaggia sono state riconosciute le *cetariae* per la conservazione del pescato, ridotte a poveri resti per l'erosione marina che ha ormai quasi cancellato le strutture; sono ancora leggibili i lembi di quattro vasche pavimentate col cocciopesto e con i tipici angoli fortemente arrotondati per facilitarne la manutenzione (Ponsich-Tarradell, 1965, 83 e ss.; Purpura, 1982, n. 15); non è stato possibile definire né l'organizzazione interna dell'impianto né ipotizzare la presenza di diverse tipologie di vasche per la lavorazione differenziata del pesce; così come non è stato rintracciato lungo tutta la costa alcun impianto per la produzione del sale (Iannelli, Lena, Givigliano, 1992, 39-40), che, se non era prodotto in loco, certamente veniva importato da altre aree della Calabria, dove sono ben documentati affioramenti.

Le indagini subacquee effettuate nelle due peschiere non hanno individuato reperti mobili utili a definirne i termini cronologici e pertanto i due stabilimenti sono stati riferiti all'età romana per i confronti con quelli noti in Italia, soprattutto in Sicilia e più in generale nel bacino del Mediterraneo; da questo punto di vista, in particolare, è stato rilevato che lo stabilimento di S. Irene è molto simile a quello descritto per Punta de l'Arenal de Jàvea presso Alicante (Martin, 1970), dov'è presente la stessa connessione tra la peschiera per l'allevamento del pesce vivo (Baños de la Reina) e le *cetariae* funzionali ad esso. Dall'analisi delle anfore utilizzate per lo stoccaggio del pesce e dei prodotti derivati, rinvenute lungo la costa tirrenica calabrese ed in particolare in questo territorio, di cui diremo in seguito, è evidente che il commercio del pesce venne effettuato almeno fino all'età tardo antica; relativamente a quest'ultimo periodo, la presenza nei siti di Bivona e Nicotera di anfore per il trasporto di salsamenta provenienti dalla penisola iberica e dalla Lusitania, se da un lato indirizza verso la ricostruzione di commerci ad ampio raggio per le importazioni, dall'altro, autorizza a pensare che il *surplus* della produzione ittica vibonese era destinato tutt'al più ad un mercato regionale. (**Maria Teresa Iannelli**)

II) L'Italia meridionale e le isole hanno presentato nel tempo condizioni ottimali per una pesca abbondante, grazie soprattutto alle continue migrazioni di tonni e sardine ed alla non trascurabile presenza del pesce spada, in particolare nell'area dello Stretto di Messina (Sisci, 1992; Bruni Zadra, 1978; Dentici Buccellato; Sirago, 1992).

La ricerca archeologica, naturalmente, può offrire un contributo considerevole non solo per quanto riguarda lo studio degli antichi impianti di allevamento e lavorazione del pesce, ma anche sui consumi alimentari del passato. Ad esempio, a Calathamet, un insediamento posto nella Sicilia orientale, lo scavo ha permesso di evidenziare, in riferimento al XII secolo, oltre ad una normale presenza di tonno e patelle, un abbondante consumo di razze (Bresc, 1987, 274).

Per quanto riguarda l'archeologia calabrese, solo recentemente si è prestata una maggiore attenzione alla raccolta dei resti di pesci e conchiglie, anche se nella maggior parte dei casi a tale raccolta non ha fatto seguito uno studio analitico e per certi versi pionieristico può essere considerato lo studio che si sta compiendo sui reperti malacologici rinvenuti nel corso degli scavi eseguiti nella città greca di Kaulon, l'attuale Monasterace (RC), ed in particolare in una abitazione ellenistica nota come *Casa Matta*, che ha tra l'altro restituito anche qualche amo in bronzo ed un piccolo arpione in ferro.

Per quanto riguarda le età più vicine a noi, oltre al rinvenimento a Crotone di resti di pesci e gusci di molluschi in uno scarico di età tardo-medievale e moderna da riferire all'adiacente convento delle Clarisse (Cuteri, 1994), altre testimonianze sono state raccolte nel corso dello scavo effettuato nel castello di Santa Severina, sorto in età bassomedievale sui resti della torre mastio di età normanna e su più antiche testimonianze della città bizantina. La ricerca ha permesso, tra l'altro, di investigare anche numerose unità rupestri poste sul versante settentrionale della collina. Dal loro scavo, ed in particolare da quello della grotta I, riempita da uno strato di discarica proveniente dai soprastanti ambienti del castello, provengono cenere, carboni, ossa, ceramiche di più periodi, un denaro in mistura di Federico II (1209-1213) e numerosissimi resti di squame di pesce che testimoniano il largo consumo che se ne faceva nell'età medievale e moderna (Cuteri, 1998, 90). Altri reperti alimentari quali molluschi, resti di pesci, zanne di cinghiali, uova, tartarughe, ossa di ovini e maiali e semi vari, provengono da altre aree del castello ed in particolare da strati di età normanna.

A Piazza Italia, nel cuore della città di Reggio Calabria, sono stati investigati ambienti e strutture riferibili all'età medio-bizantina (X-XI secolo) e in particolare, nell'ambiente D, sono state rinvenute alcune buche di forma circolare. Realizzate in origine per alloggiare contenitori destinati prevalentemente alla conservazione di granaglie, sono state in seguito utilizzate come fosse di scarico. Da esse provengono numerosi frammenti di ceramica ed una discreta quantità di lische e squame di pesce (Accardo, Cuteri, 2002, 44).

In merito agli oggetti legati al mondo della pesca ci limitiamo a segnalare il rinvenimento nella Calabria tirrenica settentrionale (S. Maria del Cedro), in un ambito cronologico a noi molto vicino (XVIII secolo), di un impianto produttivo di ceramiche dove, oltre a vasi di tipo comune, si producevano pesi in terracotta per le reti da pesca.

Questo breve quadro dei ritrovamenti archeologici è la spia di una più complessa ed articolata presenza del pescato nel quadro dell'alimentazione medievale. Del resto, come è stato osservato per la Sicilia medievale, l'apporto del pesce, ed in particolare del tonno, è risultato decisivo nell'elaborazione di un modello alimentare ricco e abbondante, sia in qualità che in quantità (Bresc, 1987, 291). E la diffusione del pesce nelle mense medievali sia siciliane che calabresi è altresì testimoniato dal repertorio decorativo che troviamo in numerose ceramiche, protomaioliche o invetriate policrome, di XIII e XIV secolo. Le future ricerche, se giustamente indirizzate, potranno fornire dati quantitativi più precisi e maggiori indicazioni sulle specie più diffuse nel panorama dei consumi.

Per quanto riguarda gli allevamenti dei pesci (*vivaria*) fra tarda antichità e alto medioevo, si rivela di non poca importanza quello legato alla figura di Cassiodoro, situato nell'area di Copanello di Stalettì (CZ).

Il *monasterium vivariense* o *Vivarium*, che deve il nome proprio dalla vicina presenza dei vivai scavati nella roccia sottostante il monastero, venne infatti fondato intorno al 555 d.C. da Flavio Magno Aurelio Cassiodoro, già ministro del re Teodorico, poco più a sud della città romana di *Scolacium*, in un'area di pertinenza della *villa* di famiglia (Zinzi, 1994; Noyé, 1997). Tuttavia, se si esclude la *trichora* della piccola chiesa di S. Martino, in origine forse un mausoleo, poche altre testimonianze possono essere riferite all'età tardo romana, visti anche i pesanti lavori edilizi che negli ultimi decenni hanno interessato la zona.

Poco lontano dal *vivariense*, un po' più verso l'interno, sul *mons Castellum*, in un'area interessata dalla presenza di più antichi muri che gli scavi archeologici hanno permesso di riferire ad una fortificazione di età brettia, si sviluppava il *monasterium castellense*, dove i compagni di Cassodioro conducevano vita eremitica e contemplativa. Il monastero vivariense, rimasto certamente in vita per tutto l'alto medioevo, passò intorno alla fine dell'XI secolo tra i possedimenti dell'abbazia della SS. Trinità di Mileto, per essere poi definitivamente abbandonato tra XII e XIII secolo (Zinzi, 1994).

Nelle sue opere (*Institutiones* e *Variae*), Cassiodoro ha lasciato importanti descrizioni riferibili al monastero ed ai suoi *vivaria* e particolarmente significative sono le raffigurazioni altomedievali fornite da tre manoscritti: *Bambergensis. Staatsbibliothek, Patr. 61[HJ IV 15], fol. 29v*; *Cassellanus. Theol. 29, f. 26v*; *Herbipolensis M. P. Th. 29, f. 32r* (figura 7) (Zinzi, 1994).

Figura 7.- Raffigurazione altomedievale del monastero vivariense (Manoscritto Bambergensis. Staatsbibliothek, Patr. 61[HJ IV 15], fol. 29v).

In una famosa lettera, databile tra il 553 ed il 557, Cassiodoro, oltre a descrivere *Scolacium*, che è ormai divenuta una *civitas ruralis*, fornisce delle indicazioni sui vivai: "La città è anche ricca di delicatezze marine, possedendo vicini vivai, che noi stessi facemmo costruire. Infatti ai piedi del monte Moscio, scavate le viscere petrose, facemmo penetrare, ridente visione, i flutti del mare. Dove le schiere dei pesci, che giuocano in libera cattività, riempiono di diletto l'animo e per l'ammirazione fanno gioire lo sguardo. Corrono avidi verso le mani degli uomini e, prima che divengano cibo, cercano il cibo. L'uomo pasce le sue delizie e, mentre ha il potere di prenderle, spesso avviene che, soddisfatto, tutta la preda lasci nel vivaio" (*Variae*, XII, 15).

Figura 8.– Copanello di Staletti (CZ). Vasca del vivarium di Cassiodoro.

Un'altra preziosa testimonianza delle vasche per i pesci si ha nella descrizione del Vivarium: "E veramente la posizione del Vivariense invita ad apprestare soccorsi di vario genere a pellegrini e bisognosi, dal momento che avete orti bene irrigati e qui vicino le correnti di un fiume pescoso, il Pellene ... Avete vicino anche il mare, a valle, adatto a pesche di ogni genere, e il pesce, una volta preso, potreste, se vi aggrada, rinchiuderlo nei vivai. Abbiamo infatti costruito laggiù con l'aiuto del Signore dei piacevoli ricettacoli dove la massa dei pesci può liberamente vagare, sotto il fedele monastero: il luogo si adatta bene a grotte scavate nei monti" (*Istitutiones*, I, XXIX).

Figura. 9.- Copanello di Staletti (CZ). Vasca del vivarium di Cassiodoro.

Non mancano naturalmente in Cassiodoro altri riferimenti ai *vivaria* naturali ed alle specie ittiche: sono infatti ricordate in due casi le piscine di Baia, in Campania (*Variae*, XI, 6, ripresi in XII, 82). Ma come ha osservato Zumbo, "la descrizione ricalca vagamente similari descrizioni varroniane o pliniane e si inserisce nella letteratura relativa al *Fischereigewerbe*, con una certa indulgenza relativa alla topica del *locus amoenus*" (Zumbo, 1993, 196). Per quanto riguarda le specie ittiche Cassiodoro offre una collocazione geografica di pesci quali la carpa (Danubio), l'*anchorago* (Reno), l'*exormiston* (Sicilia) e le *acerniae* (*mare Bruttiorum*) (*Variae*, XII, 4). Una descrizione dell'ἐξορμιστός, pesce simile alla murena (*Variae*, XII,14) sembra denotare l'autopsia dello scrittore (Zumbo, 1993).

I vivaria di Copanello di Stalettì (figure 8, 9), composti da piccole e grandi vasche e da canali, e da due profonde grotte ricavate nella Coscia di Stalettì (le cosiddette grotte di S. Gregorio), oltre ad offrire importanti testimonianze sull'articolazione di un piccolo complesso finalizzato, secondo una pratica antica, a mantenere vivo il pesce dopo la cattura, si rivelano altresì importanti per la loro precisa definizione cronologica.

Per Noyé vi si allevavano prevalentemente le *acerniae* destinate ai ricchi consumatori dell'Italia del nord (Noyé, 2000, 220), ma e evidente che si può pensare anche ad altri tipi di pesce e ad un consumo di carattere regionale o sub regionale.

Poco più a monte dell'area occupata dal monastero vivariense, gli scavi condotti dalla Scuola francese di Roma hanno permesso di indagare, nella zona di S. Maria del Mare, i resti del *castrum quod Scillacium dicitur*. Ai fini del nostro studio e utile ricordare come siano state rinvenute alcune fosse scavate nel substrato calcareo riferite al IV-V secolo. Alcune di queste cavità, meno profonde di altre, appaiono collegate a canalette che seguono la pendenza del terreno, con una leggera inclinazione da est ad ovest. Alcune recano tracce di fuoco, mentre altre conservano i resti di buche di pali funzionali forse alla loro copertura o a dei sistemi di sospensione. Una fossa ancora più grande, oltre m. 2,50 di diametro, si presenta come una fossa di decantazione. Secondo G. Noyé, anche se la funzioni di tali strutture non è del tutto chiara, la comparazione con siti coevi e geograficamente vicini suggerisce due ipotesi: lavorazione del metallo o fabbricazione delle conserve di pesce (Noyé,1997, 1081-1082). Forse gli stessi prodotti dei vivai della villa di Cassiodoro, potevano essere stati trasformati sul posto (Noyé,1997, 1084).

Dati concreti sulle produzioni di età tardo-antica e medievale ci vengono dai ritrovamenti di Crotone e Reggio Calabria.

A Crotone, le indagini condotte tra il 1985 ed il 1991 nel corso della realizzazione della nuova sede della Banca Popolare, hanno consentito di portare alla luce un complesso archeologico particolarmente importante per la ricostruzione delle vicende urbanistiche della città tra antichità e medioevo. Lo scavo ha infatti permesso di documentare una continuità nella frequentazione del sito tra l'VIII secolo a.C. ed il XIV d.C. (Racheli, 1998, 76-80; Cuteri, 1994, 349-350). Tralasciando in tale sede l'analisi delle strutture riferibili alle fasi di vita di età greca e romana, è importante riferire del rinvenimento dei resti di un impianto artigianale realizzato intorno al V secolo, così come documentano i frammenti di ceramica relativi a tarde produzioni di sigillata africana, in un'area prima occupata, a partire dal II secolo d. C., da una necropoli. Ridotte porzioni di strutture riferibili a tale impianto erano state già messe in luce nel corso degli scavi condotti nell'area dell'ex Banca d'Italia. Tale impianto artigianale era molto probabilmente adibito alla lavorazione del pesce, così come documentano gli abbondanti resti di squame di pesce rinvenuti nel tratto superstite di una canaletta in muratura dall'andamento irregolarmente sinusoidale. Datato come si è detto al V secolo, è da riferire secondo Agnese Racheli ad un periodo in cui le difficoltà provocate ai commerci marini dalle invasioni effettuate dai Vandali in Africa rendevano incerte le operazioni di approvvigionamento di *garum* (Racheli, 1998, 80). Tuttavia anche se gli autori antichi ricordano l'importanza di altri impianti di lavorazione del pesce, e nel caso della Calabria quello di *Thurii*, non escluderei che a anche a Crotone fosse ben radicata una attività produttiva, certo forse di minore entità e forse legata ad esigenze di consumo locali, senz'altro favorita dalla presenza del porto, sempre attivo anche nei momenti di grande crisi (Cuteri, 1994, 340, 343). In età moderna sono ricordati a Crotone una tonnara, la pesca del pesce spada ed una attività di salagione dei pesci (Sirago, 1992, 266).

A Reggio Calabria, nell'area Lido sono state rinvenute strutture, oggi completamente distrutte per la costruzione della stazione ferroviaria, che testimoniano una continuità di insediamento quasi ininterrotta dal periodo greco arcaico a quello bizantino (Spadea, 1991; Lattanzi, 1987, 101 e tav. XA). In particolare, in un'area destinata tra I e IV sec. d. C. a produzioni artigianali, venne edificato, all'inizio del VI secolo, un complesso finalizzato alla lavorazione del pesce (figura 10). Le strutture vennero costruite con una elementare tecnica edilizia che prevedeva la messa in opera, così come documentato in alcuni centri rurali calabresi (Malvito e Paleapoli), di semplici muri a secco.

Le strutture rimandano, sebbene con un minor grado di complessità, ad impianti produttivi di Africa, Spagna e Sicilia, e si compongono di ambienti allungati e circondati da un corridoio, destinati alle diverse fasi di lavorazione del pesce. Sono inoltre presenti vasche di forma circolare, collegate a canalizzazioni di deflusso con forte pendenza verso il mare, simili, ma realizzate con una tecnica più scadente, a quella rinvenuta a Crotone.

L'impianto artigianale venne distrutto alla fine del VI secolo per essere poi riedificato, mantenendo inalterata la destinazione funzionale, nel corso del VII secolo. Per quel che concerne le tecniche costruttive, queste erano elementari, con un semplice zoccolo in pietre ed un alzato ad incannucciata rivestita di intonaco.

Le due fasi dell'impianto produttivo sono state messe in relazione da Roberto Spadea con la produzione della *muria*, una salsa di pesce particolarmente utilizzata nell'antichità, prodotta con l'impiego del tonno che, come è noto, era particolarmente diffuso nello Stretto di Messina (Sisci, 1992, 131-132). La presenza di tali impianti indica la volontà della città di godere di una autonomia economica in riferimento al prodotto ittico, sebbene sia difficile quantificarne la produzione, anche per la limitata presenza di vasche soprattutto rispetto al gran numero che se ne rinviene in simili contesti del Mediterraneo. L'impianto produttivo appare in sostanza modesto per dimensioni e tecniche.

Ci sembra importante, in questa sede, sottolineare lo stretto legame esistente tra gli impianti di lavorazione del pesce e gli antichi centri portuali. Si è già detto di Crotone e Reggio, ma a titolo esemplificativo possiamo ricordare la presenza di vasche e strutture scavate nella roccia a Gallipoli, importante centro portuale posto lungo la rotta tra l'Italia e la Grecia, e le testimonianze documentarie che si riferiscono a Taranto. Infatti, in due donazioni fatta al monastero dei Santi Apostoli Pietro e Paolo, nel 981 e nel 984, si ricorda la presenza di *vivaria* localizzati in aree lacustri prossime *ad magnum mare* (Trinchera, 1865, 6-8). Ancora nel 1087 troviamo la donazione fatta al monastero di S. Pietro dal principe di Taranto di "*quartam reliquam partem vivarii dicti de Gaitza*" (Trinchera, 1865, 65). Presso il Mare Piccolo sono anche attestati *vivaria* privati (Bresc, 1987, 277).

Lo stesso discorso vale per il porto di Vibo, legato come si è visto agli impianti produttivi di Bivona, la cui continuità di vita tra l'età romana e medievale sarà garantita dalla

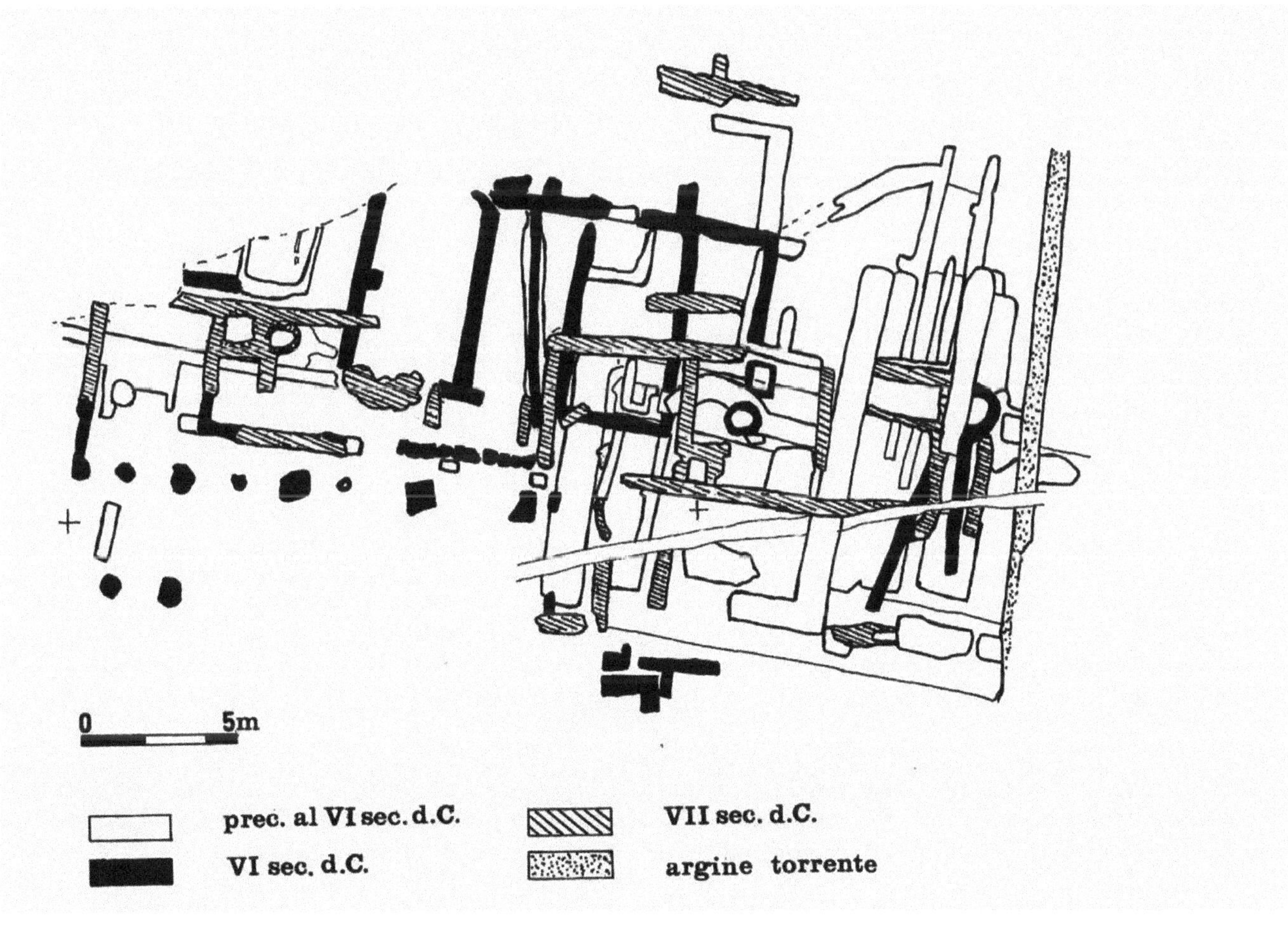

Figura 10.– Reggio Calabria - Stazione Lido. Impianti per la lavorazione del pesce (VI-VII sec).

commercializzazione del legname. Ciò è documentato anche dall'epistolario di Gregorio Magno (Sogliani, 1990, 456-457). Il porto sarà ancora menzionato nel 1136 in un documento che attesta la donazione di Ruggero II della *villa Bibonis*, con il suo *palatium* e la sua *tinturia*, all'abbazia della SS. Trinità di Mileto (Noyé, 1988, 119). Ancora nel 1266 Bivona è segnalata come bene feudale al monastero della SS. Trinità di Mileto e nel XV secolo è ricordata per la fiera, la tonnara e il fondaco del Sale. La tonnara di S. Venera, non lontana da Bivona, è invece ceduta nel 1499 a Berardino Sanseverino Principe di Bisignano ed è ancora ricordata nel 1507. Nel 1524 risulta venduta a Ettore Pignatelli Conte di Monteleone (Carlizzi, 2001, 66-67, 73).

Delle attività di pesca svolte nell'altomedioevo poco sappiamo e certamente lo spostamento degli insediamenti verso l'interno deve averle condizionate negativamente. E' stato però osservato che i punti in cui l'isolamento ha avuto un peso minore e dove pesca e tradizione marinara hanno svolto un ruolo di un certo rilievo, corrispondono alle zone della costa tirrenica maggiormente frequentate dagli arabi: lo Stretto di Messina, il Vibonese, Tropea, Amantea (Dentici Buccellato, 1993, 276). Più in generale, al di là delle considerazioni di carattere storico, si può osservare come la marineria in Calabria si sia sviluppata solo in aree ristrette, anche a causa della particolare conformazione della costa che si presenta bassa e sabbiosa sullo Jonio e con pochi scali e approdi sul Tirreno. Ai centri sopra ricordati possiamo aggiungere Scalea, Paola, S. Lucido, Nicotera, Bagnara e Scilla, luoghi in cui si praticava anche la pesca (Sirago, 1992, 264-266).

La pesca marina e le altre attività ad essa connesse svolte nella Calabria medievale appaiono poco documentate, ed è importante sottolineare che i dati di cui disponiamo sono altresì da ritenersi parziali in quanto, provenendo prevalentemente da archivi ecclesiastici, riguardano in linea di massima concessioni fatte a grandi complessi monastici o ai vescovi, e focalizzano principalmente l'attenzione sulle questioni del possesso e delle rendite (Bresc, 1987, 276-277; Dentici Buccellato, 1993, 276). Mancano quasi del tutto, per il medioevo calabrese, documenti notarili di natura privata e "mancano totalmente informazioni sull'organizzazione e le tecniche della pesca" (Dentici Buccellato, 1993, 276).

Per l'età bizantina non disponiamo di alcun dato documentario sull'attività della pesca ma è stato rilevato che Bisanzio ha lasciato ai privati una certa libertà di iniziativa (Bresc, 1987, 276). Con l'età normanna si hanno dei riferimenti che consentono di effettuare alcune prime considerazioni. In primo luogo si può osservare che le donazioni non nascono dal nulla ma sembrano anzi riferirsi ad un discorso produttivo di tradizione. Inoltre, le donazioni stesse evidenziano una sensibile variazione delle condizioni giuridiche sui diritti di pesca. Se il precedente silenzio delle fonti bizantine parrebbe dunque indicare l'assenza di una regolamentazione precisa ed una certa libertà di pesca, le donazioni normanne sottolineano invece la concentrazione assoluta dei diritti di pesca nelle mani dei potenti signori feudali (Bresc 1987, 276). Lo stesso percorso giuridico è stato riscontrato in altri campi ed in particolare in riferimento alle attività estrattive di minerali metalliferi e sale (Cuteri, Rotundo, 2001, Cuteri 2000).

In età normanna, nelle regioni oggetto di conquista, i vescovi e i monasteri sono risultati i principali beneficiari delle elargizioni feudali ricevendo aree e complessi produttivi che occupano, come nel caso di Bivona, più antichi insediamenti. Non mancano tuttavia le tonnare gestite direttamente dalla corte.

Nel 1081 il vescovo di Mileto ottenne la peschiera di Bivona, ma possono anche essere ricordati il vescovato di Patti, quello di Mazzara e quello di Cefalù (Bresc, 1987, 279). La concessione della tonnara di Bivona al vescovo di Mileto venne poi ribadita da Roberto d'Angiò. Altre tonnare, che appartengono alle diocesi di Mileto e Squillace, saranno nel 1170 al centro di una lite tra Imberto, abbate della SS, Trinità ed Anselmo, il vescovo di Mileto (Dentici Buccellato, 1993, 286). Per quanto riguarda Mileto merita di essere inoltre ricordato che intorno alla fine dell'XI secolo passò tra i possedimenti dell'abbazia della SS. Trinità l'antico monastero vivariense-castellense fondato da Cassiodoro sulla costa jonica. Anche se le fonti non lasciano trapelare nulla, non è da escludere che si siano continuate ad utilizzare le antiche vasche di allevamento dei pesci.

Tra le peschiere di pertinenza monastica si ricordano anche quelle di proprietà del monastero di S. Benedetto di Cassino, situate sulla costa marchigiana ed in Puglia e ricordate da documenti dell'inizio dell'XI secolo e ancor prima (Trinchera, 1865, 11, 25; Bresc, 1987, 277-278). Nel momento in cui l'occupazione normanna permetterà una penetrazione nel meridione d'Italia, il monastero di Cassino otterrà nel 1090 il porto di Cetraro ed una tonnara a Tropea, nel luogo detto *Bordella*, con i 10 pescatori utili alla preparazione ed al calo della tonnara (Bresc, 1987, 278; Dentici Buccellato, 1993, 284). Ritroveremo questa tonnara ancora più tardi: sarà infatti riconfermata ai monaci di Montecassino da Roberto d'Angiò e comparirà nel 1730, col nome di *Bordile*, tra i possedimenti della regia corte. Vista la poca importanza commerciale, la sua attrezzatura sarà alienata nel 1749, "a dimostrazione della scarsa validità economica dell'attività" (Di Bella, Iuffrida, 2004, 366-367).

Ad integrazione dei dati che riguardano Tropea è importante ricordare che i suoi abitanti sono stati da sempre specializzati nella pesca del tonno ed un memoriale del 1577 ricorda come "la università et homini del Casale di Parghelia distritto della città di Tropea supplicando fanno intendere (al viceré) come, essendo la maggior parte di essi tonnarari che si affittano tutte le tonnare del Regno tanto di S.M. quanto de particolari et per detto effetto bisogna stare fuori di loro case ogni anno dalla mità di marzo per fi alla mità d'ottobre", sono preoccupati per le possibili insidie fatte alle loro donne dai soldati di transito o di stanza nel loro paese (Galasso, 1975, 199).

Non sappiamo se in età normanna vi fosse una commercializzazione del pescato o se la produzione fosse destinata ad un uso esclusivamente interno dei centri abbaziali o feudali. Il tema è naturalmente da approfondire tenendo anche conto che sono note le esportazioni verso il nord-africa da parte dei mercanti amalfitani. Questi avevano istituito nei centri del nuovo potere normanno numerose "stationes" di vendita di prodotti agricoli dell'Italia meridionale. In ogni caso, durante la Guerra del Vespro, saranno proprio gli amalfitani ad amministrare le tonnare siciliane (Bresc, 1987, 289)

Ritornando alle donazioni fatte ai centri monastici troviamo attestata, in un privilegio di Federico II rilasciato a Milo, abate del monastero di S. Maria di Corazzo, la tonnara di Rocca Angitola. In tale privilegio, infatti oltre alla riconferma delle precedenti donazioni, viene fatta una nuova concessione: "*etiam eisdem concessimus pro remissione peccatorum nostrorum tunnarias Roccae Nichifori cum omnibus iuribus suis pro companagio fratrum ipsius monasterii.*." (Pometti, 1901, 64). Rocca Angitola, che corrisponde alla più antica Rocca Niceforo (Cuteri, 2003), è un villaggio medievale abbandonato agli inizi del 1700, posto non lontano dal mare. Fondato in età bizantina, venne fortificato in maniera robusta da Ruggero I. Considerato dal geografo Idrisi, nel XII secolo, un "fortilizio considerevole e popolato", si trovava, così come risulta dalle fonti angioine, nella diocesi di Mileto.

Accanto alle peschiere di mare, altre fonti, poco più tarde, sottolineano la presenza di *piscarie* di fiume o di laguna. Una pescaia è segnalata a valle di Luzzi nel 1200, in un privilegio di papa Innocenzo III in cui vengono confermati al monastero di S. Maria della Sambucina alcuni possedimenti (Pratesi, 1958, 152). Altre pescaie d'acqua dolce sono donate in Sicilia al vescovo di Catania ed a quello di Siracusa. (**Francesco A. Cuteri**)

III) In merito alle modalità di pesca del tonno, la cinquecentesca descrizione fatta da Leandro Alberti evidenzia come a Pizzo l'avvistamento veniva fatto da terra. Quindi le barche circondavano il branco con le reti trascinandolo a riva, dove avveniva la mattanza (Dentici Buccellato, 1993, 281). La pesca qui praticata, quella con la sciabica, appare simile a quella che troviamo rappresentata in una nota stampa della tonnara di Cadice del XVI secolo e ricompare in più tarde rappresentazioni che riguardano la stessa città di Pizzo, a conferma di una tradizione di pesca ben radicata. E' il caso di una incisione su rame del 1605, conservata a Roma in una collezione privata, o di un'altra incisione su rame pubblicata nel 1686 (Carlino, 2002, 23, 95).

Le tonnare, di solito possesso di feudatari o di enti ecclesiastici, venivano affittate annualmente, e si ricavava una rendita non solo per i tonni, venduti sia freschi che salati, ma anche per altri pesci, in parte ugualmente salati. Tale attività, fiorente agli inizi del Seicento, viene progressivamente abbandonata in quanto l'aumento dei costi scoraggiò l'investimento di capitali che vennero invece impiegati dai feudatari per le spese che richiedeva la vita di corte a Napoli. Tuttavia le tonnare erano abbastanza numerose. Nel nord della Calabria (Calabria Citra), nel Seicento, troviamo sulla costa tirrenica le seguenti tonnare: Scalea, Cirella, S. Lucido, Amantea. Nel sud (Calabria Ultra): Pizzo (due, una grande ed una piccola detta "tonnarella di maggio"), Bivona, Briatico, Tropea, Palmi, Scilla (D'Arrigo, 1957).

Il pesce marino, incluso il pesce spada, caratteristico di particolari aree del tirreno, è stato da sempre parte integrante della dieta alimentare, anche se nel passato la diffusione di tale consumo era sensibilmente ostacolata dalla particolare deperibilità del prodotto. Aspetto che influì non poco sul suo scarso movimento economico (Di Bella, Iuffrida, 2004, 363). Inoltre, la conservazione sotto sale non era adatta a tutte le specie e non sempre dava un prodotto appetibile (Bruni Zadra, 1978, 71). Ancora nel 1783 troviamo, giunta a Pizzo da Napoli, una feluca con *un carico di provvigione per conto della Regia Corte* tra cui baccalà *fracido e verminoso*, né sono rare le lamentele per la presenza di barili di tonnina deteriorata spesso a causa della scarsa quantità di sale nella *salimora* utilizzata per la conservazione (Di Bella, Iuffrida, 2004, 170). Non a caso, nel ciclo di lavorazione del tonno troviamo di sovente il *capo mastro delle tonnine* chiamato anche a *salimorare* affinché il tonno non vada a male (Di Bella, Iuffrida, 2004, 363).

Come è noto, quattro erano i modi antichi di conservare il pescato: vivo, affumicato, salato ed in salsa (Purpura, 1992, 90). Dei vari metodi di conservazione conosciuti in passato, il più diffuso nel medioevo e nell'età moderna sembra sia stato la salagione. Infatti, disponendo la società mediterranea e, come vedremo nello specifico, anche la Calabria, di grandi quantità di sale, il ricorso alla conservazione mediante affumicatura appariva superfluo. Conservati sotto sale, tonni, sgombri, palamiti ed altro ancora, venivano sistemati nei barili e distribuiti in un mercato non molto ampio. Oltre al consumo strettamente regionale o sub regionale ed a una distribuzione che raggiungeva, anche se con fatica i paesi dell'interno (Bruni Zadra, 1978, 72), nell'età moderna è documentato un invio dei barili a Salerno, Napoli, Messina, Maratea, Procida. A titolo rappresentativo presentiamo qualche dato tra quelli resi noti da Maria Sirago. Da Cariati, nel 1660, si esporta via terra pesce salato (sarde e sardella) nei paesi vicini, e via mare *pece negra navale*; da Amante e S. Lucido, nel 1667 e 1687 si esportano alici e sarde salate; barili di tonnina e tarantello sono spediti nel 1609 a Pizzo a S. Eufemia, Napoli e Reggio (Sirago, 1992, 270, 281, 286; Fenicia, 1987). Naturalmente non mancano tra Cinque e Seicento i casi di importazioni del prodotto ittico dalla Sicilia e, soprattutto per quel che riguarda le sarde e le alici sotto sale, dalla Spagna (Bruni Zadra, 1978, 72-73). Nel 1577 Leone Muscari e Barano Parmesano di Bagnara, a causa della peste, chiedono al viceré l'autorizzazione a "carricare et fare carricare due fregate nelle provintie di Calabria, in luoghi non sospetti, di legnami et oglio et altre mercantie et quelle portate nella città di Palermo et in altri luoghi dell'Isola di Sicilia, non sospetti, et dallà carricarle poi di formaggio, sale et tonnina …et quelle portarle in la provintia di Calabria Ultra a luoghi non sospetti" (Galasso, 1975, 212). Ma se ancora alla fine del Cinquecento la Calabria appariva, nonostante le evidenti importazioni, una regione fiorente e prospera, nel Seicento, progressivamente, assumerà una funzione di "anello periferico" nel quadro del contesto economico del Regno (Sirago, 1992, 270).

Ritornando ai problemi di conservazione del tonno e di altre specie di pesci diffuse nel nostro mare, è importante evidenziare l'esistenza di un altro metodo, così come si ricava dalle fonti documentarie del Settecento: la *fritta*. Prodotta anche nelle tonnare minori come quella di Mezzapraia, la *fritta* di tonno, posta in aceto, veniva trasportata fino a Roma, dove da Pizzo giungono, alla fine del Settecento, almeno tre o quattro carichi di feluche all'anno (Di Bella, Iuffrida, 2004, 170, 362).

Nel 500, Camillo Porzio, con riferimento alla pesca effettuata in Calabria, così annotava: "*Pigliasi nelle marine di lei e si sala gran quantità di pesce, e tra gli altri pigliasi il pesce spada di smisurata grandezza e di eccellente carne. Fa grandissima copia di sale; non tanto di acqua di mare, quanto di pietre che si cavano da' monti, et è più perfetto del marino...*" (Dentici Buccellato 1993, 279). Anche se questo dato importantissimo è da riferire al Cinquecento, si può sottolineare che l'attività di estrazione del sale e di salagione abbiano avuto, fin dal primo medioevo, un ruolo particolarmente importante. Ciò è confermato anche dall'appellativo di Saline dato a partire dall'VIII secolo al bacino del Petrace e dagli alimenti consumati da S. Nicodemo tra X e XI secolo (Noyé, 2000, 221)

Le saline di Calabria (Fig. 11) sono poco note e poco studiate (Cuteri, 2000). E non è un caso che la salina di Lungo/Altomonte, tra le più importanti d'Europa, non sia annotata da Bresc nella sua cartina di distribuzione di "peschiere, porti e saline dell'Italia meridionale" (Bresc, 1987, 281).

Informazioni di carattere geologico sulla presenza del sale si ricavano dagli studi di Cortese. Egli annota infatti come "il salgemma si escava nella nota salina di Lungro, dove è presente una "enorme lente di sale" con direzione da S.O. a N.E. Agli inizi del Novecento la formazione salina era esplorata per una profondità di 220 metri circa e la potenza della lente, in profondità, era stimata come prossima ai 150 metri. Come annota sempre Cortese, "il sale puro è in zone irregolari, intramezzato da vene di sale misto ad argille e anche di vere argille salifere, le quali parti rigettate si chiamano *barde*". Non lontano da Lungro, e probabilmente appartenente alla stessa formazione geologica, un altro affioramento di sale è segnalata al Piano di Tavolata, dove nel 1848 vi fu aperta una miniera.

Ammassi di sale fra le argille mioceniche sono anche presenti nella regione dei fiumi Lese, Neto, Tacina. Le principali aree di estrazione, riferite da Cortese ad un epoca anteriore al 1862 sono: Zinga: *Mandravecchia, Salinella Ogliastro, Salina Petraro;* Caccuri: *Salina Basilica, Salina Calderazzo*; Rocca Bernarda: *Salinella di Neto, Gabella Grande, Salinella di Tacina*; Mesoraca: *Salinella di Inò*; Marcedusa: *Salinella*; Crotone: *Gabbelluzza* (Cortese, 1934, 300-302).

Naturalmente, sulle saline calabresi, non mancano i riferimenti nelle fonti documentarie di età medievale, e moderna e negli studi storici e geologici eseguiti fra Sette e Ottocento.

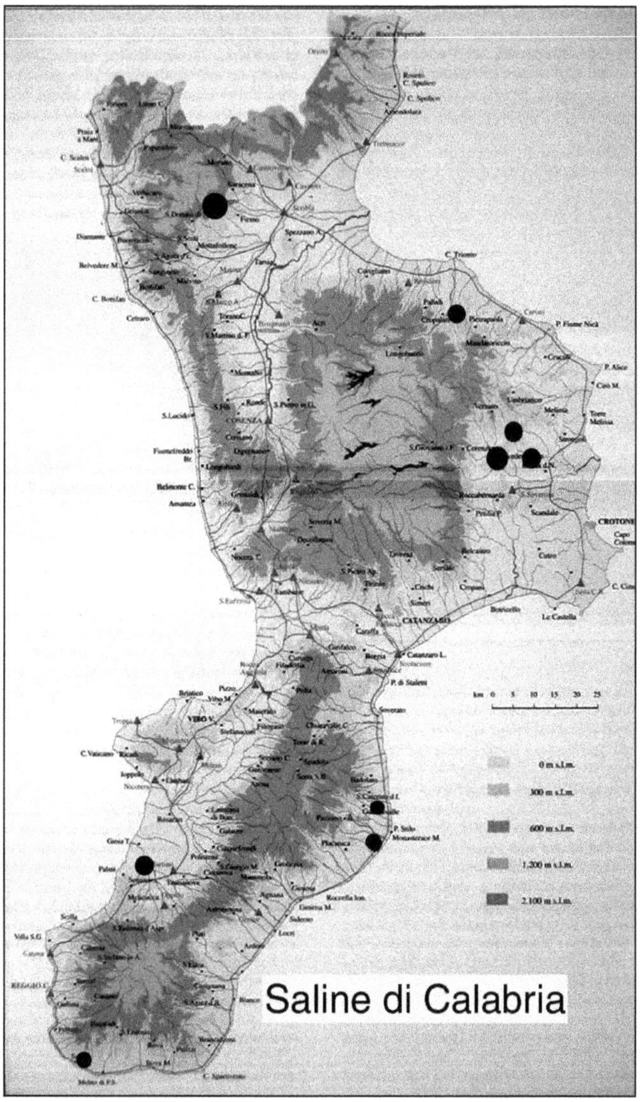

Figura 11.- Le saline di Calabria.

Il geologo Melograni (Cuteri, 2000, 144) dedica la sezione V della sua *Descrizione geologica* alle "Saline delle Calabrie", visitate nel 1811 ed ancora nel 1814 (Melograni, 1823, 174-175).

La miniera di Lungro è considerata "la più famosa, la più interessante tra tutte, e la più ricca in contenuto salino". Entrato dalla buca del Mandriglio Melograni notò "molti cunicoli, passaggi e piazze, camere e vani più o meno lunghi e larghi", esprimendo tra l'altro giudizi per niente positivi sulla conduzione e l'organizzazione dei lavori minerari ("I lavori di questa salina, cominciati una volta male, proseguirono avanti malissimo..") e proponendo tutta una serie di migliorie ("L'estrazione del sale che si esegue oggi a schiena d'uomo, effettuata allora per mezzo dell'argano e de' carrettini, farà risparmiare grandissima spesa e tempo") (Melograni, 1823, 248-288).

Interessanti anche le considerazioni del Melograni sull'attitudine dei Calabresi a preferire il sale di montagna a quello di mare, più diffuso ad esempio in Sicilia: "... in grazia dei Calabresi..., i quali avvezzi da tempi immemorabili a mangiare il sale cristallino di montagna, non si saprebbero ridurre affatto al sale di mare, credendolo nocivo alla salute umana, e che produca la tigna, la rogna, la scabbia; quindi si contenterebbero, se venissero costretti, piuttosto di rinunziare a qualunque sorte di sale, e cibarsi di alimenti freschi, che conditi col sale marino" (Melograni, 1823, 174-175). Altri importanti depositi salini sono segnalati nelle contrade poste tra Punta Alice (Cirò Marina) e Capo delle Colonne (Crotone) ed in particolare tra Crucoli e Santa Severina dove i "cumuli di sale montano... si manifestano assai più grandiosi sul confluente dei fiumi Lese e Lepre": 1) Salina di Basilico. Tale miniera venne considerata come la più favorevole "sia perché giace in una collina che domina il fiume Lepre, sia perché la sua bocca è immediatamente a contatto con gli strati salini, sia finalmente perché la sua posizione permette di poter eseguire comodamente e senza molta spesa tutti quei lavori ed aperture che servono all'estrazione del sale...". "Il contenuto salino di questa miniera è incalcolabile, perciocché da ciò che si vede scoperto al giorno sino al fiume Lese, per lo spazio di tre miglia, non è che un ingente ed enorme ammassamento continuato di sale" (Melograni, 1823, 279); 2) Salina di Lese. Il sale è qui, come a Basilico, solido, puro e cristallino, ma la posizione non è capace di lavori; 3) Salina di Zinga. Si tratta di un gruppo di colline interamente di sale massiccio; 4) Salina di Ogliastro. A non molta distanza da Zinga, "non si vede da per tutto che sale in abbondanza e sale cristallino"; 5) Salina di Miliati. Anch'essa non distante da Zinga, è la più povera in contenuto salino. Poco più giù vi è un'altra miniera di sale nota come *La manca del Vescovo*, abbondantissima di sale; 6) Salina di Neto. Si trova nei pressi di Altilia ed è definita da Melograni "la salina più antica delle Calabrie verso i confini della 2ª Calabria Ultra". Ha due bocche, una detta "salina vecchia", l'altra "salinella di Neto". 7) Salina dello Steccato. Posta lungo il fiume Tacina, non lontano dal mare è considerata una "salina di nome e non già di fatto". Il sopralluogo del Melograni permise di individuare un lungo cunicolo ma nessuna traccia di sale.

Un altro studio importante sulle saline calabresi è quello di Leopoldo Pagano, i cui scritti furono editi solo nel Novecento. Anche in questo caso, un'inero capitolo è dedicato alla presenza di sale e salgemma in Calabria (Pagano, 1992, 389-396). Nel suo studio vi sono infatti indicate numerose altre piccole località in cui è documentata tale preziosa presenza. E' il caso, ad esempio, di Gioiosa, S. Caterina, Castelvetere (attuale Caulonia), S. Sisto di Montalto, Verbicaro. Per quanto riguarda le saline del Neto, il Pagano riferisce che "sono così abbondanti che, dovendosi colà piantare e edificare, si pianta e si edifica sul sale, e le pietre delle pareti delle case si staccano dal masso del sale".

La salina di Lungro, già di Altomonte-Brahalla, è considerata "per la doppiezza dell'ammassamento salino e per l'uso che si fa del suo salgemma", una delle prime d'Europa.

Riferimenti alle saline si ritrovano già nelle fonti documentarie di età bizantina. Come ha evidenziato Filippo Burgarella, "monaci, dignitari civili ed ecclesiastici, contadini, piccoli, medi e grandi proprietari si muovono ed operano tutti quanti all'interno di un paesaggio agrario che rivela i segni della diuturna fatica umana..." anche nelle saline (Burgarella, 1993, 73).

Oltre alle attestazioni di VIII secolo, nell'XI secolo, tra 1054 e 1056 circa, troviamo in un documento di donazione alla Cattedrale di Oppido il riferimento ad un mulino ed alle saline di Myrosmas. E' stato osservato che la presenza di queste saline, che all'epoca erano in piena attività, giustifica il nome dato alla *tourma* delle Saline. Nel 1126, nella donazione di alcuni terreni al monastero di S. Giovanni di Caloveto, troviamo anche il *praedium* detto Salina Antica, recentemente identificata con il fondo delle Saline lungo il torrente Coserie, a valle di Castiglione Paludi, dove una secolare attività estrattiva si è protratta fino a tempi non lontani (Burgarella, 1993, 73). Nel 1050 una salina, localizzata nei pressi di Camini, è annoverata tra le pertinenze del monastero di S. Maria di Arsaphia di Stilo. Un altro affioramento sembrerebbe essere presente nei territori della vicina Guardavalle. Per rimanere alla stessa zona segnaliamo come nel 1466, da un inventario del castello di Stilo, risultano essere presenti nella stanza del forno dieci "petre de sale" (Cuteri, Rotundo, 2001, 133, 144, 154). Nel 1200 troviamo un riferimento al diritto del monastero della Sambucina, presso Luzzi, a prelevare dalle saline della zona di Altomonte, quaranta some di sale all'anno, così come indicato nel documento di concessione di Boemondo da Padula (Pratesi, 1958, 162). Ancora alla metà del Quattrocento il monastero godeva del diritto di onze 12 sopra le saline d'Altomonte (Falanga, 1993, 248, 262). Nel XIII secolo le saline di Altomonte vennero donate da Federico II all'abbazia cistercense di S. Maria di Acquaformosa.

Lo sfruttamento delle saline del Neto, anche da parte dell'abbazia di S. Giovanni in Fiore e dell'abbazia di Calabromaria, è ricordato già alla fine del Quattrocento (Falanga, 1993, 250, 251, 259, 262-263). La concessione di sfruttare le saline di Altomonte e Neto, a vantaggio anche di entità religiose, perdura ancora agli inizi del Cinquecento: è il caso dei monasteri di S. Maria di Acquaformosa e di S. Maria dei Dodici Apostoli a Bagnara (Falanga, 1993, 227-228). Tutto ciò evidenzia come attorno all'estrazione del sale ci sia vivacità di commerci e movimento fiscale.

Tuttavia, successivamente, la condizione delle saline di monte andò deteriorandosi e l'estrazione del minerale divenne difficile. Non solo in quella di Altomonte ma anche in quella di Rossano (Galasso, 1975, 199). (**Francesco A. Cuteri**)

IV) Appendice

Il carattere non specializzato di molte anfore commerciali di piena e tarda età imperiale e la difficoltà di trarre indicazioni attendibili circa il loro contenuto da elementi di giudizio aleatori quali vocazione produttiva delle aree di provenienza, morfologia e taglia dei recipienti, presenza/assenza di resine stese sulle pareti interne, ostacolano la piena comprensione di un fenomeno niente affatto secondario per la ricostruzione della storia dell'alimentazione e del commercio in epoca romana: quello della distribuzione a lungo e lunghissimo raggio dei prodotti ittici sottoposti a salagione o a più complessi procedimenti finalizzati a trasformarli in conserve e salse (Giacobini, Marchesini, Rustico, 1994, 14-18). In questo panorama piuttosto sconfortante, una felice eccezione è rappresentata dai contenitori riservati al trasporto del pescato e delle preparazioni a base di pesce provenienti dalle regioni costiere di Spagna e Portogallo. Forti dell'alta qualità dei loro prodotti, certificata da una lunga tradizione nel settore (*Ostia III*, p. 535; *Ostia IV*, 141; Edmonson, 1987), esse riuscirono a mantenere una clientela interprovinciale persino dopo il III secolo, a dispetto del quasi completo monopolio esercitato sui mercati mediterranei dalle derrate nord-africane e poi egeo-orientali. Mentre la *pars Orientalis* non sembra avere destinato l'eventuale *surplus* di *salsamenta* ai mercati transmarini, è certo, invece, che alle consistenti esportazioni di olio e di vino dell'Africa Proconsolare si affiancarono quelle delle conserve di pesce prodotte nei numerosi impianti dislocati lungo il litorale tunisino (Paskoff *et alii,* 1991, 515 ss.), affidate con tutta probabilità ai contenitori a vocazione polifunzionale fabbricati nelle officine della medesima area. Anfore iberiche da *garum*, spesso associate ai grossi carichi nord-africani nei loro lunghi viaggi, ricorrono, perciò, lungo tutto il litorale tirrenico della Penisola, ed in particolare su quello centro-settentrionale, con indici tuttavia modesti e che a sud di Roma e sul versante adriatico, dove la distribuzione è meno capillare, tendono a ridursi ancora [I dati relativi alle navi colate a picco nel Mediterraneo nella tarda età imperiale mostrano che quasi mai le merci iberiche costituivano l'intero carico di un vascello. Il relitto di Randello (RG), datato al primo quarto del IV sec. d.C., con le sue anfore Almagro 50, è una delle rare eccezioni (Parker, 1989)]. Ne deriva che il recupero, nei centri della costa tirrenica bruzia più prossimi a Briatico-S.Irene, di frammenti relativi a tutte le anfore nord-africane tardo-antiche sospettate di aver trasportato anche *salsamenta* (Africana I, Africana II C, Keay XXV e Keay XXVI) non dà certezza assoluta dell'arrivo di quelle sul mercato locale [Tramontata la vecchia tesi che il tipo Africano I o "piccolo", oggi creduto oleario, fosse deputato solo o in maggioranza al trasporto di *salsamenta*, anche l'idea che l'altra anfora byzacena per eccellenza, cioè il tipo Africano II o "grande", servisse principalmente a tale scopo, già sostenuta con forza su base epigrafica (Lequément, 1975, 667 ss.), è stata poi ridimensionata. Tracce sicure di pesci e crostacei sono state riscontrate in anfore tipo Keay XXV trovate in alcuni relitti (Remolà Vallverdú, 2000, 118, 121, 133)]. Stando ai papiri, poi, persino contenitori 'insospettabili' quali gli *spatia*/Keay XXVI furono talvolta adibiti al trasporto di *garum* (*Ostia IV*, 220)]. Sicuro è invece il consumo, nei siti del vibonese, di conserve e salse di pesce d'origine iberica: nelle stratigrafie di Bivona (VV) compare, infatti, l'anfora Almagro 50 / Keay XVI B-C, mentre a Nicotera (VV)-Mortelleto livelli coevi restituiscono due colli ed alcuni orli dell'anfora Almagro 51C / Keay XXIII, entrambe lusitane e databili dal III alla metà del V secolo d.C. (Cuteri *et alii*, c.s.).

Sul versante ionico dei *Bruttii*, lambito anch'esso dalle rotte del commercio internazionale, ritroviamo i medesimi tipi anforici ed altri correlati. Così, se nel Crotonese si conta solo una Almagro 51A-B / Keay XIX A-B, di origine betica e provenienza subacquea (Corrado, c.s., n. 21), più a sud, a *Scolacium* (CZ), gli scavi condotti nel teatro romano poi sede dell'abitato tardo-antico hanno restituito vari esempi dei tipi Almagro 50 / Keay XVI B-C ed Almagro 51A-B / Keay XIII C-D, ma è pure attestata la lusitana/betica Almagro 51A-B / Keay XIX C (Corrado, De Vingo, Spadea, 2000, figura 8, n. 7). Un'anfora Almagro 50 / Keay XVI B-C ed una Almagro 51C / Keay XXIII, tipo documentato anche a *Copia* (CS) (*Sibari*, 498, fig. 583; 528, fig. 583 e *Sibari V*, 369, fig. 371, n. 128), provengono, invece, dalla *villa rustica* di Monasterace (RC)-Fontanelle, dov'è stata rinvenuta pure una più antica Dressel 7-11 (I sec. a.C. - I sec. d.C.) con analoga origine e destinazione (Iannelli, Corrado, c.s.). (**Margherita Corrado**)

Bibliografia

ACCARDO, S., CUTERI, F.A. (2002) : "Nel cuore della città antica. Ricerche archeologiche nell'area di Piazza Italia a Reggio Calabria", *La città sotto la città. Archeologia nei centri a continuità di vita tra conoscenza e valorizzazione*, Messina, 43-48.

BRESC, H. (1987): "La pêche dans l'espace économique normand", in Terra e uomini nel Mezzogiorno normanno-svevo, *Atti delle settime giornate normanno-sveve (Bari 1985)*, Bari, 271-291.

BRUNI ZADRA, E. (1978): "La pesca in Calabria nel Cinquecento", *Incontri Meridionali*, 1-2, 71-78.

BURGARELLA, F. (1993): "Lavoro, mestieri e professioni negli atti greci di Calabria", in Mestieri, lavoro e professioni nella Calabria medievale: tecniche, organizzazioni, linguaggi, *Atti VIII Congresso Storico Calabrese (Palmi 1987)*, Soveria Mannelli, 53-86.

CARLINO, C. (2002): *Dallo Stretto a Pizzo. Vedute della Collezione Pacetti*, Vibo Valentia.

CARLIZZI, L. (Ed.) (2001): *Fonti per la storia di Monteleone e terre convicine, esistenti nell'Archivio di Stato di Napoli (1416-1826)*, Soveria Mannelli.

COLICELLI, A. (1995): "Gli insediamenti di età romana nei Bruttii: un nuovo censimento (1991-1995)", *ASCL, LXII*, 47-96.

COLICELLI, A. (1996): "La viabilità romana nei Bruttii tra i fiumi Angitola e Mesima", *Rivista di Topografia antica, VI,* 177-196.

COLICELLI, A. (2004): "Nicotera: topografia antica e approdi", *AYOYH, I, 2004,* 229-263.

CORRADO, M. (c.s.): "Appunti per una carta archeologica subacquea del Crotonese: da Crotone a Le Castella", *Archeologia Subacquea*, III, Roma.

CORRADO, M., DE VINGO, P., SPADEA, R . (2000): "Anfore dal teatro romano di Scolacium", *(Atti XXXIII Convegno Internazionale della Ceramica, Albisola)*, Firenze, 201-215.

CORTESE, E. (1934), *Descrizione geologica della Calabria*, Firenze.

CUCARZI, M., IANNELLI, M.T., RIVOLTA, A. (1993): "The costal site of Bivona, its detection and its environmental changes as revealed by geoarcheological explorations", *Egyptian Italian Seminar on Geosciences and Archaeology in the Mediterranean Countries*, Cairo, 1993.

CUTERI, F.A. (1994): "La Calabria nell'altomedioevo (VI-X secolo)", Francovich, R., Noyé, G. (Ed.), *La storia dell'altomedioevo italiano (VI-X secolo) alla luce dell'archeologia*, Atti del Convegno Internazionale (Siena 1992), Firenze 1994, 339-359.

CUTERI, F.A. (1998): "L'insediamento tra VIII e XI secolo. Strutture, oggetti, culture", Spadea, R. (Ed.), *Il Castello di Santa Severina. Ricerche archeologiche*, Soveria Mannelli, 49-91.

CUTERI, F.A. (2000), "Considerazioni sulla letteratura mineraria e mineralogica della Calabria", *Incontri Mediterranei, I, 2*, 135-148.

CUTERI, F.A. (2003): *Percorsi nella Calabria antica. Itinerari archeologici nelle province calabresi*, Roma.

CUTERI *et alii* (c.s.) = CUTERI F.A., CORRADO M., IANNELLI M.T., PAOLETTI M., SALAMIDA P., SANGINETO B.A., "La Calabria fra Tarda Antichità ed Alto Medioevo attraverso le indagini nei territori di Vibona Valentia, della Massa Nicoterana, di Stilida-Stilo. Ceramiche, commerci, strutture", Actes du *II Congrès International sur La Céramique Comune, la Cèramique Culinarie et les Amphores de l'Antiquité Tardive en Méditerranée: Archéologie et Archéométrie* (Aix – en – Provence Marseille – Arles, 2005), c.s.

CUTERI, F.A., ROTUNDO, B. (2001): "Il territorio di Kaulonia fra Tardoantico e Medioevo: insediamenti, risorse, paesaggi", Parra, M.C. (Ed.), *Kaulonia, Caulonia, Stilida (e oltre). Contributi storici, archeologici e topografici, I*, Quaderni ASNSP, 11-12, Pisa, 117-158.

D'ARRIGO, A. (1957): "La pesca del pescespada in Calabria dal secondo secolo avanti Cristo ai nostri tempi", *Atti del I Congresso Storico Calabrese* (Cosenza 1954), Cosenza.

DENTICI BUCCELLATO, R.M. (1993): "Pescatori e organizzazione della pesca del tonno e del pesce spada nella Calabria del basso medioevo", *Mestieri, lavoro e professioni nella Calabria medievale: tecniche, organizzazioni, linguaggi, Atti VIII Congresso Storico Calabrese* (Palmi, 1987), Soveria Mannelli, 275-292.

DI BELLA, S., IUFFRIDA, G. (2004): *Di terra e di mare. Itinerari, uomini, economie, paesaggi nella costa napitina moderna*, Soveria Mannelli.

EDMONSON, J.C. (1987): *Two industries in Roman Lusitania. Mining and garum production, (BAR International Series 362)*, Oxford.

FALANGA, M. (1993): "Il manoscritto Da Como fonte sconosciuta per la storia della Calabria dal 1437 al 1710", *Rivista Storica Calabrese*, XIV, 1-2, 223-315.

FENICIA, G. (1987): "Esportazioni di prodotti alimentari del Regno di Napoli nella seconda metà del XVIII secolo", *Nuova Rivista Storica*, LXXI, fasc. III-IV, 269-292.

GALASSO, G. (1975): *Economia e società nella Calabria del Cinquecento*, Napoli.

GASPERETTI, G. (1989): "Considerazioni sulla ceramica romana di Vibo Valentia", *ASNSP*, serie III, vol. XIX, 2, Pisa, 845-861.

GASPERETTI, G. , DI GIOVANNI, V. (1991): "Precisazioni sui contenitori calabresi della tarda antichità (le anfore tipo Keay LII)", *La Calabre*, 875-885.

GIACOBIN, L., MARCHESIN, B.B., RUSTICO, L. (1994): *L'Itticoltura nell'Antichità*, Roma.

GIVIGLIANO, G.P. (1989): "L'organizzazione del territorio", *ASNSP, classe di Lettere e Filosofia*, serie III, vol. XIX, 2, Pisa, 737-764.

GIVIGLIANO, G. (1990): "Percorsi e strade", Settis S. (Ed.) *Storia della Calabria antica. Età italica e romana*, Roma-Reggio Calabria, 243-362.

GUZZO P.G. (1981): "Il territorio dei Bruttii", Giardina, A., Schiavone A. (Ed.), *Società romana e produzione schiavistica*, I, Bari, 115-135.

IANNELLI, M.T. (1989): "Hipponion-Vibo Valentia. Documentazione archeologica e organizzazione del territorio", *ASNSP, classe di Lettere e Filosofia*, serie III, vol. XIX, 2, Pisa, 683-764.

IANNELLI, M.T. (2002): "Mosaicisti romano-africani; Mosaicisti romani di ambito locale, schede nn. I e II", Leone, G. (Ed.), *Pange lingua. L'Eucaristia in Calabria. Storia Devozione Arte*, Catanzaro, 271-274.

IANNELLI, M.T., AMMENDOLIA, V. (2000) (Ed.): *I volti di Hipponion*, Soveria Mannelli.

IANNELLI, M.T., GIVIGLIANO, G.P. (1989): "Hipponion-Vibo Valentia: la topografia (carta archeologica)", *ASNS*, serie III, XIX, 2, Pisa, 627-681.

IANNELLI, M.T., CORRADO, M. (c.s.): "La villa romana in località Fontanelle. Fasi d'uso e primo esame dei materiali", Parra, M.C. (Ed.), *Kaulonía, Caulonia, Stilida (e oltre). Contributi storici, archeologici e topografici,* II, Quaderni ASNSP, 15, c. s.

IANNELLI, M.T., LENA, G. (1987): "Modificazioni dell'antica linea di costa tirrenica in territorio di Briatico (Catanzaro): La villa marittima di S. Irene, Déplacements des lingnes de rivale en Méditerranée d'après le données de l'archeologie", *Aix en Provence 5-7 septembre 1985*, Paris, 125-133.

IANNELLI, M.T., LENA, G., GIVIGLIANO, G.P. (1992): "Indagini subacque nel tratto di costa tra Zambrone e Pizzo Calabro, con particolare riferimento agli stabilimenti antichi per la lavorazione del pesce", Atti della *V rassegna di archeologia subacquea* (Giardini Naxos 1990), Messina, 9-43.

La Calabre = La Calabre de la fin de l'antiquité au Moyen Age , Actes de la Table ronde (Rome 1989), *Mélanges de l'Ecole Française de Rome*, Moyen Age , 103-2, 1991.

LATTANZI, E. (Ed.) (1987) : *Il Museo Nazionale di Reggio Calabria*, Roma – Reggio Calabria.

LENA, G. (1989): "*Vibo Valentia.* Geografia e morfologia della fascia costiera e l'impianto del porto antico", *ASNSP*, serie III, XIX, 2, Pisa, 583-607.

LEQUEMENT, R. (1975): "Etiquettes de plomb sur les amphores d'Afrique", *MEFRA* 87.2, 667-680.

LOMBARDO, M. (1989): "Fonti letterarie e problemi della storia di Ipponio", *ASNS*, serie III, XIX, 2, Pisa, 419-462.

MARTÍN, G. (1970): "Las pesquerías romanas de la costa de Alicante", *Papeles del laboratorio de arqueología de Valencia*, 139-155.

MELOGRANI, G. (1823): *Descrizione geologica e statistica di Aspromonte e sue adiacenze*, Napoli.

MONTESANTI, A. (1994): *Le Tonnare di Bivona. I resti di una cultura del mare*, Briatico.

NIETO, J.M.J. (1991): *Un primer inventario de las villas romanas del Bruzio ASCL*, LVIII, 5-58.

NOYE', G. (1988), "Quelques observation sur l'évolution de l'habitat en Calabre du V au XI siècle", *Rivista di Studi bizantini e neoellenici*, 25, XXXV, 57-138.

NOYE', G. (1991): "Les « Bruttii » au Vie siècle", *La Calabre*, 505-551.

NOYE', G. (1997): *Les recherches archéologiques de l'École française de Rome sur la Calabre médiévale, Comptes rendues de l'Acadèmie des Inscriptions & Belles-Lettres*, Paris, 1069-1100.

NOYE', G. (2000): "Économie et société dans la Calabre byzantine (IV-XI siècle)", *Journal des Savantes*, Jouillet-Décembre, Paris, 209-280.

Ostia III = CARANDINI, A., PANELLA, C. (Ed.): *Ostia III. Le Terme del Nuotatore. Scavo degli ambienti III, V, VII. Scavo dell'ambiente V e di un saggio nell'area SO, Studi Miscellanei* 21, Roma 1975.

Ostia IV = CARANDINI A., PANELLA C. (Ed.): *Ostia IV. Le Terme del Nuotatore. Scavo dell'ambiente XVI e dell'area XXV, Studi Miscellanei* 23, Roma 1977.

PAGANO, L. (1992): *Natura, Economia, Storia in Calabria*, Cosenza.

PAOLETTI, M. (1994): "Occupazione romana e storia della città", Settis, S. (Ed.), *Storia della Calabria antica*, II, Roma – Reggio Calabria, 467-556.

PARKER, J.A. (1989): "Amphores Almagro 50 de l'épave de Randello (Sicilie)", AA.VV., *Anfore romane e storia economica. Dieci anni di ricerche*, Atti del Colloquio di Siena (1986), CEFR 114, 650-653.

PASKOFF, R. *et alii* (1991) : "Le litoral de la Tunisine dans l'Antiquité: cinq ans de recherches géoarchéologiques", *CRAI*, 515-546.

PERONI, R. (1987): "La Protostoria", Settis, S. (a cura di), *Storia della Calabria antica*, Bari 1987, 67-136.

POMETTI, F. (1901): *Carte delle abbazie di S. Maria di Corazzo e di S. Giuliano di Rocca Falluca in Calabria*, Roma.

PONSICH, M. (1992): "La pesca industriale antica nel Mediterraneo Occidentale", *Atti della V rassegna di archeologia subacquea (Giardini Naxos 1990)*, Messina, 157-173.

PONSICH, M., TARRADEL, M. (1965): *Garum et industries de salaison dans le Méditerranée occidentale*, París.

PRATESI, A. (1958): *Carte latine di abbazie calabresi provenienti dall'archivio Aldobrandini*, [Studi e testi 197], Città del Vaticano.

PURPURA, G. (1982): "Pesca e stabilimenti antichi per la lavorazione del pesce in Sicilia. I. S. Vito (Trapani), Cala Minnola (Levanzo)", *Sicilia archeologica*, 48, XV, 45-60.

PURPURA, G. (1992): "Pesca e stabilimenti antichi per la lavorazione del pesce nella Sicilia occidentale: IV – Un bilancio", *Atti della V rassegna di archeologia subacquea (Giardini Naxos 1990)*, Messina, 87-101.

RACHELI, A. (1998): "Lo scavo della Banca Popolare di Crotone", Spadea, R. (Ed.): *KROTON. Scavi e ricerche archeologiche a Crotone dal 1985 al 1998,* Milano, 66-80.

REMOLA' VALLVERDU, J.A. (2000): *Las Anforas tardo-antiguas en Tarraco (Hispania Tarraconensis)*, Barcelona.

SANGINETO, A.B. (1989): "Scavi nell'abitato romano di Vibo Valentia", *ASNSP, classe di Lettere e Filosofia*, serie III, vol. XIX, 2, Pisa 1989, 833-843.

SANGINETO, A.B. (1991): "Produzione e commerci nelle Calabrie tardo romane", *La Calabre*, 749-757.

SANGINETO, A.B. (1994): "Per la ricostruzione del paesaggio agrario delle Calabrie romane", Settis, S. (Ed.), *Storia della Calabria antica*, II, *Età italica e romana,* Roma – Reggio Calabria, 557-593.

SCHMIEDT, G. (1972): *Il livello antico del mar Tirreno. Testimonianze dei resti archeologici*, Firenze.

Sibari = *Sibari. Scavi di Parco del Cavallo (1960-1962; 1969-1970) e degli Stombi (1969-1970), NSA XXIV*, Suppl. 3, 1970.

Sibari V = *Sibari V. Relazione preliminare delle campagne di scavo 1973 (Parco del Cavallo; Casa Bianca) e 1974 (Stombi; Incrocio; Parco del Cavallo; Prolungamento Strada; Casa Bianca), NSA XLII-XLIII*, Suppl. III, 1988-1989.

SIRAGO, M. (1992): "La Calabria nel Seicento", Placanica, A. (Ed.), *Storia della Calabria moderna e contemporanea. Il lungo periodo*, Roma-Reggio C., 209-299.

SISCI, R. (1992): "La pesca nell'area dello Stretto di Messina nell'antichità. Continuità fra presente e passato", Atti della *V rassegna di archeologia subacquea (Giardini Naxos 1990)*, Messina, 127-146.

SOGLIANI, F. (1990): "Per la storia di Vibo Valentia dal Tardoantico al Medioevo", *L'Italia meridionale fra Goti e Longobardi*, XXXVII Corso di cultura sull'Arte ravennate e bizantina, Ravenna, 453-478.

SPADEA, R. (1991): "Lo scavo della stazione Lido (Reggio Calabria)", *La Calabre*, 689-707.

TRINCHERA, F. (1865): *Syllabus Graecarum Membranarum*, Neapoli.

ZINZI, E. (1994): *Studi sui luoghi cassiodorei in Calabria*, Soveria Mannelli.

ZUMBO, A. (1993): "Sugli "excursus" zoologici nelle "Variae" di Cassiodoro", Leanza, S. (Ed.): *Cassiodoro. Dalla corte di Ravenna al Vivarium di Squillace*, Soveria Mannelli, 192-197.

FISH SALTING VERSUS FISH-BREEDING: THE CASE OF ROMAN ITALY

A. MARZANO
Institute of Archaeology, Oxford University

In the scholarly debate about fish salting and fish processing installations in the Roman world, Italy remains almost completely absent. The numerous Roman salting factories and workshops known for Spain, Portugal, North Africa and the Black Sea are not matched by similar evidence for the Italian coastlines, thus, in the economic map of Roman fish industry, Italy appears mainly as a consumer rather than a producer. This is not to say that fish salting and fish processing on large scale are not thought to have taken place in Italy. A few examples of *garum* production are well known, as in the case of Cosa and Pompeii (McCann *et alii,* 1987, esp. 141 ff.; Curtis, 1984; 1991). However, these have been seen as isolated cases, not reaching the volume of the industrial production that took place in the provinces.

Although literary sources indicate that Pompeii was particularly noted for its fish sauces and stamps on containers give the names of various *garum* producers from the Campanian town, the archaeological evidence for fish processing facilities in the area does not match the literary record. Through amphora finds we know, for instance, that *Aulus Umbricius Scaurus*, who advertised his *garum* industry on a mosaic in the *atrium* of his house, exported his products as far as Gaul. Yet, as noted by Curtis, *no fish salting installation typical of Spain and elsewhere has been found in Campania—in fact nowhere in Italy—even though it possessed the necessary fish, salt and fresh water* (Curtis, 2002). The fact that even for an urban centre like Pompeii few workshops have been identified has led to low expectations of encountering this kind of finds in Italy (see Jones and Robinson, forthcoming, for recent discoveries). The question of the presence or absence of archaeological evidence for fish processing in Roman Italy is part of the larger problematic issue of identifying industrial activities and manufactures in general at ancient sites, especially when these very often took place in small workshops, whose cumulative output nonetheless may have been significant (Wilson, 2002).

The use of the term "industry" in this context requires some clarification, since the expression, evoking a mode of production based on power-driven machines, may be considered misleading when discussing "pre-industrial" societies. In this study "industry" refers to the production of salted fish and other fish by-products for regional and inter-regional commercialization. The production may have been centralized in large establishments or distributed in numerous small workshops; therefore the number of workers involved in the production process varied greatly and it is not an element of the definition "industry" that has been adopted here.

The case of Sicily is indicative of the little attention the fish salting industry in Roman Italy received until twenty years ago. That the island had in the Greek and Roman period a florid fish processing industry is well known from literary sources; yet, the discovery of the first site showing archaeological evidence for fish processing dates to 1982 (Purpura, 1982). Since then, a systematic survey of the coasts of Sicily located other remains at a steady pace (Purpura, 1985; 1989), although sites are poorly preserved due to the sea erosion and to the presence of later fishing establishments. It is indeed generally accepted that modern installations for fish processing continue an economic activity that in most cases dates back to ancient times. Fish salting, together with other means of preservation such as smoking and drying, was used as preserving means when a great amount of fish was available at once. However, unlike salting that featured masonry vats, smoking and drying required minimal facilities and are therefore difficult to document archaeologically (Munk Højte in Bekker-Nielsen, 2003, 141-2).

Fish routes to spawning grounds in warmer waters have not changed through the centuries. Consequently, it is not by chance that the known ancient fish salting installations are located precisely in those areas along the seasonal route followed by migrating tuna and other types of fish coming into the Mediterranean to spawn. Schools of fish follow three major routes to reach the spawning grounds in Sicily. One of these routes follows the coast of Italy, allowing for abundant seasonal fishing also in this country. In fact, after reaching Sardinia, the schools head towards Elba island and hence, following the Tyrrhenian coast of Italy, reach Sicily. They move around the island from Capo Lilibeo to Capo Passero, and later return to the Atlantic passing along the coast of Puglia first, then the Ionian and Tyrrhenian sides of Calabria, Campania and finally from there back to the Strait of Gibraltar. In spring and autumn juveniles, who will later return to the ancestral spawning grounds in the Mediterranean, follow a slightly different course.

It is therefore in the coastal areas where the fish migrate and where in modern times *tonnare* were and are in operation that one should look for ancient fish processing activities. The search is not always rewarding, for most of the coastal locations in Italy have been inhabited without interruption from the ancient to the modern times and are therefore heavily built over, but other elements can be taken as confirmation of fish industry in the Roman period, such as place names. The lack of evidence for large processing establishments in Sicily or Pompeii, however, should make us consider that the scanty archaeological record pertaining to Italian fish salting is not the result of the exceptionality of this activity on the Italian coastlines, but of other factors.

The displacement of the coastline greatly affected the Italian coast on the Tyrrhenian side, where the sea level raised substantially in comparison to antiquity (Schmiedt, 1972;

Actas del Congreso Internacional *CETARIAE. Salsas y salazones de pescado en Occidente durante la Antigüedad*, Universidad de Cádiz, Noviembre de 2005, *B.A.R. int. ser.* 1686, Oxford 2007, 301-313.

Pasquinucci and Mezzanti, 1987); furthermore, anthropic actions on the environment have destroyed much evidence related to ancient settlements along the coast. One of the major problems about the scanty archaeological record for Italian fish processing is that past archaeological investigations were not expecting to find this kind of evidence in Italy, and therefore did not look for or often did not recognize it. In addition to this, the fact that Iberian, North African and Black Sea *garum* and *salsamenta* reached Rome and some areas of Italy in large quantities does not help to foster the idea of substantial Italian production along side with the provincial one. On the contrary in Spain, where the interest in ancient fish salting industry is very strong, even sites with scanty evidence for fish salting are diligently recorded and published (Campos Carrasco *et alii,* 1999). At present, some scholars are engaged in research in this field in Italy, but they are few and their work is not well known, so that the awareness of the presence of physical remains for fish salting installations in this country remains low. An exemplification of this is a site at Marina di Pulsano, near Taranto (see infra for details). The existence of ancient remains has been locally known for decades, commonly referred to as the baths of a villa, but they do not appear to be mentioned in the literature. In reality, after a limited investigation of the site, I recognized in the ruins vestiges of salting vats with the typical rounded angles. At this site there are the remains of at least six vats, located in a very easily accessible spot and in a region that had all the required elements for a fish industry in antiquity, but no one seems to have noticed them or to have made the connection with the larger picture.

1.- Archaeological evidence for fish salting in Italy: a survey.

The Roman fishery excavated at Cosa engaged in the production of *garum* dates to the first half of the 1st century B.C. The nearby lagoon was exploited for fish-breeding already in the early 2nd century B.C., when the aqueduct, the harbour platform, the fish tanks and other monumental buildings were constructed. This area presents all the required characteristics for a florid fish industry, from fresh water to coastal lagoons, where nowadays fish-breeding is intensively practiced. The results of the investigations at *Portus Cosanus* are well known and have been thoroughly published and here a brief mention will suffice (MCcann *et alii*, 1987). The fishery stopped its activity in the late 1st century B.C. and it is therefore assumed that fish industry stopped in the area altogether. However, the fish processing installation discovered at the port of Cosa is not the only one in this area. Very close to this site, in the partially excavated villa of Torre Tagliata, a salting workshop was identified. The villa was built, or enlarged, in the late 1st century-early 2nd century A.D., when the town and harbour of Cosa had already declined (Ciampoltrini, 1991, 72). On the basis of an inscription mentioning an *Augusti libertus procurator* (*NSc,* 1927, 206) it is assumed that from the very beginning the villa was part of the imperial *fiscus*. The site, which had also docks and storerooms, continued to be occupied at least until the 5th century A.D. and to be engaged in sea trade, having probably taken over the function of port for the region that belonged to Cosa in earlier times. The villa took over also the fish processing activity of the town. After archaeological excavations, part of the utilitarian quarter of the villa, which was previously thought to have been a granary, turned out to be a fish processing facility still in use in the 5th century (Ciampoltrini and Rendini, 1990). The remains, much ruined from the construction of modern buildings, feature rooms with *cocciopesto* faced floors and walls, and vats with rounded corners, a typical feature of salting vats.

On the north-western side of the Ansedonia promontory, evidence for fish processing industry was identified at Tombolo di Feniglia. Tombolo di Feniglia is the name of the strip of land along the eastern lagoon in the area of modern Orbetello, and in Roman times might have been connected to the sea by a canal, filled up in the sixteenth century and visible in aerial photographs (Bronson and Uggeri, 1970, 213 n. 86). At the end of this strip was the ancient settlement of *Portus Finilie*, one of the harbours of this area together with *Portus Cosanus* and *Portus Herculis*. Excavations carried out in the southern part of the ancient settlement uncovered a production area for fish salting and *garum*, dated to the mid-1st century B.C. The production area consisted of a rectangular space, with *cocciopesto* floor and vats along the walls. The vats were faced in *cocciopesto*, with drains made from broken amphorae. Two building phases were identified, one in the 1st B.C., the other in the early 1st A.D., when the whole settlement seemed to have undergone a re-organization. Finds of African sigillata, late imperial and medieval common ware, late Hispanic and African amphorae show that the harbour and settlement continued to function and be engaged in trade down to the medieval time. The ancient remains visible today at this site cover an area of one sq. km. In addition to the salting workshop, a kiln and *navalia* (or storerooms) were also identified (Calastri, 1999). Many fragments and kiln waste of Dressel 1 A-C and Dressel 2-4 amphorae were found. Some of the stamps on these amphorae, which bear different names from those known for Cosa and Albinia, have been found also at Bibracte in Gaul.

These are not the only evidences available for fish industry in this area. Indeed, it is worth remembering that the Argentario peninsula is along one of the routes seasonally followed by tuna. Strabo (5.2.8) wrote that schools of tuna migrated through the waters around the Argentario Peninsula and off the coast of Cosa, and that a scouting point (*thynoskopeion*) existed, from which to detect the arrival of tuna and alert the fishermen. At Porto S. Stefano, where up to recent times a *tonnara* was in operation, a villa known as "villa dei Muracci" also presented evidence for fish processing (Pasquinucci, 1982). The archaeological remains are truly scanty in this case and one relies only on accounts and drawings of the 19th century period. Currently, the only visible traces are a wall in *opus mixtum* and an *opus signinum* floor, but originally the villa, discovered in 1886, unfolded on various terraces overlooking the bay, where *piscinae* and harbour facilities were located. The interesting details in this context are the remains uncovered in the vicinity of the villa, along the coastline, and described by S.

Lambardi as a large establishment for pisciculture and an *enclosure*, or better a storeroom, containing many amphorae with tuna fish-bones (Pasquinucci, 1982, 141, n. 2; figure 1). Although Lambardi's description lacks the type of information we would like to have, such as the type of amphorae, on the light of the Strabo passage and of the existence of modern *tonnare* in the area, it seems plausible to relate this complex to some kind of "industrial" process, in particular the production of salted fish and other fish-based products (*ibidem*: 152). It is also worth pointing out that the ancient remains were located right next to the watercourse of the Fosso dell'Appetito, which may have provided the fresh water necessary in the fish processing operations. Overall, the situation illustrated above for the Argentario peninsula and Cosa, although disappointing for the status of preservation of the physical evidence, which does not allow any estimate on volume of production, gives at least an indication of the presence of fish processing facilities in this area.

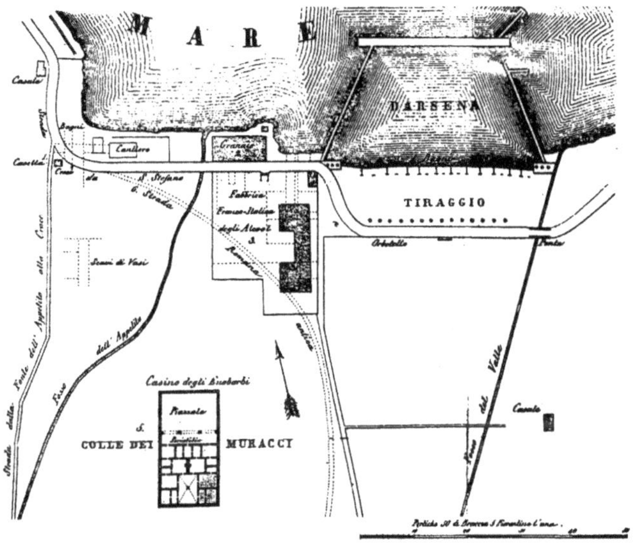

Figure 1.- Porto S. Stefano, Muracci villa: 19th c. drawing with indication of the storerooms containing amphorae with salted fish (after Pasquinucci 1982 with alterations).

Before leaving this region to look at the archaeological evidence for fish salting available for other areas, we should mention a discovery made at Populonia that indicates the presence of fish industry in Roman times, although no remains are known yet for the actual processing facilities. The discovery *per se* is not new, but the correct interpretation of its meaning is. In fact, the finding of a series of Roman anchors and lead weights, north-west of the cape Punta delle Tonnarelle, dates to 1967, but recently the fact that the elements were aligned along certain lines and placed at regular distance has been correctly related to a *fixed net* (Shepherd, 2003), a system widely used to fish tuna in particular. In this spot, indeed, according to Strabo was in antiquity another *thynnoscopeion*. In fishing with the fixed net, fishermen place a long net, anchored to the sea-bottom, perpendicular to the coast, in order to block the course of schools of fish, which swim following the coastline. When the fish is approaching – hence the importance of a scouting point to signal this- fishermen proceed to trap the fish with the aid of other nets, dragging it to the shore. It is known that in this area in the 19th century both tuna and mackerel were fished with this technique. Shepherd's interpretation of the finds of Populonia was possible thanks to the accurate recording of the find spot of each element. Also in many other cases of occasional finds of ancient anchors in areas not suitable for anchorage, but exploited as fishing grounds, it has been suggested that in reality the anchors belonged to fixed nets and not to vessels (Gianfrotta, 1999, 14-9).

Not much is available, archaeologically, about fish salting along the coasts of *Latium*. Besides the displacement of the coastline and anthropic action we have been encountering for the other areas discussed, this situation seems to be also the result of the choice to invest capital in a different, more profitable branch of the fish industry, which will be discussed in the second section of this article. Concerning fish salting, *garum* was possibly produced in *Ostium* in the area of Sabaudia. The information comes in both cases from *tituli picti*. The *titulus* referring to Ostia was found at Magdalensberg, Noricum (G(arum) OST(iense) (Curtis, 1991, 90); The old reading of the *titulus* CIL XV. 4712 as *liqu(ense) Antia(tiaum) exc(ellens) LMM. Mil* is now considered incorrect and the *titulus* is instead referred to Antipolis). Regarding the possible fish industry at Sabaudia, the *titulus pictus* is in this case on a *dolium* fragment. The finds was discovered in the area of S. Eufemia, between Pontinia and Sabaudia, and bears the inscription *L XV VR*, which Panciera read as *L(iquaminis) quindecim VR(nae)*, postulating a local *garum* industry (Panciera, 1967, 44-5). We cannot say much more about this region, besides the fact that it featured many coastal lakes, some of which are nowadays still used for fish-breeding, and that both *Antium* and the area of Sabaudia had salt marshes in antiquity. It may be interesting to note in this context that recent excavations in the coastal strip between *Antium* and Astura have discovered evidence for a salt or fish producing site of the late Bronze Age, indication of the availability of the natural resources for this activity along the coast of *Latium* (Attema and Van Leusen, 2004: 88).

One element may give substance to Panciera's reading of the inscription on the *dolium*. In the same geographic area, precisely at Torre Paola, on the Circeo peninsula, traces of purple dye industry were discovered in the 1950s (Blanc, 1958). In some cases, purple-dye production took place in the same installations for fish salting (Ponsich and Tarradell, 1965, 102). It is possible that this applied also to the Torre Paola industry, but we cannot move beyond the realm of speculation. The purple-dye industry discovered here was of notable size, judging from the heaps of shells seen on the surface. One deposit of crushed murex, seen only in section, was 60 m long and 50 cm thick, while another one covered an area of 10 m. The deposits were securely dated to the late 1st –early 2nd century A.D., since they were immediately above the spoils dumped while constructing the nearby navigable channel built under Nero, connecting the lake of Paola to the sea.

Moving to the southern regions, one case of salting installations located at Torre S. Irene in Calabria was published in 1987 (Iannelli and Lena, 1987). The site of S. Irene splendidly illustrates the point about the destructive action of the sea on this kind of installations in Italy, making their identification very difficult. The salting facility, which possibly was part of a maritime villa complex, seems also to have been a rather large complex. Although few whole vats were identified, remains and chunks of destroyed vats were located on the beach along a 40 m long frontage. A rock-cut narrow, rectangular fishpond is on a small island right in front of the shore where the vats are (figure 2:A). The fishpond presents, adjacent to it, an anchorage area, also rock-cut, allowing for the docking of multiple boats at the same time. The scholars who studied these remains, although they realize the similarity of the typology with fishpond at salting factories in Spain, appear to think that the fishpond was used for fish-breeding (*ibidem*: 132, "peschiera per l'allevamento del pesce vivo"). This type of rectangular, rock-cut fishponds, however, with one or more straight channels allowing for water change, were used to keep the catch alive for relatively short period, until the moment of processing and did not have the correct characteristics to allow for fish-breeding. The S. Irene fishpond is very narrow, does not have many compartments into which to distribute fish of different size and kind, and lacks the channels to carry fresh water that are always associated with fishpond for fish-breeding. This fishpond, located right next to the multiple boat anchorage, clearly allowed the fishermen to arrive and empty the captured fishes in the pond until they would be processed for salting. It is very interesting that immediately adjacent to the fishpond, is a rectangular rock cut space probably used as working space, possibly where the fish was gutted, since it presents a floor with an inclination and two holes for the drainage of liquids (*ibidem*: 130; figure 2: B). It seems plausible that in antiquity this little island was connected to the mainland, since otherwise the fishpond and the working room would have been cut off from the salting vats on the shore in an impractical way, but the underwater survey carried out in occasion of the study of the ancient remains gave no satisfactory results.

For Puglia, as anticipated above, there is no published record of fish processing installations. Yet Taranto, the ancient *Tarentum*, had an important purple-dye industry, still active in the late Roman empire, since in the *Notitia Dignitatum* the city is mentioned as the seat of the *procurator bafiorum* for Calabria, and produced salt highly sought after for its excellent quality throughout the medieval and renaissance period (Volpe, 1996, 307-10). Furthermore, Taranto has internal salty lagoons, the Mar Grande and Mar Piccolo, nowadays intensively used for breeding of molluscs and fish, and is located along the returning route of tuna. All these elements are fundamental prerequisites for the development of fish processing industry, but the strong agricultural vocation of Apulia in Roman time, characterized by large slave-run *latifundia* engaged in cereal culture and sheep rearing, probably shadowed any interest in researching the role of sea resources in the economy of the region.

However, at Marina di Pulsano near Taranto I identified a Roman site with evidence of salting activity. I could recognize at least six vats, placed next to each other in two parallel rows of three, and measuring, on average, 1,50 m x 1,80 m. (figure 3). The walls are not preserved and no estimate of their original height, and therefore of their volume, is possible. The vats were built on a baulk of compacted geological deposits of sand and shells, which is rather friable when exposed to the elements. It is likely that remains of more vats are buried nearby- the visible ones lie along a pedestrian path partly dug along the edge of the baulk. It could have been a maritime villa; the topographical position, a promontory between two small bays, is appropriate and I noticed part of ancient structures emerging from the sand on the nearby beach. The vats are faced in *cocciopesto*, with the exception of the very bottom of the vat, which presents a surface made of squares cut from bricks (*opus figlinum*), set in *cocciopesto* bedding. No significant pottery finds was observed on the ground, but the type of facing employed for the bottom of the vats is dated to the 3rd century A.D. at another site in the region (Volpe, 1996, 157-9). Interviewing local fishermen, I was informed that not far from this site a *tonnara* was in function until very recently.

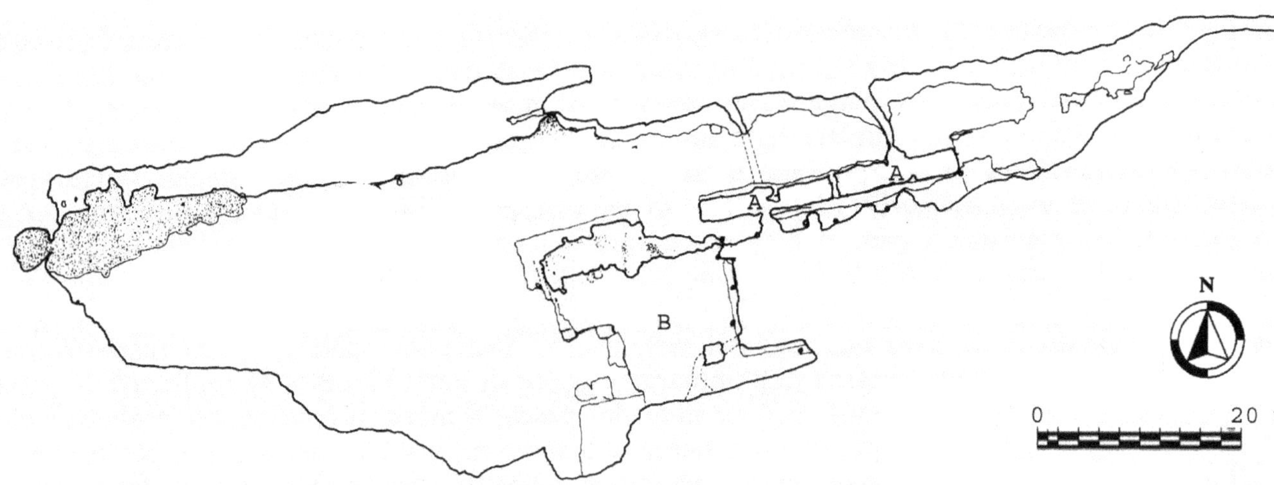

Figure 2. - Torre S. Irene: plan of remains of salting vats and rock cut fishpond (adapted after Iannelli and Lena 1987).

To my knowledge, these ruins are unpublished, although their existence is commonly known. This casual discovery shows that a systematic survey of the Apulian coast, at least the part facing the Ionian sea, can potentially lead to the discovery of other sites.

Figure 3.- Marina di Pulsano: salting vat (photo A. Marzano).

Several fish salting installations were identified by G. Purpura in the last twenty years along the Sicilian coasts (Purpura, 1982; 1985; 1989). Although he published his discoveries, the results of this research do not seem to have had a wide distribution within the field of study of fish salting in antiquity. For instance, Campos Carrasco *et alii*, when quoting known examples of fish salting factories outside the western Mediterranean regions (1999, 203), do not mention any of the Sicilian factories. It seems therefore worth illustrating here two of the sites identified. Isola delle Femmine is an island 500 m off the promontory which bears the same name, on the north-western part of Sicily. Remains of nine rectangular salting vats, of different sizes and lined with multiple strata of *cocciopesto* were identified along the shore of the island. Traces of buildings, possibly storerooms, were located next to the port area. Surface pottery finds indicate a chronological span going from the 4th century B.C. to the 4th century A.D. The finds of numerous ancient anchors in the spot where modern fishermen used to place their fixed-nets to catch tuna arriving from the coast of North Africa points to the use of the same fishing technique in Roman times to supply the salting factory. The salting vats at S. Vito Lo Capo, near Trapani, were discovered in the vicinity of a modern *tonnara*, along the seashore. Ten vats were found, with multiple *cocciopesto* facings, which indicate a use for a long time period, plus a probable group of vats at a short distance from these, but very poorly preserved. The dimensions vary slightly; 1.80 x 1.85 m is the typical size, with a hypothetical depth of 0.80 m. Besides vats, millstones to grind salt and many amphora and roof tile sherds were observed on the ground. The amphorae span from Punic types of the 4th-3rd centuries B.C. to 3rd century A.D. "African" amphorae. A high number of Tripolitana I and Tripolitana II amphorae seems to indicate an increase in the production of the factory during the 2nd century A.D.

The knowledge of the physical characteristics of salting establishments, with the typical vats and in some cases simple rectangular fishponds to keep the catch alive until processing has been growing drastically since Ponsich and Tarradell seminal study on the subject. This fact allows us to reconsider ancient remains surveyed in the past, which may have been salting installations but escaped notice. Two maritime villas, known and studied since at least the 1960s, offer an example of sites where evidence for fish salting was not recognized.

The first site is Torre Valdaliga, 4.5 km north-west of Civitavecchia. It features fishponds, whose typology, a main rectangular basin with three rock cut channels and separate smaller basins, fells among those associated with fish salting sites (fig. 4:A). To the east of the main fishpond are two *cocciopesto* faced rectangular vats, which do not appear in Schmiedt's plans of this site (1972, but see photo on p. 70), but were recorded by L. Rustico (1999). Regrettably, she does not provide the measure of the vat(s)[1], nor does the plan published in her article have a scale (figure 4: B). The plan and the photograph published by Rustico show that the vat had internal rounded angles. Rustico informs us that next to

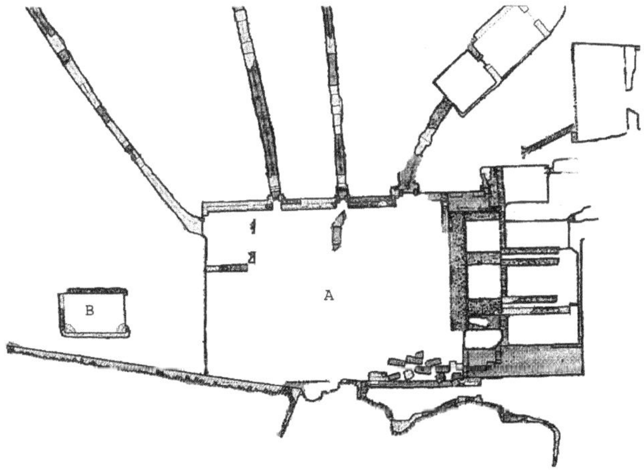

Figure 4.- Civitavecchia, Torre Valdaliga: plan of fishpond and cocciopesto vat (adapted after Rustico 1999).

the vats was a terracotta drain, channelling waters coming from the villa above. She suggests that this water could either been used to supply fresh water to the pond or to wash fish. The first hypothesis seems unlikely for various reasons. First, there does not seem to be a direct connection between this drain and the pond, nor does the pond itself present typical channels running on the walls of the pond, which usually carry fresh water from an aqueduct or large cistern.[2] Second, it is unlikely that the conduit (but no diameter is given) could

[1] In the text Rustico refers to two rectangular vats; on the plan and photograph one is visible.

[2] Unless, as suggested by Schmiedt 1972: 64 f. the 0,60 m void existing between the double walls on the east side subdividing the fishpond in smaller tanks were intended for water conduits.

have supplied the necessary amount of fresh water needed to reach the correct level of salinity in the pond in the case of fish-breeding. The comparison with elaborate fishponds for fish-breeding and their complicated system of fresh water channels makes this clear (see part II for examples). Both the type of fishpond and the presence of round-angled vat at this site seem to point to a salting installation rather than breeding of fresh fish. Therefore, Rustico's second hypothesis about the use of the water drain to wash fish seems more likely, considering that fish needed to be gutted and cleaned before salting. However, some of the reservations expressed above remain also in this case and cannot be solved without specific information on the drain and the structures located above it. Over all, the source feeding the terracotta drain needs further investigations if one wants to consider its use for practical purposes.

At Pian di Spille, in the area of what was ancient *Martanum*, a survey carried out in the late 1960s along the via Aurelia described the remains of a villa with a series of circular and rectangular vats lined in *cocciopesto* (De Rossi *et alii,* 1968, 142-3). Being part of military property that was regularly used for artillery exercitations, the ancient remains were already poorly preserved when the survey was carried out, and Rustico tried to re-locate them but with no success (Rustico, 1999, 66, n. 18). The surveyors, in search for an explanation for the series of vats, interpreted them as compartments of a fishpond, postulating that the breeding of a variety of fishes, including fresh water fish, needed vats with different concentration of salinity. No measures are given for these vats or their total number or any other detail that would be crucial for their interpretation, such as if they had opening to bring sea-water in or not. A large number of amphora fragments were seen in the proximity of the vats, but again the description fails short of details and we do not know the type of amphorae. These remains do not exist any longer, and we have to make the best out of the information available. However, on the basis of comparisons, the characteristics reported in the succinct description seem more well-suited with salting vats than with compartments of a fish pond, and I would be inclined to read the remains in this way. The presence of circular vats seems more compatible with the typology of salting establishments. In fact, although we have examples of circular fishponds, such as in the case of the villa on Pianosa island (Schmiedt, 1972, 42), the internal subdivisions are always rectangular. On the contrary, circular vats for salting, alternated with rectangular ones, are a common feature. An example of the presence of the two types of vats in Italian sites is Portopalo, near Siracusa, where at least ten circular and twelve rectangular vats have been investigated by the Soprintendenza Archeologica (Purpura, 1989, with previous bibliography and other examples of circular vats in Sicily).

If the physical remains of fish processing units along the Italian coast are so poorly preserved, one can nonetheless consider other elements. Place names are usually a long lasting indication of human activities on the territory, in many cases going back to classical antiquity. A small town located on the Amalfi Coast, whose main economic activity is still fishing and production of salted anchovies and tuna has indeed the significant name of Cetara. The antiquity of this place name cannot be doubted. Indeed, among the Sicilian centres engaged in fish processing mentioned by ancient sources we find a Cetaria, located between Panormus and the river Bathys, but whose identification on the modern territory remains uncertain (Purpura, 1982, n. 6). Although the volume of fishing in Cetara diminished considerably in recent years, various kinds of fish used to be preserved and a *tonnara* was set up during the tuna migration. The town still celebrate a popular feast dedicated to processed tuna in July. Although no Roman remains are known in Cetara, a Roman villa was built in a cove in the adjoining town of Vietri sul Mare, and Roman villas were in part excavated in other towns of the Amalfi coast, such as Minori, Amafi and Positano. It is also noteworthy the fact that in the island of Ischia in the Bay of Naples, where also a *tonnara* and fish processing industry were operating until 1950s, on the west side of the island we find the place name Citara again. The area features the beach of Citara, the Springs "della Citara" and, significantly, on the nearby hills a place named "Cuotto", the word in local dialect that means terracottas and/or their place of production, thus a possible indication of an ancient kiln. Another instance of this kind of place name indicating fish processing is attested on the coast of Sperlonga, where the famous villa of Tiberius and many others are located. 5 km south of Tiberius' villa was a villa known as "Villa della Nave", whose remains appeared already very scant when Schmiedt surveyed the site in 1972 and are completely destroyed today because of the strong erosion. However, a small promontory next to where the villa stood bears the interesting name of "Punta Cetarola". Whether we had salting vats in connection with the villa cannot be any longer ascertained, but the likelihood of this scenario is strong.

A confirmation that these kind of place names developed in antiquity in areas were fish processing was practiced can be deducted from the *Itinerarium Maritimum* (499.7-500.2). In listing the ports of the Argentario, an area that as we have seen had several fish processing installations, the document registers a landing place, not far from Porto S. Stefano, named *Incitaria*, which I would be inclined to read as the contraction of the two words *in citaria* or "located by the *cetaria*". To my knowledge, this explanation for Incitaria has not been put forward. Finally, a different interpretation can be offered in the case of the place name Scopèllo in Sicily, where a famous and large *tonnara* was. Although various authors have recognized that fish processing here must date back to the classical period and have tried to propose the place as a candidate for the Cetaria listed in literary texts, no evidence of vats has been discovered yet, nor did the name Scopèllo received a completely satisfactory explanation. The name has been related either to the Latin *scopulus* or to its original Greek form, *skòpelos*. However, the name could also be a corruption of *skopeion*, referring to a scouting point to detect the arrival of schools of tuna.

2.- Piscinae in litore constructae.

Notwithstanding what we have seen so far about the presence of physical evidence for fish processing in Roman Italy, along the coast closer to Rome we do not seem to have much evidence for fish salting units, and certainly we do not have any record of large industrial establishments, as one would expect in proximity of the large market of Rome. The amphorae of Testaccio and of the Castra Pretoria show that the baulk of the processed fish reaching the capital came from the provinces. However, it is my contention that we have in this region evidence of a different kind of fish industry: fish-breeding.

In fact, the whole coast of *Latium* is rich in numerous villas equipped with fishponds for fish-breeding (figure 5). In some areas the concentration of large villas was very high. For example, on the stretch of coast that goes from Torre Astura to *Antium* there was a large maritime villa every ca. 2 km, whereas in the area of ancient *Alsium* there was a maritime villa every 500 m.

Although the physical evidence for fish-breeding in maritime villas is abundant, the fact that these complexes were intended to satisfy the commercial market's demands needs to be inferred. Ancient literary texts stress over and over that maritime villas were costly to maintain, mostly absorbing the revenues generated by agricultural estates (e.g., Cic. *Leg. Agr.* 2.78). Owning maritime villas and elaborate fishponds was a matter of social standing and display of wealth. Occasionally, ancient sources do suggest that even maritime villas could be good sources of revenue thanks to well-stocked fishponds, but it must be noted that when a writer like *Varro* mentions the revenue from fishponds, it is in the context not of profits from the regular sale of fish on the market, but of property values. *Varro* reports that a certain *Hirrius* was able to sell his villa for 4 million sesterces thanks to the "*piscium multitudinem*" (*Rust.* 3.17.3). Although *Varro* almost reluctantly admits the value of fisheries in increasing the resale value of a villa, he stresses that they are really just an expensive and extravagant display, because: "Illae autem maritimae piscinae nobilum [...] magis ad oculos pertinent, quam ad vesicam, et potius marsippium domini exinaniunt, quam implent" (*Rust.* 3.17.2). Columella is the only author who declares in his work the commercial value of fish-breeding in a clearer way, dedicating a section of it to advice on the construction of fishponds and selection of kinds of fishes. Significantly, he recommends fishes that fetch high prices, since cheap kinds are not worthy of the effort: *vile ne captare quidem, nedum alere conducit* (8.17.9).

The archaeological investigations focusing on the numerous coastal villas along the Italian Tyrrhenian coastline have been very partial, in most cases because later occupation does not allow complete and extensive excavation. The focus

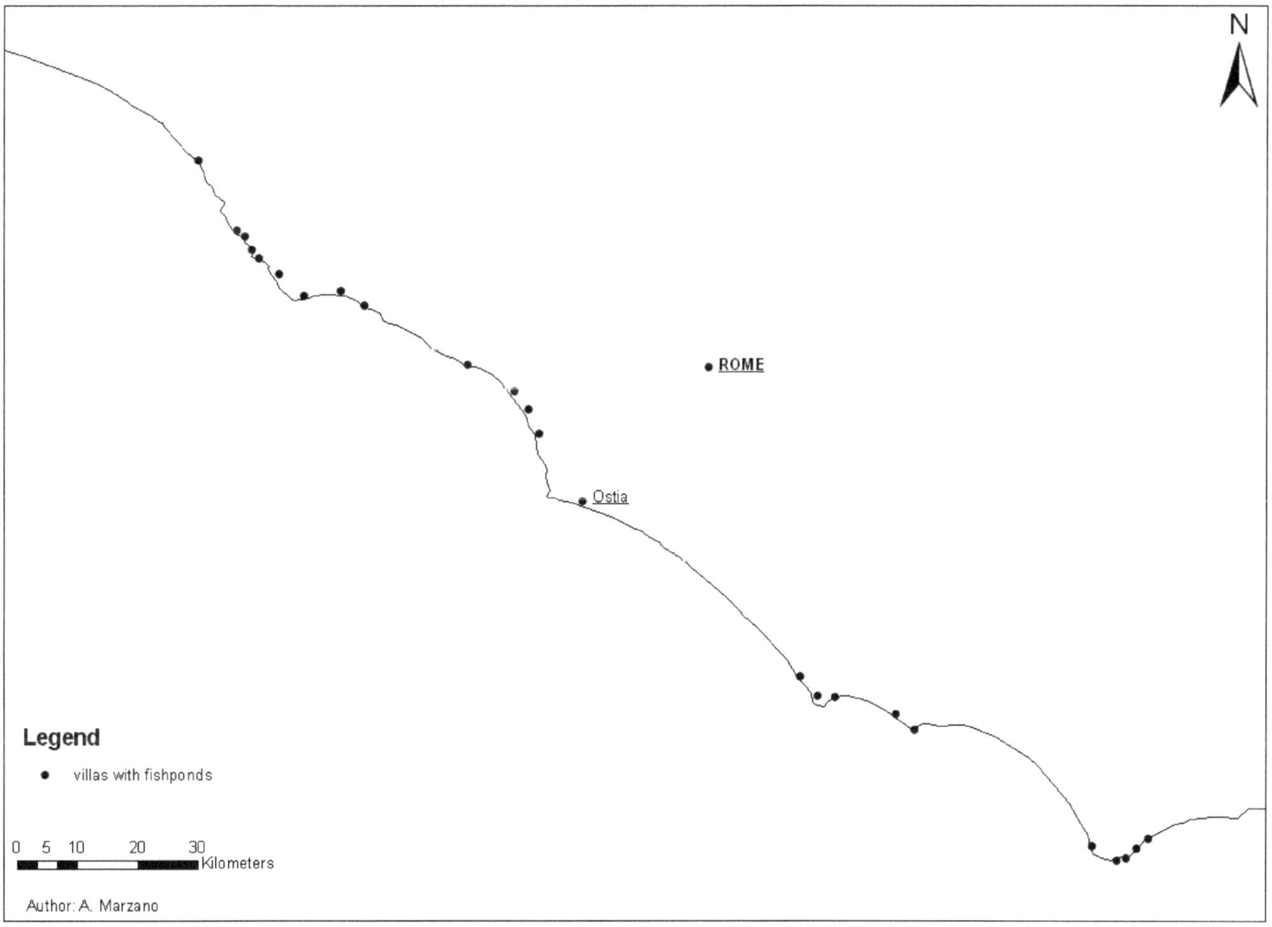

Figure 5.- Distribution map of villas with fishponds along the coast of Latium.

of excavations has mostly been the residential part of the complexes, the area that architecturally, for its rich décor is very "visible". However, a constant architectural feature of maritime villas are *piscinae* or fishponds, built immediately off the shoreline, when possible cut directly in the rock bed and exploiting for their construction the possibilities offered by hydraulic cement (Higginbotham, 1997). In some cases, the fishpond is the only surviving remains of a villa complex, the erosion of the coastline having destroyed the rest. These fishponds are the results of Roman engineering ingenuity, since very sophisticated technological solutions were used to guarantee the right level of salinity of the water, to allow water change and circulation, and to avoid silting. But they are also indication of a high degree of capital investment in their construction and maintenance, both in money and in labour.

Yet, there has been resistance among scholars to see fishponds as capital investment directed to commercial market, either in the form of fresh or processed fish and its by-products. In his well-researched book devoted to fishponds in Italy, Higginbotham argues strongly that Italian fishponds were, first and foremost, emblems of social status, the result of competitive ostentation among the members of the elite, and downplays the commercial reasons for their proliferation (Higginbotham, 1997, 56). There is no doubt that fish and fishponds possessed a strong symbolic value in the socially and politically competitive climate of the Late Republic, but when we consider the size of most of these fishponds and the investment required to build and maintain them, self-sufficiency and competitive ostentation alone are not sufficient explanations. Commercial reasons ought to be behind their proliferation along the coastline immediately north and south of Rome. The close examination of some examples will make this point clearer.

The villa at Fosso delle Guardiole (figure 6) had two fishponds, a rectangular and an apsidal one. The apsidal pond measured ca. 672 sq. m. The total size of the rectangular complex is not clear, for it depends if A was also a series of tanks for fish or not; however B alone has an area of ca. 800 sq. m. Combining the area of the two fishponds, which were in use at the same time, we exceed the size thought to be sufficient to provide fresh fish to the villa owner's table. By way of size comparison, the complex of fishponds on the island of Ponza, usually thought to have provided the villa alone, although large and technologically sophisticated, measures only 700 sq. m. Although the design of these ponds at Fosso delle Guardiole is not as elaborate as for other examples, they feature certain technical characteristics that indicate detail knowledge of the needs of intensive fish-breeding and fish behaviour, such as the effects of sea tides on an enclosed pond, the sea environment specific to each kind of fish and its currents. The perfection of design and planning of these structures also show the existence of specialized engineers and workmanship who mastered this knowledge. In this complex, a massive mole built in hydraulic cement protected an area measuring almost half a hectare from the waives. A double channel running on top of the fishpond mole and connected to an aqueduct carried fresh water to the series of compartments into which the rectangular pond was divided. Gates and sluices could be opened and closed according to the needs, to regulate water change and to move fish from one tank to the other. The complex had also a protected anchorage, another feature that one usually finds in association with fishponds.

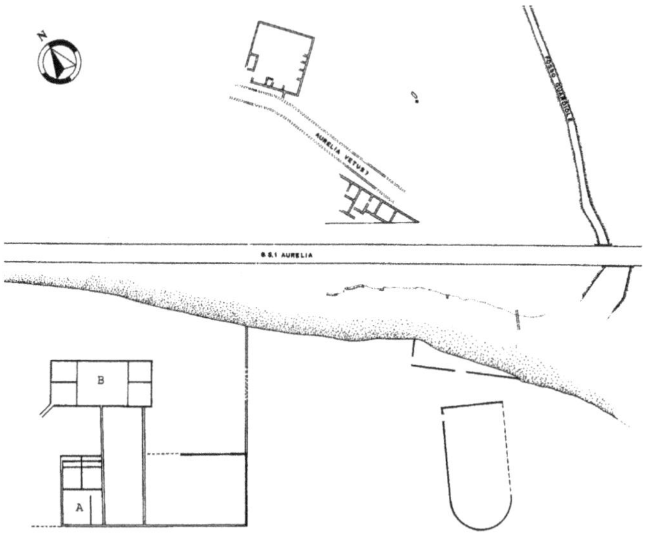

Figure 6.- Fosso delle Guardiole: general plan of the two fishponds (adapted after Higginbotham, 1997).

Moving south along the coast of *Latium* we find the villa complex of Torre Astura, with its massive fishpond (figure 7). The fishpond had an area of 15,000 sq. meters and it was built on a partially artificial island, connected to the mainland by a bridge. The bridge carried also an aqueduct supplying the numerous compartments of the fishpond with fresh water. The design is very elaborate, featuring a variety of smaller tanks into which one could breed various kinds of fish at different stage of their life. To my knowledge, this is the largest Roman fishpond known, a case where intensive pisciculture cannot be denied. A large harbour, sheltered by moles clearly visible in the aerial photograph and connected to the fishpond structure, had a complex of buildings on the docks, probably storerooms related to shipment of goods. Several small rectangular tanks located along the delimiting wall of the fishpond may have been used to keep youngsters separated from adult fish. This is an important detail, because it shows that the fishponds were stocked not only by fishing adult fish that was kept to grow in the pond, as the ancient writers make us believe, but also by actually breeding the fish through the whole reproductive cycle. These smaller rectangular tanks were not salting vats, since they feature openings to let sea water in and are present also in other fishponds besides Torre Astura. It is also possible that at least some of these smaller tanks were used to keep small fish and fry to feed the large fish in the fishpond.

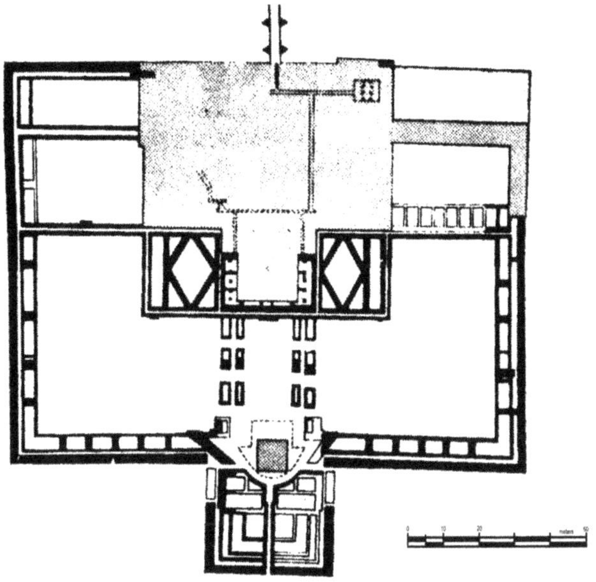

Figure 7.- Torre Astura: plan of fishpond (adapted after Schmiedt, 1972).

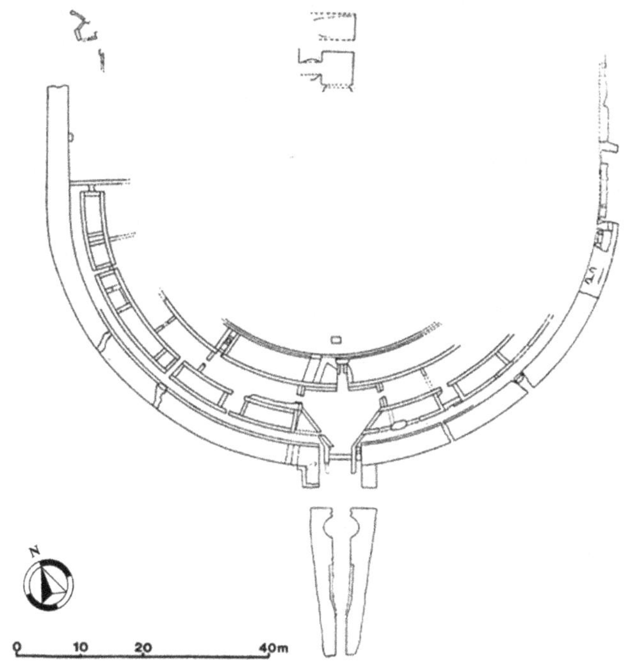

Figure 8.- Astura, La Saracca: plan of semicircular fishpond (adapted after Higginbotham, 1997).

The fishpond of La Saracca (figure 8) is even more sophisticated from the technical point of view. Located just two kilometres north-west of Torre Astura, the semi-circular fishpond was constructed on a rock shelf, based on a circle 90 m in diameter. It features an aqueduct carrying freshwater on the east side of the pond, and a series of openings in the protecting mole to allow water change and circulation. The peculiar feature in this case is the external channel, exiting from the middle of the semicircle towards the open sea. The purpose of this feature was twofold. First and most obviously, to improve water exchange within the pond, by increasing the force for the flow directing surf and tide through a narrow pathway. Its second purpose was to capture fish. The capture of fish was dependent on the tides and the salinity of the water (for euryhaline species). During high tide, the primary force of flow would move into the enclosure, while at low tide the flow would reverse. Adult fish, responding to the natural instinct to reach open sea to spawn, swim against the flow toward water with a higher degree of salinity, conditions best approximated in the pond during high tide. Fish attempting to leave the pond would be directed through the tanks in the second row where they could be trapped in the closable tanks and eventually harvested. But during low tide the flow would reverse and brackish water of the pond was forced out of the enclosure. In this case, the external channel acted as a trap for fish. In fact, fish returning to sheltered brackish waters after spawning would be attracted by the flow of less salty water from the channel. Once inside the channel the gates would be closed, trapping fish for harvest or to keep in the other tanks (Schmiedt, 1972, 116-7; Higginbotham, 1997, 139-140).

A different plan design appears in the fishpond of Punta della Vipera, in the area of *Castrum Novum*. The rectangular pond is divided in three equal compartments, of which the central one features a circular tank, 20.20 m in diameter, whereas the lateral ones have a series of rectangular tanks of various sizes (figure 9). The total area of the tanks is 1310 sq. m.[3] This fishpond had three covered channels protruding into the sea, in average 20 m. long, 1.80 m wide and 1 m high, built by first cutting the rock bed and then covering it with conglomerate. A strong tide would run through these channels, as they are situated at a lower elevation than the rock platform, permitting both an efficient change of water in the fishpond and attracting new fish in (Schmiedt, 1972, 83). Sluices located at the beginning of each covered channel could be opened or closed according to need. As in the case of Torre Astura, also this fishpond presents in the external wall of the pond a series of small rectangular tanks (11 in total), measuring in average 1 m x 0.80 m x h 0.67 m, possibly used to keep juvenile fish.

These four fishpond complexes have all in common a size that excides the needs of a household, even in the case of a rich and large-staffed villa, and complex technical features—proper shape taking into account the prevalent sea currents to avoid silting; compartments of various sizes for different kinds of fish at different stages of their life cycle; right combination of fresh water and salt water; knowledge of the behaviour of various species of fish, etc. —which required the employment of specialized engineers if not workmanship for their construction. The design of the fishponds could go

[3] The area of each tank as been inferred from the plan published in Schmiedt 1972: 79; tanks "a" have been treated as triangles.

from a relatively simple one, as we have seen in the Fosso delle Guardiole example, to a very complex one, as in the case of Torre Astura. In all of these cases, however, the sea current and the circulation of water within the pond created by the channels connected to the sea needed to be studied in order to avoid silting and stagnation, which would have killed the fish. In addition to the initial cost of construction, one also needs to account for the cost of maintaining such structures. They needed to be periodically cleaned, fish needed to be fed, the sluices to allow water changes needed to be opened and closed at set times, etc.; in other words personnel needed to be permanently assigned to the keeping of the fishponds. All these elements are evidence of considerable capital investment. Can this be explained exclusively with the desire to show off among one's peers and to have an enjoyable view while dining overlooking the fishpond? It seems very unlikely.

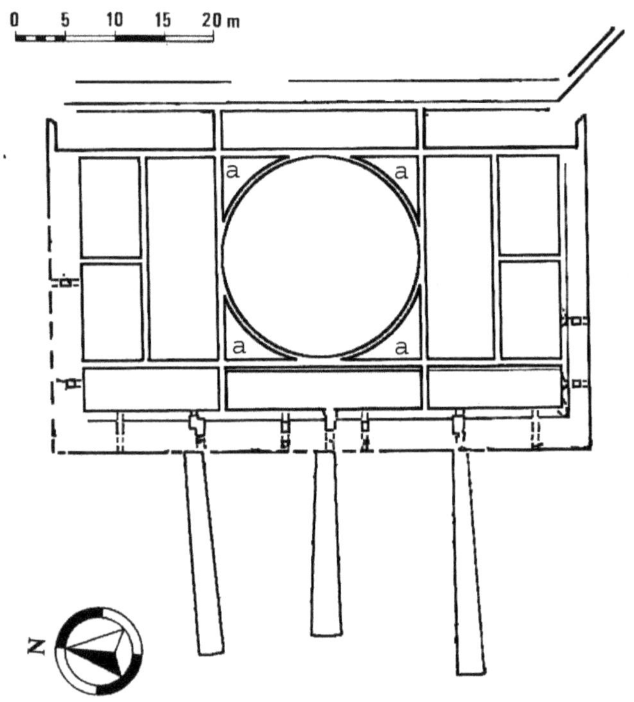

Figure 9.- Castrum Novum, Punta della Vipera: plan of fishpond (adapted after Schmiedt, 1972).

The major objection to seeing elite fish-breeding as directed to the commercialization of the fresh product has been the assumption that, in the lack of refrigeration, fish would have spoiled too soon and it would have been difficult and costly to transport fresh fish over great distances. However, various elements point to the fact that in most cases fresh fish was commercialized alive. Thanks to a rare and fortuitous archaeological find, we know that there were small boats equipped with fish tanks enabling fishermen to keep their catches alive. With this in mind, the existence of larger boats or even wagons equipped with tanks for the transportation of fish to close-by markets is not improbable. In fact, a reference to ships equipped with tanks can be found in *Macrobius*, who relates that when the *praefectus classis Optatus* introduced in the 1st century A.D. the Eastern Mediterranean parrot wrasse (*scarus*) into the waters of Ostia and Campania, he transported the fish on ships equipped with *vivaria* (Macrob. *Sat.* 3.16.10). Furthermore, usually Roman kitchens were equipped with a tank where to keep the fish alive until the moment of cooking, which is an indication that people would buy fresh fish alive in the market (Salza Prini & Ricotti 1978-80: 267). Bearing this in mind, the location of a villa in respect to urban centres and communication routes is a crucial element.

All the cases of maritime villas featuring large fishponds that I have studied (Marzano, 2004) are concentrated along the coast of modern *Latium* and southern Tuscany, not too far from Rome, the largest city and commercial market of antiquity. Moreover, this stretch of coast had numerous urban centres in Roman time, which may have absorbed surplus from nearby villas. The baulk of the distribution of fresh fish to markets must have happened by sea shipping. The constant association between ports and/or docks and *piscinae* should be regarded as an indication that these fishponds were equipped with the necessary infrastructure to allow the shipment of fish. Furthermore, to envision a fair profit margin there is no need to imagine production and distribution only on a vast scale, since we are dealing with expensive and quality products. Certain kinds of fresh fish could fetch very high prices especially in Rome, where the demand of the elite for official and private banquets was constant. The high demand for quality fresh fish on the table of the elite must have directed high capital investment in this sector rather than in developing the fish processing industry. As pointed out by Curtis (in Bekker-Nielsen, 2003, 43) with very few exceptions, salted fish and its by-products were not expensive goods, so that also the lower classes could acquire them. To have a good profit on these goods, one would have to reach a large volume of production. But why should one invest in this sector, where competition was strong, and profit margin was low? There was the possibility of a much more remunerative field, where far away provinces could not compete. In addition to this, intensive fish-breeding in artificial fishponds could be an all-year round economic activity that was not dependant on the seasonal arrival of schools of fish. The closeness of Rome and the high degree of urbanisation in the coastal area under consideration here, made fish-breeding, which satisfied the market demand for fresh product, a lucrative activity. In my opinion, this fact explains the proliferation of fishponds in this particular area and the relatively scanty evidence for fish processing.

3.- Conclusions.

Although the archaeological evidence for fish processing industry in Italy remains scarce when compared to certain areas of the western Mediterranean, the re-assessment of the archaeological evidence and recent discoveries point to the presence of fish processing units in all those areas affected by the seasonal passage of tuna and other migratory fish, and where modern fish processing industries were/are active (figure 10). The fact that there has been no great interest about fish industry in Italy in ancient times, especially

Figure 10.- Distribution map of fish salting installations in Italy, including evidence from place-names.

among Italian archaeologists and ancient historians, is one of the causes for the scanty archaeological record. As it has been said, in archaeology one finds what he/she is looking for. In some cases, when such features were discovered, they were not recognized since there was no awareness of their typology. The situation has improved in the past years, probably under influence of the rich and numerous studies about fish salting in the Roman provinces, but still few scholars in Italy work in this direction and their publications do not have the wide distribution they deserve. In addition to this, the displacement of the coastline and its erosion have greatly damaged coastal installations, making the location of ancient features very difficult or even impossible at times.

In the coastal areas closer to Rome it was fish-breeding and not fish salting that developed to a high level to satisfy the demand of the urban market. The luxurious lifestyle of the rich and the frequency of private and official banquets created a high demand of quality fresh products, among which was fish. Fresh fish would fetch very high prices and fish-breeding in artificial fishponds could be an all-year round economic activity. Large complexes could satisfy the demand for fresh fish not only on the market of Rome but also on the other markets in this highly urbanized area. The anecdote about the entrepreneur *Hirrius*, who from his fishponds in *Baiae* supplied Caesar with 6,000 fresh *murenae* for his triumphal banquet in Rome, reminds us that the objections to commercialization of fresh fish due to the lack of refrigeration and difficulty of transport do not stand (Varro, *Rust.* 3.17.3; Plin. *NH* 9.171). The ancient authors that relate this event did not find the logistic of the *murenae* delivery exceptional; it was the availability at once of that large number of fish that is noted as unusual. The numerous fishponds built on the coastline close to Rome represent a high degree of capital investment and a precise choice to invest in a sector where profit could be higher, while also being a powerful display of wealth that defined one's social standing. Regardless of what *Varro* wrote about costly fishponds, faithful to the traditional Roman ideology that regarded only agriculture as a proper investment of the elite, *piscinae* did fill the owner's pockets while contenting his eyes.

Bibliography

ATTEMA, P. AND M. VAN LEUSEN (2004): "Intra-regional and Inter-regional Comparison of Occupation Histories in Three Italian Regions: The RPC Project", S. E. Alcock and J. F. Cherry (eds.), *Side –by –side survey: comparative regional studies in the Mediterranean World.* Oxford 2004.

BEKKER-NIELSEN, T. (ED.) (2003): *Ancient Fishing and Fish Processing in the Black Sea Region*, Aarhus

BLANC, A.C. (1958): "Residui di manifatture della porpora a Leptis Magna e al Monte Circeo", R. Barroccini, *Il porto romano di Leptis Magna*, Rome, 187-210.

BRONSON, C. AND G. UGGERI (1970): "Isola del Giglio, Isola di Giannutri, Monte Argentario, Laguna di Orbetello. Notizia preliminare dei rinvenimenti del 1968", *SE* 38, 201-14.

CALASTRI, C. (1999): "L'insediamento di Portus Fenilie nell'agro cosano", *ATTA* 8, 127-36.

CAMPOS CARRASCO, J. M., *et alii,* (1999): *Las cetariae del litoral onubense en época romana*, Huelva.

CIAMPOLTRINI, G. (1991): "Ricerche sui monumenti d'età traianea e adrianea del suburbio orientale di Cosa", *BollArch* 11-12, 67-85.

CIAMPOLTRINI, G. AND P.RENDINI (1990): "L'insediamento tardoantico nella villa marittima di Torre Tagliata (Orbetello, Gr). Scavi 1988-89", *Archeologia Medievale* 17, 625-32.

CURTIS, R.I. (1984): "A personalized floor mosaic from Pompeii", *AJA* 88, 557-66.

– (1984): "The salted fish industry of Pompeii". *Archaeology*, Nov-Dec, 59-74.

– (1988): "*A. Umbricius Scaurus* of Pompeii", R.I. Curtis (ed.) *Studia Pompeiana et Classica in Honor of Wilhelmina F. Jashemski. I Pompeiana*, New York, 19-50.

– (1991): *Garum and Salsamenta. Production and Commerce in Materia Medica*, Leiden.

– (2002): *Food Technology in the Ancient Urban Context.* www.eat-online.net/english/education/food_technology_ancient.htm, consulted on October 2005.

DE ROSSI, G. M, *ET ALII*, (1968): "La Via Aurelia da Roma a Forum Aureli", *Quad. dell'Istituto di Topografia Antica dell'Università di Roma, IV,* Roma.

GIANFROTTA, P. A. (1999): "Archeologia subacquea e testimonianze di pesca", *MEFRA* 111.1, 9-36.

HIGGINBOTHAM, J. (1997): *Piscinae. Artificial Fishponds in Roman Italy*, Chapel Hill.

IANNELLI, M.T. AND G. LENA (1987): "Modificazione dell'antica linea di costa tirrenica in territorio di Briatico (Catanzaro): la villa marittima di S. Irene", *Colloques Internationaux du CNRS. Déplacements des lignes de rivage en Méditerranée daprìs les données de l'archéologie (Aix- en Provence 5-7 sept. 1985), 95-106,* París, 126-32.

JONES, R. AND ROBINSON, D. (forthcoming): ''The economic development of the Commercial Triangle (VI.i.14-18, 20-21)", M. P. Guidobaldi (ed.) *Nuove ricerche sull'area Vesuviana – New research in the Vesuvian area,* Soprintendenza Archeologica di Pompei Monograph, Roma.

LA ROCCA R. (2004): "Isola delle Femmine: un'ipotesi di insediamento economico polifunzionale e autosufficiente per la lavorazione del pescato", *Sicilia Archeologica* 37, 171-85.

MARZANO, A. (2004): *Villas and Roman Society in Central Italy: from the Late Republic to the Middle Empire*, Ph.D. diss, Columbia University.

MCCANN, A. M. *et alii.* (1987): *The Roman port and fishery of Cosa: a center of ancient trade*, Princeton.

PANCIERA, S. (1967): "Miscellanea storico-epigrafica III", *Epigraphica* 29, 18-61.

PASQUINUCCI, M. (1982): "Contributi allo studio dell' *ager cosanus*: la villa dei Muracci", *StClOr* 32, 141-55.

PASQUINUCCI, M. AND R. MEZZANTI (1987): "La costa tirrenica da Luni a *Portus Cosanus*", *Colloques Internationaux du CNRS. Deplacements des lignes de rivage en Méditerranée d'après les données de l'archéologie (Aix-en Provence 5-7 sept. 1985)*, París, 95-106.

PONSICH, M. (1988): *Aceite de oliva y salazones de pescado: factores geo-economicos de Betica y Tingitania*, Madrid.

PONSICH, M. AND M. TARRADELL (1965); *Garum et industries antiques de salaison dans la Méditerranée occidentale*, París.

PURPURA, G. (1982): "Pesca e stabilimenti antichi per la lavorazione del pesce in Sicilia: S. Vito (Trapani), Cala Minnola (Levanzo)", *Sicilia Archeologica* 15, 45-60.

– (1985): "Pesca e stabilimenti antichi per la lavorazione del pesce in Sicilia: II – Isola delle Femmine (Palermo), Punta Molinazzo (Punta Raisi), Tonnara del Cofano (Trapani). S. Nicola (Favignana)", *Sicilia Archeologica* 18, 59-86.

– (1989): "Pesca e stabilimenti antichi per la lavorazione del pesce in Sicilia: III – Torre Vindicari (Noto), Capo Ognuna (Siracusa)", *Sicilia Archeologica* 22, 25-37.

RENDINA, P. (2003): "Impianti per la lavorazione del pesce conservato al Giglio e a Giannutri", A. Benini and M. Giacobelli (eds), *Atti del II Convegno Nazionale di Archeologia Subacquea*, Castiglioncello, 7-9 settembre 2001, 175-188.

RUSTICO, L. (1999): "Peschiere romane", *MEFRA* 111.1, 51-66.

– (2004) "Impianti marittimi per la piscicoltura in età romana", M. Giacobelli (ed.), *Lezioni Fabio Faccenna. Conferenze di archeologia* subacquea, III-IV Ciclo, Bari, 119-23.

SALZA PRINA RICOTTI, E. (1978-1980): "Cucine e quartieri servili in epoca romana", *RendPontAcc* 51-52, 237-94.

SCHMIEDT, G. (1972): *Il livello antico del Mar Tirreno. Testimonianze dei resti archeologici.* Firenze.

SHEPHERD, E. (2003): "La tonnara di Baratti", C. Mascione and A. Patera (eds.), *Materiali per Populonia*, II. *Quaderni del Dipartimento di Archeologia e Storia delle Arti, sezione Archeologia, Università di Siena*, Firenze, 271-80.

VOLPE, G. (1996): *Contadini, pastori e mercanti nell'Apulia tardoantica*, Bari.

WILSON, A. I. (2002): "Urban production in the Roman world: the view from North Africa", *Papers of the British School at Rome* 70, 231-73.

ZEVI, F. (1966): "Appunti sulle anfore romane", *ArchClass* 18, 208-47.

POSTERS

GEOARQUEOLOGÍA Y ARQUEOMETRÍA DE LA SAL

C. ALONSO
M. JIMÉNEZ
CAS. Junta de Andalucía
F. CABRERA
CSIC. Instituto de Recursos Naturales y Agrobiología de Sevilla
J. ARIZA
Universidad de Huelva

1.- Introducción.

A lo largo de las últimas décadas la investigación histórico-arqueológica sobre las salazones en época antigua ha evolucionado considerablemente. El análisis de los restos anatómicos de especies piscícolas encontradas en piletas de salazones y ánforas nos permite conocer mejor la base de su elaboración y determinados aspectos relacionados con su producción. En paralelo, el estudio de la epigrafía anfórica y la revisión de las fuentes literarias, están permitiendo adentrarnos en el siempre difícil mundo de su comercialización. Pero, hasta el momento, la sal, sustancia básica empleada en su elaboración, apenas había sido tenida en consideración, siendo, como es, un producto básico para el correcto desarrollo de la actividad celular de humanos y herbívoros desde que, en el neolítico, la dieta alimenticia pasara a ser principalmente cerealística y el ganado se viera privado de libertad por su estabulación para conseguir en libertad la sal necesaria para su correcta alimentación al ser estabulado.

La importancia económica de este producto no ha sido suficientemente valorada. Piénsese por ejemplo la fuerte demanda de sal que generaría el abastecimiento de un ejército si una persona necesita diariamente unos 15 gramos de sal y un rumiante herbívoro (caballos, bueyes, cabras, ovejas, etc.) una cantidad mayor por diferentes vías de aporte. Abastecimiento de sal que no podía depender de la que se encontrara en la zona de conflicto, sino que necesariamente tenían que prever o, al menos, garantizar mediante un suministro seguro por tierra o mar. Una sal necesaria, además de la alimentación, para muchas otras funciones (Véase al respecto: Martínez, e.p.).

En relación con las salazones: ¿qué tipo de sal se empleaba para su elaboración?; ¿dónde se encontraban emplazadas las salinas de donde se extraía?; ¿cuál era la morfología de éstas?; ¿qué técnicas empleaban para su explotación?; ¿de quiénes era su titularidad?

Éstas y otras son preguntas que planteamos en estas páginas y a las que quisimos dar respuesta cuando iniciamos una novedosa línea de investigación encaminada a conocer más acerca de la sal y las salinas gaditanas; unas salinas litorales que, al menos desde final de la Edad Media, se explotaban mediante técnicas de evaporación solar con un sistema de manejo que, con toda seguridad, difería poco del utilizado en nuestras tradicionales salinas artesanales.

Sin duda se trata de un campo de investigación que entraña dificultad. La escasez y parquedad de las fuentes de información; la falta de una tradición investigadora en este sentido, y la deficiente interpretación de algunos yacimientos que, por su tipología, podrán ponerse en relación con antiguas explotaciones salineras, son algunos de los condicionantes a los que tuvimos que hacer frente durante nuestro estudio.

Si bien en los dos últimos años algunos autores han comenzado a ocuparse de la interpretación y el análisis histórico de la sal y las salinas béticas (García y Martínez, e. p.; Martínez, e.p.; Alonso y Menánteau, e.p.), nuestro proyecto, iniciado años atrás con una clara componente multidisciplinar y una visión geoarqueológica, atiende más a cuestiones tecnológicas como: ¿dónde se localizaban las salinas romanas gaditanas?; ¿cómo era su morfología y forma de trabajo?; ¿qué nivel de desarrollo tecnológico llegaron a alcanzar?.

2.- De la sal y las salinas.

Por los autores clásicos (Plinio el Viejo, *N.H.*, XXXI, 73-83) sabemos que en el mundo romano se conocían tres tipos de sales: la sal gema, la marina y la de lagos y manantiales salobres.

Tanto la explotación de la sal gema por medio de técnicas mineras, como la extracción del cloruro sódico del agua de manantiales o lagunas salobres por procedimientos de concentración y evaporación al fuego están documentadas desde los últimos momentos de la Prehistoria (Alonso y Menánteau, e.p.). Sin embargo, rastrear el origen de las salinas de evaporación solar parece algo más complejo, siendo difícil saber en que momento nace esta técnica extractiva.

Una línea de investigación viene a situar su origen en la zona del próximo oriente hacia el II° milenio a.C. La aparición en un texto ugarítico (PRU, II, 79, 14) de la expresión "campo de sal" o "campo salado" (*šd mlth*) vendría a apoyar esta idea. Otros autores, apoyándose en supuestos ambientales, consideran como más probable que tuviese su origen en la zona del Mar Muerto, donde la alta salinidad de sus aguas y el elevado índice de evaporación atmosférica, favorecería la extracción salinera. La existencia en época aramea imperial de la expresión *Ksp mlh'*, traducida como "impuesto de la sal" (Manfredi, 1992, 4), parece apuntar tanto el origen de la técnica en esta zona, como la temprana organización de su comercio y del control estatal sobre sus productos.

Si bien carecemos de textos escritos referentes a esta temática para el mundo fenicio, una estela del siglo IV a. C. procedente de la necrópolis de Kitión (Chipre) da a conocer la existencia de un "salinero" en esa comunidad de tradición fenicia en los siguientes términos: *A Esmun-Adon, hijo de Ba'l - a'mas, hijo del salinero* (Teixidor, 1986, 489). Se trata sin duda de las antiguas salinas de Salamina y Kitión, cuya sal, según Plinio el Viejo (*N. H.*, XXXI, 74, 84), llegó a alcanzar gran fama en el mundo antiguo por su excelente calidad.

Actas del Congreso Internacional *CETARIAE. Salsas y salazones de pescado en Occidente durante la Antigüedad*, Universidad de Cádiz, Noviembre de 2005, *B.A.R. int. ser.* 1686, Oxford 2007, 317-325.

La sal del lago de Lárnaca se explotaba y comercializaba en época helenística, aunque, según Karageorghis, esta actividad podría remontarse a finales de la Edad del Bronce (Karageorghis, 1973, 261-262).

De todo ello podría desprenderse, como han apuntado algunos autores (Vila, 1954, 225-234), que esta tecnología extractiva para la obtención de sal marina mediante evaporación solar (objeto principal de nuestro estudio) se extendiera por el Mediterráneo de la mano de los fenicios.

Según esto, podría ser que, dadas las inmejorables condiciones naturales de la zona, ya desde época muy temprana, los habitantes de *Gadir* roturaran salinas de evaporación solar sobre las marismas de la Bahía. Sin embargo, no podemos olvidar que Estrabón (*Geogr.* 3.2.6.), al referirse a la sal de Turdetania, relaciona la sal fósil y extraída de los ríos salados con el abastecimiento de los talleres de salazones de la costa; sal con la que, sin especificar de qué tipo, comerciaban los antiguos gaditanos (Estrabón, III, 5, 11). De aquí una de nuestras principales preguntas: ¿qué tipo de sal emplearon entonces los gaditanos para la elaboración de sus afamadas salazones?

Queda fuera de toda duda que la técnica de extracción de sal por evaporación solar en salinas litorales era sobradamente conocida en época romana. Si atendemos a la escueta información de las fuentes literarias, así se demuestra. Tito Livio (*Historia romana* I, 33) nos dice que esta tecnología de la sal se utilizaba en la Roma primitiva desde que Anco Marcio (641-616 a. C.), fundador del puerto de Ostia, las implantara en el estuario del Tiber. Por su parte, aunque con pocos detalles, *Rutilius Namatianus* describe en uno de sus textos (*De reditu suo* I, 475-478) un paisaje y una morfología de salinas que recuerda bastante a nuestras salinas tradicionales. Unas salinas en las que el secreto de su roturación y laboreo debió trasmitirse, como en la actualidad, de padres a hijos y de maestros a aprendices, sin que hayan quedado manuales o descripciones relativas a las técnicas empleadas en el mismo.

Sólo el estudio de las huellas dejadas en el paisaje y de los restos materiales conservados puede ayudarnos a avanzar en este sentido, línea de trabajo en la que nos hemos adentrado desde hace unos años a través de dos vías de estudio diferentes:

- La reconstrucción paleotopográfica de la bahía de Cádiz mediante técnicas geoarqueológicas, para determinar las áreas potenciales donde pudieron roturarse.
- El estudio arqueométrico de los restos de alimentos salados, para caracterizar los posibles restos de sal que contuviesen para su conservación y determinar las técnicas empleadas para su obtención.

3.- Geoarqueología de las salinas: el caso de Cádiz.

Hasta hace escasos años no se había realizado ningún intento científico de restitución paleotopográfica de la bahía de Cádiz. Las propuestas elaboradas hasta el momento se apoyaban, principalmente, en la siempre difícil y compleja tarea de interpretar las fuentes literarias grecolatinas, llegando a la conclusión de una bahía abierta, navegable y apenas colmatada en su parte interior durante la Antigüedad, motivo por el que, durante años, se desatendió el estudio de la posible ocupación humana de las marismas por ser consideradas unidades morfológicas de formación reciente.

En los últimos años, los avances habidos en la geoarqueología litoral han venido a mostrar que cualquier intento de restitución paleopaisajística debe pasar necesariamente por la realización de un estudio multidisciplinar encaminado a analizar la interrelación espacial existente, de manera sincrónica y diacrónica, entre los diversos factores condicionantes del desarrollo de las formas litorales. En esta línea consideramos necesario, para definir la génesis de las marismas gaditanas, determinar el momento en que comenzaron a estar emergidas y, por tanto, potencialmente ocupadas por los seres humanos con diferentes fines.

Sin duda era una labor compleja que pasaba, primero, por delimitar en cada área la posición relativa del nivel del mar, para luego datar su antigüedad tanto por métodos absolutos como relativos, y especificar si los restos materiales existentes sobre las mismas permitían definir el tipo de uso que tuvieron a lo largo de su historia (Alonso *et alii*, 2000; Alonso *et alii*, 2003). Los indicadores geoarqueológicos observados en el marco de la bahía gaditana nos daban testimonio de la incidencia histórica de dos procesos costeros contrapuestos y claramente definidos espacialmente: la erosión, localizada principalmente en zonas externas y expuestas; y la colmatación, presente sobre todo en el marco de la bahía interior (Gracia *et al.*, 1999). Centrándonos en este último, se pudieron definir dos momentos en los que la colmatación de la bahía gaditana parece acelerarse durante los últimos 2.500 años. Uno se sitúa entre los siglos IV y II a.C., mientras que el otro se puede fechar hacia el siglo XVI (Alonso *et alii*, 2000). El origen de este proceso debe ponerse en relación en ambos casos, tanto con oscilaciones de la tendencia climática en esos momentos (Alonso *et alii*, 2004) como en el impacto producido por la actividad humana sobre el medio natural, especialmente debido a la deforestación y roturación de terrenos para el cultivo.

Las dataciones efectuadas en el episodio de arranque de la flecha litoral de Valdelagrana han permitido conocer que la unidad de cordones situada más hacia el interior posee, al menos, una antigüedad de 2700 años (Zazo y Goy, 2000). De otra parte, la presencia sobre la misma de un posible asentamiento humano datado hacia el Bronce Pleno (1800-1600 a. C.) y la existencia de un camino posiblemente de época romana (Gómez Ponce *et alii*, 1997), confirmaban arqueológicamente tanto su antigüedad como su amplio desarrollo en ese momento. Todo ello venía a poner en entredicho determinadas teorías que definían la Bahía, entre Puerto Real y El Puerto de Santa María, como un amplio espacio abierto, navegable y sin colmatar (Rambaud, 1996).

Más al sur, en la zona de Barrio Jarana (Puerto Real), hemos podido constatar un proceso similar, con la presencia de un cordón litoral activo y en formación al menos hasta el 900 a. C. (Gracia *et alii,* 1999), al resguardo del cual, como en el caso anterior, comenzarían a desarrollarse marismas desde época temprana.

Próximo a este lugar, en la zona de Camposoto (San Fernando), la existencia de un alfar de ánforas en producción durante los siglos VI y V a. C. y la presencia junto a él de un gran número de ánforas cargadas con pescado salado preparadas para ser exportadas, apuntaba la existencia de un espacio navegable en las proximidades a este enclave, conformado quizás por una red de caños mareales por los que se sacaban los pesados y frágiles contenedores cerámicos. Tan sólo unos siglos después, la Bahía parece adentrarse en un imparable proceso de colmatación. Hechos como el abandono de las anteriores zonas alfareras en la zona de Camposoto y el desplazamiento de esta actividad industrial en sentido Norte durante los siglos IV a I a.C. a lo largo de la costa occidental de San Fernando, así parecen confirmarlo, proceso de colmatación que se confirma igualmente en el sector Este, en el espacio comprendido entre los términos municipales de San Fernando, Chiclana de la Frontera y Puerto Real (Véase en relación a este tema: Alonso *et alii*, 2000; Alonso *et alii*, 2003)

La existencia de la referida flecha litoral de Barrio Jarana, al sur de Puerto Real, confirma la navegabilidad de esa zona con anterioridad al siglo VIII a.C. (Gracia *et alii,* 1999). Una zona que, hacia el cambio de Era, se encontraba ampliamente colmatada si nos atenemos a los datos que nos aporta el trazado del acueducto romano construido para suministrar agua a la ciudad de Cádiz, que cimentaba sobre una antigua marisma emergida pilotada en base de postes de madera para darle estabilidad.

Junto a todos estos datos, el estudio microtopográfico de las marismas de la bahía de Cádiz y, en paralelo, el análisis de los paleoindicadores de procesos eustáticos e isostáticos, venían a revelar que la bahía gaditana era, desde antiguo, un gran humedal con marismas desarrolladas en las que se encajaban tanto el cauce del río Guadalete como múltiples caños mareales. Un humedal potencialmente utilizable, posiblemente, con los mismos fines que de él se hacen en la actualidad: la obtención de recursos (pesca, marisqueo y roturación de salinas) y el asentamiento de infraestructuras de apoyo al transporte y la navegación (puertos, embarcaderos, talleres de carpinterías de riberas, etc.). Faltaba sólo buscar sobre las marismas más antiguas la posible huella de estos usos, y la invocación no tardó en aparecer.

Una visita realizada a mediados de los años 90 para valorar unos restos aparecidos sobre las marismas situadas al suroeste de San Fernando (Zona de Camposoto) permitió identificar, entre restos de antiguas salinas arrasadas, varias alineaciones de reducido espesor compuestas por restos materiales cerámicos (principalmente ánforas) y constructivos (pétreos, cerámicos y restos de diferentes tipos de morteros) de época principalmente romana. A lo largo de éstas se conservaban varias isletas erosivas de aproximadamente un metro de potencia que presentaban mayor concentración y volumen de materiales. Entre la hipótesis barajadas para interpretar el lugar planteamos la posibilidad de que se tratara de restos de antiguas salinas de época púnico-romana, sin descartar que dichos materiales pudieran haber llegado allí como consecuencia de un acarreo desde yacimientos próximos para roturar, en época más temprana, las estructuras de la salina existente allí al menos desde el siglo XVII en un momento posterior (Alonso *et alii*, 2000; Alonso *et alii*, 2003).

Con posterioridad a nuestros trabajos, la zona fue objeto de estudio por otro equipo de investigación (Arteaga *et alii*, 2001; Barragán, 2001) que llegó, al igual que nosotros, a la conclusión de que este espacio estaba ya ocupado y colmatado desde época prerromana, si los restos a los que hemos hecho alusión los interpretan como pertenecientes a estructuras asociadas a centros de producción cerámica.

Otro ejemplo de posible salina romana lo encontramos en la zona sur de San Fernando: el yacimiento de Los Cargaderos, excavado en 1996 por técnicos del Museo Municipal de esta ciudad. Se trata de una estructura de algo menos de 2 metros de altura y más de 5 de longitud y de 2 de anchura en su parte excavada (se le suponen varias decenas, coincidiendo con el muro interior de la actual salina de donde forma parte) que la conforman varias (posiblemente cinco) alineaciones de ánforas romanas machihembradas entre sí y superpuestas al menos en dos niveles fijados al terreno por medio de estacas de madera clavadas en la marisma. Su parte alta se encuentra recubierto de una capa de piedra y arcilla sin duda para facilitar el drenaje del terreno, y por tanto, garantizar su transitabilidad (Alonso *et alii*, 2003; Bernal *et alii*, 2005)

La funcionalidad de la estructuras puede ser interpretada de formas diferentes, siendo su uso como embarcadero el más aceptado (Véase en amplio trabajo recopilatorio realizado en este sentido por Bernal *et alii*, 2005). Sin embargo, la interpretación pudiera ser distinta, ya, si de un embarcadero se tratase, la estructura no tiene suficiente consistencia como para soportar la acción erosiva de las corrientes litorales. Baste observar las técnicas constructivas de los actuales muros salineros de la zona. Son estructuras muy consistentes, levantadas a base de fango mezclado, principalmente con piedra o material de derribo, que se fija al terreno mediante una densa y potente empalizada de postes gruesos (muy superiores en grosor y longitud al sistema de estacas encontrado en Los Cargaderos) clavados varios metros en el fango. Alcanzan por lo general potencias superiores a los 3 metros para poder soportar el rango de marea de la bahía de Cádiz. Además toda la superficie exterior del muro suele ser de piedra para soportar sin daños las corrientes del caño de alimentación. Nada que ver con la débil estructura de Los Cargaderos, mucho más parecida en cuanto a potencia y técnica constructiva a la de los muros que sirven para delimitar entre sí las distintas dependencias de los tajos salineros. Si se tratase de un embarcadero, sus escasos 2 metros de potencia, desde el nivel de estacas enterrado en el fango hasta el del suelo no transitable, en las condiciones mareales de Cádiz y morfológicas de un caño mareal, apenas permitiría obtener una lámina de agua para la navegación de un metro en momentos de máxima pleamar, lo que la define como poco útil para labores de carga y descarga de embarcaciones. Por otra parte, al tratarse de una estructura lineal construida en medio de la marisma, separada de tierra firme cerca de 300 m. sin que se haya localizado ningún tipo de relleno intermedio, descarta su interpretación como estructura de saneamiento encaminadas a conseguir zonas aterrazadas sobre las que construir.

Por todo ello consideramos que la estructura debe ser interpretada desde la misma función que cumple aún en la actualidad: es decir, como muro de contención de una salina litoral cuya funcionalidad es separar espacios en el interior de la misma.

El estudio paisajístico del entorno nos ha permitido conocer que la zona no ha cambiado apenas durante los últimos 300 años. Un levantamiento topográfico de precisión realizado por las tropas francesas en 1824 nos ha permitido confirmar este hecho y extrapolarlo a cartografías anteriores de menor detalle. La explicación parece lógica si tenemos en cuenta que roturar y labrar una salina sobre fango hasta hacerla funcional es una labor muy compleja y costosa, por lo que, siempre que su estructura no se vea alterada o que el caño de captación de agua no se cegara, suelen permanecer activas con ligeras modificaciones constatadas en la cartografía consultada, encaminadas a mejorar su productividad o a segregar parte de su propiedad para su transmisión a un tercero. Si bien no tenemos datos para poder remontar esta realidad mas allá de mediados del siglo XVII, la escasa movilidad y dinamismo de los espacios de marismas emergidos a lo largo de los siglos nos da pie para pensar que, si en tierra han pervivido hitos del paisaje de época antigua (centuriaciones, redes viarias, tramas urbanas, etc.), también podría darse el caso sobre las marismas emergidas, máxime cuando, debido a sus escasas condiciones de habitabilidad, el uso que se ha hecho de estos espacios se ha venido relacionando con actividades vinculadas a la pesca, el marisqueo o la obtención de sal.

Habrá que esperar, sin embargo, a disponer de un estudio geoarqueológico detallado de esta estructura y su entorno, principalmente por medio de la caracterización sedimentaria y el análisis diacrónico de la formación de las marismas adyacentes, así como la determinación de sus dimensiones totales, a través del uso de técnicas de prospección no destructivas como la magnética o el georradar, para obtener datos concluyentes en relación a su funcionalidad.

Recientemente la arqueología ha dejado claro que los romanos conocían este tipo de salinas de evaporación. El caso de la salina romana de Vigo es un magnífico ejemplo (Véase al respecto, en estas mismas actas, el Póster presentado por Juan Carlos Castro, a quien agradecemos toda la información facilitada al respecto), sobre cuya estructura nos hemos atrevido a plantear una interpretación basada en la necesidad de adaptar el proceso extractivo en este tipo de salinas a las exigencias impuestas por el medio en el que se asientan (Alonso, Menánteau, e.p.).

Creemos que existen datos suficientes para pensar que durante la época romana se emplearon, también en el marco de la bahía de Cádiz, técnicas de evaporación solar para conseguir la codiciada sal común; pero: ¿Era ésta la que se empleaba para la elaboración de las afamadas salazones gaditanas?, o fueron las salinas del interior, como nos dice Estrabón (3.2.6) las utilizadas. Con el objetivo de dar respuesta a este interrogante decidimos iniciar una nueva línea de investigación encaminada a desarrollar un protocolo de estudio para poder conocer, desde el análisis químico de alimentos salados, las características químicas de las sales.

4.- Arqueometría de la sal.

La sal, entre otros usos, es un elemento imprescindible para el correcto desarrollo de la actividad osmótica de la mayoría de los seres vivos, siendo obtenida desde el neolítico a partir del agua de mar, de fuentes de salmueras y de minas de sal gema mediante el empleo de técnicas diferentes.

Recuperar la historia tecnológica de la sal en un territorio determinado pasa, especialmente en el caso de las salinas marítimas, por conocer sincrónica y diacrónicamente la interrelación entre los diferentes factores que pudieron influir para la elección de uno u otro método extractivo, a saber: la forma en que la sal se presenta en el medio natural; los condicionantes geomorfológicos y ambientales del sitio; las necesidades de la población en función de los modelos y las actividades económicas de cada época; y el nivel de desarrollo tecnológico alcanzado por el grupo o grupos sociales que lo habitaban (atendiendo a posibles procesos de aculturación), aspecto este último que es el principal objeto de nuestro trabajo.

En función de la técnica empleada para su obtención, la sal resultante puede tener características diferentes (figura 1).

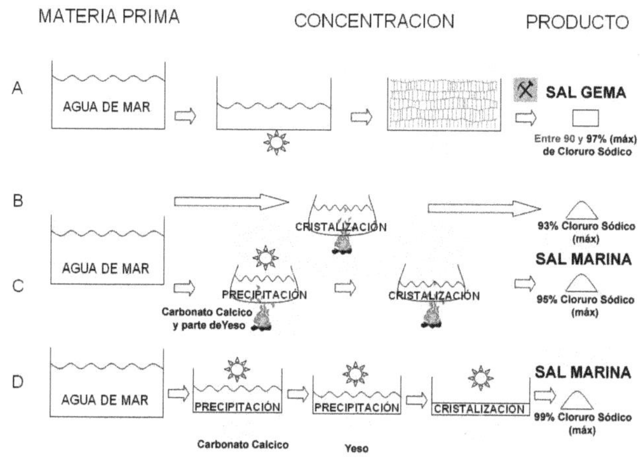

Figura 1.- Técnicas empleadas para la obtención de la sal.

La sal gema extraída de los yacimientos mineros posee, por lo general una riqueza máxima en cloruro sódico del 97%, inferior a la sal marina producida en las actuales explotaciones salineras (figura 1-A).

Por su parte, la sal marina obtenida mediante técnicas de ignición tiene características químicas diferentes, dado que, en el proceso de concentración, determinados componentes del agua de mar cristalizan conjuntamente con el cloruro sódico, provocando una importante presencia de sales cálcicas, magnésicas y potásicas:

- Si el agua de mar se concentra en un único recipiente hasta el agotamiento de la masa líquida (figura 1-B), se obtendría una sal marina con una concentración máxima de cloruro sódico del 93%, con importante presencia de sales cálcicas, magnésicas y potásicas.
- Si el agua de mar se somete a un proceso previo de evaporación por exposición al fuego o a condiciones ambientales (figura 1-C), se produce la precipitación en ese primer recipiente del carbonato cálcico ($CaCO_3$) y parte del yeso ($CaSO_4\,2H_2O$), obteniéndose como resultado una sal marina de riqueza máxima del 95% de cloruro sódico.

En las salinas de evaporación solar, el agua del mar pasa por una serie de balsas de evaporación, como paso previo a su entrada en los cristalizadores, al objeto de eliminar gran parte del calcio contenido en el agua de mar y que cristalizan en forma de carbonato cálcico y yeso (figura 1-D).

Tomando en consideración lo anterior cabe esperar que, a partir del análisis químico de una sal antigua, se pudiera deducir el proceso de obtención seguido.

5.- El proceso de obtención de sal marina por evaporación solar.

En una salina de evaporación solar se distinguen tres partes: los depósitos de alimentación o esteros; las zonas de concentración o evaporadores; y los cristalizadores de sal. Cada una de ellas, por su funcionalidad, se encuentra subdividida en espacios diferentes a los que la tradición y cultura salineras han dotado de nombre específicos. En el caso de la Bahía de Cádiz, es la siguiente (Bordóns, 2002):

5.1.- Los depósitos de alimentación o esteros.

Son lagunas o esteros de gran extensión, sin forma fija, que sirven para el almacenamiento del agua de mar y como primera etapa de concentración. Su extensión suele representar aproximadamente entre el 15 o el 20 % del espacio total de la salina, encontrándose situado junto al caño de alimentación para la captación de agua de mar en pleamar a través de compuertas. Lo más frecuente es que dispongan de uno sólo de estos depósitos, pero en algunos casos, por la forma y extensión de la salina, pueden llegar a contar con más.

5.2.- Las zonas de concentración.

Las zonas de concentración las constituyen canales intercomunicados con profundidad cada vez más escasa en el sentido de circulación de las aguas. Su función es favorecer la evaporación del agua y aumentar su salinidad. En ella se distinguen tres zonas: lucio, vueltas de retenida y vueltas de periquillo.

a.- El lucio comunica con el estero. El agua que procede de allí tiene una salinidad de 4° Bé (un grado Baumé es la unidad de densidad empleada en las salinas para expresar la concentración de las aguas como consecuencia de la evaporación experimentada por la acción del sol y del viento). A su salida, la salinidad alcanza 10° Bé. La lámina de agua no supera los 60 cm. de profundidad.

b.- En las vueltas de retenida, con una profundidad no superior a los 40 cm., el agua alcanza los 15°-17° Bé.

c.- Las vueltas del periquillo es el paso siguiente y anterior a la zona de cristalización. La capa de agua tiene unos 20 cm., llegando a alcanzar finalmente una salinidad superior a 20°-22° Bé, próxima a la salinidad para la cual las aguas alcanzan la sobresaturación de cloruro sódico.

5.3.- Los cristalizadores.

La zona de cristalización está comprendida por las cabeceras y los tajos o cristalizadores.

a.- Las cabeceras son corredores que rodean y alimentan a los cristalizadores. En ellas, la salinidad se incrementa hasta valores próximos a 25° Bé, para el cual las aguas alcanzan la sobresaturación de cloruro sódico.

b.- En los cristalizadores, también llamados tajos, se produce la cristalización de la sal marina. Son espacios rectangulares de superficie variable, con una media de 40 m^2, y la profundidad de las aguas de 10 cm.

La concentración natural del agua de mar en este espacio es, esencialmente, un proceso químico que se realiza gracias a la acción combinada del sol y del viento sobre las aguas en constante circulación por gravedad a través del circuito establecido. Durante el mismo se produce la cristalización fraccionada o diferencial del carbonato cálcico ($CaCO_3$) en las primeras balsas, del yeso ($CaSO_4{\cdot}2H_2O$) en las balsas anteriores a los cristalizadores y de cloruro sódico (NaCl) en los propios cristalizadores.

Para lograr la precipitación de la sal marina se debe alcanzar el límite de saturación del cloruro sódico (NaCl), lo cual exige una pérdida del agua por evaporación de aproximadamente el 90% de su volumen original. Es decir, si partimos de 1.000 litros de agua de mar (3,5 °Bé), hasta que no se reduce su volumen a 100 litros (26 °Bé) no se observa la formación de cristales de sal. En la figura 2 se relaciona la reducción de volumen con el aumento de la densidad de las salmueras, expresándose los dominios de precipitación de las tres sales, mientras que en la tabla siguiente (Tabla 1) se recoge la variación que experimenta la composición de las aguas por efecto de su concentración natural, tomando como referencia su densidad en grados Baumé.

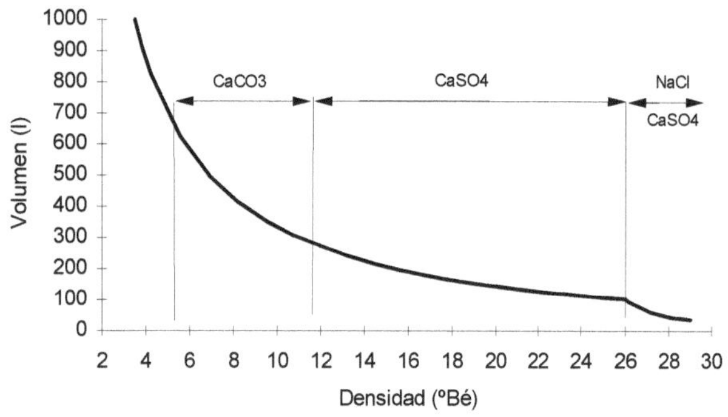

Figura 2.- Reducción de volumen frente a la densidad de las salmueras marinas.

Densidad		Composición (g/l)							Sales
(g/cc)	(ºBé)	$CaCO_3$	$CaSO_4$	MgS_4	$MgCl_2$	NaCl	KCl	NaBr	(g/l)
1,025	3,50	0,173	1,419	2,138	3,384	27,27	0,714	0,085	35,21
1,027	3,85	0,192	1,562	2,360	3,723	30,09	0,818	0,095	38,85
1,030	4,22	0,206	1,711	2,598	4,076	33,01	0,897	0,104	42,62
1,040	5,58	0,183	2,265	3,468	5,403	43,91	1,192	0,138	56,57
1,050	6,91	0,140	2,816	4,367	6,719	54,98	1,491	0,172	70,70
1,060	8,21	0,087	3,377	5,277	8,045	66,19	1,795	0,208	85,00
1,070	9,45	0,015	3,933	6,209	9,374	77,53	21,01	0,242	99,42
1,080	10,74		4,499	7,157	10,71	89,02	2,412	0,278	114,0
1,090	11,97		5,046	8,110	12,12	100,23	27,17	0,314	128,6
1,100	13,18		4,695	9,197	13,60	113,08	3,062	0,354	144,0
1,110	14,37		4,360	10,29	15,07	125,96	3,408	0,393	159,2
1,120	15,54		4,041	11,36	16,58	138,85	3,765	0,435	175,5
1,130	16,68		3,746	12,43	18,05	151,78	4,105	0,473	190,4
1,140	17,81		3,543	13,51	19,64	164,76	4,456	0,515	206,3
1,150	18,91		3,171	14,58	21,19	179,09	4,807	0,555	222,6
1,160	20,00		2,898	15,69	22,74	190,72	5,159	0,596	237,9
1,170	21,07		2,628	16,74	24,35	203,53	5,518	0,636	253,8
1,180	22,12		2,369	17,83	25,94	217,11	5,875	0,679	269,0
1,190	23,15		2,228	18,81	27,64	230,02	6,228	0,720	285,4
1,200	24,17		1,862	20,03	29,18	243,81	6,588	0,760	302,5
1,210	25,17		1,606	21,13	30,81	256,81	6,953	0,802	318,7
1,218	26,00		1,400	22,06	32,28	268,38	7,266	0,840	332,9
1,220	26,15		1,346	23,78	35,66	263,03	7,921	0,915	332,9
1,230	27,11		1,064	27,83	54,98	233,54	12,36	1,50	341,0
1,240	28,06		0,817	50,82	74,05	206,45	16,63	1,91	350,9
1,245	28,53		0,703	57,11	83,42	193,20	18,71	2,16	355,8
1,250	29,00		0,595	63,24	92,71	180,34	20,76	2,36	360,5
1,255	29,50		0,520	72,20	102,50	166,20	23,05	2,56	367,0
1,262	30,00		0,415	79,70	113,60	152,40	26,10	2,75	374,8

Tabla 1.- Variación de la composición de las aguas atlánticas con la densidad.

El proceso de concentración del agua del mar conforme va pasando por las diferentes dependencias de la salina es el siguiente:

Entre los 4 y 11 ºBé precipita el $CaCO_3$ en cantidad de 0,173 Kg/m^3 para aguas atlánticas. El $CaSO_4$, en forma de yeso, inicia su precipitación a partir de 12 ºBé, eliminándose el 90% (1,277 Kg/m^3) antes de comenzar la cristalización del NaCl. El resto lo hace gradualmente impurificando la costra de sal formada en los cristalizadores. Cuando el volumen de agua de mar aportado a las salinas ha experimentado una concentración relativa de 9,75 veces, se alcanza la sobresaturación del NaCl. Estas salmueras de 26 ºBé son las que alimentan los cristalizadores.

Las salmueras de 26 ºBé (268 g/l NaCl) se van introduciendo periódicamente en los cristalizadores. En ellos, la densidad no debe superar los 30 ºBé (152 g/l NaCl) al objeto de optimizar la calidad de sal marina cristalizada (evitar coprecipitaciónes de sulfato sódico y sulfato de magnesio, que se inician a partir de 31 ºBé). Para este rango de operación de densidades cristaliza el 80% del NaCl contenido en la salmuera. Antes de recolectar la sal marina, las salmueras deben retirarse de los cristalizadores y ser devueltas al mar, ya que existen razones técnicas que hacen desaconsejable retornarlas a otras balsas del circuito.

Cuando se opera entre 26 y 29-30 ºBé, la sal marina cristalizada es de alta calidad en cloruro sódico (99% NaCl), aunque con presencia inevitable de yeso debido a la coprecipitación de esta sal. También se constata en la sal marina la presencia de magnesio, como sulfato y cloruro de magnesio, debido al efecto de empape de la salmuera residual o aguas madres sobre la costra de sal. Para su eliminación se procede al lavado de la sal, en cuyo caso se alcanza una pureza del 99.5% NaCl.

Si las salmueras de vaciado se retiran por encima de 29-30 ºBé, aumenta el rendimiento de la cristalización. Sin embargo, como contrapartida, aumenta las impurificaciones de sales de magnesio en la sal.

6.- Analítica de las salazones.

Partiendo del supuesto metodológico de que la composición química de la sal de evaporación solar debe ser completamente diferente de la de ignición o la sal gema por el proceso de pérdida de elementos químicos durante toda la fase de concentración, iniciamos en el año 2002 una fase de comprobación encaminada a determinar, por medio de un protocolo analítico, la caracterización arqueométrica de las sales contenidas en supuestas muestras de pescado salados.

La primera de éstas consistía en polvo con materias orgánicas extraído de una de las ánforas (la única que parecía ofrecer garantías de no estar contaminada) sacadas a la luz en los trabajos arqueológicos realizados en el año 1998 en la zona de Camposoto, San Fernando, Cádiz (Alonso *et alii*, 2003).

El primer objetivo era discriminar el contenido de cloruro sódico del resto de componentes minerales aportados por la materia orgánica. La presencia de hierro, yeso, calcio y magnesio, perteneciente al tejido muscular y la sangre de los pescados, contaminaba una primera caracterización analítica del cloruro sódico, por lo que nos replanteamos el proceso a la inversa: buscar la presencia de elementos cuyo punto de cristalización fuese próximo o superior al de la sal común. En este sentido, el Bromo (Br), presente en el agua del mar pero no en los seres vivos, vino a arrojar una lectura esperanzadora. Por cristalizar a una concentración superior al del cloruro sódico, éste es un elemento residual en las salinas de evaporación solar, sólo presente en las agua de desecho (aguas madre), y ausente por tanto en la sal de consumo de evaporación solar, aunque sí potencialmente detectable en analíticas de la sal de ignición en el caso de que la concentración al fuego de la salmuera se haya realizado hasta la deshidratación total de la salmuera.

Las conclusiones apuntaron que las muestras podían corresponder a pescado conservado en sal de evaporación solar, pero el estudio cuantitativo y comparativo, señalaba otras posibles interpretaciones. El porcentaje potencial de cloruro sódico, frente al total de restos orgánicos, resultaba demasiado bajo como para tratarse de una salazón, lo que, si la muestra no había sido alterada natural o antrópicamente, podría justificarse de diferentes formas: por una retirada mecánica de la sal del pescado salado; por tratase de una salazón de mala calidad; o por corresponder con algún tipo de ahumado, opción a considerar si nos atendemos a la presencia de restos óseos con huellas de fuego detectados durante el estudio taxonómico de la muestra, según nos informó D. Antonio Sáez Espligares, Director del Museo Municipal de San Fernando.

En la primavera del 2005 recibimos por parte del Profesor Darío Bernal el ofrecimiento para analizar, siguiendo esta misma línea de investigación, una muestra del contenido orgánico localizado en la pileta nº 13 de la factoría de San Nicolás de Algeciras (Cádiz). Dado que se conocían las especies que componían la muestra a analizar (sardinas y boquerones) por los estudios ictiológicos realizados previamente (Bernal, e.p.), decidimos preparar tres muestras de referencia analítica reproduciendo los siguientes supuestos:

Muestra 1: Sardinas y boquerones en jugo de vísceras.

Se elaboró esta muestra empleando dos sardinas y cuatro boquerones con sus vísceras.

Muestra 2: Sardinas y boquerones salados.

Se elaboró una segunda muestra con dos sardinas y cuatro boquerones limpios de vísceras, sin lavar en agua dulce, a la que se añadió 20 g. de sal marina.

Muestra 3: Sardinas y boquerones al natural.

Muestra compuesta por dos sardinas y cuatro boquerones limpios de vísceras pero sin lavar en agua dulce.

Además de la muestra supuesta de salazón de pescado, se mandó analizar un fragmento de hueso (una escápula de suido) hallado en el relleno de una de las piletas de San Nicolás para que sirviese de referencia.

Tras dejarlas secar un mes a temperatura ambiente, las tres muestras se secaron a 70ºC durante 48h en estufa de aire forzado. Posteriormente fueron molidas en mortero de ágata o molino de acero inoxidable hasta reducir el tamaño de partícula a < 500 μm y se conservaron en frío (5º C) hasta su análisis.

La determinación del contenido en sales solubles en las muestras molidas se llevó a cabo preparando extractos 1:200 (muestra/agua desionizada), agitando a temperatura ambiente durante 1 h y filtrando a través de papel de filtro Whatman 2. Las concentraciones de Ca, Cu, Fe, K, Mg, Na, S y Zn en el extracto filtrado se determinaron por ICP-OES (espectrometría de emisión óptica con plasma acoplado inductivamente) en un equipo IRIS ADVANTAGE Thermo Jarrel Ash Corporation, las de Cl^{-}, $N\text{-}NO_3^{-}$ y $P\text{-}PO_4^{3-}$ por espectrofotometría V en un autoanalizador Technicon Bran Luebbe AACE y las de Br^{-} por cromatografía HPLC (cromatografía de líquidos de alta resolución) en un equipo WATERS 2996 con detector UV.

Para el análisis total, las muestras molidas y secas de 0,5 g se atacaron con 4 ml de HNO_3 conc. en un horno microondas Milestone Ethos 900. Los extractos filtrados a través de papel Whatman 2, se diluyeron con agua desionizada y en la disolución resultante se hicieron las determinaciones de Na, K, Ca, Mg, P, S y elementos traza por ICP-OES.

Los resultados de la analítica (Tabla 2) parecen bastante claros, si bien su interpretación es compleja. Todo parece indicar que el contenido en sales de la muestra ictiológica es suficientemente bajo como para identificarla con una salazón, a no ser que se hayan visto alteradas con el paso de los siglos por agentes externos.

Muestra	1		2		3		4		5	
	solubles	totales	solubles	totales	solubles	totales	solubles	totales	solubles	totales
Na %	0,45	0,38	11,6	12,6	0,42	0,36	0,047	0,39	0,06	0,31
Ca %	0,29	1,79	0,18	0,95	0,15	1,99	0,16	22,9	0,13	14,1
Mg mg/kg	1048	1443	957	1396	1063	1626	9,65	1274	30	5397
K %	1,73	1,71	1,19	1,09	1,53	1,53	0,031	0,032	0,033	0,92
Cl- mg/kg	5307	ND	214000	ND	4480	ND	353	ND	333	ND
S- SO4 mg/kg	2736	7130	2067	5065	2307	7165	312	603	119	651
P-PO4 %	1,01	1,59	0,62	0,88	1,03	1,66	0,0097	7,93	0,0115	5,3
N-NO3 mg/kg	42,7	ND	36	ND	32	ND	59	ND	48	ND
Fe mg/kg	< LD	140	2,71	95	< LD	217	< LD	2300	157	9646
Cu mg/kg	1,73	3,9	3,25	4,3	2,05	4,3	0,69	128	0,93	65
Mn mg/kg	< LD	15	< LD	6,5	< LD	15,1	< LD	588	< LD	427
Zn mg/kg	2,11	74	4,77	41	2,26	68	0,29	180	1,49	237
Br mg/kg	488	ND	88	ND	< LD	ND	< LD	ND	< LD,	ND
CaCO3 %								14,8		7,4

LD, límite de detección

ND, no determinado

Características de las muestras

Muestra 1: Dos sardinas, cuatro boquerones y sus vísceras (125 g)
Muestra 2: Dos sardinas y cuatro boquerones (120 g) + sal (20 g)
Muestra 3: Dos sardinas y cuatro boquerones (105 g)
Muestra 4: Muestra de hueso (posiblemente restos de una salazón de carne)
Muestra 5: Muestra ictiológica extraída de la pileta nº 13 (SN/3-5)

Tabla 2.- Elementos solubles y no solubles (relación sólido/disolución 1:200).

Si se observan con detalle los resultados analíticos, la muestra 5 (ictiológica) tienen más parecido con la 4 (hueso) que con las otras que contenían restos orgánicos, lo que permitiría interpretar la muestra como perteneciente a restos óseos de pescados (Sardinas y boquerones según el estudio ictiológico. Véase en Bernal, e.p.) sin apenas contenido orgánico.

Debemos descartar la posibilidad de estar ante algún tipo de conserva macerada en los propios jugos gástricos de los peces dado que, como se puede observar en la tabla en relación con la muestra 1, la presencia de vísceras se asocia analíticamente a niveles significativos de Bromuros.

Así pues, la interpretación de los resultados nos conduce por el momento, y a falta de nuevas analíticas realizadas en otras direcciones, sólo a tres posibilidades:

- Los restos orgánicos fueron depositados en la pileta, pero esta fue abandonada antes de recibir el aporte de sal necesario para su conserva.
- Los restos analizados han sido objeto de ingestión por parte de agentes biológicos externos (bacterias, hormigas, roedores, etc.) consumiéndose y desapareciendo la parte orgánica del contenido de la pileta y, con ella, cualquier resto de sal (Supuesto poco probable según el Prof. Bernal por las condiciones de homogeneidad, potencia y compactación que presentan los restos ictiológicos en el interior de la pileta en el momento de la excavación de esa unidad estratigráfica).
- El contenido de la pileta ha sufrido un proceso de lavado por infiltración de agua de lluvia que, al evaporar, arrastró por capilaridad hacia estratos superiores el cloruro sódico de la salazón (bastante improbable a nuestro juicio por las condiciones de estanqueidad de las piletas hidráulicas y la posición que el paquete orgánico ocupaba en el fondo de la misma).

La problemática está servida. Como se puede observar, se trata de un nuevo campo de investigación en el que es preciso seguir avanzando. Sólo la multiplicación de análisis y el estudio comparativo de los resultados nos permitirán llegar a conclusiones más allá de la hipótesis. Esperemos que el estudio de nuevas muestras halladas en condiciones seguras de no contaminación o transformación nos permitan seguir avanzando en esta línea. De momento sólo podemos barajar hipótesis de trabajo.

7.- Conclusiones.

Por los textos y la arqueología tenemos la certeza de que los romanos conocían y trabajaban las salinas de evaporación desde época temprana. Cádiz, por sus inmejorables condiciones naturales y su actividad económica volcada al mundo de las salazones, debió ser uno de los lugares donde se emplearan estos nuevos sistemas productivos más rentables, con cuya actividad podrían relacionarse algunas estructuras arqueológicas enclavadas en los terrenos de marismas de la bahía de Cádiz.

Son yacimientos por lo general desconocidos o mal interpretados que plantean grandes dificultades a la hora de su estudio e interpretación, alterados profundamente por la roturación de las actuales salinas abandonadas de la bahía, pero conservados en algunos casos como parte de las mismas.

El análisis arqueométrico ha venido por su parte a poner luz sobre un debate de gran interés en relación con las salazones. Las muestras analizadas apuntan la posibilidad de que, para época fenicia, se utilizaran técnicas de conservación sin sal: ¿ahumados, como apunta la analítica del contenido del ánfora de Camposoto?. El escaso número de muestras analizadas y la posibilidad de que muchas de ellas estuviesen contaminadas o alteradas, no permite de momento llegar más allá en relación a las características químicas de la sal empleada en las salazones antiguas, ni de la técnica empleada para su obtención. El estudio en un futuro de nuevas muestras extraídas con garantías de no haberse contaminación por agentes naturales o antrópicos vendrá sin duda a enriquecer esta línea de trabajo por el momento incipiente.

Bibliografía

ALONSO VILLALOBOS, C.; GRACIA PRIETO, F. J. (2004): "La paleotopografía costera y el asentamiento de puertos, fondeaderos y zonas de producción del litoral gaditano durante la Antigüedad", *Actas del I Seminario ANSER. Evolución paleoambiental de los puertos y fondeaderos antiguos en el Mediterráneo occidental,* Alicante (14-15 noviembre 2003), 167- 195.

ALONSO VILLALOBOS, C.; GRACIA PRIETO, F. J.; MÉNANTEAU, L. (2000): "Las marismas, alfares y salinas como indicadores para la restitución paleotopográfica de la bahía de Cádiz durante la antigüedad", XVI *Encuentros de Historia y Arqueología. Las industrias alfareras y conserveras Fenicio-Púnicas de la Bahía de Cádiz,* San Fernando (13-15 de diciembre 2000).

ALONSO VILLALOBOS, C.; GRACIA PRIETO, F. J.; MÉNANTEAU, L. (2003): "Las salinas de la bahía de Cádiz durante la Antigüedad: visión geoarqueológica de un problema histórico", *SPAL Revista de Prehistoria y Arqueología de la Universidad de Sevilla,* 12, 317 - 332.

ALONSO VILLALOBOS C. Y MENANTEAU L. (en prensa): "Paléoenvironnements et techniques de production du sel marin (par chauffage, salines solaires) à l'époque antique: le cas des baies de Bourgneuf et de Cádiz", *Colloque international Le sel de la Baie et ses concurrents à travers les âges,* Nantes (16-18 septembre 2004).

ARIZA CARMONA, J. (1996): *Sulfato sódico anhidro y disoluciones de cloruro de magnesio de salmueras residuales marinas,* Tesis doctoral.

ARTEAGA, O.; KÖLLING, A.; KÖLLING, M.; ROSS, A.M.; SCHULZ, H.Y.; Y SCHULZ, H.D. (2001): "El puerto de Gadir. Investigación geoarqueológica en el casco antiguo de Cádiz", *Revista atlántica-mediterránea de Prehistoria y Arqueología Social,* 4, 345-415.

BARRAGÁN MALLOFRET, D. (2001): *Investigación geoarqueológica en San Fernando, Cádiz.* Memoria de Licenciatura (inédita), Universidad de Sevilla.

BERNAL, D.; SÁEZ, A.M.; MONTERO, R. ; DÍAZ, J.J ; SÁEZ, A. ; MORENO, D. Y TOBOSO, E. (2005): "Instalaciones fluvio-marítimas de drenaje con ánforas romanas. A propósito del embarcadero Flavio del Caño de Sancti Petri (San Fernando, Cádiz)", *SPAL Revista de Prehistoria y Arqueología de la Universidad de Sevilla,* 14.

BERNAL CASASOLA, D. (Coord.) (en prensa): *Las factorías de salazones de Traducta. Primeros resultados de la excavación arqueológica en calle San Nicolás (Algeciras. Cádiz),* Cádiz.

BORDÓNS ALBA, C. (2002): *La sal,* (S. l.) Energía e Industrias Aragonesas.

CASSEN, S. (2001): "La fabrication du sel. Une hypothèse fonctionnelle pour la forme céramique du caveau de Lannec er Gadouer", en S. Cassen ; C. Boujot C Y J. Vaquero (dir.), *Éléments d'architecture. Exploration d'un tertre funéraire à Lannec er Cadouer (Erdeven, Morbihan). Constructions et reconstructions dans le Néolithique morbihannais. Propositions pour une lecture symbolique,* 258.

ESCACENA CARRASCO, J. L. (1994): "Acerca de la producción de sal en el neolítico andaluz", *Actas del encuentro internacional de arqueología del suroeste. Arqueología en el entorno del Bajo Guadiana,* Huelva, 91-118.

ESCACENA CARRASCO, J. L.; RODRÍGUEZ DE ZULOAGA MONTESINO, M. (1988): "La Marismilla. ¿Una salina neolítica en el Bajo Guadalquivir?", *Revista de Arqueología* 89, 14-24.

ESCACENA CARRASCO, J. L.; RODRÍGUEZ DE ZULOAGA MONTESINO, M.; LADRÓN DE GUEVARA SÁNCHEZ, I. (1996): *Guadalquivir salobre. Elaboración prehistórica de sal marina en las antiguas bocas del río,* Sevilla.

GARCÍA VARGAS, E; MARTINEZ MAGANTO, J. (e. p.): "La sal de la Bética romana. Algunas notas sobre su producción y comercio", *Habis,* 36.

GARCÍA VARGAS, E. y MUÑOZ VICENTE, A. (2003): "Reconocer la cultura pesquera de la Antigüedad en Andalucía", *Boletín del Instituto Andaluz del Patrimonio Histórico* 44, 43-53.

GÓMEZ PONCE, C.; BORJA BARRERA, F.; LAGÓSTENA BARRIOS, L.; LÓPEZ AMADOR, J.; RUÍZ GIL, J. A. y BORJA BARRERA, C. (1997): "Primeras fases de la evolución de la flecha de Valdelagrana (El Puerto de Santa María, Cádiz). Datos geoarqueológicos", *Cuaternario Ibérico,* 165-167.

GRACIA, F. J., RODRÍGUEZ, J., BENAVENTE, J. CÁCERES, L. y LÓPEZ, F. (1999): "Tectónica cuaternaria en la Bahía de Cádiz", L. Palli y C. Roqué (eds.) *Avances en el estudio del Cuaternario español,* Girona, 67-74.

KARAGEORGHIS, V. (1973): "Mycenaen and Phoenician", *Proceeding of the British Academy* 59, 261-262.

MANFREDI, L. I. (1992): "Le saline e il sale nel mondo punico", *Rivista di Studi Fenici* XX, 1, 4.

MARTINEZ MAGANTO, J. (e.p): "La sal en la Antigüedad: aproximación a las técnicas de explotación y comercialización. *Los salsamenta*", *III Congreso Internacional de Estudios Históricos. El Mediterráneo: la cultura del mar y de la sal,* Santa Pola, 2004.

MONAH, D. (2002): "L'exploitations préhistorique du sel dans les Carpates orientales", O. Weller (ed.): *Archéologie du sel : Techniques et sociétés. Internationales Archäologie,* XIV Congrès UISPP, Liège (septiembre, 2001), 135-146.

RAMBAUD, F. (1996): "*Portus Gaditanus.* Hipótesis de un nuevo emplazamiento", *Revista de Arqueología* 187, 24-35.

SAILE, T. (2002): "Le commerce du sel dans l'Europe centrale préhistorique", O. Weller (Ed.), *Archéologie du sel : Techniques et sociétés. Internationales Archäologie,* XIV Congrès UISPP, Liège (septiembre, 2001), Rahden/Westf, 223-231.

SCHUBART, H. (1986): "Hallazgos fenicios y del Bronce Final en la desembocadura del río Guadiaro (Cádiz)", *Anuario Arqueológico de Andalucía* II, 200-227.

TASIC, N. (2002): "Sal Trade in the Neolithic of Southeast Europe", O. Weller (ed.): *Archéologie du sel: Techniques et sociétés. Internationales Archäologie,* XIV Congrès UISPP, Liège (septembre, 2001), Rahden/Westf, 147-152.

TEIXIDOR, J. (1986): *Bulletin d'épigraphie sémitique* (1964-1980), París.

VILA VALENTI, J. (1954): "Notas sobre la antigua producción y comercio de Sal en el Mediterráneo Occidental", *Congreso Arqueológico del Marruecos Español,* Tetuán, 225-234.

WELLER, O. (2002): "Aux origines de la production du sel en Europe. Vestiges, fonctions et enjeux archéologiques", O. Weller (ed.): *Archéologie du sel. Techniques et sociétés. Internationales Archäologie,* XIV Congrès UISPP, Liège (septembre, 2001), Rahden/Westf, 163-175.

ZAZO, C. Y GOY, J. L. (2000): "Cambios eustáticos y climáticos durante el cuaternario. Una síntesis sobre su registro en los litorales del sur y sureste peninsular, Islas Canarias y Baleares (España)", J.R. de Andrés y F.J. Gracia (Eds.), *Geomorfología litoral. Procesos activos,* Madrid, 187-206.

UN ÁREA PRODUCTIVA EN UN EDIFICIO DEL FORO DE VALENTIA EN EL BAJO IMPERIO (S. IV-V)

N. ÁLVAREZ
C. BALLESTER
G. PASCUAL
G. PÉREZ
A. V. RIBERA
C. G. RODRÍGUEZ
SIAM. Ayuntamiento de Valencia

A fines del s. III, más o menos entre 270-280, la arqueología ha demostrado que *Valentia* sufrió importantes daños en su estructura urbana, plasmados en incendios de viviendas y el colapso de edificios públicos, como la basílica. Pero la evidencia material también habla de la rápida reconstrucción de la ciudad, aunque ahora con unos parámetros distintos a los de la etapa romana anterior. Sin embargo, la tónica general en la zona del foro, al menos en su parte oriental, fue la de reconstruir la mayor parte de la trama urbana, como sucedió con el ninfeo, la curia, el *macellum* y un gran edificio público, tal vez un *horreum*, situado el noroeste de la excavación de l'Almoina (figuras 1 y 2), que fue tan alterado en el s. IV que apenas se adivina como fue en la etapa anterior. El viario y el sistema de desagües también fue remozado. Sin embargo, los efectos negativos de esta fase turbulenta suponen un claro momento de cambio urbano, al no reconstruirse la basílica y abandonarse la parte septentrional de la ciudad, con la consiguiente reducción del recinto.

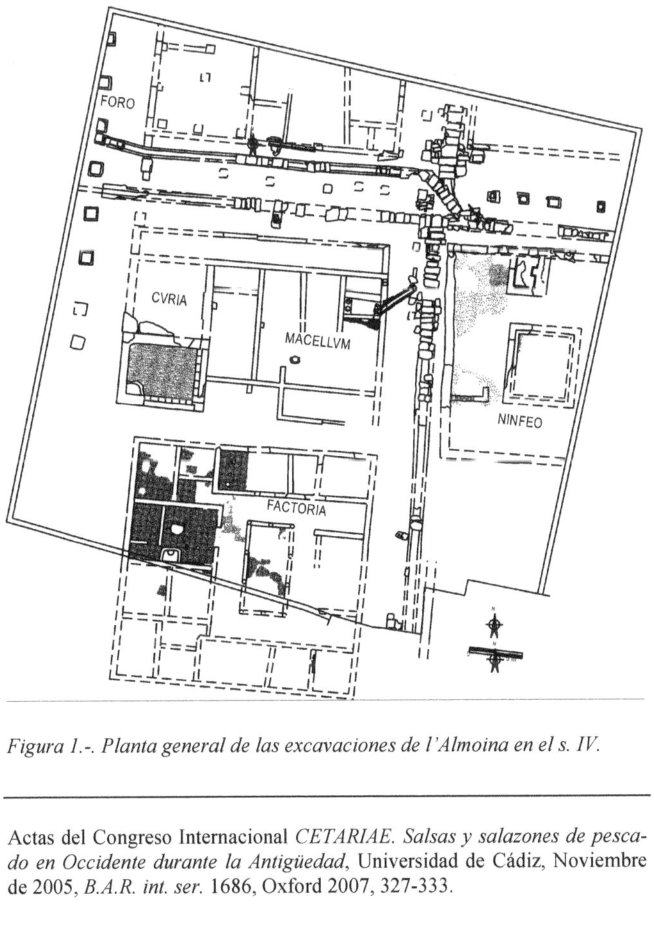

Figura 1.-. Planta general de las excavaciones de l'Almoina en el s. IV.

Actas del Congreso Internacional *CETARIAE. Salsas y salazones de pescado en Occidente durante la Antigüedad*, Universidad de Cádiz, Noviembre de 2005, *B.A.R. int. ser.* 1686, Oxford 2007, 327-333.

La reparación de todos estos edificios públicos implicaría normalmente el mantenimiento de su función original, aunque en algunos casos esto no debió ser así, habida cuenta las necesidades de esta época cambiante, con la disminución de la autonomía local y la aparición del cristianismo, fenómenos que bien pronto dejaron su huella en la topografía de las ciudades (Ribera, 2000).

Figura 2.- Vista general de las excavaciones del solar de l'Almoina.

1.- La instalación productiva.

Durante el Alto imperio, en el ángulo sudeste del foro de *Valentia* (figura 3), se alzaba un edificio público con atrio columnado central al que se accedía por el este, desde el *cardo maximus*. El edificio en cuestión se ha relacionado con la sede de alguna corporación: un *collegium* (Marín, Pià y Rosselló, 1999).

Figura 3.- Vista general de la parte meridional de les excavaciones de l'Almoina. El ábside marca el supuesto lugar martirial.

En *Valentia*, la evidencia más palpable, tanto de esta continuidad como de la adaptación a los nuevos tiempos, la tenemos en el nuevo edificio que surgió sobre el antiguo *colle-*

gium, al lado oriental de la recientemente identificada basílica forense (Ribera y Jiménez, 2004). La planta general (figura 4) y sus características constructivas ya han sido dadas a conocer (Marín y Ribera, 1999), pero la reciente excavación, en 2002 y 2004, de lo que sería su estancia central, la más grande, ha aportado nuevos datos sobre su funcionalidad durante el ultimo periodo en que estuvo en uso, como sería la aparición de una prensa y de otros indicios de su utilización como zona de elaboración de productos alimenticios.

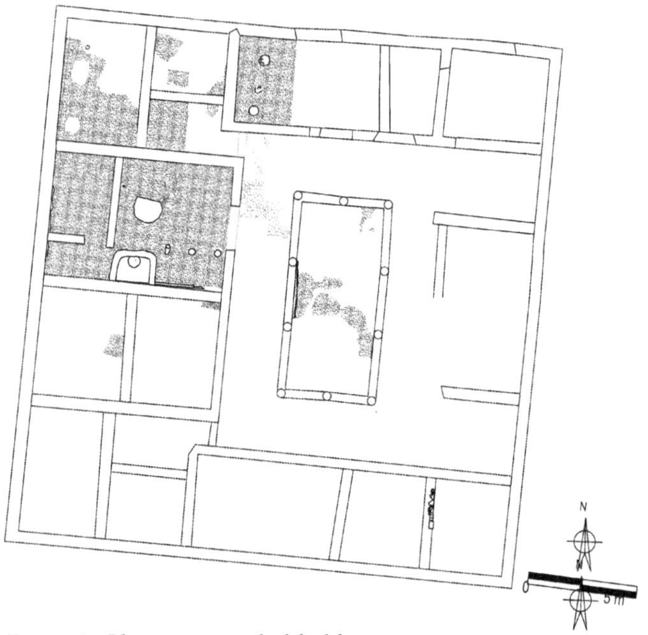

Figura 4.- Planta reconstruida del edificio.

Al norte limitaba con otro edificio que se ha identificado con un *macellum*, al que también se accedía desde el *cardo maximus* y que tampoco se conectaba directamente con el foro. En época imperial estos dos edificios formaban parte de la misma ínsula que se adosaba a las traseras de la curia, el *macellum*, y de la basílica, el *collegium*. En fase bajoimperial se separaron por una pequeña calle que comunicaba el foro con el cardo maximus.

Este nuevo edificio surgido sobre el antiguo *collegium* (figura 5), hasta ahora conocido en la bibliografía como el "edificio administrativo", aprovechó buena parte de la estructura general del de la época imperial, aunque, dada la amplia remoción que sufrió a fines del s. III, con añadidos y reformas de la segunda mitad de la siguiente centuria, suele ser más difícil reconocer lo que es de la fase Alto imperial que de la posterior. Se articulaba alrededor de un patio central al que se accedía desde el *cardo maximus*, por lo que, pese a su cercanía al foro, siempre estuvo aislado de él. Se conoce toda su mitad septentrional, estando el resto fuera de los límites del solar, aunque se han localizado pequeños tramos de otros muros y de un pavimento de *signinum* en los sondeos realizados en 2002 y 2005 en la plaza de l'Almoina.

Su entrada principal se hacía desde el *cardo maximo*, a través de un umbral bajo el cual discurría una canalización que recogía las aguas residuales de este edificio para verterlas hacia la cloaca principal del *cardo*. Desde esta entrada, por un corredor lateral de 3'90 m de ancho y 4'60 m de largo, se accedía a un patio interior, a cielo abierto, cuyo centro estaba ocupado por una estructura hidráulica de planta rectangular, a modo de balsa (figura 6), que tendría 4'40 por 9 m., circundada por un corredor de unos 2'40 m de ancho, con un pavimento hidráulico de *opus signinum* delimitado por sus cuatro lados por sólidos muros de *opus caementicium*. Estos muros de mortero tapiaron un antiguo atrio de diez columnas, cuya parte inferior quedó integrada y embebida en los paramentos de dicha balsa. La altura de las paredes de la balsa era de unos 77 cm.. Por sus dimensiones y forma, no deja de asemejarse a las balsas que suelen aparecer en las factorías de *garum* de la zona costera andaluza (Arévalo, Bernal y Torremocha, 2004, 32 y 60).

Figura 5.- Vista de la factoría.

En la parte norte del edificio se desarrollaron distintas dependencias, ya conocidas con anterioridad. En el ángulo noroeste aparecen tres estancias, siendo la primera desde el patio central la que da acceso a las otras dos, contando todas con sus umbrales de acceso. Al norte de la balsita parecen otras tres dependencias paralelas pero de desiguales dimensiones.

Figura 6.- Detalle de la balsa.

Recientemente, entre 2002 y 2004, se ha podido delimitar en su totalidad la gran habitación situada al oeste del patio central. Es una estancia rectangular (8,94 x 6,40 m) a la que se accede desde el corredor a través de un amplio umbral, de

2,05 m de ancho, de una puerta de dos hojas. Los muros que la delimitan son heterogéneos y muestran que serían alzados en momentos distintos. El muro oriental era de mampostería pseudoregular. Su límite norte era de *opus africanum*, mientras que el occidental era de *opus vittatum*, que es el muro de la antigua basílica romana. Por el lado meridional quedaba limitada por un muro en el que se hicieron profuso uso de sillares de dimensiones diversas. Éste sería el muro que marcaría el eje del edificio y que, posiblemente, indicaría alguna compartimentación en la función con la zona sur.

Esta habitación experimentó una serie de remodelaciones al compartimentarse el espacio con dos ligeros tabiques de *opus caementicium*. A partir de estos tabiques se individualizaron tres estancias, representadas por otros tantos pavimentos. La mayor, de 27'51 m^2, presentaba un desgastado pero sólido pavimento de *opus signinum*, cuyo encuentro con las caras interiores de los muros venía resuelto por una media caña. Sobre este pavimento se localizaron tres agujeros alineados de planta circular, dos de 30 cm de diámetro y el otro más irregular, de 20 cm, que pudieron servir para alojar postes que sostendrían alguna estructura que funcionaría en relación con una especie de pequeña prensa (2,07 x 1,44 m) de *opus signinum*, en perfecto estado de conservación, de planta cuadrangular pero con los lados ligeramente curvilíneos, que se adosaba al centro del muro de cierre meridional (figura 7). En su extremo norte presentaba una pequeña concavidad de forma circular para decantar. A 1,22 m al norte de esta estructura, se halló un agujero, presumiblemente circular, que pudo servir para instalar un gran contenedor de madera o cerámica, donde se recogerían los líquidos que se prensarían en la balsita. Las otras dos sub-estancias, con sus pavimentos de *opus signinum* ocupaban una extensión de 9,50 m^2 y 3,80 m^2, respectivamente.

Figura 7.- Detalle de la prensa.

En conjunto, este extenso departamento, con sus funcionales pavimentos de *opus caementicium*, fácilmente remite a un espacio de trabajo sobre el que se manipularían las materias primas antes de prensarlas y dejarlas en la balsa del patio. Instalaciones semejantes, excluida la prensa, se encuentran en cualquiera de las factorías de *garum* que se conocen.

Al sur de esta gran habitación, fuera del solar de l'Almoina, habría otra estancia, supuestamente simétrica, que compartía con ésta el muro medianero, que sólo se ha localizado mínimamente gracias a uno de los sondeos que se han abierto en la plaza de l'Almoina. Se sabe que esta habitación también presentaba una compartimentación interna y un pavimento de *opus signinum*.

Sobre el pavimento de esta gran habitación, en su nivel de amortización, se localizaron una serie de ánforas prácticamente completas, aplastadas por el propio derrumbe que amortizó la totalidad de este edificio público. En total había africanas olearias (Keay IV, XXXV), itálicas de vino (Keay LII) e hispánicas de aceite y *garum* (Keay XIII, XIX y XXIII), mostrándose un cierto equilibrio entre las olearias, 3, y las de *garum*, también 3. Además, se encontraron fragmentos de ánforas orientales (Keay LIVbis y LXV). La heterogeneidad de la procedencia y los contenidos de las ánforas, se puede deber a dos motivos, en absoluto excluyentes. Sus distintos contenidos se explicarían por la necesidad de elaborar allí uno o varios productos complejos, a no ser que simplemente se trate de envases para su reutilización durante los procesos de elaboración o como contenedores finales de las sustancias que se fabricaban.

En todo caso, las pequeñas dimensiones de esta instalación nos remitiría a un centro que no alcanzaría unos altos niveles de producción, fuera lo que fuera el resultado final de los procesos de elaboración.

2.- Análisis de restos orgánicos.

A partir de la asociación de estas instalaciones de prensado con la balsa del patio central y con la presencia de estos grandes contenedores, parece evidente que la parte central del edificio se convertiría en el s. IV en una factoría de productos alimenticios sin que, hasta el momento, sepamos qué se elaboraba, dado que los resultados de los análisis de las muestras de materias orgánicas que se recogieron, a primera vista no parecen dar un resultado concluyente, ya que tanto han aparecido espinas de pescado como pepitas de uva y restos de otras plantas, que en su conjunto remiten a un complicado o variado sistema de producción, siempre que no procedan más de contextos relacionables con desechos o basuras que de residuos de elaboración de algún producto alimenticio.

Los resultados de los análisis paleocarpológicos[1], antracológicos[2] y de la ictiofauna[3] de las muestras de las materias orgánicas, que se recogieron[4] en el nivel de amortización que se extendía por encima del pavimento, de momento, y a primera vista, no parecen proporcionar un resultado homogéneo o concluyente, al encontrarse un poco de todo, desde espinas de pescado abundantes a semillas de uva y restos de otras plantas, que en su conjunto, a primera vista, por su heterogeneidad, llevaron a pensar que procederían más de contextos originados por los restos dejados por un abandono repentino que por los residuos de los procesos de elaboración

[1] Realizados por Guillem Pérez.
[2] Realizados por Yolanda Carrión y Elena Grau.
[3] Realizados por Carmen Gloria Rodríguez.
[4] Muestras seleccionadas por Maria Ntinou.

de algún producto alimentario. Entre los pescados, se han llegado a identificar no menos de 11 especies (figura 8).

Aparentemente, tampoco resultaría determinante la analítica de las muestras de los residuos microscópicos y de indicadores químicos y bioquímicos, que sugieren la existencia de una actividad en la que intervendría el agua, ácidos grasos de difícil adscripción y colesterol, lo que testimoniaría la presencia de animales. Estos resultados podrían tanto asociarse a una zona de procesado de productos de origen animal, como de limpieza de ropa o simplemente de baño, aunque las características del lugar estarían más a favor de la primera opción (Juan y Matamala, 2003, 99).

Con todo, esta aparente indefinición, por variopinta, de los resultados, no sólo es propia de nuestro caso, sino que también se ha señalado en otros lugares y para estas mismas etapas tardoantiguas, como se ha podido ver en las comunicaciones de este mismo congreso referidas a Algeciras (Bernal, 2007), donde, en pleno s. VI, se ha constatado la coexistencia, en las mismas instalaciones, de la elaboración y envasado de ostras, conservas cárnicas y subproductos de las partes óseas de peces, como aceites y harinas de pescado. En Baelo, desde el s. I a.C. , ya se atestiguan, dentro de ánforas de *garum*, residuos mezclados de peces y carne (Arévalo y Bernal, 2007). Estos incontestables y cada vez más numerosos hallazgos nos hacen ver que estos centros productivos deberían elaborar una más amplia gama de recetas alimenticias.

En el caso que nos ocupa, pues, la aparente disparidad y diversidad de las muestras orgánicas se podría deber más a la existencia de un complejo y variado proceso productivo que a que el lugar se convirtiera en una zona de acumulación de desperdicios propiciados por un abandono repentino. Precisamente, este abandono repentino, relacionado con un episodio destructivo general a toda la ciudad, estaría más a favor de pensar en la validez de las muestras como testimonio fiable de la actividad que allí se realizaba. Este mismo carácter de producción heterogénea lo transmiten las mismas estructuras conservadas, que tanto evidencian el prensado de líquidos, asociado también a las pepitas de uva encontradas, como una balsa semejante a las de las factorías de *garum*, que, a su vez, se asocia a los abundantes hallazgos de ictiofauna.

	Republicano	Imperial	Bajo Imperial	Visigodo	Islámico	**TOTALES**
Chondirichthyes	2		1			3
Sardina pilchardus	9	10	11			30
Engraulis encrasicolus	1					1
Muraenidae	1					1
Conger conger	1					1
Serranus cabrilla		1				1
Serranus sp.	1					1
Dicentrarchus labrax		2	3			5
Dicentrarchus punctatus		1	1			2
Dicentrarchus sp.	2	2	3			7
Trachurus trachurus	1		1			2
Sciaena umbra	2	1	2			5
Sparidae	2	1	11			14
Boops boops	3		5			8
Dentex (Dentex) dentex	1	1				2
Dentex sp.			1			1
Diplodus vulgaris					3	3
Diplodus sp.	1	2	2			5
Pagellus acarne	2					2
Pagellus erythrinus			1			1
Pagellus pagellus		2	1			3
Pagellus sp.	3	1	2			6
Pagrus pagrus			1	1		2
Sparus aurata		1	14			15
Scomber japonicus	11	2	1			14
Mugilidae	2		2	1		5
Chelon labrosus	1					1
Mugil cephalus	1					1
Indeterminados	11	15	19	1	1	47
TOTALES	**58**	**42**	**82**	**3**	**4**	**189**

Figura 8.- Cuadro de la ictiofauna de las excavaciones de l'Almoina.

3.- El contexto urbano.

Instalaciones semejantes y coetáneas a ésta se han localizado en *Barcino*, también junto al posterior grupo episcopal. Allí se han llegado a conocer, en mucha mayor extensión, un amplio conjunto artesanal, formado por una *fullonica*, una instalación de vino, de la segunda mitad del s. III o de inicios del s. IV, y otra para la elaboración de salsas de pescado del s. III, que se puede ver en este mismo volumen (Beltrán, 2007 y 2001b). En la primera, relacionada con el prensado de vino, hay una prensa semejante a ésta de Valencia (Beltrán, 2001a). Su disposición también recuerda bastante a algunas de las factorías de vino bien conocidas en Israel (Frankel, 1999, 151).

En el mismo foro de Ilici, sobre los restos de templo, en la etapa tardoantigua también surgió un taller de actividades productivas (Molina y Poveda, 1995).

Dentro del conjunto de este edificio bajoimperial de Valencia, al que, en un principio, se le había supuesto una función pública de índole administrativa (Marín y Ribera, 1999), tal vez como sustitución de la no reconstruida basílica, hay que tener en consideración la existencia en él, al menos en una etapa final, ya en pleno s. IV, de un amplio espacio dedicado a la transformación de productos alimenticios. Con esta actividad también se podría relacionar la pequeña y cercana piscina, que ocupa el centro de un patio y que parece haberse construido en este momento, embebiendo entre sus muros los restos de una pequeña columnata del *collegium* de la época anterior.

La interpretación de este gran departamento como una especie de factoría urbana no tendría que entrar en contradicción con el supuesto carácter administrativo dado al edificio, ya que a partir de estos momentos tardíos era normal entrelazar en el mismo lugar actividades de diversa índole. El caso de Barcelona, de similar ubicación en pleno centro urbano, nos hace ver como en esta época las instalaciones industriales se introducían en el corazón de las ciudades.

En nuestro caso, además, en el ángulo noroeste se ha llegado a identificar una hipotética cárcel que, en base a algún objeto litúrgico de esta fase, caso del bol de vidrio tallado con escenas de la *traditio legis*, y, sobre todo, a partir de los ciertamente especiales hallazgos de los periodos posteriores, se puede relacionar con la existencia en este punto concreto de un lugar sacralizado y muy venerado, que se ha vinculado a la figura de San Vicente (Ribera y Rosselló, 1999).

Dentro de este panorama, hay que recalcar que esta pequeña factoría estaría muy relacionada, por lo menos desde la segunda mitad del s. IV, con un espacio religioso, del que debería depender. No se podría descartar la vinculación funcional de este pequeño centro productivo con el carácter sacro de las habitaciones situadas al norte, lo que explicaría el pequeño volumen que alcanzaría esta instalación y que iría destinado a alguna finalidad derivada de la cristianización del lugar, tal vez al envasado de productos considerados *eulogia* del mártir (Godoy, 2000, 101).

A un nivel más cotidiano, hay que señalar que el edificio situado al norte de este se ha identificado con un *macellum*, reformado en esta etapa bajoimperial, que sería el lugar más apropiado para la venta de la producción de esta factoría.

4.- La amortización del edificio.

El edificio apareció completamente cubierto por una serie de rellenos. Los inferiores, que se asentaban directamente sobre los pavimentos y que amortizaron la totalidad de este edificio público, presentaban abundantes restos del derrumbe de los tejados. En la composición morfológica de todos ellos habían abundantes elementos constructivos, como restos de las cubiertas (*tegulae* e *imbrices*) y paredes (adobes y restos de pintura mural). Sobre el pavimento, especialmente en la gran habitación central, aparecieron abundantes y bien conservadas cerámicas (figuras 9 y 10): cerámica Lucente (Pernon 37), Africana C (Hayes 50) y D (Hayes 59, 60, 61A, 61B, 91B), sigillata hispánica tardía (Rit. 8), una lucerna (Ponsich IVB), cerámica a torneta de Lípari, africana de cocina (Hayes 23b, Ostia I, 261), cerámica común oxidante (cuenco, jarra y jarrita), pintada tardía y no menos de siete ánforas, más o menos enteras (Keay IV, XIII, XIX, XXIII, XXXV, LII), procedentes de África, sur de Italia y la Bética, además de algunos fragmentos de recipientes de Oriente (Keay LIVbis y LXV).

En estos niveles de destrucción también han aparecido algunas monedas[5], que corroboran las fechas propuestas, como serían, además de un antoniniano de Galieno, un AE2 de Graciano de la serie *Reparatio Republicae* (RIC 20[a]) de la ceca de *Arelate*, dos AE2 de Valentianiano II de la serie *Reparatio Republicae* de las cecas de *Aquileia* (RIC 30b) y *Treveris* (RIC 65b) y varios AE4 muy gastados.

De otras habitaciones, como una de las situadas más al norte, en la probable zona sacra, destaca el bol de vidrio tallado, con decoraciones de la *traditio legis*, procedente de talleres de Roma de fines del s. IV o inicios del s. V, que se encontró entre los escombros de una estancia considerada como un lugar especialmente venerado por los primeros cristianos de Valencia. Estos materiales coinciden en situar el momento de destrucción a mediados de la primera mitad del s. V (Pascual *et alii*, 1997, Ribera y Rosselló, en prensa).

Por encima de estos aparecían otros rellenos, posiblemente pertenecientes al derrumbe de las paredes, formados principalmente por tierra con muchos puntos de cal y sin apenas material arqueológico. Sobre estos rellenos de destrucción, a fines del s. V o ya en el s. VI, surgió una necrópolis de tradición romana que prácticamente abarcaba la misma extensión que el edificio.

En la misma excavación de l'Almoina y en otros lugares de Valencia también se han encontrado indicios evidentes de destrucciones y amortizaciones de esta misma época, como los rellenos que colmatan el pozo del cercano *macellum* y los canales de la red de cloacas que aun funcionaron durante el s.

[5] Clasificadas por Juan V. Salavert.

IV. En otros lugares de València también se ha detectado este mismo fenómeno, bien evidente, por ejemplo, en las excavaciones de la calle de las Avellanas, donde, en un nivel de incendio, apareció un pequeño tesoro de monedas de inicios del s. V (Marot y Ribera, 2005).

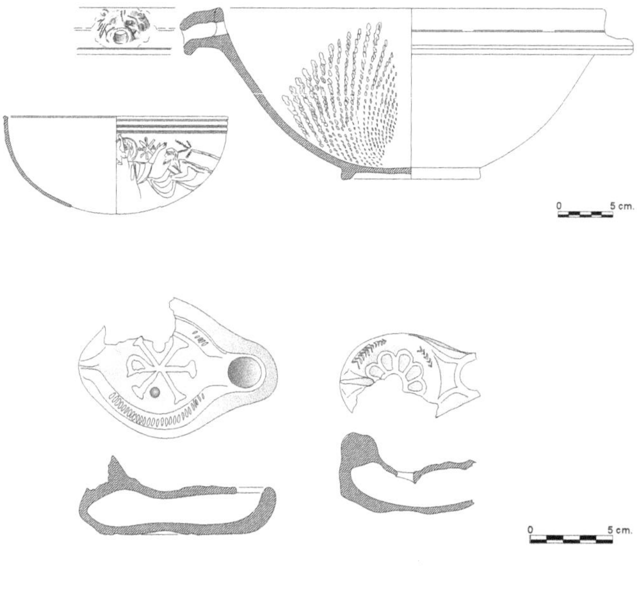

Figura 9.- Selección de materiales datantes.

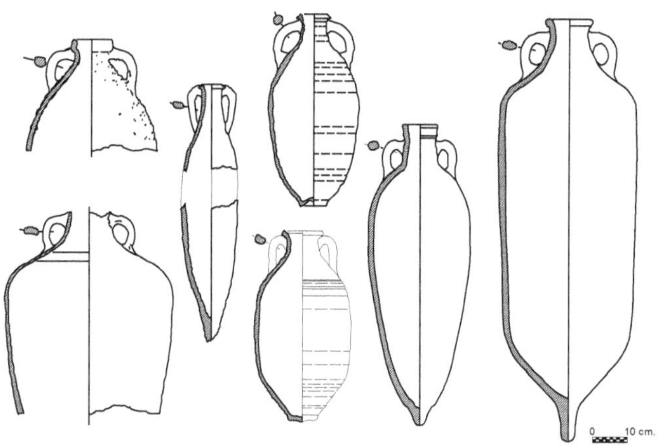

Figura 10.- Contexto Anfórico.

Más o menos de la misma época sería el momento de abandono del Grau Vell, el puerto de la cercana *Saguntum*, donde se localizó un deposito de ánforas de formas semejantes (Aranegui *et alii,* 1991 y 1998). También de este periodo (400-425) es el pecio "Etang de Marteille A", cerca de Narbona, que transportaba un cargamento de ánforas africanas e hispánicas, estas últimas de las mismas formas, Keay XIII, XIX y XXIII, que las de la amortización de la factoría. Incluso también llevaba Africana D (Hayes 61A y 67) y lucernas Ponsich IVc (Solier *et alii,* 1981). En un pozo de Narbona, colmatado hacia el 425, vuelve a aparecer la forma de africana D Hayes 91B asociada a ánforas hispánicas Keay XIII y XXIII (Ginouvez *et alii*, 1996-97). En otros depósitos de la primera mitad del s. V continuamos encontrando un panorama semejante, como en los niveles datados entre 425-450 de las excavaciones de la "Bourse" de Marsella, que también presentan la forma Hayes 91B de Africana D y ánforas africanas, Keay XXXV, e hispánicas, Keay XIII y XXIII. En este mismo lugar, un pozo amortizado entre 450-475 da, entre otras muchas piezas, la Hayes 91B de Africana D, ánforas africanas Keay XXXV e hispánicas Keay XIII, XIX i XXIII (Bonifay y Pieri, 1995).

Bibliografía

ALBIACH R., BADIA, A., CALVO, M., MARÍN, C., PIÀ, J. I RIBERA, A. (2000): "Las últimas excavaciones (1992-1997) del solar de l'Almoina: nuevos datos de la zona episcopal de Valentia", *V Reunió d'Arqueologia Cristiana Hispànica, Cartagena (1998)*, 63-86, Barcelona.

ARANEGUI, C., ALVAREZ, N., GALLEGO, A., MORAL, F., SANCHIS, E. (1998): "El Grau Vell (Sagunto, Valencia): últimas campañas de excavación", *Saguntum-PLAV 31*, 205-212.

ARANEGUI, C., LÓPEZ, M., ORFILA, M. (1991): "Ánforas tardorromanas en el Grau Vell (Sagunto, Valencia)", *Saguntum-PLAV 24*, 117-128.

AREVALO, A., BERNAL, D. (2007): "Orígenes de la industria pesquero-conservera en *Baelo Claudia* (ss. I – I a.C.)", *Cetariae 2005. Salsas y salazones de pescado en Occidente durante la antigüedad* (Cádiz 2005).

AREVALO, A. BERNAL, D., TORREMOCHA, A. (2004): *Garum y salazones en el Circulo del Estrecho*, Algeciras.

BELTRAN DE HEREDIA, J. (2001a): "Uva y vino a través de los restos arqueológicos: la producción de vino en *Barcino*", *De Barcino a Barcinona (siglos I-VII). Los restos arqueológicos de la plaza del rey de Barcelona*, Barcelona, 66-73.

BELTRAN DE HEREDIA, J. (2001b): "Una factoría de *garum* y salazón de pescado en *Barcino*", *De Barcino a Barcinona (siglos I-VII). Los restos arqueológicos de la plaza del rey de Barcelona,* Barcelona, 58-65.

BELTRAN DE HEREDIA, J. (2007): "*Cetariae* bajo imperiales en la costa central catalana", *Cetariae 2005. Salsas y salazones de pescado en Occidente durante la antigüedad* (Cádiz 2005).

BERNAL, D. (2007): "Algo más que *garum*. Nuevas perspectivas sobre la producción de las *cetariae* hispanas al hilo de las excavaciones en C/ San Nicolas (Algeciras, Cádiz)", *Cetariae 2005. Salsas y salazones de pescado en Occidente durante la antigüedad* (Cádiz 2005).

BONIFAY, M., PIERI, D. (1995): "Amphores du Ve au VIIe s. à Marseille: nouvelles donnés sur la typologie et le contenu", *Journal of Roman Archaeology 8*, 94-120.

FRANKEL, R., (1999): "Wine and Oil Production in Antiquity in Israel and Other Mediterranean Countries", *Jsot/Asor Monograph Series 10*, Bath.

GINOUVEZ, O. ET ALII, (1996-97): "Les fouilles de l'Hôtel-Dieu de Narbonne", *Bulletin de la Commission Archéologique et Littéraire de Narbonne 47-48*, 115-186.

GODOY, C. (2000): "*Calagurris*, centro de culto martirial de los santos Emeterio y Celedonio. Observaciones sobre la restitución arquitectónica de la *Memoria Martyrum* a partir de Prudencio", *Kalakorikos 5*, 87-102.

JUAN, J., MATAMALA, J.C. (2003): "L'Almoina (Valencia). Análisis de contenidos de un depósito", *Excavaciones de l'Almoina (Valencia). 11ª campaña 2002, II Anexos*, Valencia 2003, 96-100.

KEAY, S. (1984): *Late Roman Amphorae in the Western Mediterranean, A Typology and Economic Study: The Catalan evidence, B.A.R. International Series 196*, Oxford.

MARÍN, C., PIÀ, J., ROSSELLÓ, M. (1999): "El foro romano de Valentia", *Quaderns de Difusió Arqueològica 5*, Valencia.

MARÍN, C., RIBERA, A., (1999): "Un edificio público bajoimperial del Foro de Valentia", *Revista d'Arqueologia de Ponent 9*, 277-290.

MAROT, T., RIBERA, A. (2005): "El tesoro de la calle Avellanas (Valencia)", *Tesoros Monetarios de Valencia y su entorno. Grandes Temas Arqueológicos 4*, 161-168.

MOLINA, J., POVEDA, A. (1995): "El nivel de abandono de un sector del foro de *Ilici*", *XXIII Congreso Nacional de Arqueología*, 141-154.

PASCUAL, P., RIBERA, A., ROSSELLÓ, M., MAROT, T. (1997): "València i el seu territori: contexts ceràmics de la fi de la romanitat a la fi del califat (270-1031). Contextes ceràmics d'època romana tardana i de l'alta edat mitjana (segles IV-X)". *Arqueo Mediterrània 2*, 179-202, Barcelona.

RIBERA, A. (2000): "*Valentia* del paganismo al cristianismo: siglos IV y V", *Los orígenes del Cristianismo en Valencia y su entorno, Grandes Temas Arqueológicos 2*, 19-32, Valencia.

RIBERA, A., JIMENEZ, J.L. (2004): "La arquitectura y las transformaciones urbanas del centro de Valencia durante los primeros mil años de la ciudad", *Historia de la Ciudad III. Arquitectura y transformación urbana de la ciudad de Valencia,* 17-30, Valencia.

RIBERA, A., ROSSELLÓ, M. (1999): "L'Almoina: el nacimiento de la Valentia cristiana", *Quaderns de Difusió Arqueològica 5*, Valencia.

RIBERA, A., ROSSELLÓ, M. (en prensa): "Contextos cerámicos de mediados del siglo V en *Valentia* y en Cullera", *LRCW II. Late Roman Coarse Wares, Cooking Wares and Amphorae in the Mediterranean. Archaeology and Archaeometry. BAR International Series* (2005).

SOLIER, Y. ET ALII (1981): "Les èpaves de Gruissan", *Archaeonautica 3.*

UNA FACTORÍA ALTOIMPERIAL DE SALAZONES EN HISPALIS (SEVILLA, ESPAÑA)

F. AMORES
Universidad de Sevilla
E. GARCÍA VARGAS
Universidad de Sevilla
D. GONZÁLEZ
Universidad de Sevilla
M. C. LOZANO
Museo Paleontológico Municipal de Estepona

1.- Introducción.

Las recientes excavaciones (fases V y VI: 2004-2005) realizadas en el solar del Mercado de la Encarnación de Sevilla (Amores Carredano y González Acuña, e.p.a; e.p.b), un amplio espacio de más de 7000 m^2 situado en el extremo norte de la ciudad romana (figura 1), han permitido conocer las líneas fundamentales de la evolución urbana de este sector de la ciudad entre la primera mitad del siglo I y el siglo VI d. C.

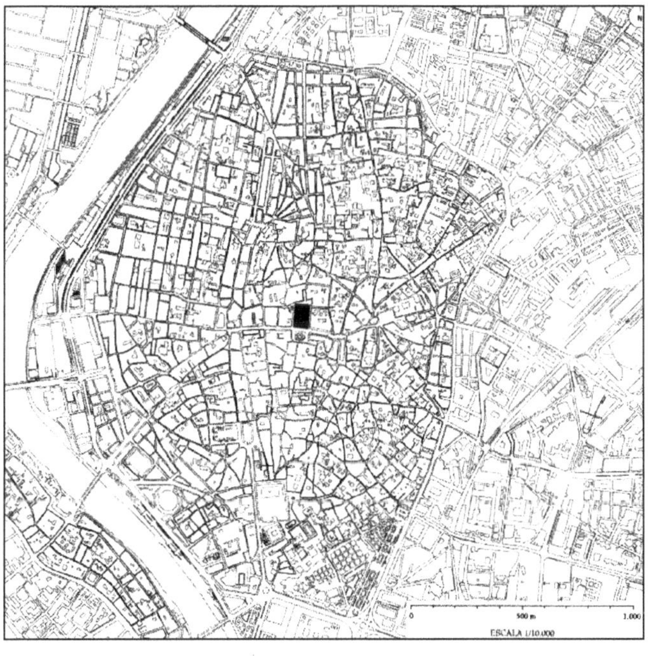

Figura 1.- Ubicación del solar del Mercado de la Encarnación en la trama urbana actual de Sevilla.

Los testimonios más antiguos de urbanización de la zona datan del segundo cuarto del siglo I d.C. En este momento inicial se documentan dos calles perpendiculares entre sí que definen manzanas regulares. La calle principal transcurre con dirección E-W y se sitúa en el límite norte del solar, por lo que las estructuras exhumadas se extienden al Sur de la misma. Una estrecha calle perpendicular a la anterior atraviesa con dirección N-S toda el área, definiendo dos *insulae* situadas a cada uno de los lados de la vía. En la manzana oriental, la excavada en mayor extensión, se localizaron varias edificaciones de uso portuario e industrial, entre las que pueden señalarse, un edificio de almacenamiento u *horreum*, un taller de lucernas y, lo que aquí interesa especialmente, una factoría de salazones.

2.- Circunstancias del hallazgo.

Se trata de un espacio cuya planta completa se desconoce aún por encontrarse conservado bajo una casa del siglo II "Casa de las Figlinas" que, con las correspondientes modificaciones estructurales, perdura hasta el VI d. C. Durante la excavación se observó que uno de los pavimentos de *figlinum* (UE 3413) de la fase del siglo III del edificio doméstico se hallaba hundido en diferentes lugares, destacando algunos lomos que habían mantenido su cota.

En un primer momento, se pensó que se trataba de asientos diferenciales por la existencia de muros anteriores y de rellenos muy arcillosos y blandos fruto de expedientes rápidos de abandono, pero tras un primer sondeo en la zona sur del *opus figlinum*, se detectó la existencia de un suelo continuo y bien conservado de *spicatum* confeccionado con *laterculi* (UE 3410, fig. 154) que recorría amplias franjas bajo la "Casa de las Figlinas".

Se procedió finalmente a realizar un segundo sondeo junto al límite norte del pavimento de *spicatum*, localizándose una batería de piletas destinadas a la producción de salazones de pescado paralela a este pasillo de *laterculi*. Se hizo entonces evidente que la causa del hundimiento de las estructuras domésticas superiores estaba en la escasa consistencia de los rellenos de las piletas.

3.- Estructura de la "factoría".

La estructura de este complejo artesanal se componía de un largo pasillo distribuidor pavimentado de *laterculi* (UUEE 3410 y 3405) de una longitud documentada de 13,5 m en cuyo frente norte se situaban al menos cuatro piletas de las cuales se han excavado parte de tres de ellas (figura 2). Sus dimensiones son regulares: 3 m de ancho por 3 m de largo y una profundidad superior a 1'5 m, ya que el sondeo no pudo documentar este extremo.

Las piletas están construidas con muros de fragmentos cerámicos trabados con fuerte argamasa de cal y recubiertos a su vez por una gruesa capa de *opus signinum*. La unión entre el pavimento de *laterculi* y el arranque de las piletas se efectúa mediante una moldura de cuarto de bocel de *opus signinum*. El interior de las piletas presenta una estructura cuadrangular con baquetones tripartitos en sus ángulos para favorecer su limpieza. En la superficie de la pileta situada más hacia el Oeste se constató la existencia de dos capas de *signinum* (UUEE 46 y 51, fig. 157), lo cual atestigua la realización de al menos una reparación del revestimiento hidráulico de la pileta (figura 4).

Actas del Congreso Internacional *CETARIAE. Salsas y salazones de pescado en Occidente durante la Antigüedad*, Universidad de Cádiz, Noviembre de 2005, *B.A.R. int. ser.* 1686, Oxford 2007, 335-339.

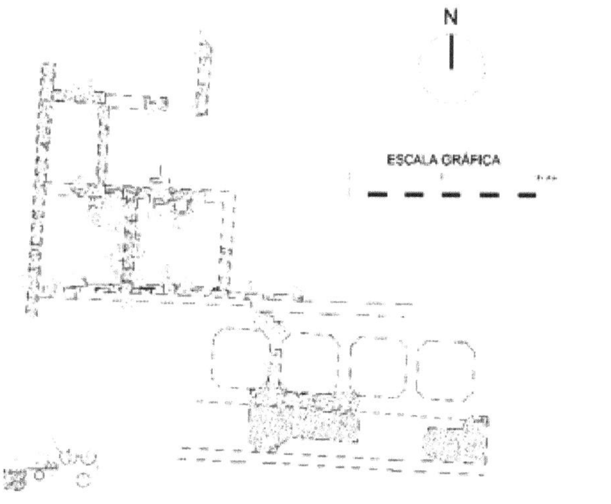

Figura 2.- Plano general de las estructuras correspondientes a la factoría de salazón.

El límite norte de la edificación se encontraba constituido por un muro totalmente expoliado con posterioridad al abandono de la misma; a este muro debía encontrarse adosado un pilar, también expoliado, como sugiere la forma adoptada por el límite del revestimiento de *signinum* en su unión con la interfacies (UE 50) de expolio del muro. Una confirmación adicional de este hecho parece ofrecerla también la moldura de *signinum* (UE 40) situada simétricamente en el extremo sur del pasillo. La estructura general del edificio (figura 2) quedaría configurada, por tanto, como una nave rectangular alargada apoyada en pilastras adosadas que sustentarían el forjado superior.

Figura 3.- Vista general de las estructuras inundadas por agua de lluvia.

A esta unidad productiva "central" se asociaron una serie de ámbitos de trabajo que salieron a la luz en los sondeos efectuados en las áreas próximas. Así, en el sondeo ejecutado bajo el ámbito 2 de la "Casa de las Basas" (lateral oeste de la zona central de excavación), se documentó la presencia de tres *dolia* (UUEE 2424 y 2425) asociados a un pavimento de *laterculi* (UE 2419) que conservaban en su interior restos de pescado (UE 2433). Igualmente, bajo el centro del patio de la "Casa de las Basas" se halló un pavimento de *opus signinum* que coordinaba con los de *spicatum* mencionados y que inciden en la idea de que la funcionalidad de esta edificación altoimperial es básicamente artesanal.

Figura 4.- Detalle de bocel hidráulico de una de las piletas.

4.- Cronología.

El relleno de las cubetas de salazón está constituido por depósitos de colmatación con abundantes restos anfóricos e ictiofauna. La estratigrafía del solar en las edificaciones paredañas señala hacia los decenios 20-40 del siglo I d. C. como fecha de construcción de las primeras edificaciones, entre las que se cuenta la factoría. El relleno de las piletas, compuesto por ánforas de salazón gaditanas de la forma Beltrán IIb, ánforas olearias y "vinarias" béticas de los tipos Dressel 20 y Haltern 70, ánforas galas de la forma G4, cerámica común y TSH, aconseja datar la amortización de las mismas en época flavia o antonina temprana (70-120), momento en el que se reestructura urbanísticamente la zona.

5.- Edificios asociados.

Al Norte de la factoría, en el extremo occidental del área excavada y bajo la casa tardía denominada del *Sectile*, se han documentado los restos de una construcción coetánea a la factoría de salazón. El sector exhumado de este edificio es de unos 137 m^2, con solería a unas cotas de 3,35 m s.n.m. Las estructuras documentadas corresponden a una edificación delimitada por los muros UUEE 4259 al Sur, 4307 al Oeste, 4290 al Este y 4407-4315 al Norte que englobaría dos ámbitos diferenciados. Por un lado, el muro UE 4308 delimitaría hacia el Sur un espacio que responde a un esquema de *horreum* o almacén de granos con dos crujías paralelas con suelo de madera y cámara inferior de aire para evitar la humedad. Las estructuras son mixtas de ladrillo y adobe (UE 4291). La solería inferior es de terrizo a 3,25 m s.n.m., con reforma posterior más alta. El acceso al *horreum* se efectuaría a través de vanos (UUEE 4401 y 4350) que conectarían con el ámbito norte compuesto, a su vez, por dos estancias y con salida hacia el Norte y el Este.

Al Sureste de la factoría, en el límite de la excavación por el Este, se hallaron dos hornos superpuestos de fabricación de lucernas que debieron corresponder a una *figlina* urbana cuyos límites no se han definido aún completamente. Estuvieron en actividad entre los años 40-60 d. C.

La funcionalidad de los edificios excavados en el entorno de la factoría de salazón de la plaza de la Encarnación de Sevilla confirma la dedicación de la zona a actividades de almacenamiento y productivas, lo cual, junto al carácter del repertorio cerámico y la ubicación topográfica del solar, más cercano que en la actualidad al cauce del río Guadalquivir, hacen pensar en la existencia de una zona portuaria e industrial de la ciudad que funcionó al mismo tiempo que las estructuras portuarias documentadas en la zona de la avenida de Roma-calle San Fernando, al Sur del casco antiguo sevillano y en la confluencia entre el arroyo Tagarete y el Guadalquivir.

6.- Estado de conservación.

El grado de conservación del ámbito de la factoría de salazones es excelente, pues conserva prácticamente íntegros sus pavimentos y las piletas. De hecho, la rápida amortización de estas estructuras en una segunda fase altoimperial fue efectuada mediante la colmatación de estos espacios, que ofrecían por sí mismos una superficie bastante horizontal excepto en el interior de las cubetas, y la sustitución de los muros originales por otros de nueva factura que mantuvieron el mismo recorrido en planta.

El resto de las estructuras presenta una conservación aceptable, una vez superadas las cotas de saqueo medievales, aunque no las de pozos negros y blancos que generan algunas discontinuidades en las alineaciones. Los muros emergentes se alzan unos 0,50 m sobre los pavimentos documentados.

7.- Ictiofauna.

De un peso de 66972 g correspondientes al total de muestras de sedimento recogidas del interior de las piletas se ha analizado de momento (Lozano-Francisco, 2005) 2698 g (3000 cc) procedentes de la UE 4496. Del peso total, 723 g corresponden a *opus signinum*, repartiéndose el resto en material óseo (585 g) y sedimento desechable (1390 g).

Para identificar la fauna, ésta fue disgregada mediante el filtrado del sedimento con distintas luces de malla (1, 0,7 y 0,16 mm), ello permitió separar fracciones de tamaño similar y facilitar la clasificación. El resultado del filtrado de 0,16 se pasó además por papel filtro por cuyo tamiz sólo pasa el agua. Ello permitió disponer de una fracción inferior a la obtenida con la malla de menor luz.

Una vez clasificados e identificados los restos, se han calculado el número mínimo de individuos presentes, el porcentaje de presencia por especies, las tallas medias, el porcentaje de presencia de cada hueso y su frecuencia con respecto a la especie (Morales Muñiz y Roselund, 1979; Roselund y Morales Muñiz, 1984, Wheeler y Locker, 1985). Los ejemplares presentes en la muestra se hallaron desarticulados, con presencia de huesos erosionados y fragmentados, por lo que a veces sólo ha sido posible la identificación a nivel genérico.

Como datos preliminares, se han identificado, hasta el momento, seis especies diferentes de peces, todos comunes en las costas andaluzas, tanto atlánticas como mediterráneas: *Sardina pilchardus* Walbaum, 1792; *Phycis* sp.; *Hoplostethus mediterraneus* Cuvier, 1829; *Mugil* aff *cephalus* Linné, 1758; aff *Psetta maxima* Linné, 1758.

Clase	Orden	Especie	Nombre común
Osteichthyes	Clupeiformes	*Sardina pilchardus* Walbaum, 1792	Sardina
Gadiformes	Gadidae	*Phycis sp.*	Brótola
Beryciformes	Trachichthydiae	*Hoplostethus mediterraneus* Cuvier, 1829	Reloj plateado
Perciformes	Moronidae	*Dicentrarchus punctatus* Bloch, 1792	Baila
	Mugilidae	*Mugil* aff *cephalus* Linné, 1758	Liza o múgil
Pleuronectiformes	Bothidae	aff *Psetta maxima* Linné, 1758	Rodaballo

Tabla 1.- Especies identificadas hasta el momento.

De estas seis especies, las representadas con mayor abundancia son: *Sardina pilchardus* y *Mugil* aff. *cephallus* Linné, 1758. Se ha contabilizado un total de 3176 vértebras, 125 arcos hemales, 32 opérculos de *Sardina pilchardus,* 182 dentarios de *Mugil* aff. *cephalus,* 74 articulares, 34 cuadrados de *Phycis* sp.; 8 neurocráneos de *Hop/ostethus mediterraneus,* 2 dentarios de *Dicentrarchus punctatus* y 1 dentario de aff. *Psetta máxima.* Si en base a estos datos estimamos un primer N. M. I. obtenemos los siguientes resultados:

Especie	N.M.I
Sardina pilchardus	63
Phycis sp.	17
Hoplostethus mediterraneus	8
Dicentrarchus punctatus	1
Mugil aff. *Cephalus*	91
aff. *Psetta maxima*	1
Total	181

Tabla 2.- Número mínimo de individuos estimado por especie.

Estos datos suponen que la especie mejor representada es el *Mugil* aff. *Cephalus*, cuyos restos suponen en torno a un 50% del total del NMI presente en la muestra. La *Sardina pilchardus* (35%) y el *Phycis* sp. juntos no alcanzan a representar el otro 50% de la muestra, pues el ejemplar de *Dicentrarchus punctatus* y el de aff. *Psetta maxima*, completan el porcentaje con menos de un 1% para cada especie.

Especie	N.M.I
Sardina pilchardus	35%
Phycis sp.	9%
Hoplostethus mediterraneus	4%
Dicentrarchus punctatus	1%
Mugil aff. *Cephalus*	50%
aff. *Psetta maxima*	1%
Total	181

Tabla 3.- Porcentaje de NMI por especie identificada.

La ecología de las especies mayoritariamente identificadas es exclusivamente marina, excepto en el caso de los múgiles que son costeros, pero se los puede encontrar en las aguas salobres de los estuarios, e incluso remontando los ríos varios centenares de kilómetros; en otoño, regresan al mar para la reproducción. De las especies minoritarias, tanto la baila como el rodaballo pueden encontrarse en aguas salobres, la primera, ocasionalmente, también en aguas dulces.

8.- Discusión.

El barrio residencial medio y bajoimperial que en la plaza de la Encarnación de Sevilla oculta las estructuras correspondientes a la primera fase constructiva ha impedido en muchas zonas del solar la excavación en extensión de las construcciones altoimperiales. En el espacio central del mismo, la información sobre el desarrollo en planta de estas estructuras, su funcionalidad y su cronología, procede casi completamente de una serie limitada de sondeos realizados por debajo de los niveles de pavimentación de la "Casa de las Figlinas" y de la "Casa del *Sectile*". Esto explica que no contemos más que con una planta parcial del edificio que interpretamos como saladero de pescado y que incluye cuatro piletas no excavadas en su totalidad, una serie de muros expoliados y un pasillo de servicio frontero a las piletas pavimentado en *opus spicatum*. Las conexiones estratigráficas y constructivas existentes entre todas estas estructuras, su desarrollo en paralelo y su proceso sincrónico de amortización garantizan la pertenencia de las mismas a una misma unidad productiva que parece incluir entre las instalaciones de confección de salazones tanto piletas de fábrica como *dolia* cerámicos. En unas y en otras se han hallado restos ícticos que, a pesar de no hallarse en posición primaria, creemos deben interpretarse como evidencias de la elaboración en este establecimiento de conservas de pescado.

El carácter parcial y fragmentario de la planta documentada hace difícil asignarla a alguno de los modelos de factoría conocidos en Occidente. Las excavaciones de la fase VI (2005) sugieren que las estructuras del saladero no se extienden hacia el sector oriental del yacimiento, por lo que probablemente se trate de una factoría urbana de pequeñas dimensiones y planta dúplice, similar al conjunto I de *Baelo Claudia* (Arévalo González y Bernal Casasola, 1999: 125) con un sector dedicado al salado de las capturas pesqueras (piletas) y otro frontero al anterior en el que se realizaría el resto de las actividades industriales (preparación del pescado, almacenamiento..., servicios) y que, al igual que otras "factorías" urbanas como la de Pompeya, de la misma fecha que la nuestra, incluiría un sector de elaboración de salazones en *dolia* (Curtis, 1979).

El paralelo con las factorías de *Baelo Claudia* y de Pompeya no se refiere sólo a la concepción del edificio en el caso de la primera localidad, o a la utilización de *dolia* en el de la segunda, sino también a que al igual que ocurre con las factorías citadas, se trata de un saladero urbano que parece situado intramuros. El gran muro de sillares documentado durante la realización de la pantalla de contención norte debe hallarse relacionado con una de las cintas murarias de la ciudad, de modo que, a falta de una datación más ajustada de esta estructura, se puede proponer que todo el barrio "industrial" y "portuario" que cae al Sur de la misma se hallaba intramuros, en el extremo septentrional de la ciudad. La posterior conversión de la zona en un barrio "residencial" sin que se alterasen apenas los ejes fundamentales del parcelario apunta en la misma dirección. La calle E-W que limita por el Norte la manzana urbana en la que se encuadra la factoría y que contó, al igual que el eje transversal, con un sistema de cloacas para las aguas residuales, se dirige hacia el río, de manera que ésta calle o su prolongación podría ser una vía de tránsito que uniría el sector con un eventual muelle o embarcadero fluvial.

La existencia de una zona de recepción de mercancías en el sector septentrional de la ciudad de Sevilla en los años del Alto Imperio romano parece apoyada por el hecho de que en todas las excavaciones de urgencia practicadas en el mismo se documentan edificios de uso artesanal o de almacenamiento cuyos cimientos están realizados con restos de ánforas de diversas procedencias. Cuando de entre estos restos se recuperan sellos de ánforas, éstos proceden de puntos muy diversos de los valles del Guadalquivir y Genil y se fechan a lo largo del siglo I d. C. y durante la primera mitad del siglo II d. C. (Rodríguez Azogue *et alii*, 2001; agradecemos igualmente a los directores de las excavaciones en curso en la calle San Luís sus valiosas informaciones al respecto), lo que coincide con las fechas de ocupación de la primera fase constructiva del Mercado de la Encarnación. El repertorio anfórico altoimperial de la Encarnación es otro indicio a favor de la existencia en las cercanías de un lugar de recepción de mercancías en ánforas.

Los peces documentados en el sedimento analizado deben haber llegado a la factoría de salazones a través de las mismas líneas de distribución de las ánforas. El hecho de que se trate en su mayoría de peces anfídromos (*Mugil* aff. *Cephalus*) mújol invita a pensar en un procesamiento *in situ* de los mismos mejor que en una salazón importada, si bien lo fueron en unión de individuos pertenecientes a taxones de similar tamaño pero ecosistema exclusivamente marino. Éstos últimos pueden haber llegado a la ciudad procedentes de la costa inmediata a la desembocadura del río que en ésta época se hallaba bastante más cerca de la misma que en la actualidad (Arteaga *et alii*, 1994). En la elección de los peces parece haber primado como criterio del tamaño de los mismos sobre el del carácter de su carne (blanca o azul), lo que seguramente indica que el producto confeccionado con ellos debió ser algún tipo de *hallec* de baja calidad (García Vargas *et alii*, e. p.) si es que los peces procedentes del mismo contexto corresponden a una misma preparación de conserva. El carácter secundario de los depósitos y las evidencias de fracturación y rodamiento de los huesos hace, sin embargo muy arriesgada cualquier apreciación al respecto.

Finalmente, es necesario destacar que el hallazgo de un establecimiento de salazón de pescado en una ciudad de carácter fluvio-marítimo como Sevilla nos invita replantear nuestros conceptos de ciudades de interior y de costa y la práctica de una arqueología litoral que a menudo olvida los estuarios y los ríos navegables como extensiones del comercio marítimo hacia el interior de las tierras (pero cf. Parodi Álvarez, 2001; García Vargas *et alii*, 2004); también merece la pena indicar un hecho señalado hace ya algún tiempo por A. Tchernia en un trabajo que, ante la falta de evidencias arqueológicas, él mismo declinó publicar en su estado original (1999, 2000): la existencia de salazones realizadas siquiera parcialmente con peces fluviales, o anfídromos.

Bibliografía

AMORES CARREDANO F. Y GONZÁLEZ ACUÑA, D. (e.p.a): "V Fase de intervención arqueológica en el Mercado de la Encarnación (Sevilla). Contextos altoimperiales", *Anuario Arqueológico de Andalucía* 2004.

AMORES CARREDANO F. Y GONZÁLEZ ACUÑA, D. (e.p.b): "VI Fase de intervención arqueológica en el Mercado de la Encarnación (Sevilla). Contextos altoimperiales", *Anuario Arqueológico de Andalucía* 2005.

ARÉVALO GONZÁLEZ, A. Y BERNAL CASASOLA, D. (1999): "La factoría de salazones de *Baelo Claudia* (*Tarifa, Cádiz*). Balance historiográfico y novedades de la investigación", *CuPAUAM*, 25.2, 75-129.

ARTEAGA MATUTE, O., SCHULZ, H. Y ROOS, A. Mª. (1994): "El problema del '*Lacus Ligustinus*'. Investigaciones geoarqueológicas en torno a las marismas del Bajo Guadalquivir", *Tartessos 25 años después. 1868-1993. Actas del I Congreso Conmemorativo del V Symposium Internacional de Prehistoria Peninsular*, Jerez de la Frontera, 99-135.

CURTIS, R. I. (1979): "The Garum Shop of Pompeii (I. 12. 8)", *Cronache Pompeiane* 5, 5-23.

GARCÍA VARGAS, E. (2006): "La distribución interior de las salazones de pescado (época romana)", Lagóstena, L.; Bernal, D. y Arévalo, A. (eds), *Cetariae. Salsas y salazones de pescado en Occidente durante la Antigüedad.*

GARCÍA VARGAS, E., ALONSO VILLALOBOS, C., JIMÉNEZ MELERO, M. Y MACLINO NAVARRO, I. (2004): "Perspectivas de investigación sobre puertos y fondeaderos en el sur de *Hispania*", *Le Strutture dei Porti e degli Approdi Antichi, ANSER Seminario II, Roma-Ostia Antica, aprile 2004*, Roma, 2004, 3-21.

GARCÍA VARGAS, E., ROSELLÓ IZQUIERDO, E., BERNAL CASASOLA, D., MORALES MUÑIZ, A. (e. p.) "Salazones y salsas de pescado en la Antigüedad. Un primer acercamiento a las evidencias de paleocontenidos y depósitos primarios en el ámbito europeo-mediterráneo", Bernal, D. (ed.), *Excavaciones en la factoría de salazones de la calle San Nicolás (Algeciras).*

LAGÓSTENA, L., BERNAL, D. y ARÉVALO, A., eds. (2007): *Cetariae 2005. Salsas y salazones de pescado en Occidente durante la Antigüedad.*

LOZANO FRANCISCO, Mª C. (2005): *Ictiofauna procedente de la excavación arqueológica de la "Plaza de la Encarnación*", informe preliminar inédito.

MORALES MUÑIZ, A. Y ROSENLUND, K. (1979): *Fish Bone Meassurements.* Copenhague.

PARODI ÁLVAREZ, M. J. (2001): *Ríos y Lagunas de Hispania como vías de comunicación. La navegación interior en la Hispania Romana*, Écija.

RODRÍGUEZ AZOGUE, A., FERNÁNDEZ FLORES, A. Y ACEVEDO RENDO, H. (2001): "Reutilización de ánforas olearias como elemento constructivo en el ámbito rural", *Ex Baetica Amphorae. Conservas, aceite y vino de la Bética en el Imperio Romano. Actas del Congreso Internacional.* Écija y Sevilla, vol. IV, 1337-1442.

ROSENLUND, K. Y MORALES MUÑIZ, A. (1984). "Osteometría de osteictios: algunas consideraciones metodológicas", *II Reunión Iberoamericana de conservación y Zoología de Vertebrados, Cáceres, junio 1980*, 6-13.

TCHERNIA, A. (1999): "Laccata?", *La cultura del mare*, École Française de Rome, 14 et 15 mai, 1999. Preactas.

TCHERNIA, A. (2000): "Conclusions", *La culture maritime des Romains 3, MEFRA*, 112, 1, 169-171.

WHEELER, A. y LOCKER, B. (1985): "The stimation of size in sardines (*Sardina pilchardus*) from amphora in a wreck at Randello, Sicily", *Journal of Archaeological Science*, 12, 97-100.

BARBATE Y LA FABRICACIÓN DE SALSAS Y SALAZONES DE PESCADO DURANTE LA ANTIGÜEDAD: LA EXCAVACIÓN ARQUEOLÓGICA DE URGENCIA REALIZADA EN LA C/ PADRE CASTRILLÓN Nº 20

P. BUENO
F. BLANCO
Arqueólogos

1. Introducción.

En este trabajo analizamos los resultados de la excavación arqueológica realizada en Barbate en el nº 20 de la calle Padre Castrillón en el año 2002. Dicha excavación puso al descubierto la existencia de unas instalaciones productivas de época romana relacionadas con la actividad pesquera y con la preparación del pescado, salazón y conservación. Los materiales arqueológicos recuperados han permitido adscribir el inicio de la actividad en este sector de la factoría a época imperial y el abandono de la misma en época tardorromana (aproximadamente siglo VI d.C.).

2. Descripción y localización de la zona.

Barbate se encuentra situada al Sur de la península ibérica, en la costa atlántica y pertenece a la provincia de Cádiz. Sus límites se sitúan entre los términos de Conil, Vejer y Tarifa, y se extiende desde el cabo de Trafalgar, pasando por los Caños de Meca hasta Zahara de los Atunes, abarcando aproximadamente 25 Km. de costa. Su situación litoral y emplazamiento junto a la desembocadura del río Barbate lo han convertido desde la Prehistoria en un enclave con cualidades inmejorables para el asentamiento humano. De esta ocupación humana nos han llegado gran cantidad de vestigios históricos (literarios, epigráficos, y arqueológicos) que nos desvelan la existencia en el lugar de un antiguo asentamiento, cuyos orígenes se remontan a época prehistórica, siendo en época tardorromana cuando tuvo especial relevancia, como demuestran los restos conservados de esa época.

Basándose en esos restos, han sido muchos los investigadores (Tovar, 1974, 65; Lagóstena, 2001: 121) que han identificado la antigua ciudad romana de *Baesippo* con Barbate. Su situación costera y su localización próxima a la ciudad romana de *Baelo Claudia* (Bolonia) también han apoyado esa hipótesis, si tenemos en cuenta que *Baesippo* aparece citada en las distintas fuentes clásicas (Mela II, 96; Plin. *N.H.* III, 7 y 15; Tolomeo; Itinerario Antonino 408, 1 ; Itinerario de Ravena 306, 1) entre las ciudades de *Baelo* (Bolonia) y *Mergablum* (identificada con Conil), caso del Itinerario Antonino y entre el *Promunturium Iunonis* (Cabo de Trafalgar) y *Belo* (Bolonia), según Plinio; ha sido esta situación costera entre la antigua ciudad de *Baelo*, hoy Bolonia, en la ensenada del mismo nombre y el *Promontorium Iunonis*, para algunos autores el Cabo de Trafalgar, es lo que ha hecho que Barbate se identifique con *Baesippo*.

Actas del Congreso Internacional *CETARIAE. Salsas y salazones de pescado en Occidente durante la Antigüedad*, Universidad de Cádiz, Noviembre de 2005, *B.A.R. int. ser.* 1686, Oxford 2007, 341-353.

Figura 1.- Vista aérea del solar de la C/ Padre Castrillón nº 20.

Fueron por tanto estas cualidades naturales las que convirtieron a *Baesippo* en un lugar con gran cantidad de recursos económicos y en un puerto comercial de gran importancia en la Antigüedad. Por un lado, el río Barbate, con un caudal mucho mayor que en la actualidad, debió de ser fuente de riqueza de primer orden, como lo ha sido hasta hace pocos años, y como lo seguiría siendo de no ser por la desecación de la laguna de La Janda y por las presas construidas en su cabecera. Y por otro lado el mar, proveedor inagotable de numerosas especies que ha dado señas de identidad al pueblo y que aún conserva parte de su vieja prodigalidad. Como es bien sabido, el litoral barbateño es paso obligado para muchos escómbridos, entre ellos destacan los atunes, en su peregrinar en primavera desde el Atlántico hacia el Mediterráneo para desovar en aguas más cálidas.

El solar donde se realizó la excavación se sitúa muy cerca del río (figuras 1 y 2), por lo tanto en la Antigüedad se situaría a orillas de la bahía, que existía antes de que la desembocadura del río se cegara por los depósitos arrastrados por el mismo. En la actualidad, la zona excavada se halla en pleno casco urbano y hasta hace poco ha formado parte del paisaje que rodeaba a las viviendas de ocupación contemporánea. En este solar se excavó un sector de la factoría que se extiende por zonas aledañas, como ya expresaron investigadores como

Figura 2.- Ubicación del solar.

Hübner (1862) y como han demostrado recientes excavaciones. Este y otros hallazgos arqueológicos (como por ejemplo, los restos de procedencia egipcia hallados en el dragado del río y para época posterior, las evidencias que existen de la llegada de creencias procedentes de oriente, caso del ara con la representación de mitra y proliferación de ermitas visigodas), permiten hablar de la importancia que tuvo el asentamiento existente en Barbate, antiguo puerto de *Baesippo*, en palabras de Plinio (*N.H.* III,7) "el *Promontorios Iunonis*, el puerto de *Baesippo*, el *oppidum Belo*, *Mellaria*, y el estrecho que forma el *Atlanticum Mare*" como son restos constructivos entre los que se halló un ara con la representación del dios Mithra y la necrópolis tardorromana.

3. Introducción histórica y antecedentes arqueológicos.

La historia de Barbate se compone de una serie de acontecimientos que tienen mucho que ver con su situación costera y su proximidad a una vía fluvial, que por sus características geográficas lo convierten en puerto natural y en una vía de comunicación hacia el interior. El *Besilo*, así llamado en las fuentes latinas, formaba parte del paisaje tartésico y según Avieno, en la Ora Marítima, en un litoral muy parecido al actual. Amplias playas de arena blanca y al fondo, despuntando, la sierra del Retín. En palabras de este autor:

"Desde el Monte de los Tartessios encontrarias cubiertos de bosques, se extiende un litoral suavemente inclinado y blando de arenas, por las cuales corren con sus aguas los ríos Besilo y Cilbo; el Monte Sagrado eleva luego sus soberbias rocas hacia Occidente. La Grecia, en otro tiempo llamó Herma a este lugar. Herma es, en verdad, una obra de defensa; el lugar defiende por un lado y por otro, al territorio y al mar. Y, otros por el contrario, llaman a este lugar camino de Hércules".

Una serie de hallazgos fortuitos nos desvelan parte de la historia del lugar. Restos de industria lítica, así como cerámica realizada a mano, en el lugar conocido como la colina de La Picota (Romero, 1992), nos hablan de sus orígenes prehistóricos y de la actividad comercial en época de las colonizaciones nos hablan un vaso de alabastro con cartela hallado en el mismo río y anclas de piedra de las que utilizaban los fenicios. Hacia el cambio de era, las fuentes clásicas sitúan en este lugar la ciudad de *Baesippo*, que según Pomponio Mela se extendía, entre el Promontorio de Juno y la ciudad de Bolonia; y que Plinio describe como portuaria y estipendiaria. También aparece citada la ciudad en los itinerarios Antonino *(Besippone)*, como en el de Rávena *(Bepsipón)*.

Pero como ya hemos señalado, los restos arqueológicos más abundantes en Barbate son los de época romana. Existen algunos testimonios de esa actividad artesanal que es la elaboración de salazones y de otros derivados del mar. Según Hübner (1862), en el lugar donde se sitúa hoy el faro, se veían enterradas en la arena algunas piletas de salazón, y también se observaban en las proximidades del Faro de Trafalgar y en los Caños de Meca. Pero, la mayoría de los vestigios corresponden a una ocupación romana tardoimperial: en concreto se trataría de una necrópolis, que fue la que vio Hübner, y que abarcaría una extensa zona de unos 60.000 m^2: "(...) los sepulcros de Barbate tenían todos forma de emparedados y algunos estaban cubiertos con losas grandes y planas" (Hübner, 1862). Los historiadores locales apuntan una serie de características de la necrópolis: que se extiende entre la Avenida del Generalísimo por el Oeste; el río Barbate por el Este, la calle Álvarez Quintero por el Norte y la del General Yagüe por el Sur, aproximadamente y que los enterramientos no tienen una distribución homogénea.

Tal cúmulo de yacimientos ha llevado a deducir que la ciudad estipendiaria que citan Pomponio Mela y Plinio el Viejo, hacia el cambio de Era, y que ellos refieren por *Baesippo* pudiera corresponderse con todos estos restos. Dicha ciudad se hallaba, según Mela, entre el Promontorio de Juno y la ciudad de Bolonia, y Plinio la define expresamente como portuaria y estipendiaria. Y su pervivencia vendría probada por recogerse su nombre, ya en época tardía, en los Itinerarios, tanto en el de Antonino *(Besippone)*, como el de Rávena *(Bepsipon)*. Es posible que el surgimiento de este puerto sea anterior a la Era, como puede deducirse por la aparición, fuera de contexto, de alguna moneda con la leyenda *Becipo*, con palma y racimo de vid, temas muy comunes en enclaves de tradición púnica, como Bolonia o Medina Sidonia (V.V.A.A., 1998).

Las ánforas procedentes de la necrópolis ofrecen mayor información para conocer la vida de *Baesippo* en los siglos III, IV y V de C. Bernabé ha documentado la presencia de las formas Keay IV, VI, VII, XVI, XIX, XXIII y otras (Bernabé, 1988). Según Lagóstena (2001), esta información se traduce en un aumento de la población en el enclave, entre los siglos III y V, con perduración quizás hasta en VI; un aumento que se origina por una concentración de los habitantes del entorno, que tiene a su vez fundamentos económicos y comerciales, dado el carácter de puerto fluvial y marítimo de la ciudad.

4. La excavación arqueológica de urgencia realizada en la C/ Padre Castrillón n º 20.

En total el área de excavación fue de 153,62 m^2, en sectores consecutivos de 4x4 m y 4x3 m, hasta llegar a ocupar la casi totalidad del solar (Bueno Serrano, 2003). En el se hallaron distintas dependencias que formaron parte de una fábrica de salazones (figura 3). De lo que debió de ser una gran fábrica, a tenor de los restos aparecidos en solares del entorno, hallamos varios elementos significativos que forman parte de la factoría: un recinto abierto o patio, un pozo de agua potable, unas habitaciones que debieron de estar cubiertas con techo construido con *tegulae* y otras que contenían las piletas, que pudieron tener la cubierta de materia vegetal.

Como es bien sabido el abastecimiento de agua es fundamental en cualquier actividad que se relacione con la preparación de pescado, así que el pozo es un elemento muy significativo dentro de este tipo de instalaciones. El pozo (figura 3: 3; figura 4) hallado había sido excavado en la arena hasta el nivel freático y tenía planta octogonal de unos setenta centímetros de diámetro y estaba construido con sillares de piedra caliza (piedra de Tarifa) y ostionera. Presentaba parte del brocal construido en *opus caementicium*, y el interior estaba formado con los sillares colocados "a hueso". Lo encontramos totalmente cegado con restos de material constructivo, recipientes cerámicos y restos orgánicos. Los restos cerámicos permitieron datar el sellado del mismo en época tardorromana, por lo que suponemos que se utilizó como vertedero en el momento que se abandonó la fábrica. La excavación de éste resultó complicada por la estrechez del mismo y por el peligro de vaciar una estructura construida en arena. A pesar de todo se individualizaron cada una de las unidades estratigráficas que lo rellenaban, excavando desde la más superficial formada por un nivel de cenizas, junto con carbones y huesos quemados, pasando por un depósito de al menos seis kilos de conchas y púas de erizos, varios niveles de piedras, y de restos óseos de túnidos, *Bos taurus*; hasta alcanzar una profundidad aproximada de cuatro metros, donde comenzó a salir el agua dulce.

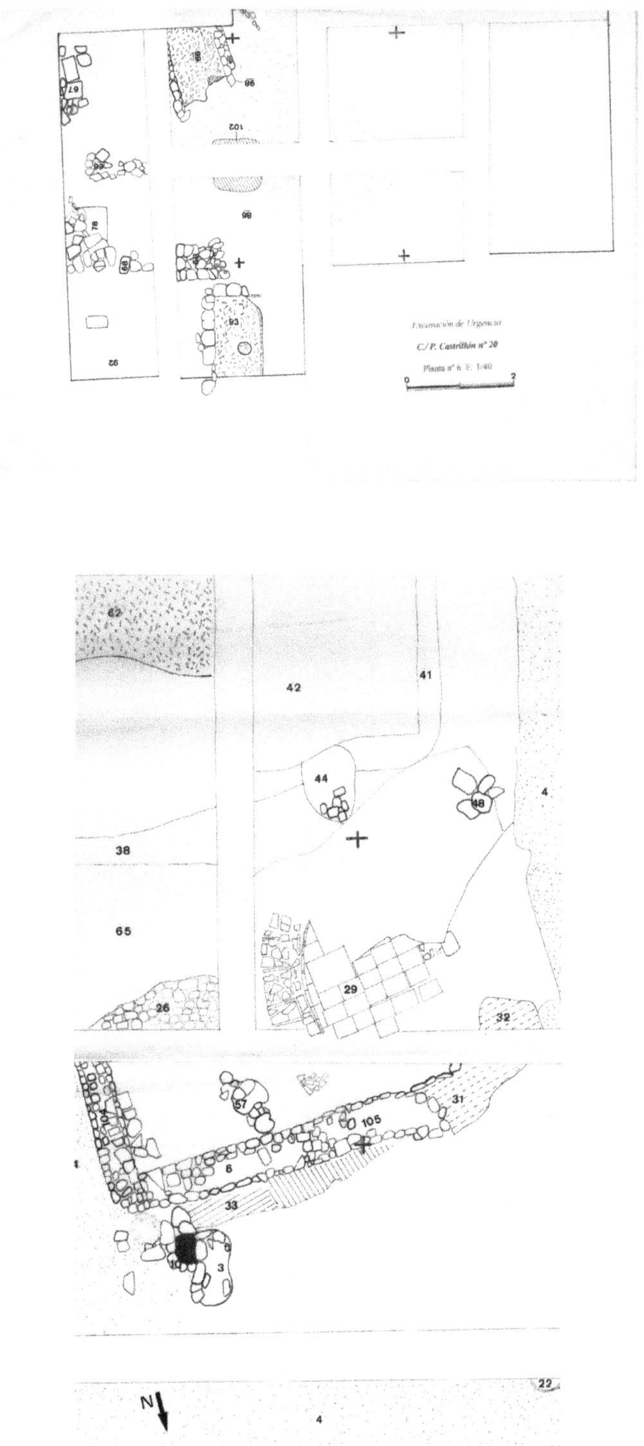

Figura 3.- Dibujos en planta de los restos arqueológicos hallados.

Otro recinto que pudimos documentar estaba formado por dos muros de mampostería dispuestos de manera perpendicular y una gran cantidad de *tegulae* en el interior y en el exterior dispuestas de manera aleatoria, que interpretamos como derrumbe de la cubierta (figura 5) (figuras 3: 6, 105 y 104). Éstos muros estaban orientados Norte-Sur y Este–Oeste, y formaban una habitación, que delimitaba una zona exterior y otra interior. Las medidas del primero eran 0,80 m de alto, 0,60 m de ancho y dos metros de largo; las del segundo 0,75 m de alto, 0,60 m de ancho y 0,95 de largo. Estaban fabricados con mampuestos de piedra "ostionera", caliza o "piedra de Tarifa" y fragmentos de recipientes cerámicos, como la base o pivote de un ánfora tipo Beltrán IIB, lo que nos permitió datar su construcción a partir de la segunda mitad del siglo I d.C. Además, en la cimentación de éste, justo en la esquina que formaba el otro paramento, apareció una moneda de Adriano, que podría fecharse entre el 117 y 138 d.C., lo que nos permite asignar una cronología *postquem* a esta construcción.

Figura 4.- Foto del pozo.

Figura 5.- Muros hallados de la factoría de salazones.

También bajo la cubierta de esta habitación excavamos un pavimento formado por ladrillos y *tegulae* (figura 6 y 3: 24), con una fuerte inclinación hacia uno de los lados, con un ángulo aproximado de 20 grados en dirección Este. En el lado más profundo las *tegulae* formaban un canal, posiblemente para facilitar el vertido de algún líquido y para evitar el derrame de éste, el borde se recrecía con una serie de *tegulae* superpuestas. El pavimento tenía forma semicircular de unos 4 m^2, con ladrillos de 22 cm. de ancho por 28 cm. de largo y canto de 4-6 cm.

Fuera de esta zona porticada aparecieron unas estructuras realizadas con sillarejo, enlucidas con *opus signinum* (mezcla de cal, arena y trozos de cerámica), que formaban piletas de salazón (figura 3: 93 y 99; 7 y 8), y algunos pavimentos fabricados con el mismo tipo de mortero, junto a los restos de un hogar donde aparecieron gran cantidad de recipientes de cocina fabricados a mano de clara datación tardorromana. Las piletas excavadas fueron dos, una medía 1,44x97x40 y la otra 1,40x90x80, las dos se encontraban a distinta profundidad y dispuestas perpendicularmente, con unos tres metros de separación.

Figura 6.- Pavimento de tegulae.

5. Interpretación de los restos arqueológicos hallados.

Los restos arqueológicos hallados corresponden a parte de una factoría dedicada a la elaboración de productos del mar, salazones, salsas y mariscos, que existió en Barbate y que estuvo en funcionamiento desde la segunda mitad del siglo I d.C. hasta el siglo VI d.C. aproximadamente. Ésta sabemos que se extendía también por los solares contiguos de la misma calle, en los cuáles se construyó hace unos años, y en los que se pudieron ver restos de piletas y otras estructuras antiguas.

Siguiendo patrones conocidos respecto a la organización y distribución espacio-funcional de las factorías antiguas y contemporáneas, pensamos que hemos excavado parte del patio central entorno al cual se distribuyen el resto de las dependencias. En este patio, como se ha seguido haciendo hasta hace poco en las fábricas del Consorcio Nacional Almadrabero, de las que aún se conserva una en Barbate, se secaban las mojamas y huevas al aire libre, en un colgadero formado por travesaños de madera, cubiertos de elementos vegetales. También en este patio se encontraba el pozo de agua dulce, como ocurre en nuestro caso y como ocurría en la factoría de Algeciras excavada en la calle San Nicolás nº 3-5 (Bernal *et alii*, 2003) y en la de Cádiz excavada en el solar del antiguo Teatro Andalucía. El agua era un elemento de gran importancia en las fábricas de éste tipo, con ella se realizaba la limpieza y lavado del pescado después del desangrado y, por ende, la limpieza de todas las instalaciones.

Figura 7.- Pileta de salazones nº 1.

Figura 8.- Pileta de salazones nº 2.

Alrededor del patio se encontrarían las demás dependencias que formaban la fábrica, zonas para troccar, enjuagar, salar el pescado. La existencia de un pavimento de ladrillos y *tegulae* con canal para desaguar líquido nos sugiere una superficie acondicionada para descuartizar, desangrar y cortar el pescado. Mas adelante se expondrá como los romanos utilizaban la sangre para hacer el *garum*. Suelos de este tipo aparecen desde los tiempos de las primeras instalaciones, como en la factoría púnica de Las Redes, donde se hallaron los restos de una habitación con "*suelo inclinado hacia el mar y cubierto con un pavimento compuesto de pequeños guijarros mezclados con cal y cerámicas trituradas. Su utilización sería de almacenamiento y limpieza del pescado*". También García y Bellido, refiriéndose ya a época romana y en la factoría de Bolonia, menciona una sala, cuyo suelo, "formado, como los depósitos, de un conglomerado artificial fraguado en cemento, estaba ligeramente inclinado hacia el mar".

Un nivel de pavimentación incompleto fabricado con *opus signinum* nos podría hablar de otro proceso más en la preparación del pescado, quizás despojo de espinas o despellejado.

Otro parte de la factoría la formaban las piletas donde se colocaban los trozos de atún reservados para salar. En estas se depositaba el pescado en tandas alternas cubiertas con salmuera (sal con agua) hasta que se extraían para su posterior consumo. Una vez que éstos trozos se sacaban de las piletas se introducirían en ánforas y por qué no en barricas de madera, como se ha hecho hasta hace unos años, para su comercio. En las factorías modernas (Zahara de los Atunes) y contemporáneas (Sancti Petri en Chiclana, y Barbate) el atún en salmuera se envasaba en unos recipientes de madera de castaño cinchados con aros de fundición, que tenían una capacidad de 200 a 500 kgs., llamados pipas, y que se cubrían con fango en la boca para "aguantar la salmuera", y de las que aún quedan algunos testimonios en la Fábrica de Barbate.

Del atún se aprovechan todas sus partes: De la cabeza se consumen el morrillo, la oreja y la *facera*; y de las quijadas y otras partes no comestibles de la cabeza, una vez hervidas, se obtiene aceite para la carena de los navíos, de los lomos del atún se fabrican las mojamas, y de la carne de la barriga las conservas. El estómago y las tripas también se salaban y se dejaban secar al sol, para después consumirlas. El hígado y el corazón servían como materia prima para la industria farmacéutica. Aunque este último también forma parte de la gastronomía barbateña. Los desperdicios del atún, es decir, cabeza, aleta, piel, espinas y cola, eran llevados al depósito de guano, donde una vez secos se utilizaban para hacer harina, aceite o jabón. La antigua fábrica de harina de pescado de Barbate, situada enfrente del puerto deportivo, aún sigue en pie. Los huesos y espinas se pueden utilizar también como leña y triturados se utilizaban como abono para la tierra. En la excavación de C/ Padre Castrillón nº 20 hemos hallado un ánfora del tipo Beltrán IIA que contenía, los huesos de la quijada y vértebras, además de moluscos y lo hemos interpretado como partes del atún reservadas para fabricar algún tipo de salsa, aceite, harina o jabón.

Según un libro de recetas gastronómicas barbateñas el *garum* se puede hacer de diferentes maneras: Una de ellas consistía en cubrir una vasija con tomillo, hinojo, anís, albahaca y otras hierbas aromáticas. Poner una capa de atún y otra de sal, y se repite la operación. Dejamos reposar durante una semana. Durante veinte días hemos de estar removiéndolo. Después recogemos el líquido o salsa. La segunda forma para su obtención consistía en dejar fermentar el hígado y vísceras con sal y hierbas aromáticas ayudándose del sol. El *allec* era el residuo sólido que quedaba una vez que se filtraba el *garum*, era una especie de pasta de pescado que servía de condimento. Cuando el *allec* provenía del de mayor calidad era servido como aperitivo con sal, pimienta, vino y zanahoria, para abrir el apetito. Existía también uno fabricado con ostras.

Además, algunos testimonios malacológicos señalan el consumo de lapas, ostiones, cañaillas, almejas, mejillones, burgaíllos y erizos. Nos llamó especialmente la atención el tamaño de las especies recuperadas.

6. Materiales arqueológicos hallados.

Los materiales arqueológicos documentados durante la excavación fueron clasificados e individualizados sobre la base de su pertenencia a las distintas unidades estratigráficas registradas durante la excavación. Entre ellos señalar la existencia de una gran cantidad de útiles fabricados en diferentes materias y usados en las diferentes actividades que se desarrollan en la factoría: cerámica, metal, vidrio, hueso y piedra. Una gran cantidad de restos óseos faunísticos de zoomorfos, como de ictiofauna.

Entre los útiles usados en las diferentes actividades de la factoría destacamos los siguientes:

A.- RECIPIENTES DE CERÁMICA

Después de realizar un concienzudo trabajo de estudio y selección destacamos la existencia de las siguientes formas. Del total de los fragmentos estudiados 8.586 eran amorfos:

a.- Cerámica cuidada: *Sigillata* (hispánica, sudgálica, Clara A-D, próximo orientales). Entre las formas africanas destacan por su abundancia las Hayes 67, 91, 93, 97, 99 y 104-105 (figura 9: 1-5). Aparecen también formas decoradas de época tardía, sirva de ejemplo un fragmento con cruz monogramática, (figura 9: 6), motivo que se data hacia el 550 d.C., Aparece también cerámica cuidada de paredes finas, pintada, con engobe y con diferentes decoraciones (barbotina, puntillado).

b.- Cerámica común de mesa: platos, cuencos, copas, jarras y botellas.

c.- Cerámica de cocina y despensa: orzas, cazuelas, ollas, cuencos, platos, coladores, marmitas según Ponsich (1988) para fabricar el *garum* como las halladas en Cotta, que se corresponden con la forma nº 5 de Vegas (1973), de las que según la autora corresponden a las vasijas más empleadas para la cocción en época imperial y que se hallan difundidas por todo el Mediterráneo occidental; asimismo aparecen diferentes modalidades de tapaderas.

d.- Ánforas: Se trata del recipiente que aparece con más abundancia, y en diferentes formas: Beltrán IIA (un regatón de este tipo de ánfora aparece embutido en el muro exhumado y que hemos datado a través de los datos numismáticos en el siglo II d.C.), Beltrán IIB, Dressel 20, Keay IA o Dressel 30 o Galoise IV (2ª mitad siglo II d.C a comienzos del siglo III d.C), Keay IV-V (siglo II-III), Keay XVI, Keay VI, Almagro 50 o Keay I, Tipo "Africana Grande" y Dressel 12. Pero lo más importante del hallazgo de estas ánforas ha sido, además de poder conocer las redes comerciales establecidas en *Baesippo,* el poder constatar, gracias a las observaciones realizadas por el profesor Lagóstena, que algunas tienen el mismo tipo de pasta, ausente en el repertorio de pastas del entorno y que parecen haber sido fabricadas en Barbate, lo que supone la existencia de una producción anfórica relacionada con la fabricación de salsas y salazones de pescado.

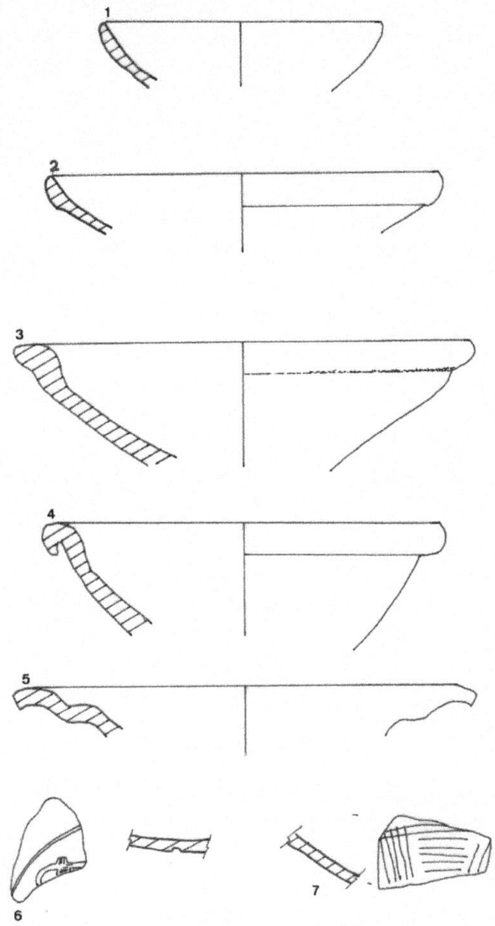

Figura 9.- Dibujo arqueológico de los fragmentos de sigillata más significativos.

e.- Cerámica de almacenaje: Grandes recipientes tipo *dolia.*

f.- Lucernas: Aparecen lucernas con decoración geométrica de círculos concéntricos y aspas, asociadas al estilo A (i), A (ii) y A (iii) de Hayes, con un amplio intervalo cronológico. Este tipo de motivos a parece sobre lucernas paleocristianas y en algún caso en época imperial. También aparece un tipo de lucerna elaborado en cerámica común que pertenece al tipo de canal, modelo tardío que comienza a ser frecuente desde el siglo III d.C.

g.- Cerámica realizado a mano tardorromana: Aparecen formas cerradas con bordes lisos o engrosados al interior (figura 10) y formas abiertas (figura 11), como fuentes, que presentan decoración de cordones digitados, así como, mamelones y botones de suspensión.

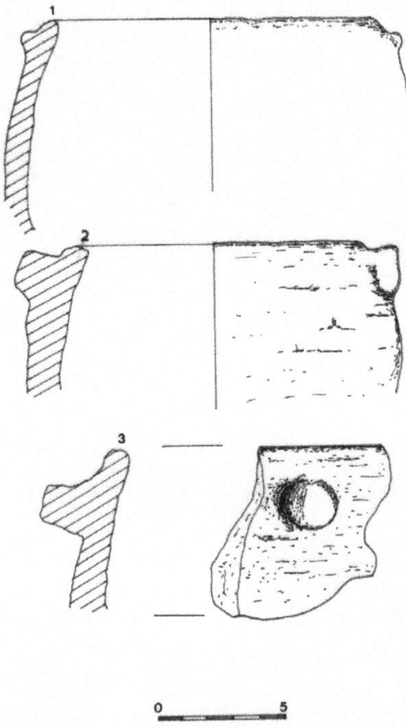

Figura 10.- Dibujo de las formas cerradas de cerámica realizada a mano.

Fabricados en arcilla cocida también aparecieron numerosos elementos utilizados en la construcción, como *tegulae*, ladrillos e ímbrices. Además se recogieron diferentes formas de pesas: de dos agujeros circulares y ovaladas; de un solo agujero con forma esférica atravesado por una perforación interior, que muy bien pudieron emplearse a modo de plomadas en las redes, aunque sus posibles empleos pueden ser múltiples.

De terracota es también una figurilla articulada que parece representar un encapuchado o gladiador. Figurillas similares a estas han aparecido en la necrópolis gaditana en enterramientos de jóvenes y de adultos, de ahí que aunque algunos estudiosos opinen que se trata de muñecos o marionetas, otros piensen que se trata de la representación de diferentes divinidades. La figurilla encontrada en el solar de la calle Padre Castrillón nº 20, está fragmentada en la parte inferior y mide unos ocho centímetros; está modelada en una sola pieza y la parte inferior estuvo ahuecada por el interior. Carece de brazos, pero en su lugar aparecen dos perforaciones para insertar éstos, de manera que se trataba de una figura articulada. Lleva la cabeza cubierta con una caperuza y sólo están representados los ojos. En la parte posterior de la cabeza tiene también una perforación que comunica con la de los brazos, por lo que apuntamos que también pudo tratarse de un silbato. Ésta fue hallada en el interior de la fosa de cimentación del muro N-S de la factoría, de manera que habría que relacionarla más con el núcleo de población existente en Barbate, anterior a la factoría. Entre el material de construcción hallado señalar la presencia de pintura mural en la fosa de cimentación del muro N-S (U.E. 6), que suponemos procedente de posibles viviendas existentes anteriormente en el lugar.

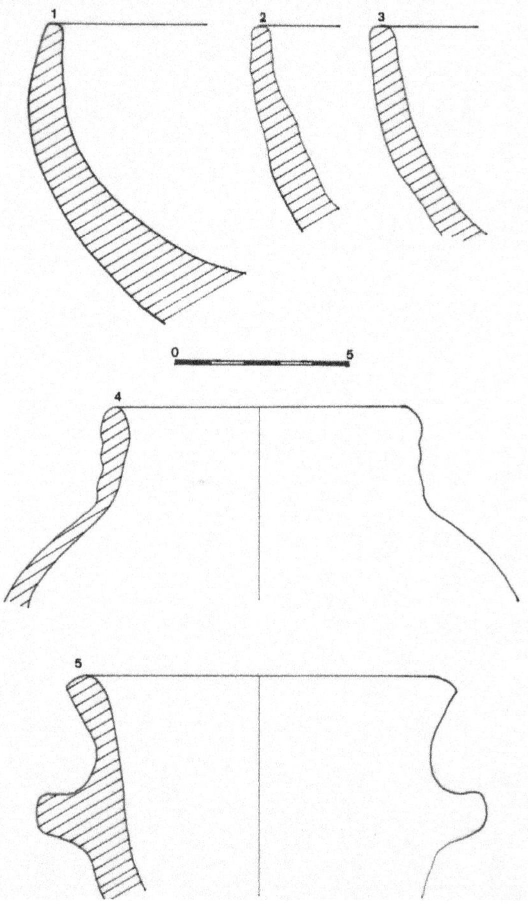

Figura 11.- Dibujo de las formas abiertas de cerámica realizada a mano.

B.- METALES

Los metales aparecidos han sido muchos y se pueden agrupar según su utilización en:

B.1.- Artes de pesca y marisqueo: 3 anzuelos de bronce completos, 5 anzuelos de bronce fragmentados, un instrumento para abrir erizos, llamado "garabato" por los mariscadores, que servía para despegar éstos de las rocas, un puntero de hierro, una aguja de metal, gran cantidad de clavos de bronce de diferentes tamaños y también de hierro

B.2.- Adornos personales: Abalorios que pertenecieron a las personas que trabajaron en la factoría destacar la presencia de dos anillos, un colgante, dos cuentas de collar y una cadenita.

C.- VIDRIO: En las diferentes Unidades Estratigráficas se han localizado fragmentos de vidrio pertenecientes a recipientes de variada tipología, borde, fragmentos amorfos, fondos y asas, la mayoría muy fragmentados.

D.- HUESO: Fabricados en hueso se han podido recuperar una aguja de armar y reparar redes, varios palillos o buriles y paletas.

E.- PIEDRA: Junto a las piletas se halló un escandallo o "picaera". Se trata de un tipo de aparejo vertical, modalidad de pesca en el que se utiliza una piedra ostionera que cuelga del pesquero. Éste una vez fondeado, con el movimiento, hace que la piedra golpee el fondo, liberando pequeños animales de las rocas, acudiendo los depredadores, principalmente la hurta.

Del interior del pozo se extrajo una piedra de afilar cuchillos, herramienta de trabajo fundamental, utilizada sobre todo por los ronqueadores en el descuartizado del atún y de otros peces. También se extrajeron fragmentos de mármol.

F.- RESTOS DE FAUNA

El grueso de materiales arqueológicos recuperados lo constituyen los restos óseos faunísticos, tanto de zoomorfos como de ictiofauna. Los restos del interior del pozo nos permiten conocer perfectamente las especies que se están procesando en la factoría. Entre los restos hallados en el interior del pozo aparecen gran cantidad de ictiofauna, pero predominan sobre todo los de túnidos (atún, melva, bonito, bacoreta) y espáridos (hurtas, doradas, cazón), según el estudio realizado por la Facultad de Ciencias del Mar de la Universidad de Cádiz y entre los moluscos predominan los equinodermos. En concreto, se trata de unos seis kilos de púas y trozos calcáreos de erizos que formaron dentro del pozo un estrato de unos sesenta cm.; algunos restos de malacofauna: lapas, ostras, concha fina, cañadillas, caracolas etc. Los restos recuperados en el exterior de éste, en las distintas unidades estratigráficas del yacimiento coinciden con el interior de éste.

Los restos malacológicos también han sido abundantes, tanto los hallados en el interior del pozo como los hallados en el exterior. Entre las especies destacan las siguientes familias: *Tritonidés*: *Tritón nodifer*, *Veneridés*: *Lucinopsis*, *Meretriz Chione* (comestible), *Venus ovata*; *Arcidés*: *Pentuculus violacescens*; *Pectinidae*; *Cardidae*: *Cerastoderma edule* (Berberecho), *Plagiocardium pseudolima*; *Ostrea Edulis*; *Mytilidés* (Mejillones); *Cultellidae*: *Ensis siliqua* (navajas); *Donacidae* (Donax trunculus: coquina): *Ensis siliquqlinnaeus* (navajas); *Muricidés* (múrex: cañadilla); *Fissurellidae* (tipo lapa); *Patellidae* (Lapas); *Trochidae* (burgaíllos). La mayoría corresponden a especies comestibles, por lo que el consumo de gasterópodos, bivalvos y cefalópodos, en época romana queda de sobra demostrado, así como su posible uso en preparados de salsas y otras recetas gastronómicas.

7. Estudio numismático.

El lote de monedas aparecidas en la excavación realizada en la factoría de salazones ubicada en la calle Padre Castrillón (Barbate – Cádiz) suma un total de 36 piezas de bronce, en su mayoría de pequeño módulo.

Debido a que la mayor parte de ellas se encuentran sin un tratamiento de limpieza, solamente hemos podido clasificar y estudiar doce de ellas (figura 12).

Figura 12.- Fotografía de algunas de las monedas halladas.

Clasificación:

1.- Dupondio de Oricalco del emperador Adriano.

Anverso: Busto del emperador Adriano con ropaje sobre el hombro izquierdo, cabeza radiada a la derecha.

Leyenda: IMP.CAESAR.TRAIANVS.HADRIANVS.AVG.P.M.TR.P. COS.III.

Reverso: Salud de pie a la izquierda con pié derecho sobre globo y sosteniendo pátera y timón.

Leyenda: SALVS.PVBLICA. S.C.

Ceca: Roma Cronología: 119-121 d.C.

Ref.: R.I.C. Vol. II, pág. 418, nº 604 a (foto 1).

2.- As de bronce del emperador Adriano.

Anverso: Busto del emperador Adriano con la cabeza laureada a la derecha.

Leyenda: HADRIANVS.AVG.COS.III.P.P.

Reverso: Modio con espigas de trigo y amapola.

Leyenda: ANNONA.AVG. S.C.

Ceca: Roma Cronología: 134-138 d.C.

Ref.: R.I.C. Vol. II, pág. 441, nº 798.

3.- Antoniniano de bronce del emperador Galieno.

Anverso: Busto del emperador Galieno con la cabeza radiada a la derecha.

Leyenda: GALLIENVS.AVG.

Reverso: Pantera en marcha a la izquierda.

Leyenda: LIBERO.P.CONS.AVG.

Ceca: Imitación local Cronología: 253 - 268 d.C.

Ref.: R.I.C. Vol. V, part. I, pág. 151, nº 229, lám. II – 33 (foto 9).

4.- Antoniniano de bronce del emperador Claudio II Gótico.

Anverso: Busto del emperador Claudio II con la cabeza radiada a la derecha.

Leyenda: IMP.CLAVDIVS.P.F.AVG.

Reverso: Figura de pie a la izquierda, que representa a la Fe, con dos estandartes.

Leyenda: FIDES.MILIT.

Ceca: Imitación local de Mediolanum (Milán) Cronología: 268 - 270 d.C.

Ref.: R.I.C. Vol. V, part. I, pág. 223, nº 149, (foto 5).

5.- Antoniniano de bronce del emperador Claudio II Gótico.

Anverso: Busto del emperador Claudio II con la cabeza radiada a la derecha.

Leyenda: IMP.CLAVDIVS.AVG.

Reverso: Victoria de pie a la izquierda sosteniendo corona y palma.

Leyenda: VICTORIA.AVG.

Ceca: Imitación local de Roma Cronología: 268 - 270 d.C.

Ref.: R.I.C. Vol. V, part. I, pág. 219, nº 105, (foto 11).

6.- Medio follis de bronce del emperador Constancio I Cloro.

Anverso: Busto del emperador Constancio I con la cabeza radiada a la derecha.

Leyenda: FL.VAL.CONSTANTIVS.NOB.CAES.

Reverso: Láurea con la leyenda inscrita VOT / X.

Ceca: Cartago, marca FK Cronología: 303 d.C.

Ref.: R.I.C. Vol. VI, pág. 427, nº 35 a, (foto 10).

7.- Medio follis de bronce del emperador Maximiano Hércules.

Anverso: Busto del emperador Maximiano Hércules con la cabeza radiada a la derecha.

Leyenda: IMP.MAXIMIANVS.P.F.AVG.

Reverso: Láurea con la leyenda inscrita VOT / XX.

Ceca: Cartago, marca FK Cronología: 303 d.C.

Ref.: R.I.C. Vol. VI, pág. 427, nº 37 b, (foto 6).

8.- Follis de bronce del emperador Constantino I.

Anverso: Busto con coraza del emperador Constantino I con la cabeza laureada a la derecha.

Leyenda: IMP.CONSTANTINVS.P.F.AVG.

Reverso: Sol estante a la izquierda portando globo.

Leyenda: SOL.INVICTO.COMITI.

Ceca: Treveri, en exergo PTR, en el campo TF. Cronología: 313 d.C.

Ref.: R.I.C. Vol. VII, C.530, 531, 536, 545, 546-C (foto 7).

9.- Follis de bronce del emperador Constantino I.

Anverso: Busto del emperador Constantino I con casco y traje militar, con la cabeza laureada a la derecha.

Leyenda: IMP.CONSTANTINVS.P.F.AVG.

Reverso: Dos Victorias, portando un escudo con la inscripción VOT.PR., sobre un altar.

Leyenda: VICTORIAE.LAETAE.PRINC.PERP.

Ceca: Siscia, en exergo PSIS Cronología: 318 - 319 d.C.

Ref.: R.I.C. Vol. VII, 636, 639-C, 52-R5 y 53-R1 (foto 4).

10.- Follis de bronce del emperador Crispo.

Anverso: Busto del emperador Crispo con coraza, portando Victoria, con la cabeza laureada a la izquierda.

Leyenda: IVL.CRISPVS.NOB.CAES.

Reverso: Dos cautivos, al pie de un estandarte, con la inscripción VOT./X.

Leyenda: VIRTVS.EXERCIT.

Ceca: Siscia, en exergo SIS Cronología: 320 d.C.

Ref.: R.I.C. Vol. VII, C.166 y 165-C, 123-R2 (foto 8).

11.- Follis de bronce del emperador Constantino II.

Anverso: Busto del emperador Constantino II con coraza, portando Victoria sobre globo, con la cabeza laureada a la izquierda.

Leyenda: CONSTANTINVS.IVN.NOB.C.

Reverso: Dos cautivos, al pie de un estandarte, con la inscripción VOT./X.

Leyenda: VIRTVS.EXERCIT.

Ceca: Arles?, en el campo AR Cronología: 320 d.C.

Ref.: R.I.C. Vol. VII (foto 3).

12.- Fracción de Centenional de Teodosio I.

Anverso: Busto del emperador Teodosio I con diadema de perlas a la derecha.

Leyenda: D.N.THEODO / SIVS.P.F.AVG.

Reverso: Dentro de colonia de laurel la inscripción VOT / X / MVLT / XXX.

Ceca: Cyzicus, marca de ceca SMKA Cronología: 378 - 383 d.C.

Ref.: Kent: Late Roman Bronze Coinage, part. II, pág. 97, núm. 2533.

Con relación al material que hemos podido estudiar, podemos decir que el comienzo del funcionamiento de la factoría de salazones debe de producirse en época de los Antoninos, y más concretamente durante el periodo del emperador Adriano, por la aparición de un dupondio y un as fechados entre los años 119 y 138 d.C.

Cabe la posibilidad que estas monedas fueran de carácter residual ya que la mayor parte de las encontradas, tanto las que son visibles como las que no los son, quedan enmarcadas en un periodo cronológico que se produce entre mediados del siglo III d.C. y primer cuarto del siglo IV d.C., es decir, entre los reinados de los emperadores Galieno y Constantino II.

El número más abundante de moneda coincidiría con la reforma de Diocleciano y los primeros años del gobierno del emperador Constantino I.

Entre las monedas estudiadas, hemos podido constatar la presencia de monedas de los emperadores Galieno, Claudio II, Constancio I, Maximiano Hércules, Constantino I, Crispo y Constantino II.

Podemos definir el momento de abandono de esta factoría, hacia finales del siglo IV d.C., por la presencia de una pequeña moneda (AE 4) correspondiente al reinado del emperador Teodosio I, que nos da una fecha de acuñación producida entre los años 378 y 383 d.C.

Todas estas son monedas pequeñas y de escaso valor, la mayor parte representadas por antoninianos, en un primer momento, y luego por follis y medio follis.

Debido a esta circunstancia, pensamos que este conjunto de monedas encontradas en un estrato de tierra cenicienta, no debe de ser producto de un atesoramiento motivada por una circunstancia de inestabilidad que se hubiese producido en ese momento, sino que más bien podría deberse a que se tratase de un lote de piezas que hubiesen dejado de circular en un periodo concreto del funcionamiento de la factoría de salazón y quedasen entre los rellenos de tierras de desecho.

También pudo ocurrir que estas monedas, al tener un escaso valor económico, hubiesen quedado depositadas en un momento determinado de funcionamiento de la factoría y posteriormente una vez producido el cierre de la misma, hubieran quedado sepultadas ya a finales del siglo IV d.C.

8. Conclusiones.

La factoría barbateña que ahora hemos estudiado y que indudablemente se encuadraba dentro de un complejo conservero local mucho mayor, no representa un hecho aislado en nuestras costas, sino que a su vez formaba parte de toda una pléyade de industrias de salazones que al menos desde tiempos de la colonización fenicia fueron implantándose a lo largo de la costa andaluza, del Algarbe portugués y del norte de África, formando parte del "*Circuito del Estrecho*".

Ponsich y Tarradell (1968), primero, y luego Lagóstena (2001), han estudiado en profundidad los diversos enclaves conserveros de la costa Bética. Ponsich (1988), en un trabajo en el que incluía también la costa norteafricana, la cual para él era *satélite, sin duda alguna, de la Bética, por lo menos desde el punto de vista económico y pesquero*. Éste autor documenta en las costas andaluzas casi 80 instalaciones, situando la gran mayoría en la banda atlántica y, dentro de ésta, entre Tarifa y Zahara de los Atunes la mayor concentración, con 16 factorías. Recordemos que Zahara de los Atunes apenas dista unos kilómetros de Barbate.

Lagóstena (2001), por su parte, ha analizado las factorías que han sido convenientemente excavadas o estudiadas en su cronología y función. Su relación, aunque no tanto como la de Ponsich, es igualmente densa, 34 establecimientos, concediendo un mayor peso específico a las de la costa mediterránea, y poniéndolos todos en relación con la industria alfarera, proveedora de envases para el comercio del producto.

Los diferentes testimonios de factorías de salazones en Barbate, como los citados por Hübner (1988), y las dependencias excavadas recientemente por nosotros, junto con las conocidas de Los Caños de Meca y Faro de Trafalgar, demuestran la importancia de la producción pesquera y salazonera desde el siglo II hasta el siglo VI d.C. aproximadamente. Como ya han indicado algunos investigadores la necrópolis de Barbate, con envases anfóricos amortizados, indican la actividad que la factoría pudo tener en el siglo VI d.C. Las ánforas halladas en la factoría forman parte de la tipología de ánforas dedicadas a envasar salazones, a excepción de la Africana grande con el sello CLST. Este tipo de ánfora se utilizó como contenedor de aceite y su origen es africano, concretamente tunecino. Similares han aparecido en Ostia, Esquilino (Roma), Vía Salaria (Italia) y en Volúbilis. Su procedencia africana al igual que otros tipos anfóricos viene a demostrar la existencia de relaciones con el norte de África. Asimismo, la aparición de cerámica realizada a mano en los estratos de abandono de este sector de la factoría barbateña, apunta a una coyuntura socioeconómica determinada. Quizás como apunta Reynolds, la reconquista del Norte de África por los bizantinos motivó el final de las exportaciones agrícolas hacia *Hispania*.

La existencia de algunos alfares conocidos en Barbate, como el de Fuente Redonda en las proximidades de San Ambrosio (Bueno Serrano, 2001) y de otros conocidos indirectamente por un tipo de pasta cerámica propia y exclusiva de Barbate, diferente a otras producciones, y que evidencian la existencia de algún alfar local aún por descubrir, apunta una producción de recipientes cerámicos a gran escala para la comercialización de productos derivados del mar.

Para concluir y como reflexión final, recordemos la importancia que parece tomar el poblamiento existente en Barbate en época tardorromana (Bueno Serrano, 2005), de ello dan buena muestra, los testimonios arqueológicos hallados, la proliferación de ermitas visigodas en la zona. El hecho de que la cercana ciudad de *Asido* (Medina Sidonia) sea ahora la capital del *Conventus Gaditanus* convierte a *Baesippo* en uno de los puertos más importantes y cercano a la capital y a la factoría barbateña en uno de los recursos económicos más importantes para el obispado asidonense, como parece ocurrir con los obispados de Barcelona y Valencia.

Bibliografía

BERNABÉ, A. (1988): "La necrópolis tardorromana de Barbate: las ánforas". *Reunió d'Arqueología Cristiana Hispánica,* Maó 1988, Barcelona 1992, 413-422.
BERNABÉ, A. y CARRERAS, A. Mª (1995): "Vestigios de época republicana y augustea en las cuencas de los ríos Barbate y San Ambrosio", *I Boletín de estudios Vejeriegos*. Sociedad Vejeriega de Amigos del País, 7-13.
BERNAL, D. *ET ALII* (2003): "Las factorías de salazones de *Iulia Traducta*. Espectaculares hallazgos arqueológicos en la Calle San Nicolás Nº 3-5 de Algeciras", *Almoraima* nº 29, 163-184.
BUENO SERRANO, P. (2001): "Las Actuaciones Arqueológicas realizadas en la Ermita de San Ambrosio", *Anuario Arqueológico de Andalucía* 2000, 127-137.
BUENO SERRANO, P. (2003): "*Baesippo* y la fabricación de salazones de pescado", *Rev. de Arqueología* nº 263. Ed. MC.
BUENO SERRANO, P. (2004): *Aproximación a la Historia de Puerto Serrano a través de la Arqueología*, Puerto Serrano.

BUENO SERRANO, P. (2005): *Baesippo: Un ejemplo de poblamiento tardorromano en el litoral del Conventvs Gaditanus,* Trabajo de Investigación. Universidad de Cádiz. Inédito.

CAYON, J.R.: *Compendio de las monedas del Imperio Romano. Vol. III. De Diocleciano (284 d.C.) a Constantino (337 d.C.).* Madrid.

LAGÓSTENA BARRIOS, L. (2001): *La producción de salsas y conservas de pescado en la Hispania romana (s.II a.C. - VI d.C.).* Universidad de Barcelona. Real Academia de la Historia.

MATTINGLY, D. y SYDENHAM, P. (1926): *The Roman Imperial Coinage.* Volume II. Vespasian to Hadrian. London. Spink and Son. (1973) Vol. VI. From Diocletian's reform (a.d. 294) to the death of Maximinus (a.d. 313), London.

MORENO, A. y ABAD, L. (1971): "Aportaciones al estudio de la pesca en la Antigüedad", *Habis* 2. Sevilla, 209-221.

PONSICH, M. (1988): *Aceite de oliva y salazones de* pescado, Universidad Complutense. Madrid.

RIBERA I LACOMBA, A. (2003): "Del foro al área episcopal". *Santos, obispos y reliquias. Acta Antiqua Complutensia 3,* 45-84.

ROMERO LÓPEZ, J. F. (1992): La *Colina de la Picota,* Barbate.

SAN VICENTE, J.I. (2002): *Moneda y propaganda política de Diocleciano a Constantino,* Vitoria.

TOVAR, A. (1974): *Iberische landeskunde. Baetica. Verlag Vlentin Koerner*, Baden-baden.

VEGAS, M. (1973): *Cerámica Común romana del Mediterráneo Occidental,* Instituto de Arqueología y Prehistoria, Universidad de Barcelona.

VV.AA. (1998): *Santos, obispos y reliquias. Actas del III Encuentro Internacional Hispania en la Antigüedad Tardía.* Alcalá de Henares, 13-16 de Octubre de 1998, *Acta Antiqua Complutensia*, Universidad de Alcalá de Henares.

LA SALINA ROMANA DEL YACIMIENTO DE "O AREAL", VIGO (GALICIA): UN COMPLEJO INDUSTRIAL SALAZONERO ALTOIMPERIAL

J.C. CASTRO
Anta de Moura, S.L.[1]

1.- Introducción.

Damos a conocer en este texto una salina marina de evaporación solar de época romana, localizada en el norte de la Península Ibérica, por tanto en una situación septentrional no habitual para este tipo de instalaciones. La práctica total ausencia de este tipo de estructuras en el mundo romano hace del hallazgo algo excepcional. Además, el buen estado de conservación del sector de esta estructura que centrará nuestra exposición permite un buen acercamiento a su sistema constructivo.

La presentación de este artículo se realiza desde una perspectiva complementaria al referido a la *cetariae* del yacimiento de "O Areal" en este mismo volumen (Torres, Castro y Prieto, 475-485). Ambas instalaciones, interpretadas por separado como establecimientos industriales, son la base de la hipótesis con la que concluyen ambos artículos, la existencia en época Altoimperial de una gran área industrial dedicada a la producción de salazones de pescado para su exportación, y que en el estado actual de conocimientos sería el primer conjunto localizado en Galicia.

Trataremos en este texto tan sólo de ofrecer los datos básicos de esta estructura arqueológica, de una manera descriptiva, para pasar más brevemente a apuntar la relevancia del hallazgo, su significación y las líneas de trabajo futuras. No pretendemos por tanto, y los datos no lo permiten, acercar una interpretación definitiva de esta salina; sobre su interpretación general en lo relativo fundamentalmente a su funcionamiento y significación histórica, estamos trabajando y en el futuro esperamos aportar conclusiones más contrastadas. Centraremos la exposición en la intervención donde se documentó la salina en mejor estado de conservación, haciendo referencia de forma más puntual a los otros tres solares donde también se documentó, en menor superficie y peor estado de conservación.

La intervención arqueológica que permitió documentar esta salina se llevó a cabo en varias fases, entre los años 1998 y 2000, en el marco de una obra pública, la construcción de un centro de salud financiado –al igual que los trabajos arqueológicos- por la Consellería de Sanidade de la Xunta de Galicia. Se realizó una primera fase de sondeos manuales, en cumplimiento de la normativa legal vigente en materia de protección del patrimonio arqueológico, que derivó en una posterior excavación en área. El hallazgo provocó una importante reforma del proyecto constructivo destinada a conservar los vestigios arqueológicos *in situ*, de cara a una futura musealización (la salina se conserva en el sótano -2 del edificio). En el marco de esa musealización, se prevé una nueva fase de intervención arqueológica que permita completar la actuación y dar respuesta a cuestiones puntuales. De los cuatro solares donde hasta ahora se documentó la salina, este es el único en el que se conservó y que además será visitable en un futuro.

La actuación arqueológica que centrará la descripción de la salina fue dirigida por quien subscribe, y ejecutada por la empresa de trabajos arqueológicos Anta de Moura, S.L.

2.- Contexto geográfico.

Vigo se sitúa en el interior de la ría de Vigo, en su margen sur. El yacimiento arqueológico que nos ocupa se emplaza geográficamente en la franja litoral, si bien separado del mar por los rellenos que a partir del último tercio del siglo XIX se sucedieron en paralelo al proceso de crecimiento urbano de la ciudad, a fin de favorecer su ensanche y el acondicionamiento de un puerto comercial (figura 1). El resultado fue la ocultación de la playa que recorría toda la ensenada de Vigo. Al tiempo, el emplazamiento coincide con la base de la ladera norte del monte que domina la ciudad, "O Monte do Castro", y que explica la presencia de sedimentos de origen continental que han tenido una relevancia fundamental en la historia de este yacimiento y que, además, son el primer responsable de que la salina romana se halla conservado hasta la actualidad en un buen estado de conservación.

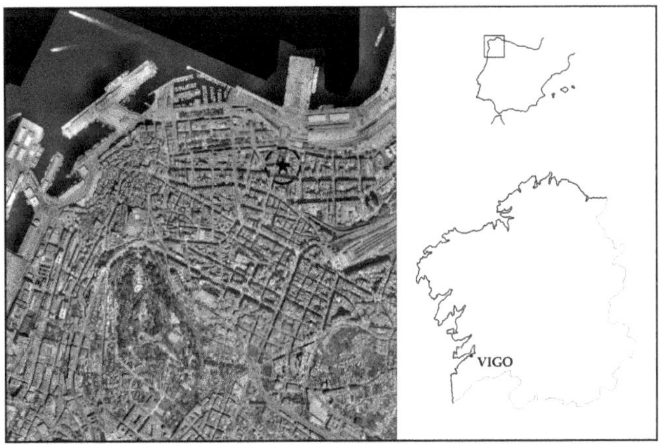

Figura 1.- Contexto geográfico y urbano de la salina romana de "O Areal".

3.- Contexto histórico: el yacimiento de "O Areal".

Las primeras referencias sobre la existencia en la zona de vestigios arqueológicos datan de mediados del siglo XIX: restos de hornos romanos, molinos de mano, fragmentos de ánfora y tégulas, escorias de fundición, muros, etc. (Filgueira, García, 1956, 199-200; Taboada, 1840, 171-173). El primer gran descubrimiento se produjo en la década de los 50

[1] Arqueólogo director de la excavación del solar donde se documentó la superficie de salina mejor conservada y coordinador de las intervenciones en otros solares con vestigios de salina en este yacimiento. juancastro@antademoura.com

Actas del Congreso Internacional *CETARIAE. Salsas y salazones de pescado en Occidente durante la Antigüedad*, Universidad de Cádiz, Noviembre de 2005, *B.A.R. int. ser.* 1686, Oxford 2007, 355-365.

del pasado siglo XX; se trata del hallazgo casual de 29 estelas funerarias y 1 ara romana durante la construcción de una vivienda, en el año 1953 (Álvarez, Bouza, 1961, 5-42).Varias décadas mas tarde, ya en los años 90, con motivo de las obras de urbanización de este sector de la ciudad, se llevaron a cabo distintas intervenciones arqueológicas que permitieron contrastar definitivamente todos los indicios anteriores, y confirmaron la existencia en el lugar de asentamientos y necrópolis de los momentos romano y medieval. Todos estos hallazgos supusieron un giro radical en el conocimiento del Vigo romano y por añadidura del mundo romano y altomedieval en Galicia.

Con los datos que en la actualidad contamos, fruto de las diferentes intervenciones arqueológicas realizadas hasta el momento, podemos establecer las siguientes etapas cronoculturales dentro del mundo antiguo.

Época Republicana-Altoimperial, ss. II-I a.C.-I d.C.: no está constatada la existencia de asentamientos concretos ligados a este período, pero sí el uso portuario de la zona en relación con el tráfico comercial, documentándose abundantes fragmentos de ánfora en las arenas marinas. Así mismo la presencia de materiales cerámicos de este momento en el poblado de la Edad del Hierro del Monte de "O Castro", certifica la existencia de contactos entre la población indígena y el mundo romano.

Época Altoimperial, ss. I-II d.C.: en paralelo a la continuidad del uso portuario, se produce la instalación de una salina y una factoría de salazón, recientemente documentada y objeto de la comunicación complementaria de esta, distantes entre sí unos 200 m. Hasta la fecha no se ha documentado ningún asentamiento habitacional ligado al funcionamiento de estas instalaciones. Esta circunstancia lleva a plantear que la población galaico-romana todavía se concentrase únicamente en el poblado del Monte de "O Castro". Debemos tener en cuenta que el abandono de este asentamiento se produce a partir del s. II d.C., continuando en el s. III (Carballo *et alii*, 1998, 87; Hidalgo, 1991, 47-49).

Época Bajoimperial-Tardorromana, ss. III-VI d.C.: de este período se documenta un asentamiento en la franja litoral, con unas estructuras de hábitat por el momento insuficientemente caracterizadas y una extraordinaria y extensa necrópolis. Esta situación la podríamos llevar hasta el s. VII d.C.

A partir del siglo III d.C. tenemos un aglomerado secundario que podría ser un *vicus*, de considerable entidad que perduraría hasta la época tardorromana, pero que quedó en el anonimato de las fuentes clásicas probablemente por no ser la capital administrativa de la comarca, a pesar de que –en el estado actual de conocimientos- parece evidente que fue el centro de actividad económica y comercial. Los restos materiales ligados a la fase de desarrollo de este núcleo de población son especialmente relevantes, siendo abundantísima la presencia de cerámica de este momento tardío, con una calidad excelente en cuanto a variedad de tipos y procedencias. Todo ello sería indicativo la importancia del puerto vigués, con un protagonismo esencial dentro de la actividad económica de la zona, como importante centro comercial (en relación con las rutas marítimas) y productivo, actuando en ambos casos quizás como punto de almacenamiento y redistribución (Naveiro, 1991, 151-153). En este sentido es significativo el dato de que la zona de Galicia con mayor concentración de restos anfóricos y de hallazgos subacuáticos relacionados con el tráfico marítimo es la ría de Vigo (Pérez, 2002, 264). Los contactos con zonas muy alejadas como es la orilla oriental del Mediterráneo o el norte de África, zonas de la Bética o de la Lusitania solamente fueron posibles gracias al desarrollo de una población portuaria y distribuidora de estas mercadurías así como a un período de tranquilidad que hiciese seguros los intercambios.

Ya en este momento existe un nuevo patrón de asentamiento, abandonando definitivamente el poblado de la edad del hierro galaicorromano para pasar a ocupar las zonas litorales y de valle. Si bien las zonas de habitación están aún insuficientemente caracterizadas, si conocemos bien la necrópolis. La necrópolis de "O Areal", además de tener una considerable superficie, tiene también una larga perduración temporal; al menos desde el siglo III d.C. hasta los siglos VI-VII. d.C. Su evolución refleja los cambios culturales que se fueron produciendo; rituales de incineración, inhumación con ajuar y finalmente las inhumaciones sin ajuar cristianas. Los enterramientos de inhumación, presentan una variada tipología con respecto a los materiales utilizados: ánfora, tégula, ladrillo, piedra, o simples cajas de madera, sin que de momento se pueda establecer una secuencia cronológica clara basándose en el factor tipológico, toda vez que el ajuar desaparece del contexto funerario

4.- La intervención arqueológica en el solar del centro de salud.

Pasamos ahora a concretar el contexto histórico del solar donde se documentó la porción de salina que posteriormente describiremos en detalle. Los datos generados en las intervenciones arqueológicas desarrolladas en el solar que nos ocupa, en conjunto con los aportados por las intervenciones arqueológicas realizadas en otros solares y calles de este yacimiento, nos permite establecer la siguiente secuencia en la evolución del solar del centro de salud, por el momento provisional, pues aún están en estudio una gran parte de las actuaciones llevadas a cabo.

Se han documentado distintos momentos de ocupación a lo largo de la historia. Varios de ellos corresponden culturalmente al mundo romano, abarcando un arco cronológico que podría ir desde el siglo I a.C. hasta los siglos VI-VII d.C. El más antiguo es un nivel de playa, situada justo debajo de la salina. En este momento se realizaría un uso portuario de la zona, desde el s. II-I a.C. hasta el I d.C. En la arena de la playa se documentan abundantes fragmentos de ánfora, predominando las vinarias. El material encontrado en las arenas de la playa es casi en su totalidad anfórico, con la vinaria itálica Dressel 1 y mucho mejor representada la vinaria bética Haltern 70. La datación para estas ánforas es entre los siglos II a.C y I d.C. Resulta de interés citar que para la Haltern 70 se propone una datación de entre el último tercio del I a.C. y fines del I d.C., si bien en el NO de la Península Ibérica parece concentrarse en las primeras décadas del I d.C. (Naveiro, 1991, 66).

Con posterioridad, sobre la playa se construye la salina, si bien el uso portuario de la zona permanece una vez construida y en fase de explotación. Datamos el uso de esta estructura preferentemente en el lapso temporal de los siglos I-II d.C., si bien no podemos descartar que funcionara hasta los inicio del III d.C. La salina fue construida sobre una barra de playa de origen marino afectada por la erosión eólica, y al sur de la cual existía una marisma formada en la trasplaya por los aportes de ladera y las corrientes de agua dulce (regatos) y salada (mareas).

En el límite oeste, una vez acaba la salina, el estrato de arena de playa que se sitúa bajo ella tiene pendiente en esa dirección y a una cota más baja, donde están las grandes piedras hincadas, la arena queda cubierta por limos originados en la sedimentación natural de la marisma. Estos estratos junto con la salina son contemporáneos, y dan cuenta de ese biotopo que conformaba la playa y la marisma de la trasplaya. En uno de esos estratos de limos se documentaron restos de materia orgánica (madera,...) que sin duda permitirán un mejor conocimiento de las condiciones medioambientales de la zona. La excavación de este estrato está pendiente de una futura fase de trabajos.

El abandono del uso de la salina coincide -o quizás fue provocado- por una bajada del nivel del mar, y la progresiva sedimentación natural sobre ella y la marisma, de tierras y arcillas procedentes de ladera, a tenor de los datos aportados por un estudio edafológico de la zona (Martínez, Costas, 1997, 23-47). Se ha propuesto el inicio de esa fase regresiva, coincidente con la "regresión Wisant" para una fecha del 1.900 BP, interpretando también los autores que el proceso sedimentario se pudo ver acelerado por la acción antrópica (deforestación, agricultura), algo que consideramos perfectamente coherente con los cambios en el patrón de asentamiento que se están produciendo en esos momentos, vinculado al proceso de romanización, y quizás en especial a la creación y explotación de una gran área industrial (salina, salazón, puerto) en la ensenada de Vigo. Sin embargo, los datos arqueológicos posteriores a este estudio parecen indicar un momento más temprano para el inicio de esta fase regresiva, y que en un primer momento permitió la construcción de la salina. A esta fase regresiva precedió otra transgresiva denominada "transgresión Dunkerkiense", durante el subatlántico (3.000-2.000 BP), que para Galicia varios autores sitúan entre 2.300 y 1.700 BP. Esta fase parece estar relacionada con las ánforas existentes en las arenas marinas sobre las que se construye la salina, en una zona entonces de dominio intermareal.

Una vez la salina y la marisma de la trasplaya se cubrieron por los sedimentos continentales, el sector que ocupaba tendrá un nuevo uso, el de necrópolis antes citado, al menos entre los ss. III-VII d.C. En el solar del centro de salud no se conservaron evidencias concluyentes de este uso.

El primer estrato de sedimentación natural sobre la salina es muy arcilloso, predomina la materia inorgánica. Sus características (color, compacidad,...) varían según el sector del área excavada. Su espesor se incrementa hacia el sur; es lógico si tenemos en cuenta que es allí donde estaba la marisma y por tanto estamos en cotas más bajas que las de la salina. El material mueble documentado en este estrato es romano, en posición secundaria, escaso y muy erosionado. Los tipos documentados son los siguientes: ánfora (entre la que se puede reconocer tenemos Haltern 70); tégula; cerámica común; Terra Sigillata Hispánica Drag. 37; imitación rojo pompeyano; vidrio y clavos de hierro. El siguiente estrato de sedimentación natural localizado sobre el antes descrito, tiene características similares, si bien con un porcentaje menor de arcillas en su composición, lo que también supone una menor compacidad, y un color algo más oscuro. El material documentado en este estrato es romano, más tardío – lógicamente- que el del estrato precedente, en posición secundaria y mal estado de conservación; muy fragmentado y erosionado. Los tipos documentados son los siguientes: ánfora; tégula; cerámica común; Late roman *Hayes 3*; Terra Sigillata Paleocristiana gris y naranja; Terra Sigillata Clara D; Paredes finas; imitación rojo pompeyano; vidrio y clavos de hierro. Finalmente sobre el estrato anterior tenemos el estrato relacionable con la necrópolis. El alto contenido en materia orgánica y los huecos atribuibles a raíces que se documentaron, permiten interpretarlo como suelo (dato aportado por D. Antonio Martínez Cortizas, Departamento de Edafología y Química Agrícola, Facultad de Biología de la Universidad de Santiago de Compostela, a quien agradecemos la información facilitada). Los materiales muebles documentados son muy abundantes y mayoritariamente cerámicos. El material está en posición secundaria y su estado de conservación no es bueno; muy fragmentado y erosionado. Los tipos documentados son los siguientes: ánfora (destaca la presencia de fragmentos del tipo de ánforas comúnmente conocidas como "bizantinas" o "palestinianas", con estriado exterior que se vienen interpretando como procedentes de los talleres de Siria, Palestina y Egipto); tégula; cerámica común de cocina y mesa; Late roman *Hayes 3*; Terra Sigillata Paleocristiana gris y naranja; Terra Sigillata Clara D de tradición africana de finales del s. IV a principios del S.VII; Terra Sigillata Hispánica tardía; cerámica pintada (escasa); vidrio (además de cuencos, platos, etc., también se documentaron cuentas de collar y un fragmento de pulsera, resultando muy significativa la aparición de escorias de vidrio, que podrían ser indicio de un taller) y clavos de hierro.

Con posterioridad a ese momento tardorromano-altomedieval, continuó el proceso de sedimentación natural de origen continental que incrementó el desarrollo estratigráfico del suelo del solar. No se vuelven a encontrar evidencias de la ocupación humana hasta época contemporánea; lo que no excluye que el lugar no se utilizara -por ejemplo- como tierra de labor, teniendo en cuenta las evidencias del hábitat en otros sectores excavados del mismo yacimiento.

5.- Descripción de la estructura de la salina en el solar del centro de salud.

Ocupa en planta la mitad norte del solar. En sección, su localización estratigráfica está debajo de un nivel de sedimentación natural y sobre la arena de la playa que existía en el momento de construcción de esta estructura. Es importante destacar la contemporaneidad de los distintos niveles (escalones) en los que se articula la salina, como se desprende del registro estratigráfico elaborado, descartando así la posibilidad de distintos momentos de uso.

5.1.- Descripción general.

Centramos este artículo en el solar del Centro de Salud (en adelante lo denominaremos parcela 14, como se denominó urbanísticamente este solar, en la Unidad de Ejecución I-05 Rosalía de Castro 1) en tanto trabajamos en una síntesis del conjunto de información generada sobre la salina en distintas intervenciones arqueológicas de distintos solares, a su vez realizadas por distintos directores y empresas de arqueología. La gran fragmentación de la información y el gran número de actuaciones arqueológicas a considerar (lógicamente tanto las que documentaron la salina como las demás realizadas en el entorno), nos obliga a ser prudentes en cuanto a los resultados y conclusiones finales. Debemos tener en cuenta, en todo caso, que el sector de salina descubierta en el solar que nos ocupa es el más grande y el que presentaba un mejor estado de conservación, a la vez que una mayor variabilidad constructiva. De todas formas, sí aportamos ahora unos datos generales que nos permiten tener una idea del conjunto de la estructura de la salina.

El conjunto hasta ahora conocido de la salina se ha documentado en intervenciones arqueológicas realizadas en 4 solares urbanos distintos; cabe considerarlo como una información muy fragmentaria. A la vista de los datos existentes actualmente, la salina se extiende en un eje aproximado E.SE-O.NO, en una longitud de unos 150 metros, y en un ancho (eje N-S) de unos 65 metros. Los límites oeste y sur podemos considerarlo como definitivos a la vista de los datos disponibles de otras intervenciones arqueológicas donde no se documentó la salina y de la configuración topográfica de la zona en la época. En cuanto al límite este, resultan aún insuficientes las actuaciones arqueológicas realizadas como para poder concluir algo razonablemente preciso. Al respecto del límite norte ocurre otro tanto, pero en este eje norte-sur la estructura de la salina consideramos no debería superar una longitud de 100-110 (como máximo). Por tanto podemos hablar de una superficie mínima de salina (hablando de la instalación en su conjunto) de unos 8.500 m^2. Repetimos que se dispone de datos muy fragmentarios para lo que puede ser la superficie definitiva de la salina, que en cualquier caso estamos seguros supera los 10.000 m^2.

Podemos avanzar la posibilidad de un uso coetáneo para todas las superficies de salina hasta ahora documentadas, con una cronología que siempre se fija en el lapso I-II d.C., es decir, época altoimperial, si bien podría llegar a incluirse los inicios del III d.C. La cronología de la salina es relativa, no tenemos indicadores directos; materiales asociados a su uso, etc., ni de momento tampoco dataciones radiocarbónicas. Los materiales aparecidos en la playa bajo la salina son mayoritariamente fragmentos de ánforas vinarias, en especial la itálica Dressel 1 y mucho mejor representada la bética Haltern 70. Como ya se apuntó, en general la datación para estas ánforas y otros tipos aparecidos en otros solares se sitúa entre los siglos II a.C y I d.C. Es importante recordar lo anteriormente apuntado al respecto de una perduración sólo hasta las primeras décadas del s. I d.C. para la Haltern 70 en el NO de la Península Ibérica. Por arriba de la salina tenemos la necrópolis que debió comenzar a funcionar durante el siglo III d.C. No tenemos estudios edafológicos que nos permitan avanzar el lapso de formación del estrato de sedimentación natural que cubre la salina y sobre el que se excavarán las tumbas de la necrópolis.

5.2.- La salina en el solar del Centro de Salud.

Quiero citar antes la única descripción conocida de una salina por un autor clásico, pues resulta emotivo volver a hacer una descripción de una salina romana tantos siglos después, aunque no sea de una manera tan poética. Hablamos de la que hizo Rutilio Namaciano, refiriéndose a una salina cercana a Roma en el siglo V d.C. (Rutilius Namatianus, *De Redito suo*, I, 475-484), "(...) Me entretengo en observar unas salinas situadas al pie de la finca, pues con este nombre se designa una laguna salada en la que entra el mar por unos canales en pendiente cavados en la tierra y en que una fosa pequeña reparte el agua a unas albercas de muchas secciones. Pero cuando aplica Sirio su fuego ardiente, cuando palidece la hierba, cuando está sediento el campo todo, entonces se cierra el paso al mar con las compuertas de las represas para que, abrasada, la tierra endurezca las aguas allí retenidas. La masa coagulada que surge de forma natural recibe la fuerza punzante de Febo y con el calor del verano se cuaja una pesada costra, de un modo que no difiere en absoluto de cuando el hórrido Histro queda endurecido por el hielo y permite, al solidificarse, el arrastre de carros enormes".

El sector de la salina de Vigo documentado en el solar del centro de salud está orientado en la dirección del conjunto, E.SE-O.NO. Ocupa una superficie de casi 300 m^2, dispuestos en una franja de aproximadamente 28 x 11 m. Se articula en 3 niveles, progresivamente a cotas más bajas en dirección este (figura 2). Su estado de conservación es en general muy bueno, si bien el pavimento de la mitad este está parcialmente desaparecido.

Figura 2.- Planta de la salina en el solar de la parcela 14 (centro de salud).

La estructura de la salina queda definida por las alineaciones de piedras hincadas y los pavimentos (de arcilla y losas) que se extienden entre ellas, y que en conjunto conforman las cubetas o recintos en los que se evaporaría el agua marina por la acción del sol y la brisa, hasta que se decantase la sal (figura 3). Las características de estos pavimentos son distintas según el escalón de la salina. Así, en el escalón situado más al oeste, el mejor conservado y el situado a una cota más alta (figura 4), las cubetas son aproximadamente rectangulares, con unas dimensiones en torno a 2,4 x 4,6-4,7 m. Se conservan 7 cubetas completas y otras 3 incompletas (una de ellas casi completa). En el siguiente escalón en dirección este, situado a una cota en torno 35 cm. más baja, existe una única cubeta, que pudo tener también divisiones, como parecen indicar algunas piedras hincadas existentes inmediatas a su límite este (figura 6). El mal estado de conservación de esta posible línea no permite asegurar con total certeza la existencia de esa división, pero parece muy probable. La longitud de este segundo escalón en la dirección aproximada oeste-este se puede medir en la alineación de piedra hincadas que lo delimitan por el sur, entre los límites este y oeste de la cubeta; tiene 11,7 m.; las cubetas documentadas en el solar contiguo por el este (en adelante lo denominaremos parcela 13, como se denominó urbanísticamente este solar, en la Unidad de Ejecución I-05 Rosalía de Castro 1) tenían unas dimensiones de 6 x 10 m. (Prieto, 1997). En la parcela 13 se excavaron cuatro cubetas; dos de ellas documentadas en la mayor parte de su superficie y las otras dos sólo parcialmente. También se documentó la continuidad de las cubetas en dirección norte en un sector no excavado, pero sin datos como para saber si sus dimensiones también son 6 x 10 m., aunque esta opción resulta probable.

El tercer escalón se corresponde con la superficie de salina excavada en la parcela 13. Es poca la superficie de este escalón conservada en la parcela 14, no llega a 14 m^2. La cota del pavimento de este escalón está en torno a 25 cm. más baja que el anterior. A su vez este escalón tiene continuidad en el solar de la calle Oporto nº 14 (colindante por el este con la parcela 13), también a la misma cota (Rodríguez, 2003). En este solar de la calle Oporto se documenta un nuevo escalón, al sur del anterior y a una cota más baja de 20 cm. Así pues, en estos tres solares y en un tramo de algo más de 60 m. en la dirección aproximadas E-O, documentamos hasta 4 escalones distintos, progresivamente a cotas más bajas en dirección este, de forma que la diferencia de cota entre el escalón más alto y el más bajo es de 80 cm.

El extremo oeste de la salina se documentó en el solar de la calle Hospital nº 5 (situado a 75 m. al O.NO de la parcela 14), actualmente denominada Inés Pérez de Ceta (Acuña, 1996). La superficie que ocuparía la salina en este solar sería de unos 400 m^2, sólo parcialmente conservados y excavados, pues estaba bastante alterada por estructuras de momentos posteriores. Las cubetas documentadas son de planta rectangular, con ancho entre 2,06-2,25 m. y longitud entre 5,20-5,25 m., y orientación NO-SE. El mal estado de conservación general solo permite definir cuatro cubetas, además de forma parcial. Se repiten en este solar las características constructivas ya conocidas: cubetas delimitadas por piedras de esquisto hincadas en un pavimento de arcilla impermeable, horizontal, con un grosor de unos 10 cm., sobresaliendo las piedras en torno a 8-10 cm. sobre la rasante del pavimento. Desde el punto de vista constructivo en este solar se aprecian las siguientes singularidades: las piedras que delimitan las cubetas son más alargadas y también existen alineaciones paralelas; en un caso sin apenas separación y en el otro escasa. El pavimento se asienta sobre roca base o niveles de playa de origen marino, y se apunta la existencia de recrecidos y reparaciones.

Figura 3.- La salina en la parcela 14, vista desde el E.

La salina en el solar de la parcela 14 tiene -por tanto- continuidad hacia el este y hacia el norte, en esa dirección continuaría bajo las naves existentes que, probablemente, no afectaron en su construcción a los vestigios eventualmente conservados. Por el sur el límite sería la marisma, y por el oeste el límite queda establecido por la topografía original del terreno: la playa sobre la que se construyó la salina caía en esa zona hacia el oeste (figura 5). Los limos existentes son indicio de la existencia de un entrante de la marisma y no de un regato, como se deduce de su análisis. Ese límite topográfico quedó arquitecturado mediante la construcción de una estructura que interpretamos como muro de contención, conformado por una alineación de grandes losas de granito hincadas. Más allá, el límite oeste del conjunto de la salina queda establecido por los vestigios antes citados del solar de la calle Hospital, 5.

Figura 4.- Vista del sector mejor conservado de la salina (escalón superior).

Figura 5.- Vista desde el NW., se aprecia la playa bajo la salina.

Figura 6.- Vista desde el Este.

En síntesis, los elementos que definen la estructura de la salina (salvo otro sobre el que ahora no nos detendremos, unos canales de arcilla con caída hacia la marisma sur, de funcionalidad aún dudosa, documentados en la parcela 13) son:

1. Alineaciones de piedras hincadas. Es el elemento más notorio. Son piedras de esquisto y granito hincadas en la arena de la playa y sostenidas entre el pavimento de la salina y una arcilla colocada por el exterior en los laterales sur y oeste. Las dos alineaciones situadas entre los límites de los escalones son de mayores dimensiones que las otras, y sirven al tiempo como límite de las cubetas tanto del escalón superior como del inferior. En el escalón superior las piedras hincadas sobresalen sobre el pavimento tan solo entre 3-5 cm.; permitirían una lámina de agua muy fina. En el siguiente escalón sobresalen mucho más, de media entre 15-20 cm.

2. Pavimentos. El escalón más alto tiene un pavimento compuesto por un enlosado de piedras cubierto por una finísima capa de 2-3 milímetros de una argamasa de arcilla que es la misma que se utiliza en el rejunte de las losas (este pavimento sólo se ha documentado en este solar), que –aunque esto no es definitivo- podría ser parte de la construcción, destinado a regularizar la superficie (figura 7). Los otros escalones tienen un pavimento de gravas y arcilla compactadas. El estado de conservación de este segundo pavimento es en general deficiente, muy especialmente en la mitad sur.

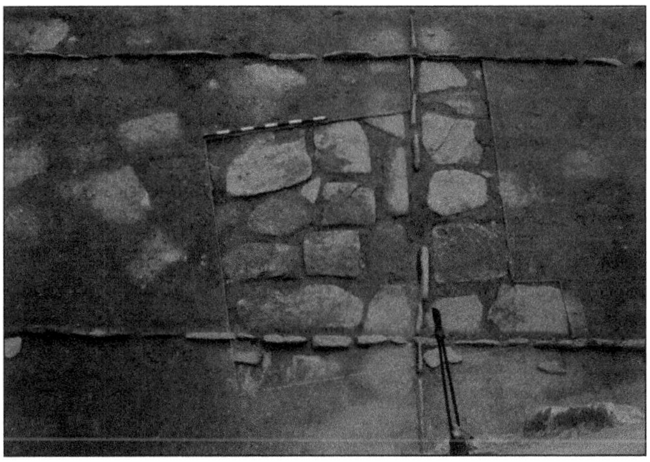

Figura 7.- Pavimento enlosado en el escalón más alto de la salina.

3. Arcilla exterior. Por el perímetro sur y oeste de las cubetas existe una capa de arcilla compactada (a modo de pavimento) que conforma una franja de aproximadamente 0,5 m. de ancho que parece haber sido construida con una finalidad estructural; para dar consistencia y estabilidad a las piedras hincadas.

4. Pequeñas cubetas interiores. Denominaremos así a tres estructuras, dos de ellas situadas en el escalón intermedio, inmediatas al límite de este con el escalón superior y la otra en el tercer escalón. Las tres tienen planta cuadrada, con unas dimensiones similares de en torno a 80 x 80 cm., con una superficie interior de en torno a 50-60 x 50-60 cm. Están formadas por piedras hincadas grandes y disponen de pavimento empedrado. En la Parcela 13 se localizó una de estas estructuras, con dimensiones similares, 60 x 60 cm., con pavimento formado por cuatro losas horizontales (Prieto, 1997). De momento no tenemos una interpretación que consideremos concluyente para la funcionalidad de estas estructuras.

5. Alineación de grandes piedras hincadas exteriores. Está formada por grandes losas hincadas, situadas en el límite entre la playa y un entrante de la marisma situado en el extremo oeste del área excavada (figura 5). Son piezas de un ancho en torno a 0,50-0,70 m. y una altura en torno a 1-1,20 m. Teniendo en cuenta la pendiente de la playa hacia el oeste en ese punto, la cabecera de estas losas está situada por debajo de la rasante (cota) de la salina. Parece clara su funcionalidad estructural, con sentido en la contención del talud de la playa existente entre el límite de la salina y las propias piedras, a fin de que esa arena no fuera arrastrada por el agua. Este tipo de alineación también se documentó en el extremo este de la salina en el estado actual de su conocimiento (Rodriguez, 2003), si bien el formato de sondeo no permite concluir si estamos ante la misma solución constructiva, aunque nos parece probable.

Interpretación general. Distintos autores coinciden en un esquema básico en lo relativo a la organización de una salina de evaporación solar (Alonso *et alii*, 2001, 172-185), con la existencia de tres áreas principales que cumplen las funciones de *depósito* o *decantador*, donde se almacena y decanta el agua salobre liberándose de distintos materiales que lleva en suspensión; las *zonas de evaporación*, en las que por exposición al sol aumenta la concentración salina, y los *cristalizadores*, donde se alcanza la máxima concentración de cloruros hasta la cristalización de la sal. Todas estas dependencias están comunicadas por medio de un complejo sistema de compuertas y canales a través de los cuales el agua llega hasta los cristalizadores. Para el caso que nos ocupa podríamos interpretar todas las cubetas como zonas de evaporación, si bien la especificidad constructiva de las del escalón más alto, con su pavimento enlosado y menores dimensiones de las cubetas, nos podrían hacer sospechar una diferenciación funcional. Podríamos interpretarlos como los cristalizadores, pero entonces el funcionamiento de la salina no sería por gravedad, y tendríamos que suponer un proceso de remonte del agua, mecánico o manual, del que en principio no tenemos indicios claros, si bien sabemos su existencia en otros casos. A modo de ejemplo citamos en salinas de Sicilia el uso de molinos de viento para accionar ruedas hidráulicas que remontaban el agua (Herrero, 1981, 20). Como resulta evidente, el pequeño porcentaje que por ahora conocemos de la salina imposibilita una interpretación funcional más contrastada (si suponemos una superficie de 10.000 m^2 para el conjunto de la instalación, lo que conocemos por ahora supondría en torno al 12 % de ese total. Este porcentaje no llegaría al 9 % con una superficie –nada improbable- de 15.000 m^2.), si bien provisionalmente nos decantamos por interpretar las cubetas del escalón más alto como cristalizadores.

Desde el punto de vista de la construcción de la salina y en relación con los pavimentos de arcilla, resulta de gran importancia el hallazgo bajo ellos de piedras y fragmentos de tégula que interpretamos como medios auxiliares en su construcción, a fin de conseguir su nivelación. Tanto las piedras como las tégulas estaban colocadas horizontalmente sobre la arena y bajo el pavimento de arcilla, formando un reticulado (figura 8). Se documentaron tanto en el solar del centro de salud como en el contiguo por el este (parcela 13). Es este un sistema tradicional, cuya relevancia no radica tanto en su documentación sino en lo que esto representa: no estaríamos ante una salina construida mediante la roturación de una marisma, sino que se construiría sobre la playa (figura 9), utilizando material de la marisma cercana (limos y fangos). Un primer análisis de esta estratigrafía en el solar donde se localizó la salina en su límite occidental (Martínez, Costas, 1997, 23-47), interpretaba la opción habitual, es decir, la roturación de una marisma preexistente. Aunque para ese solar pueda existir alguna duda, para el resto de los que nos ocupan la documentación de este sistema resulta definitiva, ya que su presencia sólo se puede explicar por cumplir la función antes descrita. Además de estas piedras, el límite entre escalones de cubetas que se excavó en el extremo NE de la parcela 14, permitió apreciar las características de la zanja abierta en la arena de la playa para la construcción de esta alineación de piedras hincadas, demostrando coherencia con el hecho de que no existía marisma al menos en lo que respecta a este solar y el contiguo.

Figura 8.- Sistema constructivo de la salina (nivelación pavimento), en la parcela 13.

Desde el punto de vista de la arquitectura de esta salina, existen ejemplos históricos y etnográficos de similares recursos constructivos, en particular en lo relativo en las alineaciones de piedras hincadas que delimitan las cubetas o a los pavimentos empedrados. Podemos ver algunos ejemplos en *Hommes et paysages du sel* (Hocquet, Malpica, Weller, 2001). En relación con las piedras hincadas que delimitan las cubetas, no sabemos si lo que vemos ahora es un "esqueleto", al que falta un recubrimiento de arcilla, o si simplemente se utilizaba arcilla para sellar las juntas entre piedras. Nos inclinamos hacia esta opción, a la vista de paralelos etnográficos, y de la alteración en la superficie de las piedras provocada por la sal.

Figura 9.- Perfil estratigráfico en la parcela 13, se aprecia el pavimento de la salina sobre la playa.

6.- Conclusiones.

6.1.- La importancia del hallazgo y el carácter industrial de esta salina.

Son varias las cuestiones que dotan de gran relevancia el descubrimiento de esta salina, al punto que nos hacen calificarlo de excepcional.

Hasta su documentación, no existía en todo el ámbito geográfico del mundo romano ninguna salina marina de evaporación solar conservada, aunque sí se supiera de la existencia de muchas cuyos restos no han llegado hasta nuestros días, en el estado actual de conocimientos, y otras de caracterización aún insuficiente o con vestigios puntuales, como las referencias del norte de Portugal (Almeida, 1979, 391-407), las de la Bahía de Cádiz (Alonso, Gracia, Ménanteau, 2003) o las de Ostia. También en Galicia existen otros dos posibles ejemplos, insuficientemente caracterizados. El primero corresponde a una estructura documentada en la playa de Nerga (Cangas-Pontevedra), inmediata al regato de "As Forcadas". Actualmente bajo la duna, en 1974 quedó parcialmente a la vista por una crecida invernal del regato, que dejó ver en una longitud de unos 60 m. un pavimento horizontal a base de cantos rodados de tamaño medio trabados con una argamasa, con hiladas de piedras de esquisto delimitando lo que podrían ser cubetas de una salina (Ficha de inventario de la Xunta de Galicia GA036008014, A. Acuña Piñeiro, 1996). Hemos examinado la única fotografía que conocemos de esta estructura (Archivo Gráfico del Museo Provincial de Pontevedra), de ese año 1974, y encontramos semejanzas formales en las soluciones constructivas con respecto a la salina romana de "O Areal" (Vigo). Aunque no hay ninguna escala que nos permita obtener medidas, se aprecia que las piedras hincadas que delimitan las cubetas sobresalen muy poco de la rasante de su pavimento, conformado por piedra aplanadas, de tamaño medio. Lo que se aprecia en la fotografía desde luego que confirmamos que es parte de una salina, probablemente se puede tratar de los cristalizadores. Se observan también dos alineaciones paralelas de piedras hincadas con poca separación entre líneas que bien podría ser un canal de distribución (en el solar de la calle Hospital nº 5, en la salina de "O Areal", Vigo, se documentó una estructura similar a esta, si bien en un deficiente estado de conservación que no permite ser concluyentes). Si bien la información de que disponemos es muy escasa y, además, no existe ningún dato que nos permita un acercamiento cronológico, debemos tener en consideración el apunte anterior al respecto de su arquitectura y el hecho de su localización cercana a un yacimiento romano con piletas de salazón, pues permiten pensar en una datación de época romana, con la cautela con la que se debe tomar esta afirmación. Las piletas de salazón forman parte del yacimiento de "A Igrexiña" (Bouza, Álvarez, Massó, 1971; De la Peña, 1984; Fernández, Martínez, 1994; Acuña, 1999), situado a menos de 500 m. de la salina en el extremo sureste de la playa y en el que se han documentado cuatro piletas de salazón. Al respecto de estos *cetaria* no hay datos suficientes para concretar su cronología.

El segundo ejemplo se documentó en una de las campañas de excavación de la villa romana de Toralla de Vigo, dirigida por Otilia Prado Fernández (Pérez, Vieito, Fernández, 2003). Se trata de dos alineaciones de piedras hincadas verticalmente que forman un ángulo recto (sólo está excavado parcialmente), con longitudes de 7,10 y 5,50 m. Las piedras están incrustadas en el paleosuelo arenoso y delimitan una superficie horizontal compacta de matriz arcillosa. No se documentaron materiales muebles asociados y estratigráficamente los autores relacionan la estructura con la villa, en un momento tardío; bajoimperial-tardorromano. Se apunta la interpretación funcional como salina de forma provisional; desde nuestro punto de vista es semejante a la salina de "O Areal" en su sistema constructivo, si bien la escasa superficie excavada no permite mayor concreción.

Volviendo a la salina de "O Areal", aunque la superficie que conocemos de esta salina es pequeña en relación con el tamaño total que suponemos para la instalación, permite que nos hagamos una idea de su arquitectura, que sin duda facilitará la correcta interpretación y caracterización de vestigios más fragmentarios registrados con anterioridad y ayudará en la identificación de nuevos restos en el futuro.

Se trata además de una salina atlántica, con diferencias en su estructura con respecto a las mediterráneas, debidas a la existencia de mareas, menor insolación, etc. En este sentido la descripción de Rutilio Namaciano no se ajustaría a la realidad de la salina de Vigo en cuanto a la recogida de la sal. Esas diferencias se pueden materializar en aspectos concretos de su arquitectura, por ejemplo en una menor altura de las separaciones entre cubetas, debida a una menor cantidad de agua, a su vez determinada por una menor insolación.

Sin duda otro elemento de gran significación es la situación septentrional de esta salina, para la idea habitual de una localización en la mitad sur peninsular. La existencia en Galicia de salinas marinas de evaporación solar en época medieval y moderna hacía previsible un precedente de época romana, más que la opción de una producción mediante evaporación ígnea, bien documentada en la Europa atlántica -en particular en la costa de Bretaña- desde época prehistórica hasta romana (Weller, 2002; Hocquet, 1994). Las dimensiones hipotéticas de la salina también son reveladoras de su entidad, superando claramente un ámbito de producción restringido a un consumo local. En este sentido, como respuesta a la pregunta de qué hacía una salina de esta superficie tan al norte y funcionando en un momento tan temprano teniendo en cuenta el registro arqueológico con el que contábamos en el noroeste peninsular, la localización de la factoría de salazón altoimperial de la calle Marqués de Valladares de Vigo, en el mismo yacimiento, resulta concluyente. Hasta ahora con esta salina se producía una paradoja, ya que muchas de las instalaciones salazoneras de Galicia, abundantes por otra parte, tenían una cronología tardía, bajoimperial fundamentalmente (ss. III-IV d.C.), resultando clara la datación altoimperial de la salina, y su colmatación natural ya a partir del III d.C. Por tanto teníamos una producción de salazones tardía en la ría de Vigo y una producción de sal en gran cantidad para la que no se conocía destino, salvo que este fuera para alguna de esas otras instalaciones altoimperiales.

6.2.- La hipótesis: un conjunto industrial romano salazonero de época altoimperial (figura 10).

La propuesta que hacemos toma en cuenta los vestigios descritos en las páginas anteriores de salina del yacimiento de "O Areal" y la factoría de salazón de la calle Marqués de Valladares tratada en el artículo complementario de este en este mismo volumen, y -como es lógico- está condicionada por el estado actual de conocimientos, con el estudio pendiente de una gran cantidad de datos documentados en los distintos solares en los que se ha intervenido en los últimos años en la franja litoral de Vigo que nos ocupa. Así pues, pretendemos ahora tan sólo presentar la propuesta y en el siguiente apartado algunas de las líneas de trabajo que consideramos conveniente seguir, en algunas de las cuales estamos trabajando (un avance de esta propuesta se puede ver en Castro Carrera, 2006, 115).

Figura 10.- Hipótesis de la topografía del litoral de Vigo en época Altoimperial, con el emplazamiento del complejo industrial romano. A-Factoría; B-Salina; C-Área portuaria; D-Playa (intermareal).

Proponemos la relación directa entre la factoría de salazón y la salina, de forma que tendríamos un conjunto industrial de época altoimperial que a día de hoy es la primera gran área industrial romana de Galicia y posiblemente del noroeste peninsular relacionada con la producción de salazones, si bien es cierto que los datos que se conocen en la actualidad sobre otros yacimientos hacen pensar que no es un caso aislado. La relación que se establece entre estas dos instalaciones se hace evidente a la vista de las cuestiones que brevemente enumeramos. Sincronía en su uso, en un período que aún no podemos concretar entre los siglos I-II d.C., quizás incluso inicios del III. Cercanía topográfica, pues están separadas entre sí a penas 200 m. con los datos actuales, y algo menos considerando la continuidad de la *cetaria* en dirección este, y ambas en la franja litoral. En ambos casos se trata de yacimientos *ex novo*. En ambos casos se trata de instalaciones de carácter claramente industrial y a los que no se asocia ningún núcleo habitado, exceptuando el poblado galaicorromano de "O Castro". Complementariedad; producción de sal y elaboración de salazones de pescado.

6.3.- Líneas de trabajo a desarrollar.

Iremos de lo más concreto a lo más general, centrándonos en la salina.

En primer lugar aún no tenemos una explicación global para el funcionamiento de la salina y algunos de los elementos documentados. Como hemos dicho, resulta difícil conseguir este objetivo con el pequeño porcentaje de salina que conocemos, y quizás serán necesarios nuevos datos que aporten futuras excavaciones arqueológicas. Las cubetas documentadas pertenecerían a zonas de evaporación y cristalizadores, pero no tenemos ningún dato respecto a los depósitos y los canales de abastecimiento, tampoco sobre estructuras relacionadas con la salina que eventualmente pudieran existir, como almacenes para depósito de sal o de herramientas de trabajo.

No tenemos datos para concretar si la construcción e inicio de actividad de la salina y la *cetaria* fueron simultáneos, y la respuesta a esta pregunta plantea bastantes interrogantes. En todo caso, cabe preguntarse acerca de quién promovió estas instalaciones o, en su caso, el conjunto industrial, que cronológicamente coincide con el desarrollo de la industria salazonera lusitana en el Sado y Tajo (Lagóstena, 2001; 245), y cual fue su modo de explotación; posesión, gestión, organización (ver al respecto, Martínez, e.p.). Al hilo de esta cuestión surgen otras relacionadas, como la posibilidad de que la gestión de las instalaciones fuera individualizada o bien que estas constituyeran una unidad que aglutinaba la *cetaria*, la salina, la actividad pesquera y la producción de envases; la relación existente con otras factorías; o quiénes trabajarían en ellas. Al respecto de esta segunda cuestión apuntamos que durante el siglo I-II d.C. el poblado galicorromano de "O Castro" (Hidalgo, 1991, 49) está en uso, y podemos pensar que los trabajadores podrían ser perfectamente población autóctona, que deberían aprender nuevas técnicas en cualquiera de los procesos implicados en la producción (pesca, sal, salazón, envases para transportarla), ya que diferían considerablemente de los tradicionales en la zona. La relación entre centros productores y castros litorales para una primera fase altoimperial en la industria salazonera ya ha sido apuntada (Fernández, Martínez, 1994, 126), y podría servir perfectamente para el caso de Vigo, teniendo además en cuenta que no se conoce todavía un asentamiento para época altoimperial en el litoral. El trabajo en la *cetariae* podría ser continuo durante todo el año, al igual que la actividad pesquera, no así en la salina, con una actividad de carácter estacional (estival), y los meses previos (primavera) dedicados a la limpieza y reparación de las instalaciones.

Con relación al destino de la producción, cabe cuestionarse si se destinaría en su totalidad a la factoría de la calle Marqués de Valladares o si también se destinaría a otras factorías altoimperiales del sur de Galicia. En este sentido resulta necesario valorar la capacidad productiva de la factoría y de la propia salina, para caracterizar correctamente la actividad pesquera, el volumen de producción y su posible destino, relacionando además las distintas factorías que pudieran funcionar simultáneamente en un ámbito geográfico de al menos el sur de Galicia. En relación con la producción de sal para la factoría de la calle Marqués de Valladares, resultaría de interés concretar la ratio de sal por kilo de pescado, en un intento de calcular la producción de sal necesaria suponiendo que se destinara sólo a Marqués de Valladares. Las analíticas que se realicen de las muestras de ictiofauna de la *cetaria* podrían ayudar en este intento. Al respecto de esta cuestión, si bien M. Ponsich afirmaba que el volumen de sal necesaria era el mismo que el de pescado (Ponsich, 1988, 44), no se conoce con exactitud la sal necesaria para la elaboración de salazones o salsas de pescado, debido a que las fuentes resultan discordantes o contradictorias e este respecto (Martínez, e.p.), además son varios los factores a considerar en el cálculo de la cantidad de sal necesaria (calidad de la sal, tamaño del pescado, tipo de salsa o salazón, método de preparación, etc.).

Para finalizar, otra cuestión en la que resulta imprescindible trabajar es en el peleoambiente y paleotopografía de la zona, para comprender mejor las condiciones en las que se construyó la instalación salinera y los procesos naturales y/o antrópicos que pudieran explicar su abandono. Tan solo se ha trabajado en el aspecto paleoambiental, pero resulta necesario actualizar y profundizar en estos estudios. La existencia de restos de materia orgánica en los limos de la marisma coetánea al uso de la salina puede ser una fuente de información de enorme interés para estos estudios, además de permitirnos realizar dataciones que concreten una cronología aún imprecisa.

Bibliografía

ACUÑA PIÑEIRO, A. (1996): *Informe de valoración II. Ampliación de la excavación arqueológica del solar nº 5 de la calle Hospital, Vigo (Pontevedra)*, Informe inédito depositado en el Servizo de Arqueoloxía da Consellería de Cultura, Xunta de Galicia, Santiago.

ACUÑA PIÑEIRO, A. (1999): *Sondeos, protección y catalogación del yacimiento de A Igrexiña, Cangas (Pontevedra)*, Memoria inédita depositada en el Servizo de Arqueoloxía da Consellería de Cultura, Xunta de Galicia, Santiago.

ALMEIDA, C.A. y BROCHADO DE (1979): "Salinas Medievais entre o Cávado e o Neiva", *Bracara Augusta*, XXXIII, nº 75-76 (87-88), Braga, 391-407.

ALONSO VILLALOBOS, C., GRACIA PRIETO, F. J., MÉNANTEAU, L. (2003): "Las salinas de la Bahía de Cádiz durante la Antigüedad: visión geoarqueológica de un problema histórico", *SPAL Revista de Prehistoria y Arqueología de la Universidad de Sevilla*, 12, 317-332.

ALONSO, C., MÉNANTEAU, L., NAVARRO, M., MILLE, S., GRACIA, F. J. (2001): "Antropización histórica de un espacio natural. Las salinas de la Bahía de Cádiz", *PH. Boletín del Instituto Andaluz del Patrimonio Histórico*, 35, Consejería de Cultura, Junta de Andalucía, 172-185.

ÁLVAREZ BLÁZQUEZ, J.Mª., BOUZA BREY, F. (1961): "Inscripciones romanas en Vigo", *Cuadernos de Estudios Gallegos*, Tomo XVI, Santiago, 5-42 y ss.

BOUZA BREY, F., ALVAREZ BLÁZQUEZ, J.Mª., MASSÓ BOLIVAR, E. (1971): "Las aras del santuario galaico-romano de Donón (Hío-Cangas)", *Cuadernos de Estudios Gallegos* XXVI, 78, Santiago, 64-81.

CARBALLO ARCEO, X. *et alii* (1998): *Catálogo do Patrimonio Arqueolóxico. Arqueoloxía de Vigo e a súa historia.* Catálogos do Patrimonio 2, Concello de Vigo, Vigo.

CASTRO CARRERA, J.C. (1992-1993): "Intervención arqueolóxica no xacemento romano de "O Fiunchal". (Alcabre, Vigo)", *Castrelos*, 5-6, Vigo, pp.71-86.

CASTRO CARRERA, J. C. (1999): *Escavación arqueolóxica en área na parcela nº 14 da U. E. I-05 Rosalía de Castro 1, Vigo*, Anta de Moura S.L. Informe inédito depositado en el Servizo de Arqueoloxía da Consellería de Cultura, Xunta de Galicia, Santiago.

CASTRO CARRERA, J. C. (2006): "La salina romana de "O Areal", Vigo (Galicia)", *La sel de la Baie. Actes du Congrés International*, Nantes, septembre 2004. J.C. Hocquet et J.L. Sarrazin eds. PUR (Presses Universitaires de Rennes), 105-122.

DE LA PEÑA SANTOS, A. (1984): "Primeras prospecciones arqueológicas subacuáticas en el litoral de la provincia de Pontevedra", *Pontevedra Arqueológica*, 1, Pontevedra, 205-238.

FERNÁNDEZ OCHOA, C., MARTÍNEZ MAGANTO, J. (1994): "Las industrias de salazón del norte de la Península Ibérica", *Archivo Español de Arqueología*, 67. Madrid, 115-134.

FILGUEIRA VALVERDE, J., GARCÍA ALÉN, A. (1956): "Materiales para la carta arqueológica de la provincia de Pontevedra", *El Museo de Pontevedra*, Tomo VIII, Pontevedra, pp.30-214.

HERRERO LORENZO, M.P. (1981): *Estudio de las salinas de la bahía de Cádiz*, Universidad Complutense de Madrid, Madrid.

HIDALGO CUÑARRO, J.M. (1991): "El Castro de Vigo (Vigo, Pontevedra)", *Arqueoloxía/Informes 2. Campaña 1988*, Consellería de Cultura, Xunta de Galicia, Santiago, pp.47-49.

HIDALGO, J. M., RODRÍGUEZ, E. (1995): "Excavación arqueolóxica de urgencia na praia do Cocho, Alcabre (Vigo, Pontevedra)", *Arqueoloxía/Informes 3, campaña 1989*, Santiago, pp.165-168.

HOCQUET, J-C. (1994) : "Production et commerce du sel à l'Age du fer et a l'époque romaine dans l'Europe du Nord-Ouest", *Revue du Nord-Archéologie*, 308, 9-20.

HOCQUET, J-C., MALPICA, A., WELLER, O. (2001): *Hommes et paysages du sel*, Ed. Actes Sud, Arles.

JIMÉNEZ CONTRERAS, S. (1986): "El pescado en la Antigüedad", *Revista de Arqueología,* 68, 20-34.

LAGÓSTENA BARRIOS, L. (2001): *La produción de salsas y conservas de pescado en la Hispania romana (II a.C.-VI d.C.)*.Col.lecció Instrumenta, 11, Universitat de Barcelona.

MARTÍNEZ CORTIZAS, A., COSTAS CASAIS, M. (1997): "Indicios de variaciones del nivel del mar en la ría de Vigo durante dos últimos 3000 años", *Gallaecia*, 16, Santiago de Compostela, 23-47.

MARTÍNEZ MAGANTO, J. (e.p.): "La sal en la antigüedad: aproximación a las técnicas de explotación y comercialización. Los *salsamenta", Actas del III Congreso de Estudios Históricos El Mediterráneo: la cultura del mar y la sal.* Santa Pola (Alicante), Octubre 2004.

NAVEIRO LÓPEZ, J.L., (1991): *El Comercio antiguo en el N.W. Peninsular.* Museu Arqueolóxico de A Coruña, Monografías Urxentes, nº5. A Coruña.

PÉREZ LOSADA, F. (2002): "Entre a Cidade e a Aldea. Estudio arqueohistórico dos "aglomerados secundarios" romanos en Galicia", *Brigantium*, vol. 13, A Coruña.

PÉREZ LOSADA, F., VIEITO COVELA, S., FERNÁNDEZ FERNÁNDEZ, A. (2003): *Escavación arqueolóxica na villa romana de Toralla (Oia, Vigo). Campaña 2003*, Informe inédito depositado en el Servizo de Arqueoloxía da Consellería de Cultura, Xunta de Galicia, Santiago.

PONSICH, M. (1988): *Aceite de oliva y salazones de pescado. Factores geo-económicos de la Bética y Tingitania.* Universidad Complutense de Madrid.

PRIETO ROBLES, S. (1997): *Excavación arqueológica en área en la parcela nº 13 de la U.E. I-05 Rosalía de Castro 1, Vigo*, Anta de Moura S.L. Informe inédito depositado en el Servizo de Arqueoloxía da Consellería de Cultura, Xunta de Galicia, Santiago.

RODRÍGUEZ SAIZ, E. (2003), *Ampliación da intervención de sondaxes arqueolóxicas no solar do número 14 da rúa Oporto, Vigo*, Anta de Moura S.L. Informe inédito depositado en el Servizo de Arqueoloxía da Consellería de Cultura, Xunta de Galicia, Santiago.

TABOADA Y LEAL, N., (1977): *Descripción topográfico-histórica de la ciudad de Vigo, su Ría y alrededores.* Vigo, (Santiago de Compostela, 1840).

TORRES BRAVO, V. C. (2003): *Escavación arqueolóxica en área nos solares Nº 41 e 43 da rúa Marqués de Valladares, Vigo*, Anta de Moura S.L. Informe inédito depositado en el Servizo de Arqueoloxía da Consellería de Cultura, Xunta de Galicia, Santiago.

TORRES BRAVO, V. C. (2005): *Escavación arqueolóxica en área nos solares Nº 41 e 43 da rúa Marqués de Valladares, Vigo. 3ª e 4ª fase*, Anta de Moura, S.L.,Informe inédito depositado en el Servizo de Arqueoloxía da Consellería de Cultura, Xunta de Galicia, Santiago.

WELLER, O. (Ed.), (2002): *Archéologie du sel. Techniques et societés dans la Pré- et Protohistoire européenne*, Internationale Archäologie, ASTK 3 Colloque 12.2, XIVe Congrès UISPP, Liège, septembre, 2001.

¿DÓNDE SE ENCUENTRAN LAS CETARIAE DE GADES? REVISIÓN ARQUEOLÓGICA Y ESTADO DE LA CUESTIÓN SOBRE EL EMPLAZAMIENTO DE LAS FACTORÍAS DE SALAZÓN ROMANAS DE LA CIUDAD DE CÁDIZ.

J. A. EXPÓSITO
Universidad de Cádiz

1.- Introducción.

La ciudad de Cádiz y su industria salazonera han sido objeto de numerosos estudios a lo largo de su historia. La relevancia de esta producción en época romana ha trascendido a nuestros días gracias a los hallazgos arqueológicos producidos en los últimos veinte años y a su sobradamente contrastada presencia en las fuentes clásicas como Avieno, Estrabón, Pomponio Mela o Plinio entre otros.

El objetivo de este trabajo es realizar un estado de la cuestión de las *cetariae* de *Gades,* procediendo a la revisión de los contextos ya excavados vinculados a factorías de salazón romanas en esta ciudad que hasta ahora se encontraban faltos de una revisión crítica global. Los resultados puestos de manifiesto a partir de este estudio arrojan nuevos datos sobre la distribución de esta industria en *Gades,* permitiendo replantear la idea tradicional existente de la ubicación de esta producción, que a partir de este estudio se nos presenta más concentrada y reducida a un ámbito específico del norte de la ciudad, en torno al denominado canal Bahía-Caleta o Canal de Ponce. Hemos conseguido descartar un gran número de yacimientos erróneamente atribuidos a esta industria, así de un total de veintinueve contextos revisados han pasado a poco más de tres, mediante una exhaustiva revisión de excavaciones urbanas (este análisis es fruto de mi Trabajo de Investigación de Tercer Ciclo titulado *Las Factorías de Salazón de Gades (ss. II a.C.-VI d.C.). Estudio Arqueológico y estado de la Cuestión*; Expósito, 2004).

Por último, planteamos el estudio material de un contexto específico de la mayor *cetaria* excavada hasta el momento en esta ciudad, la factoría de salazones del Teatro Andalucía, que nos permitirá arrojar nuevos datos sobre los momentos de abandono de esta industria en la capital del *conventus Gaditanus.*

Debemos ser conscientes de la importancia de este análisis que presentamos y de las conclusiones derivadas de él, ya que el ámbito gaditano ha estado íntimamente ligado a la explotación salazonera y era necesaria una actualización crítica y pormenorizada de los contextos excavados englobándolos en una visión de conjunto sobre la industria de esta ciudad en época romana.

2.- Estudio arqueológico de las salazones gaditanas.

A partir del análisis exhaustivo de todos los testimonios que han deparado el hallazgo de piletas en la ciudad de Cádiz (Expósito, 2004) hemos podido realizar una valoración fiable sobre la vinculación o no a la industria de salazón de los ejemplos analizados. Reuniendo todos los datos existentes estamos en disposición de identificar los yacimientos que indefectiblemente se corresponden con factorías de salazón romanas, los que podemos vincular a los elementos subsidiarios de estas y los que consideramos no asociados a las *cetariae.* Además estos tres grupos debemos recordar que existen varios testimonios, aunque minoritarios, que no han aportado suficientes datos como para incluirlos con total seguridad en algunas de las categorías anteriormente expuestas. De todo ello damos cuenta a continuación de manera detallada, analizando en primer lugar los tres enclaves directamente relacionados con las *cetariae.*

2.1.-Factorías de salazón de Cádiz.

Los principales enclaves salazoneros de la ciudad los hemos restringido a tres yacimientos que describimos pormenorizadamente a continuación, Castillo de Santa Catalina, La Caleta y Teatro Andalucía.

2.1.1.- Castillo de Santa Catalina.

Este yacimiento se valorará a partir de 1997, cuando J. Mª. Gener (a quien agradecemos toda la colaboración prestada para el acceso a la documentación existente sobre este yacimiento aun inédito) realiza un sondeo en el Castillo de Santa Catalina para atestiguar la existencia de una pileta correspondiente a una factoría (Gener, 1997). De este estudio aún inédito se extraen todos los datos que hemos podido analizar sobre esta factoría.

Este yacimiento se ubica en el subsuelo del patio del actual Castillo de Santa Catalina, fortificación existente en el extremo Oeste del centro Histórico de Cádiz, junto a la playa La Caleta (figura 1). El emplazamiento de este yacimiento durante la antigüedad clásica quedaba junto a la orilla protegida por los dos brazos del pequeño canal SO que formaba la Caleta, parte del antiguo cauce del paleocanal Bahía-Caleta.

Los elementos estructurales localizados en este yacimiento se corresponden con una balsa de salazón y una repavimentación que la sellaba en un momento posterior. La pileta se corresponde con una estructura de tendencia cuadrangular o rectangular de la cual sólo hemos podido identificar una de sus cuatro paredes. Si ésta presenta una tendencia cuadrangular como plantea J.Mª. Gener, su orientación debería coincidir aproximadamente con los ejes cardinales (figura 2). Esta balsa se encuentra en buen estado de conservación aunque ha sido sólo parcialmente documentada, identificándose en este sondeo su pared Norte y gran parte del suelo de la pileta. Esta había sufrido el corte de su extremo superior previamente al sellado posterior de este espacio con una pavimentación. Sus medidas totales son desconocidas, documentándose 2,20 m. de longitud máxima conservada, 1,60 de anchura máxima interna identificada y 1,60 de la profundidad máxima documentada (Gener, 1997, interpreta que si la poceta localizada se encuentra en el centro de la pileta y esta es de morfología cuadrangular la dimensión de la cara interna debe situarse en los 2,92 m). El paramento de esta pileta presenta un aparejo compuesto por elementos pétreos trabados con

Actas del Congreso Internacional *CETARIAE. Salsas y salazones de pescado en Occidente durante la Antigüedad,* Universidad de Cádiz, Noviembre de 2005, *B.A.R. int. ser.* 1686, Oxford 2007, 367-385.

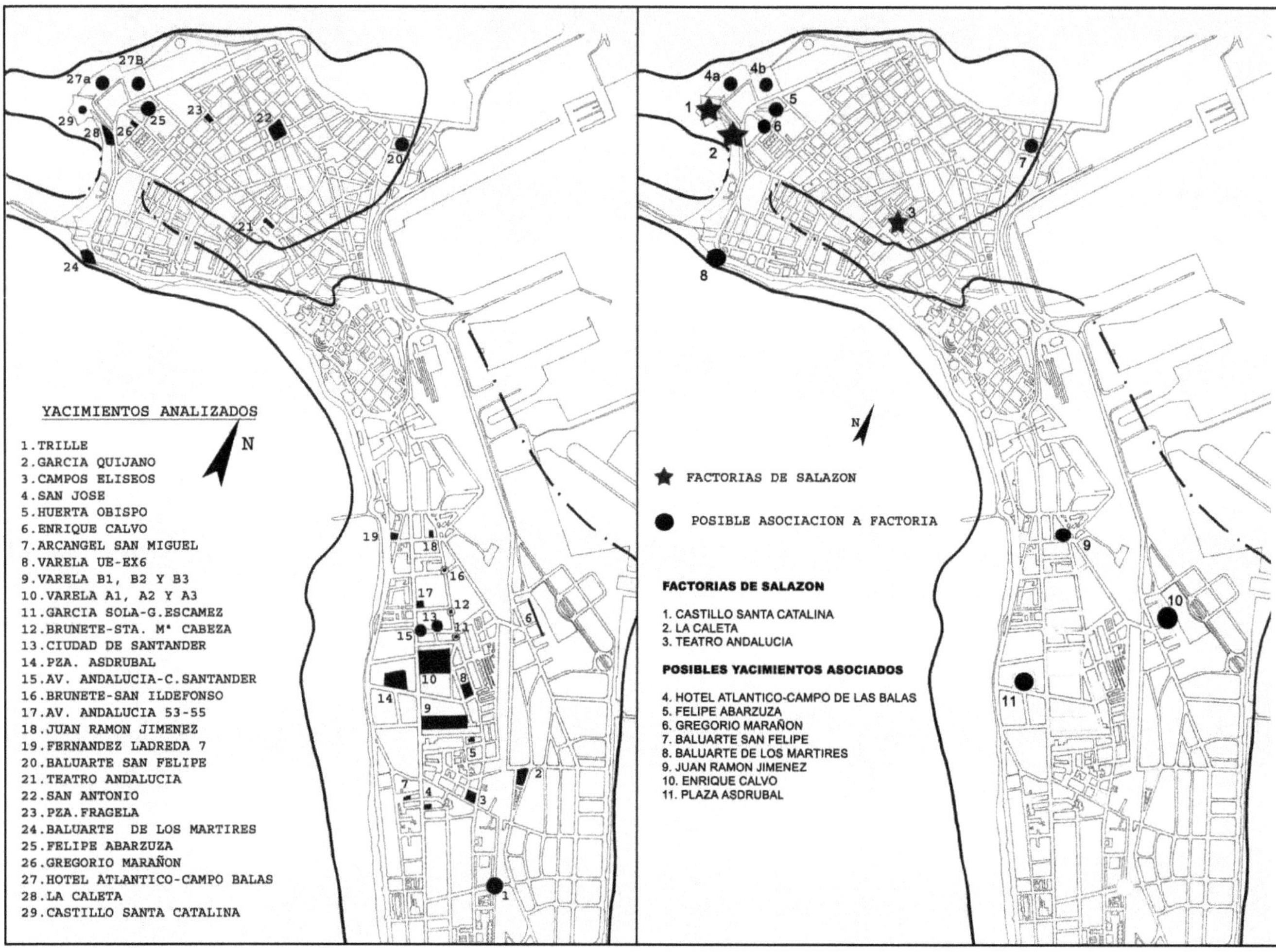

Figura 1.- Mapa de Cádiz con los 29 yacimientos analizados (izquierda) y mapa con las cetariae de Cádiz identificadas en este trabajo (Derecha). En trazo grueso de ambos planos se recoge la restitución aproximada de la línea de costa propuesta por Arteaga para época augustea (Arteaga et alii, 2001)

argamasa y revestidos en la cara interna y el suelo por una capa de *opus signinum*. Como refuerzo de la unión del suelo con las paredes internas de la pileta se localiza un cordón hidráulico también realizado en *opus signinum* que exhibe una forma de cuarto de elipse. En el suelo de la pileta se localiza, a 1,30 m de la pared, un pocillo circular de 30 cm de diámetro destinado posiblemente a la recogida de residuos. El pavimento que cubre la pileta (Pavimento 1) es un suelo realizado tras el cegado intencional de la pileta localizado a 1,66 m sobre el fondo de la base de la pileta. Este suelo está formado por dos capas, una primera pavimentación de argamasa (*opus albus*) que tras ser parcialmente destruida se reparó con otro de igual espesor realizado con argamasa armada de grava. Gener pone en relación este suelo con una pavimentación similar que se fechaba en época altoimperial, documentada por R. Corzo en otra intervención realizada en 1985.

Desde el punto de vista cronológico se identificaron en la secuencia de uso y abandono de la factoría cuatro fases bien diferenciadas. Una primera fase de construcción que Gener ubica en torno al s. I a.C. Una segunda fase de abandono y primera colmatación que el autor sitúa hasta el s. I d.C. (Gener, 1997, 22) y una 3° Fase que nos muestra la colmatación de la pileta con rellenos antrópicos y sellado definitivo con el Pavimento 1. Este momento que se puede fechar a través de la UE 11, ya que ésta ha aportado un elenco cerámico que nos podría fechar por contrastación este estrato entre época de Claudio y el 150 d.C., posiblemente en la 2° mitad del s .I d.C. a partir de la evidencia de Barniz Rojo Julio-Claudio, diferentes elementos de TSH, TSG y TSI y la forma Mayet 57 de Paredes Finas (Expósito, 2004,137). No existen datos que se refieran al uso de este suelo y la segunda restructuración de este espacio de la factoría ya que este pavimento se sedimenta tras el abandono de las estructuras romanas con la cuarta fase, un estrato dunar que se corresponde un hiatus temporal (UE 14), tras el que ya se documenta la ocupación moderna del sitio. El escaso material que aporta un sondeo limita de forma considerable las posibilidades de datación de un espacio y más su extrapolación a toda una factoría.

Como síntesis interpretativa, los resultados de esta intervención han permitido plantear a J. Mª Gener la vinculación de estos restos con factoría romana de salazón que dataría su construcción en un momento anterior a mediados del s. I a.C., para ser colmatado sucesivamente hasta sellarse con posterioridad a la segunda mitad del s. I d.C. con una pavimentación de época romana.

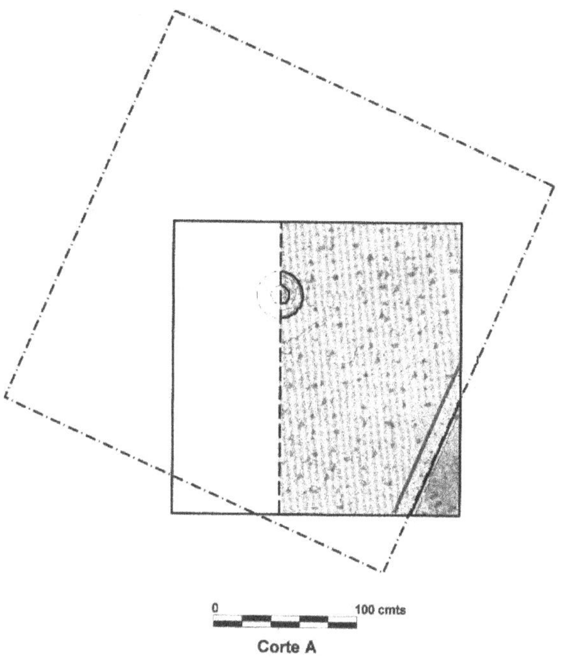

Figura 2.- Planta de la pileta localizada en la factoría de salazón del Castillo de Santa Catalina (Gener, 1997, Figura 7).

A tenor de los datos extraídos de la documentación existente (Gener, 1997) nosotros compartimos para este espacio la propuesta funcional expuesta con anterioridad que asocia estos restos a una *cetaria*. Para exponer esta hipotesis nos basamos en la presencia parcial de una pileta de salazón que comparte la morfología clásica de sus homónimas durante época romana, caracterizadas por la existencia de un cordón hidráulico en la unión de la pared con el suelo, la poceta circular interna y un revestimiento de *opus signinum* en el interior. Otros elementos indirectos permiten sostener este supuesto como la presencia de malacología en los niveles de abandono de la pileta (UE 13 y 14), la localización de este yacimiento junto a otros emplazamientos identificados en este y otros trabajos como factorías de salazones (Hotel Atlántico, Campo de las Balas, Caleta, Gregorio Marañón...etc), su situación geográfica junto a la antigua línea de costa en un emplazamiento privilegiado por localizarse al resguardo de la Punta de la Nao y la del Sur, y por la alta presencia de material anfórico entre el contexto cerámico localizado, aunque no podamos aseverar si se trata en su totalidad de ánforas salazoneras, existe un testimonio identificado como un ánfora Dr. 1C, tipo anfórico que se asocia a las producciones salazoneras en el ámbito de la Bahía de Cádiz. Como balance general debemos apuntar que nos encontramos ante un testimonio claro de la existencia de un conjunto salazonero que parece entrar en funcionamiento con anterioridad a la mitad del s. I a.C. y que sufre un proceso de colmatación, rellenos y reestructuración que debemos situar entre finales del s. I a.C. y un momento impreciso posterior a la 2° mitad del s. I d.C. que culminará cuando quede sellado este espacio por una pavimentación romana. No conocemos la perduración de esta refracción de la factoría, ya que tras esta fase se marcará un *hiatus* en la ocupación de este solar hasta que a principios del s. XVII se produzca la construcción del Castillo de Santa Catalina (Gener, 1997; Expósito, 2004).

2.1.2.- La Caleta.

La historiografía moderna citaba la existencia de una serie de restos en esta playa descritos como aljibes muy destruidos por la acción marina (Suárez de Salazar, 27; Horozco, 67). J. R. Ramírez recopilará estos testimonios a fines de los 80 para reinterpretarlos como piletas pertenecientes a una factoría de salazón que se debería enclavar al pie de esta playa (Ramírez, 1982, 122-123). Varios años después, en 1989, en el mismo emplazamiento, al efectuar la construcción del Club Náutico La Caleta se pusieron a la luz una serie de estructuras interpretadas como pertenecientes a una factoría (Perdigones, 1990, 6).

El yacimiento denominado La Caleta se emplaza en las instalaciones del club náutico ubicadas al pie de la playa de La Caleta, limitada al Este por la calle Duque de Nájera y situada a pocos metros del CAS (figuras 1, 3a y 3b). Esta pequeña playa se emplaza en el extremo occidental del Centro Histórico de la ciudad de Cádiz. En la topografía antigua de Cádiz estos restos se deben asociar al margen Norte de lo que fue la sección Oeste del paleocanal Bahía-Caleta una vez ya colmatado por su parte central y dividido en dos pequeñas ensenadas.

La historiografía moderna no aporta excesivos datos descriptivos sobre los restos hallados en este emplazamiento, pero su testimonio es clave para evaluar la envergadura de estas industrias. Suárez de Salazar anota la existencia de 12 ó 14 piletas juntas en esta zona que deberían formar parte de un conjunto industrial. Horozco también prestará atención a estos restos de "aljibes" que se localizan en gran número por la ciudad de Cádiz y especialmente por la Caleta (Horozco, 67). Todas estas referencias historiográficas nos están hablando de la existencia de gran cantidad de piletas que se encontraban visibles aún a principios del s. XVII y que debían encontrarse en esos momentos en el extremo litoral de La Caleta si atendemos a las continuas citas que hemos visto referentes a la destrucción de estos "aljibes" por la acción marina (Horozco, 67).

La actuación arqueológica de 1989 permitió la exhumación de parte de unas dependencias delimitadas por varias unidades murarias además de la localización de un enterramiento y una pileta de salazón, todos ellos parcialmente destruidos por la acción marina o antrópica (la principal acción antrópica que afectará a este yacimiento se encuentra representada por la construcción de la canalización del "arroyo salado" en el s. XVII, el cual cortaba directamente la pileta localizada).

Las estructuras de habitación localizadas en este yacimiento están formadas por varias salas que articulaban diferentes espacios interpretados como pertenecientes a una factoría de salazón (figura 3a), propuesta que ha permitido ser corroborada gracias al hallazgo de una pileta de salazón asociada a estas estructuras. Este espacio habitacional ha quedado roto

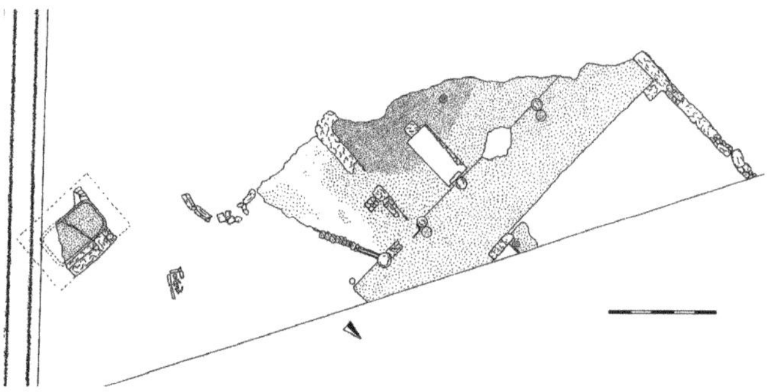

Figura 3.- Factoría de salazón de La Caleta:
A: Fotografía de la pileta de salazón documentada en La Caleta (Cortesía de A. Muñoz).
B: Planta del yacimiento de La Caleta (Elaboración propia a partir de la documentación original depositada en la Delegación provincial de Cultura de la Junta de Andalucía).

por sus extremos Sur y oriental por la acción marina y las refracciones antrópicas para la construcción de la muralla existente. A partir de la documentación gráfica existente observamos cómo el espacio de mayores dimensiones del yacimiento está cubierto por una gran pavimentación sobre la cual se distribuyen los ejes murarios y que permiten diferenciar varias estancias. En el centro de las pavimentaciones de *signinum*, siguiendo una alineación E-O se localizan un total de 4 testimonios de columnas alineados y que marcan un espacio porticado que debió contener al menos 6 postes equidistantes entre sí 1,90 m que se conservaran a ras del pavimento (al realizar un sondeo junto a la columna más centrada se corroboró que bajo este tambor existía una base moldurada de columna que se levantaba sobre un sillar cuadrangular, evidencia de una fase más antigua del conjunto). Debemos referir que en este suelo, junto a dos de las columnas se han observado sendos orificios circulares asidos a estas y realizados con el propio revestimiento hidráulico que compone el suelo, estas oquedades exhiben una profundidad de 0,18 m y un diámetro de no más de 0,45 m. La pileta localizada se corresponde con una estructura de tendencia rectangular localizada en el Sureste del solar y definida por una orientación general en consonancia con la del conjunto edilicio (figura 3b). La balsa se caracteriza por la presencia en todo su perímetro de un cordón hidráulico en la unión del suelo con las paredes internas de la pileta, por tener los ángulos interiores levemente redondeados, por estar revestida de *opus signinum* y por presentar unas medidas totales de 1,62 m. de anchura máxima interna, 0,74 m. de profundidad máxima conservada y al menos 2,64 m. de longitud máxima (el fondo de la pileta se localizaba a 1 m. del suelo de la nave columnada pavimentada con *signinum*). Esta balsa se encontró en precario estado de conservación habiendo sufrido una rotura considerable que seccionó el extremo Sureste de la misma y los perfiles Sur, Este y gran parte del perfil Oeste (el revestimiento de la pileta se ha descrito, al igual que los demás elementos constructivos de la pileta, a partir de la documentación gráfica recogida).

Sobre la cultura material no se hace mención explicita a los hallazgos materiales de la excavación de 1989 en la documentación existente aunque se pueden extraer datos indirectos de la presencia en los niveles existentes sobre el área pavimentada de un registro cerámico representado esencialmente por material anfórico (Perdigones 1990,6).

En la documentación existente de la excavación arqueológica no se ha realizado un análisis cronológico de los restos documentados, tan sólo se hace referencia en una Nota de Prensa de la datación del conjunto en torno al s. I a.C.- I d.C. (Extracto de Nota de Prensa realizada por la Del. Prov. de Cultura de la Junta de Andalucía). En este documento también se cita la presencia en las cimentaciones del suelo de niveles con material cerámico tanto de época romano-republicana como de la fase púnica, fenicia y calcolítica. Posiblemente estos materiales de época republicana fueran tomados como fecha *ante quem* para presentar la datación citada para la construcción de este conjunto edilicio.

La interpretación ofrecida por los arqueólogos responsables de esta excavación se centra en valorar los restos como pertenecientes a una factoría de salazón, habiéndose excavado una gran nave columnada que serviría como espacio de troceado y limpieza del pescado previamente a su salazón en las piletas aledañas. Ninguno de los investigadores posteriores ha aportado nuevos datos al respecto limitándose a hacer mención a la existencia de una factoría de salazón en este emplazamiento (Blanco, 1991, 78; Lagóstena, 2001, 112).

Nosotros, a partir de la contrastación de estas evidencias debemos defender la existencia de un conjunto salazonero del cual se había excavado en esta última intervención un espacio rectangular porticado que se abre a un patio abierto parcialmente conservado en el cual se articularían otras dependencias industriales. Las piletas de este conjunto posiblemente se emplacen inmediatamente al Sur de este patio o al Este del mismo, donde se excavó la única pileta exhumada del yacimiento, área que se corresponde con el espacio peor conservada de todo el sector excavado pero que iría en consonancia con las descripciones de Suárez de Salazar referentes a un conjunto de balsas que estaban siendo afectadas en el s. XVII por la acción marina. Por otro lado en el Norte del conjunto se aprecia la existencia de una zona al menos parcialmente cerrada que también podría contener otras balsas o estructuras relacionadas con la transformación de la materia. Para realizar este posicionamiento a favor de la correspondencia con una *cetaria,* y teniendo presentes las limitaciones cronológicas e interpretativas de este hallazgo al tratarse de un yacimiento antiguo, nos basamos en una serie de factores que refuerzan esta posición. En primer lugar su ubicación en la orilla Norte del tramo occidental del antiguo Canal Bahía-Caleta, una bocana natural que ponía al resguardo los navíos que cargasen y descargasen los productos de esta factoría. En segundo lugar a existencia de una pileta de morfología similar a las asociadas comúnmente con industrias conserveras de época romana, tanto por las dimensiones generales como por la existencia de un cordón hidráulico en su base que garantizase la estanqueidad de esta balsa. Por último el testimonio de las fuentes modernas, especialmente Horozco y Suárez de Salazar, ayudan a definir la funcionalidad de este espacio a través del contraste con los restos arqueológicos, la referencia a la existencia de "conjuntos de aljibes" en La Caleta no pueden estar hablándonos sino de estos restos u otros aledaños relacionados con esta industria que se encuentran hoy desaparecidos por la acción marina debida a la cercanía con la línea de costa antigua pero de los cuales a principios del s. XVII aun se conservaban testimonios. Los restos exhumados en 1989 también evidenciaban estos efectos de la acción marina al SO del conjunto donde la pavimentación principal se encontraba cortada. Por estos aspectos no podemos dejar de referir la complementariedad de los restos excavados en el Club Nautico con los testimoniados por Horozco y Suárez de Salazar, ya que se han localizado por una parte las estructuras asociadas a la transformación y almacenaje mientras las citas modernas nos refieren al conjunto de balsas de maceración del pescado. No se conocen muchos datos sobre el material cerámico documentado pero la abundancia de elementos anfóricos que se infiere de la documentación publicada sólo puede ser visto como un elemento a favor de esta adscripción que defendemos. El uso de pavimentaciones de *signinum* y la localización de estructuras de desagüe están en consonancia con esta funcionalidad, como igualmente ocurre con la presencia de varias oquedades realizadas en el *signinum*, de difícil adscripción pero que son similares a los pocillos existentes en el fondo de muchas piletas de salazón; y además se encuentran atestiguadas en otros yacimientos salazoneros como el yacimiento tunecino de Neapolis, Naubel (véase la contribución de Slim, Bonifay, Piton, Sternberg, en este mismo volumen, donde se presenta un conjunto industrial cuya primera fase es coetánea a la propuesta para este yacimiento y en la que se aprecia también estas características oquedades en los pavimentos posiblemente destinados a recoger los residuos de la limpieza del pescado). Por último debemos destacar que el contexto de este hallazgo es de importante peso a la hora de defender esta funcionalidad ya que a pocos metros de este emplazamiento se enclava la factoría localizada en el Castillo de Santa Catalina entre otros hallazgos, delimitando un ámbito donde varias *cetariae* de un mismo marco cronológico centrado en torno al s. I a.C – I d.C. se distribuyen conformando lo que podríamos denominar un barrio industrial.

2.1.3.- Teatro Andalucía.

Las excavaciones realizadas en 1995 y 1996 permitieron poner a la luz el conjunto salazonero de mayores dimensiones de la ciudad de Cádiz. Esta gran factoría, que acaba de ser puesta en valor, compone el ejemplo más clarificador de la estructuración de las *cetariae* de la isla de Cádiz durante la antigüedad clásica (Cobos 1996; Cobos *et alii* 1997). Junto a esta intervención realizada en la factoría debemos hacer mención a una excavación desarrollada en la inmediata c/ Barrié, donde se pudo constatar principalmente la existencia de una serie de vertederos de esta industria y un área interpretada como un espacio de descanso para los trabajadores de la factoría (Pradas, León 2001).

Este conjunto salazonero se ubica en el centro histórico de la ciudad de Cádiz, en el solar limitado por las calles Barrié,

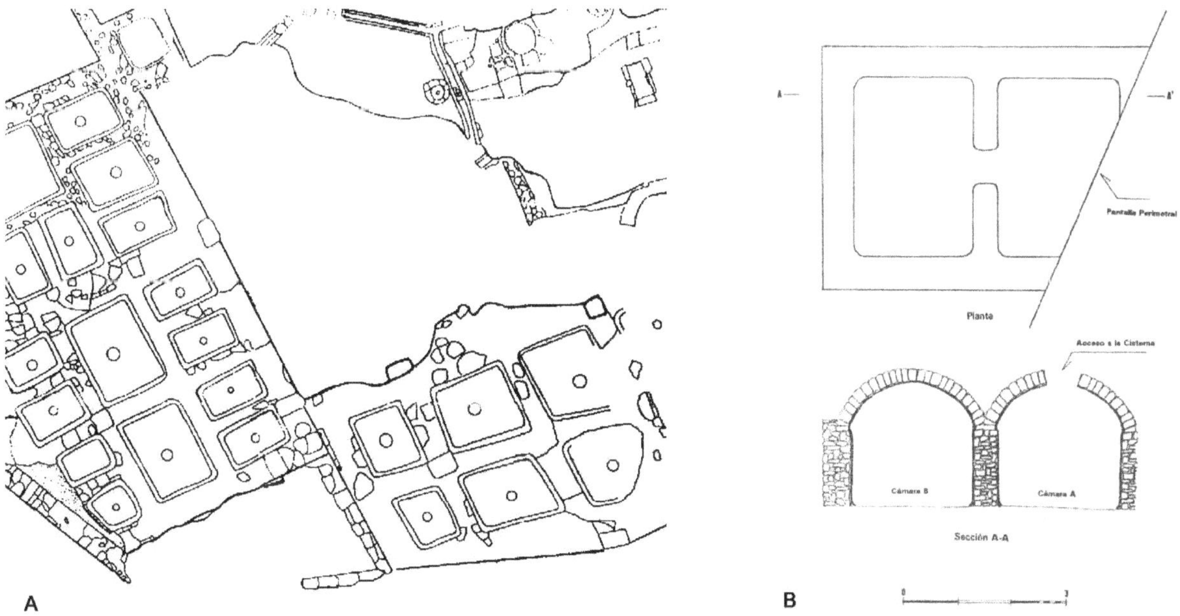

Figura 4.- Factoría de salazón de Teatro Andalucía
A: Planta general (Cobos, Muñoz, Perdigones 1997, 126, Figura 4).
B: Planta y sección de la cisterna (Cobos, Muñoz, Perdigones 1997, 126, Figura 6).

Sacramento y Guerra Jiménez. En la Antigüedad Clásica este emplazamiento se encontraba a orillas del borde septentrional del paleocanal Bahía-Caleta por su extremo oriental que se abría a la Bahía de Cádiz y que se encontraba desligado ya en estos momentos del tramo localizado al Oeste de la ciudad.

Esta industria conservera se distribuía a lo largo de 330 m^2 con unas dimensiones de 21 x 18,5 m. Se articula en torno a un patio central dedicado a la limpieza y despiece del pescado mientras en sus márgenes Norte y Oeste se distribuyen las piletas para la salazón del pescado que permiten un volumen de producción superior a los 250 m^3 (figura 4a). A partir de la documentación gráfica publicada observamos que el espacio central y más amplio de la *cetaria* está representado por una pavimentación de *signinum* que ocupa un área de más de 150 m^2 en la cual se distribuyen en su extremo meridional las estructuras hidráulicas integradas en este suelo como son el pozo, la cisterna, las canalizaciones y una poceta posiblemente destinada a recoger los desechos de pescado tras la limpieza de los mismo en este suelo. En su límite occidental el pavimento limita con una hilera de 8 piletas, mientras en el extremo septentrional se articula otro conjunto de 16 balsas de salazón de mayor tamaño que el anterior y siguiendo una demarcación lineal bien definida. En el límite oriental del pavimento deben existir más dependencias ya que una canalización se adentra hacia este sector junto con el suelo. El suelo se caracteriza por presentar un declive hacia el sur desde las piletas posiblemente, como interpreta L. Cobos, para recuperar las aguas de lluvias en la cisterna ubicada en el extremo meridional del espacio excavado (Cobos, 1996, 28). La técnica constructiva de todas las piletas de la factoría se caracteriza a grandes rasgos por la tendencia cuadrangular o rectangular de las mismas, dándose excepciones como algunas piletas de morfología trapezoidal. Estas balsas se encontraban aceptablemente conservadas estando una de ellas (E-17) localizada con la altura completa, que llega a los 2,35 m. Las cubetas se caracterizan por encontrarse revestidas por varias capas de *opus signinum.* El interior de las piletas quedaba marcado por la tendencia redondeada de sus esquinas, la existencia de un cordón hidráulico en forma de cuarto de círculo localizado en la confluencia de las paredes con el suelo de unos 10 cm de grosor aproximado además de la existencia en todos los casos (salvo en las piletas E2 y una de las dos pequeñas localizada en el extremo Nordeste) de una poceta circular ubicada en el centro de la pila, de 0,35 m de diámetro aproximado y de profundidad variable. A partir de la altura máxima conservada de la Pileta E 17 y la contrastación de esta con las plantas de las pilas se ha reconstruido la capacidad volumétrica mínima de todas las balsas que quedan computadas en un total de 250 m^3 de producción mínima que originaría este conjunto salazonero a pleno rendimiento aunque debemos tener en cuenta que a esta factoría posiblemente le falte un ala más de depósitos salsarios que no han podido localizarse por quedar fuera de los márgenes del solar. Debemos deducir de esta apreciación que el techo de capacidad productiva de este conjunto podría estimarse sensiblemente más alto (Cobos, 1996, 30). Se conservan dos líneas de canalización existentes en el patio central de la factoría circunscritas al tercio SE del yacimiento y confluyentes en un mismo punto en dirección a la esquina meridional del solar, donde se emplazan la cisterna y el pozo. Tenemos de este modo un sistema de conducciones que nos están planteando un interesante sistema que regula la traída y llevada de aguas desde el patio central y los distintos sectores hacia la zona donde se localizan las estructuras hidráulicas; pozo y cisterna. El pozo citado se localizaba en la mitad Sur junto con las demás estructuras hídricas de la factoría y se encontraba precedido en la superficie de un suelo de *opus caementicium* construido para facilitar el acceso. La cisterna presenta una planta rectangular dividida al menos en dos cámaras que se encuentran abovedadas e intercomunicadas entre sí a través de un hueco practicado en el lateral común de ambas cámaras (figura 4b). El acceso a las cámaras se producía por un hueco rectangular que daba acceso a la Cámara “A” y dispuesto en el extremo Sur del patio de la factoría. El apantallado perimetral del solar seccionó parte de la Cámara A (la principal) y no permitió conocer su cierre por este margen, dejando abierta la posibilidad de la existencia de una tercera cámara que otorgara simetría al conjunto. Las cámaras estaban revestidas con una capa de mortero de cal, caracterizándose por localizarse en la unión de las paredes con el suelo un pequeño cordón hidráulico a modo de reborde. Los paramentos de cierre de la factoría sólo han podido ser atestiguados parcialmente en el extremo septentrional y en un tramo del perfil Este. El resto perímetro del conjunto queda aun por delimitar, como su consecuente estimación de capacidad productiva que resta por definir. L. Cobos evalúa en el 50% el espacio que todavía queda por descubrir del patio central (Cobos, 1996, 28) pero aún queda parte importante de la factoría por exhumar correspondientes a otro posible grupo de piletas y los almacenes anfóricos anexos.

La documentación publicada de la factoría salazonera recoge algunos datos cronológicos referentes al material localizado. Estos datos y las directrices estratigráficas planteadas por L. Cobos permiten defender la datación del s. I a.C. propuesta por el autor para la construcción del conjunto industrial. Por otra parte para la cronología de inicios del s. V d.C. aportada para el momento de abandono de la factoría se remite la documentación analizada a la presencia de ánforas Almagro 51c, Africana II y TSC entre los materiales que rellenan las piletas (Cobos, 1996, 30). Los datos publicados para los niveles de abandono son difíciles de contrastar, pero nosotros defendemos que la producción de ánforas Almagro 51c y las variantes de ánforas Africana II se distribuyen ambas principalmente a lo largo del s. IV y V d.C. como atestiguan para esta región los alfares de Puente Melchor y Ringo Rango (García Vargas, 1998, 180), pudiendo documentarse su presencia entre los s. III y al menos el V d.C. (D. Bernal fecha las producciones del Ringo Rango en un contexto que genera imitaciones de ánforas Keay VI en reducida proporción pero que se comienzan a producir en este taller desde el inicio del s. IV d.C. mientras el ocaso de las estructuras alfareras se produce en los primeros años del s. V d.C.) aunque se documenta de forma casi anecdótica para las Africana II en estos últimos momentos, según plantea Remolá para la Tarraconense y otros contextos contrastados del Mediterráneo Occidental (Remolá, 2000, 120-130). Nosotros para aportar nuevos datos al respecto analizaremos de forma específica el cegamiento de la cisterna de la factoría para así datar el momento de abandono de este sector de la *cetaria*, pero es óbice reseñar que sólo un estudio integral del yacimiento permitiría el conocimiento preciso para el momento de abandono definitivo de este conjunto industrial. Los autores de las publicaciones referentes a este importante yacimiento convergen en plantear este conjunto industrial como perteneciente a una gran factoría salazonera que se construyó a orillas del parcialmente colmatado canal Bahía-Caleta en el s. I a.C. para ser abandonada a inicios del s. V d.C.

Nosotros a partir del análisis realizado de la documentación publicada debemos respaldar la proposición funcional de este espacio que a todas luces es un importante conjunto salazonero. No debe haber dudas al respecto porque los paralelos edilicios como Cotta (Ponsich, 1988) o la recientemente excavada factoría de San Nicolás (Bernal *et alii,* 2003a) son una muestra de las importantes *cetariae* que se localizan a una y otra orilla del Estrecho similares morfológicamente a la que analizamos. La disposición de las piletas en torno a un patio central en el que se encuentran las estructuras hídricas y que actúa como espacio articulador del conjunto es el esquema clásico en la configuración de estos ámbitos salazoneros de primera magnitud. Por otra parte otros factores como la situación geográfica de la factoría junto a una orilla del canal y el contexto industrial que comienza a definirse en otros sectores del actual casco histórico de la ciudad de Cádiz, como ejemplarizan los yacimientos de La Caleta, Castillo de Santa Catalina o Gregorio Marañón entre otros, son argumentos que permiten respaldar la importancia de este yacimiento en la dinámica industrial de *Gades* y en su proyección en el comercio Mediterráneo, sobre todo si tenemos en cuenta que es la factoría mayor y mejor conocida hasta el momento de esta ciudad.

La cronología de este conjunto industrial deberá matizarse con el estudio completo del registro material, pero hasta que llegue ese momento debemos aceptar el s. I a.C. como fecha de arranque de la factoría y tomar con cautela la fecha propuesta a inicios del s. V d.C. para el abandono del conjunto, en espera de un análisis exhaustivo del material arqueológico que representen la primera colmatación de las piletas de salazón.

Por otra parte debemos hacer hincapié en los resultados de la excavación desarrollada en la Calle Barrié, donde se excavó un contexto cerámico con presencia de ánforas Dr. 7/11 y Haltern 70 en un marco fechable entre los s. I a.C. y I d.C. Este espacio se interpretó con un área de descanso y consumo (Pradas, León, 2001). Esta hipótesis puede acercarnos al contexto inmediato de la factoría en los momentos de uso de la misma, el momento menos conocido por el registro material y que nos podría verter algunos indicios sobre el tipo de envase utilizado para comercializar esta producción salazonera, que si se correspondiese con el documentado en este solar contiguo deberían tratarse de ánforas Dr. 7/11.

2.2.- Otros contextos asociados a la industria pesquero-conservera.

Junto a las factorías salazoneras claramente definidas recogemos aquí otros yacimientos que podemos vincular a espacios anexos, conjuntos subsidiarios o posibles enclaves salazoneros de los que hoy no poseemos datos concluyentes pero que una investigación futura podría otorgar esta consideración de *cetaria* de forma definitiva.

2.2.1.- Campo de las Balas y Parador Atlántico.

De estos emplazamientos sólo tenemos testimonios parciales ya que los datos obtenidos hasta ahora referidos a esta localización se remiten a hallazgos casuales realizados en 1966 y fines de los años 70 (Ramírez, 1982). Estos hallazgos prácticamente contiguos se localizan en el centro histórico de Cádiz, en el extremo Noroeste de la ciudad, donde hoy se levantan las viviendas de la c/ Campo de las Balas y el Parador Hotel Atlántico (figura 1). En este extremo del litoral gaditano, los enclaves que analizamos han permanecido siempre cercanos al límite costero desde la Antigüedad Clásica hasta la actualidad.

Los testimonios que disponemos para analizar en este yacimiento son escuetos pero representativos ya que a partir de ellos se puede realizar una primera aproximación funcional teniendo siempre presente las limitaciones derivadas de la circunstancia del hallazgo y de la ausencia de contexto. La cimentación realizada junto a la c/ Campo de las Balas deparó principalmente la localización de un depósito de ánforas romanas que J. R. Ramírez identifica como Dressel 7/8 junto a monedas altoimperiales (Ramírez, 1982, 103 y 123). Por otra parte la remoción llevada a cabo en el contiguo Parador Atlántico permitió la recuperación de monetal altoimperial, fragmentos anfóricos, anzuelos y testimonios de ictiofauna, un elenco diverso pero clarificador a la hora de plantear la funcionalidad del espacio (Ramírez, 1982, 179, nota 195). Contamos con pocos elementos fechables para definir el periodo de funcionamiento de este espacio. Por un lado contamos con la tipología anfórica del depósito localizado (formas Dressel 7 u 8) y por el otro poseemos las referencias en ambos casos al hallazgo de monetal altoimperial. A partir de estos dos únicos elementos datantes podemos cerrar el marco cronológico entre época augustea y finales del s. I d.C. guiándonos para ello esencialmente por la cronología de las ánforas Dressel 7 y 8 así como las formas tipológicamente más cercanas representadas por la familia de las denominadas 7/11 (Expósito, 2004, 123; García, 1998, 77-84).

La presencia de ictiofauna, anzuelos y los depósitos de ánforas obviamente nos están hablando del entorno inmediato a una factoría, porque son elementos subsidiarios de las *cetariae*: su materia prima (peces), las herramientas (anzuelos) y los recipientes para su comercialización (ánforas de salazones). En definitiva en este yacimiento hemos podido localizar el entorno inmediato de un área industrial que estuvo en funcionamiento, a tenor de los datos conservados, al menos entre fines del s. I a.C. y fines del s. I d.C., los momentos de mayor apogeo de la ciudad como atestiguan las producciones de los alfares de la Bahía de Cádiz (García, 1998).

2.2.2.- Felipe Abarzuza.

El yacimiento es fruto de un hallazgo casual producido a fines de los años 70. R. Corzo recogerá por primera vez estos testimonios al citar el hallazgo de una pileta de salazón (Corzo, 1980, 7), pero será posteriormente J. R. Ramírez quien vuelva a analizarlo atribuyéndole la cronología a esta factoría (Ramírez, 1982, 123).

Este enclave se sitúa en el sector Noroeste del actual centro histórico de Cádiz, exactamente en el espacio que hoy ocupa un edificio de la calle Felipe Abarzuza (figura 1), un emplazamiento situado a pocos metros de La Caleta y casi contiguo a la calle Gregorio Marañón, enclaves donde se han venido documentando testimonios arqueológicos relacionados con las *cetariae Gaditanae.*

La parcialidad de los restos y las escuetas referencias que se conservan (Corzo, 1980, 7) no permite un análisis exhaustivo de los elementos estructurales. El testimonio de J. R. Ramírez fechará en el s. I d.C. esta balsa (Ramírez, 1982, 123), y aunque no conocemos el referente cronológico utilizado para esta datación, debemos adoptarla como la fecha de referencia ya que no disponemos de información suficiente para otorgar una alternativa a partir de la descripción existente de los elementos inmuebles ni en referencia al contexto material.

Todos los autores que han analizado estos restos coinciden en interpretarlos como una factoría de salazón. Los testimonios existentes parecen indicar esta línea aunque debemos mantener las reservas oportunas al recordar la parcialidad del testimonio y que poseemos escasos datos concluyentes al respecto, si bien es cierto que la ubicación general de estos hallazgos los circunscriben a un área que ha presentado gran cantidad de testimonios salazoneros (Expósito, 2004,112). El hecho de que la abundancia de factorías en el entorno, la cercanía de la costa (tanto en la actualidad como en la Antigüedad Clásica; Arteaga *et alii*, 2001) y la coincidencia de que la cronología propuesta por J.R. Ramírez coincida con el principal momento de actividad de las factorías circundantes no viene sino a respaldar la línea de interpretación que han venido marcando los investigadores precedentes.

2.2.3.- C/ Doctor Gregorio Marañón.

La actuación arqueológica llevada a cabo en 1989 y publicada por F. Blanco permitió la localización de los restos parciales de una posible factoría representados por el hallazgo de varias pavimentaciones asociadas a una pileta de salazón (Blanco, 1991). Los resultados de estas excavaciones han generado gran interés siendo varias las publicaciones que han dedicado sus páginas a analizar los resultados de este enclave (Ramón, 1995, 86; De Frutos, Muñoz, 1996; García Vargas, 1998, 159-161; Lagóstena, 2001, 112).

Este yacimiento se emplaza en la ciudad de Cádiz, en el extremo occidental del centro histórico de la ciudad, cercano a la actual playa de la Caleta (figura 1). En época romana el enclave se situaba al borde del paleocanal Bahía-Caleta, que estos momentos se encontraba ya parcialmente cegado.

Los elementos estructurales que nos relacionan este espacio con el uso como factoría de salazón son el conjunto formado por la pileta, los pavimentos asociados a ella y el vertedero próximo compuesto de ánforas salazoneras.

No pudo ser excavado en su totalidad el espacio que ocupaba la factoría (Blanco, 1991, 71, fig 1) pero los testimonios analizados que prueban su existencia se centran en el hallazgo de una serie de pavimentaciones asociadas a una pileta descubierta en el sector Noreste de la excavación. Los tres suelos analizados se relacionan con tres momentos de uso de la factoría que encuentran su correspondencia en otras tantas repavimentaciones coetáneas de la pileta que dan fe de la dilatada vida de estas estructuras. Esta balsa cuadrangular exhibe unas dimensiones de 4,70 x 1,37 m y se encuentra revestida de *opus signinum.* Existe otra estructura parcialmente excavada al Oeste de la primera y que podría corresponderse con otra balsa salazonera y que atestiguaría la continuidad de esta factoría hacia el noroeste. El estudio de este yacimiento ha permitido una completa documentación de la estratigrafía y la cultura material especialmente anfórica que ha sido analizada suficientemente en publicaciones precedentes (Blanco, 1991; De Frutos, Muñoz, 1996; García Vargas, 1998, 158-161).

A tenor de los datos propuestos por los diferentes investigadores, especialmente por F. Blanco y E. García Vargas, se interpreta que esta factoría se inicia en un momento indeterminado del s. I a.C., su remodelación se produciría hacia el cambio de era para ser abandonada definitivamente en los años centrales del s. I d.C. Respecto a la funcionalidad de este espacio todos los investigadores coinciden en identificarlo como una factoría de salazones aunque E. García Vargas deja entrever la posibilidad de que se tratase de una pileta con funcionalidad diferente como decantador de arcillas de una *figlina* (García, 1998, 159). Nosotros opininamos que este yacimiento se debe corresponder con parte de una industria subsidiaria a las salazones basándonos en el contexto material (anzuelos, malacofauna y ánforas salsarias), la situación geográfica del conjunto junto a otros emplazamientos identificados en este trabajo como factorías de salazones (Santa Catalina, Caleta, etc) o la presencia de malacofauna presente también en contextos de salazón para la realización de diferentes salsas (actividad productiva que ya ha planteado en este mismo congreso el prof. D. Bernal en su comunicación sobre las *cetariae* excavadas en Algeciras).

2.2.4.- Baluarte de San Felipe.

La historiografía moderna señala la existencia de ruinas de edificaciones y piletas que recogieron tanto Horozco como Suárez de Salazar a fines del s. XVI y principios del XVII respectivamente (Horozco; Suárez de Salazar). Estas referencias son rescatadas por J. R. Ramírez quien los catalogará como pertenecientes a un conjunto de salazones (Ramírez, 1982). Estos vestigios se situarían al pie del pretérito Baluarte de San Felipe, en el extremo NE del casco histórico de Cádiz, al Norte de donde hoy se localiza la Pza. de España y el puerto de la ciudad. Este emplazamiento tanto en la antigüedad como hoy se encuentra junto al límite costero enfrentado a la Bahía de Cádiz (figura 1).

Las descripciones legadas por estos autores obedecerán a referencias secundarias que no son el objeto central de su análisis y por tanto son breves y poco detalladas. Horozco mencionará la presencia de antiguas almadrabas situadas donde hoy se emplaza el Baluarte de San Felipe al describir el margen Norte de la isla de Cádiz (Horozco, 170). Suárez de Salazar por el contrario refiere la existencia de ruinas de casas, piletas y restos asociados a la industria salazonera de forma algo más explícita aunque igualmente breve (Suárez de Salazar, 75). A partir de las descripciones recogidas por ambos autores tan sólo podemos inferir, al igual que realiza J. R. Ramírez, la existencia de piletas de salazón y restos de edificaciones, de los cuales no podemos aportar más datos que los expuestos (Ramírez, 1982, 122).

J. R. Ramírez interpreta los testimonios de Horozco y Suárez de Salazar como un conjunto de piletas de salazón y aunque no hace aseveraciones al respecto plantea la posibilidad de su adscripción a época romana (Ramírez, 1982, 122). Estos restos deben corresponder a la industria salazonera aunque la inexistencia de estratigrafías o materiales que precisen estos datos nos obligan a mantener cierta cautela respecto a su marco cronológico, que aunque creemos que podría ceñirse a la antigüedad clásica, no disponemos de elementos de juicio fiables que nos permitan asegurarlo pudiendo tratarse estos restos de testimonios mucho más modernos (Expósito, 2004, 89).

2.2.5.- Baluarte de los Mártires.

La referencia existente sobre este conjunto de piletas se limita a la descripción realizada por Raimundo de Lantery a fines del s. XVII identificando estos restos como aljibes de época romana (Picardo, 1949). Estos testimonios han sido reinterpretados por J. R. Ramírez como un conjunto de salazones romanos (Ramírez ,1982).

Estos "aljibes" se ubicaron delante de la puerta del Baluarte de los Mártires (figura 1), enclave situado en el extremo SO del centro urbano de Cádiz, al sur de la Playa de la Caleta, un punto tanto hoy como en la Antigüedad este baluarte se sitúa inmediato al límite costero (Arteaga *et alii,* 2001, 395-398).

La única referencia original existente respecto a la morfología de estas balsas es la ofrecida por Raimundo de Lantery al describir este hallazgo localizado por la apertura de una cantera de piedra realizada para abastecer a las nuevas obras de amurallamiento de la ciudad de Cádiz en 1699 (Picardo, 1949, 343; Ramírez, 1982).

A partir de su testimonio podemos inferir varios aspectos formales de dichas estructuras. Por la descripción realizada se trata de piletas excavadas en la roca, sistema habitual de construcción de las balsas de salazón muy presente en contextos similares como la Ilha do Pessegueiro. Estas balsas presentan un revestimiento interno de buena conservación que sirve de aislante hidráulico, la curiosa comparación de este revestimiento con la puzolana de Roma realizada por Raimundo de Lantery nos refuerza esta apreciación ya que esta roca volcánica que se extrae cerca de Nápoles, unida con cal, sirve para realizar mortero hidráulico, no es descabellado sugerir, por tanto, que este revestimiento fuese en realidad *opus signinum.* No tenemos testimonios de la recuperación de material cerámico pero en la cita existente se refiere el hallazgo de material numismático de época romana. Estos datos unidos al pequeño tamaño de las balsas puede sustentar igualmente la tesis de J. R. Ramírez de identificarlas con piletas de salazón romanas (Ramírez, 1982,123). En definitiva esta escueta descripción de unas balsas de pequeño tamaño excavadas en la roca y revestidas de un mortero hidráulico las acercan indefectiblemente a la composición formal de una pileta romana.

A pesar de las reservas necesarias a la hora de interpretar una referencia antigua, es evidente que varios aspectos de peso apoyan la tesis de la correspondencia con una *cetariae.* En primer lugar su ubicación cercana a otras factorías presentes en el entorno del paleocanal Bahía-Caleta, por otra parte su cercanía física al límite costero existente durante la Antigüedad, pero es la similitud morfológica de estos aljibes con piletas de salazón romanas la principal razón para que tanto nosotros como los anteriores autores referidos tendamos a identificar los restos con una factoría. La presencia de un revestimiento de mortero hidráulico, el tamaño reducido de las balsas y su gran número suponen por si mismos datos suficientes para plantear esta correspondencia planteada.

2.2.6.- C/ Juan Ramón Jiménez.

En las obras del solar nº 5 de la calle Juan Ramón Jiménez, desarrolladas en 1990, se ha podido identificar un interesante ámbito habitacional relacionado con la industria salazonera de época altoimperial (Sáenz, 1993). El yacimiento excavado en este emplazamiento se localiza en la ciudad de Cádiz, en su área de extramuros, específicamente en el sector central de la isla que actualmente conforma esta ciudad (figura 1).

Las estructuras de habitación localizadas en esta excavación están compuestas por un patio que actúa de eje vertebrador, mientras como elemento destacado conserva en su extremo Norte dos cisternas para la captación de recursos hídricos (figura 5). Este patio articula en sus extremos Sur y Oeste una serie de estancias anexas. En el margen Este el patio representa el cierre perimetral de los restos edilicios, mientras en el límite Norte tan sólo se pueden identificar varias construcciones murarias de difícil interpretación (Sáenz, 1993; Expósito, 2004, 78-81). Además de las estructuras edilicias se pudo exhumar un área de necrópolis altoimperial sincrónica.

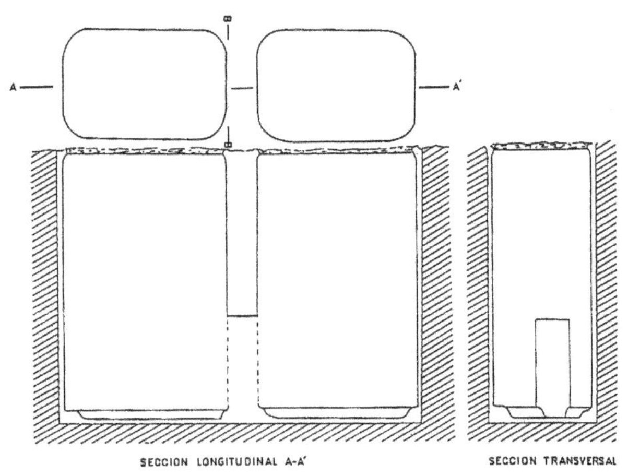

Figura 5.- Planta y sección de la cisterna de la c/ Juan Ramón Jiménez (Sáenz, 1993, 15).

El contexto material publicado asociado a las estructuras edilicias se ciñe a una somera descripción de su composición al referirnos la abundancia de elementos subsidiarios de la pesca como agujas de coser redes, anzuelos, pesos de cerámica y piedras, así como restos óseos de túnidos (Sáenz, 1993, 15).

M.A. Sáenz interpreta el contexto como un espacio habitacional de carácter industrial que ser construiría a fines del s .I a.C. perdurando al menos hasta mediados del s. II d.C. aunque según precisa L. Lagóstena (2001, 108) el momento de abandono de este espacio industrial podría dilatarse. Creemos que la funcionalidad del espacio habitacional debe ir en consonancia con la idea de su eminente carácter pesquero, ya que el uso de pavimentos hidráulicos, la existencia de sistemas de captación de aguas, como canalizaciones y cisternas, el hallazgo de pesas, anzuelos, agujas de coser redes y restos de ictiofauna nos ponen en directa relación con la explotación pesquera. Existen dos posibles interpretaciones, que nos encontremos ante un *atrium* alrededor del cual se distribuirían las demás dependencias de una factoría, o por el contrario que se tratase de una vivienda relacionada con el mundo de la explotación pesquera, como una casa de pescadores o un edificio comercial, emplazándose la factoría propiamente dicha en el área industrial de *Gades*. El hecho de encontrarse estos restos junto a un área utilizada como necrópolis durante parte del periodo de uso de esta factoría es un dato obviamente distorsionador respecto al emplazamiento de una *cetaria* aunque la alta densidad ocupacional del terreno de la ciudad de Cádiz podría ser la responsable de esta dualidad que puntualmente se pudo llevar a cabo.

2.2.7.- Plaza Asdrúbal.

Las excavaciones llevadas a cabo en la Pza Asdrúbal entre 1984 y 1985 permitieron exhumar una factoría de salazón púnica. Los resultados de estas excavaciones han posibilitado la génesis de varios estudios sobre la industria conservera de *Gadir* encabezados por A. Muñoz y G. De Frutos (Muñoz *et alii*, 1988; De Frutos, Muñoz, 1996; De Frutos, Muñoz, 2004). Pero lo más interesante para la industria conservera de época romana es la reciente publicación de algunos datos sobre otra factoría excavada en 1995 en este enclave y que aún permanece mayoritariamente inédita (Lagóstena 2001, 110; De Frutos, Muñoz 2004,135).

El yacimiento se ubica geográficamente en la ciudad de Cádiz, en su área de extramuros, junto al límite costero SO de esta isla (figura 1). En la antigüedad clásica este emplazamiento se levantaba a pocos metros de la línea costera, igual que en la actualidad, convirtiéndose esta franja litoral en un emplazamiento muy adecuado para el establecimiento de una industria salazonera aunque alejado del núcleo industrial de *Gades*.

Los testimonios estudiados de la factoría púnica excavada en 1984/85 aporta pocos datos sobre la industria conservera romana al inscribirse sus últimos momentos (siglos II y la 1° mitad del s. I a.C.) en una fase calificada como decadente (Muñoz *et alii*,1988; De Frutos, Muñoz, 1996; Muñoz, 1997) que ha permitido exhumar tan sólo algunos testimonios constructivos residuales. Mayores argumentos edilicios sobre esta industria parece aportar la intervención llevada a cabo en 1995 por F.J. Blanco y F.J. Sibón, atestiguada a través de la recientemente publicación del extracto de una planta (figura 5) en la que se muestran la presencia de varios espacios pavimentados sobre los que se articulan varias unidades murarias y un total de cuatro piletas salazoneras. Las balsas aquí presentes se agrupan por parejas y están divididas entre sí por una canalización, cada una de ellas presenta una tendencia cuadrangular, con los ángulos redondeados muy marcados, destacando en su base la existencia de un pocillo circular en el centro del suelo. Estos espacios muestran la existencia de varias refracciones que también han afectado a las balsas mostrando la dilatada vida de este espacio industrial.

G. De Frutos y A. Muñoz presentan la planta de esta nueva factoría excavada en 1995 (figura 6) como perteneciente a la fase bárcida de la *cetaria*. Sin embargo L. Lagóstena permite avanzar la ocupación de este sector al menos hasta el s. I d.C. como refiere de su cita al respecto (Lagóstena, 2001,110). La parcialidad de los datos cronológicos publicados nos hace tomarlos con cautela, pero sin duda es necesario que se den a conocer los resultados definitivos de la excavación de este conjunto para poder llegar a conclusiones claras.

La factoría excavada en 1984/85 funcionalmente debe corresponderse sin ninguna duda con una explotación industrial de tradición púnica, por el emplazamiento del solar junto a la antigua línea de costa, la existencia de una cultura material caracterizada por la presencia de ánforas salazoneras de tradición púnica, además del hallazgo de anzuelos y restos de ictiofauna (Muñoz *et alii*, 1988, 488). Por otra parte debemos reconocer que es necesario ampliar los datos expuestos sobre la nueva factoría localizada en 1995 para conocer si es igualmente heredera de la tradición púnica o se corresponde con los prototipos romanos como es el caso de Teatro Andalucía o Castillo de Santa Catalina. Los datos publicados al respecto son muy escasos y parciales, en ellos se hace referencia a dos momentos productivos de la misma industria,

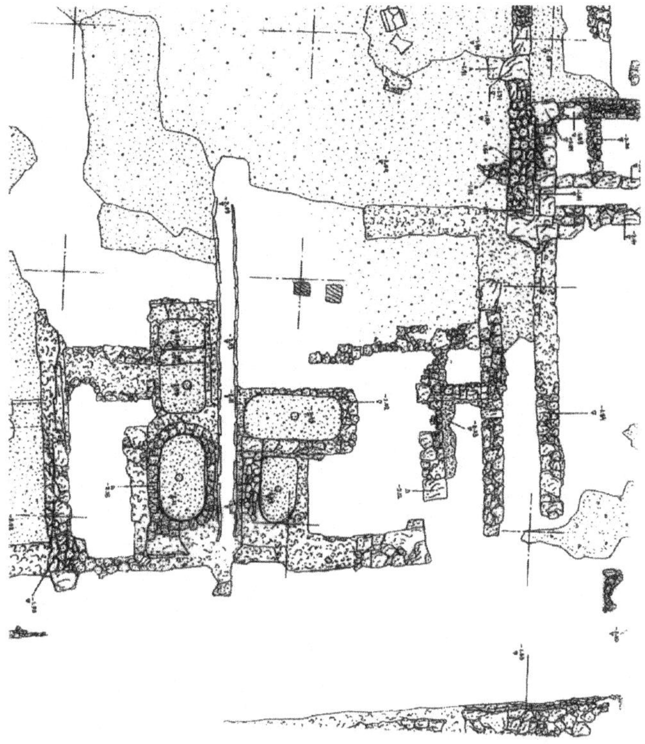

Figura 6.- Planta de un sector de la excavación de 1995 en la Plaza Asdrúbal (De Frutos Muñoz, 2004, 135, Figura 3).

que tendría sus orígenes en época bárcida y perduraría hasta el s. I d.C. si atendemos como correctas a las dos referencias existentes al respecto (Lagóstena, 2001, 110; De Frutos y Muñoz, 2004, 135). La planta publicada no permite realizar aseveraciones sobre el carácter púnico de forma contundente pero el extracto de planta conservada presenta paralelos con otras factorías púnicas como la de Pinar Hondo (De Frutos y Muñoz, 2004, 144) en el carácter dual de las balsas salazoneras. Parece que podemos hallarnos ante un espacio de tradición industrial púnica pero que continuaría en funcionamiento hasta el s. I d.C. pese haberse desplazado el foco industrial de la ciudad al noroeste de la urbe en torno al s. I a.C. en el marco de la planificación estratégica de *Gades*.

2.2.8.- C/ Enrique Calvo (San Severiano).

En 1985 se desarrollaron una serie de excavaciones arqueológicas en la calle Enrique Calvo, actuaciones que permitieron el hallazgo de restos interpretados como una factoría de salazón (Perdigones *et alii,* 1987b, 41-44). Con posterioridad estos datos fueron revisados por L. Lagóstena, aportando nuevas precisiones cronológicas respecto a los materiales publicados (Lagóstena, 2001, 106). Este yacimiento se sitúa en el área de extramuros correspondiente al margen Noreste la ciudad (figura 1). Este emplazamiento durante la Antigüedad Clásica se encontraba demarcando la antigua línea de costa interior de la Bahía de Cádiz.

El control arqueológico permitió la exhumación de dos enterramientos además de un número indefinido de piletas de morfología cuadrangular revestidas de *signinum.* En la documentación publicada se recoge el relleno de una de las piletas (Perdigones *et alii,* 1987b, 41, figura 2), que ha permitido destacar la presencia de ictiofauna además del hallazgo de material cerámico diverso entre el que se ha identificado la presencia de una forma Hayes 99a además de la presencia de una copa de TSH o TSG que podría corresponderse a las formas Drag. 24/25 ó 27 (Expósito, 2004,40). Los autores de la publicación de esta excavación arqueológica han interpretado las piletas documentadas como un conjunto industrial salazonero (Perdigones *et alii*, 1987b, 40), funcionalidad que ha sido recientemente reiterada tras la revisión de este contexto (Lagóstena, 2001, 106).

A partir de los datos que manejamos debemos respaldar con las reservas oportunas la hipótesis que apunta a la correspondencia de estas piletas con los restos parciales de una *cetaria* de época romana. Nos basamos para ello en tres aspectos esencialmente: la composición del relleno localizado en su interior caracterizado por el hallazgo de restos de ictiofauna, su cercanía a la línea de costa oriental de la isla de Cádiz durante la Antigüedad Clásica y la morfología general de las piletas que, a partir de los datos que conocemos, concuerdan con los tipos generales de piletas de salazón documentadas en el Mediterráneo Occidental, por su planta cuadrangular y revestimiento de *signinum.* Sin embargo los datos ofrecidos sobre este conjunto son escasos, lo que nos hace mantener cierta cautela al respecto. En relación a la cronología de la factoría, a partir de la información otorgada por el relleno de estas piletas tan sólo podemos aportar la datación de parte de los niveles de relleno de las piletas situándolos entre el s. V y VI d.C., basándonos en la presencia de la forma Hayes 99a que datamos entre los 470/80 y 550 d.C. (si atendemos a la reciente revisión cronológica que Mackensen y Tortorella realizan para estas formas; cfr. Bernal *et alii*, 2003a, 174), no pudiendo precisar por el momento si los mismos corresponden a la fecha de abandono de esta factoría o bien evidencian reestructuraciones más tardías (Expósito, 2004, 41).

2.3.- Las balsas de funcionalidad distinta a las salazones.

Un buen número de las piletas analizadas para este trabajo y que estaban recogidas por la historiografía tradicional como factorías de carácter familiar (Perdigones, Muñoz, 1987, 48; 1990, 77; 1991) comienzan ahora a definirse como un tipo de balsas bien seriada que deben desvincularse completamente de la industria salazonera. Nos estamos refiriendo a las piletas que presentan escalonamientos en cada uno de sus dos extremos más estrechos. En este tipo de balsas se engloban los testimonios de Trille, García Quijano, Campos Elíseos, Huerta del Obispo, Varela, García de sola esquina con García Escámez, Brunete esquina con c/ San Ildefonso, Av. Andalucía-Ciudad de Santander, Ciudad de Santander y Fernández Ladreda entre otros, siempre situados en extramuros de Cádiz, en un área definida entre el inicio de la Av. Andalucía, cercano a las Puertas de Tierra, y la calle Trille (Expósito, 2004). Estas balsas se caracterizan en todos los casos por su carácter exento de cualquier otra estructura, por presentar una tendencia rectangular y disponer de varios escalonamientos situados en cada uno de sus lados cortos. Estos escalonamientos se localizan en posición descendente en dirección a la parte baja de la pileta. Las dimensiones internas en los testimonios localizados oscilan en torno a los 4 m de longitud y 1 m de anchura. En la parte alta los muros perimetrales cierran en algunos casos un reborde a modo de último escalón que controlaría el rebosamiento de la piscina. En las cercanías de estas balsas suelen localizarse pozos asociados a estas piletas, apreciándose en algunos casos un canal o conducto que intercomunicaba estos dos ámbitos directamente.

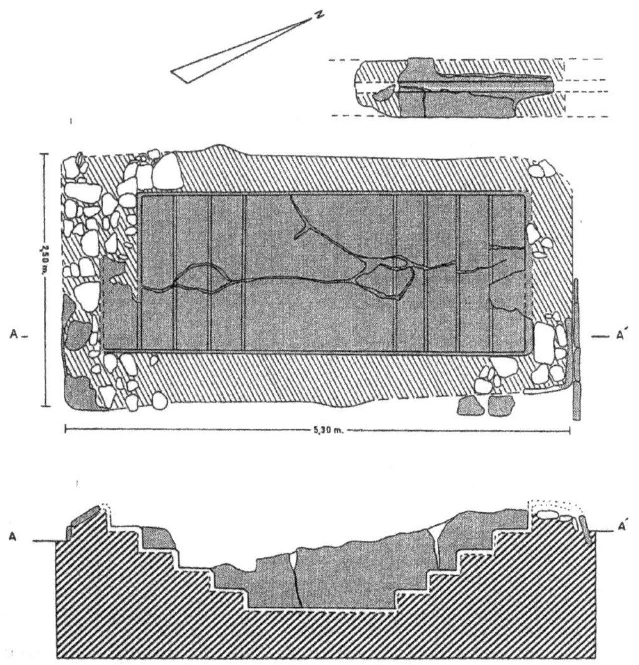

Figura 7.- Planta y sección de la pileta de la c/ Huerta del Obispo (Lavado 2001, Plano 2).

Un testimonio representativo de este tipo de estructuras es la localizada en la calle Huerta del Obispo (figura 7). Se puede apreciar que a partir del contexto funerario en que se localizan mayoritariamente, claramente coetáneo con el periodo de uso de estas balsas en muchos casos (Córdoba, 2004; Perdigones, Muñoz, 1990,77; Miranda, Pineda, 1999), la morfología de estas piletas claramente disociadas de los prototipos salazoneros, el carácter exento de estas piletas escalonadas, la ausencia de contextos industriales, la inexistencia de restos de fauna marina y su carácter hídrico creemos que son criterios de peso para exponer su disociación con la industria salazonera y su asociación con el mundo cultual como ya se ha planteado en algún caso (Blanco, 1999; Lavado, 2001). Se ha propuesto otra posible atribución a este tipo de balsas al relacionarla con la presencia de explotaciones agrícolas (Miranda, Pineda, 1999), sin argumentos claros, por lo que no deja de ser una hipótesis necesitada de contrastación. Por lo tanto pensamos que es la vertiente funeraria la que debe ser valorada intensamente, siendo reseñable en este sentido su singularidad espacial ya que la presencia de estas balsas se restringen a la necrópolis de Cádiz y el área de Camposoto (Bernal *et alii,* 2003b). La cronología otorgada a este tipo de piletas se enmarca en todos los casos entre los siglos II a.C. y I d.C. en líneas generales aunque la excavación de nuevos contextos podría acotar aun más este ámbito cronológico. Es evidente, de todos modos, que nos encontramos ante un tipo de estructura que se desarrolla entre época tardopúnica y romano-republicana, para empezar a abandonarse su uso con la consolidación de la costumbre latina, lo que nos hace plantear la posibilidad de que se trate de un elemento edilicio de tradición gaditana inspirado en patrones orientales tardopúnicos.

Además de estas piletas de escalonamientos dobles hemos podido disociar de la industria salazonera las balsas analizadas que presentan escalonamientos en uno de sus lados y las que muestran un apéndice en uno de sus vértices, prototipos localizados en el yacimiento de Pza. San Antonio (figura 8), enclave que la historiografía tradicionalmente venía asociando con las *cetariae* (Perdigones, 1990, 3-4; García Vargas, 1998, 187; Lagóstena, 2001). Los dos únicos testimonios de piletas con escalonamientos en uno de sus extremos se han localizado en el yacimiento de la Plaza San Antonio, lo que parece evidenciar una funcionalidad idéntica en ambos casos. Estas balsas se corresponden morfológicamente con un tipo rectangular caracterizado en ambos casos por presentar una hilera de escalones adosados en uno de sus extremos cortos y que discurren en dirección descendente hacia el fondo de la balsa. Las pilas están completamente revestidas en su interior de *opus signinum,* y en uno de los casos se localiza la pileta anexa a un pozo mientras en el otro está asida a una cisterna. Sus excavadores interpretaron este yacimiento como perteneciente a una factoría (Perdigones, 1990, 3-4) pero estas balsas no se corresponden con los prototipos canónicos de piletas adscritas a la industria salazonera. Por otra parte los escalonamientos presentes en estas balsas deben ir destinados a facilitar el acceso y además las estructuras hídricas anexas a ellas nos refieren a un uso hídrico lo que abriría diversas líneas interpretativas más acordes con la morfología general que pueden ir en la línea de las instalaciones industriales (*tinctoriae*), religiosas o termales si tenemos presente la posible existencia de un *hipocaustum* en el extremo SE del yacimiento (figura 8) pero en cualquier caso lejos de la industria conservera. En el yacimiento de San Antonio también hemos podido analizar un único ejemplo de este tipo de aparente "balsa" que presentaba un apéndice en un vértice. La morfología de esta estructura es rectangular y de amplias dimensiones, destacando la presencia en uno de sus vértices de un ensanche en su planta de tendencia ligeramente ojival (figura 8). Los paralelos exactos existentes en el yacimiento de La Casa del Obispo han sido interpretados de forma clara como cisternas, confirmándolo una mejor conservación de esos restos y la existencia de varios paralelos en el Mediterráneo (información oral de José María Gener, director de la excavación realizada en el yacimiento de La Casa del Obispo).

La cronología de estas estructuras hídricas y del yacimiento de San Antonio se plantea de forma genérica entre la segunda mitad del s. I a.C. y el último tercio del s. I d.C. No hay evidencias contundentes que permitan definir con claridad la funcionalidad de este espacio dejando incluso abierta la posibilidad al desarrollo de un fin comercial o industrial en este ámbito amparándonos en el contexto material anfórico y por la presencia de diversas estancias regulares orientadas en torno a un espacio vertebrador aunque la parcialidad de los restos localizados y la falta de un estudio integral del yaci-

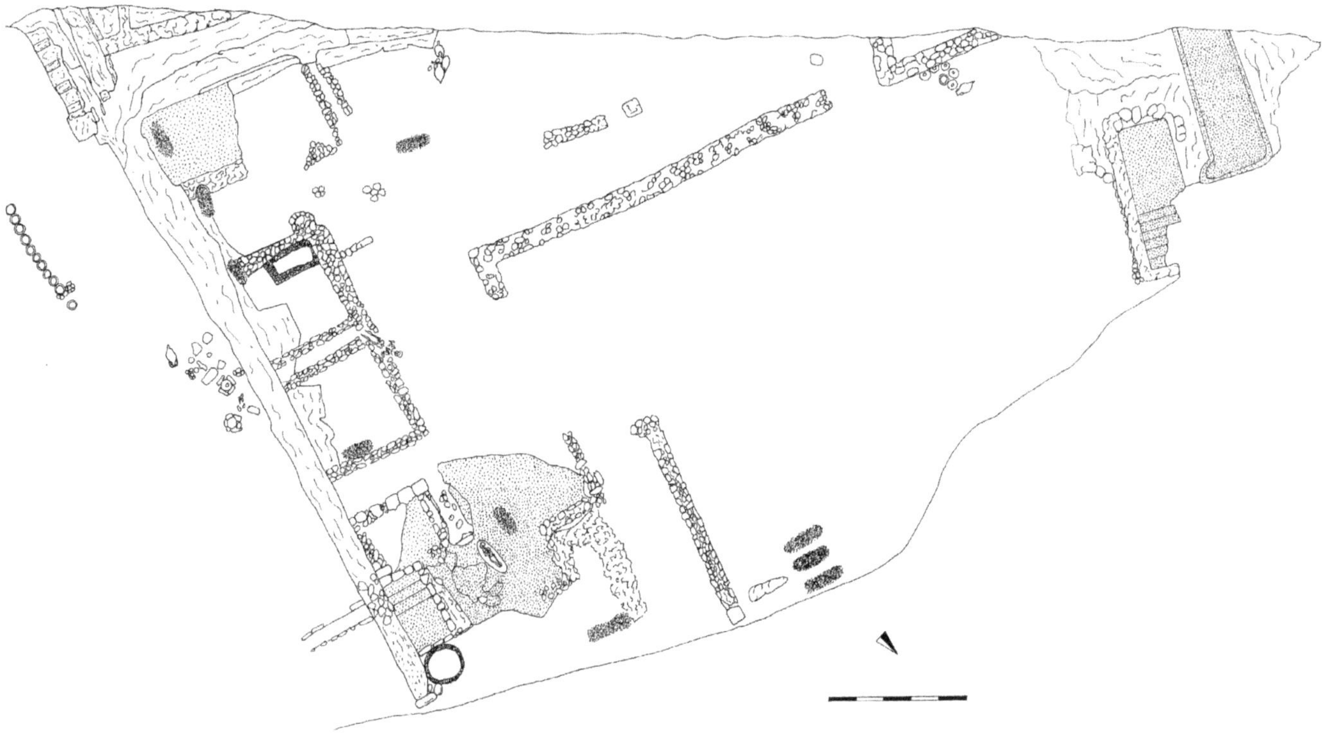

Figura 8.- Planta del yacimiento de San Antonio (Elaboración propia a partir de la documentación original depositada en la Delegación provincial de Cultura de la Junta de Andalucía).

miento dejan abiertas ambas opciones planteadas, siempre alejadas de la industria salazonera (Expósito, 2004, 99-102).

Hemos observado otro testimonio que se ha vinculado tradicionalmente a la industria salazonera como ha ocurrido con San Antonio y es el hallazgo de Pza. Fragela (Lagóstena, 2001,114), el cual permitió localizar varias piletas unidas por canales. En esta pileta de cinco metros de lado se pudieron apreciar una serie de vertientes que desembocaban en una cazoleta y un canal que desaguaba en dos hileras de piletas de menores dimensiones. Parece que la funcionalidad de esta balsa debe buscarse en la captación y distribución de recursos hídricos para alguna finalidad industrial a juzgar por el contexto existente donde abundan los testimonios anfóricos, pero lejos de los prototipos funcionalmente vinculados a las *cetariae* ya que los recursos hídricos se utilizan en las salazones para la limpieza del pescado pero no para circular por las balsas. Recientemente en las últimas intervenciones arqueológicas desarrolladas en los Cuarteles de Varela de Cádiz se ha podido constatar otro ejemplo de estas piletas cuadradas de similares dimensiones y con canalizaciones internas que en ese caso funcionaban a modo de aljibes para la captación y distribución de líquidos en un contexto diferenciado (información oral facilitada por la arqueóloga P. Pineda en relación a la IAU desarrollada en el año 2003 en los citados Cuarteles de Varela).

Observamos como un desmedido número de estructuras hídricas localizadas en la ciudad de Cádiz han sido asociadas por la historiografía a las salazones posiblemente por la fama que precede a estas salsas y la inevitable vinculación con esta urbe. La relativamente tardía aparición de los primeros vestigios relacionados claramente con esta industria a partir de los años 90 hizo que la prácticamente totalidad de las estructuras hídricas localizadas con anterioridad referidas al *Gades* romano se asimilara con la floreciente industria del salazón generando de este modo un erróneo caudal informativo que debe ser revisado profundamente (un primer planteamiento de esta cuestión lo hemos presentado en nuestro Trabajo de Investigación de Tercer Ciclo al analizar la problemática existente en la ciudad de Cádiz; Expósito, 2004, 167-175).

3.- Estudio material de un contexto del Teatro Andalucía.

A la hora de abordar este trabajo y como complemento al estudio historiográfico realizado en las líneas precedentes, planteamos la realización del estudio material de un contexto que permitiese conocer mejor el momento de abandono de la más importante de las *cetariae* gaditanas para lo cual propusimos estudiar las evidencias recuperadas de la cisterna del Teatro de Andalucía (Cobos *et alii*, 1997) gracias a la posibilidad de estudiar este contexto que nos brinda Ángel Muñoz y a las facilidades puestas por Antonio Álvarez para acceder al material depositado en el Museo Provincial de Cádiz. Este estudio de materiales se convierte en un complemento imprescindible para nuestro trabajo ya que se corresponde con un interesante testimonio del momento de abandono de este sector de esta factoría, la única de las *cetariae* localizadas en el solar gaditano que hasta el momento ha presentado momentos de abandono en época tardorromana.

Sobre este yacimiento hay publicado dos artículos que actúan como síntesis de las dos campañas de excavación desarrolladas en este solar. En el primero los materiales expuestos son muy escuetos, restringiéndose a citar el hallazgo de contextos del s. V d.C. caracterizados por contener bordes de ánfora Almagro 51c, Africana II y TSA (Cobos, 1996, 30). El segundo artículo expone además los resultados de la excavación de la cisterna de la factoría, donde los autores diferencian tres UUEE correspondientes a rellenos que contienen vajilla de cocina y ánforas tipo Late Roman 1a de Sicilliano y Sibella, que dataron en el s. V d.C. (Cobos *et alii,* 1997, 121).

Figura 9.- Fotografía de ánfora Keay LIII-LR1 perteneciente al contexto material de los niveles de colmatación de la cisterna de la Factoría de Teatro Andalucía (UE 22).

3.1.- El registro material y su contexto arqueológico.

Los niveles que conforman la colmatación de la cisterna de la factoría son las UUEE 4, 10 y 22, correspondiéndose esta última UE con el nivel de relleno de la Cámara A de la cisterna mientras las UUEE 4 y 10 representan los niveles de abandono de la Cámara B (figura 4b).

De la UE 22 se han recuperado los fragmentos pertenecientes a 3 ánforas que hemos podido reconstruir entre un 85 y un 95% por lo que se presenta un análisis completo de ellas. De los 9 fragmentos restantes podemos destacar la presencia de un borde de cerámica de almacenaje, dos bordes anfóricos, dos de cerámica común y un asa anfórica (figura 10, 1 y 2).

La UE 10 queda representada mayoritariamente por un conjunto de cerámicas de cocina compuestas por cuencos o marmitas de cocina de características muy homogéneas entre las que se identifican 46 bordes exvasados y reentrantes (figura 10, 3-7), un mamelón y un pivote además de varios fragmentos de cerámicas a mano o torno lento. Por último la UE 4 ha deparado un escaso elenco cerámico con un total de 16 galbos anfóricos y de cerámica común.

3.2.- Estudio material.

A partir del estudio cerámico planteado observamos cómo los resultados se encuentran condicionados por la escasez de material diagnosticable localizado en el relleno estudiado. La UE 4 no ha deparado el hallazgo de formas cerámicas que permitan llegar a una conclusión al menos aproximada a la cronología del estrato. Para esta misma cámara "B" de la cisterna disponemos de los datos ofrecidos por otro estrato, la UE 10, un nivel que contiene una presencia mayor de objetos cerámicos que la UE 4 pero que son difícilmente diagnosticables desde el punto de vista cronológico. Nos referimos de este modo al conjunto cerámico compuesto por una acumulación de cerámicas comunes de cocina muy homogéneas compuestos por marmitas (figura 10, 3, 5-7) y cuencos (figura 10, 4) que no permiten otorgar datos cronológicos por sí mismos aunque sí parecen encontrarse en la línea de marmitas u ollas que como los elementos a torno lento o a mano documentados también en este estrato vienen fabricándose en contextos domésticos de la Antigüedad Tardía (Macías, 1999). Se sitúan en una tendencia similar a las piezas de época vándala o bizantina propias de contextos de los siglos V, VI y en menor medida VII d.C. Por citar algunos ejemplos son significativas las analogías con el material tarraconense estudiado por Macías (1999) y con el del Teatro romano de Cartagena. Tanto estos ejemplos cerámicos analizados como las evidencias realizadas a torno lento posiblemente se correspondan con cerámicas importadas habituales en contextos del s. V d.C. o más tardías. El contexto formado por este conjunto de cerámicas comunes se configura con un grupo de difícil precisión cronológica por si mismas dentro de los amplios límites marcados con anterioridad ante la ausencia en este contexto de formas de vajilla fina africana (ARSW D) u oriental (LRC), elementos que habitualmente permiten precisar las cronologías en estos depósitos.

Con estas premisas debemos recurrir a los elementos localizados en la cámara "A" correspondientes a la UE 22; donde hemos podido identificar un total de tres ánforas de importación completas (las tres ánforas Keay LIII conservaban sus *tituli picti* correspondientes a registros realizados con tinta roja como viene siendo habitual en este tipo de recipientes. Destaca el *titulus* conservado en una de las ánforas -figura 9, 3- por su mayor desarrollo y su estado de conservación. El análisis e interpretación de estos registros se ha llevado a cabo en otro trabajo dedicado al efecto; Expósito, Bernal, e.p.) y varios testimonios anfóricos asociados. Los tres contenedores anfóricos (figura 9) se corresponden con la variante Kellia 164 de las Late Roman 1c o Keay LIII, caracterizadas por un diámetro de la boca en torno a los 10 cm y una altura de entre 46 y 58 cm. Según Remolá, esta variante presenta algunos problemas de datación, Pensabene incluye estos modelos en contextos de mediados del s. V d.C. al incluirlo en tipos evolucionados de la Kellia 169 que no llegan a los 10-11 cm de diámetro en la boca de la Kellia 164, mientras que Remolá afirma que se documenta a fines del s. V d.C. y se generaliza durante el s. VI d.C. al incluir estas características en la variante ya descrita (Remolá, 2000, 216). Además de estos tres ejemplares

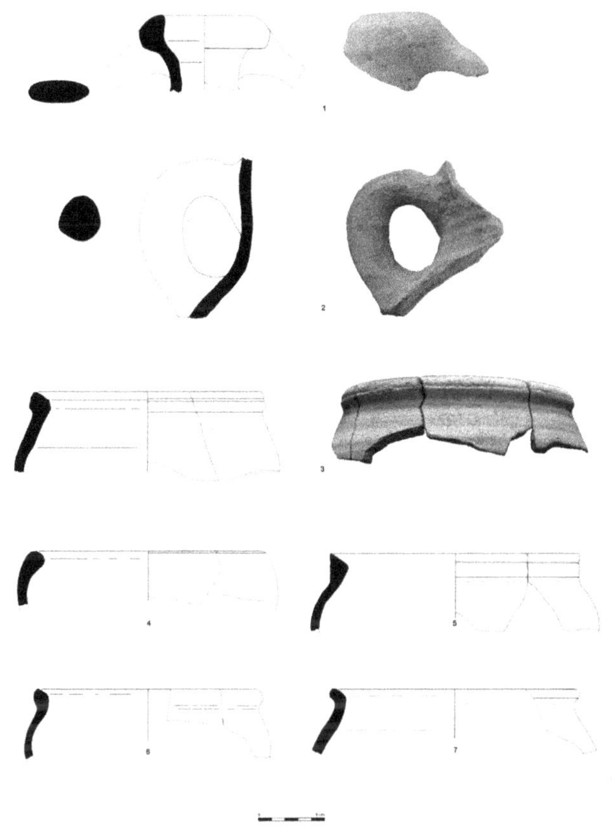

Figura 10.- Selección de cultura material de los niveles de colmatación de la cisterna del Teatro Andalucía. La UE 22 (1.- Boca de Almagro 51c; 2.- Asa y cuerpo de ¿Keay XIX?) y UE 10 (3-7.-Cerámica de cocina).

se ha localizado un borde de ánfora Almagro 51c (figura 10, 1) y un asa de un ánfora tardorromana que podría corresponderse con un ánfora Keay XIX (figura 10, 2), envases sudhispánicos conocidos en contextos de los siglos IV-V y VI. Respecto a estas ánforas sudhispánicas, especialmente la Almagro 51c (figura 10, 1), su reducido diámetro y el arranque del asa desde el plano superior del borde hacen pensar en morfologías propias de la fase más avanzada de manufactura, posiblemente la segunda mitad del s. V o inicios del VI d.C.

En resumen debemos definir que estamos presentes ante un contexto época vándala o bizantina posiblemente de la segunda mitad del s. V o primera mitad del VI d.C. a partir de las ánforas LR1 evolucionadas pero no consistentes en las variantes más tardías (Remolá, 2000, 216). Para precisar aún más estas dataciones esperamos a los datos que puedan aportar un mayor registro conocido de toda la excavación aún por realizar.

Esta datación nos sitúa entre mediados del s. V y mediados del VI d.C. el comienzo del cegamiento de la cisterna de la factoría de Teatro Andalucía lo que, en espera de un análisis del contexto integral de la excavación, podría marcar a nuestro juicio la datación de una reocupación tardía sobre la fabrica ya abandonada como así parece atestiguar la existencia del grafito del faro de *Gades* (Cobos *et alii,* 1997).

4.-Nueva visión de las *cetariae* de *Gades.*

A partir de este análisis podemos trazar una nueva visión esta industria gaditana, permitiendo definir las factorías de la ciudad, las claves para su localización y las cronologías que estas han aportado, renovando definitivamente el panorama industrial del *Gades* romano.

4.1.- Identificación de las factorías de salazón.

Pocos son los testimonios que tras realizar nuestro estudio han quedado identificados como una factoría de salazón, tan sólo tres yacimientos han mostrado las evidencias suficientes para ser considerados como tales. Se trata de los yacimientos de Caleta, Santa Catalina y Teatro Andalucía, lo que contrasta severamente con el panorama expuesto con anterioridad a la realización de este trabajo. La factoría del Teatro Andalucía se corresponde con el conjunto salazonero de mayor magnitud, con un total de 24 piletas documentadas se configura como la factoría mejor conocida de la ciudad de Cádiz. Ubicada en la orilla Norte de la ensenada de la Bahía de Cádiz, zona en la que se conservaban los restos del paleocanal Bahía-Caleta, esta factoría presenta todos los elementos característicos de estos conjuntos que cuentan con importantes recursos hídricos (cisterna y pozos) y las piletas para salazón articuladas en torno a un amplio espacio de trabajo, generando un modelo de explotación similiar a los analizados en yacimientos bien conocidos como *Cotta* o *Iulia Traducta* (Bernal *et alii,* 2003a; Ponsich, 1988). En el Castillo de Santa Catalina se ha localizado una pileta de salazón a través de la realización de un sondeo, destacando esta cubeta por compartir los principales aspectos morfológicos de las balsas salazoneras como son la presencia de un cordón hidráulico en la unión del suelo con las paredes, la presencia de una poceta o sumidero en su base y el revoco interno de la pileta con un aislante hidráulico como es el *opus signinum.* Además de la morfología de la pileta por sí misma, la ubicación de este hallazgo en un ámbito inmediato a la orilla Norte de la ensenada de la Caleta, junto a otros enclaves vinculados a esta industria como Caleta permiten afianzar el posicionamiento que identifica este hallazgo como parte de una factoría de salazón. El último de los yacimientos claramente asociados a la industria salazonera es el de Caleta, en el cual destaca la presencia de una pileta de salazón asociada a un conjunto edilicio articulado en torno a una gran sala pavimentada con *opus signinum* que debe corresponderse con el área de despiece y almacenaje de la factoría. El conjunto se encuentra alterado por la acción marina en su margen meridional, impidiendo la localización del resto de las piletas, no obstante la existencia de referencias modernas sobre la presencia de gran cantidad de balsas en Caleta afectadas por la acción marina ayudan a plantear un contexto más clarificado (Horozco, 67; Suárez de Salazar, 122). La pileta localizada en este emplazamiento también conserva los elementos característicos de este tipo de balsa. Atendiendo a los restos analizados, a su emplazamiento en la línea de costa en un área resguardada que permite el atraque de navíos y a las referencias otorgadas por la historiografía moderna no cabe duda de su eminente carácter salazonero, respaldado aún más si cabe por un contexto marcado por otros yacimientos vinculados a esta industria como Santa Catalina y Campo de las Balas, que entre ellos conforman uno de los núcleos principales de esta industria en la ciudad de Cádiz.

El yacimiento de Pza. Asdrúbal (figura 6), a juzgar por los testimonios gráficos publicados, debe corresponderse como vimos con una industria salsaria, ya que tanto las piletas como los pavimentos asociados parecen estar destinadas a este fin por su morfología, aunque la distribución de las balsas dentro del conjunto se asemeja más a los ejemplos tardopúnicos que a los romanos, algo que puede ser igualmente corroborado por las propuestas cronológicas vertidas a este respecto. Falta por precisar de forma definitiva las dataciones que se aplican al conjunto para poder ser tenido en cuenta como merece.

Asociados a los anteriores enclaves se han identificado tres yacimientos que podemos relacionar claramente con las industrias asociadas o con elementos subsidiarios de la explotación salazonera. Uno de estos yacimientos es el conjunto localizado en el Campo de las Balas y Hotel Atlántico, donde se localizó un depósito de ánforas salsarias y se identificaron anzuelos, ictiofauna y monedas, aportando un contexto que debe vincularse a este tipo de explotación, máxime si cronológica y espacialmente concuerda con los testimonios cercanos de Caleta y Castillo de Santa Catalina, aunque la ausencia de elementos inmuebles relacionados con esta industria nos hace plantear el carácter subsidiario o auxiliar de este espacio respecto a las salazones gaditanas. Por su parte en la c/ Juan Ramón Jiménez se localizó un espacio habitacional de carácter industrial que por el contexto material (formado por anzuelos, pesas, agujas de coser redes...) y por la presencia de suelos de *signinum* y una cisterna puede relacionarse con la actividad salazonera. Este edificio debe corresponderse con una vivienda de marineros y/o pescadores o a las estancias administrativas o de almacenaje de una factoría. De cualquier forma invariablemente este yacimiento debe relacionarse con esta industria pese a no localizarse las cubetas de salazón. Por último hemos incluido en este grupo al yacimiento de Gregorio Marañón, ya que se corresponde con un contexto subsidiario de la actividad salazonera en cualquier caso, posiblemente alfarero, ya que se han localizado unas piletas que pudieran actuar como balsas de decantación de arcilla ya que, pese a estar en un ámbito espacial cercano a las factorías salazoneras de Caleta y Santa Catalina, comparte el espacio con un área de vertidos de anforas salsarias que debe corresponderse indefectiblemente a las descargas de un horno cercano. La pileta localizada en este yacimiento comparte las líneas básicas de una pileta salazonera pero presenta unas dimensiones excesivamente alargadas respecto a los tipos habituales de la industria salazonera. Estos enclaves se localizan en el entorno del área industrial que se configura en el noroeste de la isla gaditana (figura 1).

4.2.- Definición topográfica del barrio industrial salazonero de *Gades*.

Los testimonios que hemos podido analizar para la ciudad de Cádiz permiten atestiguar la presencia de lo que podríamos denominar el barrio industrial salazonero de *Gades*. Este barrio, a juzgar por los testimonios analizados, se debe emplazar junto al litoral de la ciudad, en torno a las dos ensenadas que conformaban los restos del Canal Bahía-Caleta o Canal de Ponce (Arteaga *et alii,* 2001) (figura 1), franja marina que ya se encontraba parcialmente cegada en época romana (los resultados de los estudios paleogeográficos propuestos por los miembros del "Proyecto Costa" -Arteaga *et alii,* 2001, 395-398, han sido de amplio interés a la hora de plantear nuestro trabajo, ya que el análisis de las industrias salazoneras se encuentran íntimamente ligados al paleolitoral existente en la Antigüedad). La factoría del Teatro Andalucía debemos situarla en la orilla norte de la ensenada que se abría a la Bahía de Cádiz, un espacio navegable para estos momentos que iría colmatándose conforme comienza a decaer la factoría en la segunda mitad del s. V d.C. o quizás algunos decenios más tarde. Los otros dos testimonios de la industria conservera de *Gades* representados por los yacimientos de Santa Catalina y Caleta se disponían en torno a la otra ensenada de La Caleta, cuyos dos brazos marcados por la Punta de la Nao y la Punta del Sur permitirían acceder como un puerto natural a esta rada del mismo modo que en la actualidad de sigue haciendo. Inmediatamente tras estos enclaves se localizan los yacimientos de Gregorio Marañón, Felipe Abárzuza y Campo de las Balas-Hotel Atlántico, los cuales actuarían a nuestro parecer como elementos subsidiarios de estas factorías.

Los testimonios aportados por la historiografía moderna sobre el Baluarte de los Mártires, San Sebastián y La Caleta permiten aventurar la presencia de factorías en los enclaves descritos y posibilitarían la existencia de otras aún no localizadas que podrían ocupar el otro brazo de la ensenada de La Caleta formado por el Castillo de San Sebastián y su espacio inmediato (Picardo, 1949, 343; Horozco, 67). Recientemente, el 31 de mayo de 2006 se publicó en el Diario de Cádiz una nota de prensa que recogía la excavación en la calle Sagasta 105 de 3 piletas que se identifican como parte de una factoría de salazón. Son datos aún por contrastar, pero este emplazamiento se debió situar a orillas del borde meridional del Paleocanal que se abriría a la Bahía de Cádiz. Por otra parte, Suárez de Salazar y Horozco señalan la presencia de restos de almadrabas antiguas en el Baluarte de San Felipe (Suárez de Salazar, 75; Horozco, 170) lo que podría permitir ubicar la existencia de otras *cetariae* en la ensenada de la Bahía, articulándose de este modo la industria salazonera gaditana en torno al litoral protegido de las dos ensenadas que conforman los restos del antiguo canal Bahía-Caleta, emplazamientos idóneos como puertos naturales que permitirían el atraque de navíos para surtir a esta industria de la materia prima (sal, pesca y recipientes anfóricos) y para permitir cargar las salazones que serán comercializadas por el Mediterráneo. En los yacimientos de Enrique Calvo o Pza. Asdrúbal, donde aún no se ha podido corroborar de forma fidedigna la presencia de industrias salazoneras romanas, sí podemos por el momento afirmar que los litorales arenosos y el resguardo de los vientos en el caso de Enrique Calvo permitirían el atraque de navíos de pequeño calado que surtiesen a estos conjuntos y posibilitasen la salida de sus productos hacia el puerto principal. Además, para el yacimiento de Enrique Calvo se puede apreciar la continuidad de explotaciones de almadraba en este sector del frente de la bahía según muestra un grabado de G. Hoefnagel del s. XVI (Ponsich, 1988, figura 108).

Los yacimientos que la historiografía tradicional relacionaba con factorías de carácter familiar (Perdigones, Muñoz, 1987, 48; 1990, 77; 1991), y que en este trabajo hemos disociado de su carácter industrial, permiten otorgar mayor coherencia a la organización espacial de la urbe gaditana durante la Antigüedad Clásica al excluir la posibilidad de que se diese una coexistencia tan importante de fábricas de carácter industrial junto con los testimonios localizados de la necrópolis romana coetánea.

A la hora de plantear la localización definitiva de las *cetariae* romanas además de analizar los testimonios conservados de las factorías es necesario considerar el emplazamiento y la accesibilidad a los elementos auxiliares o subsidiarios de esta industria establecidos en la ciudad de Cádiz o su *hinterland* inmediato de la Bahía como son la obtención de sal y la industria alfarera.

La sal se configura como el principal recurso necesario para el establecimiento de una *cetaria* ya que sus cubetas deben ser rellenadas con capas consecutivas de sal y pescado hasta su completa colmatación, por lo que la sal debe ser un recurso abundante en su entorno y de amplia disposición. No se han podido encontrar hasta el momento vestigios arqueológicos que permitan identificar claramente una explotación salazonera romana en este ámbito (Ponsich, 1988, 44). Sin embargo basándonos en la tradición salinera del entorno de Cádiz, especialmente de San Fernando, en los recientes estudios que se han publicado a este respecto, y las referencias modernas (Horozco, 35) creemos sin lugar a dudas que la tradición salinera de San Fernando y el entorno de la bahía debió tener sus orígenes en la Antigüedad.

La producción alfarera de recipientes salsarios en la Bahía de Cádiz durante la Antigüedad Clásica ha sido bien estudiada a través de varios trabajos (Lagóstena, 1996; 2001; Lagóstena, Bernal, 2004; García, 1998) que han puesto de manifiesto cómo la alfarería gaditana se articula en torno a la ciudad de Cádiz, conformando los principales núcleos productivos la ciudad de San Fernando y Puerto Real principalmente, aunque se observan testimonios de esta industria por todo el litoral de la Bahía y en la misma ciudad de Cádiz (Blanco, 1991).

A partir de estas premisas la ciudad de Cádiz parece articularse como eje vertebrador de la producción y comercialización de las renombradas salsas gaditanas. Con los condicionantes expuestos y el emplazamiento elegido para la ubicación de las factorías de Caleta, Santa Catalina y Teatro Andalucía vemos como el transporte de sal de las salinas que posiblemente se emplazaron en las marismas de San Fernando y su entorno se pudo realizar fácilmente por transporte terrestre y esencialmente marítimo gracias a las condiciones portuarias de los enclaves salazoneros y la cercanía de estas salinas. Lo mismo debemos proponer para la industria alfarera que se ha desarrollado principalmente en las localidades lindantes con la actual ciudad de Cádiz, alfares que por su cercanía a la costa debieron disponer de pequeños embarcaderos para enviar sus producciones de forma rápida y barata a estas *cetariae Gaditanae*.

El emplazamiento de estos recursos posibilita la existencia de las factorías localizadas hasta ahora en la ciudad de Cádiz pero el volumen productivo de la bahía, especialmente desde la perspectiva mejor estudiada correspondiente a la alfarería anfórica, permite una sobreproducción que no encuentra correspondencia en los testimonios de factorías de la ciudad de Cádiz ni a priori de su entorno inmediato en el cual los testimonios siguen siendo muy escuetos y parciales. Se ha planteado la posible exportación de recipientes anfóricos vacíos a *Septem Fratres* desde la Bahía de Cádiz para envasar sus salazones. Esta es una línea de investigación interesante pero la respuesta debe estar en un mejor conocimiento arqueológico del entorno gaditano. La isla que conformaron San Fernando y Cádiz desde la romanidad debió ser un espacio ideal para el establecimiento de estas industrias salazoneras y su posterior comercialización, por las condiciones naturales de Cádiz para acoger un importante puerto interior que articularía al menos la comercialización de las salazones producidas en la bahía y posiblemente gran parte de las diseminadas por el litorar altlántico gaditano.

4.3.- Cronología.

Partiendo del análisis realizado en este trabajo planteamos la existencia de diversas problemáticas datacionales al respecto. La continuidad de los modelos productivos de tradición púnica durante el período romano-republicano es una problemática aún no totalmente clarificada. De los testimonios analizados vinculados a la industria salazonera en estos momentos sólo se puede tener en cuenta el yacimiento de Plaza Asdrúbal, que ha arrojado recientes datos que presentan una nueva ocupación entre época bárcida y el s. I d.C. (Lagóstena 2001,110; De Frutos, Muñoz 2004,135) aunque debido a su parcialidad estos datos deben ser tomados con mucha precaución, ya que a nuestro parecer los demás enclaves salazoneros de tradición púnica de este periodo están en clara recesión (Expósito, 2004, 180). Posiblemente nuevos estudios permitan en el futuro una nueva valoración al respecto, pero muchos yacimientos que venían a arrojar luz sobre la industria en este período (los yacimientos de Campos Elíseos, Brunete o Av. Andalucía-Ciudad de Santander entre otros) deben ponerse actualmente en cautela a partir de las reinterpretaciones formuladas (Expósito, 2004).

Las evidencias arqueológicas analizadas en este trabajo, por el contrario, si han permitido observar la dinámica de la industria conservera en los períodos comprendidos entre el s. I a.C. y I d.C. por una parte, y de la segunda mitad del s. V d.C. y las décadas siguiente por otra.

El momento álgido de la producción salazonera en Estrecho coincide con la llegada de Augusto al poder y la apertura de nuevos mercados para *Hispania.* Para *Gades* las evidencias arqueológicas analizadas en este trabajo han permitido observar como a lo largo del s. I a.C. se comienzan a construir varios importantes conjuntos salazoneros planteados ajenos a la tradición fenicio-púnica y planificados según los modelos productivos romanos. Testimonios evidentes los conforman las factorías de Santa Catalina, Teatro Andalucía y Caleta, que comienzan a funcionar en estos momentos. El entorno subsidiario de estos enclaves también permiten apreciar esta reactivación como evidencian los yacimientos de Gregorio Marañón, C. Barrié o los depósitos de Campo de Las Balas y Hotel Atlántico. Esta industria verá su máximo exponente entre los siglos I a.C. y I d.C., como confirman las cronologías de la factoría de Santa Catalina y otros espacios secundarios como Gregorio Marañón o Felipe Abárzuza. La factoría de La Caleta se abandonará a lo largo del s. II d.C. pero para este momento ya sólo quedará en funcionamiento la industria conservera de Teatro Andalucía. La mayor parte de las alfarerías gaditanas siguen en funcionamiento durante momentos iniciales del s. II d.C. (Lagóstena, 1996, 133; 2001) en consonancia con los datos que venimos mostrando y con el panorama general de la producción salazonera en el Estrecho de Gibraltar, que parece presentar la misma dinámica aquí expuesta, donde en el s. II d.C. se aprecia un descenso productivo que antecederá a la situación que parece documentarse en la centuria siguiente.

Por último debemos exponer la confirmación a través de este trabajo de la actividad salazonera hasta al menos el s. V d.C. en la ciudad de Cádiz. La factoría del Teatro Andalucía a permitido la documentación de niveles de abandono fechados en el s. V d.C. (Cobos, 1996, 30) y además el estudio realizado en este trabajo, de los niveles de relleno de la cisterna, ha permitido fechar la amortización de este sector en la segunda mitad del s. V d.C. y a inicios del VI d.C. a partir del análisis de la cultura material analizada, con lo cual apreciamos que a lo largo de este siglo queda en desuso toda la factoría. Otro testimonio a tener en cuenta para estos momentos es el aportado por el yacimiento de Enrique Calvo, que permite advertir una colmatación parcial fechada entre los s. V y VI d.C., y que si se pudiese confirmar su correspondencia con una factoría salazonera permitiría afianzar el peso de los testimonios que nos hablan sobre la industria salazonera tardorromana asentada en esta ciudad.

5.- Conclusiones finales.

El principal resultado de este análisis es la remodelación de la imagen de la industria conservera gaditana, ya que ahora frente a la gran cantidad de factorías defendidas con anterioridad (Ramírez, 1982, 122-125; Lagóstena, 2001, 106-115) proponemos una reducción importante en su número. En este trabajo, pese a la tendencia lógica de aumentar este listado y pese a conocerse nuevos yacimientos, hemos propuesto una reducción de su número a sólo tres enclaves que de forma fehaciente se dedicaron a la industria salazonera en *Gades*, los testimonios de Teatro Andalucía, La Caleta y Santa Catalina. El reajuste del número de enclaves salazoneros trae coherencia al organigrama de la industria gaditana al englobar estas explotaciones en un mismo sector de la ciudad, agrupándose en dos conjuntos bien definidos en torno a las dos ensenadas existentes (figura 1). La morfología y el número de estas explotaciones se trazan ahora de forma análoga a otras factorías del Estrecho a diferencia de cómo se planteó con anterioridad cuando se defendía dentro de la ciudad una dispersión amplia de esta industria (Lagóstena, 2001, 106-115). La ciudad de *Gades* dispondrá de una importante producción salazonera pero el renombre que adquirirá en el Mediterráneo y la cantidad de envases anfóricos que se producen en sus inmediaciones podrían hacer pensar que la importancia de la industria salazonera de *Gades* resida en que actúe como centro redistribuidor de las industrias conserveras de su área de influencia hacia los grandes mercados.

Bibliografía

ARTEAGA, O., KÖLLING, A., KÖLLING, M., ROSS, A.M., SCHULZ, H., SCHULZ, H. D. (2001): "El puerto de *Gadir.* Investigación geoarqueológica en el casco antiguo de Cádiz", *RAMPA.*Vol. IV, 345-416.

BERNAL, D., JIMÉNEZ, R., LORENZO, L., TORREMOCHA, A., EXPÓSITO, J.A. (2003a): "Las factorías de salazones de '*Iulia Traducta'.* Espectaculares hallazgos arqueológicos en la Calle San Nicolás nº 3-5 de Algeciras", *Almoraima* 29, Algeciras, 163-183.

BERNAL, D., SÁEZ, A., SÁEZ, A.M., DÍAZ, J.J., LORENZO, L., TOLEDO, F.J. (2003b): *Carta Arqueológica Municipal de San Fernando (Cádiz) Tomo I.* 2003 (Inédito).

BLANCO, F.J. (1991): "Excavaciones de urgencia en un solar de la Calle Gregorio Marañón. Cádiz", *AAA., 1989*, Tomo III, Sevilla, 78-81.

BLANCO, F.J. (1999): *Informe arqueológico de los resultados obtenidos en la 1º fase de excavación arqueológica en la calle Marqués de la Ensenada (antiguos Cuarteles de Varela),* Ejemplar inédito depositado en la Delegación de Cultura de la Junta de Andalucía en Cádiz.

COBOS, L. (1996): "Intervención arqueológica en el solar del Teatro Andalucía (Cádiz)", *AAA'1995.* Sevilla, 19-31.

COBOS, L., MUÑOZ, A., PERDIGONES, L. (1997): "Intervención arqueológica en el solar del antiguo Teatro Andalucía de Cádiz: la factoría de salazones y la representación gráfica del faro de Gades", *Boletín del Museo de Cádiz*, 7, Cádiz, (1995-1996), 115-132.

CÓRDOBA. I. (2004): *Memoria de la excavación arqueológica realizada en el solar ubicado en la Avda. Juan Carlos I esquina Trille nº24 a 38 (Cádiz)*, Ejemplar inédito depositado en la Del. de Cultura de la Junta en Cádiz.

CORZO, R. (1980): "Paleotopografía de la bahía gaditana", *Gades*, 5, Cádiz, 5-14.

DE FRUTOS, G., MUÑOZ, A., (1996): "La industria pesquera y conservera púnico-gaditana: balance de la investigación. Nuevas perspectivas", *Spal, 5.* Sevilla. 133-165.

DE FRUTOS, G., MUÑOZ, A., (2004): "El comercio de las salazones en época fenicia y púnica en la Bahía de Cádiz. Estado actual de las investigaciones: los registros arqueológicos", *XVI Encuentros de Historia y Arqueología,* N° 16, San Fernando, Cádiz. Cajasur Publicaciones, 131-167.

EXPÓSITO, J.A. (2004): *Las factorías de salazón de Gades (siglos II a.C.-VI d.C.). Estudio arqueológico y estado de la cuestión,* Trabajo de Investigación de Tercer Ciclo, UCA. Inédito

EXPÓSITO, J.A., BERNAL, D. (e.p.): "Ánforas orientales en el extremo occidente. Las importaciones de LR1 en el sur de *Hispania*", *2nd International Conference LRCW* (Ai-en-Provence, Marseille, Arles, Abril 2005.

GARCÍA VARGAS, E. (1998): *La producción de ánforas en la Bahía de Cádiz en época romana (ss. II a.C.-IV d.C.),* Écija.

GENER, J. M. (1997): *Sondeo estratigráfico en el Castillo de Santa Catalina (Cádiz), Memoria inédita depositada en la Delegación Prov. de Cultura de la Junta de Andalucía en Cádiz en 1997.*

HOROZCO, A. [ed. 1845] *Historia de la Ciudad de Cádiz.* (1598). Imprenta de D. Manuel Bosch.

LAGÓSTENA, L. (1996): *La alfarería romana en la Bahía de Cádiz,* Cádiz.

LAGÓSTENA, L. (2001): *La producción de salsas y conservas de pescado en la Hispania romana.* Col-lecció Instrumenta 11, Universidad de Barcelona.

LAGÓSTENA, L., BERNAL, D. (2004): "Alfares y producciones cerámicas en la provincia de Cádiz. Balance y perspectivas", *Figlinae Baeticae.* Vol. 1. BAR Internacional Series 1266. Oxford.

LAVADO, Mª.L. (2001): *Informe final de la intervención Arqueológica en la c/Huerta del Obispo nº16 de Cádiz,* Ejemplar inédito depositado en la Delegación de Cultura de la Junta de Andalucía en Cádiz.

MIRANDA, J.Mª., PINEDA, P. (1999): *Informe preliminar sobre la Intervención Arqueológica de Urgencia (CV-99), Edificio Puerto Varela,* Ejemplar inédito depositado en la Delegación de Cultura de la Junta en Cádiz.

MUÑOZ, A. (1997): "Secuencia histórica del asentamiento fenicio-púnico de Cádiz: un análisis crono-espacial tras quince años de investigación arqueológica", *Boletín del Museo de Cádiz.* 7, 115-132.

MUÑOZ, A., DE FRUTOS, G., BERRIATÚA, N. (1988): "Contribución a los orígenes y difusión comercial de la industria pesquera y conservera gaditana a través de la recientes aportaciones de las factorías de salazones de la Bahía de Cádiz", *CIEG,* t.I, (Ceuta 1987), Madrid, 487-508.

PERDIGONES, L. (1990): "Arqueología de urgencia en Cádiz durante 1989", *III Jornadas de Arqueología Andaluza,* Cádiz, 6 (policopiado).

PERDIGONES, L., MUÑOZ, A. (1987): "Excavaciones de urgencia en un solar de la calle García Quijano (Cádiz)", *AAA. 1986,* Tomo III, Sevilla, 41-44.

PERDIGONES, L., MUÑOZ, A. (1990): "Excavaciones arqueológicas de urgencia en un solar de la calle Campos Elíseos. Extramuros de Cádiz", *AAA. 1987,* Tomo III, Sevilla, 71-79.

PERDIGONES, L., MUÑOZ, A. (1991): "Intervenciones de urgencia en la necrópolis y zonas industriales de la ciudad de Cádiz", *IV Jornadas de Arqueología Andaluza,* Jaén, 15-19 Enero 1991, 21-25. (Policopiado)

PERDIGONES, L., MUÑOZ, A., TROYA, A. (1987b): "Excavaciones de urgencia en un solar de la calle Ciudad de Santander esquina Avda. Andalucía (Cádiz)", *AAA. 1986,* Tomo III, Sevilla, 41-44.

PICARDO (1949): *Memorias de Raimundo de Lantery, mercader de indias en Cádiz, 1673-1700,* Escelicer, S.L., Cádiz.

PONSICH, M. (1988): *Aceite de oliva y salazones de pescado. Factores geo-económicos de Betica y Tingitania. Madrid.* Universidad Complutense de Madrid.

PRADAS, E., LEÓN, A. (2001): "Informe de la actuación arqueológica en la calle Barrié, (Antiguo cine municipal), Cádiz", *AAA. 1997.* Vol. III, Sevilla, 36-39.

RAMÍREZ, J.R. (1982): *Los primitivos núcleos de asentamiento en la ciudad de Cádiz,* Cádiz.

RAMON, J. (1995): *Las ánforas fenicio-púnicas del Mediterráneo Central y Occidental.* Barcelona.

REMOLÁ, J. A. (2000): *Las ánforas tardo-antiguas en Tarraco (Hispania tarraconensis). Siglos IV-VII d.C.* Barcelona.

SÁENZ, M.A. (1993): "Informe sobre las excavaciones de urgencia realizadas en el solar nº5 de la calle Juan Ramón Jiménez, en Cádiz", *AAA. 1991.* Actividades de Urgencia, Vol. III. Sevilla, 11-16.

SUÁREZ SALAZAR, J.B. (ed.1985): *Grandezas y antigüedades de la isla y ciudad de Cádiz,* Facsímil de la edición de Cádiz de 1610. Edición, introducción y notas de R. Corzo Sánchez. Cádiz.

LE SEL ET LES COQUILLAGES À POURPRE

C. MACHEBOEUF
Université du Litoral Côte d'Opale

La teinture pourpre marine, très appréciée dans l'Antiquité, était faite à partir de mollusques nommés communément *murex* et *purpura* dans les textes latins. La condition nécessaire à l'obtention de la pourpre était de prélever la glande qui contenait le suc tinctorial sur des *murex* encore vivants. Cela engendra bien évidemment une localisation littorale des principaux sites producteurs qui utilisaient régulièrement des milliers de coquillages à pourpre afin de pouvoir teindre et vendre à des prix exorbitants des étoffes de couleur rouge ou violette. C'est après le concassage de la coquille et le prélèvement de la glande tinctoriale qu'intervenait l'ajout de sel. Mais était-il nécessaire à la fabrication de la pourpre ? C'est ce que nous essaierons de comprendre dans une première partie. Le sel pourrait avoir eu aussi une autre fonction, celle de conserver les corps de *murex* après qu'ils aient servi à l'industrie de la pourpre. C'est à la question du recyclage des corps de *murex* et à leur mise en conserve éventuelle que nous consacrerons la seconde partie.

1.- Le sel dans la fabrication de la pourpre?

1.1.- Un conservateur de courte durée.

Le naturaliste Pline l'Ancien dans son livre IX de l'*Histoire Naturelle* nous livre avec précision la recette de fabrication de la teinture pourpre. Pour ce faire, il la décrit étape par étape et donne même les quantités des différents produits qui entrent dans sa composition. Il nous apprend ainsi qu'une fois la glande tinctoriale prélevée, il était « nécessaire d'y mettre du sel, environ un setier par centaine de livres » (*Histoire Naturelle*, IX, 133: *cui addi salem necessarium, sextarios ferme centenas in libras*). Un *sextarius* étant égal à 54,72 cl et une livre à 324 grammes, il fallait donc compter, si l'on suit Pline, 1,69 cl de sel par kilo de glandes tinctoriales. Mais dans quel but ajoutait-on du sel?

Les chercheurs et archéologues ayant travaillé sur la pourpre ont souvent cru que l'ajout de sel se faisait dans la cuve destinée à l'élaboration de la teinture. Ceci découle d'une mauvaise interprétation du texte de Pline: dans sa description, la première opération, qui était la macération des glandes tinctoriales dans le sel, est clairement séparée de la seconde opération qui consistait à faire chauffer la préparation, c'est-à-dire les glandes tinctoriales et l'eau « dans du plomb » (*feruere in plumbo).*

Les cuves à fermentation que nous avons réalisées ont toujours été faites avec des *murex* qui n'avaient pas macéré au préalable dans du sel comme le recommande Pline et nous avons toujours obtenu des résultats satisfaisants. Cela prouve que cette première étape n'était pas nécessaire à l'obtention de la teinture. Mais alors, pourquoi le naturaliste a-t-il cru bon de la consigner dans sa recette ? La solution se trouve selon nous dans un autre passage de Pline (*Histoire Naturelle*, IX, 135) dans lequel sont évoquées des cuves faites avec « deux cents livres de buccin et cent onze de pourpre », soit avec 64 kilos de glandes de *murex* et 36 kilos de glandes de *purpura haemastoma*. Une glande pesant environ 0,5 gramme, il fallait 128 000 *murex* et 72 000 *purpura haemastoma* pour réaliser une telle cuve. Nous avons estimé le temps de concassage et de prélèvement de la glande tinctoriale mis par un ouvrier spécialisé à environ 15 secondes, ce qui revient à traiter quatre coquillages par minute et environ 2 880 coquillages sur une journée de 12h. Il fallait donc plusieurs jours pour arriver à bout des 200 000 coquillages à pourpre mentionnés dans ce second passage de Pline. Ce délai posait donc le problème de la conservation des glandes tinctoriales prélevées dans les premières heures ou le premier jour, car elles pouvaient se décomposer très rapidement à l'air libre. Afin de pallier ce problème, on élabora un moyen de conservation à très court terme: la macération des glandes dans le sel, mais pas plus de trois jours « car la préparation a d'autant plus de force qu'elle est plus fraîche » (Pline, *Histoire Naturelle*, IX, 133: macerari triduo iustum, quippe tanto maior uis, quanto recentior). Cela permettait aux glandes tinctoriales d'être conservées dans de bonne condition en attendant que tous les coquillages aient été concassés avant la mise en route la « cuve à fermentation ». Les glandes tinctoriales étaient mises à macérer dans des récipients ou des bassins, analogues peut-être à ceux de Délos (Bruneau, 1969, 768-775) et le tout était ensuite transféré dans une cuve de plomb. La quantité de 1,69 cl de sel par kilo de glandes tinctoriales, qui a été donnée par Pline, est sans doute le résultat de multiples expériences: il fallait une quantité de sel à la fois suffisante pour conserver les glandes pendant quelques jours, et faible pour ne pas nuire ensuite au bon fonctionnement de la « cuve à fermentation » qui pouvait ne pas supporter un taux de salinité trop élevé.

1.2.- Un conservateur de longue durée.

Après être tombé dans l'oubli durant plusieurs siècles, le secret de la fabrication de la teinture pourpre a été redécouvert en deux étapes, grâce au procédé de « cuve à fermentation »[1] ou « Vat-Dye » utilisé initialement pour la fabrication de l'indigo, qui consiste à faire décomposer des substances organiques, en l'occurrence des feuilles d'indigotier, sous l'effet de « ferment ». L'aboutissement de cette cuve est l'obtention de la teinture sous une forme réduite ou « leuco », car ce n'est qu'à cette condition que le liquide tinctorial donnera de la couleur. Celle-ci apparaîtra ensuite par oxydation. C'est en 2000 que le chimiste J. Edmonds (20-30) appliqua pour la première fois cette technique à la pourpre pour essayer d'obtenir la teinture tant convoitée dans l'Antiquité. Il réalisa une « cuve à fermentation » à base de pigments purs obtenus par la dessiccation du suc tinctorial des coquillages à pourpre. Afin

Actas del Congreso Internacional *CETARIAE. Salsas y salazones de pescado en Occidente durante la Antigüedad*, Universidad de Cádiz, Noviembre de 2005, *B.A.R. int. ser.* 1686, Oxford 2007, 387-390.

[1] Le mot cuve doit être compris ici comme un contenu et non comme un contenant.

d'obtenir le processus de réduction nécessaire à l'obtention de la couleur, il ajouta dans la cuve des coques qui apportèrent la « bactérie » nécessaire à la fermentation. Il obtint pour la première fois une couleur violet foncé. En 2001, I. Boesken-Kanold (150-154), reprit le procédé de « cuve à fermentation », mais elle remplaça les pigments par des glandes tinctoriales qui venaient d'être prélevées sur des *murex* vivants. Elle obtint des résultats satisfaisants: le secret de la pourpre telle que Pline la décrit dans son livre IX de l'*Histoire Naturelle* était enfin redécouvert. Les recherches se poursuivirent et I. Boesken-Kanold chercha ensuite un moyen de conserver les glandes tinctoriales afin de pouvoir s'en servir ultérieurement. Elle décida alors de les mélanger à du gros sel et réalisa avec succès une cuve à fermentation quelques mois plus tard. Le procédé est le même que pour une « cuve à fermentation » faite à base de glandes tinctoriales fraîches, mais la bactérie nécessaire pour obtenir la réduction n'était apparemment plus présente dans les glandes salées (Boesken-Kanold, 2005, 152). Après avoir pris l'avis de spécialistes, elle ajouta un peu du liquide d'une ancienne cuve épuisée en colorant, afin d'apporter les bactéries nécessaires à la « fermentation ». Quelques heures plus tard le processus de réduction avait eu lieu et elle obtint de magnifiques couleurs: la preuve était faite que les glandes tinctoriales des *murex* pouvaient être conservées dans du sel plusieurs mois durant avant d'être utilisées. Cette découverte était fondamentale, car elle ouvrait une piste de recherche jusque-là non exploitée: la possibilité de teindre en pourpre loin des ateliers producteurs côtiers. Ce moyen de conservation n'est certes pas attesté par les sources anciennes, mais cela ne signifie pas qu'il ne fut pas utilisé, même si, depuis, nous avons nous-même expérimenté l'efficacité d'un conservateur attesté par les sources anciennes, à savoir le miel (Macheboeuf, 2004 ; Macheboeuf, à paraître).

2.- Le sel dans la salaison de *murex*?

2.1.- Des mollusques amputés de leur glande mais comestibles.

Le concassage des coquilles et le prélèvement des glandes tinctoriales avaient lieu sur des *murex* venant d'être pêchés ou sur des *murex* déjà pêchés depuis plusieurs jours qui étaient conservés vivants dans des sortes de viviers que nous désignons par le nom « piscine d'attente » (Macheboeuf, à paraître).

Il y avait deux techniques pour casser la coquille. La première technique décrite chez Elien consistait à briser « la coquille et le reste, d'un coup de pierre » (*Sur les Animaux*, XVI, 1). D'après Aristote (*Histoire des animaux*, V, 15, 547a) et Pline (*Histoire Naturelle*, IX, 126), elle n'était réservée qu'aux *murex* de petite taille, car il était difficile d'extraire la glande tinctoriale sur des mollusques ne mesurant que deux à trois centimètres environ. La deuxième technique, constatée uniquement sur les sites archéologiques de Tyr (Jidejian, 1969), Meninx (observation personnelle) et du Monte Circeo (Blanc, 1997, 210), consistait à casser la coquille seulement à l'endroit où se trouvait la glande tinctoriale. Une fois la coquille cassée, apparaissait une veine blanche contenant le suc tinctorial (Pline, *Histoire Naturelle*, IX, 125). Cette « veine » ou « membrane blanche » (Aristote, *Histoire des Animaux*, V, 15, 547a) ne constitue qu'une infime partie du corps du mollusque, puisqu'elle mesure en moyenne 1 cm de longueur et entre 3 à 5 mm de largeur. Autrement dit, c'est un corps de *murex* presque entier qui demeurait après le prélèvement de la glande. Si l'on replace cette constatation dans le contexte de l'industrie de la pourpre, c'est donc des milliers de corps de *murex* tout juste amputés d'un centimètre qui restaient au sein des ateliers producteurs côtiers. Mais peut-on admettre l'hypothèse qu'ils étaient recyclés ?

2.2.- La consommation de *murex* frais.

Les sources textuelles nous apprennent que les *murex* étaient appréciés pour leur chair et étaient consommés frais. La première allusion à la consommation de *murex* frais vient d'Ennius qui, au début du IIe siècle avant J.-C., évoque les meilleurs produits de la mer: « le pourpre, les *muriculi*, le *murex* et aussi de doux oursins » (*Annalium fragmenta*, X, 352: *purpura, muriculi, mures, dulces quoque echini*). Au début du IIe après J.-C., Martial fait dire à un *murex*: « Il ne te suffit pas, ingrat, de porter des habits teints de notre sang ; il faut encore que tu nous manges » (*Epigrammes*, XIII, 87) et à la fin du IVe siècle après J.-C., « des pourpres et des *murex* » figurent au menu d'une prestigieuse *cena* décrite par Macrobe (*Saturnales*, III, 13).

Ces mollusques étaient tellement appréciés que l'élevage de *murex* est attesté dès l'époque d'Aristote (*Histoire des Animaux*, VIII, 20, 602b) et qu'il continue à la période romaine dans des *piscinae* spécialement adaptées aux besoins des *murex*: « Une étendue vaseuse sur la côte est l'endroit pour élever le poisson plat, comme la sole, le turbot et le flet ; c'est aussi très approprié pour les testacés: les coquillages produisant la pourpre » (Columelle, *De re rustica*, VIII, 16, 7-8: *Limosa regio planum educat piscem, velut soleam, rhombum, passerem. Eadem quoque maxime idonea est conchyliis: purpurarum muricibus*).

Ces divers témoignages tendent à prouver que les coquillages à pourpre étaient très appréciés et constituaient des mets raffinés au même titre que les huîtres ou les oursins. Il est donc impensable que les corps des *murex* ou des *purpura haemastoma* juste amputés de leur glande aient été rejetés à la mer. Ils étaient certainement consommés frais par les ouvriers qui travaillaient dans les ateliers producteurs de pourpre et peut-être même par les populations habitant à proximité. Cependant, les milliers de *murex* pêchés ne pouvaient certainement pas être consommés dans l'immédiat et il fallait alors les conserver afin de ne pas les perdre.

2.3.- Des *murex* en salaison?

Contrairement aux salaisons de poissons, les salaisons de mollusques ne sont pas évoquées, à notre connaissance, dans les sources littéraires. Cependant en 301 après J.-C., un passage de l'*Edit de Dioclétien* (V, 7-9) fixe le prix maximum d'un *sextarius* italien d'oursins de mer frais et nettoyés (*echini recentis purgati*) à 50 deniers et le prix maximum d'un *sextarius* italien d'oursins salés (*echini salsi*) à 100 deniers: la salaison de mollusques se pratiquait donc bien à l'époque romaine. Mais alors, si les oursins étaient salés, pourquoi les *murex* ne l'auraient-ils pas été?

La découverte, sur le site de El Molinete près de Carthagène, d'une amphore contenant des coquilles de *murex trunculus*, de *murex brandaris* et de *purpura haemastoma* (Cardon, 2003, 451) constitue, selon nous, un indice digne d'intérêt. Nous ne possédons malheureusement pas de renseignements précis sur cette découverte, mais la présence de coquillages à pourpre dans une amphore est tout de même assez troublante et suggère que celle-ci a servi à conserver et à transporter des mollusques destinés à la consommation. Si cette pratique a véritablement existé, on peut alors penser sans risque que les principaux centres de conservation des *murex* étaient les centres producteurs de pourpre côtiers. Il est d'ailleurs intéressant de constater que certaines villes antiques étaient spécialisées à la fois dans la production de la pourpre et dans la salaison des produits de la mer. Ainsi, des vestiges archéologiques révélant une production de pourpre et une production de salaison ont été signalés à *Sabratha* (Wilson, 2002, 248-249; Wilson, à paraître), Bérénice (Wilson, 2004, 162), Zuchis (Drine, 2002, 2001-2014), Meninx (Drine, 2000, 73-94 ; Drine, à paraître), aux Iles Purpuraires (Jodin, 1966, 11), à *Thamusida* (Rebuffat, Marion, 1977 ; Wilson, 2004, 163), à *Lixus* (Aranegui Gasco, 2001; Habibi, Abdelmohcin, 2007) et à El Eucaliptal (Campos Carrasco *et alii*, 1999, 82-87).

Grâce à notre expérience et au bon sens, nous pouvons proposer un essai de reconstitution des opérations qui avaient lieu après le prélèvement de la glande tinctoriale: les ouvriers chargés de cette dernière opération stockaient les corps de *murex* dans des récipients que venaient chercher les ouvriers chargés des salaisons. Ces derniers devaient tout d'abord procéder au nettoyage des mollusques. En cas de concassage de l'ensemble de la coquille, il leur fallait enlever les morceaux de coquilles qui demeuraient attachées aux corps, les laver afin qu'il ne reste plus aucun éclat et éventuellement enlever les excréments de couleur marron qui se situent dans le haut du corps. Dans le cas où la coquille était cassée juste au niveau de la glande tinctoriale, ils ne rinçaient que la zone découverte. Venait ensuite l'opération de salaison pour laquelle nous ne possédons malheureusement aucun témoignage. Cependant, nous pouvons tout de même émettre trois hypothèses. En premier lieu, les mollusques qui conservaient leur coquille pouvaient être conservés dans de la saumure (*muria*): cette solution liquide salée pouvait pénétrer dans la coquille et éviter que le corps ne pourrisse à l'intérieur. En second lieu, les mollusques dépossédés de leur coquille pouvaient être conservés dans du sel comme il était d'usage de le faire pour les poissons. Pour les deux catégories de mollusques (avec ou sans coquilles), on pourrait par ailleurs imaginer qu'ils étaient cuits, puis ensuite conservés dans du sel ou de la saumure. Il faudrait maintenant faire des expérimentations archéologiques afin de vérifier ces hypothèses.

Enfin, nous savons que certains mollusques étaient utilisés pour la confection de l'allex dont Pline dit qu'il « a étendu son domaine aux huîtres, aux oursins, aux orties de mer, aux foies de surmulet » tant et si bien que « l'on s'est mis à faire putréfier le sel de mille façons pour les plaisirs de la bouche » (*Histoire Naturelle*, XXXI, 95: *Sic allex peruenit ad ostreas, echinos urticas maris mullorum iocinera, innumerisque generibus ad sapores gulae coepit sal tabescere*). Les *murex* ou les pourpres ne sont pas mentionnés dans ce passage, mais il se pourrait qu'ils aient été employés au même titre que les huîtres ou les oursins dans l'élaboration d'une certaine sorte d'allex. Notons d'ailleurs qu'un site producteur de pourpre a été mis au jour sur le site de *Carteia* (Bernal Casasola *et alii*, à paraître) qui était réputé pour la qualité de son *garum* (*Histoire Naturelle*, XXXI, 93).

Le sel, dont les vertus sont nombreuses, a été employé dans l'industrie de la pourpre comme conservateur. C'est comme conservateur à court terme qu'il fut ajouté en petite quantité aux glandes tinctoriales qui venaient d'être prélevées. Il a permis de ralentir le processus de décomposition de ces glandes et de traiter l'ensemble des *murex* avant la mise en route de la « cuve à fermentation » grâce à laquelle était obtenue la teinture pourpre. C'est comme conservateur à long terme qu'il a pu être ajouté, cette fois en grande quantité, aux glandes tinctoriales de *murex* qui venaient d'être prélevées. Il aurait permis de les conserver des mois durant et de réaliser des « cuves à fermentation » à l'intérieur des terres, tout comme le miel préconisé par les auteurs anciens.

La production de pourpre nécessitant des milliers de *murex*, ce sont donc des milliers de corps de mollusques fraîchement pêchés, juste amputés de leur glande tinctoriale, qui constituaient les déchets des ateliers côtiers. Ces derniers étaient consommés frais, mais aussi, sans doute, conservés dans du sel ou de la saumure. Peut-être ont-ils été utilisés également dans la fabrication de l'allex qui, d'après Pline, était élaboré entre autres avec des mollusques. Le recyclage des corps de *murex* en salaison reste pour le moment une hypothèse. Mais elle sera sans doute résolue d'une part grâce à l'attention nouvelle que porteront les archéologues à ce sujet et d'autre part grâce à l'expérimentation qui seule saura mettre au point la meilleure façon de conserver les *murex* destinés à la consommation.

Bibliographie

ANDRE, J. (1981): *L'alimentation et la cuisine à Rome*, Paris.

ARANEGUI GASCO (ed.) (2001): *Lixus, colonia fenicia y ciudad punico-mauritana anotaciones sobre su occupacion medieval*, Valencia.

BERNAL CASASOLA, D. *ET ALII* (à paraître): "Purple dye Production in Late Roman Carteia (Baetica, Hispania). First Report of the Rescue Excavations at Villa Victoria", *2nd International Symposium Textiles and Dyes in the Ancient Mediterranean World, Athens 24-26 November 2005.*

BLANC, N., NECESSIAN, A. (1997): *La cuisine romaine antique*, Glénat, Faton, 1997.

BOESKEN-KANOLD, I. (2005): "The Purple Fermentation Vat: Dyeing or Painting Parchment with Murex Trunculus", *Dyes in History and Archaeology, 20th Meeting in Amsterdam, 2001,* London, 150-154.

BRUNEAU, PH. (1969): "Document sur l'industrie délienne de la pourpre", *B.C.H.,* 93, 759-791.

CAMPOS CARRASCO, J. M. *ET ALII* (1999): *Las cetariae del litoral onubense en época romana*, Universidad de Huelva.

CARDON, D. (2003): *Le monde des teintures naturelles*, Paris.

CURTIS, R. (1991): *Garum et salsamenta, Production and Commerce in Materia Medica*, New-York 1991.

DESSE-BERSET, N., DEESE, J. (2000): "Salsamenta, garum et autres préparations de poissons, ce qu'en disent les os", *MEFRA,* 112, 73-97.

DRINE, A. (2000): "Les fouilles de Meninx. Résultats des campagnes de 1997 et 1998", *L'Africa romana*, XIII, 1, Roma, 73-94.

DRINE, A. (2002): "Autour du lac El Bibèn: les sites d'El Mdeina et de Bou Garnin", *L'Africa Romana XIV*, Roma, 2001-2014.

DRINE, A. (à paraître): "Les salaisons de Meninx", *Colloque international Ressources et activités maritimes des peuples de l'Antiquité, Boulogne-sur-mer 12-14 mai 2005.*

EDMONSON, J. C. (1987): *Two Industries in Roman Lusitania, Mining and Garum Production*, Oxford.

EDMONDS, J. (2000): "Tyrian or Imperial purple dye", *Historic Dye Series,* n° 7.

ÉTIENNE, R., MAYET, F. (2002): *Salaisons et sauces de poissons hispaniques*, Paris.

GOZALBES CRAVIOTO, E. (1997): *Economía de la Mauretania Tingitania (siglos I A. de C.-II D. de C.)*, Ceuta.

GRIMAL, P. (1952): *Sur la véritable nature du garum*, Bordeaux.

HABIBI, M., ABDELMOHCIN, C. (2007): "Bassins de salaisons au nord du Maroc: Etat actuel et nouvelle étude chronologique du quartier de *Lixus*", *Congreso Internacional Cetariae 2005, Salsas y salazones de pescado en occidente durante la Antigüedad, Cádiz 7-9 noviembre 2005.*

JIDEJIAN, N. (1969): *Tyre through the Ages*, Beyrouth.

JODIN, A. (1966): *Mogador, Comptoir phénicien du Maroc atlantique,* Tanger.

JODIN, A. (1967): *Les établissements du roi Juba II aux Iles Purpuraires*, Tanger.

MACHEBOEUF, C. (2004): "Fabrication et commerce de la pourpre en Italie et Sicile dans l'Antiquité romaine", Actes du Colloque international *Metodi ed approchi archeologici: l'industria ed il commercio nell'Italia antica* organisé à Rome par l'Académie Américaine et l'Ecole Française de Rome (18-20 avril 2002). BAR International Series 1262, 25-37.

MACHEBOEUF, C. (2004): "Pourpre et matières textiles: des ateliers aux *tabernae"*, *Purpureae Vestes, Actas del I Symposium Internacional sobre Textiles y Tintes del Mediterráneo en época romana*, Valencia, 137-143.

MACHEBOEUF, C. (à paraître): *Exploitation et commercialisation de la pourpre dans l'Antiquité romaine,* thèse de Doctorat.

PAPI, E., CERRI, L., PASSALACQUA, L. (2000): "Prima dello scavo", *Archeo* 184, Giugno, 96-99.

PONSICH, M. (1988): *Aceite de oliva y salazones de pescado. Factores geo-economicos de Betica y Tingintania,* Madrid.

PONSICH, M., TARRADELL, M. (1965): *Garum et industries antiques de salaisons dans la Méditerranée occidentale,* Paris.

REBUFFAT, R., MARION, J. (1977): *Thamusida. Fouilles du Service des Antiquités du Maroc 3* (Mélange d'archéologie et d'histoire, supplément 2), EFR, Rome.

WILSON A. (1999): "Commerce and Industry in Roman Sabratha", *Libyan Studies,* 30, 29-52.

WILSON, A. (2000): "Marine Ressource Exploitation in the Cities of Coastal Tripolitania", *L'Africa romana,* XIII, 1, 430-436.

WILSON, A. (2001): "Urban economies of late antique Cyrenaica", S. Kingsley and M. Decker (eds.), *Economy and exchange in the East Mediterranean during Late Antiquity,* Oxbow Books, Oxford, 28-43.

WILSON, A. (2002): "Urban production in the Roman world: the view from North Africa", *Papers of the British School at Rome,* 70, 231-273.

WILSON, A. (2004): "Archaeological Evidence for Textile Production and Dyeing in Roman North Africa", *Purpureae Vestes, Actas del I Symposium Internacional sobre Textiles y Tintes del Mediterraneo en epoca romana, Ibiza, 8-10 novembre 2002,* Valencia, 155-164.

WILSON, A. (2007): "Fish-salting workshops at Sabratha", *Congreso internacional Cetariae 2005, Salsas y salazones de pescado en occidente durante la Antigüedad, Cádiz 7-9 noviembre 2005.*

UNA INSCRIPCIÓN INÉDITA DE PECIO GANDOLFO. EL COMPLEJO ANÁLISIS DE LOS TITULI PICTI EN ÁNFORAS SALARIAS Y EL COMERCIO DE SALSAMENTA

J. MARTÍNEZ MAGANTO
Dpto. Prehistoria y Arqueología U.A.M.

1.- Los epígrafes de Pecio Gandolfo. La compleja historia de un desciframiento.

Pecio Gandolfo es uno de los más famosos y conocidos pecios de las costas españolas debido no sólo a su cargamento, sino a albergar la mejor colección disponible de *tituli picti* de la Península Ibérica, realizados precisamente sobre ánforas de salazón béticas.

Curiosamente, no ha sido posible determinar el área exacta de localización del pecio, por lo que su existencia se deduce de un cargamento de tipos anfóricos homogéneos disperso en un área localizada en la zona de Punta Entinas (Almería), cuya profundidad media es ligeramente inferior a 10 metros.

El conjunto más importante del material recuperado, que se encuentra conservado en el Museo de Almería, comprende un gran número de ejemplares de Dressel 14 (Beltrán IV A) y de Dressel 38 (Beltrán II A 2), así como numerosos *opercula*. Existe un amplio número de fragmentos de estos contenedores, aunque al menos se conservan una decena completos o con amputaciones relativamente poco significativas. Dado el conocimiento popular sobre la existencia del yacimiento en la zona, resulta difícil determinar el devastador efecto que el pillaje, ejercido sin problemas durante decenios, pudo ocasionar sobre el conjunto arqueológico (Blánquez *et alii*, 1998, 198). No es improbable presumir la pérdida de un centenar de ánforas.

Con ocasión de una investigación para la Memoria de Licenciatura elaborada en 1992 (Martínez Maganto, 1993) acometí un estudio del material anfórico, a partir de diferentes datos recopilados durante la confección de la Carta Arqueológica Submarina de Almería. Dicho estudio se fundamentaba en el material anfórico y, en buena medida, copias de los *tituli picti* realizadas por un magnífico dibujante que sirvieron de base en la recopilación que sobre el pecio se incluía en la publicación completa de todo el material fruto de las investigaciones desarrolladas bajo los auspicios de este proyecto, que vería la luz años después (Blánquez *et alii*, 1998).

En este trabajo se recoge una detallada historiografía sobre el hallazgo del pecio y las investigaciones en torno a dicho material, en la que se destacan nombres que siempre quedarán asociados a los más antiguos estudios y trabajos en el yacimiento, tales como Pascual Guasch o, de un modo diferente, mediante la recuperación de piezas, F. J. Nestares o el propio A. Gandolfo.

Los primeros ensayos de lectura y restitución de este valioso elenco de epígrafes se debe a la labor de R. Pascual Guasch, quien, en sendos artículos publicados en los años 60, aborda la primera lectura sobre algún *titulus*, caso de una Beltrán IV A (Pascual, 1960), así como un estudio del conjunto del pecio (Pascual, 1968). Sólo algunas referencias posteriores en diversos trabajos realizados por este mismo autor o menciones encuadradas en estudios globales sobre material anfórico (Beltrán, 1970), pueden censarse en la historiografía de este pecio y sus inscripciones.

Hasta el desarrollo de los trabajos asociados a la realización de la mencionada Carta Arqueológica Subacuática de Almería, ya en los años 80, no se volverá a abordar el interesante problema de este yacimiento y su legado epigráfico, a pesar de la evidente importancia de estos vestigios.

Esta razón llevó al desarrollo de una Memoria de Licenciatura centrada monográficamente en este yacimiento, utilizando en buena medida material recogido por los trabajos de la mencionada Carta. En la Memoria se acometía un estudio de las, por aquel entonces insuficientemente investigadas, áreas de producción y comercialización naval de salazones béticas (Martínez Maganto, 1993). Asimismo, en el trabajo se presentó una discusión sobre las características de este pecio, los posibles restos de madera decorada del mismo conservados en el C.N.I.A.S. de Cartagena, así como otros datos relativos a los restos materiales asociados a la construcción naval. También se profundizó en su cronología, utilizando para ello diferentes elementos comparativos entre los que se incluyó el único fragmento de Dressel 17 recuperado en el yacimiento y sobre el que Pascual Guasch ya había llamado la atención. El estudio determinó una datación situada en torno al tránsito entre los SS. I y II dC. (Martínez Maganto, 1993).

Aunque esta investigación mereció la máxima calificación y fue galardonada con el Premio Extraordinario de Licenciatura, no deja de ser un trabajo inicial con limitaciones evidentes, especialmente referidas a la restitución de los complejos epígrafes que, hasta ese momento, nadie había abordado de forma completa.

Consciente de esta provisionalidad y a la luz de posteriores investigaciones personales, presenté dos comunicaciones relacionadas con la epigrafía anfórica, en el Congreso de Écija *Ex Baetica Amphorae*, celebrado en diciembre 1998, donde se ofrecía a debate un intento de determinación de la "estructura normativa" que podrían presentar los epígrafes sobre ánforas de salazón y un estudio sobre la naturaleza del *atramentum* (Martínez Maganto, 2000a; 2000b).

En un receso del Congreso, durante un café particular, tuve ocasión de transmitir mis dudas sobre los epígrafes y consultar algunos aspectos de los mismos a varios especialistas (F. Laubenheimer, S. Martin-Kilcher y B. Liou), así como comentar el problema suscitado con la incorrecta publicación

Actas del Congreso Internacional *CETARIAE. Salsas y salazones de pescado en Occidente durante la Antigüedad*, Universidad de Cádiz, Noviembre de 2005, *B.A.R. int. ser.* 1686, Oxford 2007, 391-400.

de los mismos en la Carta Arqueológica de Almería, que había visto la luz poco antes.

De hecho, en este meritorio trabajo de conjunto, se incluía un capítulo (Blánquez *et alii*, 1998, 285 ss.) dedicado a los epígrafes de Pecio Gandolfo en el que se utilizaba la antigua restitución de los mismos, ya obsoleta, al ser desarrollada mayoritariamente a partir de unos magníficos dibujos, aunque realizados por alguien poco avezado en la copia de epígrafes anfóricos. Conviene advertir que resulta francamente difícil discernir con corrección los trazos de algunos epígrafes para su copia, máxime si el estado de conservación es deficiente, como es el caso que nos ocupa; debe tenerse un ojo bien entrenado para leer no sólo lo que está presente en la superficie cerámica, sino aquello que se intuye a partir de los restos vahídos de tinta, práctica derivada del hábito de lectura de este tipo de epígrafes.

En cualquier caso, quizá por un error de coordinación o de imprenta, en la Carta se incluyó la restitución antigua de estos epígrafes (la misma de la Memoria de Licenciatura finalizada años antes) basada en estos dibujos, sin la conveniente actualización, que no me fue solicitada a pesar del importante trabajo de relectura que había desarrollado posteriormente sobre ellos (sin embargo, en la Carta se recoge expresamente mi autoría de los mismos; Blánquez *et alii*, 1998, 260, a pesar de haber sido publicados sin la mencionada revisión). Prueba evidente de este error es que en las páginas relativas al estudio epigráfico de Pecio Gandolfo no se recoge ninguna cita bibliográfica posterior a 1992-93 a pesar de que el libro vio la luz en 1998. Desgraciadamente, no se tuvieron en cuenta los reveladores datos aportados por nuevas inscripciones e interpretaciones aparecidas con anterioridad a la publicación de la propia Carta (Martin-Kilcher, 1994; Ehmig, 1995; 1996; 1998) o el estudio de inscripciones similares que habíamos desarrollado a partir de otros hallazgos (Laubenheimer, Martínez Maganto, Hillairet, 1993; Hillairet, Laubenheimer, Martínez Maganto, 1994). No obstante, este error concreto, no desmerece importantes estudios paralelos incluidos en la publicación de la Carta.

Habrá que esperar ya al año 2000 para la revisión que B. Liou y E. Rodríguez Almeida acometieron sobre la lectura de estos epígrafes a partir de un material indirecto, las antiguas fotos en blanco y negro aportadas por F.J. Nestares, que resultaron, a la postre, ser más precisas que los dibujos de los epígrafes, como ponen de manifiesto los autores al aludir a las deficiencias anteriormente mencionadas en la publicación de la Carta Arqueológica Subacuática. No deja de resultar curioso que en estas fotografías, realizadas ya hace más de veinte años permitan contemplar unos trazos más precisos que los que muestran los dibujos elaborados más de una decena de años después. Este dato pone de manifiesto la degradación continua que opera sobre estos epígrafes, hecho al que se aludirá más adelante, en el segundo apartado).

Aunque un buen porcentaje de los epígrafes de Gandolfo incluidos en la Carta Arqueológica Subacuática estaban aceptablemente restituidos, quedaban numerosos puntos oscuros y se deslizaba algún error corregido mediante la nueva publicación de Liou y Rodríguez Almeida. Especialmente reveladora fue la identificación completa de los *tria nomina* consignados en algunos epígrafes y que, hasta el momento, había sido imposible determinar anteriormente con precisión, así como la inclusión del dibujo de una palma en algunos de los *tituli* (Liou, Rodríguez Almeida, 2000).

Desgraciadamente, no pude concretar el proyecto de publicación conjunta relativa a la nueva lectura de los epígrafes de Gandolfo, del que había hablado con B. Liou y sobre el que habíamos intercambiado datos a través de correspondencia epistolar. En este proyecto de trabajo se pretendía incluir recientes documentos fotográficos y alguna novedad que obraba en mi poder fruto de un trabajo de investigación personal en el Museo de Almería, como es el caso del epígrafe que ahora se presenta y que por tanto, no fue incluido en la publicación del año 2000.

Por avatares personales, se ha ido postergando la necesaria publicación de este epígrafe que viene a completar la dotación epigráfica conocida de Pecio Gandolfo, si exceptuamos los restos de *tituli* en estado calamitoso, dispersos en diferentes fragmentos de ánforas de minúsculo tamaño, cuya labor de restitución resulta del todo imposible, como ya se comentó en el viejo trabajo de investigación (Martínez Maganto, 1993), y que fueron soslayados en la publicación de Liou y Almeida.

2.- Las características del hallazgo y conservación.

El aspecto externo de la pieza presenta un buen estado de conservación. Se trata de un ánfora completa de tipo Beltrán II A 2, forma muy presente en el conjunto del yacimiento, caracterizada por una amplia boca (22 cms. de diámetro en el borde) destinada a facilitar el paso de piezas de pescado de gran tamaño o incluso, ejemplares completos de talla media; asimismo, presenta un amplio pivote hueco. El peso total del contenedor es de 17'4 Kg. y fue inventariada en los fondos del Museo con el número 15920 (figura 1). Presenta una tonalidad en superficie crema blanquecina, tendente a veces al amarillento o anaranjado, no uniforme, consecuencia de la mayor o menor densidad del engobe superficial que constituye el acabado habitual de estas piezas. Asimismo, se observan restos de pez negruzca que invaden el borde exterior del labio.

La pieza localizada fuera de un contexto arqueológico (excavación) concreto, queda atribuida al yacimiento de "Pecio Gandolfo", tanto por la zona de localización, como por la profundidad aproximada del hallazgo, así como por su morfología idéntica a ejemplares localizados en esta área. Sin embargo, no es posible determinar su situación precisa en dicho contexto arqueológico. Fue cedida por la Comandancia Militar de Marina de Almería, sin que queden especificados mayores detalles sobre las características del hallazgo.

En cuanto al epígrafe, el principal problema que afecta a las posibilidades de lectura radica en el grado de conservación de los trazos de tinta sobre el engobe. El *atramentum*, al igual que el *rubrum* son disoluciones de elementos orgánicos y minerales cuya vida, en condiciones adversas de conservación, se ve extraordinariamente acortada. El caso del *atramentum*, en el que se ha evidenciado la procedencia orgánica del pigmento (Martínez Maganto *et alii*, 2000b), es especialmente significativo en este sentido.

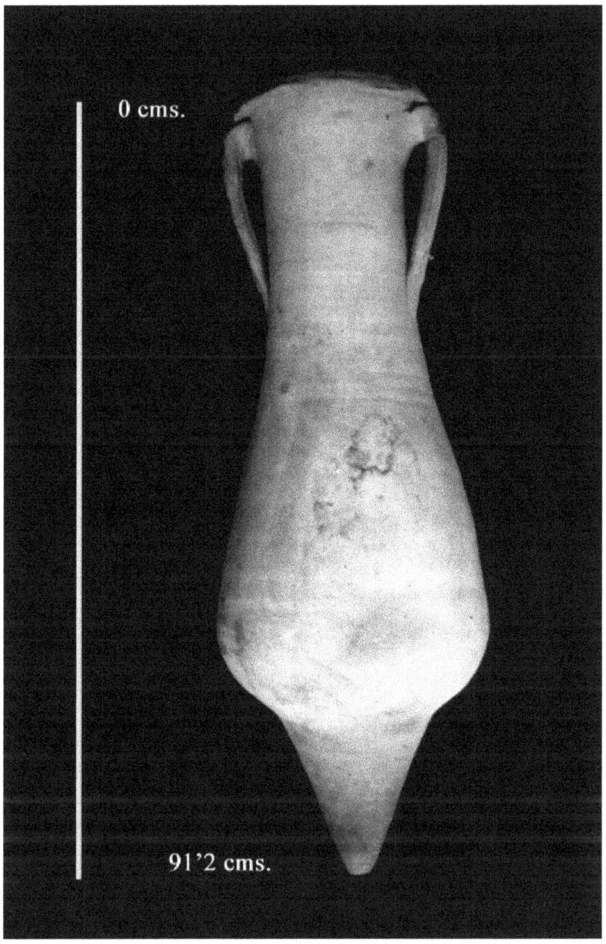

Figura 1.- Ánfora del tipo Beltrán II A 2 de Pecio Gandolfo.

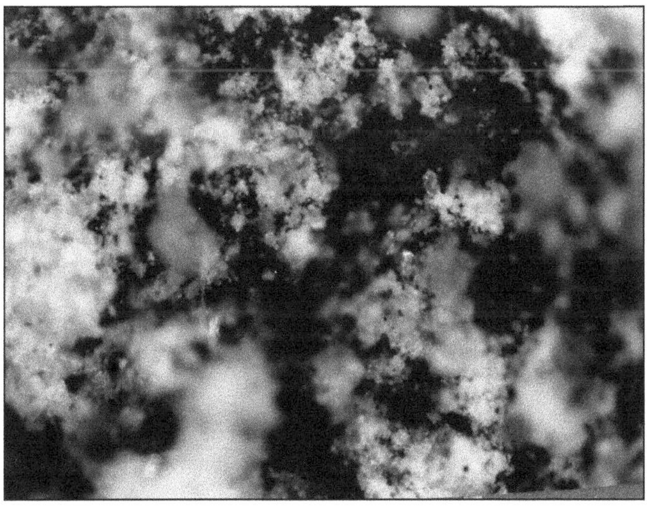

Figura 2.- Puede observarse los trazos de atramentum (color negro) sobre la base de fina granulometría de la superficie del ánfora.

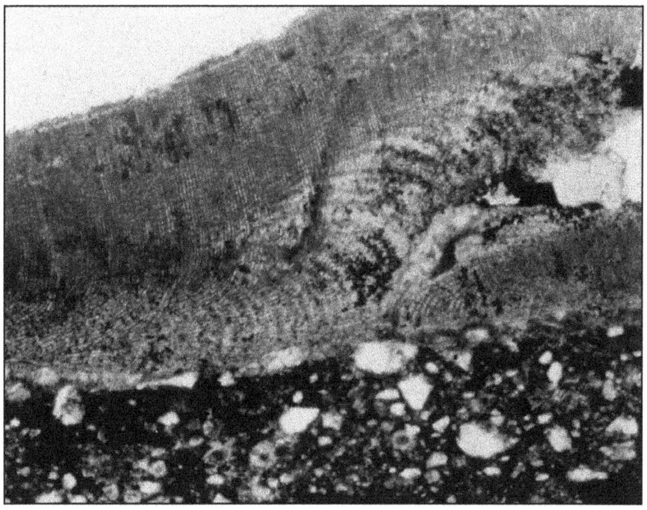

Figura 3.- Fotografía de lámina delgada (20 aumentos): Sobre la pared cerámica se observa un espectacular crecimiento de colonias coralinas (centro de la imagen) que destacan sobre el fondo claro del portaobjetos.

Las pruebas químicas y de reconocimiento microscópico de alguna muestra ponían de manifiesto estos problemas, ya que, como puede observarse en la figura 2, los trazos de tinta de nuestra pieza presentan una evidente discontinuidad superficial como consecuencia de la degradación de la fina granulometría de la superficie cerámica. A este hecho debemos añadir que las ánforas provenientes de pecio Gandolfo presentan una dilata inmersión en una medio acuoso saturado de sales y de microorganismos, lo que ha facilitado el desgaste mecánico y químico de la superficie (y obviamente de la tinta) en un proceso continuo, acelerado por el cambio que significó su extracción y conservación en un medio diferente.

Uno de estos problemas de conservación que afecta precisamente a la estabilidad del *atramentum* viene determinado por la formación de microcorales que destruyen mecánicamente la superficie cerámica utilizada como soporte epigráfico: una microfotografía de un ejemplar de este conjunto evidencia dicho problema (figura 3). Desgraciadamente, los trabajos que hemos desarrollado[1] con diferentes recipientes anfóricos conservados en distintas instituciones suelen poner de manifiesto los grandes problemas de conservación que padecen las ánforas de procedencia submarina, con grados de destrucción química o mecánica realmente severos que, en ocasiones, presenta resultados finales espectacularmente nefastos, como hemos podido comprobar (Pardo, García, Martínez Maganto, 1997).

No debe extrañar, por tanto, que la superficie de textura polvorizada, resultado de la degradación del engobe superficial, que presenta el ánfora con el *titulus* impida o haga casi

[1] Agradezco muy especialmente los trabajos de análisis químicos que sobre el material anfórico de salazón desarrollaron de forma conjunta las Dras. García Giménez y Petit Domínguez (pertenecientes, respectivamente, a los Dptos. de Geoquímica y Química Analítica de la UAM). Fruto de esta colaboración ha sido un elevado número de publicaciones relacionadas con el análisis de ánforas salarias (Martínez Maganto, García Giménez, 1994a; 1994b; 1997; Martínez Maganto, Petit, 1998; Petit, Martínez Maganto, 1999; 2000).

invisible los trazos de tinta que aún permanecen en esta pieza. Sólo mediante la observación atenta, con una luz adecuada y la idea clara de qué hay que buscar y dónde buscarlo se puede llegar a observar el rastro que el *atramentum* ha dejado en la cerámica. No cabe la menor duda que el paso del tiempo, aún en condiciones correctas de conservación, incidirá en la muestra, lo que conllevará antes o después la pérdida casi completa de los restos de tinta que han penetrado en capas más profundas de la superficie cerámica.

Esta diferente penetración de los pigmentos en el soporte es la responsable de la conservación diferencial del *titulus*. La tinta que ha penetrado en las capas más uniformes de la cerámica permite una mejor conservación, mientras que los pigmentos alojados sobre el engobe (de muy fina granulometría) quedan menos adheridos a la superficie, lo que favorece su paulatina desintegración. Este hecho incide en la continuidad del trazo, dando como resultado estructuras negras discontinuas que revelan las fotografías de gran aproximación (figura 2).

3.- Lectura y restitución del epígrafe.

El *titulus* no es, desgraciadamente, muy completo en sus registros más significativos, que restan apenas visibles en la superficie anfórica. Este hecho dificulta su lectura, especialmente en aquellos registros o líneas del epígrafe que suelen presentar textos menos estereotipados, caso del contenido y naturaleza del mismo, y que por tanto resultan más interesantes en cuanto a la información proporcionada.

Una vez más, conviene advertir que la estructura del *titulus* presenta numerosos paralelos con otros epígrafes de conjuntos arqueológicos similares, tanto en lo relativo a la colocación de los registros (que suele ser repetitiva), así como en las especificaciones que se contiene en cada uno de ellos. No cabe la menor duda que la aportación de nuevos descubrimientos permitirá ir perfilando la estructura epigráfica que podríamos considerar "normativa" para este tipo de inscripciones; aún así, resulta conveniente, en aras a fomentar el debate a este respecto, ir diseñando un esquema básico de un "*titulus* tipo" sobre ánforas de salazón, esquema que habrá que ir consolidando o modificando a medida que obtengamos datos arqueológicos contextualizados más precisos.

En esta línea de debate se han presentado varios trabajos, entre los que destaca el de R. Étienne y F. Mayet, que propone una estructura para estos epígrafes basada en la nomenclatura identificativa a partir de letras griegas, como las utilizadas para el caso del aceite (Étienne y Mayet, 1998a, 210 y ss y figura 4). Este modelo, cuyo origen está en H. Dressel, se ha mantenido en importantes investigaciones anteriores, por ejemplo los numerosos trabajos de B. Liou, incluso en las más recientes: Lagóstena, 2004. Curiosamente, el trabajo que tuve ocasión de presentar en *Ex Baetica Amphorae*, resultaba extraordinariamente coincidente en cuanto a la estructura del *titulus*, con el modelo anterior, a pesar de ser desarrollado de forma autónoma (Martínez Maganto, 2000a) buscando abrir otra posible vía para la sistematización de estos epígrafes fundamentada en una nomenclatura diferente.

Figura 4.- Titulus pictus del ánfora de Pecio Gandolfo.

En dicho trabajo desarrollaba un modelo descriptivo propio para los epígrafes sobre ánforas salarias, alejada de la tradicionalmente utilizada para las ánforas olearias. Si se quiere, el modelo propuesto resulta más mecánico y aséptico, pero creo oportuno separar la nomenclatura de dos productos alimenticios que aunque coincidente en origen y distribución, no resultan del todo análogos en cuanto a la estructura de comercialización y pautas de control fiscal asociadas. A pesar de ello, no cabe la menor duda que pueden establecerse lícitas comparaciones entre ambas estructuras epigráficas. De hecho, los epígrafes completos que se conservan en la zona del *limes* germánico y áreas de situación político-militar similar presentan una estructura particular en la que destacan el añadido de registros verticales *in collo* o de anotaciones *in ventre*, con un tipo de letra totalmente diferente a la empleada en los registros horizontales habituales *in collo*, hecho que también se registra en las formas de imitación Dressel 9s (Bezeczky, 1996; Ehmig, 1995; 1996; 1988; 2000; Martin-Kilcher, 1990; 1994). Estos datos tienen su correlato en la dotación epigráfica de las ánforas olearias. Sin embargo, en este trabajo será utilizada la nomenclatura que propuse con ocasión del mencionado Congreso *Ex Baetica Amphorae* (Martínez Maganto, 2000a) y que resulta autónoma respecto a la consolidada para las ánforas olearias. En cualquier caso, esta discusión merece un tratamiento específico en un futuro trabajo, ya que resulta interesante abundar en las esferas de comercialización y distribución de ambos productos, que presentan tanto diferencias como ciertas coincidencias epigráficas, aunque son muchos los datos que aún deben aportarse para enriquecer esta improvisada visión. Sin embargo, la existencia de un modelo de comentario paralelo favorecería la utilización de los parámetros informáticos de tratamiento de la información ya desarrollados para el caso del aceite (al respecto Aguilera, 2004).

Desde el punto de vista paleográfico, esta inscripción encaja completamente en el conjunto de epígrafes de Pecio Gandolfo; incluso podría advertirse una misma mano para este epígrafe y otros *tituli* cuya caligrafía y estructura resultan muy similares (Blánquez *et alii*, 1998, 198 ss.; Liou, Rodríguez Almeida, 2000, 12, 14, 19…).

En cuanto a la lectura del epígrafe, se debe advertir que la restitución sugerida, especialmente en la primera línea, es del todo provisional ya que resulta difícil aislar términos concretos debido al estado de conservación de la tinta, apenas visible en algún caso. Sin embargo, sí es posible afirmar, tras una atenta observación de la superficie del contenedor, que la hipotética existencia de otros registros sobre la pared del ánfora, especialmente panza y cuello, queda descartada.

La lectura propuesta (figura 4), por tanto, sería:

R 1 (H):	..] ¿ARG? LIX $\overline{\text{VET}}$	¿..] *Arg(uta) Lix(itana) Vet(us)*?
R 2 (H):	EXCEL	*Excel(lens)*
R 3 (H).	SUMM	*Summ(arum)*?
R 4 (H):	$\overline{\text{AIIIA}}$	*(Annorum Trium)*
R 5 (H):	[¿?].	[¿Probable numeral?]
R 6 (H):	..]M[..	[¿*tria nomina*?]

Esta restitución, como se ha comentado, no está exenta de dudas y dificultades:

Suele ser habitual que la primera línea de estos epígrafes recoja referencias concretas sobre el contenido envasado y algunas características genéricas de su calidad. Es probable que así ocurra en nuestro ejemplar en el Registro 1, sin embargo la distribución del campo epigráfico impide afirmar categóricamente que la primera línea conservada fuera la primera línea del texto. El *scriptor* ha dividido el campo epigráfico de forma cuidadosa, ya que las líneas conservadas guardan una distancia regular de unos 4 cms. aproximadamente entre ellas, integrando de forma armónica un conjunto de esmerada letra. Por tanto, teniendo en cuenta que la distancia desde la línea conservada a la boca del recipiente es de unos cinco centímetros y medio resulta posible, aunque no probable, admitir la existencia de una línea perdida anterior a ésta. Sin embargo, no es infrecuente que el *scriptor* deje una distancia de respeto entre el límite superior del labio-cuello y la primera línea ejecutada en la inscripción, además, no es posible observar resto alguno de tinta en esta zona que revele un hipotético fragmento perdido.

Normalmente, el conocido término *Vetus*, consignado para indicar la vejez del producto, suele estar presente al final de la primera línea de la inscripción, como parece ser nuestro caso en el que este vocablo aparece ejecutado mediante una habitual ligadura trilítera, en la que se conservan restos de "V" y "E" perfectamente delimitadas (probable "E" más el trazo superior de la "T"). No resulta posible conocer las primeras letras de este registro, totalmente perdidas; por tanto sólo podemos reconstruir el texto de forma hipotética a partir de inscripciones similares… ¿(*Cordula*), quizá, *Arguta* (picante; sobre el término *argutum*, traducido como "picante" ver Remark, 1912, 24 ss.) *Lixitana* (de Lixus)?..., reconstrucción en la que sólo el término *LIX* parece algo más claro, a partir de una "X" de la que se conserva la mitad superior ligada a la "V" y las letras anteriores a ella (una "I" y una "L", a partir de la "X", hacia la izquierda). Mucho más discutible resulta la interpretación de las tres letras anteriores como "A" (se conserva la mitad), "R", con la unión de los dos trazos que delimitan esta letra muy cerca de la parte superior de la misma (un paralelo que serviría para entender mejor este caso puede observarse en Lequément, 1980, 258, figura 2.) y, finalmente, la parte izquierda e inferior de una "G". El principal problema para aceptar la lectura aquí propuesta, es que ya existen epígrafes anteriormente conocidos que agrupen este conjunto de términos, aunque aparecen formulados de modo diferente, ya que el término del origen, por ejemplo *LIX* (también *PORT* o similares) suele ir colocado antes de la partícula *ARG* (Liou, 1993, 139-140, figura 5; quizá *C.I.L*, IV, 9370) y no detrás, como podía ser este caso. La interesante cuestión relativa a estos vocablos y su importancia, tanto los que se refieren a su posible origen -"*Lix*"- como al paladar del producto -"*Arg*"- queda explícitamente recogida en referencias bibliográficas ya mencionadas (Martínez Maganto, 2000a, 1210 ss.; Liou, Rodríguez Almeida, 2000), a cuya lectura remito para evitar reiteraciones.

Existen, naturalmente otras posibles lecturas, entre las que resulta seductor admitir *Saxitani*, referencia ya conocida en este pecio (Liou, Rodríguez Almeida, 2000, 14, figura 4), aunque difícilmente admisible a juzgar por los trazos conservados de esta primera línea. Llegados a este punto son numerosas las hipótesis de lecturas que podemos arbitrar (¿*Hallex*?, similar a *C.I.L.*, IV, 5652) por tanto, este conjunto de trazos tan poco nítidos y de difícil interpretación, queda abierto a diferentes posibles restituciones, en función de las comparaciones que brindan las inscripciones similares conocidas y, obviamente, la imaginación del lector.

Por su parte, en el Registro 2 (R2), sin lugar a dudas, se desarrolla el término *Excellens*, mediante la habitual abreviatura, en la que el *scriptor* ha utilizado un largo *apex* en la ejecución del trazo horizontal de la "E", en parte perdido; este vocablo suele insistir en la excelsa calidad del producto envasado. Esta forma ampulosa de escribir las letras de inicio es habitual en estas inscripciones, quizá con la intención de marcar de un modo visual claro el inicio de palabra (o fin, en el caso de las largas *caudae*), sobre todo cuando un mismo registro del *titulus* acoge más de un elemento. Puede observarse esta forma de proceder en otras inscripciones del mismo conjunto de pecio Gandolfo (Liou, Rodríguez Almeida, 2000, 20).

En R3, aparece el término utilizado para indicar la calidad "suma" del producto envasado, mediante la partícula *summa* o *summum* (a veces *summarum*). Son numerosas las variantes existentes para estas adjetivaciones, tales como *optimum*, *praecellens*, *flos* (y otra amplia variedad de términos, con diferentes combinaciones, como puede verse en Curtis, 1984/6, Ehmig, 1995). Este término aparece apocopado mediante fusión de varias letras como suele habitual, con abundantes paralelos en el repertorio epigráfico general, así como entre el conjunto de estas inscripciones. Es bien cierto que el carácter "mecánico" y las *contignationes* que este tipo de registros suele presentar permiten pensar en una lectura diferente, caso de "AIIIA" (*annorum trium*); sin embargo la existencia del siguiente registro en nuestra inscripción (R4), donde claramente se consigna este valor, permite orientar R3 a la lectura que aquí se propone. A la luz de esta evidencia, puede replantearse la lectura de algún registro idéntico (Liou, Rodríguez Almeida, 2000, 14, nº 2, línea 3) en el que, quizá, haya que leer "*Summaur*", si bien las características caligráficas invitan a considerar lo contrario.

R4 contiene, por tanto, una indicación precisa sobre la "solera" o grado de maduración del producto, en este caso "tres años". El dato se indica mediante uno de los dos sistemas habitualmente empleados, consistente en consignar unidades ("I") entre dos letras "A", indicativas de *annorum*. El valor numeral del registro queda claramente expresado mediante la inclusión de un trazo suprasegmental horizontal que abarca a todas las unidades, lo que ofrece poco lugar a dudas (Martínez Maganto, 2000a, 1212).

En R5 sólo unos ilegibles trazos parecen indicar la presencia de una línea de texto casi perdido del todo. Este registro podría estar ocupado por la indicación de un supuesto numeral de discutida interpretación, ya que los valores que suelen aparecer presentan importantes diferencias aritméticas (Martínez Maganto, 2000a, 1213). En cualquier caso, aunque no es posible determinar con seguridad la presencia de este registro en nuestro epígrafe, la equidistancia que guardan todas las líneas entre sí (unos 4 cms. aproximadamente) invita a admitir su existencia, que vendría a corroborar una distribución regular de los registros en el campo epigráfico. Sin embargo resulta muy difícil encontrar paralelos en el resto de inscripciones de este pecio, lo que invita a considerar con prudencia este dato.

Finalmente, la última línea de nuestro epígrafe, R6, en la que sólo parece posible individualizar una probable letra "M", constituye la ubicación habitual, en la zona de transición entre el cuello y los hombros del recipiente, aunque aún no *in ventre*, de los *tria nomina* del *mercator*(es), consignado(s) al genitivo. Se relaciona, por tanto, con la esfera de comercialización del ánfora y, obviamente, suele aportar una preciosa información, incluso de aproximación cronológica, gracias a la onomástica conocida a través de otros epígrafes o fuentes. Desgraciadamente, tal información no está disponible en este caso, aunque los epígrafes conocidos para este pecio podrían ser un interesante paralelo.

A modo de conclusión, debe señalarse que la dotación epigráfica de este ejemplar no dista mucho de cualquiera otra relacionada con el conjunto epigráfico de Pecio Gandolfo, ya que presenta los mismos elementos y características paleográficas, muy próximas, por otra parte, a la mayoría de inscripciones conocidas sobre ánforas salarias béticas. Su importancia reside en la novedad de su reconocimiento, que hasta ahora había pasado desapercibida, y no tanto a las aportaciones que puedan derivarse de su lectura, ya que, como se ha visto, presenta limitaciones evidentes. Desgraciadamente, los registros mejor conservados del *titulus* son los que presentan formulaciones habituales sobre la calidad y excelencia del producto, sin que puedan recogerse informaciones más valiosas como la identificación de numerales, onomástica o, incluso, la naturaleza del producto envasado.

4.- Epigrafía anfórica y comercio de salazones.

A pesar de los recientes avances y sistematizaciones que se han realizado a este respecto, aún estamos lejos de desentrañar las diversas particularidades sobre las redes de fabricación, transporte y distribución de salazones que parecen esconderse tras los epígrafes asociados a ánforas salarias (Lagóstena, 2004, con abundante bibliografía anterior). Por tanto, en las siguientes páginas se proponen más bien una serie de elementos de reflexión, con ánimo de fomentar el debate y avanzar en futuras líneas de trabajo.

Muy probablemente las inscripciones son realizadas en el momento de adjudicar un lote de ánforas, adecuadamente rellenas y "precintadas" (Martínez Maganto, 1992) a un comerciante que se encarga de iniciar el proceso de comercialización (normalmente a larga distancia) del recipiente. ¿Dónde tuvo lugar esta operación?, podría determinarse que se realizó en las mismas *cetariae* a las que llegan los contenedores, la sal y el pescado, y donde se elaboran estas producciones. Sin embargo, los estilos caligráficos más o menos homogéneos, bien pudieran dar a entender la existencia de puntos de redistribución a los que llegan estos productos y donde son definitivamente envasados y adjudicados al comerciante correspondiente. Estos "embarcaderos" a puertos de partida permitirían almacenar un gran lote de material pendiente de adjudicación a diferentes comerciantes, lo que agilizaría el sistema comercial. Obviamente, resulta más lógico suponer la unidad entre factoría y disponibilidad de contenedores anfóricos, para realizar las operaciones de llenado *in situ* en la propia fábrica salazonera. Tampoco es improbable pensar en un comerciante que, mediante su transporte privado o alquilado, recorre distintas fábricas para obtener los últimos productos disponibles para la venta, operación que bien pudo concertarse con anterioridad (conocida la periodicidad de fabricación) o bien pudo tener ciertos visos de improvisación comercial. Así, el transporte de un grupo de envases desde un punto de almacenaje previo pudo realizarse mediante embarcaciones fluviales o marinas menores tipo *scapha*, *phaselus*, *linter* o similares (no se puede minimizar la importancia que debió tener la navegación o el transporte a escala local. Sobre la navegación fluvial, especialmente el Guadalquivir, y el trasporte anfórico, Chic, 1984).

El estudio paleográfico, normalmente relegado a lo anecdótico en los análisis de epígrafes anfóricos, pudiera ser una de las pistas de utilidad para esclarecer posibles puntos de origen de un determinado producto o productos, ya que parece posible identificar "manos" o "estilos" en la caligrafía de cada *scriptor* o "escuela" de *scriptores*, como sucede, hasta cierto punto, con los epígrafes δ sobre ánforas olearias. Sin embargo, la existencia de un grupo de signos limitados y una misma forma de "etiquetar" un producto, dificultaría el pronunciarse de forma clara en este sentido.

Podemos observar una tendencia a denominar el producto contenido, y todas las adjetivaciones a él asociadas, como algo mecánico y en buena medida normalizado, evidenciado por la repetición de unos mismos vocablos (*vetus, summum, excellens* y similares), aunque no siempre con idéntica estructura. Queda por demostrar si tales términos son propios de un lugar de origen concreto, un producto (existen ciertas asociaciones entre contenido y adjetivaciones), o bien un estilo que puede variar con el tiempo o el lugar en el que se realicen las inscripciones, lo que ofrece un conjunto de posibilidades demasiado aleatorias. Sólo un mayor número de datos permitirá pronunciarse a este respecto.

El registro numeral que suele aparecen como uno de los elementos habituales en las ánforas salarias (aunque no en este ejemplar) sigue interpretándose, no sin ciertas dificultades como un valor que parece referirse al peso del contenido del contenedor, por lo tanto sus paralelismos con el registro "γ" de las Dressel 20 olearias resultan evidentes (Remesal, 2004b). Aunque obviamente existen numerosas referencias anteriores a este respecto (Rodríguez Almeida, 1984, 184 ss; Blázquez *et alii*, 1994, 36 ss.), la bibliografía sobre la epigrafía de las Dressel 20 es muy abundante debido a los continuos avances en la investigación sobre el Monte Testaccio y las ánforas olearias que realiza el CEIPAC, bajo la dirección de J. Remesal (ver http://ceipac.ub.edu/ página en la que se recogen las novedades y una completa bibliografía sobre el particular). Por tanto, es probable que la unidad de medida empleada sea, siguiendo características similares a los epígrafes olearios, las *librae* romanas. Sin embargo, en ocasiones, los ensayos de conversión matemática realizados no permiten establecer esta asociación lógica con el supuesto contenido, pues los guarismos consignados son muy variables y elevados para realizar tal conversión, al menos en estas unidades (sobre esta cuestión puede encontrarse una breve discusión y ciertos cálculos en un trabajo nuestro anterior: Laubenheimer, Martínez Maganto, Hillairet, 1993), siempre que admitamos como correctas las transcripciones numerales, incluidas las de mayor antigüedad, que carecen de una documentación gráfica que permita corroborar la lectura originalmente propuesta. No es de extrañar, por tanto, que tales datos hayan sido interpretados como cifras de almacenaje, control o similares (algo análogo al registro ε sobre ánforas olearias), aspecto sobre el que poco se puede aportar momentáneamente.

Por su parte, el último registro, aunque imposible de restituir en nuestro caso, normalmente contiene los *tria nomina* del *mercator(es)* y su vinculación con el elemento β de los *tituli* olearios resulta evidente. En numerosos casos es posible constatar la existencia de *tria nomina* idénticos en ánforas procedentes de un mismo pecio (como es el caso de Pecio Gandolfo), en el que además coexisten nombres de diversos comerciantes, lo que pone de manifiesto la adquisición o adjudicación de lotes de ánforas a un mismo personaje ligado a la comercialización de los contenedores, así como la concurrencia de varios de ellos en un mismo navío, hecho que invita una vez más a reflexionar sobre la dinámica existente en los puntos de embarque y/o redistribución de mercancías, así como la relación entre transportistas y comerciantes. En el conjunto de Pecio Gandolfo se reconocen al menos tres antropónimos, ligados con toda seguridad a la comercialización del ánfora, probablemente *mercatores*, aunque en ocasiones resulta imposible distinguir entre *mercatores*, *negotiatores* u ocupaciones similares, incluso *navicularii*, ya que no es fácil discernir tales funciones de forma práctica. Aunque existen algunas referencias concretas a una u otra función y se intuyen ciertas diferencias de status social entre unos y otros (Rodríguez Almeida, 1989; Étienne, Mayet, 2002, 221 ss.) resulta difícil extractarlas en estas páginas. Suele ser preferible el término *mercator* para estos casos, siguiendo a F. Zevi y J. Rougé, según especifica B. Liou (Colls *e alii*, 1977, 91, espec. n. 247), aspecto éste reflejado en otras referencias onomásticas posteriores (Étienne y Mayet, 1998b; 2002, espec. 215 y ss.). Pueden consultarse diversas referencias sobre personajes especializados en el comercio de salazones, especialmente *negotiatores* (Curtis, 1984; Immerzeel, 1990; Haley, 1990) aunque también conocemos datos sobre comerciantes que mercadeaban con diferentes productos alimenticios. Así pues, este conjunto de particularidades dificulta el esclarecimiento de tan valioso y sugerente panorama que, sin duda, merece un futuro trabajo monográfico que abunde en la identificación y la implicación de unos y otros agentes en los diferentes circuitos comerciales de materias alimenticias. En general, su extracción social (especialmente en el caso de los *mercatores*) parece guardar relación con un origen servil más o menos remoto, como evidencian no pocos *cognomina* de raigambre oriental, especialmente griega (que no necesariamente remiten a orígenes geográficos); también existen *tria nomina* tradicionalmente romanos, así como nombres claramente serviles. En cualquier caso, la coexistencia mencionada de diferentes nombres, contenidos u orígenes de ánforas en un mismo barco pone de manifiesto la compleja dinámica comercial asociada a las salazones, así como a otros productos alimenticios, como acredita fehacientemente la Arqueología Submarina. Sería demasiado prolijo enumerar las abundantes referencias sobre pecios conocidos y excavados en los que se documenta la concurrencia de productos e incluso recipientes de origen distinto, agrupados en un mismo transporte (Port Vendres II, Cabrera III, Planier

3, etc....; como referencia global: Étienne, Mayet, 2002, 189 ss.). Tales casos no son más que una poderosa evidencia de la densidad de la red comercial y sus intrincadas interrelaciones, de las que sólo atisbamos una minúscula parte. Desgraciadamente, en España, resta aún mucho trabajo por hacer en este ámbito de la investigación que ha sufrido un considerable estancamiento. En este sentido, una aproximación historiográfica sobre este particular puede consultarse en Blánquez Martínez Maganto, 1993; asimismo, demuestra la relevancia del estudio de los epígrafes anfóricos en la reconstrucción del sistema productivo y comercial.

En este proceso de comercialización del ánfora, parece advertirse una inscripción o inscripciones, que normalmente suelen ubicarse en registros verticales *in collo* o *prope ansam* (*sub ansam*), que se realiza en el momento de recibir el contenedor o quizá en el momento de ser expedida o reexpedida en puerto y embarcaderos (quizá haciendo referencia al lugar del que proviene el alimento: *cetaria* o similares), aspecto aún difícil de dilucidar. Finalmente, cuando el ánfora es adquirida por el *emptor*, cuyo registro se consigna normalmente *in ventre*, definitivamente queda cerrado el ciclo comercial del contenedor. Obviamente, los puntos de destino habituales (los puertos o el *limes*, especialmente, así como otros campamentos militares) permiten registrar este tipo de epígrafes, realizados normalmente con una tinta diferente (*rubrum*) o bien con carbón vegetal, lo que confiere un status efímero a este tipo de inscripciones (Ehmig, 1995, 127). Queda por definir el papel de algunos personajes vinculados al control del aprovisionamiento militar en puntos concretos, como los *beneficiarii*, *stratores* o similares, conocidos en la supervisión de envases olearios, y su posible presencia en estas inscripciones cuando estas ánforas tienen un destino castrense, aunque no sujetas a control annonario. Esta cuestión, acompañada de nuevas reflexiones sobre la funcionalidad, variabilidad y evolución de estos registros "de destino" merecen ser consideradas pormenorizadamente en otro momento.

En cuanto a los sellos, poco se puede aportar en este sentido. Aunque no es el caso que nos ocupa, ya que el ánfora no aparece sellada, sí es necesario traer a colación este extremo en relación con la propiedad de las *figlinae* así como el producto envasado. La discusión parece centrarse en admitir que el sello identifica al propietario (o propietarios) del producto envasado o al propietario de la *figlina*, debate muy asentado en el caso de las ánforas olearias (Remesal, 2004b, 136), que bien pudiera extrapolarse al caso de las salazones, cuyos sellos han sido recientemente revisados (Lagóstena, 2001; 2004).

Por su parte, los escasos restos de grafitos encontrados en distintos ejemplares de salazón, no nos permiten establecer pistas para determinar una clara funcionalidad y aún menos su vinculación exacta con los mecanismos de comercialización de las salazones. Aparecen en situaciones y contextos variados y aunque siempre se interpretan como una marca de fabricación (*ante cocturam*) o añadidos posteriores de inventariado o almacenaje (*post cocturam*), desconocemos la función exacta. Existen datos numerales en ánforas similares (Rodríguez Temiño, 1990, 293; Laubenheimer, Martínez Maganto, Hillairet, 1993, 249; Martin-Kilcher, 1994, 408) o en ejemplares olearios béticos o vinarios gálicos (Van der Werff, 1988); asimismo, en otros ejemplares aparecen dibujos o líneas sin indicación alguna o, en el extremo contrario, grafitos nominales, quizá indicativos de la posesión del objeto o contenido (Colls *et alii*, 1977, 78 ss, espec. figura 34). Sin embargo, queda por establecer la posible significación económica de tales epígrafes.

Así pues, a partir de las cuestiones planteadas en los párrafos anteriores... ¿Podemos intuir una estructuración comercial y productiva que comienza por un propietario de una (o varias) *cetaria* que a su vez controla o comercializa la sal y es *possessor* de la propiedad o *conductor* de la *figlina*?, ¿Podría esta compleja estructura quedar evidenciada por el término *societas* o este término sólo se aplica a unidades productivas (*cetariae* por ejemplo) de un mismo sector de actividad, pero de diferentes propietarios nominales?, ¿Puede incluso una *societas* agrupar a diferentes sectores de la actividad complementarios entre ellos (sal-salazones-ánforas, incluso pesca)?, ¿Hay que pensar, más bien, en un propietario individual que produce diversas salazones y compra una cantidad determinada de ánforas a las que marca con su sello, abasteciéndose de materia prima ajena (sal y pescado...)?... Existen algunas evidencias aunque exiguas, que permiten clarificar algo estas cuestiones, así conocemos un *manceps* de una *societas* de *conductores piscatus* (Curtis, 1984, 150) o numerosos cargos relacionados con la posesión y explotación de salinas (Martínez Maganto, 2005; García Vargas y Martínez Maganto, 2006) y con las pesquerías (García Vargas, e.p.; García Vargas, Muñoz Vicente, 2003).

En definitiva, son preguntas por el momento difíciles de contestar, especialmente si tenemos en cuenta el factor tiempo, siempre mutable, ya que las características productivas, la gestión económica o las relaciones de propiedad, pueden ser diferentes en cada momento o ser las mismas en áreas geográficas relativamente alejadas en el espacio o incluso en el tiempo.

Como siempre, la vinculación de *tituli* con áreas o unidades productivas concretas, así como con personajes identificables con la esfera de comercialización del ánfora (ya conocidos a través de otros epígrafes), siguen siendo algunas de las claves esenciales para desvelar este misterio. Del mismo modo, resulta primordial establecer la sistematización de un epígrafe tipo, considerado "normativo" sobre este tipo de ánfora, lo que permitiría comenzar la articulación de los diversos fragmentos epigráficos conocidos hasta ahora y dotar de sentido a la estructura comercial subyacente que, por el momento, nos parece excesivamente friable, aún inconexa.

Sólo un mayor conjunto de datos proporcionado por el hallazgo de nuevos *tituli*, así como por la sistema excavación de *cetariae*, *figlinae* y otras unidades productivas de difícil localización (salinas, pesquerías), puede aportar más argumentos de juicio a este apasionante y complejo panorama, que cobra nuevos bríos gracias a la discusión científica posibilitada por la celebración de Congresos como el que se recoge en estas Actas.

Bibliografía

AGUILERA, A. (2004): "Sistematización de los *tituli picti* anfóricos para la base de datos CEIPAC", REMESAL, J. *(Ed.), Epigrafía Anfórica (Col·lecció Instrumenta, 17)*. 105-127, Barcelona.

BELTRÁN, M. (1970): *Las ánforas romanas en España,* Zaragoza.

BEZECZKY, T. (1996): "Amphora Inscriptions-Legionary Supply", *Britannia*, 27, 329-336, London.

BLÁNQUEZ, J.J. *et alii* (1998): *La carta arqueológica subacuática de la costa de Almería (1983-1992),* Madrid.

BLÁNQUEZ, J. J., MARTÍNEZ MAGANTO, J. (1993): "Historia de la Arqueología Subacuática en España", *II Curso Arq. Subacuática (Serie Varia 2, U.A.M.),* Madrid, 15-53.

BLÁZQUEZ MARTÍNEZ, J. Mª., REMESAL, J., RODRÍGUEZ ALMEIDA, E. (1994): *Excavaciones arqueológicas en el Monte Testaccio (Roma),* Madrid.

CHIC, G. (1984) "El tráfico en el Guadalquivir y el transporte de las ánforas", *Anales Univ. Cádiz*, 1; 33-44, Cádiz.

COLLS, D., ÉTIENNE, R., LIOU, B., MAYET, F. (1977): "L'épave Port-Vendres II et le commerce de la Bétique à l'époque de Claude", *Archeonautica*, 1 (Número monográfico), París.

CURTIS, R. I. (1984): "*Negotiatores Allecarii* and the Herring", *Phoenix*, 38-2, Toronto, 147-158.

CURTIS, R. I.(1984/86): "Product identification and advertising on Roman commercial amphorae", *Ancient Society*, 15/17, Leuven, 209-228.

EHMIG, U. (1995): "Allex oder Anderes", *Mainzer Archäologische Zeitschrift*, 2, Mainz, 117-130.

EHMIG, U. (1996): "Garum für den Statthalter", *Mainzer Archäologische Zeitschrift*, 3, Mainz, 25-56.

EHMIG, U. (1998): "Eine Amphore sucht ihren Inhalt", *Carnuntum Jahrbuch 1997,* Wien, 9-21.

EHMIG, U. (2000): "*Garum scombri* aus der Küche des Statthalters", *Congreso Internacional Ex Baetica Amphorae*, Vol. III, Écija, 1153-1159.

ÉTIENNE, R., MAYET, F. (1998a): "Le *garum* a Pompéi. Production et commerce", *Revue des Etudes Anciennes*, 100, nº 1-2, Paris, 199-215.

ÉTIENNE, R., MAYET, F. (1998b): "Les *mercatores* de saumure hispanique", *Mélanges de l'école Française de Rome. Antiquité*, 110-1, Paris, 147-165.

ÉTIENNE, R., MAYET, F. (2002): *Salaisons et sauces de poisson hispaniques,* París.

GARCÍA VARGAS, E., y MARTÍNEZ MAGANTO, J. (2006): "La sal en la Bética romana. Algunas notas sobre su producción y comercio", *Habis* 37, Sevilla, 253-274.

GARCÍA VARGAS, E. (e.p.): "*Garum Sociorum:* Pesca, salazones y comercio en los litorales gaditano y malacitano (época altoimperial romana)", *Simpósio Internacional: Produção e Comércio de Preparados Piscícolas durante a Proto-História e a Época Ro mana no Ocidente da Península Ibérica* (Homenagem a F. Mayet. Setubal, Mayo 2004).

GARCÍA VARGAS, E., MUÑOZ VICENTE, A. (2003): "Reconocer la cultura pesquera de Andalucía en la Antigüedad", *Boletín del Instituto Andaluz del Patrimonio Histórico,* 44, Sevilla, 43-53.

HALEY, E.W. (1990): "The Fish sauce trader *L.Iunius Puteolanus", Zeitschrift Papyr. Epigraphik*, 80, Bonn, 72-78.

HILLAIRET, J-L., LAUBENHEIMER, F., MARTINEZ MAGANTO, J. (1994): "Inscription peinte sur une amphore à poisson de Bétique", *Inscriptions Latines d'Aquitaine (I.L.A.)*, 260, Bordeaux.

IMMERZEEL, M. (1990): "Profession: *negotiator allecarius*. Fabrication et commerce de sauce de poissons dans le Nord-Ouest de l'Empire Romain" , *Oudheid Kundige Mede Belingen*, 70, Leiden, 183-190.

LAUBENHEIMER, F., MARTÍNEZ MAGANTO, J., HILLAIRET, J-L. (1993): "Inscription sur une amphore à thon de Bétique, Saintes, Charente-Maritime", *Aquitania*, 11. 243-254, Bourdeaux.

LAGÓSTENA, L. (2001): *La producción de salsas y conservas de pescado en la Hispania Romana (II aC-VI dC) Col·lecció Instrumenta 11*, Barcelona.

LAGÓSTENA, L. (2004): "Las ánforas salsarias de la *Baetica*. Consideraciones sobre sus elementos epigráficos", REMESAL, J. (Ed.), *Epigrafía Anfórica, Col·lecció Instrumenta* 17, 197-220, Barcelona.

LEQUEMENT, R. (1980): "Deux inscriptions peintes sur amphores de Bétique à Alesia", *Revue Archéologique de l' Est et du Centre-Est*, 31-3, Dijon, 256-259.

LIOU, B. (1993): "Inscriptions peintes sur amphores de Narbonne (Port-La-Nautique)", *Archaeonautica*, 11, París, 131-148.

LIOU, B., RODRIGUEZ ALMEIDA, E. (2000): "Les inscriptions peintes des amphores du pecio Gandolfo (Almería)", *M.E.F.R.A. Antiquité*, 112, Roma, 7-25.

MARTIN-KILCHER, S. (1990): "Fischsaucen und fischkonserven aus dem römische Gallien", *Archäologie der Schweiz*, 13-1, Liestal, 37-44.

MARTIN-KILCHER, S. (1994): *Die Römischen Amphören aus Augst und Kaiseraugst (Vol. 2),* Augst.

MARTÍNEZ MAGANTO, J. (1992): "Sistemas de precintado en envases anfóricos de época romana. Consideraciones en torno a su variedad e importancia económica", *Bol. Asociación Española de Amigos de la Arqueología,* 32, Madrid, 51-57.

MARTÍNEZ MAGANTO, J. (1993): *El yacimiento submarino de Pecio Gandolfo. Producción y comercialización naval de salazones béticas en época altoimperial romana.* II Vols. (Memoria de Licenciatura inédita), Madrid.

MARTÍNEZ MAGANTO, J. (2000a): "Inscripciones sobre ánforas de salazón: interpretación sobre la estructura y significación comercial de los *tituli picti", Congreso Internacional Ex Baetica Amphorae*, Vol. IV, Écija, 1207-1219.

MARTÍNEZ MAGANTO, J. *ET ALII* (2000b): "Los *Tituli Picti* estudio sobre el *atramentum* y su composición", *Congreso Internacional Ex Baetica Amphorae*, Vol. IV, Écija, 1221-1229.

MARTÍNEZ MAGANTO, J. (2005): "La sal en la Antigüedad: aproximación a las técnicas de explotación y comercialización. Los *salsamenta*", *III Congreso Internacional de Estudios Históricos El Mediterráneo un mar de sal,* (Santa Pola, 2004), Alicante, 113-128.

MARTÍNEZ MAGANTO, J., y GARCÍA GIMÉNEZ, R. (1994a): "Ánforas romanas altoimperiales de salazón. Analítica aplicada y aportaciones arqueológicas", *Actas do 1º Congresso de Arqueología Peninsular. Trabalhos de Antropologia e Etnologia,* Vol. 34 (1-2), Porto; 366-385 (Oporto, Octubre de 1993).

MARTÍNEZ MAGANTO, J. y GARCÍA GIMÉNEZ, R. (1994b): *Geoquímica y Arqueología. Investigación sobre el material anfórico almeriense: ánforas altoimperiales de salazón.* (Memoria de Investigación inédita). Instituto de Estudios Almerienses, Almería.

MARTÍNEZ MAGANTO, J., GARCÍA GIMÉNEZ, R. (1997): *El conjunto de ánforas altoimperiales de salazón de Ceuta. Estudio arqueológico y geoquímico aplicado al material cerámico romano* (Serie Maior. Informes y Catálogos) *Las ánforas del Museo de Ceuta,* Ceuta 7-60.

MARTÍNEZ MAGANTO, J., PETIT, D. (1998): "La pez y la impermeabilización de envases anfóricos romanos. Estudio analítico de una muestra e interpretaciones histórico-económicas", *Archivo Esp. Arqueología,* nº 71, Madrid, 265-274,.

PARDO, A. I., GARCÍA GIMÉNEZ, R., MARTÍNEZ MAGANTO, J. (1998): "Alteraciones y problemas de conservación del material anfórico romano del Museo Municipal de Ceuta", *Homenaje a Posac Mon. Ceuta, 1998,* Ceuta, 369-380.

PASCUAL, R. (1960): "Dos ánforas del Pecio Gandolfo (Almería)", *Zephyrus,* 11, Salamanca, 205-209.

PASCUAL, R. (1968): "El pecio Gandolfo (Almería)", *Pyrenae,* 4, Barcelona, 141-155.

PETIT, D., MARTÍNEZ MAGANTO, J. (1999): "Transporte de alimentos y ánforas romanas. La pez y sus componentes a través de análisis orgánicos", *II Cong. Nac. de Arqueometría* (Zaragoza, Septiembre de 1997), *Caesaragusta,* 73, Zaragoza, 309-318.

PETIT, D., MARTÍNEZ MAGANTO, J. (2000): "MCF fast derivatization procedure for the identification of resinous deposit components from the inner walls of roman age amphorae by GC-MS", *Talanta,* 51, Bruxelles, 727-734.

REMARK, P. (1912): *De amphorarum inscriptionibus latinis quaestiones selectae,* Bonn.

REMESAL, J. (Ed.), (2004a): *Epigrafía anfórica, Col·lecció Instrumenta, 17,* Barcelona.

REMESAL, J. (2004b): "Las ánforas Dressel 20 y su sistema epigráfico", *Epigrafía anfórica, Col·lecció Instrumenta, 17,* Barcelona, 127-148.

RODRÍGUEZ ALMEIDA, E. (1984): *Il Monte Testaccio. Ambiente. Storia. Materiali,* Roma.

RODRÍGUEZ ALMEIDA, E. (1989): *"Diffusores, Negotiatores, Mercatores olearii", Bull. Commis. Arch. Comune di Roma,* 92, Roma, 299-306.

RODRÍGUEZ TEMIÑO, I. (1990): "Hallazgo de dos ánforas con *tituli picti* en Ecija (Sevilla)", *Archivo Español de Arqueología,* 63, Madrid, 292-295.

VAN DER WERFF, J. H. (1988): "Secundaire merken op Romeinse amforen", *Rijksdienst voor het oudheidkundig Bodemonderzoek* 326, Amersfoort, 222-233.

ÂNFORAS TIPO URCEUS DE PRODUÇÃO BÉTICA E PRODUÇÕES REGIONAIS E LOCAIS DO NW PENINSULAR

R. MORAIS
Universidade do Minho

1.- As ânforas do tipo *urceus.*

O estudo das ânforas de fundo plano de proveniência bética coloca uma questão muito interessante que é a da existência de contentores com morfologias idênticas a ânforas gálicas destinadas a um comércio não só a nível regional e local, mas também a longa distância.

Esta questão tem sido pouco valorizada não devido à escassez de testemunhos a respeito mas sobretudo a um problema fundamentalmente arqueológico: na verdade, como em tempos realçou Carlos Fabião (1998, 188), *devemos prestar mais atenção a algumas categorias formais, tradicionalmente enquadradas nesse grande e diversificado grupo que costuma ser designado genericamente como "cerâmicas de uso comum", tentando isolar aí eventuais contentores de transporte de vinho.*

Na Bética este fenómeno está documentado na região granadina, inicialmente reconhecido a partir dos achados nas proximidades de Loma de Ceres, sítio rural onde se localizaram restos de prensas e outras estruturas interpretadas como parte de uma *cella* vinária da *uilla* (Marin, 1988), e posteriormente comprovados pelo aparecimento de um número significativo de ânforas de fundo plano que se inspiram na forma Gauloise 4, nos centros produtores granadinos de Loma de Ceres, Los Barreros e Los Matagallares (Bernal Casasola, 1998a, 267; 1998b, 545). Acrescente-se, ainda, uma forma evoluída deste tipo fabricada na Baía de Cádis no centro produtor de Puente Melchor (Puerto Real), considerada como imitação da forma Keay I (García Vargas, 1998, 116-117, 326, 380).

Destes centros, cabe destacar a importância de Los Matagallares cujo repertório tipológico até à data identificado consiste em cinco formas distintas, directamente relacionadas com o comércio do vinho (García Vargas, 1998, 276). A quantidade e diversidade de formas aí produzidas no período médio-imperial fez desde logo suspeitar da importância dos vinhos granadinos e do seu comércio à escala regional e local (García Vargas, 1998).

A presença de um fragmento de ânfora inspirado na forma Gauloise 1 e intregrável na variante C da forma Matagallares I, recolhido na cidade romana de *Bracara Augusta* (Morais, 2005, no prelo) (**n° A - 1**) e a sua identificação noutros centros de consumo da Gália, como no caso de Lyon (Ilot Tramassac-Carriès; Arlaud *et alii,* 1994, Figura 73, n° 45; Bonnet, 1998, 237-244; Lemaître e Bonnet, 2000, 817, nota 4 e 822, Figura 2, n° 12 e 20. Avenue Adolphe Max: Bonnet, 1998, 237-244; Lemaître, Bonnet, 2000, 817, nota 4 e 822, Figura 2, n° 14. Colline de Fourvière: Bonnet, 1998, 237-244; Lemaître, Bonnet, 2000, 817, nota 4. Place des Célestins: 2000, 817, nota 4 e 822, Figura 2, n° 4-10. Eglise Saint-Just; Arlaud *et alii,* 1994, 87, Figura 73, n° 45; Lemaître, Bonnet, 2000, 817, nota 4 e 822, Figura 2, n° 13. Place Tolozan: Lemaître, Bonnet, 2000, 817, nota 4 e 822, Figura 2, n° 1. Couvent des Capucins: Lemaître, Bonnet, 2000, 817, nota 4 e 822, Figura 2, n° 11. Ilot Vieille Monnaie: Lemaître, Bonnet, 2000, 817, nota 4), Viena (Nymmphéas II 78: Godard, 1995, 285-322, Figura 35, n° 120-121; Lemaître, Bonnet, 2000, 817-818, nota 5 e p. 821, Figura 1) e Porto de Toulon (rue Conde de Nimes e Ambrussum em Villetelle, Hérault; vd. autores em Bernal Casasola, 1998a, 546-547), são, no entanto, um forte indicador que a sua produção não se destinou a uma circulação exclusivamente regional ou local.

Na verdade, a existência de ânforas de fundo plano de produção bética, como por exemplo as ânforas Dressel 28 (Colls *et alii,* 1977; Liou, Domergue, 1991), tenha sido intuída pela existência de fabricos atribuíveis a produções béticas em centros de consumo. A ânfora Dressel 28 de produção bética foi pela primeira vez dada a conhecer por M. Beltrán Lloris (1977, 60), a partir de exemplares originários da zona de San Fernando de Cádis. O mesmo tipo de ânfora foi também produzida no vale do Guadalquivir como se confirma pelo naufrágio de Port-Vendres B onde se encontraram Dressel 28 associadas a ânforas béticas Dressel 20 com a mesma pasta e os mesmos *tituli picti* sugerindo, inclusive, uma produção nas mesmas oficinas (Colls *et alii,* 1977, 47; Parker, 1992, 331). Recentemente, outros centros produtores que fabricaram este tipo foram dados a conhecer: é o caso do centro produtor de La Venta del Carmen na baía de Algeciras -(Los Barrios, Cádis)- (Bernal Casasola, Lorenzo Martínez, 2000) e da bem documentada produção hispaliense del Hospital de las Cinco Llagas (actual sede do Parlamento de Andaluzia, Sevilha) (García Vargas, 2000a, 235-260; 2000 b, 88-89 e 173, Figura 39, 1). Variantes desta forma foram ainda fabricadas na Gália nos fornos de Fréjus-Pauvadou, St. Côme, Marselha -Buttes-aux-Carmes- Velaux - Moulin-le-Pont- Bouches-du-Rhône, Puyloubier, Corneilhan, Aspiran e, possivelmente, Lyon-La Muette (Tchernia,Villa, 1977; Baudoux, 1996, 139; Lemaître, Desbat, Maza, 1998, 58). É, no entanto, possível que esta ânfora fosse ainda ocasionalmente imitada noutros centros produtores da Lusitânia, como parece indicarem os fragmentos de bordo e colo encontrados no centro produtor da Quinta do Rouxinol, situado no Vale do Tejo (Duarte e Raposo, 1996, 241 e 247, Figura 6) na Herdade do Monte Novo, Abul (Cardoso, 1986, 157, Est. I, n° 4), e Pinheiro, Setúbal (Mayet, Silva, 1998, 123 e 135, figura 52).

Na cidade romana de *Bracara Augusta* identificamos dois exemplares desta forma respectivamente atribuíveis à região de Cádis (**n° A 2**) e ao Vale do Guadalquivir (**n° A 3**).

Como já foi realçado por diferentes autores a produção de ânforas de fundo plano está relacionada com o progressivo

Actas del Congreso Internacional *CETARIAE. Salsas y salazones de pescado en Occidente durante la Antigüedad,* Universidad de Cádiz, Noviembre de 2005, *B.A.R. int. ser.* 1686, Oxford 2007, 401-415.

desaparecimento do grande comércio a distância do vinho, resultante de uma gradual substituição pelos produtos locais e regionais. Tal fenómeno, particularmente difundido no ocidente do mediterrâneo, teve como consequência a proliferação de centros de fabrico de ânforas com esta nova morfologia, adaptada a âmbitos de circulação mais restritos, ou a sua adopção em centros produtores já existentes (vd. Fabião, 1998, 188; refira-se, para além dos centros meridionais da Gália com níveis de produção e circulação mais amplos, refira-se, entre outros, os centros situados na Península Itálica -Tchernia, 1986- na Gália do Leste - Baudoux, 1992- em Lyon -Dangréaux *et alii*, 1992- na Normandia –Laubenheimer, Lequoy, 1992- na região bordalesa -Berthault, 1990- na Tarraconense -Tchernia, 1971; 1976; 1986; Pascual Guasch, 1977; Nolla, Padró e Sanmartí, 1980; Nolla, Canes e Rocas, 1982; Lopez-Mullor e Ferrer, 1982; Miró, 1988; Gisbert Santonja, 1987; 1998; Nolla e Casas, 1991; Aranegui Gascó e Gisbert Santonja, 1992; Revilla Calvo, 1993- na Bética -Gener Basallote *et alii*, 1993; Bernal Casasola e Navas Rodríguez, 1996; Garcia Vargas, 1998; Bernal Casasola, 1998a- na Lusitânia -Fabião, 1998- na Galécia -Díaz Alvarez, Vázquez Vázquez, 1988; Morais, 2004, no prelo- e no grupo genérico atribuído ao vale do Douro -Carreras e Berni, 2003).

Neste ponto, cabe destacar a presença na cidade romana de *Bracara Augusta*, e em outros locais situados na orla costeira do Norte de Portugal (i.e. Aljube, Porto; Monte Castêlo, Matosinhos) e da Galiza (i.e. Santa Tecla e Castro de Vigo, Pontevedra), de ânforas, de tipo *urceus*, afins às formas gálicas do tipo Gauloise 5 a 7 (**nº A 4-29**), com fabrico idêntico a algumas ânforas piscícolas e almofarizes de proveniência bética (vol. Pinto e Morais neste congresso). Este fabrico encontra fortes afinidades com aquele descrito por García Vargas para as ânforas Dressel 28 e Dressel 20 recolhidas no centro produtor de *Hispalis*, documentado nos pátios interiores do antigo Hospital de las Cinco Llagas (García Vargas, 2000a, 247-248).

O estudo que temos vindo a efectuar sobre o material anfórico proveniente do Castelo da Lousa (**nº A 30-38**), situado no Concelho de Mourão, no Alentejo, permitiu-nos igualmente testemunhar a presença de ânforas de tipo *urceus* no sul do país, associadas a produções dos finais do século I a. C., entre as quais se destacam as produções ovóides de origem gaditana e lusitana (Morais, 2003, 36-40; Morais, Fabião, neste mesmo Congresso). À semelhança das homónimas formas gálicas do tipo Gauloise 5 (vd. Laubenheimer, 1985, 298, figura 158, nº 2), as ânforas de tipo *urceus* aqui recolhidas revelam a existência de um módulo de menores dimensões. Não sabemos, no entanto, se esse módulo de menores dimensões corresponde a uma fase inicial de experimentação deste tipo de formas na Bética, ou se, à semelhança das produções gálicas, devemos admitir a existência de dois módulos distintos ao longo de toda a produção.

Nos locais acima referidos, recolheram-se ainda fragmentos de fundo plano característicos desta forma com o mesmo tipo de fabrico (**nº A 39-42**) e opérculos de ânforas com diâmetros compatíveis com os bocais aqui apresentados (**nº A 43-57**), com destaque para os C. de 185 opérculos recolhidos no Aljube (Porto), com diâmetros que variam entre 7 e 9 cm.

Mas nem sempre se verifica a homogeneidade destas formas. De facto, após uma análise mais atenta dos materiais recolhidos em *Bracara Augusta* e no Aljube do Porto, verificamos que, à semelhança das produções de origem gálica (vd. Laubenheimer, 1985, 310-11, figura 169), também as produções béticas podem apresentar formas menos homogéneas e tipificadas, ainda que residuais no contexto das formas até à data identificadas (**nº A 58-62**).

Mas, como vimos, no conjunto das ânforas de tipo *urceus* predominam os fragmentos de bordo e colo, frequentemente associados a asas de canelura central (**nº A 63-66**), semelhantes a asas de ânforas que se inspiram na forma Gauloise 4 do centro produtor granadino de Los Barreros (Bernal, 1998b, 545), e asas que possuem três caneluras (**nº A 67-71**), uma característica morfológica que encontra paralelo em formas Gauloise 7 produzidas em Fréjus (Laubenheimer, 1985, 306).

Do conjunto destes materiais é de realçar ainda um fragmento de fundo e parede (ao qual se associa uma asa com três caneluras), recolhida em Braga, cujo fabrico parece poder atribuir-se ao Guadalquivir (**nº A 72 a – 72 b**).

À semelhança das suas congéneres de produção gálica do tipo Gauloise 5 a 7 (vd. Laubenheimer, 1985, 390; Baudoux, 1996, 56) é suposto pensar-se que as ânforas de tipo *urceus* de origem bética datem dos primeiros dois séculos do período imperial, sendo que as de produção gálica possuem um auge de circulação no século I. No entanto, de acordo com os dados cronológicos obtidos no Aljube do Porto e no Castelo da Lousa (Mourão, Évora), as ânforas de produção bética foram exportadas, pelo menos, a partir do reinado de Augusto. A presença de um número considerável destas formas em *Bracara Augusta* em contextos estratigráficos datáveis entre o período de augusto a finais de tibério / inícios de cláudio (Morais, 2005, no prelo) pode, no entanto, ser indicativo de um auge de circulação (e, talvez, produção) na primeira metade do século I.

A sua semelhança com as ânforas de fundo plano de produção gálica parece-nos indicar que estas se destinavam ao transporte de produtos vínicos (a existência de alguns vestígios de resina nalguns exemplares leva-nos a excluir a possibilidade de serem destinadas ao transporte de produtos oleícolas).

A identificação destas ânforas é extremamente importante dado que vem demonstrar que, ao lado de uma pujante exportação de azeite e preparados de peixe, igualmente deve ser considerada a exportação de produtos vínicos em ânforas de fundo plano. Por outras palavras, a existência de uma comercialização é razão suficiente para fazer crer que o excedente de vinho era considerável, o que implicava, necessariamente, uma igualmente considerável extensão e produtividade das vinhas.

De entre as fontes literárias antigas que referem a produção vinícola da Bética, salientem-se as referências de Estrabão (III, 2, 6) e, em particular, de Columela (Praef. I, 20). Para G. Chic (1984, 91), esta zona, descrita por estes autores como exportadora de vinhos para Itália, havia que relaciona-la com a região de Jerez, com fáceis acessos por via fluvial até à costa gaditana e onde se produziam diversos tipos de vinhos, como o *Gaditanum*, o *Hastense*, o *Ceretanum* e outros derivados como a *sapa* e uvas preparadas em conserva.

Como se depreende da significativa presença destas ânforas em Braga, no Porto (Aljube) e no Castelo da Lousa (Mourão, Évora), os produtos vínicos da bética foram igualmente exportados, junto com as ânforas destinadas a transportar os produtos piscícolas e seus derivados e cerâmicas de uso comum com destaque para os almofarizes (Morais, 2004b; Pinto e Morais, nestemismo congresso). Este facto leva-nos a pensar que os outros exemplares com características afins até à data identificados no actual território português e região galega possam corresponder a produções béticas e não gálicas. Referimo-nos a um exemplar proveniente da "Villa" Romana de Povos -Vila Franca de Xira- publicado como pertencendo à forma Gauloise 5 (Banha, 1991-92, 56 e 82, Figura 8, nº 11) e a três exemplares atribuídos à forma Gauloise 7 recolhidos no povoado de Troña e no rio Ulla. Em *Conimbriga*, entre outras ânforas classificadas no âmbito da cerâmica comum, destaca-se um fragmento de proveniência bética recolhido num estrato da época flávia integrável em ânforas de tipo *urceus*, em particular da forma Gauloise 5 (vd. Alarcão, 1976, 75; 138, Pl. XIX, nº 59).

A quantidade e diversidade destas ânforas de fundo plano, para além do seu fabrico em centros oleiros já existentes que continuaram a fabricar as tradicionais ânforas destinadas a conter os preparados piscícolas (vd. Beltrán Lloris, 1977; Chic, 1978), se deu uma nova proliferação de centros de fabrico destinados à produção destas ânforas de fundo plano, junto com cerâmicas de uso comum.

Em última análise, apesar dos escassos conhecimentos que ainda possuímos das ânforas de tipo *urceus*, a sua identificação em diferentes locais do Noroeste e Alentejo permite-nos abrir uma nova linha de trabalho para o futuro, já que estas formas, à semelhança das suas congéneres gálicas, se destinaram a ser exportadas. Igualmente vêem preencher um aparente hiato que se pensava existir entre o final da comercialização hegemónica das ânforas Haltern 70, a partir dos meados do século I, e as ânforas médio e baixo imperiais que gradualmente têm vindo a ser documentadas em diferentes centros produtores béticos. Assim, a par com a ânfora Dressel 28, há que considerar estas produções afins às ânforas Gauloise 5 a 7 como ânforas adoptadas para o escoamento e comercialização dos produtos vínicos da bética, reclamando-as e individualizando-as relativamente ao conjunto das produções de cerâmica comum.

2.- As ânforas de produção regional e local.

Na cidade romana de *Bracara Augusta* foi recolhido um conjunto significativo de fragmentos de ânforas cuja proveniência regional e local foi devidamente sustentada pelo estudo arqueométrico realizado no Instituto Tecnológico e Nuclear (Sacavém).

O resultado destas análises[1] (Dias *et alii*, no prelo), ainda que preliminares e baseadas num pequeno universo quantitativo, permitiu confirmar a divisão macroscópica por nós realizada. Este conjunto comporta dois grupos de acordo com a morfologia e características de fabrico:

- o 1º está representado por ânforas de origem regional que imitam formas importadas conhecidas em *Bracara Augusta*, maioritariamente associadas ao transporte de produtos piscícolas. Possuem uma característica pasta branca e micácea, e superfície externa por vezes coberta por uma ligeira aguada ou mesmo engobe acastanhado[2] (**nº B 4-9**).

- o 2º compreende um conjunto de ânforas de origem local que apresentam um fabrico igual a grande parte da "cerâmica de uso comum" fabricada na cidade (**nº C 1-11**).

As ânforas de origem regional pertencentes ao 1º grupo, estão representadas por exemplares com uma morfologia e fabrico afins a ânforas recolhidas no forno galego de San Martiño de Bueu (Diaz Alvarez, Vazquez Vazquez, 1998, 5-51) (**nº B 1-3**):

- Forma Regional I: uma ânfora completa integrável na forma San Martiño de Bueu I, que possui fortes afinidades com o tipo Gauloise 4 (**nº B 4**);

- Forma Regional II: vários fragmentos integráveis na forma San Martiño de Bueu II, directamente inspiradas na variante c da forma "Almagro 50" / Keay XVI (**nº B 5-8**). Com o mesmo fabrico acrescente-se ainda um fragmento de bocal de módulo mais pequeno que julgamos inspirar-se na variante B do tipo Beltrán 72 (**nº B 9**).

Um conjunto significativo de ânforas recolhidas no Noroeste peninsular (i.e. Porto; Monte Castêlo, Matosinhos; Tongóbriga; Castro de Santa Tecla, Castro de Vigo, Paxón - Monte Castro, Pontevedra) permitiu-nos identificar outros conjuntos de fragmentos de ânforas com características integráveis nestas formas (**nº B 10-17**). De entre estes, destaca-se um exemplar de perfil completo (fragmentado em parte da metade superior), recolhido no mar por pescadores de La Guarda em frente a Matosinhos e actualmente em exposição no Museu de Santa Tecla (La Guarda, Pontevedra) (vd. Diaz Alvarez, 1984, 63-64) (**nº B 18**).

[1] As análises químicas foram realizadas pelo método instrumental de análise por activação com neutrões (AAN), utilizando-se o Reactor Português de Investigação (Sacavém, Portugal) como fonte de neutrões. Esta análise permitiu a obtenção dos teores de 30 elementos: Na, K, Fe, Sc, Cr, Mn, Co, Zn, Gn, Ga, As, Br, Rb, Zr, Sb, Cs, Ba, La, Ce, Nd, Sm, Eu, Tb, Dy, Yb, Lu, Hf, Ta, W, Th, U. Com especial destaque para as ânforas, estas análises permitiram uma primeira distinção entre os exemplares de proveniência local e importados, nomeadamente através do indicador geoquímico Th *vs* Cr.

[2] Pasta de cor Branca (2,5 Y 9/0). Pouco dura, quase branda. Muito esponjosa. Inclusões abundantes com grãos de quartzo mal calibrados; hematite de tamanhos diversos e ínfimas partículas de mica. Superfície externa muito deteriorada. Pode apresentar uma aguada castanha escura (5 YR 5/4).

Esta produção regional de ânforas com características afins às formas dadas como provenientes de San Martiño de Bueu é extremamente significativa no contexto do Noroeste Peninsular. A existência deste centro produtor, dado a conhecer por um trabalho de carácter preliminar, está agora inequivocamente comprovado por recentes escavações (figura 1). Estas escavações, ainda inéditas[3], a cargo de Fructuoso Díaz García, permitiram identificar uma fábrica da salgas datável do século II (com um conjunto de seis tanques de salga) (figura 2), parte das edificações anexas (armazéns e oficinas) e uma oficina de produção de ânforas piscícolas (figura 3), no qual se destaca um forno de planta circular irregular e câmara de combustão central (figura 4).

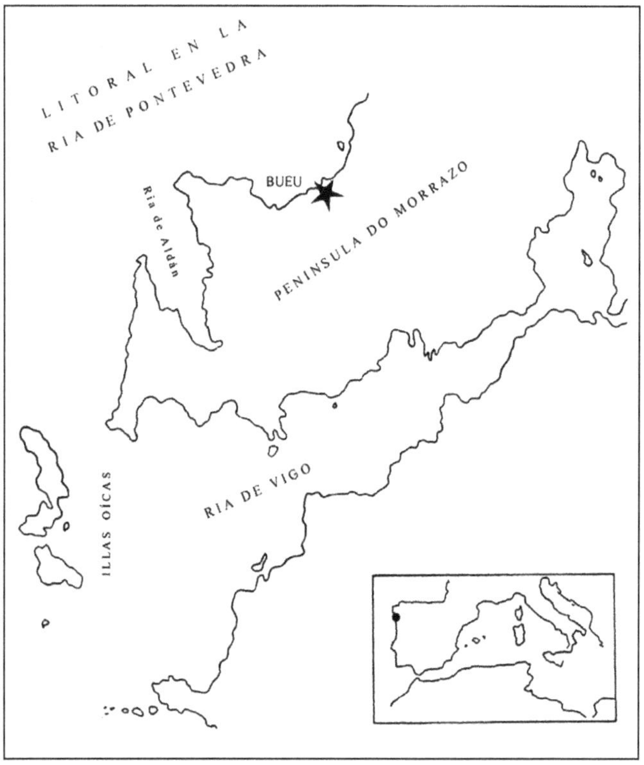

Figura 1.

Figura 2.

Figura 3.

Figura 4.

Estes dados, sem dúvida importantes, que permitem melhor enquadrar os exemplares recolhidos em Braga e noutros locais do Noroeste peninsular, parecem adquirir novo significado à luz das recentes publicações que dão testemunho das actividades conserveiras no norte hispânico (vd. Lagóstena Barrios, 2001, 33-41).

A importância desta indústria está inequivocamente comprovada num mapa de difusão das fábricas de salgas na *Hispania Citerior* apresentado por M. Beltrán Lloris (2000, 457, Figura 2), onde está representada um conjunto significativo de locais concentrados na região galega. De entre estes, o autor (2000, 458) destaca o conjunto de estabelecimentos seguros em Pontevedra (Igresiña – Nerga, Adro Vello-O Grove, Villagarcía de Arosa), Corunha (Cariño-ría de Ferrol -, Espasante, Bares), Lugo (Playa de Area-Vivero) e, no litoral cantábrico, Gijón (figura 5).

Estes vestígios, são, todavia, menos consistentes no que se refere ao actual Norte de Portugal. Na verdade, até à data apenas foram identificados alguns vestígios de tanques tradicionalmente relacionadas com o aproveitamento de recursos marinhos, provavelmente salinas, destacando-se, os conhecidos conjuntos da Praia de Anjeiras (Lavra, Matosinhos) e do Alto de Martim Vaz (Póvoa do Varzim) (Lanhas e Pinho, 1969, 324; Almeida, 1979, 11-12; Silva e Figueiral, 1986; Cleto, 1995-96, 23-45), este último lamentavelmente destruído (figura 5).

[3] Agradeço as preciosas informações fornecidas por Fructuoso Díaz García que amavelmente colocou à minha disposição a documentação disponível sobre esta escavação.

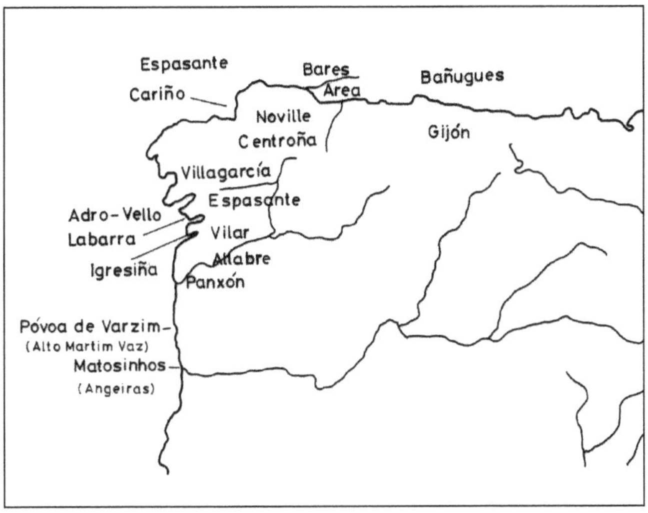

Figura 5.

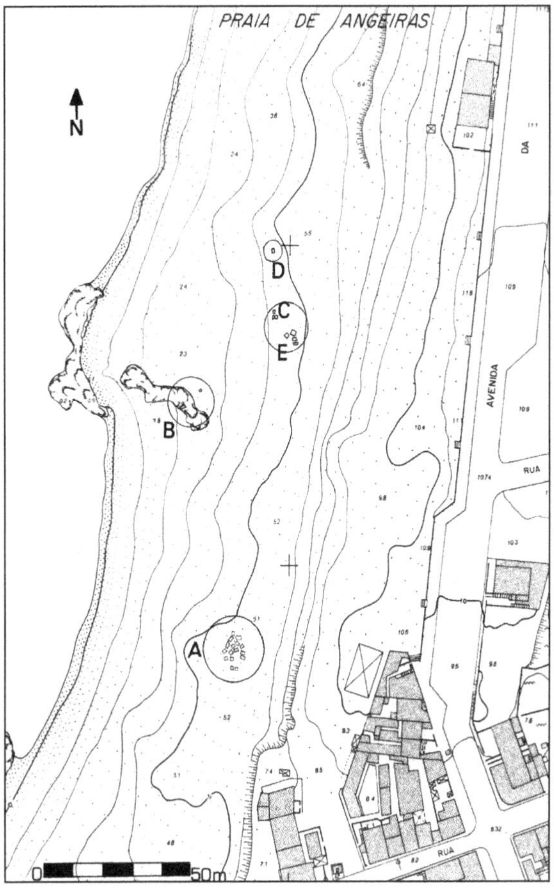

Figura 6.

Destes vestígios salienta-se o conjunto da Praia de Anjeiras onde se encontrou até à data um conjunto de 32 tanques, provavelmente salinas (figura 6), dispersas por cinco núcleos (A, B, C, D e E) (Cleto, 1995-96, 23-45), certamente associados à *villa* romana de Fontão, datável dos séculos III e IV (vd. Lanhas e Pinho, 1969, 324; Gorges, 1974, 456; Silva e Figueiral, 1986; Cleto, 1995-96, 23-45).

A existência de novos vestígios descobertos aquando da abertura dos alicerces de uma casa da povoação leva a supor que se trata dum conjunto mais vasto e complexo, como salientou Joel Cleto (1995-96, 38). A presença deste últimos vestígios, com revestimentos característicos dos tanques de salga, leva-nos a suspeitar da possibilidade de se tratar de cetárias.

As ânforas de origem local identificadas na cidade romana de *Bracara Augusta*, pertencentes ao 2° grupo, correspondem a formas de fundo plano com um característico colo cilíndrico e bordo moldurado, cujas características formais nos permitem individualizá-las como eventuais contentores de transporte de vinho, com uma morfologia aproximada às ânforas Dressel 28 e Gauloise 7 **(n° C 1-11)**.

De entre estas últimas, destaca-se a presença de três módulos distintos, fazendo pressupor uma autêntica tradição deste tipo de forma, aliás corroborada pela presença de exemplares com a mesma morfologia noutros estabelecimentos do Noroeste, como, por exemplo, nos povoados de Monte Castêlo (Matosinhos) (**n° C 12**) e Mozinho (Penafiel) (Soeiro, 1984) e nas cidades romanas de *Tongobriga* (Dias, 1995, 10) e Lugo (Alcorta Irastorza, 1995, 221-222, Figura 17, n° 1). A estes acrescente-se ainda um exemplar de perfil completo, mas sem contexto, actualmente exposto no Museu da Universidade Católica, de Viseu (**n° C 13**).

A recolha em Braga de exemplares mais tardios, com formas e fabricos diferenciados, são testemunho da importância e persistência da produção local de ânforas nesta cidade (**n° C 10-11**).

A presença de ânforas de fundo plano é importante na medida em que pressupõe, ainda que indirectamente, a produção de vinho na região. Esta produção de vinho estava provavelmente associada ao colapso dos grandes fluxos de exportação vinícola que passaram a confinar-se aos abastecimentos institucionais e a fenómenos de circulação residual. Na verdade, como bem sugeriu Carlos Fabião (1998, 188), a presença de ânforas de fundo plano, à escala do Noroeste peninsular, sugere uma generalização do consumo do vinho neste território, ligado a redes locais e regionais de distribuição no seio de uma nova sociedade provincial, já plenamente romanizada.

Consideramos, por isso, que, além dos locais referidos onde se encontram formas com igual morfologia, se deve, num futuro próximo, proceder a uma prospecção com vista a conhecer a sua difusão na região do Entre Douro e Minho de modo a verificar se as produções conhecidas na região são idênticas às de Braga. A partir daí, o prosseguimento do estudo destas produções necessitará de apoio laboratorial com vista à caracterização de fabricos e sua proveniência. A resposta a estas perguntas permitirá contribuir para um melhor esclarecimento sobre a importância e dinâmica da comercialização destes contentores no contexto da expansão da vitivinicultura a nível local e regional a partir dos finais do século II. No estado actual dos conhecimentos o que podemos certamente referir é que se trata de cerâmicas pouco comercializadas e de escassa resistência ao transporte, não podendo, inclusivamente, afastar-se a possibilidade de igualmente se tratar de contentores para o armazenamento de água, apesar do seu tamanho demasiadamente reduzido.

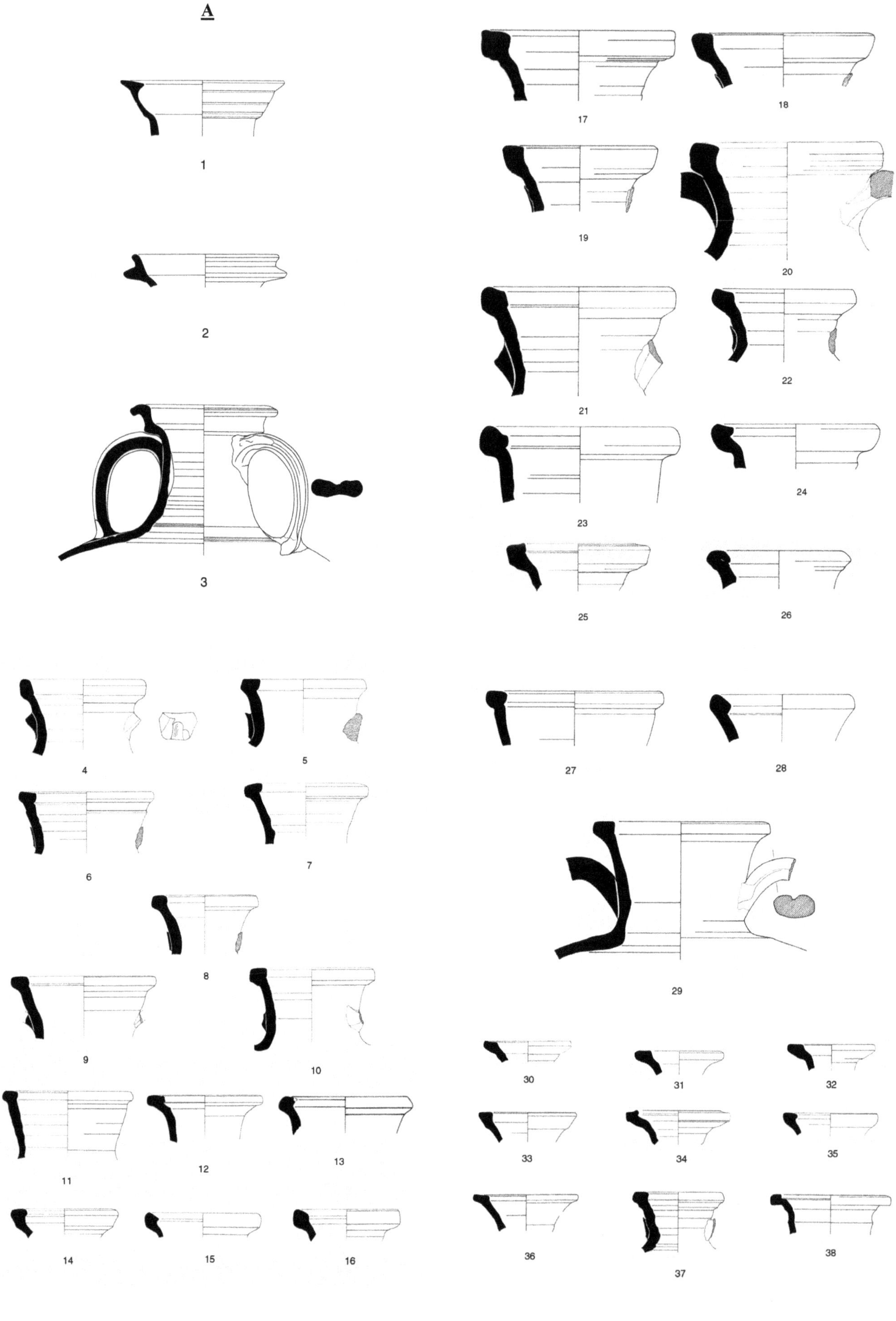
A
1
2
3
4
5
6
7
8
9
10
11
12
13
14
15
16
17
18
19
20
21
22
23
24
25
26
27
28
29
30
31
32
33
34
35
36
37
38

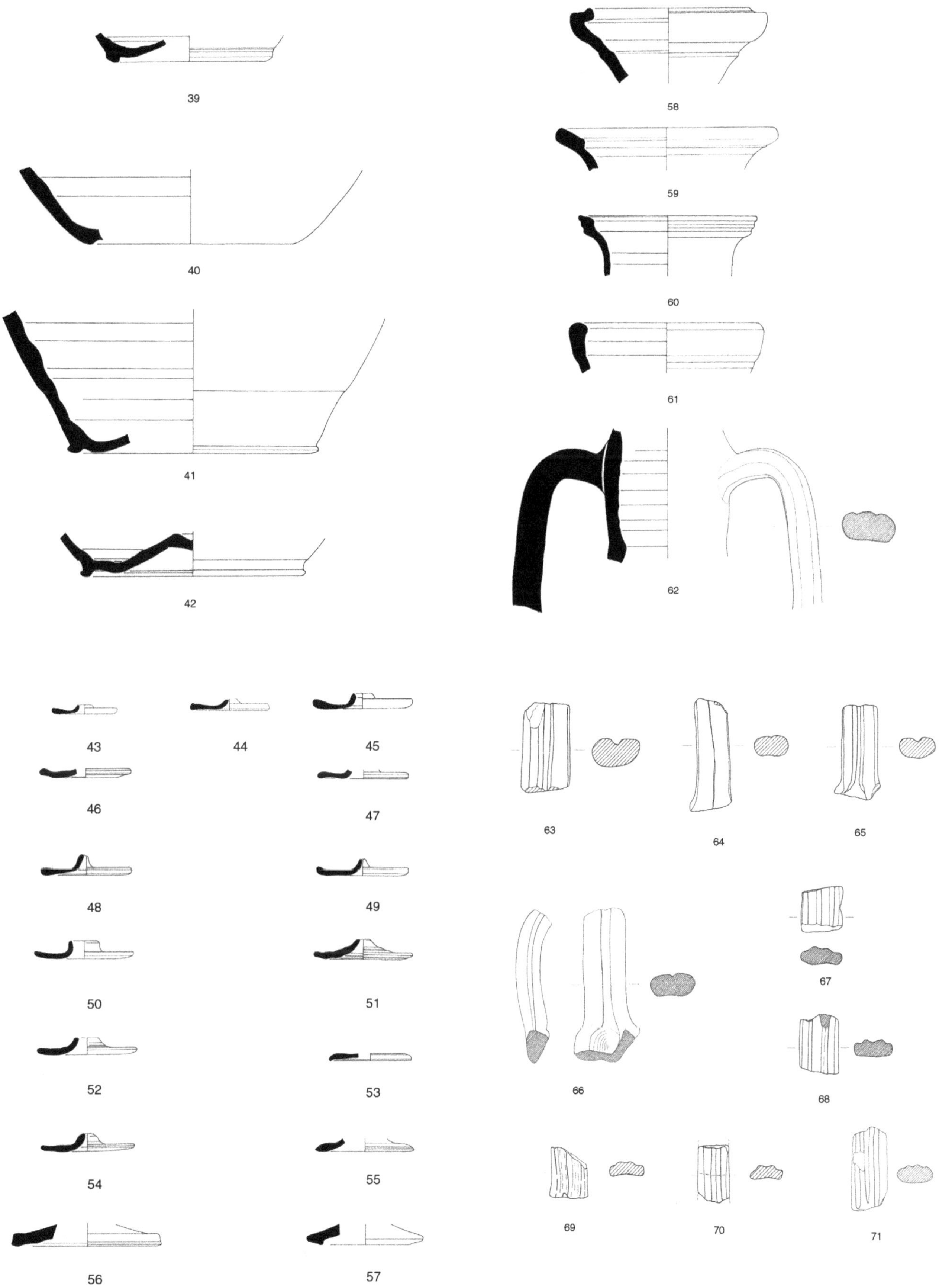
39
40
41
42
43
44
45
46
47
48
49
50
51
52
53
54
55
56
57
58
59
60
61
62
63
64
65
66
67
68
69
70
71

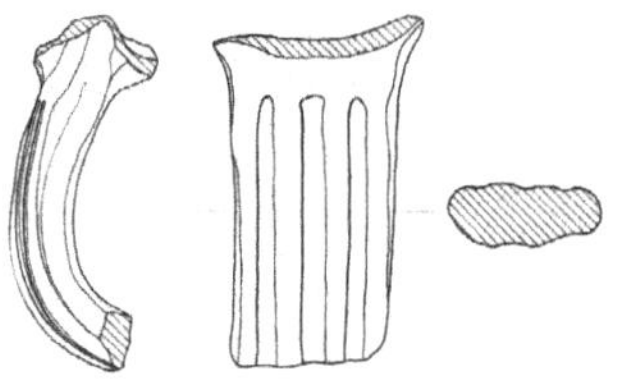

72a

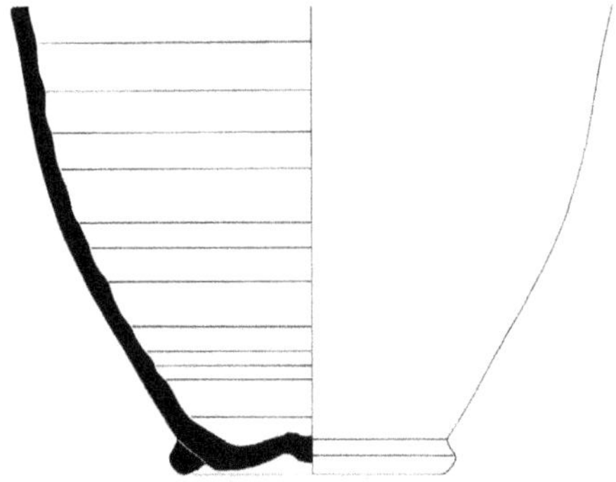

72b

CATÁLOGO

A 1 – Forma: Matagallares I; Origem: Bética; Diâmetros: Bordo 14 cm; Proveniência: Termas (Braga); Nº Inv.: 1999-2636.
A 2 - Forma: Dressel 28; Origem: Bética; Diâmetros: Bordo 12,4 cm; Proveniência: Quinta do Fujacal / R. 25 de Abril (Braga); Nº Inv.: 1997-1414.
A 3 - Forma: Dressel 28; Origem: Bética; Diâmetros: Bordo 12,6 cm; Proveniência: Necrópole R. do Caires (Braga); Nº Inv.: 1991-0692.
A 4- Forma: Tipo *urceus*; Origem: Bética; Diâmetros: bordo 14 cm; Proveniência: Fujacal (Braga); Nº Inv.: 1998-1314.
A 5- Forma: Tipo *urceus*; Origem: Bética; Diâmetros: bordo 14,2 cm; Proveniência: Fujacal (Braga); Nº Inv.: 1999-0963.
A 6- Forma: Tipo *urceus*; Origem: Bética; Diâmetros: bordo 15 cm; Proveniência: Fujacal (Braga); Nº Inv.: 2003-0227.
A 7- Forma: Tipo *urceus*; Origem: Bética; Diâmetros: bordo 14 cm; Proveniência: Fujacal (Braga); Nº Inv.: 2003-0229.
A 8- Forma: Tipo *urceus*; Origem: Bética; Diâmetros: bordo 15,8 cm; Proveniência: Fujacal (Braga); Nº Inv.: 2003-0228.
A 9- Forma: Tipo *urceus*; Origem: Bética; Diâmetros: bordo 16 cm; Proveniência: Fujacal (Braga); Nº Inv.: 2003-0297.
A 10- Forma: Tipo *urceus*; Origem: Bética; Diâmetros: bordo 14 cm; Proveniência: Termas (Braga); Nº Inv.: 1999-2627.
A 11- Forma: Tipo *urceus*; Origem: Bética; Diâmetros: bordo 14,8 cm; Proveniência: Cavalariças (Braga); Nº Inv.: 2003-0383.
A 12- Forma: Tipo *urceus*; Origem: Bética; Diâmetros: bordo 13 cm; Proveniência: Cavalariças (Braga); Nº Inv.: 2003-0376.
A 13- Forma: Tipo *urceus*; Origem: Bética; Diâmetros: bordo 12,8 cm; Proveniência: Carvalheiras (Braga); Nº Inv.: 1997-0601.
A 14- Forma: Tipo *urceus*; Origem: Bética; Diâmetros: bordo 12 cm; Proveniência: Fujacal (Braga); Nº Inv.: 2003-0226.
A 15- Forma: Tipo *urceus*; Origem: Bética; Diâmetros: bordo 13 cm; Proveniência: Fujacal (Braga); Nº Inv.: 1999-0970.
A 16- Forma: Tipo *urceus*; Origem: Bética; Diâmetros: bordo 12 cm; Proveniência: Cardoso da Saudade (Braga); Nº Inv.: 1998-0660
A 17- Forma: Tipo *urceus*; Origem: Bética; Diâmetros: bordo 12 cm; Proveniência: Aljube (Porto); Nº Inv.: 29912.
A 18- Forma: Tipo *urceus*; Origem: Bética; Diâmetros: bordo 14 cm; Proveniência: Aljube (Porto); Nº Inv.: 8307.
A 19- Forma: Tipo *urceus*; Origem: Bética; Diâmetros: bordo 15 cm; Proveniência: Aljube (Porto); Nº Inv.: 8308.
A 20- Forma: Tipo *urceus*; Origem: Bética; Diâmetros: bordo 15 cm; Proveniência: Aljube (Porto); Nº Inv.: 13600.
A 21- Forma: Tipo *urceus*; Origem: Bética; Diâmetros: bordo 15 cm; Proveniência: Aljube (Porto); Nº Inv.: 29910.
A 22- Forma: Tipo *urceus*; Origem: Bética; Diâmetros: bordo 11 cm; Proveniência: Aljube (Porto); Nº Inv.: 25260.
A 23- Forma: Tipo *urceus*; Origem: Bética; Diâmetros: bordo 15 cm; Proveniência: Aljube (Porto); Nº Inv.: 13614.
A 24- Forma: Tipo *urceus*; Origem: Bética; Diâmetros: bordo 13 cm; Proveniência: Aljube (Porto); Nº Inv.: s/número.
A 25- Forma: Tipo *urceus*; Origem: Bética; Diâmetros: bordo 11 cm; Proveniência: Aljube (Porto); Nº Inv.: 29956.
A 26- Forma: Tipo *urceus*; Origem: Bética; Diâmetros: bordo 11 cm; Proveniência: Aljube (Porto); Nº Inv.: s/número.
A 27- Forma: Tipo *urceus*; Origem: Bética; Diâmetros: bordo 14,5 cm; Proveniência: Monte Castêlo (Matosinhos); Nº Inv.: s/número.
A 28- Forma: Tipo *urceus*; Origem: Bética; Diâmetros: bordo 12 cm; Proveniência: Santa Tecla (La Guardia); Nº Inv.: s/número.
A 29- Forma: Tipo *urceus*; Origem: Bética; Diâmetros: bordo 13 cm; Proveniência: Castro de Vigo (Vigo); Nº Inv.: 132.
A 30- Forma: Tipo *urceus*; Origem: Bética; Diâmetros: bordo 10 cm; Proveniência: Castelo da Lousa (Mourão, Évora); Nº Inv.: 315.
A 31- Forma: Tipo *urceus*; Origem: Bética; Diâmetros: bordo 9 cm; Proveniência: Castelo da Lousa (Mourão, Évora); Nº Inv.: 750.
A 32- Forma: Tipo *urceus*; Origem: Bética; Diâmetros: bordo 10 cm; Proveniência: Castelo da Lousa (Mourão, Évora); Nº Inv.: 314.

A 33- Forma: Tipo *urceus*; Origem: Bética; Diâmetros: bordo 11 cm; Proveniência: Castelo da Lousa (Mourão, Évora); Nº Inv.: 316.

A 34- Forma: Tipo *urceus*; Origem: Bética; Diâmetros: bordo 10,5 cm; Proveniência: Castelo da Lousa (Mourão, Évora); Nº Inv.: 752.

A 35- Forma: Tipo *urceus*; Origem: Bética; Diâmetros: bordo 11 cm; Proveniência: Castelo da Lousa (Mourão, Évora); Nº Inv.: 318.

A 36- Forma: Tipo *urceus*; Origem: Bética; Diâmetros: bordo 12 cm; Proveniência: Castelo da Lousa (Mourão, Évora); Nº Inv.: 749.

A 37- Forma: Tipo *urceus*; Origem: Bética; Diâmetros: bordo 10 cm; Proveniência: Castelo da Lousa (Mourão, Évora); Nº Inv.: 748.

A 38- Forma: Tipo *urceus*; Origem: Bética; Diâmetros: bordo 14 cm; Proveniência: Castelo da Lousa (Mourão, Évora); Nº Inv.: 751.

A 39- Forma: Tipo *urceus* (fundo); Origem: Bética; Diâmetros: fundo 15 cm; Proveniência: Carvalheiras (Braga); Nº Inv.: 1997-0791.

A 40- Forma: Tipo *urceus* (fundo); Origem: Bética; Diâmetros: fundo 15 cm; Proveniência: Fujacal (Braga); Nº Inv.: 1999-0962.

A 41- Forma: Tipo *urceus* (fundo); Origem: Bética; Diâmetros: fundo 16 cm; Proveniência: Aljube (Porto); Nº Inv.: 6481.

A 42- Forma: Tipo *urceus* (fundo); Origem: Bética; Diâmetros: fundo 14,5 cm; Proveniência: Aljube (Porto); Nº Inv.: 13636.

A 43- Forma: Tipo *urceus* (tampa); Origem: Bética; Diâmetros: 9,6; Proveniência: Albergue (Braga); Nº Inv.: 1991-0097.

A 44- Forma: Tipo *urceus* (tampa); Origem: Bética; Diâmetros: 7,9; Proveniência: Cavalariças (Braga); Nº Inv.: 1999-0426.

A 45- Forma: Tipo *urceus* (tampa); Origem: Bética; Diâmetros: 8; Proveniência: Cavalariças (Braga); Nº Inv.: 1999-0428.

A 46- Forma: Tipo *urceus* (tampa); Origem: Bética; Diâmetros: 8,2 cm; Proveniência: Aljube (Porto); Nº Inv.: 18137.

A 47- Forma: Tipo *urceus* (tampa); Origem: Bética; Diâmetros: 8,3 cm; Proveniência: Aljube (Porto); Nº Inv.: 18138.

A 48- Forma: Tipo *urceus* (tampa); Origem: Bética; Diâmetros: 8,2 cm; Proveniência: Aljube (Porto); Nº Inv.: 9502.

A 49- Forma: Tipo *urceus* (tampa); Origem: Bética; Diâmetros: 8,4 cm; Proveniência: Aljube (Porto); Nº Inv.: 9506.

A 50- Forma: Tipo *urceus* (tampa); Origem: Bética; Diâmetros: 9 cm; Proveniência: Aljube (Porto); Nº Inv.: 9510.

A 51- Forma: Tipo *urceus* (tampa); Origem: Bética; Diâmetros: 9 cm; Proveniência: Aljube (Porto); Nº Inv.: 14798.

A 52- Forma: Tipo *urceus* (tampa); Origem: Bética; Diâmetros: 9 cm; Proveniência: Aljube (Porto); Nº Inv.: 14799.

A 53- Forma: Tipo *urceus* (tampa); Origem: Bética; Diâmetros: 7,5 cm; Proveniência: Aljube (Porto); Nº Inv.: 22763.

A 54- Forma: Tipo *urceus* (tampa); Origem: Bética; Diâmetros: 8,4 cm; Proveniência: Aljube (Porto); Nº Inv.: 33420.

A 55- Forma: Tipo *urceus* (tampa); Origem: Bética; Diâmetros: 9 cm; Proveniência: Aljube (Porto); Nº Inv.: 33444.

A 56- Forma: Tipo *urceus* (tampa); Origem: Bética; Diâmetros: 9 cm; Proveniência: Castelo da Lousa (Mourão, Évora); Nº Inv.: 243.

A 57- Forma: Tipo *urceus* (tampa); Origem: Bética; Diâmetros: 7 cm; Proveniência: Castelo da Lousa (Mourão, Évora); Nº Inv.: 768.

A 58- Forma: Tipo *urceus* (atípica); Origem: Bética; Diâmetros: 7,1 cm; Proveniência: Fujacal (Braga); Nº Inv.: 2003-0267.

A 59- Forma: Tipo *urceus* (atípica); Origem: Bética; Diâmetros: bordo 8 cm; Proveniência: Cavalariças (Braga); Nº Inv.: 2003-0405.

A 60- Forma: Tipo *urceus* (atípica); Origem: Bética; Diâmetros: bordo 6,5 cm; Proveniência: Termas (Braga); Nº Inv.: 1998-1183.

A 61- Forma: Tipo *urceus* (atípica); Origem: Bética; Diâmetros: bordo 14 cm; Proveniência: Cavalariças (Braga); Nº Inv.: 1991-0511.

A 62- Forma: Tipo *urceus* (atípica); Origem: Bética; Diâmetros: colo 4,5 cm; Proveniência: Aljube (Porto); Nº Inv.: 30086.

A 63- Forma: Tipo *urceus* (asa); Origem: Bética; Proveniência: Albergue (Braga); Nº Inv.: 1998-0658.

A 64- Forma: Tipo *urceus* (asa); Origem: Bética; Proveniência: Cavalariças (Braga); Nº Inv.: 1997-0783.

A 65- Forma: Tipo *urceus* (asa); Origem: Bética; Proveniência: Carvalheiras (Braga); Nº Inv.: 1998-0659.

A 66- Forma: Tipo *urceus* (asa); Origem: Bética; Proveniência: Monte Castêlo, Matosinhos); Nº Inv.: 187.

A 67- Forma: Tipo *urceus* (asa); Origem: Bética; Proveniência: Cardoso da Saudade (Braga); Nº Inv.: 2003-0308.

A 68- Forma: Tipo *urceus* (asa); Origem: Bética; Proveniência: São Geraldo (Braga); Nº Inv.: 2003-0552.

A 69- Forma: Tipo *urceus* (asa); Origem: Bética; Proveniência: Cardoso da Saudade (Braga); Nº Inv.: 2003-0309.

A 70- Forma: Tipo *urceus* (asa); Origem: Bética; Proveniência: Albergue (Braga); Nº Inv.: 2003-0290.

A 71- Forma: Tipo *urceus* (asa); Origem: Bética; Proveniência: Fujacal (Braga); Nº Inv.: 1999-0989.

A 72a- Forma: Tipo *urceus* (asa); Origem: Bética; Proveniência: Carvalheiras (Braga); Nº Inv.: 1998-0789.

A 72b- Tipo *urceus* (fundo); Origem: Bética; Diâmetros: fundo 11,7 cm; Proveniência: Carvalheiras (Braga); Nº Inv.: 1997-0229.

B

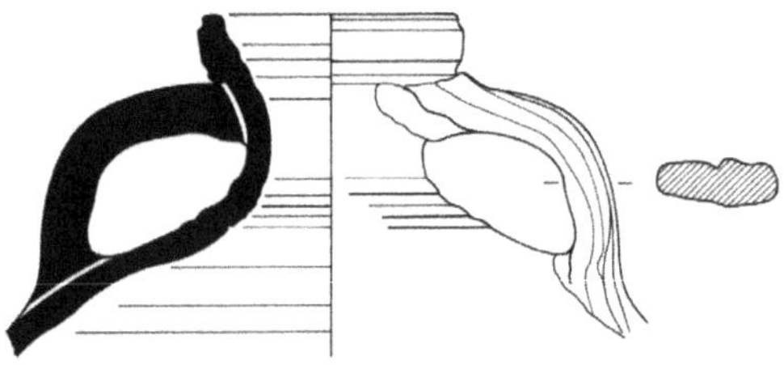

1

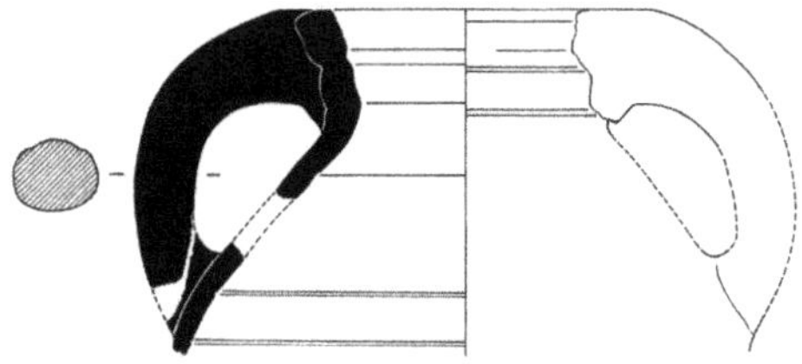

6

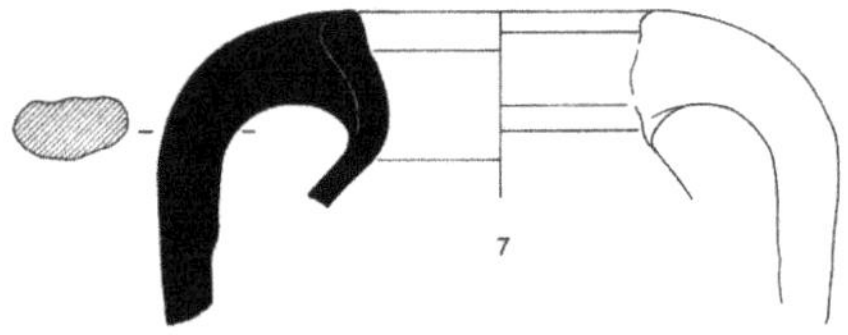

7

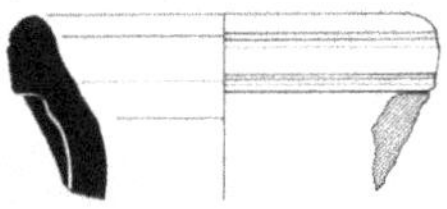

2

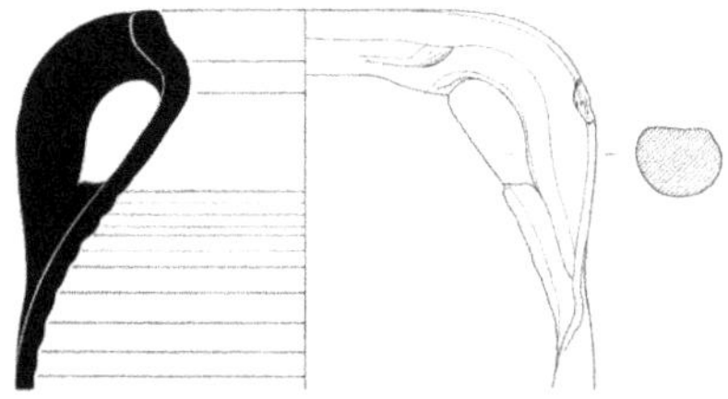

8

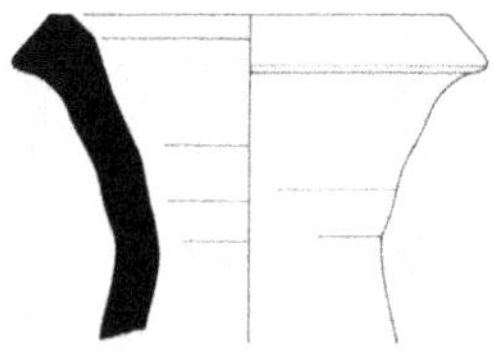

3

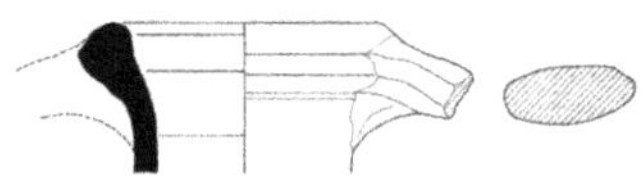

9

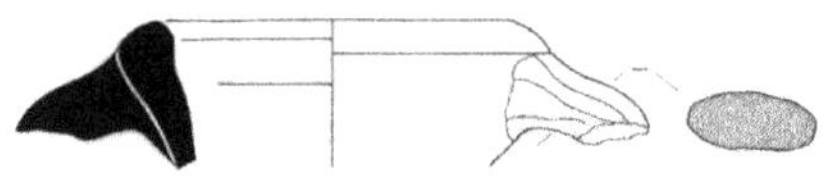

10

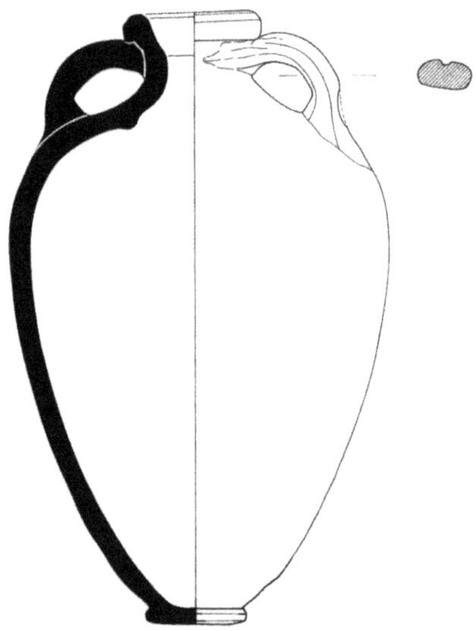

4

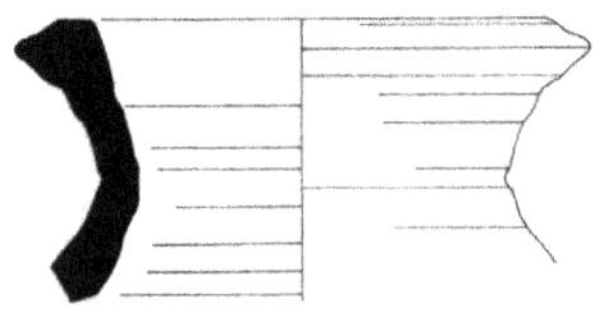

11

12

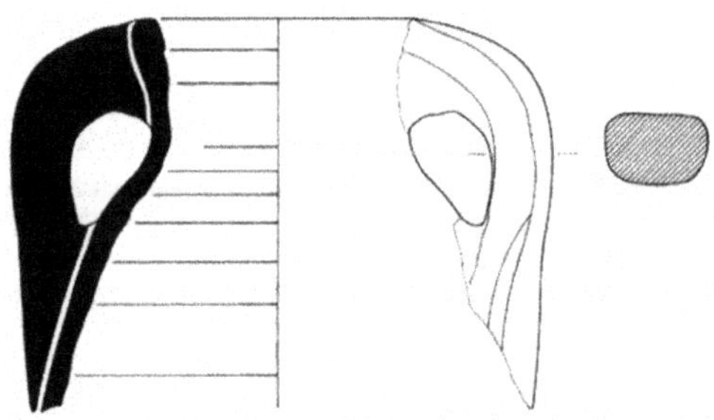

13

5

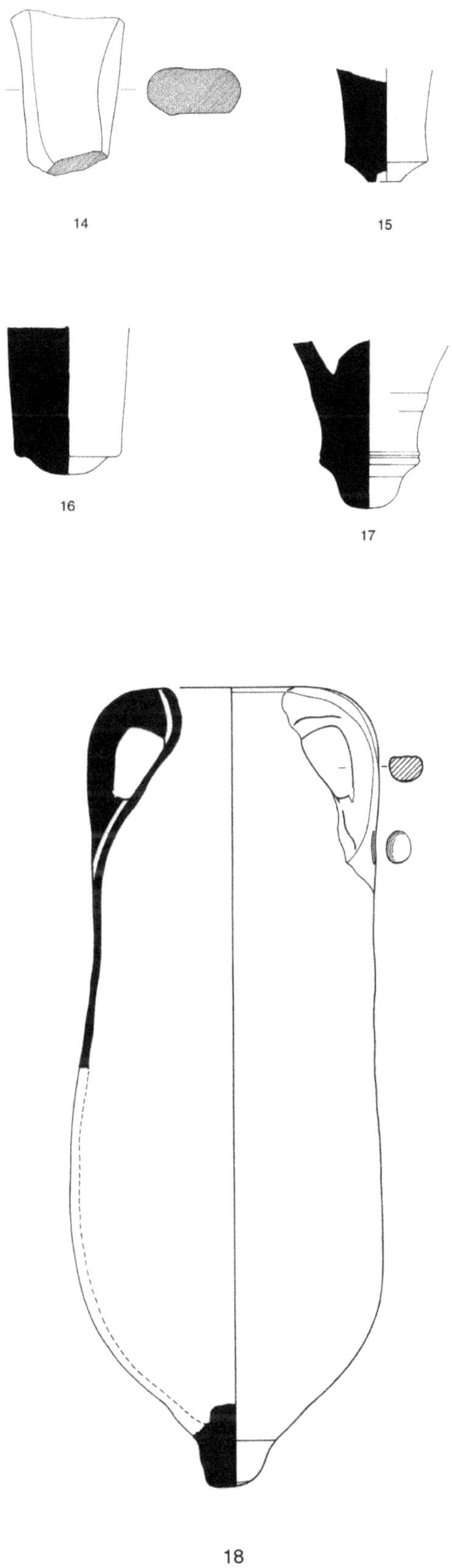

B 1- Forma: San Martiño de Bueu I = Regional I (afim Gauloise 4); Origem: Galiza (Bueu); Diâmetros: bordo 10 cm; Proveniência: San Martiño de Bueu; Nº Inv.: s/número.
B 2- Forma: San Martiño de Bueu I = Regional I (afim Gauloise 4); Origem: Galiza (Bueu); Diâmetros: bordo 13,5 cm; Proveniência: San Martiño de Bueu; Nº Inv.: s/ número.
B 3- Forma: San Martiño de Bueu II = Regional II (afim "Almagro 50"/Keay XVI); Origem: Galiza (Bueu); Diâmetros: bordo 15 cm; Proveniência: San Martiño de Bueu; Nº Inv.: s/número.
B 4- Forma: Regional I (afim Gauloise 4); Origem: Regional; Diâmetros: bordo 10,6 cm, pé 7,8 cm, alt. 45,8 cm; Proveniência: Achado R. Sá de Miranda (Braga); Nº Inv.: 1991-1454.
B 5- Forma: Regional II (afim "Almagro 50"/Keay XVI); Origem: Regional; Diâmetros: bordo 16 cm; Proveniência: Cónego Arlindo (Braga); Nº Inv.: 1997-1016.
B 6- Forma: Regional II (afim "Almagro 50"/Keay XVI); Origem: Regional; Diâmetros: bordo 14 cm; Proveniência: Carvalheiras (Braga); Nº Inv.: 1997-0192.
B 7- Forma: Regional II (afim "Almagro 50"/Keay XVI); Origem: Regional; Diâmetros: bordo 14 cm; Proveniência: Carvalheiras (Braga); Nº Inv.: 1997-0593.
B 8- Forma: Regional II (afim "Almagro 50"/Keay XVI); Origem: Regional; Diâmetros: bordo 17 cm; Proveniência: Termas (Braga); Nº Inv.: 1999-2637.
B 9- Regional II (afim Beltrán 72); Origem: Regional; Diâmetros: bordo 12,8 cm; Proveniência: Carvalheiras (Braga); Nº Inv.: 1998-0780.
B 10- Forma: Regional II (afim "Almagro 50"/Keay XVI); Origem: Regional; Diâmetros: bordo 14 cm; Proveniência: Casa do Infante (Porto); Nº Inv.: 61/94/3143/16.
B 11- Forma: Regional II (afim "Almagro 50"/Keay XVI); Origem: Regional; Diâmetros: bordo 19 cm; Proveniência: Monte Castêlo (Matosinhos); Nº Inv.: s/número.
B 12- Forma: Regional II (afim "Almagro 50"/Keay XVI); Origem: Regional; Diâmetros: bordo 18,5 cm; Proveniência: Monte Castêlo (Matosinhos); Nº Inv.: s/número.
B 13- Forma: Regional II (afim "Almagro 50"/Keay XVI); Origem: Regional; Diâmetros: bordo 14,5 cm; Proveniência: Monte Castro (Panxón, Pontevedra); Nº Inv.: A-2.
B 14- Forma: Regional II (afim "Almagro 50"/Keay XVI) - asa; Origem: Regional; Proveniência: Monte Castêlo (Matosinhos); Nº Inv.: s/número.
B 15- Forma: Regional II (afim "Almagro 50"/Keay XVI) - fundo; Origem: Regional; Proveniência: Monte Castêlo (Matosinhos); Nº Inv.: K 12 (02).
B 16- Forma: Regional II (afim "Almagro 50"/Keay XVI) - fundo; Origem: Regional; Proveniência: Monte Castêlo (Matosinhos); Nº Inv.: s/número.
B 17- Forma: Regional II (afim "Almagro 50"/Keay XVI) - fundo; Origem: Regional; Proveniência: Castro de Vigo (Vigo); Nº Inv.: 84-319.
B 18- Forma: Regional II (afim "Almagro 50"/Keay XVI); Origem: Regional; Diâmetro: bordo 15 cm; alt. 86 cm; Proveniência: Achado sub-aquático em frente a Matosinhos. Depositado no Museu de Santa Tecla (La Guardia); Nº Inv.: s/número.

C

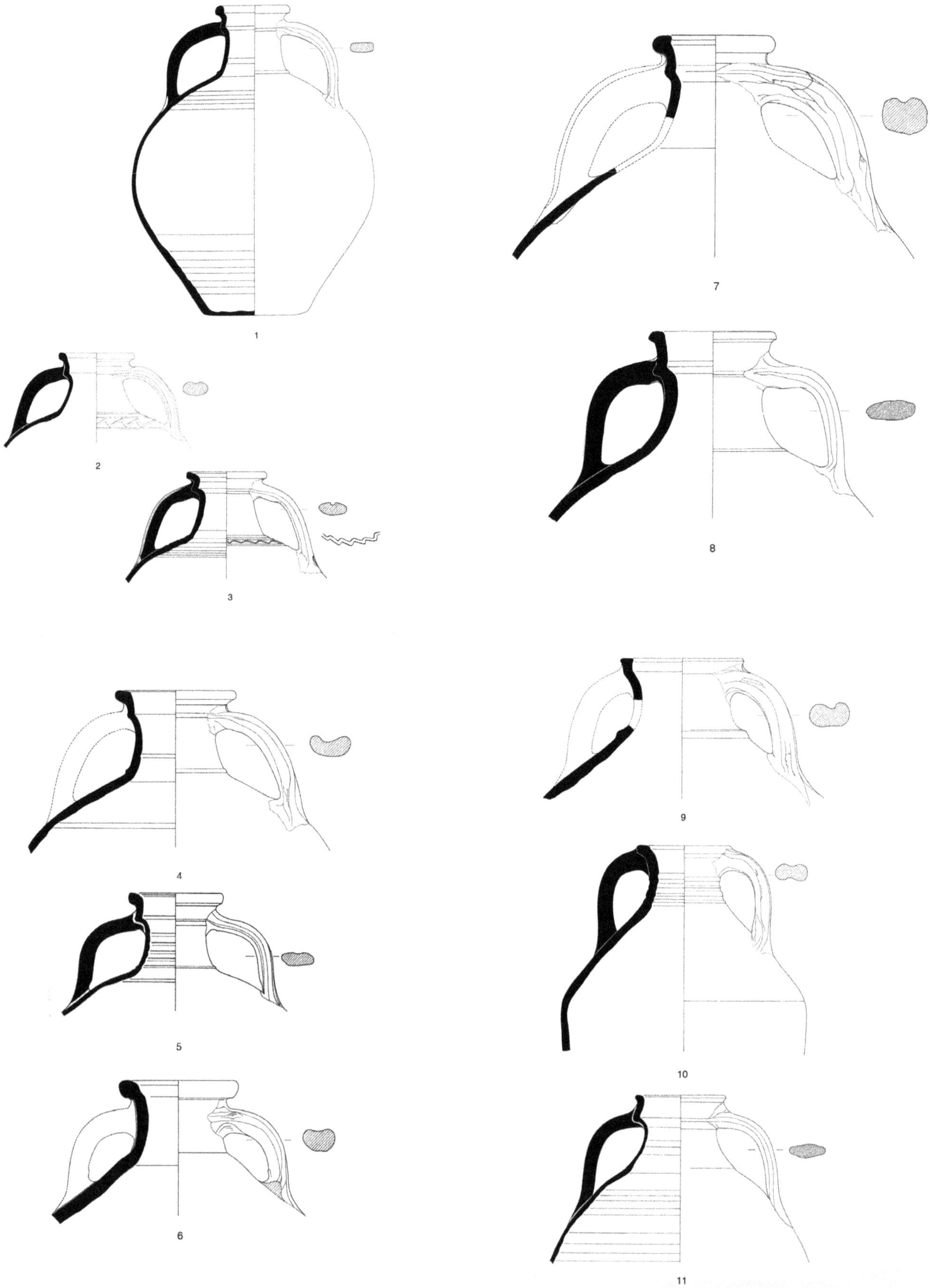

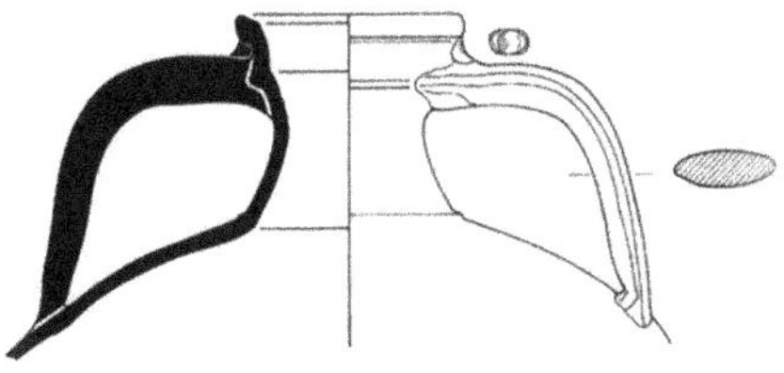

12

13

C 1- Forma: Módulo I; Origem: Local; Diâmetros: bordo 9,3 cm, pé 13,2 cm, alt. 36,9 cm; Proveniência: Quinta do Fujacal / R. 25 de Abril (Braga); Nº Inv.: 1991-0728.

C 2- Forma: Módulo II; Origem: Local; Diâmetros: bordo 11 cm; Proveniência: Fujacal (Braga); Nº Inv.: 1998-1511.

C 3- Forma: Módulo II; Origem: Local; Diâmetros: bordo 9,8 cm; Proveniência: Casa da Bica (Braga); Nº Inv.: 1991-2296.

C 4- Forma: Módulo II; Origem: Local; Diâmetros: bordo 12,6 cm; Proveniência: Maximinos (Braga); Nº Inv.: 1991-2246.

C 5- Forma: Módulo II; Origem: Local; Diâmetros: bordo 11 cm; Proveniência: Falperra (proximidades de Braga); Nº Inv.: 2003-0274.

C 6- Forma: Módulo II; Origem: Local; Diâmetros: bordo 12, 4 cm; Proveniência: Praia das Sapatas (Braga); Nº Inv.: 1991-2294.

C 7- Forma: Módulo III a; Origem: Local; Diâmetros: bordo 12, 6 cm; Proveniência: Colina da Cividade (Braga); Nº Inv.: 1997-0230.

C 8- Forma: Módulo III b; Origem: Local; Diâmetros: bordo 12,8 cm; Proveniência: Póvoa do Lanhoso; Nº Inv.: 1997-0231.

C 9- Forma: Indeterminada; Origem: Local; Diâmetros: bordo 10 cm; Proveniência: Termas (Braga); Nº Inv.: 2003-0260.

C 10- Forma: Indeterminada; Origem: Local; Diâmetros: bordo 13,6 cm; Proveniência: Cavalariças (Braga); Nº Inv.: 1997-0233.

C 11- Forma: Indeterminada; Origem: Local; Diâmetros: bordo 10,4 cm; Proveniência: Cavalariças (Braga); Nº Inv.: 1997-0234.

C 12- Forma: Módulo II; Origem: Local; Diâmetros: bordo 9,8 cm; Proveniência: Monte Castêlo (Matosinhos); Nº Inv.: s/número.

C 13- Forma: Módulo II; Origem: Local; Diâmetros: fundo. 20 cm, alt. 63 cm; Proveniência: desconhecida (depositada no Museu da Universidade Católica de Viseu); Nº Inv.: desconhecido.

Bibliografía

ALARCÃO, J. (1976): "Céramiques diverses et verres", *Fouilles de Conimbriga,* Diffusion E. de Boccard VI, París.

ALCORTA IRASTORZA, E. J. (1995): "Avance al estúdio de la cerâmica comum romana de cocina y mesa de *Lucus Augusti*", *Cerâmica comum romana d'época imperial a la Península Ibérica. Estat de la questió.* Empuríes: Museu d'Arquelogia de Catalunya (Monografies Ampuritanes), VIII, 201-226.

ALMEIDA, C. A. B. (1979): "Salinas medievais entre o Cávado e o Neiva", Sep. *Bracara Agusta.* Braga, 33, fasc. 75-76 (87-88), 5-16; Est. I-V.

ARANEGUI GASCO, C.; GISBERT SANTONJA, J.-A. (1992): "Les amphores à fond plat de la Péninsule Ibérique", LAUBENHEIMER, F. (dir.), *Les Amphores en Gaule: Production et Circulation,* Paris, 116, 101-111.

ARLAUD, C., AYALA, G., BOURNOUF, J., LUROL, J.-M. (1994): "Lyon Saint-Jean. Les fouilles de l'Îlot Tramassac", *D. A. R. A.*, 10.

BANHA, C. M. (1991-92): "As ânforas da 'villa' romana de Povos", Sep. *Boletim Cultural Câmara Municipal de Vila Franca de Xira*, Vila Franca de Xira, Câmara Municipal de Vila Franca de Xira, 5, 50-90.

BAUDOUX, J. (1992): "Production d'amphores dans l'est de la Gaule", LAUBENHEIMER, F. (dir.) - *Les amphores en Gaule: production et circulation*, Paris, I, 59-69.

BAUDOUX, J. (1996): *Les amphores du nord-est de la Gaule (Territoire Français): Contribution à la Histoire de l'Économie Provinciale sous l'Empire Romain. DAF.* Paris.

BELTRAN LLORIS, M. (1977): "Problemas de la morfología y del concepto histórico-geográfico que recubre la nócion tipo", *Méthodes Classiques et Méthodes Formelles dans l'Étude des Amphores,* Actes du Colloque de Rome, 27-29 Mai, 1974, Roma, Collection de L'École Française de Rome, 32, 97-132.

BELTRÁN LLORIS, M. (2000): "Ánforas béticas en la Tarraconense: Bases para una síntesis", *Congreso Internacional EX BAETICA AMPHORAE* (Sevilla- Écija, 17 a 20 de Dezembro de 1998), Écija, II, 441-535.

BERNAL CASASOLA, D. (1998a): "Las producciones anfóricas del taller", BERNAL CASASOLA, D. (ed. y coord.), *Los Matagallares (Salobreña, Granada): Un Centro Romano de Producción Alfarera en el Siglo III d.C.*, Salobreña, Ayuntamiento de Salobreña, 231-305.

BERNAL CASASOLA, D. (1998b): "Las ánforas de vino béticas en la baja romanidad: novedades procedentes de recientes excavaciones en centros de producción andaluces", *Actas II*

Colloqui Internacional d'Arqueologia Romana: *El Vi a l'Antiguitat. Economia, Producció i Comerç al Mediterrani Occidental (Badalona 6 / 9 Mayo de 1998), Monografies Badalonines*. 14, 543-562.

BERNAL CASASOLA, D., LORENZO MARTÍNEZ, L. (2000): "Excavaciones en alfares romanos de la bahía de Algeciras (La Venta del Carmen y el Ringo Rango en Los Barrios) y la Costa de Granada (Los Matagallares, Salobreña): Nuevos elementos para el estudio de la producción anfórica bética entre Augusto y el s. IV d.C.", *Congreso Internacional EX BAETICA AMPHORAE* (Sevilla- Écija, 17 a 20 de Dezembro de 1998), Écija, I, 1305-1326.

BERNAL CASASOLA, D., NAVAS RODRÍGUEZ, J. (1996): "Un centro alfarero romano en Salobreña", *Revista de Arqueología* 182, 42-51.

BERTHAULT, F. (1990): "Le vin et la vigne dans le bordelais aux Ier siècle av. J.-C", *Archéologie de la Vigne et du Vin* (Actes du Colloque de Paris, 1988), *Caesarodunum*, 24, 25-30.

BONNET, C. (1998): "Nouvelles formes d'amphores orientales Place des Célestins à Lyon", LAUBENHEIMER, F. (dir.), *Les Amphores en Gaule: Production et Circulation*, Paris, II, 237-244.

CARDOSO, G. (1986): "Fornos de ânforas romanas na bacia do Rio Sado: Pinheiro, Abul e Bugio", *Conimbriga*, Coimbra, Instituto de Arqueologia da Universidade de Coimbra, XXV, 153-173.

CARRERAS MONFORT, C., BERNI, P. (2003): "Ánforas", AMARÉ TAFALLA, Mª T. (dir.), *Astorga IV*, Léon, Electra, Arqueología Leonesa, I, 635-673.

CHIC GARCIA, G. (1978): "Consideraciones sobre la navegabilidad del Guadalquivir en época romana", *Gades*, 7-20.

CHIC GARCÍA, G. (1984): "El trafico en el Guadalquivir y el transporte de las ánforas", *Anales de la Universidad de Cadiz*, Cádiz, I, 33-44.

CLETO, J. (1995-96): "A indústria de conserva de peixe no Portugal romano. O caso de Anjeiras (Lavra, Matosinhos)", *Matesinus, Revista de Arqueologia, História e Património de Matosinhos*, Matosinhos, 1/2, 23-45.

COLLS, D., ÉTTIENE, R., LEQUEMENT, R., LIOU, B., MAYET, F. (1977): "L'épave Port-Vendres II et le commerce de bétique à l'époque de Claude", *Archeonautica* I.

DANGREAUX, B., DESBAT, A., PICON, M., SCHMITT, A. (1992): "La production d`amphores à Lyon", LAUBENHEIMER, F. (dir.), *Les Amphores en Gaule: Production et Circulation,* Paris, 37-50.

DIAS, L. A. T. (1995): *Tongobriga*, Dissertação em Pré-História e Arqueologia (tese policopiada), Porto, Universidade do Porto, Faculdade de Letras.

DIAS, M. I., PRUDÊNCIO, M. I., FELIU, M. J., MORAIS, R. (no prelo): "Caracterização química de cerâmicas de *Bracara Augusta*: produções locais e importações da Bética", *IV Congreso Nacional de Arqueometría*, Valência, 15-17 de Outubro de 2001, Valência.

DÍAZ ALVAREZ, P. (1984): "Inventario de presencias anfóricas en el flanco atlántico galaico-lusitano", *Actas del II Coloquio Galaico-Minhoto*. Santiago de Compostela, II.

DIAZ ALVAREZ, P., VAZQUEZ VAZQUEZ, M. (1998): *Noticia preliminar del primer horno y alfar de anforas gallegas: San Martiño de Bueu*, Pontevedra.

DUARTE, A. L., RAPOSO, J. M. C. (1996): "Elementos para a caracterização das produções anfóricas da Quinta do Rouxinol", *Ocupação romana dos estuários do Tejo e do Sado*. Lisboa / Seixal: Publicações Dom Quixote / Câmara Municipal do Seixal, 237-247.

FABIÃO, C. (1998): "O vinho na Lusitânia: Reflexões em torno de um problema arqueológico", *Revista Portuguesa de Arqueologia*, Lisboa, 1: 1, 169-198.

GARCÍA VARGAS, E. (1998): *La producción de ánforas en la bahía de Cádiz en época romana (siglos II a.C. – IV d.C.)*, Écija.

GARCÍA VARGAS, E. (2000a): "Ánforas romanas producidas en *Hispalis*: primeras evidencias arqueológicas", *Habis*, 31, 235-260.

GARCÍA VARGAS, E. (2000b): "La producción de ánforas 'romanas' en el sur de *hispania*: republica y alto imperio", *Congreso Internacional EX BAETICA AMPHORAE* (Sevilla - Écija, 17 a 20 de Dezembro de 1998), Écija, I, 57-174.

GENER BASALLOTE, J. M., MARFIL RUIZ, P. F., PUENTEDURA BÉJAR, M. (1993): "Loma de Ceres. Un centro de producción anfórico", *Actas II Congresso Peninsular de História Antiga* (Coimbra, 1990), Coimbra, 971-93.

GISBERT SANTONJA, J. A (1987): "La producció del vi al territori de *Dianium* durant l`Alt Imperi: el taller d`amfores de la vil.la romana de l`Almadrava", *Actes I Col·loqui Internacional d'Arqueologia Romana*: *El Vi a l'Antiguitat: Economia, Producció i Comerç al Mediterrani Occidental (Badalona 28, 29, 30 de Novembre i 1 de Desembre de 1985), Monografies Badalonines*, 9, 104-118.

GISBERT SANTONJA, J. A. (1998): "Àmfores i vi al territorium de *Dianium* (Dénia): dades per a la sistematizació de la producció amforal al país Valencià", *Actas II Col·loqui Internacional d'Arqueologia Romana*: *El Vi a l'Antiguitat: Economia, Producció i Comerç al Mediterrani Occidental (Badalona 6 / 9 Maso de 1998), Monografies Badalonines,* 14, 383-418.

GODARD (1995): "Quatre niveaux d'abandon de la ville de Vienne (Isére): éléments por la chronologie des céramiques de la fin du II siècle et du III siècle ap. J.-C.", *S.F.E.C.A.G.*: *Actes du Congrès de Rouen*, Rouen, 285-322.

GORGES, J.-G. (1974): *Les villas hispano-romaines: inventaire et problématique archeologique*, Paris, 456.

LAGÓSTENA BARRIOS, L. (2001): *La producción de salsas y conservas de pescado en la Hispania romana (II a.C. - VI d.C.), Col·lecció Instrumenta* 11, Barcelona, Universitat de Barcelona.

LANHAS, F., PINHO BRANDÃO, D. (1969): "Inventário de objectos e lugares com interesse arqueológico", *Revista de Etnografia*. Porto, XII, 318-325.

LAUBENHEIMER, F. (1985): *La production des amphores en Gaule Narbonnaise*, *C.N.R.S.*, Paris, 66.

LAUBENHEIMER, F., LEQUOY, M.-C. (1992): "Les amphores Gauloise 12 de Normandie. Le Matériel de la Nécropole de Vatteville-la-Rue", *Les Amphores en Gaule, Production et circulation* (F. Laubenheimer, ed.), Paris, 116, 75-92.

LEMAÎTRE, S., BONNET, C. (2000): "Des amphores de type Matagallares I importées à Lyon?", *Congreso Internacional*

EX BAETICA AMPHORAE (Sevilha-Écija, 17-20 Dezembro 1998), Écija, Editorial Gráficas Sol, III, 817-824.

LEMAITRE, S., DESBAT, A., MAZA, G. (1998): "Les amphores du site du 'Sanctuaire de Cybèle' à Lyon: Étude Préliminaire", *Actes du Congrès D'Istres, 21-24 Maio 1998, SFECAG*, Marselha, 49-60.

LIOU, B., DOMERGUE, C. (1991): "Le commerce de la bétique au 1er siècle de notre ère: l'épave Sud-Lavezzi 2", *Archaeonautica*. 10, 11-123.

LOPEZ-MULLOR, A., FERRER, A. (1982): "Hallazgos anfóricos en el establecimiento ibérico y romano de Darró, Vilanova i la Geltrú", *Información Arqueológica*, 39, Barcelona, 82-89.

MARIN DIAZ, M. A. (1988): "Las ciudades federadas de *Hispania* en la *Naturalis Historia* de Plinio", PEREIRA MENAUT, G. (ed.), *Actas 1er Congreso Peninsular de Historia Antigua*, Santiago de Compostela, Universidad de Santiago de Compostela, II, 409-413.

MAYET, F., SILVA, C. T. (1998): *L'atelier d'amphores de Pinheiro (Portugal)*, Diffusion E. de Boccard, Paris.

MIRÓ, J. (1988): *La producción de ánforas romanas en Catalunya*, Oxford, BAR Int. Ser., 473.

MORAIS, R. (2003): "Problemàtiques i noves perspectives sobre les àmphores ovoides tardo-republicanes. Les àmphores ovoides de producció Lusitana", *Culip VIII i les àmfores Haltern 70. Monografies del Casc*. 5, Girona, 36-40.

MORAIS, R. (2004): "Consumo de preparados piscícolas em *Bracara Augusta* durante a época romana", *Simpósio Internacional Produção e comércio de preparados piscícolas durante a Proto-História e a época Romana do Ocidente Peninsular, Homenagem a Françoise Mayet*, Setúbal, no prelo.

MORAIS, R. (2004b): "Os almofarizes béticos em *Bracara Augusta*.", *Actas del Congresso Internacional FIGLINAE BAETICAE. Talleres alfareros y producciones cerámicas en la Bética romana* (ss. II a C. – VII d. C.), vol. 2 (D. BERNAL E L. LAGÓSTENA, eds.), *BAR Int. Ser*., 1266, Oxford, 567-70.

MORAIS, R. (2005): *Autarcia e Comércio em Bracara Augusta no período Alto-Imperial: contribuição para o estudo económico da cidade*, Partes I a IV (tese de doutoramento apresenta em 2005 na Universidade do Minho), policopiada.

MORAIS, R., FABIÃO, C. (2005): "Novas produções de fabrico Lusitano: problemáticas e importância económica". *Congresso Internacional Cetariae*. Cádis, no prelo.

NOLLA, J. M., CANES, J. M., ROCAS, X. (1982): "Un forn romà de Terrissa a Llafrac (Palafrugell, Baix Empordà) Exc. 1980-1981", *Ampurias*, XLIV, 147-183.

NOLLA, J. Mª., CASAS, J. Mª., (1991): "La villa romana a la baixa antiquitat", *Cypsela* VIII, 1990, 193-218.

NOLLA, J. M., PADRO, P., SANMARTÍ-GREGO, J. (1980): "Exploració preliminar del forn d'amphores de Tivissa (Ribera d'Ebre)", *Cypsela*, III, Girona, 193-218.

PARKER, A. J. (1992): *Ancient Shipwrecks of the Mediterranean & the Roman Provinces. Tempvs Reparatvm*. Oxford, BAR International Series, 580.

PASCUAL GUASCH, R. (1997): "Las ánforas de la Layetania", *Méthodes Classiques et Méthodes Formelles dans l'Étude des Amphores (Actes du Colloque de Rome, 27-29 Mai, 1974)*, Roma, Collection de L'École Française de Rome, 32, 47-96.

PINTO, I., MORAIS, R. (2005): "Complemento de comércio das ânforas: cerâmica comum bética no território português", *Congresso Internacional Cetariae*, Cádis, no prelo.

REVILLA CALVO, V. (1993): *Producción cerámica y economía rural en el bajo Ebro en época romana: el alfar de l'aumedina, Tivissa (Tarragona), Col.lecció Instrumenta 1*, Barcelona, Universitat de Barcelona.

SILVA, F. A., FIGUEIRAL, I. (1986): "Escavações arqueológicas em Lavra: as salinas romano-medievais de Angeiras", *Boletim da Biblioteca Municipal de Matosinhos*. Matosinhos: Câmara Municipal de Matosinhos, 30, 165-181.

SOEIRO, T. (1984): "Monte Mózinho: Apontamentos sobre a ocupação entre Sousa e Tâmega em época romana", *Penafiel – Boletim Municipal de Cultura*, 3ª série, 1 Portugal.

TCHERNIA, A. (1971): "Les amphores vinaires de la tarraconaise et leur exportation au début de l'empire", *AEA*. 44, 38-85.

TCHERNIA, A. (1976): "L'atelier d'amphores de Tivissa et la marque "Sex Domiti", *Mélangues offerts à Jacques Huergon*, Ecole Française de Rome, 27, Roma, 973-79.

TCHERNIA, A (1986): *Le vin de l'italie romaine. Essai d'histoire économique d'apres les amphores*, 261, Rome.

TCHERNIA, A., VILLA, J. P. (1977): "Note sur le matériel recueilli dans le fouille d'un atelier d'amphores à Velaux (Bouches-du-Rhône)", *Amphores Romaines et Histoire Économique: Dix ans de recherche*, Roma, Collection de L'École Française de Rome, 231-239.

SALAZÓN Y RITUAL. UNA RELECTURA DE LAS FACTORÍAS DE SALAZONES PRERROMANAS DE LA ISLA GADITANA[1]

A. M. NIVEAU DE VILLEDARY
Universidad de Cádiz[2]

1.- Introducción.

El papel de la industria pesquera y sus derivados en la economía del mundo fenicio-púnico occidental es uno de los aspectos en el que la investigación más ha avanzado en las últimas décadas. Hoy por hoy, la idea de que las salazones de pescado fueron el producto que permitieron a las comunidades fenicio-púnicas occidentales, con *Gadir* a la cabeza, participar de los grandes circuitos comerciales mediterráneos de la época está unánimemente aceptada. A la intuición de los pioneros en la materia, que sospecharon que las grandes factorías imperiales debían tener un origen anterior que explicaba la ausencia de indicios prerromanos, le han seguido el descubrimiento y posterior estudio de muchos de estos centros, siendo ya clásicos los relativos a los establecimientos pesqueros y salazoneros del litoral gaditano que han permitido acercarse, entre otros aspectos, a la organización de las instalaciones, al proceso de transformación industrial, a la organización de la producción, etc. Por su parte, el reconocimiento y sistematización de las ánforas extremo-occidentales que se utilizaron para el transporte y comercialización de estos productos permiten dibujar las líneas y el alcance de la política comercial gaditana desde, al menos, el s. VI a.C. En un paso más, los análisis de residuos orgánicos procedentes tanto de los propios envases como de las instalaciones industriales están ampliando, a su vez, el espectro de productos que conocíamos gracias a las fuentes literarias, que transmiten la calidad y fama de las salazones de Occidente. Un estado de la cuestión actualizado sobre todos estos aspectos lo encontramos en las Actas de la "I Conferencia Internacional sobre la Historia de la Pesca en el ámbito del Estrecho", coordinadas por Diego Ruiz Mata, de reciente aparición (AA. VV. 2006).

Por nuestra parte, en anteriores trabajos nos hemos ocupado de un aspecto, en general menos tratado, como es el del consumo de los derivados pesqueros en el seno de la propia sociedad fenicio-púnica occidental (Niveau de Villedary, Campanella, 2006; Campanella, Niveau de Villedary, 2005), analizado, por una parte, como complemento de una dieta que se va enriqueciendo progresivamente y, por otra, como sustitutivo de los productos frescos en época de carestía. El peso del consumo de pescado, fresco o salado, en la alimentación fenicio-púnica da lugar a la creación de una forma vascular muy característica, el plato de pescado, que alcanza un tremendo éxito en todo el Mediterráneo.

Si en la dieta cotidiana el peso de pescado y salazones está fuera de toda duda, el análisis de otros contextos, en este caso rituales y funerarios, nos está indicando que estos alimentos se utilizaron con mucha frecuencia –al menos en la necrópolis gaditana– tanto como material sacrificial como formando parte de las ofrendas hechas al difunto y entre los alimentos consumidos en los banquetes fúnebres, de los que nos han llegado numerosos restos (Niveau de Villedary, 2006 a y b).

Desde estas líneas nuestro propósito es comprobar mediante el análisis de los contextos y del registro cerámico y orgánico comprobar si como sospechamos las salazones intervinieron de alguna manera en el ritual que tiene lugar en la necrópolis, muchos de cuyos restos edilicios y muebles se han interpretado –pensamos que erróneamente– como instalaciones industriales en relación con la fabricación de salazones.

2.- ¿Restos de actividades industriales o evidencias de rituales? La revisión del registro arqueológico.

La idea de la existencia de pequeñas factorías de salazones periurbanas en el solar de la actual ciudad de Cádiz se ha ido transmitiendo en la literatura científica sin apenas críticas desde que fuera planteada por vez primera a final de la década de los ochenta en un trabajo, convertido ya en "clásico", defendido en el "I Congreso Internacional El Estrecho de Gibraltar" (Muñoz, Frutos, Berriatua, 1988), y sólo recientemente se ha puesto en duda la atribución de estos restos a factorías de salazones que, por el contrario, se han relacionado con el espacio funerario, en el que están plenamente insertos (García Vargas, 2001, 29, n. 41; Niveau de Villedary, 2001, 192 y 214-216; Niveau de Villedary, 2003a, 209-210; Niveau de Villedary, 2003b, 22, n. 70; Carretero, 2004, 243-246). Siendo justos, hay que reconocer que dado el estado inicial de las investigaciones en aquellos momentos, se cayese fácilmente en la tentación de relacionar las evidencias procedentes de Cádiz (sobre todo fosas rellenas de material cerámico, en gran parte anfórico, restos ícticos y de malacofauna y algunos vestigios edilicios, muy arrasados) con los datos aportados por la excavación de la factoría de Las Redes en la costa portuense, durante mucho tiempo el único de estos establecimientos prerromanos excavado (Muñoz, Frutos, Berriatua, 1988, 490-496); toda vez que los novedosos datos arqueológicos venían a confirmar la información transmitida por las fuentes grecolatinas, que se hacen eco de la calidad y fama de las salazones y salsas gaditanas desde al menos el s. V a.C. (cf. Lagóstena, 2001, tabla 1). No obstan-

---

[1] Este trabajo se inscribe en el marco de actuación del Grupo de Investigación *«Phoenix Mediterranea». Protohistoria del Mediterráneo Occidental* (HUM-509) dirigido por el Dr. Diego Ruiz Mata dentro del III P.A.I. y del Proyecto de I+D *La religión de la Turdetania prerromana. Aproximación desde la arqueología del culto* (BHA2003-05866) aprobado y subvencionado por el Ministerio de Educación y Ciencia y dirigido por la Dra. María Belén Deamos. Quisiera dedicar mi aportación a la memoria de Roberto Mateos Vicente que en su intervención en esta reunión tenía previsto tratar algunos de los aspectos aquí planteados y cuya imprevista desaparición nos ha privado de compartir los resultados de sus investigaciones.

[2] Investigadora del Programa "Ramón y Cajal". Este trabajo se ha realizado gracias a la concesión de una beca postdoctoral de la Fundación Caja Madrid durante los años 2005-2006.

Actas del Congreso Internacional *CETARIAE. Salsas y salazones de pescado en Occidente durante la Antigüedad*, Universidad de Cádiz, Noviembre de 2005, *B.A.R. int. ser.* 1686, Oxford 2007, 417-433.

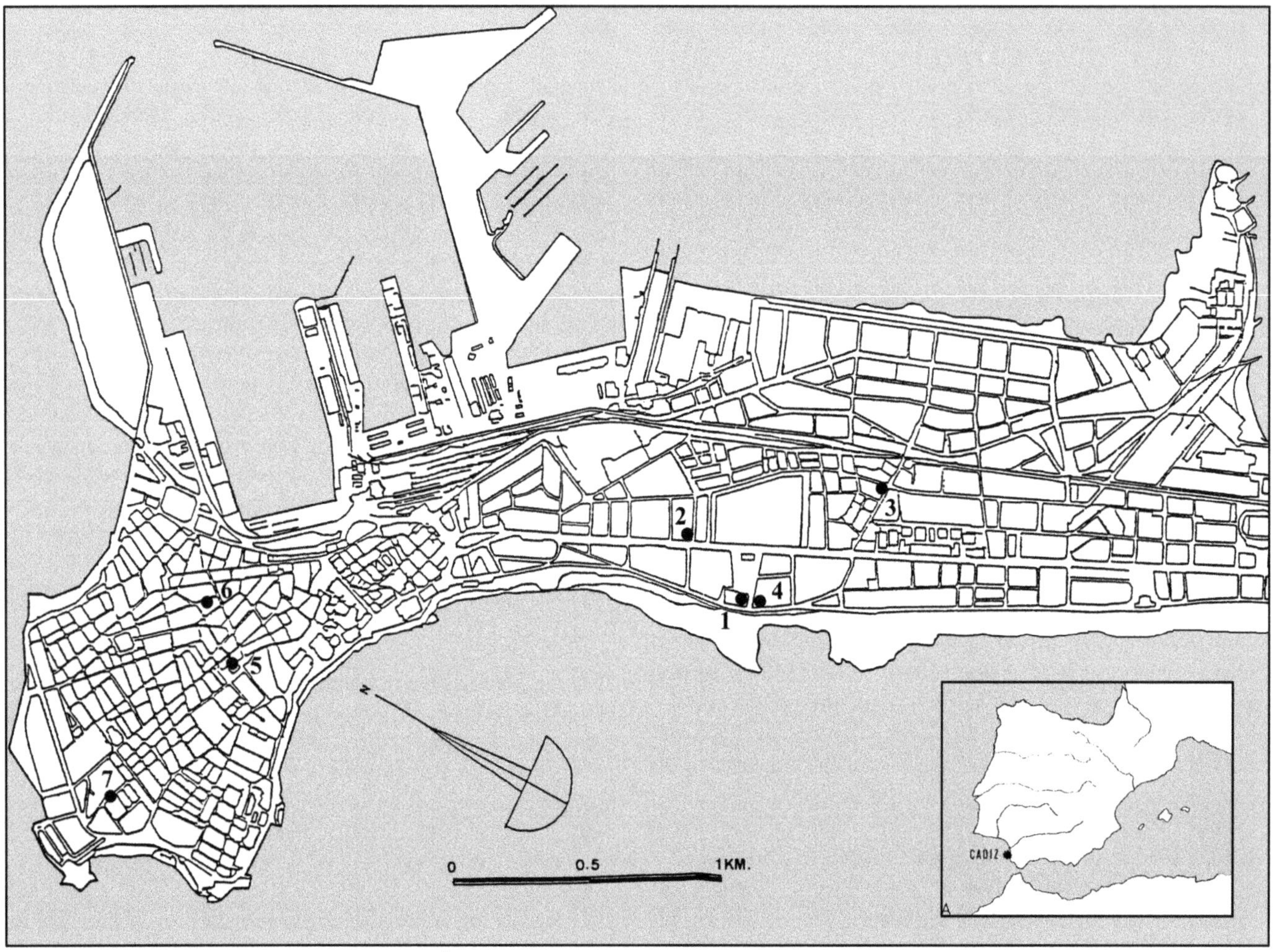

Figura 1.- Situación de los lugares citados en el texto. 1. "Factoría" de Plaza de Asdrúbal (1984/85). 2. "Factoría" de Avda. de Andalucía c/ Ciudad de Santander (1986). 3. Avda. García de Sola e/ Avda. de Portugal (1987). 4. Factoría republicana de Plaza de Asdrúbal e/ Amílcar Barca (1997/98). 5. Teatro Andalucía (1994/95). 6. Cánovas del Castillo (2002). 7. C/ Dr. Gregorio Marañón (1988).

te, después del tiempo transcurrido, que ha permitido un mejor conocimiento de la arqueología gaditana (tanto de la necrópolis donde supuestamente se ubican las pretendidas factorías, como de las propias fábricas en sí, tras la excavación de nuevos ejemplos), se impone una revisión critica de la información inicialmente publicada y, sobre todo, de su interpretación.

Son tres los lugares que tradicionalmente se han considerado establecimientos industriales prerromanos (figura 1): Plaza de Asdrúbal, Avda. de Andalucía e/ Ciudad de Santander y Avda. García de Sola e/ Avda. de Portugal (Muñoz, Frutos, Berriatua, 1988; Muñoz, 1995-96; Frutos, Muñoz, 1996; Muñoz, Frutos, 1999; Muñoz, Frutos, 2004); a los que hay que sumar otros puntos en los que existen indicios de la realización de actividades pesqueras (Teatro de Andalucía y, recientemente, Cánovas del Castillo).

2.1.- La "factoría" de Plaza de Asdrúbal.

Los hallazgos de la Plaza de Asdrúbal son los más numerosos y complejos. La urbanización del solar resultante del derribo de la plaza de toros de la ciudad ha tenido lugar en varias fases, lo que a nivel arqueológico se ha reflejado en la sucesión de excavaciones durante un extenso periodo de tiempo a mano de diferentes profesionales y con una desigual publicación de los resultados. Hasta el año 1984 las excavaciones, que no han sido publicadas salvo referencias indirectas incluidas en otros estudios (Corzo, 1992, 272-274), fueron dirigidas por Ramón Corzo y el equipo del Museo de Cádiz; mientras que a partir del año siguiente es la Delegación de Cultura de Cádiz la encargada de los trabajos, difundiéndose los resultados preliminares de los mismos (en concreto los correspondientes a los sectores E, F y H) en los Anuarios correspondientes. Más recientemente se han excavado algunas parcelas adyacentes de extensión considerable, también inéditas, que contribuyen a clarificar el panorama de esta zona de la necrópolis púnica y del problema de un uso industrial alternativo que, no obstante, parece ser posterior (Blanco, 1998; Sibón, 2001).

A partir de los datos arqueológicos y estratigráficos obtenidos en la excavación de los sectores E y F del año 1985 se propone la identificación de parte de lo exhumado con los restos de una factoría de salazón prerromana (figura 2), que estructuralmente queda definida por la presencia de un importante número de fosas ovaladas rellenas de material cerámico y orgánico y de algunos restos edilicios simples –suelos

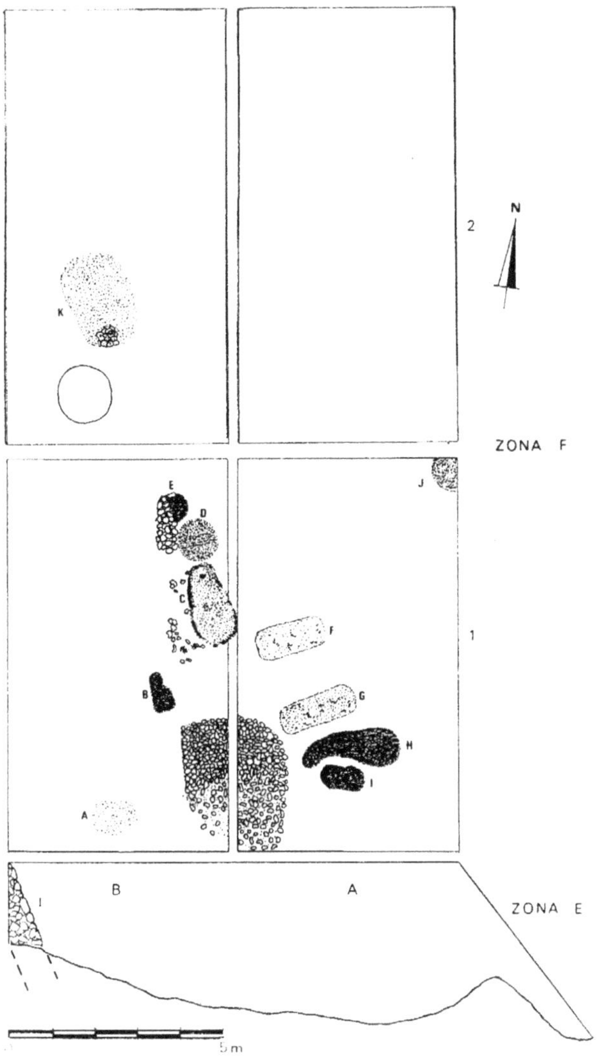

Figura 2.- Planta de las estructuras –fosas y pavimentos– localizadas en los sectores E y F de Plaza de Asdrúbal (Frutos, Muñoz, 1996, figura 3).

apisonados de piedras y cerámicas (Muñoz, Frutos, Berriatua, 1988, 488) y muros (Muñoz, Frutos, 2004, 136)–; cuya actividad se prolongaría durante al menos tres siglos. La cronología de inicio viene dada por los materiales que rellenan algunas de las fosas documentadas en el Sector E (ánforas gaditanas MPA4 similares a las halladas en el foro de Corinto, importaciones de Corintias B, cerámicas griegas sobrepintadas, copas Cástulo), que en los primeros trabajos los autores sitúan en los inicios del s. V (Muñoz, Frutos, Berriatua, 1988, 488) y que posteriormente, tras la revisión de los materiales de la excavación de 1984, adelantan al último cuarto del s. VI a.C. (Muñoz, Frutos, 2004, 136). La práctica ausencia de materiales datables en el s. IV (tan sólo se reconocen alguna boca de ánfora y un borde de plato de pescado ático) es explicada como una fase de decadencia e incluso de semiabandono en la producción de la factoría; que renace de nuevo, conociendo además una gran etapa de florecimiento, hacia el último cuarto del s. III a.C., coincidiendo con el periodo bárcida. A este último periodo corresponderían los citados pavimentos que se interpretan como espacios destinados a la limpieza y almacenamiento (?) del pescado (Muñoz, Frutos, 2004, 137). La actividad de la factoría se prolonga ya sin solución de continuidad hasta un momento indeterminado del s. II a.C. o primera mitad del s. I a.C. (Muñoz, Frutos, 2004, 137), periodo en el que se data un recinto rectangular construido a base de muros de sillarejos y piedras planas irregulares unidas con arcilla (Muñoz, Frutos, Berriatua, 1988, 488) para el que no se plantea su posible funcionalidad en este contexto supuestamente industrial.

A grandes rasgos, ésta sería la caracterización de los hallazgos, que apenas ha variado a lo largo de los años. A los datos presentados en los primeros trabajos, que se reconocen como "provisionales" (Muñoz, Frutos, Berriatua, 1988, 487), no se ha añadido apenas información en los trabajos sucesivos, a excepción de una mayor documentación gráfica que incluye la planta de las estructuras (Frutos, Muñoz, 1996, figura 3) y algunos materiales: ánforas y vajilla selecta (Muñoz, 1995-96, figura 16 y 17; Muñoz, Frutos, 2004, figs. 4 a 7). Ahora bien, como adelantamos al principio del epígrafe, el tiempo transcurrido y el mejor conocimiento que tenemos de la estructuración espacial de la necrópolis púnica de Cádiz permiten, hoy en día, poner en duda tal identificación o, al menos, proponer una explicación alternativa para estas evidencias

En primer lugar hay que subrayar la escasez de indicios concluyentes, puesto que no existen construcciones claras que nos hagan pensar que nos encontramos ante una instalación industrial del tipo de las documentadas en Las Redes (figura 3, 1) (Muñoz, Frutos, Berriatua, 1988, 490-496) y en Pinar Hondo (figura 3, 2) (Gutiérrez López, 2001), o como las excavadas en el Teatro Andalucía (figura 3, 3) (Cobos, Muñoz, Perdigones, 1995-96; Cobos 1999) o en la misma Plaza de Asdrúbal e/ Paseo Marítimo entre los años 1997 y 1998 (figura 3, 4) (Blanco, 1998, 81-98), estas dos últimas ya fechadas en momentos republicanos. Por el contrario, todas las estructuras citadas (fosas, pozos, muros exentos, suelos, piletas y estructuras cuadrangulares) están perfectamente documentadas en la necrópolis formando parte del espacio funerario[3]. No es el momento de extendernos en este tema que hemos tratado en múltiples ocasiones (cf. Niveau de Villedary, 2001, 2003b, 2004a y 2004b; Niveau de Villedary, Córdoba, 2003; Niveau de Villedary, Ferrer, 2005 y e.p.), tan sólo señalaremos que se ha podido verificar que la necrópolis se estructura espacialmente siguiendo unas pautas determinadas (y muy regladas) y que junto a los enterramientos propiamente dichos se documentan otras estructuras espacial y funcionalmente relacionadas con la necrópolis y con la liturgia desarrollada en torno al mundo funerario. Para los momentos más antiguos (s. V a.C.) es en los mismos panteones, junto a las tumbas, donde se documentan otras estructuras –como pozos, fosas, fogatas– y existen evidencias de la celebración de ciertos rituales –sacrificios animales, presentación de ofrendas, realización de libaciones, restos de banquetes–, tanto en el momento del sepelio como al clausurar definitivamente el espacio funerario. Tenemos un buen ejem-

[3] Para el siguiente análisis nos hemos basado no sólo en los informes publicados en los Anuarios Arqueológicos de Andalucía sino también en un buen número de memorias inéditas de las excavaciones realizadas en los últimos años. Desde estas líneas queremos agradecer a los directores de dichas intervenciones su ayuda y disponibilidad, en particular a Francisco J. Blanco, Francisco Sibón, Ignacio Córdoba, Paloma Bueno, Pilar Pineda y Jesús Miranda.

plo en un conjunto fechado en el s. V a.C. excavado recientemente y formado por dos fosas excavadas en la arcilla, comunicadas por un estrecho pasillo. En el interior de la más pequeña se sitúa un pozo, de apenas un metro de profundidad y sobre el brocal, en un relleno de arena suelta y fina, se hallaron esparcidos diversos fragmentos anfóricos. El pozo se conecta mediante un estrecho canal a la segunda fosa, de mayores dimensiones, que es dónde se sitúan los enterramientos y tiene lugar una serie de acciones rituales. Sobre la cabecera de una de las tumbas apareció un paquete formados por cenizas, abundantes fragmentos cerámicos, carbones, malacofauna, huesos de pescado y de óvidos. Junto a la parte trasera de la segunda tumba, a la misma altura que la cubierta, en un nivel de arena dunar, se halló un conjunto de huesos calcinados, posiblemente las extremidades de un carnero; mientras que, a escasos metros de la fosa, se localizaron cuatro o cinco manchas de cenizas, algunas con restos de carbón. Por último, sobre la cubierta de la primera tumba se descubrieron los restos de un ánfora gaditana del tipo MPA4 del s. V a.C., colocada verticalmente de forma intencionada. El registro nos está indicando el desarrollo de toda la liturgia funeraria secundaria: sacrificios, preparación de alimentos, libación, banquete, ruptura ritual y deposición final de los restos (Niveau de Villedary, 2004b, 393-395, figura 10).

Es a partir de la segunda mitad del s. III a.C. cuando se advierte un cambio, tanto cualitativo como cuantitativo, en la

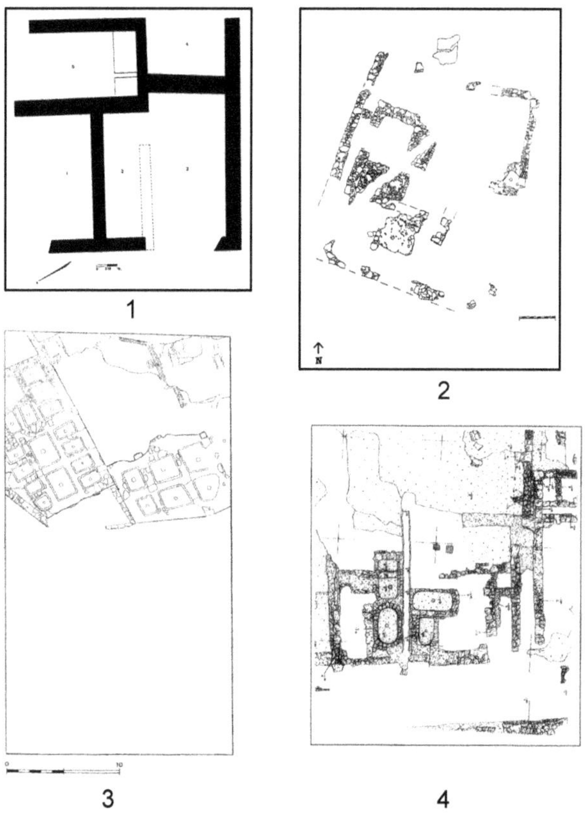

Figura 3.- 1. Planta de la factoría prerromana de Las Redes (Muñoz, Frutos, Berriatua, 1988, figura 2). 2. Planta de la factoría de Pinar Hondo o Puerto-19 (Gutiérrez López, 2001, figura 1). 3. Planta de la factoría de salazones republicana del Teatro Andalucía (Cádiz) (Cobos, Muñoz, Perdigones 1995-96, figura 4). 4. Planta de un sector de la factoría de salazones republicana de la Plaza de Asdrúbal/Paseo Marítimo (Blanco, 1998, plano 22).

organización de la necrópolis. En líneas generales se observa una intensificación en el uso del cementerio, que desde este momento se estructura espacialmente alternándose las zonas donde se concentran los enterramientos con otras –en ocasiones explicitadas físicamente mediante alineaciones de ánforas o hitos de piedra– en las que éstos están ausentes y, por el contrario, hallamos toda esta serie de estructuras de las que venimos hablando, especialmente pozos y piletas, que hemos relacionado con ritos funerarios de tipo lustral.

Si bien el trazado sería el esquema ideal, la realidad se muestra más compleja. En primer lugar muchas de estas estructuras no son contemporáneas. La construcción de los pozos, generalmente, se data en el s. III, aunque su colmatación una vez inutilizados para la obtención de agua tiene lugar de muy variadas formas y en distintos momentos, o bien se rellenan exclusivamente de arena limpia, o bien se colman con los restos cerámicos y orgánicos de banquetes, sacrificios y ofrendas; o si su uso artesiano se prolonga en el tiempo, se utilizan como basureros de las limpiezas cíclicas que tienen lugar en la necrópolis de época imperial. Por su parte, si bien se ha constatado que la construcción de las primeras piletas tiene lugar durante la primera mitad del s. II a.C., también es cierto que en un número bastante significativo la presencia de estas estructuras se puede relacionar con la existencia de pozos, a los que en ocasiones se unen mediante estrechos canales; por lo que presuponemos que dada la pervivencia cultural púnica en el mundo funerario gaditano se utilizarían en rituales de raigambre semita, practicados desde momentos anteriores. Por otra parte, las fosas cuyos rellenos son idénticos en cuanto a composición a los de los pozos, al contrario que éstos, se localizan habitualmente junto a los enterramientos o con más frecuencia sobre ellos, lo que nos inclina a pensar que serían los restos de grandes banquetes celebrados para clausurar un espacio funerario determinado. En otros casos lo que se ha documentado son pequeños espacios de culto, formados simplemente por empedrados a ras de suelo que hacen las veces de altares o aras, en ocasiones delimitados por uno o dos muros paralelos y con presencia de cenizas y de restos orgánicos en las inmediaciones (Niveau de Villedary, Córdoba, 2003); y, por último, los recintos cuadrangulares que en ocasiones aparecen rellenos de cenizas (Niveau de Villedary, 2001, 216-217), podrían ser los lugares donde tuvieran lugar los sacrificios.

Creemos, pues, que queda lo suficientemente probado que estas construcciones aparecen habitualmente formando parte del paisaje funerario y ritual y que su mera aparición no presupone la existencia de instalaciones industriales. En el caso a análisis, la pretendida factoría de Plaza de Asdrúbal, las estructuras coinciden además espacial y cronológicamente con la necrópolis púnica. De hecho, si al plano de los Sectores E y F donde se reproducen los enterramientos (figura 4) superponemos la planta de las estructuras documentadas –fosas y suelos– (figura 2), se comprueba que ambas se solapan. Una posible alternancia en los usos funerario e industrial tampoco es una explicación plausible, puesto que ambos coinciden en el tiempo. En las excavaciones de 1984 (Corzo, 1992, 272-273) y 1985 (Perdigones, Muñoz, 1987) –informe en el que, por cierto, no se menciona en absoluto ni siquiera

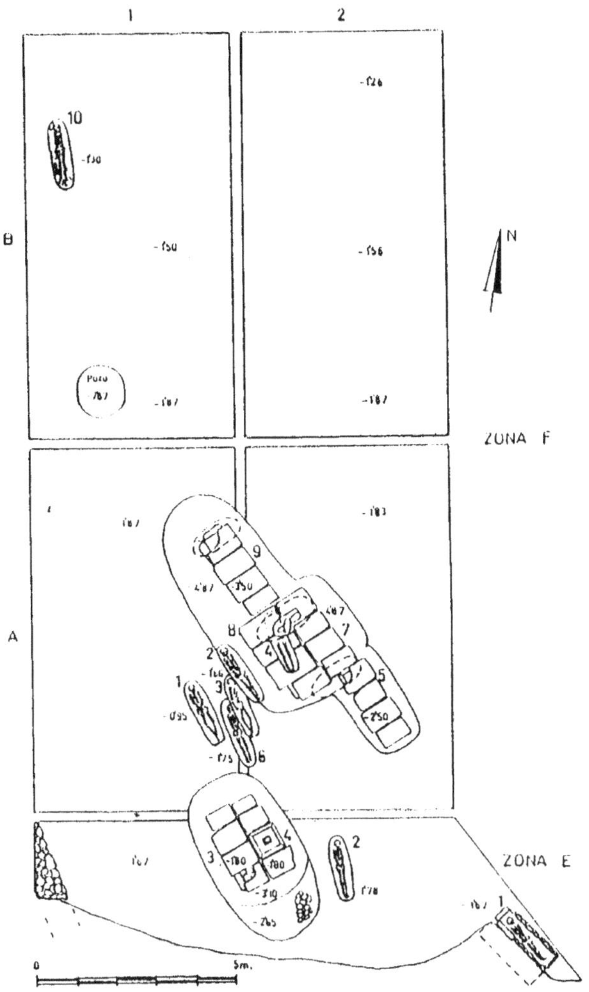

Figura 4.- Planta de los enterramientos excavados en los sectores E y F de la Plaza de Asdrúbal (Perdigones, Muñoz, 1987, figura 1).

la sospecha de la existencia de una factoría de salazones– se documenta una primera fase de ocupación de la necrópolis, fechada en el s. V a.C., caracterizada por la presencia de grupos de tumbas hipogéicas, emplazadas en fosas de gran profundidad (cuya construcción comienza en el nivel 3) que perforan las arcillas naturales (nivel 4) y se excavan hasta alcanzar la roca base (nivel 5). Una vez cerradas las sepulturas se procede al sellado ritual del panteón (Ramos Sáinz, 1990, 55). Es en este momento cuando tienen lugar una serie de acciones rituales –ofrendas y libaciones al difunto– que en el registro se reconocen por la presencia de fragmentos cerámicos (recuérdese la prescripción semita de romper cualquier recipiente utilizado en el rito), en su gran mayoría ánforas T-11.2.1.3. e iberoturdetanas (Ramón, 2004, 66) que se entremezclan con las tierras que rellenan la fosa de los enterramientos (figura 5) (Perdigones y Muñoz, 1987, 61). Sobre estas tumbas (nivel 2c), una vez que se clausura el espacio funerario, tienen lugar otra serie de ritos, que pueden ser inmediatamente posteriores al sellado de la fosa o tener lugar periódicamente, como parece indicar la presencia de orificios en las cubiertas y medianeras de las tumbas, que conectarían al difunto con el exterior de manera que sea posible la oferta regular de libaciones. Entre las ceremonias que siguen a la clausura del espacio fúnebre destaca, sin lugar a dudas, el banquete. En el ámbito funerario los banquetes están estrechamente relacionados con la realización de ofrendas sacrificiales a los muertos, y éstas con el culto a los difuntos (Niveau de Villedary, 2006b). Los escritores clásicos nos transmiten la continuidad de estas ceremonias durante la República. Cicerón (*Pro Scauro* VI, 11), describe la celebración, en la antigua colonia púnica de Nora, Cerdeña, de una fiesta -las *Parentalia*- celebrada en la necrópolis en honor a los difuntos, en la que tendrían lugar sacrificios y banquetes. También Apiano (*Hist. Rom.* VIII, 84 y 89), alude a un culto a los difuntos que se realiza en las propias tumbas (Jiménez Flores, 1994, 132). Menos fiables resultan, sin embargo, otros testimonios más tardíos como los de Heródoto (VII, 167), Arriano (*Lib.* 84 y 89), y Luciano (*De Dea Syria*, 6), que mencionan la realización de sacrificios fúnebres sobre las tumbas entre los cartagineses y fenicios incluso en el s. II d.C. (Jiménez Flores, 2002, 128-129).

En nuestra opinión, son los restos de estos banquetes que se celebran sobre las tumbas los que una vez fracturados y, por tanto inutilizados para un uso posterior, se amortizan definitivamente en las fosas y pozos que tenemos documentados en toda la necrópolis; fosas que, en algunos casos como el que nos ocupa, se excavan en la propia superficie del túmulo funerario.

En el informe de la excavación (cuando aún no había tomado forma la teoría de la factoría de salazón) se explicita que en la superficie del relleno de la fosa aparecieron "manchas de

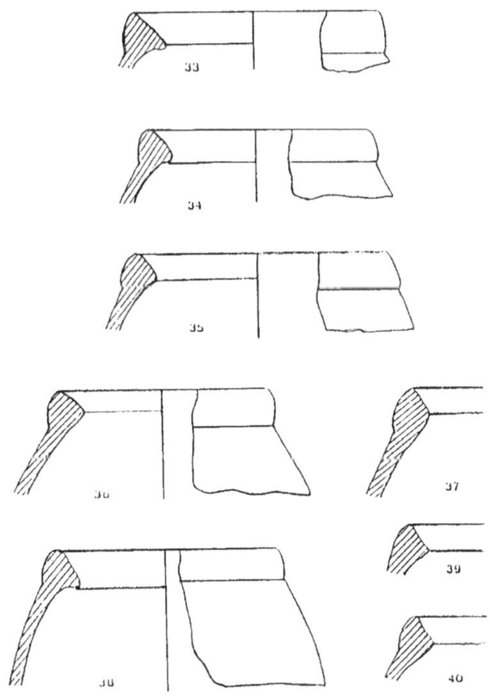

Figura 5.- Ánforas locales MPA4 (T-11.2.1.3.) procedentes del relleno de la fosa de las tumbas 7, 8 y 9 de la zona F de Plaza de Asdrúbal/1985 (Perdigones, Muñoz, 1987, figura 4).

incineraciones conteniendo restos alimenticios consumidos consistentes en huesos de suidos, vértebras de atunes y caparazones de muergos" (Perdigones y Muñoz, 1987, 61) y se añade que "hay que interpretarlo con toda seguridad como "banquetes fúnebres" realizados sobre la superficie de la fosa al finalizar su colmatación"; no obstante, los mismos hallazgos, una vez que se impone la hipótesis de la factoría, se interpretan como depósitos de industria de salazón que aparecen sobre las tumbas de sillería (Ramón, 1995, 85) y que corresponden a la zona de vertidos de desechos de la actividad de la factoría. La presencia de abundantes restos orgánicos ícticos y malacológicos (Frutos y Muñoz, 1996, 136) y de algunas categorías vasculares, en particular la constante presencia de ánforas locales, sobre todo de los tipos que tradicionalmente se han considerado que se utilizarían para envasar las conservas (MPA4 o serie 11 de Ramón) fueron los argumentos esgrimidos en la defensa de la que hemos llamado "teoría de la factoría de salazón". El hallazgo entre las formas anfóricas del tercio inferior de un ejemplar T-11.2.1.3. con restos de atún troceado en su interior (Muñoz, Frutos, Berriatua, 1988, 488), similar en cuanto a morfología y contenido a las halladas en el almacén del foro de Corinto (Williams II, 1979, 112: López Castro, 1997, 96-98), constituyó la prueba definitiva para defender la existencia de una instalación conservera en el sitio (Muñoz, 1995-96, 82; Ramón, 1995, 85; Ramón, 2004, 67).

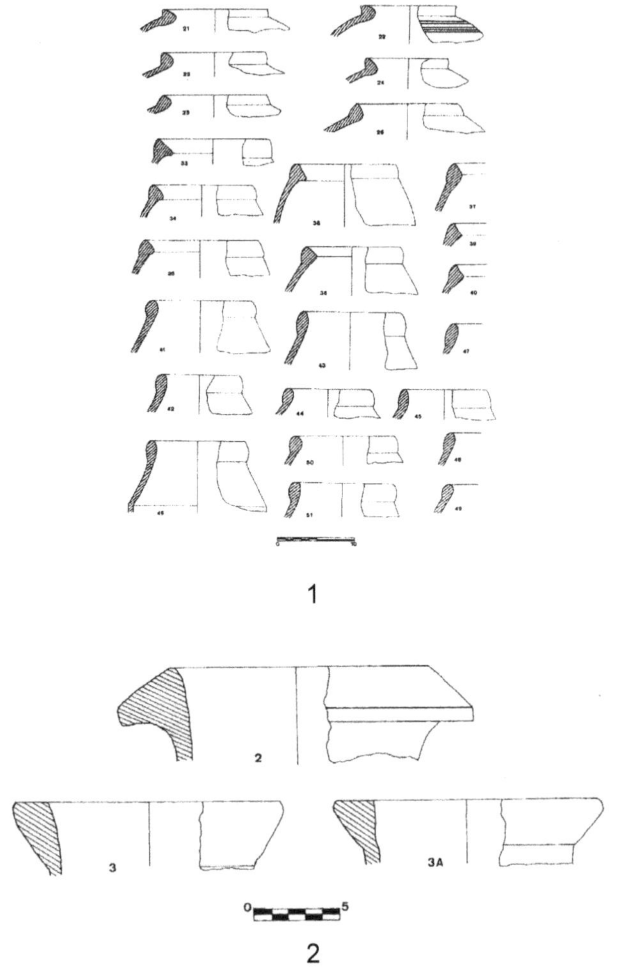

1

2

Figura 6.- *1. Ánforas del tipo T-10.1.2.1. procedentes de la campaña de 1984 de la Plaza de Asdrúbal (Muñoz y Frutos, 2004, figura 4). 2. Ánforas corintias Koelher A' y B procedentes de la Plaza de Asdrúbal (Muñoz, 1995-96, figura 16, 2, 3 y 3A).*

Ahora bien, en primer lugar, la presencia de un envase conteniendo pescado salado no implica automática –ni tan siquiera necesariamente– una producción *in situ*, lo único que demuestra es que efectivamente tal y como se pensaba las ánforas gaditanas del tipo MPA4 (S-11 y posterior S-12 de Ramón) eran los envases (o parte de ellos) en los que se transportaba el *tarijos* gaditano (pescado salado cortado a tiras) tan preciado en el Mediterráneo. En realidad, la presencia de parte de un ánfora conteniendo restos de salazones –no hay que olvidar que se trata del tercio inferior, posiblemente fracturada, como en Corinto, para extraer con más facilidad los restos del producto (López Castro, 1997, 97)– lo único que realmente prueba, *a priori*, es el consumo de salazones.

Respecto al resto de materiales documentados en las fosas, entre las formas anfóricas se reconoce la presencia de formas residuales de tipos occidentales propios de momentos anteriores (T-10.1.2.1.) (figura 6, 1) y de importaciones corintias Koelher A' y B (figura 6, 2); aparecen, además, platos con engobe rojo de borde ancho y pequeño diámetro (figura 7, 1), cuencos (figura 7, 2-3), urnas y *pithoi* (figura 7, 4) y otros vasos de cerámica común de diversa tipología (Frutos y Muñoz, 1996, figs. 7-9). Pero, a nuestro juicio, los materiales más interesantes son un grupo de vasos griegos formado por escifos (figura 8, 1 y 3-5) y lucernas de barniz negro (figura 8, 7), escifos con decoración sobrepintada del tipo "Saint-Valentin" (figura 8, 2) y "copas Cástulo" (figura 8, 6), que forman lo que algunos investigadores han denominado "horizonte ampuritano" de importaciones (Cabrera, 1987, 217), documentado ampliamente en Huelva y Cancho Roano, propio de la segunda mitad del s. V a.C. y, sobre todo, de sus últimas décadas y fruto del intenso comercio gaditano con Ampurias que caracteriza a este momento (Cabrera, 1994, 97). En principio, este conjunto nos sirve para delimitar cronológicamente con más exactitud la fase púnica arcaica de la necrópolis de plaza de Asdrúbal. La decoración del fondo de "copa Cástulo" publicado, a base de bandas concéntricas barnizadas que se alternan con otras en reserva y punto central, remite a esquemas tardíos de finales del s. V e incluso comienzos del IV a.C. (Sánchez, 1992, 331, figura 1, 3); aunque, para otros autores, la decoración del fondo externo no es un indicador cronológico (Gracia, 1994, 189-192). La propia presencia de algunas de estas piezas contribuyen a dar peso a la idea de que nos encontramos ante evidencias de actividades rituales desarrolladas en la necrópolis y no en la zona de vertederos de las instalaciones industriales. Ante todo hay que subrayar que se trata de un conjunto excepcional, formado en su mayor parte por vasos destinados a la bebida; algunas formas, nos referimos en concreto el escifo sobrepintado con guirnalda de hojas de mirto de la clase "Saint-Valentin", se hallan por completo ausentes en los centros urbanos púnicos cercanos, caso del Cerro de Prado o el más significativo, por su entidad y cercanía, de Doña Blanca (Cabrera, 1998, 477); donde, por el contrario, sí están presentes las formas para beber más comunes en barniz negro: escifos y "copas Cástulo". Por consiguiente, no nos parece lícito considerar que este conjunto excepcional – puesto que como hemos visto las formas más exclusivas ni siquiera se documentan en contextos habitacionales–, pueda aparecer en los vertederos de una factoría pesquera de este tipo puesto que, en todo caso y según los indicios considerados, debía de tratarse de pequeños establecimientos casi estacionales, sin apenas estructuras estables, por lo que no creemos que un conjunto de estas características formase parte del menaje personal de los trabajadores, la única explicación para su hallazgo en los vertederos. Por el contrario, se trata de un servicio de bebida de lujo que en la necrópolis encuentra su razón de ser en la celebración de banquetes fúnebres en los que el consumo de vino debió ser parte esencial (Niveau de Villedary, 2006b, 54 y 62-63), como muestra la presencia de contenedores de vino griego (*vid supra*) (Niveau de Villedary, 2004b, 396-397). En momentos posteriores el vino griego es sustituido por el magnogreco y a las formas áticas le suceden toda la serie de vasos "tipo Kuass", producciones locales que imitan los tipos griegos (Niveau de Villedary, 2003b, 12-13, figura 9).

Por último, los autores de los trabajos citan la presencia de útiles para la pesca –anzuelos, agujas de coser redes y plomadas– en las fosas. Sin haber visto el material (que no llegan a reproducir) no nos atrevemos a pronunciarnos sobre él, si bien es cierto que por nuestra experiencia en el análisis de varios de estos contextos sabemos que el hallazgo de piezas metálicas muy deterioradas y de pesas en piedra o cerámica suele ser frecuente (Niveau de Villedary, 2006c, 115, figura 9, 1). Aun así los anzuelos, como recuerda Ponsich (Ponsich, 1988, 81 y 98), tienen un valor profiláctico en la Antigüedad, motivo por el que a menudo forman parte del mobiliario funerario. En la necrópolis gaditana contamos con un ejemplo reciente en el solar que hace esquina entre la Avda de Andalucía y la de Portugal. En la tumba 18 se exhumó, junto a ungüentarios helenísticos del s. II a.C., un anzuelo de bronce (Blanco y Bueno, 2005, figura 116). Tampoco hay que desechar que se utilizaran para la pesca *in situ* del producto que a continuación se oferta y consume, puesto que el pescado es, como demuestran las múltiples evidencias que encontramos en la necrópolis, uno de los alimentos más habituales en los banquetes funerarios (Niveau de Villedary, 2006 a y b); y que, una vez cumplida su función se ofertasen como elementos votivos en los mismos depósitos donde se amortizan vajilla y alimentos.

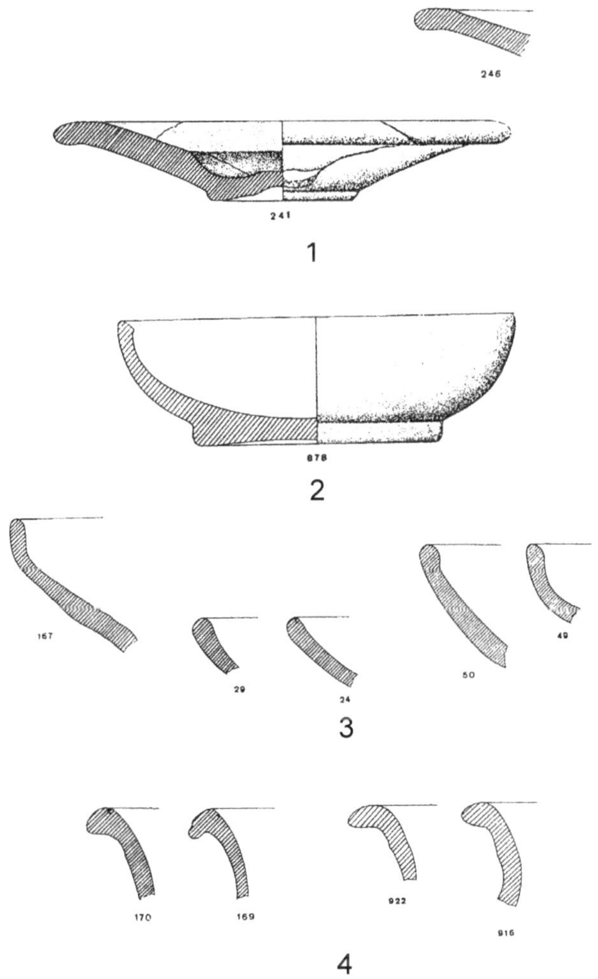

Figura 7.- Formas vasculares del s. V a.C. documentadas en las excavaciones de la Plaza de Asdrúbal. 1. Platos de barniz rojo procedente de los vertederos H y E (Frutos, Muñoz, 1996, figura 7, 241 y 246 y figura 9, 879) y del nivel 2 (sobre las tumbas) (Frutos, Muñoz, 1996, figura 8, 909 y 917). 2. Cuenco de borde reentrante en cerámica común –vertedero E– (Frutos, Muñoz, 1996, figura 9, 878). 3. Cuencos hemisféricos –vertedero H (Frutos, Muñoz, 1996, figura 7, 167, 29 y 24) y nivel 2 (Frutos, Muñoz, 1996, figura 8, 49 y 50)–. 4. Urnas y pithoi del vertedero H (Frutos, Muñoz, 1996, figura 7, 169 y 170) y del nivel 2 (Frutos, Muñoz, 1996, figura 8, 922 y 916).

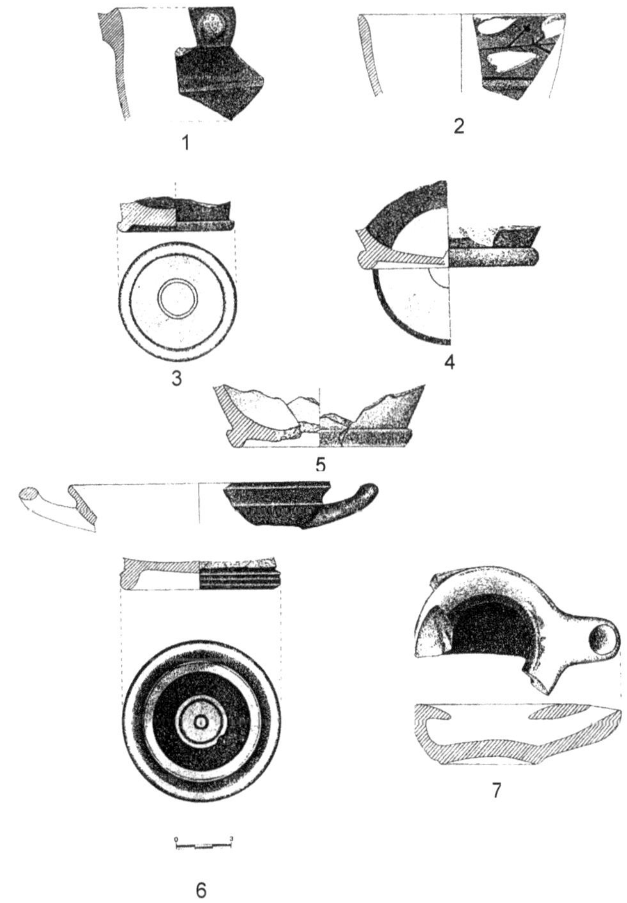

Figura 8.- Conjunto de vasos griegos de Plaza de Asdrúbal. 1. Borde de escifo de barniz negro –vertedero H– (Frutos, Muñoz, 1996, figura 7, 21). 2. Borde de escifo sobrepintado con guirnalda de hojas de mirto de la clase "Saint-Valentin" –nivel 2– (Frutos, Muñoz, 1996, figura 8, 907). 3-5. Fondos de escifos – sin referencia estratigráfica (Muñoz, 1995-96, figura 17, 1), nivel 2 (Frutos y Muñoz, 1996, figura 8, 940) y vertedero H (Frutos, Muñoz, 1996, figura 7, 900). 6. Borde y fondo de "copa Cástulo" –sin referencia estratigráfica– (Muñoz, 1995-96, figura 17, 4-5) 7. Lucerna de barniz negro –sin referencia estratigráfica– (Muñoz, 1995-96, figura 16, 4).

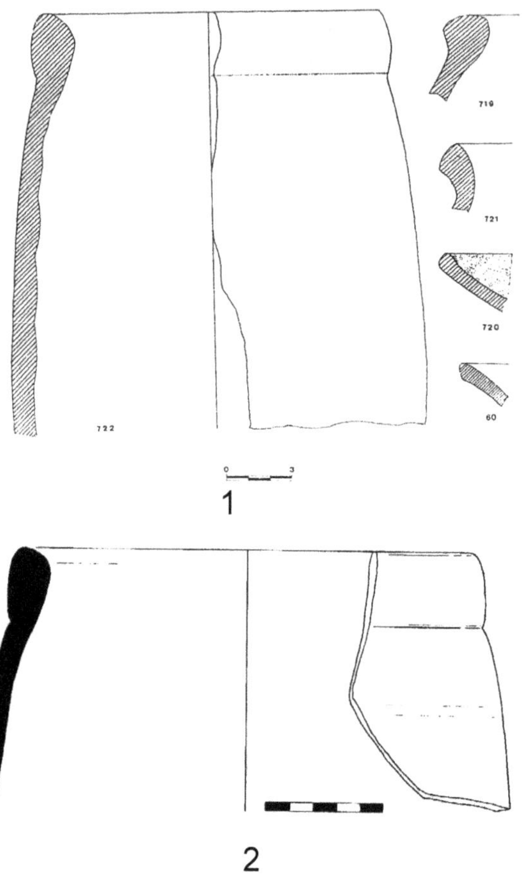

Figura 9.- 1. Cerámicas procedentes del vertedero C de la Plaza de Asdrúbal (Frutos y Muñoz, 1996, figura 9 B). 2. Ánfora del tipo T-8.2.1.1. arcaizante procedente de los niveles II-III de la escombrera de los PP.KK. 260-267 del alfar isleño de "Villa Maruja" (Bernal et alii, 2003, 77, figura 28, 7).

Apenas existen restos datables entre comienzos del s. IV y el último tercio del s. III a.C., no se reconoce estructura alguna perteneciente a este periodo –que en el trabajo más reciente se bautiza como "Fase 2" (Muñoz, Frutos, 2004, 137)– y tan sólo se cita la presencia aislada de ánforas gaditanas MPA4 (no se especifica el tipo concreto; de hecho, a diferencia, de los tipos propios del s. V -T-11.2.1.3.- y de la segunda mitad del s. III a.C. -T-12.1.1.1. y T-12.1.1.1/2.- desconocemos con exactitud las formas características del periodo entre ambos, que a falta de una sistematización más exacta –puesto que la cronología de los tipos intermedios T-11.2.1.4. y T-11.2.1.5. no queda lo suficientemente clara; cf. Ramón, 1995, 233-239– se vienen clasificando dentro de una categoría u otra, dependiendo de la mayor semejanza formal, por ej. Bernal *et alii,* 2003, figura 7) y de un plato de pescado de barniz negro ático; circunstancia que se interpreta como una etapa de decadencia en la actividad de la factoría (Muñoz, Frutos y Berriatua, 1988, 488). En realidad, se trata de un fenómeno de mayor amplitud, fruto de la cambiante situación mediterránea que provoca un contexto internacional menos favorable para el comercio gaditano y, por consiguiente, el retraimiento de la industria y un perceptible descenso de la producción (Bernal *et alii*, 2005, 63 y 65), más acusado en la segunda mitad del s. IV e inicios del III; si bien en muchos casos esta ausencia de contextos del s. IV a.C. parece deberse más a una "laguna" histórico-arqueológica que a un auténtico vacío (Sáez Romero, 2004, 700).

A pesar de todo ello, en el informe de la excavación, se describe una tumba de inhumación en fosa simple cubierta con cuatro lajas de piedra (la número 6), que se excava entre los niveles 2c y 3, es decir, inmediatamente después, a nivel estratigráfico, de la clausura de la fosa de los hipogeos del s. V a.C. Lo más interesante es que la fosa estaba rodeada por una línea de incineración en la que aparecieron *las vértebras y espinas de dos atunes completos y diversos fragmentos de cerámica entre los que destacan bordes de ánforas tipo MPA4 y cerámicas ática* (Perdigones, Muñoz, 1987, 59). Una vez más, los únicos restos correspondientes al s. IV corresponden, sin ningún lugar a dudas, a banquetes u ofrendas funerarias realizadas en las inmediaciones de las tumbas y no a hipotéticas actividades industriales. A un momento indeterminado del s. IV a.C. podría corresponder también el relleno del vertedero C, toda vez que el ejemplar anfórico nº 722 (figura 9, 1) remite a prototipos arcaizantes de la forma T-8.2.1.1. muy similares a los procedentes de los niveles II y III de la escombrera de los PP.KK. 260-267 del taller de Villa Maruja en San Fernando (Bernal *et alii*, 2003, 98, figura 28, 7) (figura 9, 2).

A partir de mediados del s. III y sobre todo en su último tercio se evidencia, siguiendo la tónica general, un fuerte resurgimiento en el registro. Como adelantamos al comienzo del epígrafe, ahora es el momento en el que la necrópolis se divide espacial y funcionalmente y las tumbas correspondientes a este periodo se multiplican de forma extraordinaria, un aumento poblacional que es reflejo de la nueva realidad histórica (Niveau de Villedary, 2003a, 206). En el análisis de la "factoría" esta etapa corresponde a la tercera y última fase de la periodización contemplada, que los autores prolongan hasta la primera mitad del s. II a.C. (Muñoz, Frutos, 2004, 137). Estructuralmente viene definida por la presencia de varios suelos apisonados de piedras y cerámicas, que se interpretan, a semejanza de lo documentado en la factoría portuense de Las Redes, como las zonas dedicadas a la limpieza y almacenamiento (?) del pescado (Muñoz, Frutos, 1999, 203). A un primer momento cronológico dentro de esta fase corresponden tres tumbas de inhumación en fosa simple (tumbas 2, 3 y 4) que se excavan en las arenas que cubren los enterramientos más antiguos (nivel 2b), a los que se superponen (Perdigones, Muñoz, 1987, 59). Tan sólo la tumba nº 3 presentaba un cuenco-lucerna con el borde parcialmente quemado como ajuar. Algo posterior (nivel 2a) parece ser la tumba nº 1, que fechamos en el s. III por la presencia de un ungüentario de tipo helenístico, con cuerpo globular, cuello y pie cortos y decoración pintada de una banda de color rojizo en la parte superior del cuerpo (tipo A1, Muñoz, 1987, 520, figura 2, 1). Aunque esta tipología se data entre los siglos IV y II a.C. (Muñoz, 1987, 521), nos inclinamos por una cronología intermedia, dado su hallazgo en contextos unifásicos bien fechados en la segunda mitad del s. III, como el poblado de Las Cumbres (Niveau de Villedary, Ruiz Mata, 2000, figura 5, 11); cronología coherente con la propia secuencia estratigráfica de la necrópolis de Asdrúbal.

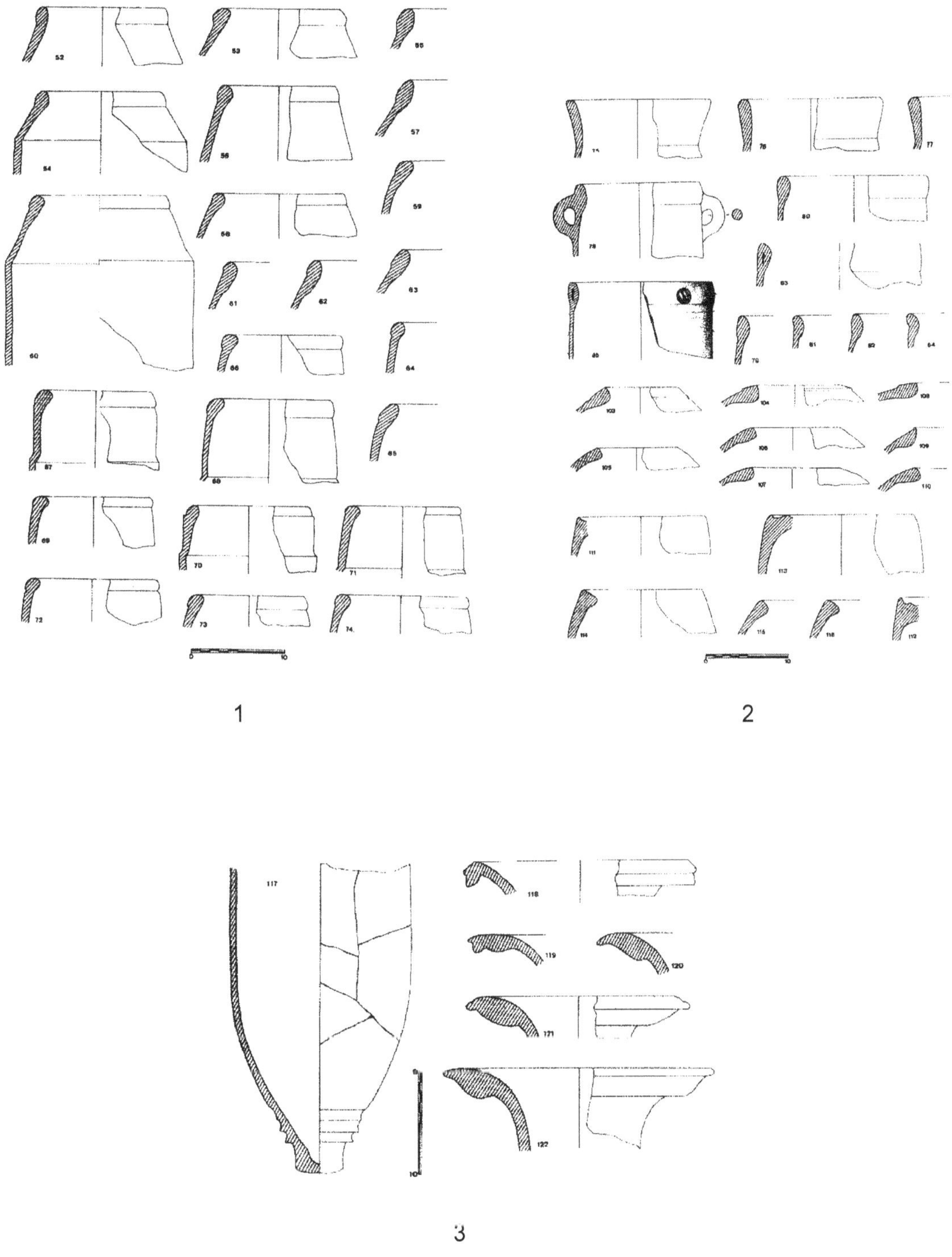

Figura 10.- Ánforas de los siglos III e inicios del II a.C. de la "factoría" de la plaza de Asdrúbal. Campaña 1984. 1. Ánforas gaditanas de los tipos T-12.1.1.1; T-12.1.1.1/2. y T-12.1.1.2. 2. (Muñoz y Frutos, 2004, figura 5). 2. Producciones locales T-8.2.1.1. y T-9.1.1.1; turdetanas T-8.1.1.2. y T-4.2.2.5. e importaciones centromediterráneas (T-5.2.3.1.) (Muñoz y Frutos, 2004, figura 6). 3. Fondo de T-5.2.3.1. y bordes de T-7.4.2.1. y T-7.4.3.1. (Muñoz y Frutos, 2004, figura 7 A).

Aunque no se especifica si alguna de las fosas de desechos excavadas corresponde a esta fase de la necrópolis, dado el gran número de material aparecido que se fecha entre los siglos III y II a.C., suponemos que algunos vertederos se colmatan con materiales de este momento. De hecho, desde los primeros trabajos se cita la presencia de una gran variedad de tipos anfóricos, locales e importados, cerámica común y cerámica helenística de fabricación local "tipo Kuass" (Muñoz, Frutos, Berriatua, 1988, 488). Entre las ánforas de tipología gaditana se encuentran las formas más evolucionadas de MPA4 (figura 10, 1): las T-12.1.1.1. y T-12.1.2.1. propias de mediados del s. III a.C., el T-12.1.1.1/2., tipo característico de la facies de Segunda Guerra Púnica y las T-12.1.1.2., el último estadio de evolución de la forma, fechadas hacia finales del s. III y, sobre todo, a comienzos del II a.C. (Sáez Romero, 2004, 708), puesto que ya no aparecen ni en Doña Blanca (Ruiz Mata y Pérez, 1995) ni en Las Cumbres (Niveau de Villedary, Ruiz Mata, 2000). También es frecuente el tipo T-8.2.1.1. para el que recientemente se ha planteado una función similar a las series 11 y 12, como contenedor de salazones (Sáez, Díaz, Montero, 2004), sus más inmediatas sucesoras las T-9.1.1.1. y las formas T-8.1.1.2. y T-4.2.2.5., envases fabricados en la campiña, que contendrían aceite de gran calidad las primeras (Carretero, 2004) y otros productos agrícolas –sin descartar el aceite– las segundas (Niveau de Villedary, 2002), necesarios para el desarrollo de la liturgia funeraria (ofrendas y banquetes) (Niveau de Villedary, 2006b, 62) (figura 10, 2). Entre los ejemplares foráneos destacan los T-5.2.3.1. y T-5.2.3.2., el envase cartaginés de mayor proyección comercial, muy numeroso en todos los niveles de la bahía que se fechan en el último tercio del s. III a.C. y, ya en niveles más modernos, los T-7.4.2.1. y T-7.4.3.1. (Figura 10, 3).

La documentación de una boca de T-9.1.1.1. con un sello que reproduce tres atunes (Muñoz, Frutos, Berriatua, 1988, 502, figura 8, 1; Ramón, 1995, 85, figura 223, 829) (figura 10, 2) es junto a la aparición del ánfora del s. V con restos de pescado en su interior, uno de los argumentos que se han esgrimido recurrentemente en la defensa de la existencia de la producción de salazones en el sitio, pero al igual que aquel este descubrimiento tan sólo prueba el envase de salazones en determinados tipos anfóricos, la filiación gaditana de contenedores y contenidos (por paralelos con los hallazgos de los alfares de la Isla de León) y, con mucha seguridad, el consumo de derivados de la pesca en los alrededores.

Entre el resto de materiales cerámicos –también se cita la presencia de cuencos de cerámica común y vajilla de cocina (Muñoz, Frutos, 2004, 137)– destacamos la abundancia de cerámica helenística de producción local, la llamada "tipo Kuass", sobre todo cuencos del tipo "Kuass" IX-B (Ventura, 2000, 1166, figura 111 a), con frecuencia decorados mediante la impresión de estampillas cruciformes a base de palmetas (Ventura, 2000, 1196-1198, figura 124 a y d, figura 125 a y b) o bien con una única palmeta central (Ventura, 2000, 1201, figura 131 a); platos de pescado o forma "Kuass" II (Ventura, 2000, 1173, figura 113 b), platitos de la forma "Kuass" III, algunos con estampillas (Ventura, 2000, 1185, figura 119 b y c) y bolsales –forma "Kuass" VII– (Ventura, 2000, 1189, figura 121 a y b). Se trata del repertorio típico que hallamos en la necrópolis, idéntico al registrado en otros pozos y contextos similares (Niveau de Villedary, 2003, 10-14, figs. 8-10), que se configura como el clásico "servicio ritual" en contraposición al "servicio mínimo de mesa individual" característico de los contextos de habitación, que se compone únicamente de plato (forma "Kuass" II") y vaso polivalente (tipo "Kuass" IX-A) –para beber pero también para consumir semisólidos, etc,– (Niveau de Villedary, e.p.), que presenta formas más evolucionadas para los mismos niveles cronológicos y en los que la decoración, aunque no ausente, es mucho menos habitual. En conclusión, tanto la composición de la vajilla, como la estética arcaizante de formas y decoraciones y las características técnicas de las piezas nos están indicando que nos hallamos ante un repertorio complejo, propio de un contexto ritual, que no debe reproducirse en ambientes industriales, puesto que ni tan siquiera lo tenemos documentado en las zonas de habitación. En los niveles más recientes la cerámica "tipo Kuass" es sustituida por la vajilla campaniense que se introduce de manera imparable desde finales del s. III a.C. (*cf.* Ventura, 2000).

2.2.- Avda. de Andalucía c/ Ciudad de Santander.

La segunda de las factorías contempladas, excavada en el año 1986 (Perdigones, Muñoz, Troya, 1987), presenta muchas semejanzas respecto a la anterior en cuanto a situación espacial (figura 1, 2), cronología y restos documentados, puesto que se define como tal a partir únicamente de la existencia de fosas rellenas de material cerámico y orgánico y algunos restos edilicios muy arrasados (Muñoz, Frutos, Berriatua, 1988, 489-490).

No son muchos los datos que tenemos para intentar hacer una valoración de los hallazgos, puesto que la información contenida en el informe original es muy parca y no se incluyen planos ni plantas con la situación de las estructuras. Al s. V a.C. se atribuye un pavimento de piedras de pequeñas dimensiones (que, sin embargo, no se recoge entre los hallazgos descritos en el informe preceptivo publicado en los Anuarios, posiblemente porque, como es habitual, dicha estructura deba fecharse en un momento posterior: ss. III-II a.C.) y un conglomerado de cerámicas entre las que destacan, como en Asdrúbal, ánforas locales T-11.2.1.3. (Ramón, 1995, 86), importaciones de corintias B y foceas, platos de engobe rojo, cerámica ática y numerosos restos de vértebras y espinas de atunes (Muñoz, Frutos, Berriatua, 1988, 489-490). Los estratos del s. IV vuelven a estar ausentes, salvo por una serie de materiales aislados localizados en un nivel de arenas pardas compactas –ánforas locales MPA4 y T-8.2.1.1., cerámicas áticas y pateras (Muñoz, Frutos, Berriatua, 1988, 490)–. Si esta tradicional ausencia de contextos del s. IV a.C. se corresponde con un periodo de "crisis" en la bahía o si se debe a un espejismo de la investigación y no estamos datando bien los niveles de este momento, es por ahora una incógnita para la que aún no tenemos respuesta.

A partir del último tercio del s. III a.C. el registro se recupera de manera espectacular y volvemos a documentar pavimentos de piedras y cerámicas que según señalan los autores *se distribuyen por toda la superficie de la excavación* y una "estructura circular" (Muñoz, Frutos, Berriatua, 1988, 490) a la que no se vuelve a hacer mención en posteriores trabajos. Sobre un nivel de incineraciones arcaicas (s. VI a.C.), rompiendo los enterramientos, se localizan fosas de desechos de grandes dimensiones rellenas de material cerámico de los siglos III y II a.C., además de un pozo (Perdigones y Troya, 1987, 41-42). Los materiales son de nuevo muy similares a los documentados en Asdrúbal: ánforas de filiación gaditana de formas derivadas de las MPA4 (S-12 de Ramón), T-8.2.1.1., T-8.1.1.2. y T-4.2.2.5. e importaciones centromediterráneas (T-5.2.3.1. y T-5.2.3.2.), y cerámica barnizada de "tipo Kuass", copas (forma "Kuass" VIII) con o sin estampi-

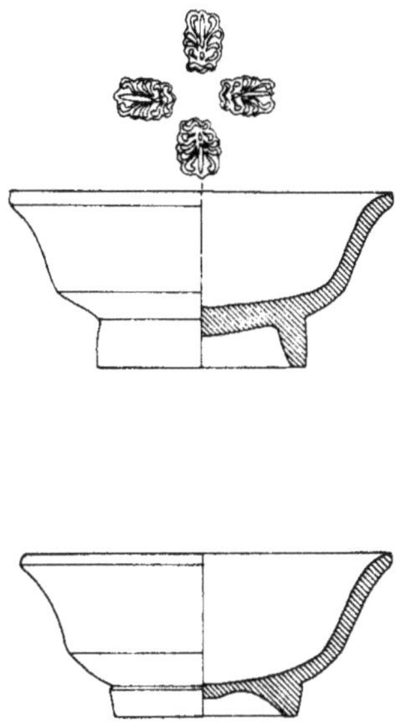

Figura 11.- Copas de la forma "Kuass" VIII halladas en la "factoría" de Avda. de Andalucía c/ Ciudad de Santander (Perdigones, Troya, 1987, figura 4).

llas (figura 11) y platos de pescado (Perdigones, Troya, 1987, 42). En el s. II a.C. se fechan una pileta y dos muros de sillarejos y arcillas, asociados a cerámicas campanienses, a las últimas formas de MPA4 (T-12.1.1.2.), a las T-9.1.1.1., herederas del tipo T-8.2.1.1. y quizás a importaciones de Cartago –T-7.4.2.1.– (Ramón, 1995, 86).

2.3.- Avda. García de Sola e/ Avda. de Portugal.

El ejemplo de la última de las tres factorías contempladas es aún más dudoso que en los otros dos casos, puesto que la interpretación como instalación salazonera se basa exclusivamente en la aparición durante las obras de instalación de una nueva red de alcantarillado en 1987 (Perdigones, 1990) de una pileta de planta cuadrada, parcialmente destruida, con muros de sillares de piedra ostionera y revestimiento de mortero de cal y arena, situada en una zona de la necrópolis de extramuros. Entre los materiales recuperados en las proximidades tan sólo se cita la presencia de un ánfora casi completa –a la que sólo le falta el tercio inferior– del tipo T-8.1.1.2. (Perdigones, 1990, figura 2) por lo que se propone una datación del s. IV a.C. para la puesta en marcha de la industria (Perdigones, 1990, 94), cuyo funcionamiento continuaría en momentos romanos por la documentación de varias balsas que se asocian a ánforas Dressel 7-11 y T.S.H. (Perdigones, 1990, 93-94).

Ahora bien, la aparición de construcciones de enlucido hidráulico no presupone sin más la existencia de factorías industriales y se debe rechazar de plano la asimilación automática de estas estructuras con piletas para la maceración y fabricación de las salazones puesto que ni espacial, ni estructural, ni funcionalmente son equiparables. En primer lugar porque se hallan plenamente insertas en el paisaje funerario del que forman parte, en conexión a pozos y otras estructuras hidráulicas, ocupando espacios muy delimitados dentro de la compleja organización de la necrópolis (Niveau de Villedary, 2001), en segundo lugar cumplen una función funeraria en el desarrollo de la liturgia en toda la serie de ritos purificatorios relacionados con el agua (abluciones, libaciones, etc.) y, por último, desde el punto de vista constructivo, las estructuras documentadas en el espacio funerario muestran diferencias apreciables respecto a las propias de instalaciones industriales (Expósito, 2007, en este mismo volumen), más allá de la semejanza de los recubrimientos que lo único que implica es la necesidad de impermeabilizar el espacio para posibilitar la contención de líquidos. Las piletas de la necrópolis (figura 12, 1) normalmente son de planta rectangular, de tamaño bastante uniforme y presentan dos o tres escalones en sus lados más estrechos para facilitar el acceso de los fieles a su interior durante los ritos lustrales; mientras que las de los establecimientos salazoneros presentan dimensiones muy variadas, generalmente aparecen agrupadas, excavadas a ras de suelo y con las esquinas redondeadas para facilitar el llenado y la posterior limpieza (Sáez, Bernal, 2007, en este mismo volumen). Para este mismo fin normalmente cuentan con una oquedad central que permite recoger los desperdicios cuando se vacían (Carrera, Madaria, Vives-Ferrándiz, 2000, 48). Este último tipo de pileta es el que encontramos en las factorías republicanas del Teatro Andalucía (Cobos, 1999, láms. III y IV) (figura 12, 2) y de Plaza de Asdrúbal e/ Amílcar Barca (Blanco, 1998, pl. 22).

Por su parte, la presencia de un ánfora de tipo T-8.1.1.2., tampoco presupone la fabricación de salazones en el sitio, en este caso concreto ni tan siquiera el consumo de dicho producto puesto que como ha quedado demostrado recientemente (Carretero, 2004), se trata del tipo anfórico en el que se envasa el aceite (en ocasiones, de gran calidad) producido en la campiña gaditana y que en la necrópolis se utilizaría en la realización de libaciones, en la composición de ofrendas no cruentas y con fines iluminatorios (Niveau de Villedary, 2006b, 62). Respecto a la datación propuesta, nos decantamos por adelantarla a la segunda mitad del s. III a.C., puesto que se trata de una forma habitual en contextos de dicha cronología, tanto habitacionales (Niveau de Villedary, Ruiz Mata, 2000, figura 896, figura 2, 2), como funerarios (Niveau de Villedary, 2003b, 9, figura 5, 2) e industriales (González Rodríguez, 1987, 94, figura 2, lám. IV), coincidiendo con el momento de recuperación del registro funerario púnico-gaditano tras el receso del s. IV y de buena parte del III.

2.4.- Evidencias arcaicas de la realización de actividades pesqueras en las islas gaditanas.

Que no consideremos que las evidencias analizadas pertenezcan a instalaciones industriales para la transformación del pescado no implica que en la isla gaditana no tuvieran lugar actividades de pesca y marisqueo que, por el contrario, creemos que fueron intensas y habituales desde momentos tempranos.

Entre los restos más antiguos destacan los hallados en la intervención de urgencia llevada a cabo en el año 2002 en la C/ Cánovas del Castillo (figura 1, 6), situada en el casco histórico de la capital gaditana en lo que se ha considerado que sería la antigua isla menor, en la pendiente que desciende

1

2

Figura 12.- 1. Pileta nº 2, necrópolis púnica y republicana de la Avda. Amílcar Barca (2001) (Sibón, 2001, 29, figura 11). 2. Pileta para la preparación de salazones, Teatro Andalucía (1994) (Delegación Provincial de Cultura, Cádiz).

hacia el canal (Córdoba, Ruiz Mata, 2005). En la excavación del solar se documentó la existencia de un nivel fenicio arcaico fechado en el s. VIII a.C. que denota una ocupación no urbana, al aire libre, de escasa duración temporal y sin continuidad, en la que según sus excavadores "no se percibe voluntad de permanencia, sino una actividad eventual", que relacionan con actividades de tipo pesquero por la propia situación del yacimiento, emplazado al borde del canal interior, y por los numerosos restos malacológicos e ícticos recogidos, pertenecientes en su gran mayoría a atunes de gran tamaño.

También al borde del canal, en su orilla septentrional, se sitúa el solar de lo que fue el Teatro Andalucía (figura 1, 5), excavado en 1994 (Cobos, 1999). Un primer nivel arcaico que los excavadores datan –ante la falta de datos más precisos– entre los siglos VIII-V a.C., viene dado por la progresiva colmatación del canal a consecuencia de la acción antrópica (Cobos, Muñoz, Perdigones, 1995-96, 117), constatada arqueológicamente por la presencia de algunos fragmentos cerámicos y de metales y restos de peces y de carbón en una fosa colmatada con tierras areno-arcillosas y por la existencia de varias áreas de consumo, con ánforas del tipo T-10.1.2.1. (Lavado *et alii,* 2000, figura 8). Sobre este nivel se pudo documentar la existencia de una pavimentación de arcilla roja en la que se excavaron fogatas con restos de pescado y cerámicas de época púnica (siglos V-III a.C.). Salvando las distancias cronológicas, el registro es muy similar al de Cánovas del Castillo, donde los hallazgos de restos ícticos y cerámicos se localizan sobre un suelo de arcilla roja en cuya composición se incluyen gravas y cantos para crear un firme más sólido y resistente y sobre el que se localizan pequeñas hogueras (Córdoba, Ruiz Mata, 2005).

Las fogatas del Teatro Andalucía se extienden en una zona amplia en la playa cerca de la orilla en pendiente hacia el canal. Algunas se delimitan mediante piedras ostioneras de pequeño tamaño y aparecen rellenas por tierras parduzcas con fragmentos de platos de pescado púnicos, restos óseos de doradas *(Sparus aurata*) y atún (*Thunnus thynnus*) y malacofauna (*Tapes decussatus*) (Cobos, 1999, 27).

Estos hallazgos fechados en el s. III a.C. que se definen como producto de una "actividad humana no definida con claridad pero relacionada con pesquerías o actividades portuarias" (Frutos, Muñoz, 1996, 139), se han interpretado como simples áreas de consumo, quizás de los propios pescadores o de los operarios de tierra firme en espera de la llegada de barcos (Cobos, 1999, 27), aunque también se aventura la existencia de factorías cercanas dada la presencia de ánforas locales de los tipos T-11.2.1.3. y T-12.1.1.1. e importaciones centromediterráneas (T-5.2.3.1.) y de la costa catalana (?) y de la ubicación a partir de la segunda mitad del s. I a.C. de una gran instalación industrial en las proximidades (Muñoz y Frutos, 2004, 140). Por nuestra parte, en anteriores trabajos habíamos propuesto la posibilidad de que nos encontrásemos ante una atalaya pesquera del tipo descrito recientemente para el asentamiento alicantino de *Hemeroskopeion* en Denia (Fernández Nieto, 2002) y que estas evidencias pudieran ser los restos de algún tipo de ritual o sacrificio propiciatorio para la pesca o bien una ofrenda de primicias (Niveau de Villedary, 2006a); aunque, por la presencia en las cercanías de una necrópolis en algunas de cuyas tumbas se reconoce la presencia de restos ícticos y de pequeñas hogueras (Cobos, 1999, 26), también podrían tratarse de evidencias de la práctica de rituales funerarios: ofrendas y banquetes.

Estos son los contextos más claros con indicios de actividad pesquera en el suelo gaditano en época prerromana, aunque la frecuente presencia de restos ícticos y, sobre todo, malacológicos en gran parte de la necrópolis excavada nos lleva a proponer la cotidianidad de esta actividad, que en la isla gaditana debió constituir uno de los más importantes recursos a la hora de realizar ofrendas (Niveau de Villedary, 2006a) y como parte de los alimentos del banquete (Niveau de Villedary, 2006b, 58-59).

2.5.- Factorías republicanas.

Si como hemos analizado, los indicios prerromanos, al menos con los datos actuales, plantean dudas respecto a la existencia de una industria de transformación piscícola en las islas gaditanas –no así a la práctica habitual de actividades pesqueras, aunque no conozcamos su verdadero alcance–; en época republicana la situación varía. Evidentemente, somos conscientes de que se trata de otra situación, producto de una realidad distinta que no puede ser analizada bajo la misma óptica que para el mundo prerromano, pero nos parece interesante traer a colación algunas de estas instalaciones con el fin de evidenciar tanto las perduraciones como las transformaciones de la industria pesquera gaditana. De ninguna manera entendemos la feroz crítica que hacen Muñoz, Frutos (2004, 134), a uno de nuestros primeros trabajos (Vallejo, Córdoba, Niveau de Villedary, 1999) por el hecho de incluir en el análisis de las factorías prerromanas de la bahía gaditana el complejo del Teatro Andalucía, lo que se hizo con el único propósito de señalar la continuidad de la industria salazonera en época republicana, como han demostrado otros investigadores (por último, García Vargas, 2004); sobre todo teniendo en cuenta que estos mismos autores en varios de sus trabajos sobre la industria pesquera y salazonera púnica, incluso en los más recientes, incluyen ejemplos fechados claramente en época romana, como la factoría de Gregorio Marañón o la de Plaza de Asdrúbal e/ Paseo Marítimo (Frutos, Muñoz, 1996, 137-138; Muñoz, Frutos, 2004, 135 y 140-141).

Las síntesis más recientes reconocen dos tipos de industrias de salazones romanas en las islas gaditanas (García Vargas, 2001; Lagóstena, 2001). Por una parte, las ubicadas extramuros, que coinciden en gran parte con las instalaciones prerromanas, caracterizadas por sus pequeñas dimensiones y que son propias, sobre todo, de un primer momento, ya que nunca llegan más allá de finales del s. I d.C.; junto a ellas, las instalaciones ubicadas en el actual casco antiguo, de mayor entidad (el ejemplo más claro lo constituye la fábrica del Teatro Andalucía), surgen *ex novo* en época republicana y perduran más en el tiempo, toda vez que presentan un periodo de apogeo entre finales del s. I y todo el s. II d.C. Ambos autores subrayan el hecho de que las unidades productivas ubicadas extramuros coinciden en gran parte con la necrópolis, lo que explican bien como una convergencia espacial (por la falta de superficie útil) o por la posibilidad de que nos encontremos ante los cementerios de estas industrias (Lagóstena, 2001, 99), como se ha constatado en otros casos (Bernal *et alii,* 2003, 93-95).

A nuestro juicio y siguiendo nuestra línea argumental, las primeras no serían sino parte de la necrópolis, tanto por la propia ubicación espacial –formando parte del propio cementerio– como por los indicios documentados, en gran parte piletas del tipo que hemos considerado ritual, no industrial (*vid. supra*); mientras que los establecimientos situados en la isla menor, al norte del canal Bahía-Caleta, no presentan una implantación anterior, como muy pronto (García Vargas, 2001, 30-31) a comienzos del s. I a.C. (salvo indicios inciertos como en el caso del Teatro Andalucía), aunque se advierte cierta continuidad entre la producción púnica o tardopúnica y la romana, ejemplificada en el caso de la factoría de la C/ Dr. Gregorio Marañón (Figura 1, 7) (Blanco, 1991), donde se excavaron varios pavimentos superpuestos, una pileta de salazón para pescado y un vertedero de materiales entre los que se hallaron un gran número de envases anfóricos tardopúnicos del tipo T-7.4.3.3., con estampillas tanto en grafía tardopúnica como latina (Frutos, Muñoz, 1996, 138, figura 10, A). En cualquier caso, podemos hablar de una industria periurbana, concentrada en un espacio determinado fuera de los límites de la ciudad ampliada por Balbo.

En este panorama, la factoría excavada entre los años 1997 y 1998 en la Plaza de Asdrúbal (haciendo esquina con el Paseo Marítimo) (figura 1, 4) (Blanco, 1998), resulta una excepción puesto que aunque también de carácter suburbano rompe con este patrón espacial. La factoría ocupa una amplia superficie de cerca de 500 m^2 y se articula siguiendo la pauta típica de estas instalaciones documentándose múltiples dependencias, pavimentaciones, calles, espacios abiertos, conducciones de aguas y otras estructuras como hornos, pozos y piletas. Si bien es cierto que se propone la existencia de una primera etapa en el funcionamiento de la factoría (entre finales del s. III/comienzos del II a.C. y mediados del s. I a.C., siempre coincidiendo con la llegada de los romanos), la fábrica, tal y como ha llegado a nosotros, corresponde a época tardorrepublicana y altoimperial (último tercio del s. I a.C. – mediados s. I d.C.) (Blanco, 1998, 82), aunque en ciertas publicaciones se haya afirmado un origen bárcida para la factoría (Muñoz y Frutos, 2004, 135), que aunque posible, desde luego no queda demostrado por la reproducción en la misma publicación del plano de la factoría tardorrepublicana (Muñoz, Frutos, 2004, figura 3) que se extrapola de la memoria inédita de la intervención (Blanco, 1998, 122), pues como según recuerdan los autores en el mismo trabajo "de ninguna manera una industria de salazones romana, ni a nivel estructural ni conceptual, puede ser considerada como un ejemplo de factoría fenicio-púnica" (Muñoz y Frutos 2004, 134).

3.- Una explicación alternativa.

Como hemos visto, la identificación de los restos hallados extramuros de Cádiz –en plena zona de necrópolis– con factorías de salazones prerromanas resulta, cuando menos, problemática y precipitada; fruto, posiblemente, del deseo de parangonar la situación de la capital gaditana a la documentada en la desembocadura del Guadalete, donde a mediados de los años ochenta se habían reconocido cerca de una veintena de asentamientos relacionados con estas actividades (Ruiz Gil, 1987) y excavado al menos dos (Muñoz, Frutos, Berriatua, 1988: 490-496; Morales, Roselló, 1990).

Para empezar, se trata de restos completamente imbricados en el paisaje funerario. La coincidencia entre los vestigios funerarios y los "supuestamente" industriales, como reconocen los propios excavadores (Frutos, Muñoz, 1996, 136; Perdigones, Muñoz, 1987, 61), es total, tanto espacial como temporalmente; lo que implicaría una simultaneidad de usos, en principio contrapuestos (funerario e industrial), en un mismo espacio físico que no creemos viable. En segundo lugar, hay que reconocer una cierta ambigüedad en las propias evidencias contempladas, puesto que estructuras como piletas y pavimentos ya hemos visto que se documentan dentro del espacio funerario con una funcionalidad ritual o religiosa (Niveau de Villedary, Córdoba, 2003; Expósito, en este mismo volumen); y en las fosas, como sucede en los pozos (Niveau de Villedary, 2003b), sabemos con seguridad que se amortizaron muchos de los restos orgánicos y cerámicos procedentes de los banquetes funerarios y de otras ceremonias llevadas a cabo en la necrópolis. Por último, las excavaciones de los últimos años – Cuarteles de Varela (Miranda, Pineda, 1999; Blanco, 1999 y 2000), Plaza de Asdrúbal (Blanco 1998; Sibón, 2001), Avda. Juan Carlos I (Córdoba, Blanco, 2004); Avda. Portugal (Blanco, Bueno, 2005)– y la revisión de intervenciones antiguas están sacando a la luz un gran número de ejemplos en los que estas mismas evidencias corresponden –y así se ha demostrado– a actividades rituales relacionadas con la esfera funeraria.

Sin negar la práctica de la pesca –que, por el contrario, defendemos que sería habitual e intensa– e incluso contemplando la posibilidad de un procesamiento o transformación primaria de la materia prima *in situ*, que no descartamos; sin embargo, creemos rotundamente que los restos analizados pertenecen a la necrópolis y no a instalaciones industriales, fuera cual fuera su entidad.

Según nuestra hipótesis la mayoría de las piletas se utilizarían en ritos lustrales, para los que los pozos aportarían el agua necesaria. Éstos, una vez agotados, servirían como depósitos definitivos o *bothroi* de los restos utilizados en las ceremonias, como demuestran la composición de los que hemos podido estudiar; con este mismo fin –amortizar el gran volumen de desechos orgánicos y cerámicos producidos por los banquetes–, en otras ocasiones, como se ha comprobado en recientes excavaciones (Blanco, 2000), se abren grandes fosas en las cercanías o incluso encima de los propios enterramientos. Los pavimentos, en los ejemplos que se han podido estudiar detalladamente, sin descartar otros usos, poseen también una función ritual, como es el caso de la pequeña zona de culto documentada en la Avda. de Andalucía (Niveau de Villedary, Córdoba, 2003), en este caso flanqueado por dos muros paralelos, construcciones también habituales en otros sectores de la necrópolis (Niveau de Villedary, 2001, 217-218); y, por último, el hallazgo bajo una estructura cuadrangular construida con sillarejos de piedra ostionera, del esqueleto de un perro (Blanco, Bueno, 2005; sobre la presencia de cánidos en la necrópolis púnica de Cádiz y el posible significado de estos sacrificios, *vid.* Niveau de Villedary, Ferrer, 2004.) nos permite sostener con mayor fundamento la posibilidad de que estas estructuras, que generalmente se han relacionado con actividades industriales, tengan también una funcionalidad religiosa que por ahora se nos escapa.

En cuanto a los materiales muebles procedentes de los contextos analizados lo primero que llama la atención es la similitud (en cuanto a composición, porcentajes, presencia –e incluso ausencias– de formas) que presentan con los materiales procedentes de otros depósitos funerarios, pozos y fosas. En todos ellos abunda la vajilla de mesa, tanto en cerámica común como, sobre todo, la barnizada (es decir, un servicio de "lujo" o "semilujo"), seguida por los contendedores anfóricos locales e importados en toda su gama tipológica y, por último, la cerámica de cocina aparece también en un porcentaje significativo, aunque menor (Niveau de Villedary, 2003b, 2006b y 2006c). Lo mismo podemos decir de los residuos orgánicos, entre los que se han hallado huesos de mamíferos pero sobre todo restos malacológicos y de peces.

En conclusión, se trata de una clase de registro que está indicando contextos de consumo, no de producción: servicio de semilujo, con abundancia de importaciones y predominio de las formas vasculares de mesa. Por consiguiente, optamos por considerarlo un conjunto ritual y no el menaje de una factoría industrial, ni tan siquiera de pequeñas dimensiones, puesto que no se han localizado estancias permanentes que impliquen espacios habitacionales además de los productivos, como sería el caso de Pinar Hondo.

En estos contextos funerarios la abundancia de restos ícticos y malacofauna denotan una significativa utilización de los productos marinos, tanto como material sacrificial, es decir a modo de ofrendas incruentas (Niveau de Villedary, 2006a), como formando parte de los alimentos consumidos en los banquetes (Niveau de Villedary, 2006b, 58-59). Consumo que se explica por la abundancia de dichos recursos y por la facilidad de obtenerlos en las inmediaciones de la propia necrópolis (Niveau de Villedary, 2006a). Del mismo modo, la presencia masiva de ánforas de las S-11 y S-12 de Ramón (las MPA4 clásicas) y de algún otro tipo (T-8.2.1.1. y T-9.1.1.1.), algunas de ellas con evidencias claras de haber transportado pescado salado, apuntan que no sólo el pescado fresco sino también el producto en salazón sería utilizado en todos estos rituales.

Bibliografía

AA.VV. (1996): *Nuestro Patrimonio Histórico. Arqueología urbana. Cádiz*, Cádiz.

AA.VV. (2006): *I Conferencia Internacional Historia de la Pesca en el ámbito del Estrecho*, (El Puerto de Santa María, 2004), Sevilla.

BERNAL, D., DÍAZ, J. J., EXPÓSITO, J. Á., SÁEZ ROMERO, A. M., LORENZO, L., SÁEZ ESPLIGARES, A. (2003): *Arqueología y Urbanismo. Avance de los hallazgos de época púnica y romana en las obras de la carretera de Camposoto (San Fernando, Cádiz)*, Cádiz.

BERNAL, D., SÁEZ ROMERO, A. M., DÍAZ, J. J., EXPÓSITO, J. Á., LORENZO, L., SÁEZ ESPLIGARES, A., GARCÍA, R. (2005): "*Gadir* y la manufactura de máscaras y terracotas. Aportaciones del taller isleño de Villa Maruja (ss. V-IV a.C.)", *Madrider Mitteilungen* 46, 61-86.

BLANCO JIMÉNEZ, F. J. (1991): "Excavaciones de urgencia en un solar de la calle Gregorio Marañón. Cádiz", *Anuario Arqueológico de Andalucía, 1989* III, 78-81.

BLANCO JIMÉNEZ, F. J. (1998): *Memoria de las excavaciones efectuadas en el solar ubicado en la Plaza de Asdrúbal esquina con el Paseo Marítimo durante 1997/98*, Cádiz.

BLANCO JIMÉNEZ, F. J. (1999): *Informe arqueológico de los resultados obtenidos en la primera fase de excavación arqueológica en los solares ubicados en la Calle Marqués de la Ensenada (antiguos Cuarteles de Varela). Julio de 1999*, Cádiz.

BLANCO JIMÉNEZ, F. J. (2000): *Informe-memoria de las excavaciones arqueológicas efectuadas en las parcelas: 40 V.P.P., Locales, garajes y oficinas (Fase 2) (C/ Marqués de la Ensenada y Avda. de la Constitución 1812). Cádiz. 18 V.P.O., locales y garajes (C/ Marqués de la Ensenada) UE-EX-6 Cuarteles de Varela. Cádiz*, Cádiz.

BLANCO JIMÉNEZ, F. J., BUENO, P. (2005): *Informe de las excavaciones arqueológicas realizadas en la Avda. de Portugal esquina con la Avda. Andalucía para la construcción de un hotel*, Cádiz.

CABRERA BONET, P. (1987): "Consideraciones en torno a la cerámica ática de fines del s. V en Extremadura", *Oretum* III, 215-221.

CABRERA BONET, P. (1994): "Cádiz y el comercio de productos griegos en Andalucía Occidental durante los siglos V y IV a.C.", *Trabajos de Prehistoria* 51, nº 2, 89-101.

CABRERA BONET, P. (1998): "El comercio turdetano a través de las cerámicas griegas", RUIZ MATA, D. (ED.), *La colonización fenicia en la Bahía de Cádiz a través del Castillo de Doña Blanca. Puerto de Santa María*, 473-481.

CAMPANELLA, L., NIVEAU DE VILLEDARY, A. M. (2005): "Il consumo del pescato nel Mediterraneo fenicio e punico. Fonti letterarie, contesti archeologici, vasallame ceramico", *Greci, Fenici, Romani: Interazioni culturali nel Mediterraneo antico (Viterbo, 2004)*, Viterbo, 27-67.

CARRERA, J. C., MADARIA, J. L. DE, VIVES-FERRÁNDIZ, J. (2000): "La pesca, la sal y el comercio en el Círculo del Estrecho. Estado de la cuestión", *Gerión* 18, 43-76.

CARRETERO POBLETE, P. A. (2004): *Las ánforas tipo "Tiñosa" y la explotación agrícola de la campiña gaditana entre los siglos V y III a.C.*, Tesis Doctoral inédita, Universidad Complutense de Madrid.

COBOS RODRÍGUEZ, L. M. (1999): "Intervención arqueológica en el solar del Teatro Andalucía (Cádiz)", *Anuario Arqueológico de Andalucía, 1995* III, 19-31.

COBOS RODRÍGUEZ, L. M., MUÑOZ, A. y PERDIGONES, L. (1995-96): "Intervención arqueológica en el solar del antiguo teatro Andalucía de Cádiz : La factoría de salazones y la representación gráfica del Faro de Gades", *Boletín del Museo de Cádiz* VII, 115-121.

CÓRDOBA, I., BLANCO, F. J. (2004): *Memoria de la excavación arqueológica realizada en el solar ubicado en la Avda. Juan Carlos I esquina a Trille nº 24 a 38 (Cádiz)*, Cádiz.

CÓRDOBA, I., RUIZ MATA, D. (2005): "El asentamiento fenicio arcaico de la calle Cánovas del Castillo (Cádiz). Un análisis preliminar", *Actas del III Simposio Internacional de Arqueología de Mérida. Congreso de Protohistoria del Mediterráneo Occidental: el Periodo Orientalizante (Mérida, 2003)*, Madrid, 1269-1322.

CORZO SÁNCHEZ, R. (1992): "Topografía y ritual en la necrópolis de Cádiz", *Spal* 1, 263-292.

EXPÓSITO ÁLVAREZ, J. Á. (2007): "¿Dónde se encuentran las *cetariae* de *Gades*? Revisión arqueológica y estado de la cuestión", *Cetariae 2005. Salsas y salazones de pescado en Occidente durante la Antigüedad (Cádiz, 2005)*, Oxford.

FERNÁNDEZ NIETO, F. J. (2002): "*Hemereroskopeion=Thynnoskopeion*. El final de un problema histórico mal enfocado", *Mainake* XXIV, 231-255.

FRUTOS, G. DE, MUÑOZ, A. (1996): "La industria pesquera y conservera púnico-gaditana: Balance de la investigación. Nuevas perspectivas", *Spal* 5, 133-165.

GARCÍA VARGAS, E. (2001): "Pesca, sal y salazones en las ciudades fenicio-púnicas del Sur de Iberia", *De la Mar y de la Tierra. Producciones y productos fenicio-púnicos. XV Jornadas de Arqueología fenicio-púnica (Eivissa, 2000)*, Eivissa, 9-66.

GARCÍA VARGAS, E. (2004): "La romanización de la "industria" púnica de las salazones en el sur de *Hispania", Actas de los XVI Encuentros de Historia y Arqueología. Las industrias alfareras y conserveras fenicio-púnicas de la bahía de Cádiz (San Fernando, 2000)*, Córdoba, 101-129.

GONZÁLEZ RODRÍGUEZ, R. (1987): "Excavaciones de urgencia en el Cerro Naranja (Jerez de la Frontera, Cádiz)", 1985, *Anuario Arqueológico de Andalucía, 1985* III, 90-96.

GRACIA ALONSO, F. (1994): "Las Copas de Cástulo en la Península Ibérica. Problemática y ensayo de clasificación", *Iberos y Griegos: Lecturas desde la diversidad (Ampurias, 1991)*, Huelva, 175-200.

GUTIÉRREZ LÓPEZ, J. M. (2001): "La factoría de salazones púnico-gaditana "Puerto 19" de Pinar Hondo (El Puerto de Santa María, Cádiz)", *Anuario Arqueológico de Andalucía, 1997* III, 1 (Actividades de Urgencia), 77-87.

JIMÉNEZ FLORES, A. M. (1994): "Ritual funerario y Sociedad: El banquete funerario en las necrópolis fenicias de la Península Ibérica", *Un Periplo de Cinco Años. Miscelánea de Estudios sobre la Antigüedad*, Sevilla, 127-143.

JIMÉNEZ FLORES, A. M. (2002): "Notas sobre las creencias funerarias fenicio-púnicas: el culto a los difuntos", FERRER ALBELDA, E. (Ed.), *Ex Oriente Lux: Las religiones orientales antiguas en la Península Ibérica*, Sevilla, 123-140.

LAGÓSTENA BARRIOS, L. (2001): "*Cetariae Gaditanae*: la industria pesquero-conservera gaditana en época romana", *Dialogues d'Histoire Ancienne* 27/2, 91-104.

LAVADO, M. L., MOLINA, M., COBOS, L. M., BLANCO, F., SIBÓN, F. J. (2000): "El asentamiento antiguo de Cádiz a través de las últimas excavaciones arqueológicas", *Actas del IV Congreso Internacional de Estudios Fenicios y Púnicos (Cádiz, 1995)*, Cádiz, 869-879.

LÓPEZ CASTRO, J. L. (1997): "Los fenicios occidentales y Grecia", *II Reunión de historiadores del Mundo Griego Antiguo (Sevilla, 1995). Homenaje al profesor Fernando Gascó*, Sevilla, 95-105.

MIRANDA, J. M., PINEDA, P. (1999): *Memoria de la Intervención Arqueológica de Urgencia Edificio "Puerto Varela" (Avda. de Andalucía s/n. Cádiz)*, Cádiz.

MORALES, A., ROSELLÓ, E. (1990): "Puerto 6 (Cádiz): Consideraciones osteométricas y culturales de la ictiofauna", *Huelva Arqueológica* 12, 469-484.

MUÑOZ VICENTE, A. (1987): "Avance sobre el estudio de los ungüentarios helenísticos de Cádiz. 1986", *Anuario Arqueológico de Andalucía, 1986* II, 520-525.

MUÑOZ VICENTE, A (1995-96): "Secuencia histórica del

asentamiento fenicio-púnico de Cádiz: Un análisis cronoespacial tras quince años de investigación arqueológica", *Boletín del Museo de Cádiz* VII, 77-105.

MUÑOZ, A., FRUTOS, G. DE (1999): "La industria pesquera y conservera púnico-gaditana: balance de la investigación. Nuevas perspectivas", *II Congreso de Arqueología Peninsular (Zamora, 1996)*, Alcalá de Henares, 201-212.

MUÑOZ, A., FRUTOS, G. DE (2004): "El comercio de las salazones en época fenicio-púnica en la bahía de Cádiz. Estado actual de las investigaciones: los registros arqueológicos", *Actas de los XVI Encuentros de Historia y Arqueología. Las industrias alfareras y conserveras fenicio-púnicas de la bahía de Cádiz (San Fernando, 2000)*, Córdoba, 131-167.

MUÑOZ, A., FRUTOS, G. DE, BERRIATUA, N. (1988): "Contribución a los orígenes y difusión comercial de la industria pesquera y conservera gaditana a través de las recientes aportaciones de las factorías de salazones de la Bahía de Cádiz", *Actas del I Congreso Internacional el Estrecho de Gibraltar (Ceuta,1987)*, Madrid, 487-508.

NIVEAU DE VILLEDARY, A. M. (2001): "Pozos púnicos en la necrópolis de Cádiz: Evidencias de prácticas rituales funerarias", *Rivista di Studi Fenici* XXIX, 2, 183-230.

NIVEAU DE VILLEDARY, A. M. (2002): "Las ánforas turdetanas del tipo Pellicer-D. Ensayo de clasificación", *Spal* 11, 233-252.

NIVEAU DE VILLEDARY, A. M. (2003a): *Las cerámicas gaditanas "tipo Kuass". Bases para el análisis de la bahía de Cádiz en época púnica*, Madrid.

NIVEAU DE VILLEDARY, A. M. (2003b): "El uso ritual de la vajilla cerámica en la necrópolis púnica de Cádiz", *Archivo Español de Arqueología* 76, 3-30.

NIVEAU DE VILLEDARY, A. M. (2004a): "La cerámica púnico-gaditana del s. III a.C. El uso de la vajilla en el ámbito funerario y ritual de la necrópolis", *El Mundo Púnico. Religión, Antropología y cultura material. Actas del II Congreso Internacional del Mundo Púnico (Cartagena, 2000)*, Murcia, 267-297.

NIVEAU DE VILLEDARY, A. M. (2004b): "El vino en la liturgia funeraria fenicio-púnica: banquetes y libaciones rituales en la necrópolis de *Gadir*", *Actas do III Simpósio da Associação Internacional de História e Civilização da Vinha e do Vinho (Funchal, 2003)*, Funchal, 379-415.

NIVEAU DE VILLEDARY, A. M. (2006a): "Ofrendas de peces y moluscos en la necrópolis púnica de Cádiz. Una aproximación", *I Conferencia Internacional Historia de la pesca en el ámbito del Estrecho (El Puerto de Santa María, 2004)*. Sevilla, 599-632.

NIVEAU DE VILLEDARY, A. M. (2006b): "Banquetes rituales en la necrópolis púnica de *Gadir*", *Gerión* 24, 35-64.

NIVEAU DE VILLEDARY, A. M. (2006c): "Estudio de materiales procedentes de los pozos rituales y fosas de la necrópolis púnica de Cádiz (2002-2003)", *Anuario Arqueológico de Andalucía 2003*, III, Sevilla, 102-118.

NIVEAU DE VILLEDARY, A. M. (e.p.): "La aportación de la cultura material a la delimitación del "Círculo del Estrecho": la vajilla helenística de "tipo Kuass", *IV Congreso Internacional del CEFYP (Santa Cruz de Tenerife, 2004)*.

NIVEAU DE VILLEDARY, A. M., CAMPANELLA, L. (2006): "Finalmente a la mesa. El consumo de pescado en el mundo fenicio-púnico", *I Conferencia Internacional sobre la Historia de la pesca en el ámbito del Estrecho (El Puerto de Santa María, 2004)*, Sevilla, 633-701.

NIVEAU DE VILLEDARY, A. M., CÓRDOBA, I. (2003): "Algunas consideraciones sobre la religiosidad de *Gadir*. Nuevos datos para su estudio", *Saguntum* 35, 123-145.

NIVEAU DE VILLEDARY, A. M., FERRER, E. (2004): "Sacrificios de cánidos en la necrópolis púnica de Cádiz", *Actas del III Congreso Español de Antiguo Oriente Próximo (Huelva, 2003)*, Huelva, 63-88.

NIVEAU DE VILLEDARY, A. M., FERRER, E. (2005): "Anotaciones al culto funerario de *Gadir*: Los pozos rituales", in *Atti del V Congresso Internazionale di Studi Fenici e Punici (Marsala-Palermo, 2000)*, Palermo, 1171-1186.

NIVEAU DE VILLEDARY, A. M., FERRER, E. (e.p.): "La pervivencia de rituales orientales en la necrópolis púnica de Cádiz", *II Congreso Español de Estudios de Próximo Oriente. Oriente y Occidente. De las primeras sociedades productoras a comienzos de la romanización (Cádiz-El Puerto de Santa María, 2001)*.

NIVEAU DE VILLEDARY, A. M., RUIZ MATA, D. (2000): "El poblado de Las Cumbres (Castillo de Doña Blanca): Urbanismo y materiales del s. III a.C.", *Actas del IV Congreso Internacional de Estudios Fenicios y Púnicos (Cádiz, 1995)*, Cádiz, 893-903.

PERDIGONES, L. (1990): "Excavaciones arqueológicas de urgencia en las obras de alcantarillado de extramuros de Cádiz", *Anuario Arqueológico de Andalucía, 1987* III, 91-94.

PERDIGONES, L., MUÑOZ, A. (1987): "Excavaciones de urgencia en un solar de la Plaza de Asdrúbal (Cádiz) en 1985", *Anuario Arqueológico de Andalucía, 1985* III, 58-62.

PERDIGONES, L., TROYA, A. (1987): "Excavaciones de urgencia en un solar de la calle Ciudad de Santander esquina Avenida de Andalucía (Cádiz)", *Anuario Arqueológico de Andalucía, 1986* III, 41-44.

PONSICH, M. (1988): *Aceite de oliva y salazones de pescado. Factores geo-económicos de Bética y Tingitania*, Madrid.

RAMÓN TORRES, J. (1995): *Las ánforas fenicio-púnicas del Mediterráneo Central y Occidental*, Barcelona.

RAMÓN TORRES, J. (2004): "La producción anfórica gaditana en época fenicio-púnica", *Actas de los XVI Encuentros de Historia y Arqueología. Las industrias alfareras y conserveras fenicio-púnicas de la bahía de Cádiz (San Fernando, 2000)*, Córdoba, 63-100.

RAMOS SÁINZ, M. L. (1990): *Estudio sobre el ritual funerario en las necrópolis fenicias y púnicas de la Península Ibérica*, Madrid.

RUIZ GIL, J. A. (1987): *Las factorías de salazones púnicas de El Puerto de Santa María, Cádiz*, Tesis de Licenciatura inédita, Universidad Autónoma de Madrid.

RUIZ MATA, D., PÉREZ, C. J. (1995): *El poblado fenicio del Castillo de Doña Blanca (El Puerto de Santa María, Cádiz)*, El Puerto de Santa María, Cádiz.

SÁEZ ROMERO, A. M. (2004): "El alfar tardopúnico de Torre Alta. Resultados de las excavaciones de 2002-03", *Actas del Congreso Internacional Figlinae Baeticae. Talleres alfareros y producciones cerámicas en la Bética Romana (ss. II a.C.-VII d.C.)*, Oxford, 649-661.

SÁEZ ROMERO, A. M., DÍAZ, J. J., MONTERO, R. (2004): "Acerca de un tipo de ánfora salazonera púnico-gadirita",

Habis 35, 109-133.

SÁEZ ROMERO, A. M. , BERNAL, D. (2007): "Acerca del origen púnico-gaditano de las piletas de salazón en el Mediterráneo Occidental", *Cetariae 2005. Salsas y salazones de pescado en Occidente durante la Antigüedad (Cádiz, 2005)*, Oxford.

SÁNCHEZ FERNÁNDEZ, C. (1992): "Las copas tipo Cástulo en la Península Ibérica", *Trabajos de Prehistoria* 49, 327-333.

SIBÓN OLANO, J. F. (2001): *Memoria Preliminar de los resultados obtenidos de la excavación realizada en la Avda. Amílcar Barca. Secretaría General de la Seguridad Social de Cádiz. Junio/Julio 2001*, Cádiz.

VALLEJO, J. I., CÓRDOBA, I., NIVEAU DE VILLEDARY, A. M. (1999): "Factorías de salazones en la bahía gaditana: economía y organización espacial", *XXIV Congreso Nacional de Arqueología (Cartagena, 1997)*, Murcia, 107-114.

VENTURA MARTÍNEZ, J. J. (2000): "La cerámica de barniz negro de los siglos II-I a.C. en Andalucía Occidental", *Actas de la Taula Rodona: La ceràmica de vernís negre dels segles II i I a.C: Centres productors mediterranis i comercialització a la Península Ibèrica (Empúries, 1998)*, Mataró, 177-215.

WILLIAMS II, C. K. (1979): "Corinth 1978: Forum Southwest", *Hesperia* 48, 2, 105-144.

PESCA, INDUSTRIA CONSERVIERA E COMMERCIO NELL'ADRIATICO: I PRIMI INDIZI.

R. AURIEMMA
Università di Lecce
M. B. CARRE
Centre C. Jullian, CNRS-Université de Provence
V. KOVAČIĆ
Museo di Parenzo-Poreč
S. PESAVENTO MATTIOLI
Università di Padova

È attualmente in corso presso il Dipartimento di Scienze dell'Antichità di Padova un progetto che si propone di indagare i diversi aspetti della lavorazione dei prodotti della pesca nell'Adriatico e della loro commercializzazione in Italia settentrionale e nelle Province danubiane in epoca romana. Le fonti dedicano scarni cenni a tali attività economiche: Plinio ricorda la *muria* della Dalmazia (*N.H.*, XXXI, 94: *Laudantur et Clazomenae garo Pompeique et Leptis, sicut muria Antipolis ac Thurii, iam vero et Delmatia*); Cassiodoro i *garismatia* dell'Istria (*Varia*, XII, 22: *Habet et quasdam, non absurde dixerim, Baias suas, ubi undosum mare terrenae concauitates ingrediens, in faciem decoram stagni aequalitate deponitur. Haec loca et garismatia plura nutriunt et piscium ubertate gloriantur*).

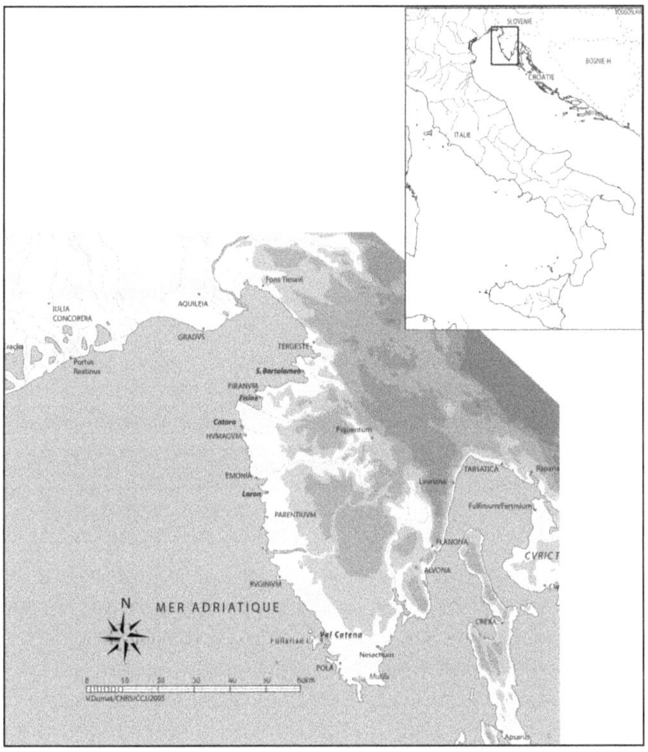

Figura 1.- Carta dell'Istria con localizzazione dei siti citati nel testo (Carta V. Dumas, CNRS-CCJ).

Actas del Congreso Internacional *CETARIAE. Salsas y salazones de pescado en Occidente durante la Antigüedad*, Universidad de Cádiz, Noviembre de 2005, *B.A.R. int. ser.* 1686, Oxford 2007, 435-438.

È'altamente probabile tuttavia che in tutto il territorio costiero si provvedesse alla conservazione dei pesci, se non altro per un consumo a raggio più ristretto, che si affiancava all'importazione di *garum* e *salsamenta* dalla Betica, attestata dall'arrivo costante, ma limitato, di anfore spagnole (Pesavento Mattioli, 2000).

La ricerca, che si avvale di collaborazioni internazionali e interdisciplinari[1], intende confrontare i dati che emergono dal riconoscimento di anfore di fabbricazione locale, destinate al trasporto dei prodotti dell'industria conserviera, con quelli derivanti da ricognizioni topografiche, da scavi e prospezioni subacquee sul litorale della penisola istriana e con le notizie relative a possibili impianti sulla costa occidentale dell'alto Adriatico, al fine di ricostruire il quadro delle attività economiche in tale settore (figura 1).

1.- Le anfore.

Nella famiglia delle anfore di produzione adriatica (cfr. Carre, Pesavento Mattioli, 2003a; Carre, Pesavento Mattioli, 2003b) rientrano anche dei contenitori destinati alla commercializzazione dei prodotti della pesca: si tratta di quelle anfore di piccole dimensioni, tipologicamente affini alle anfore olearie Dressel 6B, per le quali solo recentemente, grazie alla presenza di *tituli picti*, è stato proposto che servissero a trasportare *garum, liquamen* e salse affini. Circa trecento esemplari erano trasportati, assieme ad anfore di tipologia e di origine diverse, contenenti ancora resti ben conservati di pesce, nella nave affondata nei decenni centrali del II secolo d.C. lungo il litorale di Grado, di fronte all'*emporium* di *Aquileia*: alcuni *tituli picti* menzionano appunto il *liquamen*, contenuto con il quale si accorda pienamente l'assenza di resti ittici consistenti al loro interno (Auriemma, 2000, 34- 37) (figura 2).

[1] La ricerca, finanziata dall'Università di Padova come progetto di Ateneo 2005, è coordinata da Stefania Pesavento Mattioli del Dipartimento di Scienze dell'Antichità e prevede le collaborazioni scientifiche di M.-B. Carre (Centre C. Jullian, CNRS-Université de Provence), A. Buonopane (Università di Verona), R. Auriemma (Università di Lecce). Le analisi archeometriche delle anfore saranno eseguite a cura del Dipartimento di Mineralogia e Petrografia dell'Università di Padova. Stretti scambi interdisciplinari sono previsti con il progetto di ricerca sulla villa romana di Loron (Croazia), condotto da un'équipe croato- franco- italiana diretta da V. Kovačić (Museo di Parenzo -Poreč) e da F. Tassaux dell'Università di Bordeaux 3- Ausonius, con la ricerca topografica in Istria diretta da G. Rosada e A. Marchiori del Dipartimento di Scienze dell'Antichità di Padova e con il Museo di Parenzo- Poreč. Lo studio delle strutture sommerse fa parte del progetto di ricerca sulla valorizzazione del litorale istriano in epoca romana, presentato nel 2002 da F. Tassaux: questo si avvale, per la parte francese, dei finanziamenti concessi dal Ministère des Affaires Etrangères e dalla Région Aquitaine; per la parte croata dal Turistička Zajednica Tar-Vabriga; per la parte italiana di quelli del Ministero dell'Istruzione, Università e Ricerca, della Regione Veneto e dell'Università di Padova, Topografia antica. Le indagini sulla costa slovena a S. Bartolomeo sono condotte nell'ambito di un Progetto Interreg Italia- Slovenia (Dipartimento di Scienze dell'Antichità dell'Università di Trieste- Museo di Pirano); quelle a Fisine (Progetto Cultura 2000, direzione scientifica di A. Gaspari, P. Cerce, S. Karinja) vedono la collaborazione del Gruppo per l'Archeologia subacquea dell'Istituto per la Tutela dei Beni Culturali della Slovenia, dell'Università del Litorale, Centro di ricerche scientifiche di Capodistria, e del Museo del Mare "Sergej Mašera" di Pirano.

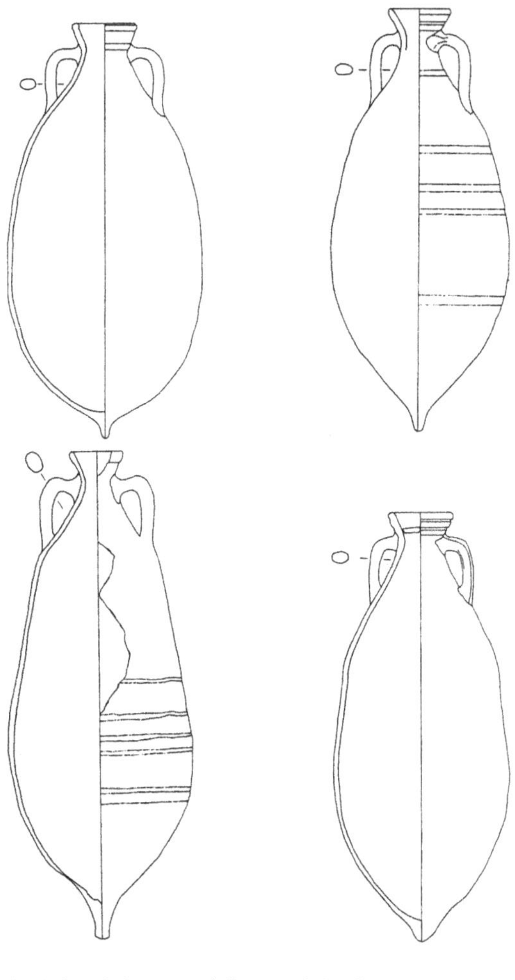

Figura 2.- Anfore da liquamen della nave di Grado.

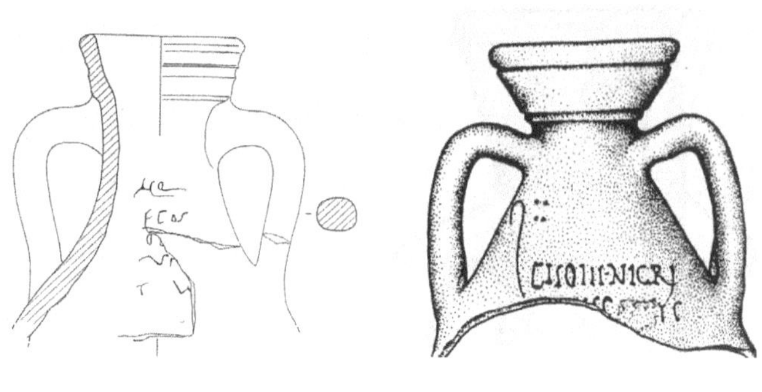

Figura 3.- Tituli picti su anfore dal territorio veronese e da Vindobona.

In Italia la presenza di queste anfore, caratterizzate dalle piccole dimensioni e da articolazioni variabili di corpo e orlo, ma sempre contraddistinte da indicazioni riferibili per lo più a *liquamen* e in qualche caso a *garum,* è stata riscontrata nella *Regio X* ad Aquileia, a Peschiera in territorio veronese (figura 3, 1), a Este (Pesavento Mattioli, Benvenuti, 2001), a Corte Cavanella sul litorale veneto (Toniolo, 1987, 109) e a Oderzo (Sandrini, 1988, 81); esemplari senza *tituli picti* sembrano poi diffusi in tutta l'Italia settentrionale in contesti che dalla fine del I secolo d.C. arrivano fino al III - IV; recentemente una cospicua concentrazione, con un'anfora recante l'indicazione di *muria,* è stata riconosciuta nel Piceno, ad *Urbs Salvia* (Fabrini, Marengo, 2002; Forti, 2003, con bibliografia sulla diffusione).

Ad evidenziare infine una capillare diffusione nelle Province danubiane arriva ora la conferma che rientrano in questo gruppo di anfore anche quelle precedentemente classificate come Aquincum 78: in un esemplare di Vindobona, ora perduto, il *titulus pictus* ricorda la presenza di *liquamen* (figura 3, 2) (Bezeczky, 2005, 63-65).

Per quanto riguarda le anfore il progetto di ricerca si propone dunque di ricostruirne la diffusione in Italia, di procedere ad una loro sistematica classificazione sulla base delle varianti morfologiche in rapporto alla cronologia dei contesti e di ricostruirne, attraverso mirate analisi archeometriche, la possibile area di produzione.

(S. P. M.)

2.- Les viviers des grandes *villae* d'Istrie.

La *piscina* de la *villa* de Val Catena, située dans la baie de Verige sur l'île de Brioni (Jurišić, 1997; Schrunk et Begović, 2000, 264) était considérée jusqu'à une date très récente comme un des rares témoins de la présence de viviers sur la côte orientale de l'Adriatique. La demeure, propriété de la richissime famille des *Laecanii* (Tassaux, 1982), s'inscrit dans le modèle de la *villa* maritime bien représenté, notamment, sur la côte centrale tyrrhénienne (Lafon, 2001). La *piscina* rectangulaire, dont la construction est datée du milieu du Ier s. de notre ère, est divisée en trois compartiments de dimensions irrégulières et est encore munie des aménagements internes spécifiques des viviers (adduction d'eau douce, ouvertures à *claustra* etc.). Elle est située dans la baie où s'élève la *villa,* à proximité du jardin/palestre relié au corps résidentiel par une *ambulatio.* Le choix de l'emplacement et ses dimensions modestes (25 m sur 10 sur 1 m de profondeur conservée) incitent à y voir un garde-manger destiné principalement à la consommation de la *villa.*

Une très récente série d'explorations et de fouilles sous-marines renforce singulièrement, pour l'Istrie du moins, l'image d'activités spéculatives liées à la pisciculture.

L'imposante structure sous-marine de Kupanja, à 10 km au nord de *Parentium* -Poreč -Parenzo (Croatie), a été repérée en 2001 sur photographie aérienne. Les deux campagnes de fouille conduites en 2004 et 2005 par une équipe croato-italo-française (Carre *et al.*, 2005) avaient pour but de procéder à un relevé topographique et à des sondages afin de préciser la chronologie et la fonction de cet aménagement (figura 4). Ces opérations ont mis en évidence une structure formée de quatre bassins de mêmes dimensions à l'intérieur d'une enceinte dont trois côtés sont encore bien visibles. La surface totale occupée par les vestiges est d'environ 5000 m^2; le bassin sud-est, le mieux conservé, dessine un ovale de 23 m de longueur sur 17 m de large environ. Un piquetage effectué dans le sable recouvrant le fond des bassins montre que leur profondeur atteignait en moyenne 5 m sous le niveau de la mer antique. Il ne reste de l'édifice, fondé sur le platier rocheux, qu'un radier fait de petits blocs de calcaire jetés en vrac depuis la surface et conservé sur une hauteur maximale de 7 m à l'angle sud, le plus au large. Le radier sud, le plus exposé à la mer et le plus puissant, est large d'environ 21 m, tandis que la largeur des fondations internes peut être estimée à une dizaine de mètres. Cette technique de construction semble attestée pour la première fois sur un aussi grand bâtiment, dont la datation à l'époque romaine a été confirmée par la découverte en 2005 de quelques fragments de *tegulae* englobés dans les murs. On peut toutefois rapprocher ce mode de construction de celui qu'évoque Pline le Jeune à propos de l'aménagement d'un môle du port devant la villa de Trajan à *Centumcellae* (*Epist.*, VI, 31, 15-16).

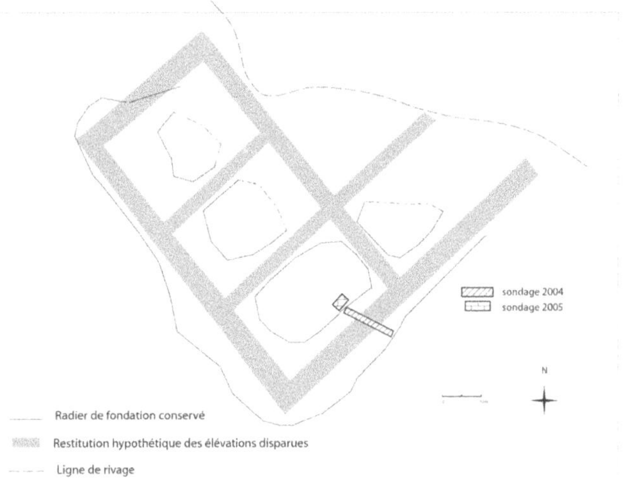

Figura 4.- Parenzo- Poreč (Croazia). Rilievo del vivarium di Kupanja (Relevé théodolite M. Urban et M. Braini, université de Trieste; mise au net et restitution M.-B. Carre).

La surface utile totale restituée d'environ 2500 m^2 place le bâtiment de Kupanja parmi les plus grands ensembles connus jusqu'à présent et tous situés sur la mer tyrrhénienne (Lafon, 1998 et 2001). Bien que son état de conservation n'ait pas permis de repérer d'aménagements internes, la comparaison avec les autres structures identifiées comme *vivaria* confirme que le bâtiment de Kupanja avait bien une fonction liée à des activités piscicoles, en montrant comment il répond aux préconisations formulées par les auteurs anciens pour l'élevage des poissons (profondeur, compartimentage des bassins, etc.).

Ce vivier s'inscrit dans l'emprise du domaine de Loron[2], un des plus importants centres d'Istrie pour la production d'amphores à huile Dr. 6B, diffusées principalement dans la vallée du Pô et sur le Danube. A la différence de la *piscina* de Val Catena, il n'est pas intégré dans la partie résidentielle de la *villa* et ses dimensions incitent à l'insérer davantage dans le cadre d'une exploitation spéculative que dans celui d'un simple vivier d'agrément. Cependant, on ne peut pour l'heure proposer que des conjectures sur la nature exacte de son utilisation: élevage et/ou engraissement de poissons pour une consommation de produits frais, par exemple dans une des ces *piscinae Caesaris* évoquées par Juvénal (*Sat.* IV, 51, l. 38-57)? Ou bien réserve pour des poissons destinés à être transformés en sauces ou salaisons ? Bien qu'aucune unité de conservation n'ait encore été repérée dans le voisinage, une partie des amphores fabriquées dans l'atelier de Loron pourrait avoir servi à la commercialisation de ces produits (*supra*). La poursuite du programme prévoit l'intensification des prospections sur la zone littorale à la recherche des ateliers de transformation et des salines (figura 5).

(M.-B. C., V.K)

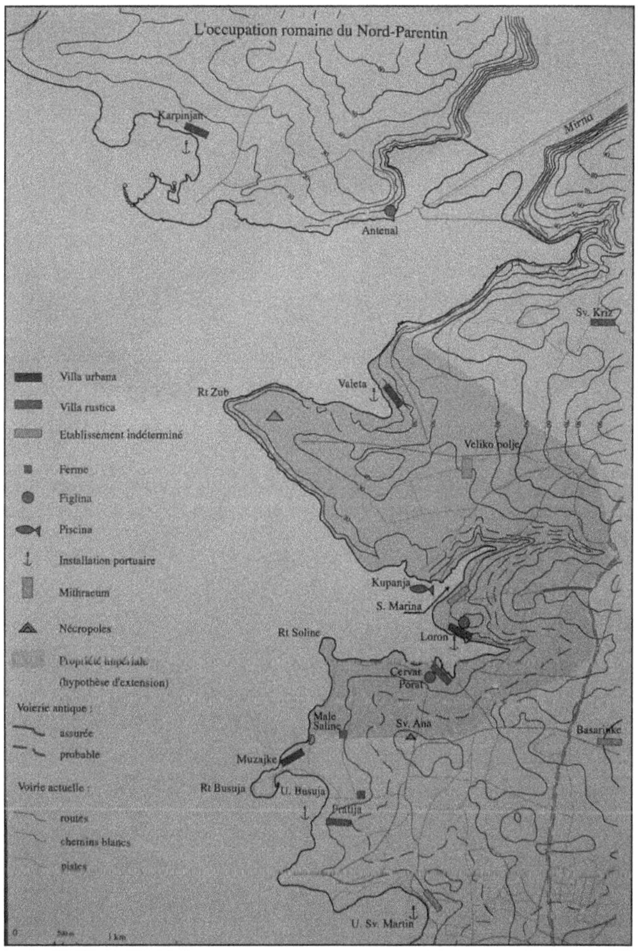

Figura 5.- Carte du nord –parentin avec localisation des installations fouillées ou repérées par prospection (Carte Y. Marion, CNRS-Ausonius).

3.- Altri impianti lungo la costa istriana.

Il *vivarium* di Kupanja non è l'unico esempio di questa tipologia edilizia: foto aeree e recenti indagini, condotte nell'ambito di un Progetto Interreg Italia-Slovenia (Università di Trieste- Museo di Pirano) consentono di riconoscere strutture analoghe sul fianco occidentale della

[2] La villa de Loron a fait l'objet d'une première publication : Tassaux *et alii*, 2001 et de mises à jour annuelles dans *Loron-Lorun*, 2004. Les résultats préliminaires des fouilles terrestres et sous-marines sont aussi présentés dans Kovačić *et al.*, 2004, Carre *et al.*, 2005.

baia di S. Bartolomeo, presso Ancarano - Jernejeva Draga (Zupancić, 1989; Karinja, 2002) ca Fisine, tra Portorose e Pirano, sempre in Slovenia. La struttura di S. Bartolomeo, costituita da due grandi bacini delimitati dalla consueta gettata di pietre sciolte, presenta un "braccio" aperto, forse un molo, lungo il cui tracciato sono visibili blocchi ancora *in situ*; altri blocchi lavorati si trovano lungo il margine esterno, soprattutto nordoccidentale, talora obliqui, per le forti sollecitazioni del moto ondoso, talora orizzontali, spesso in successione continua. Sull'impianto è in corso d'opera un intervento di rilievo condotto da una *équipe* italo-slovena, che effettuerà anche la ricognizione lungo la fascia costiera e l'immediato entroterra, per documentare le strutture superstiti a terra, evidentemente connesse alle "peschiere", ed altre sommerse, presunti moli, al centro della baia, visibili anche in una carta settecentesca (figura 6). Le evidenze di Fisine sono state invece già indagate nella serie dei lavori di un Progetto Cultura 2000: i due bacini quadrangolari, affiancati, mostrano blocchi ancora in posto lungo il perimetro. Pure in questo caso, nell'area alle spalle, sono presenti strutture, recentemente scavate (Gasparj *et alii,* 2006). Il toponimo Fizine, trasparente trasformazione di *ad figlinas,* e la vicinissima località di Fornače evocano un suggestivo nesso tra l'impianto di itticoltura e la produzione di contenitori da trasporto.

Infine, anche le murature "ad arco" descritte da Degrassi sul fianco meridionale della piccola penisola di Catoro, in Croazia, e riferibili, come il molo sul lato opposto, alla villa che su questa insisteva (Degrassi, 1957), sono identificabili, in via ipotetica e in attesa delle verifiche già programmate, con *vivaria.*

(R.A.)

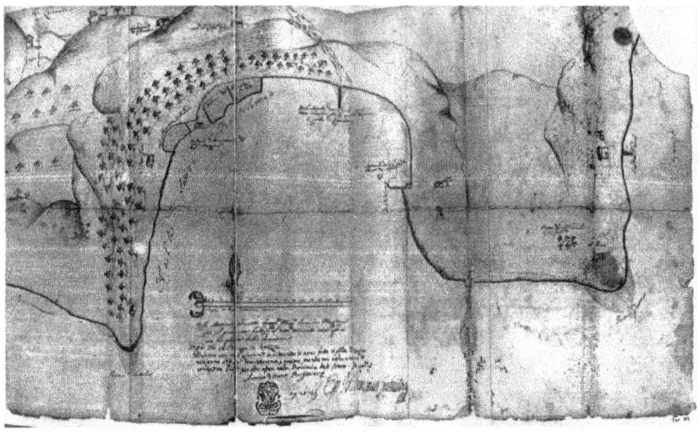

Figura 6.- S. Bartolomeo- Jerenjeva Draga. Carta di A. Visconti del 1754.

Bibliografía

AURIEMMA, R. (2000): "Le anfore del relitto di Grado e il loro contenuto", *MEFRA* 112, 27-51.

BEZECZKY, (2005): "Roman Amphorae from Vindobona," *Vindobona. Beitrage zu ausgewahlten Keramikgattungen in ihrem topographiscen Kontext,* F. Krinziger Ed., Wien, 35-107.

CARRE, M.-B., KOVAČIĆ, V., MARCHIORI, A., ROSADA, G., TASSAUX, F. (2005): "Loron-Lorun (Parenzo-Poveč, Istria). Una villa maritima nell'agro parentino: la campagna di ricerca 2004", *Historia Antiqua,* 13, 99-118.

CARRE, M.-B., PESAVENTO MATTIOLI, S. (2003a): "Anfore e commerci nell'Adriatico", *L'Archeologia dell'Adriatico dalla Preistoria al Medioevo. Atti del convegno internazionale, Ravenna 2001,* Firenze, 268- 285.

CARRE M.-B, PESAVENTO MATTIOLI, S. (2003b): "Tentativo di classificazione delle anfore olearie adriatiche", *Aquileia Nostra* LXXIV, 453-475.

DEGRASSI, A. (1957): "I porti romani dell'Istria", *AMSI* LVII, 24-81.

FABRINI, G. M., MARENGO, S.M. (2002): "L'uso della salsa di pesce nella testimonianza di un'anforetta urbisalviense", *Picus* XXII, 115-130

FORTI, S. (2003): "Nuovi esemplari di anfore tipo «Grado I» da *Urbs Salvia*", *Picus* XXIII, 101-123.

GASPARI, A, KARINJA, S., ERIČ, M., POGLAJEN, S., ČERČE, P. (2006): "Rimski pristaniški objekt z ribogojnico v Fizinah pri Portorožu: poročilo o raziskava podmorskega najdišča v letih 2004 in 2005", *Annales, Series Historia et Sociologia,* 16, 2, 421-442.

KARINJA, S. (2002): "Antična pristanišča ob slovenski obali", *Kultura* 2002, 259-276.

KOVAČIĆ, V., MARCHIORI, A., TASSAUX, F. (2004): "Loron - Lorun (Parenzo- Poreč, Istria), Una Villa Maritima nell'agro parentino: la campagna di ricerca 2003", *Histria Antiqua* 10, 227-248.

JURIŠIĆ, M. (1997): "Antički ribnjak u uvali Verige na Brijunima", *Izdanja HAD-a* 18, 163-168 (rés.anglais 167-168).

LAFON, X. (1998): "*Piscinae* et pisciculture dans le bassin occidental de la Méditerranée", *JRA* 11, 573-582.

LAFON, X. (2001): *Villa marittima,* Rome (BEFAR 307).

LORON-LORUN (2004): "*Loron-Lorun (Parenzo-Poreč, Istria). Lo scavo di una Villa Marittima nell'agro parentino",* a cura di G. Rosada, *Quaderni di Archeologia del Veneto* XX, 70-82.

PESAVENTO MATTIOLI, S. (2000): "Anfore betiche in Italia settentrionale: direttrici di approvvigionamento e rapporti con le produzioni locali di olio e di conserve e salse di pesce (I e II secolo d.C.)", *Congreso Internacional Ex Baetica Amphorae. Conservas, aceite y vino de la Bética en el Imperio Romano (Ecija y Sevilla 1998),* Ecija, 733-757.

PESAVENTO MATTIOLI, S., BENVENUTI E., (2001): "Due anforette con *tituli picti* dal Veneto", *Quaderni di Archeologia del Veneto* XVII, 169-173.

SANDRINI, G. M. (1988): "Cinque pozzi romani ad Oderzo", *Quaderni di Archeologia del Veneto* IV, 63-88.

SCHRUNK, I., BEGOVIĆ, V. (2000): "Roman estates on the island of Brioni, Istria", *JRA* 13, 253-276.

TASSAUX, F. (1982): "*Laecanii.* Recherches sur une famille sénatoriale d'Istrie", *MEFRA* 94, 1, 227-269.

TASSAUX, F., MATIJASIC, R., KOVACIC, V. (2001): *Loron (Croatie). Un grand centre de productions d'amphores à huile istriennes (Ier-Ive s. p.C.),* Bordeaux (Ausonius-6).

TONIOLO, A. (1987): "I contenitori da trasporto di epoca romana nel Polesine di Rovigo", *Archeologia Veneta* X, 87-128.

ZUPANCIĆ, M. (1989): "Prispevek k topografiji obale Miljskega polotoka", *Kronika* 37, 16-20.

PRODUCCIÓN DE SALSAS Y SALAZONES DE PESCADO EN BENALMADENA-COSTA (MÁLAGA)

G. PINEDA
J. L. PUERTO
Arqueólogos

1.- Introducción.

Benalmádena disfruta de una excelente ubicación geográfica que la incluye necesariamente en las rutas de cabotaje a lo largo de la costa mediterránea y además se relaciona directamente con la vía Augusta, una de las más importantes de la Bética. El conjunto de estas factorías extendidas a lo largo de todo el litoral estarían vinculadas al desarrollo de otro tipo de actividades que complementarían el proceso de producción; las distintas *figlinae* que abastecerían de envases contenedores para su posterior exportación.

Esta población se encontraría entre la ciudad de Malaca y el municipio de *Suel* en Fuengirola, relacionándose económicamente con ambas y utilizando sus puertos para la exportación.

Hasta el momento, se han localizado tres enclaves productores de salsas y salazones de pescado en Benalmádena-Costa (figura 1), todos ellos situados en primera línea de costa: de este a oeste, y siguiendo un orden espacial, ubicamos la factoría de Los Molinillos; a poco más de 500 m., la villa romana de Benalmádena-Costa (Benalroma) y, a unos 5 km. de ésta, la factoría de Torremuelle.

2.- La factoría de "Torremuelle" (figura 2).

Como antecedentes del yacimiento, podemos decir que, a unos 20 kilómetros de Málaga, hay una ensenada que, por la atalaya que allí existe, recibe el nombre de Torremuelle. Dicha rada, "enclave tradicional y obligado durante los temporales de poniente", contaba con un pequeño muelle antiguo, aunque de fecha imprecisa que, como señalaba Temboury (1975, 215), era la única vía comercial de Benalmádena, villa entonces con camino internado dos kilómetros de la costa.

De la denominada villa romana de Torremuelle, se tiene constancia desde mediados del siglo XX. Giménez Reyna denominaba a este lugar "la villa Mauritania" sin que lleguemos a comprender la razón de este topónimo. Dicho investigador en la única nota que publicó sobre el yacimiento, y aunque erró la ubicación colocándolo en las cercanías de Fuengirola (Rodríguez Oliva, 1982, 12), dice que existían "restos de fuertes cimentaciones, pilas salsarias y solerías de

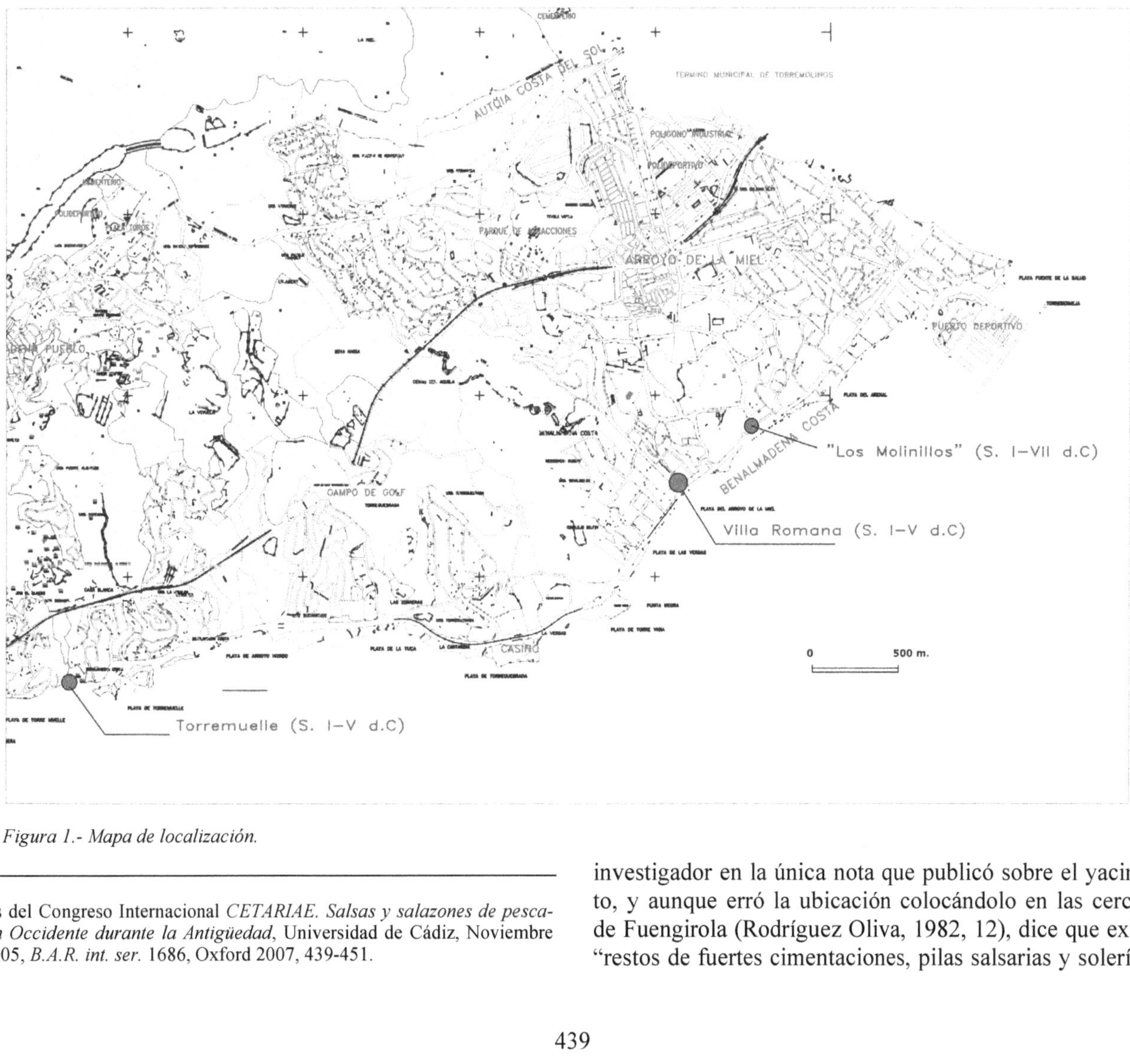

Figura 1.- Mapa de localización.

Actas del Congreso Internacional *CETARIAE. Salsas y salazones de pescado en Occidente durante la Antigüedad*, Universidad de Cádiz, Noviembre de 2005, *B.A.R. int. ser.* 1686, Oxford 2007, 439-451.

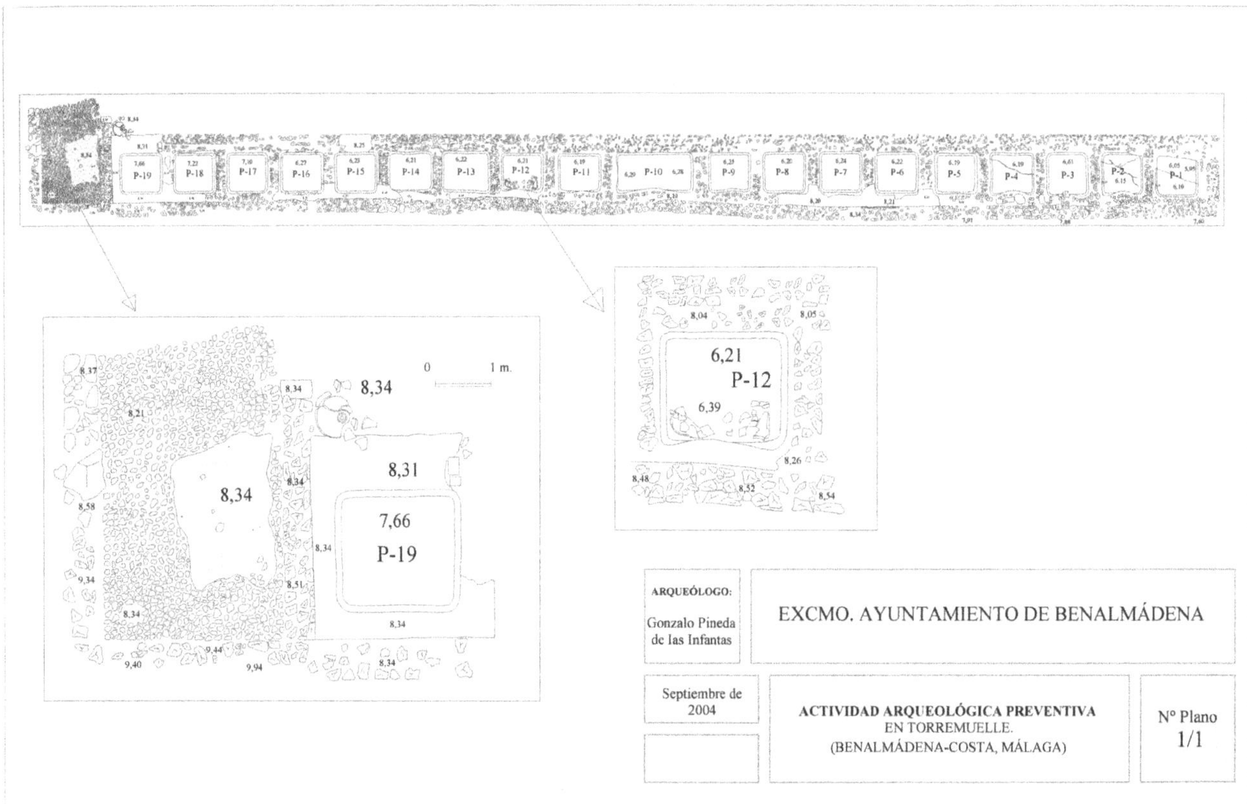

Figura 2.- Planta y detalle del yacimiento de Torremuelle.

opus signinum y con numerosos fragmentos de cerámica por todo el contorno" (Giménez, 1946, 60).

Es difícil precisar a qué corresponderían estas construcciones. Al parecer, "debían formar parte de una villa costera en relación con una factoría de salazones y que la construcción abovedada que tenía un fuerte enlucido de cal en su interior, debía ser un depósito regulador de agua para la villa y la industria de garum" (Rodríguez Oliva, 1982, 12).

Cuando se ensanchó y se modificó el trazado de la carretera, desaparecieron todas las construcciones romanas. Hoy de aquellas construcciones no queda el más leve rastro, siendo su único testimonio algunas fotografías de la época (Rodríguez Oliva, 1982, 12). En 1951, en la cuesta que formaba el declive hacia la playa, se encontró un mosaico junto a restos constructivos que fue levantado y trasladado al Museo de Bellas Artes de Málaga.

Adscrito a este mismo yacimiento, recientemente hemos documentado en una pequeña vaguada, junto al margen derecho de un arroyo, los restos de un complejo industrial salsario, que no se corresponde con los anteriores vestigios conocidos y ya desaparecidos.

Los trabajos arqueológicos se emprendieron con motivo de la ejecución de un vial de acceso en dicha zona; así, se pusieron al descubierto un total de diecinueve piletas en batería con orientación norte-sur y una habitación anexa por el lado norte.

Estas piletas presentaban dimensiones similares (2,00 m. x 1,80 m. de lado x 2,00 m. de fondo) salvo la pileta 10 (figura 3), ubicada justamente en el centro del conjunto, con unas dimensiones de 3,53 m. x 1,80 m. de lado. Todas ellas enlucidas con *opus signinum* y presentaban fondo matado mediante medias cañas, aunque carecían de pocete para la recogida de posos y residuos.

Figura 3.- Factoría vista desde la pileta 9.

Las piletas, en su mayoría habían perdido el revoque superior de *signinum* lo que sirvió en cierto modo para analizar el tipo de fábrica de los muros (compuestos por piedras irregulares de 10-15 cm.).

Esta obra de *incertum* estaba trabada con arcilla verdosa, y mortero de cal y arena (en menor proporción). A ambos lados de las piletas (este y oeste) se localizaban los muros de cierre con orientación norte-sur. Estos muros realizados en *opus incertum,* presentaban argamasa de barro y grava fina.

El muro oeste mostraba en algunos tramos una fuerte inclinación y un notable abombamiento de los paramentos como consecuencia de la presión ejercida por la pizarra del cerro.

El muro de cierre por el lado oeste a la altura de la pileta 19, presentaba una potencia considerable, alcanzando más de un metro de altura al norte de la misma, donde se localizó una dependencia o almacén vinculada a la fábrica (figura 4). La habitación presentaba un pavimento de mortero de cal y arena asentado sobre un empedrado de piedra caliza; había perdido el muro de cierre por su lado este, sin embargo, conservaba aún los restos de un vano que daban acceso a la misma por el lado sur.

Figura 4.- Pileta 19 y almacén contiguo.

Respecto a los materiales aparecidos, destacamos la presencia de cerámicas fundamentalmente altoimperiales del s. I d.C. constituidas principalmente por ánforas salsarias y cerámica de cocina.

En cuanto a las ánforas, destacamos las siguientes formas: La Dr. 18 (s. II a. C. – I d. C.). representada por varios fragmentos a la altura de la pileta 19, junto a la entrada del almacén y asociados a cerámicas de engobe rojo pompeyano y a Beltrán II A; la Beltrán I (s. I d. C.) sólo se registró casualmente en superficie por lo que, al estar disociada de la secuencia estratigráfica, se ha considerado como un dato a tener en cuenta de forma orientativa; sin embargo, esta forma está sobradamente documentada en los cercanos enclaves distribuidos a los largo de la costa de Benalmádena; la Beltrán II B (figura 10, 1) está suficientemente atestiguada en este yacimiento; hemos de incidir en el hallazgo de un ejemplar casi completo junto un pequeño *dolium* en la pileta número 12 con restos de *liquamen* en su interior (figura 5). Junto a esta forma, la Beltrán II A (figura 10, 2 y 3), quizás sea la más característica de este establecimiento, apareciendo en el interior de un buen número de piletas (siendo digno de mención el hallazgo de un fragmento sensiblemente defectuoso); la Dressel 14/Beltrán IV A y B (figura 10, 4 y 5) aparece en niveles de la segunda mitad del siglo I d.C. asociada a cerámicas de engobe rojo pompeyano y a restos de Beltrán II A y B; y por último, la Dressel 17/Beltrán VI, aparece representada por varios fragmentos hallados en el interior de una de las piletas.

Figura 5.- Ánfora Beltrán II B y recipiente ansado entre restos de liquamen.

Entre la cerámica de cocina, contamos con recipientes como cazuelas, platos/tapaderas. Entre las cazuelas se ha registrado la Ostia III, 324 (figura 10, 6) representada por un solo fragmento de borde engrosado y algo colgante; la Ostia II, 303 aparece en niveles de mediados del siglo I d.C.; la Ostia II, 312, en contextos de la segunda mitad del siglo I d. C; la Ostia III, 267 A, aparece en únicamente en superficie, asociados a fragmentos de Ostia III, 324, Ostia I, 261, Lamb. 9 A, ánforas Dr. 14 y T.S.A."A"; la Ostia II, 306 de borde bífido y ennegrecido, paredes del cuerpo suavemente convexas y ligeramente exvasadas; y un fragmento en superficie de Raqqada 1973, Tav LIII, D1, forma muy poco frecuente, documentada tan solo en Raqqada (Túnez), Alicante y la Tarraconense, testimoniándose desde finales del siglo II d.C. hasta finales del III d.C. (Aguarod, 1991, 291).

En cuanto a los Platos/Tapaderas se han registrado la Ostia III, 332; un probable fragmento de Burriac 38,100 de pasta pajiza (por lo que podríamos estar ante un producto de imitación de los originales itálicos); la Celsa 79.15 (en niveles de abandono de mediados del siglo I d.C. asociados a fuentes de barniz interno rojo pompeyano); y la Ostia I, 261 (figura 10, 7) de borde engrosado de sección triangular, representada por varios fragmentos en superficie.

El resto de la cerámica común lo constituyen algunos fragmentos de dolia, ollas, morteros y jarros. Contamos con algún ejemplar casi completo de olla globular con ranura en el borde asimilable al tipo 1 A de Vegas. Varios fragmentos de mortero (Vegas 7) de arcilla clara, borde engrosado, visera y sin estrías al interior; dolios (Vegas 49) y jarras con asa y cuello largo (Vegas 38) así como jarros de pasta rojiza, cuello corto y pico vertedero; esta forma aparece bien fechada en esta factoría en niveles de mediados del siglo I d.C. y sus paralelos más cercanos los podemos localizar en "Los Molinillos" de Benalmádena-Costa.

En cuanto a la vajilla de mesa documentada en este yacimiento, es indudable que es más bien escasa, no obstante, se han podido recuperar cerámicas constituidas por sigillatas gálicas (Drag. 27; Drag. 15/17, Drag. 18 y Drag. 37 con decoración de ovas, lengüetas y guirnaldas), y algunos fragmentos en superficie de hispánicas (Drag. 27; Drag. 15/17 y Drag. 18) y africanas "A" (Lamb. 1 A fechada entre finales del siglo I d.C. y mediados del siglo II d.C. y Lamb. 4/36 A con decoración de barbotina en el borde y una cronología que abarca buena parte del siglo II d.C.).

Mención aparte merecen las cerámicas de engobe rojo pompeyano que, de todo el material cerámico registrado, constituyen un conjunto cuantitativamente interesante. Se localizaron varias fuentes con engobe rojo al interior, asimilables a la Luni 5/Haltern 75 A (figura 10, 8) con borde ligeramente entrante, pared suavemente convexa, fondo plano, y al interior, una serie de bandas de estrías paralelas compuestas por grupos. Este conjunto de cerámicas aparecen bien fechadas en niveles de la segunda mitad del siglo I d.C. junto a tapaderas y ánforas salsarias Beltrán II A y Beltrán IV, y asociadas asimismo a unos recipientes con forma de cazuela (figura 10, 9) de gran diámetro, cuerpo casi vertical, base plana, saliente al exterior y borde bífido, fabricadas con pastas similares a las fuentes de engobe rojo pompeyano.

En conclusión, tenemos constancia de que en este enclave se desarrollaron importantes actividades industriales relacionadas con la elaboración de salazones y salsas de pescado.

A través de las estructuras murarias, el material cerámico y los restos orgánicos, se ha podido determinar el tipo de producto elaborado y la duración de dicha actividad en este enclave.

Durante el desarrollo de la excavación arqueológica, las estructuras evidenciaban la localización de un centro donde se desarrollaron importantes actividades fabriles relacionadas con la explotación de los recursos marinos, mientras que el conjunto de ánforas halladas *in situ*, además de corroborar el tipo de actividad desarrollada, nos aportaban datos cronológicos y, con el abandono de éstas, la duración de la actividad en la factoría. Así pues y a tenor del material arqueológico exhumado, se interpreta que este centro inició su actividad en época augustea, sufriendo un abandono en época flavia.

Salvo la pileta central del conjunto (de forma rectangular y capacidad de 12,7 m^3), el resto de las piletas presentan las mismas dimensiones, casi cuadrangulares y una capacidad aproximada de 7,2 m^3; contabilizando las 19 piletas, la capacidad total aproximada de la fábrica, rondaría los 142,3 m^3. Tradicionalmente se han asignado las piletas de mayor tamaño para la elaboración de salazones y las más pequeñas para el *liquamen*; partiendo de esta premisa, barajamos la hipótesis de que, en esta fábrica, se elaboraron salsas en mayor proporción, siendo utilizada únicamente la pileta central para salazones. Esta suposición se ve ratificada por el hallazgo en la pileta nº 12 (UEM 28) de restos de *liquamen* en el interior de una Beltrán II B y un dolio ansado de pequeñas dimensiones.

Este complejo industrial, probablemente integrado en un comercio floreciente durante los primeros siglos del imperio, además de abastecer las necesidades de la villa exportó el preciado producto en ánforas fabricadas para este fin. Todo parece indicar que, en la segunda mitad del siglo I d.C. atravesó por momentos de dificultad o sufrió un abandono repentino por causas que aún se desconocen, aunque el material hallado en superficie determina una perduración de carácter residual en la zona durante al menos los tres primeros cuartos del siglo II d. C.

Estas construcciones fabriles, con evidentes relaciones tipológicas con otros conjuntos conocidos en la *Mauritania Tingitana*, siguieron unos patrones de asentamiento: la *pars rustica* se instaló junto a un pequeño arroyo que debió abastecerles de agua dulce para la limpieza del pescado; asimismo se ubicaron junto al mar para obtener la materia prima (pescado) y la sal, necesaria para la maceración de los productos. Del mismo modo, este enclave estaba situado frente a un pequeño puerto natural o ensenada que podría haber facilitado el embarque y desembarque de los productos que llegaban a la zona. En esta línea de investigación, un dato a tener en consideración es el hallazgo de dos ánforas salazoneras (Dressel 10 y Callender 6) en las aguas cercanas a esta ensenada (Rodríguez Oliva, 1982, Lam. VI).

3.- La factoría de "Los Molinillos" (figura 6).

En verano de 2002 el Excmo. Ayuntamiento de Benalmádena paralizó las obras de cimentación de un hotel, debido a que, durante los trabajos de rebaje, se pudieron apreciar en los perfiles restos arqueológicos que denotaban cierta entidad, procediéndose a realizar la preceptiva excavación de urgencia, a pesar de que más del 50% del yacimiento ya había sido arrasado.

El yacimiento se localiza en la C/ García Lorca esquina Av. Antonio Machado de Benalmádena-Costa (Málaga), situado en primera línea de playa, en la margen izquierda de un pequeño arroyo y a 530 metros al este de la villa de Benalmádena Costa.

Finalizada esta intervención y a tenor de la relevancia y singularidad de los restos, se estimó oportuno ampliar la investigación en la parcela colindante, sita en C/ García Lorca 3, con objeto de delimitar en la medida de lo posible el yacimiento, realizándose así pues la campaña de 2003.

Recientemente, durante el verano de 2005, se ha podido ampliar aún más el conocimiento de este enclave con motivo de la instalación de unas tuberías pluviales en la Avda. Antonio Machado (N-340) que han permitido localizar la zona

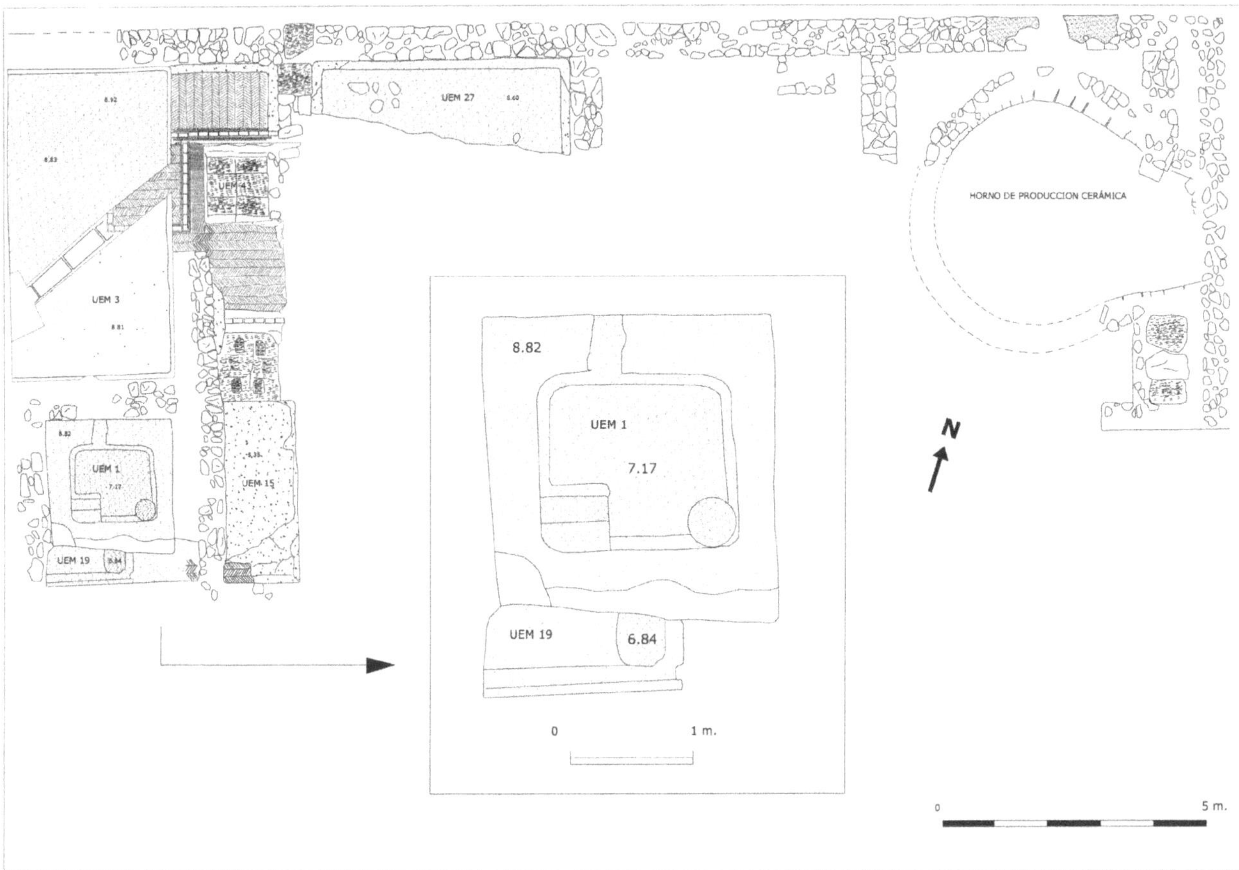

Figura 6.- Planta y detalle del yacimiento de Los Molinillos.

residencial vinculada a los primeros momentos de actividad industrial en la factoría, fenómeno corroborado por la presencia de un conjunto termal y lujosas estancias ornamentadas con pavimentos de *opus tesselatum*. La reutilización de estos espacios residenciales hacia mediados del siglo III d.C., viene a coincidir con el cese de la producción del aceite en favor de la de salazones, momento en el que se intensifican las producciones locales de Keay XXIII y las cazuelas de imitación dc cocina africana.

Figura 7.- Piletas salsarias amortizando la factoría altoimperial oleícola.

Figura 8.- Torcularium de aceite amortizado por piletas de la factoría de salazones.

Los materiales y estructuras de los primeros niveles, algo alterados por las cimentaciones de las viviendas y locales demolidos, estaban otorgando una cronología muy tardía, en torno al siglo VI-VII d.C. No obstante, y a pesar de los niveles de pérdida o deterioro, gran parte de las estructuras arqueológicas presentaban un buen estado de conservación.

A pocos centímetros de la superficie se hallaron varias piletas: la primera de ellas cuadrangular (de 160 x 130 cm. de ancho x 165 cm. de fondo) revestida de *opus signinum* de buena calidad (figura 7); presentaba dos escalones que daban acceso al fondo por la esquina suroeste y el ángulo sureste presenta un pocete circular para la limpieza de posos y residuos. Esta pileta fue construida sobre otra más antigua con distinta orientación y fuerte enlucido de *signinum*, esquinas matadas mediante medias cañas y, en uno de sus ángulos, pocete con las esquinas curvas.

Separada de la anterior por un tramo de muro de *opus incertum*, localizamos hacia la zona norte otra pileta (UEM 3), de mayores dimensiones aunque de escasa profundidad. Dado el grado de inclinación, el vertido de líquido de ésta a la anteriormente descrita era posible a través de un sumidero de plomo revestido de *signinum* que atravesaba el muro de separación entre ambas. Al oeste de la pileta (bajo su cimentación), fue localizado un pavimento de *opus latericium* en buen estado de conservación; este pavimento compuesto por ladrillos macizos se asentaba a su vez sobre otro pavimento con fuerte enlucido de *signinum*, asociado a un ara de *spicatum* vinculado a los primeros momentos de ocupación de la factoría, relacionados con la producción del aceite.

Al este de la UEM 3, se localizaron varios pavimentos de *opus spicatum,* amortizados por la UEM 3 y que formaban parte de la infraestructura de un *torcularium* de aceite (figura 8); seguidamente a estas estructuras, fue localizada otra pileta (UEM 27), arrasada en su mitad sur y de características similares a la UEM 3, (tanto en sus proporciones como en su profundidad).

La zona norte del yacimiento, se presentaba bien delimitada por un muro de *opus incertum* que lo atravesaba de este a oeste; a tenor del material arqueológico hallado extramuros y, en base a la disposición de la secuencia estratigráfica, fue interpretado como el muro de cierre de la zona industrial por su lado norte. No obstante, se localizaron algunos materiales en contexto de vertedero y una pileta (UEM 27) revestida de *signinum* de poca consistencia, y en mal estado de conservación, con dos escalones para su acceso y pocete circular para limpieza de posos y residuos.

En la zona más oriental, junto a la calle García Lorca, se localizó en los inicios del rebaje, una estructura de piedras de forma ovalada perteneciente a la parte superior de los restos de un horno. Los materiales hallados en el interior abarcaban una cronología de entre mediados del siglo III a finales del siglo IV d.C. Se comprobó que, la bóveda y gran parte de la cámara de combustión o *laboratorium* estaba arrasada; y la parrilla y la columna que la sustentaba, también habían desaparecido.

La cámara, de gran tamaño y forma ovalada, estaba formada por hiladas de ladrillos superpuestos. En cuanto al *praefurnium* (orientado hacia el este), solo pudo excavarse el tramo que le unía a la cámara de combustión ya que el resto se introducía bajo la calle García Lorca. Un muro de *opus incertum*, fechado entre los siglos V-VII d.C., atravesaba perpendicularmente el *praefurnium* quedando arrasado en su mitad superior.

Antes de abordar el estudio de material de los inicios del Imperio, debemos tener en consideración el hallazgo de cerámicas de carácter residual de época tardorepublicana proveniente de la zona, tales como algunos fragmentos rodados de campaniense C, o de Dressel 1 C (figura 10, 10).

En cuanto a los restos de época altoimperial, destacamos las ánforas para el transporte de salsas y salazones de pescado Beltrán I o VI (ampliamente documentadas a lo largo de toda la costa malacitana); restos de ánfora olearia de producción sudhispánica Dr. 20 / Beltrán V (muy presentes también en los yacimientos de la provincia) y las Beltrán IV / Dr. 14.

Todos estos restos, además de escasos, aparecen de forma muy fragmentada por lo que ha sido de gran dificultad su adscripción topológica.

Entre las cerámicas comunes, destacamos las de cocina, tales como tapaderas de producción itálica de borde prolongado y vuelto al exterior asimilables al tipo Celsa 80.8145, o las de cocina africana Ostia III, 332, de borde diferenciado y ennegrecido (de gran difusión en el mediterráneo occidental, en Hispánia, en la Bética y en la provincia malagueña).

También tienen cabida en esta intervención, las jarras de cuello corto y pico vertedero, pasta anaranjada y manchas grisáceas sobre la superficie, asimilables a la forma Gosse 1950, 510 (figura 10, 11), registrados en yacimientos como el Castillón o la Fábrica (Serrano, 1997, figura 21) y fechados en los siglos I-II d.C.

Entre los productos de vajilla de mesa, aunque muy escasa, se han podido documentar varios fragmentos de cerámica de paredes finas, producidas en la Bética con arcillas finas, depuradas y homogéneas, de color ocre claro y engobe con reflejos metálicos; sigillatas sudgálicas con motivos decorativos vegetales, de ovas y lengüetas; sigillatas hispánicas (Drag. 37) y fragmentos de sigillata clara "A" Lamboglia 3A/Hayes 14 de mediados del siglo II d.C.

En cuanto a la época bajoimperial, destacan sobremanera los restos hallados en el laboratorio del horno, tales como las ánforas de origen sudhispánico y las cazuelas de imitación de originales africanos producidas en este enclave: entre las ánforas, se han registrado las salsarias Keay XXIII/Almagro 51 a-c (figura 10, 12 y 13), fechadas entre mediados del siglo IV y mediados del V d.C., ampliamente representada en el municipio como en la villa romana (Pineda de las Infantas, 2004) y en la provincia como en Calle Cerrojo 24-26 (Pineda de las Infantas, 2002, 483), Faro de Torrox (Rodríguez Oliva 1997, 297) o Huerta del Rincón (Baldomero *et alii,* 1997, 157); se han registrado también las ánforas destinadas al transporte de vino bético Beltrán 68 (figura 10, 14), fechadas entre mediados del siglo III y finales del siglo IV d.C e incluso inicios del V. d.C. (Bernal, 1998) y registradas en yacimientos como calle Cerrojo 24-25 (Pineda de las Infantas, 2002, figura 2. 8) aunque el volumen de producción y exportación de estas mercancías era muy restringida (Bernal, 1997, 249).

Aparte de éstas formas, se han documentado también, otras de producción sudhispánica de gran difusión en los territorios malacitanos como la destinada al transporte de salazones Keay XIX (figura 10, 15), (sustituta de la Beltrán I a mediados del siglo III d.C.) y la olearia Keay XIII/Dr. 23, (suplente de la Dr. 20/Beltrán V en época Bajoimperial).

Se registra también la ánfora olearia del tipo Keay XLI (siglos IV-V d. C) de la que sólo contamos con un pivote.

De los contextos del siglo VI-VII d.C. destacamos los restos de pequeñas ánforas de posible origen baleárico (Reynolds, 1995, 63) como la Keay LXXIXA (figura 5, 16), de cuerpo globular, cuello alto, pasta anaranjada con pocas inclusiones y pequeñas incisiones en la superficie. Paralelos cercanos los podemos encontrar en Molina Lario (Navarro *et alii*, 1997, 83) o en Torreblanca del Sol (Puertas, 1986-87, 160 A-5 nº 4).

En cuanto a las de procedencia norteafricana, tan solo se han podido registrar algunos fragmentos representativos de los siguientes tipos:

Keay IV/Africana IIA, Keay XXIV, Keay XXVB (figura 10, 17), Keay XXVP, Keay XXVIF o *Spatheion* de reducidas dimensiones, destinada principalmente para el transporte de salazones, y de la que sólo contamos con algunos fragmentos; y la Keay LXII/Beltrán 59 (figura 10, 18), representada por un solo fragmento de pivote, hallado en contextos del siglo VI-VII d.C.

En niveles del siglo V al VII d.C. se han registrado varios jarros, uno de ellos casi completo, de pasta anaranjada y cuello alargado, un jarro completo de pasta clara, cuello alargado y abundante desgrasante y, en niveles del IV-V d.C. un jarro de paredes delgadas, pasta ocre y fino desgrasante.

Las cazuelas de imitación de cerámica de cocina africana constituyen un conjunto cuantitativamente importante. En estas imitaciones, en las que la semejanza respecto a la forma es bastante cercana, el acabado de la pieza es totalmente desigual; es decir se imita la forma pero no el acabado. Las dos formas imitadas son la Ostia III, 267 (figura 10, 19) y la Lamboglia 10 A (figura 10, 20). En ambas se utilizan pastas marrones anaranjadas con abundante desgrasante y gran porosidad. Las cazuelas carecen de engobe anaranjado, pátina gris cenicienta y en la mayoría de lo casos, de estrías.

Grosso modo, estas formas se ubican cronológicamente entre los siglos II al V d.C., aunque debemos considerar que las imitaciones deben ser por lo general posteriores a sus originales (Serrano, 2000, 37). En esta intervención, las imitaciones aparecen bien fechadas en niveles de finales del siglo IV e inicios del V d.C., asociadas a ánforas Keay XXIII y Beltrán 68.

Durante el desarrollo de los trabajos también pudieron documentarse en niveles de los siglos IV al V d.C. cazuelas de origen africano Lamboglia 9A/Hayes 181; un ejemplar de cazuela Atlante CVIII, 3, varios fragmentos de Lamboglia 10 A/Hayes 23B, y tapaderas de borde ahumado de la forma Ostia I, 261, muy representada en todo el mediterráneo occidental.

En cuanto a la vajilla de mesa de los siglos III-IV d.C., destacamos la sigillata clara "C" de la forma Hayes 50/Lamboglia 40; de los siglos IV-V d.C. las Hayes 61/Lamboglia 54 y la Hayes 67/Lamboglia 42; y de los siglos V-VI d.C. la Hayes 91/Lamboglia 24-25,38 y la Hayes 99/Lamboglia 1.

También se han registrado varios fragmentos de *terra sigillata focense tardía* cuya cronología de fabricación se situaría entre el siglo V e inicios del VII d.C. Entre ellas destacamos una fuente de la forma Hayes 3 de pasta anaranjada y borde con saliente exterior sobre el que aparece una decoración de ruedecilla característica de estas cerámicas; esta forma está ampliamente representada en yacimientos de la provincia (Teatro romano, colegio de San Agustín, Molina Lario, Torreblanca del Sol, Cártama, Antequera, Villanueva del Rosario y el Serrato).

Son frecuentes también las cazuelas de borde ondulado, los morteros (alguno de ellos con incrustaciones de piedra abrasiva en la superficie interna), los lebrillos y los dolios.

Otro capítulo importante dentro del material cerámico en la antigüedad tardía lo constituyen las cerámicas a torno lento (fechadas en niveles de los siglos VI-VII d.C.) y cuyo repertorio tipológico se limita exclusivamente a recipientes de cocción de alimentos como las ollas y cazuelas de cochura reductora con gruesas y abundantes partículas de cuarzo y mica, superficies poco depuradas y gran porosidad. Las cazuelas presentan el borde ligeramente hacia el interior, las paredes curvas y el fondo normalmente convexo; las hay con o sin asidero constituidos por mamelones en forma de media luna o cordones con decoración digital. Las ollas a torno lento pueden presentar paredes verticales pero son más frecuentes las de paredes globulares y borde vuelto hacia el interior (figura 10, 21 y 22).

La excavación arqueológica ha proporcionado una cantidad ingente de utensilios de metal entre los que destacan los utensilios de pesca para reparación de redes, los anzuelos de varios tamaños y varios utensilios de forma alargada con lengüetas en las extremidades, interpretados como pesas vinculadas a las actividades pesqueras.

Además de estos objetos metálicos, se hallaron escorias y abundantes fragmentos de plomo fundido, muy utilizado para la fabricación de láminas utilizadas en la permeabilización de los sumideros de las piletas o los *canales* del *torcularium*.

De todo ello se infiere que, en este enclave, se desarrollaron importantes actividades industriales desde el siglo I d.C. hasta al menos, comienzos del siglo V d.C., momento en el que se confirma el cese de la producción de envases destinados fundamentalmente al transporte de salazones.

Gracias a la distribución, superposición de estructuras y lectura de las secuencias estratigráficas, se han podido corroborar varias fases de ocupación en la zona.

El primer momento de ocupación estuvo vinculado a la producción de aceite elaborado en un *torcularium* de *ara quadrata* y pavimento de *opus spicatum* con al menos dos prensas que vertían el líquido oleaginoso a piletas o *labra* (hoy desaparecidas).

Este comercio, tan floreciente en los primeros siglos del Imperio, parece que atravesó por momentos de dificultad a partir de la denominada crisis del siglo III d.C. Este fenómeno viene a coincidir posiblemente con el cese de esta actividad entre mediados del siglo III y el siglo IV d. C., momento en el que se intensifican las producciones de ánforas destinadas al transporte de salazón (Keay XXIII) y las cazuelas de imitación de cocina africana (utilizadas posiblemente para acelerar el proceso de elaboración del *garum*).

La secuencia estratigráfica de los primeros siglos del Imperio aparece en gran parte alterada por los momentos de ocupación posterior (época tardorromana), por lo que la interpretación secuencial de los primeros momentos de ocupación ha sido más compleja. Por ello, entendemos que la escasez de material altoimperial no implica la debilidad de la actividad industrial sino una pérdida de información en pro de la de época tardorromana, que causaron las alteraciones estratigráficas.

Estas consideraciones generales en torno a la producción del aceite, nos permiten suponer que en los primeros momentos de ocupación de la villa (situada a tan solo 530 m.) se iniciaron las actividades industriales a lo largo de toda la costa benalmadense.

A grandes rasgos, se determina el abandono de la producción oleícola a finales del siglo II d.C. o inicios del III d.C. siendo sustituida esta actividad por la producción de salazones y derivados de la misma hasta al menos, los inicios del siglo V. d.C. (ratificado por los niveles de abandono en el *laboratorium* del horno y el cese de producción de envases relacionados con este producto dentro del complejo industrial). No obstante, este fenómeno no implicaría el abandono total de la zona, evidenciado por el registro de material arqueológico, donde se observa una continuidad hasta al menos, finales del siglo VII d.C. otorgándole una cronología similar de perduración al cercano yacimiento de Torreblanca del Sol.

La reocupación y reestructuración de la factoría oleícola en época tardorromana por un nuevo complejo dedicado a la producción de salazones, se ve corroborado por la amortización de las estructuras Altoimperiales por piletas de *signinum* y la intensificación de producciones cerámicas destinadas a esta finalidad (Keay XXIII) y el hallazgo de numerosos utensilios relacionados con la pesca (anzuelos, plomadas y herramientas para reparación de redes). Esta reocupación, probablemente estuvo motivada por la espléndida ubicación de la fábrica (en primera línea de costa) y por su proximidad al denominado arroyo de la Nea, situado a 50 m. al oeste (que les abasteció de agua dulce durante el desarrollo de las actividades); también es indicativo que, gran parte del muro de cierre de la fábrica oleícola (con una factura excepcional de sillarejos y una potencia de casi un 1,50 m.), permaneció intacto, por lo que se infiere que, parte de la infraestructura antigua fue de gran utilidad para el establecimiento de la factoría salazonera.

4.- Villa romana de Benalmádena-Costa, "Benalroma" (figura 9).

En 1980, a raíz de la plantación de una palmeras, fue descubierto casualmente un yacimiento en la carretera N-340 a su paso con el cruce de la Av. Las Palmeras de Benalmádena-Costa; los movimientos de tierra, pusieron al descubierto algunos materiales de época romana, por lo que, se solicitó el preceptivo permiso de excavación y se efectuaron varias campañas arqueológicas dirigidas por D. Pedro Rodríguez Oliva (1982 y 1985). Los resultados de estas campañas, revelaron la existencia de una villa altoimperial cuyos inicios se sitúan en época augustea. Los primeros momentos de ocupación de la villa romana de Benalmádena-Costa, caracterizada por su esplendor y auge económico en sus inicios, estuvo vinculada a la producción salazones hasta finales del siglo IV d.C. El yacimiento fue parcialmente destruido por lo que se desconoce la entidad de gran parte de estructuras arrasadas. No obstante, el hallazgo de algunas pilas salsarias y los abundantes restos cerámicos y anfóricos afines a estas actividades industriales, ponen de manifiesto la importante actividad económica relacionada con la producción de *garum* y salazones que debió desarrollarse en torno a la villa.

Las estructuras de la villa se fabricaron con mampostería trabadas con barro, aunque también se han documentado fábricas con alternancia de paños de mampuestos intercalados con sillares de arenisca que recuerdan el conocido sistema constructivo de *opus africanum*. En las primeras intervenciones arqueológicas, se localizaron dos pilas salsarias revestidas de *signinum*, una de ellas de 3 x 2 m. y pocete circular para la limpieza de residuos; la otra (de 2 x 1 m.), presentaba también pocete, y estaba asociada a una canalización proveniente de una fuente que atravesaba de norte a sur el *viridarium* de la villa.

La villa en cuestión, ha sido objeto recientemente de distintas campañas en el marco de una investigación puntual o sistemática. En estas intervenciones se localizaron varios depósitos enlucidos de *signinum*; estos aljibes fueron parcialmente excavados ya que, las estructuras, al introducirse bajo la medianera de un hotel, imposibilitaban su documentación integral; uno de ellos, medía más de 15 m. de largo por al menos 1 m. de ancho; presentaba un escalón de acceso por su lado norte y una profundidad de casi 1,80 m.; por sus dimensiones, esta estructura pudo estar fácilmente relacionada con las reservas de agua y aprovisionamiento de la villa. De las otras dos estructuras, aunque también incompletas, guardaban más similitud con pilas salsarias, aunque por el momento no se ha determinado su funcionalidad: una de ellas, apenas pudo excavarse por su dificultad; la otra (de 3,5 x 2 m.), situada a poco más de 1m. al norte del gran depósito descrito, presentaba varios escalones para su acceso.

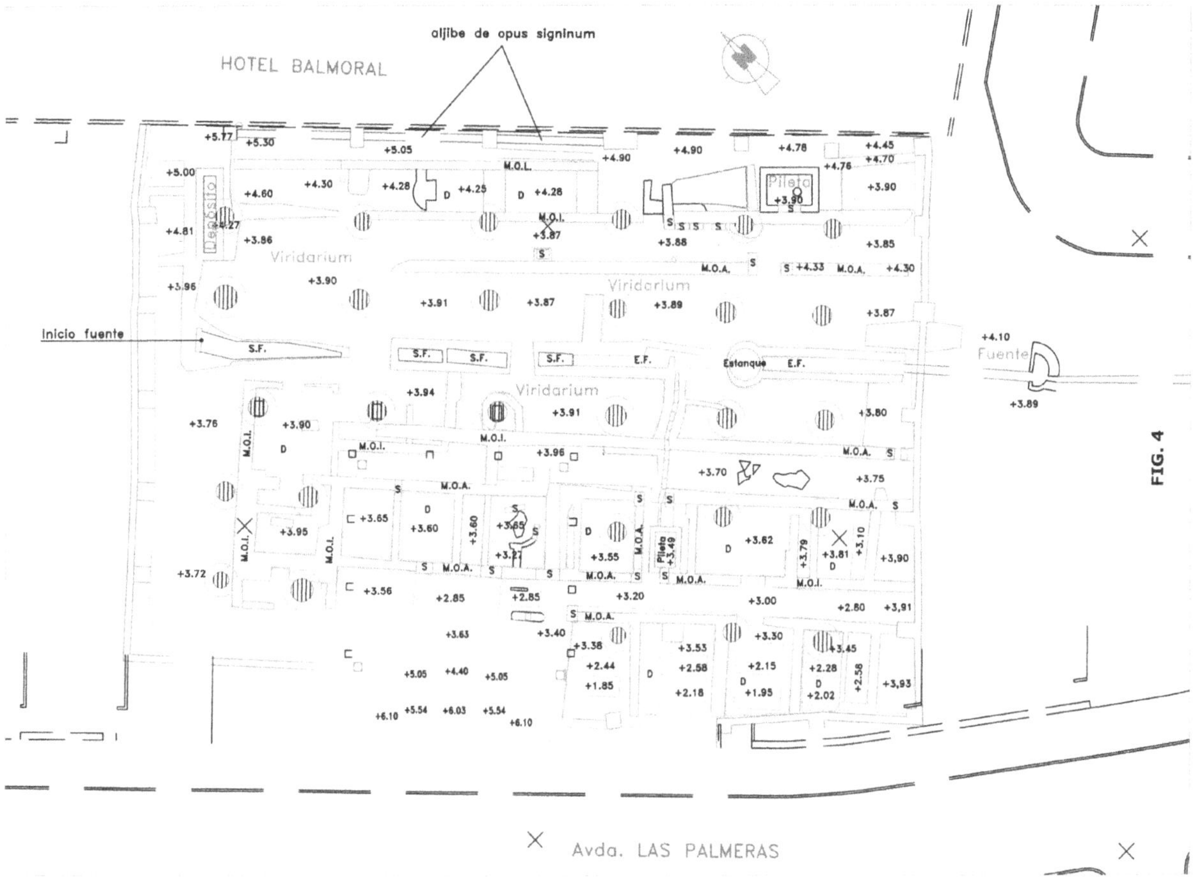

Figura 9.- Planta y detalle de la villa romana de Benalmádena-Costa.

En cuanto a los restos muebles, el sector oeste del yacimiento, con una potencia estratigráfica de casi 1,50 m., ha proporcionado la práctica totalidad del material arqueológico, ofreciendo así una gran variedad de formas y tipos comprendidos entre los siglos I y IV d.C.

El material cerámico de finales del último cuarto del siglo I a.C. e inicios del siglo I d.C. aparece asociado a los primeros momentos de ocupación de la villa. Junto a las cerámicas de producción local, destacan las producciones itálicas. A partir del último cuarto del siglo I d.C., y asociado a algunas formas de sigillatas gálicas e hispánicas, aparecen las primeras producciones africanas entre las que figuran las sigillatas claras "A" y las cerámicas de cocina.

De la terra sigillata itálica, destacamos algunos fragmentos situados sobre los niveles estériles de la villa y que nos indican los primeros momentos de ocupación.

La terra sigillata gálica constituye un conjunto cuantitativamente más importante que el de las itálicas. Las formas mas representadas son las lisas aunque tampoco faltan los fragmentos con decoración de escenas figurativas y vegetales o a la barbotina.

La terra sigillata hispánica se localiza fundamentalmente en niveles de inicios del siglo II d.C. asociado a las primeras producciones de terra sigillata africana "A" y las cazuelas Lamb. 9a /Hayes 181, Lamb. 9b/Hayes 27, Lamb. 10A/Hayes 23B y Ostia III 267A/Hayes 197.

Los escasos fragmentos cerámicos de paredes finas aparecen asociados a niveles de comienzos del siglo I d.C. aunque también se localizan algunas producciones locales en niveles más tardíos.

En cuanto a las producciones africanas, la terra sigillata africana "A" se documenta en niveles de comienzos del siglo II d.C. con perduración de algunas formas hasta el siglo III d.C.

Entre las cerámicas de cocina de los primeros niveles de ocupación, destacan las ollas de producción itálica, cuerpo globular y borde engrosado y vuelto hacia adentro correspondiente al tipo 2 de Vegas. Contamos también con fragmentos de olla de cuerpo globular y borde vuelto hacia afuera del tipo Vegas 1, y las de borde engrosado y levantado en su extremo correspondiente al tipo 3 de Vegas.

Respecto a las cazuelas, contamos con las de borde horizontal y engrosado que podríamos relacionar con el grupo 30 de *Luni* y algún ejemplar de importación africana con borde bífido correspondiente a la forma Ostia II 306, Ostia I, 270, y Ostia III, 324.

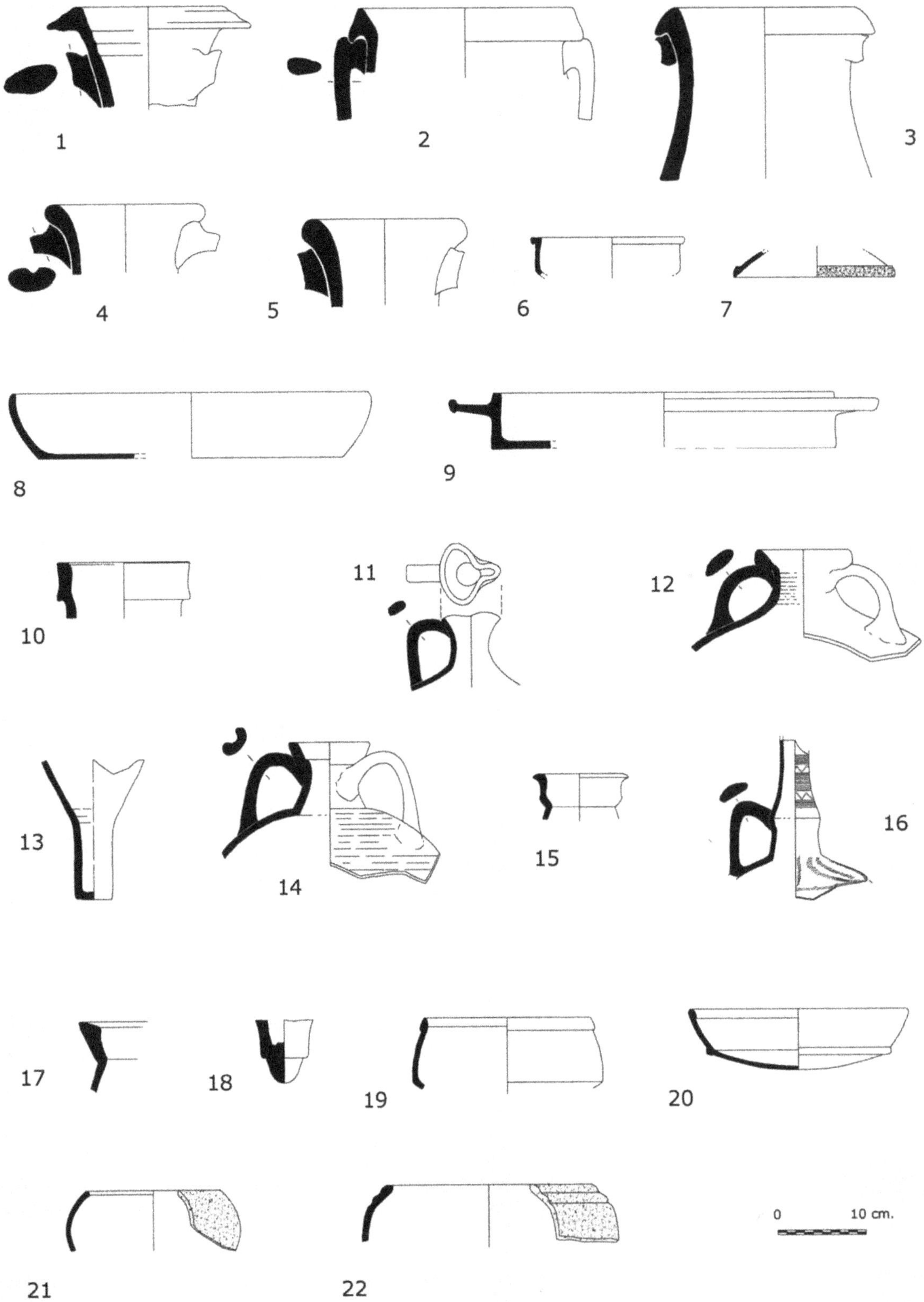

Figura 10.- Contextos cerámicos.

Entre las tapaderas tenemos representada la forma Ostia III, 332 y las tapaderitas de ánfora de pasta ocre o pajiza y con la parte superior agujereada asociadas al tipo 62 de Vegas.

Se han registrado también grandes recipientes de producción local, como barreños de forma troncocónica correspondiente al tipo 12 de Vegas. Y en niveles del siglo II d.C. morteros (tipo Vegas 7) de pasta ocre o amarillenta de producción local.

En cuanto a los restos anfóricos, las más representativas son las Dr. 10 (figura 11), fechadas en contextos de los inicios del siglo I d.C. aunque también están ampliamente documentadas las Dr. 7-11/Bel. I; Bel. IIB; Dr. 12; Dr. 14; Dr. 20 y Dr. 17.

Figura 11.- Depósito de ánforas Dressel 10.

Respecto a la cerámica del Bajoimperio, es muy abundante, especialmente la del siglo III d.C. siendo más escasos los materiales del siglo IV d.C.

Entre las cerámicas de cocina, las producciones africanas ocupan el conjunto más cuantitativo:

Las cazuelas más abundantes las constituyen las Lamb.10 A y B, sobradamente documentadas en el territorio malacitano. Asociadas a éstas, contamos con un amplio conjunto de cazuelas Ostia III, 267 A y B; y en menor medida con Lamb. 9 A. Como complemento de las ollas y cazuelas, contamos con un amplio conjunto de tapaderas halladas en contextos del siglo III y IV d.C. entre ellas, la más abundante es la Ostia I, 261; aunque también se han registrado fragmentos de Ostia I, 262/Hayes 195. Y entre las de producción local son abundantes las de color ocre o pajiza y generalmente con arcillas y acabados poco depurados.

En cuanto a los recipientes para almacenamiento, se han documentado al igual que en los niveles altoimperiales, varios fragmentos de *dolia* (Vegas 49) de arcillas claras.

Entre las ánforas de época tardía, contamos con producciones locales y producciones africanas. Entre las primeras destacan la Keay XIX/Almagro 51 a-b y la Keay XXIII/Almagro 51 a-c; respecto a las africanas se han podido documentar la Keay IIIB, Keay IV, Keay VI, Keay XXV? y Keay LXIIQ.

Además de los hallazgos numismáticos, se han documentado otros metales constituidos por utensilios de pesca, como varios anzuelos, plomadas e instrumental para reparación de redes.

Los estudios derivados de las intervenciones, ponen de manifiesto que la villa experimenta una reestructuración, evidenciado por el abandono y destrucción de las dependencias residenciales ricamente ornamentadas; es entonces cuando este espacio se organiza probablemente para actividades relacionadas exclusivamente con la explotación de los recursos marinos y como vivienda de pescadores y trabajadores vinculados a este tipo de actividades, obviando todo tipo de lujo y decoración y dando paso a una villa de carácter más sobrio.

Las últimas investigaciones, han puesto de manifiesto la fehaciente relación entre la villa y el centro productor de Los Molinillos; una vinculación suficientemente atestiguada por el hallazgo de los restos cerámicos documentados en la villa, provenientes de las producciones de Los Molinillos en contextos de finales del siglo IV d.C. Este dato es significativo ya que, el momento de inactividad industrial salazonera en la factoría, coincide con el momento de abandono de la villa romana.

Bibliografía

AGUAROD OTAL, C. (1991): *Cerámica romana importada de cocina en la Tarraconense*, Zaragoza.

ALARÇAO, J. DE. (1974): *Cerámica común. Local e regional de Conimbriga*, Coimbra.

AQUILUÉ, X. "La cerámica común africana" en *Monografies Emporitanes VIII*, 61-72.

ATENCIA PÁEZ, R. (1998): *La ciudad romana de Singilia Barba (Antequera, Málaga)*, Málaga.

ATLANTE (1981): *Atlante delle forma ceramiche I. Cerámica fine romana nel Bacino Mediterraneo medio e tardo imperio, Enciclopedia dell'Arte Antica Classica e Orientale*, Roma.

BAENA DEL ALCAZAR, L. (1997): "Arquitectura y tipología de los hornos romanos malacitanos", *Figlinae Malacitanae*, Málaga. 95-106.

BALDOMERO NAVARRO, A. *et alii.* (1997): "El alfar romano de la Huerta del Rincón: síntesis tipológica y momentos de producción", *Figlinae Malacitanae*, Málaga, 147-176.

BELTRÁN LLORIS, M. (1990): *Guía de la cerámica romana*, Zaragoza.

BELTRÁN FORTES J. Y LOZA, M. L. (1997): "Producción anfórica y paisaje costero en el ámbito de la Málaga romana durante el Alto Imperio", *Figlinae Malacitanae,* Málaga, 106-146.

BERNAL CASASOLA, D. (1997): "Las producciones anfóricas del Bajo Imperio de la antigüedad tardía en Málaga: estado actual de la investigación e hipótesis de trabajo", *Figlinae Malacitanae,* Málaga, 233-259.

BERNAL CASASOLA, D. (1998): "Las producciones anfóricas del taller", *Los Matagallares (Salobreña, Granada). Un centro romano de producción alfarera en el siglo III*, Salobreña, 231-305.

BERNAL CASASOLA D. *et alii.* (1998): "Las cerámicas comunes de producción local", *Los Matagallares (Salobreña, Granada). Un centro romano de producción alfarera en el siglo III*, Salobreña, 307-362.

BERNAL CASASOLA D. *et alii.* (1998): "Las imitaciones de africanas de cocina", *Los Matagallares (Salobreña, Granada). Un centro romano de producción alfarera en el siglo III*, Salobreña, 363-394.

BONIFAY, M. (2004): *Etudes sur la céramique romaine tardive d'Afrique,* BAR Internacional Series 1301, Oxford.

CORRALES AGUILAR, M.P. (1993-94): "Salazones en la provincia de Málaga: una aproximación a su estudio", *Mainake, XV-XVI*, Málaga, 243-259.

CORRALES AGUILAR, M.P. (2001): "El poblamiento romano del *ager* de *Suel*: zonas costeras de los términos municipales de Benalmádena, Fuengirola y Mijas (Málaga)", *Baetica*, Málaga, 343-356.

CHIC GARCÍA, G. (1996): "Producción y comercio en la zona costera de Málaga en el mundo romano en época altoimperial", *Historia antigua de Málaga y su provincia,* Málaga, 245-266.

FERNÁNDEZ CACHO S. (1995): "Las industrias derivadas de la pesca en la Provincia Romana de la Bética: la alfarería de "El Rinconcillo" (Algeciras, Cádiz), *SPAL 4*, 173-214.

GIMENEZ REINA, S. (1946): *Memoria arqueológica de la provincia de Málaga hasta 1946, Informes y memorias*, 12, Madrid.

HAYES J. W (1972): *Late Roman Pottery,* London.

JIMÉNEZ CONTRERAS S. (1986): "La Industria del pescado en la antigüedad", *Revista de Arqueología 68*, 20-34.

KEAY, S. (1984): *Late Roman amphorae in the western mediterranean. A typology and economic study: the catalan evidence*, BAR international series, 196 (i, ii), Oxford.

LAGÓSTENA BARRIOS, L. (2001): *La producción de salsas y conservas de pescado en la Hipania romana (II a.C.- VI d.C.)*, Instrumenta 11, Barcelona.

LAMBOGLIA, N. (1950): *Gli scavi di Albintimilium e la cronologia della cerámica romana*, Bordighera.

MACÍAS SOLÉ, J. M. (1999): *La cerámica comuna tardoantigua a Tarraco. Análisi tipológico i histórico (segles V-VII*), Tulcis, Monografies Tarraconenses 1, Tarragona.

MAYET, F. (1975): *Les ceramiques a parois fines dans la Péninsule Ibérique*, Publications du Centre Pierre Paris, Paris.

MORA SERRANO, B. "Hallazgos arqueológicos de época romana en C/Cerrojo (Málaga)", *AAA'88, T.III,* 241-245.

MORA SERRANO, B. y CORRALES, P. (1997): "Establecimientos salsarios y producciones anfóricas en los territorios malacitanos", *Figlinae Malacitanae*, Málaga, 27-54.

MORENO ALMENARA, M. (1998): "Importaciones e imitaciones de cerámica romana en el yacimiento de Cercadilla (Córdoba), siglos I al III d.C.", *Anales de Arqueología Cordobesa, 9,* Córdoba, 247-272.

NAVARRO LUENGO *et alii.* (1997): "Cerámicas comunes de época tardorromana y Bizantina en Málaga", *Figlinae Malacitanae,* Málaga, 79-94.

NAVARRO LUENGO *et alii.* (2000): "Málaga bizantina: primeros datos arqueológicos", *V Reunión de Arqueología cristiana hispánica*, Cartagena.

PERAL BEJARANO C., IÑIGUEZ SÁNCHEZ C. Y MORA SERRANO B. (1990): "Sondeo arqueológico en C/ Cerrojo Málaga", *AAA'88, T.III* , 227-231.

PINEDA DE LAS INFANTAS BEATO, G. (2002): "Intervención arqueológica de urgencia en la factoría de salazones de C/ Cerrojo 24-26", *AAA' 99*, 479-489.

PINEDA DE LAS INFANTAS BEATO, G. (2003): "Los Molinillos, un complejo industrial de època romana en Benalmádena-Costa", *Cilniana nº 16*; Marbella, 65-74.

PINEDA DE LAS INFANTAS BEATO, G. (2004): "La política de recuperación del Patrimonio Histórico Arqueológico en Benalmádena. La villa romana de Benalmádena-Costa, un ejemplo de puesta en valor", *Patrimonio y Turismo Cultural en Málaga,* Benalmádena, 80-101.

PINEDA DE LAS INFANTAS BEATO, G.; DORADO CANTERO, R.; VILA OBLITAS, M.; PUERTO FERNÁNDEZ, J. L. (2003): "Los Molinillos, una factoría de aceite y salazones de época romana en Benalmádena Costa", *XXVII Congreso Nacional de Arqueología*, Huesca.

PINEDA DE LAS INFANTAS BEATO, G.; DORADO CANTERO, R.; VILA OBLITAS, M.; PUERTO FERNÁNDEZ, J. L. (2004): *Excavación Arqueológica Puntual en la villa romana de Benalmádena-Costa.* Informe preliminar. Inédito.

PINEDA DE LAS INFANTAS BEATO, G.; DORADO CANTERO, R.; VILA OBLITAS, M.; PUERTO FERNÁNDEZ, J. L. (2004): *Actividad arqueológica preventiva en "Los Eucaliptos de Benalmádena", Torremuelle.* Informe preliminar. Inédito.

PUERTAS TRICAS, R. (1986-87): "Los hallazgos arqueológicos de Torreblanca del Sol (Fuengirola)", *Mainake VII-IX*, Málaga, 144-200.

PUERTAS TRICAS, R. (1991-92): "Las termas romanas de Torreblanca del Sol (Fuengirola) y su perduración hasta el siglo VIII", *Mainake XIII-XIV*, Málaga, 205-249.

PONSICH, M. (1988): *Aceite de oliva y salazones de pescado. Factores geo-económicos de Bética y Tingitana*, Madrid.

RAMALLO ASENSIO, S. F. (1985): "Envases para salazón en el Bajo Imperio (I)", *VI Congreso Internacional de Arqueología Submarina* (Cartagena, 1982), Madrid, 435-442.

RAMBLA TORRALVO, J. y MAYORGA MAYORGA. J. (1997): "Hornos de époco altoimperial en calle carretería, Málaga", *Figlinae Malacitanae*, Málaga, 61-78.

REMOLÀ VALLVERDÚ, J. A. (2000): *Las ánforas tardoantiguas en Tarraco (Hispania Tarraconensis)*, Instrumenta 7, Barcelona.

REYNOLDS, P. (1985): "Cerámica tardorromana modelada a mano de carácter local, regional y de importación en la provincia de Alicante", *Lucentum, IV*, Alicante, 245-267.

REYNOLDS., P. (1995): *Trade in the Wesstern Mediterranean, AD 400-700: the ceramic evidence.* BAR .Inter. Ser 604, Oxford.

RODRÍGUEZ OLIVA, P. (1976): "Malaca, ciudad romana", *Symposium de ciudades augusteas de Hispania II*, Zaragoza, 53-61.

RODRÍGUEZ OLIVA, P. (1978): "Málaga en la antigüedad", *Historia de Málaga*, 86-168.

RODRÍGUEZ OLIVA, P. (1982): *La arqueología romana de Benalmádena,* Benalmádena.

RODRÍGUEZ OLIVA, P. (1985): "Informe sobre las excavaciones arqueológicas en la villa romana de Benalmádena Costa (Málaga) 1985", *AAA/85, Vol. I*, Sevilla, 407-411.

RODRÍGUEZ OLIVA, P. (1997): "Los hornos cerámicos del Faro de Torrox", *Figlinae Malacitanae*. Málaga, 271-203.

RODRÍGUEZ OLIVA, P., y ATENCIA PÁEZ, R. (1983): "Excavaciones arqueológicas en el Faro de Torrox (Torrox-Costa, Málaga). Primera campaña. Las termas", *Not. Arq. Hisp. 16*, Madrid, 225-276.

SÁNCHEZ SÁNCHEZ, M. A. (1992): *Cerámica común romana de Mérida*. Cáceres.

SÁNCHEZ SÁNCHEZ, M. A. (1994): "Producciones importadas en la vajilla de culinaria romana del Guadalquivir" en *Cerámica comuna romana d'época Alto-imperial a la Península Ibérica. Estat de la Questió. Monografies Emporitanes, VIII*, Empúries, 251-280.

SERRANO RAMOS, E. (1994): "Producciones de cerámicas comunes locales de la Bética", *Cerámica comuna romana d'época Alto-imperial a la Peninsula Ibérica. Estat de la Questió. Monografies emporitanes, VIII*, Empúries, 227-249.

SERRANO RAMOS, E. (1995): "Sigillatas africanas del Teatro Romano de Málaga", *Alberto Balil in memoriam*, Málaga, 83-111.

SERRANO RAMOS, E. (1997): "La producción cerámica de los talleres romanos de la Depresión de Antequera", *Figlinae* Malacitanae. Málaga, 217-232.

SERRANO RAMOS, E. (2000): *Cerámica común romana: siglos II a.C. al VII d.C*, Universidad de Málaga.

SERRANO RAMOS, E. y LUQUE MORAÑO, A. (1976): "Memoria de las excavaciones de Manguarra y San José, Cártama (Málaga)", *Not. Arq. Hisp. Arqueología IV* Madrid, 243-272.

SERRANO RAMOS, E. y LUQUE MORAÑO, A. (1980): "Memoria de la segunda y tercera campaña de excavaciones en la villa romana de Manguarra y San José, Cártama (Málaga)", *Not. Arq. Hisp. 8*, Madrid, 255-396.

TEMBOURY ÁLVAREZ, J. (1975): *Torres almenaras (Costa occidental)*, Málaga.

VEGAS, M. (1964): *Clasificación tipológica preliminar de algunas formas de la cerámica común romana,* Instituto de Arqueología, Universidad de Barcelona.

VEGAS, M. (1973): *Cerámica común romana del mediterráneo occidental*, Barcelona.

VILLASECA DÍAZ, F. (1997): "La producción anfórica de los hornos de la finca "El Secretario" (Fuengirola)", *Figlinae Malacitanae,* Málaga, 261-269.

VILLASECA DÍAZ, F. Y HIRALDO, R. (1993): "Excavaciones de urgencia en el yacimiento romano de la Finca el Secretario. Fuengirola-Málaga.", *AAA 91' III*, Cádiz, 385-388.

CONTENEDORES PARA LA EXPORTACIÓN DE LAS SALAZONES TINGITANAS EN EL ALTO IMPERIO

L. PONS
CEIPAC
Becario Postdoctoral. Université Paris IV- La Sorbone

1.- La investigación española en Marruecos.

La investigación española que se ocupa de la *Mauritania Tingitana*[1] ha postulado en diversas ocasiones que su producción salazonera se exportaba en ánforas fabricadas en la *Baetica* y que, previamente, habían viajado vacías a las costas tingitanas. Veremos en el apartado siguiente las causas de esta afirmación. Pero antes, quisiéramos reflexionar brevemente sobre la actitud de la investigación española en relación a lo concerniente a Marruecos.

El Norte de Marruecos fue, entre los años 1912-1956, Protectorado español, estando el resto del país bajo Protectorado francés. Después de la independencia, España y Francia actuaron de diverso modo en el plano cultural y económico. En el plano cultural España hizo dejación de sus responsabilidades.

Sencillamente, Marruecos dejó de existir para nosotros. El gobierno franquista no se interesó por invertir en investigación en ninguno de los aspectos en que hubiera podido hacerlo: arqueología e historia antigua –lo que nos interesa ahora–, edad media, arte islámico, etc. Sin duda, había existido cierto interés antes de la independencia, como el manifestado por la reanudación de la publicación de la revista *África* (1942), por la creación del Instituto de Estudios Africanos (fundado en 1945), por el gran número de publicaciones que éste editó, o por los trabajos de Miquel Tarradell (Tarradell, 1960, 16; En-Nachioui, 1995, 169; García-Gelabert, 2000, 936-937; Blázquez, 2000, 1104-1105.), etc. Pero el peso económico de esta política era irrelevante y, además, estaba motivada por el deseo de los militares africanistas del régimen de otorgarse un barniz intelectual. La llegada de la democracia a España y la cesión a Marruecos del Sáhara Occidental no favoreció que durante la transición se invirtiera en ese país. Ningún gobierno, del color político que sea, se ha interesado realmente por favorecer una política cultural activa en relación a nuestro vecino norteafricano.

[1] La acepción latina para denominar a la provincia que nos ocupa es *Mauretania* o *Mauritania*, pues de los dos modos aparece en las fuentes clásicas; con todo, preferimos *Mauretania* por ser la más utilizada, *cf. R.E. sv.* "Mauretania" (= Weinstock, 1930). Se traduce en castellano únicamente como Mauritania. Por lo que es incorrecto dudar de este término castellano, como hacen en la bibliografía de su libro Étienne, Mayet, 2004, 263, al citar mi trabajo Pons, 2001 como "La presencia de las Dressel 20 en la Mauritania (*sic*) Tingitana".

Actas del Congreso Internacional *CETARIAE. Salsas y salazones de pescado en Occidente durante la Antigüedad*, Universidad de Cádiz, Noviembre de 2005, *B.A.R. int. ser.* 1686, Oxford 2007, 453-461.

Francia, en cambio, sí supo organizar una trama de intereses económicos y culturales que abarcaba todo el país. La consecuencia es que, hoy por hoy, la presencia cultural e investigadora española en Marruecos es casi nula, siendo la francesa muy importante.

En nada es atribuible esta situación a las instituciones culturales marroquíes. Su actitud ha sido siempre la de trabajar por la conservación de su patrimonio cultural con los medios de que disponen, labor a la que debemos otorgar toda nuestra gratitud y admiración.

Por tanto, dada la casi inexistencia de contactos directos con la realidad arqueológica marroquí, a lo que debemos sumar el retraso en la publicación de las novedades, debemos convenir en que la reflexión desde España sobre la *Tingitana* se hace tarde y generalmente con los datos publicados a través del filtro de la investigación francesa.

2.- El transporte de ánforas vacías.

El principal problema que plantea la investigación de la producción de salazones en la *Tingitana* radica en el desconocimiento de la ubicación de las factorías hasta el s. I a.C., mientras se conocen para este periodo los hornos que produjeron sus contenedores. Y, por otra parte, el desconocimiento de los hornos que produjeron los contenedores anfóricos destinados a la comercialización de su producción en cronologías altoimperiales. Como vemos, el origen de esta situación está en los datos de que disponemos.

Con estos datos en la mano, la investigación española, por regla general, ha postulado que la producción salazonera tingitana se exportaba por medio de contenedores fabricados en la *Baetica*. El silogismo que ha obligado a caer en esta hipótesis se basa en las premisas siguientes. Primera premisa: la *Tingitana* era una gran productora de salazones pero no de ánforas de salazones. Segunda premisa: la *Baetica* era productora de salazones y de contenedores de salazones. Conclusión: las salazones tingitanas se envasaban en contenedores béticos. La lógica del razonamiento es correcta, pero quizá no se ajusta a la verdad histórica, pues se ha formado sobre datos parciales, el desconocimiento de la localización de los hornos altoimperiales de salazones, e incorrectos, pues las cronologías de algunas factorías de salazones pueden ser precisadas.

No fue precisamente un español de nacimiento, sino uno de adopción, el primero en proponer esta hipótesis. En opinión de Ponsich, *Gades* controlaba la producción de salazones y *garum* tanto en la orilla europea como en la orilla africana del Estrecho por lo que pudo imponer la utilización de los contenedores béticos de salazones. Esto significaría, por lo tanto, la sustitución del contenedor autóctono, Mañá C2, por el bético, Dressel 7-11 (Lagóstena, 1996b, 151-153; *idem*, 2001, 277-278). Las ánforas serían producidas en *Gades* y transportadas vacías a la *Tingitana*, llenadas con salazones tingitanas y devueltas a *Gades* desde donde serían exportadas a todo el Mediterráneo occidental como producto de origen gaditano (Str. 2; 3.1; 4; Ponsich, 1975, 672, 677; Étienne, Mayet, 1998).

Esta idea ha sido sostenida hasta hace poco ante la evidencia arqueológica de no haber hallado en la *Tingitana* los hornos que podían haber producido ánforas de salazones (Bravo *et alii*, 1995; Bernal, Pérez, 2001, 876-878. *Contra* Villaverde, 1992: 334-337; Villaverde, López Pardo, 1995; Villaverde, 2001b).

Con todo, han aparecido ciertas contestaciones. Los autores de un estudio sobre la producción y comercialización de *salsamenta* en el Norte de África consideran que la alusión al poder económico de *Gades* de Ponsich era un anacronismo y que sin duda existen en la *Tingitana* hornos que fabricaron ánforas de salazones. Para ellos la hipótesis de Ponsich no resistirá mucho tiempo al desarrollo de las prospecciones en la zona de Quas y *Lixus* (Ben Lazreg *et alii*, 1995, 108-109, 118).

Villaverde está en contra de la hipótesis de Ponsich, ya que considera antieconómico el transporte de ánforas vacías. Viéndose obligado a afirmar la procedencia hispana de las ánforas al no conocerse en la *Tingitana* hornos que las pudieran haber producido entre el s. I a.C. y el s. II d.C., ofrece la hipótesis siguiente: las ánforas hispanas no viajaban vacías a la *Tingitana* sino que contenían "*una solución salina muy líquida*", que homogeneizara la calidad de las salazones fabricadas en diferentes factorías (Villaverde, 2001a, 541-542; *idem*, 2001b, 908).

Por otro lado, Villaverde y López Pardo se manifiestan en contra de la fabricación solamente tingitana de algunas tipologías bajoimperiales. Las excavaciones realizadas en la factoría de salazones de la calle Hermanos Marcelo de Ceuta permitieron descubrir la presencia de dos bases de ánfora Almagro 51; además, esta tipología se encuentra reutilizada en la necrópolis del edificio basilical próximo, llegando los autores a la conclusión de que las salazones producidas en la Almina eran comercializadas en este contenedor. Pero, para ellos, esto no conlleva afirmar la producción tingitana de este tipo de envases, sino que el uso de estas ánforas de tipología hispana implicaba una actividad comercial compartida por ambas orillas del Estrecho (Villaverde, López Pardo, 1995, 460, 468, 471-472). En nuestra opinión, este razonamiento es inconsistente y demasiado mecanicista. Por un lado, solamente disponemos de dos fragmentos de Almagro 51, dos bases, no habiéndose hallado en la propia factoría ningún otro ánfora completa o casi completa y ni tan solo más fragmentos de esta tipología. Por otro lado, se podría aducir el consumo de su contenido en la ciudad para justificar su presencia en la necrópolis de la basílica cercana, tal sucede en la necrópolis de *Sala* (Boube, 1999).

Bernal y Pérez han manifestado en repetidas ocasiones que creían en la hipótesis de una producción autóctona tingitana, siguiendo paralelos gaditanos, tanto en cronologías altoimperiales como bajoimperiales. Basándose en los hallazgos de Villaverde y López Pardo, realizaron varios tipos de análisis a ánforas Almagro 51 de Ceuta, concluyendo que podían haber sido producidas allí para envasar las salazones ceutíes, destinadas en el Bajo Imperio al consumo interno, no a la exportación (Bernal, 1996, 1213, 1221, 1226). Pero posteriormente se inclinan por la hipótesis del transporte de ánforas vacías. El minucioso estudio de las ánforas halladas en la excavación del Paseo de las Palmeras de Ceuta, lleva a los autores a concluir que las ánforas fueron producidas en hornos de la Bahía de Cádiz, llegando incluso a precisar que existía una enorme similitud con la producción del taller de Puente Melchor (Puerto Real) (Bernal, Pérez, 1999; *idem*, 2001. *Cf.* también Bernal, 1999).

Gozalbes en la actualidad defiende la postura del transporte de ánforas vacías a la *Tingitana* y amplia su alcance de la producción de las salazones a la del aceite tingitano (Gozalbes, 2001; *idem*, 2002, 133-135).

Por nuestra parte, hemos expresado diversas veces nuestra opinión contraria al transporte de ánforas vacías, que hemos calificado de "grave irracionalidad". Habíamos basado nuestro convencimiento en dos pilares. Por un lado, para el mundo romano, era absolutamente antieconómico fabricar los contenedores de un producto en la orilla europea del Estrecho y fabricar el producto con el que debían ser rellenadas en la orilla africana ya que el ánfora era un contenedor sumamente barato y fácil de producir. Y, por otro lado, en la *Tingitana* se conocían ya diversos fallos de cocción de varias tipologías salazoneras de época republicana y época altoimperial que hacían presagiar la aparición de los hornos. Por lo tanto, afirmamos entonces que deberían encontrarse en Marruecos hornos destinados a la fabricación de ánforas de salazones en el Alto Imperio (Pons, 2000, 1260-1261; *idem*, 2002-2003, 392).

3.- Los contenedores.

Esta tendencia finalmente se ha roto. Las excavaciones realizadas en *Thamusida* por un equipo marroco-italiano han sacado a la luz un centro productor formado por varios hornos que fabricaron durante la primera mitad del s. I d.C. ánforas Dressel 7-11 y Beltrán IIB[2]. Por lo tanto, excepto estas dos tipologías y las Mañá C2, las demás deben ser

[2] "Gli scavi delle missioni francesi condotti a Thamusida negli anni '50 individuarono alcune fornaci nella zona nord-ovest del sito, la cui esistenza è stata ora rivelata anche dalle prospezioni geofisiche (fig. 1), condotte a partire dal 1999 dal Dipartimento di Archeologia dell'Università di Siena in collaborazione con l'Institut National des Sciences de l'Archéologie et du Patrimoine di Rabat, che hanno permesso di individuare la presenza di cinque forni, tre dei quali sono stati oggetto delle recenti campagne di scavo (fig. 2). Lo scavo del quartiere artigianale con fornaci attive tra la fine del I secolo a.C. e la prima metà del I secolo d.C., riutilizzate come calcare in seguito all'arrivo dei Romani, costituisce la prima importante testimonianza in Marocco di forni per la produzione di anfore di tipo romano per il trasporto di salsamenta corrispondenti ai tipi Dressel 7/11 e Beltran IIB. Lo scavo, che è ancora in corso, ha interessato per il momento solo le strutture delle fornaci che presentano le stesse caratteristiche e dimensioni delle fornaci scavate nella Baetica. Si tratta di forni scavati nel terreno che presentano dimensioni notevoli (le due più grandi, i forni A e C, hanno un diametro di circa cinque metri e dovevano raggiungere un'altezza complessiva di circa sette metri) e costruite in argilla e mattoni crudi. In nessuno dei forni scavati è stato rinvenuto il piano di cottura che doveva essere sorretto, probabilmente, da un pilastro centrale, secondo la tipologia IA della Di Caprio. La mancanza di questo elemento è probabilmente dovuta al fatto che le fornaci furono oggetto di riutilizzi successivi durante i quali vennero impiegate come discariche, mentre il forno B fu impiegato come calcara.", véase http://www.archeo.unisi.it/Archeologia_classica/province_romane/thamusida/fornaci.html. *Cf.* también a las Preactas de este congreso, 25; Cerri *et alii*, en prensa; Cerri, en prensa a; *idem*, en prensa b.

consideradas como hipótesis, pues no se han excavado los hornos en que fueron producidas.

- Mañá C2

En la *Tingitana* se han fabricado en abundancia ánforas de salazones, pero en cronologías republicanas. Las Mañá C2 (= Cintas 312 o Dressel 18) han sido producidas en los hornos de Quas (Ponsich, 1949; Ponsich, Tarradell, 1965; *idem*, 1967a; *idem*, 1968 [1969]; *idem*, 1969a; *idem*, 1969b; *idem*, 1969-1970; *idem*, 1988; Ramon, 1995, 98-99; Carrera *et alii*, 2000, 74-75; Callegarin, 2004, 526-529; Kbiri, 2004), *Volubilis* (Domergue, 1960; Behel, 1998; Majdoub, 1996, 297-300) y *Banasa* (Luquet, 1966b; Girard, 1984a; Arharbi, Lenoir, 1998; Arharbi *et alii*, 2001; Arharbi, Lenoir, 2004). Y aparecen en *Tamuda* y alrededores (Emsa, Sidi Abdeslam del Behar) (Tarradell, 1960, 79-95, 106, 113; Ramon, 1995, 100; Majdoub, 1996, 297-300); en *Septem Frates* (Fernández García, 1987, 92, Villaverde, López Pardo, 1995, 462, Ramon, 1995, 99; Hita, Villada, 1998, 26); en el Valle del río Nakur, en Dchar 'Alla Boukar (Kbiri Alaoui *et alii*, 2004, 588); en *Russadir* (Tarradell, 1960, 63-73; Guerrero Ayuso, 1986, 172; Villaverde, 2001a, 254, 535; *idem*, 2004, 1873-1875) y alrededores, en Sidi Moulay Baghdad (Kbiri Alaoui *et alii*, 2004, 584); en el Valle del río Muluya, en la Côte 19 Lechleg (*idem*, 581-582) y en El Aabid (*idem*, 583); en *Tingi* (Ponsich, 1964a, 248; *idem*, 1970, 187); en *Lixus* (Boube, 1987-1988 [1994], 189, nota 39; Ramon, 1995, 99; Majdoub, 1996, 297-300; Bonet *et alii*, 2001, 63-65, 68; Izquierdo *et alii*, 2001, 159; Caruana, *et alii*, 2001, 181-182; Bonet *et alii*, 2005a, 107; *idem*, 112-115, 125); en Quas (Ponsich, 1968 [1969], 231; *idem*, 1969-1970, 85); en *Zilil* (Akerraz *et alii*, 1981-1982, 205-206); en la supuesta torre de vigilancia de Si es Sarrakh (Rebuffat, 1987, 46); en *Banasa* (Thouvenot, Luquet, 1951b, 89; Hassini, 1991-1992, 60-64, 87-89; Ramon, 1995, 98); en *Thamusida* (Callu *et alii*, 1965, 100); en *Volubilis* (Jodin, 1987, 266-267; Monkachi, 1988, 10-11, 102-124, 213-226; Majdoub, 1994, 283, 286; Majdoub, 2001, 202) y en sus alrededores (Rebuffat, 1987, 46); y en Jedis (Akerraz, 2002, 198; Arharbi, Naji, 2004, 171). Esta producción autóctona, tanto en el aspecto formal como en cuanto a las decoraciones, tiene aspectos comunes con el mundo ibérico (Girard, 1984a, 75, 84).

En *Sala* se conocen fragmentos de Mañá C2 y de Beltrán I con defectos de cocción con una cronología de finales del s. I a.C. (Boube, 1987-1988 [1994], 191 y 192, nota 66 (Inv. S - 12396, 13053); Arharbi, Naji, 2004, 183, nota 61). Además, tres de las cuatro ánforas "púnicas" selladas del s. I a.C. llevan FIGVL o GVL, lo que ha llevado a pensar en la existencia de una *figlina* y un alfarero (*figulus*) en esta ciudad durante la segunda mitad del s. I a.C. (Ramon, 1995, 96) ¿Quiere esto indicar, como se ha sugerido, la presencia de un horno productor de esta tipología aquí? No podemos afirmarlo con seguridad hasta que no se excaven los hornos en que estos fragmentos han sido fabricados.

El proceso de sustitución de las G-12.1.00 (*idem*, 237-239) por las Mañá C2b y de éstas por las Dressel 7-11 es un hecho detectable en cualquier yacimiento tingitano que haya sido bien excavado y cuyo registro arqueológico aporte estos materiales. En nuestra opinión, un caso paradigmático de este proceso es *Lixus*, excavado recientemente por un equipo marroco-español. Es paradigmático debido a que se trata de un importante centro productor de salazones que inicia su producción con seguridad a partir de época augustea, pero quizás antes. Y además debido a que las excavaciones recientes han hallado gran número de estas tipologías, especialmente de la Mañá C2b. Por lo tanto, los datos aportados por *Lixus* permiten demostrar cómo se produce durante el s. I a.C. la transición entre el grupo G-12.1.00, de tradición fenicio-púnica y fabricado en las dos orillas del Estrecho por otra tipología, la Mañá C2b, de la misma tradición e igualmente fabricada en las dos orillas del Estrecho. Así como, en el cambio de Era, se impondrá el uso de la tipología bética de tradición itálica, Dressel 7-11. Este proceso permitiría, siguiendo su lógica interna, proponer la hipótesis que la Dressel 7-11 también fuera fabricada en las dos orillas del Estrecho y que, por tanto, se hallaran hornos que la hubieran fabricado en la *Tingitana* (Bonet *et alii*, 2005a, 127).

- Beltran I (= Dressel 7-11).

Las Beltrán I son las ánforas más difundidas en las ciudades de la *Tingitana*. Se hallan en *Septem Frates* (Fernández García, 1987, 92, veinte ejemplares; Martínez, García, 1997, nº 501, 502, 503, 506, 508, 510, 512, 515, 516, 518, 519, 520, 521, 522, 527, 528, 529, 533, 534, 535, 540, 541, 542, 543, 545, 547, 548, quizás el nº 549, quizás el nº 550, 551, 552, 553, 557, 558, quizás el nº 561; Bernal, Pérez, 1999, 29); en Russadir (Tarradell, 1955a, 261); en Quas (Milou, 1991-1992, 80 *apud* Arharbi, Naji, 2004, 183, nota 55); en *Zilil* (Akerraz *et alii*, 1981-1982, 209, nota 86); *Lixus* (Boube, 1987-1988 [1994], 189, nota 39, 31; Bonet *et alii*, 2001, 68; Izquierdo *et alii*, 2001, 160-161; Caruana *et alii*, 2001, 181-182; Bonet *et alii*, 2005a, 117; *idem*, 123-125); en *Banasa* (Hassini, 1991-1992, 65-68, 92; Arharbi *et alii*, 2001; Alaioud, 2004, 1909; Arharbi, Naji, 2004, 183; Arharbi, Lenoir, 2004); en *Thamusida* (Callu *et alii*, 1965, 101); en *Volubilis* (Monkachi, 1988, 10-11, 36-46; Makdoun, 1994, 280; Majdoub, 1994, 283-285; Makdoun, 2000, 1712, 1722; Majdoub, 2001: 202; Alaioud, 2004, 1909) y en *Sala*, donde, tanto en el interior de la misma como en la necrópolis de Bab Zaër, se han hallado en abundancia ánforas béticas de salazones (Boube, 1973-1975, 227; *idem*, 1999, 66, 223-224 (incineración nº 22), 234-236 (nº 35), 240-241 (nº 46), 243-244 (nº 52); *idem*, 1973-1975, 227; *idem*, 1987-1988 [1994], 191; *idem*, 1999, 67, 243-244 (sepultura nº 52), 256-257 (nº 67), 289-291 (nº 91), 304-305 (nº 106), 339 (nº 142), 349-350 (nº 149), 359-362 (nº 162), 496-497 (nº 326), 511 (nº 342). Otras Beltrán I han sido halladas en la costa en Sania y Torres (Tarradell, 1966, 435, nº 10; Ponsich, Tarradell, 1965, 75-77; Ponsich, 1988, 166-168); en los alrededores de Arbaoua, en el punto AR26(2) (Limane, Rebuffat, 2004); en el valle del Sebú en el campamento militar de Jedis (Akerraz, 2002, 198; Arharbi, Naji, 2004, 180-183), en Sidi Mohammed ben Naçar (un ejemplar dudoso; Akerraz *et alii*, 1995, 273), en Aïn Taomar (*idem*, 279), en la Ferme Priou (6 ejemplares; *idem*, 267, fig. 14), en el punto 5 de Sidi Yahia al

Gharb (*idem*, 289); y en el Valle del río Muluya, en Ed Dahar Taiffant (Kbiri Alaoui *et alii*, 2004, 583).

Como hemos visto, se han producido en *Thamusida*; y se han detectado ánforas con fallos de cocción de Dressel 7/11 en *Tamuda* (Majdoub, 1994, 302); en *Zilil*, donde se cree hubo un alfar que produjo en cronologías augústeas; así como en *Sala* (Boube, 1987-1988 [1994], 193; Arharbi, Naji, 2004, 183, nota 61) y *Volubilis* (Monkachi, 1988, 36-46; Behel, 1993, 343-347 *apud* Arharbi, Naji, 2004, 183, nota 59). En *Lixus* no se han detectado ejemplares con fallos de cocción pero se ha propuesto la hipótesis que pudiera existir un horno de esta tipología, dada la producción de salazones del yacimiento y dada su abundancia (Izquierdo *et alii*, 2001, 160-161; Bonet, *et alii*, 2005a, 127).

- Beltrán IIB.

Las Beltrán IIB se han hallado en *Septem Frates* (Martínez, García, 1997, nº 507, 511, 517, 525; Bernal, Pérez, 2001, 868-869); en la costa cercana a *Tingi* (Trakadas, 2003, 18); Cotta (Beltrán, 1970, 443-444; Vegas, 1973, 133, 6, fig. 48; Boube, 1999, 68), en *Zilil* (Akerraz *et alii*, 1981-1982, 197, 209, nota 86); en la colina de Menkrat (*Ad Novas*; Akerraz, El Khayari, 2000, 1647, nota 12); en *Lixus* (Bonet *et alii*, 2005a, 125); en *Banasa* (Hassini, 1991-1992, 69-72, 92; Arharbi *et alii*, 2001; Arharbi, Lenoir, 2004); en *Thamusida* (Beltrán, 1970, 443-444; Vegas, 1973, 133, 6, fig. 48; Boube, 1999, 68); en *Volubilis* (Monkachi, 1988, 10-11 y 51-60; Makdoun, 1994, 276, 280; Majdoub, 1994, 283, 285; Makdoun, 2000, 1712, 1722); en *Sala* (Boube, 1973-1975, 227-228; *idem*, 1999, 68-69, 225-227 (sepultura nº 26), 227-229 (nº 27), 387-388 (nº 188), 394-397 (nº 192), 408-411 (nº 212), 439 (nº 254)); en Jedis (Akerraz, 2002, 198); en el valle del Sebú en Sidi Mohammed ben Naçar (Akerraz *et alii*, 1995, 273), en Lalla Mimouna (*idem*, 275), en la Ferme Priou (*idem*, 267, fig. 14; Limane, Rebuffat, 1995, 317, nota 16), en el punto 11 de Sidi Slimane (Akerraz *et alii*, 1995, 285), en el punto 27 de Sidi Yahia al Gharb (*idem*, 290) y en varias *tours de guet* de esta zona (Limane, Rebuffat, 1995, 321-336). Y, como hemos visto, se han producido en *Thamusida*.

- Lomba do Canho 67 (=Sala I).

Las formas Lomba do Canho 67 y Sala I fueron señaladas como pertenecientes a la misma tipología (Fabiao, 1989, 65-71; Molina, 1995; *idem*, 1997, 143-144; Márquez, 1999; Molina, 2001; *idem*, 2002, 295-298). El problema está en el contenido: Fabiao, consideró que la Lomba do Canho 67, podría contener tanto derivados piscícolas a tenor de un supuesto *titulus pictus* todavía inédito, como múltiples contenidos (Mas, 1985, 205; Fabiao, 1989, 65-71; *idem*, 2001, 673). Boube justifica su posible contenido de aceite con el hecho que ninguno de los numerosos fragmentos hallados contenía restos de resina, que frecuentemente se encuentra en la pared interior de las vinarias Dressel 1. También hay que considerar el parecido de estas ánforas con las Vindonissa 584 o Oberaden 83, primeras tipologías de lo que será la Dressel 20 (Boube, 1987-1988 [1994], 188; Fabiao, 2001, 672). Aunque su origen quizás es foráneo (Bahía de Cádiz: Arteaga, 1985b, 214; Lagóstena, 1996a; *idem*, 2001. Bahía de Algeciras: Fernández Cacho, 1995), las Sala I sin duda fueron fabricadas también en la propia *Sala* ya que Boube halló un cuello defectuoso (Boube, 1973-1975, 227-230; *idem*, 1979-1980c; *idem*, 1987-1988 [1994], 186-188; Boube, 1999, 67).

Esta tipología es extremadamente abundante en los estratos más profundos del barrio monumental, asociada siempre a cerámica anterior a la conquista del reino mauritano y a monedas de Boco II y de la misma ciudad de *Sala* (Boube, 1999, 67); aunque las necrópolis de *Sala* han ofrecido solamente cuatro ejemplares de esta tipología (Boube, 1999, 67, 254-256 (sepultura nº 65), 439-440 (nº 255), 444 (nº 257), 453-455 (nº 271)). Se han hallado también en el litoral de Rabat (Boube, 1979-1980a).

En el resto de la provincia se conocen en *Tingi* (Hassini, 2001, 158, *apud* Arharbi, Naji, 2004, 178, nota 35), en *Tamuda* (Majdoub, 1998, 113 *apud* Arharbi, Naji, 2004, 178, nota 36), el valle del río Muluya, en Ras Kebdana (Kbiri Alaoui *et alii*, 2004, 583); en *Zilil* (Arharbi, Naji, 2004, 178, nota 37); en *Banasa* (*idem*, 178); en *Thamusida*, donde es común durante la segunda mitad del s. I a.C. (Callu *et alii*, 1965, 100, pl. XLVIII, C); en *Lixus* (Izquierdo *et alii*, 2001, 159-160; Caruana *et alii*, 2001, 182; Bonet *et alii*, 2005a, 117-119; *idem*, 125); diversos fragmentos en Jedis (Akerraz, 2002, 198; Arharbi, Naji, 2004, 176); en *Volubilis* (Monkachi, 1988, 148-149 *apud* Arharbi, Naji, 2004, 178, nota 39; Majdoub, 2001: 202); y en Mogador (Jodin, 1967a, 180, pl. LXXXI, 1 y LXXXII,3; Boube, 1987-1988 [1994], 186, nota 20). Generalmente, la cronología atribuible a estos hallazgos es de mediados del s. I a.C.

La epigrafía anfórica no puede, en este caso, ayudarnos a esclarecer su contenido o su área de difusión, pues el único dato conocido es este supuesto *titulus* del pecio de San Ferreol. Por el momento no se conocen sobre esta forma ni más *tituli*, ni sellos, ni grafitos.

- Haltern 70 (= Oberaden 82)

Esta tipología fue utilizada para transportar gran variedad de productos. Una monografía reciente (Carreras *et alii*, 2004) considera que se trata tanto de derivados del vino, como el *defrutum* o la *sapa*, derivados del olivo, como las *olivae*, y derivados de la pesca, como la *muria* (Carreras, 2004, 117). Veamos las informaciones que relacionan a las Haltern 70 con la *muria*.

Por un lado, disponemos de un ánfora, fragmentada y dudosa, hallada en Broch of Gurness (Escocia), con restos de productos marinos (Hedges, 1987; Van der Werff, 2002; Carreras, 2004, 118). Por otro lado, disponemos de cuatro *tituli picti* que aluden al término *muria*: MVR(ia) TR(---), hallado en Mainz; M[V]RIA / AIIA++, hallado en Zaragoza; MVR(ia?) PEN(uaria?) F(los?), hallado en Celsa; y MV[R(ia?)], hallado en Pisa (Aguilera, 2004a, nº 32, 11, 3, 14; *idem*, 2004b, 119-120). Por todo lo que se puede afirmar que las Haltern 70 contuvieron, entre otros productos, derivados de la pesca.

Han sido halladas en *Septem Frates* (Bravo, Muñoz, 1968, 169; Colls *et alii*, 1977, 36-38, lám. 11, nº 39); en *Lixus* (Izquierdo *et alii*, 2001, 160; Caruana *et alii*, 2001, 181-182); en los alrededores de Arbaoua, en el punto AR26(2) (Limane, Rebuffat, 2004); varios fragmentos de paredes de esta tipología en los alrededores de Zoco Al Arba del Gharb (Akerraz *et alii*, 1995, 254, 283) y en Sidi Yahia al Garb (*idem*, 256, 290); unos 100 fragmentos en *Banasa* (Hassini, 1991-1992, 11; Alaioud, 2004, 1908; Arharbi, Lenoir, 2004), constituyendo el 10% del material anfórico hallado; en *Volubilis* (Monkachi, 1988, 50; Majdoub, 2001:202; Alaioud, 2004, 1908), dos fragmentos; en las necrópolis de *Sala* se conocen diversos individuos (Boube, 1999, 66-67, 245-246 (sepultura nº 54), 311-313 (nº 113), 502-503 (nº 329)); así como en Jedis (Akerraz, 2002, 198; Arharbi, Naji, 2004, 183). Se conocen también diversos fragmentos en el Rif, en Russadir (Villaverde, 2004, 1875) y alrededores (en Tamarsat; Kbiri Alaoui *et alii*, 2004, 584); en el Valle del río Muluya en Bou Kanat (*idem*, 581); en Ras Kebdana (*idem*, 583); y en El Aabid (*idem*). En el Museo Arqueológico de Rabat se conserva un cuello de procedencia desconocida (Mayet, 1978, 359-360).

En cuanto a la fabricación de esta tipología en la *Tingitana*, nosotros indicamos –sin haber visto los materiales– que la Misión Marroco-Francesa en *Zilil* halló entre Quas y Tahadart varios fragmentos de desechos de horno de Dressel 9 y Dressel 10 correspondientes a diversos hornos que fabricaron estas tipologías (Pons, 2002-2003, 392, nota 1). Posteriormente, se han publicado diversas informaciones indicando que estos hornos solamente produjeron Haltern 70 (Aranegui *et alii*, 2004: 368; Aranegui, 2005b, 122, nota 7; Arharbi, Naji, 2004, 187). Esperamos la pronta publicación de estos materiales[3].

4.- Conclusión.

Las hipótesis vertidas por la investigación española sobre el transporte de ánforas vacías de la *Baetica* a la *Tingitana* deben ser replanteadas a la luz de la aparición de diversos hornos que fabricaron ánforas de salazones en esa provincia norteafricana. En parte, los motivos que generaron estas hipótesis se deben al desconocimiento de los hallazgos arqueológicos producidos durante el último decenio y que han sido publicados con retraso.

[3] Permítasenos indicar que es bastante común y comprensible la confusión entre las primeras Haltern 70 y las primeras ánforas del grupo de las Dressel 7-11, pues ambas nacen del mal conocido tronco común de las llamadas "ovoides gaditanas". Una reciente monografía sobre las Haltern 70 (Carreras *et alii*, 2004) lo constata claramente. El primer horno conocido que produjo Haltern 70, El Rinconcillo (en la Bahía de Algeciras), y que se data del cambio de Era, produjo también Dressel 7-11 y Dressel 1C. Por otro lado, son diversos los deslices en la atribución de esta tipología. A modo de ejemplo, las Haltern 70 más antiguas (mediados s. I a.C.), las de la Madrague de Giens, han sido consideradas por Étienne, Mayet, 2000, 84-90 como ánforas "ovoides republicanas"; las Haltern 70 del alfar de la calle Javier de Burgos de El Puerto de Santa María, (Cádiz) fueron consideradas inicialmente como Dressel 12. *Cf.* esp. Puig, 2004, 29-30; Morais, 2004, fig. 35; Carreras, 2004.

Bibliografía

AGUILERA MARTÍN, A. (2004a): "Los tituli picti", *Culip VIII i les àmfores Haltern 70*, Girona, CASC, 57-69.

AGUILERA MARTÍN, A. (2004b): "El contenido de las Haltern 70 según los tituli picti", *Culip VIII i les àmfores Haltern 70*, Girona, CASC, 119-120.

AKERRAZ, A. (2002): "*Exploratio ad Mercurios*", *Bulletin d'Archéologie Marocaine* 19, 191-215.

AKERRAZ, A., BROUQUIER-REDDE, V. *et alii* (1995): "Nouvelles découvertes dans le bassin du Sebou. 1.- L'occupation antique de la plaine du Gharb", P. TROUSSET (ed.), *VIe Colloque international sur l'histoire et l'archéologie de l'Afrique du Nord (Pau, octobre 1993 - 118e congrès). L'Afrique du Nord Antique et Médievale. Productions et exportations africaines. Actualités archéologiques,* Paris, Éditions du CTHS, 233-297.

AKERRAZ, A., EL KHATIB-BOUJIBAR, N. *et alii* (1981-1982): "Fouilles de Dchar Jdid 1977-1980", *Bulletin d'Archéologie Marocaine* 14, 169-224.

AKERRAZ, A., EL KHAYARI, A. (2000): "Prospections archéologiques dans la région de *Lixus*. Résultats préliminaires", KHANOUSSI, M., RUGGERI, P., VISMARA, C. (eds.), *L'Africa romana. XIII Convegno Internazionale di Studi. Geografi, viaggiatori, militare nel Maghreb: alle origini dell'Archeologia nel Nord d'Africa. Djerba, 10-13 dicembre 1998*, Roma, Publicazioni del Dipartimento di Storia dell'Università di Sassari. Carocci. Vol. 2, 1645-1668.

ALAIOUD, S. M. (2004): "L'économie de Banasa à l'époque provinciale", KHANOUSSI, M., RUGGERI, P., VISMARA, C. (EDS.), *L'Africa romana. XV Convegno Internazionale di Studi. Ai confini dell'Impero: contatti, scambi, conflitti. Tozeur, 12-15 dicembre 2002*, Roma, Publicazioni del Dipartimento di Storia dell'Università di Sassari. Carocci. Vol. 3, 1899-1912.

ARANEGUI GASCÓ, C., (ed.) (2005a): *Memoria de las excavaciones arqueológicas realizadas en la ladera sur de Lixus (Larache) por el equipo marroco-español entre 2000 y 2003.* Saguntum. Extra 6. Valencia, INSAP - Departament de Prehistòria i Arqueologia de la Universitat de València.

ARANEGUI GASCÓ, C. (2005b): "Las campañas de excavaciones. Memoria de las excavaciones arqueológicas realizadas en la ladera sur de Lixus (Larache) por el equipo marroco-español entre 2000 y 2003", ARANEGUI GASCÓ, C. (ed.), *Memoria de las excavaciones arqueológicas realizadas en la ladera sur de Lixus (Larache) por el equipo marroco-español entre 2000 y 2003*. Valencia, Saguntum. Extra 6. INSAP - Departament de Prehistòria i Arqueologia de la Universitat de València, 13-34.

ARANEGUI GASCÓ, C., KBIRI ALAOUI, M., VIVES-FERRÁNDIZ, J., (2004): "Alfares y producciones cerámicas en Mauritania Occidental", BERNAL CASASOLA, D., LAGÓSTENA BARRIOS, L. (eds.), *Figlinae Baeticae: talleres alfareros y producciones cerámicas en la Bética romana (ss. II a.C.-VII d.C.): actas del Congreso Internacional (Cádiz, 12-14 de noviembre de 2003)*, BAR, Oxford, 363-378.

ARHARBI, R., LENOIR, É. (1998): "Banasa préromaine: novelles découvertes ", mai 1997, *Nouvelles Archéologiques et Patrimoniales* 2, 8.

ARHARBI, R., LENOIR, É. (2004): "Les niveaux préromains de Banasa", *Bulletin d'Archéologie Marocaine*, 20, 220-270.

ARHARBI, R., NAJI, H. (2004): "Les amphores de Khedis à l'époque maurétanienne". ZEVI, G., TURCHETTI, R. (eds.), *Méditerranée Occidentale antique: les échanges*, Soveria Mannelli, Rubbettino Editore, 169-188.

BEHEL, M. (1993): *Le versant Est de la ville ancienne de Volubilis*, Paris, Paris IV-Paris Sorbonne, Tesis inèdite.

BEHEL, M. (1998): "Note sur un four de potier du Quartier Est de Volubilis", *Bulletin d'Archéologie Marocaine*, 18, 343-347.

BELTRÁN LLORIS, M. (1970): *Las ánforas romanas en España*. Zaragoza.

BEN LAZREG, N., BONIFAY, M. *et alii* (1995): "Production et commercialisation des salsamenta de l'Afrique Ancienne", P. Trousset (ed.), *VIe Colloque international sur l'histoire et l'archéologie de l'Afrique du Nord (Pau, octobre 1993 - 118e congrès). L'Afrique du Nord Antique et Médievale. Productions et exportations africaines. Actualités archéologiques*, Paris, Éditions du CTHS, pp, 103-142.

BERNAL CASASOLA, D. (1996): "Le anfore tardo-romane attestate a Ceuta (*Septem Frates, Mauretania Tingitana*)", KHANOUSSI, M., RUGGERI, P., VISMARA, C. (eds.), *L'Africa romana. Atti del XI Convegno di studio, Carthagine, 15-18 dicembre 1994*. Ozieri, Publicazioni del Dipartimento di Storia dell'Università di Sassari, Editrice il Torchietto, Vol. 3, 1191-1233.

BERNAL CASASOLA, D. (1999): "Transporte de envases vacíos en época romana: a propósito de dos talleres anfóricos béticos de época alto (El Rinconcillo, Algeciras, Cádiz) y bajoimperial (Los Matagallares, Salobreña, Granada)", *II Congreso de Arqueología Peninsular Zamora 1998*, Madrid, 359-363.

BERNAL CASASOLA, D., PÉREZ RIVERA, J. M. (1999): *Un viaje diacrónico por la Historia de Ceuta. Resultados de las intervenciones arqueológicas en el Paseo de las Palmeras*. Ceuta, Instituto de Estudios Ceutíes - Consejería de Educación y Cultura de la Ciudad Autónoma de Ceuta.

BERNAL CASASOLA, D., PÉREZ RIVERA, J. M. (2001): "Las ánforas de *Septem Frates* en los ss. II y III d.C. Un modelo de suministro de envases gaditanos a las factorías de salazones de la costa tingitana", *Congreso Internacional Ex Baetica Amphorae. Conservas, aceite y vino de la Bética en el Imperio Romano. Sevilla-Écija, 17-20 de diciembre de 1998*. Écija, Gráficas Sol. Vol. 3, 861-887.

BLÁZQUEZ MARTÍNEZ, J. M. (2000): "Tres grandes arqueólogos de *Mauretania Tingitana*: M. Ponsich, R. Thouvenot y M. Tarradell", KHANOUSSI, M., RUGGERI, P., VISMARA, C. (eds.), *L'Africa romana. XIII Convegno Internazionale di Studi. Geografi, viaggiatori, militare nel Maghreb: alle origini dell'Archeologia nel Nord d'Africa. Djerba, 10-13 dicembre 1998*. Roma, Publicazioni del Dipartimento di Storia dell'Università di Sassari. Carocci. Vol. 2, 1089-1105.

BONET ROSADO, H., FUMADÓ ORTEGA, I. *et alii* (2005b): "La ocupación púnica. Memoria de las excavaciones arqueológicas realizadas en la ladera sur de *Lixus* (Larache) por el equipo marroco-español entre 2000 y 2003", ARANEGUI GASCÓ, C. (ed.). *Memoria de las excavaciones arqueológicas realizadas en la ladera sur de Lixus (Larache) por el equipo marroco-español entre 2000 y 2003*, Valencia, Saguntum. Extra 6. INSAP - Departament de Prehistòria i Arqueologia de la Universitat de València, 141-153.

BONET ROSADO, H., FUMADÓ ORTEGA, I. *et alii* (2005a): "La ocupación mauritana. Memoria de las excavaciones arqueológicas realizadas en la ladera sur de Lixus (Larache) por el equipo marroco-español entre 2000 y 2003", ARANEGUI GASCÓ, C. (ed.), *Memoria de las excavaciones arqueológicas realizadas en la ladera sur de Lixus (Larache) por el equipo marroco-español entre 2000 y 2003*. Valencia, *Saguntum*. Extra 6. INSAP - Departament de Prehistòria i Arqueologia de la Universitat de València, 87-140.

BONET ROSADO, H., KBIRI ALAOUI, M. *et alii* (2001): "La ocupación púnico-mauritana. Memoria de las excavaciones arqueológicas realizadas por el equipo hispano-marroquí en la ladera de Lixus (Larache) entre 1995 y 1999", ARANEGUI GASCÓ, C. (ed.), *Memoria de las excavaciones arqueológicas realizadas por el equipo hispano-marroquí en la ladera de Lixus (Larache) entre 1995 y 1999. Lixus. Colonia fenicia y ciudad púnico-mauritana. Anotaciones sobre su ocupación medieval*, Valencia, INSAP - Departament de Prehistòria i Arqueologia de la Universitat de València, 51-71.

BOUBE, J. (1966): "Fouilles archéologiques à Sala", *Hespéris-Tamuda* 7, 23-32.

BOUBE, J. (1973-1975): "Marques d'ámphores découvertes à Sala, Volubilis et Banasa", *Bulletin d'Archéologie Marocaine* 9, 163-235.

BOUBE, J. (1979-1980a): "Sala: notes d'épigraphie", *Bulletin d'Archéologie Marocaine* 12, 111-137.

BOUBE, J. (1979-1980b): "Index des marques de potiers italiques découverts au Maroc", *Bulletin d'Archéologie Marocaine* 12, 217-235.

BOUBE, J. (1979-1980c): "Amphores préromaines trouvées en mer au voisinage de Rabat", *Bulletin d'Archéologie Marocaine* 12, 99-109.

BOUBE, J. (1987-1988 [1994]): "Les amphores de Sala à l'époque Mauretanienne", *Bulletin d'Archéologie Marocaine* 17, 183-207.

BOUBE, J. (1999): *Les nécropoles de Sala*, Paris, Ministère des Affaires Étrangères, Éditions Recherche sur les Civilisations.

BRAVO PÉREZ, J., HITA RUIZ, J. M. *et alii* (1995): "Nuevos datos sobre la economía del territorio ceutí en época romana: las factorías de salazón", *II Congreso Internacional El Estrecho de Gibraltar (Ceuta, 1990)*, Madrid, UNED. Vol. 1, 439-454.

BRAVO PÉREZ, J., MUÑOZ, R. (1968): "Hallazgos arqueológicos submarinos en Ceuta", *Noticiario arqueológico hispánico*, 10-12.

CALLEGARIN, L. (2004): "La Maurétanie de l'Ouest au IIe siècle av. J.-C. en marge de la Méditerranée romaine?", KHANOUSSI, M., RUGGERI, P., VISMARA, C. (eds.), *L'Africa romana. XV Convegno Internazionale di Studi. Ai confini dell'Impero: contatti, scambi, conflitti. Tozeur, 12-15 dicembre 2002*, Roma, Publicazioni del Dipartimento di Storia dell'Università di Sassari, Carocci. Vol. 1, 505-540.

CALLU, J.-P., MOREL, J.-P. et al. (1965): *Thamusida. Fouilles du Service des Antiquités du Maroc*, Paris, Centre National de la Recherche Scientifique.

CARRERA RUIZ, J. C., DE MADARIA ESCUDERO, J. L. *et alii* (2000): "La pesca, la sal y el comercio en el Círculo del estrecho. Estado de la cuestión", *Gerión* 18, 43-76.

CARRERAS MONFORT, C. (2004): "Estat de la qüestió sobre els continguts de les Haltern 70", *Culip VIII i les àmfores Haltern 70*, Girona, CASC, 117-119.

CARRERAS MONFORT, C. *et alii* (2004): *Culip VIII i les àmfores Haltern 70*, Girona, CASC.

CARUANA CLEMENTE, I., VIVES-FERRÁNDIZ, J. *et alii* (2001): "Estudio de los materiales cerámicos de la fase púnico-mauritana III", Aranegui Gascó, C. (ed.), *Memoria de las excavaciones arqueológicas realizadas por el equipo hispano-marroquí en la ladera de Lixus (Larache) entre 1995 y 1999. Lixus. Colonia fenicia y ciudad púnico-mauritana. Anotaciones sobre su ocupación medieval*, Valencia, INSAP - Departament de Prehistòria i Arqueologia de la Universitat de València, 169-185.

CERRI, L. (en prensa a): "*Salsamenta* dalla *Tingitana*", *Atti del Convegno Supplyng Rome. Siena, 12-15 Aprile 2004, Journal of Roman Archaeology.*

CERRI, L. (en prensa b): "*Tituli picti* di *Lixus* e *Tingis*". *L'Africa Romana XVI, Rabat 15-18 Dicembre 2004*. Roma, Carocci.

CERRI, L., E. GLIOZZO, *et alii* (en prensa): "Amphora production and salsamenta trade: the case of Thamusida (Rabat, Morocco)", *Atti del convegno L'Archeometria in Italia: la scienza per i beni culturali, III Congresso Nazionale AIAr, Bressanone, 11-12 Febbraio 2004.*

COLLS, D., ETIENNE, R. *et alii* (1977): "L'épave Port-Vendres II et le commerce de la Bétique à l'èpoque de Claude", *Archaeonautica* 1.

DOMERGUE, C. (1960): "Volubilis: un four de potier", *Bulletin d'Archéologie Marocaine* 4, 491-505.

EN-NACHIOUI, E. A. (1995); "Las primeras excavaciones en Volubilis (Marruecos): ¿Arqueología, historia o simple colonización?", *Pyrenae* 26, 161-170.

ÉTIENNE, R., MAYET, F. (1998): "Les mercatores de saumure hispanique", *Mélanges de l'École Française à Rome* 110, 147-165.

ÉTIENNE, R., MAYET, F. (2000): *Le vin hispanique*, Paris, de Boccard.

ÉTIENNE, R., MAYET, F. (2004): *L'huile hispanique. Corpus des timbres sur amphores Dressel 20*, Paris, De Boccard.

FABIAO, C. (1989): *Sobre as âmforas do acampamento romano da Lomba do Canho (Arganil)*, Lisboa, UNIARQ/INIC.

FABIAO, C. (2001): "Sobre as mais antigas ânforas romanas da Baetica no Ocidente pensinsular", *Congreso Internacional Ex Baetica Amphorae. Conservas, aceite y vino de la Bética en el Imperio Romano. Sevilla-Écija, 17-20 de diciembre de 1998*, Écija, Gráficas Sol. Vol. 2, 665-682.

FERNÁNDEZ CACHO, S. (1995): "Las industrias derivadas de la pesca en la provincia romana de la Bética: la alfarería de El Rinconcillo (Algeciras, Cádiz)", *SPAL. Revista de Prehistoria y Arqueología de la Universidad de Sevilla* 4, 173-214.

FERNÁNDEZ GARCÍA, M. I. (1987): "Las ánforas de la sala de arqueología de Ceuta", *El vi a l'Antiguitat. Economia, producció i comerç al Mediterrani Occidental. Actes del I Col·loqui d'arqueologia romana*. Badalona, 91-95.

GARCÍA-GELABERT, M. P. (2000): "Historia de las excavaciones arqueológicas españolas en el norte de *Mauretania Tingitana*. Investigación de la cultura fenicia. M. Ponsich y M. Tarradell", KHANOUSSI, M., RUGGERI, P., VISMARA, C. (eds.), *L'Africa romana. XIII Convegno Internazionale di Studi. Geografi, viaggiatori, militare nel Maghreb: alle origini dell'Archeologia nel Nord d'Africa. Djerba, 10-13 dicembre 1998*. Roma, Publicazioni del Dipartimento di Storia dell'Università di Sassari. Carocci. 1: 915-937.

GIRARD, S. (1984a): "Banasa Préromaine. Un état de la question", *Antiquités africaines* 20, 11-93.

GIRARD, S. (1984b): "L'alluvionnement du Sebou et le premier Banasa", *Bulletin Archéologique du Comité des Travaux Historiques et Scientifiques* 17 B, 145-154.

GOZALBES CRAVIOTO, E. (2001): "Las ánforas béticas en *Mauritana Tingitana* ¿importación o exportación?", *Congreso Internacional Ex Baetica Amphorae. Conservas, aceite y vino de la Bética en el Imperio Romano. Sevilla-Écija, 17-20 de diciembre de 1998*, Écija, Gráficas Sol, 887-899.

GOZALBES CRAVIOTO, E. (2002): "Notas sobre las relaciones hispano-tingitanas en la antigüedad clásica", RIVET, L. SCIALLANO, M. (eds.), *Vivre, produire et échanger: reflets méditerranéens*, Montagnac, Éditions Monique Mergoil, 133-139.

GUERRERO AYUSO, V. M. (1986): "Una aportación al estudio de las ánforas púnicas Mañá C", *Archaeonautica* 6, 148-186.

HASSINI, H. (1991-1992): *Les amphores de Banasa*, Rabat, Institut National des Sciences de l'Archéologie et du Patrimoine. Tesis inèdite.

HEDGES, J. W. (1987): *Bu, Gurness and the Brochs of Orkney*, Oxford.

HITA RUIZ, J. M., VILLADA PAREDES, F. (1998): *Museo de Ceuta. Un recorrido por la Historia de la ciudad a través de sus hallazgos arqueológicos*. Ceuta, Museo de Ceuta.

IZQUIERDO PERAILE, I., KBIRI ALAOUI, M. *et alii* (2001): "Las fases púnico-mauritanas I (175/150 a 80/50 a.C.) y II (80/50 a.C. - 15 d.C.)", ARANEGUI GASCÓ, C. (ed.), *Memoria de las excavaciones arqueológicas realizadas por el equipo hispano-marroquí en la ladera de Lixus (Larache) entre 1995 y 1999. Lixus. Colonia fenicia y ciudad púnico-mauritana. Anotaciones sobre su ocupación medieval*, Valencia, INSAP - Departament de Prehistòria i Arqueologia de la Universitat de València, 141-168.

JODIN, A. (1987): *Volubilis regia Iubae. Contribution à l'étude du Maroc antique préclaudien*, Paris, Diffusion de Boccard.

KBIRI ALAOUI, M. (2004): "Les établissements punico-maurétaniens de Kouass et Dchar Jdid-Zilil (Asilah, Maroc) dans le circuit du détroit de Gibraltar", *Bulletin d'Archéologie Marocaine* 20, 195-213.

KBIRI ALAOUI, M., SIRAJ, A. *et alii* (2004): "Recherches archéologiques maroco-italiennes dans le Rif", KHANOUSSI, M., RUGGERI, P., VISMARA, C. (eds.), *L'Africa romana. XV Convegno Internazionale di Studi. Ai confini dell'Impero: contatti, scambi, conflitti. Tozeur, 12-15 dicembre 2002*. Roma, Publicazioni del Dipartimento di Storia dell'Università di Sassari, Carocci. Vol. 1, 567-604.

LAGÓSTENA BARRIOS, L. (1996a): *Alfarería romana en la Bahía de Cádiz*, Cádiz, Servicio de Publicaciones de la Universidad de Cádiz - Publicaciones del Sur.

LAGÓSTENA BARRIOS, L. (1996b): "Explotación del salazón en la Bahía de Cádiz en la Antigüedad: aportación al conocimiento de su evolución a través de la producción de las ánforas Mañá C", *Florentia Iliberritana* 7, 141-169.

LAGÓSTENA BARRIOS, L. (2001): *La producción de salsas y conservas de pescado en la Hispania Romana (II a.C. - VI d. C.)*, Barcelona, Universitat de Barcelona.

LIMANE, H. AND R. REBUFFAT (1995): « Nouvelles découvertes dans le bassin du Sebou. 2.- Voie romaine et système de surveillance militaire sur la carte d'Arbaoua », P. TROUSSET (ed.), *VIe Colloque international sur l'histoire et l'archéologie de l'Afrique du Nord (Pau, octobre 1993 - 118e congrès). L'Afrique du Nord Antique et Médievale. Productions et exportations africaines. Actualités archéologiques*, Paris, Éditions du CTHS, 299-339.

LUQUET, A. (1966a): "Blé et meunerie à Volubilis", *Bulletin d'Archéologie Marocaine,* 6, 301-315.

LUQUET, A. (1966b): "Contribution à l'atlas archéologique du Maroc: région du Rharb", *Bulletin d'Archéologie Marocaine* 6, 365-375.

MAJDOUB, M. (1994): "Nouvelles données sur la datation du temple C à Volubilis", MASTINO, A., RUGGERI, P. (ed.), *L'Africa romana. Atti del X Convegno di studio. Oristano, 11-13 dicembre 1992*, Sassari, Pubblicazione del Dipartimento di Storia dell'Università degli Studi di Sassari. Editrice Archivio Fotografico Sardo. Vol. 1, 283-287.

MAJDOUB, M. (1996): "La Maurétanie et ses relations commerciales avec le monde romain jusqu'au Ier s. av. J.-C.", KHANOUSSI, M., RUGGERI, P., VISMARA, C. (eds.), *L'Africa romana. Atti del XI Convegno di studio, Carthagine, 15-18 dicembre 1994*. Ozieri, Publicazioni del Dipartimento di Storia dell'Università di Sassari. Editrice il Torchietto. Vol. 1, 287-302.

MAJDOUB, M. (2001): "Nouvelles recherches sur l'époque maurétanienne à Volubilis", *Plus d'un siècle de recherches archéologiques au Maroc*, INSAP, Rabat, 198-213.

MAKDOUN, M. (1994): "Encore sur la chronologie du quartier nord-est de Volubilis", MASTINO, A., RUGGERI, P. (ed.), *L'Africa romana. Atti del X Convegno di studio. Oristano, 11-13 dicembre 1992*, Sassari, Pubblicazione del Dipartimento di Storia dell'Università degli Studi di Sassari. Editrice Archivio Fotografico Sardo. Vol. 1, 263-281.

MAKDOUN, M. (2000): "La maison de Dionysos et des quatre saisons et la maison au Bain des nymphes à Volubilis: problèmes de mitoyenneté et de chronologie", KHANOUSSI, M., RUGGERI, P., VISMARA, C. (eds.), *L'Africa romana. XIII Convegno Internazionale di Studi. Geografi, viaggiatori, militare nel Maghreb: alle origini dell'Archeologia nel Nord d'Africa. Djerba, 10-13 dicembre 1998*. Roma, Publicazioni del Dipartimento di Storia dell'Università di Sassari. Carocci. Vol. 2, 1703-1723.

MÁRQUEZ VILLORA, J. C. (1999): *El comercio romano en el Portus Illicitanus. El abastecimiento exterior de productos alimentarios (s. I a.C.- s. V d.C.)*, Alicante, Universidad de Alicante.

MARTÍNEZ MAGANTO, J.; GARCÍA GIMÉNEZ, R. (1997): "El conjunto de ánforas altoimperiales de salazón de Ceuta". *Ánforas del Museo de Ceuta*, Ceuta, Museo de Ceuta, 7-60.

MAS, J. (1985): "Excavaciones en el yacimiento submarino de San Ferreol (Costa de Cartagena)", *VI Congreso Internacional de Arqueología Subamarina (Cartagena, 1982)*, Madrid, 189-224.

MAYET, F. (1978): "Marques d'amphores de Maurétanie Tingitaine (Banasa, Thamusida, Volubilis)", *Mélanges de l'École Française à Rome* 90.1, 357-393.

MLILOU, B. (1991-1992): *Contribution à l'étude des amphores de Kouass,* Rabat, Institut National des Sciences de l'Archéologie et du Patrimoine.

MOLIN, M. (1990): "Le transport du raisin ou du vin par la route à l'époque romaine en Gaule et dans les provinces voisines", *Archéologie de la vigne et du vin. Actes du colloque 28-29 mai 1988. Caesarodunum*, 24, Paris, De Boccard: 205-217.

MOLINA VIDAL, J. (1995): "Las ánforas Lomba do Canho 67. Aportaciones al estudio de un nuevo tipo: difusión y valoración económica", *Actas del XXII Congreso Nacional de Arqueología (Vigo, 1993)*, Vigo, 419-424.

MOLINA VIDAL, J. (1997): *La dinámica comercial romana entre Italia e Hispania Citerior*, Alicante, Unversidad de Alicante - Instituto de Cultura Juan Gil-Albert.

MOLINA VIDAL, J. (2001): "Las primeras exportaciones béticas en el mediterráneo Occidental", *Congreso Internacional Ex Baetica Amphorae. Conservas, aceite y vino de la Bética en el Imperio Romano. Sevilla-Écija, 17-20 de diciembre de 1998*, Écija, Gráficas Sol. Vol. 2, 637-645.

MOLINA VIDAL, J. (2002): "La irrupción de *Hispania* en los movimientos socioeconómicos del mediterráneo Occidental durante las Guerras Civiles", *Gerión* 20, 281-306.

MONKACHI, M. (1988): *Éléments d'histoire économique de la Maurétanie Tingitane de l'époque préclaudienne à l'époque provinciale à partir des amphores: le cas de Volubilis*, Aix-en-Provence, Université de Provence.

MORAIS, R. (2004): "Problemàtiques i noves perspectives sobre les àmfores ovoides tardo-republicanes. Les àmfores ovoides de producció lusitana", *Culip VIII i les àmfores Haltern 70.* Girona, CASC, 36-40.

PONS PUJOL, L. (2000): "La economía de la *Mauretania Tingitana* y su relación con la *Baetica* en el Alto Imperio", KHANOUSSI, M., RUGGERI, P., VISMARA, C. (eds.), *L'Africa romana. XIII Convegno Internazionale di Studi. Geografi, viaggiatori, militare nel Maghreb: alle origini dell'Archeologia nel Nord d'Africa. Djerba, 10-13 dicembre 1998*, Roma, Publicazioni del Dipartimento di Storia dell'Università di Sassari, Carocci. Vol. 2, 1251-1289.

PONS PUJOL, L. (2000 [2002]): "Nuevos sellos y grafitos hallados en la *Mauretania Tingitana", Antiquités africaines* 36, 109-134.

PONS PUJOL, L. (2001): "La presencia de las Dressel 20 en la Mauritania Tingitana", *Congreso Internacional Ex Baetica Amphorae. Conservas, aceite y vino de la Bética en el Imperio Romano. Sevilla-Écija, 17-20 de diciembre de 1998*, Écija, Gráficas Sol. Vol. 3, 925-933.

PONS PUJOL, L. (2002-2003): "Reseña a Villaverde Vega, Noé: Tingitana en la Antigüedad Tardía (siglos III-VII). Autoctonía y romanidad en el extremo occidente mediterráneo. Real Academia de la Historia. Madrid, 2001, 599 p.", *Pyrenae* 33-34, 391-393.

PONS PUJOL, L. (2003): "Prosopografía monumental, prosopografía anfórica. Las élites tingitanas y el comercio del aceite bético", BLÁZQUEZ MARTÍNEZ, J. M.; REMESAL RODRÍGUEZ, J. (eds.), *Estudios sobre el Monte Testaccio (Roma) III*, Corpus International des Timbres Amphoriques, 9 - Instrumenta, 14. Barcelona, Universitat de Barcelona, 663-671.

PONS PUJOL, L. (2004): "La *annona militaris* en la *Tingitana*: observaciones sobre la organización y el abastecimiento del dispositivo militar romano", KHANOUSSI, M., RUGGERI, P., VISMARA, C. (eds.), *L'Africa romana. XV Convegno Internazionale di Studi. Ai confini dell'Impero: contatti, scambi, conflitti. Tozeur, 12-15 dicembre 2002*, Roma, Publicazioni del Dipartimento di Storia dell'Università di Sassari. Carocci. Vol. 3, 1663-1680.

PONS PUJOL, L., BERNI MILLET, P. (2002): "La *figlina Virginensis* y la *Mauretania Tingitana*", KHANOUSSI, M., RUGGERI, P., VISMARA, C. (eds.), *L'Africa romana. XIV*

Convegno Internazionale di Studi. Lo spazio marittimo del Mediterraneo Occidentale: geografia storica ed economia. Sassari, 7 - 10 dicembre 2000, Roma, Publicazioni del Dipartimento di Storia dell'Università di Sassari, Carocci, vol.2, 1541-1570.

PONSICH, M. (1949): "Les céramiques d'imitation: la campanienne de Kouass (région d'Arcila, Maroc)", *Archivo Español de Arqueología* 42, 56-80.

PONSICH, M. (1964a): "Exploitations agricoles romaines de la région de Tánger", *Bulletin d'Archéologie Marocaine* 5, 235-252.

PONSICH, M. (1964b): "Contribution à l'Atlas archéologique du Maroc: Région de Tanger", *Bulletin d'Archéologie Marocaine* 5, 253-290.

PONSICH, M. (1966a): "Un théâtre grec au Maroc?", *Bulletin d'Archéologie Marocaine* 6, 317-322.

PONSICH, M. (1966b): "Contribution à l'Atlas archéologique du Maroc: Région de Lixus", *Bulletin d'Archéologie Marocaine* 6, 377-422.

PONSICH, M. (1967a): "Kouass, port antique et carrefour des voies de la Tingitane", *Bulletin d'Archéologie Marocaine* 7, 371-405.

PONSICH, M. (1967b): *Nécropoles phéniciennes de la région de Tanger*, Rabat.

PONSICH, M. (1968 [1969]): "Nouvel aspect de l'industrie préromaine en Tingitane", *Bulletin Archéologique du Comité des Travaux Historiques et Scientifiques* 4, 225-235.

PONSICH, M. (1969-1970): "Note préliminaire sur l'industrie de la céramique préromaine en Tingitane (Kouass, région d'Arcila)", *Karthago* 15, 77-97.

PONSICH, M. (1969a): "Fours de poitiers puniques en Maurétanie tingitane", *X Congreso Nacional de Arqueología. Mahón 1967*. Zaragoza, 270-279.

PONSICH, M. (1969b): "Les ceramiques d'imitation: la campanienne de Kouass", *Archivo Español de Arqueología* 42, 56-80.

PONSICH, M. (1970): *Recherches archéologiques à Tanger et dans sa region*, Paris, Centre National de la Recherche Scientifique.

PONSICH, M. (1975): "Perennité des relations dans le circuit du Détroit de Gibraltar", *Aufstieg und Niedergang der Römischen Welt*. Berlin & New York, Walter de Gruyter. Vol. II.3, 654-684.

PONSICH, M. (1988): *Aceite de oliva y salazones de pescado. Factores geoeconómicos de Bética y Tingitania*, Madrid, Universidad Complutense de Madrid.

PONSICH, M.; TARRADELL, M. (1965): *Garum et industries antiques de salaison dans la Mediterranée Occidentale*, Paris, Presses Universitaires de France.

PUIG PALERM, A. (2004): "Evolució de les àmfores Haltern 70", *Culip VIII i les àmfores Haltern 70*, Girona, CASC, 23-32.

RAMON TORRES, J. (1995): *Las ánforas fenicio-púnicas del Mediterráneo central y occidental*, Barcelona, Universitat de Barcelona.

REBUFFAT, R. (1987): "L'implantation militaire romaine en Maurétanie Tingitaine", MASTINO, A. (ed.), *L'Africa romana. Atti del IV Convegno di studio, Sassari, 12-14 dicembre 1986*, Sassari, Publicazioni del Dipartimento di Storia dell'Università di Sassari. Gallizi, 31-78.

TARRADELL, M. (1955a): "La necrópolis púnico-mauritana del Cerro de San Lorenzo", *Melilla. Actas del I Congreso Arqueológico del Marruecos Español (Tetuán, 1953)*, Tetuán, 253-266.

TARRADELL, M. (1955b): "La crisis del siglo III de J.C. en Marruecos", *Tamuda* 3, 75-105.

TARRADELL, M. (1960): *El Marruecos Púnico,* Tetuán, Editorial Cremades.

THOUVENOT, R., LUQUET, A. (1951b): "Le macellum (?) et les bâtiments voisins", *Publications du Service des Antiquités du Maroc* 9, 81-99.

TRAKADAS, A. (2003): "Morocco Maritime Survey: the 2002 Season", *The INA Quarterly*, 30.1, 12-21.

VAN DER WERFF, J. H. (2002): "Old and new evidence on the contents of Haltern 70 amphoras", RIVET, L., SCIALLANO, M. (eds). *Vivre, produire et échanger: reflets méditerranéens. Mélanges offerts à Bernard Liou*, Montagnac, Éditions Monique Mergoil, 445-449.

VILLAVERDE VEGA, N. (1992): "Comercio marítimo y crisis del siglo III en el Circulo del Estrecho: sus repercusiones en Mauritania Tingitana", *Afrique du Nord Antique et Medievale. Spectacles, vie portuaire, religions. Ve Colloque international sur l'Histoire et l'Archéologie de l'Afrique du Nord. Avignon, 9-13 Avril 1990 (Dans le cadre du 115e Congrés Nationale des Sociétés Savantes)*, Paris, Eds. du C.T.H.S., 333-347.

VILLAVERDE VEGA, N. (2001a): *Tingitana en la Antigüedad tardía (siglos III-VII), Autoctonía y romanidad en el extremo occidente mediterráneo*, Madrid, Real Academia de la Historia.

VILLAVERDE VEGA, N. (2001b): "Ánforas para salazones de *Mauretania Tingitana*", *Congreso Internacional Ex Baetica Amphorae. Conservas, aceite y vino de la Bética en el Imperio Romano. Sevilla-Écija, 17-20 de diciembre de 1998*, Écija, Gráficas Sol. Vol. 3, 901-924.

VILLAVERDE VEGA, N. (2004): "Nuevos datos arqueológicos de *Russadir* (Melilla): un santuario de Astarté-Venus Marina en Plaza de Armas", KHANOUSSI, M., RUGGERI, P., VISMARA, C. (eds.), *L'Africa romana. XV Convegno Internazionale di Studi. Ai confini dell'Impero: contatti, scambi, conflitti. Tozeur, 12-15 dicembre 2002,* Roma, Publicazioni del Dipartimento di Storia dell'Università di Sassari, Carocci. Vol. 3, 1837-1876.

VILLAVERDE VEGA, N., LÓPEZ PARDO, F. (1995): "Una nueva factoría de salazones en *Septem Frates* (Ceuta). El origen de la localidad y la problemática de la industria de salazones en el estrecho durante el Bajo Imperio", *II Congreso Internacional El Estrecho de Gibraltar (Ceuta, 1990)*. Madrid, UNED, 455-472.

WEINSTOCK, S. (1930): *Mauretania*. Wissowa, G.; Kroll, W. (ed.), *Paulys Real Enciclopädie der Classichen Altertumwissenschaft*, Stuttgart, J.B. Metzlersche Buchhandlung. Vol. 14, 2344-2386.

ACERCA DEL ORIGEN PÚNICO-GADITANO DE LAS PILETAS DE SALAZÓN EN EL MEDITERRÁNEO OCCIDENTAL: ¿UNA INNOVACIÓN DE LA CIUDAD DE GADIR?

A. M. SÁEZ
D. BERNAL
Universidad de Cádiz

> *"La pesquería de estos atunes, es de las mayores y más importantes que hay en el mundo y de más provecho que tiene España y lo más que se mata en ella, es en la costa de esta ciudad, y la que corre desde ella hasta el Estrecho de Gibraltar [...] Los vecinos de esta ciudad de Cádiz, en tiempo que era de cartagineses, fueron los primeros que pescaron atunes y los salaron y beneficiaron"*
> *(A. de Horozco, Discurso de la Fundación y Antigüedades de Cádiz y los demás sucesos que por ella han pasado, 1591, pág. 223).*

1.- Los saladeros en la Antigüedad: definición y caracterización arqueológica[1].

El debate acerca del origen del aprovechamiento industrial a gran nivel de los productos derivados de la pesca, en especial de las salazones y salsas saladas, ha sido una de las cuestiones principales en la historiografía específica de esta problemática desde hace más de medio siglo (Lagóstena, 2001, 21-29 y 203-204; García Vargas y Ferrer, 2002). Descartada en base a la información disponible un origen indígena de esta industria mediterránea, griegos y fenicios se han disputado el protagonismo en la configuración y difusión de esta actividad en todas las áreas en las cuales se han documentado vestigios, especialmente en el litoral ibérico, Sicilia y el Mar Negro. El destacado incremento de la investigación de los yacimientos costeros fenicio-púnicos en las costas de la Península Ibérica y el descubrimiento de las primeras factorías salazoneras a inicios de la década de los ochenta, en unión al análisis intensivo de los testimonios literarios relacionados con la producción y comercio conservero sumaron nuevos argumentos decisivos a este debate, confirmando en cierta manera las intuiciones de M. Ponsich y M. Tarradell acerca de la continuidad de la actividad en el ámbito del Estrecho desde época púnica hasta la etapa romana bajoimperial (Ponsich y Tarradell, 1965). La información del Mediterráneo Occidental por tanto señalaba ya con claridad la existencia de una fructífera industria desde al menos el s. V a.C., ligada fundamentalmente a la ciudad de *Gadir*, que se había fundamentado en un complejo entramado de infraestructuras industriales y en un comercio inserto en los circuitos internacionales. Teniendo en cuenta estos argumentos, algunos autores han propuesto un origen semita sudpeninsular para la industrialización de las conservas (López Castro, 1993 y 1995), no encontrando por el momento evidencias de un protagonismo indígena o griego en el proceso.

Sin embargo, desde los inicios de la investigación el protagonismo tecnológico griego parecía primar sobre otros posibles orígenes industriales (quizá por la abundancia de referencias literarias, *vid.* Lagóstena, 2001, 21-26), siendo dominante la creencia de una difusión mediterránea de la actividad a través de la diáspora colonial helena arcaica hacia el Mediterráneo centro-occidental y el Ponto. Los trabajos de R. I. Curtis (1979, 1991 y 2001, 316-322) son referencia inexcusable en esta problemática, sintetizando en ellos la confrontación de fuentes literarias y arqueológicas y las dificultades generadas por la aparente falta de correspondencia entre ambas, en especial para el ámbito del Mar Negro, sugiriendo a pesar de este contexto confuso un probable protagonismo griego oriental en la difusión de la manufactura industrial de salazones piscícolas (especialmente en el ámbito colonial del Mar Negro, Egeo e islas y litoral minorasiático).

La propuesta interpretativa que exponemos en las páginas que siguen es en cierta manera continuadora de ese debate sobre la etnicidad y cronología de los comienzos de la industrialización de la manufactura salazonera, aportando un nuevo elemento de discusión de tipo técnico que hasta el momento no había sido apenas valorado: la configuración de establecimientos específicamente diseñados para la elaboración de las salazones piscícolas y la irrupción de las piletas destinadas a tal fin (macerar en sal las capturas), lo que supone un elevado grado de evolución técnica y la aparición de personal cualificado especializado. Dichos enclaves dotados de piletas estarían indisolublemente conectados con un auge de la producción y comercialización que requeriría un volumen de salazones muy destacado para satisfacer la demanda, estando también en íntima relación con la mejora de las técnicas pesqueras y de transporte comercial. En este sentido, nuestra hipótesis se centra en el probable origen fenicio-occidental de esta innovación tecnológica, basándonos en buena medida en los indicios arqueológicos crecientes relacionados con la materia en el entorno gaditano y en el papel preponderante de la manufactura salazonera en el engranaje económico de *Gadir*, algo atestiguado incluso por las fuentes literarias. Estos indicios nos han llevado a plantear que la pionera aplicación de un destacado avance tecnológico a la industria como las piletas salazoneras parece que fue realizado por vez primera en los saladeros de la bahía gaditana, dada su importancia como factor económico clave para la ciudad y en relación a las excepcionales condiciones naturales para la pesca de especies migratorias tan apreciadas como el atún rojo. Esta innovación gadirita sería adoptada con relativa rapidez en otras áreas volcadas a la explotación de los recursos pesquero-conserveros, si bien otras continuarían utilizando metodologías de producción diferenciadas (salazón en cubetas de material deperible o directamente en ánforas o *pithoi*).

[1] Este trabajo se inscribe en el marco de desarrollo del Grupo de Investigación HUM-440 del IV Plan Andaluz de Investigación de la Junta de Andalucía.

Actas del Congreso Internacional *CETARIAE. Salsas y salazones de pescado en Occidente durante la Antigüedad*, Universidad de Cádiz, Noviembre de 2005, *B.A.R. int. ser.* 1686, Oxford 2007, 463-473.

2.- El uso de piletas estancas en el mundo antiguo y su aplicación al pescado en salazón: breve estado de la cuestión.

La utilización de balsas o piletas con diversa funcionalidad, morfología y técnica edilicia fue relativamente común en relación a múltiples usos industriales desde momentos muy tempranos en la Antigüedad, en especial en el área oriental mediterránea, zona inicialmente más desarrollada tecnológicamente. Estas piletas, habitualmente de forma cuadrangular, rectangular o más raramente tronco-cónicas, fueron realizadas siguiendo técnicas muy variadas, normalmente adaptadas a las necesidades de la propia instalación industrial: excavadas en la base rocosa natural, fosas en el terreno recubiertas de arcilla, realizadas con adobe o mampostería y revestidas de arcilla o morteros, etc... Sin embargo, y en el asunto que compete directamente la temática de este trabajo, debemos resaltar que este tipo de depósitos estancos fueron principalmente utilizados para los procesos industriales relacionados con la elaboración y almacenamiento de aceite y vino, como atestiguan innumerables restos documentados en el área mesopotámica, Egipto, Chipre, Asia menor, etc... (Brun, 2004). Se trata en general de parejas o pequeñas agrupaciones de depósitos destinados a contener el jugo obtenido del prensado de la aceituna o del pisado de la uva, de una capacidad variable, usualmente conectados a las áreas de prensado por canales que aprovechaban suaves desniveles del terreno. Sin embargo, es necesario destacar cómo en muchos de estos establecimientos, en especial hasta los inicios de la Edad del Hierro oriental, la función de estas piletas fue suplida por elementos pétreos muebles de similar tipología o grandes contenedores cerámicos (*pithoi*), destacando en este sentido las evidencias del mundo minoico-micénico (Brun, 2004, 70-80) o de algún establecimiento oleícola del área sirio-palestina como el documentado en Sarepta (Pritchard, 1978, 129-130).

Sin embargo los testimonios literarios y arqueológicos señalan que la pesca fue un recurso económico comercial y de subsistencia primordial para las comunidades asentadas en todos los rincones del litoral mediterráneo en la Antigüedad, tanto en la vertiente relacionada con el consumo directo como con la manufactura de productos derivados de diversas fórmulas de procesamiento y conservación de las capturas (salazón, ahumado, secado, etc...). La pesca fluvial y marítima constituyó una fuente de alimentación de primer nivel en áreas como Mesopotamia o Egipto (Curtis, 2001, 173-175 y 239), si bien la información sobre los procesos de conservación y comercialización de los que disponemos es aún escasa, en especial para las etapas más antiguas. En el caso egipcio, conocemos bien la existencia de una intensa pesca fluvial en el Nilo y de mayor altura en los núcleos del delta del río, existiendo contundentes referencias a la fabricación de salazones piscícolas y su comercialización interna desde Alejandría, al menos en la etapa helenística (Curtis, 2001, 321). Sin embargo, no existen evidencias de ningún tipo que relacionen estas manufacturas piscícolas con el uso de piletas para su fabricación, siendo ignorados por el momento los métodos precisos usados. En el entorno mesopotámico, la pesca constituyó una práctica habitual como fuente alimentaria capital, siendo discutido incluso su control por parte de las instituciones civiles o cultuales. Documentos sumerios y acadios nos informan acerca de la manufactura y comercialización de pescado fresco, seco, salado, posiblemente ahumado e incluso quizá de la obtención de subproductos como aceite de pescado (tras el prensado de las capturas), así como de una salsa fermentada similar al *garum* romano (Curtis, 2001, 238-240). A diferencia del mundo egipcio, en la zona sur mesopotámica sí han sido identificados algunos indicios de las estructuras industriales relacionadas con la actividad conservera piscícola: en niveles del tercer milenio a.C. en *Girsu* se documentaron dos piletas de considerables dimensiones dispuestas en dos niveles y conectadas por un canal, en cuyas inmediaciones fueron recuperados gran cantidad de restos ictiológicos amontonados, fruto de una actividad de gran volumen e industrializada; sin embargo, no puede determinarse la funcionalidad exacta de las balsas ni su relación con alguno de los procesos de conservación o procesamiento documentados en las fuentes literarias (*vid. supra*), por lo que por el momento no puede establecerse un antecedente directo de las piletas salazoneras gaditas en estas instalaciones mesopotámicas. En cualquier caso, estos indicios y otros relacionados con la extensión del comercio de este tipo de manufacturas hacia otros centros del área o incluso la franja sirio-palestina, parecen apuntar a una cierta consolidación de estos productos no sólo ya como elemento subsistencial sino también como factor económico secundario.

Los procesos de colonización fenicio y griego llevados a cabo a partir de comienzos del primer milenio a.C., que afectaron a gran parte del Mediterráneo Central y Occidental, sin duda contribuyeron a generalizar en gran medida la práctica pesquera y conservera hacia estos nuevos ámbitos, aportando a través de los diversos trasvases poblacionales las técnicas y sistemas económicos necesarios para su desarrollo, homogeneizando en este sentido los dos extremos del *Mare Nostrum*. Sin embargo, no contamos con indicios para la etapa arcaica que evidencien la existencia de instalaciones dotadas de piletas ni en ámbito heleno ni semita, si bien sí parece demostrada una cierta importancia desde los inicios de la pesca como elemento de subsistencia y comercio menor. Sin embargo, en ámbito hispano sí contamos con algunos ejemplos excepcionales de piletas relacionadas con fines industriales, entre los cuales destaca el lagar documentado en la fase de la primera mitad del s. VI a.C. del *oppidum* ibérico de Alt de Benimaquia (Gómez y Guerín, 1995; Brun, 2004, 194-196), dotado de varias balsas dispuestas a distintos niveles e interconectadas, construidas con mampostería irregular y un recubrimiento de arcilla impermeabilizador (figura 1). La injerencia técnica fenicia parece clara en el desarrollo de estas instalaciones en un hábitat indígena en momentos tan tempranos, en especial si atendemos a la naturaleza de la cultura material asociada a las labores manufactureras y al envasado de la producción, destacando envases fenicios anfóricos del tipo T-10.1.2.1 e imitaciones ibéricas del mismo formato. Este lagar, en unión a otros indicios similares más tardíos también localizados en el mundo ibérico levantino (Tossal de Sant Miquel de Lliria, Castellet de Barnabé; *vid.* Brun, 2004, 196-197), nos muestra ya implantada en el extremo occidental mediterráneo una tecnología propia de Oriente aplicada a la producción vinícola (y quizá olearia), pero no al procesamiento de la pesca según los indicios disponibles, tal y como reflejan los antecedentes orientales.

Figura 1.- Pileta rectangular de una de las áreas de lagar del asentamiento de Alt de Benimaquia (según Gómez y Guerín, 1995).

En cualquier caso, puede hablarse de un uso y comercio común de salazones piscícolas en diversas áreas orientales muy anterior a la colonización del Mediterráneo centro-occidental, pero en ningún caso de una aplicación industrial de las balsas estancas a dicha industria. Por tanto, a tenor de la evidencia disponible podría sostenerse que tanto los colonos griegos como los fenicios trajeron consigo la salazón piscícola como elemento más o menos destacado en su dieta (López Castro, 1995, 37) y como elemento secundario de comercio (como sugieren hallazgos como los restos ictiológicos en ánforas fenicias costeras de Acinipo; *vid.* Aguayo, Carrilero y Martínez, 1991).

Pero un modelo ya desarrollado de saladero litoral dotado de piletas, sería una innovación que habría de generarse según parece en el ámbito gadirita algunas centurias más tarde, al calor de un fuerte crecimiento de la importancia económica de la actividad.

3.- La evidencia arqueológica: los primeros saladeros púnico-gaditanos.

La explotación de los recursos pesqueros debió ser en la fase arcaica para los establecimientos fenicios del Extremo Occidente –en especial para los del sur peninsular- un método de autoabastecimiento de recursos alimentarios de gran importancia, dadas las dificultades para la explotación de un *hinterland* agrícola de entidad, si bien los testimonios arqueológicos disponibles parecen señalar que la pesca y la fabricación de derivados (pescado ahumado y quizá salado) fue raras veces objeto de comercio, tanto entre las propias factorías fenicias como con las poblaciones tartésicas. Sin embargo, la riqueza pesquera del área litoral sudpeninsular y particularmente de las costas atlánticas en relación principalmente a las corrientes migratorias del atún no debió pasar desapercibida para las comunidades fenicias desde estos primeros momentos (Ruiz Gil, 1991; Sáez, e.p.), sobre todo en *Gadir*, cabeza de este área y enclave situado en una privilegiada ubicación geoestratégica para la explotación de este preciado recurso estacional (mayo-septiembre). La crisis metalífera, las transformaciones del modelo socio-económico extremo-occidental, la definitiva independencia de Oriente y la reordenación del comercio internacional acaecidas desde finales del s. VII y en especial durante el VI a.C. parece que fueron algunas de las principales causas que conllevaron a operar profundos cambios en el sistema económico de las antiguas colonias. En el caso de *Gadir*, las evidencias arqueológicas y documentales señalan claramente la emergencia y rápida consolidación de la manufactura y comercialización ultramarina de salazones de pescado como pilar fundamental de su economía a partir de finales del s. VI a.C. Las espléndidas posibilidades naturales brindadas por su situación en el paso de los bancos de atunes y, en general, en una rica área pesquera, sin duda contribuyeron a favor de estos cambios, así como la tradicional vocación marítima de la población gadirita.

Desde los inicios del s. V a.C. la actividad salazonera parece que se instituyó, con la cobertura ideológico-económica del Melqart gadirita, en una de las bases fundamentales de la economía local, introduciéndose a gran nivel en los mercados internacionales y alcanzando una destacada difusión hacia el área mediterránea centro-oriental y un distinguido renombre por su calidad. Sin duda esta importancia del recurso pesquero y de sus derivados, fundamentalmente el pescado salado, motivó la potenciación tecnológica de los enclaves industriales relacionados dado su destacado papel en el equilibrio de la economía local.

A partir de los inicios del s. V a.C. los testimonios arqueológicos apuntan a la aparición y notable dispersión tanto en la costa continental de la bahía gaditana como en el archipiélago frontero de numerosas factorías pesqueras de diversa entidad y posiblemente funcionalidad, en general relacionadas con los anteriormente mencionados cambios económicos. Parece que pueden diferenciarse entre estos enclaves algunos dedicados fundamentalmente a la captura y procesado inicial (no dotados de estructuras arquitectónicas fijas o perdurables) y otros de mayor entidad dotados de edificios con varias estancias de diversa funcionalidad identificados con el proceso de salado y maceración del pescado (entre las estructuras se incluyen piletas destinadas al efecto). La aparición de los saladeros con estructuras fijas, ideadas desde el comienzo con precisión y ajustadas a las necesidades industriales, parece fruto de esta importancia de la salazón en la economía de la ciudad, siendo la introducción de las piletas la principal novedad específica en este sentido.

3.1.- Las Redes y Puerto-19, saladeros gadiritas paradigmáticos.

Aunque son ya numerosas las localizaciones continentales e insulares del entorno de la Bahía de Cádiz conocidas relacionadas con factorías pesqueras y saladeros (figura 2), sólo contamos con la excavación extensiva de dos ejemplos dotados de piletas y pertenecientes a la que parece fue la primera generación de este tipo de instalaciones: Las Redes y Puerto-19.

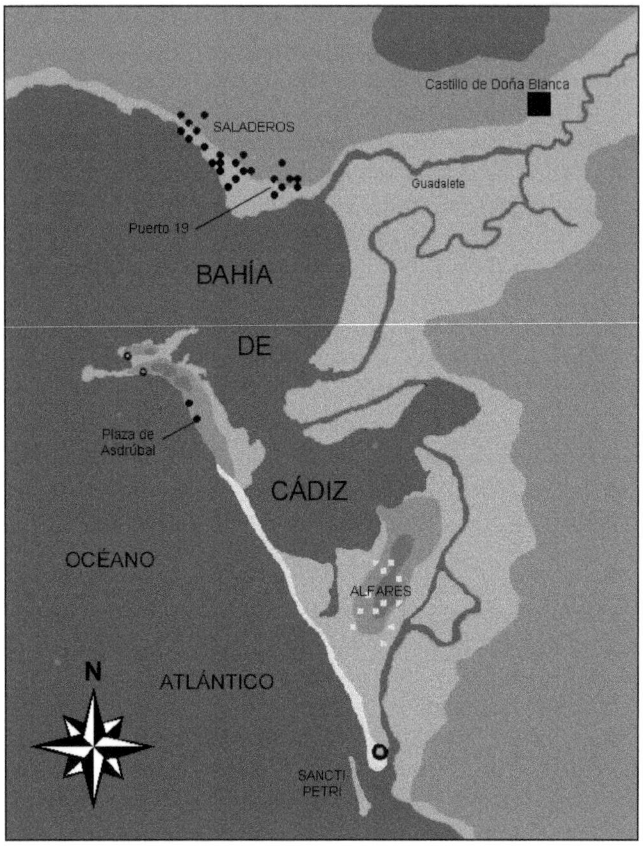

Figura 2.- Plano de la bahía gaditana con indicación de la distribución de los yacimientos mencionados en el texto.

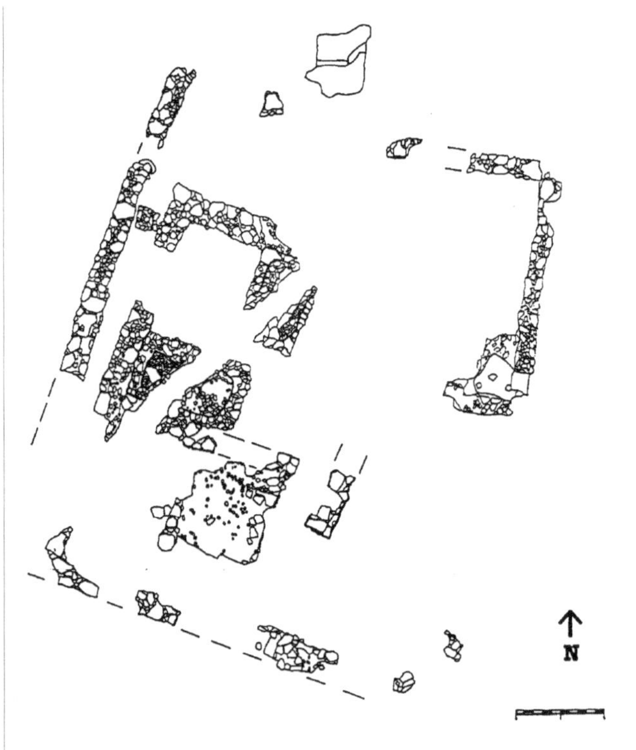

Figura 3.- Planta del saladero púnico-gaditano de Puerto 19 (según Gutiérrez, 2000, 35, fig. 1).

El asentamiento de Puerto-19 (figura 3), excavado recientemente completamente, parece configurarse como el paradigma de referencia de estos saladeros. Se documentó un edificio de tendencia cuadrangular (12x10 mts. aprox.) con varias estancias abiertas al parecer relacionadas con funciones específicas (tratamiento de las capturas, almacenamiento de útiles pesqueros y envases de transporte, etc...), estando situadas en una de ellas una pareja de piletas de morfología oval en las que se realizaría el proceso de salado (2x1'5 y 1'85x1'1 mts. y una profundidad estimable de 0,80-1 m). Estas estructuras estaban construidas sobre una base y muretes de mampuestos de piedra ostionera, enfoscados con una capa de argamasa de cal, con una moldura en la conexión de la base y las paredes (dispuesta para facilitar la limpieza), no pudiéndose concluir si poseían poceta central dado el grado de deterioro que sufrieron.

Las piletas de P-19 presentaban varias capas de recubrimiento impermeabilizante, lo que señala una larga perduración del uso de las instalaciones. En este sentido, hay que destacar que estas piletas (figuras 4 y 5) formaron parte de la iniciativa edilicia primigenia del enclave (¿s. V a.C.?), según señalan los materiales asociados a los niveles de construcción (entre los que destacan fragmentos anfóricos y platos de barniz rojo de borde ancho; *vid.* Gutiérrez, 2000, 45, fig. 11), y fueron la pieza central de la instalación, si atendemos al mayor cuidado y mejor fábrica de las estructuras relacionadas con ellas y su posición resguardada. Tras un prolongado uso y diversas reformas realizadas durante el s. IV a.C., el complejo industrial fue abandonado en las postrimerías del s. III o los inicios del II a.C. en relación con las vicisitudes de la II Guerra Púnica y el abandono del cercano poblado del Castillo de Doña Blanca.

Figura 4.- Detalle de la pileta septentrional del saladero de P-19 (cortesía de J. M. Gutiérrez).

El enclave de Las Redes (figura 6), excavado de urgencia en 1980 por el Museo de Cádiz bajo la dirección de A. Álvarez Rojas, presenta una ubicación, morfología y funcionalidad prácticamente similar a P-19 (De Frutos y Muñoz, 1998; Muñoz y De Frutos, 2004): se trata de un edificio de tendencia cuadrangular, con cinco estancias abiertas al exterior con usos diferenciados, situado en la zona alta de una duna costera (cumpliendo por tanto también posibles funciones de

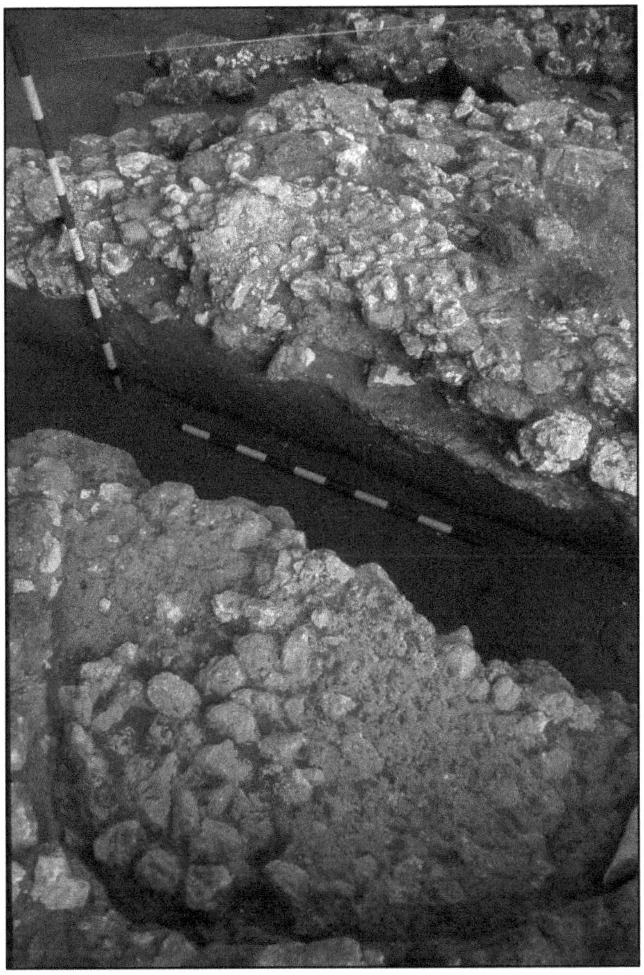

Figura 5.- Vista de la balsa salazonera meridional de Puerto 19 (cortesía de J. M. Gutiérrez).

atalaya). La denominada estancia 5, ubicada en la zona este del complejo edilicio, contenía dos piletas de dimensiones diferenciadas destinadas a la maceración de las capturas (2x1 y 1x1 mts.), dispuestas anexas junto a los muros del fondo de la habitación. Según sus excavadores, la actividad de la factoría se extendería entre 430 y 200 a.C. aproximadamente, si bien las limitaciones del estudio dado a conocer sugieren cierta cautela respecto a estas conclusiones preliminares. Esta aludida falta de una detallada publicación de los contextos de construcción, uso y amortización del saladero nos privan asimismo por el momento de poder asegurar que las piletas pertenecen a la fase inicial del asentamiento así como de la definición precisa de sus técnicas constructivas y momento de amortización.

Ambos asentamientos parecen ejemplificar un modelo-tipo del saladero gadirita de la etapa prerromana de la ciudad, un formato industrial aparentemente ya ciertamente estandarizado morfológica y funcionalmente desde los inicios del s. V a.C. al menos, que se debió extender por buena parte del litoral continental e insular de la bahía gaditana. La aparición del saladero con piletas podemos fijarla por tanto actualmente en esta fase inicial del s. V o fines de la centuria anterior en el ámbito gadirita, en lo que parece ser la expresión per-

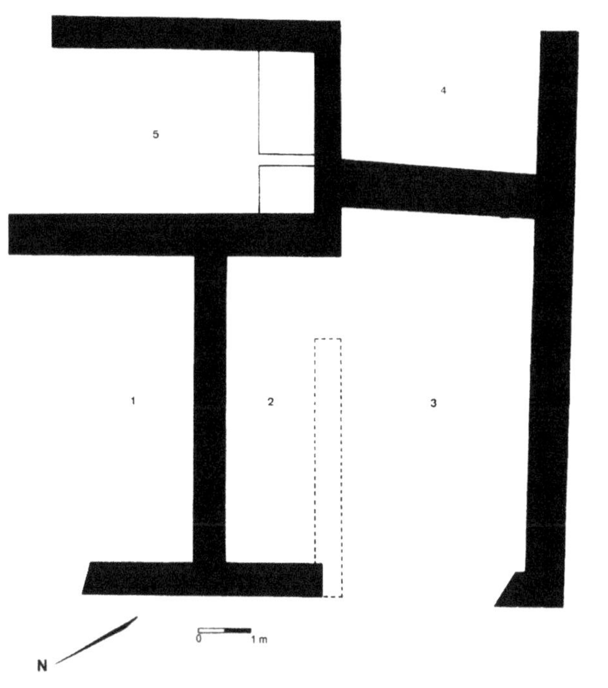

Figura 6.- Planta esquemática de la factoría de Las Redes (según De Frutos y Muñoz, 1998).

feccionada de un modelo de explotación de los recursos piscícolas que ya se encontraba en curso con anterioridad.

3.2.- Morfometría de las piletas salazoneras púnico-gaditanas.

Las piletas excavadas en los saladeros púnicos de Puerto-19 y Las Redes, junto a los ejemplos tardopúnicos de Plaza de Asdrúbal y C/ Luis Milena (ambos situados en el archipiélago gaditano; *vid. infra*), aportan datos decisivos para intentar establecer unos parámetros básicos morfo-métricos y tipológicos de las piletas salazoneras gadiritas de primera época (figura 7).

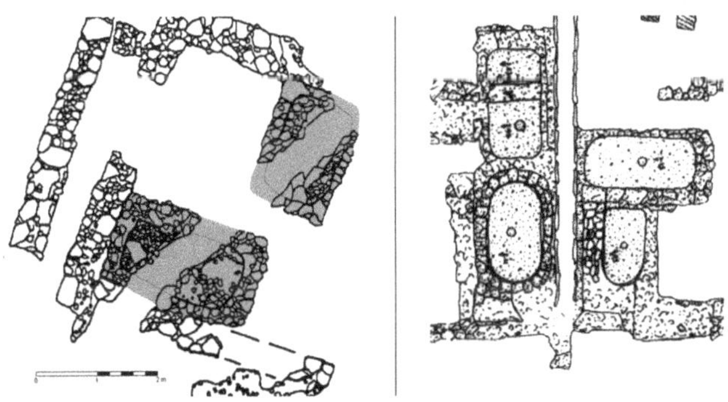

Figura 7.- Comparativa morfo-métrica de las piletas salazoneras documentadas en los saladeros de Puerto 19 (izq.) y la fase tardopúnica de Plaza de Asdrúbal (dcha.).

En todos los casos las estructuras se agrupan por parejas, siendo una de ellas menor que la otra, estando adosadas perpendicular o linealmente según el caso. Para su construcción, sobre una preparación y nivelación previa variable (en un caso de P-19 se documenta una "cama" de conchas marinas), se utilizan habitualmente muretes de mampostería trabada con mortero de cal o arcilla, determinando morfologías de tendencia rectangular con las esquinas redondeadas o más marcadamente ovales (caso de una de las piletas de Pl. Asdrúbal). El interior se reviste con sucesivas capas de mortero de cal para proceder a la impermeabilización, siendo frecuente la aparición de un cordón en la unión de fondo y paredes y de una pequeña poceta circular central, dudosa en los ejemplares más antiguos ante la falta de evidencias. Las dimensiones de las mayores parecen responder a un patrón aproximadamente normalizado, rondando los 2 m^2 de superficie (2x1 mts.), mientras que las menores parecen poseer en todos los casos apenas la mitad del tamaño de las anteriores, cuestión que quizá indica una diferenciación funcional o del producto fabricado en ellas. Su volumetría resulta difícil de estimar, al estar la mayor parte de piletas en deficiente estado de conservación, si bien la altura habitual parece poder estimarse alrededor de 80 cms o 1 m., por lo que estaríamos ante saladeros con capacidades entre 1 y 2 m^3.

4.- La evolución hacia las *cetariae* tardorrepublicanas de *Gades*.

4.1.- El ámbito gadirita: cambios y continuidad durante los siglos III-I a.C.

La actividad de los saladeros gaditas dotados de piletas no desapareció en los momentos críticos relacionados con la transición al dominio romano a fines del siglo III a.C., pues los testimonios arqueológicos disponibles (de muy reciente descubrimiento) parecen señalar cómo al menos en el ámbito insular de *Gadir* la industria perduró sin aparentes cesuras: así parecen confirmarlo enclaves como Plaza de Asdrúbal (en Cádiz) o C/ Luis Milena (en plena zona alfarera de San Fernando), cuya actividad podemos situar aparentemente entre momentos finales del s. III y ¿mediados del I a.C.?, en los que se han documentado nuevos conjuntos de piletas de morfología y funcionalidad similar a las descritas para P-19.

En ambos casos se aprecia una continuidad funcional y técnica con la etapa anterior evidenciada por los saladeros portuenses: las balsas salazoneras se agrupan en parejas, con una morfología dominante oval o rectangular con las esquinas redondeadas, siendo normalmente una de ellas de mayor tamaño que la otra, apareciendo también pequeñas pocetas circulares en la zona central y molduras en la conexión de las paredes con el fondo.

En el yacimiento de Plaza de Asdrúbal la fase tardopúnica (figura 8) parece ser la expresión arqueológica más contundente de un proceso industrial salazonero comenzado con mucha anterioridad, quizá en paralelo a la actividad de los centros de la orilla continental conocidos, hacia fines del s. VI o primera mitad del s. V a.C., momento al que parecen asociarse algunas pavimentaciones y fosas de desecho diseminadas junto al área de necrópolis (De Frutos y Muñoz, 1998; Muñoz y De Frutos, 2004, 135-138). La zona excavada en 1995 por F. J. Blanco y J. F. Sibón dejó al descubierto varias estancias, pavimentos y canalizaciones asociadas a la actividad conservera, así como dos parejas de piletas salazoneras: en ambos casos se encuentran adosadas entre sí, construidas con mampostería irregular de forma pseudorectangular u ovalada, recubiertas con un *opus signinum* impermeabilizante y con poceta central circular. Los escasos datos dados a conocer no permiten por el momento discernir si se trata de dos unidades de producción diferenciadas o si formaron parte de un mismo conjunto industrial, si bien su propia morfología y sus dimensiones (alrededor de 2 m de longitud y 1 m de anchura en el caso de las mayores) señalan inequívocamente su relación con las piletas de la fase prerromana de la ciudad gadirita.

Figura 8.- Planta parcial del saladero tardopúnico de Plaza de Asdrúbal (según Muñoz y De Frutos, 2004, 135, fig. 3).

El yacimiento isleño de C/ Luis Milena ha proporcionado recientemente hallazgos que presentan claras analogías con esta fase tardopúnica de la Plaza de Asdrúbal gaditana: se trata de un enclave muy arrasado por labores extractivas y edilicias contemporáneas en el que se han podido documentar una pareja de piletas de tipología y técnica similares a las ya descritas, junto a posibles indicios de otras actividades industriales desarrolladas en el entorno inmediato (desechos de alfar y acumulaciones de múrices purpurígenos). El grado de deterioro del asentamiento no ha permitido la documentación de otras estructuras asociadas a las piletas, si bien algunos hallazgos de los años setenta sugieren la extensión de la actividad a ambos lados de la actual calle, con restos de muros y otras áreas con pavimentos de *opus signinum* que abren la posibilidad de que en origen existiesen otros conjuntos de piletas anexos. La ocupación del enclave, a tenor de los escasos vestigios muebles diagnosticables (entre los que destacan alguna pesa y anzuelos de bronce) parece poder situarse entre momentos muy avanzados del s. III y el I a.C., destacando su vitalidad durante la II centuria a.C.

La construcción, uso y abandono de estos saladeros tardopúnicos, punta del iceberg de un fenómeno sin duda más amplio que habrá de ir viendo la luz a nivel arqueológico a medio plazo, parece responder con naturalidad a las pautas histórico-económicas mostradas por otras industrias conexas, como la alfarería. Es decir, es la muestra de la continuidad de las actividades económicas conserveras de la urbe gadirita tras el *foedus* de 206 a.C. bajo unos parámetros tecnológicos heredados de la etapa anterior, en pequeñas factorías conserveras con un reducido número de piletas e instalaciones anejas distribuidas al parecer por el ámbito insular periurbano y rural de la ciudad. Este fenómeno encuentra una correspondencia plena en la industria alfarera, cuya distribución espacial, tecnología fornácea y tipología de los talleres y producciones, aunque sufrieron el impacto de la nueva situación socio-política local e internacional, no se vieron alteradas sustancialmente hasta las reformas de la etapa tardorrepublicana (a partir de mediados del s. I a.C. o época augústea), con la introducción de nuevos tipos de hornos, la utilización de nuevas técnicas constructivas, la aparición de complejas estructuras de taller, la explosión del número de alfares insulares y continentales y su asociación habitual a *villae*, etc... (Montero *et alii*, 2004).

4.2.- Otras piletas de uso industrial en el entorno tardopúnico gadirita: lagares y ¿almazaras?.

El uso de la pileta como elemento tecnológico novedoso en el ámbito de las factorías pesqueras no fue en absoluto exclusivo del ámbito de *Gadir*, contando con ejemplos bien conocidos de otras aplicaciones funcionales para las balsas estancas, en este caso datados por el momento sólo en el s. III a.C., quizá en relación a la reactivación económica de la etapa bárcida. Por un lado, destacar la existencia de dos lagares en el poblado industrial de Las Cumbres (figura 9) y otro similar en el propio enclave del Castillo de Doña Blanca, constituidos en todos los casos por agrupaciones de tres piletas cuadrangulares dispuestas en distintos niveles y posición (alineadas o en forma triangular, con dos de ellas siempre sobreelevadas respecto de la otra, conectadas a través de caños), realizadas con mampostería irregular y revocadas con mortero de cal y cerámica triturada (Ruiz Mata, 1995; Ruiz, Córdoba y Pérez, 1998; Niveau y Ruiz, 1999). El pisado de la uva se realizaría en las situadas a mayor altura, recogiendo el mosto la inferior, desde la cual sería traspasado a recipientes cerámicos o ligneos para su transporte. Se trata de establecimientos de clara vocación industrial vinculados a la fase final de ocupación de ambos poblados, cuyo abandono parece vincularse con los acontecimientos de la II Guerra Púnica, por lo que nos informan de un uso habitual al menos en los inicios de la etapa tardopúnica de *Gadir* de las piletas estancas de obra también para la obtención de vino con fines comerciales. Otro uso vinculado a la influencia tecnológica gadirita parece que podemos buscarlo en los depósitos subterráneos de grandes dimensiones localizados en el asentamiento rural de Cerro Naranja (González, 1987), de incierta adscripción étnico-cultural, pero en cualquier caso relacionados con la explotación olivarera de la campiña jerezana circundante: en la zona este del yacimiento se localizaron dos grandes depósitos (7x1'80 mts) de forma alargada con los extremos redondeados, de los cuales sólo uno pudo excavarse hasta 1'50 mts de profundidad. Las estructuras estaban revocadas con un mortero de gran calidad, claramente con la misión de proporcionarles estanqueidad. Parece factible identificar estos depósitos como enormes cisternas destinadas a contener agua para el abastecimiento de la granja o más bien el aceite obtenido en la explotación (Ruiz, Córdoba y Pérez, 1998), por lo que el uso de piletas estancas en época tardopúnica en el entorno gadirita parece responder a los parámetros orientales anteriormente esbozados (*vid. supra*), relacionándose de forma directa también en extremo-occidente con la vinicultura y las explotaciones olearias.

Figura 9.- Lagar compuesto por tres piletas sobreelevadas documentado en el poblado industrial de Las Cumbres, similar al ubicado en el cercano Castillo de Doña Blanca (según Ruiz Mata, 1995).

5.- El procesamiento de las capturas en otros ámbitos del Mediterráneo.

Una vez sentadas las bases arqueológicas aportadas por el cada vez más amplio registro de los saladeros de *Gadir*, punta de lanza de la industria salazonera del área del Estrecho de Gibraltar, es necesario volver la vista hacia los indicios disponibles en otros rincones del *Mare Nostrum* como medio de contrastación a nuestras hipótesis, centrándonos específicamente en la aplicación de las piletas a la manufactura conservera anterior a época romana tardorrepublicana. En este sentido, como premisa inicial debemos destacar la escasez de evidencias arqueológicas de estructuras salazoneras en otros ámbitos mediterráneos coetáneos a la industria de *Gadir*: ausencia total de testimonios en las metrópolis fenicias orientales, en Cartago y la costa magrebí, en el área itálica y Grecia continental o las colonias del Mar Negro, etc..., lo que por el momento sitúa a los saladeros gaditas como precursores del formato de saladero con piletas. Respecto a las metrópolis fenicias orientales, como ya se expuso anteriormente, el uso de piletas estancas está suficientemente documentado en relación a la explotación de lagares y almazaras (Brun, 2004) e incluso como apoyo de la industria alfarera, si bien por el momento no existen evidencias de su aplicación a la fabricación de conservas piscícolas. En este sentido, debemos recordar que a pesar de ser un elemento destacado en la dieta fenicia oriental, la potencialidad pesquera de la zona no podía ser comparada a otros ámbitos como el área extremo-occidental mediterránea, a lo que debemos sumar el protagonismo bien atestiguado de la púrpura como recurso económico de primer nivel, fenómeno corroborado incluso por la propia iconografía monetal tiria (Longo, 2002, 53-58).

5.1.- Grecia continental y las colonias helenas del Mar Negro.

Es bien conocida la importancia de las conservas piscícolas en la dieta griega, en especial en la Atenas de época clásica y otras *poleis* principales coetáneas, tanto a través de las referencias literarias de su consumo y comercio como de la evidencia arqueológica en forma de contenedores anfóricos localizada hasta el momento, las cuales señalan el consumo de salazones y salsas saladas de pescado procedentes del extremo-occidente mediterráneo y del área del Mar Negro como principales suministradores (Curtis, 2001, 316-318), testimonio quizá de un proceso ya en marcha con anterioridad. Sin embargo, en la Grecia continental no existen indicios por el momento de época clásica o helenística que podamos relacionar con saladeros dotados de piletas, lo que en parte corrobora las informaciones transmitidas por las fuentes sobre el origen fundamentalmente foráneo de estos apreciados productos. Sin embargo, sí existieron en estas ciudades griegas instalaciones industriales dotadas de piletas estancas relacionadas con la producción de vino y aceite: es el caso de un lagar documentado en la acrópolis ateniense datado en el s. IV a.C. (Brun, 2004, 97-98) o de los restos de varias piletas tronco-cónicas localizadas en una almazara de época helenística de *Isthmia*, situada en pleno istmo de Corinto (Brun, 2004, 102-103). Otras áreas insulares del Egeo y del litoral minorasiático como Phaselis, Samos, Cos, Halicarnaso, Lesbos, etc... también son referenciadas en las fuentes como centros relacionados con la producción y comercio de conservas piscícolas, si bien este extremo no ha podido ser contrastado arqueológicamente por el momento (Curtis, 2001, 318).

En cualquier caso, en el mundo griego oriental sin duda destacó el protagonismo del litoral del Mar Negro, cuyas salazones fueron bien conocidas desde época clásica gracias a numerosas referencias literarias (Curtis, 1991, 118-129), destacando fundamentalmente la producción de Bizancio (Dumont, 1977), ya famosa en la Atenas del s. V a.C. Una larga nómina de asentamientos coloniales helenos puede vincularse gracias a los testimonios de las fuentes literarias, de hallazgos ictiológicos y de la iconografía monetal (Stolba, 2005) a la producción y comercialización ultramarina de conservas piscícolas (Munk, 2005): *Karkinitis*, *Chersonesos*, *Trapezous*, *Pantikapaion*, *Amastris*, *Sinope*, *Tieon*, *Herakleia Pontike*, *Byzantion*, *Anchialos*, *Kalchedon*, Elizavetovka, *Tanais*, *Tyritake*, *Myrmekion*, *Odessos*, etc... si bien los testimonios arqueológicos disponibles en buena parte de ellos señalan la introducción de los saladeros dotados de conjuntos de piletas sólo a partir de momentos finales del s. I a.C. o comienzos de la etapa altoimperial[2].

Algunos indicios muy sugerentes permiten remarcar esta ausencia de testimonios de saladeros de época clásica o helenística, la cual ha generado incluso un intenso debate en el que algunos autores han dudado severamente de la veracidad de las fuentes (Galant, 1985; en contra *vid.* Curtis, 1991, 113-131): por un lado, la localización de un posible taller de fabricación de pescado ahumado prerromano en el asentamiento de Elizavetovka (Munk, 2005, 141-142) y por otro, la existencia de piletas en algunos lagares de época helenística (ss. III-II a.C.) documentados en *Chersonesos* y *Myrmekion* (Brun, 2004, 118-123), enclaves en los que encontramos restos contundentes de actividad conservera en época romana imperial (Munk, 2005, 149-153). Descartada la posibilidad de una ausencia de producción al menos a partir del s. V a.C., dada la rotundidad de las fuentes literarias que avalan la manufactura y comercialización, y también de que los saladeros más antiguos fuesen destruidos por los de época romana, y ante los indicios descritos que señalan el uso de balsas estancas para otros fines industriales, la posibilidad interpretativa más viable por el momento es que la fabricación de conservas piscícolas en el Mar Negro en las primeras centurias estuvo dominada por el pescado seco o ahumado y/o la realización del proceso de maceración en sal en elementos cerámicos o deperibles de los que no ha quedado rastro.

5.2.- La península itálica, la Magna Grecia y Sicilia.

La actividad conservera en el ámbito itálico no helenizado se muestra por el momento como una actividad tardía (sólo sugerida para Cosa a partir del s. II a.C. y sólo atestiguada con un pequeño saladero altoimperial en Pompeya) que en ningún caso debió suponer un elemento económico y subsistencial de peso, a pesar de que el uso de estanques y depósitos (*piscinae*) para la cría de peces y moluscos fue una práctica habitual bien conocida desde época republicana[3] y que incluso en los inicios de la etapa altoimperial suscitó acaloradas críticas sobre su moralidad como elemento de lujo (Higginbotham 1997; Lafon 2001; Curtis, 2001, 402). La parquedad de testimonios es por otro lado extensible al área meridional peninsular, pues los asentamientos griegos ubicados en su litoral no han proporcionado por el momento indicios de actividad conservera piscícola.

Al igual que en el ámbito griego oriental, destacan en este sentido sobre el resto de la zona del Mediterráneo central no semita los indicios documentados en la isla de Sicilia, tanto en el ámbito griego como en la zona occidental púnica de la isla. Respecto a la producción conservera de las *poleis* grie-

[2] Agradecemos en este sentido las precisiones personales ofrecidas por el Prof. J. Munk Højte (University of Aarhus), quien recientemente ha mostrado su escepticismo acerca de una introducción previa a época tardorrepublicana del salado en piletas en el litoral del Mar Negro, decantándose por dar un protagonismo principal en las etapas clásica y helenística a la conservación mediante ahumado o la manufactura del salazón piscícola directamente en *pithoi* o ánforas (*vid.* Munk, 2005, 156-157).

[3] *Vid.* en relación a esta cuestión la aportación de A. Marzano "Fish salting and fish-breeding: Roman Italy", en estas mismas actas.

gas, disponemos de algunas referencias literarias que testimonian la llegada de tales manufacturas a los mercados atenienses ya en el s. V a.C. (Theop., fr. 51; Archestr. ap. Athen., VII, 302) y que señalan la exportación de este producto desde Siracusa hacia mediados del s. III a.C. (Archestr. ap. Athen., III, 116; *vid.* Curtis, 1991, 99), así como de alguna sugerente aportación de la iconografía monetal de ciudades como *Gela* (Stolba, 2005, 115-117). Las prospecciones arqueológicas acometidas han permitido identificar dos localizaciones que parecen relacionarse con saladeros, Torre Vendicari y Portopalo (Purpura, 1989; Basile, 1992), en los que se documentaron piletas cuadrangulares y circulares y otras instalaciones anexas al parecer en funcionamiento entre la etapa helenística y el s. V d.C., lo cual hace muy dificultoso discernir las instalaciones más antiguas de las correspondientes a época alto y bajoimperial. En cualquier caso, parece razonable pensar en la posibilidad de que algunos saladeros dotados de piletas pudieran haber funcionado desde los ss. III-II a.C. o algo antes, pues este tipo de estructuras está bien documentada en relación a la producción de vino o aceite en varios centros urbanos de la isla (Brun, 2004, 166-172).

Sobresalen en cualquier caso los testimonios conserveros de la zona púnica de la isla, tanto los recuperados en diversas prospecciones como los indicios gráficos documentados en diversas cavidades (Rocco, 1975) o la iconografía monetal (Manfredi, 1987). Entre los grandes centros urbanos sículo-púnicos destaca, dada su probable relación con la producción salazonera, *Solunto* (Longo, 2002, 73-74), situada en una ubicación natural óptima, dotada de una amplia área alfarera productora de envases de transporte (Greco, 1997; Alaimo, Greco y Montana, 1998) y con una iconografía monetal –con la representación de un atún en el reverso- claramente emparentada con los centros del área extremo-occidental mediterránea volcados a la producción salazonera (Manfredi, 1987). El resto de enclaves, caracterizados por la asociación a piletas usualmente cuadrangulares y por una larga ocupación desarrollada en ocasiones hasta época tardorromana, han sido localizados en prospecciones más o menos profundas: S. Vito Lo Capo, Cala Minnola (Bergonzoni, 1977), Isola delle Femmine, Calazza, Favignana (Purpura, 1982; 1985; 1992) y probablemente Lampedusa (De Miro y Aleo Nero, 1992), que en ningún caso permiten discernir las fases de ocupación reales pues las cronologías han sido fijadas por la datación de los materiales cerámicos recogidos superficialmente. Los de mayor antigüedad aparentemente serían S. Vito y Tonnara del Cofano, cuya actividad cuando más puede retrotraerse a la segunda mitad del s. V a.C. en virtud de los materiales cerámicos de superficie, mientras que Isola delle Femmine tendría un origen situado en el s. IV a.C. y Cala Minnola en el III a.C. (Longo, 2002, 76-78). Sin embargo, los testimonios disponibles, faltos de excavaciones en extensión que aporten datos estratigráficos contundentes, sólo sugieren por el momento en estos casos la posible raíz púnica de los saladeros, no aportando informaciones indiscutibles acerca de la etapa de construcción de las balsas o de la verdadera cronología de los asentamientos (en todos ellos, además de restos púnicos o tardopúnicos se recuperaron importantes conjuntos materiales alto y bajoimperiales), por lo que se impone la cautela al proponer la asociación de las piletas con las fases iniciales de los asentamientos.

5.3.- Cartago y el Mediterráneo Central púnico.

Los vestigios de saladeros en el área central mediterránea semita son aún más débiles que en las zonas ya descritas, faltando por el momento completamente en Ibiza y con tenues pruebas ictiológicas para Cerdeña (Cavaliere, 2000), con un caudal de fuentes mucho menos nutrido y explícito al respecto. Cartago y las principales ciudades de la costa tunecina, situadas en un área pesquera menos dotada parece que, según sugieren algunas referencias textuales (Ps. Arist., *De mir. ausc.*, 136) y la ausencia de constatación de instalaciones conserveras prerromanas, debieron configurarse más como un centro redistribuidor más que productor de manufacturas salazoneras, al menos a gran escala. No obstante, se impone la prudencia en estos casos, ante la escasez de evidencia arqueológica al respecto y la ausencia de estudios monográficos centrados en torno a esta línea de investigación.

6.- Las piletas para salazón de pescado: ¿una innovación gadirita?

Por el momento los saladeros de la bahía gaditana se configuran como los más antiguos en ámbito mediterráneo dotados con seguridad de piletas, datando su actividad desde al menos los inicios del s. V a.C., en paralelo a otras actividades conexas cada vez mejor conocidas como la fabricación de ánforas de transporte en gran número de alfarerías (Díaz, Sáez y Montero, 2005; Sáez, Montero y Díaz, 2005). Por tanto, en base al registro arqueológico actualmente disponible en el litoral mediterráneo la propuesta más viable parece ser la de que esta aplicación de la pileta estanca a la manufactura salazonera piscícola fuese una novedad tecnológica desarrollada por los artesanos gadiritas, perfeccionando el procesado de las capturas y optimizando la inversión en estos establecimientos industriales, dando lugar a un tipo específico de ellos (los denominados saladeros, en los cuales se realizaría el proceso integral de procesado y envasado, de modo análogo a las saladeros de época romana o las chancas medievales y modernas), en un momento en que este recurso ascendió hasta la cúspide de la economía de la ciudad de *Gadir*.

Como ya señalamos, este modelo de saladero gadirita continuó vigente con fuerza hasta bien avanzada la etapa republicana, desarrollándose durante los dos últimos tercios del s. I a.C. significativos cambios en las instalaciones conserveras locales, con el abandono generalizado de los enclaves tradicionales y la aparición de grandes centros dotados de decenas de piletas, sistemas de abastecimiento hidráulico, amplios espacios industriales anexos, etc… que son la cristalización a gran escala del modelo anterior. Resulta por el momento imposible aseverar que también este impulso innovador fue llevado a cabo en la *Gades* tardorrepublicana, si bien lo más destacable del proceso es sin duda la expansión de este tipo de conjunto industrial salazonero a todos los rincones del Imperio, siendo adoptado y adaptado en las costas mediterráneas, atlánticas o del Mar Negro durante época alto y bajoimperial.

Por el momento, las dataciones más antiguas para piletas de salazón documentadas en *cetariae* plenamente romanas se centran claramente en el s. I a.C. Los ejemplos más claros al respecto en ámbito gaditano son los niveles basales del Teatro Andalucía en *Gades* (Cobos, Muñoz y Perdigones, 1997) o las ya citadas piletas del Sondeo 29 de *Baelo Claudia*, en Tarifa (Domergue, 1973). La inexistencia de este tipo de estructuras en las recientes investigaciones arqueológicas realizadas en la ensenada de Bolonia, que han deparado amplias evidencias de actividad piscícola en la segunda mitad del s. II a.C. (Arévalo y Bernal, 2007), permiten deducir que la generalización de las cubetas salazoneras en la industria conservera romana aconteció en el s. I a.C. y no antes. A partir de ahí se iniciaría un proceso vertiginoso de expansión que trasciende los límites y los objetivos de estas páginas.

Bibliografía

AGUAYO, P., CARRILERO, M., y MARTÍNEZ, G. (1991): "La presencia fenicia y el proceso de aculturación de las comunidades del Bronce Final de la depresión de Ronda", *II Congreso Internacional de Estudios Fenicios y Púnicos*, vol. II, Roma, 559-571.

ALAIMO, R., GRECO, C. y MONTANA, G. (1998): "Le officine ceramiche di Solunto: evidenza archeologica ed indagini archeometriche preliminari", E. Acquaro y B. Fabbri (Eds.) *Atti della II Giornata di Archeometria della Ceramica* (Ravenna, mayo 1998), Bolonia, 7-26.

ARÉVALO, A. y BERNAL, D. (2007): *Las cetariae de Baelo Claudia. Avance de las investigaciones arqueológicas en el barrio industrial (2000-2004)*, Colección Arqueología Monografías de la Junta de Andalucía, Editada por la Junta de Andalucía y la Universidad de Cádiz.

BASILE, B. (1992): "Stabilimenti per la lavorazione del pesce lungo le coste siracusane: Vendicari e Portopalo", *V Rassegna di Archeologia Subacquea*, Messina, 55-82.

BEKKER-NIELSEN, T. (Ed.) (2005): *Ancient fishing and fish processing in the Black Sea region*, Black Sea Studies, 2, Aarhus University Press, Gylling.

BERGONZONI, F. (1977): "Una industria romana nelle isole Egadi", *Antiqua*, VII, 26-31.

BRUN, J.-P. (2004): *Archéologie du vin et de l'huile. De la préhistoire à l'époque hellénistique*, París.

CAVALIERE, P. (2000): "Anfore puniche utilizzate come contenitori di pesce. Un esempio olbiese", *Mélanges d'Archéologie et d'Histoire de l'École Française de Rome*, CXII, Roma, 67-72.

COBOS, L., MUÑOZ, A. y PERDIGONES, L. (1997): "Intervención arqueológica en el solar del antiguo Teatro Andalucía de Cádiz: la factoría de salazones y la representación gráfica del faro de *Gades*", *Boletín del Museo de Cádiz*, 7 (1995-1996), Cádiz, 115-132.

CURTIS, R. I. (1979): *The production and commerce of fish sauce in the western roman empire. A social and economic study*, Ann Arbor, Londres.

CURTIS, R. I. (1991): *Garum and Salsamenta. Production and commerce in materia medica*, Leiden.

CURTIS, R. I. (2001): *Ancient Food Technology*, Leiden.

DE FRUTOS, G. y MUÑOZ, A. (1998): "La industria pesquera y conservera púnico-gaditana: balance de la investigación. Nuevas perspectivas", *Spal*, 5, Universidad de Sevilla, Sevilla, 133-165.

DE MIRO, A. y ALEO NERO, C. (1992): "Lampedusa, un impianto per la lavorazione del pesce", *Atti della V Rassegna di Archeologia Subacquea* (Giardini Naxos, octubre 1990), Messina, 45-53.

DÍAZ, J. J., SÁEZ, A. M. y MONTERO, A. I. (2005): "Primeras muestras de alfarerías fenicias tardo-arcaicas en *Gadir*", *Congreso Internacional El Periodo Orientalizante*, III Simposio de Arqueología de Mérida (Mérida, mayo de 2003), Anejos de *AEspA*, XXXIII, CSIC IAM-Mérida, 1349-1363.

DOMERGUE, C. (1973): *Belo I. La stratigraphie*, París.

DUMONT, J. (1977): "La pêche du thon à Byzance à l'époque hellénistique", *REA*, 78-79 (1976-1977), 96-117.

GALANT, T. W. (1985): *A fisherman's Tale*. Miscellanea Graeca, 7, Gent.

GARCÍA VARGAS, E. y FERRER ALBELDA, E. (2002): "Las salazones de pescado de la *Gadir* púnica. Estructuras de producción", *Laverna*, 12, Leiden, 21-41.

GÓMEZ BELLARD, C., y GUERÍN, P. (1995): "Los lagares del Alt de Benimaquia (Denia): en los inicios del vino ibérico", S. Celestino (Ed.) *Arqueología del vino. Los orígenes del vino en Occidente*, Jerez de la Frontera, 241-270.

GONZÁLEZ RODRÍGUEZ, R. (1987): "Excavaciones de urgencia en el Cerro Naranja (Jerez de la Frontera, Cádiz)", *Anuario Arqueológico de Andalucía*/1985, vol. III, Sevilla, 90-96.

GRECO, C. (1997): "Solunto: scavi e ricerche 1992-1993", *II Giornate Internazionali di Studi sull'Area Elima* (Gibellina, octubre 1994), vol. II, Pisa-Gibellina, 889-908.

GUTIÉRREZ, J. M. (2000): "Aportaciones a la producción de salazones de *Gadir*: la factoría púnico-gaditana Puerto 19", *Revista de Historia de El Puerto,* 24, El Puerto de Santa María, 11-46.

HIGGINBOTHAM, J. (1997): *Piscinae. Artificial fishponds in Roman Italy*, University of North Carolina.

LAFON, X. (2001): *Villa marítima. Recherches sur les villes litorales de L'Italie romaine*, École Française de Rome, Roma.

LAGÓSTENA, L. (2001): *La producción de salsas y conservas de pescado en la Hispania Romana (II a.C.-VI d.C.),* Colección Instrumenta, 11, Publicaciones de la UB, Barcelona.

LONGO, M. (2002): *Stabilimenti di pesca e lavorazione del pescato nel mondo fenicio-punico*, Tesi di Laurea, Cattedra di Archeologia Fenicio-punica, Universitá degli Studi della Tuscia (Viterbo), inédita.

LÓPEZ CASTRO, J. L. (1993): "La producción fenicia occidental de salazón de pescado", *II Congreso Peninsular de Historia Antigua* (Coimbra, 1990), Coimbra, 353-362.

LÓPEZ CASTRO, J. L. (1995): *Hispania Poena. Los fenicios en la Hispania romana*, Barcelona.

MANFREDI, L. I. (1987): "Melkart e il tonno", *Studi di Egittologia e di Antichitá puniche*, I, 67-83.

MONTERO, A. I. MONTERO, R., SÁEZ, A. y DÍAZ, J. J. (2004): "Innovaciones, transformaciones y pervivencias. Evolución de la alfarería gadirita durante los ss. III-II a.n.e.", *Actas del Congreso Internacional Figlinae Baeticae. Talleres Alfareros y producciones cerámicas en la Bética romana (ss. II a.C. – VII d.C.),* BAR International Series 1266, vol. II, Oxford, 413-426.

MUNK HØJTE, J. (2005): "The archaeological evidence for fish processing in the Black Sea region", T. Bekker-Nielsen, (Ed.) *Ancient fishing and fish processing in the Black Sea region*, Black Sea Studies, 2, Aarhus University Press, Gylling, 133-160.

MUÑOZ, A. y DE FRUTOS, G. (2004): "El comercio de las salazones en época fenicio-púnica en la Bahía de Cádiz. Estado actual de las investigaciones: los registros arqueológicos", *XVI Encuentros de Historia y Arqueología «Las industrias alfareras y conserveras fenicio-púnicas de la Bahía de Cádiz»* (San Fernando, diciembre de 2000), Córdoba, 131-167.

NIVEAU, A. M. y RUIZ MATA, D. (1999): "La zona industrial de las Cumbres y la cerámica del s. III a.n.e. (Castillo de Doña Blanca-El Puerto de Santa María, Cádiz)", *XXIV Congreso Nacional de Arqueología*, vol. 3, Cartagena 1997, 125-131.

PONSICH, M. y TARRADELL, M. (1965): *Garum et industries antiques de salaison dans le Méditerranée Occidentale.* Bibliotheque de l'École des Hautes Études Hispaniques, fasc. XXXVI, París.

PRITCHARD, J. B. (1978): *Recovering Sarepta, a phoenician city*, Princeton University Press, New Jersey.

PURPURA, G. (1982): "Pesca e stabilimenti antichi per la lavorazione del pesce in Sicilia I: S. Vito (Trapani), Cala Minnola (Levanzo)", *Sicilia Archeologica*, XLVIII, Trapani, 45-60.

PURPURA, G. (1985): "Pesca e stabilimenti antichi per la lavorazione del pesce in Sicilia II: Isola delle Femmine (Palermo), Punta Molinazzo (Punta Raisi), Tonnara del Cofano (Trapani), San Incola (Favignana)", *Sicilia Archeologica*, LVII-LVIII, Trapani, 59-90.

PURPURA, G. (1989): "Pesca e stabilimenti antichi per la lavorazione del pesce in Sicilia III: Torre Vindicari (Noto), Capo Ognina (Siracusa)", *Sicilia Archeologica*, LXIX-LXX, Trapani, 25-37.

PURPURA, G. (1992): "Pesca e stabilimenti antichi per la lavorazione del pesce nella Sicilia Occidentale: IV- un bilancio", *V Rassegna di Archeologia Subacquea*, Messina, 87-101.

ROCCO, B. (1975): "Ancora sulla Grotta del Pozzo a Favignana", *Sicilia Archeologica*, XXVIII-XXIX, Trapani, 85-95.

RUIZ GIL, J. A. (1991): "Cronología de las factorías de salazones púnicas de Cádiz", *Actas del II Cong. Int. Studi Fenici e Punici,* 9-14 noviembre 1987, III, Roma, 1211-1214.

RUIZ MATA, D. (1995): "El vino en época prerromana en Andalucía Occidental", Celestino, S., (Ed.), *Arqueología del vino. Los orígenes del vino en Occidente*, Jerez de la Frontera, 157-212.

RUIZ MATA, D., CÓRDOBA, I. y PÉREZ, C. J. (1998): "Vinos, aceites y salazones en la Turdetania", *Actas del Congreso Internacional Los Iberos, Príncipes de Occidente, Sagvntvm,* Extra-1, Valencia, 387-397.

SÁEZ ROMERO, A. M. (e.p.): "El templo de Melqart de Gadir: hito religioso-económico y marítimo. Consideraciones sobre su relación con la industria conservera", *IV Simposio Internacional de Arqueología de Mérida. Santuarios, oppida y ciudades: Arquitectura sacra en el origen y desarrollo urbano del Mediterráneo Occidental* (Mérida, noviembre de 2005), Anejos de AEspA, CSIC-IAM, Madrid.

SÁEZ ROMERO, A. M., MONTERO, A. I. y DÍAZ, J. J. (2005): "La producción alfarera de época púnica en *Gadir* (ss. VI-IV a.n.e.)", A. Blanco, C. Cancelo y A. Esparza (Eds.) *Bronce Final y Edad de Hierro en la Península Ibérica. Encuentro de Jóvenes Investigadores* (Universidad de Salamanca, octubre de 2003), Colección Aquilafuente, 86, Fundación Duques de Soria, USal, Salamanca, 479-501.

STOLBA, V. F. (2005): "Fish and money: numismatic evidence for Black Sea fishing", T. Bekker-Nielsen, (Ed.) *Ancient fishing and fish processing in the Black Sea region*, Black Sea Studies, 2, Aarhus University Press, Gylling, 115-132.

LA FACTORÍA ROMANA DE SALAZÓN DEL YACIMIENTO DE "O AREAL", VIGO (GALICIA): UN COMPLEJO INDUSTRIAL SALAZONERO ALTOIMPERIAL

*C. TORRES **
*J. C. CASTRO ***
*S. PRIETO ****
Anta de Moura, S.L. .[1]

1.- Introducción.

En este texto queremos dar a conocer la instalación salazonera romana localizada en la ciudad de Vigo, cuyo descubrimiento supone un giro importante en el conocimiento que hasta la fecha se tenía sobre el Vigo romano, en un momento clave de la romanización del noroeste peninsular.

La presentación de este artículo se realiza desde una perspectiva complementaria al referido a la salina romana del yacimiento de "O Areal" en este mismo volumen (Castro, 2007, 355-365). Ambas instalaciones, interpretadas por separado como establecimientos industriales, son la base de la hipótesis con la que concluyen ambos artículos, la existencia en época Altoimperial de una gran área industrial dedicada a la producción de salazones de pescado para su exportación, y que en el estado actual de conocimientos sería el primer conjunto localizado en Galicia.

Nuestro enfoque abordará las explicaciones sobre la factoría de salazón desde una perspectiva descriptiva, acercándonos a su estudio estructural y formal, para posteriormente tratar su significación y relevancia desde el punto de vista documental y patrimonial, apuntando las líneas de trabajo actuales y futuras. No pretendemos realizar una interpretación definitiva de la factoría, en la medida en que el proceso de estudio de la densa documentación recopilada no ha concluido y los datos disponibles no permiten todavía llegar a conclusiones determinantes.

El origen de la intervención arqueológica que propició su localización, se relaciona con el proyecto de construcción de un edificio de viviendas y de plantas de sótano, destinadas a garaje. En cumplimiento de la normativa patrimonial vigente, siendo de aplicación la cautela arqueológica existente en relación con el yacimiento de "O Areal", se llevan a cabo diferentes actuaciones ejecutadas por la empresa de trabajos arqueológicos Anta de Moura S.L.

Tras una primera fase de sondeos valorativos (año 2001), durante la que se documentan diferentes niveles adscribibles a época romana, entre el Bajoimperio y el Tardorromano, se proyecta una excavación arqueológica en área de los solares afectados. Todavía no se constata la existencia de la factoría, debido al propio carácter de la intervención, que impedía la adecuada contextualización de los restos, y a la imposibilidad de agotar la gran potencia estratigráfica, arqueológicamente fértil, en la mitad norte de los solares (espacio ocupado por la salazón), tanto por razones de seguridad como por cuestiones documentales.

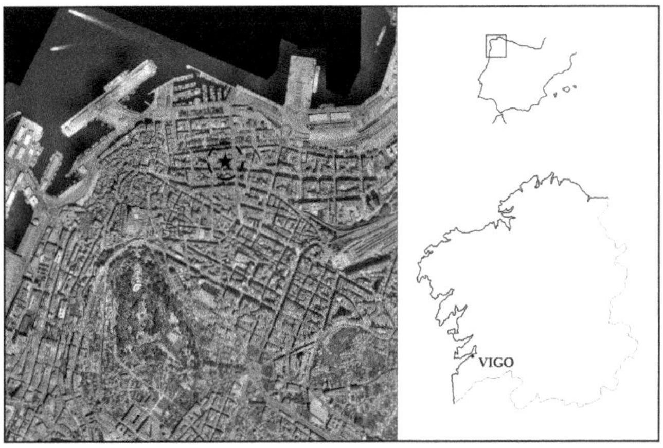

Figura 1.- Contexto geográfico y urbano de la factoría de la calle Marqués de Valladares.

Entre el año 2002 y 2004 se suceden diferentes intervenciones, discontinuas en el tiempo, que permitieron caracterizar el yacimiento hasta el punto en el que hoy nos encontramos, donde todavía el proceso de excavación no está del todo concluido. El desarrollo de las actuaciones sacó a la luz un asentamiento de considerable importancia que abarcaba toda la superficie de los dos solares afectados. Se documenta una amplia y compleja secuencia estratigráfica, arqueológicamente fértil, caracterizada por una dilatada ocupación humana encuadrada entre época romana y la edad moderna, extensible incluso a nuestros días, si tenemos en cuenta que los solares excavados estuvieron ocupados hasta el momento de su nueva urbanización, por una fábrica de cristales y una vivienda unifamiliar. Su especial relevancia recae en los restos más antiguos documentados correspondientes a una factoría de salazón.

2.- Contexto geográfico.

En el noroeste de la Península Ibérica, en las "Rías Baixas" gallegas, se encuentra la ciudad de Vigo, situada en el interior de la ría de Vigo, en su margen sur. En el centro urbano de la ciudad, se localiza el yacimiento de "O Areal", geográficamente emplazado en la franja litoral, aunque actualmente separado del mar debido a los rellenos que a partir del siglo XIX, propiciaron el ensanche de la urbe y el acondicionamiento del puerto comercial. El resultado fue la ocultación de la playa que recorría toda la ensenada de Vigo (figura 1).

Junto con esta ubicación costera, su emplazamiento coincide con la base de la ladera norte del monte que domina la ciudad, "O Monte do Castro", y que explica la presencia de

[1] *Arqueóloga directora de la intervención. **Arqueólogo coordinador de la intervención. ***Arqueóloga, miembro del equipo técnico encargada de los materiales. antademoura@antademoura.com

Actas del Congreso Internacional *CETARIAE. Salsas y salazones de pescado en Occidente durante la Antigüedad*, Universidad de Cádiz, Noviembre de 2005, *B.A.R. int. ser.* 1686, Oxford 2007, 475-485.

sedimentos de origen continental que han tenido una relevancia fundamental en la historia de este yacimiento.

3.- Contexto histórico: el yacimiento de "O Areal".

Si bien las primeras referencias de la existencia de vestigios arqueológicos en la zona se remontan a mediados del siglo XIX (Filgueira, García, 1956, 199-200 y Taboada, 1840, 171-173), no será hasta el año 1953 cuando se produce el primer gran descubrimiento con el hallazgo casual de 29 estelas funerarias y un ara romanas durante la construcción de una vivienda (Álvarez, Bouza, 1961, 5-42 y ss.). La constatación definitiva llegará a partir de la década de 1990, en relación con la urbanización de este sector de la ciudad, cuando se suceden diferentes intervenciones arqueológicas que permitieron caracterizar el yacimiento, poniendo de manifiesto la intensa romanización de la zona. Aunque la influencia romana se conocía por los materiales encontrados en el castro de Vigo, es en estos últimos años cuando se ha producido un aluvión de hallazgos relacionados con todo el período romano, desde el siglo I a.C. hasta la Antigüedad Tardía, y los momentos del primer Medievo, confirmándose la existencia de asentamientos y necrópolis, ligados a la etapa Bajoimperial-Tardorromana. Como consecuencia, el conocimiento sobre el Vigo romano adquiere una renovada dimensión, extensible al mundo romano y altomedieval de Galicia.

Con los datos que en la actualidad contamos, fruto de las diferentes intervenciones arqueológicas realizadas hasta el momento, podemos establecer las siguientes etapas cronoculturales dentro del mundo antiguo.

Época Republicana-Altoimperial, ss. II-I a.C.-I d.C.: no está constatada la existencia de asentamientos concretos ligados a este período, pero sí el uso portuario de la zona en relación con el tráfico comercial, documentándose abundantes fragmentos de ánfora en las arenas marinas. Así mismo la presencia de materiales cerámicos de este momento en el poblado de la Edad del Hierro del Monte de "O Castro", certifica la existencia de contactos entre la población indígena y el mundo romano.

Época Altoimperial, ss. I-II d.C.: en paralelo a la continuidad del uso portuario, se produce la instalación de una salina y una factoría de salazón, ésta recientemente documentada y objeto de esta comunicación, distantes entre sí unos 200 m. Hasta la fecha no se ha documentado ningún asentamiento habitacional ligado al funcionamiento de estas instalaciones. Esta circunstancia lleva a plantear que la población galaico-romana todavía se concentrase únicamente en el poblado del Monte de "O Castro". Debemos tener en cuenta que el abandono de este asentamiento se produce a partir del s. II d.C., continuando en el s. III (Carballo *et alii*, 1998, 87; Hidalgo, 1991, 47-49).

Época Bajoimperial-Tardorromana, ss. III-VI d.C: de este período se documenta un asentamiento ligado a la zona litoral, donde las estructuras de hábitat existentes todavía no están suficientemente caracterizadas. De este período también contamos con una extensa necrópolis cuyo funcionamiento podría extenderse hasta el s. VII.

El cambio en el modelo de asentamiento, con el abandono definitivo del poblado galaico-romano de "O Castro", ubicado ahora en zonas bajas, de litoral y de valle, se constata a partir del período Bajoimperial, momento en que se podría hablar de la existencia de un *vicus* de suficiente entidad que se prolongaría hasta época tardorromana. Los restos materiales ligados a la fase de desarrollo de este núcleo de hábitat, son especialmente relevantes, donde la presencia de cerámica de este momento tardío es abundantísima y su calidad excelente en cuanto a variedad de tipos y procedencias. Todo ello sería indicativo la importancia del puerto vigués, con un protagonismo esencial dentro de la actividad económica de la zona, como importante centro comercial, en relación a las rutas marítimas, y productivo, actuando en ambos casos quizás como punto de almacenamiento y redistribución (Naveiro, 1991, 151-153). En este sentido podríamos destacar que la ría de Vigo presenta la concentración de restos anfóricos y de hallazgos subacuáticos, relacionados con el tráfico marítimo, mayor de toda Galicia (Pérez, 2002, 264). Los contactos con zonas muy alejadas como es la orilla oriental del Mediterráneo o el norte de África, zonas de la Bética o de la Lusitania solamente fueron posibles gracias al desarrollo de una población portuaria y distribuidora de estas mercadurías así como a un período de tranquilidad que hiciese seguros los intercambios.

En cuanto a la necrópolis del yacimiento de "O Areal" su caracterización, a día de hoy, está bastante avanzada. Ocupa una extensa superficie, desarrollándose durante un amplio lapso temporal, de forma clara a partir del s. III d.C. continuando hasta los ss. VI-VII d.C. En su larga perduración podemos observar los cambios culturales que se suceden en relación a las costumbres funerarias, desde rituales de incineración, inhumaciones con ajuar hasta inhumaciones sin ajuar cristianas. Los enterramientos de inhumación, presentan una variada tipología con respecto a los materiales utilizados: ánfora, tégula, ladrillo, piedra, o simples cajas de madera, sin que de momento se pueda establecer una secuencia cronológica clara en base al factor tipológico, toda vez que el ajuar desaparece del contexto funerario.

4.- El yacimiento arqueológico de la calle Marqués de Valladares, Vigo.

Los solares que fueron objeto de excavación se sitúan en la calle Marqués de Valladares, en pleno centro urbano de la ciudad de Vigo. Ocupan una superficie de unos 700 m^2, con ejes máximos de 44 m. de norte a sur y 22 m. de este a oeste. En la actualidad, en la zona norte de ambos inmuebles, permanecen de forma integral los restos de la factoría de salazón, cuyo sector localizado ocupa unos 180 m^2, donde se puede observar directamente las diferentes dependencias ligadas a su funcionamiento que, en general, han permanecido en un buen estado de conservación. Todas las demás estructuras documentadas, ubicadas dentro o fuera de su ámbito espacial, fueron desmontadas, algunas trasladadas al Museo Municipal (tres pozos, varios canales y dos tumbas, de

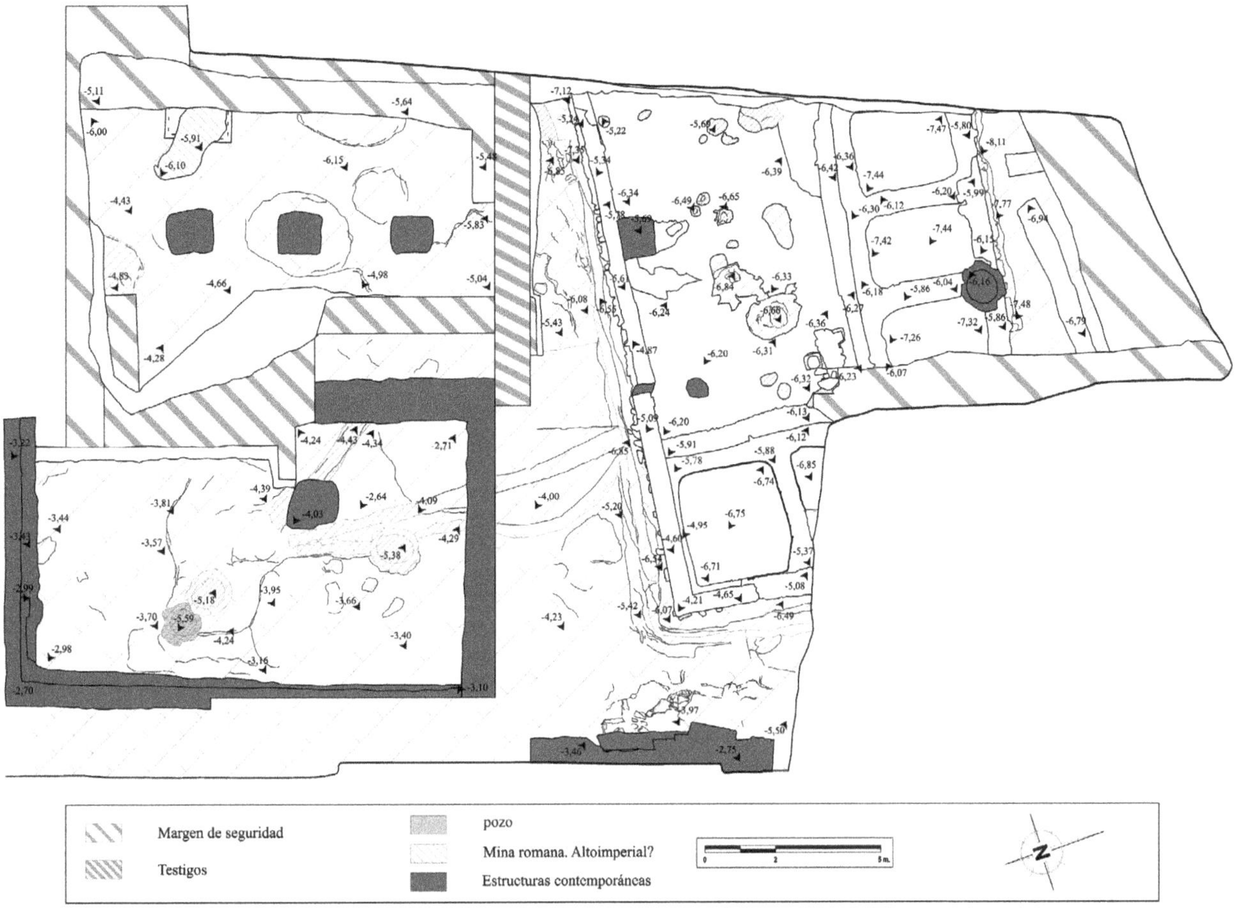

Figura 2.- Planta de la factoría de salazón con las diferentes estructuras ligadas a su funcionamiento.

las que más adelante nos ocuparemos) por iniciativa del Departamento de Patrimonio Histórico del Ayuntamiento de Vigo. Todavía restan pequeños sectores por excavar, algunos vinculados a la factoría que no pudieron ser abordados de momento por situarse dentro de los márgenes de seguridad de la obra.

A día de hoy, después de este largo proceso no exento de dificultades, inherentes a una intervención urbana de sus características, el conflicto de intereses que suscitó la localización de este yacimiento, ha quedado finalmente resuelto. Recientemente se ha llegado a un acuerdo entre las partes implicadas, administración (Xunta de Galicia y ayuntamiento de Vigo) y propiedad, por el cual se garantiza la conservación *in situ* de la factoría de salazón que en el futuro será objeto de musealización.

4.1. Contexto estratigráfico.

Al abordar la caracterización de este yacimiento, con los datos que disponemos hasta ahora, no es posible aportar en su conjunto conclusiones definitivas, en la medida en que el proceso documental no está del todo concluido, y que el tiempo transcurrido desde la finalización de la última intervención arqueológica no ha sido suficiente para permitirnos completar el estudio de la extensa documentación generada. Contamos con un elevado volumen de materiales arqueológicos recuperados, mas de 40.000 piezas, actualmente en fase de estudio, cuyos resultados serán determinantes a la hora de establecer de forma definitiva la periodización del yacimiento y sus fases de funcionamiento. En base a las secuencias estratigráficas documentadas y a los datos extraídos hasta el momento del estudio de materiales, en términos generales, podemos establecer las siguientes etapas de ocupación.

Época Altoimperial, ss. I-II d. C. En esta etapa se produciría la instalación de la factoría de salazón, construcción *ex novo*, siendo la ocupación más antigua documentada (Figura 2). Además, hacia el sur, fuera de la edificación destinada a esta producción, se documenta un sistema de captación y distribución de agua dulce, tres pozos y diferentes canales, estos orientados y con caída hacia el norte. Todo parece indicar que en origen parte de este sistema estaría vinculado a la salazón, al menos el pozo situado más al sur y posiblemente alguno de los canales practicados en el propio substrato, perdurando su funcionamiento en etapas posteriores.

Otro elemento documentado de gran singularidad, se corresponde con una mina subterránea de agua, compuesta de dos galerías, situada hacia el suroeste de la factoría. Su relación con esta no ha podido ser constatada, continuando su recorrido más allá del ámbito excavado, orientada hacia el noroeste y cortada por la cimentación de la edificación colindante en este punto. Sin embargo, a pesar de que el registro estratigráfico resultó un tanto confuso, en origen su construcción parece corresponderse con los niveles romanos más antiguos, perdurando su funcionamiento en etapas posteriores, sin poder concretar de momento una datación más específica.

Época Bajoimperial-Tardorromana, ss. III-VI d.C. Se documentan diferentes estructuras, la mayoría construidas sobre el ámbito espacial de la instalación fabril, reutilizando parcialmente algunos de sus elementos constructivos como el muro de cierre del edificio y quizás parte del pavimento relacionado con el patio de la fábrica. En principio, no parece que con relación a este segundo momento de ocupación la factoría siguiese funcionando como tal, al menos eso indicaría el hecho de que algunas de estas estructuras destruyen parcialmente muros divisorios de las piletas de salazón o se cimienten rompiendo sus niveles de colmatación. Sin embargo la deficiente conservación de las estructuras aludidas, todas en cotas de cimentación, junto con las alteraciones estratigráficas observadas producto de la continuidad ocupacional existente, no permite concluir si el abandono de la actividad industrial sería total con anterioridad a esta segunda ocupación o si por le contrario, esta pudo continuar parcialmente, quizás con una producción menor, manteniendo la explotación en algunos tanques. En este sentido el resultado del estudio de los materiales contenidos en el interior de las piletas será determinante. Con los datos que ahora disponemos, esta ocupación se encuadraría en el Bajoimperio, sin que hallamos podido determinar el tipo de asentamiento, debido a la fragmentada conservación de estructuras y del contexto estratigráfico.

Dentro del horizonte Tardorromano, se documentan cuatro enterramientos correspondientes al ritual de inhumación sin ajuar, orientadas de este a oeste, y dos fosas con depósitos de cenizas. Situados en la zona sur de ambos solares, aparecen distribuidos en dos grupos separados unos 15 m. En el sector más meridional de la excavación, se sitúan dos tumbas, presentando la misma tipología: sepulturas pétreas de murete, con tapas de losas de piedra y argamasa en las juntas. Hacia el noroeste tenemos el siguiente grupo compuesto por las dos fosas y dos tumbas de diferente factura: una construida enteramente con tégulas, hincadas definiendo la caja y planas en el fondo y a modo de tapa; la segunda, de la que solo se ha conservado el extremo este de la caja, sin tapa, presenta una factura mixta de losas de piedra verticales con fondo de tégulas. En ninguno de los enterramientos se han conservado restos óseos.

Época Medieval. En este período, se documentan de forma clara dos momentos diferenciados, cuyas estructuras se sitúan en el ámbito espacial de la factoría de salazón, sobre al nivel de destrucción de la segunda ocupación. Se localiza un conchero con abundantes bivalvos y cenizas. Asociado a este estrato, se localizan restos cerámicos adscribibles a un horizonte altomedieval, en torno al siglo XI. Con posterioridad a este momento, se documentan varias estructuras, cuya deficiente conservación no permite concretar su funcionalidad.

Época moderna. Se corresponde con el último nivel de ocupación documentado, únicamente localizado en el extremo oeste del área de excavación. Consiste en una alineación de piedras de poca entidad, con una factura poco cuidada, pudiendo relacionarse con algún tipo de muro divisorio o de contención, asociado a materiales cerámicos del siglo XVI-XVII.

Dentro del vasto contexto estratigráfico que presentó este yacimiento, la amplitud de las secuencias y la distribución de estructuras tuvo un carácter desigual en la superficie excavada. La primera cuestión está directamente relacionada con su emplazamiento topográfico, situados al pie de una ladera ya muy próximos al litoral, donde la mayor acumulación de sedimentos de origen continental se produce en el punto más inmediato a la costa. Dentro de los solares que nos ocupan, esta última zona, coincidente con la ubicación de la factoría, alcanzó un desarrollo estratigráfico de casi 4 m. hasta nivel de substrato. En contraposición, en el sector más al sur la potencia no sobrepasó los 1,5 m. Con respecto a la desigual distribución de estructuras la situación fue la siguiente. De las más de 50 estructuras documentadas, mientras en aproximadamente la mitad sur de los solares su presencia tuvo un carácter más puntual, en el sector norte (coincidiendo con el ámbito espacial del edificio de la factoría) la concentración de elementos constructivos, sin conexión temporal, fue una constante. La característica común que definiría su relación fue el carácter intrusivo de los niveles posteriores con respecto a los anteriores, donde unas estructuras se superponían y/o rompían a otras. Junto con esto, la fragmentada conservación de su contexto estratigráfico donde no se han conservado los niveles de uso y abandono vinculados a estas estructuras, conservadas únicamente en cotas de cimentación, hicieron que la labor documental fuera bastante compleja.

Así, la importancia documental de este yacimiento no se tradujo sin embargo en una buena conservación de los restos, a excepción de los elementos relacionados con la factoría de salazón. La continuidad ocupacional documentada en la zona norte de los solares, incidió directamente en la deficiente conservación de los niveles posteriores a la instalación fabril. Hacia el sur de esta, exceptuando los elementos de captación y canalización de agua, y algunos de los enterramientos, el esquema se repite, a pesar de la dispersión espacial de las construcciones.

5.- La factoría de salazón. Elementos estructurales y sistema constructivo (figuras 2-3).

Para la construcción de las diferentes estructuras relacionadas con la factoría de salazón se utiliza piedra de esquisto de dos tipos: uno de tono claro, relacionado con el substrato existente en la zona, empleado en la construcción del muro de cierre y del pozo sur; otro de color gris, de procedencia externa, usado en las piletas y en el pavimento del patio. La construcción del edificio está enteramente realizada a nivel de substrato, previamente trabajado. Partiendo del extremo sur, las estructuras localizadas que integran el edificio de la factoría son las siguientes.

Figura 3.- Vista aérea de la factoría de salazón desde el SE.

Muro de cierre. Se han localizado dos tramos del mismo dispuestos en ángulo recto, haciendo esquinal en su extremo sureste. El lado sur mide 15 m. y el lado este 4 m. En ambos casos su trazado sobrepasa el límite físico de los solares excavados, continuando hacia los inmuebles colindantes (extremos oeste y norte, respectivamente). La altura máxima conservada es de 1,86 m. de los cuales en torno a 1 m. se correspondería con niveles de cimentación. A nivel constructivo está realizado con técnica de mampostería, con tizones que sobresalen del muro tanto hacia el exterior como el interior, destacando su cuidada factura (figura 4).

Figura 4.- Esquinal SE y zanja de cimentación del muro de cierre de la factoría.

Piletas de salazón (figuras 5-6). Se han documentado un total de 5 piletas, de las cuales solo dos se definieron íntegramente, distribuidas en una doble alineación y dispuestas en batería. Coincidiendo con el extremo este del edificio, existen dos piletas consecutivas dispuestas de sur a norte. La primera, situada en el ángulo sureste de la edificación y excavada en su totalidad, presenta dimensiones interiores de 2,90 x 3,10 m. El lateral este y parcialmente el sur, conservan la totalidad de su alzado, sector donde la profundidad del tanque es de 1,90 m. La zona más arruinada se corresponde con el lado oeste conservando una profundidad máxima de 0,86 m. De la segunda, inmediata a la anterior, tenemos a la vista su extremo sur y esquina suroeste, introduciéndose bajo el solar colindante al norte, con cotas de conservación similares a la anterior. La segunda batería de piletas se sitúa hacia el noroeste de la anterior, compuesta por tres tanques de planta rectangular, ordenados de este a oeste. De estas solo la central se excavó en su totalidad, presentando dimensiones interiores de 3 x 2 m. La primera pileta situada al este, se introduce bajo la banqueta de seguridad y el solar colindante en este punto, mientras que la última de la sucesión presenta su pared oeste parcialmente destruida por la cimentación del edificio contiguo. El ámbito excavado de ambas piletas permite suponer que las tres sean tipológicamente iguales. En este caso ninguno de los tanques presenta su alzado completo, conservando una profundidad máxima de 1,58 m. y mínima de 1,25 m.

Figura 5.- Vista desde el norte de la pileta situada en el extremo SE del edificio.

Figura 6.- Vista desde el este de la alineación de piletas situada en la zona norte de la factoría.

Figura 7.- Patio pavimentado delimitado por las dos líneas de piletas.

Figura 8.- Derrumbe de tégulas e ímbrices en el interior de la pileta SE.

Las piletas presentan el siguiente esquema constructivo: sus paredes se construyen con técnica de mampostería con piedras de tamaño medio y pequeño, con un revestimiento interior, paredes y fondo, de *opus signinum*, a base de pequeñas gravas aglutinadas. Presentan esquinas redondeadas y sus aristas inferiores en chaflán, con fondo uniforme sin pocetas circulares. Los tanques tienen sección bien cuadrangular o rectangular. Las piletas situadas en el extremo este están parcialmente embutidas en el muro de cierre, una de ellas por sus lados sur y este, coincidiendo con la esquina del edificio. Hacia la zona pavimentada, ambas baterías de piletas, están adosadas a un muro corrido, que discurre en paralelo a ellas. En el caso de la alineación situada más al norte, el exterior del muro que las delimita por el norte, aparece de forma exenta sin ninguna estructura paralela adosada. Si bien la cota de conservación de los dos muros que, respectivamente, conforman las paredes oeste y sur de cada grupo de tanques, se sitúa a la altura del pavimento, disponemos de datos que permiten afirmar que estas paredes se elevarían sobre el nivel de piso. En el caso de la batería este, basándonos en el alzado completo que parcialmente presenta la pileta sureste, se alzaría en torno a 1 m. Desconocemos, sin embargo, cual podría ser la altura del muro corrido que delimita ambas baterías, en contacto con el patio pavimentado. Por otro lado, el fondo de los tanques, se sitúa en cotas inferiores al nivel de pavimento, ahuecando el substrato y nivelándolo. La división entre piletas consecutivas, se corresponde con un muro común, con sendos lienzos hacia el interior de cada una de ellas, rematados con su respectivo enlucido. En todos los tanques, la documentación de potentes derrumbes de tégulas e ímbrices próximos al fondo de los mismos evidencian la existencia de techumbre sobre estas estructuras (Fig. 8). Bajo este nivel y sobre el fondo de las piletas se documenta un estrato de abandono, sin materiales asociados, pero con abundantes restos de espinas y escamas, destacando en una de ellas, la localización de varios ejemplares de ictiofauna en conexión anatómica.

Pavimento (figura 7). Ocupa un espacio de unos 55 m^2 delimitado al este y norte por las correspondientes baterías de piletas, y al sur por el muro de cierre. Se construye a base de pequeñas piedras y gravas finas dispuestas sobre el substrato previamente nivelado, ambos elementos similares a los empleados en las piletas.

Al norte de la segunda alineación se documenta una estructura consistente en un muro recto con posible esquinal en su extremo oeste, cuyo trazado continúa hacia los inmuebles adyacentes por el este y norte. A nivel constructivo observamos grandes similitudes con el sistema empleado en las piletas, tanto por el tipo de piedra empleada como por su factura. Este y otros factores apuntan a su vinculación con la factoría, aunque el escaso ámbito excavado, inmediato al margen de seguridad en el límite norte del área de excavación, junto con su deficiente conservación, afectado por otra construcción cronológicamente posterior, no permite establecer conexiones definitivas hasta que pueda completarse su excavación.

Fuera del edificio de la instalación, otras estructuras documentadas son las que describimos a continuación.

Elementos de captación y distribución de agua (figura 9). Hacia el sureste del edificio, se documenta este sistema, consistente en tres pozos y diferentes canales. Se han documentado modificaciones en el trazado de la red de canales así como de los elementos de captación, por lo que cuando menos podríamos hablar de dos momentos de funcionamiento, en origen relacionado con la factoría. En este sentido el pozo situado más al sur es el que con mayor claridad se vincula a este momento y quizás tres de los canales documentados, aunque en este caso albergamos mayores dudas. En ambos casos su uso perduraría en etapas posteriores, siendo todo el sistema objeto de diferentes modificaciones. Sin embargo, desconocemos como sería la conexión entre los elementos de captación y los de distribución, así como con la edificación, dado que no se han conservado el trazado de los canales en las zonas en cuestión. El pozo de planta circular, se construye con un doble aparejo: piedras de mampostería en la parte superior y ladrillos en la parte inferior hasta el fondo (alzado de unos 0,84 m.). Presenta un diámetro de 0,75 m. con profundidad máxima de 2,17 m. Los canales están realizados a nivel de substrato, sin revestimiento, dos de ellos cubiertos con piedras planas e ímbrices.

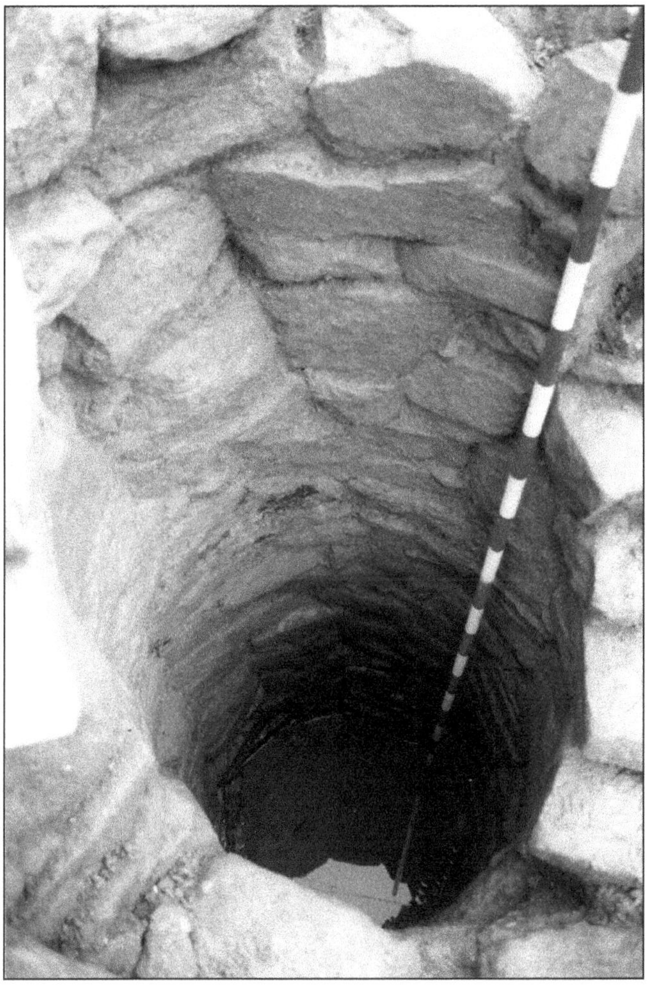

Figura 9.- Interior del pozo sur, donde se aprecia la factura con doble aparejo de piedra y ladrillos.

Mina de agua. Se sitúa al suroeste del edificio de la factoría, identificada como una mina subterránea de agua, excavada en el substrato. Estructuralmente se compone de dos galerías dispuestas en V parcialmente arquitecturadas en aproximadamente la mitad de su recorrido, presentando muros de mampostería y cubierta de losas alargadas, continuando luego, excavadas a modo de túnel, hasta el final de su trazado, rematando en un espacio más o menos circular, donde está la captación del manantial, del que todavía mana agua. La longitud de las galerías es de unos 7 m., con altura en torno a 1 m. A partir de la intersección de ambas galerías, su trazado continúa hacia el oeste, cegada en este punto por la cimentación del inmueble contiguo. Su orientación no permite realizar conexiones funcionales con la factoría, a pesar de que a nivel constructivo parece relacionarse con los niveles romanos más antiguos.

6.- La cultura material. Avance del estudio de materiales.

Como se ha reseñado anteriormente, los materiales arqueológicos recuperados en la excavación de los solares de la calle Marqués de Valladares de Vigo están en la actualidad en proceso de estudio ya que tanto por el tiempo transcurrido desde la última intervención, apenas un año, como por el volumen de los materiales, más de 40.000 piezas en un calculo aproximado, hace que nos encontremos aún en una fase preliminar del estudio que deberá completarse siguiendo el plan de trabajo establecido. La abundancia de materiales y la disparidad de su tipología ralentizan la investigación y si a esto añadimos que Vigo tuvo en la antigüedad una función de puerto receptor y distribuidor de productos foráneos, la complicación del estudio de los restos materiales recuperados es manifiesta. Por ello, al tratar ahora la cultura material del yacimiento solo estamos en situación de poder ofrecer una visión genérica de sus características, y dado el objeto de esta comunicación, centraremos las explicaciones en torno a la factoría de salazón y su posterior abandono.

Como es habitual en las excavaciones de yacimientos adscritos al mundo romano, medieval y moderno, los materiales más comunes son los restos cerámicos de construcción (distintos tipos de ladrillos, *tegulae* e ímbrices), de uso cotidiano y doméstico y de transporte y almacenaje. Los materiales localizados tienen un amplio abanico cronológico que iría desde el cambio de era hasta el siglo VI d.C. en cuanto a la Antigüedad Tardía se refiere. Los restos medievales son escasos y hasta el momento no tenemos una secuencia cronológica clara y lo mismo ocurre con las piezas de época moderna aunque el volumen de estas sea mayor.

Los materiales arqueológicos asociados más directamente al funcionamiento de la factoría son muy escasos. Podemos decir que se trata de un conjunto de piezas homogéneo, pertenecientes a un contexto claramente altoimperial. Aunque las formas de las producciones de T.S.H. que encontramos, Drag. 37, Drag. 29 y Drag. 15/17, tienen una larga perduración en el tiempo (Fernández, Martínez, 1994, 122), la falta de otros tipos más tardíos así como, la presencia de otros materiales altoimperiales, nos hacen pensar en esta cronología.

Entre los fragmentos de T.S.H. relacionados con los niveles de cimentación del muro exterior de la factoría, predominan los tipos lisos y dentro de ellos, la forma de plato Drag. 15/17 es con mucho la más abundante del conjunto, tal y como sucede en general en el noroeste peninsular (Naviero, 1991, 35). También encontramos un buen número de cuencos de la forma Drag. 27, Drag 24/25 y Drag. 37. Entre las formas decoradas la Drag. 29, la Drag. 37 y sobre todo la Drag. 39 son las más frecuentes.

En cuanto a la reducida presencia de las producciones de cerámicas de paredes finas, se recogieron varios fragmentos, entre ellos uno con decoración perlada, sin que de momento podamos atribuirlos a un taller específico hasta que no contemos con un análisis de las pastas concluyente. En cualquier caso, por la tipología se trataría de una pieza de la segunda mitad del siglo I. En este ámbito de las vajillas finas aparecen varios fragmentos de cerámica de producción regional, en concreto la llamada cerámica *bracarense* que desaparecerá a finales del siglo II (Naviero, 1991, 92-93).

Los vidrios que se han localizado en los niveles más antiguos de la factoría son escasos y de ellos, solamente se han podido identificar de momento, dos tipos. Un fragmento de un cuenco de costillas de la forma 3 de Isings y un asa y boca de botella cuadrangular de la forma 50 b. Ambos tipos, presentes en yacimientos de datación altoimperial en el ámbito gallego, son tipologías fechadas entre los siglos I y II d.C. El cuenco de tonalidad azulada sería una producción más tardía dentro de la forma 3, adscrito a segunda mitad del siglo I d.C. en época flavia. La botella estaría en concordancia con esta datación y con "la promoción romanizadora del periodo flavio" (Xusto, 2001, 228).

El material de construcción ha sido documentado en niveles de destrucción de las piletas de la factoría. En el interior de las mismas apareció, muy bien caracterizado, el derrumbe compuesto de *tegulae* e ímbrices, correspondiente a la cubrición que las protegía. Muchas de las piezas han podido ser recuperadas enteras o con un grado de fragmentación bajo. Los rebordes muy acentuados y las distintas marcas son algunas de las características de estas *tegulae*, también en proceso de estudio.

En cuanto a la cerámica común, la periodización es menos precisa ateniéndonos a la menor variabilidad de ciertos tipos de formas a lo largo del tiempo. Ollas, cuencos, platos, algunos con engobe rojo en el interior y jarras, son las forma que aparecen en los niveles relacionados con la construcción de la factoría, así como tipos menos representativos como un escurridor. La presencia de cerámica con pintura es reducida y nos aporta escasa información en cuanto a su cronología. Mucho más abundantes son los fragmentos de *dolia* y otros tipos de grandes vasijas de almacenamiento de los que tenemos una amplia variedad de formas. Estos últimos recipientes podrían estar en relación con la evaporación artificial de la salmuera u otro tipo de sustancia de poca densidad (Jiménez, 1986, 31). Contamos, entre esta cerámica común, con algunas formas bien caracterizadas como es un fragmento de jarra de pasta blanca muy depurada, perteneciente al tipo BL de Alcorta (Alcorta, 2001, 142-144), así como ollas del tipo O1 de Alcorta o platos EP1 y EP3 del mismo autor.

Uno de los materiales más significativos que aparecen, asociados a los niveles más antiguos de la salazón, son los morteros, que pudieron utilizarse en la elaboración de harinas de pescado procedentes de las espinas y otros restos de pez (Fernández, 1994, 134). Esto vendría apoyado por la presencia de molinos manuales para triturar las espinas de mayor envergadura, que aunque no han sido localizados en posición primaria, su presencia es de por sí significativa.

La ausencia de ánforas a gran escala nos plantea un problema respecto a otras factorías, en las que la cercanía de hornos anfóricos o la presencia en las mismas de unos determinados tipos de recipientes está constatada. Varias pueden ser las causas de este vacío. Una de ellas podría estar en relación con la superficie excavada dentro del yacimiento, donde los sectores visibles de la instalación no coincidirían con la zona de almacenes o salas de trabajo en donde presumiblemente se utilizarían estos recipientes, y por ello no han sido localizados. También es posible que la concentración se encuentre en la zona portuaria desde donde se realizaría la exportación del producto final en ánforas, mientras que para el consumo local se utilizaría otro tipo de envases, incluidos los de madera, mucho más baratos (Fernández, 1994, 142). En cualquier caso, el comercio de los productos derivados de la pesca se podría realizar en otro tipo de envases como son odres para los líquidos, toneles, cuencos y cántaros así como frascos de vidrio para el *garum* (Ponsich, 1988, 61).

Las formas importadas aparecidas son variadas y de diversa procedencia: Dressel 20, Dressel 21/22, Beltrán I y sobre todo Haltern 70. Se trata de formas en principio no especializadas en salazón y por sus tipologías, su origen parece ser la Bética aunque no podemos descartar producciones locales o procedentes de la costa lusitana.

Los materiales asociados a los niveles de abandono y colmatación de las piletas son numerosos y a falta de un estudio exhaustivo se pueden adscribir a momentos del Bajoimperio en adelante. Como ya hemos dicho, los materiales relacionados con el inicio de las actividades de la factoría son escasos, sin embargo aquellos que se encuentran en los niveles de abandono y amortización de las piletas son muy abundantes. Además de las formas tardías de T.S.H, vidrios y monedas de Constantino I y emperadores que le sucedieron, aparecen abundantes formas procedentes de los talleres africanos y orientales. Estas cerámicas cuentan con decoración tanto estampillada como en relieve aplicado, con diversos motivos en ambos casos. Forman un interesante conjunto que habrá que relacionar con la posterior ocupación del espacio, en épocas en las que la factoría como tal ya no estaba en uso y la producción industrial de pescado se vería sustituida, por una labor comercial basada en la importación y redistribución de otro tipo de productos que podríamos calificar de más suntuarios, perdiendo protagonismo el sector de transformación de alimentos.

7.- Conclusiones.

7.1.- El carácter industrial de la instalación salazonera de la calle Marqués de Valladares.

Como síntesis de los datos aportados anteriormente al respecto del conjunto de estructuras documentadas, tenemos que, partiendo de su extremo sur, el sector donde se localizan los *cetaria* está delimitado por un muro perimetral en ángulo recto que cerraría el conjunto por el sur y el este. No se observa la existencia de zonas de acceso a este sector desde el sur, donde -recordemos- se localizan las estructuras de captación de agua dulce. Este sector tiene dos alineaciones de piletas. La primera, compuesta por las dos piletas grandes, parte del ángulo sureste del espacio delimitado por el muro de cierre, discurriendo en dirección sur-norte. La segunda se sitúa hacia el norte, y consiste en una sucesión de tres piletas dispuestas de este a oeste. Entre estas y el muro de cierre al sur, se ubica un patio pavimentado, un área de trabajo de funcionalidad indeterminada. En el encuentro entre las dos alineaciones de piletas tienen que existir más con seguridad; es una superficie que coincide con el patio interior de un edificio colindante por el este, fuera del ámbito de la excavación, y que al no tener sótanos previsiblemente haya garantizado la conservación de alguna otra pileta. Por el oeste la segura continuación de las estructuras fue muy afectada, sino totalmente arrasada, por obras de edificación realizadas hace años, en un momento en el cual no existía ningún tipo de cautela arqueológica. Finalmente por el norte, donde estaría la playa inmediata a la instalación, los muros documentados en el extremo del área de excavación en esa dirección, hacen pensar en la continuidad de la instalación hacia la playa.

El conjunto de estructuras documentadas en los solares nº 41-43 de la calle Marqués de Valladares de Vigo consideramos que se trata de una auténtica factoría, destinada a la producción de salazones y salsas de pescado[2] de forma industrial. Para esta afirmación utilizamos los argumentos que a continuación comentamos.

No existen estructuras habitacionales conocidas para la fase altoimperial del yacimiento de "O Areal", ni tampoco para los otros sectores del litoral de Vigo con vestigios romanos. Esto es válido en el estado actual de investigación, con los datos sacados a la luz en los últimos años en un número importante de intervenciones, si bien es cierto que muchas de las actuaciones aún están pendientes de la memoria final. Así pues, y con la cautela que se impone ante la provisionalidad de los datos, el conjunto de estructuras no formaría parte de una villa romana ni de un núcleo de población (aglomerado secundario, *vicus*, etc.), no conformado aún en este momento. Sería por tanto un espacio exclusivamente de trabajo. Esta es la misma situación que se da con la salina romana, en cualquiera de los solares en los que se documentó hasta el momento.

Las dimensiones de las piletas y su número, así como la articulación del conjunto son coherentes con las características que definen los espacios industriales dedicados a la obtención de salazones y salsas de pescado, como los conocidos en las desembocaduras de los ríos Sado y Tajo (Portugal) o el sur peninsular. Para el caso de las piletas grandes estamos hablando de una capacidad de 17 m^3 por pileta. Las piletas pequeñas tienen dimensiones similares en su planta, y no tenemos ninguna de ellas con su alzado completo, pero si tomáramos de referencia el punto con mayor alzado conservado supondría para cada pileta una capacidad de 9,50 m^3. Cabe suponer la existencia de más piletas, pero si calculamos la capacidad de producción con las existentes, 3 pequeñas y 2 grandes, tenemos un total de casi 63 m^3, que sería una cifra de mínimos que con mucha probabilidad sería ampliamente superada. Al respecto de si estas cifras permiten pensar en un mercado comarcal o de mayor radio, Lagóstena Barrios apunta para las factorías del norte peninsular su limitada capacidad productiva, ya que se trata en general de instalaciones que no superan un número de 10 balsas, asociadas a *villae* costeras, con una producción destinada a un mercado comarcal (Lagóstena, 2001, 34). No sabemos el número de piletas de la instalación que nos ocupa, si bien parece claro que son más de las 5 documentadas en el sector excavado. En todo caso, la práctica ausencia de otras instalaciones de estas dimensiones para época altoimperial en Galicia hacen pensar en un ámbito de distribución mayor, que bien podría haber tenido sus límites en *Bracara*, *Asturica* y *Lucus*. A pesar de ser de época bajoimperial, tenemos que utilizar como referencia la única factoría hasta ahora bien estudiada del NO peninsular, la de la Plaza del Marqués de Gijón. Para ella se apunta su carácter industrial, la organización de la explotación al modo romano y bético-lusitano, y la exportación en un ámbito comarcal y regional (Fernández, 1994, 148), en una instalación con 4 piletas documentadas de 2 x 1,5 m., para la que no es posible calcular su capacidad de producción debido al grado de arrasamiento. Como vemos, la capacidad de producción de esta factoría es netamente inferior, no por el número sino por el tamaño de las piletas.

Figura 10.- Hipótesis sobre la topografía original del litoral de Vigo, con los emplazamientos del complejo industrial en época altoimperial romana. A-Factoría; B-Salina; C-Área portuaria; D-Playa (intermareal).

7.2.- La hipótesis: un conjunto industrial romano salazonero de época altoimperial (figura 10).

La propuesta que hacemos toma en cuenta los vestigios descritos en las páginas anteriores de la factoría de salazón de la calle Marqués de Valladares y la salina romana tratada en el artículo complementario de este, y -como es lógico- está condicionada por el estado actual de conocimientos, con el estudio pendiente de una gran cantidad de datos documentados en los distintos solares en los que se ha intervenido en los últimos años en la franja litoral de Vigo que nos ocupa. Así pues, pretendemos ahora tan sólo presentar la propuesta y en el siguiente apartado algunas de las líneas de trabajo que consideramos conveniente seguir, en algunas de las cuales estamos trabajando[3].

Proponemos la relación directa entre la factoría de salazón y la salina, de forma que tendríamos un conjunto industrial de época altoimperial que a día de hoy es la primera gran área industrial romana de Galicia y posiblemente del noroeste peninsular relacionada con la producción de salazones, si bien es cierto que los datos que se conocen en la actualidad

[2] Nos referimos de forma genérica a la producción de salazones y salsas de pescado a la espera de que el estudio de los restos documentados nos permitan precisar los productos que se elaboraban. En este sentido no se debe descartar la posibilidad de salazones de carne, moluscos, etc., si bien no tenemos datos al respecto.

[3] Un avance de esta propuesta fue realizado por uno de nosotros en relación con la salina (Castro Carrera, 2006, 115).

sobre otros yacimientos hacen pensar que no un caso aislado. La relación que se establece entre estas dos instalaciones se hace evidente a la vista de las cuestiones que brevemente enumeramos. Sincronía en su uso, en un período que aún no podemos concretar entre los siglos I-II d.C., quizás incluso inicios del III. Cercanía topográfica, pues están separadas entre sí a penas 200 m. con los datos actuales, y algo menos considerando la continuidad de la *cetariae* en dirección este, y ambas en la franja litoral. En ambos casos se trata de yacimientos *ex novo*. En ambos casos se trata de instalaciones de carácter claramente industrial y a los que no se asocia ningún núcleo habitado, exceptuando el poblado galaicorromano de "O Castro". Complementariedad; producción de sal y elaboración de salazones de pescado.

7.3.- Líneas de trabajo a desarrollar.

Iremos de lo más concreto a lo más general y nos centraremos en la factoría de salazón, en la que cabe recordar aún quedan fases de excavación pendientes.

La cultura material. Si bien es éste un trabajo que está bastante avanzado, la ingente cantidad de material cerámico registrado en las distintas fases de excavación de los solares de Marqués de Valladares, 41-43, supone que aún tenemos por delante un complejo estudio que esperemos nos ayude a contextualizar todos los momentos de la factoría de salazones: su construcción, su funcionamiento, su relación con otras zonas de *Gallaecia* y otros enclaves del imperio, su abandono, su destrucción y el aprovechamiento del espacio que ocupaba. Apuntamos algunas preguntas de partida que este incipiente contacto con los restos sobre todo cerámicos hace que nos planteemos.

Si damos por hecho que la producción de esta factoría se dedicaba al abastecimiento de un mercado regional a gran escala, ¿Dónde están las ánforas para el transporte de los productos elaborados en la factoría? ¿Cuál era el mercado que abastecía? ¿Podemos llegar a saber por los materiales a donde se exportaron y quiénes los consumían? Para contestar a esta pregunta deberíamos ser capaces de precisar el tipo de envases utilizados y localizarlos en los lugares potencialmente consumidores de este tipo de alimentos como serían los núcleos poblacionales ya sean de la entidad de *Lucus, Bracara* o *Asturica* o núcleos de unas dimensiones más reducidas pero igualmente distribuidores en el ámbito comarcal como serían los llamados aglomerados secundarios (Pérez, 2002). En cuanto a los campamentos de la *Gallaecia,* el ejercito es un consumidor de primer orden al tratarse de un colectivo numeroso y repartido por un amplio territorio que se abastece de los productos básicos en el entorno inmediato, ya sea a través de la producción propia o del comercio con los habitantes de la región, pero que también necesita el suministro de productos específicos que no se dan en las cercanías y que requieren un comercio interprovincial. Estos intercambios en el noroeste, organizados a partir del año 79 d.C. por un delegado administrativo enviado por Roma y por administradores en cada destacamento, se realizaban fundamentalmente por vía marítima a través de los puertos atlánticos (Carreras, 1997, 152). La dispersión de las inscripciones epigráficas referentes a los *beneficiarii*, encargados del control administrativo de las mercancías, en los conventos astur, lucense y bracarense reflejan ese intenso contacto con los puertos de la costa del Atlántico en detrimento de las relaciones terrestres con otros puntos de la *Tarraconense* (Naviero, 1991, 116).

La situación de estos enclaves en el interior alejado de las costas podría ser la causa de la ausencia de material anfórico. Como ya apuntamos anteriormente, sería verosímil el empleo de algún tipo de envase de otro material distinto a la cerámica como sería la madera, proposición ya apuntada por Fernández Ochoa para el caso de Gijón. La madera, por otro lado, era una materia prima muy abundante en la *Gallaecia* y el transporte de barriles de madera por vía terrestre es más asequible al adaptarse mejor a los carros de carga de mercancías.

Los análisis de la ictiofauna documentada permitirán una mayor concreción al respecto del tipo de especies utilizadas en las salazones y salsas que se producían en Vigo, y también caracterizar la actividad pesquera, aspecto este en el que no hemos querido entrar en este texto, pero que se adivina una actividad de gran relevancia, a la vista de las necesidades de abastecimiento de una factoría como la de Marqués de Valladares. Podemos adelantar, a falta de su estudio, que los restos de ictiofauna documentados en conexión anatómica, corresponden a ejemplares de medio y pequeño tamaño. Esto es coherente con los escasos datos conocidos para Galicia, también en las *Rías Baixas*, donde se ha documentado sardina y jurel en las piletas excavadas en el yacimiento de "Adro Vello", O Grove-Pontevedra (Carro, 1991, 95) y en el de "A Igrexiña", Cangas-Pontevedra (Acuña, 1999). A la espera de los resultados de esos estudios, aguardamos que más allá de su significación en la interpretación de esta factoría, tendrán gran relevancia en futuros estudios relacionados con la explotación de recursos marinos en la antigüedad en el ámbito del noroeste peninsular.

No tenemos datos para concretar si la construcción e inicio de actividad de la *cetariae* y la salina fueron simultáneas, y la respuesta a esta pregunta plantea bastantes interrogantes. En todo caso, cabe preguntarse acerca de quién promovió estas instalaciones o, en su caso, el conjunto industrial, que cronológicamente coincide con el desarrollo de la industria salazonera lusitana en el Sado y Tajo (Lagóstena, 2001, 245). Al hilo de esta cuestión surgen otras relacionadas, como quién se encargaba de la gestión de las instalaciones o quién trabajaría en ellas. Al respecto de esta segunda cuestión apuntamos que durante el siglo I-II d.C. el poblado galicorromano de "O Castro" (Hidalgo, 1991, 49) está en uso, y podemos pensar que los trabajadores podrían ser perfectamente población autóctona, que deberían aprender nuevas técnicas en cualquiera de los procesos implicados en la producción (pesca, sal, salazón, envases para transportarla), ya que diferían considerablemente de los tradicionales en la zona. La relación entre centros productores y castros litorales para una primera fase altoimperial en la industria salazonera ya ha sido apuntada (Fernández y Martínez, 1994, 126), y podría servir perfectamente para el caso de Vigo.

Para acabar, hacemos mención a la necesidad de realizar una reconstrucción paleoambiental y paleotopográfica de la zona, cuestión esta sobre la que se ha trabajado muy poco. Esta línea de trabajo nos ayudaría a comprender cómo se estructuraba todo este complejo industrial, al que se asociaría una zona portuaria, otra de gestión y almacenaje, etc. Permitiría comprender la articulación de las distintas unidades que conforman este conjunto; a modo de ejemplo la relación entre la zona portuaria y la factoría, en el intento de establecer el acceso a la factoría para el traslado de la pesca.

Bibliografía

ACUÑA, A. (1999): *Memoria técnica de intervención arqueológica. A Igrexiña. Sondeos, protección y catalogación del yacimiento de A Igrexiña, Cangas (Pontevedra).* Memoria inédita depositada en el Servizo de Arqueoloxía da Consellería de Cultura, Xunta de Galicia, Santiago.

ALCORTA IRASTORZA, E. J. (2001): *Lucus Augusti. II Cerámica común romana de cocina y mesa hallada en las excavaciones de la ciudad.* Catalogación Arqueológica y Artística de Galicia del Museo de Pontevedra, Fundación Pedro Barrié de la Maza.

ÁLVAREZ BLÁZQUEZ, J.Mª. y BOUZA BREY, F. (1961): "Inscripciones romanas en Vigo", *Cuadernos de Estudios Gallegos*, Tomo XVI, Santiago, 5-42 y ss.

CARBALLO ARCEO, X. *et alii.* (1998): *Catálogo do Patrimonio Arqueolóxico. Arqueoloxía de Vigo e a súa historia*, Catálogos do Patrimonio 2, Concello de Vigo, Vigo.

CARRERAS MONFORT, C. (1997): "Los *beneficiarii* y la red de aprovisionamiento militar en *Britannia* e *Hispania", Gerión*, 15, Universidad Complutense, Madrid, 151-176.

CARRO, X. (1991): "Adro Vello (S. Vicenzo do Grove, Pontevedra)", *Arqueoloxía/Informes 2. Campaña 1988*, Consellería de Cultura, Xunta de Galicia, A Coruña, 93-99.

CASTRO CARRERA, J.C. (1992-1993): "Intervención arqueolóxica no xacemento romano de "O Fiunchal", (Alcabre, Vigo)", *Castrelos*, 5-6, Vigo, 71-86.

CASTRO CARRERA, J. C. (1999): *Escavación arqueolóxica en área na parcela nº 14 da U. E. I-05 Rosalía de Castro 1, Vigo, Anta de Moura S.L.*, Informe inédito depositado en el Servizo de Arqueoloxía da Consellería de Cultura, Xunta de Galicia, Santiago.

CASTRO CARRERA, J. C. (2006): "La salina romana de "O Areal", Vigo (Galicia)", *La sel de la Baie. Actes du Congrés International*, Nantes, septembre 2004. J.C. Hocquet et J.L. Sarrazin eds. PUR (Presses Universitaires de Rennes), 105-122.

CASTRO CARRERA, J. C. (2007): "La salina romana del yacimiento de "O Areal", Vigo (Galicia): Un completo industrial salazonero altoimperial.", Lagóstena, L; Bernal, D; y Arévalo, A; (eds), *Cetariae. Salsas y salazones de pescado en Occidente durante la Antigüedad.*

FERNÁNDEZ OCHOA, C. (1994): *Una industria de salazones de época romana en la Plaza del Marqués.* Excavaciones Arqueológicas de la Ciudad de Gijón. Gijón.

FERNÁNDEZ OCHOA, C. y MARTÍNEZ MAGANTO, J. (1994): "Las industrias de salazón del norte de la Península Ibérica", *Archivo Español de Arqueología*, 67, Madrid, 115-134.

FILGUEIRA VALVERDE, J, y GARCÍA ALÉN, A. (1956): "Materiales para la carta arqueológica de la provincia de Pontevedra", *El Museo de Pontevedra*, Tomo VIII, Pontevedra, 30-214.

HIDALGO CUÑARRO, J.M. (1991): "El Castro de Vigo (Vigo, Pontevedra)", *Arqueoloxía/Informes 2. Campaña 1988*, Consellería de Cultura, Xunta de Galicia, Santiago, 47-49.

HIDALGO, J. M. y RODRÍGUEZ, E. (1995): "Excavación arqueolóxica de urgencia na praia do Cocho, Alcabre (Vigo, Pontevedra)", *Arqueoloxía/Informes 3, campaña 1989*, Consellería de Cultura, Xunta de Galicia, Santiago, 165-168.

JIMÉNEZ CONTRERAS, S. (1986): "El pescado en la Antigüedad", *Revista de Arqueología*, 68, 20-34.

LAGÓSTENA BARRIOS, L. (2001): *La produción de salsas y conservas de pescado en la Hispania romana (II a.C.-VI d.C.)*, Col.lecció Instrumenta, 11, Universitat de Barcelona.

NAVIERO LÓPEZ, J. L. (1981): "As ánforas romanas de A Coruña I", *Brigantium*, 2, Boletín do Museo Arqueolóxico de A Coruña, 117-128.

NAVIERO LÓPEZ, J. L. (1981): "As ánforas romanas de A Coruña II", *Brigantium*, 3, Boletín do Museo Arqueolóxico de A Coruña, 63-74.

NAVIERO LÓPEZ, J. L. (1991): *El Comercio antiguo en el N.W. Peninsular*, Museu Arqueolóxico de A Coruña, Monografías Urxentes, nº5. A Coruña.

PÉREZ LOSADA, F. (2002): "Entre a Cidade e a Aldea. Estudio arqueohistórico dos "aglomerados secundarios" romanos en Galicia", *Brigantium*, vol. 13, A Coruña.

PONSICH, M. (1988): *Aceite de oliva y salazones de pescado. Factores geo-económicos de la Bética y Tingitania*, Universidad Complutense de Madrid.

TABOADA y LEAL, N. (1977): *Descripción topográfico-histórica de la ciudad de Vigo, su Ría y alrededores*, Vigo, (Santiago de Compostela, 1840).

TORRES BRAVO, V. C. (2003): *Escavación arqueolóxica en área nos solares Nº 41 e 43 da rúa Marqués de Valladares, Vigo, Anta de Moura S.L.*, Informe inédito depositado en el Servizo de Arqueoloxía da Consellería de Cultura, Xunta de Galicia, Santiago.

TORRES BRAVO, V. C. (2005): *Escavación arqueolóxica en área nos solares Nº 41 e 43 da rúa Marqués de Valladares, Vigo. 3ª e 4ª fase, Anta de Moura S.L.* Informe inédito depositado en el Servizo de Arqueoloxía da Consellería de Cultura, Xunta de Galicia, Santiago.

XUSTO RODRÍGUEZ, M. (2001): *O vidro provincial galaicorromano.* Universidade de Vigo.

NUEVOS DATOS SOBRE LAS FACTORÍAS DE SALAZONES DE SEPTEM FRATRES A RAÍZ DE LOS RESULTADOS DE LAS EXCAVACIONES ARQUEOLÓGICAS DEL PARADOR DE TURISMO "LA MURALLA"

F. VILLADA
J. SUÁREZ
S. BRAVO
Arqueólogos

1.- Situación geográfica.

La ciudad de Ceuta, la antigua *Septem Fratres*, está construida sobre una península situada en la embocadura sur del Estrecho de Gibraltar (figura 1). El terreno, accidentado, ofrece limitadas posibilidades desde el punto de vista del aprovechamiento agrícola y no se conocen otros recursos naturales de importancia en sus inmediaciones explotados en época romana excepción hecha de las exportaciones de marfil (Gozalbes, 1988a; Gozalbes, 1997, 188 y ss.) y del posible aprovechamiento minero (Ponsich, 1966). Además, las comunicaciones con el interior del continente se ven dificultadas por la abrupta orografía por lo que los intereses del enclave romano aparecen volcados hacia un contexto mediterráneo (Gozalbes, 1988b).

Figura 1.- Ceuta. Situación geográfica.

Frente a esta precariedad, el mar que la abraza casi por completo, ofrece un importante caudal de alimentos y posibilita el intercambio de productos e ideas con tierras próximas y muy lejanas. De otra parte, su estratégica posición es otra de las claves fundamentales para entender su desarrollo histórico.

2.- El aprovechamiento de los recursos marinos en la región de Ceuta.

Como ha sido puesto de manifiesto en numerosas ocasiones la zona del Estrecho de Gibraltar es un área especialmente propicia para la pesca debido a su configuración geográfica y al tránsito de especies regular entre las aguas del Atlántico y del Mediterráneo (Morales y Roselló, 1988, 447 y ss.; Arévalo, Bernal y Torremocha, 2004, 23-25). Junto a la pesca, el aprovechamiento de otros recursos marinos en actividades como el marisqueo ha estado presente en la economía de este territorio desde los inicios de su poblamiento como ha podido ser documentado por ejemplo en Ceuta.

Figura 2.- Recuperación de ánforas púnicas en la ensenada de Benzú.

Efectivamente, el proyecto de investigación que se desarrolla en el Abrigo de Benzú ha permitido documentar una secuencia que comienza en el Pleistoceno medio y que constituye el primer testimonio de presencia humana en la región. Los datos obtenidos hasta el momento han permitido documentar la práctica del marisqueo litoral por parte de estos grupos de cazadores-recolectores en línea con lo que conocemos en otros yacimientos cercanos (Ramos, Bernal, Castañeda, 2003; Ramos, Castañeda, Bernal, 2005).

En la cercana cueva de Benzú está siendo estudiado otro yacimiento neolítico en el que se constata igualmente la presencia de moluscos y gasterópodos terrestres y marinos como parte integrante de la dieta de los grupos que frecuentan la cueva en el sexto milenio (Zabala *et alii*, 2003, 355 y ss.).

La reciente excavación de la Plaza de la Catedral ha permitido remontar el origen de la ocupación del casco urbano al siglo VII a. C. Entre los materiales recuperados destaca una importante muestra de ictiofauna y malacofauna así como un anzuelo lo que permite suponer que las capturas marinas debieron tener un papel relevante en la economía del asentamiento en ese periodo aunque aún no ha podido ser evaluada con exactitud su importancia (Villada, Ramon, Suárez, en prensa).

Los escasos testimonios de época púnica proceden sin embargo fundamentalmente de contextos submarinos (figura 2). Corresponden a ánforas a las que se les atribuye como función habitualmente el transporte de productos salazoneros. No obstante, la falta de datos en tierra de este momento hace difícil determinar con mayor precisión su relación con los

Actas del Congreso Internacional *CETARIAE. Salsas y salazones de pescado en Occidente durante la Antigüedad*, Universidad de Cádiz, Noviembre de 2005, *B.A.R. int. ser.* 1686, Oxford 2007, 487-501.

posibles enclaves existentes en el litoral ceutí (Bravo, Villada, 1993; Ramon, 2004).

Sin embargo, tras la conquista romana no cabe duda de que la principal actividad económica del establecimiento es el procesamiento y transformación de los recursos piscícolas del litoral como han puesto de manifiesto cuantos investigadores se han ocupado de esta etapa (Hita, Villada, 1994; Bravo *et alii,* 1995).

Durante el periodo medieval son numerosos los autores que se hacen eco de las riquezas pesqueras de Ceuta y de su entorno así como del papel básico que en la alimentación de sus habitantes, sobre todo en las clases populares, tenía el pescado.

Sin ánimo de ser exhaustivos recordemos el testimonio de *al Idrisi*, el célebre geógrafo ceutí, que ensalza la producción de las costas ceutíes *–ninguna costa suministra ni exporta más-* y la diversidad de las capturas *–se cuentan más de cien especies de peces diferentes-* aunque la más importante es la del atún. La pericia de los pescadores de atún ceutíes no tiene parangón en ningún otro lugar. Recoge también la captura del coral entre las actividades económicas desarrolladas en Ceuta. En Ceuta hay un zoco especializado siendo uno de los principales artículos de exportación (Gozalbes Busto, 2002, 278).

También *al Dimisqui* elogia el coral ceutí y *al Zuhri* destaca las capturas de atún en la región.

Pero es sin duda el relato de *al Ansari*, ya en el siglo XV, el más completo sobre la importancia de los recursos marinos en la Ceuta medieval, al señalar las casi trescientas pesquerías existentes en el "Cabo del Monte" (a unos 30 kilómetros de Ceuta) y Marsa Musa o la aldea de *Fardiwa* (algunos kilómetros al oeste de Alcazarseger) y de almadrabas de las que textualmente señala que "el número de almadrabas dedicadas a la pesca del yirri y otros peces es de nueve. La más importante de todas ellas por sus beneficios es la de Awiyat, pero todas ellas, tanto las que están dentro de la ciudad como las que están fuera tienen sus ganancias" (Vallvé, 1962).

El consumo de pescado bien fresco o bien seco, despreciado por los más poderosos de la Ciudad como un alimento "grosero" reservado a hombres rudos y embrutecidos, fue como hemos señalado el principal alimento de la mayoría de la población durante esta etapa (Ferhat, 1993, 442-443).

Tras la conquista portuguesa de 1415 el abastecimiento a Ceuta constituyó una de las principales preocupaciones de la monarquía, especialmente tras quedar frustrados los intentos de expansión territorial en el septentrión africano (Drumond, y Drumond, 1998). En estas circunstancias, la pesca se convirtió en uno de los pocos sectores que podían proporcionar a la población una significativa cantidad de alimento por lo que, en la medida que fue posible, debió ser practicada habitualmente.

Nueva e interesante documentación sobre las actividades pesqueras en Ceuta en etapas más recientes ha sido conservada. Así, sabemos que la financiación de las obras para la construcción de la nueva sede catedralicia en el siglo XVII descansó en buena medida en los rendimientos obtenidos por el Cabildo de la Almadraba (Pérez del Campo, 1988) y sabemos de su importancia en la centuria siguiente (Cámara, 1988). De los datos publicados se deduce que, salvo puntuales recesos, las almadrabas de Ceuta proporcionaron durante el siglo XVIII un volumen de capturas importante y constante. Salvo en 1732 y 1733 en que se produce un brusco descenso, el resto de la información publicada señala para la mayor parte de los años rendimientos superiores a los cien mil ejemplares y, en años excepcionales, por encima de los ciento cincuenta mil (1764 y 1766).

En cuanto a las especies capturadas destacan las capturas de bonitos que suponen más del 80% del total, a las que siguen las de melva, un 11% aproximadamente, y caballa (8%). En cualquier caso, estas cifras deben ser puestas en relación con el tamaño de las especies para valorar su incidencia en la economía.

La práctica almadrabera se ha mantenido en Ceuta prácticamente hasta nuestros días aunque el progresivo descenso de las capturas y las dificultades de comercialización han llevado al sector pesquero ceutí a una progresiva disminución de su importancia económica.

3.- La producción salazonera de *Septem Fratres.*

Las recuperaciones de ánforas destinadas al transporte de las salazones de pescados llevadas a cabo en la dársena del puerto ceutí por Juan Bravo y otros escafandristas del Club de Actividades Subacuáticas (C.A.S) permitió plantear que "también se produciría en Ceuta dicho adobo [el garum], producto de las factorías conserveras de entonces, antecesoras de las actuales" (Bravo, Muñoz, 1965) aún antes de que apareciese en tierra testimonio alguno de tal producción (figura 3). Ese mismo año publicaron Ponsich y Tarradell su clásico trabajo sobre las industrias salazoneras en el cual, lógicamente, no se incluía Ceuta al no haberse documentado aún resto alguno. Esta circunstancia unida a la mayoritaria publicación de los resultados de la investigación arqueológica sobre este tema en revistas de ámbito local o de limitada difusión explica la poca atención prestada a la factoría ceutí hasta momentos relativamente recientes.

No transcurrió mucho tiempo sin que estas hipótesis encontrasen confirmación. Con motivo de la remoción de tierras efectuada para la construcción del Parador Nacional "La Muralla" se pudieron observar vestigios de al menos tres contenedores recubiertos de *opus signinum* destinados a la elaboración de salazones de pescados. En esta ocasión no sólo se detectaron restos de estas estructuras sino también un buen número de fragmentos anfóricos cuya tipología los relacionaba con claridad con el transporte de salazones. Posac, que dirigió las labores de recuperación y documentación de los hallazgos, recogía en su informe de 1966 como "pese a las dificultades derivadas del hecho de emplearse máquinas

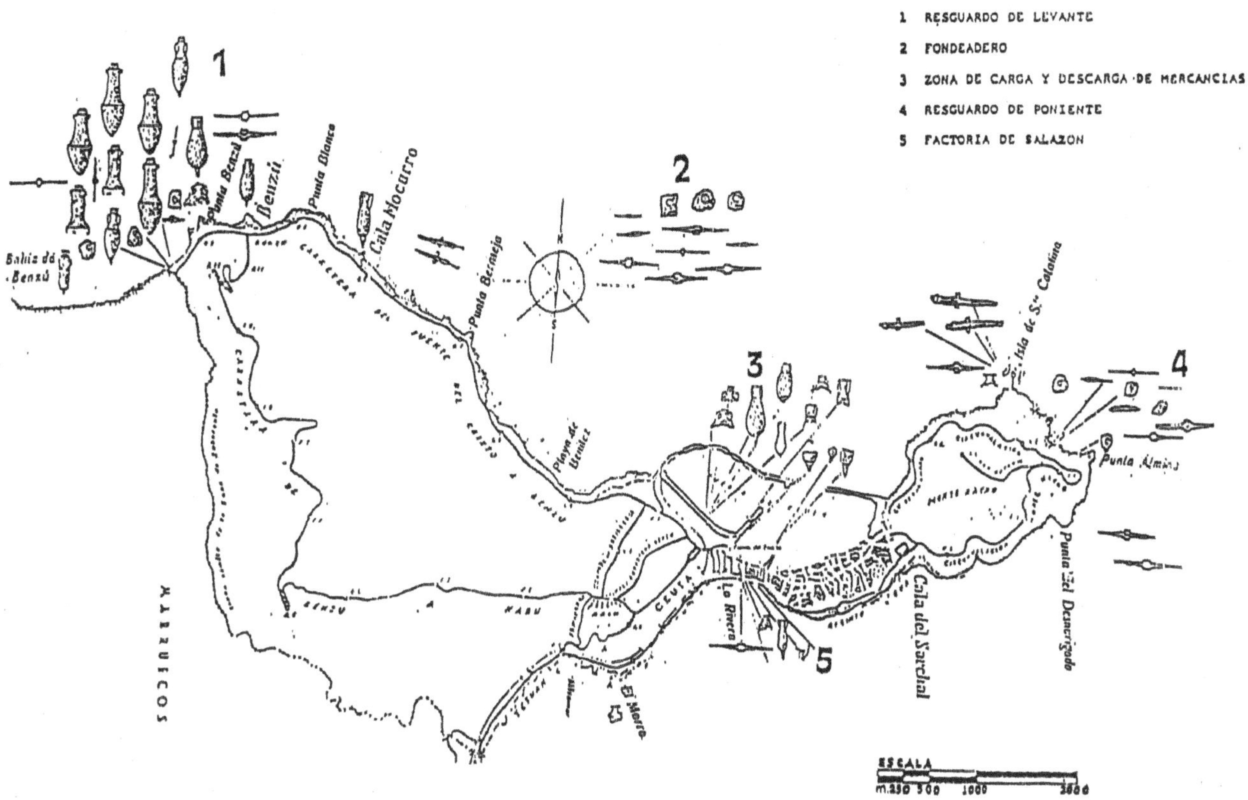

Figura 3.- Carta arqueológica de Ceuta según J. Bravo.

poderosas para la excavación ha sido posible recoger bastantes restos de cerámica y monedas que permiten seguir una línea cronológica que se inicia en torno a la mitad del siglo I antes de J.C. para llegar hasta finales de los tiempos romanos en los años iniciales del siglo V de JC" (Posac, 1966; 1971). La aparición de estas piletas fue dada a conocer también por otros autores (Bravo, 1968). La presencia fundamentalmente de T.S.I. y T.S.G., lucernas de volutas, etc., ha permitido situar la fecha de inicio de la actividad de la factoría en torno al cambio de era (Bernal, Pérez, 1999, 28-29) aunque con las lógicas reservas debido a la falta de contexto estratigráfico de los materiales.

Mientras continuaban produciéndose hallazgos submarinos se produjeron nuevos descubrimientos como consecuencia de los movimientos llevados a cabo en la Plaza de África y la Avda. Alcalde Sánchez Prados para la construcción del aparcamiento subterráneo. Frente al Palacio Municipal apareció un segundo conjunto de piletas del que apenas se conserva una fotografía.

A partir de los noventa comienzan una serie de intervenciones arqueológicas en la zona más oriental del Istmo que permiten la documentación de tres nuevos conjuntos de piletas así como de diferentes dependencias asociadas a distintas actividades de la factoría (Hita, Villada, 1994; Bravo *et alii*, 1995; Villaverde y López, 1995; Bernal, Pérez, 1999) (figura 4). Una nueva etapa se abre a partir de entonces en la investigación que intenta definir con mayor precisión la evolución cronológica de la factoría, su papel en un ámbito regional, el carácter del lugar y su estatuto jurídico, las especies capturadas y el volumen de producción, etc.

Figura 4.- Conjunto nº 4 de piletas de salazón.

3.1.- Evolución cronológica.

Desde un punto de vista cronológico había sido sugerido un progresivo desplazamiento hacia el este de la presencia romana (Posac, 1958, 126). Esta hipótesis queda confirmada a partir de esas intervenciones de los noventa en las que se documenta que la ocupación de la zona más occidental del

Istmo comienza a partir del siglo II d.C. llegando a constituirse en esa centuria y en la siguiente en uno de los centros de producción de salazones más importantes desde el punto de vista regional. Un cese en las actividades productivas a fines del siglo III d.C. y una inmediata recuperación en el siglo IV d.C. han sido documentados por algunos autores (Bernal, Pérez, 1999, p. 76). El momento final de la producción ha sido situado en distintos momentos del siglo V (Hita, Villada, 1994) o incluso en los inicios del siglo VI d.C. (Bernal, Pérez, 1999).

En cualquier caso, podemos señalar el origen de la factoría de salazones en los alrededores de la Plaza de África y del Parador de Turismo "La Muralla" en un momento poco preciso (recuérdese las circunstancias en que fueron recuperados los materiales) en torno al cambio de era. El núcleo inicial de la factoría habría conocido una notable expansión avanzado el siglo II d.C. llegando a ocupar la práctica totalidad del Istmo. Diversos momentos de recesión han sido documentados por los distintos autores que han excavado la factoría. Habría que plantearse, no obstante, hasta que punto estas remodelaciones tienen un carácter general u obedecen en ocasiones, como sospechamos, a acontecimientos puntuales en las distintas zonas de producción.

3.2.- La extensión de la factoría.

La extensión de la factoría de salazones ceutí ha sido objeto de cierta controversia. Si los límites norte y sur vienen marcados por el litoral y hacia el este parece claro que el fin parece coincidir con la actual calle Queipo de Llano su frente occidental ha sido objeto de mayores debates. Desde el inicio de las investigaciones se planteó que la factoría de salazones llegaba al menos hasta el actual foso navegable lo que ha sido confirmado en las recientes intervenciones desarrolladas en el Parador de Turismo "La Muralla" de las que nos ocuparemos más adelante. Incluso la excavación llevada a cabo en el ángulo de San Pablo, al otro lado del foso navegable, por Nogueras (inédita) permitió recuperar un importante conjunto de ánforas a una cota de varios metros sobre el actual nivel del terreno. Ello permite suponer que la construcción del foso y del Conjunto de las Murallas Reales debió suponer un importante rebaje en la cota original del terreno que habría hecho desaparecer los niveles correspondientes a época romana siendo los espacios conservados en el interior de los baluartes los únicos relictos de esos niveles. Esta circunstancia hace difícil establecer pues con precisión los límites occidentales de la factoría.

Un testimonio indirecto del área ocupada por la factoría puede ser la existencia de necrópolis. Si al este se conoce la existencia de cementerios de época altoimperial y bajoimperial (Bernal, Hoyo, 1996; Fernández, 2000; Villaverde, 1988) a occidente fueron descubiertas también un conjunto de tumbas romanas en la zona de las Puertas del Campo y alguna otra inhumación en el Llano de las Damas que reaprovechaban elementos de unas posibles termas (Posac, 1965; Bernal, 1994; Bernal, Nogueras, Pérez, 1998). En definitiva, nos encontramos ante un amplio conjunto destinado a la producción salazonera delimitado a norte y sur por el litoral y a este y oeste por sendas necrópolis.

3.3.- El estatuto jurídico de *Septem Fratres*.

Otro tema que ha venido siendo objeto de atención por parte de los investigadores es el del estatuto jurídico de *Septem Fratres*.

Diversos autores habían supuesto desde antiguo la existencia de una *civitas* romana sin argumentos consistentes y sin que los datos arqueológicos avalasen tal propuesta. La importancia de Ceuta a lo largo de la historia hacía preciso dotarla de unas gloriosas raíces en el mundo clásico y para ello los distintos autores le atribuyeron diversos hechos históricos acaecidos en zonas más o menos próximas que permitían demostrar su venerable antigüedad o se hicieron eco de distintos relatos legendarios (Marín, Villada, 1988). Además, la información que aportan las fuentes escritas es elocuente al no mencionar una ciudad hasta momentos muy tardíos. Por ello se propuso una utilización más rigurosa de tales términos jurídicos que no deberían ser empleados en tanto no hubiese datos arqueológicos que avalasen tales denominaciones (Villada, Hita, 1992).

Años más tarde apareció en un contexto secundario un epígrafe con la palabra ORDO que fue el principal argumento para que sus descubridores plantearan la existencia de un *municipium* a mediados del siglo II d.C. (Bernal, Pérez, 1999, 55 y ss.; Pérez, Hoyo y Bernal, 1999), siendo esta promoción "consecuencia de la propia riqueza de los habitantes destinados al lucrativo comercio de salazones de pescado, y al mismo tiempo, del interés de Roma por afianzar el control sobre el entorno territorial del "Círculo del Estrecho", manifestando una voluntad política apreciable en la concesión de la categoría administrativa a algunas ciudades" (Bernal, Pérez, 1999, 58). Hasta el momento, sin embargo, la investigación arqueológica en Ceuta no ha permitido documentar testimonios del desarrollo urbano que tal promoción debió suponer aunque es cierto que las intervenciones arqueológicas en la zona del Istmo han sido escasas desde entonces.

Otros autores han considerado sin embargo la inscripción anterior un simple epitafio, calificando de improbable tal promoción aludiendo a la falta de otros ejemplos de promociones similares en *Tingitana* durante los Antoninos, a la ausencia de mención de tal *municipium* en las fuentes literarias (en el Itinerario Antonino posterior a esta promoción se sigue citando *Septem Fratres* como una *mansio*) y a la escasa entidad de los restos arqueológicos en estos momentos, relegando la consolidación de esta pequeña localidad industrial como pequeña civitas al siglo III (Villaverde, 2001, 206).

3.4.- La organización de la factoría.

Los distintos elementos documentados de la factoría de salazón permiten aproximarnos a la paleotopografía del lugar. Según nuestros datos, la zona del Istmo estaba conformada básicamente por una extensa playa arenosa, suavemente tendida hacia la bahía norte y con una serie de elevaciones (en torno a 12/13 m.s.n.m.) próximas a la bahía sur que hacen este litoral más escarpado. Es en este espacio en el que se desarrollarán una serie de instalaciones para el procesa-

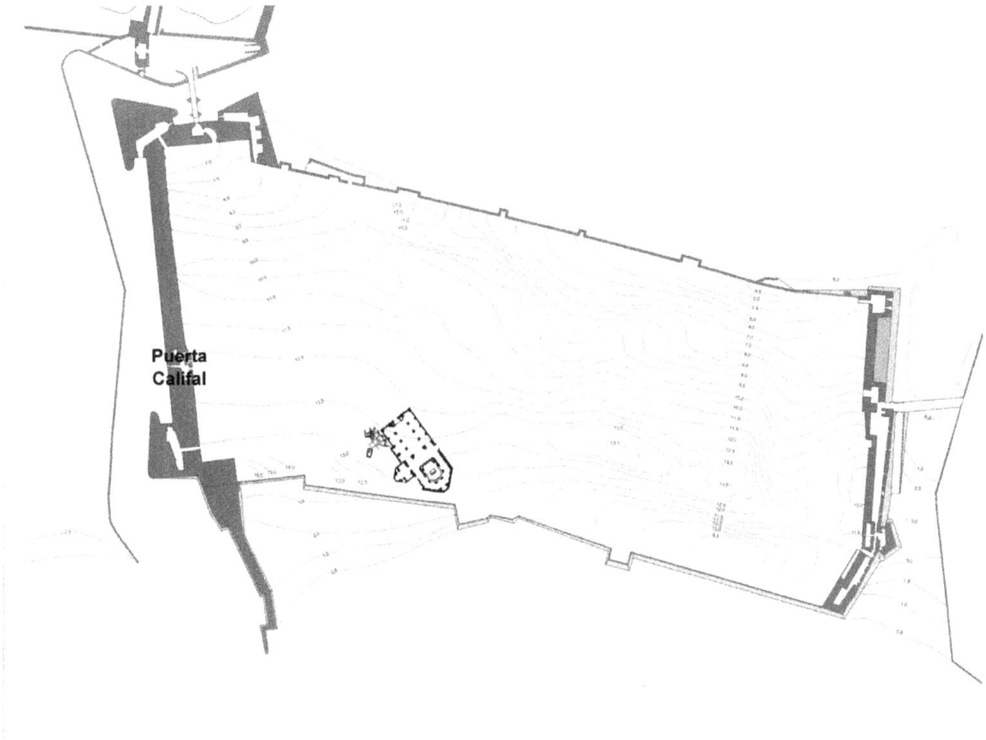

Figura 5.- Topografía del Istmo y ubicación de la excavación de la Puerta Califal.

miento de los recursos marinos aprovechando este privilegiado emplazamiento (figura 5).

La vinculación de la factoría de *Septem Fratres* con las producciones del área regional del Estrecho de Gibraltar lideradas por *Gades* ha sido aceptada unánimemente y son la única explicación para la instalación de una factoría de salazones en este lugar con escasos recursos naturales y dificultades de comunicación con el interior como hemos señalado. Es esta organización conjunta de la producción la que permite abastecer a la factoría septense de aquellos productos como la sal indispensables para realizar el proceso de salazón e inexistentes en la ciudad.

En este sentido uno de los hechos puestos de manifiesto por la investigación ha sido la no documentación hasta el momento de una zona de hábitat de entidad en *Septem Fratres* aunque sí ha podido documentarse como hemos indicado la existencia de varias necrópolis. Esta circunstancia, que no es un hecho novedoso en la *Tingitana*, se ha intentando explicar este hecho siguiendo la hipótesis planteada por Ponsich de desplazamientos estacionales de población a estas factorías que se ocuparían de la producción.

Otro aspecto interesante es el de la consideración de los distintos conjuntos aparecidos bien como unidades de producción independientes bien como elementos articulados dentro de una estructura productiva unitaria. En primer lugar, ha de tenerse en cuenta que los cinco conjuntos documentados hasta el momento no son coetáneos entre sí y que de algunos de ellos no tenemos otra información más que su existencia (Conjunto nº 2 por ejemplo), por lo que es más que posible que no todos actuasen al unísono. En cualquier caso, la integración en una estructura de dimensiones regionales como hemos indicado antes hace suponer cierta organización de la producción entre las distintas *cetariae*. Así el estudio de los restos exhumados en el Paseo de las Palmeras han permitido plantear que "nos encontramos ante los muros maestros de un único complejo fabril más que frente a diversas instalaciones industriales de reducidas dimensiones, idea esta última considerada la más viable de la Ceuta romana hasta hace poco tiempo" (Bernal, Pérez, 1999, 33) .

En cualquier caso nos encontramos ante un gran complejo productivo, de gran extensión y capacidad productiva, con una amplia perduración cronológica que articula su producción en un marco regional.

3.5.- Capturas y producción de salazones.

Es éste sin duda uno de los aspectos que se encuentra aún en un estado muy inicial de investigación. Hasta el momento los análisis de ictiofauna realizados son escasos y, aunque empiezan a ofrecer datos de interés, será necesario contar con una muestra más amplia para poder sacar conclusiones en cuanto a la valoración real de las distintas especies en las capturas y las producciones elaboradas a partir de ellas. En cuanto a las especies capturadas, los análisis realizados por Roselló confirmaron un panorama más complejo del que se suponía en aquellos momentos, avalado luego por estudios de otras factorías (Roselló, 1992), y completado años más tarde por la documentación de túnidos y otras especies en otras intervenciones (Bernal, Pérez, 1999, pp. 65-68).

Aún más dificultades tenemos al plantear análisis cuantitativos de la producción. De la mayoría de los primeros conjuntos documentados apenas poseemos algo más que algunas fotos y el número de las *cetariae* destruidas sin documentar es imposible de estimar. Basándonos en la documentación disponible ha sido posible documentar hasta el momento al menos quince piletas de salazón, de dimensiones diversas, agrupadas en cinco conjuntos. Lógicamente, dado el desigual grado de información, es difícil determinar si todas ellas estuvieron en funcionamiento a la vez aunque parece posible que la mayor parte lo estuviesen a partir del siglo II d.C.

3.6.- Los recursos hídricos.

Contando pues con unas posibilidades de capturas tan destacadas, la explotación de un complejo como el descrito necesitó además de un aporte hídrico suficiente para el despiece y limpieza de los pescados, de sal para la producción, de contenedores para el envasado de los productos, etc. La información que poseemos hasta ahora sobre todos estos aspectos de la factoría ceutí es muy desigual.

Las necesidades de agua dulce de la explotación debieron ser satisfechas merced a algunas fuentes cercanas (la Mina, Fuente Caballos, etc.), al acopio de las pluviales y a una racionalización en el consumo. Bernal y Pérez documentaron en el Paseo de las Palmeras un complejo sistema de aprovechamiento y transporte de aguas sin parangón hasta el momento en otros centros similares (Bernal, Pérez, 1999, 33-36). Asimismo, se ha conservado parcialmente un acueducto, el de Arcos Quebrados, cuya datación es atribuida al Conde D. Julián en las fuentes árabes lo que viene a indicar genéricamente su atribución a momentos preislámicos.

3.7.- Los contenedores.

Como ocurre en otras factorías tingitanas tampoco en la de *Septem Fratres* ha podido ser documentado hasta el momento ningún centro alfarero para la producción de ánforas destinadas a la salazón.

La tipología anfórica documentada en la factoría de salazones ceutí es amplia. Podemos indicar que el estudio llevado a cabo sobre las ánforas de salazones altoimperiales del Museo de Ceuta, en su mayor parte de procedencia submarina, permite señalar la presencia mayoritaria de ejemplares que pueden ser incluidos dentro del grupo de las Dr. 7/11 con una significativa presencia de ánforas de los tipos Beltrán IIA y B (Martínez y García, 1997) (figura 6).

A partir de mediados del siglo II d.C. cobran importancia los tipos Puerto Real I y Puerto Real II para, a partir de la segunda mitad del siglo III d.C., ser mayoritarias las Keay XIX o Almagro 51 a y b. En la fase final de la factoría aparecen documentados tipos tales como la Almagro 51C, Keay XVI, etc. (Bernal, Pérez, 1999, 62).

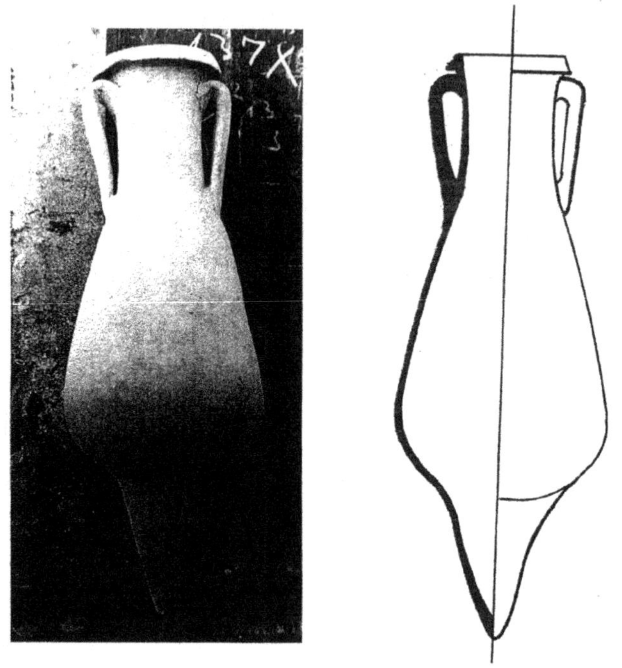

Figura 6.- Ánfora recuperada durante la construcción del Parador de Turismo La Muralla.

Uno de los aspectos que ha ocupado el interés de los investigadores que se han ocupado del estudio de la factoría ceutí ha sido el de intentar determinar el lugar de producción y los tipos en que fueron envasados las salazones ceutíes. Hasta el momento no ha sido localizado alfar alguno en Ceuta o sus inmediaciones y los resultados de los análisis llevados a cabo no son concluyentes en determinar un posible origen local de las mismas. Asimismo, se desconoce la presencia de salinas de importancia en las inmediaciones. Esta circunstancia, común a distintas *cetariae* tingitanas, ha sido explicada proponiendo un abastecimiento de ánforas y sal desde la orilla bética dentro de ese marco de organización de la producción de forma conjunto al que hacíamos alusión antes.

Efectivamente, el análisis macroscópico de las pastas permite señalar semejanzas con centros productores de la bahía gaditana lo cual confirmaría la estrecha vinculación de las salazones ceutíes con esta área señalada por la mayor parte de los investigadores. Los testimonios más rotundos que avalan esta hipótesis fueron obtenidos durante la excavación del Paseo de las Palmeras al localizar en un contexto productivo ánforas de los tipos Puerto Real I y de los sellos SOC y SOCI atestiguados en las *figlinae* de la Bahía de Cádiz (Bernal, Pérez, 1999, 65).

De este modo las necesidades de contenedores de la factoría septense serían atendidas por las producciones de las *figlinae* de la región gaditana. Los envases serían transportados bien vacíos (Bernal, 1999) bien con una solución salina, *muria*, que permitiría una producción homogénea de toda la región (Villaverde, 2001).

4.- Excavaciones arqueológicas en el Parador de Turismo "La Muralla".

Con motivo de la celebración de las *I Jornadas de estudio sobre Fortificaciones,* organizadas por la Fundación Foro del Estrecho, fue programada una visita al sector portugués de las Murallas Reales actualmente ocupado por el Parador de Turismo "La Muralla". En el curso de dicha visita fueron identificados distintos tramos de la antigua cerca medieval de Ceuta así como una de las puertas de acceso a la medina (Hita, Ruiz, 2004, 206) (figuras 7 y 8).

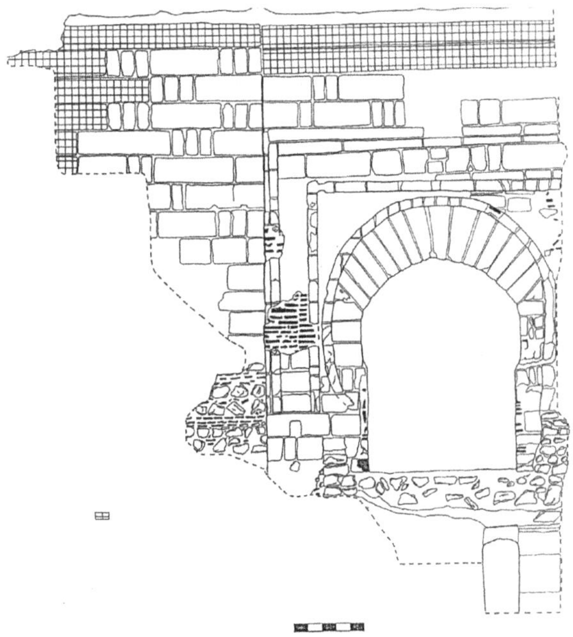

Figura 7.- Puerta Califal. Vista desde el exterior. Dibujo V. Gómez Barceló.

Figura 8.- Puerta Califal antes de comenzar la excavación.

Ante la inminente realización de un proyecto de reforma redactado por la Secretaría de Estado de Turismo, la Comisión del Patrimonio Histórico de la Ciudad señaló la necesidad de realizar una serie de sondeos arqueológicos que permitiesen determinar tanto la secuencia de ocupación, el grado de conservación de los restos de la muralla y la posible afectación de los mismos por las obras proyectadas.

4.1.- Excavación arqueológica en el Parador de Turismo "La Muralla" (Campaña 2003).

En consecuencia fue realizada una intervención que consistió en la limpieza de algunos paramentos, la documentación exhaustiva de las estancias (planimetría, fotografía, etc.) y la realización de cuatro sondeos arqueológicos, tres en la cubierta superior de las Murallas Reales y uno en el umbral de la Puerta, que será el que aquí nos ocupa (figura 9).

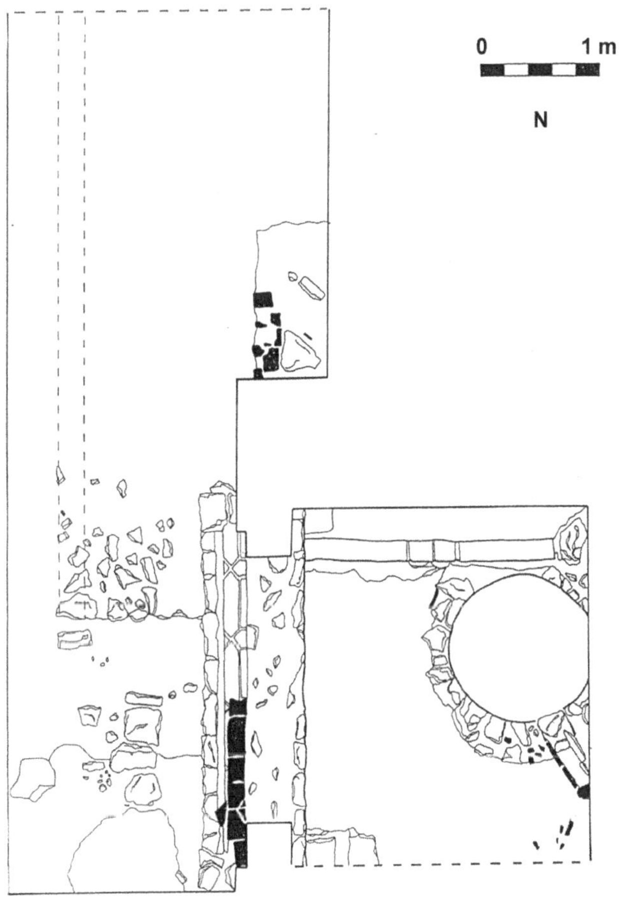

Figura 9.- Planta general del sondeo PC '03.

En este sondeo la secuencia documentada comenzaba con la construcción del Parador y continuaba con diversos niveles que hemos interpretado como correspondientes al uso de estas estancias como acuartelamiento bajo los que se situaban distintos momentos de época medieval y moderna. En la base de dicha secuencia se localizaron una serie de unidades estratigráficas de época romana, arenas de color amarillento, muy sueltas que corresponden a la paleoplaya sobre la que se desarrolló la actividad en ese periodo en los que pudieron recuperarse una notable muestra de ictiofauna y malacofauna actualmente en proceso de estudio. Estos niveles habían sido cortados por la cimentación de la muralla califal.

Pudieron identificarse cuatro fases dentro de este periodo.

La más antigua ha sido datada a partir de época flavia a partir del material recuperado. Las ánforas mayoritarias corresponden a tipos Beltrán II A y Dressel 7/12 debiendo destacarse también la presencia de lucernas de volutas y de algún fragmento de T.S.G. (formas Drag. 27 y 29/37).

Sobre este nivel se sitúa otro (fase II) de similar textura y composición. En él se ha recuperado un conjunto cerámico fechado a partir de la segunda mitad del siglo II d.C. en el que aparecen ya cerámicas africanas de cocina (formas Ostia 1, 261; Lamb. 9 y 10 A), ausentes en la fase I, algún fragmento de T.S.H. de la forma Drag. 29/37 y numerosas cerámicas comunes (imitaciones de cerámicas africanas de cocina, tapaderas Vegas 17, etc.). Una estructura circular (PO 001), impermeabilizada al interior, a la que llegaba una atarjea construida con *tegulae* fue realizada cortando una primera fase de ocupación. Su extremo superior apareció roto por las cimentaciones medievales por lo que establecer el momento de su construcción es difícil aunque puede asociarse a la fase II que acabamos de describir (figuras 10, 11 y 12).

Figura 10.- Vista del sondeo PC'03. En primer término estructura hidráulica romana cortada por los niveles de época califal.

Figura 11.- Detalle de la atarjea de la estructura hidráulica romana.

Figura 12.- Cubierta de la atarjea con marca anepigráfica.

Aproximadamente en momentos de la primera mitad de la siguiente centuria (fase III) la estructura circular fue abandonada quedando colmatada con aportes detríticos de variada naturaleza. Pasamos a realizar un estudio más detallado de la cerámica contenida en la pileta, ya que supone el "techo" de la secuencia y un momento especialmente interesante para conocer la dinámica histórica del asentamiento romano, ya que vendría a incidir en la existencia de una transformación de al menos algunos sectores del yacimiento en el siglo III d.C.

Con respecto a la cerámica de mesa, contamos con fragmentos de platos de T.S.A. "C", como la forma Hayes 50 A=Lamboglia 40 (figura 13: 5 ,6), muy frecuente en contextos de la segunda mitad del siglo III, como el vertedero de la Avenida España 3, en Ibiza (González, 1990, 121); así como la forma 44 de Hayes equiparable a las formas Lamboglia 35 (figura 13: 3, 4). Estas últimas, se fechan en el segundo tercio y finales del siglo III d.C., siendo más frecuentes en contextos del Mediterráneo occidental y de la costa atlántica que en el sur peninsular, resultando interesante su constatación en Ceuta. También contamos con formas tardías de T.S.A. "A", como la forma Lamb. 3b-Hayes 14 (Hayes, 1972, 6) (figura 13: 2) y la forma Ostia I, 86 o Hayes 31, n. 2, 6 (figura 13: 1), fechables genéricamente en la primera mitad del siglo III d.C.

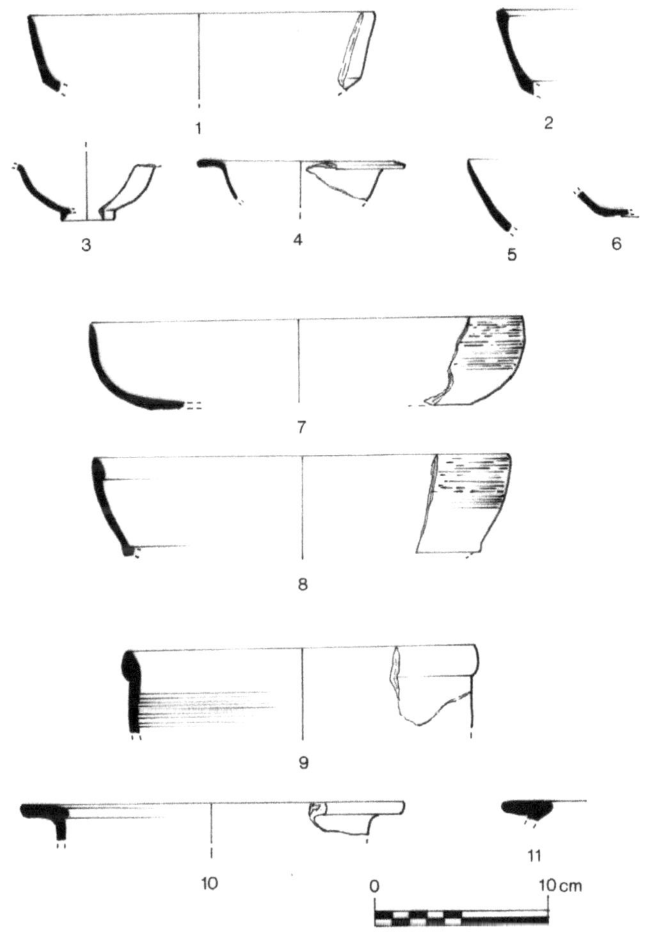

Figura 13.- Materiales recuperados en el interior de la estructura hidráulica.

La cerámica africana de cocina está bien representada. Contamos con fragmentos de la forma Lamboglia 9 A (figura 13:7). Se trata de una forma muy común en la segunda mitad del siglo II (Hayes, 1972, 200, 201) que parece ser heredera de los platos/cuencos de engobe rojo pompeyano (forma No. 6, Luni 5). El fragmento representado en la figura 13:8 es la cazuela típica forma Lamboglia 10/A (Hayes 23 B) con borde engrosado de tipo almendrado al interior cubierto por engobe. Sus paredes son exvasadas y el fondo es convexo y estriado al exterior. El hecho de presentar nuestro ejemplar un borde de sección más redondeada es signo de antigüedad según apunta Carmen Aguarod (1991) dando por tanto una cronología que puede retrotraerse a mediados del siglo II, en torno a época Aelia (Trajano y Adriano). La figura 13: 9 muestra un ejemplar de cazuela Ostia III, 267 B, cuya principal característica es la presencia del borde "aplicado" que se une a la pared mediante un surco en su parte inferior. Las primeras producciones arrancan de la primera mitad del siglo II aunque conocemos ejemplares de Can Mayoral que se fechan a mediados del siglo I (Aguarod, 1991, 281). Otras cazuelas podrían encuadrarse en el tipo Ostia I, 269, fechable a su vez en la primera mitad del siglo III (figura 13: 10,11). El ejemplar que representamos en la figura 14:1 es un ejemplar de tapadera Ostia I, 261. Los ejemplares más tempranos aparecen desde muy antiguo, en época julio-claudia, aunque su época de *floruit* es finales del siglo II y principios del siglo III coincidiendo con la época severiana. Ejemplares más antiguos se datan en época antonina. Probablemente sirvieran de tapadera a cazuelas Ostia II, 310.

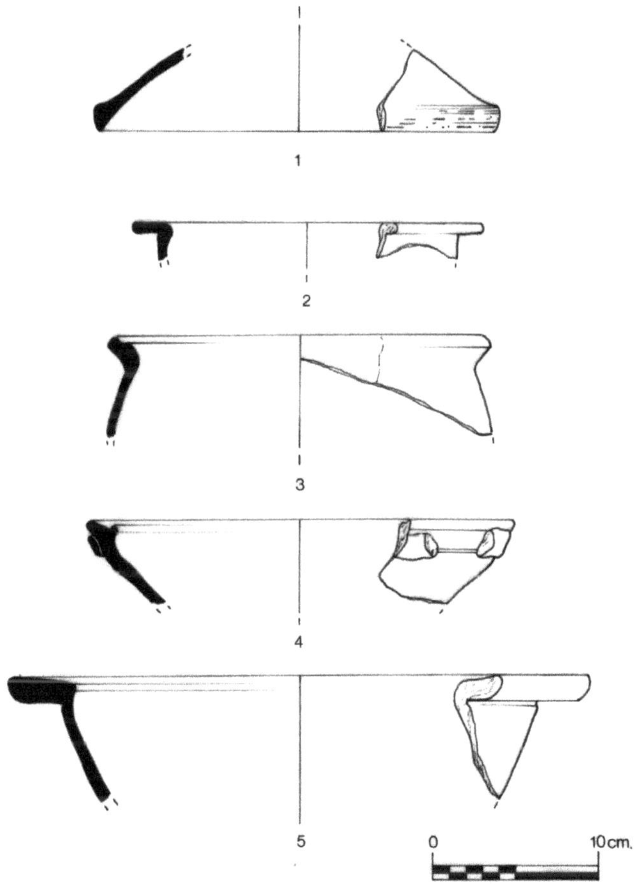

Figura 14.- Materiales recuperados en el interior de la estructura hidráulica.

Junto a estas cerámicas contamos también con otras elaboradas en cerámica común, en general de difícil datación, pero que incluimos para aportar una visión más completa del conjunto. Se trata de un conjunto de ollas (figura 14: 2,3) y morteros (figura 14:4), con paralelos en el alfar imperial de Torrox (Málaga) (Serrano, 2000, 71 y 75) o barreños (figura

14:5), con equivalentes tipológicos localizados al interior de la provincia de Málaga, en la villa de los Castillones, para los que se propone una cronología genérica entre Nerón y Adriano (Serrano, 2000, 126). Con respecto a las ánforas, contamos con un fragmento de borde de Dresel 20.

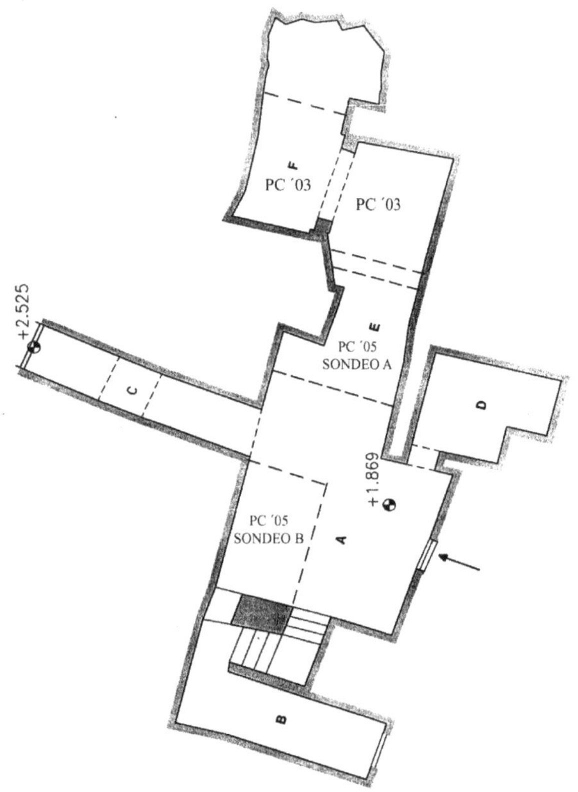

Figura 15.- Situación de los sondeos.

El hecho de la convivencia de tipos muy característicos de africana de cocina con una amplia perduración cronológica nos llevaría a imprecisiones en la datación, imposibles de salvar si no estuvieran asociadas a las producciones africanas del tipo C. Los ejemplares encontrados, caracterizados por su antigüedad hacen que debamos situar el nivel arqueológico donde fueron hallados dichos artefactos en momentos avanzados de la primera mitad del siglo III. Este hecho quizás deba relacionarse con la subida al poder de Septimio Severo y su nueva política africana donde el centro del poder va a bascular inexorablemente hacia Cartago y su región. Las producciones cartaginesas (Claras C) inundarán poco a poco los mercados occidentales; la convivencia de tipos arcaicos de claras C, hace que pensemos en los primeros momentos de implantación en los mercados occidentales de estas producciones cartaginesas. Ceuta se convierte así en receptora desde los primeros momentos de las producciones más precoces de esta nueva cerámica, protegida por el poder imperial lo cual denota la importancia de Ceuta también desde finales del siglo II, y el hecho de que se amorticen estructuras que aparecen en contextos relacionados previsiblemente con las producciones de salazones, podrían indicar que nos encontramos ante un momento de transformaciones internas en el yacimiento o al menos en algunos de sus sectores, lo que se sumaría a lo observado en otros yacimientos peninsulares coetáneos.

Los niveles más tardíos de época romana (fase IV), que se debían superponer en origen al estrato descrito, han sido muy alterados por las estructuras medievales, al resultar ser cortada la estructura circular de *signinum* por la muralla califal. La documentación residual de algunas producciones de T.S.C. "D", cerámicas a torno lento y de ánforas tardías en contextos medievales y modernos, testimoniarían la existencia original de este último momento, desaparecido finalmente en la secuencia.

4.2.- Excavación arqueológica en el Parador de Turismo "La Muralla" (Campaña 2005).

Una segunda campaña de excavaciones fue desarrollada en 2005 con objeto de estudiar la secuencia de la zona interior de la Puerta. Se llevaron a cabo dos sondeos, A y B. El primero, situado al norte, en las inmediaciones de la Puerta, es la continuación inmediata del sondeo realizado en 2003. El sondeo B, se ubica hacia el sur, separado del primero por un testigo de metro y medio. Se han documentado diversos periodos de ocupación, correlacionables entre ambas áreas de investigación (figura 15).

Esquemáticamente, son:

Contemporáneo: construcción del Parador de Turismo "La Muralla", Parque de Artillería, enterramientos asociados a las epidemias de peste bubónica del siglo XVIII, etc. Presente en ambos sondeos.

Moderno: periodo de construcción y uso del recinto amurallado renacentista. Los estratos del sondeo B llegan a apoyar directamente sobre los niveles romanos, lo que indica una destrucción de las fases medievales previas o la continuidad de la "cota de uso" desde estos momentos hasta época moderna. En este último, se localizan grandes cantidades de escorias probablemente de fundición de hierro, usadas probablemente como rellenos de nivelación.

Medieval: Estructura de la Puerta Califal y sucesivas reestructuraciones. En general, los estratos asociados a estos momentos son escasos, destacando algún suelo bien compactado. El hecho de documentarse pocos niveles medievales se podría interpretar, como avanzábamos, en la existencia de pocas transformaciones a nivel de cota suelo.

Romano. Se diferencian tres fases.

- La primera se asocia a la construcción de una fosa excavada sobre el sustrato geológico de gneis (EH 001). Con sección en "V", tiene una anchura mínima cercana a los dos metros, y algo más de un metro de profundidad. Esta substrucción, de la que se han documentado unos cuatro metros de recorrido lineal, se desarrolla en sentido Norte-Sur, se ubica a media ladera de lo que debió ser el antiguo promontorio que define el Istmo. Su funcionalidad es difícil de precisar. Esta obra se mantuvo en uso hasta momentos de mediados del siglo I d.C. en que empezó a usarse como basurero, siendo amortizada. Por su ubicación topográfica, debió ser un ámbito limítrofe de este sector del asentamiento, ubicado en las inmediaciones de una antigua vaguada, actual Foso. Sólo contamos pues con un término *ante quem* para aproximarnos a la fecha de la excavación de esta fosa, anterior a la fecha antes citada, y que se mantuvo en uso hasta que es amortizada definitivamente a mediados del siglo I d.C (figura 16).

o La segunda fase es precisamente la de uso como basurero de este sector del yacimiento. Sobre los materiales que empiezan a colmatar la vaguada se superponen otros, de naturaleza semejante, que sólo se han conservado en el sondeo A (U.U. E.E. 27 y 28). Con potencia superior a un metro, es en ellos donde se insertan las estructuras del periodo posterior. El material cerámico recuperado es algo más moderno que los precedentes, y llegaría hasta inicios del siglo II, por lo que podemos fechar estos desechos en la segunda mitad del siglo I d.C. (figuras 17 y 18).

o El tercer momento del primer periodo se asocia a la construcción de un suelo y una canalización (ATA 001). La cronología de que disponemos para su inicio es el término *post quem* aportado por los últimos momentos del basurero (momentos iniciales del siglo II d.C.). El suelo es de tierra apisonada y la traída de agua consisten en una serie de tubos cerámicos machihembrados, con un diámetro de 15 cm y un largo de 54, cubiertos por ímbrices, es un sistema habitual para las conducciones de agua romanas, junto con las piezas de plomo (figuras 19, 20 y 21).

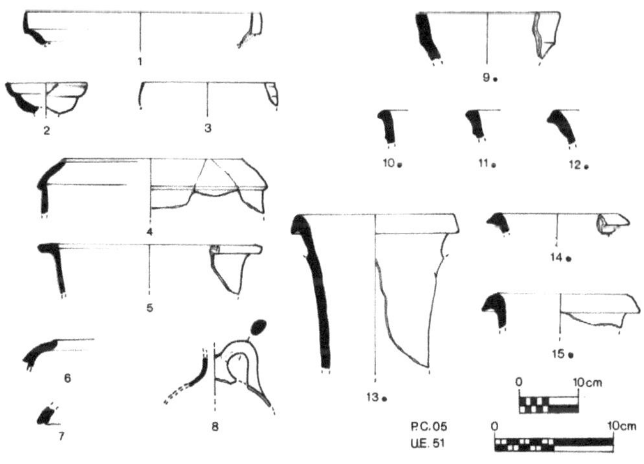

Figura 16.- Materiales recuperados en la U.E. 51.

Tanto la construcción del suelo, como de la canalización, pueden ponerse en relación con la pileta circular que se documentó en la campaña anterior, a pesar de estar seccionada por la cimentación de una de las potentes estructuras murarias que forman el complejo de la Puerta Califal. Si efectivamente están relacionadas ambas estructuras, debemos pensar que el suelo y la canalización dejaron de estar en uso en un momento indeterminado del siglo III d.C., tal como hemos visto ocurre con la pileta.

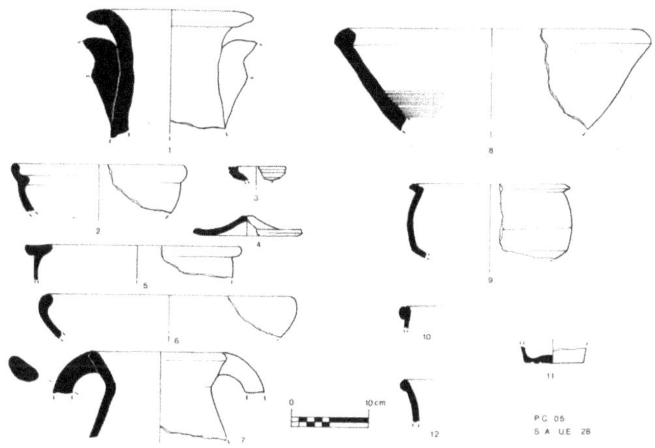

Figura 17.- Materiales recuperados en la U.E. 28.

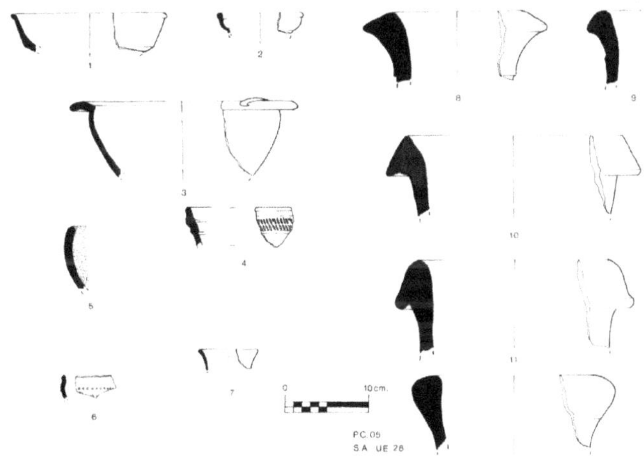

Figura 18.- Materiales recuperados en la U.E. 28.

A continuación vamos a realizar un avance del estudio de los materiales cerámicos contenidos en los estratos más representativos estratigráficamente dentro de las secuencias descritas con anterioridad. Se han elegido un grupo de piezas muy significativas dentro del conjunto de cara a poder justificar las adscripciones cronológicas propuestas. El resto será incluido en la memoria de excavación correspondiente, ya que desborda el objetivo de nuestra aportación al presente Congreso.

La denominada Fase II del Periodo Romano se asocia a la progresiva colmatación de una zanja por varios niveles deposicionales, como comentábamos con antelación. La naturaleza del contenido de estos depósitos, de textura arenosa y tonalidad clara, es la propia de niveles de basurero. Además de un conjunto de restos faunísticos, metálicos y vítreos, se caracteriza por la presencia de una muestra cerámica muy homogénea desde el punto de vista cronológico. En los más profundos (U.E. 51 del sondeo A, y U.E. 41 del sondeo B), destaca la presencia de ánforas (Beltrán II A -figura 16: 13,15-; Dr. 7/12 -figura 16: 9-12,14-, Dr. 14 y Dr. 20), y cerámicas comunes, especialmente tapaderas, (figura 16: 7), (entre las que destaca la presencia de la Vegas 16) y algún jarro (figura 16: 8). También se localiza cerámica de cocina itálica, caso de la cazuela forma Celsa 79.28, el típico *caccabus* (figura 16: 5), que está a su vez presente en la Bética (Sánchez, 1995, 255). Esta pieza es especialmente frecuente en el siglo I a.C. Es interesante por otro lado la presencia de piezas que deben responder a imitaciones de ollas itálicas del tipo 3 de Vegas (figura 16: 6).

Figura 19.- Sondeo A (PC'05). Canalización de tubos cerámicos.

Figura 20.- Detalle de la aparición de un ánfora en la U.E. 26.

Con respecto a la cerámica de mesa, contamos con sigillatas, entre las que predominan las producciones gálicas propias de mediados del siglo I d.C. (Drg. 27 -figura 16: 2-, 29/37, 15/17) y algún fragmento de T.S.I., con formas como la Consp. 6,2 (figura 16: 1), fechada entre el 15 y el 50 d.C. (Ettlinger *et alii,* 1990). Junto a ello es frecuente la cerámica de paredes finas, identificándose fragmentos de Mayet XXXV (figura 16: 3), junto con otras piezas de tipología incierta (figura 16: 4) que vienen apareciendo a su vez en los yacimientos de la Bahía de Algeciras (Bernal, Lorenzo, 2002, 168). Con respecto a los servicios de iluminación, contamos con fragmentos de lucernas de volutas.

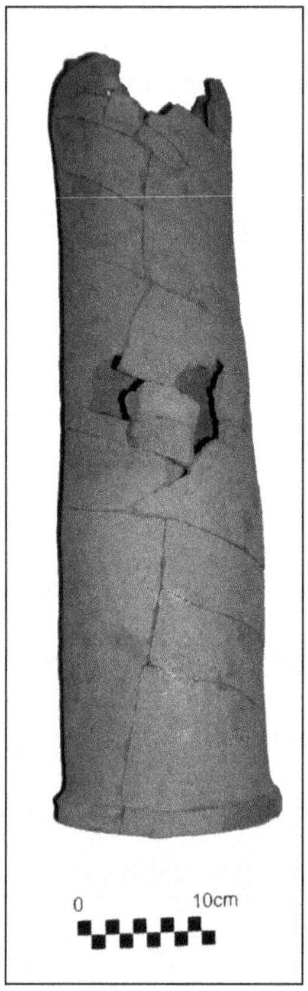

Figura 21.- Uno de los tubos cerámicos que forman la canalización.

Junto a ellas debe destacarse la presencia residual de un ánfora fenicio-púnica, y de varios fragmentos de huevos de avestruz testimonios previsiblemente de la frecuentación del lugar en siglos anteriores.

Visto el conjunto, parece que se observa una clara tendencia que concentra la cronología del conjunto hacia la mitad del siglo I d.C., genéricamente época flavia.

Sobre la U.E. 51 se localiza la U.E. 28, potente estrato ya descrito, con abundante y variado material cerámico, que describimos a continuación.

El repertorio cerámico recuperado está formado por cerámica de mesa, consistente en sigillatas (TSI, un fragmento, TSG, mayoritaria y consistente en fragmentos de cuerpos de formas decoradas, y especialmente formas lisas -Drag. 18 -figura 18: 1- y una copita de la forma 27 -figura 18: 2-, de diámetro pequeño, 7-8 cm, y TSA A[1], con formas como la Hayes 2 -figura 18: 3- y 8a -figura 18: 4-; así como un fragmento de cubilete de paredes finas con decoración de barbotina, previsiblemente una forma XXXIX -figura 18: 6- y el borde de una Mayet V -figura 18: 7-), piezas muy frecuentes en contextos semejantes de los ambientes del Campo de Gibraltar. De hecho, un depósito con materiales extraordinariamente parecidos se fecha entre época tardoflavia o trajanea en la Villa romana del Puente Grande (Bernal y Lorenzo, 2002, 147).

Con respecto a la cerámica de cocina, distinguimos las importaciones africanas, entre las que destacan las cazuelas (Ostia II, 303 -figura17: 9-; Ostia III, 267 -figura 17: 10-), bien documentadas en la tarraconense (Aguarod, 1991, 136). Junto a ello, tenemos producciones de cocina en cerámica común, concretamente cazuelas de borde plano, el tipo Vegas 1 (figura 17: 5) y de borde escalonado (figura 17: 2), habituales en los contextos de finales del siglo I d.C. en el citado yacimiento de Puente Grande (Sánchez, Torrecilla, Ochoa, Gómez, 2002, 229), y documentadas en la fase III de Lixus (Caruana; Vives-Ferrándiz; Hassini, 2001b, 172). Contamos a su vez con el borde de un fragmento de engobe rojo pompeyano (figura 18: 5), correspondiente a la forma Luni 5, fechable en el siglo I e inicios del siglo II, y con paralelos peninsulares en la cercanas ciudades de *Carteia* o *Lacipo* (Sánchez, 1995, 262).

La cerámica común está representada por las jarras (figura 17: 3,11,12), tapaderas tipo Vegas 16 (figura 17: 4), morteros, cuencos hemisféricos de borde entrante, y las vasijas de almacenamiento. Comentamos algunos aspectos de estos últimos.

Los morteros (figura 17: 8) responden a los modelos béticos, caracterizados por el borde engrosado y estrías internas, que se empiezan a difundir en estos territorios peninsulares a partir de mediados del siglo I d.C. (Serrano, 1995, 231). Estas piezas también aparecen en *Lixus* en la fase II del periodo denominado "Púnico-Mauritano", que se fecha en el primer cuarto del siglo I d.C (Caruana; Vives-Ferrándiz, Hassini, 2001a, 156).

Los cuencos hemisféricos (figura 17: 6) también están documentados en la *Baetica*, donde resultan un tipo bastante habitual en los repertorios imperiales (Serrano, 1995, 237), así como las vasijas de almacenamiento (figura 17: 7). Estas últimas, a las que se atribuye un origen en el mundo autóctono prerromano, se fechan, como muy modernas, en momentos inmediatamente anteriores a inicios del siglo II d.C., habiéndose constatado su uso como contenedor funerario de incineraciones, apareciendo en un caso dentro de un ánfora del tipo Dr. 14 (Serrano, 1995, 243), siendo producida de forma habitual en las *figlinae* costeras malacitanas, como Huerta del Rincón o Torrox.

Junto a todo lo anterior, contamos con un interesante conjunto de ánforas, que mantiene continuidad con las encontradas en la fase subyacente, representada por la U.E. 51. Continúan siendo mayoritariamente contenedores de salazones, y la diversidad de las pastas indica procedencias de talleres diferentes. Se trata de algunos bordes de los tipos Dressel 7-11 (figura 18: 8,9), Beltran IIA (figura 18: 10,11), IIB y Dressel 14B (figura 18: 13). Destaca la presencia del tipo Beltran IIA, circunstancia que coincide con lo documentado en el taller de Venta del Carmen (Bernal y Lorenzo, 1998, 158) y en Puente Grande.

La coincidencia cronológica de las producciones localizadas en la U.E. 28, centradas todas entre finales del siglo I e inicios del II, así como los claros paralelismos con otros conjuntos cercanos en el espacio, como serían los yacimientos bien estudiados del entorno de la Bahía de Algeciras (villa romana de Puente Grande y Venta del Carmen), así como en general con las producciones béticas, permite aportar pruebas sobre la incorporación del asentamiento ceutí desde momentos antiguos a la dinámica económica coetánea de los asentamientos vecinos, con una clara orientación a las actividades salazoneras.

5.- Nuevos datos en torno a la factoría de salazones de *Septem Fratres*.

Las dos campañas de excavaciones llevadas a cabo en el Parador de Turismo "La Muralla" han permitido, por primera vez, gracias a la presencia de depósitos con material arqueológico significativo, documentar estratigráficamente la fase altoimperial más antigua de *Septem Fratres* de la que únicamente se tenía constancia por las recuperaciones realizadas por Posac.

La ocupación de este espacio parece plenamente atestiguada en época flavia si bien se han detectado indicios de transformaciones anteriores que se concretan en la realización de infraestructuras (construcción de la zanja EH 001) relacionadas posiblemente con las necesidades de la factoría. Distintas refacciones y reacondicionamientos tienen lugar siendo especialmente significativa la construcción del suelo SU002 y de la atarjea ATA 001 que, a una cota bastante superior, reproduce sin embargo el trazado y la pendiente de la amortizada EH 001.

Hacia el siglo III se aprecian nuevas reestructuraciones (amortización del PO 001) en un proceso ya documentado por Bernal y Pérez en las excavaciones del Paseo de las Palmeras. La fase más tardía aparece destruida por la construcción de las fortificaciones medievales lo que impide aportar datos en torno a la fase bajoimperial de la ocupación.

De otra parte, las excavaciones realizadas, aportan información para determinar los límites occidentales de la factoría y el carácter del poblamiento de este sector occidental del Istmo de Ceuta. Así, y aunque no han podido ser documentadas estructuras claramente asociadas a la factoría, el contexto conocido de otros hallazgos (piletas de salazón documentadas por Posac a algunos metros de distancia), la amplia muestra ictiológica y malacológica recuperada, la mayoritaria presencia de ánforas salazoneras y las propias características paleotopográficas del área excavada -una paleoplaya tendida hacia la bahía norte- permiten plantear la hipótesis de que la factoría de salazones se extendiese al menos hasta el actual Foso Real e, incluso, más allá si tenemos en cuenta las recuperaciones de un buen número de ánforas al otro lado del mismo en el Angulo de San Pablo (Nogueras, inédito).

No obstante, los resultados obtenidos a pesar de su interés deben ser interpretados con las necesarias reservas derivadas de encontrarse actualmente en proceso de estudio parte del material recuperado y de su carácter puntual (no han sido documentado estos niveles en ninguna otra de las excavaciones realizadas) en este sector de la Ciudad.

Bibliografía

AGUAROD, C. (1991): *Cerámica romana importada de cocina en la Tarraconense,* Zaragoza.

AGUAROD, C. (1995): "La cerámica común de producción local/regional e importada. Estado de la cuestión en el Valle del Ebro", en A.A. V.V., *Ceràmica comuna romana d'època Alto-Imperial a la Península Ibèrica Estat de la questió,* Monografías Emporitanes, VIII. Empúries, 129-153.

AQUILUE, X. (1995): "La cerámica común africana", en A.A. V.V., *Ceràmica comuna romana d'època Alto-Imperial a la Península Ibèrica Estat de la questió.* Monografías Emporitanes, VIII. Empúries, 61-74.

ARÉVALO, A., BERNAL, D. y TORREMOCHA, A. (2004): *Garum y salazones en el Círculo del Estrecho,* Algeciras.

BERNAL, D. (1994): "Marcas sobre materiales de construcción en Ceuta y la problemática de la necrópolis de las Puertas del Campo", *Transfretana* 6, 61-80

BERNAL, D. (1997): "Las ánforas romanas bajoimperiales y tardorromanas del Museo Municipal de Ceuta", en *Ánforas del Museo de Ceuta,* Ceuta, 61-129

BERNAL, D. (1999): "Transporte de envases vacíos en época romana. A propósito de dos talleres anfóricos de época altoimperial (El Rinconcillo, Algeciras, Cádiz) y bajoimperial (Los Matagallares, Salobreña, Granada)", en *II Congreso de Arqueología Peninsular*, tomo IV, 359-363.

BERNAL, D. y HOYO, J. DEL (1996): "Tres inscripciones latinas inéditas procedentes de la Basílica Paleocristiana de Ceuta", *Mélanges de la Casa de Velázquez*, 32, 71-84

BERNAL, D. y LORENZO, L. (1998): "Las cerámicas importadas y la cronología del complejo alfarero" en D. BERNAL (coord.), *Excavaciones arqueológicas en el alfar romano de la Venta del Carmen. Los Barrios, Cádiz*, Madrid, 63-80.

BERNAL, D. y LORENZO, L. (2002): "Las cerámicas finas (TSI, TSG, TSH, TSA A) y otras cerámicas datantes (lucernas, paredes finas, africanas de cocina y engobe rojo pompeyano), en D. Bernal (coord.), *Excavaciones arqueológicas en la Villa romana del Puente Grande (Los Altos del Ringo Rango, Los Barrios, Cádiz*), Madrid, 137-185.

BERNAL, D., NOGUERAS, S. Y PÉREZ, J.M. (1998): *Informe de la excavación arqueológica de urgencia realizada en el Llano de las Damas (Ceuta).*

BERNAL, D. y PÉREZ, J.M. (1999): *Un viaje diacrónico por la historia de Ceuta: Resultados de las intervenciones arqueológicas en el Paseo de las Palmeras*, Ceuta.

BRAVO, J. (1968): "Fábrica de salazones en la Ceuta romana", *CRIS, Revista del Mar.*

BRAVO, J. *Et Alii.* (1995): "Nuevos datos sobre la economía del territorio ceutí en época romana: las factorías de salazón", *Actas del II Congreso Internacional "El Estrecho de Gibraltar"*, Tomo I, Ceuta

BRAVO, J. y MUÑOZ, R. (1965): *Arqueología submarina en Ceuta*, Madrid.

BRAVO PÉREZ, J. y VILLADA PAREDES, F. (1993): "Las ánforas prerromanas del Museo de Ceuta", *Transfretana, 5*, Ceuta, 93-112.

CAMARA DEL RIO, M. (1988): "Las almadrabas de Ceuta en el siglo XVIII", *Actas del I Congreso Internacional "El Estrecho de Gibraltar"*, Tomo IV, Ceuta, 185-200

CARUANA, I; VIVES-FERRÁNDIZ, J., y HASSINI, H. (2001a): "Las fases púnico-mauritanas I (175/150 a 80/50 a.C.) y II (80/50 a.C.-15 d.C.)", en Aranegui, C. (ed.), *Lixus. Colonia fenicia y ciudad púnico-mauritana. Anotaciones sobre su ocupación medieval.* Saguntum. Extra - 4. Valencia, 141-168.

CARUANA, I; VIVES-FERRÁNDIZ, J. y HASSINI, H. (2001b): "Estudio de los materiales cerámicos de la fase púnico-mauritana III", en Aranegui, C. (ed.), *Lixus. Colonia fenicia y ciudad púnico-mauritana. Anotaciones sobre su ocupación medieval.* Saguntum. Extra - 4. Valencia, 169-185.

DRUMOND BRAGA, I. y DRUMOND BRAGA, P. (1998): *Ceuta portuguesa (1415-1656)*, Ceuta.

ETTLINGER, E. *Et Alii.* (1990): *Conspectus formarum terrae sigillatae Italico modo confectae*, Romïsch-germanische Comisión des Deutschen Archäologischen Instituts zu Frankfurt a. M. Bonn.

FERHAT, H. (1993): *Sabta des origines au XIVème siècle*, Rabat.

FERNÁNDEZ SOTELO, E. A. (2000): *Basílica y necrópolis paleocristianas de Ceuta*, Ceuta.

GONZÁLEZ VILLAESCUSA, R. (1990): *El vertedero de la Avenida España, 3 y el siglo III d. de C. en Ebusus*, Eivissa.

GOZALBES BUSTO, G. (2002): "Ceuta y el estrecho en las fuentes árabes", en *Ceuta en el Medievo: la ciudad en el universo árabe*, Ceuta, 263-290.

GOZALBES CRAVIOTO, E. (1988a): "Los elefantes de *Septem Fratres*", *Cuadernos del Archivo Municipal* 2, Ceuta, 3-12.

GOZALBES CRAVIOTO, E. (1988b): "*Carteia* y la región de Ceuta. Contribución al estudio de las relaciones entre ambas orillas del Estrecho en la Antigüedad clásica", *El Estrecho de Gibraltar* I, Madrid, p. 1047-1067.

GOZALBES CRAVIOTO, E. (1997): *Economía de la Mauritania Tingitana (siglos I a. C.- II d.C.)*, Ceuta.

HAYES, J.W. (1972): *Late roman pottery*, Londres.

HITA, J.M. y VILLADA, F. (1994): *Excavaciones arqueológicas en el istmo de Ceuta*, Ceuta.

HITA, J.M. y VILLADA, F. (2004): "Informe sobre la intervención arqueológica en el Parador de Turismo "La Muralla" de Ceuta", en *Actas de las I Jornadas de estudios sobre fortificaciones y memoria arqueológica del hallazgo de la muralla y Puerta Califal de Ceuta, Ceuta,* 205-243.

MARÍN, N. y VILLADA, F. (1988): "Ceuta en la Antigüedad, según Jerónimo de Mascarenhas y Alejandro Correa da Franca", *Actas del I Congreso Internacional "El Estrecho de Gibraltar"*, Tomo I, Madrid, 1.169-1.188.

MARTÍNEZ MAGANTO, J. y GARCÍA GIMÉNEZ, R. (1997): "El conjunto de ánforas altoimperiales de salazón de Ceuta", *Ánforas del Museo de Ceuta,* Ceuta, 7-60.

MORALES, A. y ROSELLÓ, E. (1988): "La riqueza del Estrecho de Gibraltar como inductor potencial del proceso colonizador en la Península Ibérica", *Actas del I Congreso Internacional "El Estrecho de Gibraltar"*, Tomo IV, Madrid.

PÉREZ, J.M., HOYO, J. DEL, y BERNAL, D. (1999): "Epígrafe inédito hallado en Ceuta. Acerca del estatuto jurídico-administrativo de *Septem Fratres*", *Latomus. Revue d'Études Latines.*

PÉREZ DEL CAMPO, L. (1988): "Etapas en la construcción de la Catedral de Ceuta", *Actas del I Congreso Internacional "El Estrecho de Gibraltar"*, Tomo IV, 41-50, Ceuta.

PONSICH M. (1966): "Le trafic du plomb dans le détroit de Gibraltar", *Mélanges d'archéologie et d'histoire offerts à A. Piganiol*, Paris, 1271-1279.

POSAC MON, C. (1958): "Monedas púnicas e hispano-romanas halladas en Ceuta", *Tamuda*, VI, 117-127.

POSAC MON, C. (1965): "Una necrópolis romana descubierta en Ceuta", *IX Congreso Nacional de Arqueología*, 131-133.

POSAC MON, C. (1966): *Informe arqueológico año 1966*, (inédito).

POSAC MON, C. (1971): "La arqueología en Ceuta entre 1960-1970", *Noticiario Arqueológico Hispánico*, 15, 229-235.

RAMON TORRES, J., (2004): "Las ánforas fenicio-púnicas de Ceuta", en Bernal, D. (ed.), *Juan Bravo y la arqueología subacuática en Ceuta: Un homenaje a la perseverancia*, Ceuta.

RAMOS, J., BERNAL, D. y CASTAÑEDA, V. (2003): *El abrigo y cueva de Benzú en la Prehistoria de Ceuta*, Ceuta.

RAMOS, J., CASTAÑEDA, V. y BERNAL, D. (2005). "La secuencia de la Cabililla de Benzú (Ceuta) en el contexto regional atlántico-mediterráneo", en *Ceuta de la prehistoria al fin del mundo clásico: V Jornadas de Historia*, Ceuta.

REDONDO, C. y ZAMORA, M. (1998): "Las cerámicas comunes y de almacenaje" en D. Bernal (Ed..), *Excavaciones arqueológicas en el alfar romano de la Venta del Carmen. Los Barrios, Cádiz*, Madrid, 199-230.

ROSELLÓ, E. (1992): "La ictiofauna recuperada en el Istmo de Ceuta", *Arqueofauna*, 1, 23-32.

SÁNCHEZ SÁNCHEZ, M. A. (1995): "Producciones importadas en la vajilla culinaria romana del Bajo Guadalquivir", en A.A. V.V., *Ceràmica comuna romana d'època Alto-Imperial a la Península Ibérica. Estat de la quesito.* Empúries, 251-279.

SÁNCHEZ S., TORRECILLA, A., OCHOA, A. y GÓMEZ, E. (2002): "Las cerámicas comunes altoimperiales" en D. Bernal (Ed.), *Excavaciones arqueológicas en la Villa romana del Puente Grande (Los Altos del Ringo Rango, Los Barrios, Cádiz)-Excavaciones arqueológicas en el alfar romano de la Venta del Carmen. Los Barrios, Cádiz,* Madrid, 217-270.

SERRANO RAMOS, E. (1995): "Producciones de cerámicas comunes de la Bética", en A.A. V.V., *Ceràmica comuna romana d'època Alto-Imperial a la Península Ibérica. Estat de la questió*, Empúries, 227-249.

SERRANO RAMOS, E. (2000): *Cerámica común romana: siglos II a.C. al VII d.C. Materiales importados y de producción local en el territorio malacitano*, Málaga.

VALLVÉ, J. (1962): "Descripción de Ceuta musulmana en el siglo XV", en *al Andalus*, XXVII, 398-442

VILLADA, F. e HITA, J.M. (1992): "El asentamiento romano de Ceuta", *L'Africa romana*, 10, 1207-1240

VILLADA, F., RAMON, J. y SUÁREZ, J. (en prensa): "Un nuevo asentamiento del siglo VII a.C. en Ceuta", *VI Congreso Internacional de Estudios Fenicios y Púnicos (Lisboa, 2005).*

VILLAVERDE, N. (1988): "Sarcófago romano de Ceuta", *I Congreso Internacional El Estrecho de Gibraltar*, Tomo I, 1207-1240

VILLAVERDE, N. y LÓPEZ, F. (1995): "Una nueva factoría de salazones en *Septem Fratres.* El origen de la localidad y la problemática de la industria de salazones en el Estrecho durante el Bajo Imperio", *II Congreso Internacional El Estrecho de Gibraltar*, 455-472.

VILLAVERDE, N. (2001): *Tingitana en la Antigüedad Tardía (siglos III-VII). Auctoctonía y Romanidad en el Extremo Occidente Mediterráneo*, Madrid

ZABALA, C. *Et Alii.* (2003): "Malacofauna e ictiofauna de la Cueva de Benzú" en Ramos, Bernal, Castañeda (2003), *El abrigo y cueva de Benzú en la Prehistoria de Ceuta*, Ceuta.

MESAS REDONDAS

LA PRODUCCIÓN DE CONSERVAS DE PESCADO EN LA ANTIGÜEDAD

C. FABIÃO
Universidad de Lisboa

En el occidente de la Península Ibérica, en el área de la antigua provincia romana de la *Lusitania*, con su amplio frente atlántico y su clima mediterráneo tenía las condiciones ideales para desarrollar una intensa explotación de recursos marinos en la Antigüedad. En realidad, ninguno de los autores antiguos que escribieran sobre la *Lusitania* menciona a la producción de salazones o otra cualquier actividad marítima en la provincia, pero se han identificado muchos testimonios físicos de explotación de recursos marinos, como sitios con *cetariae* y centros alfareros que fabricaran ánforas utilizadas en el transporte de salazones, todos ellos, demostrativos de que esta actividad económica tenía particular relevancia en época romana. Naturalmente, todos estos testigos arqueológicos contrastan con la ausencia de referencias documentales. Así, solamente por los datos arqueológicos y por la utilización de fuentes más tardías podremos intentar reconstituir esta importante actividad.

Por medio de un cruce de datos arqueológicos (sitios con *cetariae* y centros alfareros) y información histórica de períodos más recientes (medieval y moderno) sobre pesquerías y explotación de la sal se puede dibujar la geografía de la explotación de recursos marinos en la antigua *Lusitania*. El cuadro general nos dice cuáles eran las principales áreas de actividad, con sendos testigos datados, con los cuales podemos conocer los ritmos de elaboración y sus fechas; pero nos indica también cuales serán las áreas de posible existencia de las mismas actividades, todavía desconocidas por ausencia de investigación y dificultades en la definición de cuales serían las antiguas líneas de litoral.

Así se dibuja el cuadro actual de conocimientos y se esbozan las líneas de investigación futura.

Actas del Congreso Internacional *CETARIAE. Salsas y salazones de pescado en Occidente durante la Antigüedad*, Universidad de Cádiz, Noviembre de 2005, *B.A.R. int. ser.* 1686, Oxford 2007, 505-506.

LAS POBLACIONES PISCÍCOLAS ACTUALES Y SU POTENCIALIDAD CONSERVERA

J. A. HERNANDO
M. C. SORIGUER
Universidad de Cádiz

Los recursos marinos son aquellos componentes o caracteres de los océanos capaces de producir beneficios económicos para el hombre. Podemos diferenciarlos en dos grandes grupos:

1. - RECURSOS NO EXTRACTIVOS son componentes económicos que utilizan el océano sin procesos de extracción, como el uso turístico, el transporte, etc.

2. - RECURSOS EXTRACTIVOS, son aquellos sobre los que actúa una acción extractiva en los océanos. Dentro de estos se pueden distinguir diversos tipos en función de su naturaleza:

Recursos físicos: petróleo, gas natural, minerales.

Recursos biológicos, o recursos vivos, tanto de naturaleza vegetal como animal.

De todas las especies tan sólo unas 500 se explotan en todo el mundo, muy pocas si se tiene en cuenta el total de especies conocidas en la actualidad; y de ellas los peces constituyen el grupo más numeroso en lo que se refiere a número de especies explotadas por pesca. Tan sólo tres grupos de peces suponen el 48% del total de las capturas mundiales, los clupéidos (24%), gádidos (12%) y salmonetes (12%). Las capturas en peso de peces suponen el 75 % del total de los recursos pesqueros, correspondiéndole en valor económico el 70% (figura 1).

La FAO clasifica a los animales y plantas acuáticas a efectos estadísticos para el estudio de la producción pesquera en 9 divisiones que a su vez están divididas en una serie de grupos, 50 en total, denominados grupos ISSCAAP (International Standar Statistical Classification of Aquatic Animals and Plants), de ellas tres están dedicadas a los peces:

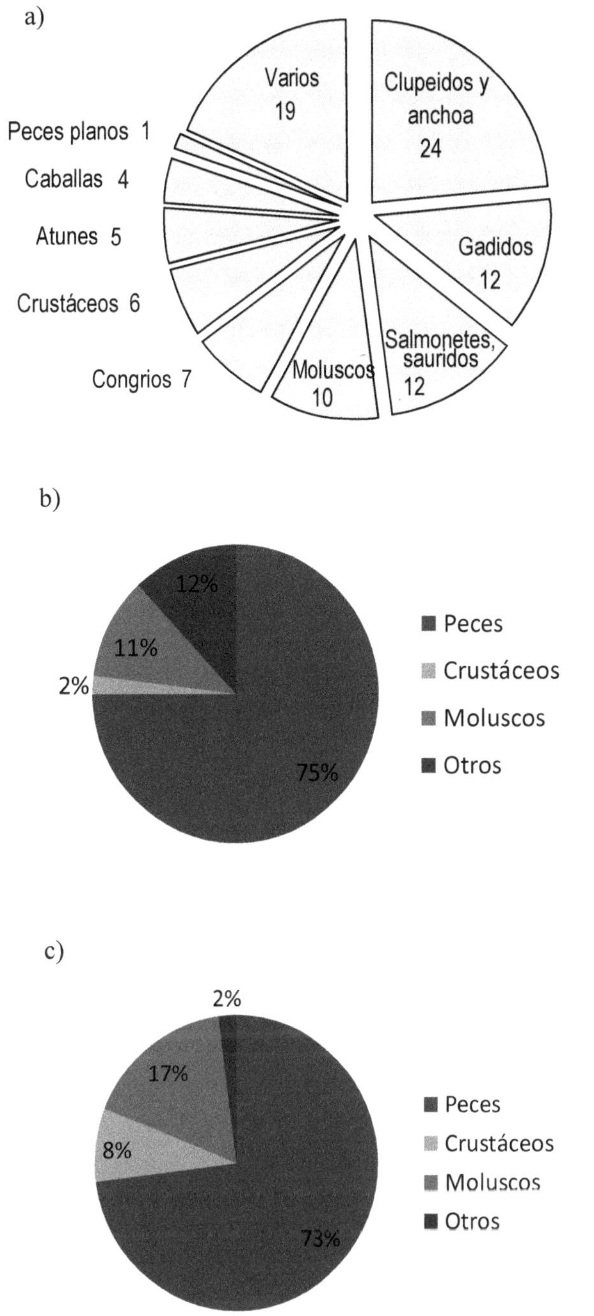

Figura 1.- Reparto porcentual de las capturas efectuadas en 1992 (90 millones de Tm) en los diferentes grupos de peces (a) y el reparto porcentual en peso (b) y de valor económico (c) de los principales grupos de organismos sometidos a explotación.

DIVISIÓN 1: PECES DULCEACUÍCOLAS.

Grupo 11.- Carpas, barbos y otros ciprínidos.

Grupo 12.- Tilapias y otros cíclidos.

Grupo 13.- Miscelánea de peces dulceacuícolas.

DIVISIÓN 2: PECES DIÁDROMOS

Grupo 21.- Esturiones y peces espátula (Condrósteos).

Grupo 22.- Anguilas (Anguillidae).

Grupo 23.- Salmones, truchas, eperlanos (Salmonidae).

Grupo 24.- Alosas (Clupeidae).

Actas del Congreso Internacional *CETARIAE. Salsas y salazones de pescado en Occidente durante la Antigüedad*, Universidad de Cádiz, Noviembre de 2005, *B.A.R. int. ser.* 1686, Oxford 2007, 507-509.

DIVISIÓN 3: PECES MARINOS

Grupo 31.- Lenguados, platijas, halibut, fletan... (Pleuronectiformes).

Grupo 32.- Bacalaos, merluzas, eglefinos. (Gadidae, Merluccidae, Moridae, etc).

Grupo 33.- Gallinetas, lubinas, espáridos, congrios, corvinas, Ammodytidae, Balistidae, blennidae, centracantidos.

Grupo 34.- Carangidos, lisas, saurios, pejerreyes, belonidae, japutas.

Grupo 35.- Arenques, sardinas, boquerones.

Grupo 36.- Atunes, bonitos, pez espada.

Grupo 37.- Caballas, gempílidos, pez sable.

Grupo 38.- Tiburones, rayas y quimeras. (Condríctios).

Grupo 39.- Miscelánea de peces marinos.

Los productos pesqueros son fruto de la actividad de la pesca, que se extraen de su medio con esta actividad. De ellos el 71% del total de las capturas mundiales se dedican al consumo humano, mientras que el 29% restante de la explotación se dirige a los denominados subproductos de la pesca, como aceites de pescado, colas, harinas, piensos, concentrados proteicos, etc. (figura 2). De los productos pesqueros dedicado al consumo humano, el 27% se comercializa como pescado freso mientras que el 44% es conservado, repartido de la siguiente manera: 23% congelado, 12% enlatado y el 9% curado.

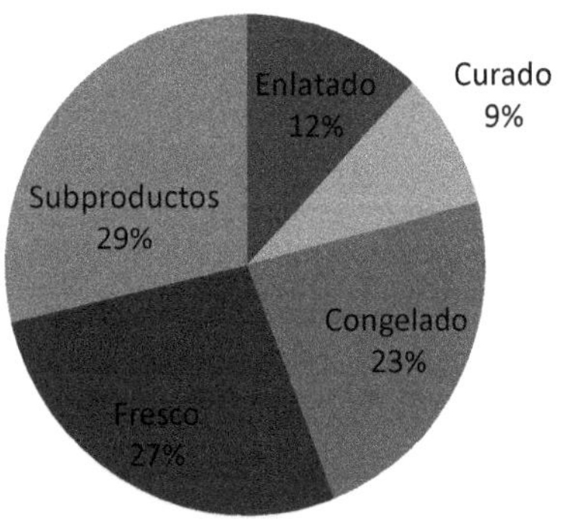

Figura 2.- Distribución porcentual de los diferentes productos de la pesca.

Se llama "pescado fresco" al pescado recién producido, sin conservar ni almacenar y que exhibe sus cualidades originales intactas. Es el de valor económico más alto, necesita más mano de obra para su manipulación, clasificación en lonjas, e incluso ventas. Es el más consumido en España con diferencia respecto al resto del mundo (Tabla I).

	Mundo	España
Consumo humano	70 -75 %	85 – 90 %
Enlatado	13 – 15 %	15 – 20 %
Curado	14 – 16 %	2 – 5 %
Congelado	22 – 25 %	25 – 30 %
Fresco	20- 22 %	40- 45 %
Transformado	25 – 30 %	10 – 15 %

Tabla I.- Preferencias de consumo de cada tipo de conservación del pescado, de forma comparada en porcentaje, España y el resto del mundo.

Una de las grandes preocupaciones respecto al pescado es su conservación, ya que el pescado es un material perecedero. Actualmente, hay que añadir a este carácter perecedero del producto el problema añadido que supone la lejanía de los caladeros, por lo que puede transcurrir mucho tiempo desde la captura hasta el consumo. Por estas razones son necesarias estrategias para conservar el producto hasta que llega al consumidor, para que no pierda sus propiedades. Para ello existen diversas técnicas de conservación, siendo actualmente de gran aplicación la conservación mediante el frío. Los pescados frescos o refrigerados se conservan a una temperatura que oscila ente -1 y - 6 ºC. Además de la temperatura baja a veces se añaden antibióticos que frenen el desarrollo microbiano y es fundamental para que mantenga las mismas cualidades que al ser pescado, que se separe de elementos que pueda dañarlo, como arena, piedras, etc., con una manipulación cuidadosa. El sacrificio debe ser rápido, ya que la rigidez cadavérica retarda el ataque microbiano y es imprescindible la higiene en la captura, en las instalaciones y durante la manipulación.

El pescado congelado es el más consumido, y el que actualmente tiene mayor aceptación, superando incluso al fresco en el mundo mientras que es la segunda categoría en España (Tabla I). La composición del pescado influye en la posibilidad de congelar una especie satisfactoriamente y así los peces con alto contenido graso suelen adquirir en mayor medida mal color y sabor rancio. La industria del pescado congelado en España se inicia en los años 60 y se distinguen dos tipos: congelado y ultracongelado:

> Los pescados congelados son aquellos que, enteros o fraccionados, eviscerados, y frescos, han sido sometidos a la acción del frío hasta lograr en el centro de las piezas una Tº entre -16 ºC y -24 ºC.
>
> En los pescado ultracongelados, la congelación se acelera para que en menos de 2 horas, la temperatura del centro de la pieza esté entre 0º y -5º C, continuando después la congelación hasta alcanzar entre -13º y -35 ºC en el centro de la pieza y es el de mayor calidad.

Otra forma de conservar el pescado es mediante la deshidratación, es una técnica de conservación utilizada desde tiempo inmemorial, que requiere la existencia de un medio pobre en humedad, ya que los microorganismos la necesitan para desarrollarse. El pescado fresco presenta un 80 % de humedad, y al secarse se reduce hasta alrededor de un 10 %, lo que reduce el desarrollo de bacterias y hongos.

Las salazones son el resultado de la conservación del pescado o sus partes mediante el proceso de salado que se suele combinar con el de secado y ahumado. El tipo de sal utilizado es muy variado y las concentraciones varían en función del tipo que se utilice, existiendo varias técnicas:

1. Salado en seco: El producto se pone apilado sobre sal sólida durante varios días, cambiando diariamente la posición del pescado para que la salazón sea homogénea. La proporción de sal dependerá del grado de salado que se desee.

2. Salado húmedo. Se preparan disoluciones de sal, salmueras donde se introducen las piezas de pescado. El proceso tiene lugar fuera del contacto del aire, evitando el enranciamiento de la parte grasa. Si la concentración de sal es superior al 12 %, el pescado pierde agua.

3. Salado mixto. Generalmente las conservas se refieren a un proceso de enlatado, este proceso se define como la introducción de alimentos en recipientes herméticamente cerrados que se someten a esterilización comercial mediante la aplicación de calor

Las conservas se pueden clasificar, dependiendo de la materia de origen:

De Pescado. Existen dos metodologías:

1. Sin precocer: Se envasan con sal: salmón, caballa

2. Precocidos: La duración del proceso es entre 2-12 horas, a una temperatura entre 100-105 ºC., dependiendo de la especie y del tamaño.

De Moluscos y Crustáceos: Necesita precocción y un tratamiento posterior como salazón, acidificación, escaldado o una combinación de los mismos.

CETARIA, BARBATUS Y OTROS NOMBRES LATINOS REFERIDOS A LAS ANTIGUAS CONSERVAS DE PESCADO Y GETARES, BARBATE Y OTROS TOPÓNIMOS DE LA COSTA GADITANA

J. PASCUAL
Universidad de Cádiz.

Muchas y muy diversas son las fuentes relativas a las conservas de pescado, la mayor parte citadas desde hace siglos en artículos (Rhode, 1892), diccionarios (Daremberg, 1911, 1022-1025 y 1459) y otras obras (THA, 2003, 437-472). Los textos griegos y latinos mencionan unas ciento cincuenta especies de peces consumibles de agua salada y dulce, sus distintas partes, sus particularidades según el lugar, momento del año o edad en que eran pescados; las formas de las salazones (grandes triángulos, cuadrados, cubos, lonchas) y sus distintas proporciones de sal; algunas técnicas de preparar las salsas y salazones, sus propiedades curativas, sus precios tan dispares, etc. Además de peces, agua y sal, entre los ingredientes se citan vino, vinagre, miel, aceite, hierbas aromáticas y ocasionalmente otras carnes y alimentos diversos. Estos datos figuran en obras científicas generales (Aristóteles, Plinio), sobre la naturaleza o en particular sobre animales (Claudio Eliano, Plutarco), sobre pesca (Opiano, Luciano, Ovidio) y agricultura (Catón, Varrón, Columela), en tratados culinarios (Ateneo, Arquestrato, Apicio), en comedias (Aristófanes, Plauto), cartas (Séneca), poemas (Horacio, Manilio, Marcial, Ausonio), novelas (Petronio) y otros géneros. Cada pasaje requiere pues de un interpretación y análisis particular y detenido, aclarando noticias aparentemente contradictorias, y evitando generalizar cualquier información referida a épocas y zonas concretas del Mediterráneo, el Mar Negro o el Atlántico desde el siglo V a.C. al V d.C. sobre todo, además de otras noticias como las compiladas en las *Etimologías* de Isidoro o en el siglo X en las *Geoponica*. En estas breves páginas me ceñiré a determinadas cuestiones lingüísticas relativas al término que da título a este congreso, *CETARIA*, precisando su etimología y significado en las fuentes antiguas y sus resultados como topónimo; a Barbate, que conserva restos de las *cetariae* de *Baesippo*, y cuyas salazones pudimos saborear en una moderna factoría de salazón, y más brevemente a *Barbesula* y el Guadiaro, a *Traducta* y Algeciras, a *Mellaria* y Tarifa, a *Besaro* y Vejer, a *Mercablum* y Conil, y a otros lugares.

Cetaria es una palabra latina (Ernout - Meillet, 1967, 117) derivada de *cetus* (plural *ceti* o *cete*), que es un préstamo del griego κῆτος, que designa el atún (Arch. 34,3), un monstruo marino (ballena, cocodrilo, foca, hipopótamo...), o la constelación de la Ballena. Por tanto, también en latín *cetus* puede aludir a esa constelación, a la ballena, y a otras bestias marinas como el tiburón, el delfín, o el monstruo mítico al que fue expuesta Andrómeda. Pero como nombre de alimento en la lengua coloquial, frente a los pescados enteros, *cetus* es la carne cortada de atún o de otro pez grande. PLAVT. *Aul.* 375: *Venio ad macellum, rogito pisces: indicant caros, agninam caram, caram bubulam, uitulinam, cetum, porcinam. cara omnia. atque eo fuerunt cariora, aes non erat.* "Llego al mercado, pregunto por los peces: me los indican caros, la carne de cordero cara, cara la de buey, la de ternera, la de atún, la de cerdo. Todo caro, y más caro por esto: no había dinero". *Capt.* 850: *...scombrum et trygonum et cetum et mollem caseum.* "...caballa, raya, atún y queso blando".

Del latín *salsamentum,* que solía pronunciarse *salmentum* y equivalía al griego τάριχος ('salazón'), procede el adjetivo *salsamentarius -a -um*, que concierta en género y número con sustantivos que relaciona con salazones, como los envases: *cadi salsamentarii* (PLIN. 32,89), *salsamentariae testae* (PLIN. 28,9,37), *vasis salsamentariis* (COL. 2,10,16). Pero junto a *negotians salsamentarius* (CIL 6,9676), 'mercader salazonero', podemos hallar sustantivado el adjetivo en *salsamentari filio* (*Rhet. Her.* 4,67), 'al hijo del salazonero'. Otros términos con idéntica terminación sólo están documentados como sustantivos, ya procedan de la lexicalización del adjetivo por elisión del sustantivo base, o sean formaciones analógicas mediante los sufijos *-arius -i, -aria -ae* y *-arium -i* sin haber sido antes adjetivos, como los derivados de *cetus* referidos a otros trabajadores y a los lugares relacionados con las salazones y otras industrias pesqueras. Pues en el único testimonio en que *cetaria* ha sido interpretado como adjetivo, de Fabius Caper (1880, 108), no creo que deba colocarse la coma detrás de *tabernae* sino delante: *cetariae, tabernae quae nunc cretariae non recte dicuntur.* "*cetariae*, los establecimientos que ahora llaman *cretariae* de forma incorrecta."

Aparte de otros valores marginales, los sustantivos masculinos en *-arius* suelen indicar nombres de trabajadores (*tabellarius, argentarius, carbonarius, lapidarius*); los neutros, contenedores o instrumentos (*aerarium, armarium, panarium, seminarium, tabularium, vinarium*); y los femeninos, lugares en los que se desempeña un oficio (*ferraria, argentaria, calcearia, carnaria, piscaria, libraria, carpentaria, doliaria, lanaria, purpuraria*). Ya Varrón (8,30,55) advertía que el género femenino de muchas formaciones en *-aria* se explica por haber concertado como adjetivos con un sustantivo como *taberna* ('tienda' o 'despacho'), pero también *officina* ('taller' o 'factoría'), *fodina* ('mina') y otros centros de trabajo (Arias, 2002, 164-173). Así, los derivados de *cetus* con la acepción de 'atún' o 'carne de pescado' tienen estos significados:

- *cetarius, -i*: 'trabajador del atún y otros pescados y de sus salazones y otros derivados' (Curtis, 1991, 150), ya fuera un 'atunero' pescador (VAR. *Men.* 209), productor (COL. 8,17,2) o vendedor (TER. *Eu.*257).

- *cetarium, -i*: 'pileta o contenedor de carne de pescado'. HOR. *sat.* 2,5,44: *Plures adnabunt thynni et cetaria crescent.* "Llegarán nadando muchos atunes y crecerán las piletas de pescado."

Actas del Congreso Internacional *CETARIAE. Salsas y salazones de pescado en Occidente durante la Antigüedad*, Universidad de Cádiz, Noviembre de 2005, *B.A.R. int. ser.* 1686, Oxford 2007, 511-518.

- *cetaria, -ae*: 'factoría de pescado'. PLIN. 9,49: *Hispaniae cetarias hi [scombri] replent, thynnis non commeantibus.* "Estas [las caballas] llenan las factorías de pescado de España cuando los bancos de atunes no pasan." PLIN.37,66: *iuxta cetarias,* "junto a las factorías de pescado".

Por tanto, frente a lo que se sigue creyendo (Trakadas, 2005, 52 y 70-72), el nombre de la pileta de pescado para salsa o salazón es *cetarium* (plural *cetaria*), mientras que *cetaria* (plural *cetariae*) es la factoría de atún y de otros peces a falta de estos. Pues como explica el escoliasta de Horacio, el plural "*cetaria* son propiamente los lugares [i.e. las piletas] en los que se hacen las salazones", y el singular "*cetaria* es la fábrica en la que se elabora la salsa", así como la salazón y otros derivados del pescado, sin que la coincidencia formal se deba a que una factoría fuera vista como un conjunto de piletas (Curtis, 1991, 53-54, n. 43). De *cetarium* contamos con un solo testimonio, pues en *conficiebatur... in Carthaginis Spartariae cetariis* (PLIN. 31,94), "se elaboraba... en las factorías de pescado de Cartagena Espartera", se trata de las factorías que producían el reputado *garum sociorum.* En otros textos sustituye a *cetarium* el término genérico *lacus* (PLIN. 9,92), que suele aplicarse al lagar donde se hace el mosto o cae el aceite prensado, y a la pileta para enfriar el metal candente.

Cetaria fue el nombre de una *mansio* de la costa etrusca (*It.* 499), y de otro lugar al este de Palermo (Ptol. 3,4,2). Además, Guetaria (Guipúzcoa) y Guéthary (Aquitania) son los resultados esperados de la *cetaria* constatada arqueológicamente en esos lugares (Gorrochategui, 1999). Igual que como nombre común, también como nombre propio el latín *Cetaria* equivale al griego Ταριχεία, topónimo de Libia, Egipto y Palestina (Curtis, 1991, 65 y 142) derivado de τάριχος como el adjetivo ταριχηρός, -ά, -όν. Por otra parte, de κῆτος derivan los sustantivos κητεία, 'pesca del atún' y 'pileta de salazón', κήτημα, 'salazón de atún' o de un pez similar, y κητοθηρεῖα, 'tiendas de aparejos para la pesca de la ballena'. De esta forma, Bonsor y García Bellido (1967, 162-163) quisieron derivar el topónimo gaditano *Cetaria* del Ravenate (305,13), pero aparte de otros inconvenientes lingüísticos, ni el griego fue la lengua de los gaditanos (Jacob 1985, 57), ni los romanos dieron nombres griegos a los lugares de esta región (Vossius, 1686, 47). *Cetaria* se había identificado con las factorías de Zahara de los Atunes, de la desembocadura del río de la Jara cerca de Tarifa, y de *Carteia* (Tovar, 1974, 69). Pero después de que Silliéres (1988, 796-797) aceptara la localización en Getares propuesta por Müller en su edición de la *Geografía* de Ptolomeo (París, 1901, 111), ésta ha sido unánimemente aceptada, dando por hecho que Getares procede de *Cetaria* debido al parecido entre ambos nombres.

Sin embargo, un análisis lingüístico permite descartar que Getares sea el resultado fonético de *Cetaria.* Pues Getares aparece documentado primeramente como Xatares: en el relato de la campaña de 1341-1342 para la conquista de Algeciras de la *Chrónica* de Alfonso XI (1595, cxlv-clxviii), referido al puerto marítimo de Xatares a media legua de Algeciras; y en el *Libro de la Montería* del mismo rey (1877, 395-397; 1983, 133), comenzado antes de 1350, referido al arroyo de Xatares, ya corresponda al río Pícaro, o a los arroyos Marchenilla o Lobo de hoy día. El puerto pudo tomar el nombre del río, pues en la Península abundan los nombres de río con esa terminación (Manzanares, Henares, Linares, Tavares, Palmares, Mijares, etc.). Entre otras fuentes, unos documentos de 1502-1503 (Torremocha y Humanes, 1989, 457-458, 461 y 463) mencionan ya con <e> el hecho o pastizal de Xetares, que no se escribirá Getares hasta que esos dos fonemas del castellano medieval confluyeron en uno solo en el siglo XVII. El topónimo debe ser una adaptación de su pronunciación en árabe andalusí, que mientras no aparezca documentada en un texto árabe anterior debemos suponer que fue /šatáris/. Por tanto, derivar Xatares de *Cetaria* implicaría el hecho insólito de que una <c> latina seguida de vocal delantera, que desde el siglo V d.C. era pronunciada /č/ como la <ch> castellana (como en los topónimos gaditanos Chipiona de **Caepiona* y Chiclana de **Caeciliana*), en este caso se hubiera pronunciado excepcionalmente /š/, fonema que en los términos latinos transmitidos a través del árabe y transcritos con <x> en castellano medieval procede generalmente de una <s> latina, como en los topónimos gaditanos A*sido* (Xiduna), *Saguntia* (Xigonza), *Carissa* (Carixa) y *Nabrissa* (Lebrixa). Por otra parte, los resultados del sufijo *-aria* pueden ser *-aira*, *-eira* o *-era*, pero nunca *-ares* (Galmés, 1983, 198-200; Zamora, 1985, 34-35 y 39-40; Corriente, 1992, 53-54; Galmés, 1995, 723 y 725-726). Así pues, de haberse conservado el topónimo *Cetaria,* lo que es poco probable cuando desaparecieron *Mellaria* y *Traducta*, habría sido como *Chateira o *Chetera.

La terminación de Getares no deriva del sufijo *-ensis* como propuso Jacob (1985, 59), pues habría dado una sílaba tónica (-és o -ez). Así, Salnés en Villanueva de Arosa es el resultado del adjetivo *salinensis*, que suponemos referido a un *vicus* dedicado desde la Antigüedad a explotar las salinas para las *cetariae* vecinas y para otros usos. Si acaso cabría atribuir la terminación *-es* al plural mozárabe de la primera declinación (Galmés, 1995, 731), pero sólo en sustantivos del habla corriente hacia el s. VII d.C. El final en *-ares* responde más bien al plural de un tipo de formación del latín tardío con el sufijo -*ar*, que producía y sigue produciendo en romance nombres masculinos de lugar no documentados antes del siglo VI d.C., por lo que este topónimo debe de ser posterior a la actividad de la *cetaria* en esa ensenada (Ponsich, 1988, 187). Xatares debe de ser por tanto el plural del topónimo preárabe Játar con la esperada retrotración del acento, junto a un arroyo homónimo al sureste de Alhama de Granada (Jiménez Mata, 1990, 258), y tal vez de Xétar o Xetar, hoy Herradero de los Toros Jijones a 10 km. de Villarrubia de los Ojos (Ciudad Real) junto a un manantial y el arroyo del mismo nombre, también documentado en el *Libro de la Montería* (1983, 104). Ruhstaller (1995: 15, 21 y 23) lo interpreta como 'lugar donde abundan las setas', aunque a la luz del Arroyo de las Setas (Madrid y Segovia) que aparece en el mismo *Libro de la Montería* (1983, 80 y 82), Xetar sería un topónimo pre-castellano o un derivado a partir de un arabismo. En Xatares, permiten descartar que fuera un sustantivo castellano tanto la falta del artículo como el timbre de la primera vocal. La terminación y la ausencia de artículo tampoco avalan un posible origen árabe, pues el nombre actual de Algetares debe atribuirse a responsables municipales e inmobiliarios, ya sea para sugerir cierto exotismo, para distinguir esta urbanización periférica de la pedanía de Getares situada más allá del faro de Punta Carnero en el extremo opuesto de la ensenada (figuras 1-2), o por contaminación con el nombre de Algeciras. Tampoco es probable que el sufijo colectivo *-ares* se hubiera aplicado en romandalusí al árabe šaṭ, 'orilla', étimo de Algete (Madrid) y tal vez de Jate y de Jete (Jiménez Mata, 1990, 55), e incluso de Gete (Burgos), de Gete y Getino (León) y de Jatiel (Teruel).

Figura 1.- Ensenada de Getares.

Figura 2.- Playa de Getares hacia el Sur.

Por tanto, los **satares* o **setares* debían de designar varios grupos de algo pronunciado hacia el siglo VII /sata/, /satu/, /seta/ o /setu/. De *sectum* ('cortado'), que podría aludir a un acantilado, esperaríamos otros resultados en el grupo /ct/ (Galmés, 1995, 730), y el significado de otras formas como *sata* ('mieses' o 'sembrados') no cuadra con las características del lugar ni con el valor del sufijo. Los étimos más probables son pues *saeta,* 'cerda', el pelo grueso y rígido de animal y la hoja o 'aguja' de coníferas (PLIN. 10,18), y en sentido figurado una 'caña' de pescar (MART. 1,56) y un 'cepillo de cerdas' para enlucir paredes con cera púnica (PLIN. 33,7,40; VITR. 7,9); o bien *saeptum* ('seto', 'corral', 'cercado', 'vallado'), que también podría ser el étimo de alguno de los topónimos anteriores asociados a šaṭ. En Getares podría referirse al 'corral' o 'vivero' de peces. COL. 8,17: *Frequenter animadvertimus intra septa pelagios greges inertis mugilis et rapacis lupi.* "Vemos muchas veces dentro de los corrales los bancos marinos del tranquilo mújol y de la lisa voraz." Estos corrales, en uso en la costa atlántica gaditana desde la Antigüedad hasta el siglo XIX (Moreno y Abad, 1991), podían excavarse en la roca o fabricarse con *opus signinum* en la playa, y permitían capturar con marea baja morenas, mújoles, lizas o lisas, róbalos de mar y otros peces que entraban en ellos con la marea alta. En Getares, los arrecifes naturales de roca como los que hoy vemos en la playa (figura 3), en la punta de San García donde sirvieron de cantera (figura 4), o en la Punta del Carnero (figura 5) cerca del faro (figura 6) y de la factoría de La Ballenera Española en uso hasta mediados del siglo pasado (figura 7), pudieron parecer una serie de corrales de pesca naturales o arruinados y ser designados con ese nombre. Es lo que sucedió luego, entre otros lugares de este litoral (Cestino, 2004, 53-55), con los arrecifes naturales de Punta Paloma o de los Corrales (Fernández-Palacios y Gil, 1988, 177), usados también como cantera y llamados Villavieja porque antes fueron interpretados como una ciudad sumergida e identificada con *Mellaria* (Gutiérrez, 1771, 186, 206 y 225), y con los de Los Parentones o supuestos paredones de edificios arruinados entre Tarifa y la torre del Guadalmesí (figura 8).

Figura 3.- Arrecifes y últimas viviendas de Algeciras en la playa de Getares.

Figura 4.- Arrecifes de la Punta de San García desde Getares con Gibraltar al fondo.

Figura 5.- Arrecifes en la punta sur de Getares.

Figura 8.- Arrecifes o Paredones desde el camino de Tarifa con la torre de Guadalmecil y El Tolmo al fondo.

Figura 6.- Arrecifes desde el faro de Punta del Carnero con Gibraltar al fondo.

Figura 7.- Arrecifes cerca de La Ballenera.

Pero la base léxica de las formaciones en *-ares* suele ser un fitónimo, y *seta* designó en romandalusí la zar(a)gatona o hierba pulguera, *Plantago Psyllium L.* (Corriente, 2001, 199), que abunda en toda la provincia, sobre todo en lugares arenosos o pedregosos, y tiene propiedades medicinales (Martín, 1983, 159; 1988, 188-190). Procede del latín *saeta* con el sentido de 'cepillo de cerdas' o 'sedadera para asedar' que también adoptó al árabe andalusí *xita* (Simonet, 1888, 599-600; Pezzi, 1989, 629; Corriente, 1997, 283 y 298). Este nombre se pudo aplicar con mayor motivo a la cardencha o cardo de cardador (*Dipsacus fullonum L*), llamada también vulgarmente 'peines' porque las espinas de sus cabezas florales sirvieron durante siglos para cardar la lana, y que gusta de la cercanía de los cauces de agua; al contrario que la insignificante zaragatona, esta planta de altos tallos constituye un referente más propio de este tipo de topónimos, y abunda todavía entre el río Pícaro y la carretera de Getares perpendicular a la costa, y hasta hace unas décadas en un aparcamiento próximo a la Punta de San García. También es posible que xeta con el sentido de 'seta', documentado en castellano desde 1423 (Corominas y Pascual, 1986, 233-234), y origen también del andaluz jeta (Alvar, 2000, 456), proceda del latín *saeta* a través del romandalusí y el árabe, y que también en la expresión "non vale xeta" del *Cancionero de Baena* aluda a la 'seta' (Kasten y Cody, 2001, 739) y no a la 'sedadera' (Corriente, 1999, 467-468). No es fácil dilucidar si los **setares* que dieron lugar al topónimo Getares fueron arrecifes que semejaban corrales de pesca *(saepta),* o bien terrenos abundantes en setas o en otras plantas con cerdas (*saetae*), por lo que las formaciones castellanas equivalentes con un significado parecido podrían ser 'Los Valladares' de vallado, 'Los Espinares' de espino en un sentido genérico, y 'Los Setares' de seta. Por tanto, si la *Cetaria* del Ravenate hubiera estado en Getares, cabría pensar a lo sumo que *Setares* hubiera sido su reinterpretación etimológica como 'Los Corrales', 'Los Espinares' o 'Los Setales'. Pero este argumento también permitiría suponer -aunque sea igualmente improbable- que si estuvo en Algeciras, *Cetaria* se hubiera interpretado en árabe como 'La Isla', al-Jazira. Pues debido a la presencia de *cetariae* en Algeciras, no bastan para localizar *Cetaria* en Getares los restos de piletas, muros y otras construcciones con restos cerámicos hallados en un cerro próximo a la desembocadura del río Pícaro (figura 9), y de otras piletas de *opus signinum* en lugares próximos y en el solar del Casino de Getares (Sedeño, 1986, 107; Vicente y Vicente, 2002, 493-494), que carecen de un estudio y valoración (Bernal, 2003, 165).

Figura 9.- Desembocadura del río Pícaro en la playa de Getares.

Sólo el cosmógrafo anónimo de Rávena (305,13) documenta *Cetraria* (con la variante *Cecraria*), tras *Traducta* y entre *Carteia* y *Mellaria.* Aunque Isaac Vosio (1686, 47) y Flórez (1752, 52) defendieron esa lectura como referida al escudo de las *cohortes c(a)etratae*, pienso que sí debe corregirse en *Cetaria,* y que no es un epíteto de *Iulia Traducta* por no emplearse ese término como adjetivo. Pero de la misma manera que el monte *Calpe* y la colonia de *Carteia* corresponden a una sola *mansio* en el Itinerario de Antonino (Roldán, 1975, 227), pues *Carteia* debía de ser conocida como la ciudad del monte *Calpe* (Strab. 3,1,7), *Cetaria* podía referirse a la factoría de *Traducta* en Algeciras, localizada al pie del cerro del hotel Reina Cristina (Lagóstena, 2001, 127-130; Bernal, 2003, 163-183). La ensenada de Getares constituyó un puerto natural en el que se ha recogido un gran número de vestigios que dan fe de una intensa navegación en época romana (Arévalo, Bernal y Torremocha, 2004, 268-271; Cancela y Martín, 1991, 371-374), aunque *Portus Albus* (*It.* 407) es más probable que estuviera al norte de la Punta de San García junto a las factorías de *Traducta* (Tovar, 1974, 69), cuya localización por Algeciras hoy ya no se discute (Sedeño, 1988, 811-819; Lagóstena, 2001, 127-130; Gómez, 2001, 135-138).

También cabría pensar que *Cetaria* no se refiriera a *Traducta* sino a una *mansio* distinta entre este lugar y *Mellaria.* Pues el Ravenate (305,12-14) la cita junto a *Transducta* donde el Itinerario de Antonino sólo mencionaba *Portus Albus* a seis millas de *Calpe-Carteia* y doce de *Mellaria,* que dista otras seis millas de la *mansio* de *Baelo* (*It.* 407). Junto a la pretendida localización de *Iulia Traducta* en Tarifa, esas seis millas han llevado desde hace siglos a identificar *Mellaria* (*Rav.* 305,14 y 344,8), cuyas factorías de salazón refiere Estrabón (3,1,8), con la supuesta ciudad de Villavieja y con las *cetariae* de Casas de Porro y de La Peña (Gutiérrez, 1771, 186, 206 y 225; Tovar, 1974, 68). Pero si *Mellaria* corresponde a uno de estos dos lugares, distaría mucho más de doce millas de *Traducta* (Algeciras). Este inconveniente se podría salvar considerando que la distancia entre las poblaciones no coincidía necesariamente con la de sus mansiones en la vía, que podría discurrir más bien por San Roque, Los Barrios, el puerto de Ojén, Facinas y Tahivilla (Arias, 2003, 15-20), pero ello también permite localizar el *vicus* de *Mellaria* en Tarifa.

Mellaria había recibido este nombre en latín por haber sido un lugar dedicado preferentemente a la producción de miel, que es uno de los posibles ingredientes de las salsas de pescado. Las colmenas, además de abundante polen, a ser posible de tomillo y plantas medicinales, requerían agua cristalina en las inmediaciones (VAR. 2,16), y según Columela debían situarse en un lugar soleado desde muy temprano en invierno (9,7) y alejado de las factorías de salazón (7 y 14). Por tanto, las *cetariae* no debieron de estar demasiado cerca de la población, o bien los colmenares serían trasladados a otra zona. Después de las ciudades de *Baelo* y *Baesippo*, *Mellaria* fue el principal núcleo de población del Estrecho entre el cabo de Trafalgar (*Promunturium Iunonis*) y *Traducta* (MEL. 2,96). Sertorio venció a Cotta en una batalla naval en el Estrecho alrededor de *Mellaria* (Plut. *Sert.* 12), preposición que sugiere un escenario como la isla de Tarifa más bien que una ensenada. Y entre otras distancias, los 100-140 estadios que separaban *Mellaria* de *Baelo* por mar según Marciano de Heraclea (Pastor, 1978, 114-115 y 119; García Gómez, 1996, 484) también apuntan a su identificación con Tarifa, sostenida entre otros por Schott (1608, 90), Flórez (1752, 54), Blázquez (1894, 409), Romero (1934, 171 y 230), Hoyos (1979, 445-448) y Gozalbes (1996 y 2001). Además, *Turranius Gracilis*, natural de la región (PLIN. 3,3), nos informa de que *Mellaria* estaba situada en el lugar del Estrecho más próximo al *Promunturium Album* del continente africano, zona que hoy corresponde a Punta Canales, entre Tarifa y la desembocadura del Guadalmesí. Aquí precisamente propuso Cortés (1835-1836) localizar *Mellaria* (Madoz, 1845-1860, 261 y 290), pero Tarifa reúne mejores condiciones para haber albergado el *vicus* y las *cetariae.* Y aunque el Estrecho se prolonga en África hasta el cabo Espartel (*Ampelusia*), y en España hasta Trafalgar e incluso hasta Cádiz, los 120 estadios de largo que le asigna Estrabón se refieren a su parte más estrecha entre Tarifa y Gibraltar. En la isla, castillo y villa de Tarifa han aparecido restos púnicos y romanos (Romero, 1934, 230; Sedeño, 1986, 107), y aquí sitúan las fuentes árabes los desembarcos del año 710. Al tratarse de un *vicus* o aldea (PLIN. 3,7), que no tenía por qué contar con grandes edificios públicos, no sorprende que los restos de *Mellaria* resulten difícilmente localizables bajo el castillo de 960 y la villa de Tarifa, al contrario que las *cetariae* a lo largo de los ocho kilómetros de playa desde el puerto y la Chanca Vieja hasta la desembocadura del río del Valle (Ponsich, 1988, 189-191).

Así pues, las *cetariae* de Getares se hallan a sólo tres kilómetros de Algeciras (*Traducta*) y en la misma bahía, y a dieciocho kilómetros de Tarifa (*Mellaria*), por lo que no es el lugar idóneo para una posible estación intermedia. Un buen fondeadero en una zona equidistante es hoy la antigua Cala de

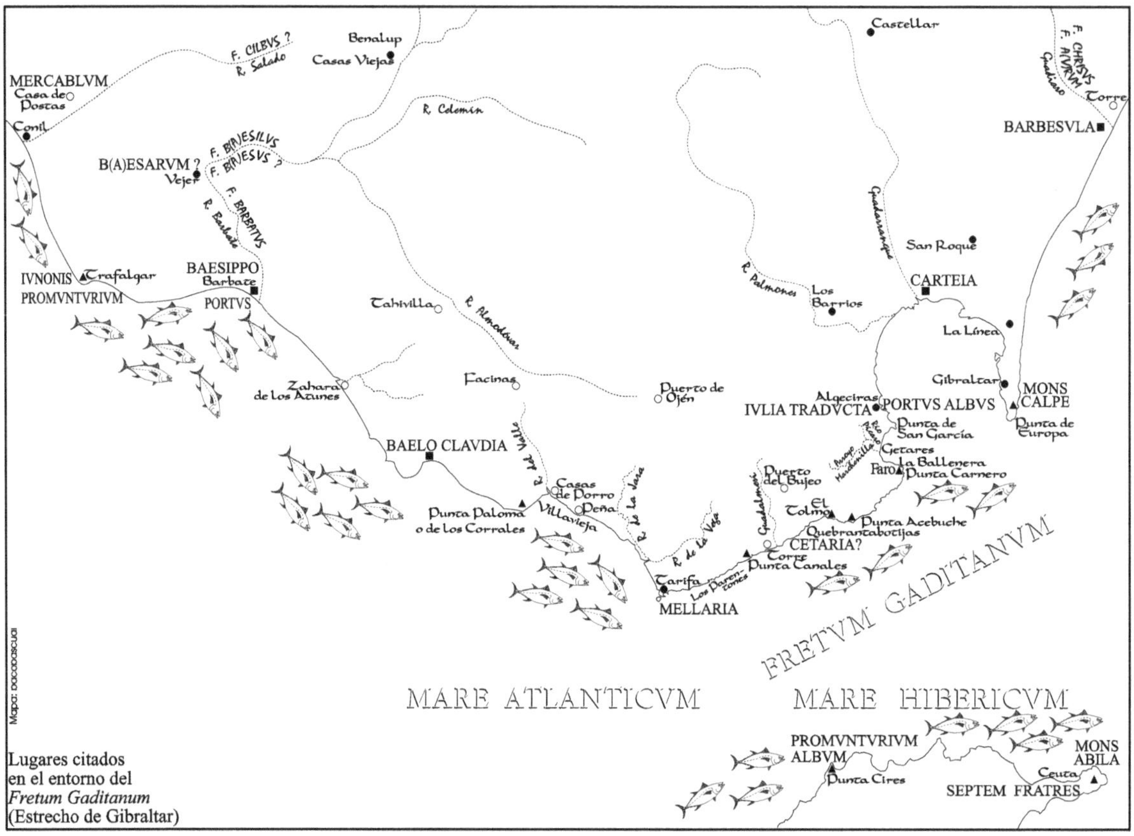

Figura 11.- Lugares citados en el entorno del Fretum Gaditanum (Estrecho de Gibraltar).

Quebrantabotijas (Sáez, 1997, 146), topónimo algecireño que podría estar motivado por los restos de un alfar, y que es mencionado en el *Poema de Alfonso Onceno* (1991, 347) a propósito de la batalla del Salado, y en el *Libro de montería de Alfonso XI* (1983, 133) en "el camino de la playa que va de Algecira a Tarifa" (figura 10). En el límite tarifeño, otra playa próxima con algunas condiciones naturales para haber albergado una factoría de pescado es la desembocadura del

Figura 10.- Cala de Quebrantabotijas y punta del Tolmo.

Guadalmesí o Guadamecil, cuyo nombre podría estar motivado por un *manzil* de época musulmana que remontara a una *mansio* romana (Terés, 1986, I, 411-413; Cuesta, 2003, 296). Pero en esta zona no conocemos restos arqueológicos significativos, ni es probable que el texto del Ravenate aluda al camino que pudiera llegar desde Algeciras a la aldea de Guadalmesí para continuar hasta Tarifa por la costa. Por tanto, teniendo en cuenta además que la distancia de doce millas es habitual entre otras mansiones de la costa gaditana, creemos que *Cetaria* se refería en el Ravenate a la factoría de *Traducta* en Algeciras.

Dejando atrás *Mellaria* y *Baelo* llegamos a otro lugar relacionado con los peces y las salazones. Pues el salmonete de fango, que puede hallarse en puertos y bajíos de baja salinidad debido a las protuberancias a modo de barbas con que se orienta en aguas de escasa visibilidad, se llamaba *mullus barbatus*. Y *barbatus* es el étimo de Barbate, identificado con *Baesippo* y con factorías de salazón y otros restos romanos (Tovar, 1974, 65-66; Lagóstena, 2001, 121-122). El pueblo de Barbate tomó el nombre del río, documentado como Barbat en fuentes árabes tempranas (Terés, 1986, I, 77). Según Simonet (1983, 19), desde época romana se llamó *Fluvius Barbatus*, 'río de los barbos'. De hecho, Ausonio (*Mos*. 94 y 134) ya menciona el *barbus* referido al barbo de río que Cicerón (*Par*.5,2,38 y *Att*. 2,1,7) llamaba *barbatulus mullus*, y que hoy día se pesca en el curso medio del Barbate. Y en el hidrónimo de época romana *Rubricatus* (Llobregat) hallamos documentado el mismo sufijo latino *-atus,* que también se añade a otros sustantivos con el valor de 'provisto de', 'que lleva'. Si realmente la presencia de barbos hubiera dado lugar al nombre del Barbate, cabría pensar que al menos ocasionalmente se hubieran usado en las *cetariae* de su desembocadura. Pero al tener un sufijo extraño a los ríos ictionímicos (Domingos y Moreira, 1969, 500), creo que tanto aplicado a una persona, un pez y otros animales, y una planta, como a un río, *barbatus* debía significar 'provisto de barbas', referidas en este caso a las algas o a las raíces y tallos de otras plantas acuáticas que semejaban cabellos. La raíz *barb del nombre prerromano *Barbesula* bien podría aludir a un 'terreno pantanoso' (Galmés, 1992, 315) o a otro referente hídrico, si no fuera porque Avieno (420) llama *Chrysus*, 'oro' en griego, al río de *Barbesula,* lo que permite suponer que su nombre en los textos árabes *Aru* (hoy Guadiaro) procede de *Aurum* a través de una disimilación del diptongo en latín vulgar. Y aun menos probable es que obedezca a una reinterpretación de otro derivado de esa misma raíz *barb el nombre latino *Barbatus,* pues cerca del *Chrysus* refiere Avieno (425) *Barbetium* a una cumbre (*iugum*). Parece claro que es un error el nombre *Baelo* que Marciano de Heraclea da al río Barbate (Pastor, 1978, 115 y 119), que si todavía conservaba su nombre primitivo, más bien pudo haber sido el *Besilus* próximo al *Cilbus* (Av. 320) como quiso Schulten (1963, 46), o bien un hidrónimo no documentado. Pues la estructura de otros topónimos turdetanos (Villar, 2000, 85-118 y 237-246), aplicable a casos parecidos (Pascual, 2002, 170-173), permite suponer que el nombre del río de la ciudad (*ippo*) de *Baesippo* habría sido **Baesus,* forma que también puede estar en la base de *Besilus* y del topónimo Vejer, formas que tal vez habría que poner en relación con el *oppidum* gaditano *Besaro* (PLIN. 3,15) si no es que **Baesarum* es por ventura la forma correcta de *Besaro* y el étimo de Vejer (Muñoz, 1996, 20-21).

Antes de la isla de *Gades*, la última estación es *Mercablum,* que no deriva de *Melcart Baelum* como propuso César Pemán (Santos y Velásquez-Gaztelu, 1988, 21), sino que es una formación latina que Tovar (1974, 65), a partir de la variante *Mergablum,* interpreta como "lugar para darse un chapuzón" (de *mergo*), asociándolo a las turísticas playas de Conil. Pero me parece más probable que se tratara de un "lugar para comprar" (de *mercor*), ya discurriera la vía por la costa o por Patría y la Casa de Postas, donde el comerciante y el viajero podría abastecerse de mercancías y vituallas, como las salazones de la zona.

Bibliografía

ALVAR EZQUERRA, M. (2000): *Tesoro léxico de las hablas andaluzas*, Madrid.

ARÉVALO GONZÁLEZ, A. - BERNAL CASASOLA, D. - TORREMOCHA SILVA, A. (2004): *Garum y salazones en el Círculo del Estrecho: Catálogo de la Exposición*, Cádiz y Algeciras.

ARIAS, G. (2003): "Vías romanas del Campo de Gibraltar", *Almoraima* 29, 15-20.

ARIAS ABELLÁN, C. (2002): "Les dérivés en *–arius",* Ch. Kircher-Durand (ed.), *Création lexicale: la formation des noms par dérivation suffixale*, Lovaina – París – Dudley, 161-184.

BERNAL CASASOLA D. *Et Alii* (2003): "Las factorías de salazones de *Iulia Traducta*: espectaculares hallazgos arqueológicos en la calle San Nicolás nº 3-5 de Algeciras", *Almoraima* 29, 163-183.

BLÁZQUEZ y DELGADO AGUILERA, A. (1894): "Las costas de España en época romana", *Boletín de la Real Academia de la Historia* 24, 385-430. Edición digital en http://www.cervantesvirtual.com (Alicante, 2005).

CANCELA, L. y MARTÍN-BUENO, M. (1991): "El fondeadero de Getares (Algeciras)", *Gerion. Homenaje al Dr. Michel Ponsich*, Madrid, 371-383.

CAPER, F. (1880): "De dubiis rebus", *Grammatici Latini*, vol. VII, ed. H. Keil, Leipzig (facs. 1981).

CESTINO, J. (2004): *El Estrecho: Treinta siglos de historia en Gibraltar, Tánger, Tarifa, Ceuta y Algeciras,* Málaga.

COROMINAS, J. y PASCUAL, J.A. (1986), *Diccionario crítico etimológico castellano e hispánico*, vol. V, Madrid.

CORRIENTE, F. (1992): *Arabe andalusí y lenguas romances*, Madrid.

—— (1997): *A Dictionary of Andalusi Arabic*, Leiden - New York - Köln.

—— (1999): *Diccionario de arabismos y voces afines en iberorromance*, Madrid.

—— (2001): "El romandalusí reflejado por el glosario botánico de Abulxayr", *Estudios de Dialectología Norteafricana y Andalusí* 5, 94-241.

Chronica del muy esclarecido príncipe y rey, don Alonso el Onzeno..., Toledo, 1595.

CORTÉS y LÓPEZ, M. (1835-1836): *Diccionario geográfico-histórico de la España antigua con la correspondencia de sus regiones, ciudades, montes, ríos, caminos, puertos e islas a las conocidas en nuestros días*, 3 vols., Madrid.

CUESTA ESTÉVEZ, G. J. (2003): "Sobre toponimia de la costa norte del Estrecho de Gibraltar en el siglo XIV", *Almoraima* 29, 289-297.

CURTIS, R. I. (1991): *Garum and Salsamenta: Production and Commerce in Materia Medica*, Leiden.

DAREMBERG, CH. - SAGLIO, E. (1911): *Dictionnaire des antiquités grecques et romaines*, IV.2 (R-S), París (facs. 1969).

DOMINGOS, P. y MOREIRA, A (1969): "Hidrónimos ictionímicos en la Hispania", H. Hornung, (ed.), *Disputationes ad montium vocabula aliorumque nominum significationes pertinentes*; 10. Internationaler Kongress für Namenforschung, Viena, t. II, 499-502.

ERNOUT, A. y MEILLET, A. (1967): *Dictionnaire étymologique de la langue latine: histoire des mots,* París.

FERNANDEZ-PALACIOS CARMONA, A. y J. - GIL GOMEZ, B. J. (1988): *Guías naturalistas de la provincia de Cádiz,* vol. I: *El litoral*, Cádiz.

FLÓREZ, E. (1752): *España Sagrada*, vol. X, Madrid (facs. 1965).

GALMÉS DE FUENTES, A. (1983): *Dialectologia mozárabe*, Madrid.

—— (1992): "Sobre toponimia mozárabe-balear", *Anaquel de Estudios Árabes* 3, 303-320.

—— (1995): "Las variedades mozárabes", *Lexikon der Romanistischen Linguistik II.2,* Tubinga, 720-735.

GARCÍA BELLIDO, A. (1967): "Las industrias de conserva y salazón de pescado", *Veinticinco estampas de la España Antigua*, Madrid, 158-164.

GARCÍA MORENO, A. L. y GÓMEZ ESPELOSÍN, F. J. (1996): *Relatos de viajes en la literatura griega antigua*, Madrid.

GÓMEZ ARROQUIA, M. (2001): "Historia Antigua", en *Historia de Algeciras*, t. I, Cádiz, 129-172.

GORROCHATEGUI, J. (1999): "La romanización del País Vasco: Aspectos lingüísticos", *Antiqua* 6: http://www.gipuzkoakultura.net/ediciones/antiqua/gorroch.htm

GOZALBES CRAVIOTO, E. (1996): "La ubicación de la *Mellaria* romana", *Aljaranda* 23. Edición electrónica en http://www.tarifaweb.com/aljaranda/num23/art2.htm

— (2001): "Tarifa en el Mundo Antiguo", *Aljaranda* 41. *Ibidem*, .../num41/art1.htm

GUTIÉRREZ BRAVO, P. (1771): *Discursos geográphicos de la Bética romana: sus límites, sus ríos, sus gentes, sus pueblos, sus nombres antiguos y modernos y la situación de cada uno de ellos, sus lápidas y medallas geográphicas*, Madrid, Biblioteca Nacional, Ms. 18971 (copia temprana con anotaciones marginales de A. Fernández Guerra).

HOYOS, B. D. (1979): "Pliny the Elder's Titled Baetican Towns: Obscurities, Errors and Origins", *Historia* 38, 439-471.

JACOB, P. (1985): *Cetraria*: a propos d'une station du Ravennate, *Mélanges de la Casa de Velázquez* 21, 57-59.

JIMÉNEZ MATA, M. C. (1990): *La Granada islámica: contribución a su estudio geográfico-político-administrativo a través de la toponimia*, Granada.

KASTEN LL. A. y CODY, F.J. (2001): *Tentative Dictionary of Medieval Spanish (second edition, greatly expanded*, Nueva York.

LAGÓSTENA BARRIOS, L. (2001): *La producción de salsas y conservas de pescado en la Hispania romana (II a.C. - VI d.C.)*, Barcelona.

Libro de la montería del Rey Alfonso XI; con un discurso y notas de José Gutiérrez de la Vega, Madrid, 1877; *Libro de la Montería. Based on Escorial MS Y.II.19*, ed. D.P. Seniff, Madison, 1983.

MADOZ, P. (1845-1860): *Diccionario geográfico estadístico-histórico de Andalucía: Cádiz* (facs. 1986), Madrid.

MARTÍN FERRERO, P. (1983): *Las plantas medicinales de la provincia de Cádiz*, Cádiz.

— (1988): *Flora gaditana: catálogo de plantas espontáneas de la provincia de Cádiz...*, Cádiz.

MORENO PÁRAMO, A. y ABAD CASAL, L. (1971): "Aportaciones al estudio de la pesca en la Antigüedad", *Habis* 2, 209-221.

MUÑOZ RODRÍGUEZ, A. (1996): *Vejer de la Frontera*, Cádiz.

PASCUAL BAREA, J. (2001): "*Irippo* y la Mesa de Gandul (Alcalá de Guadaíra): 'la fortificación del río *Ira'* en época turdetana", *Actas del Congreso Internacional sobre Fortificaciones en el entorno del Bajo Guadalquivir*, Alcalá de Guadaíra, 169-177.

PASTOR MUÑOZ, M. (1978): "La Península Ibérica en Marciano de Heraclea", *Hispania Antiqua* 8, 89-128.

PEZZI, E. (1989): *El Vocabulario de Pedro de Alcalá*, Almería.

Poema de Alfonso Onceno (1991), ed. J. Victorio, Madrid.

PONSICH, M. (1988): *Aceite de oliva y salazones de pescado: factores geo-económicos de Bética y Tingitania,* Madrid.

RHODE, P. (1892): "Thynnorum captura quanti fuerit apud Veteres", *Jahrbücher für klassische Philologie, Su18*, 1-78.

ROLDÁN HERVÁS, J.M. (1975): *Itineraria Hispana. Fuentes antiguas para el estudio de las vías romanas en la Península Ibérica*, Madrid.

ROMERO DE TORRES, E. (1934): *Catálogo monumental de España: Provincia de Cádiz (1908-1909)*, Madrid.

RUHSTALLER, S. (1995): *Materiales para la lexicología histórica: Estudio y repertorio alfabético de las formas léxicas toponímicas contenidas en el Libro de la Montería de Alfonso XI*, Tubinga.

SÁEZ RODRÍGUEZ, A. (1997): "El fuerte de El Tolmo (Algeciras-Cádiz), puente entre dos continentes", *Almoraima* 17, 145-158.

SANTOS, A. y VELÁZQUEZ-GAZTELU, F. (1988): *Los pueblos de la provincia de Cádiz: Conil de la Frontera*, Cádiz.

SCHOTT, A. (1608): *Hispaniae Bibliotheca,* Frankfort.

SCHULTEN, A. (1963): *Geografía y etnografía antiguas de la Península Ibérica*, vol. II, Madrid.

SEDEÑO FERRER, D. (1986): "Prospección arqueológica superficial realizada desde Gibraltar hasta las playas de Bolonia. Cádiz", *Anuario de Arqueología Andaluza, 1986, II. Actividades Sistemáticas*, 106-109.

— (1988): "Sobre la localización de *Iulia Traducta*: fuentes antiguas y relatos históricos modernos", *Actas del Congreso Internacional El Estrecho de Gibraltar (Ceuta, 1987),* Madrid, 811-819

SILLIÈRES, P. (1988): "Les villes antiques du littoral septentrional du détroit de Gibraltar", *Actas del Congreso Internacional El Estrecho de Gibraltar (Ceuta, 1987),* Madrid, 791-799.

SIMONET, F. J. (1983): *Historia de los mozárabes de España*, t. I, Madrid.

— (1888): *Glosario de voces ibéricas y latinas usadas entre los mozárabes: precedido de un estudio sobre el dialecto hispano-mozárabe*, Madrid (facs. 1982).

TERÉS, E. (1986): *Materiales para el estudio de la toponimia hispanoárabe: nómina fluvial*, Madrid.

THA (2003): *Testimonia Hispaniae Antiqua III: Medio físico y recursos naturales de la Península Ibérica en la Antigüedad*, ed. J. Mangas y M.M. Myro, Madrid.

TORREMOCHA A. y HUMANES, F. (1989): *Historia económica del Campo de Gibraltar*, Algeciras.

TOVAR, A. (1974): *Iberische Landeskunde, I, Baetica*, Baden-Baden.

TRAKADAS, A. (2005): "The Archaeological Evidence for Fish Processing in the Western Mediterranean", T. Bekker-Nielsen, *Ancient Fishing and Fish Processing in the Black Sea Region*, Aarhus, 47-82.

VICENTE LARA, J. I. y VICENTE OJEDA J. I. (2002): "La explotación de los recursos primarios en el Campo de Gibraltar en la Antigüedad", D. Bernal y L. Lorenzo, *Excavaciones arqueológicas en la villa romana del Puente Grande...*, Cádiz, 485-505.

VILLAR, F. (2000): *Indoeuropeos y no indoeuropeos en la Hispania prerromana*, Salamanca.

VOSSIUS, I. (1686): *Observationum ad Pomponium Melam Appendix*, Londres.

ZAMORA VICENTE, A. (1985): *Dialectología Española*, Madrid (1ª ed. 1960).

SALINAS DE INTERIOR Y SALAZONES EN EL MUNDO RURAL DE LA BÉTICA

P. SÁEZ
Universidad de Sevilla

La sal fue desde la antigüedad un producto deseado y considerado absolutamente necesario no sólo como conservante de productos de todo tipo sino como alimentación y medicina esencial tanto para personas como para el ganado. Incluso ese mismo sentido metafórico que hoy aplicamos para hablar tanto de ingenio como bohonomía, es algo que nos viene ya desde el mundo romano. La voz latina *sal*, aparte de designar el producto que todos conocemos, también significa "espíritu agudo, finura intelectual, humor" y en plural *salis* se identifica con "lisonjería, inteligencia, bromas, palabras agudas". Una cita de Plinio (*N.H.* 31,88) nos sitúa plenamente en la concepción que el mundo romano tenía sobre la sal: *Por tanto, una vida civilizada no puede pasar sin sal -¡palabra¡- y hasta el punto es un elemento necesario que ha pasado a designar también metafóricamente los placeres intelectuales, que toman su nombre de la sal; y todo lo que es agradable en la vida, la diversión, el descanso de las fatigas, no podría tener mejor nombre.* Cita que podría ser completada con otra en la que nos dice: *nada es más útil que la sal y el sol* (*N.H.* 31,102)

El mismo autor indica que la sal puede ser nativa (*nativus*) o fabricada (*facticius*). En nuestro caso nos interesa fundamentalmente el segundo tipo, es decir sal obtenida mediante la evaporación de agua salada. Pero esa evaporación, a juzgar por los testimonios arqueológicos y literarios conocidos no sólo en esta zona sino en otros muchos lugares, se podía obtener mediante la utilización de dos procedimientos. El primero de ellos por calentamiento ígneo, procediendo a cocer el agua salada o bien echándola sobre leños ardiendo con lo que *también el árbol se convierte en sal* como nos dice Plinio (*N.H.* 31, 82-83) indicando que esto es propio de galos y germanos, en la misma línea que establece Aristóteles (*Meteor*, 41) cuando nos dice que *cuecen el agua de una fuente y al enfriarla obtienen una sal insípida que no es blanca* de lo que ya se hace eco M. Besnier (*s.v.* sal). Testimonios arqueológicos sobre ello tenemos documentados en diferentes lugares aunque donde mejor lo están es en las costas de la Bretaña francesa (Gouletquer,Kleinmann 1972, 17 ss.; Lemmonier, 1984; AA.VV. 1998; Seller (ed.) 2002) aunque también la encontramos en Hispania (Delibes de Castro *et alii*, 1998, 155-197; Escacena *et alii* ,1996; Schubart, 1986, 200-227). El segundo procedimiento, en esta caso más conocido y utilizado, consistía en evaporar el agua salada mediante el calor solar (Besnier,*s.v.* sal;Manfredi, 1992, 8-11; García Vargas, 2001, 9 ss; Ponsich, 1988, 44-48; Chevallier, 1991, 53-60; Morère, 2001, 519 ss; Carrera, Madaria, Vives Ferrándiz, 2000,43-76; etc.) hasta obtener la sal.

Actas del Congreso Internacional *CETARIAE. Salsas y salazones de pescado en Occidente durante la Antigüedad*, Universidad de Cádiz, Noviembre de 2005, *B.A.R. int. ser.* 1686, Oxford 2007, 519-521.

Como venimos citando, es Plinio (*N.H.* 31,73-105) el autor que nos ofrece la información más exhaustiva de los lugares de donde se extraía, sus tipos, las técnicas de obtención de la misma, sus propiedades, etc. por lo que no vamos a extendernos más en otras consideraciones Así, cita a arroyos salados existentes en diversas zonas del Imperio romano (*Salsum Flumen* o *Flumina Salis:* Plinio *N.H.* 5,10) junto con pozos, fuentes o lagos también salados Plinio, N.H. 31,73; 82), diferenciados de la sal que se extraía de entornos marinos o bien de las minas. Por referirnos solamente a las segundas sabemos que eran muy apreciadas las minas de sal de Egelasta (Plin. *N.H.* 31,80), que parecen situarse en Carpetania y de las que se extraía una sal muy apreciada en medicina. Aulo Gellio (*Noct. Att.* 2,22,28-29) refiriéndose a una zona al norte del río Ebro dice que existe una montaña de sal pura y que cuanto más sal se extrae de ella, más crece la montaña. Debe tratarse de las mismas de sal de Cardona. En cuanto al hecho maravilloso, parece que estamos en presencia de una literatura paradoxográfica que también encontramos en otros pasajes de Plinio (*N.H.* 31,73;78; etc.) como el caso de la fuente hispana de agua dulce y potable pero en la que si se introducían las manos durante un rato se les pegaba una sal blanquecina (*Paradoxographus Palatinus*, 12,2). Son muy diversos los autores antiguos (Col. *De r.r.* 6,17,7; Veg. *Mul.* 3,27,5; 4,22,1; Pall. 3,19; Plin. *N.H.* 31,86) que atribuyen una gran poder de curación a la sal hispana procedente de minas.

También la Bética gozó de este predicamento puesto que conocemos ríos salados como otro *Salsum Flumen* que es citado en el *Bellum Hispaniense* (7,1) y que se localiza en el actual Guadajoz, en la actual provincia de Córdoba o los caso de minas de sal que cita Estrabón (III,2,6). Son los mismos topónimos que en la actualidad encontramos como arroyo Salado o del Saladillo propios de toda la geografía sureña. Por los restos que encontramos en la actualidad en distintas salinas de interior (Fernández-Palacios, 2004), entre las que podemos citar las de Valcargado en Utrera (Sevilla) o la existentes en La Torre, Borreguero, etc. en Écija (Sevilla), por ser las más conocidas hasta ahora por nosotros, no parece que se usaran las aguas del arroyo sino pozos excavados en sus proximidades o bien socavones o zanjas hechas en las venas de agua salada, haciéndola en este caso aflorar a la manera de fuentes, que corresponde al segundo grupo que cita Plinio cuando nos dice que "*en ciertos lugares de Hispania la extraen de pozos y la llaman salmuera*" Es posible que con los pozos, como ocurre en la zona de Sigüenza (Morère, 1991,223-235, 1994, 235-250; 2001, 519-528; Mangas, Hernando, 1990-91, 219-231) o, como plantea G. Delibes *et alii* ,(1998,170) *se buscasen captaciones más propias a las formaciones geológicas propiamente salíferas, al objeto de hacerse con salmueras naturales con mayor contenido de cloruro sódico.*

En general, siempre se ha relacionado la extracción de sal con las zonas costeras, donde alcanzó y alcanza niveles de producción muy altos. Y a su vez esta sal con la industria salazonera relacionada con los productos del mar. Es muy posible que gran parte de la sal que se consumió en zonas del interior fuese el resultado de comercio desde zonas costeras hasta los lugares de consumo. Pero el hecho de que cada vez se está constatando la existencia de salinas de interior que fueron puestas en explotación casi con toda seguridad en el mundo antiguo, añade un aspecto diferente a los usos que de esta fuente de riqueza se establecieron en comunidades fundamentalmente campesinas. Y es que no podemos olvidar la importancia que este producto tenía en todo tipo de actividades agropecuarias, al margen de la alimentación humana como producto de primera necesidad. Así, la dieta de sal que Catón (*Agr.* 58) establece para los esclavos es de un modio por persona y año (8,754 litros), es decir, unos 18,5 gramos por día cuando en la actualidad es suficiente con 7 u 8 gr. por día para mantener una dieta equilibrada en cloro. Ello puede ser debido a que la alimentación del mundo romano era fundamentalmente vegetal, y de ahí la necesidad de sal, con lo que era un producto imprescindible fundamentalmente para las clases bajas (André, 1981, 192). Está claro que en función del número de trabajadores de la explotación las necesidades para la alimentación humana suponían un capítulo importante. Para otro tipo de actividades, la sal seguía desempeñando un papel de primera importancia, entre los que es necesario destacar su utilización en alimentación animal, medicina veterinaria, medicina humana, en enología, en oleicultura, para la limpieza de lagar y *torcularia*, etc. Y una parte importantísima de esa utilización la constituyeron las salazones y conservas de productos vegetales o animales, indispensables para el buen funcionamiento de la explotación avícola o incluso como producto de exportación como será los casos de las salazones de carne, como se ha puesto de relieve desde el punto de vista arqueológico también en este Congreso. Son los trozos de carne de cerdo, llamado *sinciput* por los autores latinos (Morère, 2001, 524; Tchernia, Girard, Polpin , 1986, 244-255), que también se han encontrado en la zona celtibérica hispana (Fernández Nieto, Morère, Alfaro, e.p.) En otros casos nos han llegado informaciones orales de existencia de de restos de cordero en salazón en ánforas de "tipología púnica" (Chaves Tristán, García Vargas, 1991, 151). Sin ánimo de ser exhaustivos, a excepción de las referencias a Columela y Geoponica, indicamos un listado sobre las referencias a estas salazones:

Salmuera:

1.*Elaboración*: Col. De r.r. 12,6,1-2. Dicho sistema de elaboración es el mismo que conocemos en la actualidad. En muchos caso se extrae directamente de pozos salados, es decir, no hay que fabricarla. En algunos casos esta misma agua extraíada de pozos se utiliza en la actualidad para el aderezo de aceituna (González, Valor, 1997, 102)

2. *Conservante:*

Para aliños de aceitunas: Pall. 12,22,1-5; Geop. 9,30,1

Aceitunas *colymbádes*: Athen. 56 b; 133a; Col. 12,49,8 y 12,50,5; Plin. 15,16 y 23,73; Pall. 12,22,1; Diosc. 1,105,4. *Geop.* 9, 33. Referencias a exportaciones de las mismas en ánforas Dr. 23 procedente de la Bética con *tituli picti* en los que se indica *olivae colonbares*, forma vulgarizada de *colymbádes* sobre ánforas (CIL XV, 2, 4803 a y b y Beltrán,1970, 514 ss.)

Para la conservación de granadas: Col. 12,46,5, describiendo el método mucho más detalladamente. Es la línea seguida también por Plin. 15,60 y Pall. 4,10,7. Apicio (1,12,2) también se hace eco aunque de forma muy escueta. Geop. 10,38,7

Para la conservación de almendras: Pall. 2,15,12; *Geop.* 10,58;

Para la conservación del queso: *Geop.* 18,19,7

Para conservación de huevos: *Geop.*14,16,6-7

Para la conservación de pepinos: *Geop.*12, 19,15 y 17; Plin. 19,73

Para conservación de nabas: Col. 12,56,1, es decir, para conservas vegetales puesto que el mismo Columela al comentar las operaciones que hay que realizar: *como acostumbran los conserveros (salgamarii).* Esto indica que al igual que existían *salsamentarii* como conserveros de pescado, existirían *salgamarii* o conserveros de frutos y verduras, todo ello al margen de las conservas que a nivel casero se pudieran realizar.

Más conservas de vegetales en salmuera: Col. 12,7: más conservas de vegetales: en salmuera: *De r.r.12,7*: retallos y tronchos de col, alcaparra, tallos pequeños de apio, ruda, flor de apio caballar con su tallo, flor de cañaheja con su tallo, flor de chirivía silvestre o cultivada, con su tallo, el tallo de la vidalba, del espárrago, del brusco, de la nueza negra, del digital, del poleo, de la nébeda, de la lapsana, del hinojo marino.

Sal:

1. *Conservante*

Para la conservación de harina: *Geop.* 2,31,2.

Para conservación de uvas: *Geop.* 4,15,10.

Para aliños de aceitunas de muy diversos tipos: Pall. 12,22,1; 4; 5; 9,28,1; 29; 30,1-2; 32 1-3

Para conservación de huevos: *Geop.*14,16,6-7

Para la conservación de peras: *Geop.*10,25,2

Para conservación de la leche: *Geop.*18,19,4

Para la conservación del queso: *Geop.* 18,19,7

Otras conservas vegetales: verdolagas e hinojos cultivados: no le va bien la salmuera sino la sal: Col. *De r.r.* 12,13,2

nabos: sal y salmueraCol. *De r.r* 12,56

ciruelas y cornejo: sal Col. *De r.r.* 12,10,3

para un tipo específico de uvas pasas: sal Col. *De r.r.* 12,16,3 énula campana: sal Col. *De r.r.*12, 48,2

apio caballar: sal Col. *De r.r.* 12, 58,1

2. *Salazones de carne* (André, 1981, 141 ss.)

Catón, *Agr.* 88; Col. *De r.r.* 12, 6; 8,2; 55, etc.; Col. *De r.r.* 12,4,4; 12,55,3-4 y Varr. R.r. 2,4,3.*Geop.* 19,9 Col. 12,55,1-4. Cfr. Cat. 162; Varr. *apud* Plin. 20,218; también codornices en *Geop.* 20,13.

La simple observación de la relación de usos de la sal en la explotación agrícola, sólo como conservante, viene a confirmar las necesidades que de este producto pudieron existir en el mundo rural antiguo. La proximidad de salinas en algunas explotaciones pudo llevar a plantearse la extracción de este producto de primera necesidad. La puesta en explotación de dichas salinas debió tener su importancia para una comunidad eminentemente rural por la posibilidad de acceder a la sal con relativa facilidad. Es muy posible que algunas de esas salinas fuesen a su vez una fuente de riqueza para la misma curia municipal o colonial o incluso un acicate más en la explotación de determinadas salinas por parte de particulares. Pero sobre estas cuestiones volveremos en un trabajo posterior.

Bibliografía.

AA.VV. (1998): *L'exploitation du sel dans la France protohistorique et ses marges*. Table ronde du Comité des Salines de France, París, Mayo 1998. http://www.chez.com./rouzeau/selweb/seminaire/intro/resumes.htm.

ANDRE, J. (1981): *L'alimentation et la cuisine à Rome*, París.

BELTRÁN, M. (1970): *Las ánforas romanas en España,* Zaragoza.

BESNIER, M. : *s.v. sal.*, DAREMBERG-SAGLIO-POTTIER, *Dictionnaire des Antiquités grecques et romaines,* París.

CARRERA, J.C., MADARIA, J.L. DE y VIVES-FERRÁNDIZ, J. (2000): "La pesca, la sal y el comercio en el Círculo del Estrecho. Estado de la cuestión" *Gerión* 18, 43-76.

CHAVES TRISTÁN, F., GARCÍA VARGAS, E. (1991): "Reflexiones en torno al área comercial de *Gades*: Estudio numismático y económico", *Alimenta. Estudios en Homenaje al Dr. Michel Ponsich, Gerión.* Anejos III- 1991, Madrid.

CHEVALLIER, R. (1991): "Réflexions sur la sel dans l'histoire romaine; un produit de première nécessité insaisissable", *Gerión. Homenaje a M. Ponsich,* Universidad Complutense de Madrid, Madrid, 53-60.

DELIBES DE CASTRO, G. *ET ALII*, (1998): "Santioste, una factoría salinera de los inicios de la Edad del Bronce en Oteros de Sariegos (Zamora)" *Studia Archaeologica* 88, 155-197.

ESCACENA, J.L., *Et Alii* (1996): *Guadalquivir salobre: elaboración prehistórica de sal marina en las antiguas bocas del río,* Sevilla.

FERNÁNDEZ NIETO, F.J., MORÈRE, N. y ALFARO GINER, C. (e.p.): "Le sel chez les Celtes hispaniques. Le cas de Celtibérie", *Congrés de la Commision Internacional de l'Histoire du Sel. Cagliari. Septembre 98.*

FERNÁNDEZ-PALACIOS CARMONA, J.M. (dir.) (2004): *Salinas de Andalucía* Junta de Andalucía, Consejería de Medio Ambiente.

GARCÍA VARGAS, E. (2001): "Pesca, sal y salazones en las ciudades fenicio-púnicas del sur de Iberia", *De la mar y de la tierra. Producciones y productos fenicio-púnicos. XV Jornadas de Arqueología fenicio-púnica,* Ibiza, 9-66.

GONZÁLEZ JIMÉNEZ y VALOR PIECHOTTA, M. (1997): "Sal y salinas en el reino de Sevilla. Informe provisional" A. Malpica y J.A. González Alcantud (ed.), *La Sal: del Gusto Alimentario al Arrendamiento de Salinas. Congreso Intern. De la CIHS, Granada 7-11 septiembre, 1995,* Granada, 95-128.

GOULETQUER, P.L. y KLEINMANN, D. (1972) : "Les salines historiques et protohistoriques des côtes occidentales de l'Europe", *97º Congrès Nacional des Sociétés Savants,* Nantes, 17-49.

LEMMONIER, P. (1984) : *Les salines de l'Ouest.Logique technique, logique sociale,* Paris.

MANFREDI, L.I. (1992): "Le saline e il sale nel mondo punico" *RSF,* 20/1, 8-11.

MANGAS, J. y HERNANDO, M.R. (1990-91): "La sal y las relaciones intercomunitarias en la Península Ibérica durante la Antigüedad", *MHA* 11-12 , 219-231.

MORERE, N. (1991): "L'exploitation romaine du sel dans la région de Sigüenza ", *Gerión. Homenaje al Dr. M. Ponsich.* Universidad Complutense de Madrid, Madrid, 223-235.

MORÈRE, N. (1994): "La sal en la Península Ibérica. Los testimonios literarios", *HAnt.* 18,1994, 235-250.

MORÈRE, N. (2001): "La sal según la Geografía de Estrabón. Un mapa de la sal y algunas aportaciones", *Actas del I Congreso Internacional de Historia Antigua La Península Ibérica hace 2000 años,* Valladolid, 519-52.

PONSICH, M. (1988): *Aceite de oliva y salazones de pescado. Factores geo-económicos de Bética y Tingitania,* Madrid.

SCHUBART, H. (1986): "Hallazgos fenicios y del Bronce Final en la desembocadura del río Guadiaro (Cádiz)" *AAA'86*, II, 200-227.

SELLER, O. (ed.) (2002) : *Archéologie du sel: tecniques et sociétés dans la Pré- et Protohistoire européenne.* XIV Congrès de UISPP. Liège, Septembre 2001, Leidorf.

TCHERNIA, A., GIRARD, M. y POPLIN, F. (1986): "L'exploitation de la mer. Les moyens d'echanges et de communication", *VI Rencontres internacionales d'Archéologie et d'Histoire. Antibes 1985,* Saint Jean les Pins, 244-255.

EL COMERCIO DE SALSAS Y SALAZONES DE PESCADO EN EL ÁREA ONUBENSE

J. M. CAMPOS
Universidad de Huelva

Hasta fechas muy recientes, la Romanización y la consiguiente explotación económica del territorio de la actual provincia de Huelva era uno de los aspectos menos conocidos por la investigación arqueológica que se ha desarrollado en ella. Sin embargo, en la última década los avances en este sentido han sido bastante importantes, destacando, para lo que interesa a este congreso, el estudio de las pesquerías, prácticamente olvidado como consecuencia de la excesiva atención prestada a la minería romana.

La importancia adquirida por la economía pesquera de la costa de Huelva ya se intuía desde que G. Bonsor (1928) y A. Schulten (1945) excavaron en el Cerro del Trigo en busca de Tartessos y encontraron un poblado romano de pescadores, con zona industrial con piletas de salazones y necrópolis y desde que M. del Amo (1976) excavó la factoría de salazón de las calles Palos y Millán Astray de Huelva, constituyendo ambos descubrimientos un ejemplo que debería ser más extenso en toda la orla litoral, como hemos podido constatar en los recientes trabajos. Posteriormente, en la primera gran obra sobre las salazones hispanas y norteafricanas, Ponsich y Tarradell (1965) apenas incluyeron dos más, Las Naves y Torre del Loro, entrando desde entonces este tipo de investigaciones en el más absoluto de los silencios. Sólo las recientes investigaciones, basadas en prospecciones de superficie y en la excavación de varias de estas factorías, han mostrado un panorama bien diferente (Campos, Pérez y Vidal, 1999 y Campos y Vidal, 2006). Con todo, es preciso señalar que sólo muy recientemente se ha comenzado a desarrollar el análisis de aspectos relacionados con la comercialización de productos y la fabricación de contenedores (Campos, Pérez y Vidal, 2004 y Pérez, Campos y Vidal, 2001).

Desde momentos republicanos la minería y la metalurgia del cobre y de la plata ejercieron un papel capital en la explotación económica del ámbito onubense. Ya desde época protohistórica, y especialmente en el período tartésico, *Onoba* fue centro receptor y distribuidor de esta producción, que alcanzó su momento de máximo esplendor a lo largo de siglo I d.C. y la primera mitad del siglo II d.C. Es ahora cuando el Estado romano explota directamente las minas con la ayuda de los *procuratores metallorum*, que controlan los arrendamientos de los pozos mineros a los *conductores*, y cuando *Onoba* pasó a convertirse en un punto indispensable para la comercialización de los productos mineros. No extraña, por tanto, que la ciudad adquiriera el máximo rango jurídico, el de *colonia*, y los privilegios que Roma concedía a las ciudades. Ningún núcleo del ámbito onubense recibiría tal privilegio, y aquellos que fueron promocionados, lo serían sólo a la categoría de *municipium* en época flavia. La atención prestada a la zona minera por su producción de plata y cobre al reservarse el estado su explotación (Pérez Macías, 2002), hizo desencadenar una fuerte migración hacia estas minas desde otras provincias hispanas a comienzos del siglo I d.C. (Blanco y Luzón, 1966). Es, además, en este contexto histórico en el que hay que situar la colonización agrícola de la campiña, que ya se había producido con anterioridad en algunos sectores de la zona serrana (Campos, Vidal y Pérez, 2000), y el inicio de las producciones de salazones en los enclaves costeros, para producir los alimentos necesarios para el abastecimiento de los numerosos poblados mineros del Andévalo. Era una producción agrícola y pesquera cuya distribución y comercialización estaba asegurada en las comarcas cercanas. No es de extrañar, por tanto, que de esta época daten los primeros centros productores de salazón en el litoral como son los casos de Huelva (Amo, 1976), el Eucaliptal (Campos y Vidal, 2006) y el Cerro del Trigo (Campos *et alii*, 2002) donde se detectan niveles de los siglos I- II d.C. y que posiblemente orientarían sus producciones a abastecer estos territorios agrícolas y mineros, limitándose por tanto a un mercado interior de corto-medio alcance desarrollado por vía terrestre y fluvial.

Los indicadores arqueológicos obtenidos en las prospecciones y excavaciones sobre enclaves romanos del territorio onubense nos dan buena prueba de ello, como demuestra el registro anfórico obtenido en los diferentes enclaves analizados. Así, tanto en la campiña como en la zona minera de Huelva son corrientes los envases béticos de salazones como los tipos Beltrán I y II A y B y Dressel 7/11, citando entre otros los poblados mineros de Tharsis, Cueva de la Mora, Buitrón, Sotiel Coronada, Cala y Aznalcóllar (Pérez, Campos y Vidal, 2001). Este tipo de ánforas predomina también en el *praesidium* del Cerro del Moro en Nerva (Pérez Macías, 1990). Este abastecimiento, demostrado desde época Julio-Claudia seguiría en la segunda mitad del siglo I d.C. hasta el momento en que las minas alcanzan su máximo rendimiento, a lo largo de la primera mitad del siglo II d.C.

Más recientemente hemos constatado la ampliación de este mercado hacia zonas más alejadas, como la *Baeturia Céltica,* donde en las excavaciones de la ciudad hispanorromana de *Turobriga* se detecta la presencia de ánforas de salazones de los tipos Beltrán IIA, Beltrán IIB, Dressel 14 y Dressel 7-11 (Campos *et alii*, e.p.) la mayoría de ellos procedentes probablemente de los alfares de la provincia (Campos, Pérez y Vidal, 2004) con una cronología situada entre mediados del siglo I d. C. y fines del siglo II d.C.

Las instalaciones alfareras en la campiña y la costa están estrechamente relacionadas con estos comienzos de explotación sistemática del territorio. Las villas rústicas y las fábricas de salazones necesitaron de estas industrias para el almacenamiento y envasado de estas producciones, a la vez que la proliferación de núcleos rurales y costeros y el incremento de la población hacia necesario también la elaboración de menajes cerámicos y materiales de construcción. Se observan, sin embargo, diferencias entre los distintos centros alfareros, en los relacionados con la producción agrícola, cuya producción

Actas del Congreso Internacional *CETARIAE. Salsas y salazones de pescado en Occidente durante la Antigüedad*, Universidad de Cádiz, Noviembre de 2005, *B.A.R. int. ser.* 1686, Oxford 2007, 523-525.

se reduce a la elaboración de contenedores, cerámicas comunes y materiales de construcción, y los agrícolas y pesqueros situados en lugares ventajosos para el comercio fluvial y marítimo, en los que destaca la producción anfórica para el transporte.

La intensificación de la explotación minera y el auge de la producción de salsas y salazones a partir del siglo II d. C. permite una ampliación en las estrategias comerciales detectándose un comercio a larga distancia por vía marítima como puede inferirse del hallazgo del pecio Planier (Laubenheimer y Gallet, 1973; Parker, 1992), donde se encontraron lingotes de cobre de procedencia onubense, que hacen alusión a los *procuratores* de la *Coloniae Onobensis,* junto a ánforas de salazones béticas del tipo Beltrán IIB. Aunque, ciertamente, los distintos puntos de carga de los *navicularii* no certifican esta asociación, si permite sospechar que *Onoba*, hacia donde confluía el tráfico fluvial de las alfarerías y embarcaderos de Niebla y donde se hallaban también otras alfarerías, pudo convertirse en el gran puerto de embarque de estos productos metalúrgicos del Andévalo y de las salazones de la costa.

Hacia el siglo II d.C. la masiva explotación de las minas comenzaría a cambiar paulatinamente, cuando los primeros signos de la crisis minera hicieron su aparición. Es en este momento preciso cuando se advierte una gran revitalización de los establecimientos pesqueros destinados a la fabricación de salazones y salsas de pescado *(cetariae)* en *Onoba,* y la proliferación de pequeños núcleos pesqueros en su litoral *(vici maritimi)* dedicados a la elaboración de salazones y a otros productos derivados de la pesca, como la industria de la púrpura. Esta situación también se constata en la vecina costa portuguesa en relación a la producción y envase de productos de estas factorías-piletas, hornos de ánforas, etc. (Alarçao y Mayet, 1990).

A fines del siglo III d.C. y sobre todo en los siglos IV, V e incluso VI d.C., en los que la minería había pasado a ser una actividad testimonial dedicada a la producción de cobre, estas instalaciones se hicieron más grandes y abundantes. Por todo ello, a manera de conclusión preliminar, pensamos que el esplendor de esta etapa tardía de la elaboración de salsas de pescado en la provincia de Huelva, tiene que ver precisamente con el decaimiento y abandono de la actividad minera en todo el suroeste (Blanco y Rothenberg, 1981). El descenso de la producción de metales en el suroeste a lo largo de los siglos III al V d.C. quizás explique que, ante los cada vez más parcos recursos mineros y nulas expectativas económicas de rendimiento de estas inversiones, el interés mostrado por el capital hispanorromano en el arrendamiento de pozos en las cuencas mineras se dirigiera ahora a otros sectores más lucrativos, como la producción de salazones. Gracias a ello, el puerto de *Onoba* pudo seguir activo gracias a esta diversificación económica que derivó en el aprovechamiento de los productos pesqueros que habían comenzado a explotarse desde la segunda mitad del siglo II d.C.

En resumen, los estudios sobre el comercio de las salsas y salazones que se producen en el área onubense se encuentran en un estado absolutamente embrionario, constituyendo una de las líneas de investigación que es necesario priorizar desde el Área de Arqueología de la Universidad de Huelva. No obstante, y a pesar de los escasos estudios realizados, puede afirmarse que desde al menos los comienzos del siglo I d.C. se detecta un comercio hacia los mercados próximos de la campiña y la zona minera y los más alejados de la *Baeturia celtica* coincidiendo con la colonización agrícola de estos sectores y el auge de la minería. Este comercio, representado sobre todo por las ánforas Beltrán IIA, Beltrán IIB, Dressel 14 y Dressel 7-11, debió realizarse por vía terrestre y fluvial y se desarrolla durante toda la época altoimperial hasta la crisis de la minería a fines del siglo II d. C. Este auge de la explotación del territorio en la primera mitad del siglo II facilitaría que el puerto de *Onuba* se convirtiera en el puerto de embarque tanto de productos mineros como pesqueros según nos indica el pecio Planier que podría indicarnos un comercio a larga distancia por vía marítima. Será, sin embargo, a partir del s. III y durante los siglos IV y V cuando ante el escaso rendimiento de las minas, las salazones y otros productos pesqueros se conviertan en las principales mercancías de exportación, representado en este caso por las ánforas tardías Keay XVI/XXII, XXIII y XIV. Todo ello manifiesta claramente que la zona onubense no vivió ajena al auge económico del comercio del sur de *Hispania* en época alto-imperial. Incluso las ánforas tardías antes citadas, características tanto del litoral lusitano como de los centros béticos (Bernal Casasola, 2001), sugieren una gran interrelación de todos estos centros atlánticos.

Bibliografía

ALARÇAO, A. Y MAYET, F. (1990): *Les amphores lusitaniennes: typologie, production et commerce,* París.

AMO, M. DEL (1976): "Restos materiales de la población romana de *Onuba*", *Huelva Arqueológica, II*, 21 ss.

BERNAL CASASOLA, D. (2001): "La producción de ánforas en la Bética en el siglo III y durante el Bajo Imperio romano", *I Congreso Internacional Ex Baetica Amphorae, I*, Écija, 239 ss.

BLANCO, A. y LUZÓN, J.M. (1966): "Mineros antiguos españoles", *Archivo Español de Arqueología, 39*, 79 ss.

BLANCO, A. y ROTHENBERG, B. (1981), *Exploración Arqueometalúrgica de la provincia de Huelva*, Barcelona.

BONSOR, J. (1928): "Tartessos. Excavaciones practicadas en 1923 en el Cerro del Trigo. Término de Almonte", *Memorias de la Junta Superior de Excavaciones y Antigüedades, 97.* Madrid.

CAMPOS, J.M., GÓMEZ, A.; VIDAL, N.O.; PÉREZ, J.A. y GÓMEZ, C. (2002): "La factoría romana de El Cerro del Trigo (Doñana, Almonte, Huelva)", *Anuario Arqueológico de Andalucía, 1999, III*, Sevilla. 330-348.

CAMPOS, J.M.; PÉREZ, J.A. y VIDAL, N.O. (1999): *Las cetariae del litoral onubense en época romana*, Universidad de Huelva.

CAMPOS, J.M.; PÉREZ, J.A. y VIDAL, N.O. (2004): "Alfares y producciones cerámicas en la provincia de Huelva. Balance y perspectivas", B.A.R. Internacional Series, 1266. Oxford. 125-160.

CAMPOS, J.M. y VIDAL, N. (2006): "La industria pesquera en época romana en el litoral onubense", *I Conferencia Internacional sobre la Historia de la Pesca en el Ámbito del Estrecho.*

CAMPOS, J. M., VIDAL, N. y PÉREZ, J. A. (2000): "La Ciudad Romana de *Turobriga*. Un modelo urbano en los llanos de Aroche (Huelva)", *Anales de Arqueología Cordobesa, 11.*

CAMPOS, J .M. *Et Alii*, (e.p.): "Intervención puntual en la ciudad hispanorrromana de Turobriga. Campaña de 2004", *Anuario Arqueológico de Andalucía 2004.*

LAUBENHEIMER, F. y GALLET, H. (1973): *Recherches sur les lingots de cuivre et de plomb d'époque romaine de Languedoc et de Provence-Corse*, Paris.

PARKER, A.J. (1992): *Ancient shipwrecks of the mediterranean and roman provinces*, B.A.R. International Series, 580, Oxford.

PÉREZ, J.A. (1990): *El Cerro del Moro (Nerva, Huelva). Campaña arqueometalúrgica de 1984. Nervae Monografía, 1,* Nerva.

PÉREZ, J.A. (2002): "*Metalla* y *territoria* en el oeste de la *Baetica*", *Habis, 33*, 407 ss.

PÉREZ, J.A., CAMPOS, J.M., y VIDAL, N. (2001): "Producción y comercio en el Oeste de la Bética según la circulación anfórica", *I Congreso Internacional Ex Baetica Amphorae, I*, Écija, 427 ss.

PONSICH, M. y TARRADELL, M (1965): *Garum et industries de salaisons dans la Méditerranée occidentale*, París.

SCHULTEN, A. (1945): *Tartessos*, Madrid.

LA DISTRIBUCIÓN INTERIOR DE LAS SALAZONES DE PESCADO (ÉPOCA ROMANA)

E. GARCÍA VARGAS
Universidad de Sevilla

1.- Factorías de salazón de pescado y dinámica litoral.

Los análisis arqueofaunísticos realizados en el yacimiento fenicio de la Torre de Doña Blanca (Puerto de Santa María, Cádiz) pusieron de manifiesto en su día (Roselló Izquierdo y Morales Ruiz, eds., 1994), un cambio evidente en el ecosistema del entorno del establecimiento protohistórico gaditano entre los siglos VIII y V a. C. La transformación más evidente consistía en la pérdida de la condición costera del mismo y la consiguiente continentalización del entorno inmediato del yacimiento. En los niveles del siglo VI a. C. de Doña Blanca, los restos de atún (Roselló Izquierdo y Morales Ruiz, 1994, 118 y 124) se interpretan como una importación de individuos en conserva desde el entorno costero cercano. A partir de este momento, las especies presentes se identifican como las propias de un medio de tipo estuarino en las que los escasos taxones correspondientes a peces marinos se justifican por el carácter anfídromo de especies cuya presencia en lagunas salobres y esteros resulta habitual.

El hallazgo reciente en la ciudad de Sevilla, la antigua *Colonia Romula Hispalis*, de un establecimiento de salazón de pescados activo en la segunda mitad del siglo I d. C. (Amores Carredano *et alii*, 2006) nos pone ante otro de estos casos de "alejamiento" progresivo de un enclave con respecto al mar. El relleno en los tiempos históricos del estuario del Guadalquivir, el conocido *Lacus Ligustinus*, por los aportes del propio río ha dejado hoy a la ciudad en una posición geográfica que sin duda podríamos calificar como de interior, a casi cien kilómetros de la costa más cercana; hacia el cambio de Era, sin embargo, el relleno del golfo del Guadalquivir no había avanzado tanto (Arteaga, Schulz y Roos, 1994, 120), y el carácter semicostero de la ciudad por entonces justificaría la presencia entre los restos de peces de la factoría de salazones sevillana (Lozano-Francisco, 2005) de especies marinas (sardina, brótola) junto a otras anfídromas o estuarinas (mújol, baila y rodaballo).

2.- Salazones de pescado y navegación fluvial.

El papel de las lagunas costeras y de los estuarios como áreas de enlace entre la navegación marítima y la fluvial (Parodi Álvarez, 2001) se pone en evidencia en el caso de la propia *Hispalis*, donde un conjunto importante de inscripciones relacionadas con la *annona* imperial (últimamente Chic *et alii*, 2001) refleja la importancia de la ciudad como centro de recepción y expedición del aceite annonario del interior de los valles del Guadalquivir y del Genil. Las excavaciones recientes en el solar del antiguo Mercado de la Encarnación de Sevilla (Amores Carredano y González Acuña, e. p.) documentan un número elevado de importaciones de ánforas vinarias y salsarias de los mismos tipos que se encuentran un poco por todas partes en el interior del valle del Guadalquivir; ello apunta de nuevo hacia el carácter nodal del puerto sevillano y el importante papel de la ciudad en un tráfico comercial que tenía al río Guadalquivir como eje principal de comunicación.

La situación es similar en otros lugares del Imperio, aunque la desembocadura del Ródano resulta especialmente importante en relación a la distribución interior de las salazones y las salsas de pescado. El hallazgo frecuente en las ciudades de este entorno geográfico de ánforas salsarias béticas (Liou, 1987), con o sin inscripciones pintadas, parece un índice fiable acerca de la importancia de la región en el tráfico de las salazones béticas hacia el interior de la Galia. Una de estas ánforas procedente de Arlés y recientemente publicada (Ehmig, Liou y Long, 2004), ilustra acerca de la importancia de este tránsito: se trata de una Dressel 12 que lleva un *titulus* en el cual se indica que contuvo *gari scombri flos* destinado a *Caius Saturius Secundus*, *procurador Augusti* para la provincia de *Raetia* entre 78 y 80 d. C. Esto significa que esta ánfora, que por alguna razón accidental acabó su viaje antes de tiempo en el fondo del Ródano, debía haber continuado su camino a lo largo del Ródano desde Arlés hasta el lago Léman y, desde aquí, por complejas rutas terrestres, hasta *Augusta Vindelicorum* (Ausburg), en el interior de Baviera.

Un conjunto de inscripciones pintadas sobre ánforas salsarias gaditanas del tipo Beltrán IIa recuperadas en Maguncia (Martin-Kilcher, 2002) relaciona a los comerciantes narbonenses de la familia de los *Vritii*, en especial a *L. Vritius Verecundus*, con el comercio de las salazones hispanas desde sus puestos de origen hasta *Germania* a través del eje del Ródano-Rin (Martin-Kilcher y Desbat, 1987). St. Martin Kilcher ha destacado la importancia en esta ruta del puerto fluvial de Lyon, navegable con naves marinas, proponiendo el traslado a granel de salazones hispanas hasta esta localidad (Martin-Kilcher, 1990), donde serían envasadas en ánforas fabricadas localmente y luego reexpedidas por vía fluvial hacia los establecimientos del Rin, donde la demanda civil y militar de productos hispanos fue importante en los dos primeros siglos de la Era.

3.- Salazones de pescado y suministro militar.

El hallazgo de un conjunto creciente de *tituli picti* sobre ánforas salsarias con indicaciones que las relacionan con cargos militares diversos (Ehmig, 1996, 2001) pone sobre la mesa la cuestión del suministro de salazones y salsas de pescado hacia los establecimientos militares. Aquí nos interesa menos la controvertida existencia, antes del Bajo imperio, de una *annona militaris* diferenciada de la civil que la constatación de que la demanda militar constituyó siempre una buena razón para encaminar hacia el interior unas salazones que de otra forma difícilmente habrían alcanzado algunas regiones.

Actas del Congreso Internacional *CETARIAE. Salsas y salazones de pescado en Occidente durante la Antigüedad*, Universidad de Cádiz, Noviembre de 2005, *B.A.R. int. ser.* 1686, Oxford 2007, 527-532.

Los testimonios más antiguos de un suministro militar de salazones al ejército romano operando en el interior de la Península Ibérica están constituidos por las ánforas púnicas del tipo 9.1.1.1 (Sanmartí, 1985 a y b) halladas en los campamentos numantinos (ca. 133 a. C.) y las LC 67 (Fabião, 2001) de Lomba do Canho (Arganil, Portugal) y Mesas do Castelinho (Almodóvar), mientras que las Dressel 7-11 de tipología antigua (60-40 a.C.) de Ginebra, o Tirancurt (Amiens) documentan el suministro militar de las legiones tardorrepublicanas en las Galias Céltica y Bélgica respectivamente (Martin-Kilcher, 2001, 768).

Los niveles más antiguos de Lyon (Desbat y Lemaître, 2001), fechados entre 40 y 20 preludian la avalancha de ánforas salsarias béticas que alcanzaron el interior de Europa en los dos primeros siglos de la Era. En campamentos como Rödgen, Maguncia, Augst, Dangstetten, Vindonissa, Augsburg-Oberghausen o Lorenzberg (Schallmayer, 1983) las ánforas de salazón de la bética están presentes desde época augustea y testimonian por ello la importancia del suministro militar de conservas de pescado. La ruta del Ródano-Rin, señalada con anterioridad, parece haber supuesto desde el principio un eje fundamental de aprovisionamiento del *limes* en mercancías envasadas en ánforas, pero no hay que desestimar una ruta atlántica sobre la cual existen cada vez más testimonios arqueológicos (Marimon Ribas, 2002).

Cesar Carreras ha señalado recientemente (1997, 1998) la importancia del sistema de abastecimiento romano en la distribución del aceite bético hacia los establecimientos militares del interior de la Gran Bretaña. A pesar de que la salazón era, al contrario del aceite, un producto no subvencionado, el mapa de distribución en el interior de *Britannia* de las ánforas Dressel 7-11 (http://www.potsherd.uklinux.net) muestra un panorama muy similar al respecto de las ánforas olearias, lo que significa que, a pesar del incremento notable que el transporte terrestre suponía sobre el coste final del producto, éste era transportado muchas millas al interior en ánforas cuando se juzgaba necesario o cuando había alguien dispuesto a consumirlo y pagar por él.

4.- Salazones de pescado y mercado civil (urbano y rural).

La presencia en Masada, en el interior de Israel (Cotton, Lernau y Goren, 1996), de testimonios evidentes acerca del consumo de salazones hispanas en una localidad del desierto de Judea cercana al Mar Muerto, pero a cientos de kilómetros de la costa mediterránea, demuestra hasta qué punto era posible encaminar hasta lugares lejanos productos ícticos exóticos en función de la demanda. Los restos de fauna del Mar Rojo en conserva hallados en el interior de una cantimplora de Petra (Jordania) indican igualmente que las salazones de pescado llegaban hasta lugares remotos, incluso a lomos de camellos como sucedía en Palmira, según la conocida tarifa de 137 d. C. (*CIS*. II.3.1 (1926) 3913) que imponía una tasa de diez denarios por ánfora de *tarichos*. La lejanía y las cargas aduaneras hacían del consumo de estas producciones un lujo al alcance de sólo unos pocos, y así, un ánfora de Masada señala en su *titulus* (*garum basileos*) que pertenecía a las provisiones del rey (¿Herodes?); pero esto era la excepción más bien que la norma en aquellos lugares en que había acceso al mar a través de una ruta navegable, donde siempre fue posible contar con salazones de menor precio (García Vargas, 2004a, García Vargas y Camacho Moreno, 2005).

Ya se ha señalado que los ríos navegables desempeñaron un importante papel en el abastecimiento de los ejércitos en combate o de los destacamentos legionarios estacionados en campamentos más o menos fijos. La presencia de los ejércitos fue un factor importante de romanización en las zonas recién pacificadas del Imperio, también al nivel de los consumos alimenticios, por lo que a la demanda militar de salazones pronto se añadió una demanda civil desde las fronteras, incluso en lugares de difícil acceso. Un ánfora Dressel 6 de Salzburgo (Lepiksaar, 1986) en cuyo interior se hallaron los restos de un producto confeccionado con 25 especies diferentes, entre las cuales las sardinas suponían un 78%, ilustra esta demanda civil de salazones baratas para el consumo corriente, en este caso procedentes del Adriático, a unos 350 km. de la ciudad alpina.

En las provincias de vieja romanización y habituadas desde antiguo al consumo de la salazón del pescado se advierte también a partir de la época de Augusto un incremento notable en la demanda de productos de calidad mediana y baja. La distribución de estas salazones hacia el valle del Guadalquivir, en la provincia hispana de Bética, ha sido objeto de atención reciente (García Vargas y Camacho Moreno, 2005); en el interior del valle bético, las ánforas salsarias procedentes de excavaciones en ciudades como Sevilla (*Hispalis*), Carmona (*Carmo*), Écija (*Astigi*) o Córdoba (*Corduba*) muestran un panorama dominado por las salazones gaditanas entre los siglos I y II d. C., en el que los *tituil picti* señalan a menudo hacia productos de bajo coste, como la *muria* (Rodríguez Temiño, 1990), similares seguramente a los fabricados en los saladeros de la propia Sevilla (Amores *et alii*, 2006). El estudio de García Vargas y Camacho Moreno demuestra que la distribución interior de las ánforas de salazón sobrepasa el marco urbano y alcanza los establecimientos rurales de la zona, llegando incluso a aparecer como elementos de consumo en los alfares villáticos productores de ánforas olearias (García Vargas, 2000, 2003, García Vargas y Camacho Moreno, 2005), aunque seguramente la distribución de las ánforas se hiciera a partir de las ciudades más importantes.

Un estudio en curso de las ánforas altoimperiales de Sevilla permitirá profundizar en el estudio del papel de la ciudad en este comercio hacia el interior del valle, así como valorar el consumo de salazones en Sevilla con respecto al resto de las mercancías importadas en ánforas. A falta aún de una cuantificación ajustada, la impresión que emerge es la de un "mercado" dominado por el aceite local y las salazones atlánticas, seguidas a cierta distancia por las salazones lusitanas (ánforas Dressel 14 lusitanas) y el vino galo (ánforas G4) bético (ánforas H70), campano (ánforas Dressel 2-4) e ibicenco (ánforas PE 17 y 24). Llama la atención no tanto la variedad de lugares de procedencia (que incluyen Lípari, en las islas Eolias: Richborough 527), como el hecho de que casi todos se encuentran a lo largo de las líneas de distribución annonarias, tanto en la ruta atlántica como en la mediterránea. Esto no quiere decir que se trate de mercancías annonarias, categoría que para el Alto Imperio sólo incluyó el aceite bético, sino más bien que en su comercio se aprovecharon las rutas y los puertos de embarque y distribución habitualmente empleados por los *mercatores* que contribuían al abastecimiento oficial de la Ciudad y las fronteras.

El innegable papel desempeñado por la annona imperial en la creación o reactivación de los "mercados civiles" (García Vargas, 2004b con respecto a la monetización de estos mercados) debe contemplarse seguramente en el contexto de una economía en la que los mecanismos clásicos de la oferta y la demanda debieron ser mucho más débiles de lo que normalmente se asume, pues el "mercado libre " tenía que competir con otras formas institucionalizadas de redistribución: la propia annona imperial y el evergetismo ciudadano (Chic García, 2005b). Éste último (Melchor Gil, 1993, 1994, 1999), con hondas raíces en las formas políticas anárquicas de las comunidades primitivas, supuso un transvase constante de riqueza con dirección a las clases ciudadanas menos favorecidas que se beneficiaban de la necesidad que las aristocracias ciudadanas sentían de "comprar" mediante repartos de riqueza el prestigio, la preeminencia social y los cargos municipales. Los repartos no siempre lo eran pura y simplemente de alimentos, sino que a veces se hacían desembolsos en metálico y, con frecuencia, la munificencia cívica se materializaba en una política más o menos ambiciosa de construcciones públicas que repercutía en la monetización del mercado gracias a los desembolsos exigidos por las obras. En cualquier caso, el resultado era siempre un aumento general de la demanda de bienes de primera necesidad y un incremento del numerario básico en circulación, con el consiguiente estímulo de los mercados impersonales.

5.- Salazones de pescado y explotación minera.

Con anterioridad al amplio proceso de colonización y municipalización de las provincias hispanas que creó una aristocracia municipal evergética, o en aquellos lugares donde el proceso de urbanización apenas existió, el suministro de salazones a las áreas de interior debió alcanzar también a los consumidores mediante mecanismos de distribución públicos o privados diferentes del mercado urbano.

Desde fines del siglo II a. C. al menos, el abastecimiento alimentario de los poblados mineros parece encontrarse en manos de comerciantes privados que atienden a una demanda creciente de alimentos contenidos en ánforas desde estos establecimientos. Se trataba de alimentar a comunidades que dependían casi exclusivamente del suministro exterior de mercancías como el vino, el aceite y las salazones y que desde época muy temprana se encontraban en un estadio avanzado de romanización y de monetización. Los tesoros monetales de Sierra Morena (Chaves Tristán, 1996; Chaves Tristán y García Vargas, 1990) muestran sin lugar a dudas un amplísimo avance en la monetización de los cotos mineros de la Ulterior a partir de los últimos años del siglo II a. C., lo que unido a las necesidades de suministro, debió convertir a los distritos mineros extraterritoriales en mercados interesantes para los exportadores de salazón y de otras mercancías envasadas en ánforas. Las excavaciones en la mina de La Loba (Fuenteovejuna, Córdoba) testimonian la llegada al poblado minero de ánforas de salazones de tipología púnica (¿T.7.4.3.3?), así como de las primeras y aún escasas ánforas salsarias de tipología romana (Dressel 7-11) hacia 90-80 a. C. (Benquet y Olmer, 2002, 322 y 327). Cl. Domergue (1991, 118, fig. 2) ha cartografiado las ánforas halladas en las minas hispanas durante la República y el Imperio, señalando para Levante, Sierra Morena y Huelva una amplia presencia de contenedores de salazón que se unen a las abundantes y más conocidas ánforas de vino como parte del suministro alimenticio para los habitantes de los cotos mineros. Últimamente, A. Pérez Macías, J. Campos Carrasco y Nuria de la O Vidal Teruel (2001) han señalado el alto índice de presencia de ánforas de los tipos Dressel 7-11 y Beltrán II en los yacimientos excavados de la cuenca minera de Riotinto (Cerro del Moro, Corta del Lago, Tharsis), mientras César Carreras Monfort (2006) llama la atención acerca de los índices crecientes de presencia de Dressel 7-11 en "mercados emergentes" militares y mineros como *Asturica Augusta* a partir de época de Augusto. Todos estos lugares, situados a menudo muy al interior y alejados de las rutas fluviales más importantes tenían que ser abastecidos en ánforas mediante el empleo de medios de transporte terrestre, lo que supondría un incremento importante en el valor de las mercancías que sin embargo no parece haber constituido un freno importante para su distribución tierra adentro.

6.- La crisis de la industria salazonera y el consumo de las salazones en áreas de interior durante la Antigüedad Tardía.

El estancamiento económico general perceptible desde época de Marco Aurelio, y la crisis que siguió a la desaparición de la dinastía de los Antoninos (Chic García, 2005a) parecen haber ralentizado e incluso interrumpido, en ocasiones el flujo de ánforas de salazón hacia las zonas habitadas del interior. En los campamentos legionarios de Germania, Retia o Nórico, el suministro de salazones de pescado fue confiado desde la mitad del siglo II d. C. a las factorías que jalonaban los litorales atlánticos de la *Gallia* y la *Germania Inferior*, mientras que por estas mismas fechas las principales zonas mineras del sur de la Península Ibérica, habían cesado ya casi totalmente su actividad, lo que se interpreta como una consecuencia de la incapacidad de mantenerlas en actividad por parte del gobierno imperial (Chic García, 2005a). A la falta de metales amonedables seguiría enseguida la crisis del comercio y los intercambios.

Los gráficos que recogen el ritmo del transporte marítimo en el Mediterráneo (García Vargas, 1998: 398, fig. 80 y 399, fig. 81) reflejan una caída sostenida del tráfico de mercancías no subvencionadas desde la época de Trajano a la de Marco Aurelio; la época de los Severos supone un mantenimiento evidente de los bajos índices de tráfico marítimo de las salazones hispanas que no alcanzarán a recuperarse, y de forma muy tímida, hasta los años de la Tetrarquía y el posterior gobierno en solitario de Flavio Constantino. Esta situación tiene su reflejo como se ha visto en el interior, donde las principales urbes, una vez desaparecido para siempre el fenómeno evergético, experimentan un descenso importante, aunque no cuantificado del suministro de mercancías en ánforas, entre ellas la salazón.

Resulta un lugar común la idea de que las ánforas y otras clases cerámicas destinadas a la exportación, como la TSA, reducen su ámbito de exportación en los últimos siglos de la Antigüedad Tardía a las zonas costeras, quedando el interior desabastecido de estas producciones. Una comparación entre los registros anfóricos de Sevilla (*Hispalis*) y Écija (*Astigi*) durante el siglo V d. C. permite matizar esta afirmación, pues en esta última ciudad, situada a unos 90 km. de Sevilla en dirección NE y a unos 140 km de la costa más cercana, las salazones peninsulares están presentes, al igual que en las áreas rurales del entorno astigitano (García Vargas y Camacho Moreno, 2005) en un contexto cerámico dominado por las Keay XVI y mucho menos variado que el sevillano, donde la segunda mitad del siglo se caracteriza por una gran vitalidad comercial, con importaciones anfóricas procedentes no sólo de la Península, sino también de África, Italia y el Egeo (Amores, García Vargas, González Acuña, e. p.).

La singularidad del contexto arqueológico sevillano donde se documentan estas importaciones, la Plaza de la Encarnación, puede, sin embargo, ayudar a interpretar esta vitalidad comercial y matizar de este modo las conclusiones derivadas del estudio tipológico y cuantitativo de las importaciones anfóricas sevillanas. Se trata de un edificio con funcionalidad religiosa que incluye una basílica de doble ábside, procediendo las ánforas tanto de los niveles de amortización del edificio como de los vertederos asociados a la vida del mismo. Si la relación entre el repertorio cerámico tardoantiguo y la funcionalidad religiosa del lugar es sustancialmente correcta, puede sostenerse para el conjunto, cercano al cauce fluvial del río, una actividad relacionada con la distribución "comercial" de mercancías diversas, y no sólo ánforas, en directa relación con la administración eclesiástica. Las ánforas de salazón de estos contextos proceden mayoritariamente de la Península Ibérica, con un índice importante de presencia de las producciones lusitanas sobre las béticas de los mismos tipos (Keay 16, Keay 19 a-b y c) que en un acercamiento preliminar puede calcularse en más del doble. Si esto es así, la relación entre la producción-distribución de las salazones y la actividad económica de las sedes episcopales aparece como un tema de estudio con base arqueológica para el futuro; del mismo modo, el análisis detallado de los contextos cerámicos en establecimientos del interior deberá dar la clave acerca de la continuidad o no en época tardoantigua, y en con qué intensidad, de la distribución interna de mercancías elaboradas en las áreas litorales. De momento, los estudios dedicados a las villas portuguesas de São Cucufate (Lopes y Mayet, 1990) y Quinta das Longas (Almeida y Carvalho, 2004) documentan para el siglo V d. C. la presencia de ánforas salsarias almagro 51c o Keay XXIII en el interior de *Lusitania*, adonde habrían llegado a través de vías fluviales como el Guadiana en el caso de São Cucufate o de los caminos terrestres que unían *Emerita Augusta* con el puerto atlántico de *Olisipo* (Carvalho *et alii*, 2006).

Bibliografía

ALARCÃO, A y MAYET, F. (1990): *As ânforas lusitanas. Tipología. Produção. Comércio. Actas des Journées d'Etudes tenues à Conimbriga les 13 et 14 Octobre 1988*, París.

ALMEIDA, Mª. J. Y CARVALHO, A. (2005): "*Villa* romana da Quinta das Longas (Elvas, Portugal): a lixeira baixo-imperial", *Revista Portuguesa de Arqueología*, 8, 1., 299-368.

AMORES CARREDANO, F., GARCÍA VARGAS, E. y GONZÁLEZ ACUÑA, D. (2006): "Una factoría altoimperial de salazones en *Hispalis* (Sevilla, España)", Lagóstena Barrios, Bernal Casasola y Arévalo González, eds.

AMORES CARREDANO, F., GARCÍA VARGAS, E. y GONZÁLEZ ACUÑA, D. (e. p.): "Ánforas tardoantiguas en *Hispalis* (Sevilla, España) y el comercio mediteráneo", *2nd Internacional Conference on Late Roman Coarse Wares, Cooking Wares and Amphorae in the Mediterranean. Archaeology and Archaeometry (Aix-en-Provence-Marseille-Arles, april, 2005.*

AMORES CARREDANO F. y GONZÁLEZ ACUÑA, D. (e. p.): "V Fase de intervención arqueológica en el Mercado de la Encarnación (Sevilla). Contextos altoimperiales", *Anuario Arqueológico de Andalucía 2004.*

ARTEAGA MATUTE, O., SCHULZ, H. y ROOS, A. Mª. (1994): "El problema del `*Lacus Ligustinus*´. Investigaciones geoarqueológicas en torno a las marismas del Bajo Guadalquivir", en *Tartessos 25 años después. 1868-1993. Actas del I Congreso Conmemorativo del V Symposium Internacional de Prehistoria Peninsular*, Jerez de la Frontera, 99-135.

BENQUET, L. y OLMER, F. (2002): *Les amphores*, Blázquez, Domergue y Sillières (eds.), 295-331.

BLÁZQUEZ MARTÍNEZ, J. Mª, DOMERGUE, CL. y SILLIÈRES, P., eds. (2002): *La Loba (Fuenteobejuna, Cordoue, Espagne). La mine et le village minier antiques*, Burdeos.

CARVALHO, A., ALMEIDA, Mª. J., DIAS, Mª. I. y PRUDÊNCIO, Mª. I. (2006): "Consumo de preparados de peixe no territorio de *Augusta Emerita*. Una lectura a partir dos trabalhos realizados na *uilla* da Quinta das Longas (Elvas, Portugal)", Lagóstena Barrios, Bernal Casasola y Arévalo González (eds.).

CARRERAS MONFORT, C. (1997): "Los *beneficiarii* y la red de abastecimiento militar de *Britannia* e *Hispania*", *Gerión*, 15, 151-176.

CARRERAS MONFORT C. (1998): "*Britannia* and the imports of Baetican and Lusitanian amphorae", *Journal of Iberian Archaeology*, vol. 0, 159-170.

CARRERAS MONFORT, C. (2006): "Consumo de salazones béticos desde época de Augusto a los Julio-Claudios: mercados emergentes", Lagóstena Barrios, Bernal Casasola y Arévalo González, (eds.).

CHAVES TRISTÁN, F. (1996): *Tesoros en el sur de Hispania. Conjuntos de denarios y objetos de plata durante los siglo II y I a. C.*, Sevilla.

CHAVES TRISTÁN F. y GARCÍA VARGAS, E. (1990): *Repostigli minieri della Ulterior (124-90 a. C.), Corso Europeo Vita e Soppravvivenza delle Monete Antiche, Ravello (Sa.), ottobre 1990* (inédito).

CHIC GARCÍA, G. (2005a): "Marco Aurelio y Cómodo. El hundimiento de un sistema económico", *Actas del II Congreso Internacional de Historia Antigua. La Hispania de los Antoninos*, Valladolid, 567-586.

CHIC GARCÍA, G. (2005b): "*Colonia Augusta Firma Astigi*: una economía de prestigio", *Écija. Economía y Sociedad. Actas del VII Congreso de Historia de Écija*, Écija, 111-121.
CHIC GARCÍA, G., GARCÍA VARGAS, E., ROMO SALAS, A. S. y TABALES RODRÍGUEZ, M. A. (2001): "Una nueva inscripción annonaria de Sevilla: *M. Ivlivs Hermesianvs, diffvsor olei ad annonam Vrbis", Habis* 31, 353-374.
COTTON, H., LERNAU, O. y GOREN, Y. (1996): "Fish sauces from Herodian Masada", *JRA*, 9, 224.238.
DESBAT, A. y LEMAITRE, S. (2001): "Les premières importations d'amphores de Bétique à Lyon", *Ex Baetica Amphorae. Conservas, aceite y vino de la Bética en el Imperio Romano. Actas del Congreso Internacional. Écija y Sevilla, 1998*, vol. III, 793-816.
DOMERGUE, CL. (1991): "Les amphores dans les mines antiques du sud de la Gaule et de la Péninsule Ibérique", *Internationale Archäologie, I (Festschrift fur Wilhem Schüle zum 60. Geburtstag)*, 99-125.
EHMIG, U. (1996): "*Garum* für den Statthalter - Eine Saucenamphore mit Besitzeraufschrift aus Mainz", *Mainzer Archäologische Zeitschrift*, 3, 25-56.
EHMIG, U. (2001): "*Garum scombri* aus der Küche des Statthalters", *Ex Baetica Amphorae. Conservas, aceite y vino de la Bética en el Imperio Romano. Actas del Congreso Internacional. Écija y Sevilla, 1998*, vol. IV, 1153-1157.
EHMIG, U., LIOU, B. y LONG, L. (2004): "Le *garum* de *Caius Saturius Secundus*, gouverneur de la province romaine de Rétie", *REA*, 106, 123-131.
FABIÃO, C. (2001): "Sobre as mais antigas ânforas romanas da Bética no occidente peninsular", *Ex Baetica Amphorae. Conservas, aceite y vino de la Bética en el Imperio Romano. Actas del Congreso Internacional. Écija y Sevilla, 1998*, vol. II, 665-682.
GARCÍA VARGAS, E. (1998): *La producción de ánforas en la bahía de Cádiz en época romana (siglos II a. C. – IV d. C.)*, Écija.
GARCÍA VARGAS, E. (2000): "Ánforas romanas producidas en *Hispalis*: primeras evidencias Arqueológicas", *Habis*, 31, 235-260.
GARCÍA VARGAS, E. (2003): "Las producciones de la *figlina*: ánforas", *Arqueología y Rehabilitación en el Parlamento de Andalucía. Investigaciones Arqueológicas en el Antiguo Hospital de las Cinco Llagas de Sevilla*, Sevilla, 200-219.
GARCÍA VARGAS, E. (2004a): "Las monedas y los peces. Precios de las salazones e inflación en el mundo antiguo a través de los documentos escritos", *Moneta Qua Scripta. La moneda como soporte de escritura. Encuentro Peninsular de Numismática Antigua (EPNA 3), Osuna, 2003, Anejos de Archivo Español de Arqueología*, 399-406.
GARCÍA VARGAS, E. (2004b): "Aspectos económicos de la moneda romana imperial", *VIII Curs d'Història Monetaria D'Hispania. La Moneda de L' Imperi Romà*, Barcelona, 9-25.
GARCÍA VARGAS, E. y CAMACHO MORENO, M. (2005): "El comercio de *garum* hacia el interior del valle del Guadalquivir. El papel de *Hispalis* y *Astigi*", *Écija. Economía y Sociedad. Actas del VII Congreso de Historia de Écija*, Écija, 111-121.
LAGÓSTENA BARRIOS, L., BERNAL CASASOLA, D. y ARÉVALO GONZÁLEZ, A., eds. (2007): *Cetariae 2005. Salsas y salazones de pescado en Occidente durante la Antigüedad.*
LEPIKSAAR, J. (1986): "Tierreste in einer römischen Amphore aus Salzburg (Mozastplatz, 4)", *Bayerische Vorgeschichtsbläter*, 51, 163-185.
LIOU, B. (1987): "Inscriptions péintes sur amphores: Fos (suite), Marseille, Toulon, Port le -Nautique, Arles, Saint-Blaise, Saint Martin de-Crau, Macon, Calvi", *Archaeonautica* 7, 55-139
LOPES, C. y MAYET, F. (1990): "Commerce régional e lontain des amphores lusitaniennes", Alarcão y Mayet (eds.), 295-303.
LOZANO-FRANCISCO, Mª, C. (2005): *Ictiofauna procedente de la excavación arqueológica de la "Plaza de la Encarnación". Siglo I,* Informe preliminar inédito.
MARIMON RIBAS P. (2002): "La importancia de la *Gallia Lugdunensis* en la distribución de los productos béticos hacia el norte del Imperio", Rivet y Sciallano (eds.), 379-388.
MARTIN KILCHER, ST. (1990): "Fischsaucen und Fischkonserven aus dem römischen Gallien", *Archäologie der Schweiz*, 13, 37-44.
MARTIN KILCHER, ST. (2001): "Amphores à sauces de poissons du sud de la péninsule ibérique dans les provinces septentrionales", *Ex Baetica Amphorae. Conservas, aceite y vino de la Bética en el Imperio Romano. Actas del Congreso Internacional. Écija y Sevilla, 1998*, vol. III, 759-786.
MARTIN KILCHER, ST. (2002): "*Lucius Urittius Verecundus*, négociant à la fin du Ier s., et sa marchandise découverte à Máyence", Rivet y Sciallano (eds.), 343-353.
MARTIN KILCHER, ST. y DESBAT, A. (1987): "Les amphores sur l'axe RhôneRhin à l'époque d'Auguste", *Anfore romane e storia economica: un decennio di ricerche. Coll. Ecole Française de Rome* 114 (1989), 339-365.
MELCHOR GIL, E. (1993): *Evergetismo en la Hispania romana*, Córdoba.
MELCHOR GIL, E. (1994): *El mecenazgo cívico en la Bética : la contribución de los evergetas al desarrollo de la vida municipal*, Córdoba.
MELCHOR GIL, E. (1999): *La munificencia cívica en el mundo romano*, Madrid.
PARODI ÁLVAREZ, M. J. (2001): *Ríos y Lagunas de Hispania como vías de comunicación. La navegación interior en la Hispania Romana*, Écija.
PÉREZ MACÍAS, A., CAMPOS CARRASCO, J., y VIDAL TERUEL, N. DE LA O (2001): "Producción y comercio en el oeste de la *Baetica* según la producción anfórica", *Ex Baetica Amphorae. Conservas, aceite y vino de la Bética en el Imperio Romano. Actas del Congreso Internacional. Écija y Sevilla, 1998*, vol. I, 427-437.
RIVET, L. y SCIALLANO, M., eds. (2002): *Vivre, produire et échanger: reflets méditerranéens. Mélanges offerts à Bernard Liou*, Montagnac.
RODRÍGUEZ TEMIÑO, I. (1990): "Hallazgo de dos ánforas con *tituli picti* en Écija (Sevilla)", *AEspA*, 63, 292-295.
ROSELLÓ IZQUIERDO, E. y MORALES RUIZ, A., eds. (1994): *Castillo de Doña Blanca. Archaological investigations in the Bay of Cádiz, Spain (750-500 B. C), BAR Int. Ser.*593, Oxford.

ROSELLÓ IZQUIERDO, E. y MORALES RUIZ, A. (1994): "The Fishes", Roselló Izquierdo y Morales Ruiz, eds., 91-142.

SANMARTÍ, E. (1985a): "Sobre un nuevo tipo de ánfora de época republicana, de origen presumiblemente hispánico", *Ceràmiques gregues i Helenistiques a la Peninsula Ibèrica, Ampurias, marzo de 1983*, Barcelona, 133-141.

SANMARTÍ, E. (1985b): "Las ánforas romanas del campamento numantino de Peña Redonda (Garray, Soria)", *Ampurias*, 47, 130-161.

SCHALLMAYER, E. (1983): "Römische Okkupationslinien in Obergermanien und Raetien. Zur chronologischen Typologie der Amphoren", *Producción y Comercio de Aceite en la Antigüedad. Segundo Congreso Internacional, Sevilla, 1982*, Madrid, 281-336.

DE LA SITUACIÓN ECONÓMICA EN EL SIGLO III Y DE LOS NAVICULARIOS SEGÚN LAS CONSTITUCIONES IMPERIALES

F. J. LOMAS
Universidad de Cádiz

De la situación económica en el siglo III sólo realizaré observaciones de carácter general, tal como las expuse en mi intervención.

¿Qué se desprende de los Tratados y Manuales al uso, salvo contadas y recientes excepciones, sobre el siglo III y en sus aspectos económicos? Que se trata de una época caracterizada por un declive y una contracción en lo referente a los contactos e intercambios comerciales, que asistimos a una crónica crisis financiera, que la población caminaba por derroteros que conducían a la autarquía o casi. Todo ello explicado desde afirmaciones apodícticas que hay que demostrar previamente y de modo fehaciente; y no resulta tan sencillo para el Mediterráneo un discurso explicativo de carácter general.

A tal efecto se aduce un crecimiento negativo de la población explicado a su vez por la desertización de los campos o los letales efectos de las epidemias que conocieron algunas partes del Imperio en época del emperador Marco Aurelio y en el siglo III. A su vez, el crecimiento negativo de la población conduciría a una disminución de la producción agrícola, causa a su vez de la disminución de los ingresos fiscales.

La realidad es otra y distinta. La documentación a nuestro alcance permite poder afirmar que parte al menos del Imperio, el Norte de África y Oriente en concreto, gozó de prosperidad agrícola, de vitalidad comercial y participó intensamente de la vida urbana. Lo cual conduce a plantear la necesidad del estudio y del conocimiento del Imperio durante el siglo III sin más limitaciones que las de las fuentes, y sobre todo obliga a un estudio de carácter regional; pues resulta difícil encontrar explicaciones de carácter general y plausibles para cualesquiera de los aspectos de la sociedad romana con independencia de donde se hallen ubicados sus miembros. El Mediterráneo siguió siendo una unidad cultural, cierto, pero en él comenzaron a convivir particularidades regionales, hasta el punto de que podríamos decir que el Mediterráneo era una suma articulada de territorios que ofrecían respuestas propias a las coyunturas por las que atravesaban. La regionalización es observable, a mi juicio, en distintas áreas, pero sobre todo en el aspecto económico; también en el militar.

Hay que señalar que asistimos a lo largo del siglo III a un auge de importaciones agrícolas africanas en los mercados italianos como parece que testimonia la abundancia de cerámica africana arribando al puerto de Ostia, en proporción inusitada respecto a períodos anteriores; incluso cerámica común. Y hay también un aumento de las importaciones de vino hispano (y de las Galias) en los mismos mercados, en proporción manifiestamente mayor que la producción italiana. Por lo demás, se constata el papel de primer orden jugado por las salsas y salazones hispanos (Lagóstena, 2001, 305-317, para el panorama productivo de las *cetariae* hispánicas durante la III centuria), así como por el aceite bético (Remesal, 1991, 355 ss.; testimonia el autor la difusión de aceite bético -ánforas Dressel 23- tanto en Roma como en puntos en los que se supone hubo de haber guarniciones militares: Tréveris y Colonia, y en general en la cuenca occidental del Rin), más tarde desplazado por el africano.

Todo apunta, para estas tierras del Mediodía peninsular y en el plano económico, a una concentración de las propiedades en pocas manos, dando paso a lo que J. Gagé denominó, y es término que he hecho mío desde hace mucho tiempo, los poderosos de la tierra. Desaparecerá la *uilla* preconizada por Catón para dar paso a la de Paladio. Quiero decir que se inicia en el siglo III la concentración agraria en pocas manos, la hacienda autosuficiente, tal y como confesaba Paladio en su tratado de Agricultura: "Hay que tener necesariamente forjadores, carpinteros y artesanos de tinajas y cubas, para que no distraiga a los campesinos del trabajo cotidiano la necesidad de depender de la ciudad", (Pal., I, VI, 2). Otro dato a tener en cuenta a la hora de realizar un análisis regional es que, al parecer, no se introdujeron en la gestión de sus haciendas mejoras tecnológicas, aunque sabemos que en territorios galos septentrionales, en tierras de tréviros en concreto, utilizaban una muy rudimentaria segadora con fuerza motriz animal y no les era desconocido el molino de agua.

Todo esto pone de manifiesto, al igual que lo hiciera el Congreso de hace dos años y lo está haciendo el actual, un auge y vitalidad económica de los ámbitos provinciales mediterráneos, sobre todo del Norte de África, donde se constata que dicho auge corre parejo con la prosperidad que denotan sus ciudades, y del Sur peninsular en su tramo costero sobre todo. Estamos asistiendo a la descentralización y regionalización de la economía. Si, pongamos que hasta el siglo II, los intercambios los dominaba Roma, incluso los interprovinciales, a partir del siglo III los intercambios se realizan sin intermediación de Roma e Italia, a su libre albedrío en el marco del Mediterráneo, aunque el mercado romano sigue siendo uno de los más importantes para las economías de las provincias occidentales.

Yo creo que el pecio Cabrera III, su contenido, es buen argumento a favor de una regionalización económica del Imperio a partir del siglo III (Bost *et alii*, 1992). El pecio es excepcional por diversos motivos. El lote monetario hallado, 967 monedas de las que se han podido identificar 803, permite fecharlo con precisión en el año 257 o poco después, reinando Valeriano y Galieno, y afirmar una fluida circulación monetaria, al menos para el Mediterráneo occidental. Su cargamento estaba compuesto de ánforas en su inmensa mayoría originarias del entorno gaditano (un pequeño porcentaje son originarias de África Proconsular) que contenían aceite bético, salsas y salazones procedentes de Cádiz y de Byzacena.

Actas del Congreso Internacional *CETARIAE. Salsas y salazones de pescado en Occidente durante la Antigüedad*, Universidad de Cádiz, Noviembre de 2005, *B.A.R. int. ser.* 1686, Oxford 2007, 533-538.

El navío hubo de ser fletado en Cádiz probablemente con destino al puerto de Ostia y para abastecer el mercado de Roma. El pecio viene a confirmar la regularidad del tráfico marítimo, la vitalidad y prosperidad del campo en provincias occidentales y la navegación de altura que se infiere del modo de embarque de las ánforas. La vitalidad comercial y la prosperidad del campo lo confirman también recientes estudios sobre alfares del golfo de Cádiz, sobre todo de la bahía gaditana, del Algarve y la Bahía del Sado en Portugal, que testimonian para el siglo III una producción de envergadura de ánforas para contener salsas y salazones sin solución de continuidad con siglos anteriores aunque el modo de producción haya variado, apuntando ahora a una concentración de alfares.

Para afirmar la regresión económica, en el caso de Italia, se ha apuntado como argumento de peso, apodíctico diría yo, la desmonumentalización que puede apreciarse en algunas de las ciudades. No cabe duda de que la recesión económica y la regresión del campo afectan a las ciudades (en el marco del Mediterráneo en la Antigüedad), toda vez que campo y ciudad son una realidad simbiótica (sigo aquí la tesis polanyiana según la cual ciudad y campo no son realidades antagónicas sino solidarias), y que la ciudad tiene un notable componente rural. Ahora bien, la desmonumentalización no es necesariamente consecuencia y expresión de una recesión económica sino que puede explicarse acudiendo a otro tipo de argumentos. Es sabido la ausencia de una política de conquistas a partir del reinado de Trajano, lo que sustrajo al Erario público de pingües ingresos como los que generan las guerras. Y sin ingresos difícilmente los emperadores podían mostrar su largueza e inyectar dinero en las ciudades para su mantenimiento y mejora, para su monumentalización, como sí en cambio lo venían haciendo desde los días de Octavio Augusto. Además, los evergetas privados cambiaron el sentido de sus evergesías y su destino, sobre todo a partir de mediados del siglo III, repercutiendo también negativamente en la monumentalización de las ciudades. A partir de esos años medianeros del siglo III las evergesías empezaron a decantarse por destinos cristianos (algunas de las comunidades cristianas de la época son ya prósperas) y para el ensimismamiento de los propios evergetas, quienes en vez de invertir, como hasta entonces habían hecho sus predecesores, en las ciudades desvían sus patrimonios para el embellecimiento de sus mansiones urbanas y campestres de las que disfrutar cuando se retiran de la actividad pública forzosamente pues los emperadores de más en más confían los puestos de responsabilidad militar, también los de responsabilidad civil, a individuos de extracción social y económica ajena por completo a la del grupo de evergetas. Así pues, no fue la recesión económica la causa necesaria y única de la desmonumentalización de las ciudades allí donde se produjo, sino que ésta tiene otras causas ajenas a una pretendida recesión económica que las puedan explicar, como la apuntada.

La buena salud de la economía agrícola y la comercialización de sus productos por todo el Mediterráneo se acompañan de una buena situación monetaria, aunque no pueda negarse una ligera pero constante devaluación del valor intrínseco de la moneda (inflación nominal). Hay un buen lote de cecas funcionando y hay abundancia de moneda en circulación (ahí está el paquete monetal hallado en el pecio de Cabrera III); una circulación de carácter regional sobre todo. Al respecto hay un generalizado consenso. Si no puede negarse que hubo un alza generalizada de precios en torno al 180, producto de una inflación nominal de la que se hacen eco los Escritores de la Historia Augusta (*Comm.* 14, 3), hubo sin embargo una estabilidad hasta Aureliano (270-275), quien reformó la moneda al crear el *aureliniano*, como lo denominó P. Callu; moneda de cobre forrada de plata de 1/80 de libra con un peso de 4 gr. Pero todo lo más que puede decirse es que la fuerte inflación de época de Aureliano, a la que no pudo hacer frente su reforma monetaria, se apreció sobre todo en las grandes transacciones, en los préstamos y créditos a gran escala y a largo plazo, dado que los prestamistas encontrarían difícil prever la depreciación de la moneda por largo período de tiempo. Además, el hecho de que tengamos una relativamente abundante información sobre la moneda, de las dificultades de abastecimiento de metal, de las reformas en sí, tanto de la de Aureliano como de las posteriores de Diocleciano (284-305) y de Constantino (306-337), abogan por paradójico que parezca por una economía fundamentalmente de intercambios monetarios y no en especies o natura. Una economía regionalizada, de manera que las devaluaciones, fuertes, ocurridas con Aureliano y emperadores posteriores afectaron de manera desigual a según qué conjunto de provincias. Donde el efecto devaluador fue más devastador fue en las regiones de Iliria y de Panonia, con fuertes destacamentos militares, con necesidad de proveerles de moneda, con dificultad de las cecas para abastecerse de metal, y en consecuencia refundiendo las monedas anteriores con una ley y fino mucho menor, con un volumen de moneda en circulación muy elevado y una fortísima velocidad de circulación. La depreciación de las acuñaciones de oro y plata en el sistema trimetalista permitieron, mal que bien, conservar la paridad entre el áureo y el denario, pero cuando desaparece el sistema trimetalista hacia el 260 con la práctica desaparición del sestercio reaprovechado para masivas emisiones de antoninianos (cada vez con menos plata), el denario pasó a ser sólo unidad de cuenta, pero muy inestable por la continua depreciación de su soporte, el antoniniano. En la segunda mitad del siglo, años correspondientes a continuas guerras, es cuando más hace falta el metal, menos metal hay, más moneda se emite, con el resultado de una muy abultada masa monetaria en circulación con una progresiva disminución de metal. En este proceso se aprecia la regionalización de la economía, pues los distintos talleres monetales emiten moneda al ritmo que requieren las necesidades regionales de defensa; de ahí que las devaluaciones y la inflación no sean uniformes en el Imperio, sino diferentes según los momentos históricos y los lugares de emisión.

* * *

El comercio, y en especial el comercio marítimo, debió ser boyante en el siglo IV, y más de un individuo que se consideraba suficientemente rico quería ingresar en el gremio de los navicularios pues, a juzgar por lo que de la legislación vigente se infiere, tenía grandes posibilidades de acrecer su ya crecida fortuna (*CTh* XIII 5, 15, del 379; a tenor de la *Expositio totius mundi et gentium*, especie de geografía comercial escrita en los días de Constancio II, el comercio fue intenso en todas las orillas del Mediterráneo. Su autor, un oriental, habla en concreto de la prosperidad de los puertos orientales, zona que mejor conoce: Seleucia de Pieria, Laodicea de Siria, Tiro, Ascalón, Gaza, Alejandría, Éfeso, Corinto; véase Lomas, 1999, 365-366).

El *Código Teodosiano* presenta 48 constituciones imperiales referidas a los navicularios, bien como particulares, bien como gremio, y 12 más referidas a sus predios, sin contar aquellas otras referidas al naufragio de naves navicularias con cargamento fiscal. Todo el título noveno del libro XIII está consagrado a esas circunstancias. Ningún otro gremio está tan bien representado como éste de los navicularios. ¿Razones? Sus miembros son gente rica y merecen en consecuencia una consideración y tratamiento por parte del poder imperial que no lo merecen otros. Además, sus privilegios necesitaban ser recogidos en preceptivas constituciones pues los navicularios estaban repartidos por todo el Imperio y acuciados por sus respectivas ciudades que querían someterles a las mismas cargas fiscales que al resto de sus conciudadanos, en detrimento del Estado cuando tan necesarias resultaban sus actividades para la manutención y puesta a punto de los ejércitos, para el gobierno del Imperio, pues eran imprescindibles para el mantenimiento del orden en las grandes ciudades (las clases populares eran alimentadas gratuitamente o a bajo coste por el Estado gracias a la carga fiscal que transportaban los navicularios) como el temor de las autoridades de Roma lo puso de manifiesto en diversas ocasiones. El bloqueo de África significaba el hambre en la ciudad del Tíber como sabemos que ocurrió en varias ocasiones a lo largo del siglo IV y en los primeros decenios del siglo V, hasta la toma del África romana por los vándalos en el 429. Recordemos dos de estas ocasiones, colapso comercial de grano a Roma. La primera fue protagonizada por Gildón en el otoño del 397 (Orosio, *Historias* VII 36, 2-13; Claudiano, *In Eutropium, I*, 399 ss.; Zósimo V 1-4; Bury, 1923, 121-125; Stein, 1959, 231-233; Demougeot, 1951, 175-186. Son, sin lugar a dudas, en mi opinión, las tres mejores presentaciones de la revuelta de Gildón en África con los motivos esgrimidos por sus protagonistas y los resultados acaecidos), la segunda la protagonizó Heracliano, en el año 413, llevando su rebelión hasta las mismísimas puertas de Roma, y no descartando los romanos la perspectiva de comer carne humana (Orosio, *Historias* VII 42, 10-14; las cifras de naves que llevó Heracliano a Italia, 3700 -además de Orosio, Hidacio, 56- son a todas luces increíbles; *cf.* Rougé, 1961, 129-154; Zósimo VI 11; Bury, 1923, 196-197; Stein, 1959, 265. Ambos autores, y a propósito de ambas sublevaciones, la de Gildón y la de Heracliano, vinculan las revueltas con la historia del donatismo). Adviértase, finalmente, que todas las constituciones imperiales referidas a naufragios conciernen a embarques procedentes de África.

Un *navicularius* no es lo mismo que un *negotiator*. Mientras que aquél es un *negotiator*, no todos los *negotiatores* eran *navicularii*, por la simple razón de que estos desarrollan su actividad comercial por vía fluvio-marítima, la más segura para las mercancias, la menos costosa y más rápida, y por ello mismo la vía más utilizada por los servicios anonarios y por las empresas particulares (Lomas, 1999, 363-368, donde se analizan con detalle algunas de las constituciones aquí tratadas; García Brosa, 1999, 173-190, analiza la historiografía de los términos en cuestión y aporta sus precisiones al respecto. Siguen siendo de utilidad, para la comprensión histórica de estos términos, y los afines, la consulta de las voces *mercator* y *navicularius* en el *Dictionnaire des Antiquités Grecques et Romaines* de Ch. Daremberg et Edm. Saglio, actualmente disponible en la web: http://dagr.univ-tlse2.fr/sdx/dagr/index.xsp. Para una visión económica de los gremios de navicularios y su dependencia con la administración, Di Salvo, 1992).

1.- Privilegios fiscales.

Con Constantino la labor navicularia era un *munus publicum* y los miembros del gremio estaban ya hereditariamente adscritos a dicha función, pero gozaban de privilegios. Trece constituciones hablan de ellos, y Constantino manifestó: "Ordenamos que todos los navicularios, en [todo] el orbe de la tierra y en todo tiempo, sean seguros, libres e inmunes de cargas y obligaciones (*onera et munera*) [inherentes a] cualquier lugar o dignidad, trátese de decuriones o plebeyos o de otra dignidad superior, de suerte que liberados de las tributaciones y de todas las ofrendas (*collationes et omnes oblationes*) ejerzan su obligación navicularia (*munus nauicularium*) con todos sus patrimonios" (*CTh* XIII 5, 5pr, del 326). Años más tarde, en el 334, el mismo Constantino se dirigió mediante constitución imperial a los navicularios de Oriente otorgándoles genéricamente los mismos privilegios de que ya disfrutaban los occidentales (*CTh* XIII 5, 7), mientras que en el 386 Valentiniano II ratificó en *Aquileia* la constitución de Constantino del año 326 (*CTh* XIII 5, 17).

Para un miembro perteneciente al orden senatorial, ¿qué suponía la pertenencia a uno de los *corpora* de navicularios? De acuerdo con la constitución de Constantino a la que acabo de aludir (*CTh* XIII 5, 5pr), ni más ni menos que estar exento de la *collatio glebalis* y del *aurum oblaticium*; esto es, de las principales tributaciones concernientes al estamento senatorial, salvo los correspondientes tributos inherentes a los bienes raíces. Para un decurión suponía la exención de toda responsabilidad en la recaudación fiscal de la *indictio* en su ciudad y la exención del pago del *aurum coronarium*, y para todos los demás (quienes no fuesen curiales o senadores) la exención del crisárgiro o *collatio lustralis*[1].

[1] La *collatio glebalis* era una contribución de carácter anual debida por los miembros del orden senatorial en razón de la riqueza de cada cual, y a tal efecto estaban los senadores agrupados en tres clases. El *aurum oblaticium* era una contribución, teóricamente voluntaria, debida por los miembros del orden senatorial al emperador en ocasión de su acceso al trono y en sus jubileos quinquenales. El *aurum coronarium*, al igual que el *aurum oblaticium*, tenía también la consideración de donación voluntaria, pero en este caso otorgada por las ciudades, eufemismo que encubre a sus verdaderos pagadores, los decuriones o curiales. Ambas contribuciones de hecho tenían

Además de ello, al menos los navicularios de Oriente y de Egipto se beneficiaban de la exención del tributo de la *indictio* a razón de 10.000 modios por cada 50 *iugera* de terreno (hay que entender los *iugera* como unidades fiscales de tributación; para una intelección del mecanismo fiscal en la Antigüedad tardía, cf. Lomas, 2004, 496-499) en virtud de constitución de Valente del año 371 como acicate para que se completase el número de los miembros de ambos gremios (*CTh* XIII 5, 14pr). Pero Valente no les eximió de la contribución de indumentaria militar ni de la de caballos (*uestes adque equi*), lo que sugiere pensar que otros gremios estaban exentos tanto de la *uestis militaris* como de la *equorum collatio*; una prueba más de la diferencia y de la regionalización del Mediterráneo de la que seguiré hablando más adelante. Pero además los navicularios de Oriente, a semejanza del gremio alejandrino, percibían un sólido de oro por cada mil modios de trigo transportados más el 4% del valor del trigo (*CTh* XIII 5, 7, del 334), mientras que los africanos sólo percibían un uno por ciento (*CTh* XIII 5, 36, 1, del 412).

No todo fueron privilegios fiscales y económicos, también gozaron los navicularios de privilegios legales, los más importantes de los cuales fueron la *praescriptio fori*, en virtud de la cual podían residenciar las causas judiciales en las que se viesen envueltos en un tribunal especial o en aquél que fuese más favorable a sus intereses. A veces resultaba más indicado residenciar la causa en la justicia ordinaria de su ciudad pues el naviculario, potentados de la tierra muchos de ellos, mejor podía interferir a su favor en la decisión del *iudex*. Podría resultar más ventajoso la vista del caso en su propia ciudad que en el tribunal gremial. Otro de los privilegios fue la *uacatio legis*, referida a la *lex Iulia et Pappia et Poppaea*, a la que más adelante me referiré, así como la exención de la tutela, si bien dicho privilegio fue restringido por Honorio en el 400 al obligarles a la tutela de los menores de padres que habían pertenecido al gremio de los navicularios. A todo ello añadamos finalmente la dignidad del orden ecuestre que se otorgaba a los miembros de un gremio de navicularios si es que no gozaban ya de otra dignidad superior.

Debieron ser una bicoca estos privilegios fiscales (sobre todo para el estamento de los curiales y para los plebeyos), y debieron dañar seriamente las finanzas imperiales, pues el emperador Honorio modificó las constituciones anteriores en el sentido de que los curiales que adquirieran propiedades de navicularios sólo estarían exentos de cargas tributarias en la parte proporcional adquirida, estando en lo demás sujetos a las obligaciones municipales (*Cth* XIII 6, 8, del 399).

2.- Obligaciones de los navicularios.

Los navicularios estaban obligados al transporte de los bienes anonarios a Roma y a Constantinopla, así como al abastecimiento militar a las diferentes partes del Imperio: grano, aceite, indumentaria militar tanto para los militares como para los civiles trabajando para la Administración (no olvidemos que los funcionarios civiles estaban adscritos ficticiamente a una legión militar), madera para la combustión en las termas (de Roma y de Constantinopla). Sabemos de la existencia de *nauicularii lignarii*, como lo atestigua una inscripción hallada en el Foro de las Corporaciones de Ostia (*CIL* XIV 278).

Las naves fiscales transportaban el grano (principalmente de Egipto y de África), el aceite (procedente sobre todo de *Hispania* y de África) y otros productos de la *indictio* a los almacenes o depósitos de las ciudades. De estos eran llevados, en la medida de lo posible a lo largo de los ríos, hasta los puertos marítimos de embarque. Embarcados en los navíos de los navicularios, éstos los transportaban a Roma, a Constantinopla y a los *portus expeditionales*, esto es, a los puertos a los que eran enviadas expediciones militares y donde estaba almacenado lo necesario para el ejército. Para Roma, África era un territorio muy importante desde el punto y hora en que ya no recibía nada procedente de Egipto (económicamente vinculado a Constantinopla).

Pero además de estas obligaciones (transporte de grano a Roma y Constantinopla, productos para el ejército a los puertos expedicionales, sobre todo indumentaria militar y caballos, y la madera para la combustión en las termas de las ciudades imperiales de Roma y de Constantinopla), los navicularios estaban obligados a la construcción de navíos para hacer frente a sus deberes anonarios (*functio nauicularia*) y a repararlos, que para eso estaban inmunes de determinadas unidades fiscales (*CTh* XIII 5, 14, 1). El Estado, por lo demás, llevaba buena cuenta de quiénes integraban los distintos *corpora* y de qué patrimonios disfrutaban sus miembros para hacer frente con ellos en caso de litigios con la Administración y de fallos en contra suya por parte de la justicia. Así parece sugerirlo, al menos, una constitución de Valente en la que ordena que se lleve un registro dúplice de los navicularios de los gremios de Oriente y de Egipto, de sus tierras, de sus bienes, con indicación expresa de los que han ingresado en la indicción actual y de los que son veteranos (*CTh* XIII 5, 14, 2).

Doble era pues la función principal del naviculario. Primero, o una, el transporte de la anona a Roma y a Constantinopla. En segundo lugar, u otra, el transporte de aprovisionamiento militar a los puertos que lo requiriesen.

3.- El comercio hispano.

El comercio hispano con destino al puerto de Roma fue de extraordinario valor e importancia, al igual que lo fue para el emperador el africano o el alejandrino. Esta importancia se infiere de unas pocas constituciones dirigidas expresamente a favorecer el tránsito y tráfico de naves navicularias hispanas

---

la particularidad de que no sufrían, en beneficio del emperador, los efectos de la inflación dado que eran pagaderas en oro. La *collatio lustralis*, también conocida como crisárgiro por pagarse originariamente en oro y plata, tenía una periodicidad quinquenal comenzando desde el acceso al trono del emperador, era pagadera en oro y gravaba a todos cuantos se dedicaban a menesteres comerciales e industriales, a todos cuantos ofrecían algún tipo de servicio, estando exentos algunos, pocos, grupos de personas, entre los cuales los médicos, los docentes y el segmento ínfimo de los clérigos. Fue Alejandro Severo quien instituyó esta contribución (*SHA, Alex. Sev* 24, 5) en contra de lo que dice Zósimo (II 38, 2) quien afirma fue Constantino quien la implantó. Un encuadre histórico de estas contribuciones, con material documental apropiado, se hallará en López Barja y Lomas, 2004, 503-504.

por el Mediterráneo e impedir que las autoridades portuarias dificultasen su comercio. En el 324 Constantino se dirigió a Helpidio *(PLRE* I, *s.u.*), vicario de Roma, ordenándole que la nave de un naviculario que entrase en el puerto de la ciudad de Roma procedente de cualquier punto costero de *Hispania* y que transportase carga fiscal, pudiese partir sin más dilación, y no se viese gravada con una carga extraordinaria, de suerte que más fácilmente pudiese llevar a cabo las obligaciones que tiene (*CTh* XIII 5, 4). Años más tarde, en el 336, se dirige el mismo emperador a Severo (*PLRE* I, *s.u.), comes Hispaniarum*, ordenándole que los navicularios de las *Hispanias* no se viesen obligados al ejercicio de obligaciones fuera de las normales, ni retenidos más de lo debido, si no que se les hiciese llegar en plazo no superior a diez días los recibís de las mercancías desembarcadas (*CTh* XIII 5, 8)[2]. El mismo lenguaje, tan favorable a los navicularios y enfatizando se viesen libres de toda traba por parte de las distintas autoridades, y sobre todo que no se viesen violentados en el ejercicio de sus obligaciones anonarias mediando sus funciones navicularias, lo hallamos veinte años más tarde, en el 357, en constitución imperial de Constancio a Olibrio (*PLRE* I, *s.u.),* prefecto de la ciudad, durante su estancia en Roma en tan memorable año (*cf.* Amm. XVI 10), bajo multa de diez libras de oro (*CTh* XIII 5, 9).

Todo ello sin hablar de la documentación arqueo-epigráfica que, de forma sistemática, comenzó H. Dressel en 1891 con la publicación en el volumen XV del *CIL* de los cascotes de contenedores de líquidos (aceite sobre todo) procedentes de provincias occidentales, principalmente de la Bética y de las africanas, y en su mayor parte bienes fiscales y por tanto anonarios. De entonces acá la documentación arqueo-epigráfica ha crecido de forma exponencial, cuenta incluso con un centro de investigación hispano dedicado a estos menesteres, el CEIPAC (la dirección electrónica es http://ceipac.gh.ub.es), y estos Encuentros Internacionales son buena prueba de ello, en los que puede encontrarse la puesta al día de la investigación, tanto desde la vertiente arqueológica como desde la histórica.

Estas constituciones mencionadas sugieren también, además de una continua confirmación de privilegios, que en los *corpora naviculariorum* había individuos que, aunque de sustancia, eran de condición plebeya, y por ello más hostigados por las autoridades portuarias o locales que los pertenecientes al orden senatorial e incluso curial allí donde recalaban en el ejercicio de funciones anonarias. Estamos hablando de unos funcionarios imperiales que eran proclives a imponerles cargas en contra de los privilegios de que gozaban, aprovechándose del escaso reconocimiento social y de la ausencia de privilegios de los plebeyos, aun cuando gozaban de la dignidad ecuestre por constitución de Constantino ratificada por emperadores posteriores.

2 Las *relatoriae* son las facturas contra la entrega del producto anonario que permitía a los navicularios realizar el viaje de vuelta u otro con fines distintos de los anonarios sin que nadie les molestase, una vez satisfechas sus obligaciones para con el Estado. Así se expresa Jacobo Godefroy a propósito de esta constitución (*Codex Theodosianvs cvm perpetvis commentariis Iacobi Gothofredi... Editio nova in VI. tomos digesta*, Lipsiae 1736, *ad const. cit.*).

4.- Regionalización de la sociedad tardorromana.

Las constituciones contenidas en el libro XIII, en sus títulos 5 (sobre todo éste) y 6, son manifestación del reconocimiento de las diferencias existentes en ámbito imperial en el Mediterráneo. Si se prefiere, no es una sociedad homogénea y uniforme la que puebla el imperio romano en el siglo IV, sino distinta y diferente según en qué parte del Imperio se ubique su población, y al hallarse estamentalizada los privilegios y obligaciones inherentes a cada uno de los estamentos se hallan regionalizados, como regionalizada está la economía y regionalizado está el ejército.

Hay que dar por hecho la regionalización de la cuenca mediterránea, o lo que es lo mismo, que los comportamientos, actitudes e incluso privilegios no pasan ya sólo y exclusivamente por la pertenencia a un determinado *ordo*, sino sobre todo por dónde está ubicado en la cuenca el grupo social de que se trata. Esto resulta meridianamente claro en el caso de los *corpora nauiculariorum*. No son los mismos los privilegios según se trate de gremios orientales u occidentales; el hecho incluso de que sea patente y manifiesto la existencia de distintos *corpora* en vez de uno solo que incluyese a todos los navicularios del Imperio, aboga por la regionalización afirmada. El Código Teodosiano nos da cuenta de la existencia de *corpora* de navicularios de la parte oriental del Imperio (*CTh* XIII 5, 7; 14 pr: *nauicularii Orientis*), de Egipto (*CTh* XIII 5, 7; 14 pr; XIII 7, 1), de navicularios hispanos (*CTh* XIII 5, 8), de navicularios africanos (*CTh* XIII 5, 10; 14, 3). Pero es que además sabemos por la epigrafía que hubo *corpora* de navicularios a nivel de ciudades, como los de Lyon (*CIL* XIII 1942), los de Narbona (*CIL* XII 4398, 4406, 4493-4495, 5972) o los de Arles, donde se menciona a cinco subagrupaciones, según mi entender: *nauiculariorum marinorum Arelatensium corpora quinque* (*CIL* XII 672; además contamos con otros epígrafes que nos informan de navicularios arelatenses: 692, 697, 704, 718, 982), entre otras y sin contar con la realidad de Oriente, que es la misma, en Esmirna, en Éfeso, en Arados (Fenicia), etc.

5.- Regionalizacion de los privilegios fiscales y legales.

En todos estos casos estamos hablando de gremios o *corpora* cuyos miembros tienen una procedencia económica común, unas mismas obligaciones navicularias para con la Anona y están equiparados por unos mismos privilegios. Ahora bien, aun cuando la tendencia fue hacia la uniformidad en los privilegios, sin embargo no hemos de perder de vista que el punto de partida fue la diferencia, lo que llamo regionalización. Un caso claro de la diferencia en privilegios fiscales y en privilegios legales la hallamos en los días de Constantino, quien por constitución del año 334 (*CTh* XIII 5, 7) otorgó al gremio de navicularios de Oriente con funciones anonarias para con la ciudad de Constantinopla la exención de los *munera ciuilia*, de los *onera*, de los *munera municipalia* (esto en cuanto a las exenciones fiscales se refiere), equiparándolos con los navicularios de Occidente quienes por constitución del 326 dirigida a Ablavio, prefecto del pretorio de Occidente, ya disfrutaban de esos privilegios fiscales (*CTh* XIII 5, 5pr.). Además de ello les otorgó, a semejanza de la corporación alejandrina que le sirve al emperador de precedente, el 4% del valor del trigo transportado y un sólido de oro por cada mil modios transportados. En lo que atañe a los privilegios legales conviene recordar que Constantino abolió en 320 la ley *Iulia et Pappia Poppaea* (*CTh* VIII 16) en virtud de la cual los célibes o los *orbi* estaban penalizados con severas prohibiciones testamentarias (C.D. LIV 16; LVI 1-10; *Dig.* XXXVIII 11; XXIII 2). Pues bien, a pesar de ello hubo de haber alguna limitación para disfrutar plenamente de una herencia o de un legado pues por constitución del 334 ese mismo emperador otorgó al gremio de navicularios de Oriente el privilegio de la *uacatio legis*, al tiempo que eximía a sus miembros de la obligación de la tutela, y les concedía la *praescriptio fori*, en virtud de la cual el navicularío podía elegir, en caso de hallarse encausado, la sede judicial que más pudiese beneficiar unos determinados privilegios. Pero en ninguna otra parte queda documentado que otros gremios disfrutasen de esos mismos privilegios. Se podría argüir que coincidiendo con la fundación de Constantinopla se creó el gremio de navicularios de Oriente y que *ipso facto* sus miembros eran acreedores de los mismos derechos y obligaciones que sus colegas en cualesquiera de las partes del Mediterráneo. Nada más lejos de la realidad. No todos tenían las mismas obligaciones y los mismos derechos. La creación de un nuevo *corpus nauiculariorum* no supone intrínsicamente el disfrute de los mismos derechos de que disfrutan otros *corpora* similares. Habrá que decirlo jurídicamente, y es lo que hace Constantino al promulgar la constitución de 334, reconociendo expresamente al nuevo gremio de navicularios de Oriente determinados derechos que, dicho sea de paso, están recogidos de modo distinto en la constitución dirigida a Ablavio. Nada sabemos, por lo demás, de los derechos y obligaciones del gremio de navicularios de Egipto, existente con anterioridad a la fundación de Constantinopla.

Esta regionalización del Mediterráneo en época tardorromana no se da solamente en el área comercial. Se da también en otros ámbitos de los negocios y de la administración. Es realidad incuestionable, por ejemplo, la regionalización del Ejército. Ya en días de Constantino constatamos una profunda reorganización del ejército en el área danubiana y a juzgar por las noticias que ofrece la *Notitia Dignitatum* el despliegue militar en la *pars Orientis* responde a una estrategia defensiva de carácter regional (Lomas, 2004, 530).

Bibliografía

BOST, J.-P. *et alii* (1992): *L'Epave Cabrera III (Majorque). Échanges commerciaux et circuits monetaires au milieu du IIIème siècle après Jésus-Christ*, Centre Pierre Paris-De Boccard, Paris.

BURY, J.B. (1923): *History of the Later Roman Empire from the death of Theodosius to the death of Justinian (AD 395- to AD 565), I*, MacMillan, London.

DEMOUGEOT, E. (1951): *De l'unité à la division de l'Empire Romain (395-410). Essai sur le gouvernemet impérial*, Adrien-Maisonneuve, Paris.

DI SALVO, L. (1992): *Economia privata e pubblici servizi dell'impero.* Samperi, Messina.

GARCÍA BROSA, G. (1999): "*Mercatores* y *Negotiatores*: ¿simples comerciantes?", *Pyrenae* 30, Barcelona, 173-190.

LAGÓSTENA BARRIOS, L. (2001), *La producción de salsas y conservas de pescado en la Hispania romana (II a.C.-VI d.C.). Col.lecció Instrumenta* 11, Barcelona.

LOMAS SALMONTE, F.J. (1999): "El mundo del comercio: los navicularios" en L. García Moreno et alii, *Historia del mundo clásico a través de sus textos. 2. Roma*, Alianza editorial, Madrid, 363-368.

LOMAS SALMONTE, F.J. (2004): "Administración del Imperio", en P. LÓPEZ BARJA, F.J. LOMAS SALMONTE, *Historia de Roma*, Akal, Madrid, 490-513.

REMESAL RODRÍGUEZ, J. (1991): "El aceite bético durante el Bajo Imperio", *Antigüedad y Cristianismo* VII, Murcia, 355-365.

ROUGE, J. (1961) : "Quelques aspects de la navigation en Méditerranée au Vè siècle et dans la premiére moitiè du VIè siècle", *Cahiers d'Histoire* 6, 129-154.

STEIN, E. (1959) : *Histoire du Bas-Empire, I*, Desclée de Brouwer (ed. de J.-R. PALANQUE).

POSIBILIDADES TÉCNICAS DE LAS RUTAS TRADICIONALES DE NAVEGACIÓN

F. PINIELLA
Universidad de Cádiz

Al objeto de simplificar mi intervención en esta mesa redonda y ante la limitación de tiempo, he decidido centrar la misma en tres ejes, con tres pensamientos suficientemente relevantes de la realidad de la Navegación en la Antigüedad. Todo ello al objeto de profundizar en el debate que al final de nuestras respectivas intervenciones podamos tener.

Estas tres líneas de reflexión son, por una parte la que yo he denominado "El Mar tenebroso", en definitiva la inseguridad del medio ante las inclemencias meteorológicas y la pérdida de vidas humanas en un medio hostil; una segunda idea sería la propulsión de las naves, "Remos y velas", centrando en este sentido las inquietudes tecnológicas que surgen en la construcción naval; y por último "La imagen del Mundo", en definitiva la concepción más o menos global, más o menos local, del entorno marítimo, las técnicas de navegación y especialmente de posicionamiento de las naves en alta mar.

1.- El Mar tenebroso.

Hoy en día todos sabemos que la Tierra tiene una forma prácticamente esférica, que si el Sol sale en nuestros horizontes, la noche se hace en el Lejano Oriente.

Hoy en día todos sabemos qué hora es en todo momento, sabemos qué camino debemos elegir para ir de un lugar a otro.

Hoy en día todos, en la mar, saben que existe en las costas una red de ayudas a la navegación que permite el auxilio de buques en peligro, la recuperación por medios aéreos de las personas que se vean inmersas en un naufragio.

Hoy en día el mar es el camino a seguir, la ruta del comercio. A medida que lo que hoy en el siglo XXI entendemos como globalización avanza, las rutas marítimas se hacen más importantes y el tráfico de mercancías es mayor.

Pero esta situación hace apenas unos siglos no era ni mucho menos así.

El mar, la mar, era un muro que dividía el territorio, que dividía a las personas. No era camino sino barrera.

Sólo la extrema necesidad ha permitido que esto sea así. El hombre se hace pescador y posteriormente navegante porque no consigue en tierra lo que cree le puede dar la mar, considerada desde la Antigüedad como una despensa universal (Arbex, 1991, 17).

Actas del Congreso Internacional *CETARIAE. Salsas y salazones de pescado en Occidente durante la Antigüedad*, Universidad de Cádiz, Noviembre de 2005, *B.A.R. int. ser.* 1686, Oxford 2007, 539-540.

El mar comienza poco a poco a ser también el camino para huir de la invasión, y el camino para invadir y saquear. Esta progresiva utilización del medio se incrementa a medida que las técnicas van evolucionando: por una parte la construcción de las embarcaciones y por otra parte las técnicas de navegación en sí. Es de pensar que la experimentación fuera previa en ríos y lagos, en pequeños espacios acuáticos, antes de dar el salto al Océano.

No siempre un pueblo con una idea avanzada de la tecnología era el que llevaba a cabo los prodigios de la navegación. Era más el hambre, la imperiosa necesidad de sobrevivir, la que facilitaba el ingenio: es el caso de los pueblos polinesios por su carácter insular o el caso de los pueblos del Norte de Europa, los vikingos principalmente, por la búsqueda de riquezas naturales que el clima de sus territorios no les brindaba (Pérez-Mallaína, 1992, 16-23).

2.- Remos y velas.

Hasta mediados del siglo XIX la propulsión de las naves no se llevaba a cabo sino por dos medios fundamentales: la fuerza humana a través de los remos y la fuerza eólica del viento aprovechada por la colocación de paneles textiles, principalmente velas.

En nuestro viejo Occidente, el pueblo egipcio y mesopotámico nos proporcionó periplos de navegación, aislados pero fructíferos más allá de las míticas columnas de Hércules. La búsqueda de rutas desconocidas permitió a estos pueblos alcanzar territorios donde existe constancia de su presencia, al Norte las llamadas "islas del Estaño" (Gran Bretaña) y al Sur las "islas afortunadas" (Canarias). Pero en definitiva su imagen del Mundo no iba más allá del compendio de conocimiento que nos podía relatar la Geografía de Ptolomeo en el siglo II d.C. (De Brossard, 1976, 142).

La mejora de esos paneles que los navegantes enfrentaban a sus vientos, y las técnicas de manejo de los mismos, fue la clave de una mayor movilidad de las naves y de un mayor dominio de la navegación. Velas cuadras y latinas (o triangulares) resumen simbólicamente la tradición de muchos pueblos marineros.

En un principio esta propulsión eólica servía solo de contrapeso o descanso de la fuerza humana de los remos. Ahí que recordar que, por ejemplo, los famosos gaulos fenicios eran embarcaciones propulsadas tanto a remo como a vela, de escaso calado, mucha manga. El casco era de madera resistente, principalmente de cedros libaneses, mientras que las velas estaban confeccionadas de paja, piel o cáñamo (Esquerdo, 1963, 17).

Poco a poco los fenicios fueron incorporando buques de cubiertas y fueron los grandes navegantes de la Edad Antigua. Los griegos siguieron con este sistema de combinar remo y vela, llegando su perfeccionamiento con la famosa galera romana.

Roma avanza profundamente en la construcción naval especialmente con la generalización del calafateo de los buques y la mejora de los elementos de gobierno (un timón por aleta). Eran embarcaciones más alterosas y más pesadas, donde el espolón se convertía en un instrumento bélico importantísimo.

3.- La imagen global del Mundo.

Existe un término que muchos conocerán que es el de "cabotaje", la navegación de corta distancia. Este término proviene de ir navegando de cabo en cabo. Era la forma de navegar, sin alejarse de la costa, como única medida de prevención de temporales, niebla, etc.

La navegación auxiliada por aves fue una posibilidad que los pueblos, al menos los mediterráneos clásicos, llevaron a cabo como única medida de poder alcanzar la costa cuando perdían de vista la misma.

El salto a una navegación oceánica tiene dos grandes descubrimientos en la Historia:

a) la determinación de un "aproximado" Norte astronómico, que permitía una dirección en la ruta a seguir, y que se consigue con el descubrimiento de las sietes estrellas que se denominaban *"septen triones"* (de ahí, septentrional) (Esquerdo, 1963, 16).

b) y la determinación de un también "aproximado" Norte magnético, a partir del descubrimiento de la magnetización de determinados materiales, por consiguiente de la magnetización de la Tierra en dos polos que coincidían (ahora sabemos que aproximadamente) con los polos geográficos de la esfera terrestre.

Sin embargo hasta bien entrado los siglos XV y XVI, en incluso con posterioridad, no se podía hablar de una visión completa del Mundo. Ni vikingos, ni polinesios, ni fenicios supieron cerrar su visión parcial.

China, aunque muy avanzada en medios tecnológicos como la brújula, tampoco alcanzó una capacidad de establecimiento de grandes rutas comerciales, que los llevara a la circunnavegación por su visión política más continental que marítima.

Quizás fueran los árabes por su visión de intermediario de civilizaciones los que estuviesen más cercanos al conocimiento global del Planeta.

En cuanto al auxilio desde tierra, hay que recordar que el Mundo Clásico supo levantar grandes faros como el de Alejandría o el de las Torres de Hércules en La Coruña, por poner solo dos ejemplos significativos de toda una red o entramados de señales luminosas que permitía identificar los peligros de la costa. El levantamiento de torreones o tayalots con antorchas encendidas ya era una costumbre existente antes del esplendor romano en el Mediterráneo.

Afortunadamente como decía al principio el mar de hoy ya no es tenebroso, pero sigue siendo a pesar de todos los adelantos tecnológicos, un medio hostil y son muchas las personas que todavía hoy siguen perdiendo sus vidas: pescadores, marinos mercantes e incluso aficionados y usuarios del mar como ocio y deporte.

Bibliografía

ARBEX, J.C. (1991): *Salvamento en la mar; La evolución del Salvamento Marítimo en España*, Madrid.
DE BROSSARD, M. (1976): *Historia Marítima del Mundo* (I), Barcelona.
ESQUERDO GALIANA, M. (1963): *España cara al mar*, Valencia.
PÉREZ-MALLAÍNA, P.E. (1992): *Navegación*, Sevilla.

LA PERSPECTIVA DEL CONSUMO DE CONSERVAS EN LA LITERATURA GRIEGA

T. SILVA
Universidad de Cádiz

El rey de la producción salazonera antigua (también de la moderna, podría decirse) era, sin duda, el atún. Que los griegos apreciaban bien su carne jugosa y grasa lo atestiguaron tempranamente, en el s. VI a.C., los yambógrafos Hiponacte (fr. 36 Dg., tal vez asociable al fr. 37) y Ananio (fr. 5 W.), en sendos fragmentos que bien pudieran tomarse como primicias de la poesía gastronómica griega (para el de Ananio cf. García Soler, 2001, 18), por ofrecer una enumeración de alimentos refinados (del tipo como las que se leerán después en la comedia ática, siguiendo el motivo de la *utopía gastronómica*), por indicar en qué momento del año están en su sazón, e incluso aludir a la forma en que deben ser comidos. La mención del atún en ambos fragmentos revela su categoría de manjar, de *vera e propria delizia del palato* (Mastromarco, 1998, 230), desde luego no al alcance de cualquiera: los *cotidianos banquetes a base de atún hembra* (*thýnna*), dice Hiponacte en el fr. citado, v.2, pueden llevar a la ruina a un hombre (lo mismo vendrán a decir siglos más tarde los comediógrafos Platón, fr. 49 K., y Antífanes, fr. 69 K.; y en el s. II, Plutarco, *Soll. anim.* 966 A, seguirá subrayando que es más ostentoso comprar atún que capturarlo). Anterior aún a Hiponacte y Ananio es el también yambógrafo Semónides (fl. 630 a.C.), en cuyo fragmento 15 W. se hace igualmente mención del atún, junto a otras especies marinas (calamares, gobios y camarones). Pero al tratarse de un único verso, despojado de todo contexto, adjudicarle una temática culinaria no pasa de ser una mera suposición.

Que no tengamos un testimonio más antiguo, el homérico, se lo hemos de achacar con toda probabilidad al rechazo aristocrático que en el ámbito heroico se manifiesta hacia todo alimento que no sea la carne de res, comida además asada y con sal por todo condimento (Fernández-Galiano *et alii*, 1984, 403 y 439). Refiere Platón (*R.* 404c) que *el poeta* (*sc.* Homero) *no les sirve pescado* a los héroes (sobre ello ironiza el cómico Eubulo, fr. 118 K.-A.), pese a que *están a orillas del mar, en el Helesponto*. En efecto, contrasta este rechazo al pescado, que los héroes sólo comen cuando no hay alternativa mejor (*Od.* XII 325 ss.), con que el propio Homero loase al Helesponto *abundante en peces* (*Il.* IX 360), o afirmase que a un rey de recto gobierno y temeroso de los dioses, entre otras bendiciones, *le nace sin tregua el ganado y el mar le da peces* (*Od.* XIX 109). El poeta de Quíos, por otra parte, no desconocía distintas artes de pesca (con red, arpón, anzuelo y caña), según dejó ver a través de algunos símiles (*e.g. Il.* XXIV 80 ss., *Od.* XII 251 ss.), consabido y singular recurso de estilo con el que dio entrada en sus poemas a aspectos del mundo como éste y como otras humildes actividades prácticas humanas, que no hubieran tenido cabida de otro modo en la esfera heroica. Pues no cabe duda de que la pesca era conocida y practicada en la Edad del Bronce, pero, frente a la noble y agonística caza (cuyas raíces heroicas enaltecerá Jenofonte, *Cyn.* 1), era percibida en la mentalidad épica como una actividad humilde, propia de las clases menos pudientes y esto mismo se extendería, claro, al consumo de pescado (Longo, 1989, 25; Curtis, 1991, 113).

Era, en suma, más natural que la poesía lírica, con su atención a la circunstancialidad o *Labilität* humana, al *hic et nunc*, y en particular la lírica yámbica, de orígenes y temática populares, fuera el primer género griego que diera acceso literario a un componente tan esencial en la vida diaria como el gastronómico, y el que también nos proporcionara una primera información sobre el consumo y el aprecio del atún. Siguiendo esta misma línea, más natural era aún que la comedia ática, género ya de época clásica, reflejara por su tono costumbrista con más fidelidad que la lírica la cotidianeidad, los usos y costumbres de la población, y se convirtiera por ello en la guía y fuente primordial para el conocimiento de la alimentación en la Atenas clásica (García Soler, 2001, 18 s.), la *polis* que en ésta como en muchas otras facetas de la vida griega es nuestra referencia antonomástica de la antigua Grecia (Flacelière, 1993, 12). La comedia evidencia cómo entre la población general, la carne, al contrario que para los héroes homéricos, estaba casi vedada debido a su precio, hasta el punto de que los pobres de la ciudad sólo la comían de vez en cuando, con ocasión de los sacrificios públicos, en los que su distribución era gratuita. En cambio el consumo de pescado era notable. La importancia que el pescado adquiere en la dieta griega, desde época clásica al menos, tuvo su reflejo en la propia lengua, en la que, como es bien sabido, el término *ópson* (analizado ampliamente por Davidson, 1995, 204 ss.), que en origen significaba de modo genérico todo condumio o alimento tomado con pan (o sea, todo complemento del alimento básico), se especializó progresivamente hasta significar pescado (cf. Ath., VI 274d, VII 292e), siendo así que de su derivado *opsárion* procede el término que entre los griegos desde el medievo hasta hoy día designa el pescado, *psári* (con más detalle en García Soler, 2001, 51 s.; Curtis, 1991, 114).

La afición de los griegos antiguos por el pescado acabó convertida en una especie de "pasión", a tenor de los entusiastas elogios que en los textos se le dedican, tanto en la comedia como en textos de otra índole. Gustaba el pescado fresco y el procesado, practicándose casi de modo exclusivo la salazón (*tárichos* en griego) como método de conservación (García Soler, 2001, 204). La demanda de pescado a mayor escala debió de comenzar en el s. VII a.C., cuando las ciudades griegas comenzaron a colonizar la costa norte del Ponto Euxino, quizá atraídas por las posibilidades de pesca; allí debieron de aprender los griegos el procedimiento de salazón y allí establecieron factorías, desde las que pronto enviarían sus productos a otros mercados griegos, en especial el ateniense (cuestión distinta y en debate es la de si la práctica de la salazón fue extendida a Occidente por los fenicios, por los griegos, o por ambos a la vez, Lomas Salmonte y Sánchez, 1991, 99; Curtis, 1991, 114 s.; Carrera Ruiz *et alii*, 2000, 51). Olbia, colonia fundada en el s. VI a.C. por jonios de

Actas del Congreso Internacional *CETARIAE. Salsas y salazones de pescado en Occidente durante la Antigüedad*, Universidad de Cádiz, Noviembre de 2005, *B.A.R. int. ser.* 1686, Oxford 2007, 541-544.

Mileto en la cuenca septentrional del mar Negro, se localizaba justamente en la boca del estuario de los ríos Hípanis y Borístenes (actuales Bug y Dniéper), y poseía un importante mercado de pescado, según documenta la epigrafía (Curtis, 1991, 119). En este estuario, anota Heródoto en su visita a la región a mediados del V a.C. para conocer y observar el país de los escitas, "se deposita sal espontáneamente en grandes cantidades" (IV 53), hecho que favorece la salazón del *antakaíos*, tipo de esturión que se pescaba en el Borístenes. La conexión entre industria de salazón y explotación salinera resulta obvia (Lomas Salmonte y Sánchez, 1991, 99; García Soler, 2001, 210): cercanas a salinas, por ejemplo, fueron fundadas al sur de Sicilia Gela, en el VII a.C., y poco después Acragas (cf. Plin., *HN* XXXI 73 y 85), siendo con toda probabilidad esa sal la que abasteciera la activa y encomiada industria de salazón de la isla.

Así pues, el consumo de pescado en salazón entre los griegos puede remontarse a los primeros siglos de la época arcaica. Sin embargo, no empezamos a encontrar referencias literarias a la salazón hasta el primer cuarto del s. V a.C. (salvo que, aunque sólo sea a título de hipótesis, entendamos que tal vez sean los fragmentos yámbicos citados *supra* de Hiponacte y Ananio indicios de la existencia de un consumo implícito de productos derivados del atún u otros pescados). Quiónides, uno de los primeros poetas de la Comedia Antigua (representó ya en el 488 a.C.), alude al consumo de salazón en uno de sus escasísimos fragmentos conservados (fr. 5 K.). Posterior a Quiónides y una generación anterior a Aristófanes, Cratino, célebre poeta que integraba junto a Éupolis y al propio Aristófanes el canon alejandrino de la comedia (cf. Horat. *serm.* I, 4, 1), se refiere en su *Dionisalejandro* (fr. 40 K.) a las "salazones del Ponto" como a un artículo de lujo. En cambio, otros comediógrafos de la generación de Cratino, como Crates (fr. 17 K.) y Ferécrates (fr. 22 K.), mencionan la salazón junto a otros alimentos que forman parte de una comida familiar y modesta como las coles hervidas o el puré de legumbres o lentejas (comida de pobres para Antífanes, fr. 183 K.). Fuera de la comedia, Heródoto proporciona al final de su *Historia* (IX 120) una curiosa anécdota ocurrida a un soldado ateniense que se asaba unos peces en salazón: colocados éstos al fuego, de repente comenzaron a saltar y agitarse como si estuvieran acabados de pescar. El *parádoxon* habría tenido lugar tras la conquista de la ciudad de Sesto, en el 479 a.C., esto es, en la etapa final de las Guerras Médicas, y evidencia, junto con los fragmentos de comedia citados, que bastante antes de comienzos del s. V a.C. el pescado en salazón debía de ser un componente habitual de la alimentación griega, y en especial de la de gente humilde, campesinos, soldados en campaña o esclavos (cf. Pl. Com., fr. 193 Edm.; Ar., *Ach.* 967, 1097-1022, *Vesp.* 491, *Pax* 563; Besnier, 1911, 1025; Curtis, 1991, 154). No impide esta consideración que ciertas variedades de salazón fuesen un producto caro, de importación, y como tal una delicia gastronómica, igual que ocurría con algunos pescados, los más suculentos (congrio, anguila, el mismo atún, cf. Ar., *Ra.* 1068; Gilula, 1995, 391 ss.), de los que sólo disfrutaban las clases pudientes, mientras las populares se conformaban con las sardinas y boquerones del Falero (Ar., *Vesp.* 493, fr. 136 Edm.; Timocl., fr. 11 K.). La carestía de ciertos pescados y salazones, las diferencias entre ricos y pobres y la obsesión por la comida fueron motivos recurrentes para los poetas cómicos: Cróbilo (fr. 8 K.) ridiculiza a un glotón que había acostumbrado su garganta y sus dedos al calor para poder comer pescado en salazón lo más caliente posible, sin que los demás pudieran seguirlo (cf. Ath., I 5e-f); Antífanes (fr. 50 K.) hace otro tanto con dos ricachones que pugnaban por comprar una anguila; por último, frecuente en comedia es la descripción de la "utopía gastronómica", una especie de "paraíso" para los glotones, en el que podían disfrutar de todos los manjares imaginables, salazones incluidas (Ehrenberg, 1988, 454; García Soler, 2001, 21; cf. los pasajes de comedia reunidos por Ath., VI 267e-270a).

Para completar el cuadro literario del consumo de salazón en particular en la Grecia antigua, a la variada información que la comedia suministra, tanto la Antigua (añadiríamos a los poetas citados Éupolis, Frínico y por supuesto Aristófanes) como la Media y la Nueva (a través de *e.g.* Alexis, Antífanes, Menandro, Nicóstrato o Sopatro de Pafos), y que recoge desde los precios en el mercado hasta recetas, pasando por la preparación de los platos, se ha de sumar la que sale de la mal conservada poesía gastronómica, de moda en el IV a.C., tanto la preceptista de Arquéstrato de Gela como la descriptiva de Filóxeno de Citera o Matrón de Pítane, o la extraíble de la literatura médico-dietética, que advierte sobre el valor nutritivo, digestibilidad y facilidad de eliminación de los alimentos (sobre el pescado y la salazón escribieron por ejemplo médicos como Hipócrates, V a.C., Diocles de Caristo, IV a.C., Dífilo de Sifnos, III a.C., Eutidemo de Atenas, II a.C., Hicesio de Esmirna, I a.C., Dorión, I d.C., Jenócrates, I d.C. -cuya obra, extractada, se halla contenida en las *Collectiones Medicae* de Oribasio-, o Galeno, II d.C.). Citamos el último a Ateneo de Náucratis, de fines del II d.C. aunque su cronología exacta sigue siendo discutida, cuyos *Deipnosophistai* o *Banquete de los sofistas*, una imaginaria conversación sobre comida en el transcurso de una cena, ha quedado para los estudiosos como una verdadera enciclopedia gastronómica en la que se reúne la erudita opinión de médicos, filósofos, poetas y gramáticos, acreditada a su vez con numerosísimas citas de otros autores que sirven de autoridades (García Soler, 2001, 26 ss.). El valor de la obra de compilación de Ateneo se multiplica por habernos transmitido a través de sus citas parte del texto de muchas obras hoy perdidas: gracias a Ateneo hemos conocido por ejemplo las obras de Arquéstrato y Matrón, y recuperado muchos fragmentos de casi todos los comediógrafos y médicos mencionados. Al pescado dedica Ateneo el libro VII y parte del VIII, y a la salazón un amplio capítulo en el III.

No obstante el mal estado de conservación de buena parte de estas fuentes literarias, se ha podido extraer de todas ellas un conocimiento muy aproximado acerca de la producción y consumo de las conservas de pescado en la Grecia antigua. No es caso de reiterar aquí lo ya expuesto en los distintos trabajos que han analizado y clasificado exhaustiva y escrupulosamente lo aportado por las fuentes, tanto desde la óptica historiográfica como la arqueológica, filológica, o la más puramente enciclopédica (nos referimos, por citar aquellos a los que hemos tenido acceso, a Rhode, 1892; Besnier, 1911; Thompson, 1947; Ponsich y Tarradell, 1965; Ponsich, 1988;

Curtis, 1991; Lagóstena Barrios, 2001; García Soler, 2001). Nos limitaremos, pues, a hacer un breve prontuario de los aspectos principales de la cuestión (seguimos de cerca Rhode, 1892, Besnier, 1911, y García Soler, 2001, 204-215). Para las necesarias referencias textuales griegas, que por razones de espacio no incluimos, remitimos a los trabajos citados.

Los pescados habituales para la salazón eran el esturión (*antakaíos*), la caballa (*skómbros*), el estornino (*kolías*) y en particular el atún y especies relacionadas (*thýnnus, pelamýs, kordýle, órkynos*). En cuanto a los tipos de salazón, según su grasa eran *taríche píona* (salazones grasas) o *apíona* (magras); según su grado de sal, *teleíos* (muy salada), *hemitárichos* o *hemíneros* (medio salada) y *akrópastos* (poco salada); según su forma, *trígonon* (triangulares), *tetrágonon* (cuadrangulares), *kýbion* (cúbica), *témachos* (tajada o loncha); según el tipo de pescado, *thýnneion* (el más apreciado de los *taríche píona*, curiosamente hecho con la *pelamýs* de mayor tamaño, no con atún), *antakaíon* (de esturión), *kordýleon* (de atún joven); la salazón de pescado descamado era llamada *tárichos tiltón* y con escamas *tárichos lepidotón*; otras variantes eran las *melandrýai* (tajadas dorsales de esturión o atún saladas y secas así llamadas por semejar su color el de tablas de roble), el *omotárichos* (más probablemente salazón hecha con partes cercanas a la cabeza, por *ómos*, "espalda", que salazón cruda, por *omós*, "crudo"), el *tárichos horaíon* u *horaiotárichos* (salazón de temporada, de alta calidad, la mejor de los *taríche apíona*) y los *ouraía* (hecha con partes cercanas a la cola). En lo que a salsas se refiere, el *gáros* se debía de consumir en Grecia antes del V a.C. (es mencionado en fragmentos de Esquilo y Sófocles entre otros), pero era menos usado que el *hálme*, una salsa similar. Las salazones más reputadas y elogiadas eran las procedentes del Ponto Euxino, las del sur de la Península Ibérica (en especial el *tárichos Gadeirikón*, que se exportaba a Atenas ya en el s. V a.C., como atestigua la comedia) y las de Cerdeña; el sur de Italia y Sicilia también destacan como centros productores; las salazones peor consideradas eran las egipcias y las fenicias. Paradójicamente, ni literatura ni arqueología han documentado centros de salazón en la Grecia peninsular. En cuanto a su empleo culinario, según parece, se lavaba la salazón para eliminar el exceso de sal, hasta que el agua se volvía inodora y dulce; se solía tomar la salazón cruda o, por ser más sabrosa caliente, en estofado o asada con aceite y vino y condimentada con especias, aunque la propia salazón podía servir de condimento para otras viandas; salazones saladas como la *teleíos* eran usuales como aperitivo en los banquetes, y evitaban que la bebida sentara mal. Entre los médicos, se coincide en que la salazón es de poco alimento o hace adelgazar, pero se discrepa entre si son fáciles de digerir (Dífilo de Sifnos) o malas para el estómago y "perturbadoras" del vientre (Jenócrates); por otra parte se les otorgan propiedades curativas, y se las indica para la enfermedad del bazo (Hipócrates). Por último, el precio de la salazón se movía entre extremos: en general era barata (una ración de *tárichos* de calidad común podía costar entre uno y tres óbolos) y, por ello, estaban mal considerados los que las consumían y los que las comerciaban; en cambio, las salazones de calidad superior como el *thýnneion* o las importadas como las *taríche Pontiká* o el *tárichos Gadeirikón* eran muy caras.

Este último dato incide en las implicaciones socioeconómicas que tenía el consumo de un producto de elevado precio como las salazones o el pescado de mejor calidad. Al contraste entre ricos y pobres y sus derivaciones cómicas nos hemos referido ya. Contemplar un mercado bien abastecido de pescado era una experiencia gratísima para quien abundaba en recursos, pero desoladora para quien no los tenía, y tenía que escabullirse hacia el mercado de boquerones (Timocl., fr. 11 K.). Pero, más allá de un disfrute gastronómico, consumir buen pescado y buena salazón era un poderoso signo de riqueza y *status* social, y no sólo por el valor intrínseco del propio alimento, sino por lo difícil de conseguir, caro y deseado que era (Purcell, 1995, 147). A su vez, la *opsophagía* abusiva podía hacer que una persona fuese reprobable social o políticamente, y a ella recurrió por ejemplo Aristófanes (*Eq.* 353 ss.) para caracterizar la corrupción política y criminalidad de Cleón (Davidson, 1995, 211; cf. Ehrenberg, 1988, 187). Por otra parte, el hecho de que las referencias literarias en su mayor parte traten sobre los pescados mejores, que eran justamente los consumidos por los ricos, puede haber distorsionado la percepción del consumo real de pescado y salazón. El debate fue abierto no hace mucho por Gallant (1985), para postular, con un cierto exceso de severidad, que en Grecia se consumía bastante menos pescado del que la abundancia de referencias literarias y artísticas hacen creer. Esta posición fue contrarrestada por Curtis (1991), defendiendo la importante contribución del pescado y de los productos derivados a la dieta grecorromana. Purcell (1995) ha tratado de compatibilizar una y otra posición, si bien, como con razón apunta Wilkins (1995, 104 s.), tal vez todo se reduzca más bien a un problema de los textos antiguos (que hablan menos del pescado que comía la gente pobre).

En cualquier caso, de lo que no cabe duda es del simbolismo cultural del pescado en la Grecia antigua que esa misma abundancia de referencias literarias encierra (Purcell, 1995, 132 s.): el pescado, su captura, su preparación, su consumo, forman parte de la identidad cultural griega. Más que tratar de adjuntar testimonios más o menos explícitos para esta aseveración, preferimos acudir a varias citas que, en apariencia intrascendentes, traslucen a juicio nuestro el calado de ese simbolismo, como el que un ateniense pudiera ser caracterizado como "alimentado de canosos boquerones" (Ar., fr. 137 K.), expresión de sabor épico que recuerda la funcionalidad de los ajustados epítetos homéricos, o el que Meleagro de Gádara se atreviera a declarar extranjero, sirio en concreto, a Homero, por haber representado a los aqueos "absteniéndose de pescado" (Ath., IV 157b), atribución disparatada pero significativa de una manera de pensar, si tenemos en cuenta la oposición entre "griegos-comedores de pescado" frente a "bárbaros-no comedores de pescado" (*apichthys*) que se deduce de un fragmento del *Erecteo* de Eurípides (fr. 366 N.). Desde la perspectiva griega, la colonización era el medio de llevar los usos de su civilización a regiones "bárbaras" (Braund, 1995, 168 s.), y en este sentido creemos puede interpretarse la historia fundacional de Faselis, cuyo territorio fue comprado al pastor Cylabras a cambio precisamente de *tárichos* (Ath., VII 297e-298a). A su vez, la concesión de la ciudadanía a los hijos de Queréfilo por haber importado éste, tal vez en un momento de escasez, *tárichos* a Atenas (Alex., fr. 77 K.), evocaría la gratitud, de raíces míticas, mostrada a los héroes civilizadores y benefactores de la ciudad en momentos de crisis: por ejemplo, según cierta versión mítica, Erecteo fue elevado al trono de Atenas en agradecimiento porque, durante un período de hambruna, importó trigo e introdujo su cultivo en el Ática.

Pesca y salazón debieron de sentirse desde pronto como algo propio y familiar para los griegos, hasta el punto de que la captura del atún (el rey de la industria salazonera, como dijimos al principio) pudo con toda naturalidad convertirse, en manos de Esquilo, en la base de la brillante imagen poética acuñada en los *Persas* (472 a.C.) para vivificar la brutal muerte de los soldados persas caídos al mar en la batalla de Salamina: *los griegos por su parte, como a atunes o a un copo de peces, con trozos de remos y fragmentos de naufragio los golpeaban, les quebraban el espinazo* (vv. 424-8). Con mazas y garrotes, en un espectáculo sangriento, se mataba en la Antigüedad a los atunes, mutilándolos y despedazándolos (Ponsich, 1988, 36). Pero la metáfora poética, además de reflejar la heroica y desigual lucha sostenida por hombres y atunes en el Mediterráneo desde tiempos remotos (Mastromarco, 1998, 233 ss.), destila el orgullo patriótico de Esquilo, que con esta tragedia, la más antigua conservada y la única de tema político, quiso conmemorar el triunfo de su propio modelo de civilización, democrático y participativo, sobre el uniforme y sometido *stratós barbáron*, el ejército de los bárbaros.

Bibliografía

BESNIER, M. (1911): *Salsamentum* (*Tárichos*), en Daremberg C. - Saglio, E. (eds.), *Dictionnaire des Antiquités Grecques et Romaines*, IV 2, París (repr. Graz, 1969), 1022-1025.

BRAUND, D. (1995): "Fish from the Black Sea. Classical Byzantium and the Greekness of Trade", Wilkins *et al.*, 162-170.

CARRERA RUIZ, J. C., DE MADARIA ESCUDERO, J. L. y VIVES-FERRÁNDIZ SÁNCHEZ, J. (2000): "La pesca, la sal y el comercio en el Círculo del Estrecho", *Gerión* 18, 43-76.

CURTIS, R. I. (1991): *Garum and Salsamenta: Production and Commerce in Materia Medica*, Londres - Nueva York - Copenhague - Colonia.

DAVIDSON, J. (1995): "*Opsophagia*: Revolutionary Eating at Athens", en Wilkins *et alii.*, 204-213.

EHRENBERG, V. (1988^2): *L'Atene di Aristofane. Studio sociologico della Commedia attica Antica*, Florencia (Oxford, 1951).

FERNÁNDEZ-GALIANO, M., GIL, L., LASSO DE LA VEGA, J.S. y RODRÍGUEZ ADRADOS, F. (1984 [1963]): *Introducción a Homero*, Madrid.

FLACELIÈRE, R. (1993): *La vida cotidiana en Grecia en el siglo de Pericles*, Madrid (París, 1959).

GALLANT, T. W. (1985): *A Fisherman's Tale: an Analysis of the Potential Productivity of Fishing in the Ancient World*, Gante (*Miscelanea Graeca*, fasc. 7).

GARCÍA SOLER, M. J. (2001): *El arte de comer en la antigua Grecia*, Madrid.

GILULA, D. (1995): "Comic Food and Food for Comedy", Wilkins *et alii*, 386-399.

LAGÓSTENA BARRIOS, L. (2001): *La producción de salsas y conservas de pescado en la Hispania romana (II a.C.-VI d.C.)*, Barcelona.

LOMAS SALMONTE, F. J. y SÁNCHEZ SAUS, R. (1991): *Entre la leyenda y el olvido: épocas antigua y media*, en Bustos, M. (ed.), *Historia de Cádiz*, I, Madrid.

LONGO, O. (1989), *Le forme della predazione. Cacciatori e pescatori nella Grecia antica*, Nápoles.

MASTROMARCO, G. (1998): "La pesca del tonno nella Grecia antica: dalla realtà quotidiana alla metafora poetica", *RCCM* 1-2, 229-236.

PONSICH, M. (1988): *Aceite de oliva y salazones de pescado. Factores geo-económicos de Bética y Tingitania*, Madrid.

PONSICH, M. y TARRADELL, M. (1965): *Garum et industries antiques de salaison dans la Meditérranée occidentale*, París.

PURCELL, N. (1995): "Eating Fish: the Paradoxes of Seafood", Wilkins *et alii*, 132-149.

RHODE, P. (1892): "Thynnorum captura quanti fuerit apud veteres momenti", *Neue Jahrbücher für classische Philologie*, Supplement Band 18, 3-78.

THOMPSON, D'A. W. (1947): *Glossary of Greek Fishes*, Londres.

WILKINS, J. - HARVEY, D. - DOBSON, M. (eds.) (1995): *Food in Antiquity*, Exeter (repr. 2003).

CONGRESISTAS

Cheddad ABDELMOHCIN
Rue 2, Avenue Imam Moslim nº 32
Aïn Hayani
Tanger, Marruecos
Mcheddad2005@yahoo.fr

Ángel ACUÑA PIÑEIRO
Rua das Barreiras, 78-1º
Santiago de Compostela, España
adro@arrakis.es

Llorenç ALAPONT MARTÍN
SIAM
C/ Sant Roc nº 9, 1º
Silla, 46460
Valencia, España
lalapont@ono.com

João ALMEIDA
Museo Nacional de Arqueología
Praça do Imperio
1400-206 Lisboa, Portugal
Joao.pla@lycos.com

María José ALMEIDA
UNIARQ- Universidad de Lisboa
R. Marques Da Silva nº 45, Porta 10
1170-222 Lisboa, Portugal
ze-almeida@clix.pt

Carlos ALONSO VILLALOBOS
Centro de Arqueología Subacuática del Instituto Andaluz del Patrimonio Histórico
Junta de Andalucía
Avda. Duque de Nájera, 3
11002 Cádiz, España
carlos.alonso@ono.com

Esther ALTAMIRANO TORO
C/ Reding 10, 10ºB
Málaga, España
bindisa@hotmail.com

Nuria ÁLVAREZ
SIAM
C/ Traginers sn
Valencia, España
nalvag@ono.com

Antonio APOLINARIO VALONGO
IPPAR
Rua Soldado Luis nº 10 res.ch.esq. 2855-154,
Corroios, Portugal
Antonio.Valongo@gmail.com

Carmen ARANEGUI GASCÓ
Facultad de Geografía e Historia
Universidad de Valencia
Avda. Blasco Ibáñez, 28
46010 Valencia, España
carmen.aranegui@uv.es

Alicia ARÉVALO GONZÁLEZ
Universidad de Cádiz
Facultad de Filosofía y Letras
Avda. Gómez Ulla s/n
Cádiz, España
alicia.arevalo@uca.es

Victor BARBI ALONSO
Consejería de Cultura
C/ Benito Corbal, 47, 2º
36001, Pontevedra, España

Marta BEJARANO FERNÁNDEZ
C/ Monte de Sancho
29016, Málaga, España
martabejaranof@yahoo.es

Julia BELTRAN DE HEREDIA
Museo de Historia de la ciudad
Plaza del Rey s/n
Barcelona, España
jbeltran@mail.bnc.es

Yoann BENETEAU
C/ Cervantes 37, 3º
Cádiz, España
Yoann.beneteau@free.fr

Darío BERNAL CASASOLA
Universidad de Cádiz
Facultad de Filosofía y Letras
Avda. Gómez Ulla s/n
Cádiz, España
dario.bernal@uca.es

Michel, BONIFAY
CNRS
Marsella, Francia
Mbonifay@mmsh.univ-ax.fr

Paloma BUENO SERRANO
C/ Gas, 10, 1º-B
Cádiz, España
palomabueno@ono.com

Antonio Luis CABRAL MESA
C/ Meandro 27
Puerto Real
Cádiz, España
Arqueol15@hotmail.com

Enrique CALE MENDES
IPPAR
Rua dos Carpinteiros nº 3 200-305 Fontainhas
Santarem, Portugal

Vicente CAMARÉS MOREIRA
Museo do Mar de Galicia
Avd. Atlántida 160
Vigo, Pontevedra, España
Vicente.carames@museodomar.com

Juan CAMPOS
Universidad de Huelva
Urb. Bellavista. C/ Greco 6, 2ºC
Aljaraque, Huelva, España
campos@uhu.es

Fernando CAÑAS GARCÍA
Camino de los enamorados 5, bloque 3, 5ºB
El Puerto de Santa María
Cádiz, España
lefedinand@yahoo.es

Xulio CARBALLO ARCEO
Consejería de Cultura
C/ Benito Corbal, 47, 2º
36001 Pontevedra, España
Lui.xulio.carballo.arceo@xunta

María Brigitte CARRE
CNRS
14 Rue Clapier
13001, Marsella, Francia

Cesar CARRERAS MONFORT
Universitat Oberta de Catalunya
Avda. Tibidabo, 39-43
Barcelona, España
ccarreras@uco.edu

Juan Carlos CASTRO CARRERA
Anta de Moura, S. L.
Cotarelo, 18, coruxo, 36330
Vigo, España
juancastro@antademoura.com

Barbara CATERINI
Universidad de Siena
Via Fossombroni 33
58100 Grosseto, Italia
barbaracaterini@tiscali.it

Laura CERRI
Departamento de Arqueología
Universidad de Siena
Via Roma 56
Siena, Italia
cerri@unisi.it

Brais X. CURRAS REFOJOS
Universidad de Santiago de Compostela
R/ Lealtade, 33, 1ºA
Moaña,
36950 Pontevedra, España
braix@hotmail.com

Francesco CUTERI
Via Jan Palach, 5
88100 Cayanzaro, Italia
Francesco.cuteri@uniu.it

Antonio DE LA CRUZ SASTRE
Universidad de Cádiz
Avd. Cayetano del Toro 5-7 3ºI
Cádiz, España
antonio.decruz@alum.uca.es

Francisco José DELGADO ALCEDO
Universidad de Cádiz
C/ Las Palmeras 3, bajo D
11510, Puerto Real
Cádiz, España
Fran_enclavedfa@hotmail.com

José Juan DÍAZ RODRÍGUEZ
Universidad de Cádiz
C/ Mendez Núñez, 27
San Fernando
Cádiz, España
josejuan.diaz@uca.es

Rafael DORADO CANTERO
Ayuntamiento de Benalmádena-Costa
C/ Esperanto, 5, 5ºA
Málaga, España
Rafaeldorado7@hotmail.com

Ana María ESPINAR CAPPA
Avd. Salvador Allende, 13, 10ºB
29017, Málaga, España
espinarcappa@hotmail.com

Robert ETIENNE
Université Bordeaux III
Bordeaux, Francia

Jean-Yves EVEILLARD
Université de Brest
Impasse des Tourterelles
Plougonvelin, 29217
Francia
Jean-yves.eveillard@wanadoo.fr

José Ángel EXPÓSITO
Universidad de Cádiz
C/ Doctor Francisco Cobos, 11, 1º Izq
Cádiz, España
silexpo@hotmail.com

Carlo FABIÃO
Universidad de Lisboa
Rua Fernando Pessoa, nº 83, 1º dft.
Estoril, Portugal
cfabiao@ft.ul.pt

Raffaella FEDERICO
Soprintendenza archeologica di Pompei
Via Carmine, 20
Castellammare di Stabia
Italia
Meskalules30@hotmail.com

Francisco Javier FERNÁNDEZ NIETO
Universidad de Valencia
C/ Gobernador Viejo, 34, 3°-A
Valencia, España
Fco.Javier.Fernandez@uv.es

Mercedes FERRANDO DE LA LAMA
C/ Sófocles, 10, 2° 2
29010 Málaga, España
mfdelalama@hotmail.com

Álvaro FIGUEIREDO
Museo Nacional de Arqueología
Praza do Imperio 1400-206
Lisboa, España
Alvaro.figueired@hotmail.com

José María GALINDO
Barbate
Cádiz, España
cyslabarbateñasl@eresmas.com

Enrique GARCÍA VARGAS
Universidad de Sevilla
Sevilla, España
egarcia@us.es

Lourdes GIRÓN ANGUIOZAR
Universidad de Cádiz
Avd. Marquesado, C/ Navarrete, 3
11130 Chiclana.
Cádiz, España.

Verónica GÓMEZ FERNÁNDEZ
Universidad de Cádiz
C/ Hermanos Lagarde, 21
San Fernando
Cádiz, España
Veritogomez85@hotmail.com

Antonio GONÇALVES DE CARVALLO
UNIARQ-Universidad de Lisboa
Lisboa, Portugal
antonio.carvallo@um-cacais.pt

José María GUTIÉRREZ LÓPEZ
Museo Histórico Municipal de Villamartín
Avd. de la Feria s/n
Villamartín
Cádiz, España
Museovmartin@terra.es

José Antonio HERNANDO CASAL
Universidad de Cádiz.
Facultad de Ciencias del mar
Polígono Río San Pedro
11510 Puerto Real
Cádiz, España
joseantonio.hernando@uca.es

Jean-Claude HOCQUET
Centre National de la Recherche Scientifique
3/33 rue Chambre des Comptes
5900, Lille
Francia
Ic-hocquet@wanadoo.fr

María Teresa IANELLI
Soprintendenza per i bieni archeologici della Calabria
Piazza de Nava, 26
Reggio Calabria
Italia
iannellis@libero.it

Mª Carmen ÍÑIGUEZ SÁNCHEZ
C/ Juan de Rihuerca 10, 2°C
29010 Málaga, España

Milagrosa JIMÉNEZ MELERO
Centro de Arqueología Subacuática del Instituto Andaluz del Patrimonio Histórico
Junta de Andalucía
Avda. Duque de Nájera, 3
11002 Cádiz, España
milijm@hotmail.com

Andrew JONES
University of Bradford
Reino Unido

Lázaro LAGÓSTENA BARRIOS
Universidad de Cádiz
Facultad de Filosofía y Letras
Avd. Gómez Ulla s/n
Cádiz, España
lazaro.lagostena@uca.es

Francisco Javier LOMAS SALMONTE
Universidad de Cádiz.
Facultad de Filosofía y Letras
Avda. Gómez Ulla s/n
Cádiz, España
javier.lomas@uca.es

Lourdes LORENZO MARTÍNEZ
Figlina, S. L.
C/ Santiago de Compostela, 46
San Fernando
Cádiz, España
figlina@gmail.com

Cristine MACHEBOEUF
Université du Litoral Côte d´opale
21, rue Jules Lecomte
Boulogne sur mer, 62200
Francia
crecre@wanadoo.fr

José Manuel MAIQUEZ ABRIL
C/ Obusera, 2, 1ºC
San Fernando
Cádiz, España
j_m_maiquez_abril@hotmail.com

Pau MARIMÓN RIBAS
C/ Provenza 131, 1º
08036 Barcelona, España
marimon@ceipac.ub.edu

Julio MARTÍNEZ MAGANTO
Universidad Autónoma de Madrid
C/ Peña cavero 17, Atico B
Madrid, España
julio.martinez@uam.es

Sofía MARTÍNEZ MOLINA
Avd. Ramón de Carranza, 22, 4º
11006 Cádiz, España

Annalisa MARZANO
Instituto de Arqueología
Universidad de Oxford
36 Beaumont St.
Reino Unido
annalisa.marzano@classics.oxford.ac.uk

Françoise MAYET
Université Bordeaux III
Bordeaux, Francia
mayet@u-bordeaux3.fr

Anna Marina MITTICA
Via Liberta, 19/B
88900 Crotone, Italia
marinamittica@yahoo.it

Rui MORAIS
Universidad do Minho
Avda. Central, 39
Braga, Portugal
rmorais@uaum.uminho.pt

Joëlle NAPOLI
Université du Litoral-Côte d´Opale
62200 Boulogne-sur-mer, Francia
Joelle.Napoli@wanadoo.fr

José Luis NEGREIROS MONTEIRO
IPPAR
Palacio Nacional da Ajuda
1300 Lisboa, Portugal
jlmonteiro@ippar.pt

Ana María NIVEAU DE VILLEDARY Y MARIÑAS
Universidad de Cádiz
Facultad de Filosofía y Letras
Avda. Gómez Ulla s/n
Cádiz, España
anamaria.niveau@uca.es

María Yolanda NUEVO GOMEZ
Avd. Ana de Viya, 4, 2ºB
Cádiz, España
Mariay.nuevo@juntadeandalucia.es

Ignacio PALACIOS
Consejería de Agricultura y Pesca
Junta de Andalucía

Joaquín PASCUAL BAREA
Universidad de Cádiz
Facultad de Filosofía y Letras
Avda. Gómez Ulla s/n
Cádiz, España
joaquin.pascual@uca.es

Rosa María PAZ LOBERÍAS
Rua das Barreiras, 78, 1º
Santiago de Compostela, España
adro@arrakis.es

Stefania PESAVENTO MATTIOLI
Università de Padova
Plaza Capitaniato, 7
Padova, Italia
Stefania.mattioli@unipd.it

Joao PIMENTA
IPPAR
Rua ilha da Madeira, 51, 3º
Olival Basto, 2620-045
Odeviles, Portugal
pimentamarques@iol.pt

Gonzalo PINEDA DE LAS INFANTAS
Ayuntamiento de Benalmádena
Avda. Inmaculada Concepción, 20-22, B 2, 1º D
Benalmádena
Málaga, España
Kanedog_2004@hotamil.com

Francisco PINIELLA CORVACHO
Universidad de Cádiz.
Facultad de Ciencias del mar
Polígono Río San Pedro
11510 Puerto Real
Cádiz, España
francisco.piniella@uca.es

Luis PONS PUJOL
Universidad de Barcelona
C/ Baldiri i Reixac, s/n
Barcelona, España
pons@ceipac.ub.edu

Soledad PRIETO ROBLES
Anta de Moura S. L.
C/ Maristas 5, 3ºB
36700 Tui
Pontevedra, España
imaprieto@terra.es

Juan Luis PUERTO FERNANDEZ
Avda. Miguel Fernández Alcauza 5, 2. 1ºC
Torremolinos
Málaga, España
arqueopuerto@hotmail.com

Sandra Inés RAMOS MALDONADO
Universidad de Cádiz.
Facultad de Filosofía y Letras
Avda. Gómez Ulla s/n
Cádiz, España
sandra.ramos@uca.es

María Cristina REINOSO DEL RÍO
C/ Sevilla 14 alto
Villamartin
Cádiz, España
mcristinareinoso@yahoo.es

Albert RIBERA I LACOMBA
SIAM
C/ Escultor Mora, 2-7
Valencia, España
aribera@digitel.es

Ignacio RIVAS LOPEZ
C/ Tomás Bretón, 4 bajo derecha
El Puerto de Santa María
Cádiz, España
Nacho.rivas@andaluciajunta.es

José Manuel ROMERO DOMÍNGUEZ
Universidad de Cádiz
C/ Murillo 31, 4ºB
Cádiz, España
Jomarodo78@ono.com

Armando SABROSA
IPPAR
DRL- Palacio Nacional de Ajuda
Lisboa, Portugal
asabrosa@ippar.pt

Pedro SAÉZ FERNÁNDEZ
Facultad de Letras
Universidad de Sevilla
C/ Monte Carmelo, 55, 1ºA
Sevilla, España
psaez@us.es

Antonio M. SAEZ ROMERO
Universidad de Cádiz
C/ Vicente Tofiño, 17
11100, San Fernando
Cádiz, España
antonio.saez@uca.es

Juan Vicente SALAVERT LEÓN
SIAM
C/ Sagunto, 142, p5º, pta 9º, escB
46009 Valencia, España
lalapont@ono.com

Emilio SÁNCHEZ ELEJALDE
C/ Sauzal, 12
Alcalá de los Gazules
Cádiz, España

Verónica SÁNCHEZ LOAIZA
Universidad de Cádiz
Avd. 2ª Aguada 2ª 11ª
Cádiz, España
Verosl81@hotmail.com

Raúl SANTOS GONZALEZ
C/ Patricio Castro, Edif.. Atlántico, 1º 5
Barbate
Cádiz, España
Rossi_976@hotmail.com

Tomas SILVA SÁNCHEZ
Universidad de Cádiz
C/ García Carrera, 45, 6ºF
Cádiz
tomas.silva@uca.es

Antonio SILVA
AMS
Rua da Escolda, sn Casal do Lobo
Coimbra, Portugal
conlopez@netcabo.pt

Latifa SLIM
Institut Nacional Du Patrimoine Romaine
Túnez

Miriam STERNBERG
CNRS
Marsella, Francia

Felix TEICHNER
Universidad de Frankfurt
Feldbergstr, 13
60323 Frankfurt, Alemania
teichner@em.uni-frankfurt.de

José Manuel TORRES BARRERA
C/ Maestra doña Aurea, 5, 2º izq
Barbate
Cádiz, España

V. Carmen TORRES BRAVO
Anta de Moura S. L.
A Torre, 39
36729 Paramos, Tui
Pontevedra, España
braisrp@inicia.es

Athena TRAKADAS
Aarthus University
Denmark
Athena@maritimehistori.org

Antonio VALONGO
Rua Soldado Luis nº 10, r.ch.esq
2855-154 Corroios, Portugal
Antonio.Valongo@gmail.com

Ines VAZ PINTO
Universidad de Lusiada
Rua da Arrábida, 77, 3º dtº
1250-032 Lisboa, Portugal
inesvazpinto@netcabo.pt

Miguel VILA OBLITAS
Ayuntamiento de Benalmadena-Costa
Urb. Playamar 21-12-D
Torremolinos
Málaga, España
Migueloblitas@hotmail.com

Fernando VILLADA PAREDES
Ciudad Autónoma de Ceuta
Paseo de Revellín, 30
Ceuta, España
fernando@villada.net

Andrew WILSON
Instituto de Arqueología
Universidad de Oxford
36 Beaumont St.
Reino Unido
Andrew.wilson@arch.ox.ac.uk

Francisco ZULETA ALEJANDRO
C/ Sócrates 4
11407 Jerez de la Frontera
Cádiz, España
paco_zuleta@yahoo.es

www.ingramcontent.com/pod-product-compliance
Lightning Source LLC
LaVergne TN
LVHW072246300926
849160LV00018B/1603